彩图1 广东国际大厦外貌，主楼高200.18m，地下4层、地上63层

彩图2 广州星海音乐厅全景

彩图3 音乐厅壳体底模板安装完毕标高复测

彩图4 华南理工大学文体中心，工程总建筑面积约6000 m²，四周环形看台设座位2475个

彩图5 广州中信广场，主楼高390.2m，共80层

彩图6 广州合银广场，建筑总高度239.60m，地下4层、地上64层

彩图7 合银广场核心筒钢骨柱及外框柱施工至首层情况

彩图 8　佛山市百花广场环球贸易中心，主楼高203.88m，地下2层、地上54层

彩图10　广州广发金融大厦，建筑总高度141.50m，地下3层、地上41层

彩图9　环球贸易中心中心岛法支护施工实况

彩图 12 "好世界"首层正门钢管高强混凝土柱

彩图 11 广州好世界大厦，建筑总高度 113.70m，地下 3 层、地上 35 层

彩图 13 广州国际电子大厦，建筑总高度 168m，地下 3 层、地上 35 层

彩图14 中国广州大都会广场，主楼高198.8m，地下2层、地上48层

彩图15 广州天秀大厦

彩图17 新中国大厦施工现场全貌

彩图16 广州市新中国大厦,总高度200m,地下5层、地上48层(模型)

彩图18 佛山市国际商业中心,建筑总高度228m,地下3层、地上52层(模型)

彩图19 番禺市侨基花园全景,建筑高度106.7m,地下1层、地上33层

彩图20 深圳市电影大厦全景，主楼高度107.4m，地下室2层、地上30层

彩图21 广东省工商银行业务大楼基坑支护的钢支撑布置

建筑施工实例应用手册

6

广东省建设委员会
广东省土木建筑学会 编

中国建筑工业出版社

图书在版编目（CIP）数据

建筑施工实例应用手册（6）/广东省建设委员会，
广东省土木建筑学会编著．-北京：中国建筑工业出版
社，1999
ISBN 7-112-03949-5

Ⅰ.建… Ⅱ.①广… ②广… Ⅲ.建筑工程-施工管理-
案例手册 Ⅳ.TU71-62

中国版本图书馆 CIP 数据核字（1999）第 35358 号

  本书为《建筑施工实例应用手册》第 6 分册，集中介绍了由广东省建筑
施工企业承建的重点工程和高层建筑的施工经验。书中收集了文稿 67 篇，
共分成综合施工技术应用工程、基础与地下室工程、模板与钢筋工程、混
凝土及预应力混凝土工程、设备安装工程、其它工程等六个部分。分别以
工程为对象，重点总结了在工程施工中最具特色部分的适用施工技术。

  本书反映了广东省建筑施工企业近十年来在建筑施工技术方面所取得
的科技进步和发展新水平，其适用技术的应用经验可给予读者以启迪和借
鉴，是一本内容丰富、实用性强、可供广大施工技术人员参考使用的工具
书。

* * *

责任编辑 袁孝敏

建 筑 施 工 实 例 应 用 手 册

6

广东省建设委员会
          编
广东省土木建筑学会

*

中国建筑工业出版社 出版、发行（北京西郊百万庄）
新 华 书 店 经 销
北京市彩桥印刷厂印刷

*

开本：787×1092 毫米 1/16 印张：57¼ 插页：5 字数：1423 千字
1999 年 10 月第一版 2000 年 8 月第二次印刷
印数：3,001—4,500 册 定价：**80.00** 元
ISBN 7-112-03949-5
TU・3080（9328）

版权所有 翻印必究
如有印装质量问题，可寄本社退换
（邮政编码 100037）

出版说明

"八五"期间,我国建设事业空前发展,各地先后兴建了一些对国计民生有重大影响的重点工程和一大批高层、超高层建筑。以工程为依托,以重大工程项目的施工难题为目标,通过科研攻关与工程实践,大大推进了我国建筑施工技术的发展。据悉,我国某些工程施工技术已接近发达国家水平,其中有些技术甚至已达到或领先于国际水平。为了总结我国"八五"期间及90年代后期建筑工程施工中的新技术、新工艺、新材料,把各地建筑施工的好经验记载下来,并为广大施工技术人员提供一套资料丰富、详细实用的专用工具书,我们组织北京、上海、广东、安徽及中国建筑工程总公司等国内有代表性的建筑施工企业的专家、工程技术人员编写出版《建筑施工实例应用手册》系列。

《建筑施工实例应用手册》共1~7册。每一分册着重总结某建工集团公司建筑施工中的典型工程经验。编入手册的工程都是施工技术先进,影响面大,或经上级部门鉴定,获奖的大型建筑工程。每项工程实例重点总结该工程最具特色的工艺或技术先进的分部或分项工程,反映该工程设计、施工方面的特点,以及为完成其施工难点所采用的施工方案、施工技术、施工设备和材料,内容对读者具有可读性、实用性和启发性。

本系列手册在组织编写和审稿过程中,得到各省、市建工集团总公司等单位的大力支持和帮助,我们表示衷心的感谢。

1999年7月

本册编委会成员

主　编　陈家辉　谢尊渊

编　委　（按姓氏笔划为序）：

　　　　方启文　王盛文　叶来福　叶作楷　卢　建
　　　　邓浣尘　关约礼　关沃康　李定中　李泽谦
　　　　吴朝淮　陈　平　陈家辉　麦坤良　杨捷敬
　　　　周春青　张三戒　张润民　胡仲明　胡建新
　　　　唐杰康　郑国晨　柯德辉　梁　长　黄子勤
　　　　黄步安　谈祖炎　曾昭炎　谢尊渊　谭礼和
　　　　谭敬乾　蔡晓洪

前　　言

随着我国社会主义现代化建设事业的飞速发展,有力地促进了我国建筑业的兴旺发达,大大地推进了建筑技术的进步。广东省得优先实行改革开放政策之利,在改革开放期间,先后兴建了一大批对国民经济发展有重大影响的重点工程和高层建筑。建筑施工力量迅速壮大,建筑施工技术水平显著提高。在新技术的应用和发展、新材料的研究和推广、新工艺的创造和改进等各方面都取得了可喜的成绩。其中有些项目在当时已处于国内领先或达到国际先进水平。例如：在超高层建筑（63层）中首先应用无粘结预应力混凝土楼盖；1989年创造了一次泵送C60级混凝土至201.5m高度的国内新记录；在钢管混凝土柱与梁板连接节点中,首先采用了钢筋混凝土环梁节点；在工程中首先大批量应用了C80级高性能混凝土,以及钢筋锥螺纹和直螺纹连接技术、SP-70早拆模板体系；对高层建筑（63层）的外脚手架进行了风洞风载试验；在对高层建筑垂直度控制方面,首先提出和应用了以结构完成平面的实际形心与设计形心的坐标差作为建筑物垂直度的评价标准；首先应用和推广了预应力高强混凝土（C80级）管桩；在复杂的超高层住宅工程中应用了滑模施工技术等。

为了总结近十年来我省建筑施工企业在建筑技术方面的成功经验,并为广大施工技术人员提供可资参考的适用技术,特向我省各有关建筑施工企业征集了以应用适用技术为主的工程施工实例文稿共67篇,编成此册,谨为广大读者提供借鉴。不足之处,希予批评指正。

陈家辉　谢尊渊
1999年5月

目 录

一、综合施工技术应用工程

1 广东国际大厦主楼（63层）结构施工
　　陈家辉　胡建新　叶来福　谢尊渊
　　刘玉珠 ·················· 3
1-1　工程概况 ·················· 3
1-2　无粘结预应力楼盖施工技术 ········· 5
1-3　泵送混凝土施工技术 ············ 15
1-4　SP-70高效模板体系的研究与应用 ····· 28
1-5　新浇筑泵送混凝土作用于模板的侧
　　　面压力 ·················· 38
1-6　悬拉吊式扣件钢管脚手架的应用及
　　　风载试验 ················· 42
1-7　垂直度控制测量与评价标准 ········ 50

2 广州市星海音乐厅钢筋混凝土
　双曲抛物面薄壳结构施工
　　廖少刚　黄镇金　黄雪岭　辛鸿雁 ······· 65
2-1　工程简介 ·················· 65
2-2　总体施工方案 ················ 69
2-3　壳体施工 ·················· 70

3 华南理工大学文体中心斜拉索
　悬吊屋盖施工
　　林培东　黄雪岭 ················ 87
3-1　工程概况 ·················· 87
3-2　总体施工方案 ················ 88
3-3　斜拉索的构造与质量控制 ·········· 89
3-4　斜拉索施工 ················· 90
3-5　预应力实际效果的检测 ··········· 93
3-6　3P屋面防水隔热层施工 ··········· 96

4 广州中信广场工程施工技术
　　广州市建筑集团有限公司　广州市第二
　　建筑工程有限公司　华南理工大学 ······ 98
4-1　工程概况 ·················· 98
4-2　地下室施工技术 ·············· 109
4-3　主楼爬模、飞模模板体系的应用
　　　技术 ··················· 109
4-4　钢木大模板应用技术 ············ 113
4-5　钢筋直螺纹接头连接技术 ········· 119
4-6　C60级高强混凝土的应用及泵送
　　　技术 ··················· 123
4-7　主楼转换层施工技术 ············ 135
4-8　垂直度控制及施工测量 ·········· 138
4-9　移置式安全挡板的设计与应用 ······ 141
4-10　钢筋的混凝土保护层厚度的新控制
　　　方法 ··················· 143

5 广州信德文化商务中心工程施工
　新技术的应用
　　林毓章　梁正弘　韩海波 ··········· 145
5-1　工程概况 ················· 145
5-2　快拆模板体系应用技术 ·········· 146
5-3　爬升电梯井筒模应用技术 ········· 148
5-4　内爬折臂式混凝土布料杆应用技术 ···· 152
5-5　提升式外脚手架应用技术 ········· 154
5-6　关于快拆模板体系、爬升电梯井筒模、
　　　内爬式混凝土布料杆，提升式外脚手架
　　　与各工序之间的配合 ············ 159
5-7　应用快拆模板体系、爬升电梯井筒模、
　　　内爬式混凝土布料杆、提升式外脚手架
　　　等新技术的体系 ·············· 159

6 广州合银广场工程施工技术
　　李泽谦　李永文　杨杰勇　詹志刚
　　刘石金　陈守辉　华瑞荣　杨凌云 ····· 161
6-1　工程概况 ················· 161
6-2　人工挖孔桩成型地下连续墙施工
　　　工艺 ··················· 161
6-3　钢管高强混凝土（C80级）柱施工 ···· 169

6-4 钢骨钢筋混凝土结构施工 …………… 181
6-5 地下室顶板钢—混凝土组合楼板
　　 施工 ………………………………… 183

7 佛山市百花广场环球贸易中心施工技术
　　李泽谦　杨杰勇　刘丽莎　林武辉
　　吴丽娥　云惟荫 ……………………… 194
7-1 工程概况 …………………………… 194
7-2 地下室中心岛法支护施工技术 …… 194
7-3 垂直度控制技术 …………………… 200
7-4 高空大跨度悬挑结构支模设计及施工
　　 技术 ………………………………… 207

8 广州广发金融大厦施工技术
　　杨楚芬　丘秉达　陈守辉　刘　星
　　江德韶　邱维忠 ……………………… 212
8-1 工程概况 …………………………… 212
8-2 地下室深基坑挡土桩支护与部分逆
　　 作法施工技术 ……………………… 213
8-3 地下室大体积混凝土底板施工混凝土
　　 温度的控制 ………………………… 220
8-4 建设激光测量仪在工程施工测量中的
　　 应用 ………………………………… 228
8-5 轻质加气混凝土砌块的应用 ……… 229
8-6 外墙装饰施工 ……………………… 232

9 广州好世界大厦工程施工
　　李定中　曾瑞眉 ……………………… 235
9-1 工程概况 …………………………… 235
9-2 3层地下室半逆作法施工 ………… 237
9-3 主体结构施工 ……………………… 245
9-4 室内混凝土轻质隔墙板施工 ……… 247
9-5 装饰施工 …………………………… 249

10 广州海洋馆工程池体结构施工
　　黄智辉　李定中 ……………………… 252
10-1 工程概况 ………………………… 252
10-2 工程特点 ………………………… 253
10-3 二区承台底板的施工 …………… 254
10-4 海豚放置池及表演池的施工 …… 256
10-5 亚克力胶视窗安装 ……………… 259

11 广州国际电子大厦的施工
　　陈　嵘　陈锐良 ……………………… 260
11-1 工程概况 ………………………… 260
11-2 深基坑的支护结构设计与施工 … 261
11-3 主体结构施工 …………………… 268

11-4 铝合金窗、玻璃幕墙与花岗石饰面
　　　 施工 ……………………………… 276
11-5 电脑在项目管理中的应用 ……… 281

12 松下万宝空调器厂工程施工
　　沈文凯 ………………………………… 284
12-1 施工总平面 ……………………… 284
12-2 工程概况 ………………………… 284
12-3 施工组织 ………………………… 285
12-4 土建部分施工 …………………… 286
12-5 钢屋架的吊装 …………………… 292
12-6 屋面钢板的安装 ………………… 298

13 佛山购物中心第一期工程施工
　　沈流文　冼兆佳　邓　毅 …………… 303
13-1 工程概况 ………………………… 303
13-2 地下室工程施工 ………………… 305
13-3 主体结构工程施工 ……………… 312
13-4 无粘结预应力混凝土结构体系施工 … 313

14 广州羊城麦芽生产塔工程施工
　　谭学政 ………………………………… 315
14-1 工程概况 ………………………… 315
14-2 布袋桩在基坑支护中的应用 …… 316
14-3 爬模工艺在结构施工上的应用 … 318
14-4 爬架在外墙装修中的应用 ……… 320
14-5 EC聚合物及粘结剂在室内顶棚的
　　　 应用 ……………………………… 321
14-6 爬模工艺技术经济效益分析 …… 322

15 泰康城广场转换层结构施工
　　钟晓明　林　谷　谭敬乾 …………… 324
15-1 工程概况 ………………………… 324
15-2 转换层结构施工方案 …………… 325
15-3 转换层结构施工 ………………… 329
15-4 施工效果及体会 ………………… 332

16 中国广州大都会广场工程施工
　　伍旭辉　姚明球 ……………………… 333
16-1 工程概况 ………………………… 333
16-2 施工管理和施工工期 …………… 334
16-3 模板工程 ………………………… 335
16-4 钢筋工程 ………………………… 339
16-5 混凝土工程 ……………………… 340
16-6 整体提升式外脚手架应用技术 … 341
16-7 防水工程 ………………………… 342
16-8 砌体工程 ………………………… 343

| 16-9 | 装饰工程 …………………………… 343
| 16-10 | 主轴线、标高引测和沉降观测 …… 345
| 16-11 | 工程体会 ………………………… 346

17 港澳江南中心工程施工技术
罗俊麒 涂晓明 ……………………… 347
| 17-1 | 工程概况 ………………………… 347
| 17-2 | 基础承台地下室底板大体积混凝土施工 ………………………… 348
| 17-3 | 钢筋锥螺纹接头连接技术 ………… 351
| 17-4 | 钢管混凝土柱施工 ………………… 352
| 17-5 | 碗扣式钢管提升脚手架的应用技术及高空拆除工艺 ……………… 355
| 17-6 | 结构钢筋网在工程中的应用 …… 359

18 天秀大厦大型结构转换层施工技术
杨捷敬 简 旭 ……………………… 361
| 18-1 | 工程概况 ………………………… 361
| 18-2 | 主要的施工技术及有关计算 …… 362
| 18-3 | 温度和应力测试数据处理分析 … 379
| 18-4 | 结论 ……………………………… 382

19 广州市新中国大厦结构施工
陈超英 姚志雄 李镇河 杨捷敬
李祖义 ……………………………… 383
| 19-1 | 工程概况 ………………………… 383
| 19-2 | 地下室半逆作法施工 …………… 384
| 19-3 | 钢管混凝土柱施工 ……………… 388
| 19-4 | 钢梁施工 ………………………… 392
| 19-5 | 施工起重用塔式起重机的选择 … 392

20 广州钢铁有限公司40万吨连轧主厂房施工
柯德辉 周佩沿 ……………………… 394
| 20-1 | 工程概况 ………………………… 394
| 20-2 | 施工前准备工作 ………………… 396
| 20-3 | 施工总体部署 …………………… 397
| 20-4 | 现浇钢筋混凝土柱施工 ………… 397
| 20-5 | 预应力混凝土构件的制作 ……… 398
| 20-6 | 结构吊装 ………………………… 400
| 20-7 | 设备基础、设备平台施工 ……… 403
| 20-8 | 漩流池、除油池施工 …………… 404

21 佛山市国际商业中心结构工程施工技术
麦坤良 梁中觉 ……………………… 406
| 21-1 | 工程概况 ………………………… 406
| 21-2 | 深基坑支护技术 ………………… 406
| 21-3 | 混凝土施工技术 ………………… 409
| 21-4 | 分段悬挑外脚手架 ……………… 410
| 21-5 | 模板工程 ………………………… 412
| 21-6 | 钢筋工程 ………………………… 413
| 21-7 | 激光-重锤延伸轴线技术 ………… 413
| 21-8 | 结束语 …………………………… 415

22 佛山市建裕大厦施工技术
李奇逊 徐建邦 ……………………… 416
| 22-1 | 工程概况 ………………………… 416
| 22-2 | 钻孔灌注桩施工 ………………… 418
| 22-3 | 基坑围护工程 …………………… 419
| 22-4 | 降低地下水位工程 ……………… 419
| 22-5 | 土方开挖工程 …………………… 421
| 22-6 | 结构施工 ………………………… 422
| 22-7 | 工期状况和验收情况 …………… 426
| 22-8 | 总结和体会 ……………………… 426

23 深圳市国贸商业大厦工程施工
黄秉中 金 陵 姜 伟 汤海波 …… 428
| 23-1 | 工程概貌与施工基本情况 ……… 428
| 23-2 | 基础地下室工程——部分逆作法施工 ………………………… 430
| 23-3 | 混凝土主体结构工程施工 ……… 434
| 23-4 | 劲性钢柱的运输、吊装 ………… 436
| 23-5 | C60级高强度混凝土的应用 …… 439
| 23-6 | 6层转换大梁施工工艺 …………… 441

24 深圳市邮电局洪湖生活区高层住宅工程施工
汤海波 陈生发 陈克旺 黄秉中 …… 446
| 24-1 | 工程概况 ………………………… 446
| 24-2 | 施工平面布置 …………………… 446
| 24-3 | 施工测量 ………………………… 447
| 24-4 | 地下室工程施工 ………………… 448
| 24-5 | 主体结构工程施工 ……………… 452
| 24-6 | 砌筑工程 ………………………… 453
| 24-7 | 脚手架工程 ……………………… 453
| 24-8 | 装饰工程 ………………………… 454

25 深圳书城工程施工
李国松 马 跃 梁洪枢 ……………… 455
| 25-1 | 工程概况 ………………………… 455
| 25-2 | 人工挖孔桩及基坑土方施工 …… 456
| 25-3 | 基坑边坡喷锚支护设计与施工 … 458

25-4	模板工程	460
25-5	钢筋工程	461
25-6	混凝土工程	462
25-7	轻质蒸压加气混凝土砌块砌筑	463
25-8	装饰工程	463

26 番禺市侨基花园超高层住宅工程滑模施工
苏宝国 黄一辉 赖智峰 …… 465

26-1	工程概况	465
26-2	施工方案选择	466
26-3	测量技术	467
26-4	地下室施工	470
26-5	主体结构施工	475
26-6	泵送混凝土技术	489
26-7	机电设备安装	492
26-8	给排水消防系统安装	494
26-9	主体结构外墙横竖线条的施工	496

27 番禺南村交联电缆车间滑模施工
苏宝国 郭 欣 …… 498

27-1	工程概况	498
27-2	滑模装置的构造特点	499
27-3	滑模施工	507
27-4	滑模施工管理	516

28 惠州市中心人民医院外科手术大楼工程施工
陈国利 王敏华 李敏荣 …… 518

28-1	工程概况	518
28-2	人工挖孔桩施工	518
28-3	地下室施工	521
28-4	上部结构工程施工	532
28-5	安全技术	533

29 广州天河城广场工程施工
邱荣利 …… 536

29-1	工程概况	536
29-2	人工挖孔桩施工	537
29-3	地下室底板施工	540
29-4	无粘结预应力混凝土梁的施工	543
29-5	圆拱施工	544

30 深圳市电影大厦工程施工
李伟平 黄日升 郭 良 刘雄飞
李志坚 …… 547

30-1	工程概况	547
30-2	地下室部分逆作法施工	548
30-3	地下连续墙施工	553
30-4	底板大体积混凝土施工	557
30-5	电梯井模板工程	560
30-6	外墙爬升式脚手架	562

二、基础与地下室工程

31 深层搅拌桩在基坑支护工程中的应用
陈家辉 …… 567

31-1	番禺市富临花园大厦工程基坑支护	567
31-2	南海市美豪大厦工程基坑支护	576
31-3	花都市国际酒店大厦工程基坑支护	577
31-4	广州市同德围商住楼基坑支护	579
31-5	结束语	582

32 荔湾广场大面积深基坑支护结构设计及地下室结构施工
关沃康 李振宇 …… 583

32-1	前言	583
32-2	工程概况	583
32-3	支护结构方案的选择	584
32-4	支护结构的设计	586
32-5	基坑开挖及支护结构的施工	589
32-6	地下连续墙的位移与稳定分析	592
32-7	地下室结构施工	593
32-8	结束语	596

33 金汇大厦深基坑地下室工程施工实践
甄祖玲 江国胜 …… 597

33-1	工程概况	597
33-2	地下室基坑支护工程设计与施工	598
33-3	新材料、新工艺的应用	601
33-4	实际施工效果	602
33-5	几点体会	602

34 广州花园酒店西广场地下停车场半逆作法施工
李定中 陈 民 …… 604

34-1	工程概况	604
34-2	半逆作法施工工艺	605
34-3	地下连续墙顶变形观测	611
34-4	几点体会	611

35 淤泥地基挡土支护体系异常变形的处理

	郭　斌　陈锐良　苏伟超	
	陈焕忠 …………………………	612
35-1	前言 ………………………………	612
35-2	工程概况 …………………………	612
35-3	工程水文、地质情况 ……………	614
35-4	原支护体系在施工中的异常变形	617
35-5	原因分析 …………………………	618
35-6	处理方案选择 ……………………	623
35-7	处理方案的实施 …………………	624
35-8	理论计算 …………………………	626
35-9	经验总结 …………………………	633
36	人工成槽连续墙在深基坑施工中的应用	
	谭敬乾　李广荣　钟晓文　林谷 ……	634
36-1	概况 ………………………………	634
36-2	第一、第二代人工成槽连续墙的应用	634
36-3	第三代人工成槽连续墙的应用 …	636
37	广州国际银行中心工程半逆作法施工	
	林炳新　何健强 …………………	649
37-1	工程概况与施工特点 ……………	649
37-2	施工方案选择 ……………………	650
37-3	半逆作法施工 ……………………	650
37-4	工程施工进度完成情况 …………	654
37-5	施工体会 …………………………	654
38	中华广场四层地下室施工	
	余镜衔　黄建威　冼汝成　邓荣全	
	李鹏生 ……………………………	655
38-1	工程概况 …………………………	655
38-2	施工部署 …………………………	656
38-3	基坑支护 …………………………	658
38-4	土方开挖 …………………………	660
38-5	桩基础施工 ………………………	661
38-6	地下降排水及防水工程 …………	661
38-7	地下室结构施工 …………………	666
39	广州市二沙岛十五区地下车库基坑支护设计与施工	
	朱志山　黄文铮　张瑞锦 ………	670
39-1	工程概况 …………………………	670
39-2	地质状况 …………………………	670
39-3	支护方案选型与设计 ……………	671

39-4	支护结构设计计算 ………………	674
39-5	支护结构施工质量控制要点 ……	677
39-6	土方开挖及支护效果 ……………	678
39-7	技术、经济效益分析 ……………	679
39-8	结论 ………………………………	679
40	水下钢板沉箱浇筑混凝土承台施工工艺	
	陈达华 ……………………………	681
41	广东省人民医院门诊住院大楼工程深基坑施工方法的改进	
	李泽谦　杨杰勇　刘丽莎 ………	683
41-1	工程概况 …………………………	683
41-2	传统的施工方法 …………………	683
41-3	改进的施工方法 …………………	684
41-4	技术经济效果 ……………………	686
42	东莞市华润水泥厂原料储存与输送大型地下工程的施工	
	肖新洪　云惟荫 …………………	687
42-1	工程概况 …………………………	687
42-2	地质情况 …………………………	688
42-3	地坑开挖与支护 …………………	688
42-4	地坑开挖出现的问题及处理 ……	689
42-5	施工段的分割方法 ………………	690
42-6	施工小结 …………………………	691
43	广州市海运商住楼基坑支护工程施工技术	
	梁嘉彤 ……………………………	692
43-1	工程概况 …………………………	692
43-2	工程地质和水文概况 ……………	693
43-3	基坑支护体系 ……………………	693
43-4	深层搅拌桩、高压灌浆和喷锚挂网的施工	698
43-5	施工监测 …………………………	700
43-6	基坑支护体系的止水、挡土效果及经济效益	700
44	广东省工商银行业务大楼基坑支护设计与施工	
	彭小林　曹华先　唐杰康　李卓峰	
	尹敬泽 ……………………………	702
44-1	工程概况 …………………………	702
44-2	基坑支护结构的方案选择与设计计算	704

44-3	支护结构施工 …… 710
44-4	施工监测及信息化施工 …… 715
44-5	工程效果与体会 …… 721

45 广州市新中国大厦地下室"半逆作法"施工技术
　　钟显奇　唐杰康　谢沃林 …… 724
45-1	工程概况 …… 724
45-2	地下室"半逆作法"施工的部署和平面布置 …… 725
45-3	地下连续墙施工 …… 728
45-4	桩基础和钢管高强混凝土柱施工 …… 731
45-5	"半逆作法"土方开挖技术 …… 732
45-6	钢结构安装技术 …… 734
45-7	钢筋混凝土结构施工技术 …… 734
45-8	大体积高强混凝土底板施工技术 …… 735
45-9	降排水技术 …… 736
45-10	通风技术 …… 736
45-11	"半逆作法"施工体会 …… 737

46 金平大厦大体积混凝土筏板基础施工
　　陈见信　陶芳永 …… 738
46-1	工程概况 …… 738
46-2	施工方案的确定 …… 739
46-3	施工中采取的主要技术措施 …… 739
46-4	几点体会 …… 742

47 惠阳市教工之家高层住宅工程基坑挡土桩的设计与施工
　　陈谭生 …… 743
47-1	工程概况 …… 743
47-2	桩型的选择 …… 743
47-3	挡土桩的设计(以北面挡土桩为例) …… 744
47-4	挡土桩施工 …… 746
47-5	工程效果 …… 746

48 预应力高强混凝土管桩的生产与应用
　　史吉新　罗松桂　潘伟强 …… 747
48-1	概述 …… 747
48-2	预应力高强混凝土管桩的生产工艺 …… 747
48-3	预应力混凝土管桩的沉桩工艺 …… 752
48-4	管桩应用中几个问题的探讨 …… 755

三、模板与混凝土工程

49 广东云浮水泥厂大直径钢筋混凝土贮料筒仓移置组合钢模板施工工艺
　　李泽谦　云惟荫　吴丽娥　林兴流　马天洲 …… 763

50 100m钢筋混凝土烟囱双滑施工工艺
　　邹鸿洲　谢庆华　何少光　容林 …… 769

51 高明市银海广场工程中带肋钢筋套筒挤压连接技术的应用
　　黄郁彬 …… 775

52 金环大厦地下室底板大体积混凝土施工
　　李少廷　姚佳宏 …… 780

53 高抗渗、耐腐蚀混凝土的研制及在深圳青岛啤酒厂工程中的应用
　　刘星　胡泽良　林礼跃　樊粤明　文梓芸 …… 786

54 广州钢铁厂40t电炉炼钢车间800℃耐热混凝土施工工艺
　　姚浙藩　柯德辉 …… 792

55 120m×96m超长钢筋混凝土楼面无缝施工
　　李法尧　梁伟超 …… 795

56 深圳市南山区政府办公大楼无粘结预应力混凝土工程施工
　　陈光 …… 800

57 文昌花苑工程中钢管高强混凝土柱施工技术
　　朱小林　李国时　丘国林 …… 807

四、设备安装工程

58 广东彩色显像管厂管道净化处理工艺
　　张宜圣　黄胜　甘铭兴　胡绍兴 …… 819

59 广通麦氏咖啡厂不锈钢设备双人同步氩弧焊技术
　　张胜军　陈耿明　徐德智　邱美平 …… 824

60 珠江啤酒厂发酵罐吊装技术
　　劳道磷 …… 828

61 广东国际大厦主楼(63层)电力

电缆垂直敷设方法　余荣煜……… 844
62 东莞银城酒店消防自动系统的调试
　何永盛　陈耿明……… 848
63 东山广场通风系统风量调试技术
　梁吉志……… 855

五、其他工程

64 广州宝洁有限公司污水处理站水池的沉井法施工
　戴亚多……… 869

65 广州威达高联合厂房结构吊装工程施工
　雷雄武　谭潮植　黄辉玲……… 875

66 高层建筑施工中外部附着自升式塔式起重机的定位及基础的选型与设计实例
　李泽谦　刘丽莎……… 883

67 广州带钢总厂热处理车间工程沉井施工
　柯德辉　范晋波……… 895

一、综合施工技术应用工程

1 广东国际大厦主楼（63层）结构施工

广东省建筑工程集团有限公司　陈家辉
广东省第四建筑工程公司　胡建新　叶来福
华　南　理　工　大　学　谢尊渊　刘玉珠

1-1　工　程　概　况

广东国际大厦位于广州市环市东路，东与白云宾馆、花园酒店遥相呼应，西与广东电视中心相邻，屹立于广州市高层建筑密集群中，背靠山青水秀的麓湖风景区，显得分外壮观（见彩图1）。该工程由广东国际信托投资公司投资，广东省建筑设计研究院设计，广东省第四建筑工程公司承建。1989年12月主楼结构封顶。

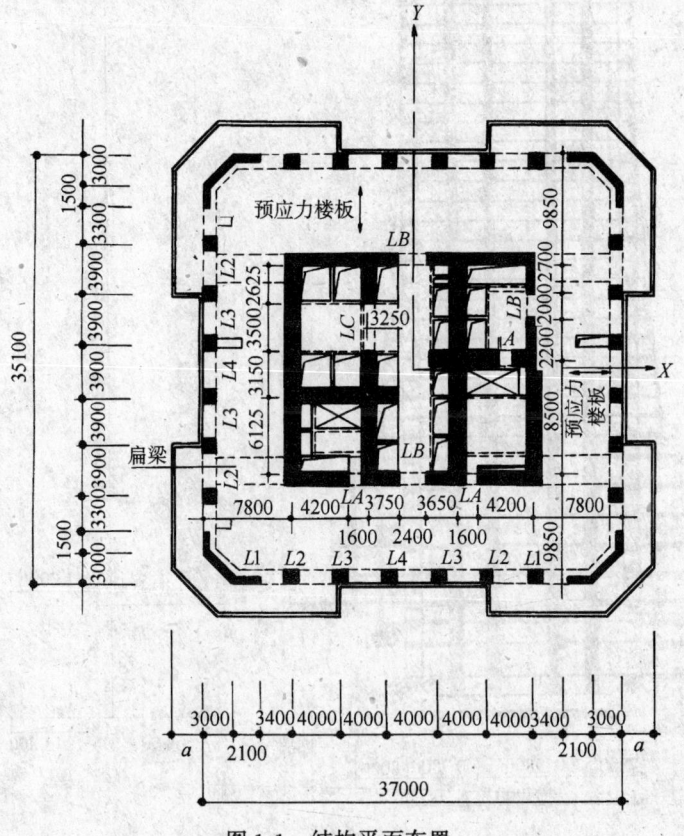

图1-1　结构平面布置

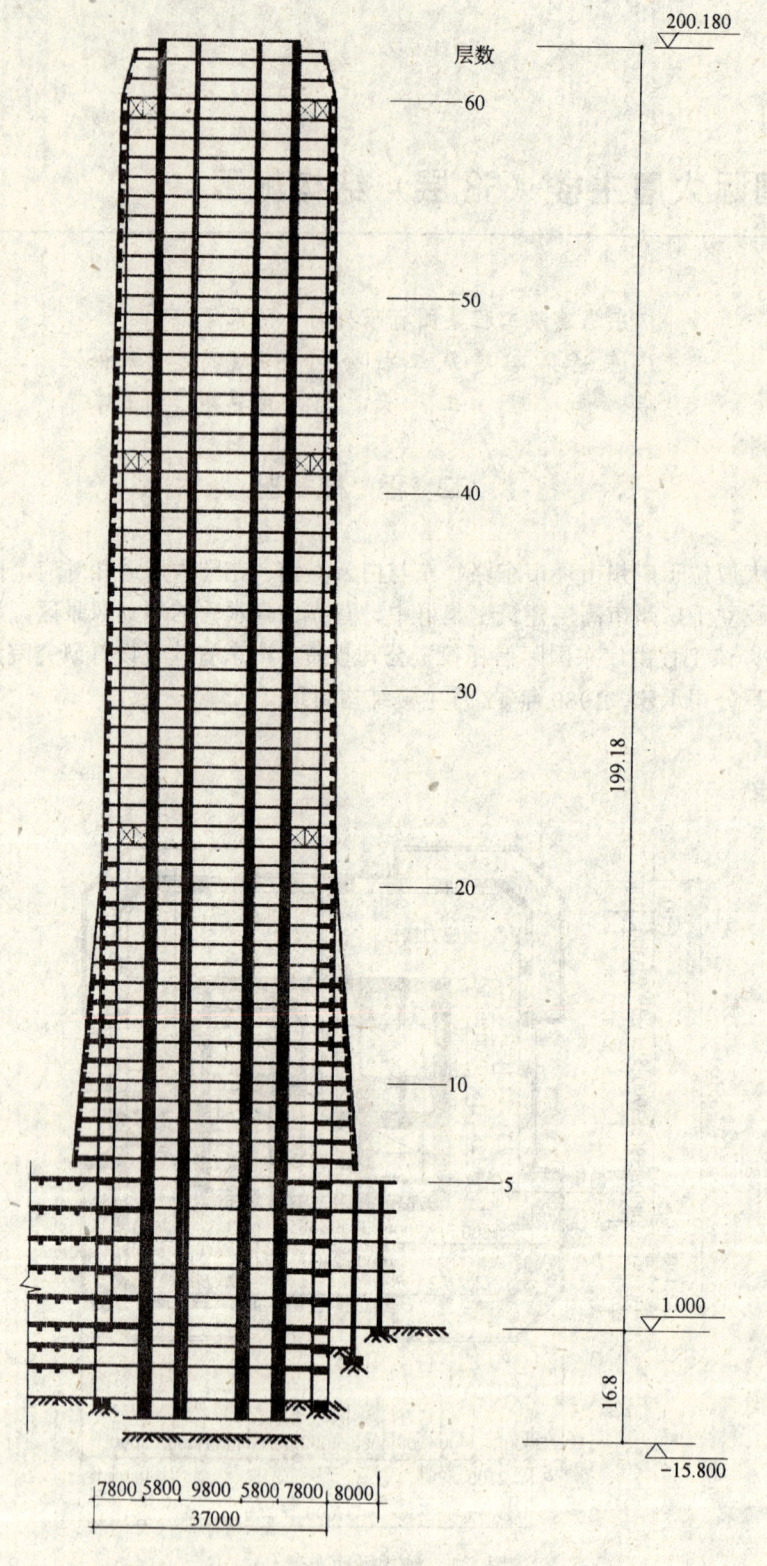

图 1-2 主塔楼剖面

该工程场地面积近 2 万 m^2，总建筑面积 18 万 m^2，由 63 层主楼（建筑面积 8.8 万 m^2）、30 层及 33 层的两座副楼组成。主楼地面以上 63 层，高 200.18m，地下 4 层，深 14.3m，因地处小山岗，利用天然地基，采用片筏和条形基础。

主楼结构采用筒中筒体系，外筒为 35.1m×37m 的矩形平面，由 24 根中柱和 4 根异形角柱组成；内筒为 17m×23m 的矩形平面，由电梯井和楼梯间等剪力墙组成（见图 1-1）。

内外筒之间的楼板从第 7 层至第 63 层均采用后张无粘结部分预应力混凝土平板，其余楼板为普通钢筋混凝土梁板式结构。标准层层高为 3m，图 1-2 所示为主塔楼剖面图。

广东国际大厦主楼（63 层）工程是当时国内最高的钢筋混凝土结构，也是世界上最高的采用无粘结预应力混凝土平板楼盖的超高层建筑。它的建造，引起了国内外建筑界的关注，被国家建设部列为综合应用新技术试点项目，并列为国家建设科技重点攻关项目，成立了重点攻关组。各级领导及包括北京、上海等地很多专家教授给予了大力支持与帮助，使工程建设进展较为顺利。经建设部总工程师主持，北京、上海、广东等地著名专家参加鉴定，一致认为本工程施工技术达到国际先进水平，获得国家科技进步二等奖。并于 1998 年获鲁班奖。

1-2 无粘结预应力楼盖施工技术

无粘结预应力混凝土技术自 60 年代后在国外得到迅速发展，至 80 年代在我国也得到应用，但应用于广东国际大厦这样 63 层 200.18m 高的综合性超高层建筑中，在世界上尚属首次。

无粘结预应力混凝土技术，它不像传统的后张法构件施工那样，需要预留孔道、穿筋和灌浆，而只需直接将预应力筋同非预应力筋一样铺放在梁板内，便可浇筑混凝土。最后当混凝土强度达到设计的强度标准值 75% 以上时便施加预应力。这样施工程序就简单得多，施工进度快得多了。

本工程施工由广东省第四建筑工程公司总负责，其中无粘结预应力混凝土专项技术：7～34 层楼盖由中国建筑科学研究院结构所负责，采用大连预应力机具厂提供的 XM 型、镦头型无粘结预应力张拉锚固体系施工。35 层以上的楼盖，由北京市建筑工程研究所采用 BUPC 无粘结预应力体系施工。

1.2.1 无粘结预应力筋的锚固体系

1.2.1.1 锚具的选用

本工程选用强度 1600MPa 的 $7\phi5$ 高强钢丝束作为无粘结预应力筋，各楼层楼板无粘结预应力钢丝束的配置情况见表 1-1。设计规定长度 20m 以内的钢丝束采取单端张拉，并采用镦头锚具。长度 20m 以上的钢丝束，采取两端张拉，采用夹片锚具（包括 XM 型和 BUPC 体系乙型）。由于预应力筋的合理配置，并选用了安全可靠的锚固系统和轻型配套的张拉设备，为超高层建筑的安全、高速、优质施工提供了保证。

各层楼板无粘结预应力钢丝束的配置 表1-1

层号	混凝土强度等级(标号)	悬壁板			长跨板			短跨板			扁梁束数 净跨同短跨板截面 1500mm×350mm	附注
		悬伸长度(m)	根部板厚(mm)	束/m	净跨度(m)	板厚(mm)	束/m	净跨度(m)	板厚(mm)	束/m		
7~9	C38 (400号)	4.0~3.5	300	6	7.35	220	2	5.30	220	2	9	悬臂板处端部厚度均为200mm
10~11		3.3~3.1	280	5	7.35~7.45		2.5	5.30 5.40		2	9	
12		2.8	260	4	7.65		2	5.60		2	6	
13~16							2			2	5	
17~22	C33 (350号)				7.65~7.75		2.5	5.60~5.70		2	5	
23					7.95	250	4	5.90	250	2	8	设备层
24							2.5			2	5	加强层
25~36					7.95~8.35	220	2.5	5.90~6.30	220	2	6	
37~41					8.35~8.45		3	6.30~6.40		2	6	
42	C28 (300号)				8.65	250	5	6.40	250	2.5	12	设备层
43							3.3			2	9	加强层
44~51					8.65~8.75		4	6.40~6.70		2	7	
52						220	4		220	2	8	
53~59					9.05		4	7.00		2	9	
60						250	6.7		250	3.3	15	设备层
61					8.59		3.3	6.54		2	9	加强层
62					7.98	220	3.3	5.93	250	2	6	
63					7.37	250	3.3	5.32	250	2	6	屋面

图1-3为所采用锚具的结构图。

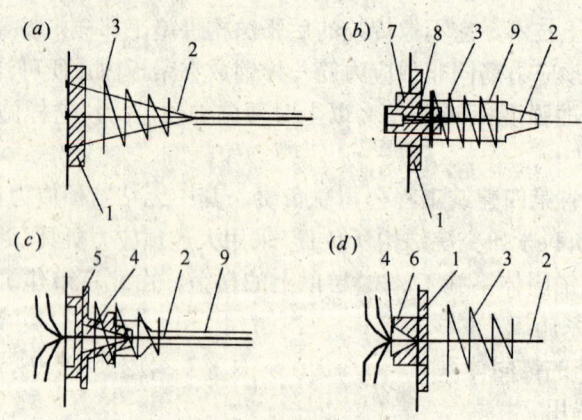

图1-3 锚具结构图
(a) 固定端镦头锚具;(b) 张拉端镦头锚具;(c) 固定端夹片锚具;(d) 张拉端夹片锚具
1—承压板;2—无粘结预应力钢丝束;3—螺旋筋;4—夹片;
5—锚体;6—锚环;7—螺母;8—锚杯;9—塑料封套

1.2.1.2 锚具的质量控制

本工程对预应力锚具的质量验收要求,除按《钢筋混凝土工程施工及验收规范》GBJ 204—83的有关规定执行外,还参考了预应力锚具方面技术标准中的有关规定。

1. 无粘结预应力筋用的钢丝质量复检结果

本工程无粘结预应力筋所用的钢丝质量，除检查生产厂的出厂合格证外，还按规范规定，分批随机抽样进行验收检验，检验结果如表1-2。

无粘结预应力所用钢丝的技术性能表 表1-2

项目 厂家	抗拉强度（MPa）			屈服强度（MPa）	延伸率（％）
	n	σ_b	S_{n-1}	$\sigma_{0.2}$	δ_{100}
新余钢厂	14	1696.7	44.4	1516.0	4.5
天津钢厂	7	1676.0	85.5	1280.0	4.0

2. 锚具的质量复检结果

锚具出厂时均分批进行出厂检验。在相同材料、相同生产工艺的条件下，按锚具数量不超过1000套为一批，随机抽样六套进行动静载试验。镦头锚具分别由冶金部建筑研究总院工程结构试验室和北京建筑工程研究所负责试验。试验结果见表1-3、表1-4。

锚具组装件疲劳性能试验 表1-3

锚具类型	疲劳试验应力	脉冲频率	疲劳次数
镦头锚具	上限 1177.7N/mm² 下限 1097.5N/mm²	600 次/min	2×10^6
夹片锚具	上限 1020.5N/mm² 下限 940.5N/mm²	250 次/min	2.5×10^6

夹片锚具效率系数 η_a 值试验 表1-4

锚具类型	试件号	F_{apu}^c (kN)	F_{apu} (kN)	η_p	$\eta_a = \dfrac{F_{apu}}{\eta_p \times F_{apu}^c}$	备注
XA	1	230	220	0.97	0.99	
	2	230	218	0.97	0.98	
	3	230	220	0.97	0.99	
BUPC	1					
	2				>0.95	
	3					

1.2.1.3 两种锚具的分析比较

本工程的无粘结预应力钢丝束采用了镦头锚具和夹片锚具，通过实践证明：在锚具的可靠性和施工工艺等方面，夹片锚具显示出有较大的优越性。

1. 镦头锚具

镦头锚具是由钢丝的镦头支承在锚孔端面承压板来实现锚固的一种支承式锚具，影响锚固可靠性的关键在于镦头质量。要求镦头的支承部位平整与承压板端面贴合良好，形成中心受拉，才能充分发挥强度，但要达到这一点并不容易。由于镦头支承面不能保持平整，在偏心力作用下，锚固效率就会有所下降，从而降低了锚固的可靠性。

由于镦头锚具的锚固部位在钢丝束端部，要求无粘结预应力筋中各根钢丝保持等长受力均匀，以充分发挥成束钢丝的强度。但在施工中要使曲线形的平行钢丝束各根钢丝完全符合等长要求实际上是不可能的，因为钢丝的下料、镦头等工序是在平直状态下进行的，而在平直状态下等长的钢丝铺放成曲线形时，由于多次弯曲的影响，必定会出现端头参差不齐的现象，如何使平行钢丝束经弯曲后各根钢丝端头齐平，是一个迄今尚未解决的问题。

镦头直径为钢丝直径的1.5倍，镦头处钢丝直径的突然扩大使应力集中现象相当严重，虽然镦头设有圆弧段，但尚不能彻底解决问题，由于当前使用的钢丝塑性差，波动范围大，在相等压力作用下的镦头，尺寸偏差较大，有时还有裂纹，是影响镦头锚具质量的一个主要因素。

综上所述，影响镦头锚固的可靠性的因素很多，在使用过程中工艺也较复杂，断丝情况时有发生，虽然在我国应用的年代较久，范围较广，其锚固性能也能符合无粘结预应力筋的作用要求，但从无粘结预应力混凝土技术发展的趋势来看，镦头锚具将逐步由夹片锚具所代替。

2. 夹片锚具

夹片锚具是利用夹片与锚环孔之间产生的尖劈效应形成锚固的一种锚具。影响锚固可靠性主要是夹片的几何尺寸和硬度，而在工厂生产条件下，几何尺寸可由专用的工、卡、量具来保证，热处理则由电脑控制各种参数，全部制作过程消除了人为的不稳定因素，锚具质量可靠。

由于夹片锚具的锚固部位在无粘结预应力筋的端头以内，对束中的钢丝无等长要求，不论直线束还是曲线束，只要束中各根钢丝保持平行，张拉后的应力是均匀的，而无粘结预应力筋的外包层正是使钢丝保持平行的有效措施。

对于由 $7\phi 5$ 组成直径15mm的钢丝束，其夹持长度约为50mm，夹片端部应力集中现象比镦头锚具小，对钢丝塑性要求比镦头锚具低。

夹片锚具在采用前卡式千斤顶张拉时，无粘结预应力筋的外伸长度约200mm，在锚固以后，可将这一段外伸钢丝松散弯折后埋入封端混凝土中，利用混凝土对钢丝的粘结作用形成粘结式锚固，以进一步提高锚固的可靠性。

综合以上分析，夹片锚具在锚固可靠性和施工的难易程度都比镦头锚具优越，而且锚具已有专业工厂大规模生产，张拉设备配套齐全，因此，作为无粘结预应力筋张拉端的锚具，显示出较大优越性。

1.2.2 无粘结预应力筋的摩擦损失试验

为保证无粘结预应力筋能达到设计规定的张拉控制应力值，施工前进行了摩擦试验，以测定无粘结预应力筋的摩擦损失，主要取决于曲线筋的总包角 θ 值，摩擦系数 μ、反摩擦系数 μ'，以及无粘结预应力筋局部偏差对摩擦的影响系数 μ 值等；试验和建议采用值如表1-5。

经试验分析：摩擦系数随张拉力的增加而有所变化，张拉力增高，摩擦系数减少，但当张拉力在高强钢丝材料极限强度的70%左右范围内变化时，摩擦系数随张拉力的变化已经很小。因此，除特殊情况外，一般可不考虑张拉力对摩擦系数的影响。此外，采用持荷和多次重复张拉，对降低摩擦损失是有利的。

建议采用的摩擦系数值表 表1-5

单根束或成组束	正摩擦系数 μ		反摩擦系数 μ		建议采用值		
	波动范围	平均值	波动范围	平均值	μ	μ'	μ
单根	0.033~0.08	0.050	0.032~0.082	0.054	0.10	0.10	0.003
成组	0.030~0.040	0.040	0.051~0.065	0.058	0.10	0.10	0.003

1.2.3 无粘结预应力筋的铺放

1.2.3.1 设计布筋

63层主塔楼各层预应力钢丝束的配置见表1-1，按表中所列的预应力钢丝束配置量，预应力度一般为0.64~0.89，最小为0.59（发生在13层长跨）。最大的大于1.0（发生在23层以下各层短跨）。混凝土预压应力（扣除全部预应力损失）在36层以下为2.3~5.8MPa，37层以上为5.2~8.9MPa；42层以上的加强层长跨和扁梁为10.9~13.3MPa。本工程从第7层开始到第12层，设有挑出长度为4.0~2.83m的各层不等的悬臂板。其中第7层至第9层无粘结预应力钢丝束的间距为165mm，为整个无粘结预应力钢丝束铺放密度最大、施工难度较大的楼层。设计布筋的位置示于图1-4、图1-5，其悬挑板、楼板均为曲线布筋。

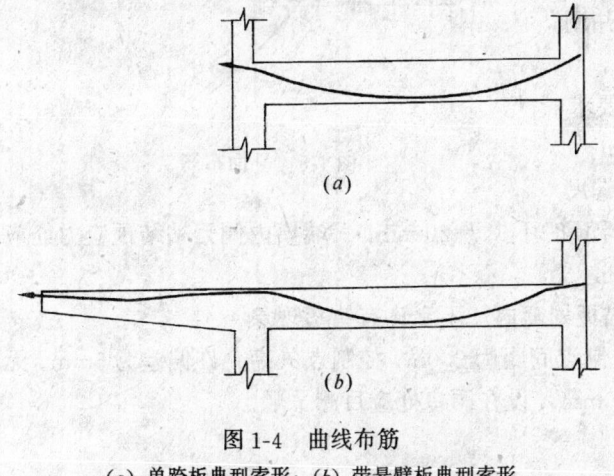

图1-4 曲线布筋
(a) 单跨板典型索形；(b) 带悬臂板典型索形

1.2.3.2 端节点构造

内筒、板内固定端和悬挑板、标准层楼板张拉端节点构造如图1-6所示。

1.2.3.3 无粘结预应力筋铺放工艺

1. 无粘结预应力钢丝束的检查

无粘结预应力钢丝束在铺放前，对钢丝束进行成束检查，是必不可少的重要工序，其主要内容包括：

(1) 修补运输过程中损伤的无粘结预应力筋的外包层；

(2) 逐根检查各种型号的钢丝束的长度，对镦头锚具如发现镦头端钢丝长短差大于5mm时，则整束切除并重新镦头；

(3) 用丝锥、板牙修理锚具上的内、外螺纹，逐根将镦头锚螺母与锚体试配组装，如发现不合配时，应重新套丝或更换锚体；

(4) 逐根安装定位螺杆。

2. 无粘结预应力筋铺筋施工过程

(1) 安装端部节点。按不同型号的无粘结预应力筋的间距，在端模上开孔，按孔位通过端部预留孔将承压板固定在模板上，并在楼面模板上标记曲线预应力筋型号、支承点位置；

(2) 安装无粘结预应力筋的支架。在非预应力底筋和管线安装好后，按标记出的支承点位置焊设通长钢筋支架，支架高度按计算的该位置的无粘结预应力筋曲线矢高控制；

(3) 铺设无粘结预应力筋。由于楼盖无粘结预应力筋横向为单向曲线配置，四角曲线筋相互交叉，铺筋时应根据各种型号预应力筋的走向和位置矢高不同编制好铺筋顺序。

对镦头锚具要特别注意，应从张拉端开始，用定位螺栓按不同伸长值逐根定位，并按顺序将预应力筋与支架绑扎好，在张拉端平直段要绑扎牢固，否则很有可能张拉时锚体丝纹与承压孔边缘相碰而使丝纹受损坏。

(4) 安装螺旋筋。分别在张拉端承压板内侧和固定端锚板前区安装螺旋筋，并固定之。

待非预应力筋绑扎好后，要逐根再次检查定位螺栓是否有松动位移，并调整好镦头锚具的埋入深度。

3. 无粘结预应力筋的铺设质量要求

(1) 承压板允许垂直偏差±3mm；

(2) 无粘结预应力筋张拉端外露尺

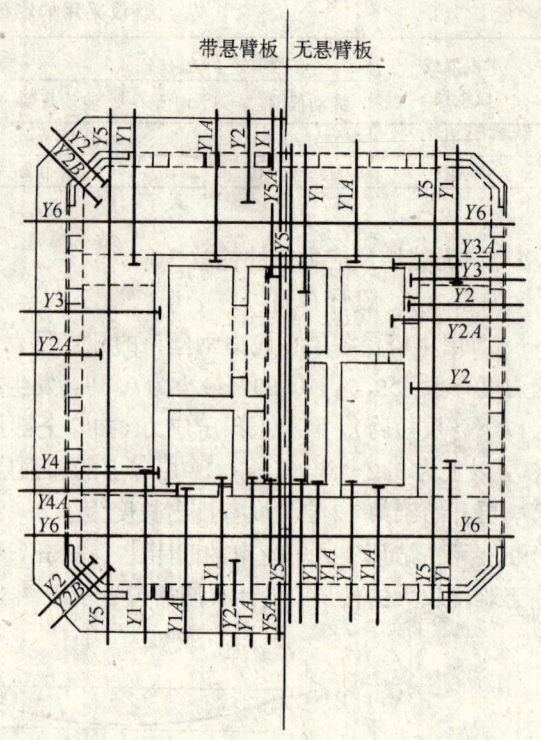

图 1-5 平面布筋

寸不可少于600mm（当用前卡式千斤顶时不少于200mm）。端模内侧无粘结预应力筋应与承压板相垂直，平直段不小于300mm；

(3) 固定端钢丝镦头必须打入锚板划窝内，不允许有错落现象；

(4) 无粘结预应力筋曲线矢高控制点间距为2.0m，控制点矢高允许偏差为5mm，无粘结预应力筋水平方向允许偏差为±30mm，设在洞口处应目测平顺。

1.2.4 无粘结预应力筋的张拉

1.2.4.1 张拉设备

无粘结预应力筋用YC20D型穿心式千斤顶和前卡式千斤顶进行张拉，张拉设备使用前应配套进行校核，绘出张拉力与油表标记关系曲线，以确定压力表读数。千斤顶前部配有顶压器，张拉时夹片紧压顶压器，使钢丝束自由拉伸，放张后顶压夹片，将钢丝束锚固。

中国建筑科学研究院及北京市建筑工程研究院制的前卡式千斤顶，其各项性能满足设计要求，操作工艺简单，张拉速度快，而且钢丝束张拉后的外露长度较穿心式千斤顶可节约300mm左右。

本工程每层楼盖配置四套张拉设备同时张拉，每组配备2~3人，每层楼盖张拉时间6~8h。

1.2.4.2 张拉工艺

(1) 夹片式锚固体张拉前要剥掉露在混凝土板端外部钢丝束的塑料外包层，并测量外露钢丝束的原始长度，根据编号顺序记录在专项记录表中，两端张拉所测的数据必须同编号对应记录。

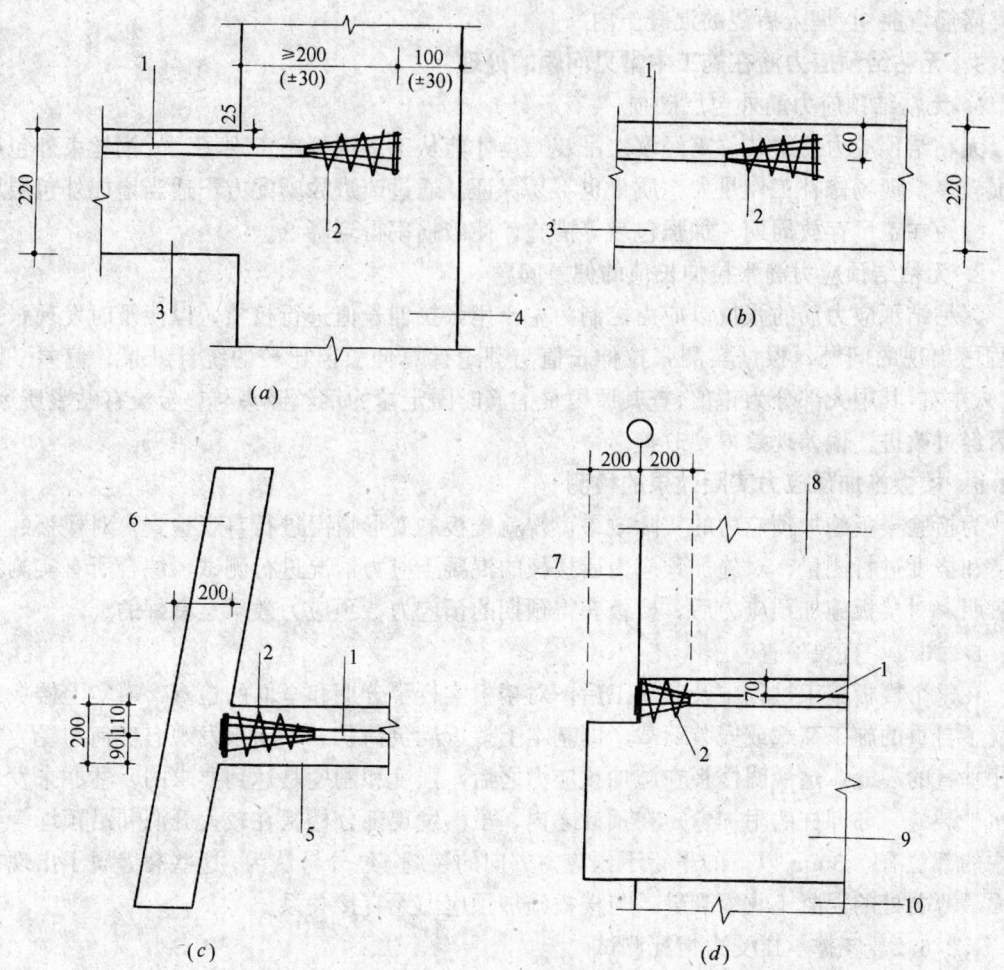

图 1-6 悬挑板及标准层张拉端、固定端构造图
(a) 内筒固定端；(b) 板内固定端；(c) 悬挑板张拉端；(d) 标准层张拉端
1—无粘结筋；2—螺旋筋；3—楼板；4—内筒；5—悬挑板；
6—后浇混凝土；7—裙梁（后浇）；8—上柱；9—裙梁；10—下柱

(2) 钢丝束张拉时，混凝土强度不得低于设计的强度标准值的 75%，每根无粘结预应力筋的张拉控制应力 $\sigma_{con}=1120$ MPa，考虑到内、外筒刚度较大，为能使预应力施加于本层楼板上，在施工进度安排上应保证本层楼盖的无粘结预应力筋在上层楼板混凝土未浇筑前张拉完毕。

张拉方法采用一次超张拉法，即按 $0\rightarrow 1.03\sigma_{con}$ 的张拉程序张拉。

(3) 张拉力是以油泵的油表读数来控制，理论计算张拉伸长值是现场实测张拉伸长值的校核依据。当实测弹性伸长值超过理论计算值 10% 或小于理论计算值 5% 时，应停止张拉，分析原因，采取措施予以纠正后，才能继续进行张拉。

(4) 张拉前按设计无粘结预应力筋的受力情况编排好张拉顺序，使张拉过程有序地进行。

(5) 张拉完毕检查确认无误后，对镦头锚具，应立即灌汴防锈油脂，对夹片锚具，应把外露筋弯曲 90°埋入后浇的混凝土内。

1.2.5 无粘结预应力筋在施工中常见问题的处理

1. 无粘结预应力筋外包层破损

无粘结预应力筋组装件需经多次吊装搬运才能从工厂运抵施工现场，故钢丝束外包层破损较多，现场修补工作量大，质量也不易保证。通过改进涂塑配方，适当增加外包层厚度，缩短在工厂存放周期，加强包装等措施，使破损率得到降低。

2. 无粘结预应力筋张拉伸长值的偏差问题

无粘结预应力筋的张拉以应力控制为主，用张拉伸长值进行校核，以便及时发现张拉过程中出现的问题，根据实测张拉伸长值与理论计算伸长值比较的统计结果，偏差平均±4%左右，其中大部分为正值，查其原因是铺筋时固定端的钢丝镦头与垫板没有贴紧所致，以后经过改进，偏差现象得到改善。

1.2.6 楼板施加预应力实际效果的检测

为检验楼板施加预应力的实际效果，曾就楼板的变形情况进行直观检查，对楼板的反拱度和挠度进行测量，对施加预应力后楼板的混凝土应力情况进行测试，综合所有实测结果表明，对楼板施加预应力后，楼板获得预期的预应力，预应力效果是良好的。

1.2.6.1 直观检查

在整个楼板施工过程中及其完工后，对楼板实行了分期和全面的检查，事实上楼板已承受了自重的施工荷载或安装荷载，即基本上接近满负荷状态，尚未发现有任何与受力方向相垂直的裂缝，这说明楼板在施加预应力之后，强度和刚度是达到要求的，柱亦未发现有水平裂缝，亦即柱的附加弯矩在预计之内，虽然发现部分楼板在较大开洞和沿预埋管线集中的部位有 0.3mm 以下的平行于预应力方向的裂缝，经分析认为，这些裂缝属于出现在截面最薄弱处的混凝土收缩裂缝，与楼板施加预应力无直接关系。

1.2.6.2 支撑承压受力情况测试

通过实测模板支撑在不同工作情况下的压力与对应楼板变形（反拱和挠度）的相互关系，初步掌握了无粘结预应力混凝土楼板的荷载传递规律和楼板受力情况，从楼板在施加预应力过程中和建立预应力后的变形情况，可推导出对楼板施加预应力的实际效果。

例如，第 n 层楼板在施加预应力前，测出楼板下支撑承受的压力值和该层楼板标高值，接着在安装第 $n+1$ 层楼面模板及支撑后，测出第 n 层楼板有微小的下挠，第 n 层楼板下的支撑压力也略有增加；当张拉第 n 层楼板的无粘结预应力钢丝束后，由于预应力筋张拉引起了第 n 层楼板的支撑压力减小，第 n 层楼板挠度减少，这证明预应力筋张拉后，第 n 层楼板产生了反拱度；当浇筑第 $n+1$ 层楼板混凝土后，由于荷载增加，通过第 n 层楼板的传递，第 n 层楼板面上和面下的支撑压力明显增加，第 n 层楼板的下挠度又增加，这个支撑压力和楼板挠度的变化过程，可定性地证实楼板的预应力有实际效果。

1.2.6.3 第 62 层楼板混凝土应力实测结果

为了直接了解楼板在无粘结预应力筋张拉过程中及张拉后的应力值及其变化情况，本工程采用在楼板内埋设钢筋应力计的测试方法，测得了由预应力筋开始张拉直至拆除全部上下支撑整个过程不同时间的楼板混凝土应力值，由于主客观原因，这项测试工作仅在第 62 层楼板上进行。测试结果见表 1-6。

从测试结果可知：

62层楼板混凝土应力测试结果（压应力 MPa）　　　　　表 1-6

测试日期		12月18日		12月20日		12月21日		12月29日	
现场情况		62层板张拉完		63层板混凝土浇筑完		62层支撑拆除		上下支撑全部拆除	
测点位置		板面	板底	板面	板底	板面	板底	板面	板底
边部跨中	1	0.600	0.890	0.726	0.848	1.280	0.918	1.173	0.978
	平均	(0.745)		(0.787)		(1.099)		(1.076)	
中部跨中	2		2.281		2.059		1.682		2.342
	3	0.886	3.311	1.946	2.560	3.371	1.785	2.057	1.844
	5	0.839	2.702	2.016	2.163	3.293	1.229	2.704	1.911
	7	1.298	2.090	2.405	1.307	4.099	0.313	3.719	0.808
	9	1.139	2.912	1.893	2.224	3.054	1.427	2.797	2.236
	10	0.732	2.467	1.840	2.014	3.107	1.466	2.238	2.316
	平均	(0.978)	(2.627)	(2.020)	(2.054)	(3.385)	(1.317)	(2.703)	(1.917)
支座	4	2.570	1.411	2.254	1.745	1.728	2.633	2.335	1.977
	6	1.704	1.939	1.537	2.612	1.563	3.305	1.666	3.159
	8	1.875	1.328	1.694	1.718	1.197	2.604	1.748	2.436
	11	2.322		2.353		2.129		2.563	
	12	2.186		1.387		1.458		3.205	
	平均	(2.131)	(1.560)	(1.845)	(2.025)	(1.614)	(2.847)	(2.303)	(2.524)
板测点总平均		(1.824)		(1.986)		(2.291)		(2.362)	
扁梁	17		1.985		1.424		1.296		1.437
纵向	14		0.248		0.625		0.825		0.880
	15		0.217		0.307		0.580		0.901
	16		0.433		0.698		0.985		1.141
	平均		0.299		0.543		0.797		0.974

注：1. 点13因引线破坏而无测试。
　　2. 62层楼板于1989年12月9日浇筑完。

（1）楼板在施加预应力后，楼板混凝土全部处于受压状态，不出现拉应力，与理论分析结果相吻合。

（2）随着无粘结预应力钢丝束的逐根张拉，混凝土的压应力亦逐步增加。同时，在进行某根预应力筋张拉时，对未进行预应力筋张拉或已进行预应力筋张拉的楼板部分产生影响，使其压应力增加，说明全部无粘结预应力筋张拉完之后，楼板将会具有整体预应力效果。

（3）整个楼层无粘结预应力筋刚张拉完时，混凝土的总平均压应力为1.825MPa，而考虑了相应阶段的预应力损失和超张拉后，按理论计算该层应具有的总平均压应力值为2.240MPa，即实际预应力效果为81.4%。同时可以看出，跨中部分板底应力大于板面应力，而支座部分恰恰相反，这说明预应力的分布与预应力钢丝束的设计曲线走向位置相吻合。

（4）拆除第62层楼板的上下支撑，即消除第62层楼板外界荷载影响后，第62层楼板有微小反挠度变化，此时楼板混凝土总平均压应力为2.362MPa，为理论计算平均值的105.4%。

（5）综合整个混凝土应力测试过程各阶段的应力变化情况，对楼板实际预应力效果进行评价，认为等于或大于85%是较为合适的。此外，楼板在自重作用下的弯矩仍小于消压弯矩，因而楼板的预应力效果也是肯定的。

(6) 扁梁只有一个下测点，进行测试分析虽缺乏足够说服力，但以拆除支撑后及预应力钢丝束配置量这一条件进行计算，其跨中截面底面预压应力为 2.7MPa，今实测值为 1.437MPa，即实际应力效果为 53%，与平面有限元分析结果基本相符。而且在自重下仍未全部消压，即事实上说明其具有预应力效果。不过与板相比，效果相对较差。

综上所述，可以说明对楼板施加预应力时，楼板实际可获得预应力，其应力变化过程是合理的，预应力效果也是好的。

1.2.7 结语

无粘结预应力混凝土楼盖的设计与施工技术在广东国际大厦工程中的应用，在无粘结预应力混凝土施工工艺方面具有突破性的意义。由于配合采用诸如泵送混凝土、SP-70 高效模板体系等多项施工新技术，为工程的优质、快速施工提供了技术保证。实践证明：无粘结预应力混凝土平板新技术完全具备了在超高层建筑工程中应用的技术条件，并为今后在高层建筑中推广应用，树立了典型范例。基本经验归纳如下：

(1) 本工程的无粘结预应力筋张拉工艺简捷可靠，在高层建筑施工中应用良好。

目前在国际上主要有瑞士 V.S.L 公司和英国 C.C.L 公司的锚固体系，而这些公司的锚固体系为直开缝夹片锚具，只能夹持由钢绞线制作的预应力筋。而在广东国际大厦工程采用的为斜开缝夹片锚具，其技术特点既能夹持高强钢丝束，又可夹持钢绞线。从对本工程采用的锚具的检验结果来看，锚具效率系数大于 95%，延伸率大于 2%，即锚固性能完全达到了国际预应力协会 (FIP) 对锚具所规定的技术标准。考虑到广东国际大厦工程的重要性，对锚具还进行了动载 200 万次抗疲劳试验，试验结果其抗疲劳性能超过了 FIP 的 50 万次的要求。此外，为满足抗震要求而进行了 50 次低周疲劳试验。所有这些试验结果表明，本工程所采用的锚固体系，已达到国际先进水平。

(2) 为了适应高空作业，操作面狭窄的工作条件，采用了国内最新研制的便携、高效的前卡式千斤顶以张拉预应力筋。这套张拉设备与以往使用的穿心式千斤顶相比，不仅操作简单，移动轻便，工效提高近一倍，从而加快了工程进度，而且大大地提高了张拉质量。由于减少了无粘结预应力筋钢丝束的外露尺寸（每端可节约 300mm 左右），从而大量节省预应力钢材。夹片锚固采用液压顶压，预应力筋回缩量小，仅为瑞士 V.S.L 公司锚具的回缩量 6mm 的三分之二，即 4mm。其经济效益和社会效益极为明显。

(3) 采用一端镦头锚具、一端夹片锚具的无粘结预应力筋，对于因预应力筋长度不同，种类繁多的工程来说，无疑是一种实用性很强的束型，它避免了由于两端镦头精下料不易控制而产生的钢丝之间相对长度不齐的现象。从而保证了每束预应力钢丝受力均匀。

(4) 无粘结预应力钢丝束采用了加入添加剂进行改性处理的、并提高了材料延性的高压聚乙烯作外包层，内加防腐油脂，从外包层的质量及预应力钢丝束的摩擦系数测定结果（$\mu<0.1$）来看，本工程采用的预应力钢丝束均达到了 80 年代国际同类产品的先进水平。

(5) 从本工程预应力钢丝束张拉记录和实测数据统计分析后可知，在无粘结预应力混凝土楼盖中建立的应力，误差仅在 5% 以内，钢丝束伸长值误差在 +10%、-5% 的范围内，完全符合有关施工规范的规定，达到了设计预期效果，因此工程质量是优良的。

(6) 从综合经济比较看到，本工程采用无粘结预应力混凝土技术获得了下列显著的经济效益和社会效益：

1) 本工程由于采用了无粘结预应力混凝土技术，使楼板厚度由原设计的 300mm 减为

220mm，从而总的节省钢材 420t，节省混凝土 750m³。

2）在满足挠度要求的情况下，220mm 无粘结预应力混凝土楼板的抗裂度优于 300mm 的非预应力楼板。若保持同样层高，预应力楼板可增多 80mm 净空高度，如若保持同样的净高，则主楼全高可减少约 4.5m。

3）本工程为当时国内外建筑界所关注的工程，无粘结预应力混凝土技术的应用成功，为国际同行提供了一个好的工程实例，也为该技术在国内的应用起了良好的推动作用，收到了巨大的社会效益。

本工程无粘结预应力混凝土施工技术经建设部科技司主持鉴定，一致认为达到国际先进水平，并获得建设部科技进步二等奖。

1-3　泵送混凝土施工技术

本工程采用混凝土泵输送混凝土，一次泵送 C60 级混凝土高度达 201.5m，创造了当时国内一次泵送高度的新记录，为超高层建筑中高强混凝土泵送技术的应用提供了经验。

1.3.1　搅拌站、泵机及管路布置

根据工程施工场地的具体情况，混凝土搅拌站及泵机的平面位置只能设置在二期工程的Ⅶ区内。为此采取了搅拌机出料后直接向泵机受料斗卸料的方案，在泵机位置及泵管位置的平面布置上考虑了下述原则：

（1）搅拌机的混凝土出料口和泵机受料斗面的高差应能保证混凝土能自卸且不离析；

（2）泵的平面位置应考虑备用泵位；

（3）搅拌机的混凝土出料口，位于泵管干线的轴线走向上；

（4）两台泵机可互换投入运行；

（5）按双泵一管布置，泵管的干线走向应平直且能覆盖整个工程，以保证并便于裙楼及副楼等工程混凝土全部采用泵送；

（6）根据地形情况，泵管在泵机出料口处保持一平直段，然后通过弯头转为一平直段，平直段的标高统一在 +1.00m 标高，用钢筋混凝土支墩找平，其间距直线段为 3m，转角处设钢筋混凝土墙墩，以加强转角处抗震、抗推力能力，进入楼层后所有钢筋混凝土支墩均与楼面锚固。

搅拌站、管路平面布置如图 1-7 所示。

1.3.2　泵机输送能力计算

根据搅拌站、泵机的平面布置，考虑泵的计算输送水平距离为 164m，垂直高度为 202m。

1.3.2.1　搅拌站、泵机的选择

在选购混凝土搅拌站时，考虑到本工程完工后该站将转成为永久性商品混凝土搅拌站，为此选用了德国"埃尔巴"（ELBA）牌，型号为 EMC-60 的混凝土搅拌站，搅拌机容量为 1000L，年产量 12~15 万 m³。

在选用混凝土泵时主要考虑到需一次性将混凝土泵送到 200m 主楼楼顶，故选用了德国"大象牌"（PUIZMEISTER）混凝土泵，型号为 BSA2100H，该泵为双缸液压活塞泵。理论混凝土泵最大泵送压力为 160Bar（即 16MPa）。柴油发动机功率为 167kW，相应的最大理论排量为 65m³/h。根据说明书该泵换算输送水平距离可达 1000m，高度则可达 300m。

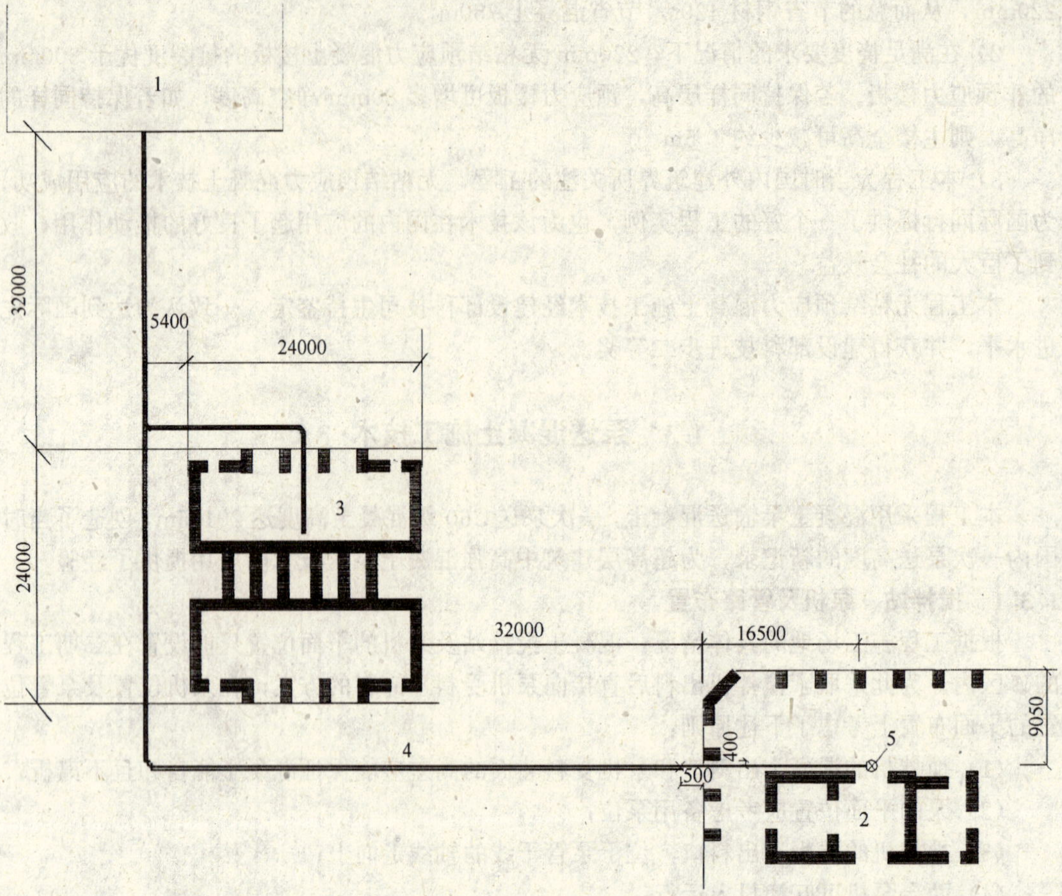

图 1-7 混凝土搅拌站、输送管路平面布置

1—混凝土搅拌站；2—主楼；3—A 副楼；4—水平混凝土输送管（长 134.0m）；5—垂直混凝土输送管

1.3.2.2 混凝土泵送能力计算

1. 基本计算资料

水平直管 134m，楼面布料水平直管 30m，共水平直管 164m，垂直管 202m。

弯头：45° 2个，90° 7个

连接头：水平接头 45 个，垂直接头 68 个

锥形管（Y）：一个，闸阀一个

管路及其连接设备的换算系数，按大象牌说明书提供的资料及德国其他厂商及国内有关换算资料。

按厂方提供的水平距离 1000m 或相应的垂直高度为 300m 的关系换算。

2. 本工程换算泵送水平距离

$$L = (134 + 30) + 202 \times 3.33 + (2 \times 6 + 7 \times 9) + (45 + 68) \times 5/10 + 40 + 40$$
$$= 1048\text{m} \approx 1000\text{m}$$

3. 本工程折算垂直距离

$$H = 202 + 1/3.33(134 + 30 + 12 + 63 + 56.5 + 40 + 40) = 314.66\text{m} \approx 300\text{m}$$

经计算分析所需泵送能力已达到泵机设计能力。

1.3.3 泵送混凝土配合比设计

1.3.3.1 泵送混凝土配合比设计方案选择原则

泵送混凝土配合比方案的选择是能否一次泵送到顶的关键问题。从工程开始就着力于配合比方案的试验研究,在选择方案可行性研究中考虑了下述原则:

(1) 经计算分析考虑到泵送所需实际能力已用足并稍超过一些设计能力,为此确定泵送到 150~200m 高程时控制排量在 $20m^3/h$,降低泵送速度,减少阻力,力争一泵到顶。

(2) 外加剂的选择要既能满足混凝土可泵性要求又能满足早拆模板及预应力筋张拉对混凝土早强的要求,即混凝土 3 天强度应达到设计强度标准值的 50%~55%,7 天强度应达到设计强度标准值的 75%~80%(本工程 7~63 层为后张无粘结预应力混凝土楼板)。

(3) 外掺料选用一级粉煤灰,其掺量以满足混凝土可泵性要求为准,且应不影响混凝土早期强度的增长。

(4) 坍落度随高度增加而适量增加,骨料宜适量加大细粉含量。石子的最大粒径选择小粒径方案,低层时粒径为管径的 1/4 (5~30mm),高层时为管径的 1/5 (5~25mm)。

(5) 泵送到 200m 高度时相应的混凝土强度力争达到 C60 级以上,为今后超高层建筑采用高强度混凝土提供应用实例。

1.3.3.2 混凝土骨料级配曲线

大象牌混凝土泵,厂家资料要求骨料颗粒组分能够符合德国国家标准 DIN1045 的骨料级配曲线 (图 1-8) 的规定,曾调查了近 10 个石场都不够理想,显然广州的地方石料是难以满足要求。

按厂商提供的 DIN1045 曲线,每立方米混凝土中粗细骨料的含量为:

0~4mm 砂　47%　810kg
4~8mm 骨料　15%　260kg
8~16mm 石子　18%　310kg
16~32mm 石子　20%　340kg

上述骨料级配曲线是包含细骨料在内的,而我国规范规定砂、石是分别筛分的,粒径 5mm 为砂、石的分界直径。但 5mm 砂的筛余量应为石子,而 5mm 石的过筛量应列为砂子,越是砂、石级配不好,这部分就越是不应忽略。

结合我国实际并参考德国 DIN1045 曲线,采取在骨料级配的选择上,分别控制 0.315mm、5mm、15mm 的过筛量。例如,0.315mm 在 15%~30%,5mm 在 40%~60%,15mm 在 90%~100%。砂的细度模数在 2.0~2.5。现场施工时根据实际情况对砂、石在每立方米混凝土中的含量再进行"微调"。

图 1-9 及图 1-10 分别为本工程实际使用的不同细度模数的砂子及石子的筛分曲线,其中 A 曲线为 200.0m 高 C60 级混凝土的砂石筛分曲线。

根据泵送至 200.0m 高的 C60 级混凝土每立方米中所用的砂、石数量曲线计算得的骨料(包含粗细骨料)级配曲线如图 1-11 所示。为与西德曲线相对比,故图中一并绘制了 DIN1045 曲线。

由图 1-11 可见,C60 级混凝土的砂、石骨料级配曲线在 DIN1045 曲线 B (适宜)与 D (最适宜)曲线之间。按通常计砂率为 36.4%。

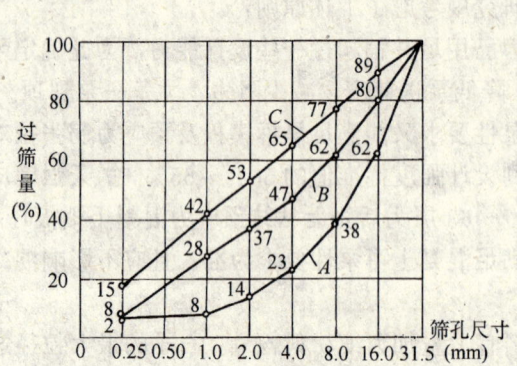

图 1-8 德国 DIN1045 骨料级配曲线
B—适于泵送最佳级配曲线；
A，C 曲线间—可泵区范围

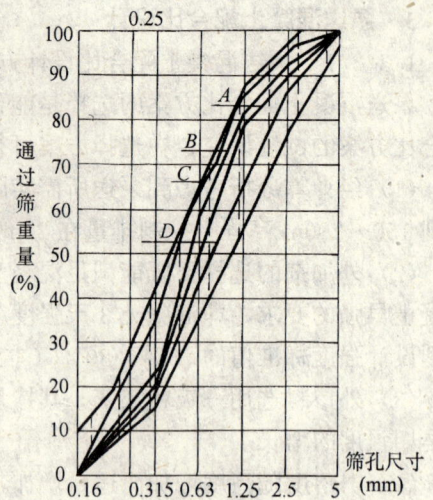

图 1-9 不同细度模数的砂子筛分曲线
A—细度模数为 2.51 的砂；B—细度模数为
2.3～2.5 的砂；C—细度模数为 1.9～2.24 的砂；
D—细度模数为 2.6～2.73 的砂

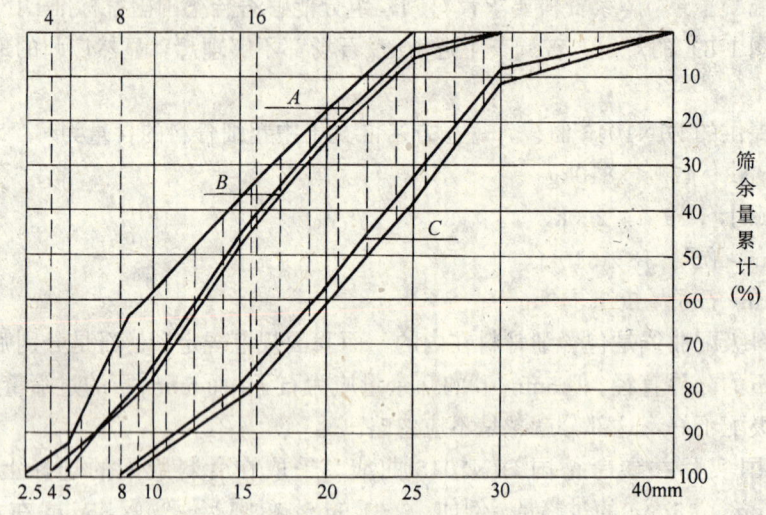

图 1-10 石子筛分曲线
A，B—粒径 5～25mm 的石子；C—粒径 5～30mm 的石子

根据工程实践，将泵送至 100～150m、150～200m、200.0m 直升机坪的混凝土的砂、石经筛分后分别换算成骨料（包含粗细骨料）级配曲线，见图 1-12，在此基础上统计分析得出建议的适宜级配曲线（如图 1-12、图 1-13），考虑到广州地区砂、石级配的波动情况，参照德国 DIN1045 曲线，结合实际泵送情况及混凝土强度的变化，得出了建议的不可泵曲线，在不可泵曲线范围内是可泵的。图 1-12 为建议的泵送混凝土骨料级配曲线与本工程实际泵送的混凝土骨料级配曲线对比图。图 1-13 为建议的泵送混凝土骨料级配曲线与 DIN1045 标准级配曲线对比图。

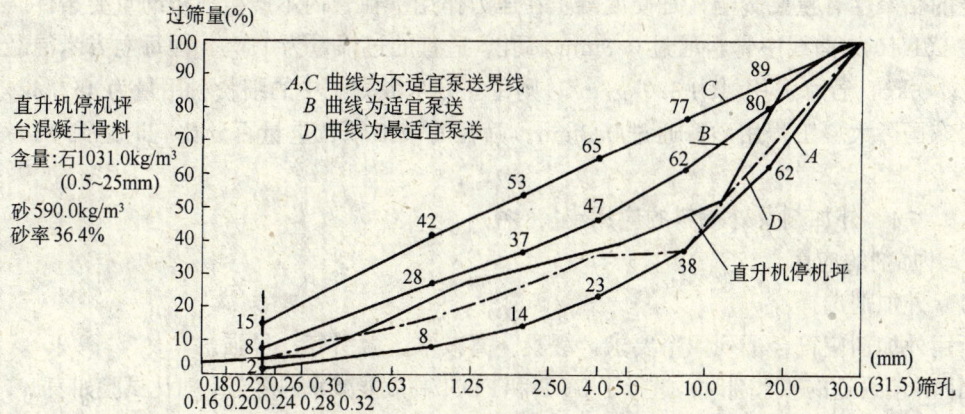

图1-11 63层直升机停机坪所用混凝土骨料及德国DIN1045骨料筛分曲线

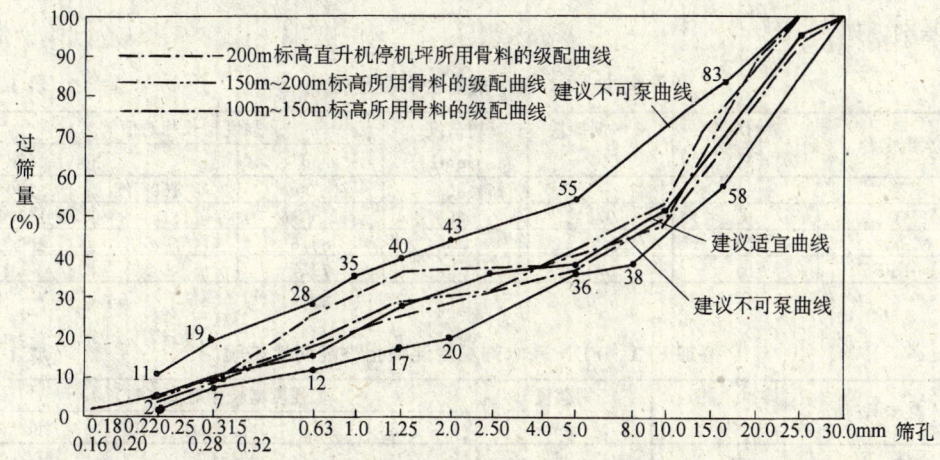

图1-12 建议的泵送混凝土骨料级配曲线与本工程实际泵送的混凝土骨料级配曲线对比图

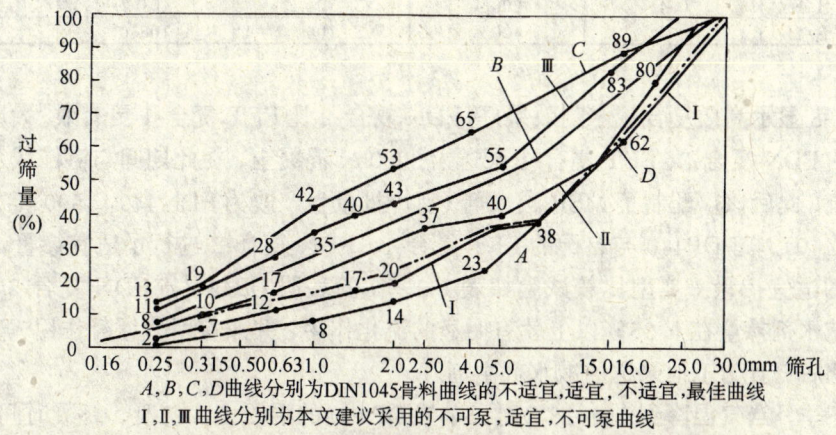

A,B,C,D 曲线分别为DIN1045骨料曲线的不适宜,适宜,不适宜,最佳曲线
Ⅰ,Ⅱ,Ⅲ曲线分别为本文建议采用的不可泵,适宜,不可泵曲线

图1-13 建议的泵送混凝土骨料级配曲线与DIN1045标准级配曲线对比图

1.3.3.3 细粉料的含量

粒径小于0.3mm的砂颗粒保水能力较强,通过0.3mm筛孔的微细砂颗粒与水泥组成细粉料,其在每立方米混凝土中的含量很重要,它对提高混凝土的保水性和稳定性、改善

混凝土的粘聚性有重要影响,是使混凝土在压力作用下在管内不产生离析的重要条件。

在 DIN1045 曲线中骨料通过 0.3mm 筛孔。适宜的过筛量为 13%,即每立方米混凝土中约 137.6kg,若水泥用量为 320kg/m³,则每立方米混凝土中的细粉料用量为 457.6kg。

广东国际大厦工程用砂,通过 0.3mm。筛孔的微细颗粒重量百分比有时达到 15%~30%。

1.3.3.4 外加剂及外掺料的应用

1. 外加剂的应用

(1) 外加剂选择

所用外加剂应符合下列四个要求:缓凝、高减水、微引气、早强。

当尚未有合适的减水剂时,选择了 FFT 和 FDN 高效能减水剂复合。对比试验如表 1-7。

表 1-7 显示掺加 FFT 复合剂后混凝土 28d 强度基本不降低,坍落度增加 55%,而 3d 强度偏低,也反映了复合减水剂比单一减水剂效果好,但不同高效减水剂的复合其效果亦有较大差别,如表 1-8。

掺加 FFT 减水剂复合混凝土性能 表 1-7

减水剂名称	掺粉煤灰 (%)	减水剂掺量 (%)	坍落度 (mm)	强度增长相对值 (%)		
				3d	7d	28d
不掺	—	—	80	100	100	100
FFT	10	0.3	65	124.6	111.7	107.7
M 剂	10	0.25	100	86.6	84.6	98.7
M 剂+FFT	10	0.4	125	79.7	83.2	98.1

掺加 FFT、FDN 减水剂复合混凝土性能对比试验 表 1-8

减水剂型号	掺量 (%)	坍落度 (mm)	强度增长相对值 (%)		
			3d	7d	28d
不掺	—	95	100	100	100
FFT 复合-1	0.4	145%	105	86.7	100
不掺	—	100	100	100	100
FFT 复合-1	0.4	200%	104	101.7	109
FDN 复合-2	0.4	400%	106	106.0	110

表 1-8 显示高效复合减水剂效果好,FDN 复合-2 比 FFT 复合-1 更有效。大厦施工初期用自配的 FDN 复合-2、FFT 复合-1 泵送了 3000m³ 混凝土。在此期间与湛江减水剂厂进行技术交流,此后该厂配制了 MSP 减水剂(后小批量生产改为 FDN440,1990 年 2 月鉴定定名为 DP440)。将 DP440 与自配的 FFT 复合-1、FDN 复合-2 进行了适宜掺量试验,以求 DP440 的适宜掺量。典型比较试验如表 1-9。试验表明 DP440 与 FDN 复合-2 性能相似,DP440 减水剂掺量在 0.35% 以上就有明显的流化作用,并兼有引气缓凝作用,混凝土和易性好,此后一直为工地泵送的减水剂主剂。

在冬季,当气温降到 16~18℃ 时,单掺 DP400 的混凝土,初凝、终凝时间延长一倍,这是一开始未估计到的,影响无粘结预应力混凝土楼盖不能如期拆模及预应力筋不能如期张拉。为此又将 DP440 减水剂再复合(添加早强剂),如表 1-10 为单掺 DP440、DP440 复合-3、FDN-5 复合-4、FDN-5 混凝土性能的对比试验。试验表明 DP440 复合-3 减水剂早期强度可提高 20%~30%,解决了 1988 年、1989 年冬季施工 3d、7d 强度的要求,表 1-11 为现场实用试验结果。

(2) 减水率试验

经试验 DP440 减水率可达 10%～20%，坍落度增大近 1.3～2.5 倍，适宜配制坍落度为 140～230mm 大流动性泵送混凝土。在常温下坍落度泵前与出口损失为 0～10mm；在气温 32～34℃时，坍落度损失约为 10～30mm，损失率约达 5%～15%。在气温 30℃静态状态下，半小时坍落度损失率为 50%，经 1h 坍落度损失率为 70%。掺 DP440 混凝土与基准混凝土比较，其减水效应如图 1-14 所示。

掺加 DP440 及 FFT 复合、FDN 复合减水剂混凝土性能对比试验　　　表 1-9

减水剂名称	$\dfrac{W}{C}$	减水剂掺量（%）	坍落度（%）	抗压强度（MPa）		
				3d	7d	28d
—	0.55	—	100	21.5	28.7	39.0
FDN 复合-2	0.55	0.35	325	20.7	27.7	38.2
FFT 复合-1	0.55	0.35	150	20.8	27.7	36.3
英德 525 水泥，$C=327$ kg（基准 356），$W=180$ kg，$S/G=38.0\%$						
—	0.55	—	100	21.9	29.9	36.9
FFT 复合-1	0.55	0.40	150	21.2	28.2	34.3
DP440	0.55	0.25	200	20.7	30.1	36.9
英德 525 水泥，$C=327$kg，$W=184.0$kg，$S/G=38.0\%$						
—	0.4	—	100	26.7	43.4	62.1
DP440	0.4	0.35	340	26.1	43.1	56.3
英国 525 水泥，$C=485$kg，$W=194$kg，$S/G=40.0\%$						

掺加各种减水剂混凝土性能对比　　　表 1-10

减水剂名称	掺量（%）	坍落度（%）	3d 相对强度（%）
DP440	0.4	100	100
DP440 复合-3	0.43	100	121.3
FDN-5	0.4	100	100
FDN-5 复合-4	0.43	138	109.3

DP440 复合—3 减水剂　工程实用试验　　　表 1-11

工程部位	减水剂名称	掺量（%）	坍落度（mm）	相对强度		
				3d	7d	28d
17 层梁板	DP440	0.35	180	100	100	100
17 层梁板	DP440 复合-3	0.35	180	138	130	111
19 层梁板	DP440 复合-3	0.35	200	111	115	110
61 层梁板	DP440 复合-3	0.35	220	107～148	121～128	104～118
62、63 层梁板	DP440 复合-3	0.35	190	121	107	100

(3) 压力泌水量试验

混凝土在泵压输送中泌水情况，通常是进行压力泌水试验来测定，它是通过压力 3.5MPa 的恒压下来测定混凝土 10s、140s 的泌水量（V_{10}、V_{140}），一般在 10s 时的泌水量（V_{10}）越小，则 10s 至 140s 的泌水量（V_{140-10}）值就越大，混凝土的保水性就越好，这可用相对压力泌水率 $S_{10}\left(\dfrac{V_{10}}{V_{140}}\times 100\%\right)$ 或 $S_{140-10}\left(\dfrac{V_{140}-V_{10}}{V_{140}}\times 100\%\right)$ 指标来反映。

从表 1-12、图 1-15 表明，掺 DP440 减水剂的混凝土的压力泌水最缓慢，证明其保水性较稳定。

根据大厦工地泵送混凝土压力泌水试验资料统计,单掺DP440复合-2、DP440复合-3以及双掺泵送混凝土,实测的混凝土压力泌水曲线均落在图1-15的阴影区,该区是可泵区。

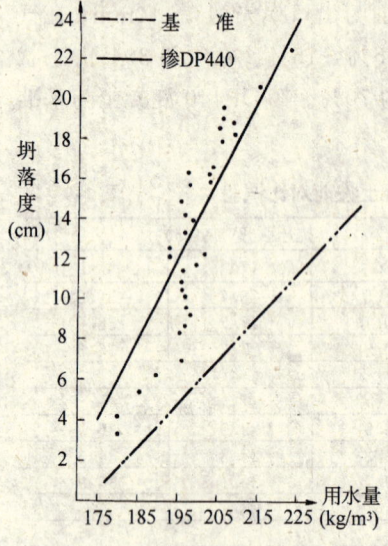

图1-14 DP440混凝土与基准混凝土减水效应比较

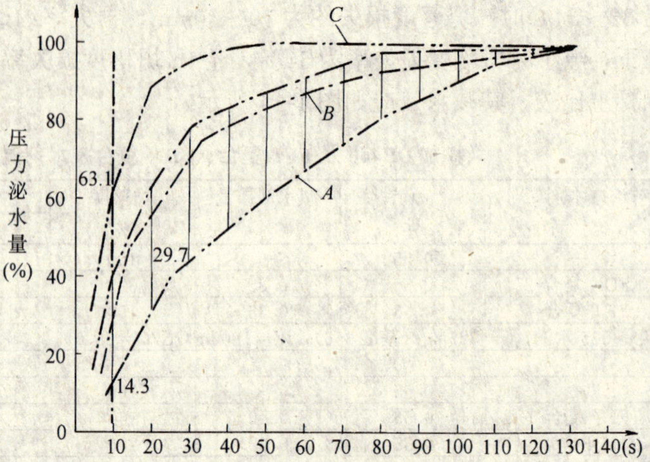

图1-15 掺不同减水剂的混凝土压力泌水情况
A—掺DP440混凝土;B—掺水钙混凝土;C—基准混凝土

各种混凝土的压力泌水试验结果 表1-12

减水剂 相对压力泌水率	S_{140-10} (%)	S_{10} (%)
基准混凝土	38.7	61.3
木钙混凝土	71.0	29.0
DP440混凝土	85.7	14.3

(4) 含气量试验

泵送混凝土引进适量而又均匀微小的气泡,可以改善混凝土的和易性,DP440减水剂的引气量经试验都没有超过3%。对刚搅拌出料未经振捣的混凝土,含气量为1.2%～2.5%,经振捣后减少为0.5%～1.1%,曾测定第61层双掺(粉煤灰和DP440复合-3减水剂)混凝土的含气量,在未振捣时为1.2%～2.5%,经振捣后含气量为0.6%～1.1%,屋顶直升机停机坪C60双掺泵送混凝土,在未振捣前为1.5%～2.5%,经振捣后减少为0.5%～0.6%。

德国泵厂商提供的资料,泵送混凝土的含气量应不大于3.0%,故合乎要求。

(5) 混凝土凝结时间试验

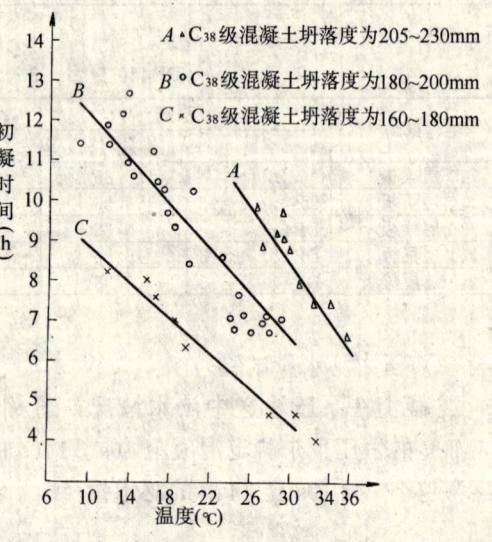

图1-16 混凝土初凝时间

DP440减水剂缓凝作用，是随着不同强度的混凝土，不同水泥量、砂率、气温、湿度、坍落度变化而不同，但最主要的影响因素是气温、坍落度和水灰比。现将工地泵送混凝土初、终凝时间测试资料整理如图1-16所示，图中三条直线是表示三个不同坍落度范围的初凝时间关系线，气温越低、坍落度越大，初凝时间就越长。

初凝时间最短4h，最长达14h，初凝时间延长，水泥水化放缓，有利于混凝土在管路停留时间，这对预防管道堵塞是有利的。如61层（189m标高）梁板浇筑时，因机械故障抢修停机时间达2h尚未堵管。

（6）抗渗试验

掺DP440减水剂及超细粉煤灰的混凝土，抗渗性能有显著提高，C28级～C38级混凝土抗渗等级可达P12以上，曾进行过极限抗渗试验，抗渗等级高达P40，渗透深度才50～130mm。原因是超细粉煤灰具有一定活性，其反应产物对水泥石的孔结构起到填充细化作用，使水泥石的密实性提高，因而提高了混凝土的抗渗性和耐久性。

2. 外掺料的应用

外掺料选用粉煤灰。这是一种有活性的水硬性材料，它与水泥水化时析出的氢氧化钙相互作用，生成水化硅酸钙凝胶，沉积在水泥石的孔隙中，如前所述，可提高混凝土的抗渗性和耐久性。另一方面粉煤灰中圆滑的微细颗粒在混凝土中可能起到"滚珠轴承"的作用，从而可提高混凝土的流动性，降低泵送压力。此外，泵送混凝土需要有足够的0.3mm以下的细粉料，特别是当广州河砂0.3mm以下含量不足的情况下就更有使用粉煤灰的必要。如果考虑混凝土强度同时提高耐久性时，则超细粉煤灰的粒径要比水泥小一个数量级，即其平均粒径应小于10μm。

所选用的粉煤灰需要达到下列四个要求，即：提高塑性、保水性、凝聚性、基本不影响施工中原定的对混凝土3d、7d强度的增长要求。掺量以达到提高可泵性为目的。

（1）粉煤灰品质选择

根据上述要求选择了六家厂的粉煤灰作了18批次的检验，检验结果表明：风选含微珠粉煤灰优于水选含微珠粉煤灰，水选粉煤灰优于磨细粉煤灰。由于搅拌工艺要求，入仓配料以风选灰含水量低为佳，有关检验结果见表1-13，其中以广西田东的粉煤灰较好。

六家厂粉煤灰成分、品质检验结果　　　　表1-13

指标 \ 厂名抽检批次	一级粉煤灰	广州西村电厂	沙角电厂A厂	上海商品	山东	株洲电厂	广西田东电厂
		1、2、3、4	1、2、3	1、2	山东1	1、2	1、2、3
细度 0.08mm方孔筛余（%）	<5	6.40 1.80 1.60 6.00	23.0 26.0 36.0	5.80 5.20	4.60	1.40 1.00	0.40 0.05 0.40
烧失量（%）	<5	4.93 3.51 5.45 8.25	6.69 7.32 7.23	6.45 7.74	5.48	1.07 0.71	1.56 0.73 1.13
需水量比（%）	≤95	100 107 102		109.1 93.0	107.0	95.5 86.2	95.7 97.0 91.0
三氧化硫 SO$_3$（%）	<3	0.09 0.21 0.03 0.72	0.30 0.38 1.15	0.56 0.21	0.53	0.19 0.16	1.78 0.66 0.17
含水率（%）	<1	1, 1.13 1.34		1.3		1.44 0.00	<1
二氧化硅 SiO$_2$（%）		55.43 55.10 56.92 50.79	49.10 47.57 47.90	48.94 48.25	47.86	60.45 60.55	54.86 56.65 56.11
三氧化铁 Fe$_2$O$_3$（%）		5.67 7.37 0.20 5.34	7.50 7.25 9.54	6.79 5.16	7.11	3.85 5.08	6.22 6.25 5.64

续表

厂名 抽检 批次 指标	一级粉煤灰	广州西村电厂 1、2、3、4	沙角电厂A厂 1、2、3	上海商品 1、2	山东 山东1	株洲电厂 1、2	广西田东电厂 1、2、3
三氧化铝 Al_2O_3（%）		29.68 27.04 28.10 27.52	35.02 34.0 32.53	34.72 32.96	33.67	29.25 27.53	25.56 26.81 25.46
氧化钙 CaO（%）		2.27 2.67 2.37 2.91	2.45 2.73 2.50	2.35 3.40	3.22	1.14 2.67	5.42 5.53 6.02
氧化镁 MgO（%）		1.02, 1.31 1.10 1.71	0.93 0.72 0.98	0.87 0.92	0.77	1.41 2.30	1.57 1.47 1.64
表观密度		2.18 2.12 2.07		2.27 2.07			2.23 2.01 2.21
外观说明	原状湿灰	风选干灰	原状干灰	磨细干灰	磨细干灰	水选微珠干灰	风选微珠飘灰

（2）掺粉煤灰混凝土的性能试验

选择了四家厂的粉煤灰，对混凝土流动性、凝结时间、早期强度和后期强度的增长及掺量的影响，以及对DP440减水剂的适应性方面进行了对比试验，总共进行了22批次，试拌了199个混凝土配合比，397组试验，结果以掺量为12.3%的广西田东灰较佳，见表1-14。本来粉煤灰掺量还可以增加到20%，但当时尚不清楚掺粉煤灰混凝土的长期性能，楼盖又是无粘结预应力混凝土，如收缩率及徐变等比不掺粉煤灰的混凝土大，则预应力损失大，如预应力值满足不了设计要求就是大问题，故粉煤灰掺量仍控制在15%以内。以后经过长期性能的试验证明，掺粉煤灰的混凝土其收缩率及徐变并未增大，而且还稍为减少。

四家厂粉煤灰、坍落度、强度比较资料　　表1-14

减水剂名称		粉煤灰掺量			水泥用量	坍落度	抗压强度（MPa）			
FDN440 (DP 440)	掺量（%）	厂家	百分率（%）	用量（kg）	(kg/m³)	(mm)	3d	5d	7d	28d
同上	0.33	株洲	12.3	54	396	200	27.9	32.7	30.7	46.7
同上	0.35	田东	12.3	54	396	190	30.5	33.6	33.2	47.6
同上	0.35	西村	12.3	54	396	130	27.4	33.4	34.7	44.6
同上	0.35	（上海）山东	12.3	54	396	90	28.8	34.9	33.9	47.2

（3）掺粉煤灰混凝土配合比试验

掺粉煤灰混凝土，大大地改善了混凝土的保水性、和易性，提高和改善了混凝土的粘聚力，坍落度约增加10～20mm，含气量略有增加，约在2.5%～3.5%之间，凝结时间比不掺延长30min，混凝土3d强度约降低5%～8%，不致影响拆模时间，试验资料见表1-15。

粉煤灰混凝土的性能　　表1-15

编号	$\dfrac{W}{C}$	配合比 $W:C+F:S:G:Ad$	粉煤灰掺量（%）	坍落度(mm)	抗压强度（MPa）			
					3d	7d	28d	60d
S_1	0.40	190 : 475+0 : 683 : 1040 : 0.4%	0	120	32.3	46.9	59.9	64.3
S_4	0.40	190 : 404+71 : 655 : 1040 : 0.4%	15	200	25.9	43.4	59.2	58.3
S_5	0.40	190 : 380+95 : 645 : 1040 : 0.4%	20	210	27.2	43.2	59.5	71.9
S_6	0.40	190 : 365+119 : 635 : 1040 : 0.4%	25	180	22.8	40.0	55.5	75.7
S_2	0.45	190 : 422+0 : 736 : 1032 : 0.4%	0	100	27.1	43.9	52.7	51.3
S_7	0.45	190 : 380+42 : 719 : 1032 : 0.4%	10	140	31.8	38.5	53.2	58.1
S_8	0.45	190 : 359+62 : 711 : 1032 : 0.4%	15	180	19.2	35.6	50.6	56.2

续表

编号	$\dfrac{W}{C}$	配合比 $W:C+F:S:G:Ad$	粉煤灰掺量(%)	坍落度(mm)	抗压强度(MPa)			
					3d	7d	28d	60d
S_9	0.45	190:338+84:702:1032:0.4%	20	200	17.3	31.8	52.1	66.9
S_3	0.50	190:380+0:786:1016:0.4%	0	100	20.4	32.9	46.8	52.6
S_{10}	0.50	190:361+19:779:1016:0.4%	5	150	16.8	32.3	48.5	51.9
S_{11}	0.50	190:342+38:772:1016:0.4%	10	160	14.1	26.0	41.1	46.2
S_{12}	0.50	190:323+57:764:1016:0.4%	15	200	15.4	29.9	45.9	50.6

注：水泥：英德525R 硅酸盐水泥；广西田东粉煤灰（飘灰）DP440 减水剂；
砂：细度模数2.15；碎石粒径：5～30mm。

1.3.3.5 混凝土配合比设计程序

混凝土配合比的确定是保证强度及可泵性的关键，其设计程序如图1-17所示。

1.3.4 混凝土强度质量控制

本工程混凝土质量的管理，实质上是可泵性及强度的管理，也就是从原材料到浇筑成型后强度的系统管理。从以下几个主要方面进行控制管理。

1. 建立管理的规章制度

根据现场集中搅拌的特点建立了下列制度：《广东国际大厦钢筋混凝土工程施工技术操作规程》、《广东国际大厦工程泵送混凝土施工操作细则》、《混凝土拌制管理暂行规定》、《广东国际大厦工程试验工作暂行细则》。

2. 抓好四个管理环节

（1）实行混凝土配合比设计及试验项目标准化。为此，在工地设立工程试验室，配备专职试验人员。每一个配合比设计都经过反复试配（见图1-17），每一个配合比都经过工程技术负责人审核签认后方可使用。

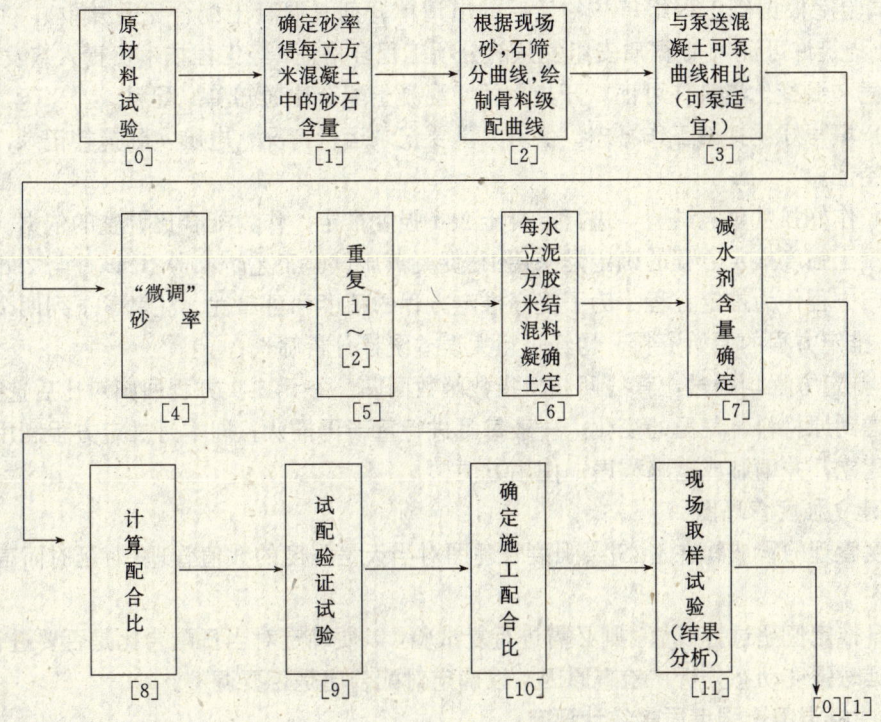

图1-17 混凝土配合比设计程序

每一个台班都必须按规定的项目进行检测及预留试件(见表1-16),检测试件要按楼层规定的平面划分位置预留。

混凝土施工技术资料表   表 1-16

项目	位置	试件编号	制作时间	抗压强度试验编号	1h快速预测强度		混凝土抗压强度(MPa)				初凝		终凝		水泥品种及批号标号	压力泌水		砂石试验编号		坍落度			
					R_1	预测28d	3d	5d	7d	28d	测试时间	延续时间	测试时间	延续时间		绝对泌水量 V_{140} V_{10} (g)	相对泌水率 S_{10} S_{140-10} (%)	砂子	碎石	测试时间	数值(mm)	测试时间	数值(mm)
楼面同条件养护试件																							
出料口试件																							

负责人:　　　　　　复核人:　　　　　　记录:

(2) 执行混凝土浇筑许可证制度。混凝土浇筑前工长预先提交《混凝土配合比申请单》,试验室根据经工程组审核签发后的申请单开列《混凝土配合比通知单》,工长申请《混凝土浇筑许可证》,根据质安组签认的分项工程合格证,经工程技术负责人签发许可证,搅拌站凭《混凝土浇筑许可证》开盘,凭《混凝土配合比通知单》配料。

(3) 填写好搅拌站工作日志。值班人员要记录运行情况、电脑实际搅拌记录,交换班人员要签证。

(4) 作好强度预测试验,进行混凝土 28d 强度推定,作为配合比调整的依据。

混凝土强度推定方程的确定是采用 1h 促凝蒸压试验工艺,求得 1h 试件与 28d 试件的相关回归方程作为推定方程。为了提高推定方程的精度和可靠性,注意了下列两个问题:

1) 推定方程的原始资料,均经过粗大误差统计分析筛选;

2) 推定方程均经过:直线回归、指数函数回归、一元二次方程回归对比后选择。

考虑到原材料、气温的变化,一般每月进行重新再推认。即本月推定方程利用上月试验资料建立,并编制成电脑程序,使用方便。

3. 建立强度管理图

强度管理的警戒线在 $\pm 2S_{f_{uc}}$。强度管理图对当天是强度的数值管理,对延时而言是动态管理。

当日推定值超过警戒值,则必需进行复试验,以便确定对当日配合比是否要进行微调。

从延时强度动态分析,检查原因,以确定对配合比是否要调整。

1.3.5 主楼混凝土强度质量统计评定

由于强化混凝土强度质量管理,主楼各级混凝土强度的波动处于控制限值内,各强度等级混凝土的标准差能控制在4MPa以下，检验试件平均每60m³混凝土留置一组，混凝土强度评定汇总统计情况见图1-17。

混凝土强度评定汇总表 表1-17

$f_{cu,k}$	n	$m_{f_{cu}}$	$f_{cu,min}$	$S_{f_{cu}}$	P（%）	备注
C38	259	43.6	36.5	3.25	96.0	
C33（1）	144	36.1	29.2	2.86	95.1	
C33（2）	45	35.8	29.5	2.43	89	
C33（3）	92	42.4	35.5	3.30	100	
C28（1）	155	39.5	33.0	3.55	100	
C28（2）	329	43.1	32.4	3.69	100	
C60	21	61.7	59.1	1.23	95.2	

1.3.6 C60级混凝土的泵送

泵送至200m高度是施工中力争达到的目标。

首先在63层楼面处进行了试泵，每立方米混凝土水泥用量达498kg，经试验室试配得知试件强度后，使用表1-18的配合比，坍落度为220mm。

试泵C60级混凝土的配合比（kg/m³） 表1-18

水泥	水	粉煤灰	砂	石 5～25mm	DP440减水剂Ⅰ
498	226	75	609	1014	1%

在总结试泵情况的基础上，决定在屋顶直升机停机坪泵送C60级混凝土。降低了用水量，调低了水灰比，实测坍落度为190～200mm，配合比见表1-19。

直升机停机坪C60混凝土的配合比（kg/m³） 表1-19

水泥	水	粉煤灰	砂	石 5～25mm	DP440减水剂Ⅰ
498	198	75	590	1031	1%

注：广州西村水泥厂525号普通硅酸盐水泥；
　　砂、石骨料级配曲线见图1-11。

28d试件共21组，各组强度见表1-20。

C60级混凝土各组试件强度代表值（MPa） 表1-20

64	62.1	60.3	60.8	63.6	61.8	62.0	62.4	61.7	61.2
61.8	62.4	60.1	62.4	59.1	62.4	62.9	62.7	61.7	60.4
60.1									

$n = 21$，$m_{f_{cu}} = 61.7$MPa

$S_{f_{cu}} = 1.23$MPa

$f_{cu,min} = 59.1$MPa

按《混凝土强度检验评定标准》验收评定计算如下，

当 $n = 21$　$\lambda_1 = 1.6$　$\lambda_2 = 0.85$

$m_{f_{cu}} - \lambda_1 S_{f_{cu}} = 61.7 - 1.6 \times 1.23 = 59.03$MPa

$$\geqslant 0.9 \times C60 = 54.0 \text{MPa}$$

$$f_{cu,min} \geqslant \lambda_2 f_{cu,k} \geqslant 0.85 \times C60 \geqslant 0.85 \times 60 = 51.0 \text{MPa}$$

$$f_{cu,min} = 59.1 \text{MPa} > 0.85 C60$$

按强度等级验收该批混凝土评定为合格。

按混凝土生产质量水平评定如下：

强度统计 $S_{f_{cu}} = 1.23 \text{MPa} < 4.0 \text{MPa}$

强度不足60MPa的组数为1组

达到并超过强度60MPa的组数百分率$=20/21\times 100\%=95.5\%>95\%$，故混凝土生产质量水平评定为优良。

1.3.7 结语

1989年12月本工程混凝土一泵到顶，其所选用的混凝土泵按计算泵送能力已用足稍超一些。创造了当时国内泵送高度达201.5m的新记录，尤其是将C60级的高强混凝土一次泵送200m以上，为超高层建筑中应用泵送高强混凝土提供了工程实例。

1-4 SP-70高效模板体系的研究与应用

在现浇混凝土结构施工中，模板工程的费用占结构工程成本的25%～35%，其劳动量（劳动工日数）约占结构工程总劳动量的50%。故模板体系的选用和工程施工的质量直接影响到现浇混凝土工程的质量、成本和工期。因而不断改革和发展新的模板体系，将对建筑业的发展起到积极的促进作用。我国从50年代中期以来不断地对模板体系进行改革，发展了许多新的模板体系。70年代后期，在通用模板体系方面，为节约木材，发展推广了组合钢模板体系（以下称"小钢模"）。它是在日本钢模板体系的基础上发展起来的一种工业化模板体系。由于它具有组装灵活、操作简单、周转次数多、适用面广等优点，因此，很快便在全国得到了广泛的应用。小钢模在多年的实际应用中，也暴露了一些问题，如存在块小体重、拼缝多、易漏浆、工效低、刚度差、易变形等缺点。尤其是由于没有配备先进的支架系统，故仍未能从根本上改变我国模板工程中长期存在的楼板模板周转率低、墙柱模板需用大量的压楞、耗用大量钢材的落后状况。针对目前我国通用性模板体系中所存在问题，根据本工程的实际情况，并借鉴国外模板技术，在本工程施工中研究了一种新型钢框胶合板组合模板体系——"SP-70高效模板体系"，并首次全面应用于本大厦63层主楼结构的工程施工，证明了它的优越性能，取得了安全、优质、经济、快速的效果。

1.4.1 SP-70高效模板体系的构造特点

SP-70高效模板体系（包括SP-70A体系）由肋高为70mm的模板块和早拆支撑系统等组成。

1.4.1.1 模板块

模板块分平面模板和阴、阳角模板及联接角模等类型，其肋高均为70mm。平面模板（图1-18）的基本尺寸为600mm×1500mm，加上其它配套尺寸规格的平面模板，以及阴、阳角模板及联接角模，便可拼装成适应工程施工需要的各种不同形状和尺寸的模板。

平面模板的钢框采用特殊轧制的异型截面的钢型材焊接而成。面板则采用厚度为12mm的双面酚醛覆膜胶合板，用螺钉固定在钢框上，可双面更换使用。钢框截面初始采用

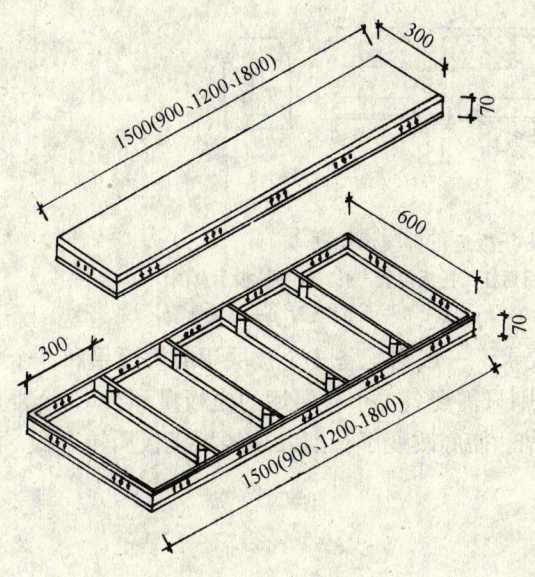

图 1-18 平面模板及尺寸

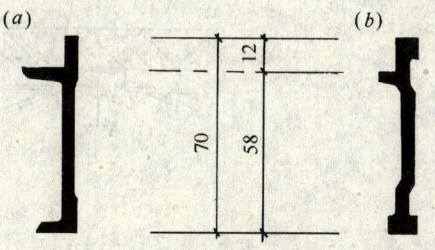

图 1-19 钢边框截面形状示意图
(a) SP-70 体系；(b) SP-70A 体系

近似槽钢截面（图 1-19(a)），经实际工程应用后，进一步改为近似工字形截面（图 1-19(b)），使其截面惯性矩远比小钢模体系的大。故本体系的模板块具有自身刚度大、强度高的特点。对墙柱模板约可节省 50% 以上的压楞与支撑材料。同时由于胶合板面板的表面经过酚醛树脂涂膜处理，故板面光洁、易脱模，且硬度高、耐磨、耐水、阻燃。从而保证混凝土表面光滑平整，清水混凝土表面也可不抹灰，综合经济效益高。

1.4.1.2 早拆支撑系统

本模板体系的楼板模板支撑系统（图 1-20）具有可早拆模板的独特功能。它由可调底座、支柱、桁架梁、悬臂梁、水平撑和斜撑等组成。在支柱顶端柱头设有带"T"形洞口的柱头托板（图 1-21(c)）。支模时，使支柱处于柱头托板的小洞口位置，并使支柱上的承重钢销托住柱头托板，桁架梁（用以支撑模板块）则支承在柱头托板上。拆模时，用铁锤敲击柱头托板使它滑动，当它的大洞口滑移至承重钢销位置处时，柱头托板便可越过承重钢销沿支柱自动下落（落距 115mm）至下面的下支承板上。与此同时，桁架梁和模板块也随柱头托板同时下落 115mm。随后工人便可将模板和桁架梁拆除。但支柱则仍然保留，它的上支承板仍撑住楼板底面，起着支撑楼板的作用。这种模板块拆除后，由于支柱仍支撑着楼板，使大跨度楼板拆模后仍处于短跨度（支柱间距小于 2m）支承的受力状态，因而可使混凝土的拆模强度降低为设计要求的强度标准值的

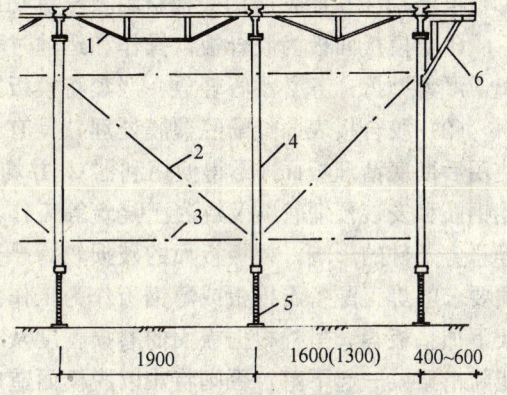

图 1-20 楼板模板支撑系统
1—桁架梁；2—斜撑；3—水平拉杆；
4—支柱；5—可调底座；6—悬臂梁

50%（注：跨度大于 2m 以上的楼板要求的拆模强度为设计要求的强度标准值的 75%～100%），这就是对大跨度（2m 以上）的楼板能实现提早拆模的根据。从而改革了传统的支拆模工艺，在保留支柱支撑着楼板的情况下，先拆除模板块，待楼板混凝土强度增长到足以在原全跨度条件下能承受自重和施工荷载时，才拆除支柱。采用这种早拆支撑系统，可以大大提高模板的周转率，减少模板的使用量。若使用传统的支撑系统，在高层建筑施工

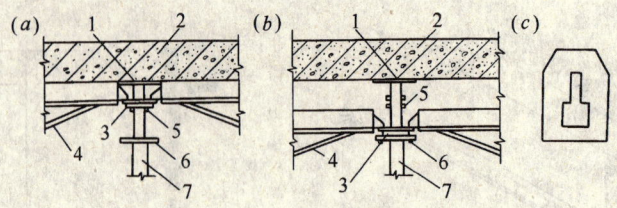

图 1-21 利用柱头托板进行拆模示意图
(a) 拆模前柱头托板位置；(b) 拆模后柱头托板位置；(c) 柱头托板示意图
1—上支承板；2—混凝土楼板；3—柱头托板；4—桁架梁；5—承重钢销；6—下支承板；7—支柱

中，为满足各楼层混凝土结构连续施工的要求，一般需配备3个楼层用的模板量和3个楼层用的支撑系统量。而采用早拆支撑系统，则只需配备1个楼层用的模板量和2~3个楼层用的支撑系统量；模板周转速度提高2~3倍，彻底改变了长期以来楼板模板周转率低、模板投入量大的落后状况。

1.4.2 模板施工程序及应注意事项

1.4.2.1 楼板模板支模与拆模程序

（1）支模程序如下：

放线（水平及支撑位置线）→立支柱→安装水平拉杆→调平支柱顶面→安装桁架梁→铺模板块→安装斜撑→模板块拼缝粘胶带→刷脱模剂→模板预检

（2）拆模程序如下：

拆除斜撑及上部水平拉杆→降下桁架梁→拆模板块→拆桁架梁→拆下部水平拉杆→清理维修运至下一流水段使用→待混凝土达要求强度后拆支柱

1.4.2.2 施工应注意事项

根据SP-70体系所用面板材料及早拆功能的特点，在施工中应特别注意下列事项：

（1）模板面板为胶合板，操作和运输过程均必须注意保护面板不受损坏，严禁硬砸乱橇，严禁抛掷，务必小心轻放。严禁将模板挪作它用。

（2）胶合板表面经酚醛覆膜处理，具有长效脱模剂作用和阻燃作用，但必须坚持每次使用后彻底清理板面（不得使用利器），并均匀涂刷脱模剂。另外楼板模板上面，由于要绑扎钢筋和安装预埋管线及混凝土浇筑等工作，人员走动和钢筋摩擦，还有设备和电焊焊渣等恶劣条件的影响，模板板面的破损较为严重。除教育各工种人员注意保护模板外，还必须要求电焊工配备石棉板或薄钢板作为工作面下模板的保护措施，泵送混凝土的布料杆机架下加垫板等。另外根据板面的磨损程度及时反转使用第二面，以确保早拆模板时模板块能随桁架梁一起下落，否则将难以脱模而造成乱砸乱橇局面。

（3）墙体模板的对拉螺栓孔，必须按配模图的设计要求预先钻好并将模板编号，严禁每次安装模板时乱拼板、乱钻孔。必须与预埋管线的人员协商好，严禁其贪图方便而乱钻孔。

（4）楼板模板配模时，必须验算楼板的钢筋混凝土抗弯和抗冲切承载力。因为早拆模板后支柱保留，此时楼板相当于变成了无梁楼盖的受力状况，如图1-22所示，当楼板厚度（h）较薄而混凝土强度又较低时，楼板有可能受冲切破坏。故楼板较薄时，支柱间距受到一定限制，此特点必须重视。

（5）必须根据施工进度要求和混凝土强度增长等情况，进行荷载传递分析，以确定楼板模板的拆模时间和支柱保留时间（即支撑配备层数），施工时必须按要求严格控制拆模及拆支柱时间，还必须保持上下层支柱基本在同一垂直线上，以确保受力安全。拆支柱以先拆跨中后拆两端为宜。

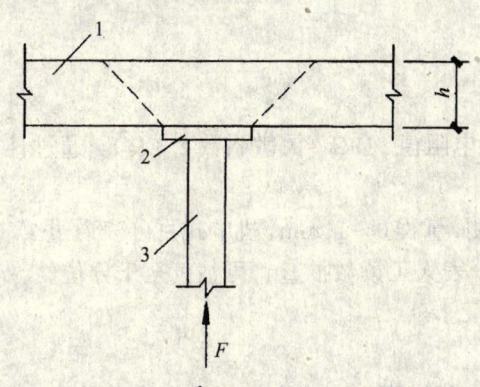

图 1-22　楼板受冲切作用示意图
1—楼板；2—上支承板；3—支柱柱头
h—楼板厚度；F—冲切力

1.4.3　SP-70 模板体系墙体模板的试验研究

SP-70 模板体系的设计计算，对于梁、板构件用的模板，可参照一般模板的设计计算方法，将模板及其支撑系统按梁、板、柱力学模型进行计算。对于墙体模板，由于墙模的对拉螺栓直接压在模板块的横肋上，受力情况较为复杂，不能将模板简化为按梁板模式进行计算。为了建立墙体模板力学分析的计算模型和验证墙体模板的承载力，并为进一步优化模板设计作一些探索，特对墙体模板进行了加载模拟试验。

1.4.3.1　试件与加载方法

试验方案采取模拟在泵送混凝土侧压力作用下的墙体模板类型，采用足尺试验的方法。试验模板为 3m×3m 的一堵墙模，墙厚为 300mm，用 SP-70A 体系的 20 件 600mm×1500mm 的标准模板块、8 件 300mm×1500mm 的模板块和其它配件拼装而成。其构造与实际施工时构造相同，但为适应水压加载的需要，增加了底部和顶部的封口模板，使墙体模板六面封闭。

模板荷载的加载采用水压法。它是通过装在模板内的水袋中的水位高低来获得，水袋灌满水后与一水箱连通，调整水箱的高低即可调整水位，从而达到调整加载数值的目的。根据静水压力分布规律，作用在模板上的荷载如图 1-23 所示。这样，根据水位的高低就可相应地确定模板所受的侧压力（q）。

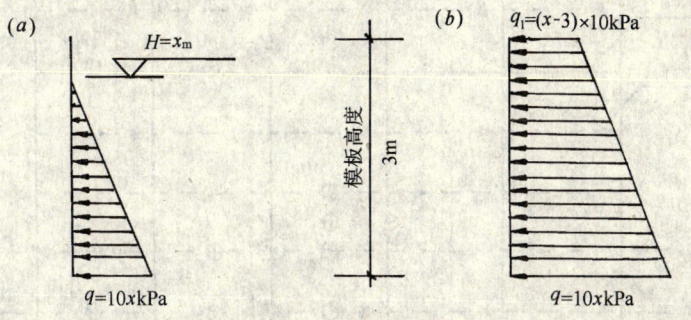

图 1-23　作用在墙体模板上的水荷载
(a) 水袋未灌满水时；(b) 水袋灌满水后
H—水位高度（m）

加载用的水袋，用聚氯乙烯薄膜通过高频热压机粘合而成，共用 5 个竖向放置的长条形袋，以避开模板的对拉螺栓，水袋之间加 12mm 厚酚醛覆膜胶合板隔开，以防其相互挤压变形导致破裂。水袋的尺寸比模板内尺寸略大，每边加长 10mm。另外，水袋与模板接触面之间涂布机油润滑，每个水袋均匀加水，水位差控制在 300mm。这些措施都是为了避免水袋局部受拉变形导致影响加载的准确性,避免水袋破裂而导致试验失败。

这种试验方法,简便可行。与利用橡胶袋作气压或水压加载相比,施加在模板上的荷载准确性较高,因塑料水袋略略受拉变形便会导致接口撕裂而漏水,不致因水袋受拉而减少了加荷值。

1.4.3.2 测定方法

(1) 水压测读,用卷尺测水位高度(H);

(2) 应变测读,用2×10纸基电阻应变片(电阻值119Ω,灵敏系数2.144),通过日本产7V08可编程序数据自动记录仪测试;

(3) 位移测读,用机电式和机械式百分表量测,量程$0\sim10\text{mm}$,机电式百分表通过7V08记录仪测读,可读至百分位。同时用机械式百分表人工读数抽查,可估读至千分位。

1.4.3.3 试验结果

1. 位移试验结果

位移测量点布置如图1-24所示。图1-25画出了模板钢框三个剖面的位移实测值(用实线连系),同时还标出了计算值(用虚线连系)。#18、#19为面板上的测点,其位移实测值见表1-21。

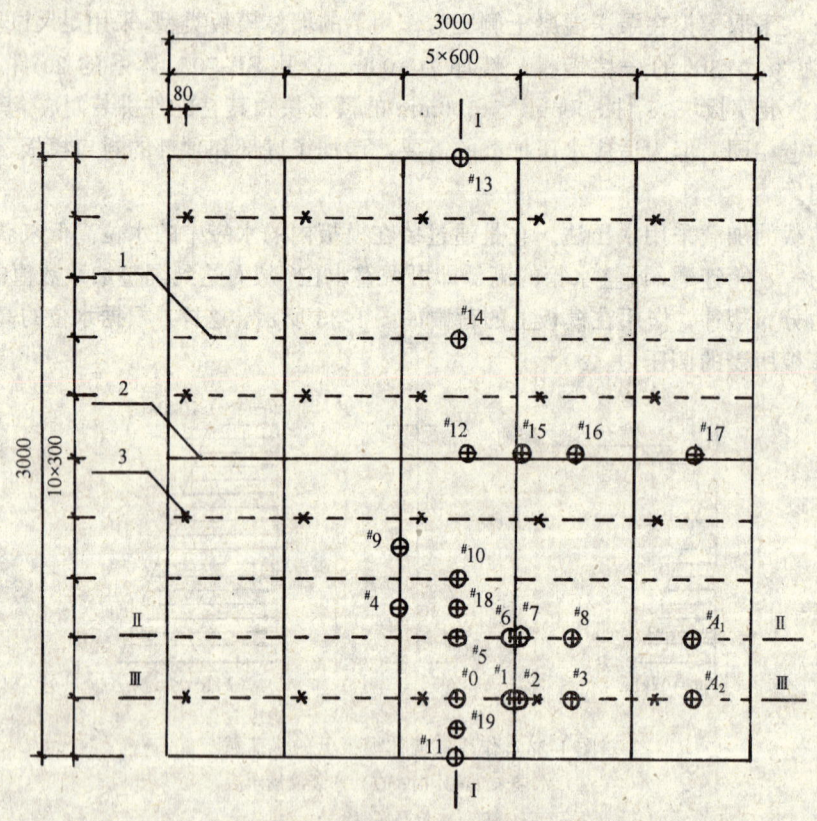

图1-24 位移测量点布置图
1—肋;2—边框;3—对拉螺栓

注:① 图中"⊕"表示位移测量点;
② #0~#19测点为机电式百分表,#A_1、#A_2为机械式百分表;
③ #4、#9测点为单表测模板边框的相对位移,其他各点均为单表测各点的绝对位移。

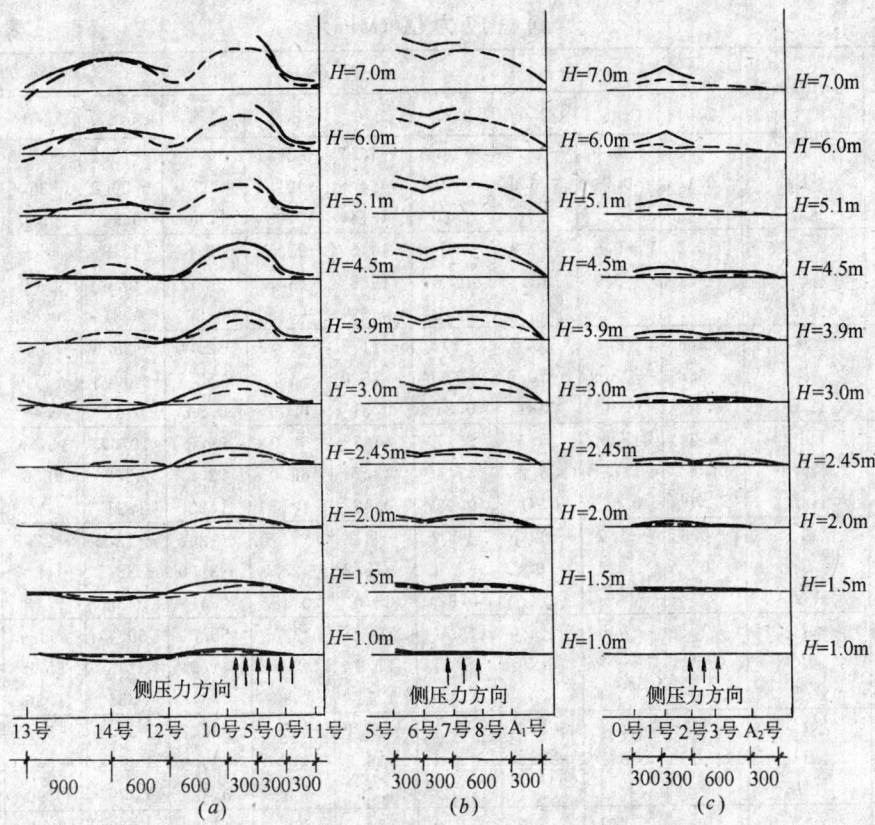

图 1-25 水位高度（H）不同数值情况下钢框的位移值
(a) Ⅰ—Ⅰ 剖面；(b) Ⅱ—Ⅱ 剖面；(c) Ⅲ—Ⅲ 剖面

注：①位移比例尺：2mm；②实测值的点用实线连系，计算值的点用虚线连系；③#10 测点在 $H>4.5$m 后其值不正常；④#A_1、#A_2 测点在 $H>4.5$m 后无读数，#2 测点在 $H>4.5$m 后其值不正常。

2. 应力试验结果

应力实测值通过 7V08 记录仪的记录值（即应变值），利用虎克定律换算得来，本次试验共贴了 58 片应变片，较有代表性的一些数据列于表 1-22、表 1-23，其测试位置见图 1-26。

对于钢型材，取 $E=2.06\times10^5$MPa

对于面板，取 $E=8200$MPa

面板位移值（单位：mm） 表 1-21

测点	位移值种类	H (m)								
		1.5	2.0	2.45	3.0	3.9	4.5	5.1	6.0	7.0
#18	A	0.31	0.42	0.56	0.69	0.99	1.25	(1.56)	(2.00)	(2.67)
	B	0.16	0.26	0.36	0.48	0.67	0.79	0.92	1.11	1.32
	A/B	1.94	1.62	1.56	1.44	1.48	1.58	(1.70)	(1.80)	(2.02)
#19	A	0.74	0.99	1.23	1.37	1.96	2.26	2.62	3.10	3.59
	B	0.62	0.84	1.03	1.27	1.66	1.92	2.18	2.57	3.00
	A/B	1.19	1.18	1.19	1.08	1.18	1.18	1.20	1.21	1.20

注：1. 表中 A（实测值）为相对值：$f_{\#18相对值}=f_{\#18绝对值}-(f_{\#5}+f_{\#10})/2$；$f_{\#19相对值}=f_{\#19绝对值}-(f_{\#11}+f_{\#0})/2$，(B 为计算值)。
2. 由于 #10 测点在 $H>4.5$m 后无测量值，上式改用 $f_{\#18相对值}=f_{\#18绝对值}-f_{\#5}$，表中相应数值用括号表示。

钢框应力值（MPa） 表1-22

测点	应力值种类	H (m)									
		1.0	1.5	2.0	2.45	3.0	3.9	4.5	5.1	6.0	7.0
#25i	A	-6.2	-9.0	-11.7	-14.0	-16.7	-20.7	-23.0	-25.2	-28.0	-30.5
	B	0.1	0.7	-6.9	-10.8	-14.6	-21.2	-25.6	-30.0	-36.6	-43.9
	A/B			1.70	1.30	1.14	0.98	0.90	0.84	0.70	0.69
#27j	A	-0.2	-0.6	-0.8	1.7	10.5	23.5	29.8	32.8	40.5	52.3
	B	-0.1	-0.9	9.4	14.6	19.8	28.7	34.6	40.6	49.5	59.4
	A/B			0.12	0.53	-0.82	0.86	0.81	0.81	0.88	
#32i	A	-2.6	-4.2	-6.4	-8.5	-11.3	-16.8	-21.0	-25.6	-33.4	-43.1
	B	-5.8	-13.9	-20.9	-27.7	-36.0	-46.6	-53.7	-60.8	-71.4	-83.2
	A/B	0.45	0.30	0.31	0.31	0.31	0.36	0.39	0.42	0.47	0.52
#33i	A	6.2	15.6	25.8	35.7	47.7	72.2	89.3	107.7	137.5	173.8
	B	7.8	18.8	28.2	37.4	48.7	63.0	72.6	82.2	96.6	112.5
	A/B	0.79	0.83	0.91	0.95	0.98	1.15	1.23	1.31	1.42	1.54
#38i	A	-0.6	-1.7	-2.5	-4.2	-9.2	-11.5	-12.6	-13.2	-23.3	-34.4
	B	0	0	-0.4	-5.1	-13.2	-23.9	-31.0	-38.1	-48.7	-60.5
	A/B				0.82	0.70	0.48	0.41	0.35	0.48	0.57
#39j	A	0	-0.6	1.5	9.7	19.9	42.0	55.0	69.7	102.9	135.2
	B	-0	-0	0.5	6.8	17.9	32.3	41.9	51.5	65.8	81.8
	A/B				1.43	1.11	1.30	1.31	1.35	1.56	1.65
#44i	A	-0.9	-2.4	-3.4	-7.4	-19.1	-27.7	-32.7	-39.4	-58.1	-81.9
	B	-0	-0.1	-0.6	-4.3	-15.2	-30.0	-39.9	-49.8	-64.7	-81.2
	A/B				1.72	1.26	0.92	0.82	0.79	0.90	1.01
#45j	A	0	-1.9	-2.9	-2.9	13.0	36.8	47.0	56.8	78.8	106.1
	B	-0.1	0.2	1.1	7.7	27.5	54.4	72.4	90.3	117.2	147.1
	A/B				-0.38	0.47	0.68	0.65	0.63	0.67	0.72
#55i	A	-11.5	-17.6	-23.9	-29.7	-37.1	-49.6	-58.4	-67.5	-81.7	-98.2
	B	-5.6	-15.5	-22.1	-29.4	-38.9	-54.3	-64.5	-74.8	-90.2	-107.3
	A/B	2.05	1.14	1.08	1.01	0.95	0.91	0.91	0.90	0.91	0.92
#57j	A	11.1	17.9	25.3	32.7	42.6	60.8	74.2	88.8	112.7	142.2
	B	10.1	28.0	40.1	53.2	70.4	98.3	117.0	135.6	163.5	194.5
	A/B	1.10	0.64	0.63	0.61	0.61	0.62	0.63	0.65	0.69	0.73
#62i	A	-5.8	-8.8	-19.9	-22.2	-26.0	-29.8	-33.5	-35.6	-48.7	-52.4
	B	-5.8	-13.8	-20.8	-27.6	-35.8	-47.1	-54.6	-62.0	-73.3	-85.7
	A/B	1	0.64	0.96	0.80	0.73	0.63	0.61	0.57	0.66	0.61
#63j	A	7.1	17.0	21.4	36.1	50.6	76.2	89.4	95.1	110.4	139.3
	B	7.8	18.7	28.1	37.3	48.5	63.7	73.8	83.9	99.1	115.9
	A/B	0.91	0.91	0.76	0.97	1.04	1.20	1.21	1.13	1.11	1.20

注：A 为实测值，B 为计算值。

面板应力值（MPa） 表1-23

测点	应力值种类	H (m)								
		1.5	2.0	2.45	3.0	3.9	4.5	5.1	6.0	7.0
#82	A	1.37	2.92	4.33	5.99	8.51	9.98	11.57	15.07	18.5
	B	1.27	2.13	2.90	3.85	5.41	6.44	7.48	9.03	10.7
	A/B	1.08	1.37	1.49	1.56	1.57	1.55	1.55	1.67	1.7

续表

测点	应力值种类	H (m)								
		1.5	2.0	2.45	3.0	3.9	4.5	5.1	6.0	7.0
#85	A	2.11	4.23	5.97	7.95	10.76	12.37	14.10	17.97	22.4
	B	2.81	4.27	5.59	7.20	9.76	11.58	13.34	15.97	18.9
	A/B	0.75	0.99	1.07	1.10	1.10	1.07	1.06	1.13	1.1

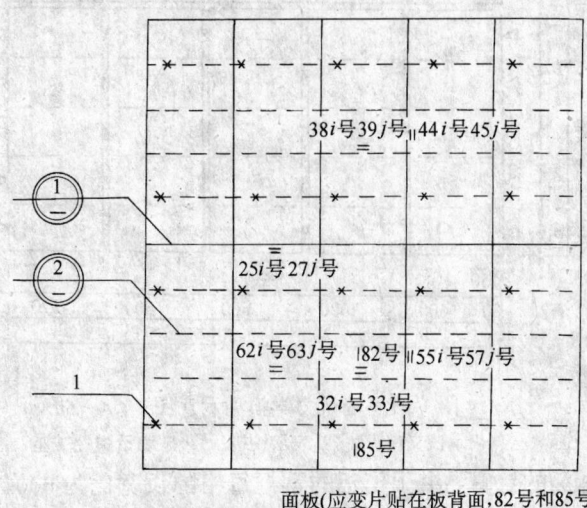
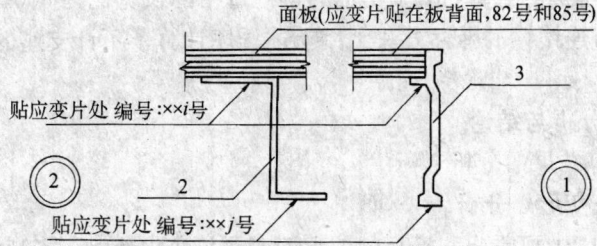

图 1-26 贴应变片位置示意图

注：①图中"="为贴在型钢上的应变片（两片）

②图中"—"为贴在面板上的应变片（一片）

1—对拉螺栓；2—肋型钢；3—边框型钢

1.4.3.4 计算分析的力学模型

1. 钢框力学模型

通过对墙模受力状况和测试数据的初步分析，选择了杆件有限元进行模板钢框的力学分析，利用北京大学力学系袁明武等编的"SAP84 结构分析通用程序"的"三维框架单元"程序，在 Compaq "386" 电脑上计算。

将墙模的底部和侧面的联接插销处，简化为铰支座；墙模顶部无约束；将板与板之间的联接插销处，简化为铰接；对拉螺栓则为弹性支座，如图 1-27 所示。整幅墙模共取杆件数为 500，节点数为 460。

加荷过程与试验相同，考虑到模板的对拉螺栓实际上仅受拉而不承受压力，故计算时将出现压力的对拉螺栓的应力值取零。

2. 面板力学模型

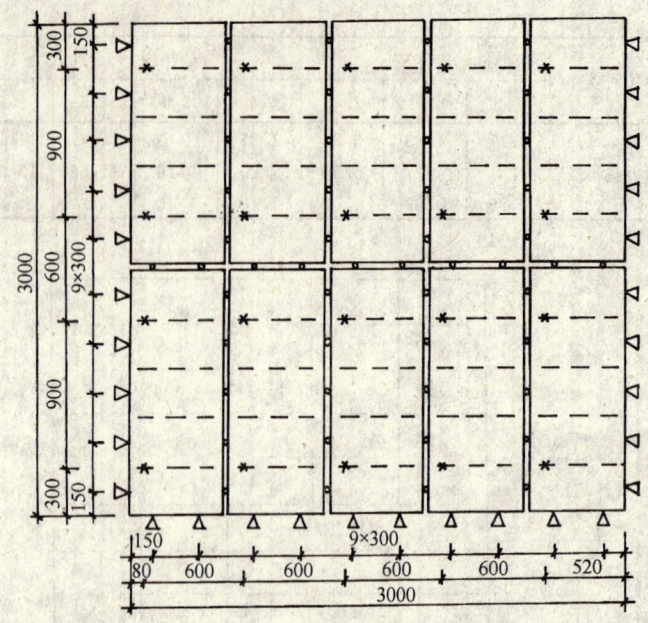

图 1-27 墙模力学模型示意图

注:"△"表示铰支座;"○"表示铰接;"×"表示弹性支座

面板(覆膜胶合板)的计算,由于模板的钢框每格的长宽比为600/300,故取单位尺寸宽度的板带,按五跨连续梁的弹性方法利用上述程序计算,不计支座的不均匀沉降(即钢框的变形)影响。

1.4.3.5 试验分析与结论

1. 对试验和计算结果的分析

(1) 钢框位移(变形)分析

从图 1-25 和表 1-21 可看出,模板的位移(变形)变化趋势,实测值和计算值较吻合,但图 1-25 (a) 中#13、#14 测点二者吻合较差,这主要是模板顶部(即#13 测点)边界条件的影响。计算时假定墙模顶部无约束,实际上有一定的约束(但远比墙模底部和侧面小)。另外,#14 测点附近是有一斜支撑(墙模稳定用)的影响。

位移(变形)的实测值大于计算值,其比值约为 1.1~1.6。对于钢框,有两个主要原因,一是模板块之间的错动(这可从#1、#2 和#6、#7 测点的实测位移差看出)增大了位移,计算时模板之间为铰接,没有考虑错动;二是墙模的支座位移(底部和侧面模板与其连接件的变形,这可从#11 和#A1、#A2 测点的实测值看出)增大了位移,计算时也没有考虑这些地方的变形。

(2) 面板位移(变形)分析

对于面板,主要是计算时没有考虑其支座的不均匀沉降(即钢框的变形),另外,板材的实际弹性模量可能偏低。

(3) 钢框应力分析

从表 1-22 的钢框应力比较中可看出,应力实测值与计算值变化趋势基本一致,然而两者数值上存在一些差异,主要是模板块之间的错动造成内力重分布,同时计算值仅考虑弯矩的作用,未考虑其他内力影响。由于墙模所受混凝土侧压力,其值通常在 30~60kPa 之间，这里暂且以水平高度 $H=3\sim 6m$ 来分析。从表1-22中将 $H=3\sim 6m$ 对应的 A/B 值取出，计算出这些 A/B 值的平均值 $x=0.834$，标准差 $s_n=0.300$。从中可以看出：钢框的应力实测值基本小于计算值。

(4) 面板应力分析

从表1-23可看出，面板应力实测值大于计算值，这与变形值相似，原因也相似。若弹性模量取值降低，则可导致变形计算值（KQL^4/EI）增大、应力实测值（$E\varepsilon$）的降低，较为合理。

2. 试验初步结论

通过试验和分析，可明确下列问题：

(1) 墙模的应力和位移实测值与计算值的变化趋势基本一致，所建立的力学模型能较好地反映墙模的受力特点。可以认为，实测值与计算值之间所存在的一些差异，是由于所建立的力学模型的某些假定条件与墙模的实际工作状况有某些出入所致（例如：模板块之间的联接错动；应力仅考虑弯矩的作用而未考虑其它内力影响；材料的弹性模量取值问题等）。

(2) 在58kPa水压作用下，模板块的钢框应力的实测值与计算值，均小于规范规定的强度设计值，满足强度要求。

(3) 在58kPa水压作用下，墙模的位移（变形）最大值接近5mm，其挠度为模板块跨度（1500mm）的1/300，可满足普通抹灰对构件表面平整度的要求。

(4) 在39kPa水压作用下，墙模的最大变形值小于3mm，其挠度仅为模板跨度的1/500，可满足中级抹灰对构件表面平整度的要求，故可保证混凝土构件表面平整光洁，做到不抹灰。

1.4.4 结论

通过对SP-70高效模板体系（包括SP-70A体系）的设计和试验研究，以及在本大厦63层主楼工程中的应用效益，可得出下列结论：

(1) 该模板体系支撑系统构造独特，具有早拆模板功能。在楼板现浇混凝土施工中，可实现在保留支柱情况下，3d拆除模板，因而在6d循环施工一个楼层的条件下只需配备一层的模板块，二～三层的支柱，可大大节约模板材料。

(2) 钢框具有独特的截面形状，因而在墙体模板中不需加压楞就能承受高达58kPa的混凝土侧压力，节约了大量压楞材料。

(3) 面板采用酚醛覆膜胶合板，脱模方便，并可双面使用。可提高模板的周转次数，减少摊销费用。

(4) 构造简单，装拆简便快捷，可提高工效二倍，施工安全。

(5) 该模板体系模板块刚度大，成型的混凝土表面平整光洁。

(6) 经济效益显著，可节约大量材料，降低模板工程费用。与小钢模相比，按楼板模板两层配模计算，每平方米的材料用量SP-70体系仅80kg，而小钢模需194kg，为SP-70体系的2.425倍。SP-70A体系与广州地区预算价相比，按80次摊销计算，可节约模板费用55%～63%。

(7) 所采用的墙模力学模型，能较好地反映墙模实际工作情况下的应力和变形的变化规律。

1-5 新浇筑泵送混凝土作用于模板的侧面压力

本工程主楼（63层）混凝土 10 万 m³ 全部采用泵送浇筑，泵送高度 201.5m，当时在我国还是首例。在《钢筋混凝土工程施工及验收规范》GBJ 204—83 中，提供的新浇混凝土作用于模板侧面压力计算公式使用范围为混凝土浇筑速度在 6m/h 以下，坍落度 150mm 以下。对于浇筑速度很快（6m/h 以上），坍落度不小于 160mm 的泵送混凝土，显然不适宜。为了找出适合广东国际大厦工程使用的侧压力计算公式，以保证模板设计安全可靠又经济合理，故决定在工地进行泵送混凝土侧压力试验。

1.5.1 试验结果分析

本试验所采用的主要测试仪器为"JXY-4 型压力盒"和"SS-Ⅱ型数字式钢弦频率接收仪"组成的量测系统。本测试工作是在混凝土柱和墙上进行的。测试时间从 1988 年 9 月至 1989 年 7 月，为期近一年，共获得观测数据近 30 组。经过整理后的数据资料如表 1-24，测试结果分析如下，

1.5.1.1 温度对混凝土最大侧压力的影响

温度包括环境温度和混凝土入模后的温度。而环境温度也要通过影响混凝土温度才发生作用。因此，混凝土入模后的温度是直接影响因素。因为温度是影响混凝土凝结、硬化的重要因素。因此，温度对混凝土的影响是时间的函数。但由于测试时混凝土温度值大多集中在 20℃～30℃之间，其变化幅度不大，因而还不能找出它对侧压力变化影响的确切规律。故仍遵循我国《钢筋混凝土施工及验收规范》GBJ 204—84 中的计算式取值，即取温度影响修正系数为：

$$K_T = \frac{50}{T + 30} \tag{1-1}$$

式中 K_T——温度影响修正系数；

T——混凝土温度（℃）。

1.5.1.2 混凝土坍落度对最大侧压力的影响

混凝土坍落度是间接反映混凝土混合物流动性固有物理性质的一个指标，它间接地反映了不同混凝土的极限剪切应力和粘度系数的差别，因而混凝土坍落度是混凝土侧压力的重要影响因素。但从表 1-24 的实测试验结果很难找出其影响的规律性。这一方面是由于泵送混凝土在本工程中因可泵性要求，其坍落度比较大（大于 160mm），变化幅度不大。另外混凝土的坍落度是在浇筑振捣前测定的混凝土混合物的一种物理性质，这种性质会在振捣时发生变化，而目前的技术水平及测试分析手段还不能测下反映这种变化了的属性的值。基于上述原因，本工程在探求计算式时暂将混凝土坍落度作为不变值来考虑。

1.5.1.3 浇筑速度对混凝土最大侧压力的影响

混凝土的浇筑速度是通过浇筑高度除以浇筑延续时间得出的。由于浇筑延续时间的不同，结构尺寸及类型的变化，以及工程实际的需要，使得混凝土的浇筑速度发生变化，慢的仅为每小时零点几米，快的达每小时几十米，这从表 1-24 中可以看出。表中所得实测试验资料可见，有些由于浇筑高度太低，使混凝土侧压力未出现最大值。本文认为，对于泵送混凝土，浇筑速度是影响混凝土最大侧压力的关键。为了寻求浇筑速度与混凝土最大侧

1-5 新浇筑泵送混凝土作用于模板的侧面压力

压力之间的变化规律,从表1-24中选取了有代表性的几组试验数据。同时,为了在其它条件相同或相近的情况下,考虑浇筑速度这一单因素对混凝土最大侧压力的影响,运用(1-1)式将各种温度下的实测压力值换算成20℃的混凝土侧压力值,得到如表1-25所示的数据。下面所进行的回归分析就是采用这些数据。

试 验 数 据 资 料   表1-24

编号	测试部位结构类型	混凝土配合比(水:水泥:砂:石)	减水剂	混凝土坍落度(mm)	混凝土温度(℃)	环境温度(℃)	浇筑高度(m)	平均竖向浇筑速度(m/h)	最大侧压力(kN/m²)
1	柱宽面	0.436:1:1.54:2.13	0.4% FDN 440	160	24	28	1.76	20.4	22
2	柱宽面	0.436:1:1.54:2.13	同上	160	24	32	1.76	18.6	34
3	柱宽面	0.436:1:1.54:2.13	同上	160	24	25	1.76	21.1	40
4	柱宽面	0.43:1:1.48:2.21	同上	180	28	22.5	1.76	20.6	42
5	柱宽面	0.43:1:1.48:2.21	同上	175	22	23	1.76	18.2	38
6	柱宽面	0.445:1:1.57:2.45	同上	190	18	22	1.76	22.1	42
7	圆柱	0.51:1:1.88:2.82	同上	200	25.5	20	4.35	16.5	64
8	墙外侧	0.456:1:1.59:2.39	同上	160	29	20.5	1.76	12.5	31
9	墙外侧	0.456:1:1.59:2.39	同上	160	32	24	1.76	10.3	38
10	墙外侧	0.445:1:1.48:2.45	同上	200	30.5	22	1.76	8.6	40
11	侧墙	185:315:815:1080	同上	160	22.2	14.7	4.69	0.18	25
12	内墙面	190:310:730:1170	同上	175	28.0	23.0	5.10	0.41	45
13	端侧墙	185:315:815:1080	同上	150	29.0	25.5	1.34	0.18	24
14	侧墙	185:315:815:1080	同上	110	26.5	19.5	1.80	0.72	31
15	墙	185:315:815:1080	同上	190	29		2.7	1.4	42
16	柱	185:315:815:1080	同上	180	14		5.5		35
17	柱	185:315:815:1080	同上	170	17		5.0		42
18	柱	185:315:815:1080	同上	100	22		6.0		44
19	内墙面	205:272:797:1056	同上	190	22	22.5	6.00	2.12	52
20	外墙面	192:350:780:1078	同上	180	40	32	6.25	1.25	53
21	柱面	192:350:780:1078	同上	160	19.6	18	3.66	2.0	53
22	柱	192:350:780:1078	同上	190	11.5		3.65	2.0	45
23	外墙面	200:286:783:1081	同上	170	24	25	4.70	4.86	59
24	柱	167:369:787:1048	同上	180	23.6	22	3.0	6.0	72
25	柱	167:369:787:1048	同上	160	12		5	45.8	44.5
26	柱	167:369:787:1048	同上	180	24		3	6	57

将实测值换算成温度为20℃时的侧压力值   表1-25

编号	坍落度(mm)	混凝土温度(℃)	浇筑高度(m)	浇筑速度(m/h)	实测值(kN/m²)	换算值(kN/m²)
1	160	22.2	4.69	0.18	25	23.9
2	175	28	5.10	0.41	45	38.8
3	180	40	6.25	1.25	53	37.9
4	190	11.5	3.65	2.0	45	54.2
5	160	19.6	3.66	2.0	53	53.8
6	190	22	6.0	2.12	52	50.0
7	170	24	4.7	4.86	59	54.6
8	200	25.5	4.35	16.5	64	57.7

许多混凝土侧压力研究者的试验研究均表明:在浇筑速度影响最大侧压力的范围内,混凝土最大侧压力 P 与混凝土浇筑速度 V 之间存在幂函数关系,即:

$$P = aV^b \tag{1-2}$$

式中　P——混凝土对模板的最大侧压力值（kN/m^2）；

　　　V——混凝土的浇筑速度（m/h）；

　　　a、b——待定系数。

为了确定待定系数 a、b 的值,以浇筑速度 V 为自变量,对表1-25的数据进行回归分析。

得最大侧压力与浇筑速度之间的关系式为:

$$P = 41.43 V^{0.1231} \tag{1-3}$$

将式（1-3）作适当的简化,得到

$$P = 42 V^{1/5} \tag{1-4}$$

式（1-4）的剩余标准差为 $s=0.3565$。这个数值较小,说明用（1-4）式预报侧压力的精确度较高。

式（1-4）的相应曲线见图1-28。

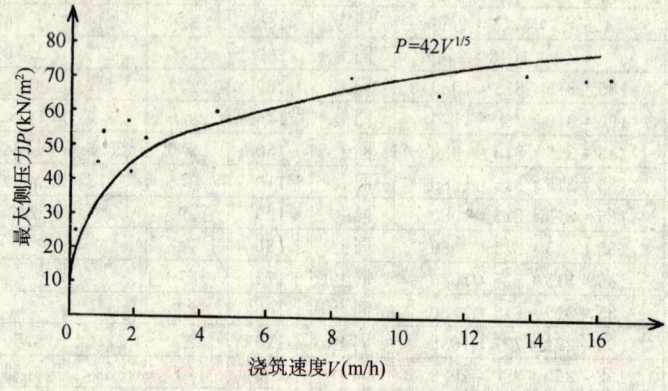

图1-28　最大侧压力与浇筑速度关系曲线

因为 P 与 V 之间为相关关系,式（1-4）计算所得的只是实测值的平均值,即实测点落在该回归线上下的概率各为50%,对于每一个 V 值实测点落在 $P\pm0.8416s$ 范围的概率为60%,亦即实测点落在 $P+0.8416s$ 曲线下的概率可达80%,进行模板设计时,为安全计,建议取上限值,即

$$P = 3.0 + 42V^{1/5} \tag{1-5}$$

1.5.1.4　混凝土对模板的侧压力随时间的变化

为了观测模板上混凝土侧压力随时间而变化的情况,在某次测试中对模板上各测点进行了较长时间的观测,观测从浇筑混凝土开

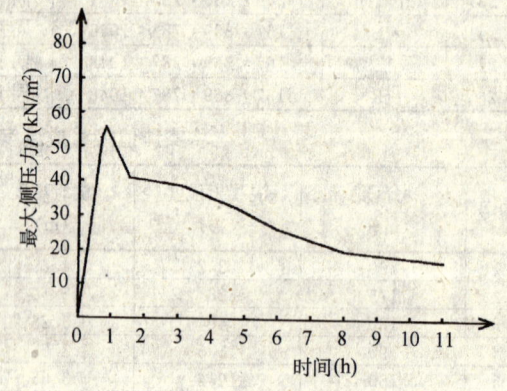

图1-29　最大侧压力随时间变化曲线

始一直持续到混凝土终凝的整个过程。其中某个测点的测试结果如图1-29所示。从图上可以看出，该测点在较短时间内达到自己的最大值，以后随着混凝土的沉实与凝固，侧压力渐渐回降减少，并渐趋稳定。

1.5.2 泵送混凝土侧压力的计算方法

根据以上理论分析及试验研究可知，对于泵送混凝土，其对模板产生的最大侧压力主要由浇筑速度决定，同时与混凝土的温度、混凝土的振捣程度及混凝土的坍落度有关。

1.5.2.1 计算公式的提出

考虑到混凝土温度对模板最大侧压力的影响，当采用内部振动器充分振捣，混凝土坍落度在160mm以上时，混凝土最大模板侧压力的计算式，可在式（1-4）的基础上乘以相应的修正系数，结合式（1-5），则有下列混凝土最大侧压力的计算式：

$$P = 3.0 + \frac{2100}{T+30}V^{1/5} \tag{1-6}$$

式中 P——混凝土最大侧压力（kN/m^2）；

T——混凝土温度（℃）；

V——混凝土浇筑速度（m/h）。

1.5.2.2 压力图的确定

计算侧压力要与模板设计相结合，模板的设计取决于混凝土侧压力的大小。正确可靠的模板加固方法需要根据混凝土侧压力来确定。同时，在进行模板设计时，如能合理利用混凝土侧压力曲线，可以节省材料，因此确定混凝土侧压力的压力图形也是非常重要的。

根据试验分析已知，无论结构类型如何不同，浇筑条件如何变化，混凝土侧压力曲线的基本图形是相似的，即从浇筑面往下，在有效压头的范围内，混凝土侧压力的分布近似液体静压力的分布规律。因此，这个有效压头的高度可按下式确定：

$$h = \frac{3.0 + \frac{2100}{T+30}V^{1/5}}{25} \tag{1-7}$$

到达最大值后，混凝土最大侧压力以下各层混凝土的侧压力值将随距表面高度的增加而逐渐减少，故有些研究者假定侧压力分布图形为三角形是较接近于侧压力的真实分布情况的。本文认为，对泵送混凝土，由于浇筑速度较快，在浇筑高度不太高的情况下，混凝土侧压力分布图形取为梯形更接近于实际情况，同时，计算也简便，混凝土侧压力分布图形如图1-30所示。

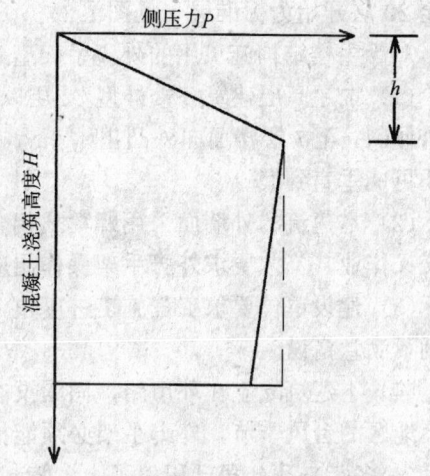

图1-30 混凝土侧压力分布图

注：图中实线为混凝土侧压力的实测分布曲线；虚线为计算曲线；h为有效压头高度。

1.5.2.3 实测值与计算值比较

本文所推荐的侧压力计算法所得出的计算值及国内外典型侧压力计算公式所得计算值与实测值的比较见表1-26。从表中可以看出，在浇筑速度比较高的泵送混凝土中，本文推荐的计算式所得值与实测值最为吻合。通过对泵送混凝土作用于模板侧面压力的测试，进一步验证了本工程所使用的SP-70模板体系设计的合理性和安全可靠性。

几种典型计算值与实测值的比较 表1-26

编　号	1	2	3	4	5	6	7	8
浇筑高度（m）	4.69	5.10	6.25	3.65	3.66	6.0	4.7	4.35
混凝土温度（℃）	22.2	28	40	11.5	19.6	22	24	25.5
混凝土坍落度（mm）	160	175	180	190	160	190	170	200
浇筑速度（m/h）	0.18	0.41	125	2.0	2.0	2.12	4.86	16.5
实测值（kN/m²）	25	45	53	45	53	52	59	64
ACI法（kN/m²）	10.9	14.5	24.6	61.9	50.2	49.9	100.3	312.1
我国规范（kN/m²）1984年	43.8	51	60.3	115	96.8	94.2	118.2	—
英国CIRIA法（kN/m²）	7.8	22.7	24.5	12.9	51	58.2	59.6	244
日本规范（kN/m²）	—	36	36	36	36	36	36	87.5
前苏联规范（kN/m²）	9.6	26	27.4	25.7	30	35.1	54.2	166.8
本方法（kN/m²）	31.5	33.2	34.4	61.1	51.6	49.9	56.4	69.3

1-6 悬拉吊式扣件钢管脚手架的应用及风载试验

1.6.1 脚手架的选型

广东国际大厦主楼（63层）是一座超高层的钢筋混凝土结构工程。主楼结构从7层开始至22层楼面有挑出外筒体的悬臂板，悬臂板由挑出4m开台，然后每层缩小0.233m，一直至22层开始为标准层（见图1-2）。

对于主楼结构施工用的外脚手架型式和构造方法的确定，综合考虑了下列因素：

（1）本超高层建筑塔楼外型22层以上是垂直的，22层以下则是棱台型，从22层开始向外倾斜，至7层楼面向外凸出4.0m，外墙立面不是直立到底，若选用吊篮式外脚手，吊篮不可能垂直到底。

（2）本建筑的外墙面采用蜂窠式铝合金幕墙，幕墙块面大，固定幕墙用的框架必须上下交叉作业，工艺要求外脚手架操作层应有较宽阔的工作范围。

（3）建设单位要求工程施工进度快，铝合金幕墙要做到上下可同时作业，外脚手架从上到下满堂搭设。

（4）本建筑屹立在环市路，周围没有更高的建筑物阻挡，工程施工时间长，需要经历华南地区的台风季节，外脚手架必须能抵抗台风的吹袭。

（5）多年来我公司已积累了十多幢高层建筑施工用外脚手架的搭设经验和施工技术，存有大批扣件式钢管脚手架用的钢管和连接扣件。如若采用这批钢管和扣件搭设脚手架，完全可以满足63层工程施工用材的要求，从而可节省脚手架的购置费用。而且我公司在高层建筑中使用的扣件式钢管脚手架曾有过经受台风袭击考验的成功经验。

经过多方论证，从结构造型的限制、外墙装修要求、施工进度要求、外脚手架防台风需要，以及经济效益和施工可行性等分析比较，最后确定选用切实可行的悬拉吊式扣件钢管脚手架，如图1-31、图1-32所示。

1.6.2 双排悬拉吊式扣件钢管脚手架搭设工艺

1.6.2.1 脚手架构造

采用双排脚手架，立柱用ϕ51mm钢管。操作层宽度：21层以下为1m，22层及其以上

1-6 悬拉吊式扣件钢管脚手架的应用及风载试验

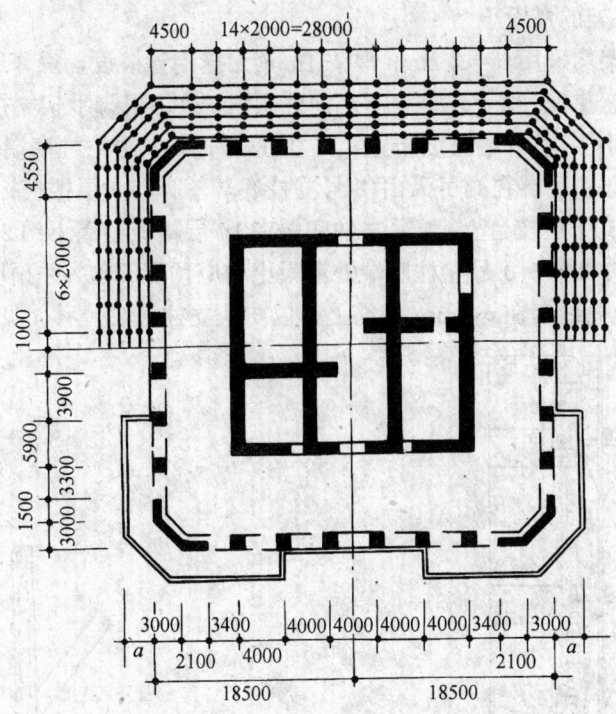

图 1-31 钢管脚手架平面布图

为 0.5m（主要是考虑进行预应力筋张拉和行人走动，不作砌筑墙体等堆物用），内立柱离墙净距为 300mm，每排立柱间距为 2.0m，操作层层高为 3.0m，开始只在 14 层和 22 层进行拉吊，以后每隔 5 层拉吊一次，直至主楼顶面。拉吊方法如图 1-33 所示，它是在主楼外筒边缘混凝土梁中埋设 $\phi16$mm 拉吊用钢筋环，在钢筋吊环上装设 $\phi12$mm 钢筋吊杆和 $\phi12.5$mm 的钢丝绳（内装花篮螺栓），钢丝绳下端则吊往下一层操作层的大小横杆，这样通过悬吊钢丝绳便将吊点以上脚手架的全部荷载分段（每 5 层一段）传递至建筑物承受，而由此所产生的水平推力，则通过下一层操作层的小横杆与楼板面埋设的附墙连杆连结在一起，将此水平推力传递至建筑物的裙梁侧面，从而与悬吊钢丝绳构成一个悬挂的倒吊三角形受力体系。采用这种分段卸载的方法，从而解决了钢管立柱不能承受高层脚手架重量的问题。

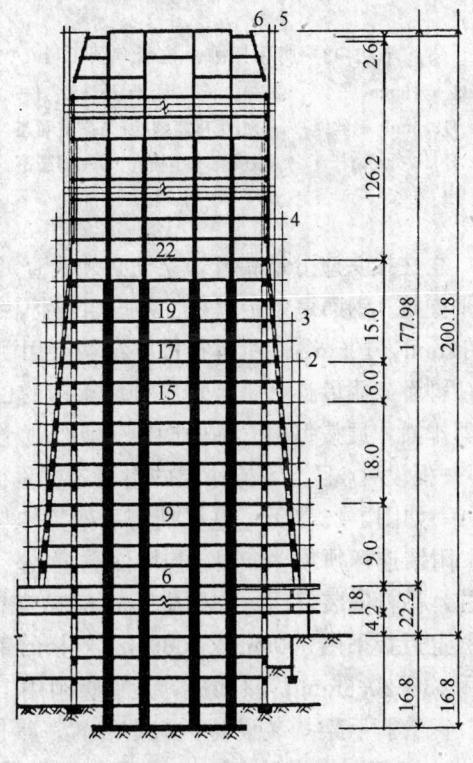

图 1-32 钢管脚手架立面图

1.6.2.2 脚手架的搭设

本工程外脚手架均采用 $\delta=3.2mm$ 厚 $\phi51mm$ 无缝钢管搭设,操作层面铺设 500mm×1000mm 钢筋箅条走道板。由于建筑物下部向外倾斜,故每根脚手架立柱不可能直立到底,应由下而上,由外而内,按外墙坡度布置六排立柱,1号~6号立柱底端位置及标高见图1-32,其中:1号、2号立柱底端在裙房天面,3号立柱底端落脚在9层楼板标高上面约27.6mm处,4号立柱底端在14层窗台上,5号立柱底端在19层楼板标高下约26mm处,6号立柱底端在21层窗台上。3号~6号立柱底端处混凝土均应预留凹位,并预埋 $\phi12mm$ 短筋(需外露>100mm),使立柱套在 $\phi12mm$ 钢筋上,以防止立柱底端位移,见图1-34。

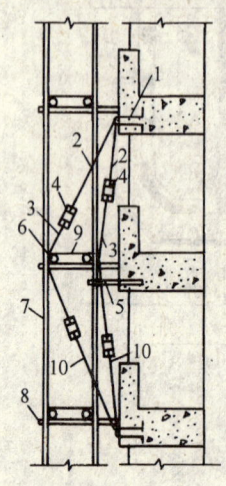
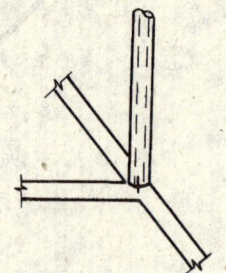

图1-33 脚手架吊、拉示意图　　　图1-34 立柱底端节点示意图
1—$\phi16mm$ 吊环;2—$\phi12mm$ 钢筋吊杆;3—$\phi12.5mm$ 钢丝绳;4—M20 花篮螺栓;5—附墙连杆;6—大横杆;7—立柱;8—小横杆;9—钢筋箅条走道板;10—拉杆

立柱接头应分层错开,立柱必须垂直。立柱搭设后,接着搭设大小横杆、垂直剪刀撑、水平支撑、钢筋箅条走道板,并设竹防护栏板,再用18号钢丝绑扎上尼龙安全防护网(网眼10mm×10mm)。所有扣件联结均要用测力扳手拧紧。

脚手架附墙连杆是预埋在外墙梁内的∟56×8mm 角钢。附墙连杆的布置,在有悬吊点的那排操作层按每根立柱的间距(即2m)设置,而在无悬吊点每层操作层则按水平间距每4m 一根设置,且上下操作层的附墙连杆呈梅花点状错开,通过扁钢扣件将其与脚手架立柱连接,如图1-35所示,这样使脚手架整体与建筑物拉结在一起,大大增加了脚手架的稳定性。附墙连杆须预埋牢固,与墙面垂直。$\phi12.5mm$ 钢丝绳吊杆下端在横杆上的吊点应紧靠立柱,吊杆安装好后,应用中间的M20 花篮螺栓收紧。

走道板采用 500mm×1000mm 规格的钢筋箅条走道板,其边框用 $\phi12mm$ 钢筋,箅条钢筋用 $\phi6@20.5mm$ 焊接而成,走道板须用18号钢丝与大横杆扎牢。

钢管脚手架均装设防雷避雷装置,具体防避雷线路是脚手架经过每5层一设的悬吊 $\phi12.5mm$ 钢丝绳通过 $\phi16mm$ 钢筋吊环和楼板受力钢筋(或分布筋),再与主楼四角外筒设置的竖向地极钢筋贯通联成一体,形成防雷避雷系统,竖向地极钢筋电阻要求在10Ω以下。

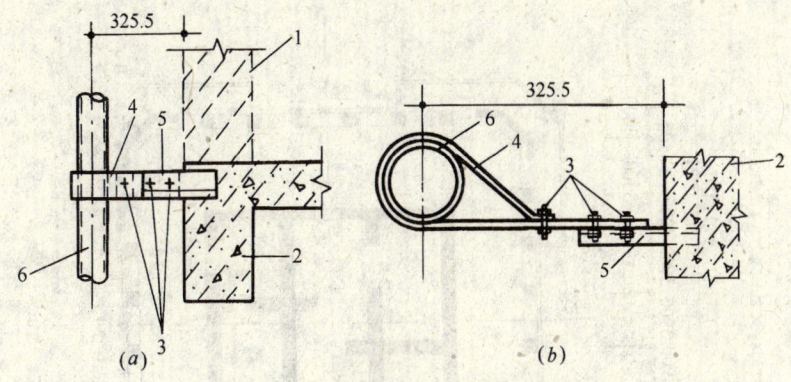

图 1-35 附墙连杆与立柱连接节点

(a) 侧视图；(b) 俯视图；

1—外墙；2—梁；3—$\phi 10mm$ 螺栓；4—扁钢扣件（—80×12mm）；5—附墙连杆；6—立柱（$\phi 51 \times 3.2mm$）

1.6.3 风载试验及理论分析

由于主楼高 200.18m，工程地处旷野，而主体结构施工时间又长，须经历华南台风季节，外脚手架随时都有可能遭受强台风的袭击，这么高的脚手架能否承受高空强劲气流吹袭是一个严峻的问题。为此，决定进行风洞测试，以便根据测试结果，确定是否须对外脚手架进行加固处理。

从沿墙面流速分布的实验测量结果说明，其下部气流很弱，最大速度系数（速度比）出现在 25 至 30 层处。在各风向下，较大的气流速度均出现在某些边角处，即在侧拐角处出现较大的水平绕流速度，而在顶层上缘附近出现较大的上升翻流速度（见表 1-27）。表 1-27 列出的是三个来流风向下模型表面不同层侧拐角处及顶层上缘中部的速度系数，表 1-28 是风正吹时，第 50 层不同位置上的速度系数（测点布局见图 1-36 及表 1-28 注）。

不同风向时迎风墙面上流速较大的测点之风速比　　　　表 1-27

风向角	各测点速比（$C_v = V_i/V_H$）								流向角
	1	2	3	4	5	6	7	8	9
135°	0.87	0.89	0.93	0.94	1.00	1.04	1.02	1.18	40°
157.5°	0.89	0.91	0.96	0.99	1.03	1.06	1.03	1.19	65°
180°	0.87	0.89	0.93	0.96	1.00	1.04	1.01	1.20	90°

说明：1. 测点风速比为该处的风速与模型顶部风速之比。

2. 测点 1~7 位于模型拐角，分别于 25、30、40、45、50、55 层高处，其流向为水平；测点 8 位于模型顶层上缘中部。

3. 流向角指该处沿墙面气流与 X 轴的夹角。

风向角为 180°时 50 层高处速比　　　　表 1-28

测点	速比	测点	速比	测点	速比	测点	速比
1'	0.38	7	1.04	13'	0.14	19'	0.40
2	0.21	8	1.01	14'	0.20	20'	0.31
3'	0.41	9'	0.17	15'	0.19	21	0.07
4	0.34	10	0.13	16	0.09	22'	0.31
5'	0.46	11'	0.33	17	0.03		
6	1.03	12	0.09	18	0.03		

注：1. 测点的速比为该处的风速与模型顶部风速之比；

2. 带"'"的测点为窗洞中心处测点，不带"'"的测点为不通透的测点，处于楼板高度处。

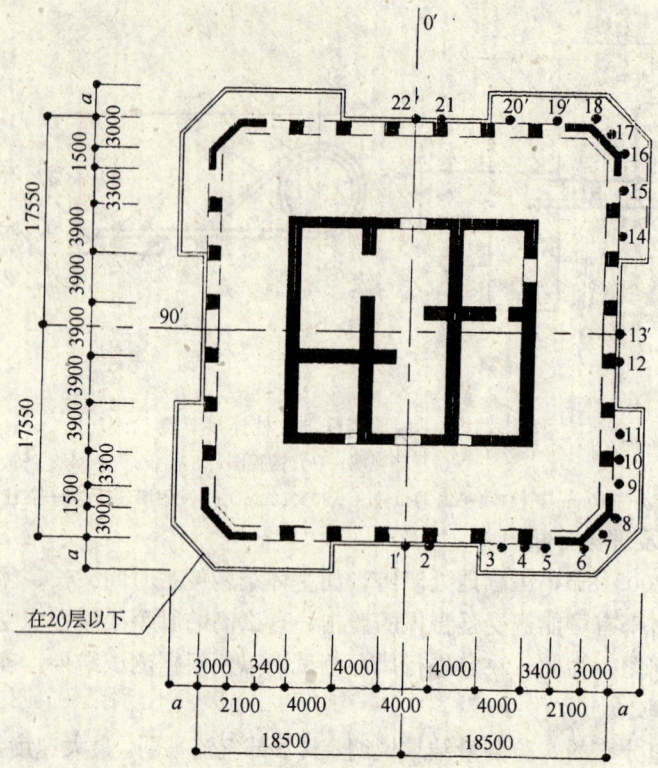

图 1-36 大厦框架截面及 50 层测速点分布示意图

从表可见,即使是边角处的气流其速度也不很大,速度系数仅大于 1,即速度值约相当于顶部来流速度,而且沿大厦高度方向沿墙面绕流风速值变化不大(除顶部以外),从而风载沿高度变化也不大。这相对于全封闭的完整建筑模型的风洞实验结果有较明显的下降,这是由于墙面众多的窗洞通透气流作用造成的。但每个窗洞的分流流量和流速并不大,如表 1-28 所列。它不致于对脚手架产生大的垂直于墙面的风荷载,况且这一方向有墙面的坚固约束支撑。

墙面压力分布测量的结果见图 1-37,负压最大约 −1.0 左右,而完整大厦模型实验测定得的负压最大达 −1.8。

通过对大厦结构架模型外墙面的流速测量、外墙面压力分布测量、脚手架单元体型系数实验测量和理论估算,得到如下结果:

(1) 大厦框架外墙上众多窗洞的通透作用大大减少了沿外墙面气流的流速,包括边角处气流的速度,窗洞起到了分流的作用,使脚手架所迎受的实际风速以及风荷载降低,即使在边角处,速度比最大也只达到 1.2。

(2) 墙面风压测量结果表明,大厦框架外墙风压值比

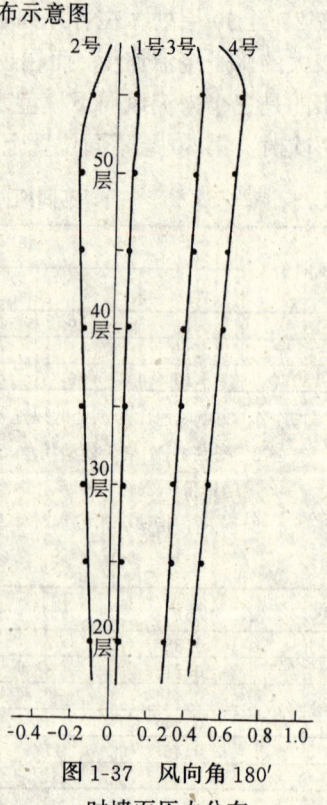

图 1-37 风向角 180′
时墙面压力分布

完整大厦风压实验对应值有明显降低,负压值由原来的最大 -1.8 变为现在的最大 -1.0 左右;说明窗洞有分流减载的作用。

(3) 单个窗洞的分流流量和流速很有限,通透速度比最大仅 0.46 左右,故对脚手架作用的垂直于墙面的风荷载较小,不会构成对脚手架垂直于墙面方向的强度的威胁。

(4) 拐角处水平绕流速度较大,从而拐角处脚手架的水平风荷载和上部脚手架的上浮风荷载也将相对比其它地方大。具体结果见表 1-29。

沿墙面流速较大的典型位置上脚手架单元受力计算参数和计算结果　　表 1-29

测点号	风向角	速比 C_v	流向角 θ	侧力系数 C_{Fx}	浮力系数 C_{Fy}	迎风面积 A (m²)	侧力 F_x (N)	浮力 F_y (N)	合力 F (N)
1 25 层 拐角	135° 157.5° 180°	0.87 0.89 0.87	0° 0° 0°	1.08 1.08 1.08	0.01	0.609 0.609 0.609	558 583 558		
2 30 层 拐角	135° 157.5° 180°	0.89 0.91 0.89	0° 0° 0°	1.08 1.08 1.08		0.609 0.609 0.609	583 610 583		
3 35 层 拐角	135° 157.5° 180°	0.93 0.96 0.93	0° 0° 0°	1.08 1.08 1.08		0.609 0.609 0.609	636 679 636		
4 40 层 拐角	135° 157.5° 180°	0.94 0.99 0.96	0° 0° 0°	1.08 1.08 1.08		0.609 0.609 0.609	651 722 679		
5 45 层 拐角	135° 157.5° 180°	1.00 1.03 1.00	0° 0° 0°	1.08 1.08 1.08		0.609 0.609 0.609	736 782 736		
6 50 层 拐角	135° 157.5° 180°	1.04 1.06 1.04	0° 0° 0°	1.08 1.08 1.08		0.609 0.609 0.609	797 823 797		
7 55 层 拐角	135° 157.5° 180°	1.02 1.03 1.01	0° 0° 0°	1.08 1.08 1.08		0.609 0.609 0.609	766 782 752		
8 56 层 迎风墙 面中部	135° 157.5° 180°	1.18 1.19 1.20	40° 65° 90°	0.63 0.26 0.05	0.59 0.68 0.69	0.819 0.830 0.747	804 342	753 896 831	1011 959

(5) 实验数据的结果表明,脚手架受风力作用情况为:在 56 层迎风墙面中部,180°来风时,工程单元体 (2m×1m×3m) 风荷载达到浮力最大,为 1628.8N;在 50 层拐角处,157.5°来风时达到侧向力最大,为 1621.9N;在 56 层迎风墙面中部,135°来风时达到合力最大,为 2160.0N。另外,工程单元最大下压力不超过 235.2N。以上结果尚未考虑工程安全系数。

风洞实验数据表明,在建筑物 2/3 处风力较大,脚手架单元体 (2m×1m×3m) 在 56 层迎风墙中部 180°风向时浮力达最大为 1628.8N,为防止风涡流上浮力将悬吊式钢管脚手架托起导致破坏,故从 28 层楼面脚手架操作层开始设置向下拉杆,向上每隔 10 层设置一道,具体做法同吊杆(方向相反),详见图 1-33。

为了减少风涡流侧向力产生钢管脚手架的平面外变形,使脚手架整体失稳,除在脚手架设置全覆盖垂直剪刀撑（建筑物四个垂直面各二排，拐角处为一排，角度为45°～60°）外，从23层脚手架操作层起每10层沿走道板底通长设置一道水平支撑（见图1-38），并在侧向力较大的拐角处相应设置16套水平斜拉附墙连杆，以抵御脚手架所受到的侧向风力，这样使整个脚手架形成一个完整的稳定受力体系。

1.6.4 脚手架验算

仅将脚手架的立杆、悬吊杆、拉杆和附墙连杆的验算列述如下：

1.6.4.1 立杆验算

（1）自重：866N/单元

（2）施工荷载：预应力张拉设备施工重1500N/m²

通行检查按750N/m²

（3）风压：240N/单元

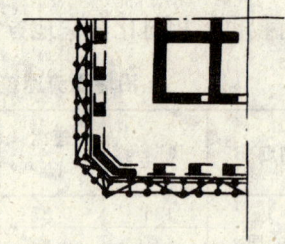

图1-38 脚手架水平支撑系统

总荷载（按五层一吊计算），每根立杆最不利承受荷载为：

$$G = \frac{866 \times 5}{2} + \frac{750 \times 1 \times 2 \times 3}{2} + \frac{1500 \times 1 \times 2 \times 2}{2} + \frac{240 \times 5}{2} = 8015\text{N}$$

考虑到因事故而断一吊杆时（即吊杆承担1m×3m荷载）：

$$G = 8015 \times 3/2 = 12022.5\text{N}$$

验算时取旧管折减系数 $m = 0.85$

按两端铰接：$L_0 = 300\text{cm}$　$r_{\min} = 1.684\text{cm}$　$A = 4.8054\text{cm}^2$

$$[\lambda] = \frac{L_0}{\gamma_{\min}} = \frac{300}{1.684} = 178.14 \qquad 查得 \psi = 0.221$$

$$\sigma_{\max} = \frac{G}{\psi m A} = \frac{12022.5}{0.221 \times 0.85 \times 4.8054} = 13318.5\text{N/cm}^2 < [\sigma] = 16000\text{N/cm}^2$$

按两端固定：$L_0 = \mu L = 0.5 \times 300 = 150\text{cm}$

$$[\lambda] = \frac{L_0}{\gamma_{\min}} = \frac{150}{1.684} = 89.67$$

查得 $\psi = 0.676$

$$\sigma_{\max} = \frac{G}{\psi m A} = \frac{12022.5}{0.676 \times 0.85 \times 4.8054} = 4354.1\text{N/cm}^2 < [\sigma] = 16000\text{N/cm}^2$$

1.6.4.2 悬吊杆、拉杆验算

1. 悬吊杆验算

悬吊杆按五层一吊，其荷载及杆件受力简图如图1-39所示。

$$N_{1\max} = 1.2 \times 12022.5 \times \sqrt{\frac{1.325^2 + 3^2}{3^2}} = 13143\text{N}$$

$$N_2 = 1.2 \times 12022.5 \times \sqrt{\frac{0.325^2 + 3^2}{3}} = 12164\text{N}$$

$$N_{\max} = N_1 + N_2 = 25307\text{N}$$

$$\sigma = \frac{N_{\max}}{mA} = \frac{25307}{0.85 \times 2.01} = 14810\text{N/cm}^2 < [\sigma] = 16000\text{N/cm}^2$$

2. 拉杆验算

防上浮力的拉杆10层一设，其荷载及杆件受力简图如图1-40所示。

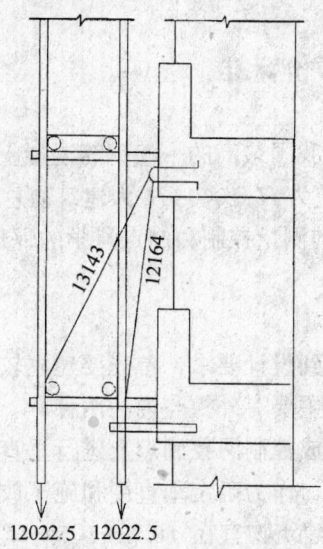

图1-39 悬吊杆受力简图

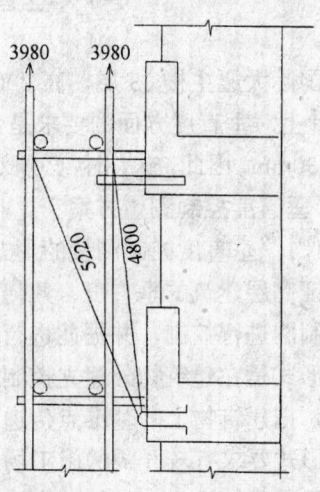

图1-40 悬拉杆受力简图

$$W_f = 10 \times (1662 - 866) = 7960 \text{N}$$

$$N_{1max} = 1.2 \times \frac{7960}{2} \times \frac{\sqrt{1.325^2 + 3^2}}{3} = 5220 \text{N}$$

$$N_2 = 1.2 \times \frac{7960}{2} \times \frac{\sqrt{0.325^2 + 3^2}}{3} = 4800 \text{N}$$

$$N = N_1 + N_2 = 5220 + 4800 = 10020 \text{ N}$$

$$\sigma = \frac{10020}{0.85 \times 2.01} = 5865 \text{ N/cm}^2 < [\sigma] = 21000 \text{ N/cm}^2$$

1.6.4.3 附墙连杆的验算

一般脚手架不作侧向风力计算，连杆按构造设置。本工程脚手架高度远远超出规定值，从风洞实验结果也看出侧向风力及其与上浮风力的合力都是很大的，需作验算。附墙连杆在悬拉点处，每一拉点设一附墙连杆，其他地方则呈梅花状布置，应承受二个脚手架单元侧向风力。

$$F_{力max} = 2 \times (2202 - 868) = 2672 \text{N}$$

$$M_1 = 1.2 \times 2672 \times 325 = 1042080 \text{ N·mm}$$

$$\sigma_1 = \frac{M_1}{mW_1} = \frac{1042080}{0.85 \times 6030} = 203.3 \text{N/mm}^2 < [\sigma]$$

$$M_2 = 1.2 \times 2672 \times 105 = 336672 \text{N·mm}$$

$$\sigma = \frac{336672}{0.85 \times 1920} = 206 \text{N/mm}^2 < [\sigma]$$

主楼工程所采用的悬拉吊扣件钢管脚手架，通过工程施工实践，经受了大风、台风的袭击考验,保证了工程施工进度每月完成4~5层结构的要求,节约了外脚手架费用,做到了安全施工,完全满足了超高层建筑施工的需要,达到了预期的目的。

1-7 垂直度控制测量与评价标准

广东国际大厦主楼63层,高200.18m,为80年代我国最高的一幢钢筋混凝土结构建筑物,设计上对垂直度方面的要求是:总垂直度允许偏差为$H/1000$(H为建筑物总高),并不得大于50mm。因此,施工时,必须对垂直度进行严格的测量控制和制定科学的评价标准。

1.7.1 垂直度控制测量方案

1.7.1.1 垂直度控制测量的形式

为保证高层建筑的垂直度、几何形状、截面尺寸达到设计要求,首先要建立较高精度的测量控制网进行控制,并据此进行定位放线,其方式主要有外控与内控两种。

外控形式是在建筑物外建立控制网,用经纬仪在组成控制网控制点上进行垂直投测或交会定点,把建筑物上的基准点传递到不同高度的楼层,作为确定垂直度和施工放线的依据。外控形式要求有较开阔的施工场地,控制点位置距建筑物宜在$(0.8\sim1.5)H$处。随着施工进程楼层的增高,如场地允许,可将建筑物四廓轴线延长到建筑物总高以外或附近的多层建筑物楼顶面上;如场地狭窄,轴线无法延长时,可将轴线向建筑物外侧平行移出,再用经纬仪引投。外控形式用经纬仪直接引投,不经转折,精度有一定保证,但由于其对场地范围有较高要求,且建筑物施工脚手架遮挡视线,故当建筑物场地四邻挤迫时,选此法会有很大的局限。

内控形式是在建筑物内地面建立控制网,各层楼板在组成控制网的控制点的相应位置上预留传递孔,在控制点上直接用垂准仪或锤球通过预留孔将其点位置引投递至任一楼层。内控形式不受施工场地大小的影响和制约,外界环境气候条件的干扰较少,但各楼层要预留传递孔,给施工带来一定麻烦。尽管如此,随着垂准仪(光学、激光等)应用的推广,内控形式已成首先考虑的方案。

在控制形式的选择上,除了要考虑场地、环境条件外,还要顾及所具备的仪器、工具条件。控制垂直度的投测仪器具有高精度、专用性的特点,需要较高的操作使用要求。

本大厦主楼位于广州市环市东路北侧,南临环市东路人行道(环市东路宽约40m),路南是连片的商业区与民居,东连华侨新村住宅群,北邻本大厦33层B副楼,西接广东电视中心和本大厦30层A副楼,施工采用钢管外脚手架到顶,脚手架杆件密集,外围为安全网全封闭,通视困难,所以不具备建立外控网的条件,只能采用内控方式。

1.7.1.2 应用的投测仪器与工具

(1) 精密光学垂准仪WILD-ZL型及投点觇板,仪器技术数据如下:

正、倒镜观测标准偏差1:200000(即垂线设置的标准差,在100m时为±0.5mm)

望远镜放大倍数	24倍
最短视矩	0.9m
最大测程	200m
100m视野直径范围	3.2m
水准器灵敏度	4'/2mm

| 自动水平范围 | ±10′ |
| 每次设置精度 | ±0.3″ |

WILD-ZL 仪内具自动安平敏感元件，能使折光后的视线自动指向天顶。在与铅垂线的偏差10″范围内，敏感元件有效，精度可达±0.3″，顾及瞄准误差以后，设置铅垂线的精度约为±1″，相当于 1:200000。

觇板尺寸：300mm×300mm，材质为有机玻璃，过板中心刻垂直划线和一簇不同半径的同心圆。

(2) 15kg 重锤球（要求严格同轴并可调节高度）及附属投点工具，如图 1-41 所示。

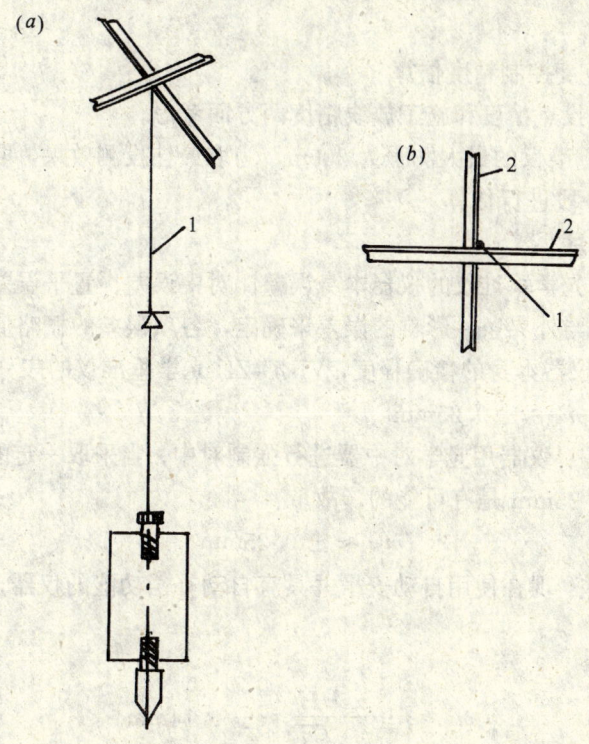

图 1-41　垂球及投点工具
(a) 锤球投点装置；(b) 十字形投点工具
1—φ1mm 钢丝；2—划线边

(3) 30m 普通钢尺两把（其中一把为经过互检的备用钢尺）及悬空丈量的轴杆架与弹簧秤。

(4) 短测程红外测距仪。

(5) J6 和 J2 光学经纬仪。

(6) 无线通讯联络设备（对讲机）。

1.7.1.3　精度估算

在上述客观观测条件下进行精度估算，是最后确定垂直度控制和施工放线方案的基础，由精度估算结果与容许值比较可确定测量方案的可靠程度。

1. 精度分析依据原则

(1) 大厦主楼垂直度控制测量精度主要表现在仪器投点精度与施工放线精度两方面。

(2) 垂直度控制测量定位采用平面控制与铅直控制。以铅直控制提供平面控制的条件,又以平面控制验证铅直控制的效果。精度分析按独立网进行,不考虑首级控制网的精度影响。

(3) 取两倍中误差 m（标准差）作为限差 Δ,有关规定中各项允许偏差也就是限差,都改化成中误差后按误差传播定律进行运算。

(4) 以63层主楼垂直度控制验收允许偏差（设计规定）作为精度分析的主要项目限差,分别按投点和放线两大项目即主要误差源进行分析。为增加精度分析可靠性,简化分析程序,主要项目限差均取大值。

(5) 采用已知误差直接计算,或采用"等影响原则"与"小而忽略不计原则"进行简化、概略计算。

2. 大厦主楼垂直度控制精度估算

精度估算从仪器投点精度和施工放线精度两方面考虑。

WILD-ZL 光学垂准仪的最大测程为 200m,为取最佳投测效果,取最大投点高度的四分之一,即 50m 为一段进行估算。

(1) 仪器投点精度

仪器投点精度由光学垂准仪的仪器本身误差、对中误差、置平误差、照准误差、水准器置平自动补偿误差与外界条件影响的误差来确定,各项误差的概略值作如下估算:

1) 仪器误差:即仪器本身的精确程度,WILD-ZL 光学垂准仪的表称精度为 $H/200000$,当 $H=50m$ 时,则: $m_{仪} \approx \pm 0.25mm$

2) 仪器对中误差:仪器用光学对中器进行强制对中,当采取一定的措施时,可使对中精度提高,使达到 0.25mm 是有可能的,故取:

$$m_{对} \approx \pm 0.25mm$$

3) 仪器置平误差:现在使用自动安平并具有自动补偿功能的仪器,可使置平残余误差的限差值 $\alpha_i \leq \pm 1.0''$

所以

$$m_{平} \approx \pm \frac{\alpha_i \cdot H}{\rho \sqrt{3}} \approx \pm 0.14mm$$

4) 仪器照准误差:按经验公式

$$m_{照} \approx \pm 0.13 \frac{H}{V} \approx \pm 0.27mm$$

式中 H——投影高度,取 $H=50m$；

　　　V——望远镜放大倍数,取 $V=24$；

　　　0.13——相当于人眼的分辨角 $26.8''$。

5) 仪器自动补偿误差:此误差是由于仪器倾斜时补偿点的位移引起。仪器的置平是先调整圆水准器粗置平,使它达到补偿器的作用范围 α_r 内,使可自动安平精确置平,若此时仪器竖轴倾斜角之补偿点位移,即产生补偿误差,据有关资料介绍,当倾斜角极限值 $\alpha_r = \pm 10'$ 时,及由光学中心至倾斜角补偿点的距离 $d=150mm$ 时:

$$m_{补} \approx \pm \frac{\alpha_r \cdot d}{\rho \sqrt{3}} \approx \pm 0.25mm$$

6) 外界条件影响误差:投点时外界条件影响主要是风和日照、大气折光的影响,在规定观测条件的情况下取：

$$m_{外} \approx \pm 0.25mm$$

由于是不同点的多次投测到不同高度的楼层，上述各项误差可看作是独立、偶然随机量，所以一个投测段（50m）的投点误差估算为：

$$m_{投} = \sqrt{m_{仪}^2 + m_{对}^2 + m_{单}^2 + m_{照}^2 + m_{补}^2 + m_{外}^2} = 0.59mm$$

（2）施工放线精度

施工放线精度由投点误差、弹控制网线误差、定模板轴线误差、模板安装误差、量截面尺寸误差、外界条件影响误差等确定，根据《钢筋混凝土高层建筑结构设计与施工规程》JGJ 3—91中的规定，上述各误差中最大允许值为±5mm，按等精度影响，则施工放线误差估算约为：

$$m_{放} \approx \pm 5\sqrt{6} = \pm 12.24mm$$

若用15kg重锤球按一定的保证措施投点，则其投点误差仅包含锤球投点和划线误差，其值约为：

$$m_{球投} \approx \pm 1.5\sqrt{4} \approx \pm 3.00mm$$

从以上估算结果可以看出，垂直度精度的高低主要取决于施工放线误差的大小，故此在投测仪器、工具的选择上有较大的灵活性，即：既可用先进高精度的垂准仪，也可用常规的重锤球投点。

1.7.1.4 垂直度控制测量方案的具体实施和施测方法

1. 控制测量方案的具体实施

根据上述客观条件分析和精度估算结果，广东国际大厦（63层）主楼垂直度控制网选用内控方式，采用光学垂准仪投测，用锤球投点校核。具体做法是：在大厦主楼地下室（标高－10.36m）内、外筒纵横轴线之间选择四个控制点，组成24.1m×30.0m矩形控制网，如图1-42所示，矩形控制网四边的控制轴线控1、控2、控3、控4，分别与外筒相应轴线平行。控制点标志用直径10mm、长100mm的钢筋制作，如图1-43所示，钢筋顶面磨平刻十字线，十字线交点直径为0.5mm，在所选定控制点位置，标志与地下室底板同时浇筑，标志顶端露出底板面5mm。

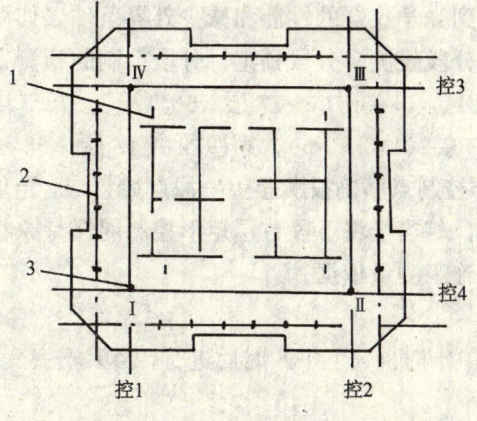

图1-42 主楼垂直度测量控制网
1—内筒轴线；2—外筒轴线；3—控制点

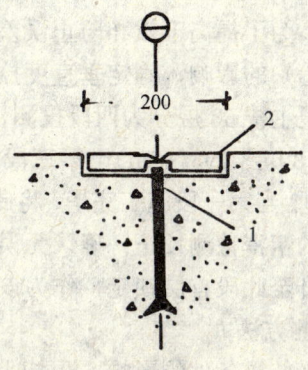

图1-43 控制点标志
1—控制点标志；2—保护盖

将精密光学垂准仪 WILD-ZL 置于各控制点处，将矩形控制网保持固定的几何形状平行垂直传递至各楼层，并用超重锤球直接投点进行对比检查。为此，各楼层浇筑混凝土时，须在对应控制点位置预留 250mm×250mm 的垂直传递孔（见图 1-44），并在孔四周用红砖砌筑阻水圈。

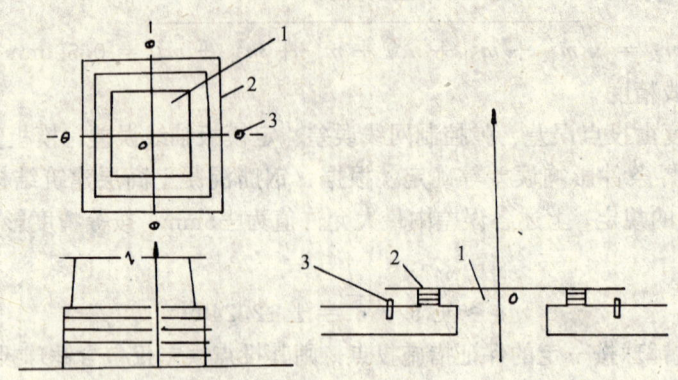

图 1-44 垂直传递孔
1—传递孔；250mm×250mm；2—阻水圈；3—膨胀螺栓

光学垂准仪投测时，由于不同高度大气温度的变化而会产生光的折射，光折射会极大地影响投测精度。故随着投测高度的增加，仪器的投测精度明显降低。不同高度处，精度的变化见表 1-30。

各投测高度的仪器投测误差　　　　　表 1-30

投测高度（m）	照准误差（mm）	投测误差（mm）
3	0.071	0.014
44	0.17	0.35
80	0.39	0.62

所以，利用仪器最有效可靠测程（约 50～80m）进行投测，有利于提高垂直度控制测量精度。

因此，为了提高工效和防止误差积累，顾及到光学仪器的性能和减少外界条件（如温度、风力等）的影响，确定垂直度控制测量采取分段投测、分段锁定、分段控制的施测方式。将大厦主楼 63 层分为四段投测，第一段由 1 层（0.95m）～17 层（56.17m）、第二段由 17 层～30 层（95.17m）、第三段由 30 层～47 层（146.17m）、第四段由 47 层～63 层（200.18m）。当第一段施工完毕，将此段首层四个控制点精确投测至上一段起始楼层，经角度和边长的精密检测校正，确认无误后重新埋点，相当于将下段首层矩形控制网保持原状平行垂直升至此段首层锁定，作为该段各楼层的施工测量依据。

2. 施测方法

为减少外界条件的影响，投点时间规定在上午十时前、下午四时后进行，当天气突变、风力过大或泵送混凝土时，不得进行测量。

首先在 −10.36m 同高面建立 24.1m×30.0m 矩形控制网，控制网各边分别与外筒相应柱列轴线平行，边长用固定的 30m 普通钢尺（另有一把经过互检的备用钢尺）加 100N 拉力悬空丈量两次，取平均值。丈量时若温度高于28℃或低于12℃时，则加温度改正，要求量边精度≤±1/10000；矩形控制网四个直角用J2光学经纬仪按测回法测两个测回测设，要求 $\Delta\beta \leq \pm 20''$。即经点位调整后，保证矩形网每边边长与相应的24.1m、30.0m之差小于一万分之一；四角与90°角之差小于20″。

为了保证垂直度精度和施测方便，当地下工程结束，转入地上工程时，用WILD-ZL光学垂准仪将四个控制点投测到首层（+0.95m）楼面，按上述要求经测角、量边、改正点位核准后，在+0.95m楼面定出矩形控制网的四个角控制点 Ⅰ、Ⅱ、Ⅲ、Ⅳ，作为施工全过程垂直度控制和施工放线的根据。

以后各楼层矩形控制网的投测，需用对讲机上、下联络，按下述步骤投测：

(1) 在底层控制点上安置WILD-ZL精密光学垂准仪，按0°～180°、90°～270°对径位置两测回往上一层投点，上一楼层根据对讲机指示方向移动投点觇板，使觇板十字刻线中心对准投点，然后将十字刻线标在传递孔的阻水圈上，取四次投得点位的矢量平均为最后点位，作好标志，将十字刻线延长到阻水圈外并打入膨胀螺栓，膨胀螺栓顶刻有凹槽，使凹槽位于延长线上，只要将砖线拉在相对膨胀螺栓凹槽内，两线交点即为控制点位置（见图1-44）。

(2) 用15kg锤球人工投点进行对比检查，将十字形投点工具（见图1-41）置于上楼层阻水圈上后悬吊钢丝，底层挂上锤球，对准控制点，待锤球稳定后，指示上楼层移动十字形架并划线，当所划线之交点与垂准仪投得的点位之差≤3mm时，即认为投点无误（此准则是根据两种方法的多次比较后得出的）。

(3) 在四个锁定段，标定出四个控制点后，需检测所组成的矩形控制网，进行量边、测角后，以角度 β'_i（$i=1、2、3、4$），边长 S'_i（$i=1、2、3、4$）与首层相应的 β_i、S_i 比较，若 $\Delta\beta \leq \pm 20''$、边长相对误差≤1/10000，即符合控制网测设要求后，固定各点，否则需进行点位改正。在进行上述量边工作中，须用100N的拉力悬空丈量两次，丈量时，钢尺须放在经仔细对中高度相同的轴杆架的轴杆头上（见图1-45，轴杆架为在一般的三角架装上有圆水准器装置的轴杆而成,轴杆头顶刻有十字线），故可免去倾斜改正。若丈量温度在12～28℃范围之外，则须加温度改正。取两次丈量的平均值作为边长 S'_i，并用短程红外测距仪测边长，以其与人工钢尺量边相比较进行校核。测角采用J2光学经纬仪进行，测两测回取平均值得角值 β'_i。

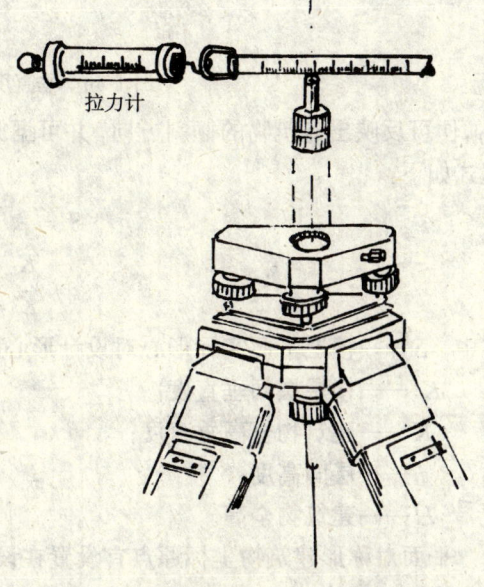

图1-45 利用拉力计、轴杆架量边长

(4) 各锁定段中的各楼层则用锤球投点放线，并采取加密投测等措施进行多次校核，即：30层以下每五层、30层以上每三层用垂准仪投测，与锤球投得点位作比较，并根据施工进度、施工现场情况等对各楼层矩形控制网进行测角、量边检查。

3. 主楼结构封顶前分段锁定控制点位的检核

在大厦主楼结构封顶前,用垂准仪改变原分段重新投测,将首层四个控制点投测到 30 层,再从 30 层投测到 60 层,与原分段投测得的点位相比较,在 60 层结果中最大偏差为 6mm,说明分段投测、分段锁定的做法是成功的,其精度与精度估算是一致的。

1.7.2 垂直度的评价标准及检测方法

1.7.2.1 垂直度的评价标准及计算表达式

为了更确切地反映建筑物整体垂直度的实际情况,在本工程施工中,通过理论研究,首次提出和采用了以结构完成平面实际形心与平面设计形心的坐标差作为建筑物垂直度的评价标准。如图 1-46 所示,设楼层结构完成平面的实际形心与平面设计形心的坐标差为 Δx 和

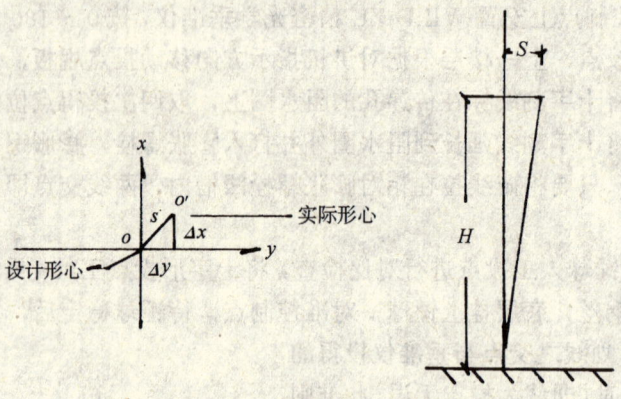

图 1-46 垂直度偏差值计算示意图

Δy,便可反映出建筑物的倾斜方向,并可据此确定该楼层形心的偏差值和垂直度,其计算表达式如下:

$$S = \sqrt{\Delta x^2 + \Delta y^2} \tag{1-8}$$

$$K' = S/h \tag{1-9}$$

$$K = S/H \tag{1-10}$$

式中 S——楼层平面实际形心对设计形心的偏差值;
  K'——楼层层间垂直度;
  K——建筑物全高垂直度;
  h——层间高度;
  H——建筑物全高。

平面对称形建筑物坐标原点宜设置在设计形心处,此可简化计算,此时实际形心的坐标可按下式计算(且 $\Delta X = X$, $\Delta Y = Y$):

$$X = \frac{\Sigma x_i}{n}(i = 1、2、\cdots\cdots,n) \tag{1-11}$$

$$Y = \frac{\Sigma y_i}{n}(i = 1、2、\cdots\cdots,n) \tag{1-12}$$

式中 X——实际形心 x 轴向的坐标值;
  Y——实际形心 y 轴向的坐标值;
  x_i——各检测点至控制网轴线在 x 轴向的垂距;

y_i——各检测点至控制网轴线在 y 轴向的垂距；

n——检测点数。

1.7.2.2 垂直度检测方法

检测时以投测至各楼层控制网的控制轴线为依据，量取各检测点至控制轴线的垂距，按坐标的正负号代入（1-11）式和（1-12）式中，即可计算出实际形心的坐标值。再代入（1-8）～（1-10）式中，即可计算出相应的偏差值和垂直度。

今以第 27 层的检测为例，待该层施工完毕拆模后，外筒在各柱列轴线上选取了 12 个检测点（见图 1-47），量取其至相应控制轴线的垂距，填入相应表格中（见表 1-31），其与相应设计垂距之差，即为其在 x, y 方向的偏差值。此外，为了检测电梯井的垂直度，另在内筒电梯井轴线上选取了 24 个检测点（见图 1-47），分别量取其至相应控制轴线的垂距，记录在表 1-31 中。

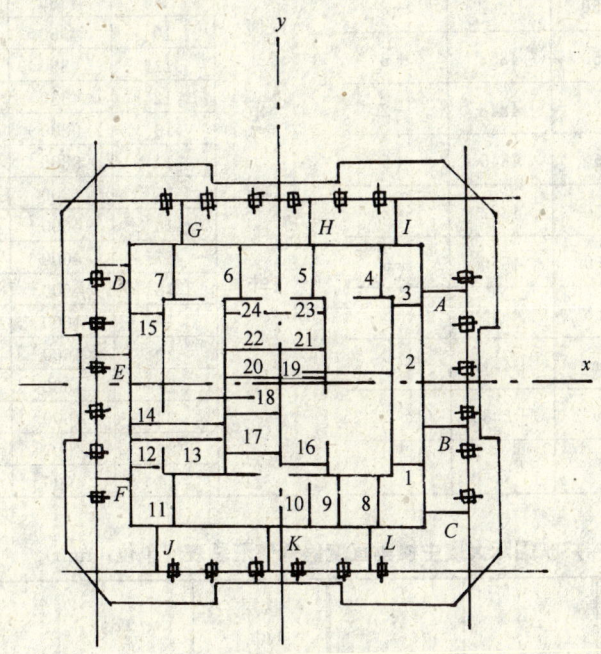

图 1-47 第 27 层检测点位置图

根据表 1-31 中的数据，即可计算出第 27 层平面实际形心坐标为：

$$x_{27} = +4.17\text{mm}、y_{27} = -2.83\text{mm};$$

实际形心的偏差值：

$$S_{27} = \sqrt{\Delta x^2 + \Delta y^2} = \sqrt{(4.17)^2 + (-2.83)^2} = 5.04\text{mm}$$

全高垂直度 $\quad K_{27} = \dfrac{S}{H} = \dfrac{5.04}{86170} = \dfrac{1}{17097}$

1.7.2.3 大厦主楼垂直度检测结果

从 63 层观测结果，计算得每一层垂直度偏差值汇总如表 1-32，各偏差值段的楼层数量统计结果如表 1-33，由表 1-33 看出，偏差值在 0～9mm 范围内的楼层占总数的 93%，其中最大偏差值在第 12 层 $S_{max}=13.97\text{mm}$，$K_{12}=1/3000$。第 63 层偏差值为 8.7mm，加上封顶前用垂准仪检查控制点（分段投得的点位）的偏移值 6mm，得 $S_{63}=14.70\text{mm}$（已考虑最不利情况),$K_{63}=1/13000$,符合 $K=H/1000$,$S_{max}\leq 50mm$ 的设计要求。

第27层垂直度检测数据记录表 表1-31

	测点	设计值(mm)	实测值(mm)	差值(mm)		测点	设计值(mm)	实测值(mm)	差值(mm)
外筒柱轴	A	2850	2858	+8	内筒电梯井	1	4300	4293	-7
	B	2850	2858	+8		2	4300	4300	0
	C	2850	2851	+1		3	4300	4283	-17
	D	2850	2845	-5		4	4350	4335	-15
	E	2850	2855	+5		5	4350	4340	-10
	F	2850	2842	-8		6	4350	4342	-8
	G	4850	4853	+3		7	4350	4332	-18
	H	4850	4848	-2		8	4350	4354	+4
	I	4850	4845	-5		9	4350	4358	+8
	J	4850	4852	+2		10	4350	4348	-2
	K	4850	4856	+6		11	4350	4367	+17
	L	4850	4855	+5		12	4330	4296	-4
偏差值计算	Δx	+4.17				13	9800	9778	-22
	Δy	-2.83				14	9800	9780	-20
	S	5.04				15	4300	4288	-12
						16	4600	4602	+2
						17	4600	4613	+13
						18	4600	4625	+25
						19	4600	4600	0
						20	4600	4630	+30
						21	4600	4605	+5
						22	4600	4620	+20
						23	4600	4610	+10
						24	4600	4605	+5

广东国际大厦主楼垂直度偏差值汇总表(单位:mm) 表1-32

楼层NO.	Δx	Δy	S	楼层NO.	Δx	Δy	S
1	0.33	-3.00	3.02	17	0.00	-3.33	3.33
2	2.16	-1.17	2.46	18	-1.00	-5.83	5.92
3	0.00	0.00	0.00	19	2.00	-6.67	6.96
4	-4.67	5.00	6.84	20	-1.67	-5.00	5.27
5	-0.83	-4.17	4.25	21	3.33	0.00	3.33
6	3.33	-5.83	6.72	22	9.17	-5.50	10.69
7	2.50	-5.83	6.35	23	4.83	0.17	4.83
8	5.00	2.50	5.59	24	-1.00	1.33	1.67
9	1.67	5.00	5.27	25	-2.16	-1.17	2.46
10	3.33	0.83	3.45	26	3.00	-2.33	3.80
11	2.50	1.67	3.00	27	4.17	-2.83	5.04
12	4.17	-13.33	13.97	28	0.33	-1.67	1.70
13	-0.83	0.83	3.45	29	-0.33	5.83	5.84
14	-4.17	-5.83	7.17	30	-2.83	-0.33	2.85
15	-0.83	-0.83	1.18	31	-7.33	3.83	8.27
16	7.50	-6.67	10.03	32	0.50	0.33	0.60

续表

楼层 NO.	Δx	Δy	S	楼层 NO.	Δx	Δy	S
33	3.33	3.83	5.08	49	−4.17	−2.50	4.86
34	1.50	1.67	4.90	50	−3.67	−7.50	8.35
35	−3.50	−2.50	4.30	51	−4.00	1.83	4.40
36	4.17	0.83	4.25	52	7.00	−2.80	7.55
37	−0.83	0.83	1.18	53	9.16	−6.00	10.96
38	−3.33	4.17	5.34	54	−2.17	−2.17	3.07
39	−0.83	0.83	1.18	55	−0.83	−3.00	3.11
40	−0.83	−2.50	2.64	56	0.33	−0.50	3.33
41	2.50	1.67	3.60	57	−1.00	0.50	1.10
42	2.50	0.83	2.64	58	−5.00	4.67	6.84
43	6.67	6.67	9.43	59	−9.16	1.67	9.32
44	1.78	0.00	1.78	60	3.33	−0.50	3.33
45	5.83	−7.50	9.50	61	−1.17	8.67	8.57
46	−0.83	−0.50	0.97	62	−1.17	−8.67	8.25
47	0.00	−1.67	1.67	63	−8.67	0.83	8.70
48	2.50	−1.67	3.00				

各偏差值段的楼层数　　　　　　表 1-33

偏差值 S (mm)	楼层数	百分比 (%)
0～6.99	49	77
7～9.99	10	16
10～11	3	5
13.97	1	2

用本工程所采用的方法计算得的各层垂直度偏差值绘出的直方图，与用规范检验方法（2m 托线板）量出的各层垂直度偏差值绘得的直方图来看，二图均近似服从正态分布，两直方图图形相似，偏差值在 2～6mm 范围出现的次数最多，见图 1-48。两种方法所得结果

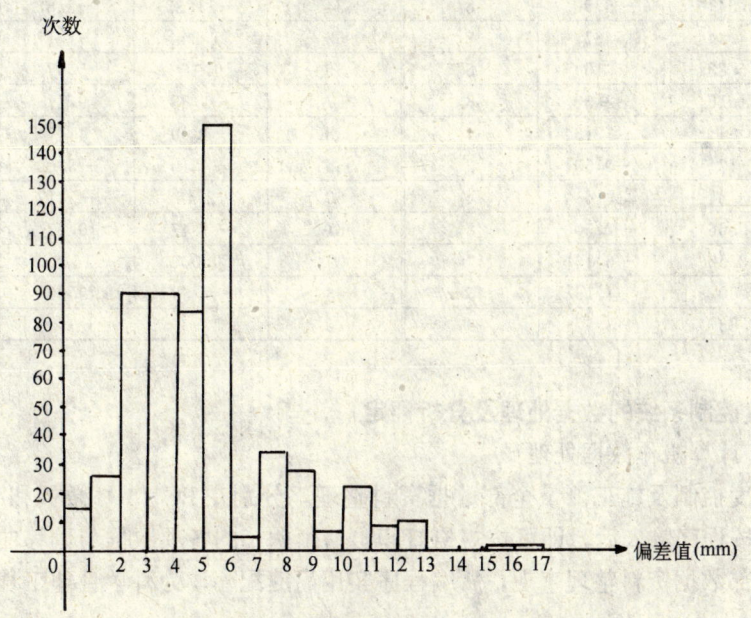

图 1-48　规范检验法所得偏差值直方图

相似，说明定位结果可靠。同理得层间位移值，即 N 层结构完成面形心对 $N-1$ 层结构完成面形心的偏差值，见表1-34。得相应直方图如图1-49所示，从图1-49中也可得出上述相同结论。

N 层完成面形心对 $N-1$ 层结构完成面形心的偏移值（单位：mm） 表1-34

楼层NO.	Δx	Δy	S	楼层NO.	Δx	Δy	S
1				33	2.83	3.50	5
2	1.83	1.83	3	34	−1.83	0.84	2
3	−2.16	1.17	3	35	−5.00	7.17	9
4	−4.67	5.00	7	36	7.67	3.33	5
5	3.84	9.17	10	37	−5.00	0.00	5
6	4.16	−1.66	5	38	−2.50	3.34	4
7	−0.83	0.00	1	39	2.50	−3.34	4
8	2.50	8.33	9	40	0.00	−3.33	3
9	−3.33	2.50	4	41	3.33	4.17	5
10	1.66	−4.17	5	42	0.00	−0.83	1
11	−0.83	0.84	1	43	4.17	5.84	7
12	1.67	−15.0	15	44	−4.89	−6.67	8
13	5.00	14.16	15	45	4.05	−7.50	9
14	3.34	6.66	8	46	−6.66	7.00	10
15	3.34	4.00	5	47	0.83	−1.17	1
16	8.33	−5.83	10	48	2.50	0.00	3
17	−7.50	3.34	8	49	−6.67	−0.83	7
18	−1.00	−2.50	3	50	0.50	5.00	5
19	3.00	0.84	3	51	−0.33	9.33	9
20	−3.67	1.67	4	52	11.00	4.63	12
21	5.00	5.00	7	53	2.16	−3.20	4
22	5.84	−5.50	8	54	−11.33	−3.83	12
23	−4.34	5.67	7	55	1.34	−1.17	2
24	−5.83	1.16	6	56	1.16	5.67	6
25	−1.16	−2.50	3	57	−1.33	9.17	9
26	0.84	−1.16	1	58	−4.00	4.17	6
27	1.17	−0.50	2	59	−4.16	−3.00	5
28	−3.84	1.16	4	60	12.46	−2.17	13
29	−0.66	−7.50	8	61	−4.47	9.17	10
30	−2.50	−6.16	7	62	0.00	16.84	17
31	4.50	−4.16	6	63	−7.50	9.00	12
32	7.83	−3.50	9				

1.7.3　垂直度控制系统的数据处理及分析评定

1.7.3.1　计算机作数据处理

大厦垂直度控制及施工测量全部数据资料整理，分别在 PC-1500 微机和 IBM 机上进行，测量结果按程序输入后，即可按规格打印出清晰明了的各项数据与偏移曲线图，如图1-50所示。全部数据资料整理直观，所编程序实用简捷配套，为科学管理工程提供了良好的服务。

1.7.3.2　测量成果分析

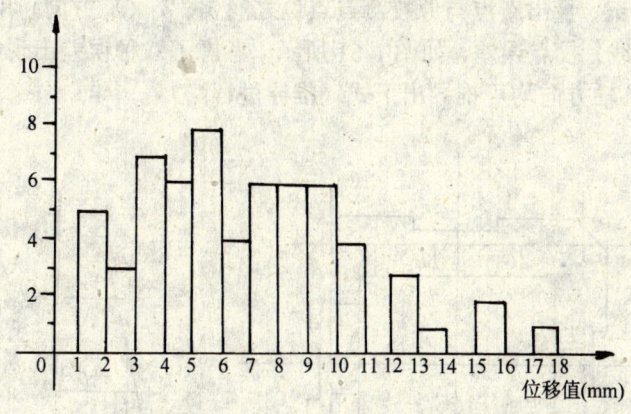

图 1-49 n 层结构完成面形心对 $n-1$ 层结构完成面形心偏移值直方图

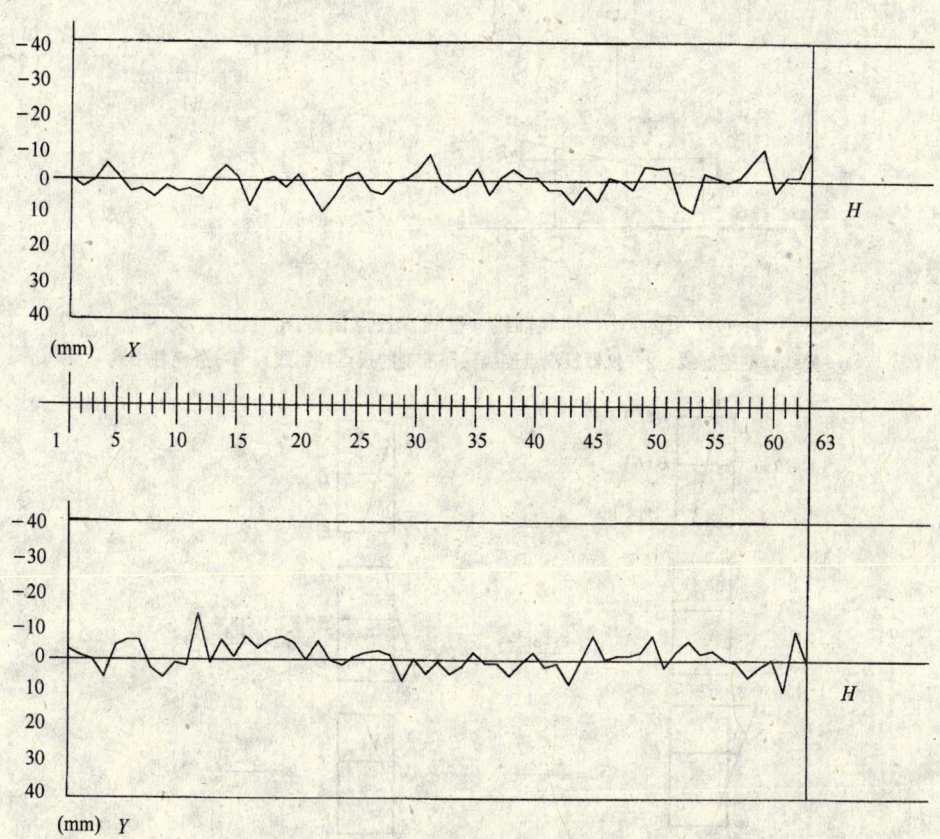

图 1-50 楼层偏移曲线图

1. 控制轴线（墨线）投点误差的影响

每一楼层的施工放线，均以分段投测至该层的控制点所弹的控制线为根据，故此控制线位置的精度直接影响所量垂距 x_i、y_i 的精度，为此，须研究控制轴线（墨线）在正常情况下，其偏离准确位置的程度及影响。

为探讨此问题，用 WILD-ZL 垂准仪从 30 层直接逐层投点至 60 层进行复核。在每一楼层做新点的点位标记,量出新点与原投测点点位之间 δ_1、δ_2(X方向)和 δ_3、δ_4(Y方向),称为控制轴线(墨线)投点误差,如图1-51所示。考虑了八种误差出现的情况,如图1-52所示,在 X 轴和 Y 轴方向均可推导出下式(推导过程略):

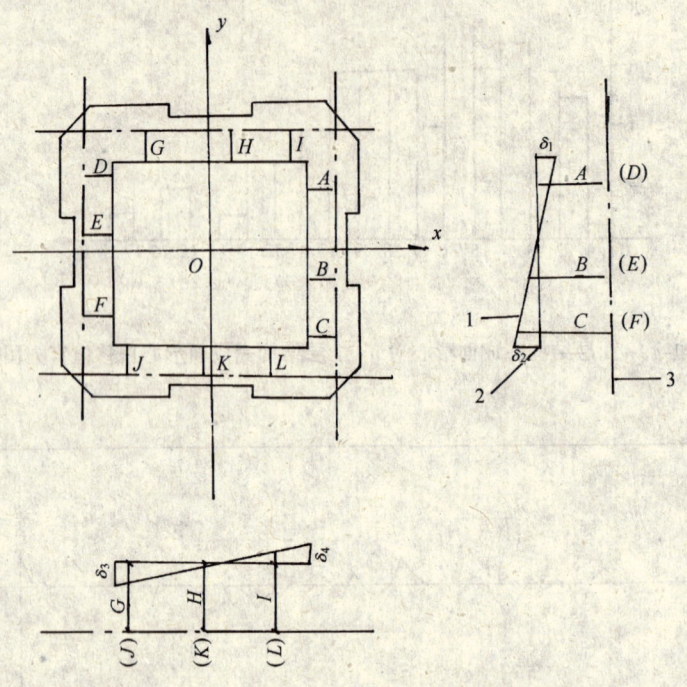

图 1-51 控制轴线(墨线)投点误差图
1—墨线弹的控制线;2—仪器投测点连线(即准确的投点控制线);3—外筒柱中线

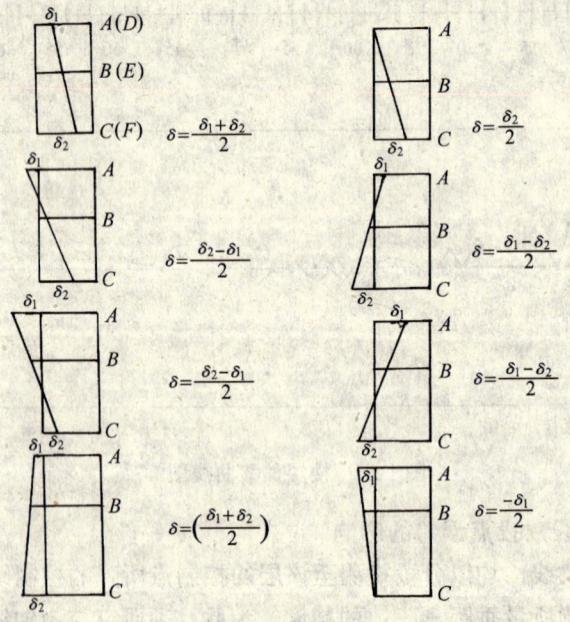

图 1-52 控制轴线(墨线)投点误差分布的八种情况

$$X_{ABC} = 1/3(A+B+C) + 1/2(\delta_1 \pm \delta_2)$$
$$X_{DEF} = 1/3(D+E+F) + 1/2(\delta_1' \pm \delta_2')$$
$$Y_{GHI} = 1/3(G+H+I) + 1/2(\delta_3 \pm \delta_4)$$
$$Y_{JKL} = 1/3(J+K+L) + 1/2(\delta_3' \pm \delta_4')$$

上式反映出：外筒某一边柱中线与对应墨线的距离，在考虑墨线投点误差时，距离的平均值等于原距离平均值加控制轴线（墨线）投点误差之和的二分之一。其中控制轴线（墨线）投点误差的符号为：当投点误差 δ_i 在外筒柱中线与投测点连接之间时取正号，在外取负号。

因此对计算垂直偏差的影响为：
$$\Delta X = 1/6(A+B+C-D-E-F) + 1/4[(\delta_1 \pm \delta_2) - (\delta_1' \pm \delta_2')]$$
$$\Delta Y = 1/6(G+H+I-J-K-L) + 1/4[(\delta_3 \pm \delta_4) - (\delta_3' \pm \delta_4')]$$

由上式可知，在考虑控制轴线（墨线）投点误差时，垂直偏差为原垂直偏差值加控制轴线投点误差总和的四分之一。

根据由 30 层到 60 层实测结果，按考虑投点误差和不考虑投点误差计算得 Δx_i、Δy_i，对比如表 1-35。

已考虑和未考虑投点误差的垂直度偏差值对比　　　　　　　　表 1-35

楼层 NO	Δx	$\Delta x'$	$\Delta x' - \Delta x$	Δy	$\Delta y'$	$\Delta y' - \Delta y$
34	+1.50	+4.50	+3.00	+4.67	+5.92	+1.25
37	−0.83	−2.08	−1.25	+0.83	−4.17	−5.00
40	−0.83	−2.33	−1.50	−2.50	−2.75	−0.25
43	+6.67	+2.92	−3.75	+6.67	+4.42	−2.25
57	0.00	0.00	0.00	−1.67	+0.83	+2.50
50	−3.67	−2.92	+0.75	−7.50	−3.00	+4.50
53	+9.16	+11.16	+2.0	−6.00	−10.0	−4.00
57	−1.00	+1.75	+2.75	+0.50	+1.75	+1.25
60	+3.30	5.05	+1.75	−0.50	+2.50	+3.00

注：表中 Δx、Δy 为未考虑投点误差垂直度偏差值；
$\Delta x'$、$\Delta y'$ 为已考虑投点误差垂直度偏差值。

由表 1-35 中可看出，控制轴线（墨线）投点误差 <3mm 的占 90%，最大为 −5mm。因此在采取增加投点次数和增加对控制网的检测以及在施工中仔细引测控制点等措施的情况下，进行垂直度偏差值的计算时，考虑与不考虑控制轴线（墨线）投点的误差，两者计算的结果差异不大，故在计算中可忽略，不计此影响。

2. 精度评定

通过对大厦主楼垂直度控制进行精度估算后，拟定了一系列保证措施，例如在仪器操作（对中、置平、照准）、投点（定点、埋点）、施工放线（弹墨线、安模板、量垂距）等方面定出了严格的操作规程，经认真、细致的进行测量，施工最后检测得：

$$S_{63} = 14.70 \text{mm}$$
$$K_{63} = 1/13000$$

精度达到设计要求,反映出原进行的精度分析和估算是正确的、客观的,所采取的一系列措施可靠、可行。

在大厦主楼施工过程中,广东省建筑设计研究院测量队对大厦主楼进行了沉降观测,提供资料表明,大厦属均匀沉降,垂直度满足要求;广州市城市规划勘测设计研究院测量队受甲方委托,对大厦主楼垂直度进行监测,也获得相同的结论,大厦主楼垂直度符合设计提出的要求。

1.7.4 结语

(1) 高层建筑垂直度控制测量的形式应综合考虑建筑物高度、施工方法、客观条件、外界环境等因素进行选择。

(2) 投点时既用高精度的垂准仪,又用超重锤球,量边时既用短程红外测距仪,又用人工拉钢尺丈量,即用先进的仪器与传统工具共同应用,互相补充,对比检查,可有效地解决施测仪器不足等的具体问题,很适合我国国情。

(3) 增加投点次数,加强各环节的检核,是保证高层建筑垂直度精度符合要求的关键。

(4) 以结构完成平面实际形心与设计形心坐标差作为建筑物垂直度的评价标准,能更确切地反映出建筑物整体的垂直度。

(5) 由于外界条件(主要是风力、温度)的影响,造成建筑物不同程度的摆动、扭转,其对于垂直度偏差的影响,目前尚属探索课题,寄望于今后实际工程中积累资料,分析研究(目前,在未弄清其影响规律的情况下,投测是选择在无风或微风、阴天天气或上午10时前进行),但可认为:分段控制投点,由于缩短了测程,是能有效地削弱风力、温度对建筑物垂直度控制测量的干扰的,故此,分段控制投点的优越性更突出。但应密切关注建筑物地基的不均匀沉降影响,并对偏斜量作适当调整。

(6) 在分析了各层偏差值后,应特别注意持续性的偏移。同时,在结构施工的放线、支模、绑扎钢筋、浇筑混凝土的过程中,测量人员应同时了解基线的变化情况,对偏差较大部分,应及时与施工人员一起检查改正。

2 广州市星海音乐厅钢筋混凝土双曲抛物面薄壳结构施工

广东省第四建筑工程公司　廖少刚　黄镇金　黄雪岭
华南理工大学　辛鸿雁

2-1 工程简介

2.1.1 概况

星海音乐厅位于广州市二沙岛中南部,东邻新建的广东美术馆,正南面面对珠江,为广东省八五期间精神文明建设的重点项目之一。全部工程总用地面积11658m²,建筑占地面积约4579m²,总体工程由交响乐演奏大厅(简称大厅)、室内乐演奏小厅(简称小厅)以及音乐资料馆和室外音乐喷泉文化广场等组成(见图2-1及彩图2)。

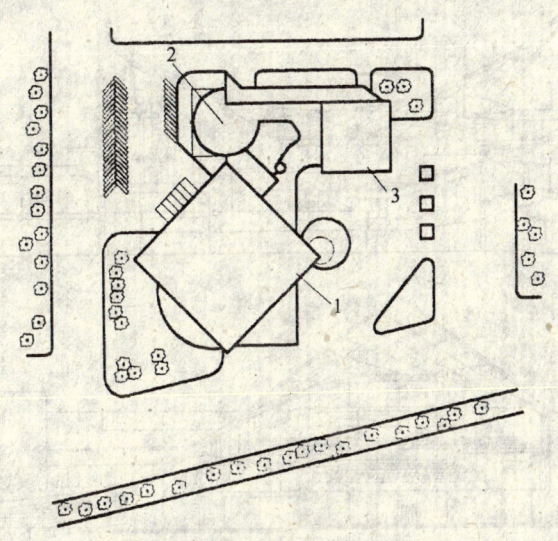

图 2-1　总平面图
1—大厅;2—小厅;3—资料库

大厅是音乐厅工程的主体建筑,其地下是设备房和休息大厅,首层(高出地面3.6m)是演奏大厅;小厅在东南角,底层为门厅及音乐欣赏大厅;二层为内设400座的室内乐演奏厅,建筑高度16.5m;音乐资料馆在北面,为三层钢筋混凝土结构,建筑高度11.7m;三部分工程总建筑面积11095m²。

2.1.2 设计特点

2.1.2.1 建筑设计部分

星海音乐厅是国内最早完全为演奏交响乐和室内乐而建造的音乐厅,从设计一开始就确定了"声学空间和结构空间一体化"的原则,出于声学上的考虑,在交响乐演奏大厅上采用了双曲抛物面钢筋混凝土壳体屋盖结构,它的结构合理,其屋盖内表面对声音传播兼具有扩散与聚敛的几何性质,其结构的内空间可以调整到适合声学要求,同时构成整个工程新颖、独特的主体造形(图 2-2)。其纵、横剖面见图 2-3。

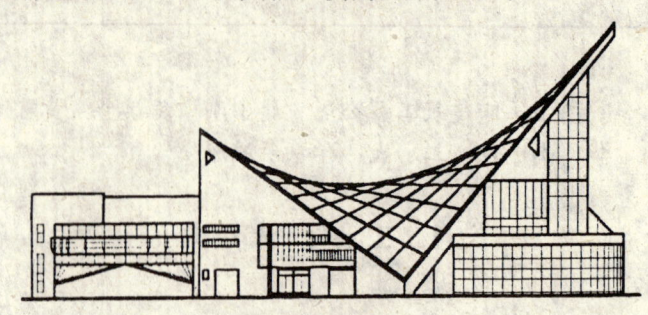

图 2-2 西立面图

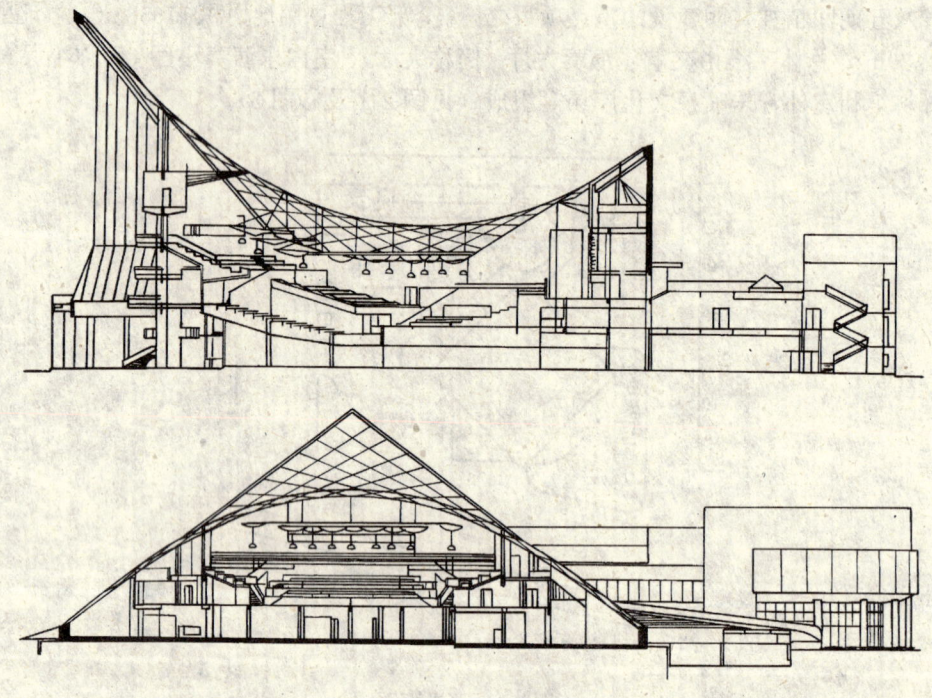

图 2-3 纵、横剖面图

在双曲抛物面薄壳屋盖覆盖下的交响乐演奏厅里,1500 个观众席分为 13 块,围绕演奏舞台,依前后高低顺序,形成山谷式梯田状(图 2-4),区块之间的侧墙方位布置成对声音扩散有利的角度,因而,整个交响乐演奏大厅在设计师精心布置下达到了结构与声学高品位音质效果的完美组合,其声学要求达到世界一流水准。

不仅如此,为配合主体双曲抛物面壳体形态,设计师在其他附属建筑物(小厅等)大量采用圆弧曲线、锥形等几何形状和高低错落动态造型,虚实相映,造型美观,成为一个观光景点，广州的一个文明标志。

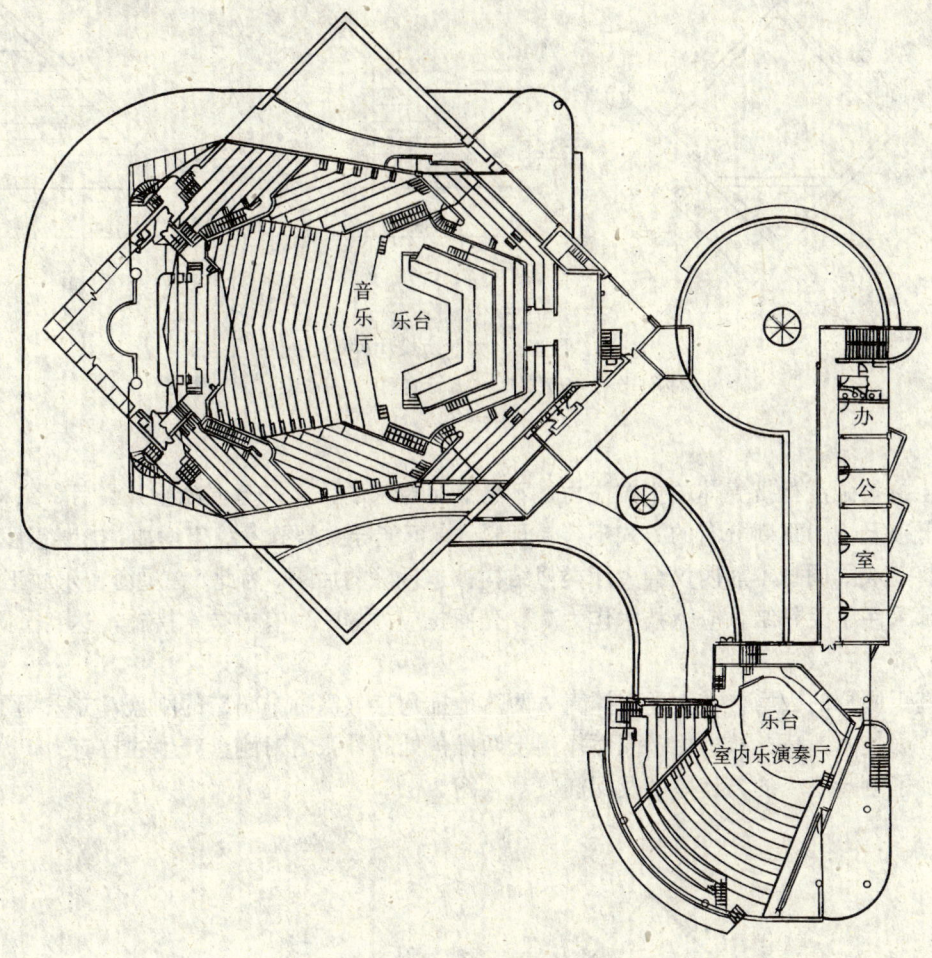

图 2-4 四层平面图

2.1.2.2 结构设计部分

在星海音乐厅主体建筑大厅上采用双曲抛物面钢筋混凝土薄壳结构屋盖，屋盖投影面积为 48m×48m，壳面的四角，其中两对角点上翘，高点离地高度为 40m，低点离地高度为 25m，另外两对角点落地，跨度为 67.88m。壳面厚度中间部分为 140mm，从距边缘构件（大梁）6m 处渐变厚，至边缘构件处厚度为 220m，边缘大梁沿高度斜向挑出 19.53m，大梁尺寸 $h×b$ 由悬臂端的 1m×0.8m 变为根部 2m×0.8m，四周边缘大梁由位于其下面的柱和剪力墙支承。柱与剪力墙沿 48m×48m 的整体钢筋混凝土刚性盘（简称刚盘，厚 600mm，支承在钻孔灌注桩桩基上）边沿布置，其除作为壳面边缘构件的支承外，还与看台框架系统联系成为空间整体刚度很好的抗侧力结构（见图 2-5）。

众所周知，双曲抛物面壳体结构在承受竖向自重荷载时，壳体内力主要为沿直线母线方向的顺剪力。这一顺剪力在壳体内分布大致均匀，可分解为拱方向的压力与悬垂线方向的拉力。作为钢筋混凝土双曲抛物面壳体结构，混凝土抵抗拱方向的压力是无问题的，适当的配筋可以承受壳体边缘弯矩，且不至于对结构刚度有重要影响，但在悬垂线方向，靠

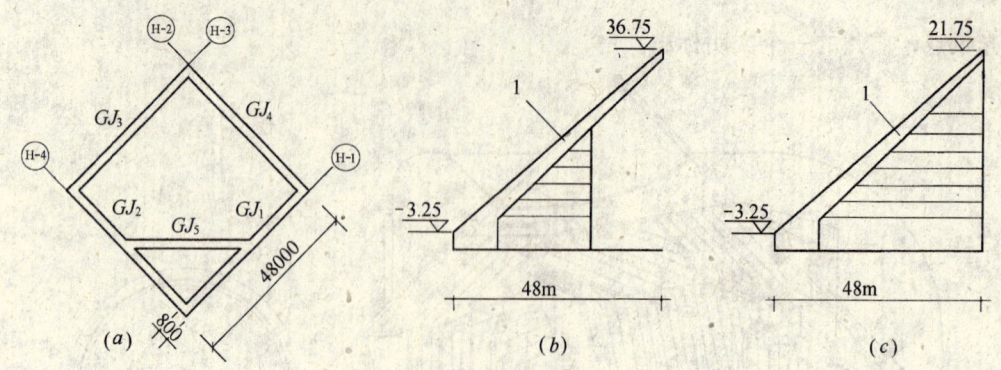

图 2-5 大厅边缘构件
(a) 边缘构件平面；(b) GJ_1、GJ_2 示意图；(c) GJ_3、GJ_4 示意图
1—大斜梁

混凝土抗拉强度抵抗壳体的主拉应力是不易满足要求的，且一旦混凝土开裂后，结构刚度的降低以及内力重新分布的方式不容易预料，有可能导致裂缝不稳定增加，挠度恶性增长，最终将造成如同日本静冈议会大厅类似结构被迫拆除的后果。为此，在星海音乐厅工程中，设计师采用了无粘结预应力技术作为减少壳面拉应力的一种有效技术措施，达到了圆满的效果。

基于同样的因素，在大厅支撑壳体两落地推角点（简称推角）的刚盘，亦采用了无粘结预应力技术，藉此减少由于壳面作用于两推角处的外张力对刚盘产生的拉应力，从而大大减少了刚盘底板的设计厚度及配筋数量（图 2-6）。

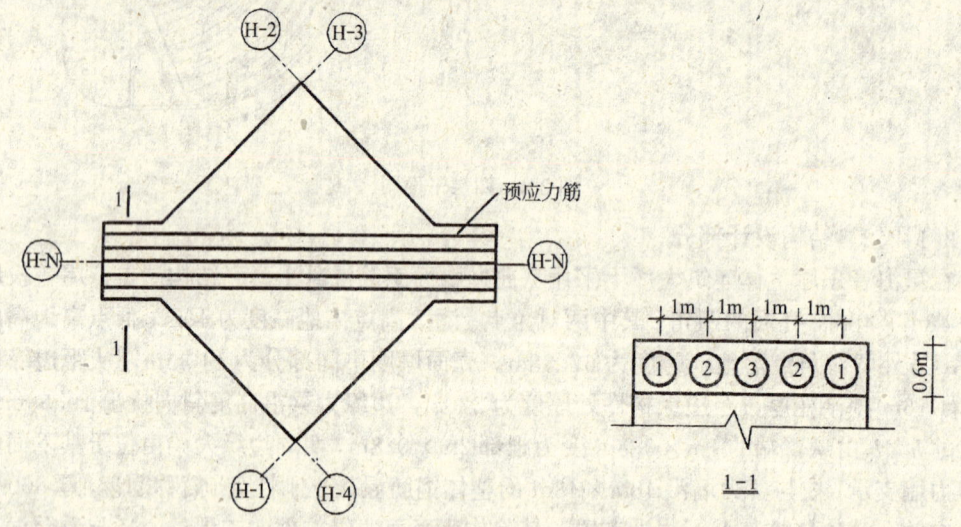

图 2-6 刚盘预应力筋布置及张拉顺序

星海音乐厅其他附属建筑采用框架剪力墙式框架结构，小厅屋顶采用大跨度密肋梁楼板。值得注意的是大小厅内众多楼梯式样各不相同，有悬挑梯、旋转梯、普通梯等等，支撑形式多变。

2-2 总体施工方案

2.2.1 综述

星海音乐厅工程大厅、小厅及资料馆的施工均各有特点和难点，小厅建筑造型迂回曲折，高低错落毫无规律，特别是室内乐阶梯式弧形看席，其弧线每一段弧率均不相同，资料馆亦是如此，其建筑类型为局部三层框架剪力墙结构。小厅及资料室虽然尺寸复杂，但相对大厅壳体结构显得难度较低，并于大厅施工前完成结构施工。所以，最繁杂、难度最高的为主体结构——交响乐演奏大厅双曲抛物面薄壳结构的施工。

2.2.2 壳体施工方案制定

壳体工程施工难度大，技术要求高，原亚洲跨度最大的日本静冈议会大厅类似壳体结构曾因壳体内应力问题而被迫拆除，因而要保证目前亚洲同类建筑物中跨度最大的双曲抛物面薄壳结构——星海音乐厅顺利完成施工，制定一个科学的、合理的、可操作性强的施工组织设计是关键。施工组织设计的制订过程，也是反复学习，消化设计图纸，将每一个施工步骤，每一项施工措施具体化、合理化的过程；是将施工方法灌输到每个施工人员，将施工的组织工作落到实处的过程，是在人力、机械设备、材料储备等方面为施工连续顺利进行提供保障，并在整个施工过程杜绝一切安全、质量事故发生的过程。为此，在施工中要坚持贯彻执行施工方案中的各项措施。

由于在壳体方面的施工经验不多，因而本工程在施工过程中进行了多方面的咨询和调研试验，施工方案中壳体的支撑、模板的设计、混凝土配合比设计、混凝土浇筑工艺、养护等措施，正是听取了各方面专家的建议，同时在模型实验的基础上完善起来的。

2.2.3 壳体施工难点分析

壳体施工的关键在于壳体测量网络控制、壳体施工支撑结构、壳体模板构造和安装、壳体混凝土施工控制、壳体预应力工程和壳体拆模顺序等几大方面，每方面都涉及到指导思想、技术措施、施工措施、组织工作落实、检验控制、预防应急补救措施等等。以上任何一个环节哪怕出现轻微失误，都会造成严重后果，若控制得好，整个结构施工就有保障。

2.2.4 总体施工流程

由于大厅内有1500个座位的阶梯观众席及舞台、乐池等功能层结构，标高变化复杂，若先施工这些项目，然后才在其上面搭设壳体的支撑，不仅对壳体的标高精度难以控制，对于整个支撑体系的安全、稳定更为不利，这是因为：

(1) 整个壳面标高若以刚盘面为单一参照基数，可以利用壳面方程规律来控制，而功能层自身标高变化复杂繁琐，高低错落无序，作为参照物无规律可循，易引起混乱而无法控制精度。

(2) 功能层结构一般为阶梯式看台，结构比较单薄，无法承受大面积满堂红支撑结构，极易引起损坏，甚至危及整个支撑体系的安全。

因此，为重点保证壳体施工的顺利进行，采取了先施工壳体结构，然后才施工观众席、舞台等内部功能层结构的施工顺序。当刚盘施工完成后，大厅四周的剪力墙、柱和斜梁继续施工，而大厅内部的柱、观众席等功能层则预留连接钢筋后做，并且，为配合壳体施工一次到位，四周的边缘构件混凝土均浇筑至壳体壳面板底面下，在斜梁内留水平施工缝（征得设计院同意），整个大厅施工顺序如图2-7所示。

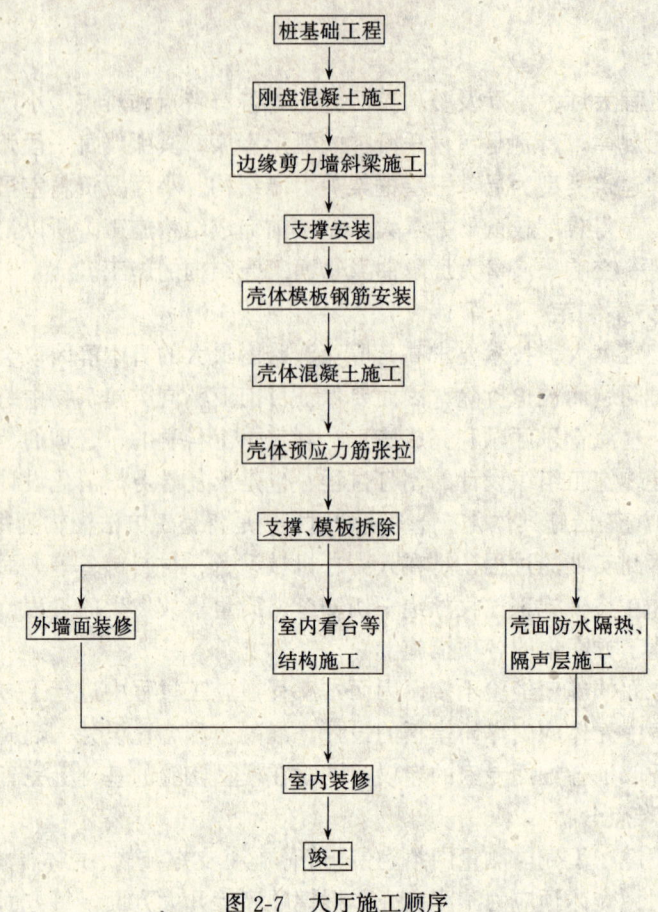

图 2-7 大厅施工顺序

2-3 壳体施工

在大厅整个施工总体流程中，对壳体施工产生重大影响的关键环节有如下几个：
(1) 壳体轴线、高程控制；
(2) 壳体支撑结构施工；
(3) 壳体模板构造和安装；
(4) 壳体混凝土施工；
(5) 壳体预应力工程；
(6) 壳体拆模控制。
现就上述关键环节逐一叙述如下。

2.3.1 壳体轴线、高程放线控制——测量网络控制法

星海音乐厅大厅双曲抛物面薄壳结构壳面放线精度控制为壳面施工的基础，它自始至终渗透于整个壳体施工的每一步，特别直接关系到壳体支撑结构和壳体底模板的制作安装。壳面放线精度要求高，控制难度非常大，只要壳面上任何一点精度控制发生偏差，整个壳

面就会在这一点上产生不谐调的凸起或凹陷,更为严重的是影响到薄壳的内应力分布,从而造成不良的拉应力,使壳面产生裂缝,进而威胁整个建筑物的安全使用。因而本工程采用测量网络控制方法以保证壳体曲面精度控制效果。

2.3.1.1 壳面方程分析

本工程双曲抛物面壳面方程可简化为:

$$Z = Axy + B(x-y) + C \tag{2-1}$$

若采用如图 2-8 所示坐标系,可得出方程式为:

$$Z = \frac{65}{2304}xy - \frac{40}{48}(x+y) + 36.75 \tag{2-2}$$

从中可得到一次项系数为 x 轴或 y 轴上壳边直线斜率为: $\frac{0-40}{48} = -\frac{1}{1.2}$,同理可得出一次项系数 $x=48$m 或 $y=48$m 时,壳边直线斜率为: $\frac{-0+25}{48} = \frac{25}{48} = \frac{1}{1.92}$

其中,正方形 $ABCD$ 为整个壳面垂直投影面,直线 AB、BD、CD、AC 段为大厅壳面四周边缘构件斜梁 GJ_2、GJ_3、GJ_4、GJ_1(见图 2-5,a),A、D 点分别为大厅最高上翘点 40m 点及另一上翘点 25m 点,B、C 为两落地点。

2.3.1.2 壳面基准直线及其重要特性

应用壳面方程(2-2)式,求一阶偏导数令其等于零:

$$\frac{\partial Z}{\partial X} = \frac{65}{2304}y_0 - \frac{1}{1.2} = 0$$

$$\frac{\partial Z}{\partial Y} = \frac{65}{2304}x_0 - \frac{1}{1.2} = 0$$

可得: $x_0 = 29.538$m
$y_0 = 29.538$m

代入(2-2)式,得 $Z_0 = 12.135$

因此,直线 $x=29.538$ 和直线 $y=29.538$ 为双曲抛物壳面上唯一的两根水平基准直线,其标高均为 12.135m,到上翘角 D 的距离为 18.462m(图 2-9),为方便起见,令这两根壳面基准直线为 GH、EF 线,基准直线斜率为零。

由图 2-9 可见,该双曲抛物面壳面上凡与水平基准线投影平行的纤维都是倾斜的直线,其斜率和倾角为(图 2-10)。

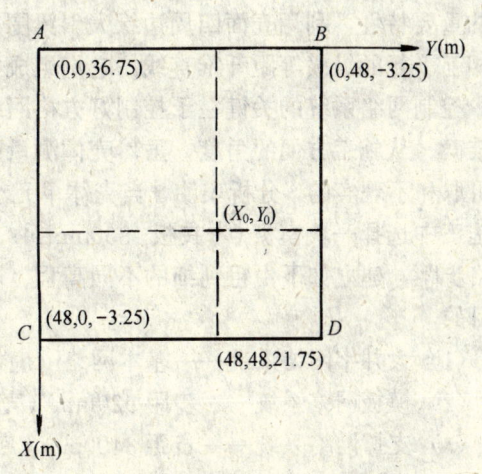

图 2-8

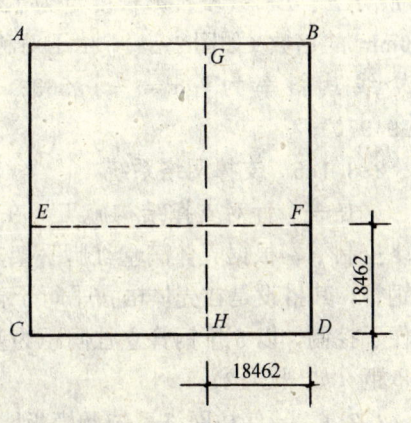

图 2-9 壳面水准基线

$$tg\alpha = \frac{65}{2304} \times \zeta - \frac{1}{1.2} \quad (0 \leqslant \zeta \leqslant 48)$$

$$L = \frac{S}{\cos\alpha}$$

式中　L——壳面上与水平基准线平行的纤维（倾斜的直线）实际长度；

　　　S——壳面纤维垂直投影长度。

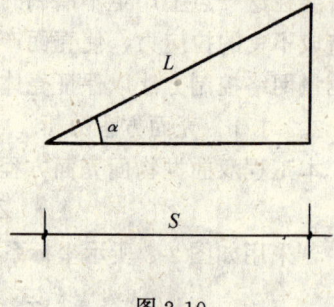

图 2-10

2.3.1.3　施工网络控制系统的建立

壳面网络控制系统是根据双曲抛物薄壳面上基准直线的重要特性，利用壳面四周边缘大斜梁围成的方框内，建立若干条垂直投影与壳面基准线相互平行的纵横等距纤维直线，它们组成符合壳面规律的方格网络体系。

控制网络系统的关键在于控制好方格网络中每根纤维的平面投影位置及其空间倾斜角的准确。从施工方便的角度，虽然壳体测量网络上的纤维步距越小越精确，但在施工上是不可取和不现实的，分析表明，当壳体单元小于 2.5m²/单元，其壳面扭曲度趋于平和，因而施工中选择一块模板（木夹板 1830mm×915mm=1.67m²）的宽度 920mm 作为最小测量网络步距，建立如下由粗到细的不同高程、不同步距的网络系统，最后达到控制壳面精度的目的。

(1) 大井字网络系统——基本网络（底枋下）；

(2) 模板网络系统——步距 920mm（壳底下）；

(3) 支撑网络系统——步距 3400mm（底枋下）；

(4) 模板底枋网络系统——步距 1840mm（模板下）。

2.3.1.4　大井字网络的建立（基本网络）

根据壳面基准直线 GH、EF 线，再引进与之投影平行的其它两条壳面直线 KL、MN 线，组成一个壳面大井字总控制网络。出于施工方便和选定方格网络最小步距为 920mm 考虑，将 MG、NH、KE、LF 线段投影长度定为 12880mm，是 920mm 的倍数（如图 2-11），由于对称关系，KL、MN 线其斜率为 $tg\alpha = -0.3633$，其倾角为 $-19.970°$。

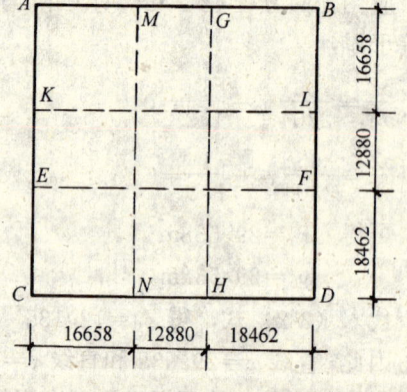

图 2-11　大井字基本网络

2.3.1.5　支撑网络系统

这是一个针对支撑结构施工，在大井字基本网络控制下，根据壳体满堂红脚手架支撑搭设特点建立起来的测量控制系统。壳体支撑采用钢管，其搭设是在壳体内按平行于壳面基准直线，以 850mm×850mm 的投影步距排列。为便于控制，以 5 排钢管立柱间距为基础，即投影间距为 3400mm 作为支撑网络控制系统的步距（如图 2-12）。

2.3.1.6　底枋网络系统及模板网络

这两种网络形式一样，但步距不同，模板网络是以模板宽度 920m 为步距，底枋网络是以一个铺设单元（即两块模板拼成 1830mm 正方形）长度 1830mm 为步距，如图 2-13 及图

2-14 所示。

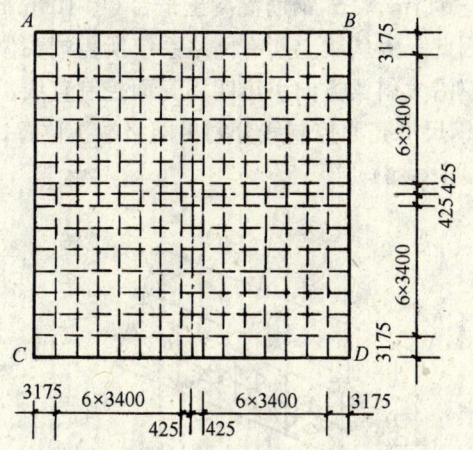

图 2-12 支撑网络系统

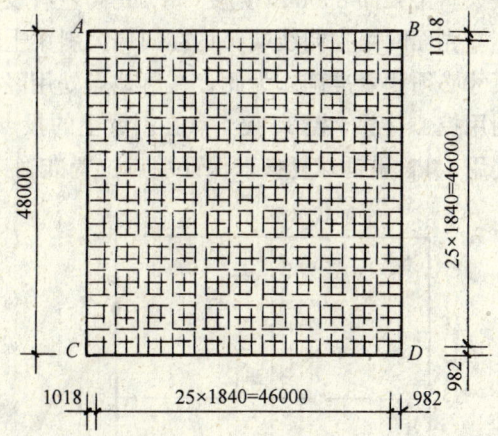

图 2-13 木枋网络系统

2.3.1.7 应用测量网络的施工轴线控制及网络线端头控制

壳面网络控制的精度决定于轴线控制的好坏，特别是边缘构件轴线 ($H-1$)、($H-2$)、($H-3$)、($H-4$)（见图 2-6）的控制尤为重要，为此，需建立较为高精度的控制系统进行建筑物轴线投测，这种系统分外控与内控两种形式。由于星海音乐厅场地开阔，故建立外控系统，将轴线 ($H-1$)、($H-2$)、($H-3$)、($H-4$) 用经纬仪引投到场地外马路和小厅楼层上，为使轴线控制点保持长期稳定，将顶面刻有十字线的钢筋打入预定位置并用混凝土灌注严实，轴线定期复测。

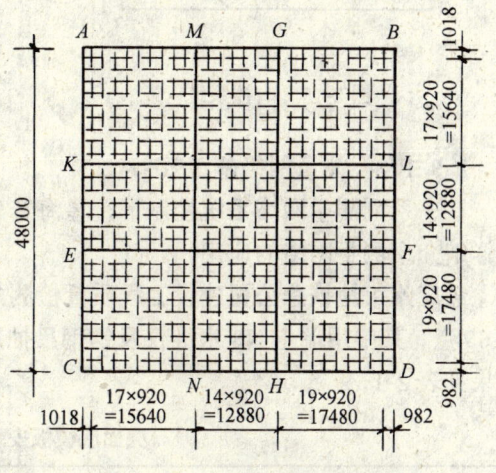

图 2-14 模板网络系统

为保证轴精确度，又建立如图 2-15 的轴线内控系统，在已完工的大厅底板刚盘上选择 6 个控制点，组成一个控制网，其中控 1、控 2、控 3、控 4、控 5 均为边缘构件 GJ_1、GJ_2、GJ_3、GJ_4、GJ_5 的中点，而控 0 点则为整个壳体中心，其投影间距均用 100m 普通钢尺（工地专用）加 10kg 拉力悬空丈量，共丈量两次并加温度修正确定。

内外控制系统与测量网络相辅相成，互相补偿。在壳体支撑搭设初期，由于支撑排列密集，内控网无法起作用，只有靠外控网控制整个壳体边缘构件施工。当支撑搭设至 12m 高程标高时，外脚手架搭设也排列密集，阻挡外控网通视，这时则在满堂红支撑上，设置一个与壳体中心相对应的钢筋混凝土平台（长×宽为 2m×2m，厚约 150mm），平台标高为 11.556m（壳底标高 13m），将控 0 点用 15kg 锤球人工投点到平台上，反复投点数次（并定时复测），定为控 0' 点，并将控 1、控 2、控 3、控 4、控 5 点亦用 15kg 锤球逐层投点至周边大斜梁及边缘构件连系梁上，且用经纬仪进行内控网的检测及校止，确认控制点准确无误后，作为上部施工的依据。而高程测量用的水准仪基底座则是充分利用边缘构件的结构及大斜梁梁面800mm宽度，每4m高左右设置一个1m×1m钢筋混凝土平台（厚100mm）。

壳面网络控制线端头均在四周大斜梁上，因此，大斜梁上所有网络系统所需端头位置尺寸必须测量准确。为此，在落地点处用经纬仪沿大斜梁方向引出四周壳面控制直线，并利用控1、控2、控3、控4点在斜梁上的投点用钢尺沿壳面控制线分划出网络端头位置，再利用15kg重锤球复核，保证端点位置准确（见图2-16）。

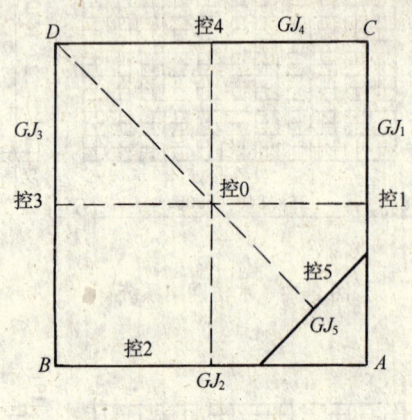

图2-15 内控系统

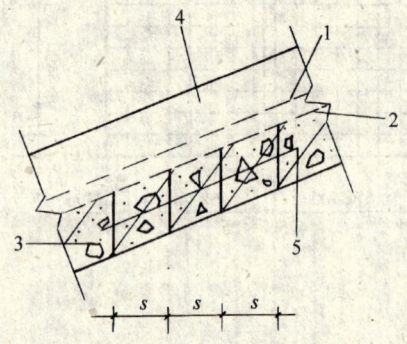

图2-16 壳面网络线端头在斜梁位置
1—壳面；2—壳底；3—先浇部分；
4—后浇部分；5—网络控制线端头

2.3.1.8 测量网络施工效果

在一系列测量网络系统控制下，星海音乐厅壳面施工方便顺利，在以下各施工环节中将详细介绍测量网络的应用。

经广州市地铁总公司建设工程质量检测站等部门对壳面底模板安装后抽查测试，共抽查65点，其中用瑞士N3水准仪及铟钢尺抽查30点，用国产S3水准仪及塔尺抽查35点，结果见表2-1。

壳面底模板安装精度检测结果　　　　　　　　　　表2-1

高差（mm）	$\Delta \leqslant \pm 5$	$\pm 5 < \Delta \leqslant \pm 10$	$\pm 10 < \Delta \leqslant \pm 20$	$\pm 20 < \Delta \leqslant \pm 30$	$\pm 30 < \Delta$
点　数	45	14	4	2	0
所占比例	69.2%	21.5%	6.2%	3.1%	0

由表可见，所有高程差均小于30mm，其中90.7%符合设计允许高差±10mm的要求，最后经过进一步调整，所有控制点均控制在±10mm的误差范围。

2.3.2 壳面支撑结构

壳体结构不但高度高，面积大，而且壳面各点高程都有变化，体型复杂，浇筑混凝土时各部分承受的重量不均，除会对支撑产生竖向压力外，还有可能使支撑承受斜向推力。因此，在考虑支撑结构时，不但要保证支撑的竖向承载能力，更应特别重视支撑的整体稳定性问题，以保证在浇混凝土期间，以及遇上台风、大风时，模板结构的整体安全。

2.3.2.1 支撑结构构造

所有支撑均用 $\phi 51 \times 3$mm 钢管。支撑钢管立柱步距的确定，除考虑钢管自身的强度和刚度外，还需考虑在最大的倾斜度下，壳底模板底枋采用的普通 2m 长方木是否可以铺设，今最大倾斜度为 47°角壳面上，在 850mm 投影步距范围内，其最大斜线长为 1.76m，小于 2m 长度，故满足底枋绑扎最大距离要求（图 2-17）。

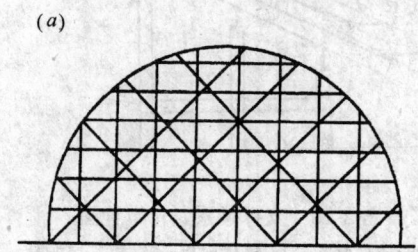 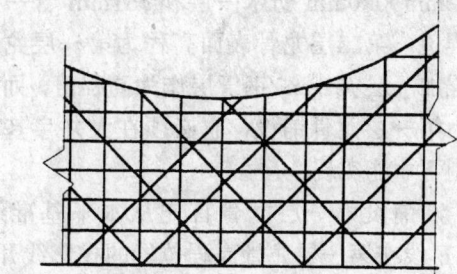

图 2-17　支撑剖面
(a) 东西侧面；(b) 南北侧面

联系支柱的纵横系杆，斜向剪刀撑也全部使用 $\phi 51 \times 3mm$ 钢管，要求从柱脚以上 1.8m 开始搭设第一道立柱牵连系杆，以后所有纵横系杆每隔 1.2m 搭设一道，在柱脚也全部加纵横水平杆连系。剪刀撑则每隔 5 排立柱设一道，从四周边缘大斜梁及剪力墙斜起 45°直到壳底。由于四周剪力墙、混凝土斜梁已施工至壳体底下，因此所有水平撑、剪刀撑均要求顶到边缘构件，使可能产生的水平推力传递到边缘构件上。

2.3.2.2　壳体支撑立柱竖向承载力计算

① 水平 $850mm \times 850mm$ 壳面混凝土重，考虑曲面形状，取增大系数 1.2；

$0.85 \times 0.85 \times 0.14 \times 25 \times 1.2 = 3.035 kN$

② 施工荷载取 $1.5 kN/m^2$

$0.85 \times 0.85 \times 1.5 = 1.084 kN$

则 ① + ② = 4.119 kN

③ 由于立柱每隔 1.2m 均有双向钢管水平拉紧，因此将立柱看作两端铰接：

$L_0 = 1200mm$，$r_{min} = 16.24mm$，$A = 522.3mm^2$

$[\lambda] = \dfrac{1200}{16.24} = 73.89 \quad \Psi = 0.782$

取旧管折减系数 $m = 0.85$

则 $\sigma = \dfrac{N}{m\Psi A} = \dfrac{4.119 \times 10^3}{0.85 \times 0.782 \times 522.3}$

$= 11.9 < [\sigma] = 210 MPa$

经验算钢管支撑强度、稳定性、变形均能满足规范要求，钢管的压缩变形小于 1/1000。

2.3.2.3　测量网络控制支撑结构搭设

支撑均在壳体内按平行壳体正方形边长弹出控制方格网，以 $850mm \times 850mm$ 的步距搭设钢管。

要控制支撑搭设中每根钢管立柱从刚盘面到壳底均保持垂直是很不容易的，且要耗费大量的时间和人力，采用支撑网络可避免出现这种情况，同时可保证壳体精度要求。

在钢管搭设过程中，先以步距为 3400mm（即每 5 排钢管立柱）网络控制钢管在完成至壳底要求高程时不会出现大的偏差，以保证支撑受力均匀。

在支撑结构完成面上必须铺设两层钢管龙骨（见图2-18），并符合壳底双曲面规律：第一层龙骨表面高程为壳底标高减去18mm厚模板一层，80mm×80mm枋木一层和ϕ51mm管一层所剩高程值，第二层龙骨表面高程为第一层龙骨表面高程加一层ϕ51mm钢管层作为高程值，而难度最大为第一层龙骨铺设，它必须在大井字基本网络控制下才能实现。

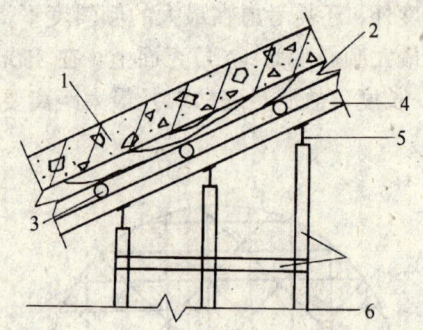

图2-18 支撑体系龙骨布置图
1—壳体混凝土；2—壳体模板；3—第二层龙骨；
4—第一层龙骨；5—可调顶托；
6—支撑立柱，水平系杆

铺设第一层龙骨首先从水平基准线GH及EF线在第一层龙骨高程位置的投影线开始，根据网络在边缘大斜梁的端头位置用直钢管在支撑结构上固定这两根基准投影线，并用经纬仪、水准仪复核准确，再由此两根线（钢管）引出大井字系统另两根MN、KL线的投影线，并用钢直管固定测试准确。从而形成钢管大井字形状，并在钢管上全部按支撑结构网络将3400mm投影步距标志其上，便于施工控制。

铺设第一层龙骨沿BA方向进行（图2-19），其3400mm步距已利用大井字基本网络GH、MN及边梁用钢丝（22号）全部标出，并用钢管作龙骨沿钢丝方向将步距固定在支撑结构上，龙骨固定在支撑上必须牢固紧实，支撑立管必须配以多道纵横水平系杆或斜撑杆，在经纬仪、水准仪控制下进行安装。

第二层龙骨步距为850mm，是利用第一层龙骨及大井字基本网络沿AC方向铺设（图2-20），第二层龙骨是固定在第一层龙骨钢管上。其850mm投影步距是为了架设壳底模板底枋，其高程控制亦十分重要。

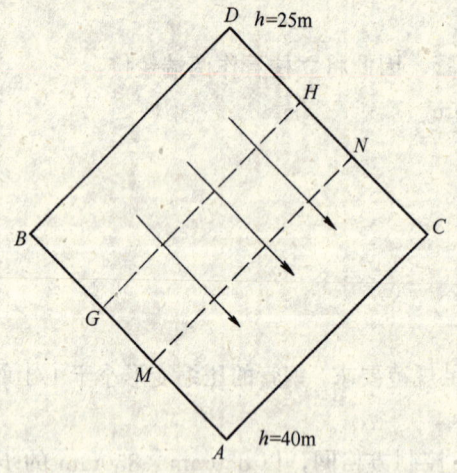

图2-19 第一层龙骨铺设方向

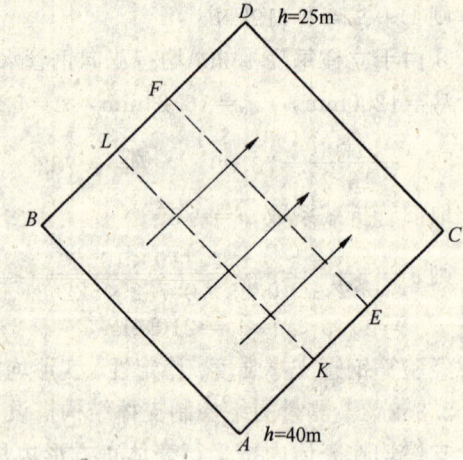

图2-20 第二层龙骨铺设方向

2.3.3 壳体模板构造和安装

本工程大跨度双曲抛物面薄壳模板工艺较特殊，而国内外关于这类工程的成熟施工经验不多，经多方比较研究，比较经济实用的支模工艺还是采取传统的全面铺钉模板的方法。

2.3.3.1 模板的选择

壳面上各点高度不同,钉模后必然会使一块模板产生扭曲,若使用较薄的模板,虽便于模板安装,但相对要增加底枋数量,且薄模板易损耗,不安全也不经济。经过计算试验,决定选用18mm厚木胶合板做底模板,其尺寸为1830mm×915mm×18mm,面积1.83m×0.915m=1.67m²<2.5m²,在此范围内,在壳面最陡处模板两短边相对扭角为1.76°,其扭曲性能经测试完全满足壳体曲面的要求。

2.3.3.2 模板验算

1. 强度验算

材料:18mm厚木胶合板,静弯曲强度$[\sigma]=25$MPa,弹性模量$E=3500$MPa,长1800mm,每450mm有一道龙骨支承,取1m板宽按四跨连续梁计算,计算简图见图2-21。

荷载:

①模板及其连接件自重　　　380N/m²
②新浇混凝土自重　　　　　24000×0.22=5280N/m²
③钢筋自重　　　　　　　　250N/m²
④施工荷载　　　　　　　　2500N/m²

查结构静力计算手册可知,B 支座弯距最大。

$$M_B=0.121ql^2$$

其中:

$$q=1m\times(①+②+③)\times1.2+1m\times④\times1.4$$
$$=1.2\times(0.38+5.28+0.25)+1.4\times2.5$$
$$=10.6\text{kN/m}$$
$$l=1.05\times l_0=1.05\times(0.45-0.08)=0.3885\text{m}$$

取 $l=0.4$m

$$M_B=0.121\times10.6\times0.4^2=0.205\text{kN}\cdot\text{m}$$
$$W=\frac{bh^2}{6}=\frac{1000\times18^2}{6}=0.54\times10^{-4}\text{m}^3$$

则

$$\sigma=\frac{M_B}{W}=\frac{0.205}{0.54\times10^{-4}}$$
$$=3796.3\text{kN/m}^2=3.8\text{MPa}<[\sigma]=25\text{MPa}$$

符合强度要求。

2. 挠度验算

由计算手册可知,在图2-22荷载作用下,AB 跨挠度最大。

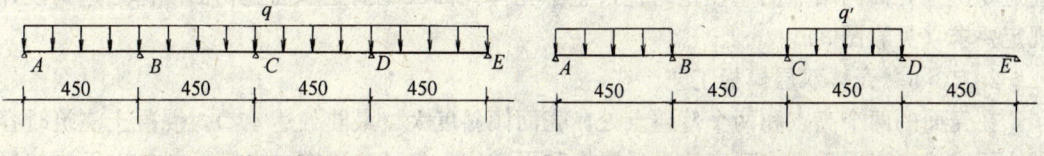

图2-21　模板计算简图　　　　　图2-22　模板挠度计算简图

$$f_{\max}=0.967\times\frac{q'l^4}{100EI}$$

其中：$q' = ① + ② + ③ = 0.38 + 5.28 + 0.25 = 5.91\text{kN/m}$

$$I = \frac{bh^3}{12} = \frac{1000 \times 18^3}{12} = 486000\text{mm}^4$$

则：$f_{max} = \dfrac{0.967 \times 5.91 \times 0.4^4}{100 \times 3500 \times 103 \times 4.86 \times 10^{-7}} = 8.6 \times 10^{-4}\text{m}$

$= 0.86\text{mm} < [f] = \dfrac{l}{400} = 1\text{mm}$

符合挠度要求。

2.3.3.3 壳体底模板高程确定

在原设计中，壳体方程是关于壳面的，即根据壳面方程算出的高度是壳面上各点高程，这给实际操作带来极大的不便。因为壳体的厚度是指沿壳面法线方向的厚度，壳底面的标高不能简单地按竖直方向减去壳体厚度来求出（因壳面上每一点的法线方向均不同），何况在四个周边 6m 范围内厚度还有逐渐增加的变化，这样壳体底模板标高计算相当复杂，易于出错。为此，征得设计同意，将壳体方程改为底面方程，这样，底模板面各点高程可直接由方程算出，而面层混凝土的厚度控制也有保证。

2.3.3.4 壳体底模制作与安装

当大厅内支撑结构完成验收后，在第二层钢管龙骨基础上利用测量网络控制壳体底模铺设安装，壳面展开面积约 2700m²。

1. 模板底枋网络系统施工

所有模板底枋均按与第二层钢管龙骨相垂直的方向铺设（图 2-23），其 1840mm 步距的确定是在大井字基本网络中的 GH、MN 控制线控制下，在第二层钢管龙骨上划分好，将木枋按此步距均匀铺设固定，其木枋表面高程值应为壳底高程减去模板厚度后的高程。并利用另一组大井字基本网络中的 EF、KL 控制线，引出整个底枋网络系统每个 1840mm 控制点（定在木枋表面上），而模板的铺设是以每两块（1830mm×1830mm）为一单元，刚好符合 1840mm 投影步距，由于 1840mm 网络线投影到壳面上每条斜线长度不同，造成各块模板单元间有间隙，间隙的大小也不同，要另外用一些散板填补（图 2-24），在底枋网络之间再铺设间距为 450mm 的木枋作为加固支撑。

2. 模板网络控制壳面底模

模板的铺设是在壳面水平基准线 GH 和 EF 交点处开始的，先沿 GH、EF 线方向呈十字形铺开（先模板单元铺设），然后才向四周展开，同时利用大井字控制网络引出模板网络系统（步距为 920mm），控制整个壳体壳底模板的最后成型。所以，模板网络控制点上的标高必须精确，符合壳体双曲抛物面规律，满足设计人员规定的不超过 ±10mm 误差的要求，经过 6 次全壳面网络点测量校正调整，整个壳体壳面成型满足双曲抛物面规律，达到设计规定要求（见彩图 3）。

2.3.3.5 壳体双层模板工艺

在壳面的两个高点和两个落地点处，壳面倾斜度大（最陡处达 47°），混凝土浇筑时容易往下流淌，会严重影响到壳体设计厚度和平整度，经试验研究，当模板倾角小于 27°时，可通过调节混凝土的坍落度来使得混凝土不致向下流淌。但当模板倾角大于 27°时，必须采用双层模板才能控制混凝土不致向下流淌。

双层模板的制作必须满足以下方面要求：

(1) 保证混凝土施工质量；
(2) 方便施工操作；
(3) 便于检验；
(4) 保证人员安全。

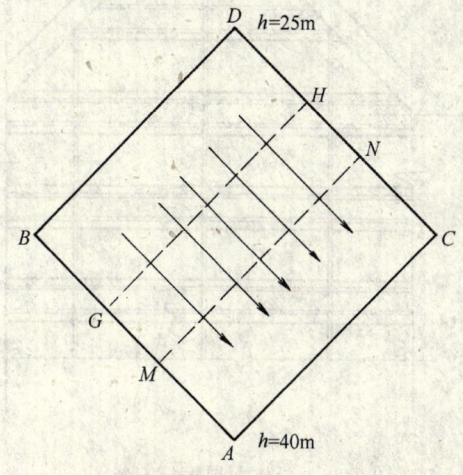

图 2-23 模板底枋铺设方向

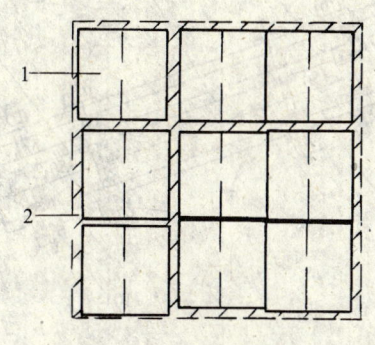

图 2-24 壳底配模
1—2 块 1830mm×915mm×18mm 夹板单元；
2—斜线表示用散板补足

因此，在壳体四个角及四边边缘 6m 斜度大于 27°的范围内，采取加压面层模板的双层模板工艺，其面层模板由固定面层模板和后安面层模板组成（图 2-25）。固定面层模板是将整件胶合板一分为二（450mm×1850mm×18mm），按 600mm 的间距在浇混凝土前安装固定（安装方法同剪力墙模板），使新浇混凝土能定型，450mm 宽的固定面层模板既能使操作工人有落脚点，又利于混凝土能得到充分振实（图 2-26）。固定面层模板之间的 600mm 空隙间隔是留作浇混凝土时下混凝土和插混凝土振动棒之用，在浇混凝土时，当混凝土溢出固定面层模板露到空隔时，才在空隔位补上后安面层模板并钉好，这样一边封板，一边向上浇混凝土。

2.3.4 壳体钢筋工程

当壳底模板安装、验收完成后，便进行钢筋工程施工。

2.3.4.1 钢筋铺设

壳体壳面钢筋为双层双向布置，直径为 10mm，间距为 150mm，预应力筋为 $\phi15$@500mm，加厚部分壳面钢筋增多纵横 $\phi10$@200mm 一道于面层，故薄壳面钢筋、预应力筋最多可达 8 层，一般为 6 层。它们的铺设是在大井字基本网络控制下，沿模板网络划分而成，施工质量符合设计要求。

2.3.4.2 混凝土保护层控制

如何在如此大面积双曲抛物面壳体上对钢筋进行定位并满足混凝土施工的要求，是钢筋工程中的一个难题。在本工程中，壳体钢筋（指底面筋）全部采取了混凝土保护层塑料垫圈（图 2-27），这种垫圈不仅成本低（几分钱一个），而且施工极为方便，它只需将垫圈沿卡口按到钢筋上即可，完全达到混凝土保护层的设计要求。由于钢筋保护层厚度有保证，确保了壳体底面不抹灰。

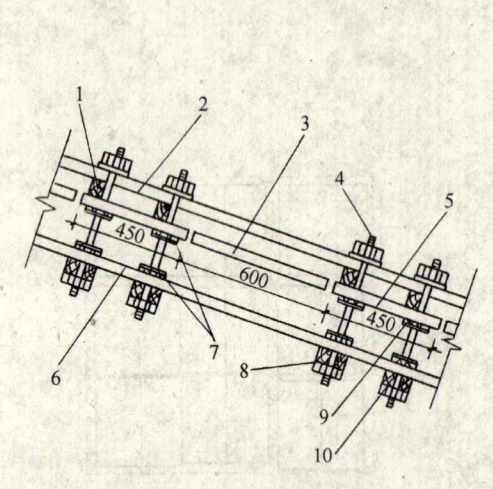

图 2-25 双层模板大样
1—木压方；2—钢管压顶；3—后安面层模板；4—螺栓；
5—固定面层模板；6—底模；7—铁垫块；8—木垫块；
9—限位装置；10—螺母

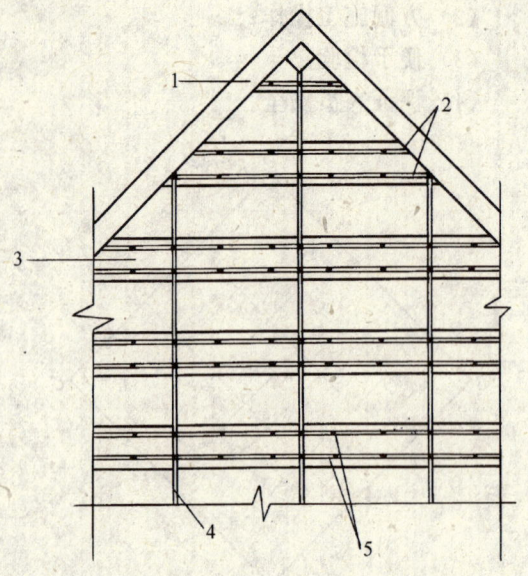

图 2-26 壳体面层模板安装图
1—斜梁；2—木压方；3—固定面层模板；
4—钢管压顶；5—对拉螺栓

2.3.4.3 壳体厚度的控制

壳面的厚度是指沿壳体每一点的法向厚度，它的控制不能简单用在底模上焊一些直钢筋来控制。在施工中，采取了非常实用的三边相互垂直的三维空间坐标形（"Y"形）的三脚钢筋形式，将它焊在底层钢筋上，作为壳体厚度的控制措施。"Y"形钢筋架在立体几何上完全符合"法向"概念，实施中也方便可行，每 1m×1m 设一个。

图 2-27 混凝土保护层垫圈

2.3.5 壳体混凝土施工

本工程壳面面积大，厚度薄（只有 140mm 至 220mm），起伏倾斜大，其独特的内力传递要求壳面各处混凝土的厚度和密实度得到可靠的保证，因此壳面混凝土施工必须克服由于壳面特殊性带来的种种困难，确保工程质量。

2.3.5.1 壳体施工段划分

若壳体一次连续浇筑，由于壳体面积大（展开面积约 2700m²），难以保证施工时不出现冷缝，加上壳体特殊的曲面形状和受力特点，一次性连续浇筑完成对混凝土的质量控制不利。因此，在征得设计院同意后，壳体分三段施工，如图 2-28 所示：第一段为壳体中部由两落地角东西对角线向北 7m、向南 7m 形成 14m 宽的长带形壳面；第一段北面为第二段，南面为第三段。三段间施工顺序为第一段→第二段→第三段。施工缝用钢丝网分隔。各段的混凝土工程量为：第一段 190m³，第二段 150m³，第三段 190m³。

2.3.5.2 混凝土的运送

考虑到壳面施工的操作特点，采用混凝土泵泵送混凝土只会增加施工操作难度，故现场采用一台塔式起重机和两座提升井架(带料斗),共同将现场搅拌的混凝土运输至壳面。在塔式起重机工作幅度(35m)范围内的壳面混凝土由吊斗直接浇筑;塔式起重机不能覆盖的壳面,混凝土则由提升井架的料斗上升到操作平台后倾倒到手推车内,再用手推车经过壳面上空的运输跳板将混凝土运送到各个浇筑部位,最后经串筒卸落壳面(图2-29)。

2.3.5.3 施工运输跳板的搭设

设置在现场的塔式起重机工作幅度只有35m,不能覆盖整个壳面,约一半的壳面还需利用提升井架将混凝土转运到手推车上,再由手推车将混凝土运送到各个浇筑部位。因此在各段混凝土浇筑前,须先做好壳体上空运输跳板的搭设工作(图2-30)。依照各段的施工顺

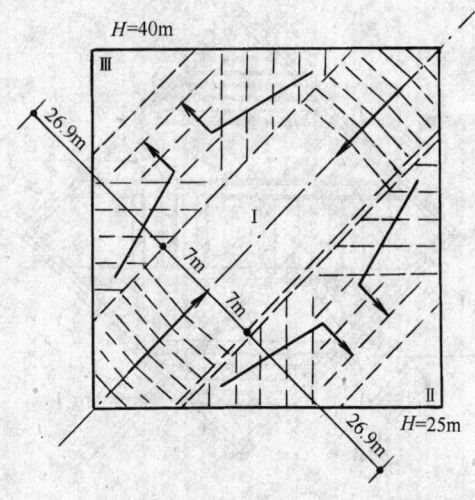

图2-28 壳体施工段的划分与各施工段混凝土浇筑走向

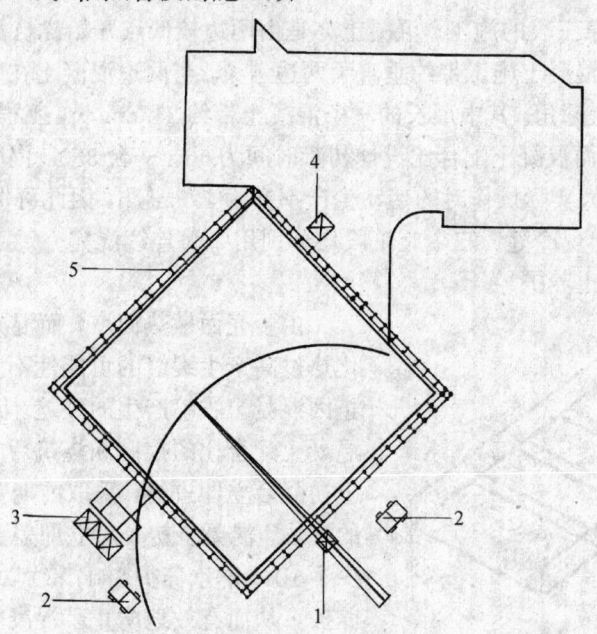

图2-29 壳体施工机械布置
1—塔式起重机;2—混凝土搅拌机;3—三笼提升井架
4—单笼提升井架;5—脚手架

序,先搭第一段的运输跳板,然后是第二段,最后拆掉第一、二段的运输跳板,再搭设第三段的运输跳板。运输跳板须与各层脚手架相衔接。

2.3.5.4 混凝土配合比

壳体混凝土的强度等级为C35,其配合比设计,受到混凝土施工工艺、模板构造、原材料供应等方面的制约。在混凝土配合比设计初步确定后,在现场再进行混凝土浇筑模拟试验。试验模型为一4m×4m倾角达45°的模拟壳面,实验目的是根据实际施工时遇到的壳体

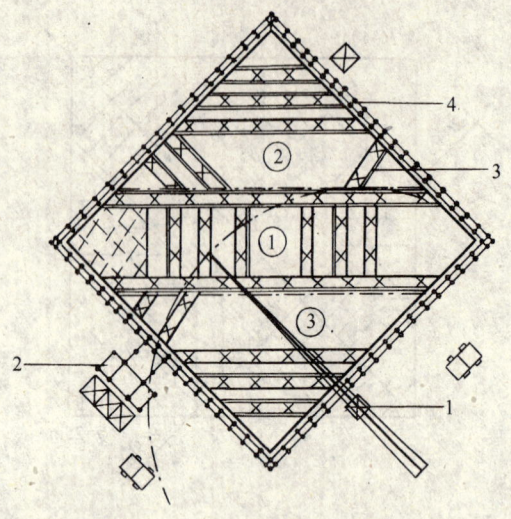

图 2-30 壳面运输跳板搭设示意
1—塔式起重机；2—出料平台；3—运输跳板；4—脚手架

斜度大、双层模板工艺、壳体厚度薄而钢筋却达 6 层以上等特点，对混凝土的骨料粒径、砂率、坍落度等进行合理的调整，直至找出能满足实际操作要求的混凝土配合比为止。最后确定的混凝土配合比为：粤海 525 号转窑水泥 $372 kg/m^3$，水灰比 0.47，10～30mm 石子 $1186 kg/m^3$，中砂 $667 kg/m^3$，掺 FDN—440 减水剂，坍落度 80～120mm（双层模板范围）和 50～80mm（单层模板范围）。

2.3.5.5 各段混凝土施工

浇筑壳面混凝土必须对称施工，施工时先从第一段东西角开始对称浇筑混凝土（见图 2-28），按南北向 14m 长、宽 1m 的带状分带浇筑，从两边同时向中间壳顶靠拢汇合。按每条施工带 $14m×1m×0.14m$ 计，混凝土数量为 $1.96m^3/m$。第二、第三段的施工，混凝土亦是由两边较低点开始浇筑，每次壳板带浇筑宽度控制在 1m 左右，混凝土施工带约垂直于两边斜梁，当两边混凝土在中间汇合后，再一同向上推进到壳顶及上翘角。其中最长的一条混凝土带约 24.8m 长，工程量为 $24.8m×1m×0.14m=3.5m^3/m$，而混凝土配合比设计初凝时间为 5h，一台 350L 混凝土搅拌机产量为 4～$5m^3/h$，经统计工人实际操作时的劳动生产率亦为 $4.0m^3/h$，因此可保证施工中每一条新浇混凝土带面不会出现冷缝。三个施工段均分别用 30h 连续浇完。

2.3.5.6 混凝土养护

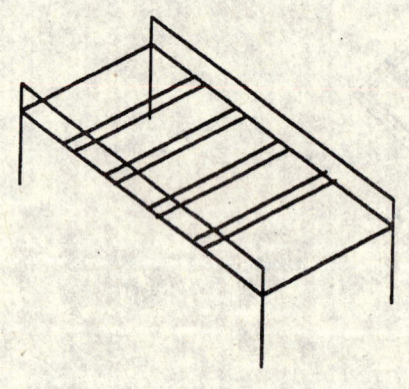

图 2-31 操作爬梯

由于壳面散热面广，而混凝土厚度不大，因水化热过高产生裂缝的可能性不大，本工程主要是防止因混凝土收缩产生的裂缝。因此，着重加强了对混凝土配合比的控制和浇筑后的养护。养护在混凝土初凝后立即进行，采取前期盖湿麻袋，后期淋水的方法，混凝土初凝后立即盖湿麻袋，覆盖时间不少于 10d，淋水养护 28d，特别对施工缝进行了重点养护，从而有效地防止了混凝土收缩裂缝的出现。

在养护壳面混凝土时，由于壳体倾斜度大，高度高，工人在壳面操作不便（无法站立）且危险，因而采用了图 2-31 所示的操作爬梯作为行走工具。它可以驳接在壳面螺栓上，随意安装和拆卸，保证工人在壳面有安全的落脚点（其他壳面施工工序中也如此）。

2.3.6 壳体预应力工程

壳体预应力筋为 1860 级低松弛钢绞线，双向布置（图 2-32），水平投影间距为 500mm，纵横方向上各有 91 束预应力筋分布在壳面水平投影 45m 的范围内，预应力筋设置在壳板中截面上。预应力筋的铺设是在大井字基本网络和模板网络控制下进行的，保证空间位置准确，所有预应力筋平行于壳面基准线。

2.3.6.1 预应力筋下料

预应力筋的长度也随位置的不同而变化，其下料长度为：

一端张拉（共30束）
$$L = L_r + A + B$$

两端张拉（共61束）
$$L = L_r + 2A$$

式中 L_r——薄壳纤维在 X 或 Y 方向实际长度；

A——预应力筋的张拉端综合长度（500mm）；

B——预应力筋的固定端综合长度（400mm）。

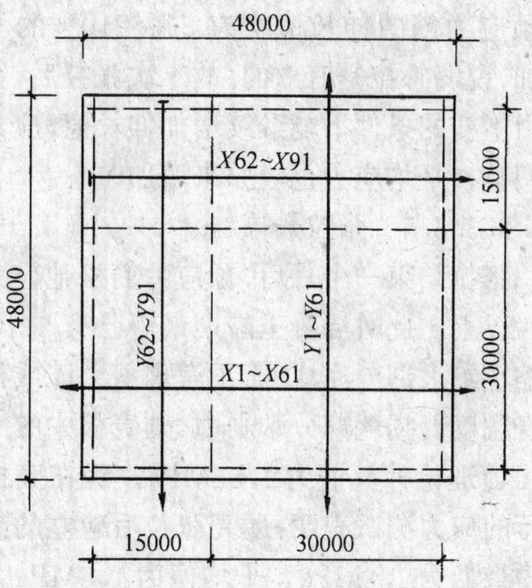

图 2-32 预应力筋布置

2.3.6.2 预应力筋在壳体上的特点

虽然预应力筋在壳面上是平行于基准线的一根直线，它与边梁所成的夹角也随位置不同而变化，经计算，壳面与边梁所成夹角在 30.6°～44.2°范围中（图 2-33）。有部分预应力筋将无法保持仅弯折较小的角度从边梁侧面伸出，只能从边梁顶的纵筋间隙中伸出，这部分预应力筋，一般都集中在悬挑边梁最高端附近，这样会影响张拉效果和端头防腐处理，为此对这一类预应力筋改为一端张拉，如图 2-32 中 62～91 号筋为一端张拉。预应力筋从梁侧伸出时，离梁顶距离控制在 200～250mm 范围。

当预应力筋铺设完毕后，先用马凳固定好预应力筋（每1m 一个），再依次套上承压板及 100mm×100mm×100mm 聚苯泡沫，并用绑扎铁丝固定。然后封梁的边模，并检查端头质量，保证承压板、泡沫块与边模互相紧贴，浇筑边梁混凝土时不会跑位。

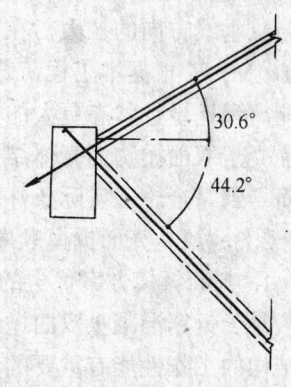

图 2-33 壳板与边梁夹角

2.3.6.3 预应力筋张拉

全部混凝土强度达到 100%设计的强度标准值后，便进行预应力筋张拉。根据设计要求，为不形成任何应力梯度，要求两个方向预应力筋同时从中部开始向两边张拉（图2-34），施工时采用 YCN—25 型前卡式千斤顶，Z_{15}-1 锚具。壳板中预应力筋第 1～61 束为两端张拉，第 62～91 束为一端张拉，而恰恰是这一部分的预应力筋的长度较长，为此，对于一端张拉的预应力筋除超张拉 3%外，第一次张拉完成后再补拉一次，同时严格控制好张拉程序，防止高应力锚固时夹片夹伤预应力筋，而致使补拉时在锚固处断筋。

2.3.6.4 张拉结果分析

分析张拉数据表明，实际张拉伸长值较理论计算值大，范围在 6%～12%之间，考虑本工程中预应力筋都是直线布置，没有弯折角度，因而可不考虑角度摩损，张拉数据表明预应力筋的实际摩擦系数要小于规范所提供的理论值。补拉第 62～91 束预应力筋发现，每一端预应力筋的伸长值均有3%~10%的不等增加,说明补拉是有效的。故二次张拉后,在张拉力不变的条件下能继续增加伸长值,应力再次调整,平均应力也较原来增加。

2.3.6.5 张拉效果

张拉结束一个月后,预应力筋松弛应完成70%以上,此时混凝土龄期最短已有2个月,收缩也绝大部分完成。若不考虑剪力墙或柱子本身刚度要损耗部分水平力,则壳板中的平均预压力理论计算值为1.85MPa。经在壳板中进行的应力测试表明:薄壳张拉后建立的预压应力最低为1.2MPa,平均值为1.8MPa。

2.3.7 壳体底模拆模工程

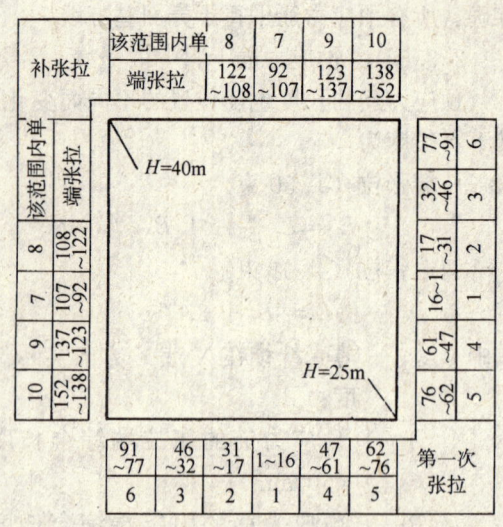

图2-34 壳体无粘结预应力筋张拉顺序

如前所述,双曲抛物面壳体结构在承受竖向自重荷载时,壳体内力可分解为拱方向的压力与悬垂线方向的拉力,在星海音乐厅工程中,壳体的最大主拉应力出现在两个高点附近,为1.1MPa。根据本工程荷载条件和施工条件,发现壳体拆模过程中如果拆模顺序不当,有可能出现比设计状态更大的拉应力,甚至有导致混凝土出现裂缝的可能。因而有必要对钢筋混凝土双曲抛物面壳体结构的拆模顺序进行研究,弄清拆模过程对壳体结构的影响程度,从而得到符合施工实际条件的合理拆模方案和顺序。

2.3.7.1 壳面拆模顺序的研究

1. 判断拆模方案优劣的标准

对于钢筋混凝土双曲抛物面壳体结构,在竖向荷载作用下,壳体结构中的拉应力对壳体结构的工作性能有重要的影响。如果混凝土在拉应力作用下而开裂,将导致结构的刚度降低及内力重分布,从而有可能导致裂缝不稳定增加,挠度恶性增长,最终不得不使结构被迫拆除。因此,在拟定壳体拆模方案和顺序时,必须防止壳体在拆模过程中壳体内出现比正常使用荷载作用下更大的拉应力,以避免壳体开裂,亦即壳体内的主拉应力是确定壳体结构"不利受力状态"的标准。根据这一结构"不利受力状态"标准来分析各种拆模方案,就可能从中找出最符合施工实际情况、便于施工操作而又安全的合宜拆模顺序。

2. 壳面拆模顺序分析研究方法

为分析研究壳面的合宜拆模顺序,根据拆模工艺特点,建立了力学基本方程,以计算在某一特定拆模过程中任一时刻的结构变形与内力,据此便可根据结构"不利受力状态"的标准来判断该拆模顺序的合宜性。

为了解决计算工作量太大的困难,并保证拆模工作能有一个连续的工作面,使工人拆模时能有序地连续进行,因此,将拆模范围划分为若干个小拆模单元的组合。这些小拆模单元的划分,可以是"块"、"条"或"环"等形式,且这些"块"、"条"、"环"本身是连通的,如图2-35所示。

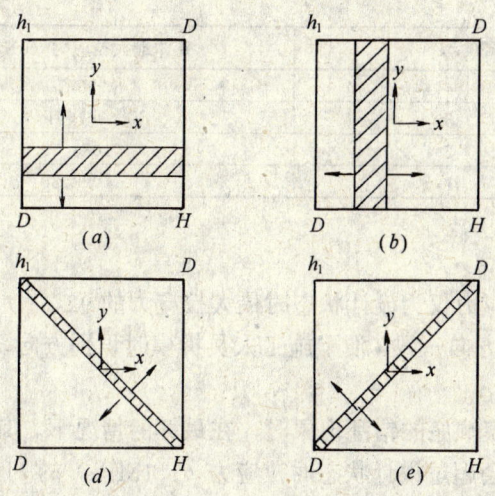

图 2-35 "条"、"环"小拆模单元的划分形式
H—最高点；h_1—次高点；D—落地角

在划分"块"、"条"或"环"小拆模单元时，首先要利用结构的对称性，以减少计算工作量。其次要考虑模板支撑的排列方式，宜顺着支撑的行或列方向划分，以便于工人识别方向和连续操作，避免出现混乱。

3. 星海音乐厅壳体的拆模顺序

根据星海音乐厅壳体的具体情况，按图2-35中所示的 (c)、(d)、(e) 三种"条"、"环"小拆模单元划分方式，分别对12种拆模顺序计算壳体在拆模过程中的最大拉应力值，并进行分析对比。最后确定采用按环状划分小拆模单元（共划分15个环），由中间向四周按环状连续拆模的拆模顺序，其环状划分情况如图2-36所示。按该顺序在壳体中产生的最大拉应力计算值见表2-2。

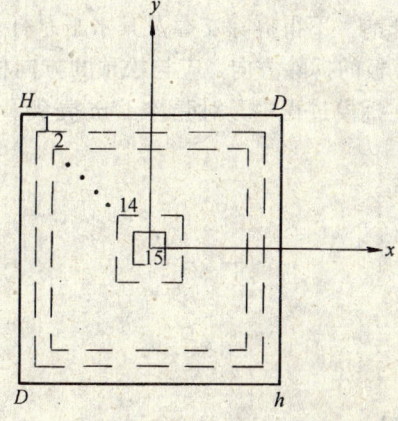

图 2-36 壳体沿四边作"环"的划分及"环"的编号
H—高点；h—低点；D—落地点

按由中间向四周环状拆模时壳体中的最大拉应力计算值　　　　表 2-2

拆模顺序号	环 编 号	壳体最大拉应力（kN/m²）
1	15	33.41
2	14	244.40
3	13	473.55
4	12	596.81
5	11	685.23
6	10	780.28
7	9	874.59
8	8	945.96
9	7	987.41
10	6	1007.60
11	5	1001.90

续表

拆模顺序号	环 编 号	壳体最大拉应力（kN/m²）
12	4	996.70
13	3	997.91
14	2	1033.50
15	1	1097.80

采用该拆模顺序的优点如下：

(1) 拆模过程中壳体的最大拉应力仅为设计状态时最大拉应力的92%；

(2) "环"的分割与支撑的排列方向一致，便于施工人员拆模时识别方向，按规定的拆模顺序拆模；

(3) 即使在拆模过程中出现拆模顺序的错乱现象时，在最坏的情况下，其中壳体的最大拉应力（计算为1.25MPa）也不会超过设计状态时拉应力（1.1MPa）的114%，对壳体结构安全有可靠保证。

2.3.7.2 壳体拆模工艺

拆除支撑时，先调低支撑上部的可调顶托，使支撑与模板脱开，但在全部可调顶托完全松开前，不得拆除支撑及其水平系杆。在支撑与模板完全脱开后，才可进行模板拆除作业。模板的拆除方向，应与松顶的方向相反，先拆后松顶的模板，最后拆除先松顶的模板。

在拆模过程中，对壳体40m壳尖及四周边梁进行了观测，以监控拆模过程。

3 华南理工大学文体中心斜拉索悬吊屋盖施工

广东省第四建筑工程公司 林培东 黄雪岭

3-1 工程概况

华南理工大学文体中心是一座结构新颖、功能多样的文体建筑(见彩图4),主体结构共含三层及一个技术夹层(见图3-1),平面呈圆形。场馆正中为比赛场地,四周环形看台共设2475个座位,另外还有小舞台、会议厅等附属设施,可举行多种体育比赛、歌舞演出、大型集会以及各种文娱活动,工程总建筑面积约6000m²。

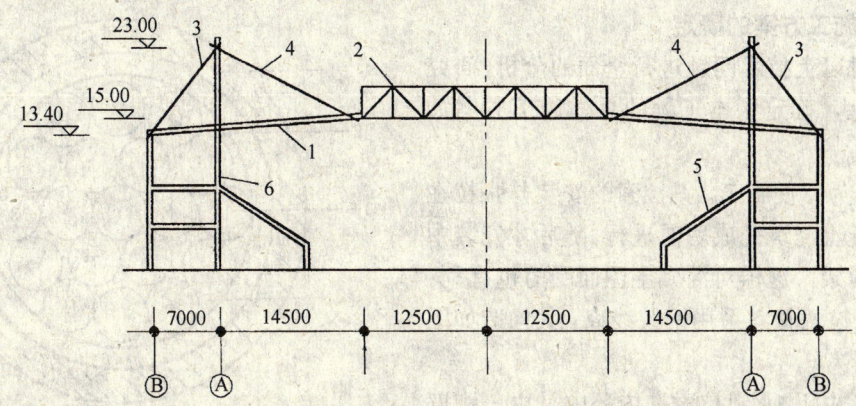

图 3-1 文体中心剖面示意
1—钢筋混凝土肋形梁板屋盖;2—钢网架;3—索A;4—索B;5—看台;6—屋盖支承柱(圆形,直径为1000mm)

本建筑物采用钢筋混凝土肋形梁板屋盖,由16组(每组有A、B两索)向心的斜拉索悬吊在16根突出屋面的柱子。建筑物的外环直径为71m,屋盖结构跨度为54m,钢筋混凝土肋形梁板屋盖结构平面见图3-2。具体构造情况是:

(1) 半径 $R=12.5m$ 至 $35.5m$ 间为环形现浇钢筋混凝土肋形梁板屋面,用3P屋面材料作防水隔热;

(2) $R=12.5m$ 的内环上空为钢网架。钢网架支承于钢筋混凝土屋面的内环梁上,上面覆盖EPS隔热夹芯屋面板;

(3) 在 $R=27m$ 的圆周上均布16根柱子,从每根柱顶端沿径向前后各向下伸出一束斜拉索,分别称为A索和B索(见图3-1),整个屋面即由这16组斜拉索吊挂在柱上。其中,索A长13.371m,设计拉力为1600kN,索B长16.780m,设计拉力为1200kN。

(4) 工程采用天然独立柱基础,肋形梁板屋盖及柱的混凝土强度等级均为C30。

该工程由华南理工大学建筑设计研究院设计,广东省第四建筑工程公司施工。其中斜拉索悬吊环形屋盖的施工技术荣获广东省建筑工程总公司1994年度科技进步二等奖。整体工程已于1994年10月竣工。

3-2 总体施工方案

3.2.1 需解决的技术问题

预应力斜拉索技术在国内外的桥梁工程中应用较多，其设计、施工工艺已比较成熟，但在房屋建筑工程上的应用例子却较少，可供借鉴、对比的实例不多。因此，在本工程中重点对以下技术专题进行研究、攻关：(1) 斜拉索的材料选择；(2) 索的安装；(3) 索的张拉顺

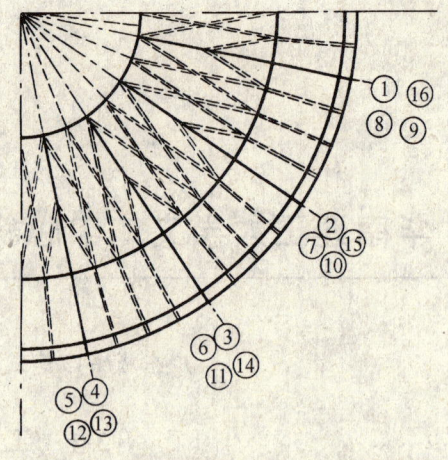

图 3-2　1/4屋面结构平面图

序、张拉方式对预应力损失的影响；(4) 混凝土屋盖中的屋面板位于梁的顶部，由于在索相继张拉的过程中屋盖会产生不均匀的竖向位移，其是否会导致屋面板的开裂以及结构变形对各索预应力值的影响；(5) 索的预应力测试与补张拉值如何确定。

3.2.2 施工方案的确定

在对以上技术问题进行全面的分析、研究的基础上，确定了本工程的总体施工方案如下：

(1) 为方便施工，斜拉索的安装与张拉在屋面混凝土浇筑完成后便进行，随后才安装中央的钢网架，这样对混凝土屋面受力也有利；

(2) 拉索材料系用钢绞线束，其构造如图3-3。

(3) 由于16组拉索在内环内是由一刚度较大的内环梁连系在一起的，为减少在索张拉过程中对各组索的预应力建立产生相互干扰的影响，在屋面上设置4道后浇带，将天面分割成4个相互分离的部分进行施工；

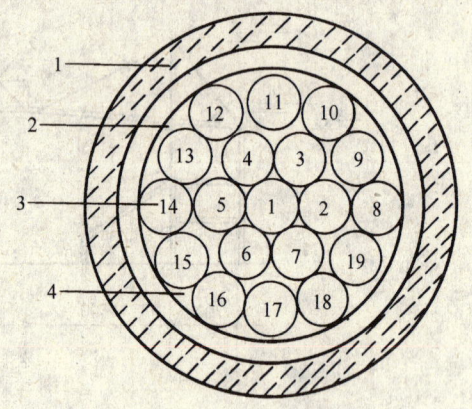

图 3-3　拉索截面大样
1—镀锌钢管（内径100mm，壁厚5mm）；
2—定位用钢绞线φ6mm，螺距700mm；
3—钢绞线；4—压灌水泥浆

(4) 通过合理的张拉工艺来减少预应力的损失；

(5) 在张拉预应力时，利用传感器对预应力进行同步测试，通过测试来指导张拉的进行，以及根据测试结果进行补张拉。

3.2.3 工艺流程

配合混凝土屋盖施工预埋锚具（喇叭口）→屋盖混凝土浇筑→斜拉索套管安装、接驳→钢绞线索下料、穿索→锚具安装→预应力张拉（同时进行测试，并根据实测数据进行补张拉）→管道灌浆→套管油漆。

3-3 斜拉索的构造与质量控制

3.3.1 斜拉索构造

本工程选用抗拉强度标准值为1470N/mm², 延伸率≤4‰的φ15mm的高强钢绞线作为拉索材料, 每根拉索由19根钢绞线组成, 拉索外套钢管采用φ110mm镀锌钢管, 它既作为拉索孔道, 亦作为拉索的保护套(见图3-3)。每根拉索的长度均在20m以内, 故采用单端张拉。锚具采用B&S预应力锚具体系Z型系列, 张拉端及固定端的钢垫板、喇叭口为Z 15-19(图3-4)。该锚具系统具有"同步张拉、单独自锚"的特点, 与YCN—20前卡式千斤顶配套使用, 为本工程预应力斜拉屋盖的安全、高速、优质施工提供了可靠的保证。

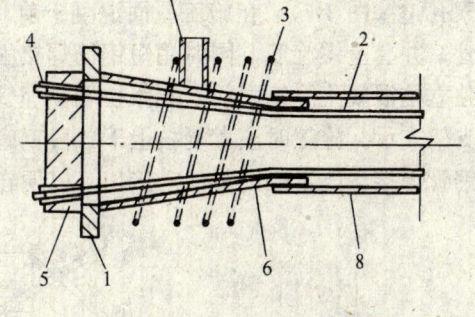

图3-4 锚具结构图
1—锚垫板; 2—钢绞线; 3—螺旋筋;
4—夹片; 5—锚杯; 6—喇叭管;
7—灌浆孔; 8—镀锌钢管

3.3.2 锚具的质量控制

为保证锚具的质量, 锚具皆按《钢筋混凝土工程施工及验收规范》及《预应力锚夹具技术标准》中的有关规定进行施工及验收。

锚具出厂时均进行出厂检验, 另外随机抽样2套锚具进行静载试验, 具体委托北京建研所预应力中心负责试验。试验结果见表3-1。

锚具检验结果 表3-1

试件型号	组装件实测极限拉力 F_{apu} (kN)	各根钢绞线计算极限拉力之和 F_{apu} (kN)	锚具效率系数 $\eta_a = \dfrac{F_{apu}}{\eta_p F_{apu}}$ (η_p 取 0.97)	实测极限拉力时的总应变 $\varepsilon_{apu,tot}$ (%)	检测时锚具外观检查
Z15-19	1985.3	264.83×7	1.104	3.3	良好

注: 仅做7孔检验。

检验结果:
(1) 实测极限拉力平均达到1985.3kN时, 效率系数满足要求, 极限拉力时的总应变满足要求。
(2) 送检B&SZ15-19静载锚固性能满足要求。

3.3.3 钢绞线质量控制

对φ15mm钢绞线的质量控制, 除检查生产厂家的出厂合格证外, 还分批抽样检验钢绞线的抗拉强度标准值、屈服强度标准值及延伸率是否满足规范及设计的要求。

3-4 斜拉索施工

3.4.1 铺设预埋管

索 A、B 钢管均分为两段，下半段钢管与喇叭管焊接作为被动端预埋管（图 3-5），上半段钢管与喇叭管焊接后作为张拉端预埋管，它们中间套上一个钢管套管连接，即形成一条索孔道（图 3-5）。在施工屋面混凝土前，按设计图纸要求在梁底模开孔，安装被动端预埋管，并套上螺旋筋，同时用短钢筋焊接固定，以防钢管伸出屋面的位置偏离轴线。在屋面独立柱混凝土浇筑之前安装张拉端预埋管，由于该段长度及重量较大，故沿长度方向搭设支架支承。施工时注意复核上下二段钢管是否成一直线，并套上连接套管，套管与下半段钢管焊接，上半段则留活动接口，以便在拉索张拉过程中钢管拉索可伸缩。

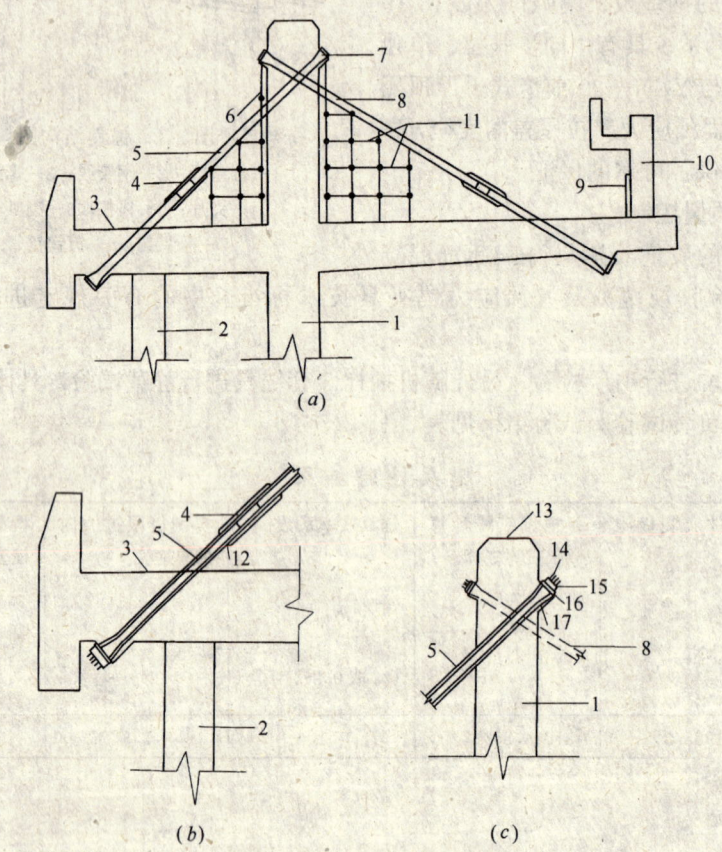

图 3-5 斜拉索张拉施工
(a) 张拉施工图；(b) 被动端节点大样；(c) 张拉端节点大样
1—柱 A；2—柱 B；3—屋面；4—连接套筒；5—斜拉索 A；6—张拉用脚手架；
7—张拉端；8—斜拉索 B；9—水准点；10—内环小柱；11—斜拉索顶架；12—焊接点；
13—柱顶；14—钢绞线；15—锚杯；16—锚垫板；17—喇叭管

3.4.2 编束

钢绞线的下料长度＝设计长度＋800mm。

19 根钢绞线编成一束，每隔 2m 用铁丝绑扎固定，以免穿索时出现扭索现象。在编好的索外围用φ6mm钢绞线作螺旋状缠绕，螺距700mm，以保证索进入钢管后与内壁留有空隙，供灌入水泥浆填充，保护拉索。

钢绞线编束后其中一端套上19孔的Z15-19型锚杯（作为张拉端），钢绞线外露300mm，同时往锚杯上顶上夹片，用小锤将夹片稍打紧打齐。

3.4.3 穿束

穿束前考虑了三个方案：逐根穿、逐股穿（7根钢绞线合成一股）和成束穿。经对比实验，决定采用第三种，即成束穿的方案。具体实施时利用塔式起重机将整束吊起，从柱顶张拉端口处缓慢推送，利用钢绞线束的自重作用结合人工推送进行穿束。为减少穿束的阻力，专门加工了一个内径80mm、壁厚5mm、长200mm的导向钢头，其端头呈锥形，戴在钢绞线束前端，起牵引的作用。

实践证明，本工程实行的整束起吊和人工推送相结合的办法，是一种操作简便、行之有效的方法，穿束成功率为100%。

穿束完毕以后，给每根拉索的被动端套上Z15-19锚杯，顶上夹片，打齐打紧后给夹片套上橡皮圈，以防止张拉时夹片局部可能松弛而造成的失锚。

3.4.4 张拉

3.4.4.1 张拉设备和形式

本工程采用YCN—20前卡式千斤顶和与之相配套的Z84/500型油泵进行张拉，张拉设备使用前经过广东省建筑工程质量检测中心站第一检测部的配套校核，绘出了张拉力与油表标记关系曲线，确定了压力表读数。为配合施工需要，共配置4套张拉设备同时对同一后浇带板块内的两根柱的拉索进行张拉，每组配备2～3人。

3.4.4.2 张拉前的准备工作

（1）屋面混凝土强度必须达到设计要求的强度，梁侧模板拆除后应认真检查混凝土的质量。

（2）端部预埋件、锚具、垫板等如附有焊渣毛刺、混凝土残渣等，均应清除干净。

（3）预留孔道必须检查是否畅通。

（4）所有锚具夹片应按其质量标准检验，并进行外观检查。

3.4.4.3 张拉顺序

（1）施工混凝土屋盖时，沿东、南、西、北方向留有4条宽800mm的后浇带，将屋面分划成相互分离的四等份。待屋盖及独立柱的混凝土强度达到设计规定的强度之后，便可按下列顺序张拉（图3-6）：

顺序Ⅰ：张拉7号（测试柱）→8号→3号、4号→15号、16号→11号、12号柱上两斜拉索；

顺序Ⅱ：张拉6号、9号→2号、5号→1号、14号→10号、13号柱上两斜拉索。

（2）拉索内钢绞线的张拉顺序：第一批依次张拉1、2、3号钢绞线，以后每批拉4根（按编号顺序），共分5批张拉完1根索。

3.4.4.4 钢绞线在孔道中的摩阻力损失及张拉控制应力的确定

1. 钢绞线在孔道中的摩阻损失试验

鉴于目前尚无类似工程资料可循，因而委托北京市建设工程质量检测中心对张拉过程进行预应力摩阻损失测试，以保证钢绞线张拉控制应力值的准确。

根据现场实际条件，在实测过程中将两个3000kN荷重传感器分别安装在被测试柱两斜拉索的张拉被动端，传感器引出线与应变仪相接待测如图3-7：当张拉该索各根钢绞线时，由张拉端缓缓向被动端传入荷载，此时通过应变仪更可测得该索上建立预应力的实际情况，而当张拉相邻各柱上的斜拉索时，该柱斜拉索应力有相应变化，通过应变仪可将其变化测试出来。

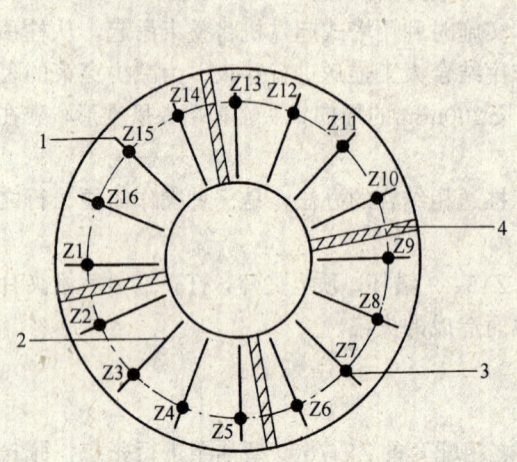

图3-6 屋盖后浇带，斜拉索平面示意
1—斜拉索A；2—斜拉索B；3—被测试柱；4—后浇带

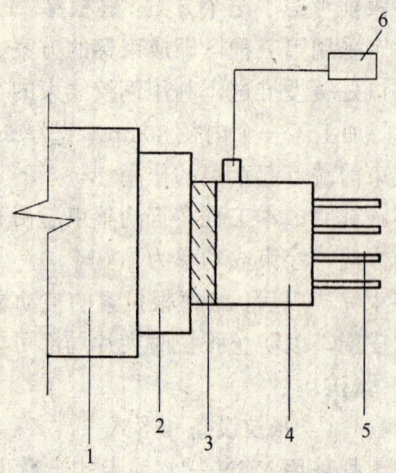

图3-7 传感器安装位置示意
1—被动端；2—锚垫板；3—3000kN 传感器；
4—锚杯；5—19束钢绞线；6—应变仪

通过测试结果表明：实测值比理论计算值大20%左右。分析其原因，主要是由于钢绞线之间、钢绞线与套管之间、钢绞线与锚杯之间存在较大的摩阻力。另外也不排除个别扭索现象，钢绞线与锚杯不完全垂直的情况亦可能存在，这两种情况能将钢绞线的直线拉力部分地转为垂直力，从而引起力损失。

测试完毕取得摩阻损失的有关数据后，以此为依据重新调整其它各组斜拉索的控制拉力，并且对原拉索进行补张拉，实际效果均达到设计要求。

2. 张拉控制应力的确定

首先考虑每根拉索实际张拉过程中的摩阻损失和温度对应力损失的影响，根据北京建设质检中心的测试结果得出相应的影响值，确定对以上顺序Ⅰ、Ⅱ柱子斜拉索的张拉控制应力σ_{con}，同时还应考虑到同一板块部分张拉顺序Ⅱ拉索时引起对顺序Ⅰ拉索的已建立应力的损失影响，根据测试报告分析，其影响程度达到原设计应力值的8%~15%左右，故应对顺序Ⅰ的拉索进行补拉。

3.4.4.5 张拉工艺

由于B&S锚具有可靠的自锚性能，为便于张拉，采用在柱头进行单端张拉。钢绞线张拉以应力控制为主，用伸长值进行校核，以便及时发现张拉过程中出现的问题。为减少钢绞线松弛的影响，采用超张拉法，按一次超张拉$1.3\sigma_{con}$进行。张拉前要测量外露钢绞线的原始长度，记录在专项记录表中。根据实测伸长值统计结果，超差平均为4%左右，其原因主要是由于钢绞线在钢管孔道内未张拉之前基本呈松弛状态，其值在理论计算中未予考虑。另外，为避免在施加预应力过程中产生柱身附加弯矩，要求每一根柱的索 A 与索 B 必须同步张拉，除张拉速度要保持一致外，压力差不得超过 10MPa，并派专人对轴 $A/1$ 的圆柱进行垂直度观测。

3.4.5 灌浆

拉索张拉预应力后，最后进行管道灌浆，以保护预应力筋，这也是预应力斜拉索施工中的重要环节之一。

3.4.5.1 材料

灌浆采用 525 号普通硅酸盐水泥配制的水泥净浆，水灰比为 0.4，水泥浆拌后 3h 的泌水率不得超过 3%。水泥浆采用机械拌合（要求水泥石的抗压强度为 30MPa），操作程序为：首先将水加入砂浆搅拌机内，然后加入水泥，搅拌时间一般为 2~4min，拌合完毕后还应不时进行搅拌，以保持水泥浆的均匀。

3.4.5.2 灌浆

灌浆前首先要检查孔道是否有渗漏，管道积水是否排干，所有这些工作必须在灌浆前做好。为确保灌浆密实，采用二次灌浆法，第一次灌浆从被动端灌浆管口开始，从下往上灌浆后持压静停 30min，再一次灌浆，该方法有助于排除泌水，并可弥补第一次灌浆的不足。压浆开始时采用大约 3 个大气压，然后增加压力直到水泥浆从其他排浆孔流出为止。

3.4.6 端部处理、油漆

拉索灌浆完毕后，在张拉端及被动端端头处加焊钢筋网，然后用 C35 级细石混凝土封口，突出的钢绞线用砂轮锯切除。

按照设计要求，斜拉索的镀锌钢管外壁涂铁红环氧改性 M 树脂漆（EM）二道（膜厚 60μm），B113 丙烯酸磁漆二道（60μm），作为管的保护。

3-5 预应力实际效果的检测

为检验屋盖斜拉索的有效拉力值及调整张拉控制应力，在斜拉索张拉期间，对屋盖内环小柱进行了垂直位移测量，对屋盖受力柱 ZA 和 ZB 进行了沉降观测，对斜拉索实际建立应力进行了测试。

综合以上所有实测结果表明，对环形屋盖斜拉索进行张拉后，屋盖拉索获得了预期的拉力，屋盖基本水平。现分述如下：

3.5.1 内圈梁竖向位移测量

在屋盖顶内环梁（$R=12.5$m）处的 16 条小柱上设置不锈钢尺，用水准仪 N3 作斜拉索张拉过程中小柱竖向位移（即内圈梁竖向位移）监测。表 3-2 数据为斜拉索张拉完毕后相应轴对应屋盖小柱的竖向位移值。

内圈梁的竖向位移值　　　　　表 3-2

轴　号	对应屋盖顶小柱竖向位移 (mm)	轴　号	对应屋盖顶小柱竖向位移 (mm)
$A×$ (1)	−46.44	$A×$ (1)	−47.63
$A×$ (1)	−46.95	$A×$ (1)	−47.89

续表

轴　号	对应屋盖顶小柱竖向位移(mm)	轴　号	对应屋盖顶小柱竖向位移(mm)
A×⑴	−48.58	A×⑴	−52.26
A×⑴	−51.10	A×⑴	−52.42
A×⑴	−50.99	A×⑴	−52.29
A×⑴	−51.14	A×⑴	−50.09
A×⑴	−53.60	A×⑴	−52.85
A×⑴	−50.42	A×⑴	−49.65

注："−"表示竖向向上位移。

根据弹性分析，内圈梁竖向位移的预测值为−36.13mm，由表3-2可知：屋盖斜拉索张拉完毕后，各小柱的竖向位移平均值与设计计算值十分接近，相邻两柱对应的屋盖竖向位移最大相差仅4.37mm（⑩与⑪轴）。这定量地表明各组斜拉索张拉后屋盖已基本水平。从竖向位移的吻合亦可定性地证实各组斜拉索拉力和设计值基本一致，而且是均匀的，有效的。

3.5.2 沉降观测

本工程在屋盖斜拉索张拉前后对建筑物受力柱的其中14条ZA和6条ZB柱进行了沉降观测，其平均沉降过程见图3-8，从图3-8中可知：

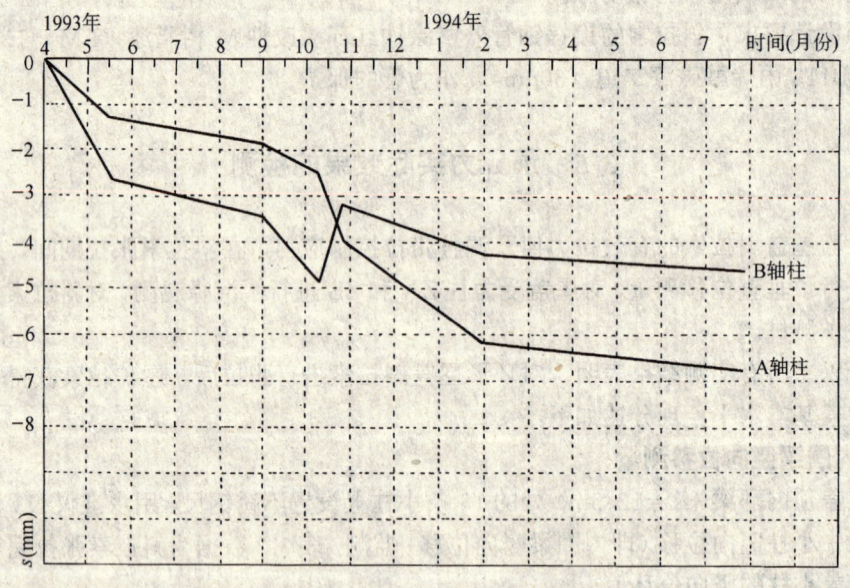

图3-8　A轴、B轴柱（观测点）平均沉降过程曲线

（1）屋盖斜拉索未张拉之前，屋盖荷载主要由脚手架支承，A柱承受的屋盖荷载较小。当屋盖斜拉索B张拉完成后，脚手架和屋盖顶发生上下分离，屋盖荷载便通过已建立预应力的斜拉索B卸荷到ZA上。从图上可见，从1993年10月6日张拉前至10月20日张拉后之间一段骤然下降的曲线，即是拉索B张拉后ZA荷载增大，使其沉降速率加快，沉降量加大所致。这种实测情形与设计计算分析十分接近。

(2) 在斜拉索 A 张拉完成后，由于 ZB 上端受拉索 A 的拉力作用，使 ZB 发生了突然竖直向上的位移。从图中可见从 1993 年 10 月 6 日至 20 日之间一段骤然上升的曲线。而且通过斜拉索 A 将 ZB 承担的大部分荷载转移到由 ZA 承担，从而使 ZB 的沉降速率放慢，沉降量逐渐减少。这个实测结果也与计算分析一致。

以上两点定性地证实了：斜拉索张拉后建立了实际有效的预应力。

3.5.3 柱轴⑦对应的斜拉索在整个张拉过程的拉力实测结果

为了直接了解斜拉索在张拉过程及张拉后的拉力值及其变化情况，本工程委托北京市建设工程质量检测中心对柱轴⑦的斜拉索进行了跟踪测试。测试结果列于表 3-3。

轴⑦柱 A、B 索张拉时的测试结果及过程　　　　表 3-3

工况	测试温度	A 索（19 根预应力钢绞线束）			B 索（19 根预应力钢绞线束）		
		应变仪读数 ($\mu\varepsilon$)	拉力 (kN)	应力 (MPa)	应变仪读数 ($\mu\varepsilon$)	拉力 (kN)	应力 (MPa)
(1)	22℃	1621	1145	332.7	1025	702	204.7
(2)	22℃	2176	1509	437.8	1533	1029	298.6
(3)	23.5℃	2124	1475	428.0	1465	985	285.8
(4)	26.5℃	1989	1386	402.2	1280	867	251.6
(5)	24℃	1886	1319	382.8	1173	799	231.9
(6)	28℃	2384	1644	477.1	1863	1243	360.7
(7)	28℃	2383	1644	477.1	1847	1232	359.8
(8)	28℃	2382	1643	476.8	1842	1229	356.6
(9)	21.5℃	2355	1626	471.9	1825	1218	353.4
(10)	37℃	2339	1615	468.7	1801	1201	350.7

注：1. 设计拉力：索 A 为：1600kN，索 B 为：1200kN；
　　2. 测试初始状态：
　　工况 (3) 索 A：1500kN　　索 B：1023kN
　　工况 (4) 索 A：1431kN　　索 B：940kN
　　工况 (5) 索 A：1367kN　　索 B：844kN

测试工况具体为：
(1) 按设计原规定的张拉控制应力张拉柱⑦的 A、B 两索；
(2) 经调整张拉控制应力（比原来提高 20%）后对柱⑦两索张拉；
(3) 张拉柱⑧两索，张拉值为 σ_{con}，此时对柱⑦索拉力的影响；
(4) 同时张拉柱⑤、柱⑥两索对柱⑦索拉力的影响；
(5) 同时张拉柱⑨、柱⑩两索对柱⑦索拉力的影响；
(6) 对柱⑦两索进行补张拉，张拉值为 σ_{con}；
(7) 柱⑦两索补拉后，静停 1h；
(8) 柱⑦两索补拉后，静停 2h；
(9) 柱⑦两索补拉后，静停 15h；
(10) 柱⑦两索补拉后，静停 18h。

从测试结果可知：

1) 张拉过程的摩阻损失,从工况(1)可看出,详见 3.4.4.4 节内容;

2) 张拉相邻各柱斜拉索时对柱⑦两索的影响,从工况(3)、(4)、(5)可看到:在张拉相邻各柱斜拉索时,该柱两索的应力变化趋于下降。具体降低的百分比为:

A 索:[(1500-1475)+(1431-1386)+(1367-1319)]/1500×100%=8%

B 索:[(1023-985)+(940-867)+(844-799)]/1023×100%=15%

此结果与理论分析较吻合,也说明在实际施工中要采取补张拉的措施,防止应力损失。

3) 当全部斜拉索张拉完后,再对柱⑦两索进行补拉,从工况(6)的数值可看出 A、B 两索均已达到设计规定的拉力值,即 A 索:1644kN>1600kN, B 索:1243kN>1200kN。

4) 由工况(7)、(8)、(9)、(10)可知:斜拉索 A、B 最终建立的预应力值是比较稳定的,并且满足设计要求。

综上所述,可以说明斜拉索施加预应力时实际获得了预应力,其应力变化过程是合理的,符合设计要求,预应力效果较好。

3-6 3P 屋面防水隔热层施工

本工程屋面属于大跨度的空间结构,圆形的屋面直径 71m,外围天沟周长更达 233m,而现浇的钢筋混凝土屋面板只有 80mm 厚,对温度变形较为敏感,屋面结构的这些特点,决定了要非常重视屋面隔热层的保温隔热作用与质量。原设计中使用轻质架空砖隔热,但大量的工程实例证明,这种做法的隔热效果并不十分理想,会使屋面板因热胀冷缩承受较大的温度应力,容易导致混凝土开裂,特别在本工程的天沟处,由于无法做隔热层,温度应力更大,更容易产生裂缝而漏水。因此,在征得甲方、设计院的同意后,改用 3P 屋面防水隔热技术,以保证本工程对屋面的防水隔热要求。

3.6.1 3P 屋面防水隔热技术的特点

3P 屋面防水隔热技术是在广泛地调查研究传统的隔热保温屋面结构存在的质量通病、产生原因的基础上,选用防水、绝热都较为理想的聚氨酯硬泡沫作为原材料,采用现场发泡机械喷涂成型进行施工的新型屋面隔热、防水施工技术,它具有以下的特点:

3.6.1.1 抗热、节能

在炎热夏季,3P 屋面防水隔热层(以下简称 3P 屋面)比传统架空隔热层可降低屋面内表温度约 2℃,如果用于空调房屋面隔热时,则 3P 屋面(PU 硬泡层 30mm 厚)比 90mm 厚加气混凝土屋面节约空调能耗 44%。

3.6.1.2 抗裂、防水

据统计,80%的屋面渗漏都是结构开裂引起的,而 3P 屋面对结构具有很好的保护作用,使结构不易受热胀冷缩影响而开裂。另外,3P 屋面采用整体喷涂施工,无拼缝漏水之隐患,因此,3P 屋面具有独特的防水抗裂性能。

3.6.1.3 隔声、阻燃

3P 屋面采用疏松多孔的聚氨酯材料,且密度低,因此,3P 屋面具有一定的隔声效果。聚氨酯泡沫加入阻燃剂后,还具有防火功能。

3.6.1.4 抗老化

3P 屋面不发霉、不生苔、不虫蛀,耐油、耐酸、耐碱、耐各种化学腐蚀,具有良好的抗老化性。实验证明，3P屋面能提供20年以上的使用期。

3.6.1.5 质轻、省工

3P屋面可比传统架空大阶砖屋面减轻自重约100kg/m²，可提高工效71%，节约运输费用80%。

3.6.2 3P屋面构造

3P屋面构造见图3-9。

3.6.3 施工工艺

3.6.3.1 施工准备

（1）3P屋面必须在屋面其他工程全部完工后方可施工。

（2）穿过屋面的管道、设备、预埋件应在聚氨酯硬泡层喷涂前安装就绪。

（3）基层表面应坚固、平整、干燥，无油污并清扫干净。

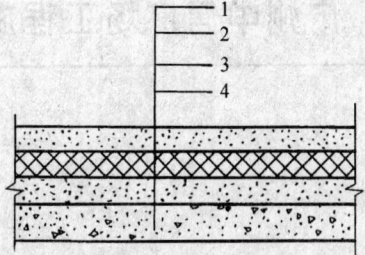

图3-9 3P屋面构造

1—保护层；2—喷涂聚氨酯泡沫层30mm厚；
3—水泥砂浆找平层；4—屋面结构层

3.6.3.2 施工操作方法

（1）施工设备运到现场后，接通电源，检查空运转情况。

（2）发泡原材料分为A、B两组组合料，分别注入各自料桶内，进行物料循环，检查有无泄漏和堵塞情况。

（3）校准计量泵流量，A、B料按预设比例进行调试，比例误差不大于4%。

（4）喷涂时应先启动空气压缩机，打开压缩空气开关，再启动发泡机物料泵，每次都要先进行试喷，因A料和B料粘度不同，开始时可能会出现A、B两料混合不均现象，待混合均匀喷出黄色料液后，才开始正式喷涂作业。

（5）喷涂前先用压缩空气吹扫干净屋面基层上的灰尘，以保证3P屋面防水隔热层与基层间有很好的粘结性。

（6）喷枪距屋面0.6m，喷枪移动速度要均匀，一般分两次喷涂，每次喷涂厚度不宜超过5mm。

（7）喷涂过程中压缩空气不能中断，施工间歇时，先停物料泵，待料管中的物料吹净后，再停空气压缩机。

（8）随时检查泡沫质量，外观平整度，有无脱层及发脆发软现象。发现问题应及时停机查明原因，妥善处理。

（9）喷涂作业完毕，应先关掉物料泵，用压缩空气吹净残存在料管里的物料，然后把喷枪零件在丙酮内浸泡并彻底清洗。

3.6.3.3 发泡聚氨酯硬泡层的表面处理

喷涂发泡半小时后的硬泡层即可固化上人行走（完全达到强度要求需24h），但为防止阳光辐射及机械损坏，必须在硬泡层上铺设保护层。本工程中是用30mm厚1:2水泥砂浆作为保护层。为防止保护层开裂，在水泥砂浆层中配置了钢丝网，并沿径向、环向按约6m×6m的面积作分仓缝处理。

4 广州中信广场工程施工技术

广州市建筑集团有限公司
广州市第二建筑工程有限公司
华 南 理 工 大 学

4-1 工程概况[1]

中信广场（原名中天广场）工程位于广州市天河北路，占地面积2.3万m²，总建筑面积343635m²，以绝对标高11.70m为建筑±0.00标高。该建筑群包括三幢塔楼、5层裙楼和两层地下室（图4-1），其中地下室建筑面积4.6万m²，裙楼2.7万m²，主楼15.6万m²，副楼7.7万m²，是一座集办公、公寓、商场和娱乐场所于一体的大型多功能综合性高层建筑群。

本工程具有工期紧、工程量大、技术复杂和新技术多等特点。1995年被建设部批准列为首批"全国建筑业新技术应用示范工程"。

4.1.1 主楼

主楼为办公大楼，平面形状呈正方形状，边长46.3m。标准层建筑面积为2144m²，楼层共80层，总建筑面积131668m²（见彩图5）。以绝对标高11.70m为±0.00标高计，楼高390.2m，于1996年竣工，为当时中国最高的钢筋混凝土结构建筑物。从两层地下室算起，地面以上有60层办公用房、11层设备和避火层、1层天空大堂和其它用途6层，共计80层。结构剖面图如图4-2所示。

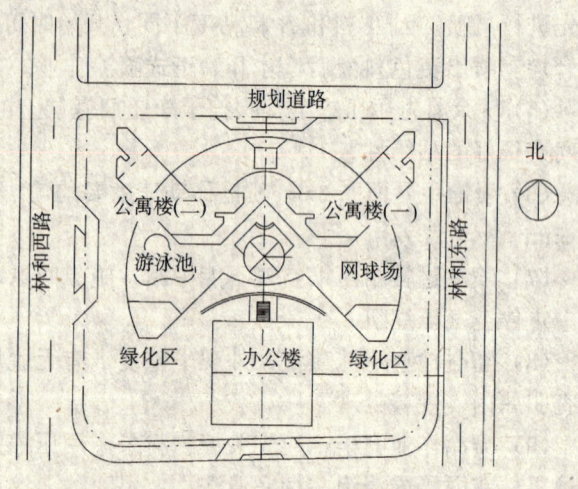

图4-1 总平面图

主楼采用钢筋混凝土筒中筒结构，即核心筒加稀疏柱框筒（图4-3）。结构主要尺寸见表4-1。材料选用：首层至34层的核心筒和柱用C60级混凝土，其它均用C45级混凝土；钢筋主要用Ⅲ级钢筋。

5层为结构转换层，5层以下在框筒四角设置了四根L形角柱，以承受由上部结构传下来的荷载。转换梁截面尺寸2500mm×8500mm。为加强结构刚度，分别在第25层、44层

---

[1] 4.1由市二建江皓编写。

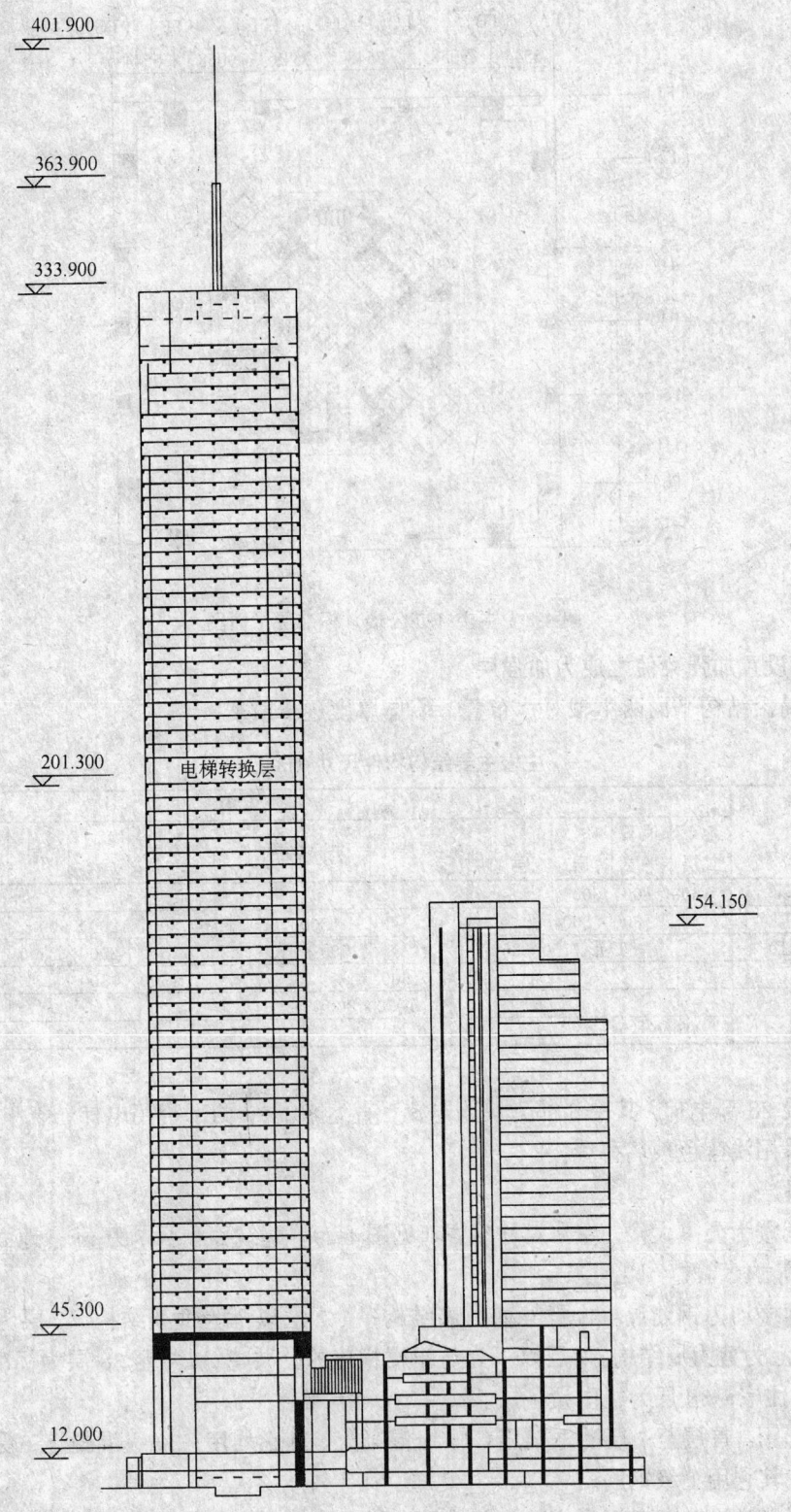

图 4-2 剖面图

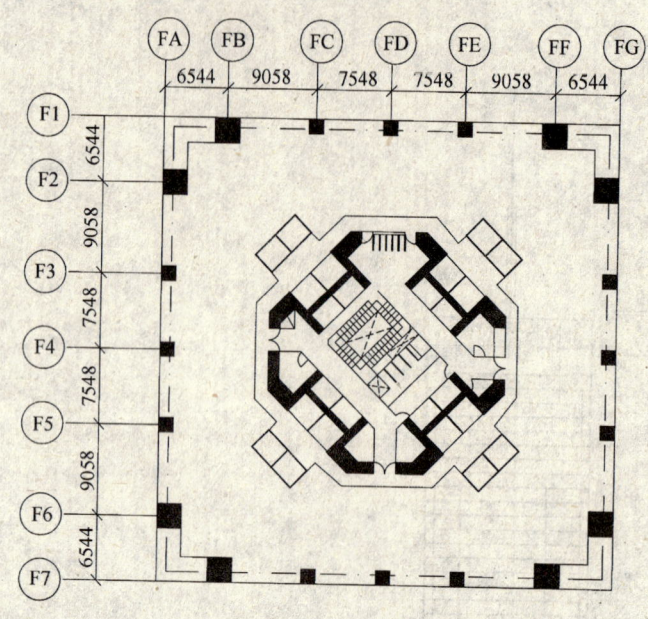

图 4-3 主楼（办公楼）标准层平面图

和 65 层处设置加强梁使之成为加强层。

核心筒沿结构平面两主轴对称布置，墙体厚度逐步改变。

主楼主要结构构件尺寸（mm）   表 4-1

构件	地下二层	地下一层	1~2层	3~4层	5~6层	7~14层	15~26层	27~47层	48~顶层
核心墙（厚）	1600，800，600					1100，600			
核心墙连梁	800×300，600×220					1200×600，950×500，1200×600			1200×600
边柱（角柱）	L 形 7750×2500					2500×2500	2300×2500	2000×2500	2000×2000
其它柱					2200×1500		1500×1500		
框架梁					1050×800				1050×600
楼板（厚）	1000	350			450	150	125		

主楼设 28 部电梯，其中 6 部为快速电梯，直达 80 层；两部货用电梯，兼作消防电梯。外墙采用浅蓝色玻璃幕墙。

4.1.2 副楼

两幢副楼为公寓大楼，左右对称布置（见图 4-4），建筑面积 7.7 万 m²。地面以上均为 39 层，楼高 141.4m。

两幢副楼均为钢筋混凝土框架剪力墙结构——7 层以下为框架结构，7 层为结构转换层，7 层以上为剪力墙结构。7 层以下为与裙楼相连的公共建筑；7 至 38 层为标准层，其中 7~37 层为住宅，38 层为机电设备层。

材料选用：首层至 7 层的框架用 C45 级混凝土，其它均用 C30 级混凝土；受力纵筋用 Ⅲ 级钢筋，其它用 Ⅰ 级钢筋。

两幢副楼各设三部客用电梯及一部货用电梯，货用电梯兼作消防电梯用。

副楼采用淡墨绿色铝合金窗；外墙贴条形瓷砖；内墙采用石膏抹灰，走道两侧贴瓷砖，

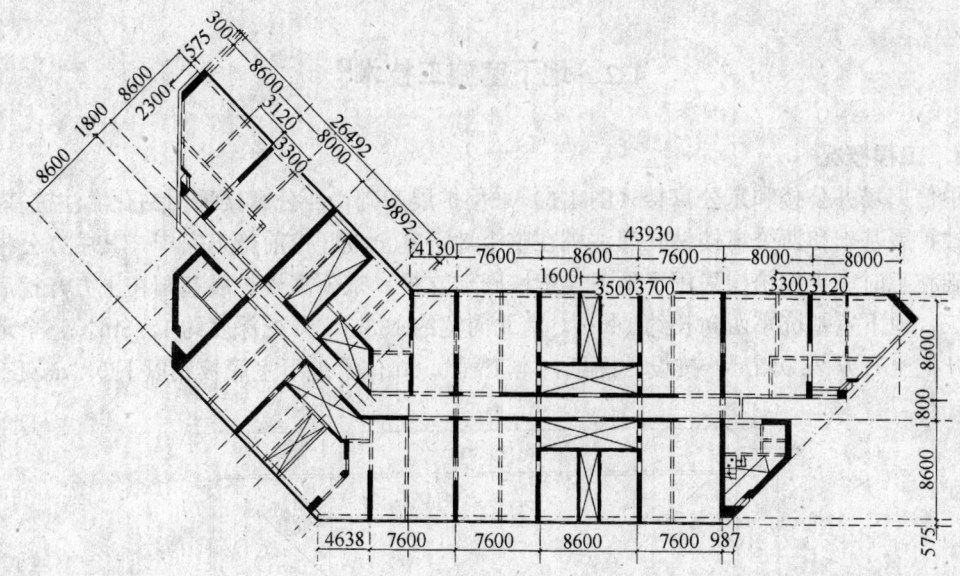

图 4-4 副楼标准层平面图

电梯大堂贴大理石或花岗岩。住宅单位厅房铺砌木地板，厨房及卫生间铺砌耐磨地砖。

4.1.3 地下室及基础

工程现场地质条件自上而下分别为回填土、冲积土、残积土及红砂岩，微风化岩自场地东北向西南方向倾斜。

位于场地东北角的东公寓副楼采用天然基础，位于场地西北角的西公寓副楼采用钻孔灌注桩基础；位于场地南边正中的主楼分别由核心筒和 L 形角柱下共 5 个墩式深基础支承，地下室采用筏形基础。地下室基坑东西长约 160m，南北宽约 138m，开挖深度约 12.5m，土方开挖量 28 万 m^3。

主楼墩式基础和西公寓楼钻孔灌注桩在整个地下室土方开挖前施工完毕，其中办公楼基础施工时，支护结构采用地下连续墙支护。东公寓楼扩展基础在土方开挖后开始施工。

地下室基坑支护结构（兼作地下室结构外墙）采用地下连续墙。

地下室采用无梁楼盖。建筑面积 4.6 万 m^2，设有停车场、人防设施、设备用房和货物起卸区；裙楼主要功能为商场，其中裙楼 5 层为俱乐部，设有网球场、天面游泳池等设施。

裙楼外墙采用玻璃幕墙和干挂花岗岩板饰面。

4.1.4 建筑设计及施工单位

本工程发展商（建设单位）为熊谷组（广州）有限公司，建筑设计单位为广州市城市规划勘测设计研究院、刘荣广伍振民建筑事务所（香港）有限公司，监理单位为广州安信工程顾问有限公司。土建施工由广州市第二建筑工程有限公司负责。

4.1.5 工期

本工程施工工期短，合同工期 30 个月，其中主楼标准层结构施工进度规定 4d/层，副楼标准层 5d/层。

4-2 地下室施工技术[1]

4.2.1 工程概况

中信广场办公楼和东公寓楼（图4-5）采用扩展基础，西公寓楼采用钻孔灌注桩基础。办公楼扩展基础和西公寓楼钻孔灌注桩在整个地下室土方开挖前施工完毕，其中办公楼扩展基础施工时，支护结构采用了地下连续墙圆形支护。东公寓楼扩展基础在土方开挖后开始施工。地下室基坑东西向长约160m，南北向宽约138m，开挖深度约12.5m，整个地下室需开挖土石方28万m^3。按设计图纸，本工程0.00位于地下室底板底以下0.1m处。

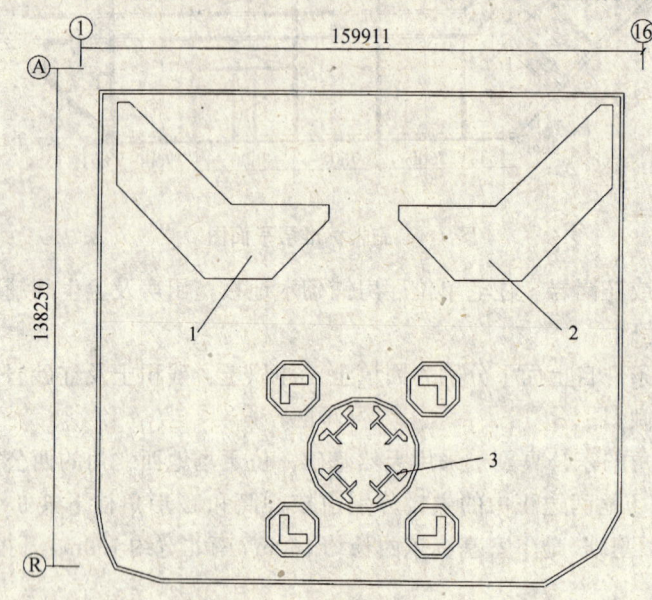

图4-5 基坑平面示意图
1—西公寓楼；2—东公寓楼；3—办公楼

基坑支护采用地下连续墙加锚杆和地下连续墙加中心岛内支撑两种方式，地下室连续墙及锚杆由法国地基公司施工，土方开挖和结构施工由广州市第二建筑工程公司承担。为缩短工程施工的总工期，并节省围护结构的支撑费用，地下室结构施工采用部分逆作法，即一方面办公楼和公寓楼基础（中心岛部分）由地下室底向上正作法施工，另一方面地下室四周结构由地面地下室顶盖向下逆作法施工。

4.2.2 工程地质条件

本工程场地自上而下的地层地质结构为：

(1) 填土（Q^{ml}）：层厚1.5～3.4m，东部以杂填土为主，含碎石及砖块；西部以素填土为主，由粘性土组成，含少量碎石。

(2) 冲积土（Q^{al}）：层厚3.2～6.0m，由粘土、粉质粘土、粉土及砂土组成。软塑-硬塑，以可塑为主，$N_{63.5}=4～32$。

---

[1] 4.2 由市建集团张振国、市二建陈臻颖编写。

(3) 残积土（Q^{el}）：层厚 1.10～11.7m，层面埋深 6.0～8.0m，由粘土、粉质粘土及粉土组成。可塑～坚硬，以硬塑为主，$N_{63.5}=5$～47。

(4) 基岩（K_{2d}）：主要由粉砂岩、细砂岩、粗砂岩、砾岩组成。强风化层厚 0.55～7.0m，层面埋深 7.15～24.45m，$N_{63.5}=11$～330；中风化层厚 0.80～4.90m；微风化层厚 1.0～17.95m。

场地地下水埋深 0.30～2.20m。

4.2.3 基坑支护方案

本工程基坑平面尺寸大，开挖深度深，主体结构工程量大。为保证施工安全，并缩短工期，减少对周围环境的影响，确定采用地下连续墙作为地下室围护结构，地下连续墙兼作结构外墙。

锚杆外支撑是目前应用较大的大面积深基坑支护方法。该法的优点是坑内土方及结构施工不受支撑体系的影响，便于正作法施工。但锚杆要求有较好的地层来提供既安全可靠又经济合理的锚拉力。根据本工程地质勘察提供的岩层埋深等值线图，地下室周边岩层以东北（NE）角、西北（NW）角埋藏最浅，同时考虑到东、西公寓楼基础便利施工，缩短其工期，确定在东北角、西北角部分采用锚杆外支撑正作法施工。基坑周边其余部分支护采用地下连续墙加中心岛内支撑，即利用 5m 宽的顶板作圈梁，在连续墙顶部形成一道支撑，主体结构采用中心岛正作法施工，周围圈梁顶板下采用逆作法施工。

4.2.4 地下连续墙及锚杆施工

地下连续墙按所在位置不同分为 A、B、C 三种类型，A 类为冲孔成槽墙，B、C 类为抓斗成槽墙，B 类指墙底标高高于 -9.5m 的槽段，C 类指墙底标高等于或低于 -9.5m 的槽段。地下墙厚 1.0m，幅长 6.1m，采用工字钢接头。连续墙支承在容许承载力不小于 2MPa 中风化砂岩上，最大深度 23.5m，最小深度 9.7m。连续墙主筋的配置，在最大弯矩处为 $\phi 40$@150mm，最小弯矩处为 $\phi 20$@130mm。混凝土强度等级为 C30。

在地下连续墙槽段施工前，预先钻孔探测地下障碍物及土层剖面，以决定地下连续墙支承岩的标高。连续墙的平面位置由 C20 级混凝土导墙（高 1500mm，厚 200mm）限定，地下连续墙槽段的开挖用冲击式钻机（A 型）及吊锤式抓斗（B、C 型）在满载膨润土泥浆的槽内完成。

地下连续墙混凝土由导管水下灌注法施工，同时将膨润土泥浆从槽段中泵往贮浆池。施工所用膨润土泥浆的指标为，密度 1.15～1.21g/cm³，粘度 30～50s，pH 值 9.5～12，含砂量≤5%，凝胶强度（静切力）14～23mg/cm²。地下连续墙的墙身垂直允许施工偏差为 1/80，墙身凸面差应小于 75mm，相邻槽段相对允许平面差应小于 100mm。地下连续墙浇筑顶面标高约为原地面以下 2.75m 处。

为提高地下连续墙的抗滑动稳定能力，在墙底部设抗剪棒（Shear pin），其水平间距为 1.0m（局部 1.5m），抗剪棒的施工程序为：

墙体未浇注混凝土之前，在连续墙钢筋笼中安放导管→墙体浇注混凝土之后，通过导管在墙底钻孔，钻孔直径 150mm→安放 3 根直径为 40mm 的抗剪钢筋→在钻孔及导管中灌水泥浆，水泥浆水灰比为 0.45，最小灌浆压力 0.8MPa，灌浆体强度 30MPa。

在地下连续墙完工进行基坑土方开挖及结构施工之前，应进行抽水试验。当发现场地外发生地面过度沉降及水位下降时，可采取灌浆方法补救。

地下连续墙加锚杆支护的安全可靠性与锚杆设计及施工有很大的关系。本工程设计一排锚杆，锚杆布置见图4-6，锚杆位于地下连续墙顶标高以下1.5m（即原地面标高以下3.75m）处，锚杆水平向布置按每幅地下墙1根（A型连续墙，相当于水平间距为6m），或

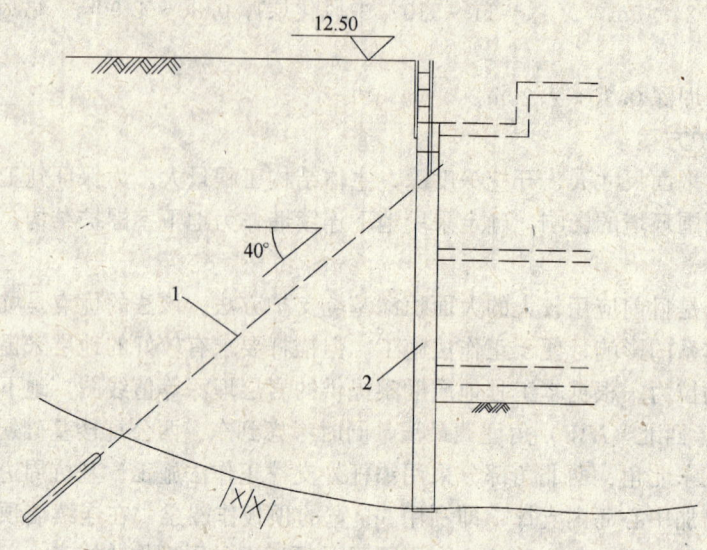

图 4-6 锚杆布置示意图
1—锚杆；2—地下连续墙

3根（B、C型连续墙，相当于水平间距为2m）。每根锚杆由14根（A型连续墙）或13根（B、C型连续墙）钢绞线组成（钢绞线强度1840N/mm^2），设计锚固段长度为8.0m（A型连续墙）、7.5m（B型连续墙）及7.0m（C型连续墙），每根锚杆最大设计荷载为1610kN（A型连续墙）、1500kN（B型连续墙）及1410kN（C型连续墙）。

锚杆施工的钻孔直径为150mm，锚杆锚固于微风化砂岩中，锚杆施工预应力为设计锚拉力的80%。

4.2.5 中心岛内支撑支护及部分逆作法施工

中心岛内支撑支护仍以地下连续墙作为围护结构（图4-7），利用宽5m的裙顶板作为圈梁与中心岛支撑相连，裙顶板下设H型钢桩，兼作结构承重劲性柱。该法的特点是：

（1）利用中心岛内支撑支护，可减少大面积基坑围护结构的支撑尺寸；

（2）裙顶板部位逆作法施工，在基坑开挖及中心岛施工期间，裙顶板与H型钢桩组成的空间系统共同承担开挖基坑时土体产生的侧压力；

（3）裙顶板部位逆作法施工，在中心岛结构形成之后，裙顶板与中心岛钢支撑一起组成支撑体系；

（4）除周围裙顶板部位逆作法施工外，其余部分全部正作法施工，有利于加快施工速度，保证施工质量。

中心岛部位土方开挖时，地下连续墙尚未形成有效的支撑体系来抵抗基坑外土体的侧压力，而保证开挖过程中边坡的稳定性又是非常重要的，因为一旦边坡产生滑动，将对钢桩带来危险。因此，必须有足够的反压土和适当的土坡坡度来保证连续墙和边坡的自身稳定，本工程中土坡坡度见图4-7。作为一种安全储备，裙顶板和钢桩可以同土坡一起承受中

心岛部位土方开挖时基坑外土体的侧压力。

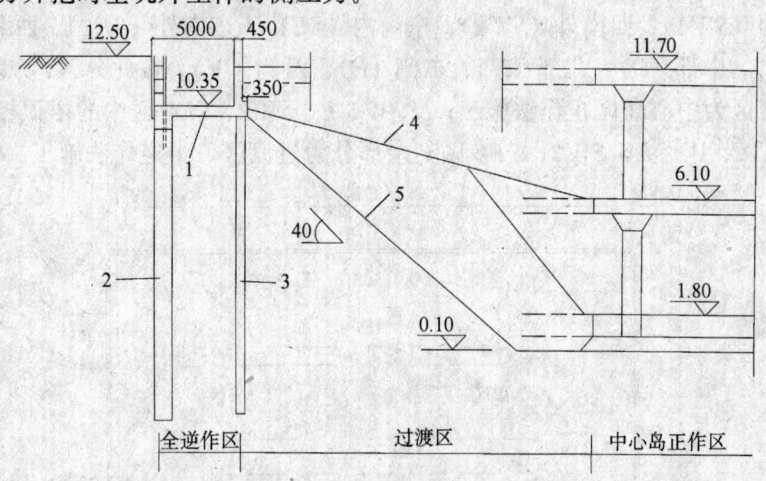

图 4-7 中心岛内支撑剖面示意图
1—裙顶板；2—地下连续墙；3—H 型钢桩；4—内支撑；5—土坡

施工用 H 型钢桩的断面外轮廓尺寸为 403mm×406mm，每米重量 340kg，最大桩长 23.16m。钢桩的施工程序为：

由地面钻直径 600mm 的钻孔，深度达中风化砂岩层以下至少 5m→边钻孔边下放钢套筒穿过软弱土层→用起重机将 H 型钢桩及灌浆管放入孔中→从孔底开始向上灌浆，直至地下室底标高处止，并在灌浆的同时向上抽取钢套筒护壁→用砂回填从地下室底标高以上部分至地面的钻孔→地下室底标高以上部分钢桩在土方开挖后，外周绑扎钢筋，浇筑混凝土，形成地下室结构受荷柱。

裙顶板的作用，一方面是作为地下连续墙的有效支承与土坡共同保证连续墙在中心岛部位土方开挖时的稳定，另一方面是减少中心岛和连续墙之间支撑的长度，因此，在地下连续墙和 H 型钢桩施工完毕后应尽快施工裙顶板。先施工裙顶板后施工地下内部结构，这是本工程中使用逆作法的特点。

在保证围护结构及边坡稳定的前提下，应尽可能加大中心岛结构的平面尺寸，以加快施工速度，尽量减短支撑长度。中心岛施工采用放坡大开挖土石方，正作法施工钢筋混凝土结构。待中心岛结构形成后，中心岛结构便与裙顶板配合以形成支撑系统。然后，着手过渡区的土方开挖与施工（参见图 4-7）。

本工程地下水位高，故采用坑内轻型井点法进行基坑内的降水。降水的目的不仅是基坑开挖的需要，而且有利于坑内反压土坡的稳定。

裙顶板下的反压土土方，除一部分在支撑系统形成后开挖外，其余大部分土主要在地下室顶板施工完后才开挖（详 4.2.6 节）。土方采用挖土机开挖后，运至裙顶板预留洞口处，吊升至地面装车运走。土方开挖完成后进行结构底板施工，使中心岛结构与连续墙连成整体。

4.2.6 地下室结构施工程序

本工程地下室面积大，结构工程量也大，施工工期紧（结构施工合同工期 21 个月），不可能按常规先将中心岛土方全部挖完后才一次性进行中心岛结构施工，而必须分若干个施工区段按合理的施工程序组织施工。

根据工程设计及施工组织要求,本工程地下室施工按平面位置分为十个区段(如图4-8),即西南内($SW1$)、西南外($SW2$)、东南内($SE1$)、东南外($SE2$)、西北角(NW)、东北角(NE)、中部(C)、北部(N)、东侧(E)、西侧(W)。按此分区,NW、NE、C、$SW1$、$SE1$五区为中心岛区正作法施工;N、W、E、$SW2$、$SE2$区中的裙顶板下部位为全逆作法施工;N、W、E、$SW2$、$SE2$区其余部分为过渡区,半逆作法施工。

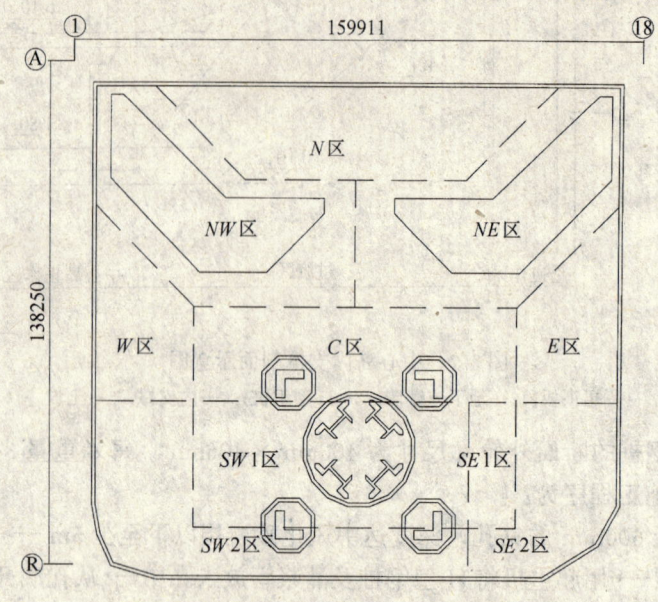

图 4-8 地下室施工区段示意图

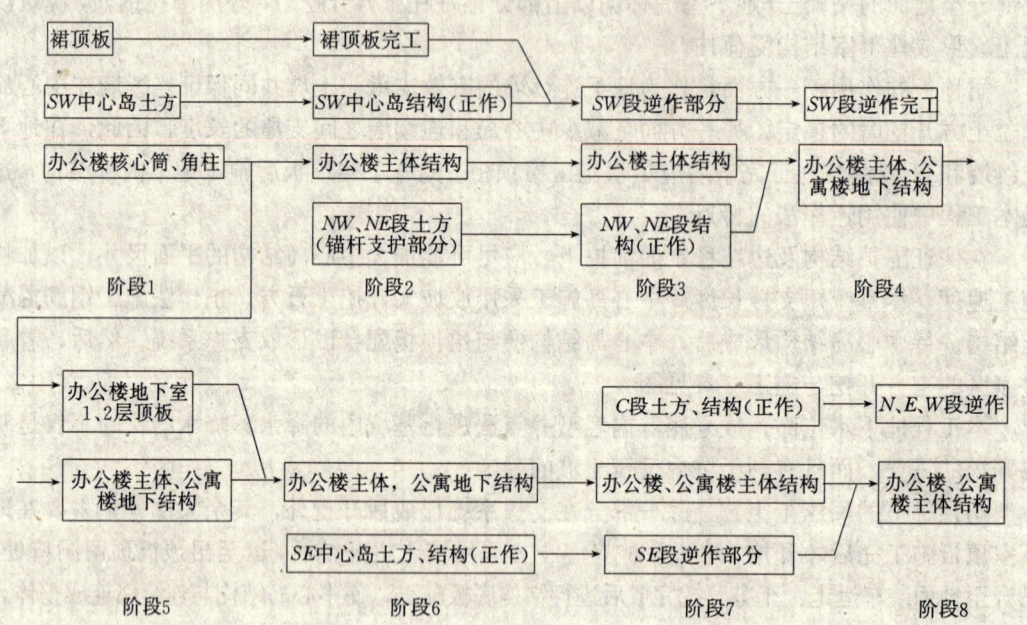

图 4-9 地下室施工程序示意图

地下室施工程序为:中心岛正作区→过渡区及全逆作区。中心岛区的具体施工顺序为:$SW1$区→NW,NE区→$SE1$区→C区;过渡区及全逆作区的具体施工顺序为:$SW2$区

→$SE2$ 区→N 区→W 区、E 区，详细可参见图 4-9 的八个施工阶段。

4.2.7 地下室排水系统施工

用疏导的方法将地下水有组织地经过排水系统排走，可以减小水对地下结构的压力和对结构的渗透作用，作为地下防水的一道措施，本工程采用的排水系统构造如图 4-10 所示。

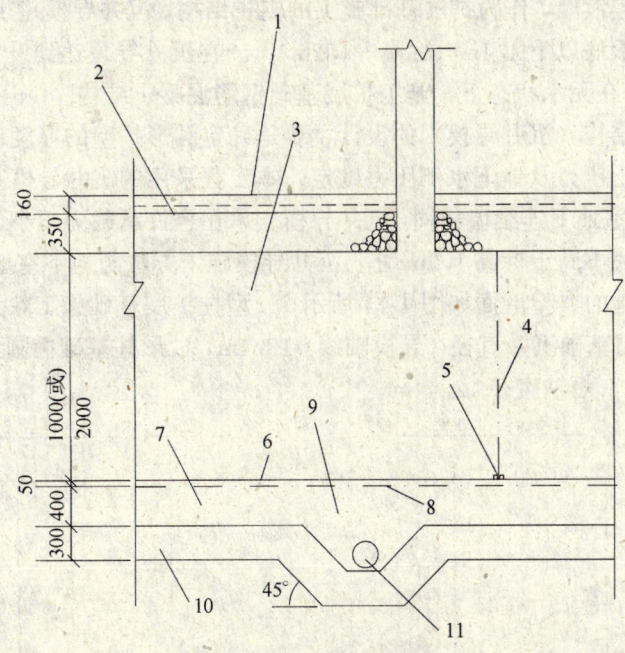

图 4-10 排水系统构造示意图
1—混凝土耐磨板；2—碎石；3—地下二层板结构底板；4—施工缝；5—240mm 宽防漏止水带；6—C20 级混凝土垫层；7—地下土工织物；8—聚氯乙烯片；9—排水层；10—过滤层；11—ϕ150mm 排水管
（倾斜度 1∶100）

以往工程中常用钢管和塑料管作为排水系统的排水管，但钢管的抗腐性差、重量大；塑料管耐久性差，脆性大；而且两者的开孔率都较小，排水效果不理想。鉴于此，本工程采用了日本东京聚合物有限公司生产的"NELTON" SD-150 硬聚氯乙烯塑料管。这种材料具有强度高和吸水率大，柔性、耐温、抗腐性好，防堵塞性及开孔率高（可达 7%～15%），质量轻及便于安装等优点。本工程共采用了这种材料 7980m。

排水系统的施工程序为：

在开挖面上铺设厚 300mm 的过滤层（Filter layer）→在过滤层上铺土工织布（TERRAM 1000）→在土工织布上再铺 400mm 厚的排水层（Drainage layer）→在排水层中间铺设直径 150mm 的"NELTON" SD-150 管和混凝土管，铺设坡度为 1%→在排水层顶部铺设聚氯乙烯塑料膜（Polythene sheet）→浇筑一层厚 50mm 的 C20 级混凝土垫层，然后施工地下室底板。

地下水的排出路径有两条，一条是经塑料管直接汇至集水井；另一条是经塑料管排往检查井，然后再经混凝土管汇至集水井。汇至集水井中的水最后由潜水泵排至市政下水道。

4.2.8 办公楼扩展基础施工—圆形支护

办公楼扩展基础由一个核心筒基础和四个 L 形角柱组成。为缩短工期，办公楼扩展基础在地下室土方开挖之前便先行施工完毕。扩展基础要求支承在容许承载力不小于 3.5MPa 的微风化粉砂岩上。据此设计，核心筒扩展基础位于地表以下 24.5m 处，东南角 L 柱基础位于地表下 22.8m 处，其余三个 L 柱基础位于地表下 27.0m 处。

扩展基础采用圆形沉井（Caisson）法施工。具体施工程序为：

施工圆形地下连续墙，作为扩展基础施工的支护结构（沉井导模），地下连续墙导模底标高不大于地下室板底以下 1.1m（标高 −1.2m）→在沉井导模达到设计强度后，开挖土石方，形成沉井→在无水状态下，施工扩展基础钢筋混凝土结构。

由于圆形挡土结构（沉井导模）的设计主要是确定圆形护壁的厚度，一般可由结构最大受力处所承受的土压力及地下水侧压力确定。本工程采用的沉井导模（地下连续墙）厚度为 1.0m，与地下室地下连续墙相同，沉井导模支承在容许承载力不小于 3.5MPa 的微风化粉砂岩上，且墙底不高于标高 1.2m 处。沉井导模施工方法与地下室地下连续墙相同。

核心筒扩展基础的典型剖面如图 4-11 所示，L 型柱扩展基础施工除无击实填土外，与核心筒类似。核心筒基础沉井直径（导模轴线）18.4m，L 形柱基础椭圆形（近似圆形）沉井长轴直径 14.91m，短轴直径 12.44m。

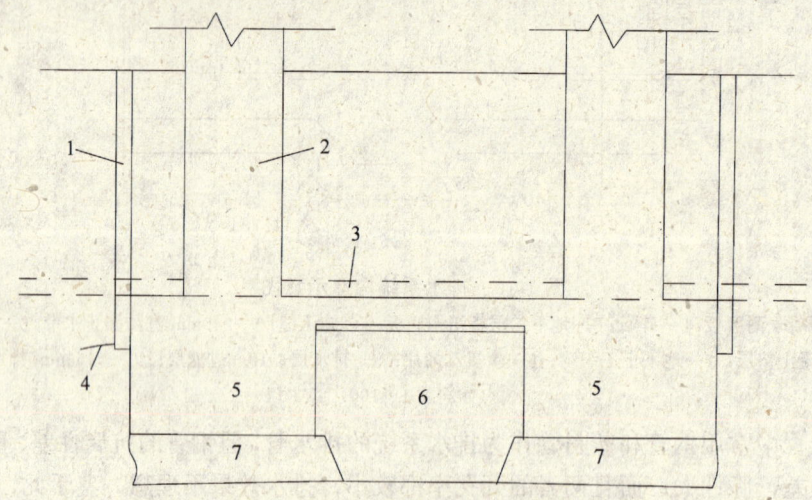

图 4-11 核心筒扩展基础施工剖面图
1—沉井导模；2—核心筒；3—地下室底板；4—岩面；5—扩展基础；
6—坚实粘土；7—C30 级混凝土

4.2.9 结语

中信广场工程规模大，工期紧，地下室面积大，基坑深，施工难度高。为缩短整个工程的建设工期，本工程采用了地下连续墙作为围护结构兼作地下室结构外墙，支撑系统采用了外支撑的入岩锚杆和内支撑的中心岛支撑两种方式。在施工上，采用了部分逆作法，一方面办公楼和公寓楼基础结构向上正作法施工，另一方面地下四周结构向下逆作法施工。这种方法不仅缩短了整个工程的施工工期（虽然地下室结构本身的施工工期比常规正作法加长），而且缩短了内支撑的长度，节省了支撑系统的费用。在施工顺序的安排方面，为缩短关键工序及整个工程的施工工期，办公楼扩展基础施工在地下室土方开挖之前便先行投入，并合理采用了十个区段及八个阶段的施工程序。为解决办公楼扩展基础施工的支护问题，采用了沉井法圆形支护，由地下连续墙作为沉井导模，该法充分发挥了混凝土材料的抗压特性,且不必设置内、外支撑,受力合理,安全可靠。公寓楼基础除钻孔桩部分在地下室土方开挖前完工外,其余均在地下室土方开挖后正作法施工。排水系统施工中采用了新型的聚氯乙烯塑料管,排水效果好,而且减轻了劳动强度,提高了工作效率。

4-3 主楼爬模、飞模模板体系的应用技术[1]

4.3.1 主楼结构施工采用的模板

本工程主楼平面为正方形,边长46.3m,标准层面积2144m²。主楼标准层采用钢筋混凝土筒中筒结构(见图4-3)。柱、墙截面尺寸沿高度分段缩减。

标准层结构分外框筒、核心筒和楼面梁板三个主要部分。外框筒、核心筒模板分别采用相应的爬模;楼面模板采用飞模。现场配备内部爬升式塔式起重机两台、混凝土泵两台、混凝土布料杆两台。

4.3.2 外框筒(外梁外柱)爬模

标准层外框筒(或称外梁外柱)即主楼结构四边的梁柱,四边梁柱相连成为一正方形的空间框架。标准层外框筒爬模分成四部分(图4-12)。这四部分爬模可单独进行爬升、合模、钢筋安装、混凝土浇筑和拆模的作业。在分块处外梁上设施工缝,外框筒施工分层进行,各层柱的施工缝设在梁底标高处。

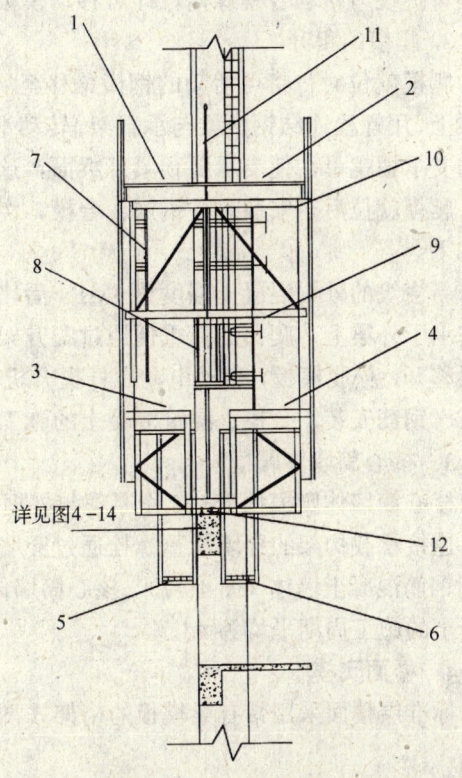

图4-13 办公楼外梁/柱爬升模板剖面示意图
1—顶层外工作平台;2—顶层内工作平台;3—中层外工作平台;4—中层内工作平台;5—底层外工作平台;6—底层内工作平台;7—柱钢模板;8—梁钢模板;9—承载架;10—承载架横梁;11—电动螺杆提升机;12—可活动的钢横梁

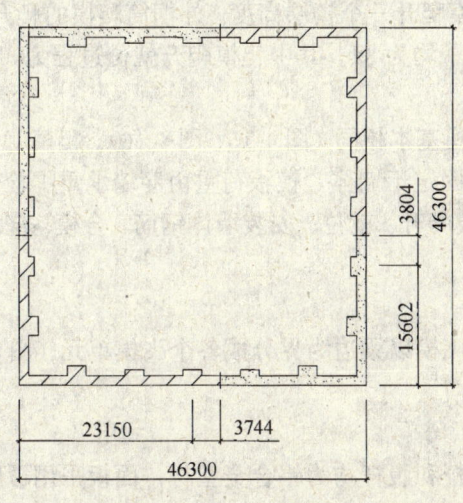

图4-12 外框筒爬模分块平面示意图

---

[1] 4.3由市二建卢建编写

1. 外框筒爬模的组成

爬模由钢模板、承载构架、爬升设备、工作平台等部分组成（图4-13）。钢模板采用密肋型钢模板。梁柱模板采用螺栓拉结，螺栓拉结处设工字钢楞。承载构架用螺栓连接型钢构成，在现场组装。爬升设备是电动螺杆提升机。

工作平台有三层，顶层内外工作平台（桥）用于安装柱钢筋；中层的内外工作平台（桥）用于安装梁柱钢筋以及爬升作业；底层平台用于爬升作业。

2. 合模和拆模

钢模板通过螺栓悬吊于顶上的承载架横梁上，可以移动。合模时移动模板到预定位置，收紧螺栓；拆模时松动合模螺栓，即可移动模板。

3. 爬模的爬升

爬模就位时，将可活动的钢横梁移至混凝土外梁上，用螺栓连结钢横梁与承载架，转动钢横梁

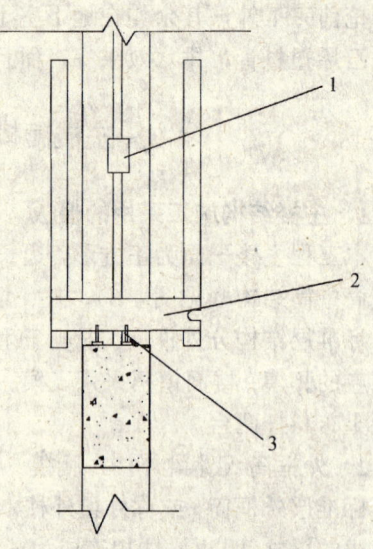

图4-14 支承腿螺栓大样
1—梁模支顶；2—可活动的钢横梁；
3—支承腿螺栓

下的支承腿螺母，使支承腿顶紧外梁面，这样爬模荷重便传递到外梁上（图4-14）。

爬模就位后，安装梁柱钢筋、合模、浇筑新的一层的外框筒混凝土。爬模爬升工作步骤如下：

新浇筑的外梁混凝土强度达6MPa后，启动电动螺杆提升机，将爬升架的支架立柱移动支承于外梁上。爬模的荷重便通过爬升架立柱传递到外梁。将架于下层外梁的可活动钢横梁移开，松脱模板，启动电动螺杆提升机，爬模爬升一个楼层高度。外框筒爬模的爬升、就位、钢筋安装、合模、浇筑混凝土的施工周期平均为3d。其中爬模爬升就位过程为3h。

4.3.3 核心筒墙体爬模

核心筒墙体爬模构造、工作原理与外框筒爬模基本相同（图4-15、图4-16）。爬模就位时，连接承载构架的穿墙承重螺栓通过穿墙套管固定于墙体，模板荷重由穿墙承重螺栓传递到钢筋混凝土墙体（图4-17）。核心筒墙体爬模爬升、就位、安装墙体钢筋、合模、浇筑混凝土的施工周期平均为4d。

4.3.4 楼面飞模

标准层楼面采用带有梁模板的桁架式飞模，飞模以梁边为界分成各个飞模单元（图4-18）。

1. 飞模的组成

飞模由桁架、面板、钢支腿组成。桁架的弦杆和腹杆均为铝合金型材；面板采用覆膜胶合板，支承面板的小楞为铝合金型材。每个飞模单元附有梁侧板或梁侧和梁底板；钢支腿由钢管和可调底座组成，可拆装。

2. 飞模装拆作业

飞模备2套，周转使用。2套飞模安装后可支承上、下2层楼板结构施工荷重，待楼板结构混凝土强度达设计强度标准值的75%时拆模。拆模后，装上地滚轮，松脱钢支腿，将

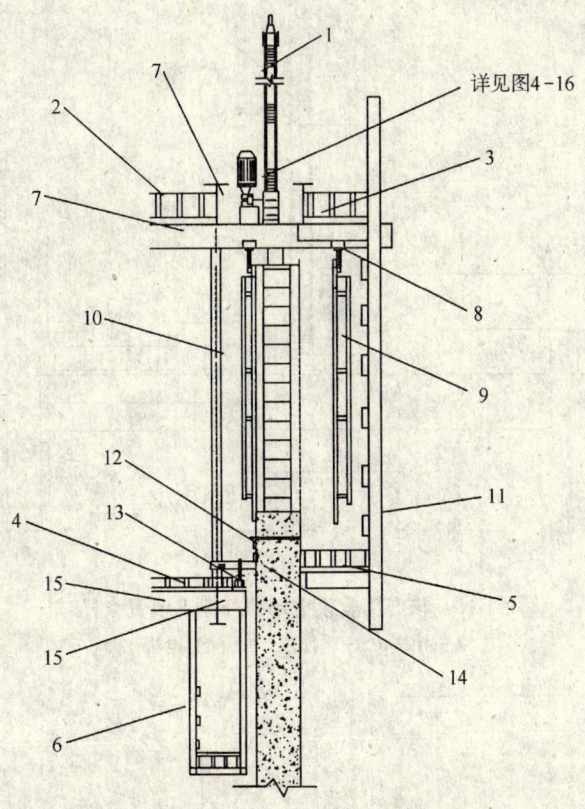

图 4-15 核心筒爬升模板剖面示意图

1—电动螺杆提升机；2—顶层内工作平台；3—顶层外工作平台；4—中层内平台；5—中层外平台；6—底层简易平台；7—上部结构；8—模板吊钩；9—钢模板；10—立柱；11—安全栏网；12—穿墙螺栓；13—高度调节螺栓；14—钢支腿；15—下部结构

飞模推到楼板边缘，挂上塔式起重机吊钩，将飞模吊至上二层楼面，根据已放在核心墙面和外梁面的定位墨线将飞模调整定位。

4.3.5 模板定位控制

用线锤将下面楼层的定位轴线引上至上一楼层，放出每层的定位轴线，然后在楼板面上放出外框筒和核心筒墙体的控制线。外框筒、核心筒墙体爬模爬升定位后，将楼板上的控制线引至爬模承载架的横梁上，据此可定出爬模模板边线。模板根据边线调整就位。对楼层的定位轴线，每隔 5 层用激光铅直仪放线校核。

4.3.6 技术经济效益

(1) 爬模具有自升功能，可减轻垂直运输机械的工作量，加快施工进度，楼层施工速度平均 4d/层，最快时 1 个月完成 8 层。

(2) 逐层爬升的施工节奏易控制，便于与楼面结构施工协调。

(3) 稳固性好。在混凝土达到脱模强度后，才进行爬升；支承体系又配置了夹紧结构物的水平装置，不会发生水平方向的晃动或倾覆。

(4) 爬模本身有 3 层工作平台，平台由型钢作承重骨架，并通过螺栓与承载构架结成一体，使爬模系统有较大的横向刚度。

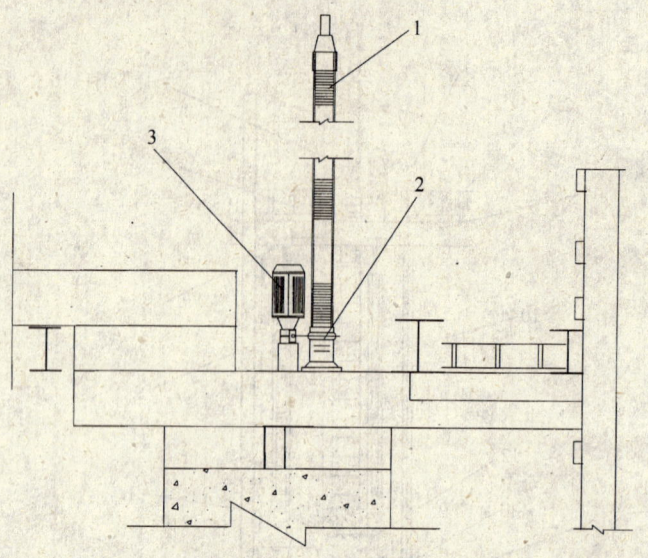

图 4-16 核心筒爬模电动螺杆提升装置大样
1—导杆；2—千斤顶；3—同步电机

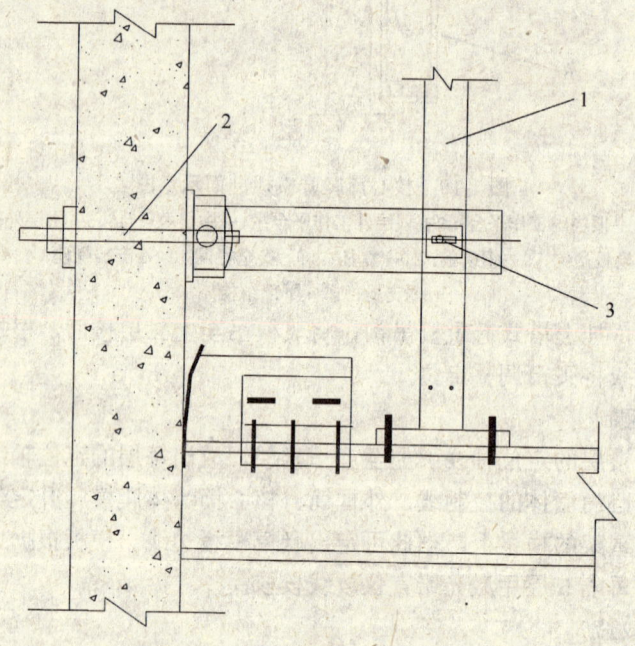

图 4-17 核心筒爬模钢支腿大样
1—立柱；2—穿墙螺栓；3—下部结构

(5) 爬模采用电动螺杆提升机爬升，设3层工作平台，便于施工操作，减少了搭、拆脚手架的工作量。采用悬挂滑移方式进行合模和脱模，省时、省力。飞模采用成型大模板，并附有梁侧底模板，可整体装拆、运输，工效高，损耗小。

4.3.7 爬模、飞模体系的使用条件

(1) 塔式起重机、混凝土泵、混凝土布料杆等机械设备，是配合模板施工并达到较快

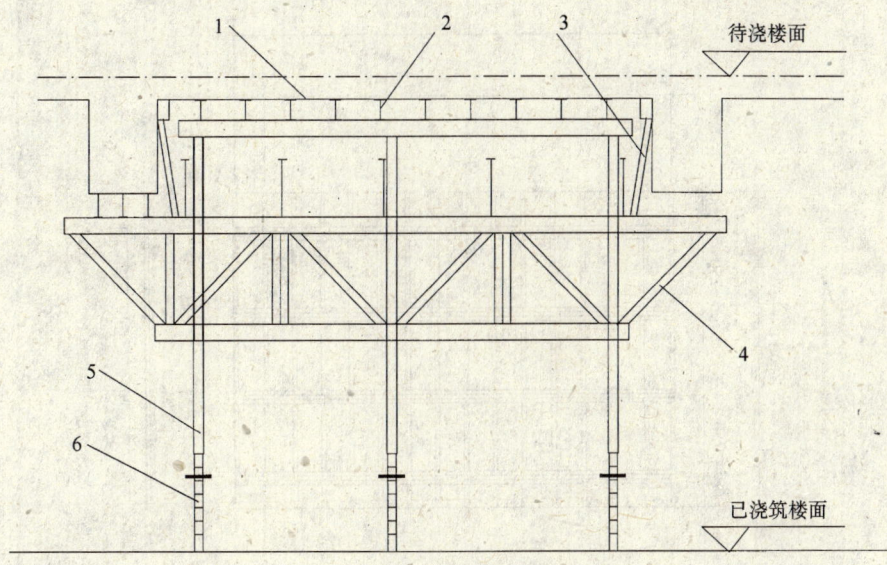

图 4-18 楼面飞模单元示意
1—覆膜胶合面板;2—小楞;3—梁侧板;4—桁架;5—钢支腿;6—可调底座

施工速度的必要配套设备。

(2) 标准层是筒中筒结构,内筒(核心筒)和外框筒均能够先行单独施工成形。

(3) 标准层的层高(3.9m)基本不变,若有变化,也以3.9m作为递增模数。剪力墙、柱、梁、板等构件的位置、截面形式和尺寸基本不变;楼面梁的高度虽有增减,但与爬模、飞模的相应功能相适应。飞模周转使用直到78层,而爬模使用直到顶层。

(4) 钢筋连接采用直螺纹套筒接头,可使预留楼面梁的粗钢筋接头不必伸出墙、柱,从而便于爬模施工。

4-4 钢木大模板应用技术[1]

4.4.1 模板设计

本工程两幢副楼标准层剪力墙及主楼转换梁的侧面模板均采用钢木大模板,因此,钢木大模板在设计时充分考虑了两者的使用要求。

大模板骨架采用轻钢型材,面板采用覆膜胶合板;模板分块根据副楼剪力墙结构尺寸确定;为适应主楼转换梁长度大、组合模板数量多、累积误差会使龙骨竖肋错位、阻碍穿梁螺栓安装的特点,轻钢龙骨主肋按水平方向排列。

大模板侧面设垂直度调校支架,可用扳手调校垂直度;顶部设活动工作平台,可在上面浇筑混凝土。模板构造图见图4-19和图4-20。

4.4.2 大模板的安装

大模板采用塔式起重机装吊。安装顺序如下:

1. 副楼剪力墙侧大模板安装顺序

---

[1] 4.4 由市二建卢建、江皓编写

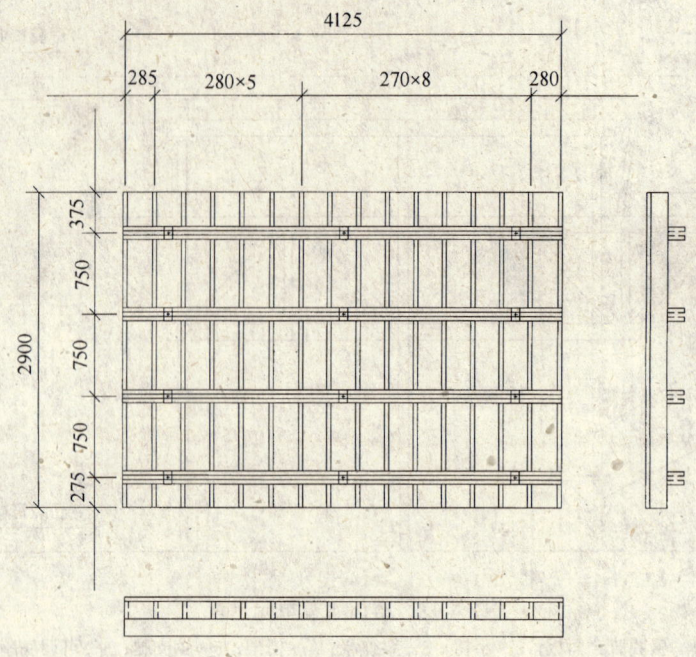

图 4-19 标准层大模板正立面图

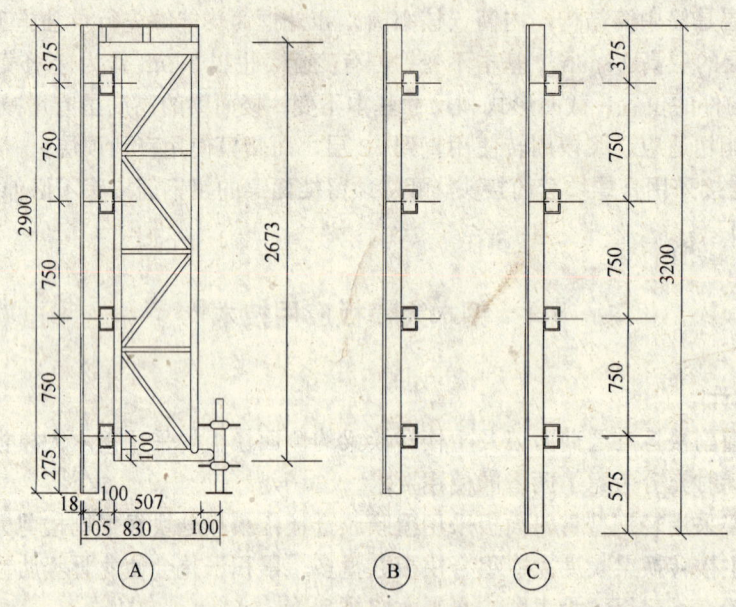

图 4-20 标准层大模板侧立面图

两幢副楼标准层剪力墙平面图见图 4-4,大模板沿剪力墙侧分块布置,其安装顺序为:
剪力墙放线→绑扎墙体钢筋→楼面整平→吊运大模板→安装穿墙螺栓→安装活动工作平台→浇筑墙体混凝土→混凝土养护到强度达 1.2MPa 时拆除大模板→大模板吊离→清理、检修大模板,扫脱模剂。

2. 主楼转换梁侧面大模板安装施工顺序

主楼转换梁高 8.5m,沿高度方向分 4 段浇筑(见图 4-21),梁侧模板的大模板组合平面布置图见图 4-22,与沿高度方向的每段浇筑高度相适应,模板沿高度方向亦分四段安装(见图 4-23 至图 4-25),其安装顺序为:

安装梁底模板→梁边线放线→安装第一水平段梁钢筋→安装第一水平段梁外侧大模板→放置穿梁螺栓→安装第一水平段梁内侧大模板→安装梁模板顶面定位螺栓→收紧已放置好的穿梁螺栓→安装活动工作平台→浇筑混凝土→养护混凝土→第二水平段梁施工(第二水平段梁侧大模板采用原位向上吊升的方法安装,大模板支承于门式脚手架上)

如此类推,反复进行四段安装。

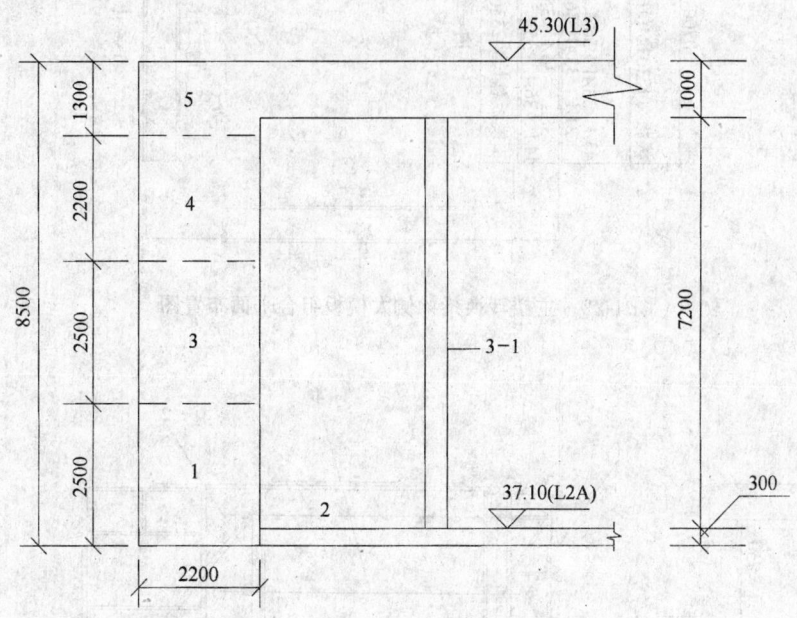

图 4-21 转换梁分段施工顺序图

4.4.3 大模板施工质量控制

1. 大模板制作质量要求及控制措施

(1) 制作质量要求

1) 制作用料符合质量要求;

2) 轻型龙骨焊接牢固,焊缝尺寸符合要求;

3) 固定面板的螺栓直径、间距符合要求,螺栓螺母要拧紧;

4) 大模板制作的质量标准见表 4-2。

大模板制作的质量标准　　　　　　　　表 4-2

检 查 项 目	允许偏差 (mm)	检 查 方 法
表面平整	2	用 2m 靠尺和楔尺检查
平面尺寸	±2	钢卷尺
对角线误差	3	钢卷尺
螺孔位置	2	钢卷尺

(2) 制作质量控制措施

1) 把好材料采购关。大模板制作用材料的采购和进货检验均严格按质量要求,把好质

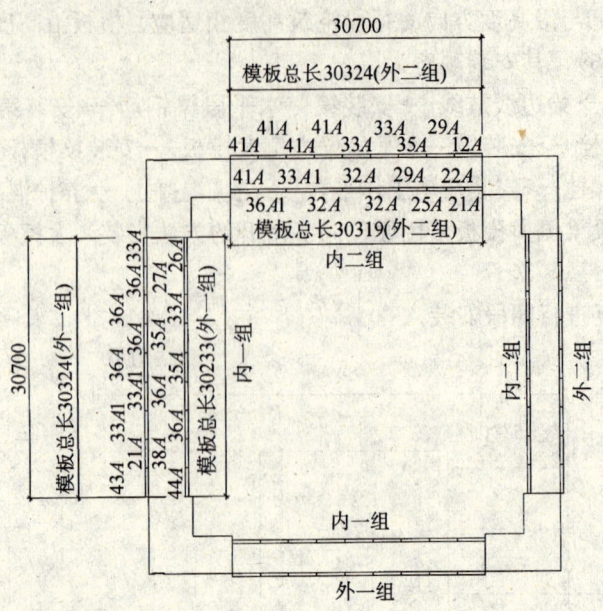

图4-22 主楼转换梁梁侧大模板组合平面布置图

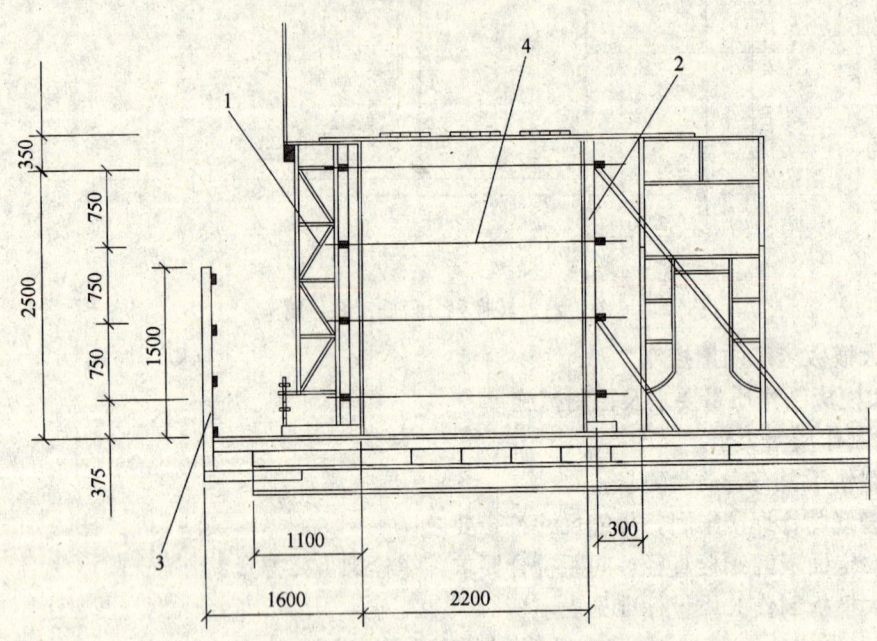

图4-23 第一段梁模板安装示意图
1—A型大模板；2—B型大模板；3—安全栏杆；
4—加胶套管的穿墙螺栓 $\phi16@1000mm$ 水平布置

量关。

2）实施自检、工序交接检制度。在自检合格的基础上，由钢模板厂的专职质安员主持进行工序交接检，办理检查交接验收后才得进入下一道工序。大模板制作完成后，经检验合格才能运往工地。

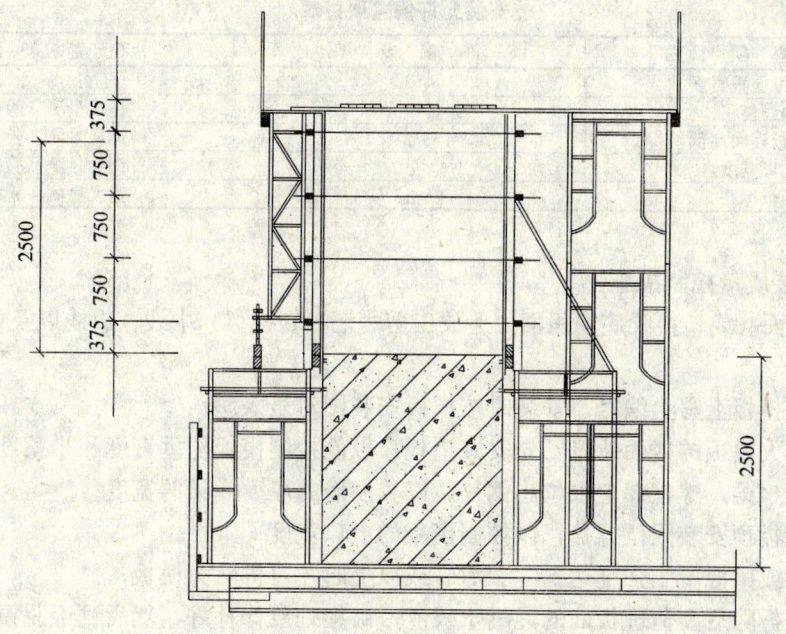

图 4-24 第二 (三) 段梁模板安装示意图

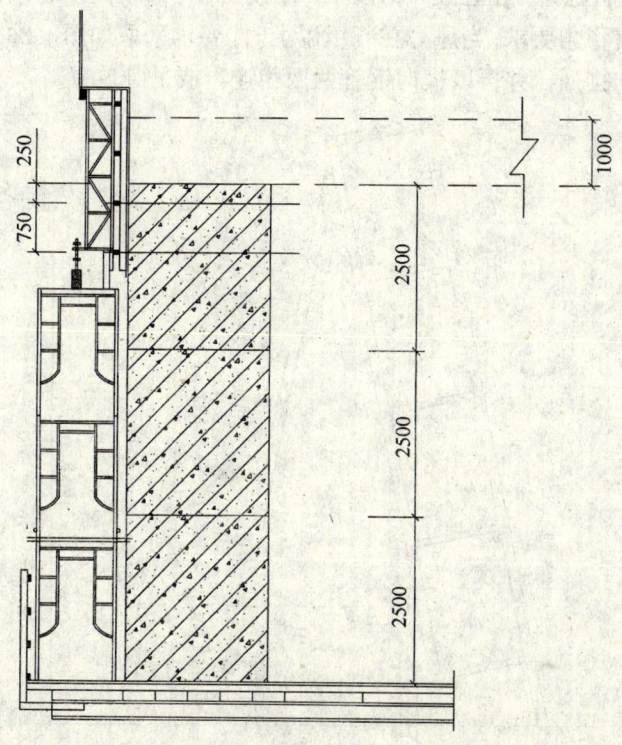

图 4-25 第四段梁模板安装示意图

2. 大模板安装质量要求及控制措施
(1) 安装质量要求
大模板安装允许偏差见表 4-3。

安装允许偏差项目表 表 4-3

检查项目	允许偏差（mm）	检查方法
模板每层垂直度	3	2m 靠尺
轴线位移	3	钢尺量测、验线
相邻两板表面高低差	2	钢尺量测、验线
上口宽度	±2	钢尺量测、验线
模板标高	±5	钢尺量测、验线

（2）安装质量控制措施

1）在楼面（或转换梁底模板面）上放出剪力墙（转换梁）中线、边线以及模板边的检查控制线；

2）在大模板上写上编号，安装时按模板安装图对号入座；

3）支承大模板的楼面位置要先安好垫板，以便控制模板的垂直度和平整度；

4）穿墙（梁）螺栓焊上限位小钢片，以控制墙的厚度或梁的宽度；

5）在模板顶安装限位螺栓，以控制模板的上口宽度；

6）当墙或梁混凝土强度达到 1.2MPa 或以上时才可拆除大模板；

7）模板拆除后要清理板面的混凝土残渣，破损处要修补好，然后刷上脱模剂待用。

4.4.4 大模板施工安全措施

（1）计算大模板自稳角。在五级风力以下、停放点在 100m 高度的条件下，模板立放时经调校以使其符合自稳角要求；当风力在五级以上时，要求采取如图 4-26 所示的稳定措施，以两件组合后，横向排列，并再以横向钢管两两相连，或平卧放置。

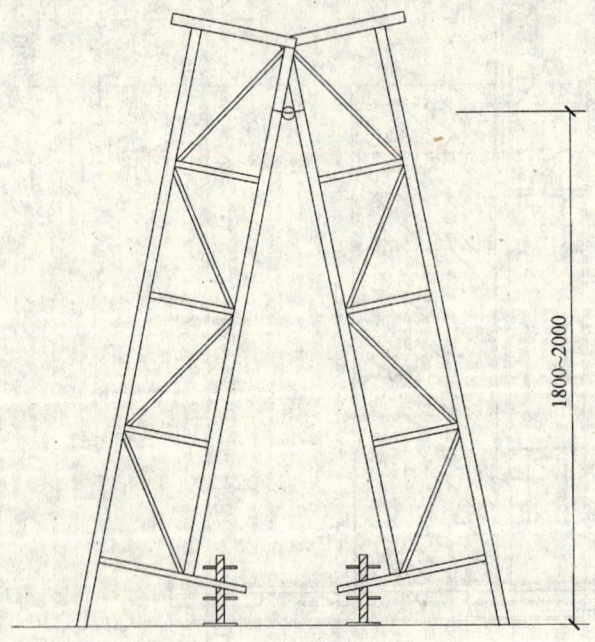

图 4-26 大模板存放图

（2）模板施工作业前，要对作业人员作安全技术交底。

（3）模板吊装前，检查吊装绳索、卡具及模板吊点是否安全。设专人指挥吊装，统一信号，密切配合。

(4) 模板安装或拆除时,严禁人员随大模板起吊。
(5) 大模板的存放场地地面要结实、平整。
(6) 当风力达到五级以上时停止吊装大模板。

4.4.5 大模板施工组织管理

两幢副楼和主楼的大模板分别由三支模板专业队负责安装,专业队受工地施工层管理调度。专业队实行承包责任制,承包指标含工作量、工期要求、质量、安全施工、文明生产等内容。工地管理层分阶段对专业队承包的各项指标进行检查考核,实行包干单价浮动,按考核结果进行工资结算。

由于采取了上述施工组织管理措施,大模板施工队伍稳定,工人操作熟练,施工进度、质量、安全施工、文明生产等各项工作均达到预期目标要求。

4.4.6 结语

本工程在副楼标准层剪力墙及主楼转换梁施工中采用钢木大模板具有下列优点:

1. 施工质量好

钢木大模板单块面积大,整体刚度好,垂直度容易调校,安装简便。本工程采用大模板施工的部位混凝土分项工程质量全部优良。

2. 施工速度快

钢木大模板工具化程度高,使用塔式起重机吊运,模板就位快;操作简便、快捷。由于采用了钢木大模板,副楼标准层结构施工速度达到5d/层;主楼转换层结构比预期工期提早2d完成。

3. 经济效益好

两幢副楼各使用一套钢木大模板,总制作量1640m^2,应用面积(与墙、梁侧接触面积)共57040m^2,周转使用33次,总制作费81.6万元,与使用普通木模板比较,节约58.3万元,节约率为41.7%。

4-5 钢筋直螺纹接头连接技术[1]

4.5.1 钢筋直螺纹接头连接技术的优点

钢筋直螺纹接头连接是钢筋机械连接的一种连接方法,其原理是:将两根待接钢筋端部加工成直螺纹,旋入带有直螺纹的套筒中,从而将两端的钢筋连接起来(图4-27)。

目前国内应用较广的钢筋机械接头形式之一是锥螺纹接头,它能保持母材原有的力学性能,连接速度快,就位对中方便,能较好地解决钢筋排列拥挤的问题,特别适合在钢筋密集、钢筋直径较粗的情况下使用,而且工艺简单,安全可靠,可全天候施工,工效高,方便施工组织和管理。与锥螺纹接头相比,直螺纹接头除具备锥螺纹的所有优点外,其接头强度更高(接头抗拉强度不小于连接钢筋本身的抗拉强度标准值)、安装更方便。

4.5.2 钢筋直螺纹接头的制作工艺

钢筋直螺纹接头的加工设备包括锯机、液压冷锻压床、套丝机和磨削成型机。其主要的制作工艺流程是:用锯机将钢筋端部锯成垂直面,把钢筋端部放入液压冷锻压床将其扩

---

[1] 4.5 由市二建江皓编写

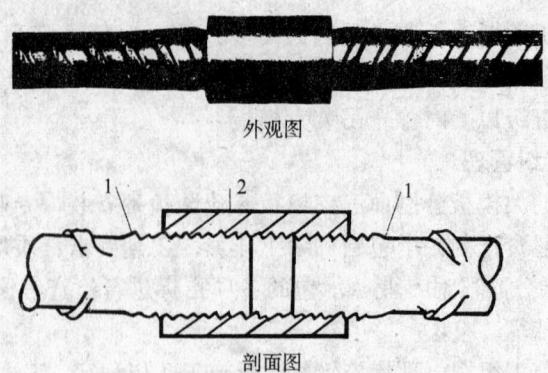

图 4-27 钢筋直螺纹接头外观及剖面
1—待接钢筋；2—套筒

大至预定直径，最后将其扩大的钢筋端部放入套丝机，按标准尺寸加工成直螺纹接头。螺纹直径不得小于钢筋的公称直径。

4.5.3 钢筋直螺纹接头的安装工艺

根据待接钢筋转动难易的情况，施工现场可分别采用以下四种安装方法：

(1) 待接钢筋易于转动时：将套筒装在已在现场安装好的固定钢筋上，旋上待接钢筋，并拧紧接头（图 4-28）。

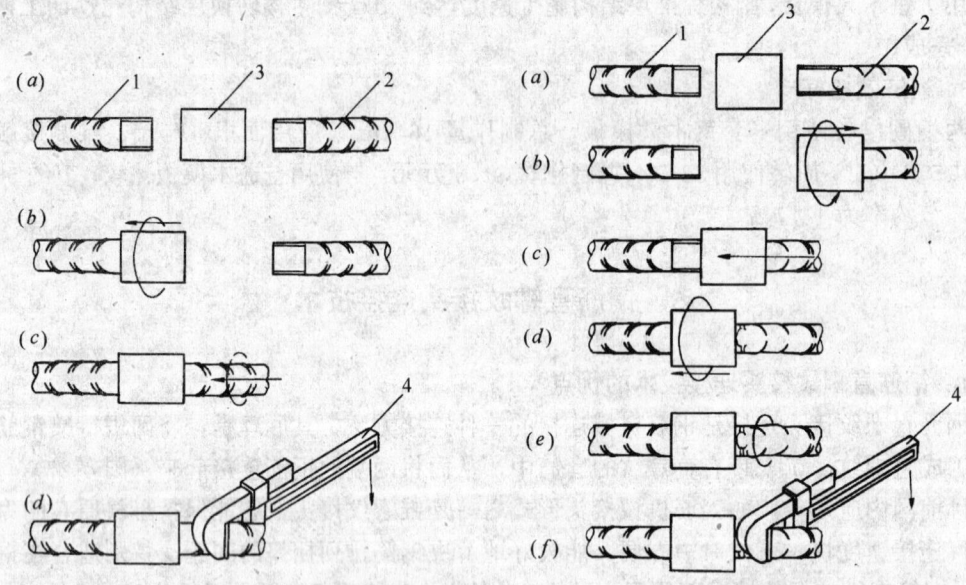

图 4-28 第一种安装方法的安装顺序
1—已安装好的固定钢筋；2—待接钢筋；
3—套筒；4—扳手

图 4-29 第二种安装方法的安装顺序
1—已安装好的固定钢筋；2—待接钢筋；
3—套筒；4—扳手

(2) 待接钢筋长且重，较难转动时：将待接钢筋端部螺纹加长，转动套筒至加长螺纹尽头，再反向转动套筒，将已在现场安装好的固定钢筋连接起来（图 4-29）。

(3) 两端钢筋均无法转动（如弯筋）时：将其中一钢筋端部螺纹加长，转动锁紧螺母和套筒至加长螺纹尽头，再反向转动套筒，使其套住另一端钢筋，最后反向转动锁紧螺母以锁紧套筒（图4-30）。

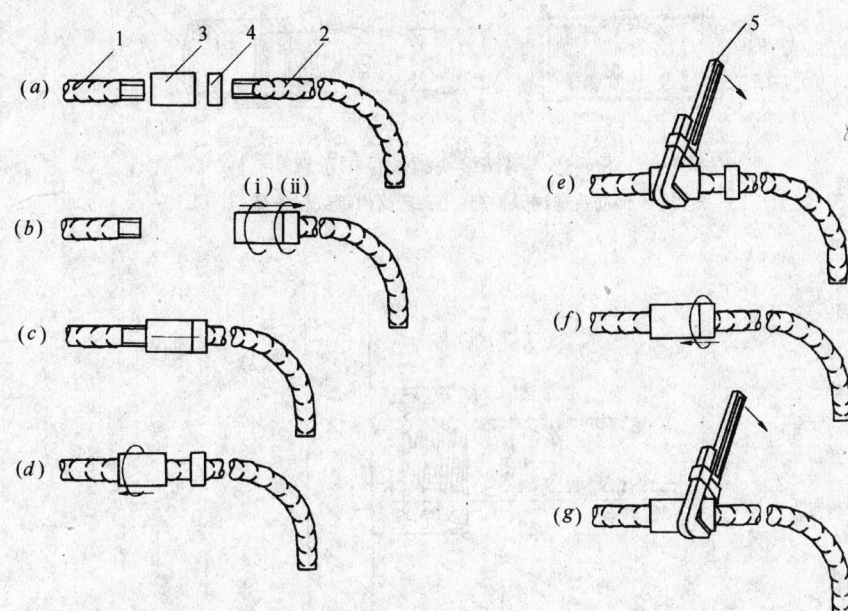

图4-30 第三种安装方法的安装顺序
1—已安装好的固定钢筋；2—待接钢筋；3—套筒；4—锁紧螺母；5—扳手

（4）两端钢筋均无法转动但可纵向挪动时：将套筒内螺纹加工成正、反两种螺纹，钢筋两端则分别加工成相应方向的螺纹。安装时靠转动套筒来就位（图4-31）。

以上安装工艺操作简单，只需使用普通扳手即可完成，这与锥螺纹接头要求使用测力扳手不同。

4.5.4 钢筋直螺纹接头的保护措施

1. 运输过程中

为避免运输过程中损坏钢筋头，套筒和钢筋头分别用塑料螺纹头保护套和套筒内螺纹保护盖加以保护（图4-32）。

2. 施工期间

本工程主楼使用爬模和台模施工，爬模用于核心筒和外框筒，台模用于楼面梁板。由于爬模施工比台模施工提前1～2d，故需在核心筒或外框筒预留钢筋接头以连接楼面梁板钢筋。在浇筑核心筒或外框筒混凝土前，先用钢制保护套套住钢筋螺纹头，并在其周围预留泡沫塑料块。待1～2d后台模升上同一楼层，需要连接钢筋时清除泡沫塑料，拧开钢制保护套，露出钢筋螺纹头后进行套筒连接（图4-33）。

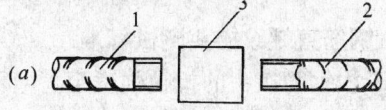

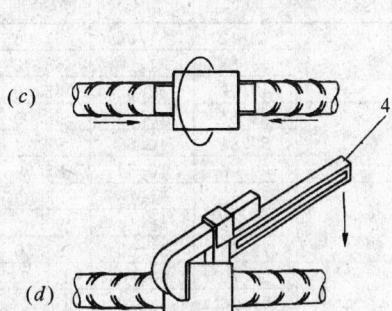

图4-31 第四种安装方法的安装顺序
1—已安装好的钢筋；2—待接钢筋；
3—正反螺纹套筒；4—扳手

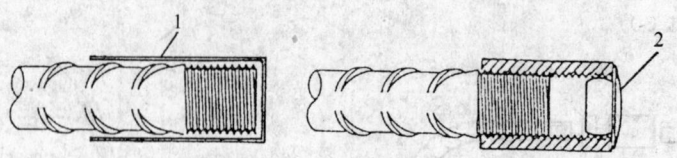

图 4-32 钢筋接头螺纹保护示意
1—钢筋头螺纹保护套；2—套筒内螺纹保护盖

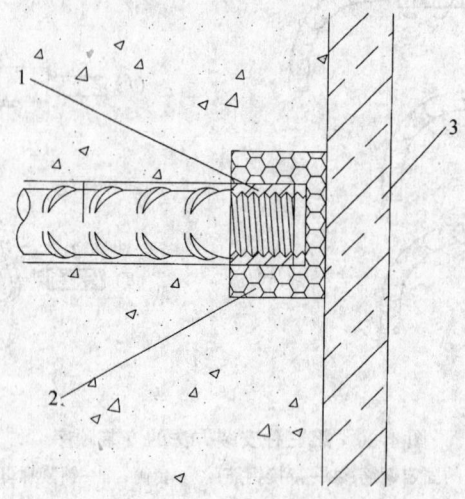

图 4-33 施工期间钢筋接头螺纹保护示意
1—钢制保护套；2—泡沫塑料保护块；3—爬升模板

4.5.5 钢筋直螺纹接头测试标准

本工程钢筋接头的抗拉强度至少应不小于母材抗拉强度，即合格钢筋接头的抗拉试验结果为破坏部位位于母材上（表4-4）。

钢筋直螺纹接头强度实测值表　　　　　表 4-4

钢筋直径 (mm)	套筒规格 (mm)		测试长度 (mm)		滑动量 (mm)	极限拉力 (kN)	断裂部位
	筒长	外径	破坏前	破坏后			
20	48.12	31.96	67.04	67.06	0.02	211.6	一边钢筋断裂
	48.08	31.10	63.72	63.74	0.02	209.8	
	47.92	32.22	65.56	65.56	0.00	210.0	
25	59.64	40.76	88.00	88.02	0.02	305.4	一边钢筋断裂
	59.84	40.68	92.24	0.16	0.02	305.4	
	60.06	40.54	81.00	81.00	0.00	336.4	
32	72.66	51.16	93.86	93.86	0.00	486.8	一边钢筋断裂
	72.22	52.14	90.80	90.84	0.04	490.6	
	72.82	51.00	86.30	86.58	0.28	494.0	
40	90.70	63.70	125.72	125.78	0.06	799.4	一边钢筋断裂
	91.26	63.22	111.66	111.70	0.04	821.8	
	90.34	63.18	117.28	117.30	0.02	801.8	
50	112.70	—	—	—	0.16	1136.0	两边钢筋断裂
	111.80	—	—	—	0.17	1162.0	
	112.60	—	—	—	0.16	1123.0	

上述测试标准比锥螺纹接头更加严格，锥螺纹接头只要求接头屈服强度不小于钢筋屈

服强度标准值和抗拉强度不小于钢筋屈服强度标准值的 1.35 倍。

4.5.6 钢筋直螺纹接头连接技术的实用效果

1. 经济效益和社会效益

按本工程设计规定，受力钢筋如不采用直螺纹接头连接，则要采用普通搭接连接接头，搭接长度为 47 倍钢筋直径。与搭接法相比，本工程采用直螺纹接头共节约钢材约 6568t。

如从目前的价格分析，$\phi 20 \sim \phi 32$mm 直螺纹接头与钢筋搭接连接接头相比，综合价格偏高；$\phi 40$mm 和 $\phi 50$mm 接头价格则较低，可见按目前的生产情况，$\phi 40$mm 以上的钢筋用直螺纹接头较为合算。但若从缩短工期的角度来看，象本工程这样工期紧、工程量大的项目，使用直螺纹接头技术成倍地提高了工效，其经济效益是不言而喻的。同时，因直螺纹接头连接无燃烧隐患，无环境污染，用电量小，节能效果显著。

2. 施工效果方面

（1）本工程主体结构钢筋层次多、密度大，例如主楼转换层大梁高 8.5m、宽 2.2m、跨度 34m，施工时沿高度方向分四段浇筑，第一次浇筑 2.5m 高的底部内有 221 根 $\phi 50$mm 的钢筋，配筋率高达 7%，特别是在支座处的钢筋更加拥挤，施工难度非常大，如采用普通搭接法，将造成钢筋节点过于密集，无法正常浇捣混凝土，严重影响施工质量。采用直螺纹接头可克服以上难题。

（2）采用直螺纹接头连接技术为本工程爬模和台模施工提供了可能，并可减少因在模板上开槽或钻孔而使模板受到损坏，延长了模板的使用寿命。

4-6 C60 级高强混凝土的应用及泵送技术[1]

广州中信广场办公楼，30 层以下的主体结构，均采用了 C60 级混凝土，共 31962m³。施工过程中，优选胶结材料、严格控制粗骨料粒径和级配、利用外加剂、降低水灰比、提高混凝土流动性、精选配合比、设立现场混凝土搅拌站、严格控制配料及运输、采用泵送混凝土工艺及加强养护等各方面，层层监控，使得 C60 级混凝土施工顺利进行，取得了很好的社会效益。

4.6.1 C60 级高强混凝土的制备

为制备 C60 级高强混凝土，采取了下列措施：

1. 采用优质高强水泥

考虑对外加剂的相容性，选用了中国金鹰 525 号水泥（香港）及同类型的广州珠江水泥厂的 525 号 II 型硅酸盐水泥作为后备。

以金鹰 525 号水泥为例，对外加剂有较好的相容性，该品种水泥掺加了 15% 的粉煤灰，对泵送大有帮助；水泥细度为 355m²/kg，初凝时间为 145min，终凝时间为 200min。镁及氧化镁含量为 1.3%；三氧化硫含量为 2.5%，烧失量为 1.8%。

2. 严格控制粗骨料

选用了广州派安石场的 10mm 及 20mm 花岗岩粗骨料，其特点是石料尺寸较细，并严格按曲线（图 4-34）验收使用。

---

[1] 4.6 由市二建梁威、钱冠玉、陈健玲、陈豫山和市建集团易德文编写。

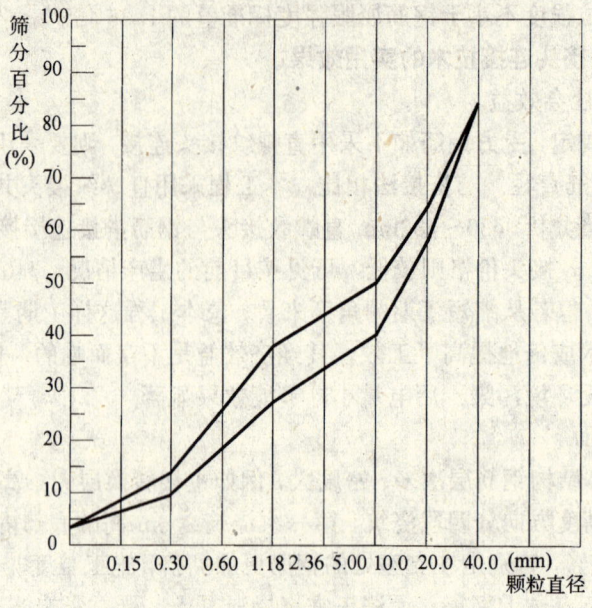

图 4-34 骨料级配曲线图

骨料粒径级配的优选,除考虑空隙率外,主要考虑混凝土的可泵性。

3. 应用 RB1000 流变塑性混凝土减水增强剂和 MBL 混凝土减水自控外加剂

高强混凝土虽有强度高、耐久性好、减轻结构重量等优点,但也存在水泥用量大等缺点。而混凝土化学外加剂是改进工艺、节约材料和改善混凝土性能的最有效的方法之一。

中信广场采用了 RB1000 流变塑性混凝土减水增强剂和 MBL 混凝土减水自控外加剂。其中 RB1000 流变塑性混凝土增强剂是港澳地区及东南亚地区常用的外加剂,属水溶性碳化聚合物掺料,不含氯化物,不离析,对提高混凝土的强度和密实性、保证混凝土耐久性及增加混凝土的坍落度,都有很好的作用。能使混凝土的坍落度增加 80~100mm,使混凝土具有良好的可泵性,一般在 2h 内有效,根据现场施工经验,每 100kg 水泥可掺 0.7~1.0L 的 RB1000 外加剂。而 MBL 混凝土减水自控外加剂属减水缓凝剂,利用该外加剂可使坍落度提高 1.5 倍或减水 15% 维持相应坍落度,在大体积混凝土中可降低水化热温升峰值。根据现场施工经验,每 100kg 水泥可掺 MBL 外加剂 0.37~1.0L。

4. 优化混凝土的配合比,提高混凝土的密实度

C60 级混凝土配合比见表 4-5。

混凝土配合比   表 4-5

水泥 525 号	混凝土强度等级	坍落度 (mm)	水泥用量 (kg)	20mm 粗骨料 (kg)	10mm 粗骨料 (kg)	中砂 (kg)	外加剂 MBL (mL)	外加剂 RB1000 (mL)	水灰比	砂率 (%)
金鹰	C60	175	545	570	415	640	4360	2000	0.33	39
珠江		175	545	725	360	540	3815	1680	0.32	33

5. 设立现场混凝土搅拌站

中信广场工程总混凝土量为 24 万 m³,为了配合进度,及时供应混凝土,故设立现场混

凝土搅拌站。搅拌站采用机械上料、自动称量，由计算机控制投料程序，这不但可以提高混凝土的质量，而且可以随时根据现场情况、天气情况调整配合比，以使生产的混凝土能满足施工现场的需要。搅拌站每小时可生产混凝土 $70m^3$，刚能满足现场需要。

6. 进行生产过程控制

为了能科学地监测混凝土生产的实际情况，以期能达到设计要求及施工要求，对现场每一车混凝土都进行严格的抽检和控制。检测内容如下：

(1) 检查混凝土配合比投料量；

(2) 控制混凝土的搅拌时间；

(3) 检查外加剂投入量；

(4) 检查混凝土的坍落度，不符合要求时，随即退货；

(5) 每 $10m^3$ 留置 150mm×150mm×150mm 试件一组。

通过上述各个方面的严格控制并作记录，从对现场施工的情况和试验结果的分析说明：中信广场 C60 级混凝土的强度合格率为 100%，平均强度达到设计强度标准值的 113.7%。

4.6.2 高强混凝土泵送技术

由于中信广场工程主塔楼高为 321.9m，所以必须选用有足够泵送压力的混凝土泵。本工程选用两台德国产 Putzmeister（大象牌）混凝土泵，型号为：BSA14000-CAT，最大混凝土泵送量为 $102m^3/h$，柴油机功率为：300kW。泵管道末端连接布料杆。

这个工程标准层结构混凝土每层量约 $1000m^3$，工期要求 4d 一层，这就需要充分发挥泵送混凝土质量好、工效高、速度快的优越性，确保泵送混凝土畅顺，才能满足施工质量和工期的要求。

泵送混凝土顺利与否，除与泵机的技术性能有关外，还跟混凝土的可泵性、管道的布置、操作等有很大的关系。

4.6.2.1 混凝土泵型号的选择

在结构施工采用泵送混凝土工艺时，混凝土泵型选择正确与否，是直接影响今后施工进度的第一步，特别是对于超高层建筑更为重要，如果选型不当，会造成二次泵送或三次泵送或经常发生故障，给施工造成困难。因此，在超高层建筑施工中，一定要切合工程特点，选取合适的机型，才能保证混凝土浇筑工艺顺利完成。

中信广场主楼工程的特点就是建筑物垂直高度高，施工速度要求快，因此选用泵机必须同时具备高压力、大流量的基本条件，并根据同行业使用的经验，泵机的技术性能综合考虑选型，这就是中信广场技术人员选择泵机的经验。

1. 压力要求

主楼结构最高点的垂直高度为 321.9m，采用一次泵送到顶，就要求泵机有足够的混凝土泵送压力，该压力大小，通过下面计算求得：

(1) 管道资料

根据施工组织设计，现场的南北两地各设置一台混凝土泵，其中，南面泵地面管道较长，以此泵作代表计算，泵管沿着外墙爬上第三层楼面，然后，再引至核心墙，泵管就沿着核心墙一直延升，接驳布料杆布料（参看图 4-35）。

① 水平管道总长度

地面管道长度（取地面长度较长的南面机计）$L_{地}=63m$

三楼面水平管长度 $L_3=9m$
顶层水平管长度 $L_顶=11.2m$
布料杆水平管长 $L_布=51m$（根据布料杆的管长为 27m，塔身垂直管折算长 24m 的总和计）
胶管折算水平长 $L_{胶折}=20m$（软管长 3m）
水平总长度 $L_总=L_地+L_3+L_顶+L_布+L_{胶折}$
$=63+9+11.2+51+20$
$=154.2m$
② 垂直管长 $L_垂=321.9m$
③ 弯头数量

  90°   3 个
  45°   3 个
  45°   6 个（布料杆相当量）

④ 卡箍数
  水平：   15 个
  垂直：   114 个
  总计：   129 个

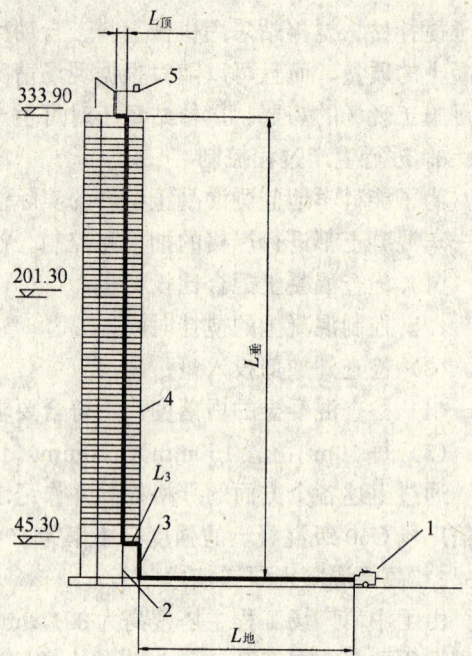

图 4-35 管道立面布置图
1—南面泵；2—核心墙；3—泵管；
4—外墙；5—爬升布料杆

(2) 计算参数——耗压参数
  ① 水平管： 1bar/20m
  ② 垂直管： 1bar/4m
  ③ 90°弯管： 1bar/1 个
  ④ 45°弯管： 0.5bar/1 个
  ⑤ 卡箍：   1bar/10 个
  ⑥ 机器启动： 20bar
  ⑦ 不可预见损耗 增加 10%

(3) 泵送压力总耗计算
总耗压力=①水平输送耗压+②垂直输送耗压+③90°弯管耗压+④45°弯管耗压+⑤卡箍耗压+⑥机器启动耗压+⑦不可预见耗压
$=[154.2/20+321.9/4+3+9\times0.5+129/10+20]\times1.1$
总耗压=142bar
因此，要求选取泵机的压力≥142bar

2. 流量要求
主楼每个标准层约 1000m³ 混凝土量，要求在 3.54 天完成施工全过程，这个过程除混凝土泵送外，还包括模板装拆和钢筋安装的工作，这就要求混凝土泵送班产达 400~500m³，至封顶为止，每台泵的生产速度需达 35m³/h。这个速度对于泵送超过 300m 的高度来说是很高的。

根据前面分析，选择主楼使用的泵机，首先要考虑同时具备高压力和大流量两个基本条件，但是，目前市场上能同时满足这两个技术条件的机型不多，根据多年使用混凝土泵的经验了解，即使有些泵机能达到高的混凝土压力，能够将混凝土泵送至较高的高度，但往往超过200m后，混凝土的输送速度会变得很低，大多低于10m³/h，这就满足不了中信广场工程的生产进度要求，即4d一层的速度。而一些机型即使有较高的混凝土输送速度，但混凝土压力较低，不能满足单泵泵送至321.9m垂直高度的要求，为此，中信广场技术人员进行多方面比较和论证，以求从中选择合适的机型。

3. 国内超高层建筑单泵泵送成功的例子

从国内超高层建筑单泵泵送混凝土成功的例子中，我们发现，使用德国普茨玛斯特厂（PUTZMEISTER）生产的大象牌混凝土泵成功的例子较多，也较明显。

如1989年12月结构封顶的当时广州市最高的广东国际大厦，就是采用该厂生产的BS2100型的混凝土泵，泵送高度达201.5m，使用167kW的柴油发动机。上海近年建成的东方明珠电视塔工程，是采用大象牌BSA2100HD型混凝土泵，单泵泵送高度超过了300m。最近落成的深圳地王中心，楼顶面标高也超过了300m，使用的型号为BSA14000HP-D-CAT型。这些项目都能同时满足施工速度的要求。

由于中信广场主楼工程与深圳地王中心工程情况近似，根据前面分析比较，再加上大象牌混凝土泵在超高层建筑中应用有较多、较明显的成功经验，所以中信广场工程决策者决定使用大象牌泵，型号与深圳地王中心使用的一样，即BSA14000HP-D-CAT型（图4-36）。

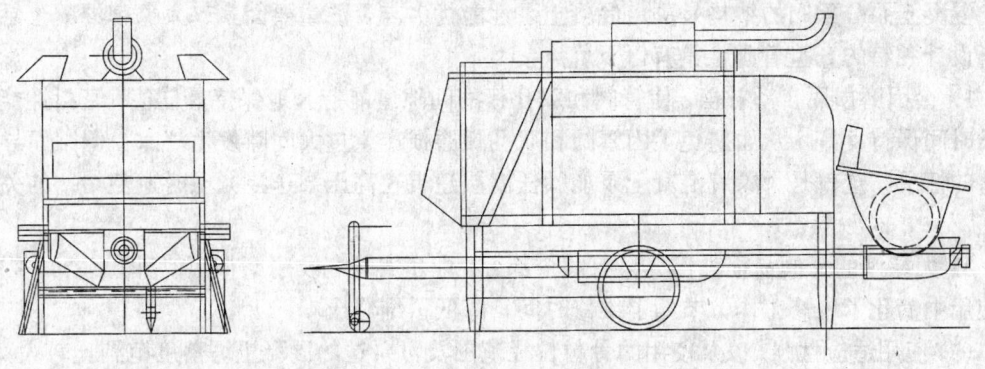

图4-36 BSA14000HP-D-CAT型混凝土泵外形图

4. 所选泵机的特点

(1) 大功率、高压力的动力系统

该泵使用生产柴油机的世界名厂，美国卡特彼勒厂生产的柴油机，功率为375kW，配合使用德国专门生产高压油泵的名厂力士乐厂生产的高压油泵，油泵的溢流压力达350bar，根据查阅资料，泵机的混凝土输出压力为220bar，大于计算压力142bar，在高压力情况下，混凝土流量为70m³/h，大于要求的35m³/h。这两个基本参数都满足了中信广场主楼工程的要求。

(2) 液压系统采用闭式回路。其具有以下特点：

1) 液压油的循环，大部分不再经过油箱而直接循环，所以油箱的容积只需满足补油的流量就可以了。

2）由于液压油绝大部分是内部进行循环的，所以油箱不会同空气接触，液压油不易老化，因此，液压系统内的液压油寿命提高。中信广场工程使用至封顶为止，只更换了少量的液压油，因此使用成本低。

3）由于闭式油路的油泵油端是有油压的，所以泵不会有吸空的危险。但由于这种油路系统的油箱体积小，因此在高温季节使用时需加散热系统。

(3) 采用耐高压的液压系统，所以能产生高达220bar的混凝土压力。

(4) 采用设计独特、性能优越的S型分配阀（图4-37）。

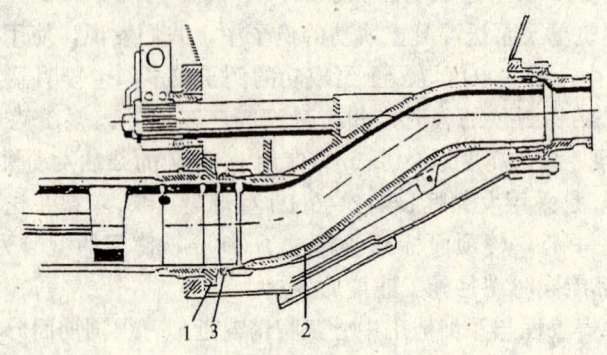

图4-37 S型管阀结构
1—耐磨板；2—S型摆管；3—耐磨环

混凝土泵分配阀的结构是决定混凝土泵性能优劣与否的重要因素。大象牌混凝土泵采用了设计独特的S型管阀，具有以下优点：

1) 会因磨损而自动补偿，使管阀和双孔板的间隙值能持久地保持最佳值，密封性能能较长时间保持良好，从而避免了因管阀和双孔板磨损产生过大间隙发生泌水、漏浆而导致堵塞的情况，这就是大象牌混凝土泵能胜任高层建筑在高压泵送混凝土时避免堵塞的关键所在。

2) 大象牌的S阀易损件部分只有两个部分，即耐磨环3及耐磨板1（见图4-37），因此在使用中简化了维修工作，节约了维修时间，降低了维修成本。

(5) 使用适应性强。该泵使用的骨料粒径范围及可泵送的混凝土坍落度范围比较大，据资料介绍，骨料粒径最大可达75mm，可泵送混凝土坍落度大于零的任何坍落度的混凝土，其适应性强。

(6) 大容量的料斗，其容量可达600L，因此即使混凝土一时供应不上，也不会影响生产。

4.6.2.2 施工程序及设备布置

主楼结构由核心墙、梁柱、楼板三个部分组成，为使施工过程中能以流水作业方式进行，加快施工速度，要求设备、材料和劳动力搭配非常科学有序。为此，在施工过程中，将每个楼面分成A、B、C、D四个段，其中1号布料杆负责A、B段混凝土浇注，2号布料杆负责C、D段混凝土浇注（参看图4-38）。A、B段与C、D段的施工工期相差4d，即差一个楼层。楼层上共设置两台法国保定厂生产的内部爬升式塔式起重机和两台德国普茨玛斯特（PUTZMEISTER）厂生产的大象牌（型号为MXR28/3）自爬式布料杆，在28m半

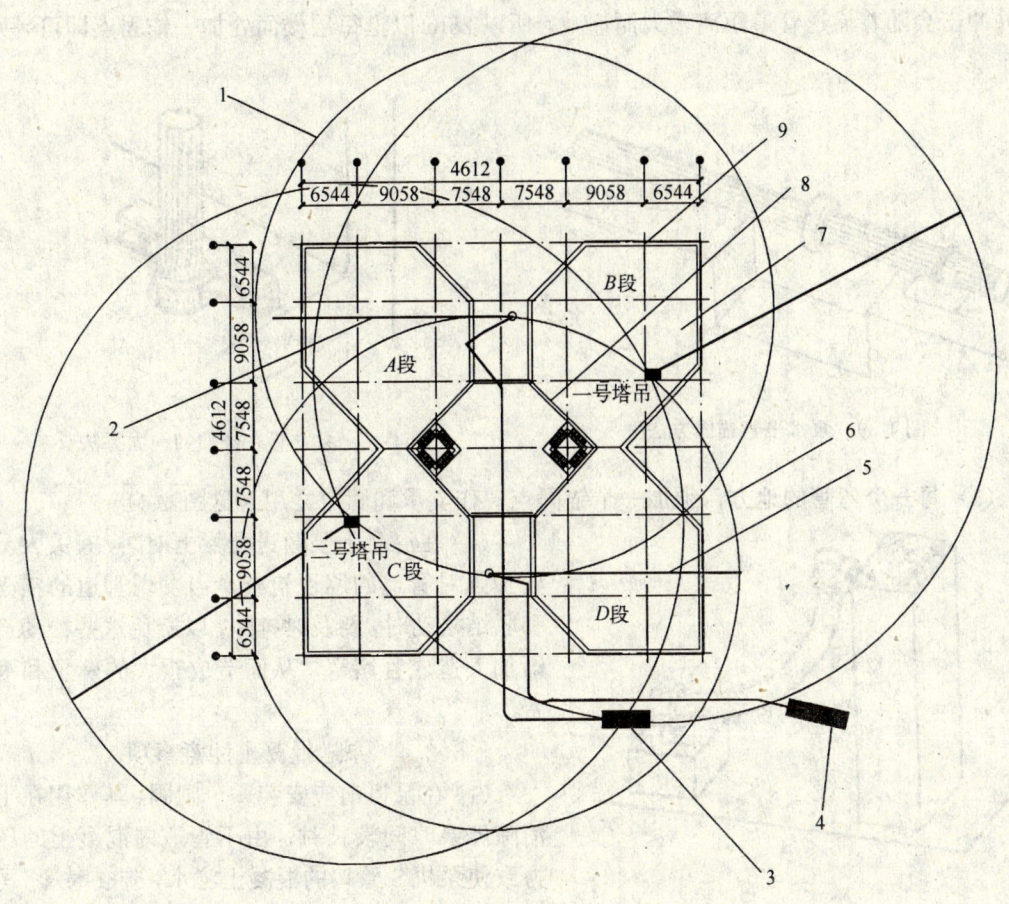

图 4-38 主楼设备布置图
1—1号布料杆服务范围；2—1号布料杆；3—北面混凝土泵；4—南面混凝土泵；
5—2号布料杆；6—2号布料杆服务范围；7—楼板；8—核心墙；9—梁柱

径范围内任何位置也可得到服务，布料杆塔身高度为18m。由图4-38可以看出，两台自爬式布料杆，可以将混凝土浇注到楼层的任何位置。

在主楼东地面，布置了三台瑞典产的啊利马克牌人货施工梯，供人员和材料垂直运送之用，主楼南地面，配置两台大象牌混凝土泵。

4.6.2.3 混凝土输送管道的锚固

混凝土泵在泵送混凝土过程中，对管道会产生较大的脉冲振动，如果管道锚固不牢，管道间连接卡的密封圈将会受损，从而产生泌水和漏浆而造成堵塞的故障，为避免出现这些不利的情况，工地采用了以下措施：

（1）每节3m长的水平管用两个U形卡锚固在基座上（见图4-39），卡与管之间垫上橡胶片，以减少对管道脉冲的冲击及磨损。为便于布管和随时改变管道位置，便于搬运锚固基础，现场制备一定数量的标准U形卡锚固件的预制件。

（2）垂直立管采用楼内穿楼板布置，以便于拆卸，在一旦发生堵管时还便于拆管检查，并可节省大量的支架。在25m以下的楼层，每节3m管采用两个锚固点，由于混凝土泵的脉冲冲击会随着输送管道距离增大而递减,所以25m以上每层楼面处加一锚固点即可(见图4-40)。

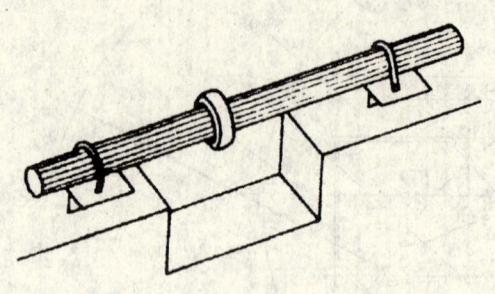

图4-39 泵水平管锚固方法

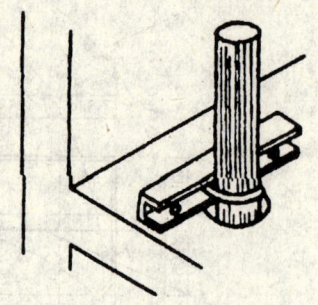

图4-40 泵立管在楼面的锚固方法

(3)每一个弯管的地方,须加一个锚固点,作支承和固定之用(见图4-41)。

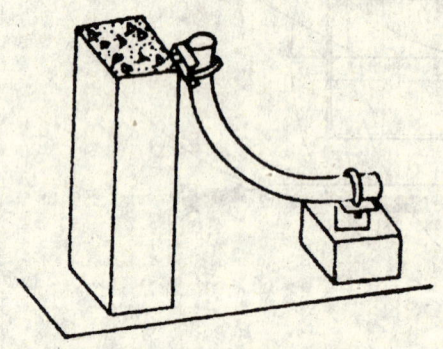

图4-41 保证泵弯管不窜动的锚固方法

(4)在混凝土泵输送混凝土期间,有关人员要加强对管道的巡视检查,当发现管道的锚固和联结松动时,要及时排除,以避免这些松动逐渐加大造成管堵塞,从而造成很大的麻烦和浪费。

4.6.2.4 泵送混凝土注意事项

(1)在泵机前应安装一个闸阀,其作用在于消除停泵时间较长时,由于管道内混凝土的压力致使泵机S管口的混凝土泌水,造成塞管。司泵员操作时应密切注意泵送情况,如遇停泵时间太长,就得关闭闸阀。

(2)当把搅拌好的混凝土倒入料斗时,注意下料的高度和方向,防止混凝土离析和发生部分骨料过于集中在一个缸内的现象。

(3)输送时料斗的混凝土存量不得低于搅拌轴,这样一来可避免因空气进入泵管道引起管道的振动。

(4)在泵送时尽可能保持连续性,防止停泵间隙时间太长引起堵塞管道。若因工序要求需停泵一段时间时,应定时少量地泵送一些混凝土。

(5)应在水平管道上覆盖麻袋,泵送时淋水,降低管道内混凝土的温度,以利于泵送。

4.6.2.5 混凝土输送管道的清洗

在混凝土输送结束后,泵管的清洗是用压缩空气吹送海绵球,推送存留在泵管道内的混凝土,然后再用一次气和水的清洗,以确保管道的清洁。布料杆因弯管多,需增加一次清洗,保证下一次泵送的畅顺。

管道的清洗方法如下:

1. 水平管和低层时立管的清洗

水平管和低层时立管的清洗需要配置下列机具:

(1)气洗接头:气洗接头由接头体和空气压缩机空气软管接头两部分组成,接头体管径与泵管径相同,这两部分是焊接在一起的,其构造如图4-42所示。

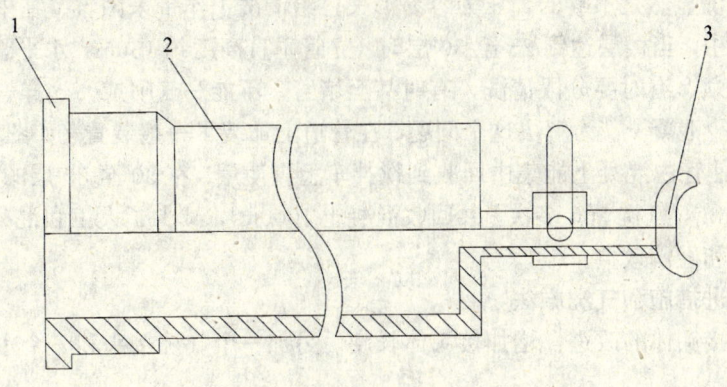

图 4-42 气洗接头
1—接头凸缘；2—接头体；3—常用气洗快速接头

(2) 一台 0.34/30B 型电动空气压缩机，其排气压力 3MPa，排气量 0.34m³/min（广东省西江机械厂生产）和一空气瓶，型号 A03-3，工作压力 3MPa，瓶容量 0.3m³，也可以用 0.5m³ 容量气瓶（广东省海南造船厂生产）。

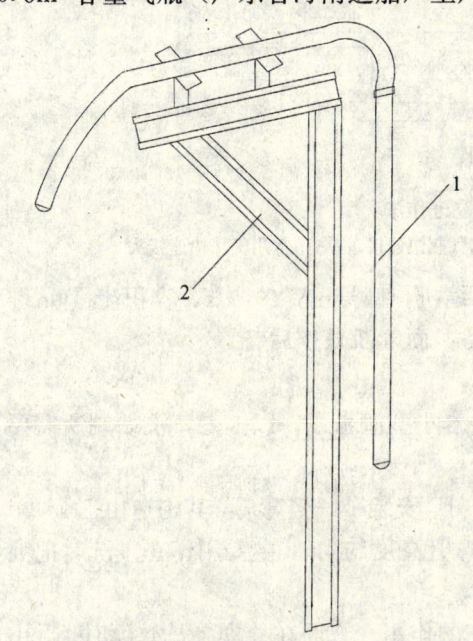

图 4-43 混凝土回收管
1—混凝土回收管；2—支架

(3) 两个比泵管径稍大的海绵球，也可以用湿透水的水泥包装纸搓成球状使用。

当混凝土泵送快要结束时，就应计算管内混凝土存量（内径125mm，长度81m的泵管，其容量为1m³），是否满足所需浇注量，同时用空气压缩机对气瓶充气，视管道的长短而充多少，一般要求充气 3MPa 为宜，充满气的时间约 15min。

气洗步骤：

1) 停止泵送，待泵管内压力为零时，把泵机前一节管道拆开。

2) 将湿透水的一个海绵球挤塞在泵管内或接头体内，然后用管卡连接气洗接头和泵管，如清洗水平管和往水平以下泵送时，其接头安装在泵机一侧，混凝土按泵送方向排出，如清洗立管时，气接头一般接在泵送管尾端（楼层上），混凝土由上而下清洗，如压力足够，也可以由下向上清洗。

3) 快速打开气瓶阀门，混凝土即向前推进排出管外。
4) 第一次气洗后，空气瓶可再次充气，并在泵管内灌送约100kg清水，挤塞进海绵球，进行第二次清洗，这时泵管内基本干净，或者在第一次清洗后，可把泵管拆开，逐节清洗。

2. 高层时泵管的清洗及混凝土的回收

随着建筑物高度的增加，泵管就不断增高，其容量就越来越大，单靠一个只有0.5m³的空气瓶供气清洗显然是不够的,压力容易消失,给清洗工作带来困难。在中信广场主楼混凝土浇注施工中,当楼层达到 25 至 30 层时(立管垂直高度约 130m,水平管约 100m),泵管清洗就很麻烦。有时要分段清洗,有时甚至堵管,不能一气呵成,这样一来既拖延了工期,又浪费不少混凝土。为解决这个问题,在管道上加装了一些装置(如图 4-43),以便在洗管过程中,使管内混凝土能集中回收到搅拌车上再使用,在 30 至 80 层的 50 层里,泵送混凝土近 5 万 m³,气洗 200 多次,共回收混凝土 1000m³,减少了人工和混凝土的浪费,提高了施工效率和经济效益。

具体的改进措施和气洗方法:

(1) 气洗接头体的改进:增加接头体长度,另加一个气洗接头和一个水接头,其构造如图 4-44。

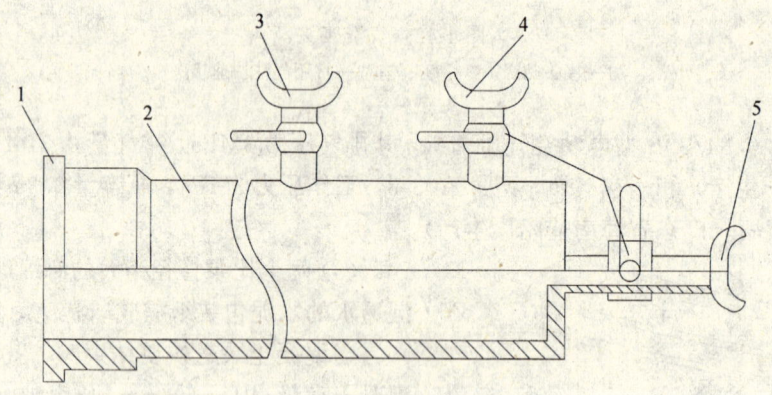

图 4-44 气洗接头体改进作法
1—接头凸缘;2—接头体;3—水洗快速接头;4—储气瓶快速接头;5—常用气洗快速接头

(2) 增加一台柳州压缩机厂生产的柴油空气压缩机,型号:VY9/7-a,容积流量 9m³/min,排气压力 0.7MPa,该机是主要常用气洗设备,而气瓶只作后备。

(3) 准备四个海绵球。

(4) 两个储水桶,每个容量可盛 100kg 水和一台小型潜水泵,以上是气洗始端所需要器具。

(5) 气洗终端(即地面)水平管离泵机约 2.5m 处,安装了一竖弯管,其构造由三个 90°大弯管和直管连接而成,支附在工字钢支架上,竖弯管高度约 4m,主要用作在气洗时把混凝土引排到搅拌车上。

(6) 在竖弯管前 1.2m 处安装一液压截止阀,它的作用一方面在处理泵机故障时,阻止已泵出的混凝土回流,另一方面在泵送完毕清洗管道时,可先把闸阀关闭,以便接通闸阀与弯管的通道。

(7) 另外泵机和液压截止阀之间的三节水平管,因满足此处装拆频繁的需要,由原来难拆的高压管接头,改为高压平口接头,给气洗工作带来很大的方便,如图 4-45 示。

(8) 气洗顺序:

1) 气洗时尽量把气洗设备靠近泵管终端,减少连接管的长度,然后,作好储气储水工作,启动柴油空压机,连接气洗接头体的气、水通道。

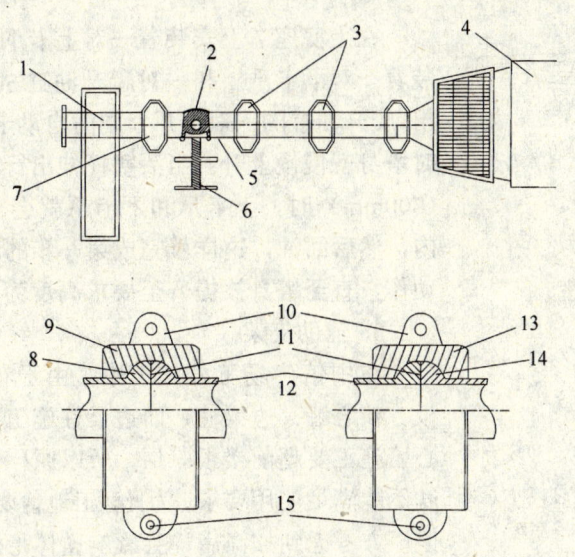

图 4-45 高压管接头改进
1—止流闸阀；2—竖弯管码；3—高压平口接头；4—泵机；5—竖弯管；
6—工字钢架；7—高压接头；8—高压管接头；9—管夹；10—夹耳；11—密封O型胶圈；
12—泵管；13—管夹；14—平口管；15—螺栓

2) 停止泵送后，在泵管尾端塞进两个湿水的海绵球，再把接头体用管夹卡在泵管上。

3) 与此同时，关闭泵机前的闸阀，拆去泵前平接头水平管，用90°大弯管连接截止阀与竖弯管管道，搅拌车就位，使竖弯管出口处对准车上装料入口处。

4) 一切准备就绪后，同时打开接头体常用气洗阀门和泵机前截止阀，这时混凝土在气压下慢慢地排到搅拌车内，300m 管道约10min 左右就可以见海绵体打出来。如果使用常用空压机不能把管内混凝土推出，就必须把此阀关上，马上打开储气瓶阀门，这时混凝土就即排出，待到气瓶气压低于 0.7MPa 时，再打开常用压缩机气阀补充气量，直到海绵球打出为止。如果管内的混凝土坍落度较大，气洗快速，处理得当，储气瓶的气是很少用完的。

5) 管内混凝土基本排出后，就可以进行多次水洗，直到管内排出清水为止，但至少不少于两遍，每次清洗办法是：在接头体内底部塞一个海绵球（球体要塞在水接头尾端），卡好泵管口，开动潜水泵，泵入约100kg 清水，再打开常用气阀，把水排出，这样就完成气洗的全过程。

4.6.2.6 自爬式布料杆

1. 自爬式布料杆主要构造和性能

自爬式布料杆由三节组成，安装在管径为1060mm 的厚壁钢管塔身上（图 4-46），塔身高度为18m。布料杆的伸缩折叠，由相应的油缸驱动，布料杆的回转由液压马达驱动，从而使布料杆能在 28m 的半径范围内任何位置进行浇灌混凝土。由于设备具有独特先进的爬升机构，使布料杆的塔身能随着建筑物高度的增加而自我爬升。

2. 自爬式布料杆结构及爬升原理

在塔身左右对称纵向两侧全高度位置上，设置两条卡槽（图 4-47d）。在相邻的两层结构楼板上安装着上底座和下底座（图 4-47a）。

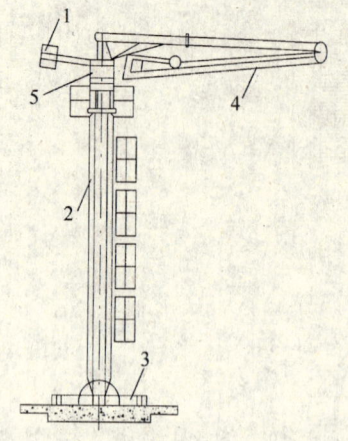

图 4-46 自爬式布料杆总体示意图
1—配重；2—塔身；3—底座；
4—布料杆；5—回转机构

在上底座 7 上安装着一对上卡爪 3；在下底座 8 上，安装着一对下卡爪 4 和一对爬升油缸 5。爬升时，活塞杆伸出，爬升油缸的一对卡爪 6 同时自动卡进塔身的卡槽上，此时塔身就慢慢上升。当活塞杆伸出行程达到两卡槽的间距（500mm）时，上卡爪和下卡爪就会自动卡入塔身的卡槽内，然后回油，这样就完成第一步的爬升动作。重复上述动作，直至塔身被提升至要求高度为止。

3. 辅助支架

在中信广场工程施工中，由于布料杆同时要服务楼板、核心墙、边梁柱，而边梁柱施工要超前楼板两层，核心墙施工要超前楼板一层，所以原厂生产的布料杆塔身高度不能满足使用要求。为此，工地曾要求厂方将塔身加高，但厂方考虑到加高后，会影响整体稳定性，没同意。

为了解决施工中出现的原厂布料杆塔身高度不足的

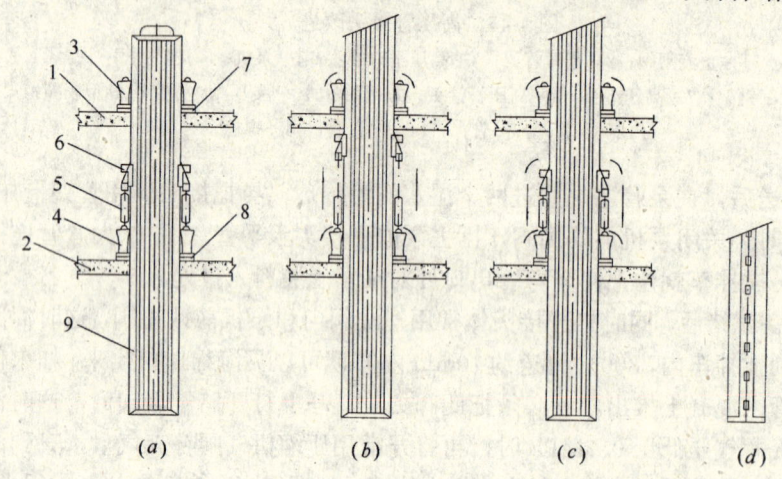

图 4-47 原厂自爬式布料杆工作原理图
(a) 布料杆处于工作状态；(b) 爬升油缸活塞杆升起，将塔身推升一个卡槽位；
(c) 上、下卡爪卡入下一卡槽内，活塞杆回缩，准备下一次塔身爬升；(d) 塔身侧面的卡槽图
1—上楼板；2—下楼板；3—上卡爪；4—下卡爪；5—爬升油缸；
6—油缸卡爪；7—上底座；8—下底座；9—塔身

问题，使原厂生产的自爬式布料杆能发挥作用，工地自制了一个辅助支架（见图 4-48），塔身就支附在该辅助支架上，而辅助支架底座就支承于搁在楼板上的支承梁上，并且为了保证塔身的稳定性，在辅助支架上端增加了与核心墙的刚性锚固。在上述情况下，整个自爬式布料杆通过辅助支架，与横梁直接支承在已硬化的楼板上，由于辅助支架有足够的刚性，自爬式布料杆通过了辅助支架，加长了自身的使用高度。采取了这个措施，自爬式布料杆在满足施工需要和自身稳定性的问题上都得到完满的解决。

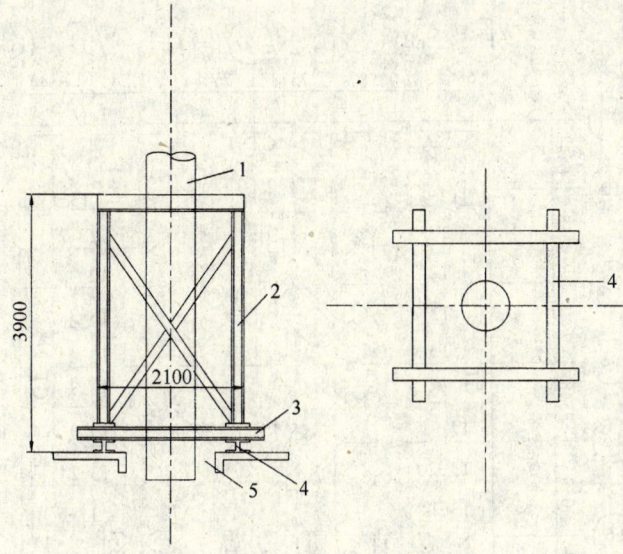

图 4-48 辅助支架图
1—塔身；2—辅助支架；3—拼装井字架上梁；4—拼装井字架下梁；5—楼板预留洞口

4-7 主楼转换层施工技术[1]

本工程主楼的抗侧力结构由内核心筒和外筒组成，由于外框筒立柱不能全部落地，因此在第三层处设置了由转换梁（截面尺寸 2500mm×8500mm）和上下两层楼板组成的转换层，以将上部荷载传至转换层下面的四条 L 形角柱上。转换层面积 2143.69m^2，位于距首层地面 25.4m（以首层地面绝对标高 11.7m 计）的高度上，是整座建筑的关键部位。

转换层结构自重 158100kN，平均 70kN/m^2，最集中荷重位置（转换梁底）达 220kN/m^2，因此，选用临时钢桁架支撑方案。为利用转换梁下部自身起支撑作用，经计算，先浇筑 2.5m 高的梁，用于支承其上 6m 高部分梁的混凝土重量是足够的，因此，钢桁架只考虑承受 2.5m 的梁及底板的荷载，据此定出竖向分四段施工的方案（见图 4-21）。

整个转换层施工 69d，浇筑混凝土 4919.2m^3，平均 71.3m^3/d；制作安装钢筋 4005.185t，平均 58t/d。该转换层每立方米混凝土含筋量为 814.19kg，每平方米投影面积含筋量为 1868.36kg。

4.7.1 模板工程

转换层模板支架采用临时钢桁架方案。为此，专门设计了由 4 排主桁架和 48 排次桁架组成的临时钢桁架系统。主桁架沿四条转换梁梁底布置，跨度 30.7m、高 4m，跨高比 7.675，支承在 L 形柱的临时钢牛腿上（图 4-49）；次桁架两端分别焊在主桁架和核心筒墙体的预埋件上。次桁架上面焊间距 300mm 的 ⊏305 槽钢作檩条，上铺 50mm×150mm 杉木枋，并满铺 50mm 厚木板作为转换层模板底板。模板施工中着重解决以下问题。

1. 模板起拱

---

[1] 4.7 由市二建杨以荣编写。

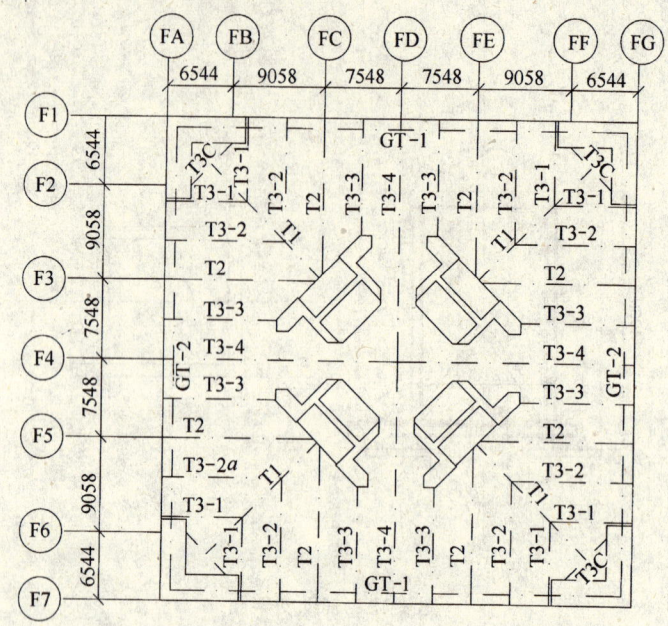

图 4-49 办公楼转换层楼板模板钢桁架支架示意图
说明：四角是 L 型柱；GT-1、GT-2 钢框架上是 2.2m×8.5m 转换梁

钢桁架起拱 50mm，模板起拱 20mm，合计 70mm。浇筑混凝土并拆除桁架后，实际测得的梁底剩余起拱值平均为 8mm。由于设计钢桁架时只考虑承受转换梁高 2.5m 的荷载，其上重量则由此根 2.5m 高的梁来承受，因此形成了转换梁上部重量对下部 2.5m 梁及钢桁架的挠度叠合影响问题。

原设计方案不考虑钢桁架受力，转换梁上部 6m 的荷载完全由下部 2.5m 梁来承受，这种方案虽能解决钢桁架的挠度问题，但因梁底模板与板底模板连为一体，如果钢桁架不受力，楼板将难以施工。为此，在钢桁架上加设钢吊杆（4 ∠ 15）伸入 2.5m 转换梁底，以使钢桁架与第一次浇筑的 2.5m 段梁协同工作，组成叠合梁。实际证明挠度大大减小。

2. 转换梁侧模板

转换梁侧模板利用工地原有大模板改制。转换梁侧大模板不采用塔式起重机，而只需用手动葫芦挂在梁钢筋上来提升，大模板下托门式脚手架，校正就位即可。详细的施工方法见前第 4.4 节钢木大模板应用技术。

4.7.2 钢筋制作和绑扎工艺

沿梁体每隔 3000mm 设 $\phi 40mm$ 的 U 形钢支架，可保证钢筋垂直度和保护层厚度，并对转换梁钢筋绑扎起稳定作用。转换梁钢筋配置见图 4-50，其绑扎顺序如下：架设 U 形支架 → 放置外围开口底箍，绑扎牢固 → 放置内开口箍 → 从中间向两边分层放置水平主筋，绑扎牢固 → 从两侧插入水平开口箍。

4.7.3 混凝土施工工艺

1. C60 级混凝土水化热控制

转换梁采用 C60 级混凝土分层分段浇筑，每次浇筑量 500～1000m³。C60 级混凝土的配合比见表 4-6。

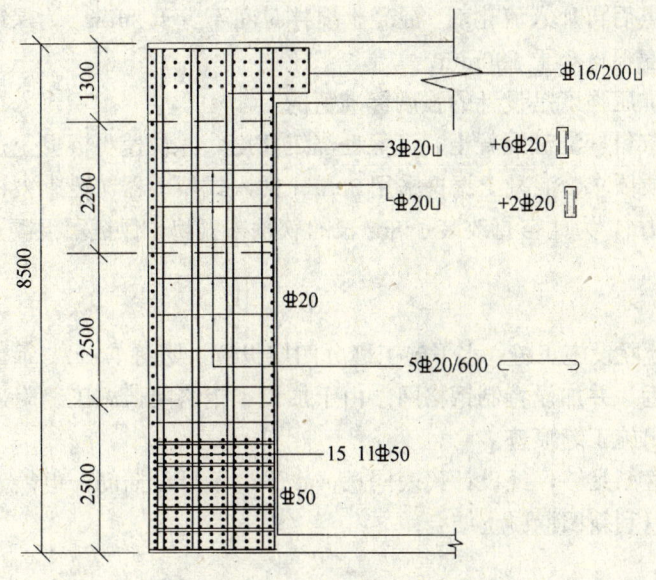

图 4-50 转换梁配筋示意图

大体积混凝土内部温度连续自动监测记录表明：按该配合比浇筑混凝土后 36～38h 时，混凝土内外间最大温差达 19.2℃；开始浇筑 27h 后内部最高温度为 70.9℃。实测初凝时间值平均为 10h。拆除大模板后即在转换梁两侧覆盖 20mm 厚泡沫板保温，以降低混凝土内外温差。

转换梁混凝土配合比及拌合温度计算表 表 4-6

材料名称	重量 W (kg)	比热 c (kJ/kg·K)	热当量 W_c (kJ/℃)	温度 T_i (℃)	热量 $T_i \cdot W_c$ (kJ)
水泥	545	0.84	457.8	30	13734
砂子	540－16.2＝523.8	0.84	440	32	14079
碎石 20mm	720－7.2＝712.8	0.84	898.13	30	26944
10mm	360－3.6＝356.4				
砂中含水量 3%	16.2	4.2	68.04	32	2177
石中含水量 1%	10.8	4.2	45.36	30	1361
拌合水	174.4	4.2	732.48	15	10987
合计	2355.6		2641.81		69282

理论上，混凝土拌合温度 $T_c = \dfrac{\Sigma T_i \cdot W_c}{\Sigma W_c} = \dfrac{69282}{2641.81} = 26.2℃$，实测混凝土平均拌合温度 26.8℃，浇筑温度 28.8℃。在本工程混凝土搅拌过程中加入了冰块以控制水温，从而降低了混凝土浇筑温度，并达到降低其内部温度及内外温差的目的。

2. C60 级混凝土质量控制

针对转换梁钢筋密集的实际情况，现场通过对骨料粒径进行优选，确定了混凝土配合比，并曾按设计配合比浇筑了一个 2000mm×2000mm×2000mm 的 C60 级混凝土柱体样板，进行抽芯抽取试样进行强度试验，试验结果合格。

C60 级混凝土采用现场设置搅拌站制备。施工期间，现场专设一名技术员监控混凝土搅拌站的投料过程，着重控制外加剂数量和出槽坍落度（50～60mm）。出槽的混凝土用搅拌输送车运到泵送点后再加入流化剂,混凝土搅拌时间不少于2min。为保证高层建筑的泵送要求,最终坍落度不得小于180mm。

混凝土平均抗压强度是设计的强度标准值的114.45%。

本工程采用布料杆浇筑混凝土,可保证浇筑高度,并快速将混凝土送到指定位置,保证了混凝土的匀质要求。混凝土振捣采用50mm插入式振动器(转速2800r/min),由于操作面到底筋深达7m,为此自行改装了8m长的软轴来振捣,保证了混凝土的密实度,表面质量也符合要求。

3. 施工缝设置

采取分层、分段设施工缝,水平施工缝分四层设置(见图4-21),垂直施工缝错开设在跨中1/3位置附近,并加设特制钢格网。由于加设了钢格网,施工缝附近钢筋易处理,拆模后梁表面看不出施工缝痕迹。

由于转换梁箍筋足够,经设计代表同意,水平缝不另设插筋;但须采取送风吹浆的方法使表面露石,以利新旧混凝土结合。

4-8 垂直度控制及施工测量[①]

中信广场办公楼主体结构施工到一定高度后,要与主体混凝土工程同步安装外墙面的玻璃幕墙。故在采取新工艺、新技术和管理的情况下,对主楼的垂直度控制和施工测量,均要求密切配合施工而选择相应的测量仪器、方法和保证措施,保证总轴线垂直度偏差不大于$H/1000$(H为建筑物总高),且全高垂直度最大偏差不大于40mm,层间偏差不大于$h/200$(h为建筑物每层高度)。

4.8.1 客观条件及方法选择

要保证高层建筑垂直度、几何、截面尺寸符合有关规定和设计要求,需建立精度较高、形式各异的测量控制网(控制轴线),作为控制和施工放样的依据。目前国内外高层建筑的控制方式,分为外控和内控两种形式,或者综合内、外控形式使用。由于中信广场施工采用新的方式交叉进行,加之建筑物高,客观条件对建立外控投测和交会,存在较大困难。故根据中信广场的地理环境,采用内控法控制建筑物的垂直度,即在建筑物内建立控制网,在组成控制网的控制点上进行竖向投测,将控制网传递至任一楼层,对建筑物进行垂直度控制和施工放样。此法优点是施工测量在建筑物内进行,不受场地大小制约,外界影响因素减少,垂直度控制和施工放样的精度得以提高。

为确保建筑物的垂直度,施工组进行了仪器选择,最后采用了以下测量仪器:WILD TC500全站仪,测程1.3km,精度测距5mm+5ppm.d,测角6″;光学经纬仪DJ2,测角值读至1″,估读至0.1″;WILD光学经纬仪T1,测角读至6″,估读至3″;WILD ZNL光学铅垂仪,标准偏差1/30000。

4.8.2 控制网的布设

由规划局提供建筑红线上的基线点均在施工范围内,为使用方便,保证施工过程中控制点不被破坏,由基线点引测导线至建筑物东、南、西面人行道上,作为主楼垂直度和施

[①] 4.8由华南理工大学苏德基和市二建陈刚达编写。

工测量的首级控制,再由首级控制点在建筑物施工范围内布设次级控制点,作为主楼外部和公寓楼施工放样及检核的依据。

主楼主体结构分四大部分:转换层以下(由四个L形柱和八边形核心井构成)、转换层(转换梁)、转换层以上标准层(中筒体外框架)至顶层及变径天线。

转换层以下独立的L形柱和核心井垂直度由锤球和经纬仪控制。转换层完成时,在该层面(+45.30m)上建立矩形控制网,矩形边与建筑物外边平行,4个垂直度控制网点位于建筑物正四边形的四个角附近。用精密仪器检测角度和边长后埋点,作为主楼垂直度控制的依据。

4.8.3 精度估算

选定控制方式后,按所具备的客观条件进行精度估算,是确定测量方法及保证措施的基础。根据客观的观测条件估计观测误差与需确定几何参数间的基本关系,求得几何参数所含误差,与容许值比较,可知测量方案和方法的可靠性,以及所定限差的可行性。中信广场垂直度控制的精度估算从投点和放样精度两方面考虑。

投点用WILD ZNL光学铅垂仪进行,表称最大投点高度为100m,按最大投测高度即50m为1个投测点段估算。投点精度由仪器误差、对中误差、置平误差、照准误差、水准器置平自动补偿误差及外界影响误差确定:

$$m_{投}^2 = m_{仪}^2 + m_{对}^2 + m_{平}^2 + m_{照}^2 + m_{补}^2 + m_{外}^2$$

取 $m_{仪} = m_{对} = m_{平} = m_{照} = m_{补} = m_{外} = m$

(即取6个误差中最大值为 m)

计算结果 $m_{投}$ 为 ±5.32mm。

对每一单项误差分析结果表明,影响投点精度的主要因素是外界影响和所用仪器精度,故关键在于选择性能良好的仪器和观测时机,特别要避免不利天气对投点的影响。施工放样的精度由投点误差、量取尺寸的误差、外界影响误差等确定。按《钢筋混凝土高层建筑结构设计与施工规程》中的规定,大模板施工质量标准确定上述各项误差,最大不得超过±5.00mm,按等精度影响,施工放样误差估计约为:

$$m_{放} \approx \pm 5.00 \sqrt{6} \approx \pm 12.25 \text{mm}$$

由以上两个方面的估算结果可以看到:

垂直度控制的精度取决于施工放样误差,故在仪器的选择和使用上有较大的灵活性。实践证明,用15kg锤球,在一定的保证措施下投点,投点误差约为2.50mm,顾及各方面的因素,与仪器投点精度相当。因此,垂直度控制,除选择光学或激光铅垂仪外,往往同时用常规的锤球投点互相进行检核。

4.8.4 垂直度控制实施

(1)通过上述精度估算,并从光学铅垂仪投测不同高度两项误差的实验数据分析得出,受不同高度大气梯度的影响,随投影高度的增加,投测点精度明显降低。利用光学铅垂仪最有效可靠的投测高度进行投测,可提高投点精度。所以,在垂直度控制时,为了提高工效,防止误差积累,顾及现有仪器的性能并避免和减少外界条件的影响,对垂直采取分段控制、分段锁定、分段投测的措施。将主楼80层分为八个投测段,一段施工完毕后将此段首层四个控制点重新精确投测至上一段的起始楼层,经精密的角度和边长检测校正后重新埋点,作为上一段的投测开始,相当于将首层控制网平行且保持形状不变地升至该层锁定，作为该段各层垂直度和施工测量的依据。

（2）建筑物转换层完成后，由首层将轴线控制网引至转换层面上建立轴线控制矩形网，再用 WILD TC500 全站仪与室外控制网联测复核，通过对矩形网测角、量边校准，检测无误得到准确位置后埋点。

（3）自转换层开始以上各楼层施工时，在对应四个控制点位置预留 200mm×200mm 传递孔并砌筑防水圈，以便用 WILD ZNL 光学铅垂仪或锤球进行竖向投点和传递。

（4）以四个控制点建立的控制轴线为依据，按设计尺寸，放出各边柱轴线，再以此为依据，分别反映至外边梁柱、核心井及楼面上，既独立又互相联系地进行其它各项施工放样工作，主楼施工中在三套模板（外梁柱、核心井及楼面模板）上放线也均以矩形控制网轴线为依据。

（5）在建筑物互相平行的两外边选取对称的若干观测点，待楼层拆模后恢复控制轴线，量取控制轴线至这些建筑物外边观测点间的垂距。

4.8.5 垂直度的评定和数据处理及分析

以投测至各层的控制轴线为依据，量取各处梁外边观测点至控制轴线的垂距，计算出该数值与设计值之差，即为各点在施工中的偏差 Δ_{x_i}、Δ_{y_i}。通过每个楼层测量的结果，计算出每层的实际形心位置，再与设计形心位置进行比较，以确定该层垂直度偏差情况。由各层 x、y 方向的偏差，计算出该层的实际形心坐标 $(X、Y)$：

$$X = \frac{\Sigma_{x_i}}{n} = \frac{x_1 + x_2 + \cdots\cdots + x_n}{n}$$

$$Y = \frac{\Sigma_{y_i}}{n} = \frac{y_1 + y_2 + \cdots\cdots y_n}{n}$$

$$S = \sqrt{X^2 + Y^2}$$

根据实际形心与设计形心坐标差 ΔX_n、ΔY_n 和实际形心偏移设计形心长度值 S，并计算出 $F=S/H$、$f=S/h$（H、h 分别为建筑物全高和每层高度）值，便可确定该建筑物楼层的垂直度偏差情况。

经计算统计得知，$F \leqslant H/1000$ 段占大多数，$H/1000 < F \leqslant 3H/1000$ 段仅几层，而 $F > 3H/1000$ 仅一个楼层，合格率 98.5%。层间偏差全部符合 $f \leqslant h/200$ 要求。按结果绘制偏差值分布曲线，可知偏差值基本符合正态分布。从分析得知主楼最大偏差不大于 40mm。最后数据处理由 PC-1500 微机进行。

4.8.6 信息反馈

（1）高层或超高层建筑物垂直度控制的形式选择，因受建筑物高度、施工条件、外界影响等因素制约，宜选择内控或内外组合控的形式。

（2）内控投点既可用铅垂仪，亦可用大重量锤球；量边可用全站仪、测距仪，也可按钢尺精密法、先进仪器与传统工具单独或共同使用。互相补充对比检查，可有效解决仪器的不足和施工测量中的具体问题。

（3）增加投点次数，加强各环节的检核，是保证高层或超高层建筑垂直度控制精度的关键。

（4）以结构完成面形心与设计形心坐标之差作为建筑物垂直度控制的评价标准，能确切地反映建筑物整体垂直度。

(5) 对高层或超高层建筑物提出 $F\leqslant H/1000$，总偏差值 $\leqslant\pm40\mathrm{mm}$，层间偏差 $f\leqslant h/200$ 的要求，是合理且可行的。

(6) 必要时应进一步加强对外界风、日照等因素对建筑物垂直度控制影响的研究。

(7) 施工人员在投测段变更时要注意对偏差及时进行检查纠正，以取得更好的结果。测量过程中要因地制宜采取措施，对测量结果提出符合客观实际要求，做到既可靠又可行。

4-9　移置式安全挡板的设计与应用[1]

超高层建筑施工过程中，安全措施是十分重要的。中信广场80层办公楼的结构施工应用了爬模系统，建筑物外围没有设置脚手架。再加上工期紧，在上部结构施工的同时需进行下层玻璃幕墙的安装及各层楼面的水电安装和装修。为了保证办公楼上部结构施工时玻璃幕墙及安装人员的安全，除采用了外围防护网防护措施外，还设计和使用了移置式安全挡板。

4.9.1　移置式安全挡板的设计依据

1. 荷载

本安全挡板以 $2\mathrm{kN/m^2}$ 的荷载设计其主骨架，考虑超高层建筑的风荷载的作用，以 $4\mathrm{kN/m^2}$ 的附加风荷载设计连接点与主钢梁在楼板上的锚固。在安全挡板的设计过程中，除了考虑了上述荷载因素之外，还对120kg的高空坠物跌落安全挡板最边缘（即最危险集中力）时的情况进行了强度验算。

2. 材料

在安全挡板材料的选取过程中，主要考虑了以下两个方面：一是为了减轻安全挡板的自重，方便吊装，采用型钢为其主要骨架；二是出于防火方面的考虑，防护层尽量避免用油毡等易燃材料，而采用镀锌铁皮铺面。

3. 尺寸大小

在设计安全挡板的尺寸过程中，主要考虑了下面两个方面的因素：一是塔式起重机的起重量；二是办公楼的结构平面，主要是柱与柱之间的距离。

4.9.2　移置式安全挡板的主要部件

安全挡板以型钢为骨架，用木夹板铺面，分块拼装成一圈，单块重量不超过塔式起重机起重量，可吊可移，其主要部件有：

(1) 主担梁：[20 槽钢，飘出端上斜 6°～8°，使挡板有一定斜度，使污水及坠落物向内走，进入楼层里面，不至于滚落板外，打碎玻璃或砸伤施工人员。

(2) 横肋：用卷边槽钢，既能保持一定强度，又不使挡板太重。

(3) 锚固件：在楼板上预留钢筋或钻孔用螺丝杆固定主担梁，挡板悬臂状。因高层建筑上部风力很大，为保安全，增设钢丝绳吊住挡板外端。

(4) 连接件：安全挡板中主槽钢与卷边槽钢用 M12×60 螺栓加垫圈连接；木夹板与卷边槽钢用螺钉连接，木夹板面加垫圈。

4.9.3　移置式安全挡板的分类

中信广场使用的安全挡板，按挡板是否可活动，可将它分为下列两类：

---

[1] 4.9由市二建陈臻颖、黄穗欢编写。

1. 固定式安全挡板

固定式安全挡板是指在安装之后，挡板不能随意上下转动的安全挡板，具体构造如图4-51所示。

2. 活动式安全挡板

活动式安全挡板是指挡板可以上下转动的安全挡板。由于中信广场办公楼楼高80层，楼外无脚手架，水电安装及装修工程与结构施工同时进行，垂直运输十分紧张，故在各楼层安装了上料平台，为了配合各楼层的上料平台的使用，将上料平台平面位置的安全挡板设计成活动式安全挡板，挡板在上料平台使用时可以用手动葫芦向内收折，不妨碍上料，在上料平台停用时，又可以向外翻出，安全又方便，活动式安全挡板的构造如图4-52所示。

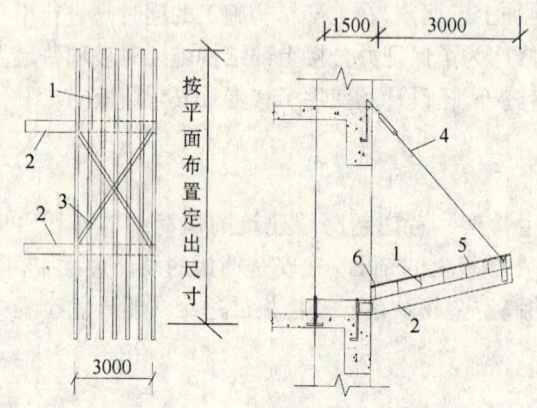

图4-51 固定式安全挡板平面及剖面示意图
1—[10卷边槽钢；2—[20卷边槽钢；3—L 50角钢；4—φ16mm钢丝绳；5—18mm厚木夹板；6—镀锌铁皮

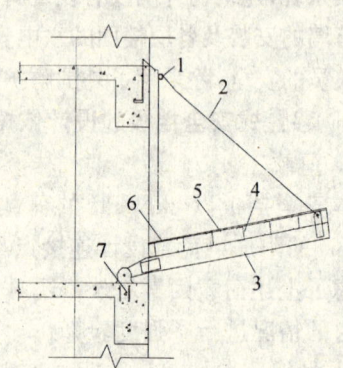

图4-52 活动式安全挡板剖面图
1—手动葫芦；2—φ16mm钢丝绳；3—[20卷边槽钢；4—[10卷边槽钢；5—18mm厚木夹板；6—镀锌铁皮铺面；7—预埋钢板

4.9.4 安全挡板的制作与安装

安全挡板的制作十分方便，只需要焊机、切割机及一些普通的作业工具，故可以在工地内加工。如果由于现场条件所限，亦可以在工地外加工，然后再将安全挡板运至施工现场。安全挡板制作好后，就可以进行安装。在装挡板之前，需要在安装挡板的楼面，按要求预留预埋件及预留钢筋。按照安全挡板的平面布置图用塔式起重机将挡板吊至安装位置，然后将主槽钢与预埋件或预埋钢筋焊接定位，然后装上钢丝绳吊索并收紧，即完成安装。

4.9.5 施工经验及体会

在超高层建筑施工过程中，经常是一方面进行楼层结构施工，一方面进行下层室内外装修。因此做好安全防护措施十分重要。目前，在施工中，常采用普通钢竹安全挡板防护的方法。这种安全挡板虽然能满足防止高空坠物，保证上层结构施工时下层装修及施工人员的安全，但由于该挡板的制作和安装均需在安装部位进行，步骤繁多，特别是在采用爬模施工的建筑工程中使用十分不方便。

本文所介绍的移置式安全挡板克服了普通钢竹安全挡板制作和安装方面的不足，而且可以防止上面各楼层室内装修所流下来的污水，并且可以多次周转使用。中信广场办公楼的施工过程中，结合实际，共制作了两套移置式安全挡板。从地面三层搭设安全挡板开始使用，直到办公楼结构封顶和装修工程全面铺开，这两套安全挡板仍完好如初。更为方便的是，移置式安全挡板可以根据不同的结构平面制成各种尺寸，并且修改简单。由于采用型钢作为其主骨架，型钢的驳长、割短以及锚固预埋件的留设，都十分方便。办公楼65层楼面以上由于部分结构内收，原设计的安全挡板只须经过驳长就很容易的安装上去，大大地节省了各种材料，加快了施工进度，取得了十分显著的经济效益。

总的来说，在超高层建筑的安全措施中，移置式安全挡板不失为一种安全、简单又方便的安全工具，同时又是一种节约材料、加快施工进度的好方法，很有推广价值。

4-10 钢筋的混凝土保护层厚度的新控制方法[1]

在钢筋混凝土构件中，为了保护钢筋不受空气的氧化和其它因素的作用，同时，也为了保证钢筋和混凝土有良好的握裹，使钢筋充分发挥其作用，钢筋的混凝土保护层应有足够的厚度。中信广场工程中，采用了用塑料垫块及钢筋支架来控制混凝土保护层厚度的新方法，加快了施工速度，经济效益显著。整个工程共用胶圈18万块、胶垫30.25万块、钢筋支架5.63万个。

4.10.1 塑料垫块与钢筋支架保护层的特点

塑料垫块分胶圈和胶垫两种，由聚乙烯塑料制成，在-10℃～50℃的温度范围内不会变形或破损。钢筋支架由冷拉钢筋制成。应用时根据保护层厚度具体选用，以保证钢筋混凝土保护层的厚度。

塑料垫块与钢筋支架的使用特点是，只须用手压按或轻放即可牢固地夹在钢筋上或垫在钢筋下。

使用塑料垫块及钢筋支架控制混凝土保护层方法的优点是：
(1) 能保证钢筋的混凝土保护层厚度，不会明显影响混凝土强度；
(2) 可稳固钢筋，自身不会因践踏而破碎，如用小石块会移位，用混凝土垫块易破损；
(3) 可灵活地作垂直或横置使用；
(4) 工程完成后不会在混凝土表面留下明显可见的痕迹；
(5) 与传统使用人工绑扎混凝土垫块方法比较，可节省时间；
(6) 产品轻巧，便于携带和储存；
(7) 成本低廉，每个垫块仅0.07～0.10元。

4.10.2 塑料垫块及钢筋支架的使用方法

1. 胶圈（图4-53）

胶圈主要用于墙和柱上，一般夹在紧靠竖筋的柱箍筋上或墙的水平筋上，胶圈中距宜为800mm。

2. 胶垫（图4-54）

胶垫主要用于楼板和横梁上。

楼板胶垫主要用来垫起底筋，每个楼板胶垫的承受力为1.8kN，胶垫中距宜为800mm。

横梁胶垫用于梁底和梁旁交角处，可确保梁底及梁侧保护层厚度，每个横梁胶垫的承受力为2.8kN，中距宜为600mm。

3. 钢筋支架（图4-55）。

---

[1] 4.10由市二建黄绮纹编写。

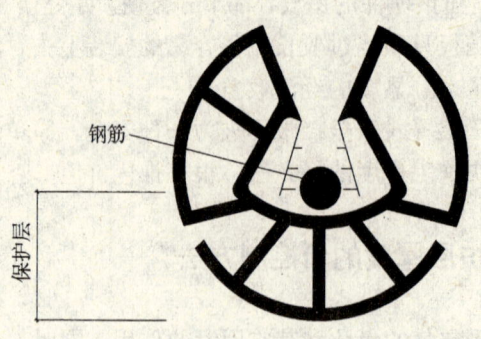 

图 4-53 胶圈

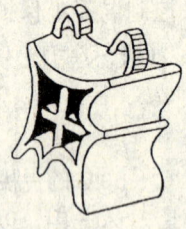 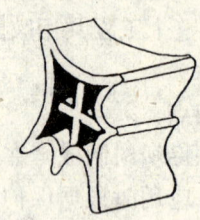 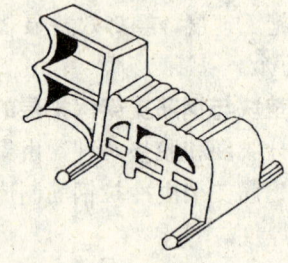

图 4-54 胶垫

钢筋支架主要用于托起楼板面筋，一般用 $\phi 4\sim 6mm$ 冷拉钢筋成型，钢筋支架间距宜为 800mm。支架根部用塑料套管密封，以免锈蚀。

施工过程中，若发现胶圈、胶垫及钢筋支架实际受荷超过允许的负荷能力，应根据情况调整间距。

4.10.3 体会

在传统施工上往往是使用小石块、混凝土垫块来控制钢筋的混凝土保护层的厚度，但它们存在着易移位、破损等不稳定因素。塑料垫块及钢筋支架则克服了这些缺点，确保了保护层的厚度，是一种控制混凝土保护层的好方法；且成本低廉，操作简单，加快了施工进度，很值得推广应用。

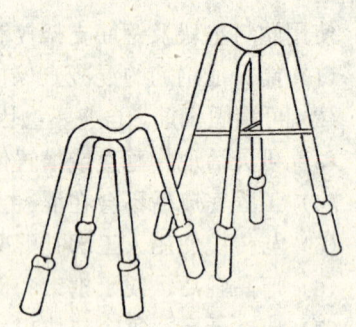

图 4-55 钢筋支架

5 广州信德文化商务中心工程施工新技术的应用

广州市第二建筑工程有限公司　林毓章　梁正弘　韩海波

5-1 工程概况

我公司在广州信德文化商务中心工程的施工中，根据工程的特点，采用了快拆模板体系、爬升电梯井筒模、内爬式混凝土布料杆、提升式外脚手架等项新技术，圆满地解决了工期紧、施工场地少、垂直运输压力大等问题，使工程施工得以顺利进行。

广州信德文化商务中心位于广州市中山四路，占地面积约4000m^2，±0.00以上38层，总高度142.8m，另有3层地下室，总建筑面积42743m^2。首层至5层为裙楼，每层面积1565.3m^2；6层以上为塔楼，每层面积927.77m^2。首、二层层高为5.5m（内各有一夹层），3～6层层高为4.5m，7～38层为标准层，层高均为3.3m。38层以上为电梯机房、天面水池。

本工程为框架剪力墙结构，核心井剪力墙部分为电梯井。电梯井分为二组，每组三部电梯，每组电梯井的四周外壁为混凝土剪力墙，井内用层间连系梁分隔三个电梯位。塔楼的南面和西南面的楼板用悬臂梁挑出，悬臂跨度最大为5.4m。楼板厚度120～150mm。塔楼的外墙外边平齐，没有突出的建筑装饰线条，东北角和南面为圆弧形，西南面为斜边。外墙做玻璃幕墙，内部装修高级，是一幢高级综合商住楼（见图5-1）。

该工程的±0.00以上部分的开工日期为1997年10月3日，总工期为700日历天。根据合同的规定，如果延期交工，将予以重罚，因此我方还面临着工期紧迫的压力。

本工程位于繁华的市中心，紧靠马路边，交通十分繁忙拥挤，由于市区内实行货车交通管制，货车只能在夜间19：00至次日7：00才能通行，在星期六、星期日及节假日，还由于邻近的北京路被定为步行街，交通受到管制，受其影响，到夜间23：00后才能进行物料运输，故物料的运输受到很大的限制。工地内施工场地十分狭窄，几乎连堆放材料的场地都没有。工地四周均匀密集的平房民居，施工安全问题突出。为避免干扰市民休息，市政府规定在市区内不能进行夜间施工作业，施工时间受限制。

为解决施工垂直运输问题，根据现场的实际情况，在建筑物的北面设置了两台外附式人货升降机，在东面设置了一台外部附着式塔式起重机和二台钢井架。

本工程的特点是：工期紧、施工场地少、交通运输困难、施工作业时间受限制、垂直运输压力大。如果按一般的施工工艺进行施工，仅材料运输问题就难以解决，将不可能在合同期内交工。因此根据现场的实际情况，采用了快拆模板体系、爬升电梯井筒模、内爬式混凝土布料杆、提升式外脚手架等几项先进的实用技术，用技术手段解决了这些问题，使工程能按期、保质、保量地顺利完成。

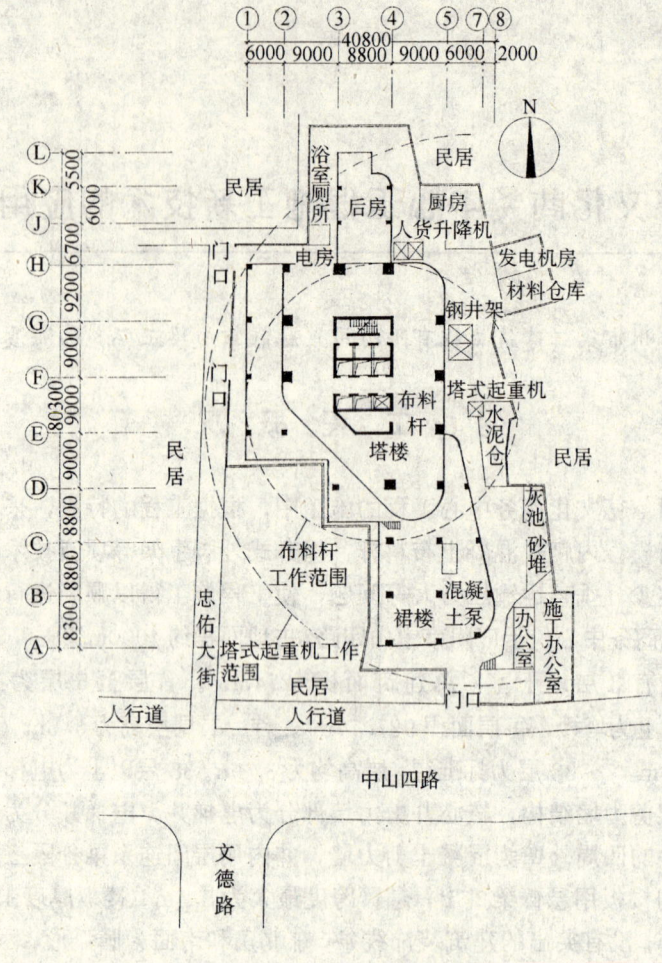

图 5-1 施工平面图

本工程的楼面模板使用快拆模板体系,梁底及梁侧模板使用木夹板。电梯井使用爬升筒模做内模,用组合钢模板做外模。其他墙、柱使用组合钢模板。混凝土采用预拌混凝土,由混凝土供应站按品种及时间要求供应到现场,用混凝土泵输送、布料杆浇灌。外脚手架使用提升式脚手架。

5-2 快拆模板体系应用技术

由于工期紧迫,施工进度计划安排塔楼每层结构的施工时间只有 6d(含节假日、雨水天等不可预见因素),实际只能有 5d 的施工时间。为保证结构施工工期和减轻塔式起重机的运输压力,根据现场的实际情况,经考虑,在塔楼的楼板应用了快拆模板体系。

快拆模板体系是我公司在应用组合钢模板的基础上加以改进完善的,将原来使用门式脚手架作模板支撑改为使用楔紧式自锁碗扣钢管支撑,增加了可调快拆柱头和钢托梁。为了达到既能早拆模板,加快模板的周转,又能保证结构安全的目的,采取了相对缩小梁和楼板跨度的方法。即在支模时,梁在每隔 2m 左右、楼板在每隔 1.2m 左右用一根支撑直接支托着梁、楼板的底面,在混凝土强度达到设计强度标准值的 50% 时(一般为 3d 混凝土龄期）开始拆模。拆模时，保留这些支撑不动，仍旧继续支承着梁和楼板，只拆除模板和其他不直接支托着梁、楼板的支撑。此时，混凝土的强度虽然只有设计强度标准值的50%，但由于相对缩小了梁、楼板的跨度，所以仍能保证梁、楼板结构的安全。这些支撑要等到混凝土强度达到设计要求或施工规范的要求后才拆除，这些后拆的支撑称为"后拆支撑"，其他的提前拆除的模板、支撑称为"早拆模板"、"早拆支撑"。后拆支撑的排列间距要经过计算确定。

梁底早拆模板的做法是：在梁底的后拆支撑位置处用一块独立的小木模板直接支承着梁，早拆的梁底模板与其驳接，驳接口用木枋支承。在拆除梁底模板时，先拆除驳接口处的木枋，保留梁底的后拆支撑和独立小木模板不动，拆除早拆部分的梁模板。

楼板早拆模板的做法是：在后拆支撑上安装可调快拆柱头，由可调快拆柱头的顶板直接支承着楼板，在可调快拆柱头上架设钢托梁，用钢托梁支承钢模板。在拆除楼板模板时，降低快拆柱头上的钢托梁，拆除组合钢模板和钢托梁，保留后拆支撑及快拆柱头继续支承着楼板。

5.2.1 快拆模板体系的组成

快拆模板体系的组成：支撑、水平支撑、可调底座、可调快拆柱头、钢托梁、可调顶托和组合钢模板（见图5-2）。

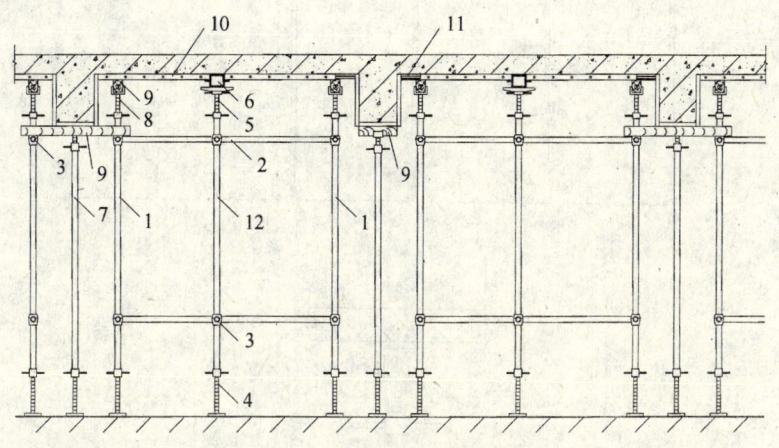

图 5-2 快拆模板示意图
1—支撑（早拆）；2—横向水平支撑；3—纵向水平支撑；4—可调底座；
5—可调快拆柱头；6—钢托梁；7—梁底后拆支撑；8—可调顶托；
9—松木枋；10—组合钢模板；11—镶补木板；12—楼板后拆支撑

5.2.2 模板的安装

模板在安装前要进行模板配板设计，绘制出模板、支撑配置图。安装模板时，首先在楼面放出基准轴线墨线，然后根据基准墨线按照模板、支撑配置图规定的位置，安装模板的支撑立柱和纵横方向的水平支撑，然后安装模板。

在安装梁底模板时，调节支撑的可调底座，将梁底的纵向水平支撑调至距梁底120mm处（预留梁底龙骨木枋高度100mm、梁底模板厚度20mm），然后在纵向水平支撑上铺设龙骨木枋，木枋间距400mm，接着按梁的位置安装梁底模板。安装梁底模板时，梁底的后拆支撑要一同安装。安装好梁底模板后再安装梁侧模板。

在安装楼板模板时，先安装可调柱头和钢托梁，调整至符合楼板底面标高后，再在钢托梁上铺设组合钢模板。不合模板模数的空隙部位用木板填补收口。

5.2.3 模板的拆除

拆除模板时，先拆除楼板模板再拆除梁模板。

在拆除楼板模板时，先将可调快拆柱头上的钢托梁支承板降低约100~150mm，钢托梁及组合钢模板会随之降低，此时先将组合钢模板抽出卸下，然后再拆除钢托梁。在降低可调快拆柱头上的钢托梁支承板时，要注意不能松动楼板的后拆支撑上的可调快拆柱头顶板，楼板的后拆支撑也不能拆除，要继续保持对楼板的支承，直到楼板的混凝土强度达到设计或规范要求强度后才能拆除。

在拆除梁底模板时，先降低支撑的可调底座，再拆除龙骨木枋，然后才拆除梁侧模板和梁底模板。在降低可调底座时，要注意不要松动梁的后拆支撑。拆除模板时要注意梁底的后拆支撑不能拆除，要继续保持对梁的支承，直到梁的混凝土强度达到设计或规范要求强度后才能拆除（见图5-3）。

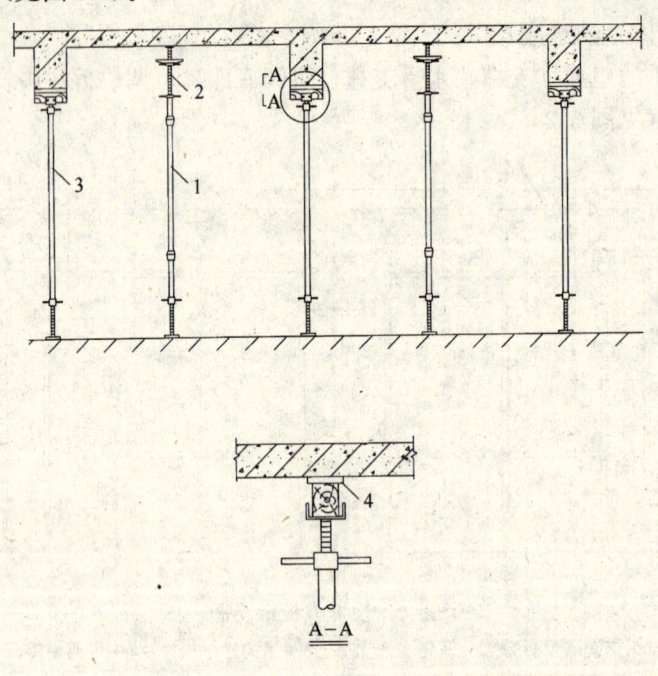

图 5-3 拆模后保留后拆支撑示意图
1—楼板后拆支撑；2—可调快拆柱头；3—梁底后拆支撑；4—小木模板

5-3 爬升电梯井筒模应用技术

本工程共有6部电梯，电梯井均在核心井剪力墙内，电梯井分为南北二组，每组三部电梯，每个电梯井的内笼尺寸均为2800mm×2350mm，尺寸统一。如果采用传统的模板工艺，则费工费时，工人劳动强度大且不安全；如果采用一般普通的非爬升筒模，则需要塔式起重机配合，加大了塔式起重机的运输压力，同时也难以解决堆放模板的场地问题。经过反复研究，决定电梯井的模板采用自升筒模做电梯井内模，组合钢模板做外模。

5.3.1 爬升筒模的组成

自爬升筒模由筒模和提升架两大部分组成。

(1) 筒模：由模板、角铰、支模花篮和操作平台组成，筒模的高度为 3.4m。模板用型钢做骨架、竹胶合板做面板，面板上预先钻出对拉螺栓孔。对拉螺栓孔上下共分 5 排，最下一排距模板底部 320mm，由下至上的间距分别为 600mm、600mm、750mm、750mm；水平方向共分 4 列，间距分别为 600mm 和 700mm，居中布置。筒模撑开时为矩形，收缩后成四角星形（见图 5-4）。

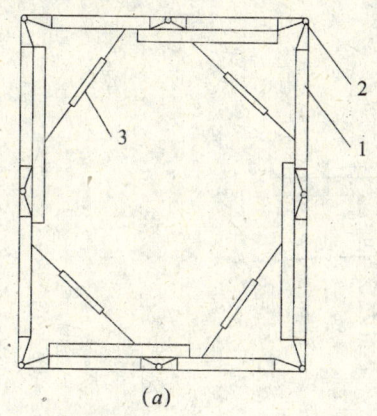 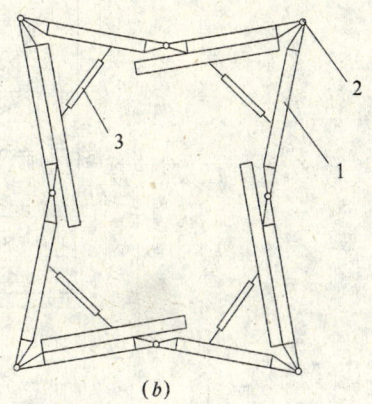

图 5-4 电梯井筒模构造示意图
(a) 支模时状态；(b) 收缩时状态
1—模板；2—角铰；3—支模花篮

(2) 提升架：由支架、支架平台、平台支撑（调平装置）和提升机等组成，筒模每次的提升高度为 3.3m。为保证安全，筒模的操作平台与支架平台之间用防坠钢丝绳连接（见图 5-5）。

5.3.2 爬升孔的设置

在电梯井的混凝土墙壁上预留爬升用的孔洞，筒模爬升一次要留四组共八个爬升孔，每组有上下两孔，上下孔之间的距离为 700mm。上孔用以支承操作平台，下孔用以支承支架平台。爬升孔的上表面做成内高外低的斜面，以便支承装置滑出（见图 5-5）。由于筒模一次最大的提升高度为 3.3m，故楼层层高大于 3.3m 时需设置过渡爬升孔。

5.3.3 筒模的组装

组装程序如下：

(1) 首次组装时，先在地面上拼装好并撑开筒模。

(2) 在首层楼面的电梯井位上安置两根槽钢做筒模的临时支承，将筒模安置在电梯井位内就好位。用筒模做电梯井壁的内模，支好外模，安装好上、下爬升孔模，浇筑电梯井混凝土。

(3) 拆除外模和对拉螺栓，收缩筒模，用塔式起重机将筒模吊离电梯井。

(4) 用塔式起重机将支架和支架平台吊入电梯井内，用下孔支承并固定好。

(5) 将操作平台吊入电梯井内，用上孔支承并固定好。

(6) 将筒模吊入电梯井内，在操作平台上就位固定好。筒模在吊入电梯井时要先收缩

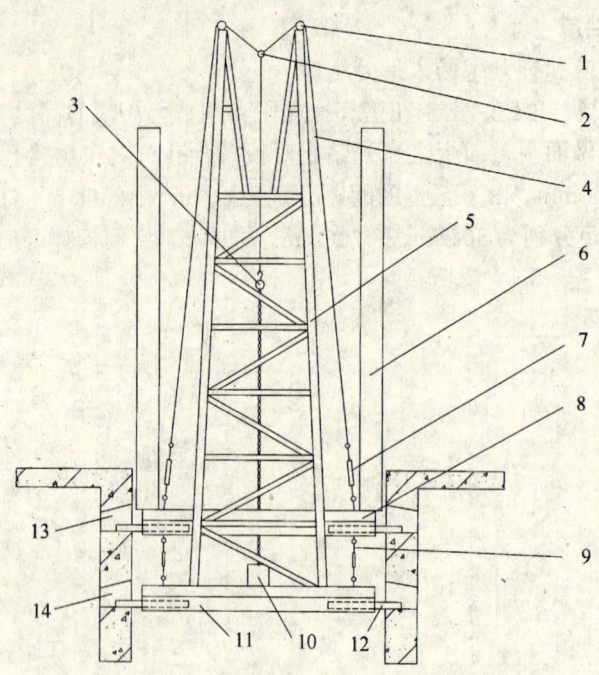

图 5-5 筒模提升架构造示意图

1—滑轮；2—吊环；3—提升架挂钩；4—钢丝绳；5—提升架；6—筒模；7—松紧花篮；8—操作平台；9—防坠钢丝绳；10—提升机；11—支架平台；12—平台支撑；13—爬升孔（上孔）；14—爬升孔（下孔）

成星状，以便放入井内。

（7）将座式提升机固定在支架平台上，安装好提升钢丝绳，将提升机的挂钩挂在钢丝绳吊环上，接通电源进行试运转，检查开关的档位方向是否与提升链条的运行方向一致。至此筒模安装完毕，可以进行施工和爬升。安装好的筒模的状态如图 5-5 所示。

5.3.4 筒模的提升

筒模是利用支架进行提升的，提升前状态如图 5-5 所示。

筒模的提升程序如下（图 5-6）：

（1）将提升钢丝绳穿过支架滑轮与操作平台连接。

（2）将开关拨到提升档，通电将操作平台（连同筒模）稍微提起，检查、调整其重心位置。

（3）用松紧花篮把操作平台调平。

（4）启动提升机提升操作平台，直到操作平台的支撑滑入上一层的上孔内。

（5）回转提升机，放松链条，使操作平台座好、调平。

（6）每次提升后，都要清理干净筒模上的混凝土浆，筒模板面涂刷脱模剂，检查角铰并将活动部位涂抹润滑油，注意不要污染钢筋，为防止混凝土浆流入角铰内，在铰位处贴上密封胶纸。

5.3.5 支架的提升

支架是利用筒模做支承来进行提升的。

其提升程序如下（图 5-7）：

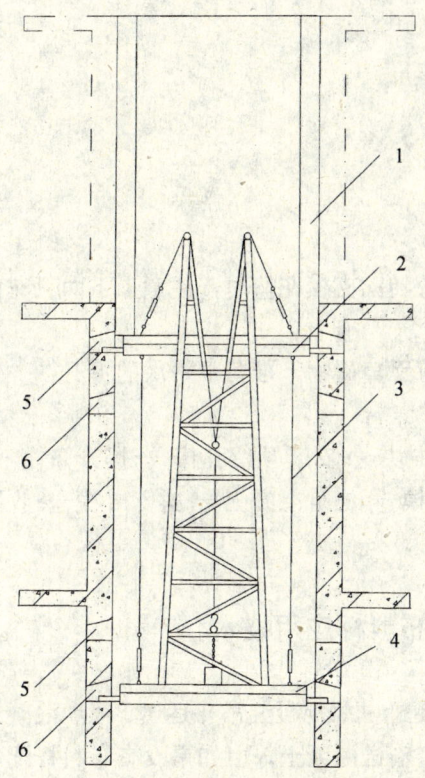 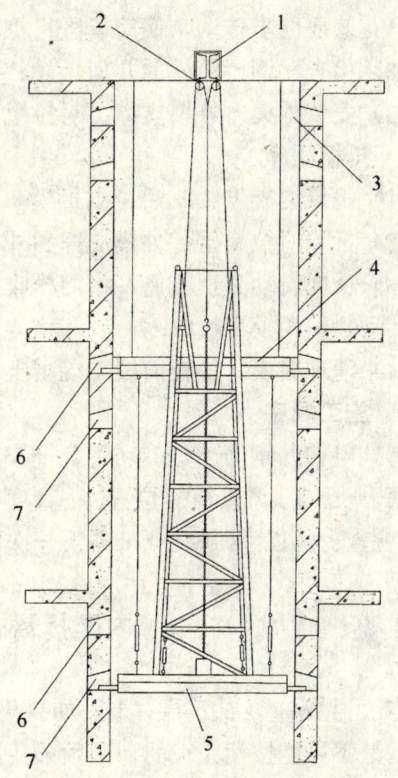

图 5-6 筒模提升示意图　　　　　图 5-7 支架提升示意图
1—筒模；2—操作平台；3—防坠钢丝绳；　　1—提升钢梁；2—滑轮；3—筒模；4—操作平台；
4—支架平台；5—爬升孔（上孔）；6—爬升孔（下孔）　　5—支架平台；6—爬升孔（上孔）；7—爬升孔（下孔）

(1) 在筒模顶上安置提升钢梁。
(2) 将钢丝绳穿过提升钢梁的滑轮与支架平台连接。
(3) 将开关拨到提升档，通电将支架平台（连同支架）稍微提起，检查、调整其重心位置。
(4) 用松紧花篮把支架平台调平。
(5) 启动提升机提升支架平台，直到支架平台的支撑滑入上一层的下孔内。
(6) 回转提升机，放松链条，使支架平台座好、调平。
(7) 关闭电源、拆除提升钢梁。

5.3.6　提升筒模、支架时应注意的事项

(1) 所有的对拉螺栓已经全部拆除，将筒模收缩成星状，确保没有物体阻碍时方可提升。
(2) 按操作规程正确操作。
(3) 提升机的导链必须处于顺链状态。要经常检查提升机导轮处的导链是否顺链，要特别注意链条不要堆乱而引起卡链，以免损坏提升机。
(4) 要经常检查钢丝绳、提升机导链有无损坏。

5.3.7　支模程序

(1) 筒模提升到位后，转动支模花篮，将筒模撑开成矩形。转动支模花篮时，注意上

下两只花篮要同步转动，使筒模平行撑开。

（2）检查、调校筒模的几何尺寸、位置和垂直度。

（3）安装外模、外模支撑、对拉螺栓。

5.3.8 拆模程序

（1）浇筑混凝土24h后可以拆模。

（2）拆除对拉螺栓、外模支撑和外模。

（3）反向转动支模花篮，将筒模收缩成星形。转动支模花篮时，注意上下两只花篮要同步转动，使筒模平行收缩。

（4）清理筒模，检查筒模与混凝土墙壁之间有无障碍物，准备下一次的提升。

5.3.9 施工顺序

绑扎电梯井钢筋→安装管线→安装钢筋保护块→安装预留孔模→提升筒模→支开筒模→检查、调校筒模位置、垂直度→安装外模→浇筑混凝土→拆除外模→收缩筒模→检查、清理障碍物→准备下一次的提升

5-4 内爬折臂式混凝土布料杆应用技术

本工程是38层的高层建筑，如果仍采用塔式起重机、混凝土吊斗运送、浇灌混凝土的工艺，是不可能按期完工的，必须采用混凝土泵来输送混凝土，但如果没有布料杆配合浇筑，工期仍没有保证。

为此，选用了HJ22型内爬折臂式混凝土布料杆（图5-8），该型布料杆体形较小，重量较轻，占用场地少，工作幅度大。塔身截面1.3m×1.3m，塔身高度13m，总重量8.3t，采用卷扬机、钢丝绳滑轮组提升方式，一次最大爬升高度为3.6m，在施工中完成一层楼面爬

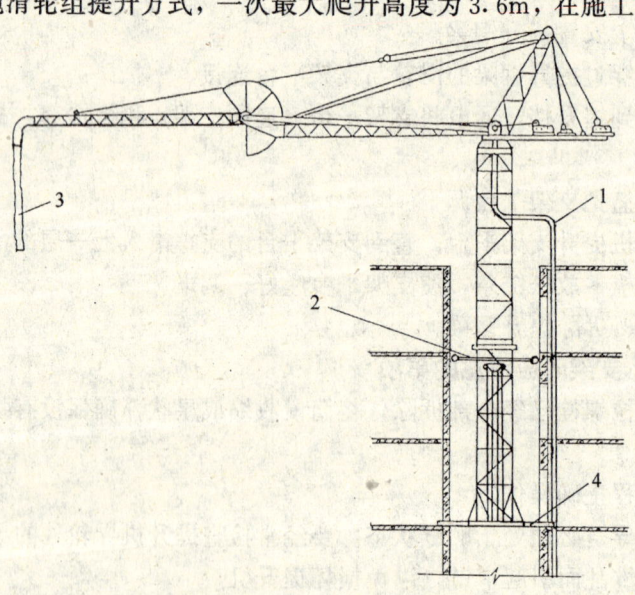

图5-8 HJ22型布料杆
1—混凝土输送管；2—附着框；3—软管；4—支承横梁

升一次。塔身用三条（可伸缩）钢横梁支承，其中二条是底座横梁，一条是爬升横梁。吊臂也是采用卷扬机、钢丝绳滑轮组的方式来控制吊臂的屈折伸缩，最大工作幅度为22m。布料杆设置在核心井东南角的电梯井内，基本上可覆盖整个工作面，只有个别局部位置稍微超出其工作幅度，使用软管后即可解决问题。

5.4.1 爬升孔的设置

布料杆有三条支承横梁，共需留6个支承孔，支承孔可兼作爬升孔。由于布料杆一次爬升的最大高度是3.6m，所以当层高大于3.6m时，需设置过渡爬升孔。支承点要设置在楼板梁位或混凝土墙上，因此应根据电梯井混凝土墙及电梯门的具体位置进行安排布置。在本工程，布料杆刚好有二个支承点落在电梯门洞处，因此只预留4个支承孔，在电梯门洞处的支承横梁，采取在楼板预留钢筋或埋膨胀螺栓与支承横梁点焊的办法将其固定。

5.4.2 布料杆的安装

将布料杆的三条支承横梁安置在首层楼面上就好位，支承横梁用钢板找平垫平，将布料杆的首节塔身安装在支承横梁上，用螺栓固定，然后逐节安装塔身。塔身安装好后，为防止塔身倾覆，须用钢丝绳缆风绳临时拉固，用塔式起重机配合安装吊臂和平衡重。此时布料杆安装完毕，可以投入使用，但缆风绳必须要待二层楼板的混凝土达到要求强度后，并安装好塔身附着框，固定好塔身后，才能拆除。

5.4.3 布料杆的使用

布料杆支承在施工层面下三层的楼层上，高出施工层面3~4m左右，完成一层楼面爬升一次。使用及提升布料杆时要有专人指挥，统一信号。

本工程的电梯井筒内是用层间连系梁分隔三个电梯位的，因此安置布料杆的电梯井只有三面是混凝土墙，有一面没有混凝土墙，使布料杆的附着框有一面没有附着点，布料杆会因为没有这一面的支承而倾覆。另外，布料杆附着框有一只附着轮刚好在电梯门洞位置处，当布料杆爬升至电梯门洞口时，这只附着轮会遇到门洞口而落空，布料杆就会倾倒。为此，采取了下述特殊的处理方法：(1) 在没有混凝土墙的这一面，在楼板上水平安装2[12槽钢横梁紧贴顶着布料杆的塔身，用来约束布料杆，使之不能向外倾覆。(2) 沿附着轮经过电梯门洞的位置处，竖向安装1[12槽钢做滑槽，将附着轮限制在槽钢槽内，在附着轮通过门洞时约束其沿槽钢内槽移动，使其有支承位置，防止布料杆倾倒（见图5-9）。

5.4.4 布料杆爬升前的准备工作

(1) 检查电控系统、制动器是否灵敏可靠。
(2) 钢丝绳穿绕是否正确无误，钢丝绳有无断丝、损伤，端部连接是否牢固。
(3) 清除底座横梁、顶升横梁上及电梯井内的杂物，不得阻碍横梁的提升。
(4) 拆除布料杆上的垂直输送管和软管，使吊臂停在整机平衡位置（大臂水平、小臂垂直，吊臂顺着支承横梁方向）。
(5) 电源线要先行放松，且电线不得被卡住，防止在爬升时被扯断。

5.4.5 布料杆的爬升

(1) 由指挥发出信号，先将塔身（连同底座横梁）爬升约50mm，使底座横梁悬空，拔出底座横梁的定位销，向内收缩底座横梁并插回定位销固定。注意，此时顶升横梁要依然支承在墙上不能松动。
(2) 塔身继续爬升至上一层的支承点位置，拉出底座横梁，支承在上一层的支承孔内，

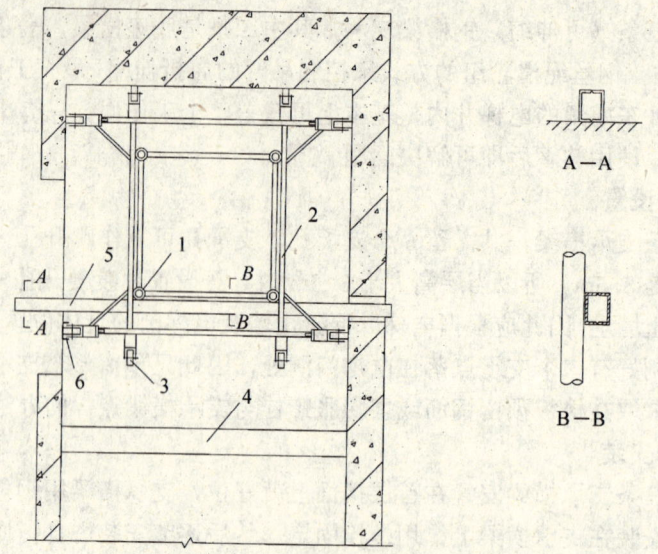

图5-9 布料杆附着框的处理示意图
1—布料杆塔身；2—布料杆附着框；3—附着轮；
4—电梯井层间连系梁；5—槽钢横梁（2[12）；6—滑槽（1[12）

插上定位销锁定。注意，四个支承点要保持水平。

（3）将爬升横梁向内收缩并销好，然后将爬升横梁提升到上一层支承点位置，将爬升横梁拉出伸入上一层的支承孔内，垫平后插上定位销锁定。

（4）爬升完毕后，应对底座横梁、顶升横梁的位置及定位销进行严格检查，必须确保牢固可靠。

（5）检查塔身的垂直度，用附着框的调节滑轮调整垂直度。

（6）进行试运转检查。

（7）接驳垂直输送管和软管。

5-5 提升式外脚手架应用技术

在塔楼，采用了提升式外脚手架。因为如果采用传统的落地外脚手架，要占用很多场地来搭设脚手架和堆放脚手架材料。而且，落地外脚手架还存在搭设时间长、易受天气变化影响、影响施工进度、劳动强度大、容易发生安全事故、需要塔式起重机配合等问题。在本工程场地少、工期紧的情况下，不宜搭设落地外脚手架，因此选用了提升式外脚手架，以减少占用场地，减轻塔式起重机的运输压力，满足施工进度要求。

本工程在外附式人货升降机、钢井架、外部附着式塔式起重机及其附墙杆的范围内，采用了落地（固定）脚手架，其他位置用提升式外脚手架，至固定脚手架处断开。提升式外脚手架分为三大片（见图5-10），各片可以各自进行提升、下降。

5.5.1 提升式外脚手架的组成

提升式外脚手架由脚手架架体、提升装置、防倾覆防坠落安全装置和安全设施四大部分组成，如图5-11、图5-12所示。

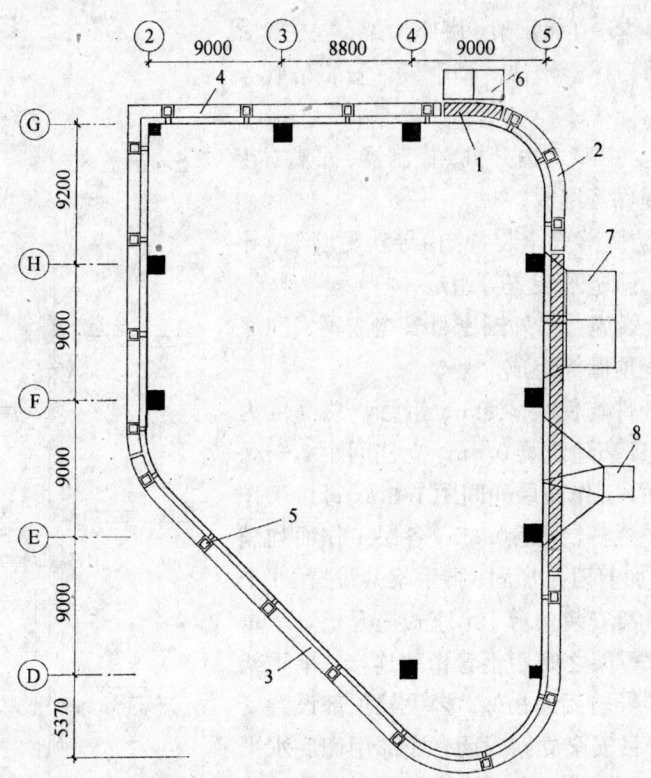

图 5-10 提升式外脚手架分片示意图
1—固定脚手架；2—提升式脚手架Ⅰ；3—提升式脚手架Ⅱ；4—提升式脚手架Ⅲ；
5—提升机；6—人货升降机；7—钢井架；8—塔式起重机

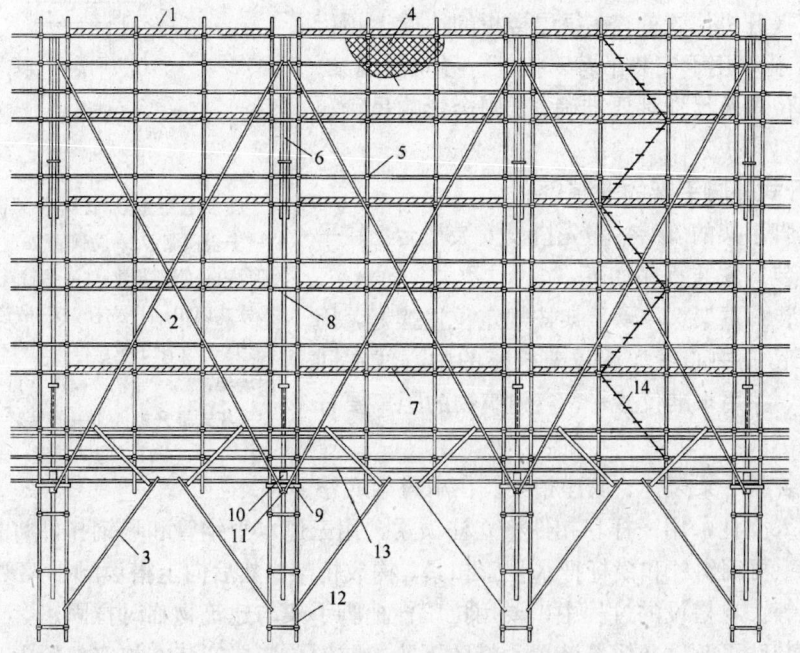

图 5-11 提升式外脚手架立面图
1—安全顶棚；2—剪刀撑；3—斜撑；4—安全立网；5—楔紧式碗扣；6—防倾覆双重导轨；7—脚手板；
8—导轨；9—承重架；10—提升机；11—防坠装置；12—装拆导轨用的吊篮；13—桁架；14—楼梯

(1) 脚手架架体：由承重架、底座桁架、立柱、横杆、水平栏杆、剪刀撑、楼梯、脚手板、安装吊篮等组成。

(2) 提升装置：由座式提升机、控制器、吊臂、花篮拉杆、拉杆预埋件等组成。

(3) 防倾覆、防坠落安全装置：由导轨附墙架、导轨、防倾覆装置、防坠落装置等组成。

(4) 其他安全设施：由外围密目安全立网、兜底水平安全网、安全顶棚等组成。

外脚手架的杆件均使用 $\phi48mm$ 钢管，总高度为19m，廊道宽0.9m，离建筑物0.4m，立柱间距1.5m。上下共八层工作面，工作面层间间距1.8m，每层工作面外围设两道水平栏杆，间距0.6m，各层工作面均满铺脚手板，外立面加剪刀撑加固。脚手架共设置19个承重架，每个承重架安装一台10t座式提升机，承重架间距4～7m，承重架之间用钢管桁架连接，承重架下面设置一个安装导轨用的吊篮。脚手架顶部设置安全顶棚，外围用密目安全立网封闭，底部用兜底水平安全网封闭。立柱、横杆、水平栏杆用楔紧式自锁碗扣连接，剪刀撑和底座桁架斜杆用玛钢扣件连接。

5.5.2 预留孔洞

在对应提升机位置处，在每层楼板的边梁上预留4个 $\phi34mm$ 孔，用于安装吊臂、拉杆、导轨附墙架。预留孔要求位置及尺寸都要准确，否则会影响吊臂和拉杆的安装。

5.5.3 提升式外脚手架的安装

为便于脚手架的安装，需先搭设安装平台，在平台上进行安装。安装程序如下：

(1) 安装承重架。将承重架按规定位置摆好，用锤球检查预留孔中心线和承重架机座的中心线在同一垂直线上，并用水准仪抄平，离建筑物的距离要符合设计要求。

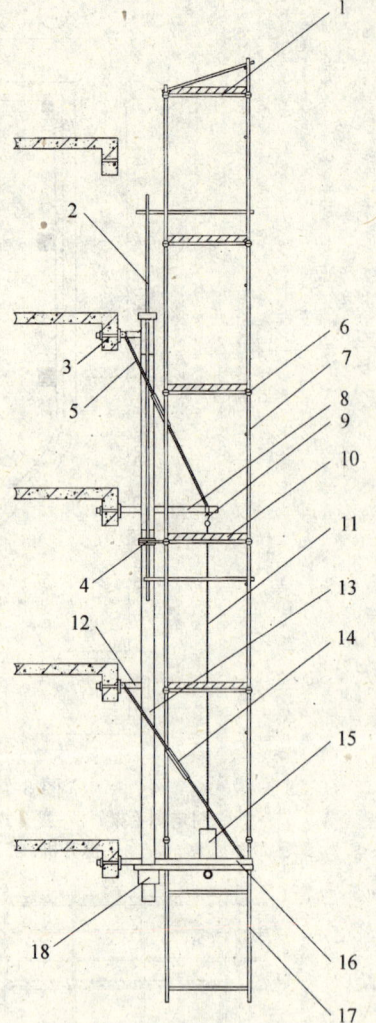

图 5-12 提升式脚手架剖面图
1—安全顶棚；2—防倾覆双重导轨；3—预埋件；4—防倾装置；5—吊臂花篮拉杆；6—楔紧式碗扣；7—立杆；8—吊臂；9—提升机挂钩；10—脚手板；11—提升机链条；12—附墙架；13—导轨；14—承重架花篮拉杆；15—座式提升机；16—承重架；17—吊篮；18—防坠装置

(2) 安装脚手架架体、底座桁架。在承重架底座上的插管插入立柱，用横杆和扣件将立柱锁紧。用三道水平钢管和玛钢扣件将相邻的承重架连接起来，再用斜杆和横杆把水平管扣紧，构成桁架。然后向上搭设脚手架架体、楼梯、铺设脚手板等。在搭设的过程中，要用拉压杆把脚手架与建筑物临时拉固。

(3) 安装防下坠、防倾覆装置。将防下坠、防倾覆装置安装在规定位置上，将防坠装置与承重架连接起来。

(4) 安装导轨附墙架、导轨。先安装导轨附墙架，然后在导轨附墙架上安装导轨。在安装导轨时，将导轨穿过防下坠装置和防倾覆装置。

（5）安装吊臂、花篮拉杆。注意吊臂要处于水平状态，并对正提升机中线，花篮拉杆要注意平衡、受力均匀。

（6）安装提升机、挂好提升机挂钩。挂钩导链应垂直悬挂，不得翻转扭曲，剩余长度的链条要顺好，防止链条卡住齿轮损坏提升机。

（7）安装安全顶棚、张挂安全网。脚手架外围满挂密目安全网封闭，底部悬挂水平安全网封闭。

（8）敷设供电电缆、信号电缆、控制电缆。电缆敷设以不妨碍行走操作为原则。

（9）选择通视条件好、避风避雨、合适工作的位置，安置中央控制柜、操作盒。

5.5.4 检查验收

脚手架安装完毕后，要经过检查验收合格后才能投入使用（本工程的提升式外脚手架经过三级检查验收），这是保证脚手架安全使用的必要程序，不能忽视和省略。

1. 安装单位自检

脚手架安装完毕后，安装单位首先进行自检并填写检查记录表，检查的主要内容有：

（1）检查脚手架架体的安装是否符合设计的要求。

（2）检查承重架、提升机、防坠防倾装置、导轨、吊臂、花篮拉杆等部件的安装是否符合技术要求的规定，所有螺栓、螺母必须全部拧紧，各部分的连接是否符合要求。

（3）检查电器、电缆是否完好，接线是否正确。

2. 公司质安部门检查

公司质安部门检查、核实安装单位的自检记录是否真实、正确，同时对整个脚手架作全面检查并作检查记录。如发现有问题要发出书面整改意见，要求安装单位限期整改，整改完后要进行复检，直至合格为止。

3. 质检站检查

首次使用提升式外脚手架应经市质检站检查验收，将提升式脚手架方案及两次检查的记录提交广州市安全质量监督站备案，并请质监站派员检查。

5.5.5 脚手架的提升和下降

1. 提升式脚手架的提升原理

提升式脚手架的提升设备是座式电动葫芦，将电动葫芦固定在承重架，吊钩挂在吊臂上。提升时，解开承重架与建筑物、承重架花篮拉杆之间的连接，启动电动葫芦使脚手架上升（图 5-13, a），待脚手架升高一层，到达预定位置后，重新连接固定承重架与建筑物、承重架花篮拉杆之间的连接（图 5-13, b），再将吊臂移至上一层位置，重新固定吊臂花篮拉杆（图 5-13, c），从而完成一次提升过程。下降则反向操作。

2. 提升、下降前的准备工作

（1）组织分工：设总指挥 1 人，楼面安全指挥 2 人，中央控制柜操作 1～2 人，分段监视人员 4～5 人，每人监视 4～5 台提升机的运行情况。要统一规定好指挥、联络信号。

（2）指挥、操作人员要充分了解、熟悉和掌握提升机、中央控制柜和操作盒的工作原理、性能及操作方法。

（3）对各承重架和提升机统一进行编号，提升机的编号与操作盒的编号标记要一一对应。

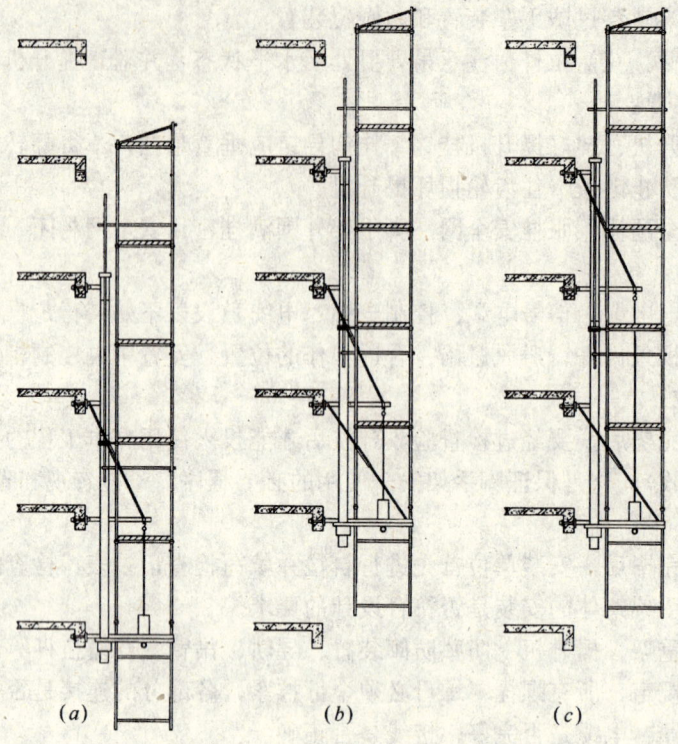

图 5-13 提升式脚手架提升原理示意图

(4) 检查提升机和脚手架，脚手架要做到"三无"：脚手架上无人员；脚手架上无可移动物品；脚手架与墙体等固定物无连接件，并保持足够的距离。检查由专人负责，检查情况要登记在记录表上。

(5) 对提升系统的电路进行检查：通电检查供电线路、控制线路和信号线路；通电检查提升机和导链的运转方向，保证全部提升机的运转方向一致，导链处于拉紧状态。电路检查必须由持证专业人员进行。

(6) 解除承重架与建筑物、花篮拉杆之间的连接，解除脚手架与建筑物间的临时拉固件，此时脚手架应处于悬挂状态，仅与导轨正常接触。

(7) 同时启动全部提升机，稍微提升一下，检查脚手架是否沿导轨正常滑动，如发现有不正常现象应立即停止，检查调整至正常。

(8) 情况正常后，同时启动全部提升机，将脚手架提升或下降至预定楼层。

3. 脚手架提升到位后的处理工作

(1) 将承重架和花篮拉杆重新安装在新位置处。

(2) 拆除吊臂和吊臂拉杆，将其转移到上一层的新位置处安装。

(3) 将脚手架与建筑物拉固好。

(4) 拆除最底层的导轨和导轨附墙架，将其转移到最顶层的新位置处安装。

4. 脚手架下降到位后的处理工作

(1) 将承重架和花篮拉杆重新安装在新位置处。

(2) 拆除吊臂和吊臂拉杆，将其转移到下一层的新位置处安装。

(3) 将脚手架与建筑物拉固好。
(4) 拆除最顶层的导轨和导轨附墙架,将其转移到最底层的新位置处安装。

5-6 关于快拆模板体系、爬升电梯井筒模、内爬式混凝土布料杆、提升式外脚手架与各工序之间的配合

本工程应用的快拆模板体系、爬升电梯井筒模、内爬式混凝土布料杆、提升式外脚手架几项先进实用技术,应注意与各工序之间的配合,如果与各工序配合不好,将难以取得良好的效果。因此,要加强施工管理,各工序之间要搭接配合好,才能达到预期的效果。具体的配合安排如下:

第一天(以浇筑楼板混凝土为第一天),早上开始浇筑混凝土,电梯井的混凝土和楼板混凝土一起浇筑,同时安排木工拆除最下一层的模板,浇筑完混凝土后安排杂工淋水保养。晚上安排钢筋工进行电梯井及墙柱竖向粗钢筋的电渣压力焊焊接。

第二天,进行施工墨线放线,同时进行外脚手架、筒模和布料杆的提升,这三种设备可以各自进行提升,互不干扰。钢筋工继续绑扎钢筋,一部分木工安装核心井的消防梯,一部分木工继续拆除最下层的楼面模板并转运到顶层楼面,进行清理、归堆和安装。

第三天,对核心井和柱的钢筋进行隐蔽验收,验收合格后随即进行核心井、柱模板的安装,楼面的模板继续进行安装。

第四天,对消防梯钢筋进行隐蔽验收,对柱模板进行检评验收,检验合格后浇筑消防梯和柱的混凝土。木工继续安装其余的楼面模板,同时对已完成的部分楼面模板进行检评验收,检验合格后插入梁、板钢筋的绑扎。

第五天,对完成的楼面模板进行检评验收,继续绑扎梁、板钢筋,同时插入机电预埋管线、线盒及玻璃幕墙预埋件的安装。

第六天(即浇筑完混凝土后的第五天),早上请现场监理对钢筋、机电预埋管线、玻璃幕墙预埋件进行隐蔽验收,验收合格后立即通知混凝土供应站出车,用混凝土泵和布料杆浇筑楼面混凝土。重复第一天的工作,如此循环,每层的施工步距为5d。

在整个施工过程中,塔式起重机基本上只是用于吊运钢筋和配合施工的材料,确保了施工材料的供应,保证了工期。

5-7 应用快拆模板体系、爬升电梯井筒模、内爬式混凝土布料杆、提升式外脚手架等新技术的体会

(1) 快拆模板体系的安装拆卸操作简单、速度快,工人用一把铁锤就能完成全部作业,减轻了工人的劳动强度,模板的质量也得到保证。使用快拆模板体系,只需备两套楼面模板、两套半支撑周转材料即可满足施工的需要,减少了模板的备料数量。由于使用了钢托梁,大大减少了龙骨木枋的数量和损耗。模板体系的各种构件可以通过楼板的预留孔洞直接传递到上一层工作面,加快了材料的转运,加快了施工进度,也减少了塔式起重机转运材料的使用频率。由于材料数量的减少,同时也就大大减少了各种费用,降低了生产成本。拆模工作在顶层楼板浇筑混凝土时穿插进行,避免了窝工现象。工程实践证明,应用快拆

模板体系完全满足结构施工 5d 一层的进度要求,时间还有富余。但要注意的是,在安装模板支撑立柱时,要按照模板支撑配置方案的要求进行,特别是第一排支撑的位置要准确,如果位置不准确,则调整起来较困难,甚至要将整跨的模板支撑拆除重新安装。

(2) 爬升电梯间筒模非常适合高层建筑核心井的施工,安装简易、使用方便快捷、操作性好,工人经使用几次后,即可熟练掌握。在施工中可根据进度来灵活地进行提升,万一提升机发生故障不能提升,也可以临时用塔式起重机将其吊升至预定位置。

(3) 内爬式混凝土布料杆布料范围大,具有自升、伸缩、回转功能,使用灵活,特别适合于高层建筑及大面积的现浇基础、墙、柱、梁、板和滑模的混凝土施工,可根据浇筑混凝土的先后次序灵活摆动布料。由于实现了机械化,大大地提高了工作效率,同时避免了踩踏楼板钢筋,保证了工程质量。在施工中要注意,布料杆要在墙柱钢筋未绑扎之前爬升,以免墙柱竖向钢筋阻挡吊臂。安置布料杆的电梯井无法使用筒模,只能使用组合钢模板,为了施工安全,在布料杆底座处要安装安全平台或安装兜底水平安全网,以保安全。

布料杆最好是安装在四面均为混凝土墙的电梯井内,它的附着轮在四个方向都可以紧撑墙壁。由于本工程电梯井结构的特殊性,因此在布置布料杆时,必须将爬升孔放在南北向的两幅混凝土墙上,另外还要采取一些特殊措施防止布料杆倾覆,在爬升时,要将其吊臂转到南北方向,以保持布料杆支承点的平衡。

(4) 提升式外脚手架在浇筑完楼板混凝土后的第二天就可以进行提升,提升一层只需几小时,时间短、速度快,受天气影响小,不需要塔式起重机配合,不占用施工场地,不影响其他工序施工,完全能跟上结构施工进度。

应用了这几项新技术,确实是减少了施工场地,节省了材料,降低了成本,加快了施工进度,保证了工期,同时也减轻了工人的劳动强度,达到了快好省的目的。

6 广州合银广场工程施工技术

广东省第一建筑工程公司　李泽谦　李永文　杨杰勇　詹志刚
　　　　　　　　　　　　　刘石金　陈守辉　华瑞荣　杨凌云

6-1 工程概况

合银广场位于环市东路与淘金路交汇处东南侧，西临花园酒店，与白云宾馆、世界贸易中心隔路相望，由广州市大鹏房地产开发公司投资兴建，广州市设计院设计，广州市珠江工程建设监理公司监理，广东省第一建筑工程公司总承包施工。

本工程地下 4 层，地上 64 层，总建筑面积 130000m^2，建筑总高度 239.60m，结构体系为外框内筒结构（见彩图 6）。

基础采用大孔径人工挖孔桩基，核心筒采用钢骨柱与钢筋混凝土剪力墙的钢与混凝土组合结构；外框采用钢管混凝土柱，柱网尺寸为 8600mm×11250mm。地下室共 4 层，每层建筑面积为 3000m^2，核心筒承台底标高为 −23.6m，外围底板底标高为 −18.0m。基坑开挖设计深度为 18.5m，基坑围护结构采用人工挖孔桩成型地下连续墙，并分别在标高 −4.5m、−8.0m、−10.5m 和 −13.7m 处设置四道锚杆，并在人工挖孔桩成型地下连续墙外侧设置高压摆喷止水帷幕。地下室顶板采用钢梁、压板钢板与钢筋混凝土楼板的组合结构。其建筑剖面见图 6-1。

为满足工期要求，地下室采用部分逆作法施工，核心筒部分先顺作法施工至地下室顶板底标高，周边预留反压土，反压土边坡做土钉锚喷网支护。待地下室顶板施工完成后再往下开挖周边预留反压土，然后由下而上施工核心筒外围的 −4、−3、−2、−1 层结构。彩图 7 为核心筒钢骨柱及外框钢管混凝土柱施工至首层的情况。由于工程目前仅施工至首层，地下室综合支护施工尚未全部完成，本文仅叙述本工程已完成部分的施工。

6-2 人工挖孔桩成型地下连续墙施工工艺

人工挖孔桩成型地下连续墙是采用新工艺成型的一种地下连续墙，它由密排人工挖孔桩及人工挖孔桩成型扇形挡土墙发展改良而成，既可作地下室外壁的承重永久性地下结构，又可作挡土防渗的基坑围护结构，其基本性能与机械成型的地下连续墙相同，它对土质及地下水的适应性比机械成型地下连续墙稍差（在流塑土层过厚或粉细砂层过厚、地下水源丰富的地区，应采取相应技术措施后使用），但其在造价、工期、质量控制和文明施工等方面更具优越性。

本施工工艺采用人工挖孔桩跳挖施工，挖孔桩同时作为地下室外壁结构的一部分，可

6 广州合银广场工程施工技术

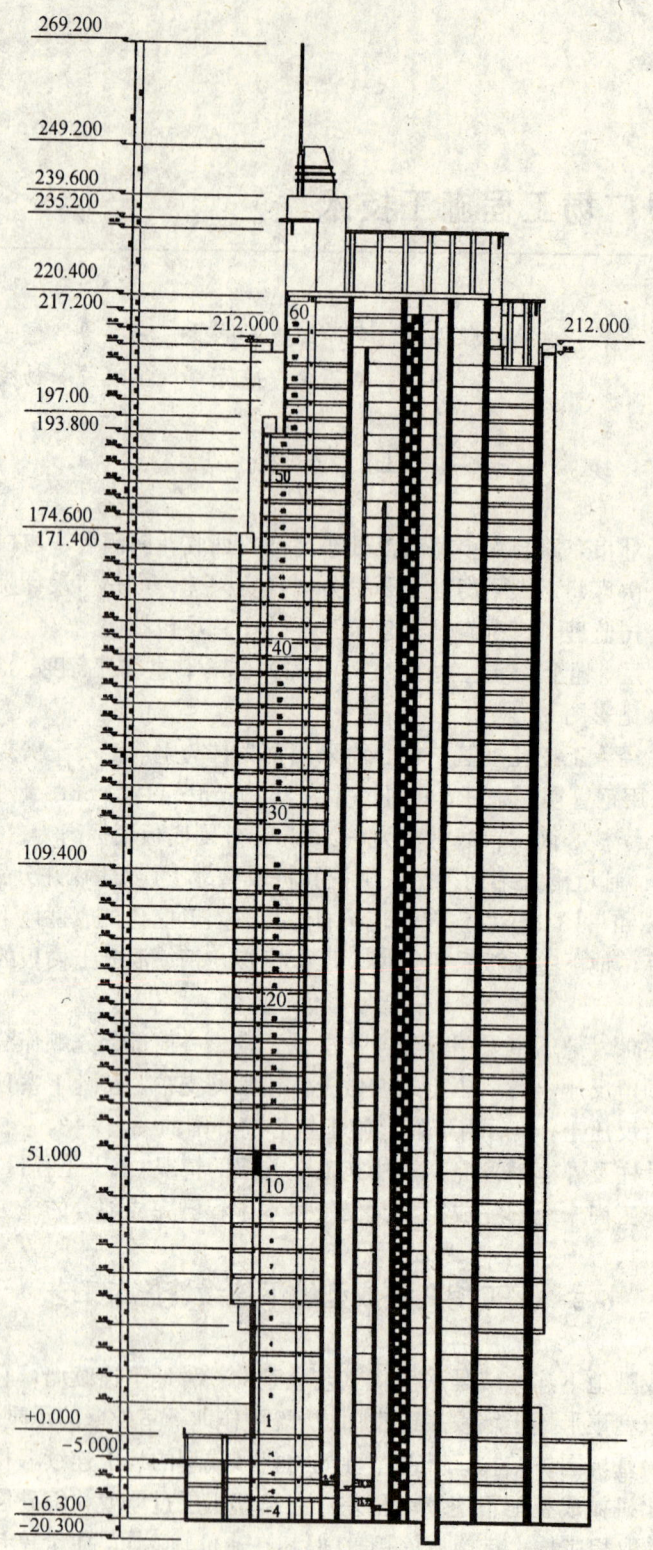

图 6-1 建筑剖面图

有效地降低地下连续墙的造价和缩短工期。据统计,其每立方米造价是机械成型地下连续墙的1/3左右,其施工速度比机械成型地下连续墙快1/3以上。由于它可以使地下室外壁紧贴建筑红线进行设计,最大限度地增大了地下室面积,还可以避开机械成型地下连续墙施工过程中泥浆污染环境的弊端,为文明施工创造了条件,因此,本施工工艺在城市密集建筑群区域的深基坑工程中显示出其良好的经济效益和社会效益。

本施工工艺应用于我公司承建的广州合银广场,获得了令人满意的效果。该工程人工挖孔桩成型地下连续墙是由 $\phi 1600mm$ 人工挖孔桩"相切割"而成,每条桩均有两种截面型式,低于基坑底的部分采用全圆桩型,高于基坑底的部分采用大半圆桩型,平均桩长25m,桩顶加压顶连系梁一道,桩芯混凝土强度等级为C35、抗渗等级为P8,采用商品混凝土。本工艺改进了桩间相切割处新旧混凝土界面的处理方法,取得了良好的技术经济效果,为进一步在城市建设中推广应用本施工工艺打下了基础。

6.2.1 施工准备

6.2.1.1 材料

(1) 水泥:按设计要求选用,有出厂合格证并经试验合格。

(2) 砂和碎石:按试验室配合比设计要求选用。

(3) 钢筋:品种和规格均应符合设计规定,有出厂合格证并按规定抽样试验合格后才能使用。

(4) 垫块:用1:2.5水泥砂浆埋18号退火钢丝,提前预制。

(5) 外加剂、掺合料:根据设计及施工对混凝土的要求通过试验室配合比设计确定。

6.2.1.2 作业条件

(1) 熟悉并会审图纸,熟悉施工现场的地质勘探和地下水勘测资料,并据此编制施工组织设计。

(2) 按施工图准确放线,放出桩位中心线和桩径,并认真进行技术复核,经有关部门办理签证手续,才能开挖桩身土方。对建筑物主要轴线及水准基点建立控制桩点加以保护,以便随时进行复测核对。

(3) 做好混凝土配合比设计。

(4) 施工场地须做好"三通一平"。现场四周应设置排水沟、集水井,桩孔中抽出的积水,经沉淀后排入下水道。

(5) 施工前,施工现场技术负责人和施工员应逐孔全面检查施工准备工作,逐级进行技术安全交底和安全教育,要使安全、技术管理在思想、组织、措施方面都得到落实。

(6) 专人负责按桩位编号,做好桩孔的垂直中心线、轴线、桩径、桩长和基岩土质的记录;做好钢筋笼和桩身混凝土等隐蔽验收记录;收集好桩体混凝土强度等级等有关技术资料,并在完工后整理编册分送有关单位并送技术部门存档。

(7) 护壁模板分节的高度视土质情况而定,一般可用500～1000mm,每节模板安装应设专人严格校核中心位置及护壁厚度,可用十字架对准轴线标记,在十字交叉中心悬吊锤球,复核模板位置,保证垂直度。符合要求后,可用木楔打入土中支撑模板,稳定位置,防止浇筑混凝土时模板发生位移。

(8) 现场制作的钢筋笼,应执行有关规范要求。

6.2.2 操作工艺

6.2.2.1 施工顺序及施工工艺流程

人工挖孔桩成型地下连续墙按 A、B 桩分二批跳挖施工，第一批先开挖 A 桩，第二批开挖 B 桩，桩位排列顺序如图 6-2 所示。

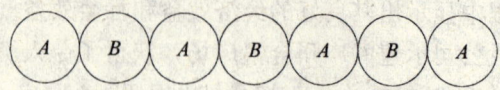

图 6-2　人工挖孔桩开挖次序
A—第一批开挖的桩；B—第二批开挖的桩

第一批桩均按人工挖孔桩的施工工艺开挖，成孔后按设计图纸制作好基坑底以下整桩段钢筋笼与基坑底以上桩墙段钢筋笼，并先吊装整桩段钢筋笼入桩孔内，然后在桩孔内安装桩墙段内侧面模板，模板完成后再吊装桩墙段钢筋笼就位或在桩内绑扎基坑底以上桩墙段的钢筋，最后一次性全桩连续浇筑混凝土。

完成第一批桩施工 1d 后，可开挖第二批 B 桩，并将切入 B 桩内的 A 桩护壁凿掉，其它做法与第一批桩基本相同，不同的是 B 桩护壁在 A、B 桩相切割处断开而成为两个圆拱，施工时必须确保拱脚支承于 A 桩护壁上，详见图 6-3（a）。最后当 B 桩浇筑混凝土后，便与 A 桩连接形成地下连续桩墙。

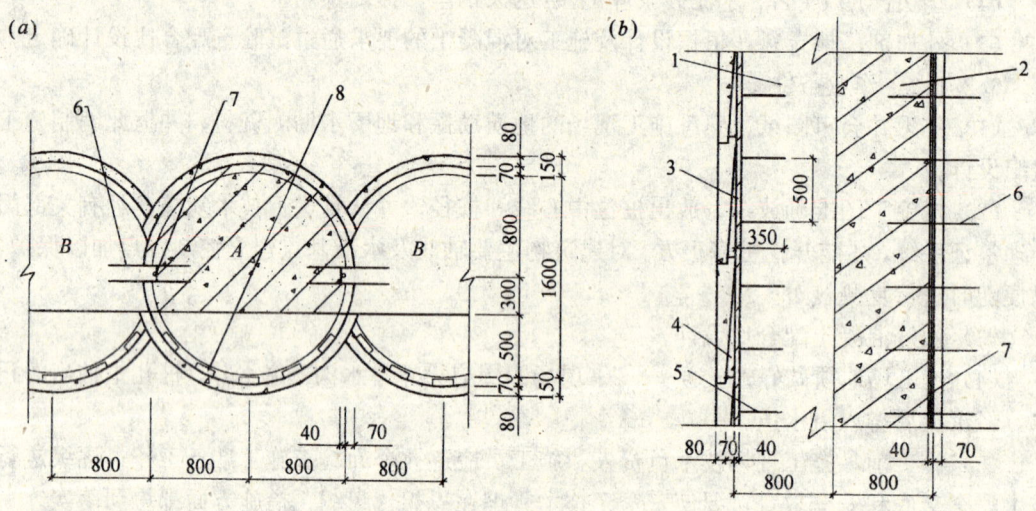

图 6-3　A、B 桩平面大样及 A 桩剖面
(a) A、B 桩平面大样；(b) A 桩剖面

1—未浇桩芯混凝土前 A 桩剖面；2—浇桩芯混凝土后（B 桩开挖后）A 桩剖面；
3—在桩中轴线沿全高用钉固定 40mm×120mm 木方（其型式见图 6-4），用于成型止水凹槽；
4—40mm×120mm 木方钉固后，用粘土水泥浆找平该木方与护壁内斜面之间 120mm 宽的间隙；
5—2φ10mm 胡子筋@500mm，$L=700mm$，浇混凝土前用厂型固定于 3 木方两侧；
6—2φ10mm 胡子筋@500mm，$L=700mm$，浇 B 桩混凝土前伸直锚入 B 桩；
7—20mm×30mm 膨胀橡胶止水条；8—预埋 40mm×80mm×100mm 木砖@300mm，共五块，用于安装模板

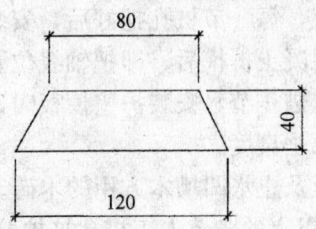

图 6-4　40mm×120mm 木方大样

各桩的施工工艺流程如下：

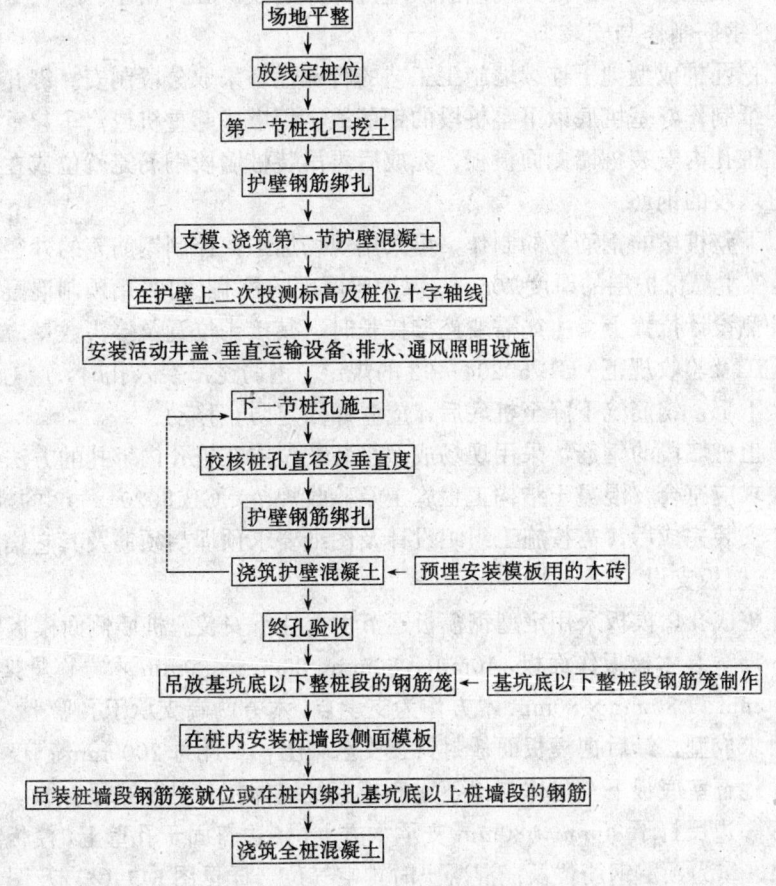

6.2.2.2　成孔工艺

（1）挖孔的方法：采用自上而下逐层用镐和铲进行，遇坚硬土或岩石用风镐挖进，挖土次序为先挖中间部分后挖周边，弃土装入吊桶内，用电动或手摇卷扬机提升，吊至地面后，用手推车运到指定土方堆放场，然后用汽车外运。

（2）护壁施工：护壁施工采用一节节组合钢模板拼装而成，拆上节、支下节，循环周转使用。第一节护壁混凝土施工时，要高出地面150～200mm，便于挡水及定位。混凝土在现场用混凝土搅拌机搅拌，用吊桶运输，人工浇灌。如遇软土层，则可采取减少一次成型护壁高度的办法通过软土层或其它处理措施。

（3）桩中心线的控制：桩位轴线采取在地面设十字控制网。桩开挖前，把桩中心位置向桩的四周引出四个桩心控制点，每一节桩孔挖好后，安装护壁模板时，必须用桩心点来校正模板位置。当第一节护壁混凝土拆模后，即把轴线位置标定在护壁上，作为控制桩孔位置和垂直度的复核标记。每挖进一节，安装护壁模板时，用十字架对准轴线标记，在十字交叉中心悬吊锤球以检测桩孔垂直度。

(4) 预埋安装桩墙侧面模板及止水凹槽木方用的木砖。考虑到安装桩墙段侧面模板及止水凹槽木方的需要，在基坑底以上的各节人工挖孔桩护壁混凝土浇筑时，分别预埋 40mm×80mm×100mm 的木砖，约每隔 300mm 一块，共设五块。如图 6-3 (a) 所示。

(5) 桩间连系胡须筋的预留：根据设计图纸的要求，在做第一批桩（A 桩）时，需预留胡须筋伸入第二批桩（B 桩）内，胡须筋预埋大样详图 6-3 (b) 所示。

6.2.2.3 钢筋制作与安装

根据人工挖孔桩成型地下连续墙施工工艺的特殊性，采取分段制安、绑扎的方法。

按设计图纸制作好基坑底以下整桩段的钢筋笼，用塔式起重机或汽车起重机吊装入桩孔内，然后在桩孔内安装桩墙侧面模板，完成后再吊装桩墙段钢筋笼就位或在桩孔内绑扎基坑底以上桩墙段的钢筋。

基坑底以下整桩段的钢筋笼的制作，可采用现场加工，控制钢筋笼的外径应比桩径小140mm，以确保主筋保护层的厚度 70mm。保护层厚度的控制，可采用预制混凝土垫块绑扎在钢筋笼的外侧设计位置上。主筋需要连接接长时，其接头位置及接头数量应符合《混凝土结构工程施工及验收规范》GB 50204—92 的规定。钢筋笼吊装入孔时，应对准孔位，吊直扶稳，缓慢下沉，钢筋笼下降至桩底后，应立即固定防止移动。

基坑底以上桩墙段的钢筋，采用现场成型吊装就位或在桩孔内绑扎的方法。但上下段钢筋的接头要求应符合《混凝土结构工程施工及验收规范》GB 50204—92 的规定。

主筋制作安装完成后，需按施工组织设计及图纸要求预埋胡须筋及其它锚筋。

6.2.2.4 模板支设

人工挖孔桩成孔，模板采用定型钢模板逐节由上往下安装。桩墙侧面模板用 20mm 厚夹板或 25mm 厚散装木模板作面板，40mm×80mm、80mm×80mm 木方作骨架支承；沿支承高度每 2000mm 设 80mm×80mm 木方作为支承点，木方两端支承于孔壁上，然后把支模骨架按图示要求成型，最后把模板面板封钉于支承架上，如此每 2000mm 高度一层逐层由下往上施工。地下室底板下全桩体与地下室底板上桩墙体接口处的水平支模，采用 25mm 厚散装木模板一边反钉于 80mm×80mm 支承木方上，一边钉固于孔壁上，模板间适当预留20mm 宽间隙，作为预留钢筋位及浇混凝土时排空气位。详见图 6-5 (a) 及图 6-5 (b) 所示。B 桩也参照 A 桩模板支模做法。

6.2.2.5 混凝土浇筑

桩芯混凝土浇筑时，必须使用溜槽或串筒，其底部至混凝土面的距离应在 2m 以内，同时相邻 10m 范围内的挖孔作业应停止，并且不得在孔底留人。

桩芯混凝土采用一次性浇筑的方法。浇筑前，必须把孔底积水抽干。混凝土的浇筑方法为边浇灌边捣实，每层浇筑高度约 800mm。用插入式振动器振实。在浇筑混凝土过程中，应注意防止地下水进入，不能有超过 50mm 厚的积水层。

6.2.2.6 止水凹槽的做法

人工挖孔桩成型地下连续墙施工时，在桩与桩之间相切割处形成的新旧混凝土界面，容

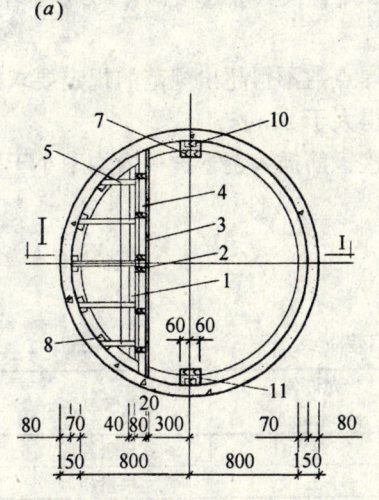 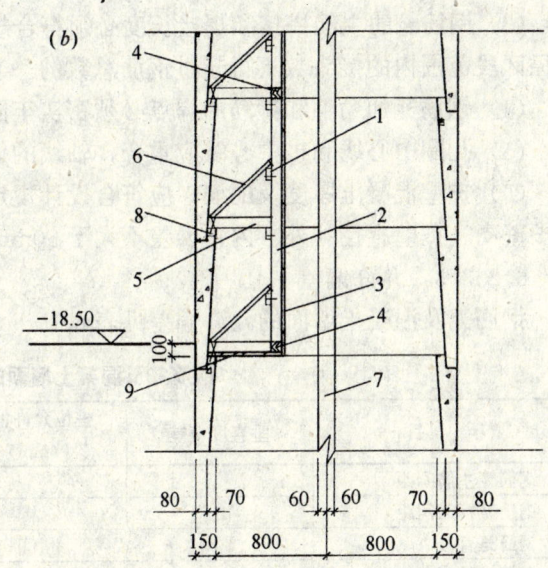

图 6-5　A 桩支模平面及 I-I 剖面
(a) A 桩支模平面；(b) I-I 剖面

1—连系水平木方 40mm×80mm，@500mm；2—竖压木方 40mm×80mm，共设 6 道；3—20mm 厚夹板或 25mm 厚模板，支撑骨架完成后封面；4—80mm×80mm 支承木方@2000mm，支承于井壁上；5—水平支撑，80mm×80mm 木方@1000mm，每层设 5 道；6—斜撑，25mm 厚木板@1000mm，每层设 5 道；7—预留 40mm×120mm 木方用于成型止水凹槽；8—预埋木砖@300mm，共设 5 道；9—25mm 厚扇形封口模板，适当留出气孔及预插插筋孔；10—沿桩中轴线预留 2 道木砖作钉用 7 用；11—40mm×120mm 木方钉固后，用粘土水泥浆找平该木方与护壁内斜面之间 120mm 宽的间隙

易出现缝隙渗水，为保证相切割桩间节点的止水效果，应在该位置设置一条止水凹槽。具体做法如下：

第一批桩施工时，在模板安装时，沿桩轴线全高度范围内预埋 40mm×120mm 木方。在第二批桩施工时凿除第一批桩的护壁及 40mm×120mm 木方，形成桩与桩之间沿全高有 40mm×120mm 止水凹槽的相接面，为保证止水效果，在凹槽中沿全高加设 20mm×30mm 膨胀橡胶止水条。详见图 6-3 所示。

6.2.3　质量标准

6.2.3.1　保证项目

(1) 混凝土的原材料和混凝土强度必须符合设计要求和施工规范的规定。
(2) 桩芯灌注混凝土量不小于计算体积。
(3) 灌注混凝土的桩顶标高及浮浆处理必须符合设计要求和施工规范的规定。
(4) 成孔深度和终孔基岩必须符合设计要求。
(5) 钢筋的品种和质量、焊条型号，必须符合设计要求和有关标准的规定。
(6) 钢筋焊接接头，必须符合《钢筋焊接及验收规程》的规定。

6.2.3.2　基本要求

(1) 拌制混凝土时必须按照混凝土配合比下料，严格控制用水量。
(2) 浇筑混凝土时，必须随灌随振，每次浇筑高度不得大于 800mm。

(3) 钢筋笼的主筋搭接和焊接长度必须符合规范的规定。接头应互相错开，35倍钢筋直径区段范围内的接头数不得超过钢筋总数的一半。

(4) 钢筋笼加劲箍和箍筋的焊点必须密实牢固。漏焊点数不得超出规范的规定要求。

(5) 孔圈中心线和桩中心线应重合，轴线的偏差不得大于20mm。

(6) 护壁混凝土厚度及配筋，应符合设计规定，连接钢筋插入上下护壁内均不小于一半护壁高。护壁直径（外、内）误差不大于50mm。

6.2.3.3 允许偏差

钢筋笼及混凝土墙面的允许偏差见表6-1。

钢筋笼及混凝土墙面的允许偏差　　　　　表6-1

项目	垂直度偏差	桩位允许偏差（mm）	允许偏差（mm）	检验方法
钢筋笼主筋间距			±10	尺量检验
钢筋笼箍筋间距			±20	尺量检验
钢筋笼直径			±10	尺量检验
钢筋笼长度			±100	尺量检验
混凝土墙面	0.5%	50	－50	拉线和尺量检验

6.2.4 施工注意事项

施工中应注意下列事项：

1. 避免下列工程质量通病

(1) 桩体混凝土局部不够密实。其产生原因是由于一次灌注过厚，振捣不好，振动器插深不足，少振或漏振等。

(2) 混凝土局部强度不足。其产生原因是由于粗细骨料未称量，用水量控制不严，水灰比过大，混凝土配合比在特殊情况下未及时调整等。

(3) 混凝土局部离析。其产生原因是由于溜槽或串筒过短，车上混凝土直接向孔内倒下等。

(4) 钢筋笼成型有弯曲（香蕉形）或扭曲现象。其产生原因是由于主筋未预先调直，也未把箍筋焊接在主筋位置上的等分距离点上，制作钢筋笼的底垫高低不平等，致使主筋的混凝土保护层厚薄不均，甚至露筋影响质量。

(5) 钢筋笼成型后，主筋的搭接焊缝厚度不足和箍筋有漏点焊位置。

(6) 终孔岩样未用胶袋装好密封保留以备查。

2. 主要安全技术措施

(1) 挖孔桩必须采用间隔开挖。桩护壁最小厚度不小于100mm，上下护壁混凝土间的搭接长度不得小于50mm。桩护壁必须高出现场地面150～200mm。

(2) 挖出的土方要及时运走，挖孔桩井口四周2m范围内不得堆放余泥杂物，5m范围内禁止通行机动车辆，以防挤压塌孔。

(3) 严格控制每天挖进深度，护壁混凝土强度达到安全要求时（一般12～24h后）才能拆除内模，如需提前拆模，则须采取相应的技术措施。

(4) 场地邻近的建（构）筑物，施工前应会同有关单位和业主进行详细检查，并将建（构）筑物原有裂缝及特殊情况贴上观测纸记录备查。对挖孔和抽水可能危及的邻房，应事先采取加固措施。

（5）人工挖孔桩的土质岩样、入岩深度、孔底形状、桩径、桩长、垂直度、桩顶标高和混凝土强度，必须符合设计要求。

（6）人工挖进过程中，对可能会出现流砂、涌泥、涌水以及有害气体等情况，必须有针对性的安全防护措施。对施工现场所有设备、设施、安全装置、工具和劳保用品等要经常进行检查，确保完好和安全使用。

（7）当桩孔开挖深度超过5m时，应在孔底面以上3m左右处的护壁凸缘上设置用钢筋做成的半圆形密眼安全防护网，防护网随着挖孔深度适当向下增加设置，在吊桶上下时，作业人员必须站在防护网下面，停止挖土，注意安全。每天开工前，用"气体检测仪"检测桩孔，没发现异常情况时方可下孔操作。孔深超过10m时，地面应配备向孔内送风的装置，风量不宜少于25L/s。孔底凿岩时尚应加大送风量。

（8）桩孔内必须放置爬梯，随挖孔深度增加放长至工作面，以作安全使用。严禁酒后操作，不准在孔内吸烟和使用明火作业。需要照明时应采用安全矿灯或12V以下的安全灯。

（9）每根桩终孔后，要求迅速吊放钢筋笼，迅速浇筑桩芯混凝土，防止水浸孔底持力层。如因故不能迅速浇筑桩芯混凝土时，应立即浇筑混凝土封底，以确保持力层质量。

（10）桩芯混凝土浇筑前必须将孔底沉渣和积水清理干净，积水不能超过50mm。浇筑混凝土时，必须有专人专职监督混凝土浇筑的全过程，严格按混凝土配合比通知单配料施工，严格控制水灰比和搅拌时间，发现问题及时纠正。要求每条桩做一组（三件）混凝土试块，及时送实验室试压。

（11）已浇筑完混凝土和正在挖孔未完的桩口，应设置井盖和围栏围蔽。

（12）孔内抽水之后，必须先将抽水的专用电源切断，作业人员方可下桩孔作业，严禁带电源操作。在孔口配合孔内作业的人员要密切注视孔内的情况，不得擅离岗位。

（13）施工场内的一切电源、电线路的安全和拆除，必须由持证电工专管，电器必须严格接地、接零和使用漏电保护器。各桩孔用电必须分闸，严禁一闸多孔和一闸多用。严格执行《施工现场临时用电安全技术规范》JGJ 46—88的规定。

3. 注意产品保护

（1）钢筋笼的主筋、箍筋和加劲箍筋应按品种、规格、长度编号堆放，以免造成弯曲和错用。

（2）钢筋笼放入桩孔时必须有保护层垫块。

（3）桩头外露的主钢筋要妥善保护，不得任意弯折或切断。

（4）桩头在混凝土强度没有达到5MPa时，不得碾压，以免桩头损坏。

6-3　钢管高强混凝土（C80级）柱施工

6.3.1　钢管高强混凝土（C80级）柱结构设计简况

在地下4层至11层框架结构中，设计采用了22条 $\phi1400mm$、$\phi1500mm$ 大直径钢管混凝土柱，柱内混凝土原设计采用C70级高强混凝土，为保证工程质量，我公司在实际施工中是采用C80级高性能混凝土，钢管钢材采用16Mn合金钢，管壁厚20mm、22mm和24mm，钢管接头为内衬坡口焊。在12层转换层钢管混凝土柱转换为钢筋混凝土柱。

钢管混凝土柱与各层楼面位置框架结构梁、板的连接方式有以下几种：

（1）钢管混凝土柱底锚入人工挖孔工程桩内，与底板连接位置处采用抗剪环与底板连接；

（2）首层为钢梁、压型板结构，首层采用钢牛腿与柱焊接，再采用高强螺栓连接钢梁结构；

（3）其余各层柱与楼板结构的连接节点，均采用钢筋混凝土环梁节点来传递支座弯矩与剪力，如图6-6所示。

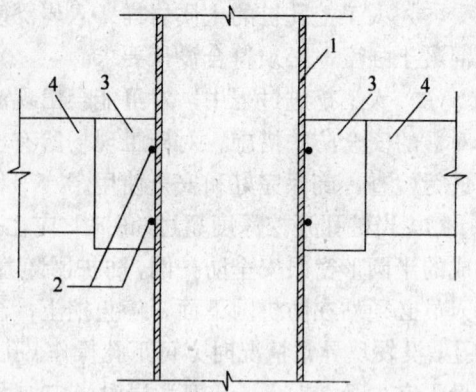

图6-6 钢筋混凝土环梁节点示意图
1—钢管混凝土柱；
2—抗剪环（2ϕ28mm 圆箍与柱壁焊接）；
3—钢筋混凝土环梁；4—框架梁

6.3.2 施工条件

4层地下室开挖较深，结构施工采用了半逆作法施工，自-8.0m处开挖人工挖孔工程桩；首段钢管要求在工程桩孔内安装。

现场已安装3000kN·m进口塔式起重机用于钢结构安装。

6.3.3 钢管的制作

钢管构件在场外制作，完成后用平板车运至现场。构件的制作分段考虑到塔式起重机的起重能力和方便构件制作、运输等因素，每1~2层在现场接驳一次，接驳位置设在各楼层面标高以上400mm至上一层梁底面标高以下500mm之间方便现场接驳施工的位置处。

在钢结构加工前应对设计图纸进行会审，对图纸中的构件数量、各构件的相互关系、接头的细部尺寸等进行核对，审查构件之间各细部尺寸有无矛盾，技术上是否合理，构件分段是否符合制作、运输、安装的要求。根据设计文件和规范的要求，结合材料供应的规格、加工设备能力等条件，绘制加工工艺图，对材料代用、材料拼接、加工工艺要求、工艺装备、构件加工精度和焊接收缩余量等作出明确的规定。

6.3.3.1 原材料要求

钢管材质为16Mn合金钢，钢材质量必须符合国家的有关标准要求，并且有相应的材质合格证明书。所有材料都必须按规定进行检验合格后方可投入使用。

焊接材料的选用为：手工焊焊条选用E5015或E5016焊条；埋弧自动焊焊丝选用H10Mn2，焊药用HJ350或SJ101；CO_2气体保护焊焊丝选用SM—56或KM—56。

6.3.3.2 制作工艺

1. 放样下料与加工

放样人员按图纸及技术文件进行放样，绘制管节加工工艺图及总装合拢工艺图。

按加工工艺图，以1:1的要求，放出各类接头节点的实际尺寸，对图纸尺寸进行核对，制作出样板和样杆，作为号料、铣边、剪制、制孔等加工的依据。样板和样杆上应注明图号、零件号、数量和加工边线、坡口尺寸、孔的直径以及弯折、滚圆半径等。

根据放样提供的构件零件的材料、尺寸、数量，在钢板上画出切割、铣、刨边、弯曲、钻孔等加工位置，并标出零件的工艺编号。此外，在组装时，还应按设计图纸和加工工艺图的要求，定出钢管的控制轴线、垂直度检验线、标高控制线和角度线等，并在钢管上标明加工工艺编号、钢管编号、偏差、标高线、轴线位置、垂直度控制线等，以方便加工精度复核和安装时垂直度、标高控制。

号料时要求加放焊接收缩余量，对管节的管节纵缝坡口、车间厂内对接的环缝坡口、现场对接的环缝坡口（如图 6-7 所示），应按规定在板材辊圆之前加工好。所有管节辊圆前要求起圆边，管节利用三星辊辊压全圆，并在外表面打管柱号、管节号、上下号，并用色漆标明。要求钢管卷板方向与板材压延方向一致。

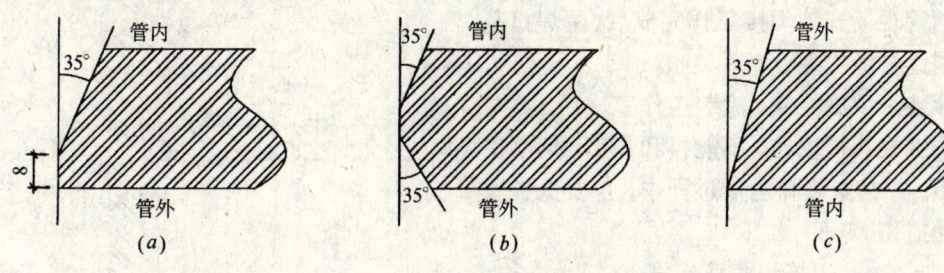

图 6-7 焊缝坡口示意图
(a) 纵缝坡口；(b) 厂内对接的环缝坡口；(c) 现场对接的环缝坡口

2. 钢管纵缝装焊

各圆形管节纵缝拼接装配，应保证接口错边不大于 2mm，管端不平度不大于 $D/1000$。打磨纵缝内侧坡口两边 30mm 区域的锈迹、油水、氧化皮等污物。

埋弧自动焊施焊内侧纵缝，外侧清根，埋弧自动焊焊盖面。

3. 钢管对接环缝装焊

先建造钢管对接简易水平胎架，每一钢管对接缝两侧约 300～600mm 处设一档胎架，胎架上标明钢管中心线。

在水平胎架上对接各管节，注意所有相邻的管节纵缝均应错开 90°～180°，同时保证钢管直线度不大于 $L/1000$，且不大于 5mm（L 为钢管长度）。同时纵缝应注意错开牛腿、纵向加强筋等构件。

手工电弧焊或 CO_2 气体保护焊在辊轮胎架上施焊内环缝，外环缝清根，埋弧自动焊施焊外环缝。

打磨环缝周边焊接飞溅物、焊瘤，经检查验收合格后，全部焊缝再进行超声波探伤。

管节对接完毕，应在钢管外面做好标高检验线、垂直度检验线（四条圆周等分线）等定位标记，并用色漆标明，作为现场吊装的依据。同时用色漆在钢管外表面注明管节号，以方便现场总装。

4. 钢管附件装焊

根据图纸及放样草图安装牛腿、内外环、加强箍等附件。高度方向定位可借助放样提供的样板。安装牛腿等附件时，应注意根据现场已安装钢管的实际标高重新核定标高检验线，准确无误后才能安装；安装牛腿时，应以钢管垂直度检验线为基准，根据放样提供的样板精确定位轴线位置及牛腿角度位置。

装焊钢管对接内衬管及吊码，如图 6-8 所示。

5. 钢管除锈、涂装

采用刮刀、钢丝刷、纱布或电动砂轮等对钢管外表面进行人工除锈。在钢管出厂前，对钢管的外露部位必须将其表面的毛刺、锈蚀、油污及附着物清除干净，使钢材表面露出铁灰色，以增加涂料与构件表面的粘结力。除锈后除与混凝土梁连接部位及安装焊接口上下150mm范围外要立即进行涂装，否则除锈后的表面容易生锈。

钢管现场安装焊接工作完成后，留焊口范围处刷红丹漆二度。

涂装采用刷涂法，涂装工作完成后，要精心保护涂层不被损伤，不能再和焊铆、切割工序交错。并在安装和运输过程中，也要保护涂层不受损伤。

6.3.3.3 焊缝超声波探伤

本工程板材厚度为12~24mm，采用斜角单探头法来检测；在检测前先确定回波曲线。

探伤在焊接24h后进行。探伤仪必须先预热，以保证稳定的电流。焊缝加强高的形状对探伤结果有影响，要严格控制焊缝加强高高

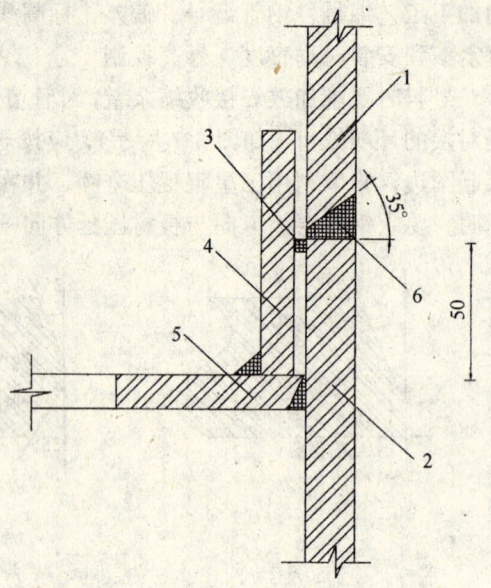

图 6-8 现场钢管对接内衬管示意图
1—上段钢管；2—下段钢管；3—垫片（$t=3mm$）；
4—内衬管（$t=12mm$）；5—衬环（$t=12mm$）；
6—现场对接焊缝

度。在扫查区要用砂轮除去飞溅物、剥离的氧化皮及锈蚀等并磨光，以便探伤。

探伤前应填写探伤申请报告，写明焊缝编号、坡口尺寸、角度、安装情况及日期。探伤工艺流程如下：

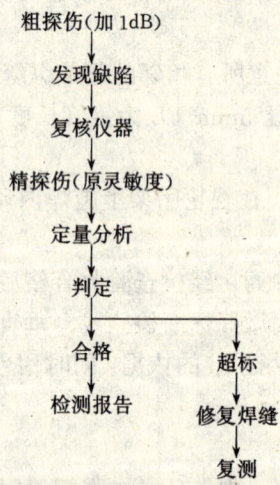

对不合格的焊缝，宜采用碳弧气刨法切除；对有裂纹的焊缝，从裂纹两端50mm作为清除部分，并以同样的焊接工艺进行补焊和检查。修理不得超过两次，否则更换母材。

6.3.4 钢管可调定位底座的设计与施工

6.3.4.1 钢管混凝土柱钢管的安装对底座的技术要求及底座设计

1. 钢管安装对底座技术要求

钢管混凝土柱采用插入式柱脚锚固于人工挖孔工程桩中，框架结构柱内力主要靠钢管

混凝土柱壁与桩芯混凝土传递给桩基础。在工程桩中一次定位钢管的难度较大，因此，在吊装钢管以前需先安装管底座，钢管底座施工是确保钢管轴线定位、垂直度和标高控制的一项重要施工措施。钢管底座必须满足以下技术要求：

(1) 底座本身制作简单；

(2) 底座安装方便、定位简单准确；

(3) 底座安装精度能够满足钢管安装时要求的平整度、标高精度；

(4) 底座具有足够的强度承受钢管安装时的施工荷载和自重作用；

(5) 能够满足钢管内混凝土施工需要。

2. 钢管底座的设计

合银广场工程桩自-8.0m开挖，底座安装标高为-21.0m，在深桩孔内要一次定位螺栓或底座困难较大。

针对钢管安装对底座的技术要求和施工工艺特点，本工程施工首次采用可调定位底座，详见钢管管脚构造大样图6-9。

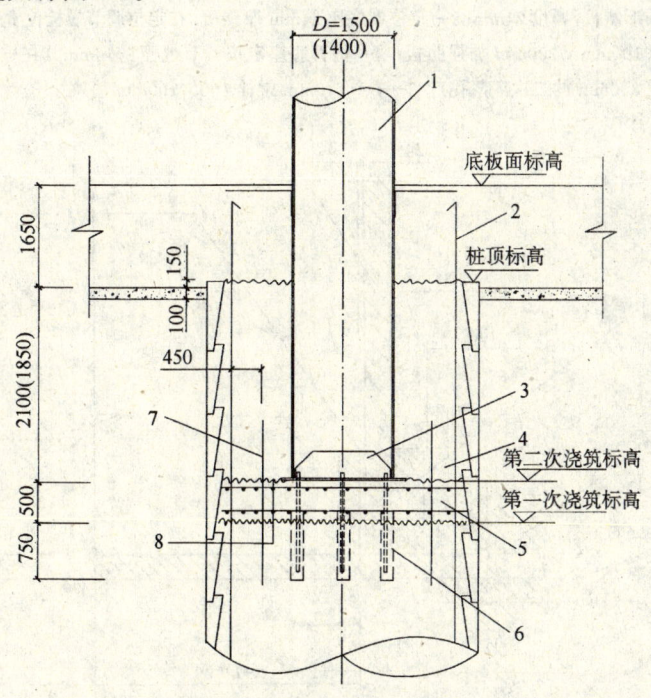

图6-9 钢管管脚构造大样

1—钢管；2—桩纵筋；3—十字加强肋板，与圆形侧板焊接；4—钢管就位后浇C35级混凝土；
5—安装钢管底座后浇C40级混凝土；6—3ϕ40mm预埋定位调节螺栓；7—预埋插筋，ϕ28@400mm，L=2000mm；
8—钢筋网二层，ϕ16@150mm×150mm

施工工艺要求对钢管底座精确定位。本工程由于桩孔深，在桩内难以一次精确定位，为减小定位螺栓的误差，结合工艺特点，在浇筑桩芯混凝土时预留3个直径150mm、深800mm的锚栓孔，利用已浇混凝土作为工作面，将锚栓埋入预留锚栓孔内定位，然后二次灌浆锚固螺栓。

底座的设计主要考虑制作简单、安装方便、能够承受钢管安装期间的施工荷载作用和方便首段钢管的安装，故要求底座轴线定位和标高要精确，并且在桩孔内易于定位调整和控制，因此，可调定位底座的螺栓和底座设计如下（见图6-10、6-11）：

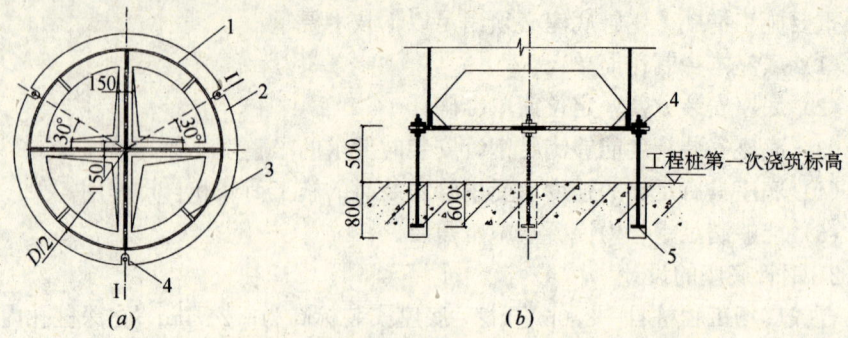

图6-10　钢管定位底座图
(a) 底座平面图；(b) I-I剖面图
1—柱底座圆形侧板，厚度24mm；2—定位器底座24mm厚钢板，在定位调节螺栓位置开U形口；3—4件20mm×100mm×100mm加强肋板；4—钢管底座定位调节螺栓3φ40mm（在桩芯内预留3个φ150mm、深800mm的二次灌浆孔）；5—3个φ40mm 螺栓100×100mm垫块

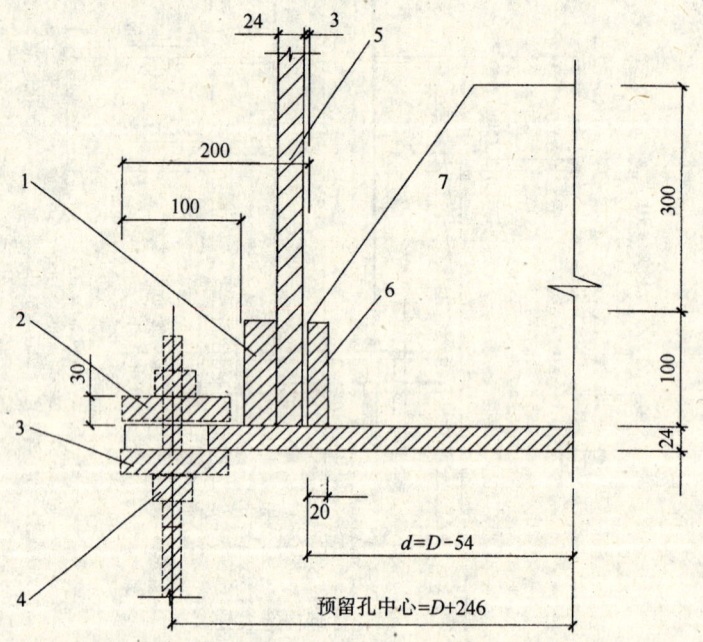

图6-11　底座节点图
1—钢管端部加强肋板；2—100mm×180mm×30mm 上垫板；3—100mm×180mm×30mm 下垫板；
4—φ40mm 螺母；5—钢管管壁；6—导位侧板；7—十字形导位板

（1）为满足底座安装时的强度、稳定性要求，采用3个φ40mm 螺栓与底座底板连接；
（2）为方便底座的定位和加大底座的轴线定位可调整范围，底座与螺栓连接点设在底座板外边缘，且底座板开口做成U形，并加大开口深度和宽度至100mm×100mm；
（3）3个φ40mm 螺栓顶部与底座连接上下均采用螺母加垫板，下螺母及垫板可调节底座水平标高,三点确定一个平面,保证底座平面的水平和标高控制;上螺母及垫板可固定底座,保证进行底座二次灌浆时底座定位不变。

(4)垫板规格为180mm×100mm×30mm,由于垫板中间开孔而削弱了其抗剪能力,为确保在未浇筑柱脚混凝土前垫板有足够强度支承底座和安装时的施工荷载,因此,上下垫板均应采用加厚的垫板;

(5)底座采用24mm厚16Mn钢板制作,为保证混凝土的施工质量,方便底座下混凝土浇灌,底座底面板中间开孔;

(6)底座钢管导位侧板采用制作容易、有利于安装就位作业的十字形导位板,对100mm高圆形导位侧板另加4块三角形竖向加强肋板,以加强侧板刚度。

6.3.4.2 可调定位底座的施工

1. 施工工艺流程

可调定位底座施工工艺流程如下：

人工挖孔桩成孔,钢筋笼吊放
↓
桩芯混凝土浇筑至第一次浇筑标高,按设计位置预留3个直径150mm、深800mm的二次灌浆孔
↓
精确定位3个φ40mm螺栓,二次灌浆 ← 钢管底座、螺栓制作
↓
双层钢筋网绑扎
↓
套入下垫板并用下螺母调整校正下垫板水平标高
↓
用塔式起重机吊放底座入桩孔,置于螺栓垫板上
↓
底座校正轴线、定位并用上螺母固定底座
↓
二次浇筑桩芯混凝土,锚固底座
↓
首段钢管安装

2. 施工操作工艺

(1)螺栓孔预留

先按底座螺栓位置制作一钢筋支架(见图6-12),钢筋支架为三角形,每边均采用2φ25mm螺纹钢筋,在螺栓孔位置放置φ150mm镀锌管,镀锌管长度在支架下为1000mm,在支架上为400mm,为避免浇筑桩芯混凝土时混凝土灌入镀锌管内,须将管底用钢板焊接封固,用水泥纸塞紧上口。

(2)螺栓二次灌浆定位

为保证螺栓安装的定位准确,采用12mm厚的夹板按底座底盘形式制作定位模具,在模具上标定钢管混凝土柱定位轴线,并按设计要求留出三个螺栓孔位,

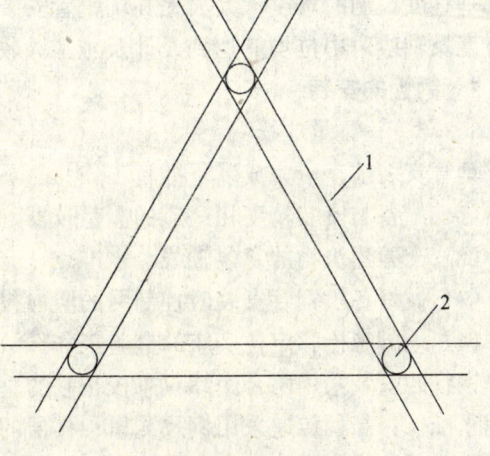

图6-12 钢筋支架
1—φ25mm 螺纹钢筋；2—φ150mm 镀锌钢管

当安装螺栓时，将定位模具校正轴线，再将螺栓置于模具螺栓孔中，用上下螺帽把螺栓定位，保证螺栓二次灌浆时定位准确。

二次灌浆时在水泥浆中加入少量UEA微膨胀剂，以使浆体与原桩芯混凝土结合紧固。

(3) 可调底座安装定位

1) 底座在出厂前需在十字形导位板中心标出轴线中心标志，底座安装时以此标志作为轴线对中基准点；

2) 底座安装前，先将$\phi 40mm$ 螺栓下螺母及 $30mm \times 100mm \times 180mm$ 垫板调校到底座标高；

3) 把底座用塔式起重机吊放到 $\phi 40mm$ 螺栓下垫板上安放，再微调螺栓下螺母，直至底座水平标高及平整度达到精确度要求；

4) 调整底座轴线位置，使底座轴线中心位置对中，然后再紧固螺栓上垫板及螺母，把底座最终定位；

5) 对定位底座二次灌浆定位。

3. 施工注意事项

(1) 制作标准：钢材采用16Mn 合金钢，钢材质量必须符合国家的有关标准要求，并且有相应的材质合格证书；手工电弧焊焊条均采用E5024 或 E5011 焊条；

(2) 圆形侧板椭圆度：$f/D \leqslant 3/1000$；直径允许偏差：$-3mm$；

(3) 严格按《钢结构工程施工及验收规范》GB 50205—95 的要求制作，在钢管底座制作过程中，应防止由于焊接而引起的圆形侧板的变形。底座与钢管底的接触面必须铣平；安装前应经过试安装，发现问题及时改进；

(4) 防止运输过程中对底座的损坏；

(5) 在工程桩顶浮浆凿除清理干净后，始安装螺栓并进行二次灌浆，螺栓孔预留深度可适当加深 200～400mm 深，以考虑桩顶浮浆凿除高度的影响。

6.3.4.3 施工小结

钢管混凝土柱钢管可调定位底座通过在合银广场工程中的实际应用，取得了较好的技术经济效果。通过预先对底座的轴线对中及调整底座的平整度，减少了钢管吊装的轴线对中及垂直度控制的难度，大大提高了钢管安装的速度及精度。钢管安装后，经复核钢管的垂直度及轴线对中位均能达到设计及施工验收规范的要求。

6.3.5 钢管的安装

6.3.5.1 测量放线

钢管安装前，应完成以下准备工作：

(1) 配备与安装精度相适应的测量仪器，培训测工；

(2) 交验建筑物的定位轴线、水准点，合理布置平面控制网与标高控制网；

(3) 做好各段钢管安装时控制网的竖向投点和标高传递；

(4) 地脚螺栓和定位底座的交验工作。

钢管的安装采用两台经纬仪来校正它的垂直度，在相互垂直位置投点。水准标高测量采用水准仪；高程传递采用钢尺测量；楼层的垂直度控制采用激光垂直仪来校核传递。钢管施工测量放线包括以下内容：

(1) 精密测控首段钢管标高，由柱控制标高线确定柱脚支垫高度；

(2) 严格控制钢管底位移值;

(3) 首段钢管安装由于在工程桩内操作,无法采用经纬仪,改用吊重锤方法来校核钢管的垂直度,应尽量减小首段钢管垂直度偏差;

(4) 严格控制接驳口焊缝收缩余量,精密控制各钢管标高。

随着建筑物的升高及平面尺寸的限制,垂直观测经纬仪只能安放在安装层楼板上,应将经纬仪安排在尽可能远离被观测物的位置,使观测的水平距离达到最大,以提高观测精度。

6.3.5.2 钢管的运输、堆放

钢管采用平板车从加工场运至工地现场,在运输过程中,支垫必须牢固,应使支垫点在同一垂直线上。运至现场后,用塔式起重机直接从平板车吊起就位,不再在现场转堆堆放。

严禁将钢管构件堆放在楼面结构模板、支架上或者刚浇筑的混凝土楼面结构上。

6.3.5.3 钢管安装工艺

1. 首段钢管的安装

首段钢管是钢管安装的基础,就位后,一定要精确保证其垂直度、标高及位置尺寸正确。管底座结构应对正现场中心线,并保证标高位置及水平度符合要求。

首段钢管运送至施工现场,利用工地塔式起重机进行吊装。吊起后对准底座,将钢管套入,并调整钢管轴线与地面相应轴线对正,利用重锤校正钢管轴线至垂直度满足精度要求;然后四周设四道L 63×6 角钢水平支撑,与钢管焊接后将钢管固定于工程桩护壁上(见图6-13),此角钢水平支撑也用作为操作平台的支承骨架。安装完后,必须采用钢盖将钢管上口包封,防止管口变形及异物、水、油类等落入管内。

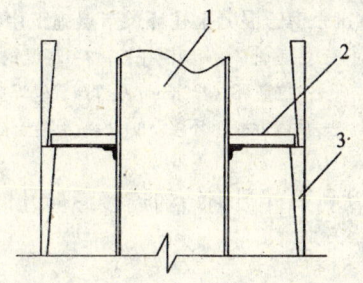 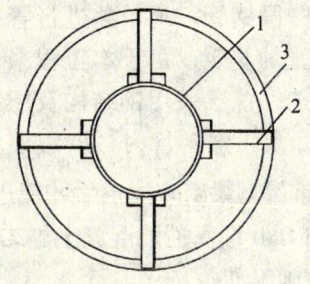

图 6-13 桩内支撑
1—钢管;2—角钢支撑;3—桩护壁

2. 各段钢管的装焊

将上一段钢管起吊,套入下段钢管上口的衬管,对正上下段钢管轴线,调整钢管高度,使标高检验线比现场相应标高高出 2~3mm(焊接收缩补偿量),同时利用激光经纬仪双向追踪调整轴线,使钢管垂直度达到精度要求。

对接环缝周边设顶拉杆 2 块和临时加固板 (20mm×100mm×1000mm) 4~6 块,通过打磨将对接环缝坡口内侧及周边 30mm 区域的锈迹、氧化皮等污物除去;采用手工电弧焊焊接对接环缝。施焊时应采用合理的施焊顺序,双数焊工对称施焊,并随时检查焊接变形,根据变形情况适时调整焊接顺序,以保证钢管垂直度在焊接完成后仍满足精度要求。

钢管垂直度的校正可采用缆风绳或支撑来进行,钢管的标高则通过在连接上下管的衬

管上加垫块来调整。注意必须在使支撑或者缆风绳处于松弛状态，钢管能够保持垂直时，才算校正完毕。对钢管的现场对接安装，必须注意日照、焊接温度等导致构件产生伸长、缩短、弯曲等的影响。待钢管垂直度和标高满足设计要求后，立即进行永久固定，将上下钢管对接缝施焊。拆临时加固板，打磨焊接飞溅物、焊瘤，再进行全部焊缝的超声波探伤。

6.3.5.4 钢管安装与钢筋绑扎、混凝土浇筑工序的配合

1. 梁、板钢筋绑扎

±0.000以上钢管混凝土柱施工时，每吊装完一段钢管，在各楼层梁模板安装梁底模板后，及时将与楼面结构连接的环梁钢筋绑扎好，再安装模板和绑扎框架梁、板等钢筋。

±0.000以下钢管混凝土柱的施工，由于采用半逆作法施工，首层楼面结构施工时，地下负三层、负二层、负一层周边楼板结构未作，故为确保该部位环梁施工，应在上一段钢管安装前，及时将与楼面结构连接的环梁中的环向主筋按设计尺寸加工，并预放在与钢管管壁焊接的临时型钢托架上，该托架亦作为上一段钢管对接时的施工操作平台支架，如图6-14示。环梁箍绑扎和模板安装等在地下室楼面结构施工时完成。

2. 钢管内混凝土的浇筑

每安装完一段钢管，均单独进行管内C80级混凝土的浇筑，由于本工程采用半逆作法施工，首层采用钢结构及压型板组合楼盖，负一层钢管内C80级混

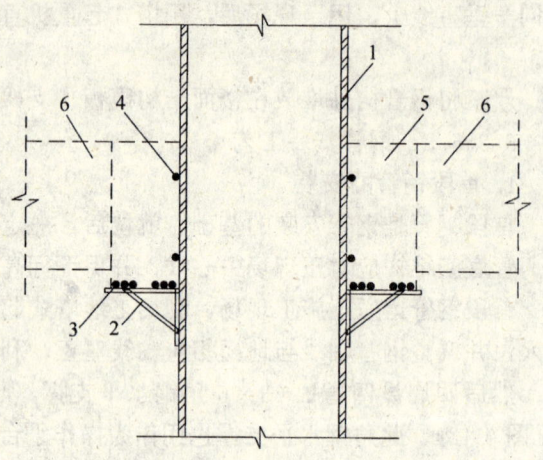

图6-14 钢管混凝土柱环梁节点施工用的型钢支托
1—钢管；2—型钢托架；3—环梁钢筋；
4—抗剪环（2ϕ28mm 圆箍与管壁焊接）；
5—后做混凝土环梁；6—后做混凝土框架梁

凝土浇筑应待首层钢梁安装完成后才能进行，以利于首层钢结构连接螺栓孔的修正调整。

6.3.6 钢管内C80级高性能混凝土施工工艺

6.3.6.1 施工准备

1. 原材料性能

配制C80级高性能混凝土的各种原材料，包括水泥、微细掺合料、砂、石、外加剂等，必须按照国家规范与有关规定进行检验，各项技术指标符合要求后才能投入使用。

（1）水泥

所用水泥为广州市珠江水泥厂生产的粤秀牌525（Ⅱ）型硅酸盐水泥，其主要技术指标见表6-2。

水泥主要技术指标　　　　表6-2

标准稠度 (%)	凝结时间 (h: min)		细度 (80μm筛余%)	比表面积 (m²/kg)	抗折强度 (MPa)		抗压强度 (MPa)	
	初凝	终凝			3d	28d	3d	28d
25.5	2:05	3:05	2.1	376	7.4	9.6	46.1	64.8

(2) 微细掺合料

微细掺合料采用细磨矿渣和Ⅰ级粉煤灰。其主要化学成分及物理性能见表6-3。

微细掺合料主要化学成分及物理性能　　　　表 6-3

微细掺合料	烧失量 (W_t%)	SiO_2 (W_t%)	Al_2O_3 (W_t%)	Fe_2O_3 (W_t%)	CaO (W_t%)	MgO (W_t%)	SO_3 (W_t%)	需水量 (%)	比表面积 (m^2/kg)	细度 (45μm 筛余%)
细磨矿渣	0.60	29.43	14.20	1.44	39.28	7.10	6.11	100	600	—
Ⅰ级粉煤灰	3.10	53.94	24.91	8.38	2.86	1.93	2.0	92.0	—	4.0

(3) 砂、石

选用流溪河砂，细度模数为2.90～3.10，含泥量≤1%，石子为5～25mm花岗岩碎石，针片状颗粒含量10.2%，米粒石掺量为25%。

(4) 外加剂

外加剂选用FDN高效减水剂。使用前必须在试验室检验其减水、缓凝等性能，务必达到配合比要求的性能。

2. 机具

(1) 混凝土搅拌站的各种机具，包括搅拌机、皮带运输机、给水装置和外加剂添加装置等，必须经过调试并正常运转。

(2) 给水装置和外加剂添加装置要有经计量检定合格的自动供给系统。

(3) 运送混凝土专业用车：用容量为 $6m^3$ 的混凝土搅拌输送车。

(4) 现场垂直运输用3000kN·m塔式起重机及容量为 $1.5m^3$ 的料斗装卸投料，用钢串筒入模。

(5) 振动器用插入式高频振动器，振幅1.5mm。

3. 作业条件

(1) 钢管直径为1400～1500mm，用20～24mm厚16Mn钢板在工厂制作，现场安装拼接。钢管必须安装定位校核准确，接驳口焊接验收应达到施工验收规范的要求。

(2) 浇注管内混凝土前应搭设施工操作平台，平台应稳固。

(3) 施工现场应做好各项准备工作，包括检查塔式起重机的工作状态、料斗和振动器的使用情况、在钢管内悬挂钢串筒和钢爬梯等，钢串筒及接料斗在安装悬挂前需在钢管外淋水湿润，必须另预备料斗和振动器各一个以上，以作备用。混凝土浇筑前对钢管孔底进行清理，排除杂物及存在孔内的积水（首层浇筑前）或养护水。

(4) 混凝土搅拌站下达任务单时，必须包括工程名称、地点、部位、数量，对混凝土的各项技术要求（强度等级、坍落度、缓凝时间等），交接班搭接要求，连同施工配合比通知单一起下达。

(5) 设备运转正常，混凝土搅拌运输车数量满足要求。

(6) 材料供应充足，有足够的储备量或后续供应有保证。

(7) 搅拌站、浇筑现场和运输车辆之间有可靠的通讯联系手段。

6.3.6.2 操作工艺

1. C80级高性能混凝土配合比

C80级高性能混凝土配合比按试验室确定进行（经模拟试验试生产满足强度、流动性、工作性与体积稳定性的要求)。所采用的配合比见表6-4。

C80级高性能混凝土配合比 表6-4

施工配合比	水灰比	配合比(水泥:混合材:砂:石:水)	含砂率(%)	坍落度(mm)	质量密度(kg/m³)	初凝时间(h)	终凝时间(h)
	0.27	1:0.41:1.40:2.62:0.27	35.0	200~220	2442	8~9	9~10
	材料用量 (kg/m³)						
	水泥	砂	石	水	细磨矿渣	I级粉煤灰	外加剂
	420	590	1100	160	120	52	31.376

2. 混凝土的拌制

混凝土配料时应注意下列事项:

(1) 配料室必须严格按混凝土配合比通知单配料,并设立生产工作日志,记录当班混凝土的生产情况、天气变化及设备运行情况。

(2) 配料顺序为:水泥+砂+掺合料+水+减水剂→石,投料允许偏差规定为:水泥、掺合料、水为±1%,粗细骨料±2%,外加剂±1%。

混凝土搅拌时的投料顺序与搅拌制度为:

水泥+砂+掺合料+水+外加剂→搅拌90s→石→搅拌60s→卸入混凝土搅拌输送车内→车内搅拌60s→出料。

3. 混凝土运输及抽样检验

注意事项如下:

(1) 混凝土搅拌输送车装料前应清洗拌筒,并把筒内积水排清。混凝土搅拌输送车出站前,必须经质量检查员检查工作性合格后才能签证放行。

(2) 运输途中,拌筒以1~3r/min转速进行搅动。

(3) 搅拌输送车到达施工现场卸料前,应使拌筒以8~12r/min转速转动1~2min,然后再进行反转卸料。

(4) 现场取样时,应以搅拌输送车卸料1/4后至3/4前的混凝土为代表,每根钢管混凝土柱每次浇注均应取样,测取7d、28d强度。

(5) 混凝土搅拌输送车出站前和到达现场的坍落度抽检每柱不少于2次,坍落度损失不应大于20mm。若到达施工现场的混凝土坍落度不能满足施工要求,需添加外加剂,添加数量及方法由搅拌站驻现场技术人员确定。

4. 混凝土浇注

注意事项如下:

(1) 钢管混凝土柱混凝土施工均在施工楼层标高以上,故浇注前必须在钢管顶部搭设施工操作平台,平台应稳固,并应有安全围栏。

(2) 混凝土的垂直运输采用塔式起重机吊运,用1.5m³料斗装卸,必要时需在下料口加装附着式振动器,以利出料。每段钢管内混凝土浇筑高度均超过6m,为保证下料自由高度H不大于2m,必须利用钢串筒投料。

(3) 每次混凝土浇筑前均应保持混凝土接触面湿润,首次投料前,不用浇筑水泥砂浆层,为避免自由下落的混凝土粗骨料产生弹跳现象,首次投料时串筒离混凝土面高度应小于1000mm。

(4) 混凝土应分层浇注，分层振捣，分层厚度不大于1000mm，采用插入式高频振动器振捣，上下振动，垂直且缓慢拨棒，插点按梅花型三点振捣，逐点移动，按顺序进行，不得遗漏，间距不大于500mm，振动时间每点控制在20～30s，以混凝土表面已呈现浮浆和不再沉落、不冒出气泡为止。

(5) 为了更好地控制高频振动器按梅花点位置准确下振，保证振动均匀，操作人员应用拉绳控制振动棒下振点。操作人员需进入钢管内操作时，必须悬挂钢爬梯上落，必须系挂安全带施工。

(6) 当混凝土浇注至钢管内环肋位置时，必须停止浇注，并沿内肋环向加强振动，使混凝土内气泡通过内肋排气孔排出，防止内肋下气泡聚集使混凝土产生空鼓现象。

(7) 浇筑混凝土应连续进行，如出现间歇时间，则应在前层混凝土初凝之前将次层混凝土浇筑完毕。

(8) 每次浇筑混凝土完成面应低于管面标高200mm，当浇注混凝土到完成面标高时，改用普通型振动器振捣，并适当控制振捣时间，使混凝土中石子不完全下沉，呈均匀分布。若表面出现少量浮浆，则可用人工刮除浮浆至完成标高，并将混凝土表面刮花处理。

5. 混凝土养护

高性能混凝土施工时基本不泌水，混凝土浇注后必须立即采取措施防止蒸发失水，造成表面开裂；从水泥水化作用的角度看，高性能混凝土本身用水量极小，更需要采取良好的养护手段，保证水泥的完全水化作用。因此，混凝土施工完成后随即用湿麻包袋覆盖混凝土完成面，并用钢板封盖管顶。混凝土终凝前，每半小时用人工淋湿麻包袋，保证麻包袋吸水饱和。混凝土终凝后，完成面仍盖麻袋并淋水养护，直至上一层混凝土浇筑前。

6.3.6.3 质量保证措施

(1) 遇有雨水影响砂、石含水率时，应及时检测，并调整配合比。

(2) 经常检查掺合料、外加剂的自动计量系统的工作状态是否正常。

(3) 雨天施工时，施工场地应采取防雨措施，接料斗及混凝土搅拌输送车的出料口均应用塑料编织布遮盖，防止雨水渗入。

(4) 混凝土施工前，应召开有混凝土生产、现场施工的岗位负责人及主要操作人员参加的技术交底会议，确保严格按照本施工工艺要求进行施工。

6.3.6.4 质量检验结果

根据现场制作的124组试件的检验结果分析，其28d抗压强度平均值为90.4MPa，最大值为104MPa，最小值为80.1MPa，标准差为2.93MPa。

6-4 钢骨钢筋混凝土结构施工

6.4.1 核心筒钢骨钢筋混凝土结构设计简况

在地下4层至地上16层中筒核心剪力墙钢骨钢筋混凝土结构中，设计采用了41条钢骨柱，柱截面为箱形和工字形两种，混凝土强度等级为C60，钢板为16Mn合金钢，钢板厚16mm、18mm、20mm、22mm和24mm，钢柱接头亦为内衬坡口焊。

剪力墙内暗梁、墙内水平筋与钢骨柱连接处，均采用钢柱开方孔、圆孔的处理方法以贯穿钢筋，在钢板开方孔处采用覆板补强。

6.4.2 钢骨柱的制作

为确保施工方便和满足设计对焊缝的要求,钢骨柱现场接驳位置为楼层面标高以上1500mm位置处,以利现场合拢焊接操作和与竖向钢筋锥螺纹接头位置错开1000mm。

1. 放样、下料要求

钢骨柱以6t为限确定分段长度,为方便结构运输,钢骨柱长度应不超过12m。

原则上钢骨柱每段均由一块钢板切割完成以尽量减少水平焊缝,各钢骨柱分段长度加放3～5mm焊接收缩补偿量。钢骨柱箱体板下料时,单边坡口留根约2mm,以方便装配及减少钢骨柱横向收缩变形。

各钢骨柱箱体板利用半自动或数控切割;箱体板方孔及加强覆板方孔必须利用数控或半自动切割机割出,禁止手割,以便保证开孔精度。钢骨柱各螺栓孔应利用钻头钻出或数控切割割出,禁止手割螺栓孔。

放样、下料时应精确确定各螺栓孔及方孔位置;各钢骨柱箱体板下料后必须用色漆标明编号。

2. 钢骨柱装焊

钢骨柱箱体板与内侧覆板对正方孔位置点焊,二氧化碳保护焊围焊覆板。

在简易水平胎架或平台上组装钢骨柱。注意箱体组装时应确保各两两相对板的方孔及螺栓孔对正,以确保土建施工时钢筋可以顺利贯穿钢骨柱。

CO_2气体保护焊或埋弧自动焊施焊箱体单边角焊缝时,注意应用双数焊工采用逐步退焊法对称施焊,尽一切可能减少焊接变形。

6.4.3 钢骨柱的安装

6.4.3.1 首段钢骨的安装

首段钢骨柱进场前,应按设计图纸的要求放出各柱的轴线位置,在工程桩顶或者垫层面做好1:1水泥砂浆找平层或C20级混凝土支垫(座),严格控制支承面标高。

复核安装定位使用的轴线控制点和测量标高基准点。

在底板底网筋按设计图纸要求排位绑扎后(遇钢骨柱底支承砂浆垫块位置暂不绑扎,留出钢骨柱脚安装位置,但应按图纸要求的数量排筋),用塔式起重机将首段钢骨柱就位,并调整柱的垂直度和标高。钢骨柱就位后,将柱脚钢板与底板底网筋焊接,同时,底板底网筋亦与该部位的工程桩钢筋笼钢筋焊接,使钢骨柱与底板底网筋、工程柱钢筋笼形成一个稳定的底座结构,防止钢骨柱脚移位。调整好垂直度后,在底板混凝土浇筑高度范围内用L60×6角钢斜撑在柱的四个方向作为支撑,角钢一端与钢柱焊接,一端支撑在工程桩顶或垫层混凝土面,并与底板底网筋焊接牢固,如图6-15所示,使单根钢骨柱临时固定

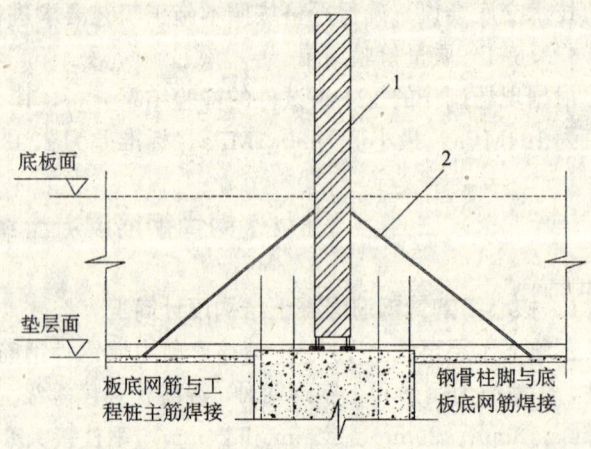

图6-15 首段钢骨柱安装
1—钢骨柱;2—角钢支撑(上与钢柱壁、下与底板网筋焊接)

(此角钢支撑随底板混凝土的浇筑埋入混凝土内),松开塔式起重机吊钩,单根钢骨柱便安装完毕。然后进行底板上层钢筋和墙柱钢筋的绑扎,并浇筑底板混凝土。

6.4.3.2 钢骨柱安装工艺

除首段钢骨柱安装方法与钢管不同外,其余钢骨柱安装方法与钢管安装方法相同,均为内衬管连接,钢骨柱临时加固板如图6-16所示。

钢骨柱的垂直度校核采用吊重锤方法,定位轴线等采用钢尺测量。

6.4.3.3 钢骨柱安装与钢筋绑扎、混凝土浇筑工序的配合

首段钢骨柱安装前,应先进行底板底网筋的绑扎,并将钢骨柱部位钢筋网点焊固定在工程桩主筋上。

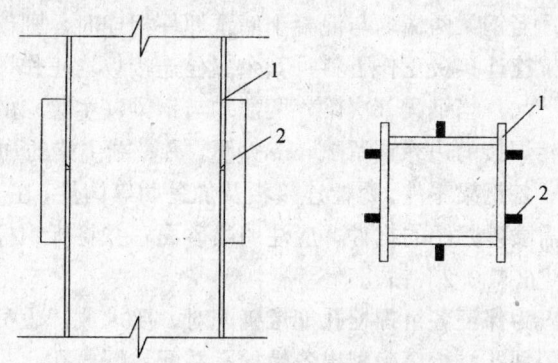

图6-16 钢骨柱临时加固板示意图
1—钢骨柱;2—临时加固板(4~8件)

钢骨柱内外混凝土浇筑与同一部位底板、剪力墙、楼面结构混凝土施工同时进行。

钢骨柱竖向对接,应先于剪力墙内竖向钢筋的连接,以保证钢骨柱对接有足够的施焊工作面。

6-5 地下室顶板钢—混凝土组合楼板施工

6.5.1 钢—混凝土组合楼板简况

地下室顶板结构设有大量主次钢梁作为楼板支承结构,楼板为压型钢板—钢筋混凝土的组合楼板。钢梁连接钢管混凝土柱、核心墙及地下室连续墙。钢梁与钢管混凝土柱牛腿之间、钢梁与混凝土墙预埋件之间、钢梁与钢梁之间通过扭剪型高强度螺栓连接,部分辅以焊接。钢结构均采用16Mn钢,钢梁截面为I型,其$b \times h$为200~300mm×300~650mm,高强度螺栓连接摩擦面的抗滑移系数要求不小于0.45。

压型钢板作为永久性模板,可省却传统施工的满堂红支模体系,无支模和拆模的繁琐作业,而且上下楼层可同时施工,施工进度可显著加快。

为赶工期,地下室采用半逆作施工方法,中筒部分先行施工,周边部分滞后施工,致使钢梁安装施工成为高空作业,施工净空高度约8~16.4m。

6.5.2 钢梁制作

6.5.2.1 放样及预留余量

核对施工图的安装尺寸和孔距,以1:1大样放出节点,核对各部分的尺寸;制作样板作为下料加工的依据。放样时,加工工件要考虑加工余量,焊接构件要预留焊接收缩余量,具体要求如下:

(1) 钢梁(工字梁)面板腹板均按每米加长1mm的原则预留焊接收缩补偿量,不再另外预留。

(2) 当钢梁两端均与钢管混凝土柱牛腿相连时,仅一端牛腿预留20mm余量供现场装焊时调整,另一端牛腿正作下料(按设计图尺寸下料)。其余牛腿均正作下料。

(3) 当钢梁一端与混凝土墙预埋件相连,另一端与牛腿或钢梁相连时,则与混凝土墙预埋件相连接的螺栓连接板,其与预埋件相焊接的边缘预留20mm余量,供现场装焊时调整;当钢梁两端均与混凝土墙预埋件相连时,则仅一端螺栓连接板预留20mm余量,另一端螺栓连接板正作下料;其余螺栓连接板均正作下料。

(4) 当钢梁（次梁）两端均与钢梁（主梁）的加劲肋相连时,仅一端的加劲肋在与主梁相焊接的边缘预留20mm余量,另一端主梁的加劲肋正作下料。其余加劲肋均正作下料。

各钢梁零件、螺栓连接板及加劲肋等构件,在下料后均用色漆标明零件号及方向性;其中需喷砂除锈的构件,应注明喷砂面,并将标识标在非喷砂面。

6.5.2.2 钻孔

为保证各组螺栓孔能准确配对,要求放样人员制作各组螺栓孔的划孔样板,钻孔时均利用划孔样板精确划出各螺栓孔并配钻螺栓孔。

为避免焊接收缩及加热矫正收缩对孔位的影响,先放样提供螺栓孔位置线条,并且各钢梁在焊接完毕、矫正变形后,再利用划线条精确划出螺栓孔位置并配钻螺栓孔。

除预留余量的钢管混凝土柱牛腿的螺栓孔在现场按实钻孔以作为现场调整外,其它构件的螺栓孔均在厂内钻出。加劲肋、牛腿腹板的螺栓孔在下料后,即利用划孔样板划出螺栓孔与螺栓连接板一起配钻孔;钢梁腹板在钢梁装焊、变形矫正完成后,利用划线样板确定孔位,再根据螺栓连接板的螺栓孔配钻孔。

6.5.2.3 除锈与涂装

钢结构板材下料前均不需涂装,但不允许使用严重锈蚀的板材。

所有螺栓连接接头、螺栓连接板与钢梁腹板的磨擦接触面均应进行喷砂除锈（在零件下料、钻孔后进行）;除锈后不涂装,现场安装前用钢丝刷清除磨擦面浮锈即可。

钢结构组装焊接完毕后,涂装与表面防火喷涂按设计要求执行。

6.5.2.4 厂内组装

牛腿、钢梁拼装时须保证面板与腹板间的垂直度及腹板相对面板分中尺寸,垂直度偏差应不大于1.5mm。钢梁在装配成形后,焊接前,在腹板与面板之间加设斜撑以作临时加强,减少钢梁面板变形。钢梁装配后须提请装配检验。

二氧化碳气体保护焊施焊角焊缝,采用逐步退焊法对称施焊,尽可能减少焊接变形。焊后拆除斜撑,批磨码脚、飞溅物,并提交焊接报告。

加热或油压机矫正钢梁波浪变形后,须提请钢梁直线度检验,保证钢梁直线度偏差不大于$L/1000$（L为钢梁长度）,且不大于10mm。

钢梁与各螺栓连接板用螺栓紧密连接,并提请完整性检验及标识检验。

钢梁厂内组装焊接完整性要求如下：

(1) 钢梁在厂内制作完成后,均应用色漆清晰标明钢梁号、两端口轴线方向;

(2) 钢梁上不开孔加劲肋均在厂内与钢梁装焊完成,而开孔加劲肋在厂内先与钢梁点焊临时固定,待现场安装时,在与加劲肋相连的钢梁（次梁）就位后再施焊;

(3) 钢梁在组装焊接完成后,运送现场前,应用螺栓将螺栓连接板与钢梁连接牢固;

(4) 牛腿在厂内与钢管混凝土柱装焊,牛腿面板与钢梁面板在现场安装时采用单面衬垫焊型式连接,衬垫在厂内与牛腿焊接好,以便现场支托钢梁,如图6-17。混凝土墙预埋件也加焊角钢垫座,以便安装现场临时支托钢梁。

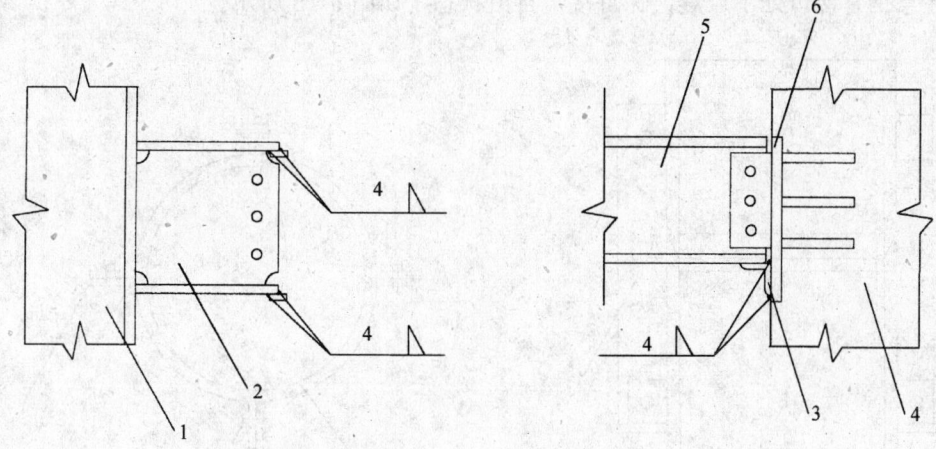

图 6-17 钢梁安装现场临时支托示意
1—钢管混凝土柱；2—牛腿；3—角钢安装垫座；4—中筒剪力墙；5—钢梁；6—预埋件

6.5.2.5 钢梁制作精度
钢梁制作精度要求见表 6-5。

钢 梁 制 作 精 度 表 6-5

项 目	允 许 偏 差	检 验 方 法
直线度	$\leqslant L/1000$ 且 $\leqslant 10mm$	用拉线、钢尺
面板角变形	$\leqslant 3mm$	用直角尺、钢尺
扭曲变形	$\leqslant 5mm$	用吊线、拉线、钢尺
孔位偏差	$\leqslant 0.5mm$	用钢尺

6.5.3 钢梁安装

6.5.3.1 机具与人员配备
本工程选用 2 台塔式起重机，2 台磁吸钻机，2 台多头焊机和 4 套风焊机。以人员跟随机械运转为原则，配备起重工 4 名，铆工 4 名，电焊工 4 名，安装工 8 名，起重机司机 4 名。

6.5.3.2 安装顺序
钢梁安装顺序如下：

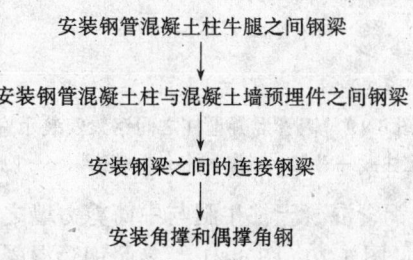

6.5.3.3 安装步骤与方法
钢梁安装步骤与方法如下：

（1）带牛腿的分段钢管初步定位及调整垂直度后，利用临时连接板用螺栓将上下钢管分段连接，以防止钢管倾倒。

注意钢管接口处不点焊,保持接口自由状态,如图6-18所示。

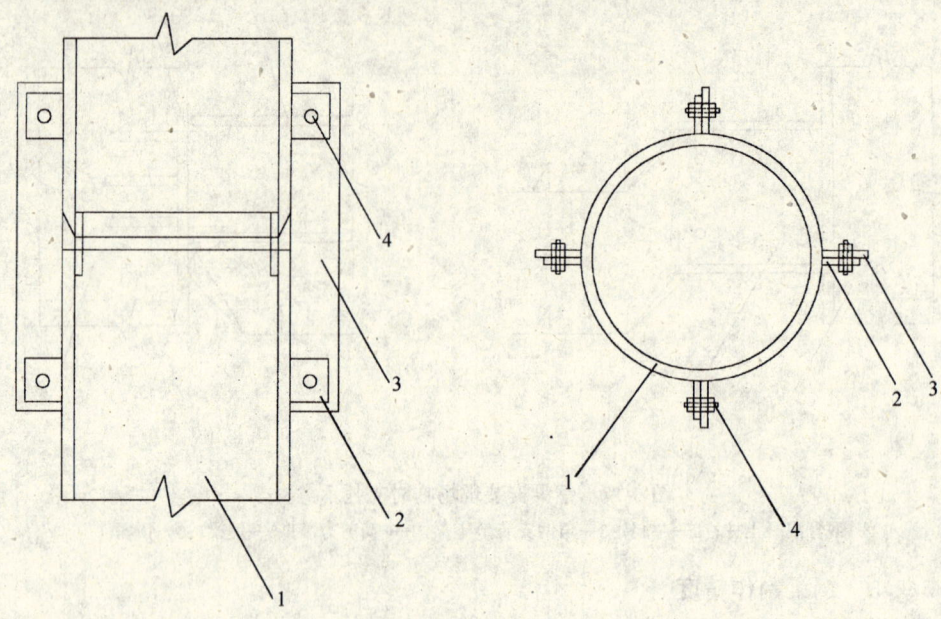

图6-18 带牛腿的分段钢管上下接口示意

1—分段钢管;2—耳板20mm×100mm×80mm;3—临时连接板20mm×100mm×1000mm;4—孔ϕ22mm,M20

(2) 用塔式起重机吊装钢管混凝土柱之间的连接钢梁(见图6-19),钢梁可临时托放在牛腿衬垫(见图6-17)上,利用油压千斤顶调整钢梁,使钢梁腹板与牛腿腹板螺栓孔对正,然后调整钢梁就位,切割其中已预留余量的钢管混凝土柱牛腿边缘余量,再以该牛腿的连接板为划孔样板,用磁吸钻机钻出牛腿腹板螺栓孔,再安装螺栓。

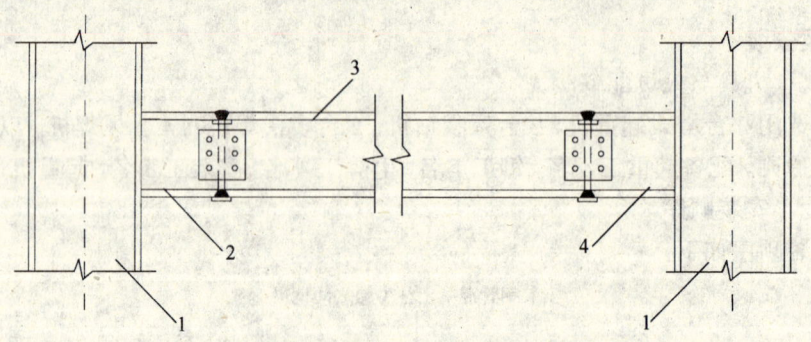

图6-19 钢管混凝土柱之间钢梁安装示意

1—钢管混凝土柱;2—牛腿(正作下料);3—钢梁;4—牛腿(预留余量)

(3) 用塔式起重机吊装钢管混凝土柱牛腿与中筒剪力墙之间、钢管混凝土柱牛腿与地下连续墙之间的连接钢梁(见图6-20、图6-21),参照钢管混凝土柱之间连接钢梁的安装方法进行。

(4) 调整钢管垂直度及高度尺寸,保证钢管垂直度偏差不超过$L/1000$,并确保钢梁水平后,切割钢梁与混凝土墙预埋件螺栓连接板边缘余量,将连接板点焊在混凝土墙预埋件上。

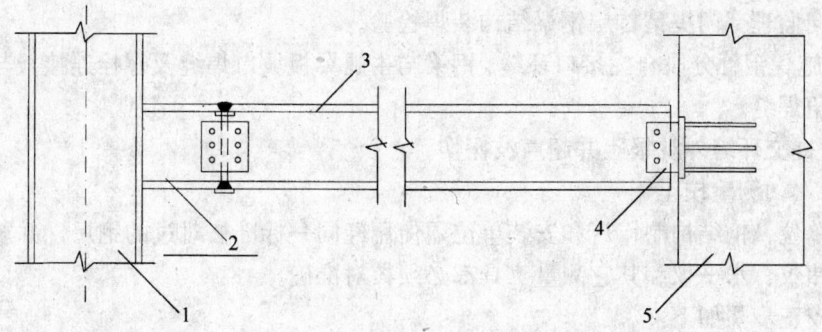

图 6-20　钢管混凝土柱与中筒剪力墙之间钢梁安装示意
1—钢管混凝土柱；2—牛腿（正作下料）；3—钢梁；4—连接板（预留余量）；5—中筒剪力墙

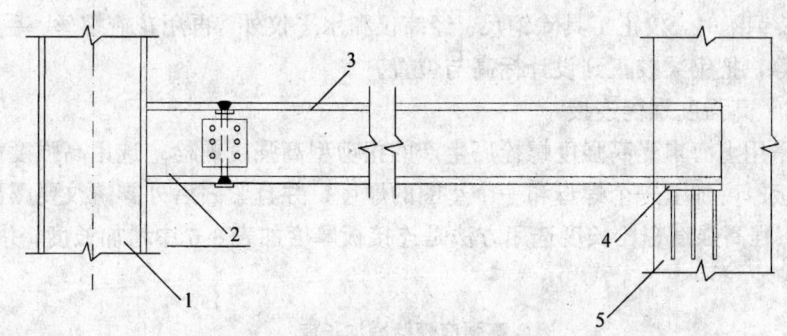

图 6-21　钢管混凝土柱与地下连续墙之间钢梁安装示意
1—钢管混凝土柱；2—牛腿（正作下料）；3—钢梁；4—预埋件；5—地下连续墙

（5）点焊钢管分段合拢接口，并利用临时连接板（4～5块）加强环缝周边。

（6）同时用塔式起重机吊装各钢梁之间的连接钢梁（见图6-22）。钢梁调整就位后，切割其中已预留余量的开孔加劲肋的边缘余量，然后安装螺栓，再按设计要求将加劲肋焊接在钢梁（主梁）上。

（7）类似方法安装其它各钢梁。

（8）装焊角撑及偶撑角钢。

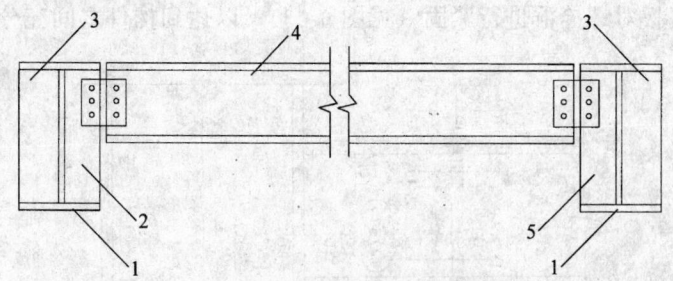

图 6-22　钢梁之间钢梁安装示意
1—钢梁（主梁）；2—开孔加劲肋（正作下料）；3—不开孔加劲肋（正作下料）；
4—钢梁（次梁）；5—开孔加劲肋（预留余量）

(9) 向监理部门提请首层钢梁结构装焊检验。

(10) 施焊钢管分段合拢接口环缝、钢梁与牛腿翼板坡口焊缝及螺栓连接板与混凝土墙预埋件间角焊缝。

(11) 提交环缝外观报验并超声波探伤。

6.5.3.4 测量校正

土建单位、钢结构制作厂和安装单位须使用经同一标准核对过的钢尺,并规定钢尺的拉力。经纬仪、水平仪和其它测量工具都必须核对准确。

测量校正步骤如下:

(1) 根据设计图纸计算出钢梁各定位轴线的角度和精确位置,并编成测量用表。

(2) 按照测量用表,放出钢梁安装位置线及辅助线,精确到0.5mm,用色泽鲜艳、牢固的颜色标在永久性钢筋混凝土结构上。

(3) 安装钢梁时,校正工具除钢尺、经纬仪和水平仪外,再用花篮螺丝、手拉葫芦、卡环、钢丝绳等,把钢梁校正到设计标高与位置。

6.5.3.5 高强度螺栓连接

本工程采用上海申光高强度螺栓厂生产的扭剪型高强度螺栓。选用高强度螺栓的长度为紧固连接板厚度加上一个螺母和一个垫圈的厚度,并且紧固后外露螺纹要露出三个螺距的长度。本工程高强度螺栓长度选用方法是连接板厚度加表6-6中增加长度,并取5mm的整倍数。

高强度螺栓增加长度 表6-6

螺纹规格 d	增加长度(mm)
M20	30以上
M22	35以上
M24	40以上

高强度螺栓进场前必须进行抗滑移系数复验、螺栓预拉力复验,其结果符合标准规定和设计要求后,方可在本工程使用。

为使螺栓群中所有螺栓都均匀受力,初拧、终拧都应按一定顺序进行,即由柱(支座)的一侧上下翼缘向柱(支座)的同侧腹板,再由柱(支座)的另一侧上下翼缘向柱(支座)的该侧腹板对螺栓群进行紧固(见图6-23),以达到构件之间充分吻合。

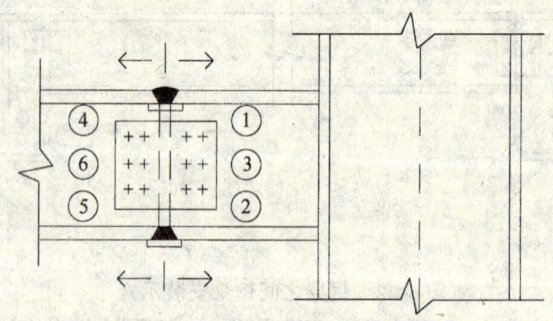

图6-23 高强度螺栓紧固顺序示意
(高强度螺栓紧固按①~⑥顺序进行)

高强度螺栓安装工艺流程如下：

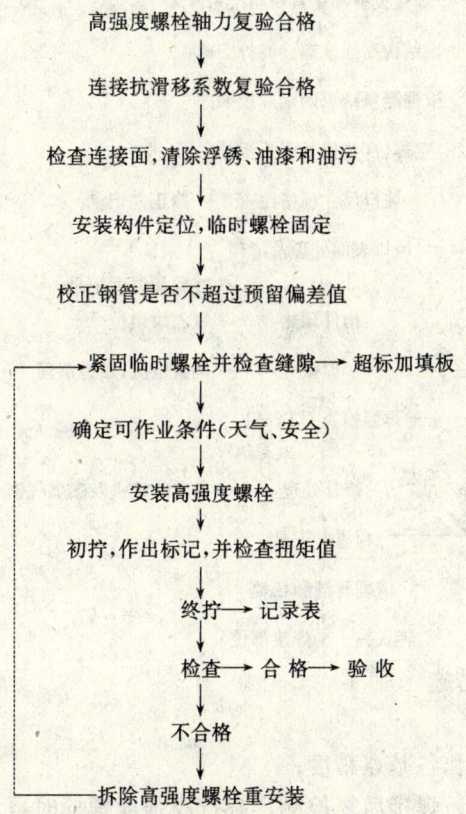

6.5.3.6 现场焊接

本工程焊前经焊接工艺选择决定焊接工艺。焊接施工须与总体施工顺序协调一致。焊接顺序如下：

（1）钢梁与钢管混凝土柱牛腿连接，先将钢梁与牛腿之间的连接板用高强度螺栓连接并初拧，再终拧高强度螺栓，最后将梁翼板与牛腿翼板焊接。而在同一节点，先焊钢梁的下翼缘，后焊钢梁的上翼缘。

（2）钢梁与中筒剪力墙预埋件连接，先将连接板与钢梁用高强度螺栓连接并初拧，再终拧高强度螺栓，最后将连接板与中筒剪力墙预埋件焊接。

现场焊接采用手工电弧焊，焊接工艺流程如下：

6.5.3.7 钢梁安装精度

钢梁安装精度要求见表 6-7。

钢 梁 安 装 精 度　　　　　　表 6-7

项　　目	允 许 偏 差	检 验 方 法
安装水平度	≤$L/1000$ 且≤10mm	用拉线、钢尺
安装垂直度	≤$H/250$ 且≤15mm	用经纬仪或吊线和钢尺

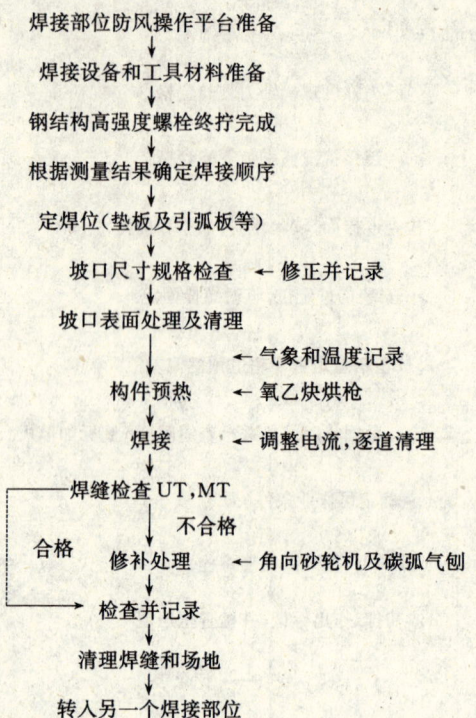

6.5.3.8 质量控制措施

1. 定位与偏差控制

(1) 严格控制主轴线和各基点精度;

(2) 吊装钢梁时重测,焊接后复检测,终拧高强度螺栓时再复测。

2. 工艺评定控制

事先制定详尽的工艺评定试验方案,经试验并根据试验结果订出焊接工艺规程。本工程施工及焊接质量均达到设计和有关规范要求。

3. 安装质量控制

构件加工运至现场后,全部构件都进行外观和尺寸检查。重点检查构件的型号、编号、长度、螺栓孔数和孔径、承剪板方向、坡口尺寸和坡口质量,严把第二道质量关。

安装质量控制的重点是构件的垂直度偏差、标高偏差和位置偏差。在制作中根据工艺试验与评定,以及模拟试验结果,预留焊接收缩余量;又根据安装方法预留现场安装调整余量,并用测量仪器跟踪安装施工全过程,保证了钢结构的安装质量。

6.5.4 压型钢板应用

6.5.4.1 压型钢板的选型

压型钢板的厚度及板型的选择是基于施工时避免临时支撑这一原则而定。根据图纸结构平面要求以及设计提供的楼面荷载,选择型号为 YXB-344-688,$t=0.8mm$ 的压型钢板。在实际施工中,除东南角一跨板需加设临时支撑外,其余板均不需加设支撑。压型钢板在上翼缘及腹板处均有压痕,不但增加了压型钢板的刚度,而且加强了压型钢板与混凝土之间的结合,有利于剪力的传递。

压型钢板形状如图 6-24 所示。

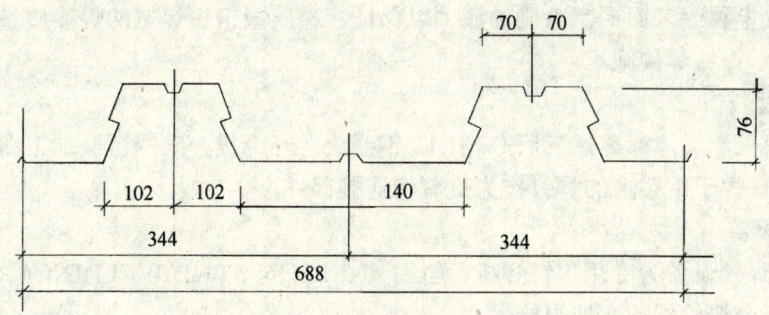

图 6-24 压型钢板形状示意图

6.5.4.2 压型钢板的安装

1. 工艺流程

压型钢板是永久性模板,又部分地起受拉钢筋的作用,还可以作为施工操作平台。压型钢板通过焊钉与楼面结构钢梁有效地共同受力工作,实现钢结构梁与钢筋混凝土翼板的剪力传递。其工艺流程如下:

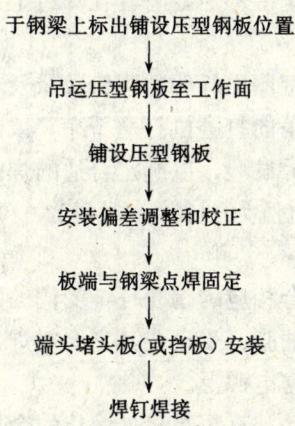

2. 技术要点

(1) 铺设时以压型钢板母肋为基准起始边,按单块板有效宽度 688mm 进行定位铺设。从钢梁一端开始至另一端,边铺设边定位,相邻跨压型钢板端头的波形槽口要贯通对齐,便于钢筋绑扎。

(2) 压型钢板要随铺设,随调整和校正位置,板与钢梁顶面的间隙应控制在 1mm 以下,铺设时要注意压型钢板公母扣边要用夹紧器咬合紧密,局部可点焊固定。

(3) 在端支座处,压型钢板支承在钢梁上的支承搭接长度为 50mm,板端头波谷处与钢梁点焊固定。

(4) 压型钢板通长铺过钢梁时,可直接将焊钉穿透压型钢板焊于钢梁上。

(5) 对简支跨大于 2.3m、连续跨大于 3.0m 的压型钢板,要加临时支撑,方法是采用 [50 槽钢固定在压型钢板底部的钢梁上,垂直于板跨方向布置,这些临时支撑要待楼板混凝土强度达到设计的混凝土强度标准值的 100% 强度后才能拆除。

(6) 压型钢板铺设完毕并焊接固定后,方可再焊接堵头板及挡板。堵头板上卜翼缘应与压型钢板及钢梁点焊固定,以确保施工阶段的压型钢板稳定。

(7) 钢梁上翼缘表面严禁涂刷油漆,以保证穿透压型钢板焊钉的焊接质量要求。

6.5.4.3 焊钉焊接施工

1. 焊钉材料

焊钉材料采用天津标准件三厂产 ML15 钢制成,经冷拔、酸洗后经加工而成,规格为 $\phi 19 \times 130$mm,焊于钢梁上的焊钉作为抗剪切连接部件。

2. 机具设备

(1) 焊钉焊接设备为专用焊钉焊机,美国产 NELSON STUD WELDING 6000 焊钉焊接专用设备,每台焊机配备 2 把焊枪。

(2) 焊钉焊机功率较大,电源必须为独立电源,容量不小于 110kW,并配备专用电闸箱。

3. 焊钉焊接工艺

根据图纸设计要求在压型钢板上划出焊钉位置,并相应排上瓷环,将焊钉焊机同相应的焊枪电源接通,把焊钉套在焊枪上,并对准绝缘瓷环座圈顶紧,打开焊枪开关电源,即熔断瓷环座圈产生闪光,经短时间(0.95~1.013s)后,焊钉便直接焊接在钢梁上或穿透压型钢板焊在钢梁上,待焊接处完全冷却后,将套在焊钉上的瓷环全部清除。

4. 焊钉焊接技术要点

(1) 压型钢板铺完后,按排版图中标明的焊钉数量及布置方法,划线定位后,把表面的油污、锈蚀、油漆和镀锌面用角向打磨机打磨干净,以防止焊缝产生脆性。

(2) 正式焊接前应做焊接参数试验,以确定合适的焊接电流、焊接时间。本工程经试验,选取施工参数为:非穿透焊电流为 1423A,时间为 0.95s;穿透焊电流为 1750A,时间为 1.013s。

(3) 焊接时每个焊钉必须配合相应的陶瓷环,受潮的陶瓷环必须烘干后才能使用,焊钉不应有锈、锈蚀坑、氧化皮、油脂、受潮或其它会对焊接工作造成有害影响的物质。

(4) 焊钉焊机必须连接在独立电源上。

(5) 施焊时,焊枪应按住不动,直至焊缝处熔化的金属凝固为止。

(6) 焊后焊钉高度应高于压型钢板波峰 30mm。

5. 质量检验

(1) 外观检查焊钉焊接质量

根据 YB 9238—92《钢—混凝土组合楼盖结构设计施工规程》,外观检验的判断标准、允许偏差和检验方法见表 6-8。

焊钉焊接质量外观检验标准　　表 6-8

外观检验项目	判定标准与允许偏差	检验方法
1. 焊肉形状	360°范围:焊肉高>1mm,焊肉宽>0.5mm	目测
2. 焊肉质量	无气泡和夹渣	目测
3. 焊缝咬肉	咬肉深度≤0.5mm 并已打磨去掉咬肉处的锋锐部位	目测
4. 焊钉焊后高度	焊后高度允许偏差±2mm	用钢尺量测

本工程施工完成及经现场检查,优良率达到 90%,评定等级为优良。

(2) 弯曲检查

外观检查合格后,逐批进行焊钉1%抽样用锤击打弯15°检验,若焊钉根部无裂缝,则认为通过弯曲检验,否则应从同批中抽样2%进行15°弯曲检验,若全部合格认为通过,如有1%不合格,则应对这批焊钉逐个进行检验。对不合格者,应在旁边增焊1只焊钉作补充。

本工程施工后经弯曲检验,优良率为90%,评定等级达到优良。

6.5.5 楼板钢筋铺设与混凝土浇筑

首层钢梁安装,压型钢板铺设完毕,焊钉施焊好后,即进行首层楼面钢筋的安装。根据组合楼盖的设计要求,在压型钢板的每槽底放置两条$\phi 12mm$钢筋,压型钢板面设双层$\phi 10@200mm$钢筋网,主力方向支座设置$\phi 12@200mm$加筋。钢筋安装时,先摆放槽底钢筋,槽底钢筋安装好后,即安装双层钢筋网的下层钢筋网,钢筋按间距排列好,梅花点用6号铁线绑扎。底层钢筋网安装好后,进行上层钢筋网及支座钢筋的安装,上、下层钢筋网之间用"冂"型$\phi 12mm$钢筋支架进行支撑,以保证上下层钢筋网间的距离。钢筋安装好后,严禁施工人员在钢筋面走动。

钢筋绑扎完毕后,即进行楼面混凝土的浇筑。楼面混凝土采用商品混凝土,强度等级为C35。浇筑混凝土前,在压型钢板面点焊竖向短钢筋,每$2000mm \times 2000mm$布置一度,在楼板面标高处油上红油漆,控制混凝土浇筑高度。混凝土浇筑采用布料杆和塔式起重机吊斗由楼面的东西两向向中间收口,混凝土施工时要连续,严禁留设施工缝。混凝土振捣采用平板振动器,振动到混凝土面开始泛浆为止,最后对混凝土面进行抹平。混凝土浇筑完后即用湿麻包覆盖养护,严禁施工人员在新浇筑混凝土面上走动,严禁在新浇筑混凝土面上堆重。混凝土终凝后,在混凝土面洒水养护7d。

7 佛山市百花广场环球贸易中心施工技术

广东省第一建筑工程公司　李泽谦　杨杰勇　刘丽莎
　　　　　　　　　　　　林武辉　吴丽娥　云惟荫

7-1 工程概况

佛山市百花广场环球贸易中心位于佛山市建新路与祖庙路交汇口东南角，占地面积约10300m²，是集商场、写字楼、酒楼于一体的多功能建筑。由广东省建筑设计研究院设计，广东省第一建筑工程公司负责土建部分施工（见彩图8）。

本工程由一幢54层直径40m的圆筒形主楼、一幢19层弧形副楼及6～7层扇形裙楼以及两层地下室组成，建筑总面积约11万m²，主楼高度203.88m。

本工程基础采用钻孔灌注桩，桩径1.0～1.6m，桩长约25～40m，桩基持力层为微风化粉砂泥岩。主楼结构为钢筋混凝土中筒-外框结构，8层以上楼板采用无粘结预应力混凝土，板厚220mm，其余层为梁板结构。副楼为钢筋混凝土框-剪结构，裙楼为钢筋混凝土框架结构。混凝土强度等级为C25～C40，防水等级为P10，外墙采用全玻璃幕墙。

针对本工程的特点，本文仅介绍如下几项施工技术：

(1) 地下室中心岛法支护施工技术；
(2) 垂直度控制技术；
(3) 高空大跨度悬挑结构支模设计及施工技术。

7-2 地下室中心岛法支护施工技术

本工程地下室2层，地下室建筑面积13010m²，基坑平面呈直角梯形，其长边100.5m，短边58.3m，高87m。基坑开挖深度-9.9m，局部-11.9m。地下室结构中心为主塔楼圆形筒体，墙厚600mm，外壁板厚500mm，地下室桩承台厚度1800～2300mm，底板板厚500mm，-1层人防板厚400mm，地下室顶板厚150mm。地下室基坑支护结构平面图如图7-1所示。

7.2.1 施工方案的确定

7.2.1.1 工程特点

(1) 本工程地质条件较差，在地面下-18m深以上基本为粉砂淤泥及中细砂层，地下水丰富。

(2) 施工环境较差，场地周边均紧靠佛山市祖庙路及已建成百花广场一期工程，对本

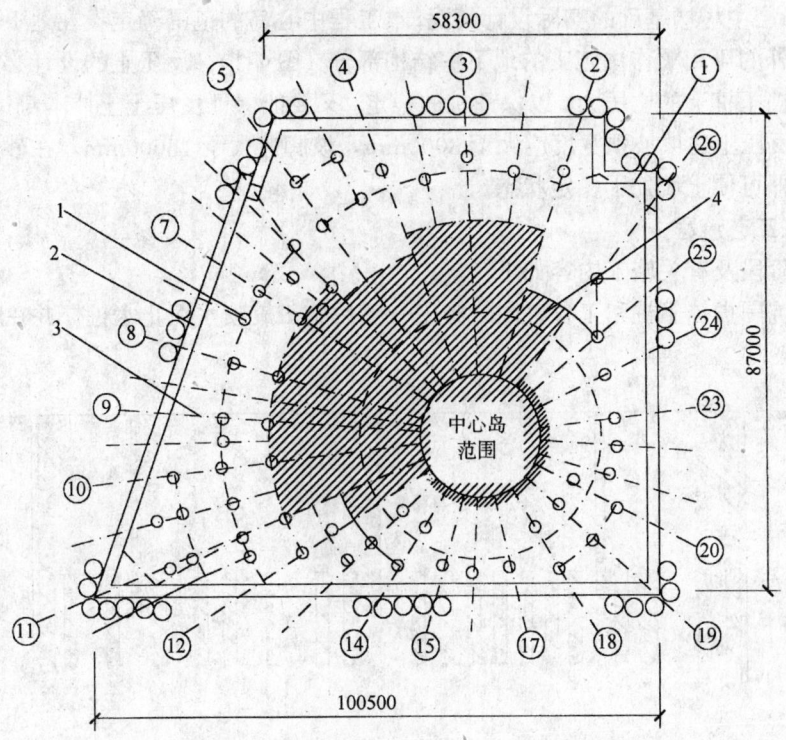

图 7-1 地下室基坑支护结构平面图
1—临时钢柱设置位置；2—周边水平卧梁；3—辐射式钢筋混凝土结构梁；4—地下室结构（顺作部分）

工程地下室开挖有较严格的施工限制。

（3）地下室开挖面积大，且在两个方向均有较大的尺度。

（4）地下开挖深度较大，地下室工程量较大，施工工期要求紧。

7.2.1.2 施工方案的选择

由于受地质及施工环境条件的限制，本工程地下室大面积深基坑的围护结构采用密排 $\phi1000mm$ 的钢筋混凝土钻孔灌注桩，其桩长平均23m；在钻孔灌注桩之间用 $\phi500mm$ 旋喷水泥桩止水，桩长至不透水层，约18~20m。由于基坑平面尺寸较大，为降低工程造价，提高综合效益，本工程充分地利用地下室本身结构，在地下室负一层标高形成一平面内支撑体系。在内支撑体系未建立以前，采取沿基坑周边预留反压土（在砂质土部分加叠砂包护坡）来抵抗基坑外土的侧压力。在基坑内反压土范围以外的地下室结构（即中心岛部分）采用顺作法进行地下室土方大开挖及内支撑体系施工；内支撑结构完成后，人工开挖并用塔式起重机吊运反压土，再用顺作法施工地下室反压土范围内周边结构。

7.2.1.3 基坑内支撑体系的构成

地下室内支撑体系由中心岛、辐射式钢筋混凝土结构梁及其支承柱（钢筋混凝土柱或临时支承钢柱）、周边水平卧梁（钢梁或钢筋混凝土梁）构成（见彩图9）。基坑外土体的侧压力传递路线为：基坑围护桩→水平卧梁→辐射式钢筋混凝土结构梁→中心岛，最后各方向的水平力在中心岛中得到平衡，从而保证围护结构的稳定。

7.2.1.4 中心岛范围的确定及反压土边坡稳定的设计

中心岛范围的确定取决于反压土边坡的稳定，也考虑到地下室底板施工的连续性，结合本工程56层主塔楼基础的实际设计情况，本工程中心岛的范围确定设在地下室基坑内反压土范围以外的可用顺作法施工的地下室结构部分（图7-1）。反压土的设计必须考虑既要平衡作用在挡土桩上的土压力，以保证桩的稳定，又要能保证反压土土体本身边坡的稳定。根据计算，反压土边坡坡顶宽度应大于3000mm，坡脚应大于15000mm，在砂质土部分加叠砂包护坡即可使土坡处于稳定状态。

7.2.2 施工工艺流程

各施工阶段及有关施工内容如下：

（1）基坑围护挡土桩和工程桩同时施工，随后施工旋喷水泥止水桩，并在基坑内布置井点降水（图7-2）。

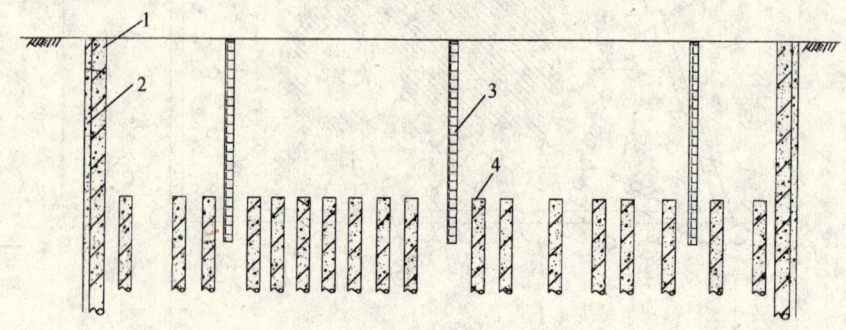

图7-2 第一施工阶段施工剖面示意图
1—ϕ1000mm钻孔挡土桩；2—旋喷止水桩；3—降水井点；4—钻孔工程桩

（2）-1层土方及-2层中心岛土方机械开挖，沿基坑周边预留反压土，砂质土部分加叠砂包护坡（图7-3）。

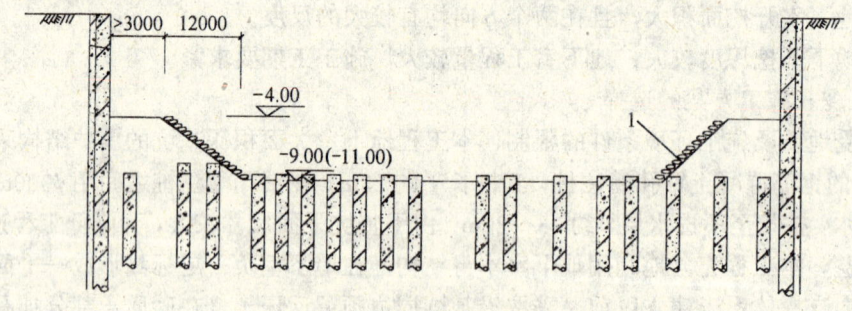

图7-3 第二施工阶段施工剖面示意图
1—砂包护坡

（3）中心岛结构顺作法施工桩承台、底板、-2层墙柱及-1层梁板。在反压土边坡范围及其边界处无法施工原结构承台时，在工程桩上做组合型钢支柱，以临时支承-1层结构支撑梁（图7-4）

（4）-1层辐射式结构梁及周边水平卧梁施工。辐射式结构梁梁端伸入挡土桩200mm，以利用挡土桩作为其临时端支承点。由于结构梁的临时支座的不规则，部分支撑梁出现超原结构跨度情况，则需作结构复核处理（图7-5）。

（5）内支撑系统完成并具一定强度后，人工开挖并用塔式起重机吊运反压土，随后用

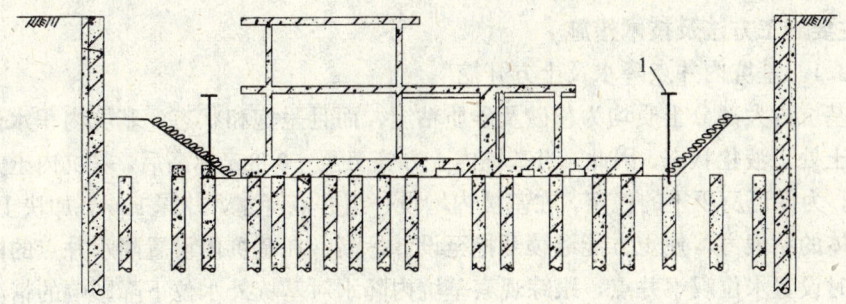

图 7-4 第三施工阶段施工剖面示意图
1—临时钢支柱

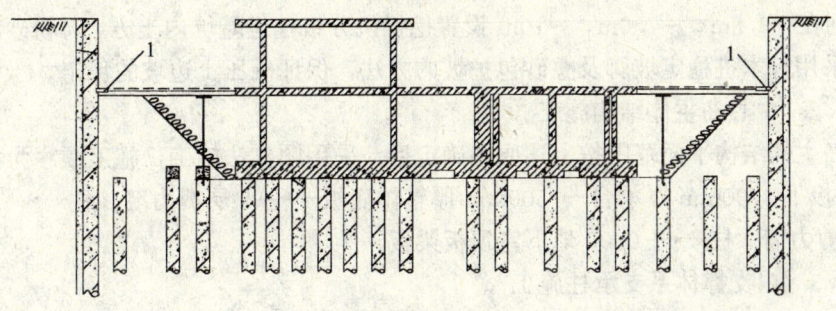

图 7-5 第四施工阶段施工剖面示意图
1—周边水平卧梁

顺作法施工反压土范围内-2层地下室结构（图7-6）。

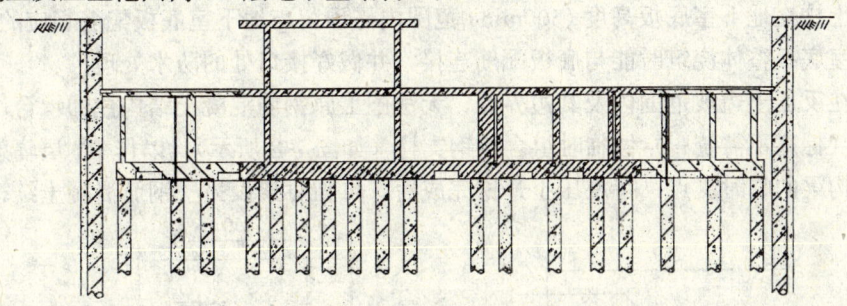

图 7-6 第五施工阶段施工剖面示意图

(6) 继续施工地下室-1层结构至±0.00板面，在完成-2层室外防水及其保护层后，用石粉回填至水平卧梁底，随后凿除水平卧梁，继续完成-1层室外防水及其保护层后，回填石粉至室外地坪（图7-7）。

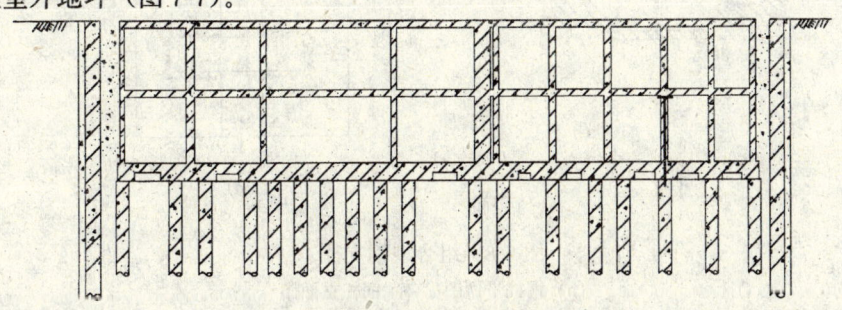

图 7-7 第六施工阶段施工剖面示意图

7.2.3 主要施工方法及技术措施

7.2.3.1 基坑内井点降水及土方开挖

由于基坑内大部分土质均为粉砂及砂质粘土，而且呈饱和状态，基坑内积水使粉砂层及砂质粘土处于液化状态，因此，当基坑内土方施工至-3.8m标高后，基坑内土方已无法开挖施工，为保证反压土的稳定，在基坑内增设一组井点降水，井深12m，加快土体固结，以增强土体的粘聚力，使土方能继续开挖至设计标高。在基坑内设置降水井点的同时，在基坑外同时设置水位观察井点，跟踪观察基坑内降水对基坑外水位下降影响的情况，以便及时采取措施，以确保基坑外建筑物不致因为水位的急剧下降而受到危害。

基坑内井点降水后，基坑内-3.8m～-11.9m的土方采用挖掘机三级挖运土方的方法施工：分别在-3.8m，-7.0m，-10m设置挖掘机分级挖运基坑内土方。对粉砂层及个别渗漏地段采用打木桩稳定坡脚及叠砂包护坡的方法，保证反压土边坡的稳定。

7.2.3.2 中心岛主体结构施工

中心岛主体结构平面范围按上述原则确定后，采用顺作法施工，施工顺序为：桩承台垫层→底板下1700mm厚承台→500mm厚整体底板→-2层剪力墙、柱→-1层梁板→-1层剪力墙、柱→±0.00地下室顶板梁板。

7.2.3.3 内支撑体系支承柱施工

内支撑体系支承柱的施工分两种情况：

(1) 在中心岛范围与反压土边坡之间的原结构支承柱的施工，可用顺作法把承台施工至底板底，并把原结构钢筋混凝土柱施工完毕，以支承辐射式钢筋混凝土结构梁，唯此时钢筋混凝土柱在地下室底板高度（500mm）范围内需预留与地下室底板配筋相应的预留筋，以便地下室底板整体浇筑时能与底板配筋连接，并做好接口处的防水处理。

(2) 在反压土边坡范围内及其边界处，无法施工原钢筋混凝土结构柱的承台，则可在工程桩上（标高不需统一）做临时组合型钢支柱（如图7-8所示），以作-1层辐射式钢筋混凝土结构梁的临时支点，待反压土开挖完成后，再临时架设另一钢筋混凝土结构梁的临

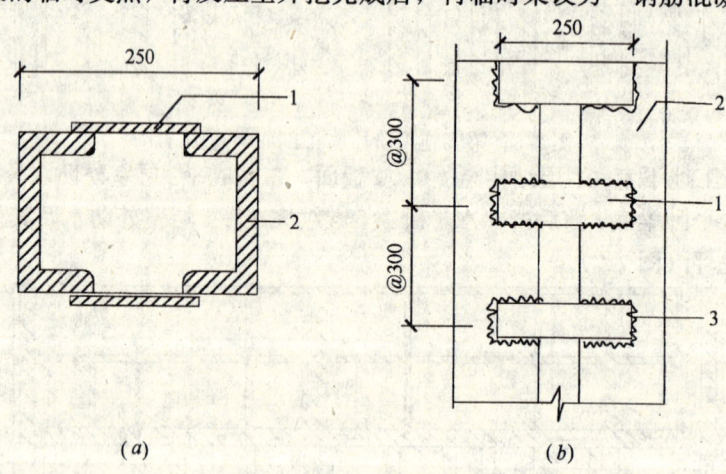

图7-8 组合型钢支柱
(a) 钢柱平面图；(b) 钢柱立面图
1—200mm×100mm×6mm 钢板；2—2[200槽钢；3—与槽钢接触处满焊焊缝

时支点,拆除工程桩上的原临时组合型钢支柱,按照上面(1)的方法完成钢筋混凝土结构支承柱作为辐射式钢筋混凝土结构梁的原设计支承点。

7.2.3.4 内支撑体系辐射式钢筋混凝土结构梁施工

内支撑体系辐射式钢筋混凝土结构梁由地下室结构-1层主梁组成,其作为水平卧梁的支承点,并传递挡土桩的侧向土压力给中心岛。辐射式钢筋混凝土结构梁支承于钢筋混凝土结构柱上或临时支承钢柱上,其施工做法如图7-9所示。

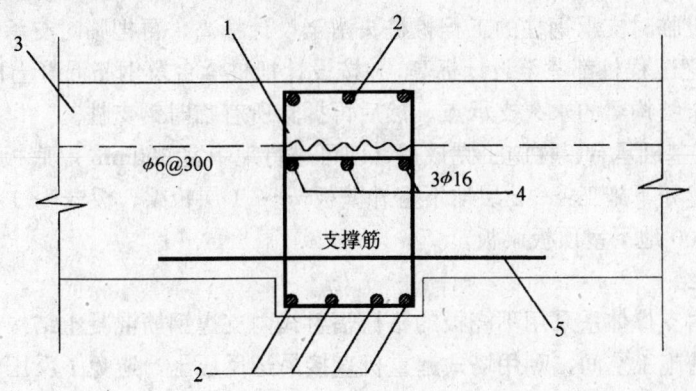

图7-9 辐射式结构梁
1—原梁箍筋;2—原梁配筋;3—楼面板;4—增设支撑筋;
5—楼面环向梁底筋在梁跨1/3~1/4处错开冷驳

7.2.3.5 内支撑体系水平卧梁施工

本工程内支撑体系水平卧梁由于尺寸的限制,部分采用1000mm宽的钢筋混凝土梁,部分采用4工30a组合钢梁,其支承关系如图7-10所示。

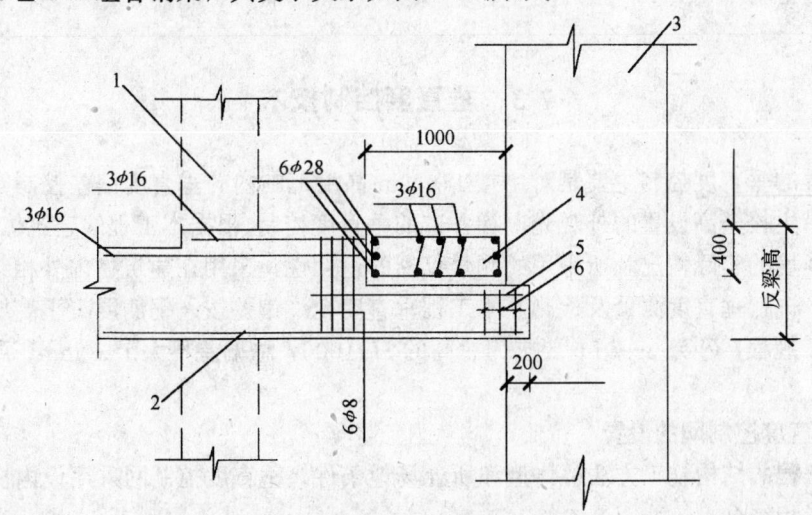

图7-10 水平卧梁
1—外壁板;2—原梁筋加长;3—挡土桩;4—水平卧梁;5—附加筋;6—加密箍

7.2.3.6 反压土顺作法开挖施工

当基坑内支撑体系施工完成且混凝土具有相应强度后，可以开始进行反压土的开挖工作。反压土用人工开挖、塔式起重机吊运，挖运过程中若碰到挡土桩渗漏情况，则用防水布填塞止水，以减少渗漏拖带基坑外砂质土内流，引起基坑外地台或建筑物下沉。

7.2.3.7　中心岛外－1、－2层基础、柱、底板、地下室外壁板、楼面梁板施工

（1）当反压土开挖完成后，即可对所有未完成的－2层桩承台及柱进行顺作法施工。此时，由于部分临时支承钢柱仍支承于未达设计标高的工程桩上（未凿桩至设计标高），故此需先将部分未设临时支承钢柱的工程桩桩头凿至设计标高，再把临时支承钢柱改支承于此桩上，如此，可把工程桩都凿至设计标高，并按设计把桩承台及钢筋混凝土柱施工至－1层，作为钢筋混凝土结构梁的永久支承点，然后再拆除所有临时钢支柱。

（2）－2层基础承台、柱施工完成后，即可进行地下室500mm厚底板整体施工。并按常规顺作法继续如下施工：－2层地下室外壁板→－1层板梁、板→－1层剪力墙、柱及外壁板→±0.00地下室顶板梁板。

7.2.4　施工小结

（1）由于内支撑体系采用不浇板的格栅辐射式内支撑钢筋混凝土结构梁，为开挖反压土提供了开敞的施工空间，利用塔式起重机直接吊运反压土，避免了反压土逆作作业及增加水平运输，使之能全部顺作施工，保证了施工进度及提高了工程施工质量。

（2）本支撑技术充分利用了工程本身结构抵抗基坑外土的侧压力，其传力途径如下：基坑外土的侧压力→挡土桩→周边水平卧梁→负一层地下室辐射式结构梁→环形中筒。水平力在环内自行平衡抵消。因而，本支撑技术不仅技术可行，结构合理，而且与其它支撑形式相比，节省了大量的投资费用。据计算分析，本工程若采用悬臂式挡土桩作为基坑支护，则需增加100万元人民币的费用，而且，作为本工程的特定地质条件和地下室平面尺寸来说，并不适合采用锚杆及钢内支撑体系，因而本支撑技术更显优越性，其技术可行，经济效益显著。

7-3　垂直度控制技术

本工程的垂直度控制主要是对主楼146.9m高度范围内的垂直度偏差控制及检测，其中包括对沿主楼全高设置的外观光电梯井道的垂直度控制。根据本工程的建筑体型特点、建筑物场地环境的实际情况及所采用的测量仪器的适用性，采用在建筑物内外相结合设控制网的方法，进行垂直度测量及检测。本工程垂直度允许偏差按《钢筋混凝土高层建筑结构设计与施工规程》（JGJ 3—91）要求为总高的$H/1000$，总偏差不大于30mm，层间偏差不大于8mm。

7.3.1　垂直度控制网的设置

根据工程的结构施工方法、体型和所处场地条件，垂直度控制网采用设内控制网和外控测点两者相结合。

内控制网的作用在于建立建筑物的基准轴线，是施工放样的依据，外控测点的作用在于对建筑物垂直度的检测，通过检测的数据，计算出建筑物的垂直度偏差值，而两者又起着互相校核的作用。

7.3.1.1　内控制网圆心点及基准轴线布设

(1) 圆心——a) 作为平面控制及测量放线的主控因素,最原始的基准点。

b) 圆心定位根据设计图纸及城规部门确定。

(2) X 轴——通过圆心建立在对称轴⑥—⑲上,作为主控基准轴线。X 轴上设两个控制点,由于该轴在外环段有梁,不宜设点,因此控制点设在内环段,在 X 轴上距圆心正负 9m 处各设一点,分别为 x_1、x_2。

(3) Y 轴——a) 通过圆心,垂直于基准轴线 X 轴。Y 轴上设两个控制点,在 Y 轴上距圆心正负 17m 处各设一点,分别为 y_1、y_2。

b) 作为辅助控制轴。减少平面测程,将平面圆划分为四个象限,每象限内的测量误差在各对应象限内调校修正,减少累积误差,提高放线效率。

内控制网五个控制点设置在 ±0.00 首层平面,形成一个边长相等及对角两两相等的棱形平面网,如图 7-11 所示。

内控制网通过在圆心 O 点设 J2 级光学经纬仪,精度不低于 20″,摆角 90° 及 180°,定出 X、Y 轴后,用 30m 普通钢尺加 100N 拉力,悬空丈量两次并考虑温度修正(固定用一把钢尺丈量,保证相对长度的准确,不加尺长修正)。量边精度要求不低于 1/10000,从而定出 x_1、x_2、y_1、y_2 四个控制点。此时所建立的坐标内控制网作为主楼施工全过程垂直度控制和施工放样的基准轴线。

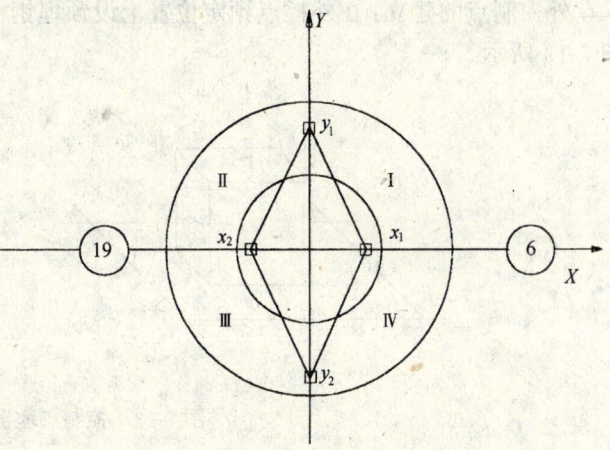

图 7-11 内控网布设

7.3.1.2 外控系统布设

外控系统控制点布设在裙楼或副楼天面标高处,沿外环②、④、⑥、⑧、⑩、⑫、⑭、⑯、⑱、⑲、⑳、㉒、㉔、㉖轴之外环框柱径向外借出 180mm,即半径 $R=20180$mm 处,共 14 点。如图 7-12 所示,其中⑥、⑲轴为 X 轴,必设点。Y 轴(即 1/12、1/25 轴),也可考虑设 2 点,必要时利用。

外控测点的作用主要是对整幢建筑物垂直度的检测,其次是帮助施工放线。

另外,外环框柱外轴线,需采用线锤逐层作垂直引投,并将墨线弹于柱上,与依据内控网进行施工放线相互校核修正。

7.3.1.3 外观光电梯控制点布设

由于观光电梯位于建筑物最引人注目的正立面,加上电梯安装的垂直度和电梯井道内外立面的顺直要求高,因而

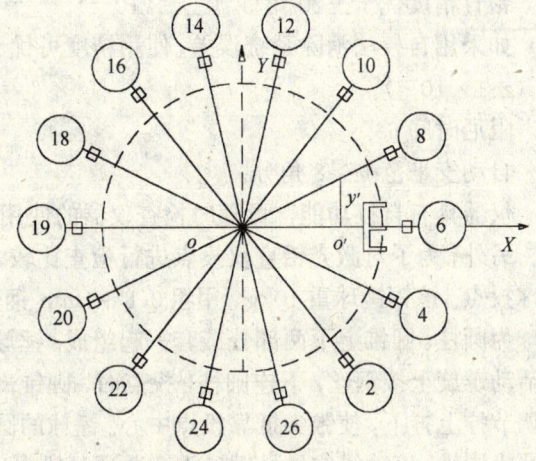

图 7-12 外控测点布设

其垂直度控制显得尤为重要，其控制轴线及控制点布设如下：

外观光电梯：在基准轴线 X 轴上离圆心 O 量取 17200mm 设 O'，在 O' 点用经纬仪作出垂直于 X 轴的垂线 Y' 轴，此 Y' 轴即为外观光梯的内控制轴线。电梯井与控制轴线 Y' 的垂距为 2400mm，以此逐层丈量得出内控偏差值，保证电梯井的垂直度达到设计要求。电梯井外立面则以原设⑥轴外控点作为基准点及其投设竖轴，对电梯井的两个平行于 X 轴的壁板进行垂直度控制。

内控制点的建立：在±0.00 楼板圆心 O 点及各预定位置上，各筑一个 500mm×500mm×600mm 混凝土墩，将顶面刻十字线的 ϕ10mm 钢筋（长 100mm）灌浆固定在其上，十字线交点即为控点。

外控制点的建立：在外控点预定位置上设预埋钢板，在钢板上用十字划线标出控点，如图 7-13 所示。

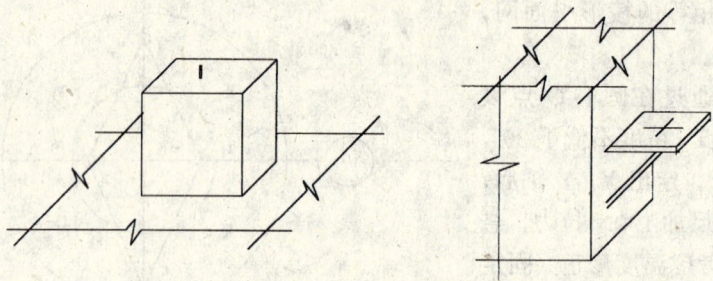

图 7-13 控制点埋设

7.3.2 使用仪器及工具

垂直传递投点主要使用 JD—91A 建设激光测量仪。利用其自动安平激光铅直仪提供铅垂线的性能，将控制点垂直投测标定到上层楼面（天顶法）。

自动安平激光铅直仪主要技术数据：

目测距离≥100m。

光斑直径≤20mm，可用变径光阑调节。

铅直精度优于±20 角秒（$±1×10^{-4}$）。

如采用自校法消除系统误差，使用精度可优于±2 角秒（$±1×10^{-5}$）。

阻尼时间 6s。

自动安平范围＞8 角分。

仪器具有自校功能，可随时检查仪器的使用精度。

另外，为了对激光铅直仪投点进行检查比较，需采用锤球投点。该钢锤球重 10kg，用粗 0.8～1mm 钢丝悬吊。锤球为圆柱、圆锥上下两部分旋套一起组成。锤球顶有一小活动螺旋上接钢丝，下连圆柱，投点时，圆锥部分可随意调节拧上拧下，使锥尖抵靠投点中心。锤球的圆柱与圆锥严格同轴，该轴线与悬吊钢丝重合并通过锥尖。见图 7-14 所示。

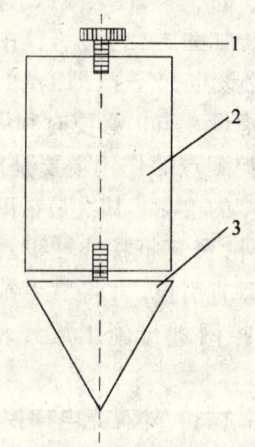

图 7-14 钢锤球
1—活动螺旋；2—圆柱；3—圆锥

7.3.3 施测程序及操作方法

首先要预留垂线传递孔。各层楼面浇筑混凝土时，在对应于首层内控网之五个控制点位置处，均预留250mm×250mm垂线传递孔（由于浇筑混凝土时容易使留孔模板移位，所以留的孔要大些，免日后投点时不通视），并在留孔处四周砌设50mm高阻水圈（见图7-15），阻水圈面应水平光滑，以作为本层传递点定位十字线标记位，并阻挡施工用水流洒在下层投点仪器上。

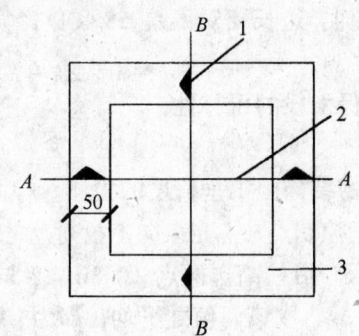

图7-15 阻水圈
1—红油漆标记；2—砖线；3—阻水圈，高50mm

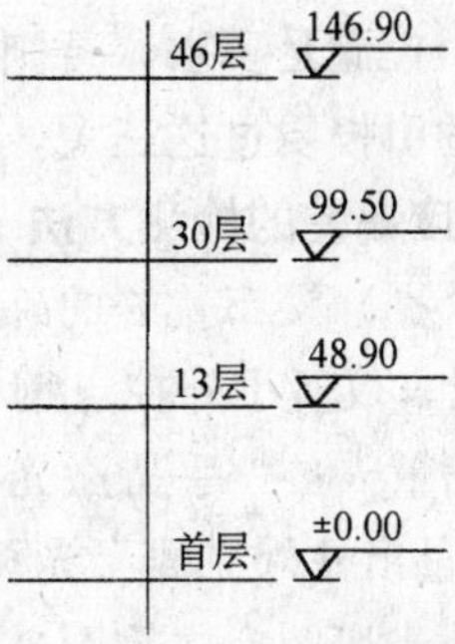

图7-16 分段投测锁定控制点

控制点的分段锁定与分段投测。为提高工效和防止误差积累，考虑仪器性能条件和减小施工环境（如风力、温度等）的影响，缩短投影测程，采取分段锁定控制点，分段投点的方式。

本工程将测程控制在50m左右。将主楼146.90m高度范围分为三段，第一段由首层至13层，标高为48.9m，第二段由13层至30层，标高为99.50m，第三段为30层至46层层面，标高为146.90m。如图7-16所示。当一段施工完毕，将此段首层五个控制点精确投至上一段的锁定楼层，并进行棱形网的检测及校正，确认控制点准确无误后，重新埋点。这相当于将下段首层的棱形控制网垂直升至此层并锁定，作为上段各层的施工放线依据。

外控测点也参照上述方法进行分段锁定基准点。

投测时，用对讲机上、下联络，测点引投程序控制如下：

（1）在底层的控制点上，设置自动激光铅直仪，并用尾端副光束对准控制点，将8角分圆水准器安平，其向上发射的铅直激光主光束即可以±5～±20角秒的精度，通过垂线传递孔向上投点，施工楼面上的激光接收靶可清晰地看到激光光斑为一簇同心圆，圆心即为投得点位。然后通过该点引两条相互垂直线分别延长到传递孔阻水圈上标出。使用该点时，用砖线分别通过A—A、B—B并固定（见图7-15示），两砖线交点即为此点。或用已标注十字垂线的透明靶板得出圆心点。

该仪器具有抗振动干扰，自动保持使用精度的功能。如怀疑精度时，可通过仪器自旋四个90°角，作业面上得出四个光斑位置，由四个分布圆的半径可以确定系统误差，分布圆半径R与射程H之比，即为铅直激光束的角误差θ。若θ超过允许值，则对测量结果进行修正。

（2）为避免万一激光铅直仪出现故障而未能察觉时产生大的误差，同时采用10kg锤球人工控点进行校对。在施工楼面按激光铅直仪定下的点位悬吊钢丝，在首层挂上锤球。当锤球稳定后，将锥尖位置标出，此点与用激光铅直仪投得的点位之差少于3mm时，认为原投点无误。否则，要重新进行激光铅直仪引投及锤球校核。

(3) 每段五个控制点标定后，即检测所组成的棱形网；各角用J2光学经纬仪测两测回得角 β_i ($i=1$、2、3、4)，用固定使用的钢尺量边两次，丈量时用弹簧秤施100N拉力，尺端两点高度相同，免去倾斜修正。最后，取两次丈量的平均值作为边长 S_i ($i=1$、2、3、4)，以 β_i 和 S_i 与首层相应的 β_i、S_i 比较，当 $\Delta\beta_i<20''$ 时，边长相对误差 $\Delta S_i<1/10000$ 时，说明控制点引投满足要求，否则检查校正之。

控制点的引投要过这三关，关关设防、核准，确保引投的可靠性。

7.3.4 垂直度偏差的检测方法

利用裙（副）楼布置好的外控制点进行整幢建筑物结构施工垂直度的检测。检测方法是：将激光铅直仪置于外控点钢板上，尾部副光束对正控制点，主光束向上投射。此时，在被测层段，测量人员一手持激光接收靶，一手持钢卷尺，沿柱高选两点（0.8m，2.5m，各一点），径向量出柱外立面至光斑圆心之垂距，得 δ_{ij}^1，δ_{ij}^2，取该两值之平均，即为 i 层 j 轴之柱外立面至光斑圆心之垂距 δ_{ij}，并记录于表7-1，作为计算确定每层偏差值及建筑物垂直度的依据。

原始数据测量记录表 表7-1

轴线 j / δ_{ij} / 层数 i	②		④		⑥		……㉖
8	$\delta_{8.2}^1=$ $\delta_{8.2}^2=$	$\delta_{8.2}=$	$\delta_{8.4}^1=$ $\delta_{8.4}^2=$	$\delta_{6.2}=$	$\delta_{8.6}^1=$ $\delta_{8.6}^2=$	$\delta_{8.6}=$	
9	$\delta_{9.2}^1=$ $\delta_{9.2}^2=$	$\delta_{9.2}=$	$\delta_{9.4}^1=$ $\delta_{9.4}^2=$	$\delta_{9.4}=$	$\delta_{9.6}^1=$ $\delta_{9.6}^2=$	$\delta_{9.6}=$	
… 46							

7.3.5 垂直度偏差的数学计算模型

通过外控点测出各层结构完成平面各控点之实际 R 值，算出对应之 X、Y 值，并求出其与首层平面 X、Y 值（设计值）之差，即可计算得出该层的实际形心。实际形心与设计形心的相对坐标反映出建筑物的倾斜方向，偏差值和垂直度，如图7-17所示。

具体计算步骤（下列式中：i 为楼层数，j 为轴线号）：

(1) 算出±0.00首层各点之设计 x、y 值：

$$X_{i,j} = R_{i,j}\cos\theta_{i,j}$$
$$Y_{i,j} = R_{i,j}\sin\theta_{i,j}$$

(2) 根据各层测得的 δ 值，计算出各层各点的实际 R 值：

$$R_{i,j}=20000+180-\delta_{i,j} \quad \text{括号内数字用于⑥轴}$$
$$(21600)$$

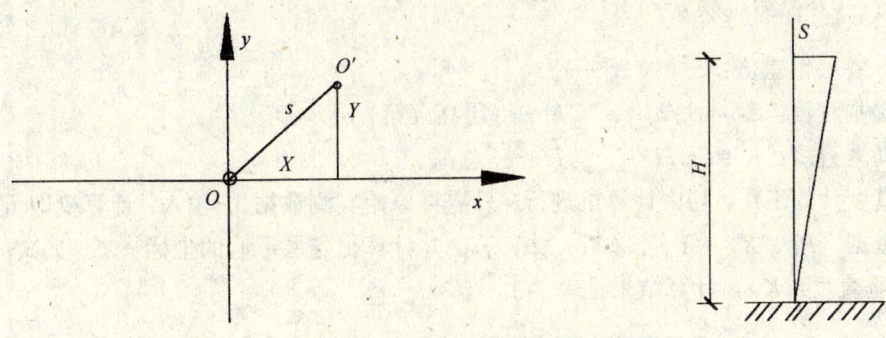

图 7-17
O—设计形心；O'—实际形心；H—建筑物总高度；S—实际形心偏差值

（3）根据 R_{ij} 值及 θ_{ij} 角，算出该点在直角坐标系中的 X、Y 值：

$$X_{i.j} = R_{i.j}\cos\theta_{i.j}$$
$$Y_{i.j} = R_{i.j}\sin\theta_{i.j}$$

（4）算出各层实际之 $X_{i.j}$、$Y_{i.j}$ 值与首层设计值 $X_{1.j}$、$Y_{1.j}$ 之差得：

$$\Delta X_{i.j} = X_{i.j} - X_{1.j}$$
$$\Delta Y_{i.j} = Y_{i.j} - Y_{1.j}$$

（5）将第 1 至 4 步计算结果列入表 7-2；

第 35 层外控点的实测 R 值及 $X_{i.j}$、Y_{ij}、ΔX_{ij} 及 ΔY_{ij} 值　　　　表 7-2

测点	首层基准尺寸		首层基准尺寸		实测尺寸			实测尺寸		差值	
	R_{ij}	θ_{ij}	X_{ij}	Y_{ij}	R_{ij}	$\sin\theta_{ij}$	$\cos\theta_{ij}$	X_{ij}	Y_{ij}	ΔX_{ij}	ΔY_{ij}
2	20000	55.384	11361.49	−16459.55	20009.0	0.8230	0.5681	11366.60	−16466.95	5.1126	−7.4068
4	20000	27.692	17709.17	−9294.36	20006.0	0.4647	0.8855	17714.49	−9297.15	5.3128	−2.7883
6	21600		21600.00		21603.5		1.0000	21603.59		3.5000	
8	20000	27.692	17709.17	−9294.36	19991.0	0.4647	0.8855	17701.21	9290.18	−7.9691	−4.1825
10	20000	55.384	1131.49	16459.55	19986.5	0.8230	0.5681	11353.82	16448.40	−7.6690	−11.1102
12	20000	83.076	2411.08	19854.14	20005.0	0.9927	0.1206	2411.68	19859.10	0.6028	4.9635
14	20000	69.230	−702.37	18700.22	19985.5	0.9350	0.3546	−7087.23	18686.66	5.1420	−13.5577
16	20000	41.538	−14970.30	13262.32	19994.0	0.6631	0.7485	−14965.80	13258.34	4.4911	−3.9787
18	20000	13.846	−19418.80	4786.26	20007.0	0.2393	0.9709	−19425.60	4787.93	−6.7966	1.6752
19	20000		−200000		19989.0		1.0000	−19980.00		11.0000	
20	20000	13.846	−19418.8	−4786.26	19987.0	0.2393	0.9709	−19406.20	−4783.15	12.6223	3.1111
22	20000	41.538	14970.33	−13262.32	20003.5	0.6631	0.7485	4972.95	−13264.64	−2.6193	−2.3209
24	20000	69.230	−7092.37	−18700.22	19989.5	0.9350	0.3546	7088.64	−18690.40	3.7235	9.8176
26	20000	83.076	2411.08	19854.14	19994.0	0.9927	0.1206	241035	−19848.18	−0.7233	5.9563

注：θ_{ij} 角的实际偏差忽略不考虑。　$X_{35}=1.8378$　$Y_{35}=-1.4158$
第 35 层偏差值：2.3200　　第 35 层垂直度：0.0008　　全高垂直度：2/100000

（6）各层实际形心的坐标按静力矩法计算：

$$X_i = \frac{\Sigma \Delta X_{i.j}}{n}$$

$$Y_i = \frac{\Sigma \Delta Y_{i.j}}{n}$$

式中　i——8 层至 46 层的楼层数；
　　　j——②、④、⑥、⑧、⑩、⑫、⑭、⑯、⑱、⑲、⑳、㉒、㉔、㉖轴的轴线号；

n——外控测点数 $n=14$。

(7) 各层偏差值：$S_i=\sqrt{X_i^2+Y_i^2}$

各层垂直度：$K'_i=S_i/h_i$ h_i——层高（第 i 层）

全高垂直度：$K=S_i/H$ H——总高

垂直度计算工作，均由计算机进行。只需将原始实测数据 $\delta_{i,j}$ 输入，计算机即可打印输出各项数据（R_{ij}、$X_{j,j}$、$Y_{i,j}$、$\Delta X_{i,j}$、$\Delta Y_{i,j}$），并计算出各层形心的坐标（X_i、Y_i）、偏差值（S_i）及垂直度（K），计算结果见表 7-3。

各层实际形心坐标、形心偏差值及垂直度计算结果　　表 7-3

第 i 层	实际形心坐标		形心偏差值	各层垂直度	全高垂直度	象限
	X_i	Y_i	$S_i=\sqrt{X_i^2+Y_i^2}$	$K_i=S_i/h_i$	$K=S_i/H$	
9	0.3352	0.2605	0.42	0.0001	1.1/100000	I
10	0.6277	−1.6128	1.72	0.0006	4.3/100000	IV
11	−1.1023	−1.8204	2.13	0.0007	5/100000	III
12	−0.9488	−1.4438	1.73	0.0006	3.8/100000	III
13	−1.0552	−1.4311	1.78	0.0006	3.4/100000	III
14	−1.1778	−1.1592	1.65	0.0006	3.2/100000	III
15	−1.6007	−0.9144	1.84	0.0006	3.4/100000	III
16	−0.6231	−1.3175	1.46	0.0005	2.5/100000	III
17	−0.4401	−0.7659	0.88	0.0003	1.5/100000	III
18	−0.6745	−0.6168	0.91	0.0003	1.4/100000	III
19	−0.3798	−0.9563	1.03	0.0003	1.5/100000	III
20	−0.4716	−1.0547	1.16	0.0004	1.7/100000	III
21	0.8133	−0.5860	1.00	0.0003	1.4/100000	IV
22	0.6950	−0.7313	1.01	0.0003	1.3/100000	IV
23	0.0944	−0.1446	0.17	0.0001	0.2/100000	IV
24	0.5619	−0.0961	0.57	0.0002	0.7/100000	IV
25	1.7548	−0.1597	1.76	0.0006	2.1/100000	IV
26	3.6075	−0.4298	3.63	0.0012	4.2/100000	IV
27	2.4337	−1.1987	2.71	0.0009	3.0/100000	IV
28	2.1598	−1.8906	2.87	0.0010	3.1/100000	IV
29	1.0766	−0.5073	1.19	0.0004	1.2/100000	IV
30	0.4027	0.6683	0.78	0.0003	0.8/100000	I
31	−0.1127	−0.1408	0.18	0.0001	0.2/100000	III
32	0.4486	−0.8433	0.96	0.0003	0.9/100000	IV
33	0.9425	−0.4566	1.05	0.0004	1.0/100000	IV
34	1.8190	0.8091	1.99	0.0007	1.8/100000	I
35	1.8378	−1.4158	2.32	0.0008	2.0/100000	IV
36	0.9769	−0.2043	1.00	0.0003	0.9/100000	IV
37	2.7340	−1.7491	3.25	0.0011	2.7/100000	IV
38	0.1338	−0.2821	0.31	0.0001	0.3/100000	IV
39	4.0655	0.4810	4.09	0.0014	3.3/100000	I
40	2.5142	−1.4794	2.92	0.0010	2.3/100000	IV
41	1.6143	0.6427	1.74	0.0006	1.3/100000	I
42	1.1362	1.1013	1.58	0.0005	1.2/100000	I
43	0.9982	0.3099	1.05	0.0004	0.8/100000	I
44	2.3871	1.6254	2.89	0.0010	2.1/100000	I
45	0.2815	2.4256	2.44	0.0007	1.7/100000	I

7.3.6 施工小结

(1) 本技术对超高层圆筒形建筑物的垂直度测量提出了垂直控制网的建立以及与之相适应的垂直度数学计算模型。通过施工实际操作及对施工数据的计算，本技术对于控制超高层圆筒形建筑物的垂直度达到了施工操作方便可行，数据整理简便准确，计算理论可靠的目的。

(2) 根据数据整理计算的结果，本工程最大层间偏差值在第39层，其形心偏差值为4.09mm；建筑主体顶层（45层）楼顶的偏差值为2.44mm；其全高垂直度为1.7/100000，均符合《钢筋混凝土高层建筑结构设计与施工规程》第7.3.10条规定：层间垂直度施工偏差不应大于8mm，建筑全高垂直度施工偏差不应超过$H/1000$，且不大于30mm的要求。

7-4 高空大跨度悬挑结构支模设计及施工技术

本工程在主楼46层建筑结构设计中，在观光梯顶板周边向外悬挑4.00m的全现浇钢筋混凝土梁板结构，以满足观光功能和建筑造型的需要。

由于该悬挑结构施工高度为146.90m，且悬挑跨度大，采用传统的施工方法，将耗用大量的施工材料，且施工工期长，难以满足本工程的实际需要。本着投入少、工效快、安全可靠、施工方便、有利于推广应用的施工原则，采用了用型钢三角形支撑体系施工高空钢筋混凝土大跨度悬挑结构的施工技术，解决了施工难点问题，减少了工程建设投资。

7.4.1 施工方案的确定

高空悬挑结构的自重很大，风载也很大，施工时模板支撑系统的稳定性及刚度要求高，高空作业，又要求整个支撑系统的施工过程具备绝对可靠的安全性。因此对整个支撑系统的支撑形式及材料的选择，经充分的考虑，对可能的几个施工方案进行了经济、技术及安全等方面的论证：

7.4.1.1 传统的满堂落地式钢管支撑体系

该支撑体系由于支模高度高，为保证整体的稳定性和刚度，必须加密横向杆件拉结和竖向支撑间距，因而需要投入大量的钢管材料。不论从一次性投入或者采取租赁形式，均费用昂贵，从经济角度来看，这不可取。

7.4.1.2 钢管悬挑支撑体系

该支撑体系为扣件式空间桁架，节点采用扣件连接方式。

(1) 此支撑体系会产生较大的侧向挠度，刚度小。

(2) 经过计算，钢管布置密度大。

(3) 钢管的连接点，悬挂点缺乏绝对的安全性。

(4) 该支撑体系需要进行大量的高空作业，风力大，作业人员的工作时间长，因而工作环境安全性低。

7.4.1.3 型钢三角形支撑体系，每榀桁架之间加横向支撑。

(1) 整体刚度大。

(2) 水平横梁可以直接埋在观光梯混凝土墙里，节点锚固牢固。

(3) 整个支撑体系安装及拆卸方便，安全性大。

对以上三种支撑体系，进行综合的论证，确定选用"型钢三角形支撑体系"，它具有工程施工需要的稳定性好，刚性好，施工简便，高空作业时间短，减少工程建设资金投入等优点。

7.4.2 型钢三角形支撑体系设计

型钢三角形支撑体系由型钢三角形支撑托架、槽钢稳定交叉水平支撑、托架上弦槽钢水平檩条组成。

三角形支撑托架，由型钢焊接而成，安装在观光电梯混凝土墙上。悬挑结构荷载的竖向支撑着力点在三角形支撑的水平横梁上，再传到该层的钢筋混凝土墙上，并通过三角形的斜向支撑将部分力传递到下层的钢筋混凝土墙上。

7.4.2.1 支撑体系平面布置图

支撑体系平面布置见图7-18。

7.4.2.2 支撑体系计算简图

支撑体系计算简图见图7-19。

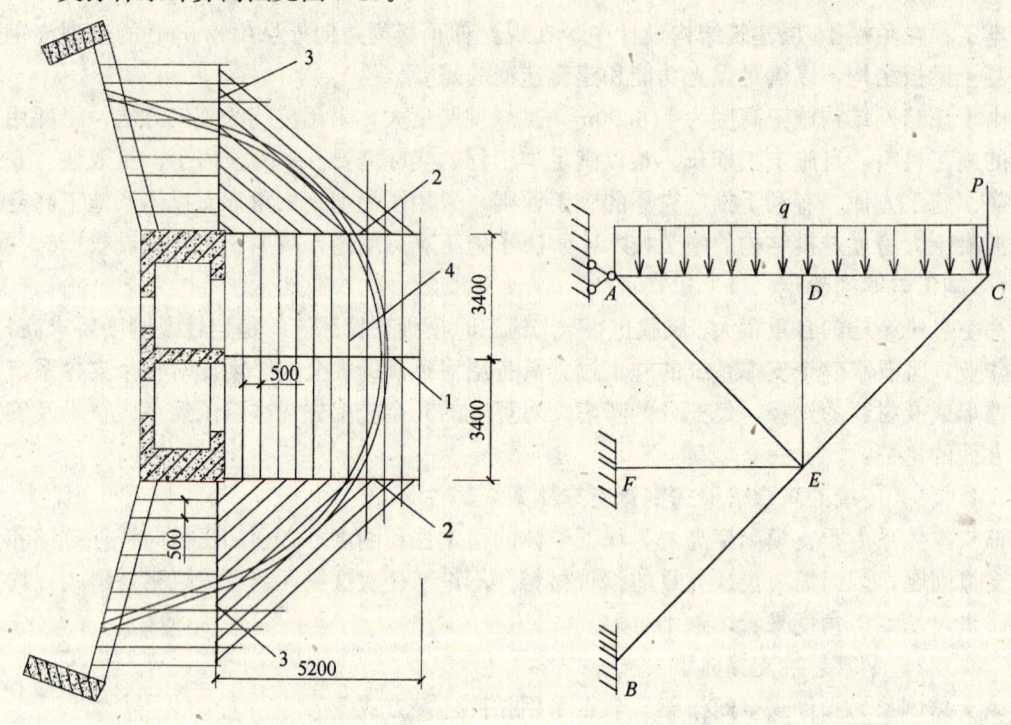

图7-18 支撑体系平面布置图
1—托架1；2—托架2；3—托架3；4—⊏20a檩条

图7-19 支撑体系计算简图

7.4.2.3 荷载计算

悬挑跨度4.0m，考虑到在平面布置中趋于合理，选定在每条悬臂梁底设一榀支撑托架，共五榀。

每榀支撑托架的荷载组合如下：

定型组合钢模板及支撑自重：
$$q_1 = 4.08 \text{ kN/m}$$

新浇混凝土自重：

$$q_2 = 24.03 \text{ kN/m}$$

施工荷载（包括振捣混凝土荷载）：

$$q_3 = 10.2 \text{ kN/m}$$

小计：$q = 38.31$ kN/m

再考虑边上的环梁所产生的集中荷载　　$p = 10.20$ kN

7.4.2.4　支撑体系设计

根据上部的荷载，考虑到施工中的具体情况，依据《钢结构设计规范》进行设计。

(1) 横梁按受拉弯杆件计算

正应力　　　　　　　　$\sigma = N/A_n + M_x/\gamma_x W_{nx} \leqslant f$

式中　N——轴心拉力；

A_n——净截面面积；

M_x——计算截面的弯矩；

W_{nx}——净截面抵抗矩；

γ_x——截面塑性发展系数；

f——钢材的抗弯强度设计值。

通过计算，选用横梁 AD、DC 为 I $25a$。

(2) 斜支撑根据轴心受压、轴心受拉杆件计算

$$\sigma = N/A_n \leqslant f$$

式中　N——轴心压力、拉力；

A_n——净截面面积。

验算受压构件的长细比及整体稳定要求：

$$\lambda \leqslant [\lambda]$$

$$N/\Psi A \leqslant f$$

式中　λ——受压构件的长细比；

$[\lambda]$——受压构件的长细比限值；

Ψ——轴心压杆的稳定系数；

A——轴心压杆的毛截面面积；

N——轴心压杆的计算压力。

通过计算，斜支撑选用槽钢：

CE——2 [18a　　DE——2 [18a　　AE——2 [18a

EF——2 [25a　　EB——2 [25a

(3) 焊缝的计算

支撑与横梁及支座的连接，采用现场焊接，根据受拉、受压的贴角焊缝，按强度计算：

$$\tau_f = N/h_e I_w \leqslant f_f^w$$

式中　h_e——焊缝的有效厚度；

I_w——焊缝的计算长度；

τ_f——角焊缝的剪应力；

f_f^w——角焊缝的强度设计值。

(4) 型钢三角形托架大样图（见图7-20）

(5) 节点构造做法

根据设计原理：悬挑结构荷载的竖向支撑着力点在三角形支撑的水平横梁上，再传到该层的钢筋混凝土墙上，并通过三角形的斜向支撑将部分力传递到下层的钢筋混凝土墙上。故三角形托架的水平横梁及斜向支撑与钢筋混凝土墙连接点处理十分重要，要求节点牢固，施工方便，整个三角形托架的垂直度精确。

根据上述要求，决定采用"分部直埋式"方法，即将整个三角形托架从中间水平横梁处分开成上、下两大部分，水平横梁直接埋入观光梯井壁钢筋混凝土墙上，脚部采用双槽钢预埋，斜向支撑通过与其焊接支撑在其上面。具体做法详见型钢三角形托架大样图（图7-20）。

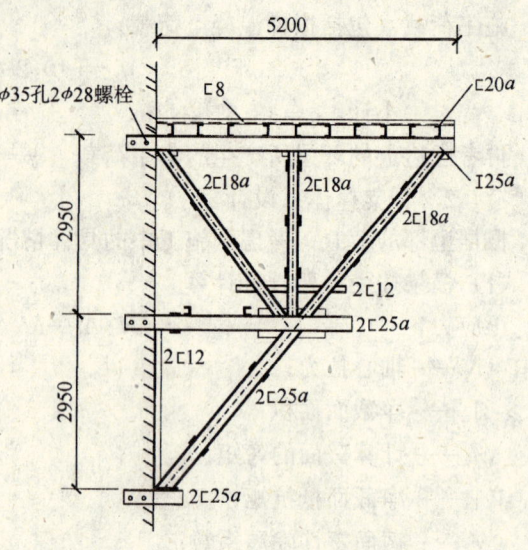

图7-20 型钢三角形托架大样图

7.4.3 施工方法及技术措施

考虑到施工部位在塔式起重机工作范围内，故采用以下方法：在地面上将三角型托架分上、下两大部分分别按设计要求进行焊接拼装制作，再用塔式起重机吊到高空作业点进行组装和固定。

7.4.3.1 施工流程

施工流程为：

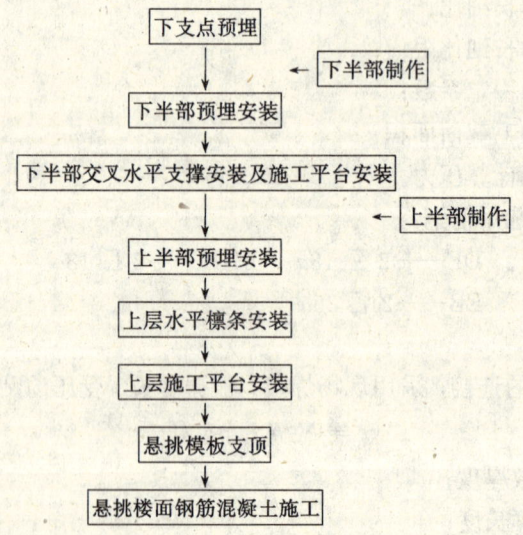

7.4.3.2 节点施工

"分部直埋式"节点施工要求：

(1) 逐榀固定的三角形支撑的上、下部的垂直度应有很高的精度,使预埋节点、钢梁、斜支撑、斜撑的铰接点在同一轴线上。

(2) 每榀三角形支撑的水平标高应一致。

(3) 每榀支撑间设置水平交叉系杆,把每榀三角形支撑联成一个整体,形成一个空间结构体系。

(4) 整个三角形支撑体系完工后,每个连接点,每个焊接点及埋件,都必须经检查认定合格后再进行下道工序的施工,以保证整个体系在空间工作中的整体性、刚度、承担和传递力的可靠性。

7.4.3.3 拆卸步骤

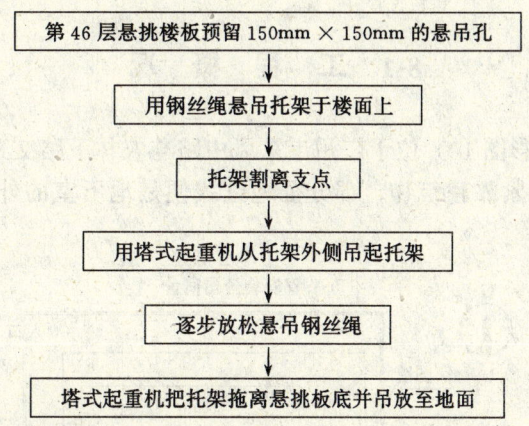

7.4.3.4 施工安全措施

(1) 所有施工人员需要带安全带施工。

(2) 下半部托架安装后,在下半部三角形托架面铺设施工平台作为上半部托架安装人员的工作平台,并沿托架外斜杆满挂安全网。

(3) 上半部托架安装完成后,在托架面设置满铺施工平台,增强施工人员的安全感。

7.4.4 施工效果

在佛山市百花广场观光梯顶高空大跨度悬挑结构工程施工中,应用型钢三角形支撑体系,满足了建筑设计及施工的要求,取得了"投入少,见效快"的综合经济效益。其特点是:

(1) 采用分部直埋式:将大托架分部拼装、分部安装,施工方便,有利于吊装,节点埋点准确,节点牢固,特别适合于现场施工。

(2) 整个体系在空间工作中的整体性好,刚度大,承担及传递力的可靠性大。

(3) 在经济角度上比较,减少工程建设资金达20万元人民币。

实践证明,这种型钢三角形支撑体系,稳定性好,刚度大,施工简便,安全可靠,可缩短施工工期,经施工过程中的跟踪检查,未发现任何问题,保证了工程质量。

8 广州广发金融大厦施工技术

广东省第一建筑工程公司
杨楚芬 丘秉达 陈守辉 刘星 江德韶 邱维忠

8-1 工程概况

广发金融大厦（见彩图10）位于广州市东风中路与农林下路交叉口的西北侧，东、南面临近马路，西、北面紧靠建筑物，部分征地红线便是地下室的外边线，场地十分狭窄（见图8-1）。

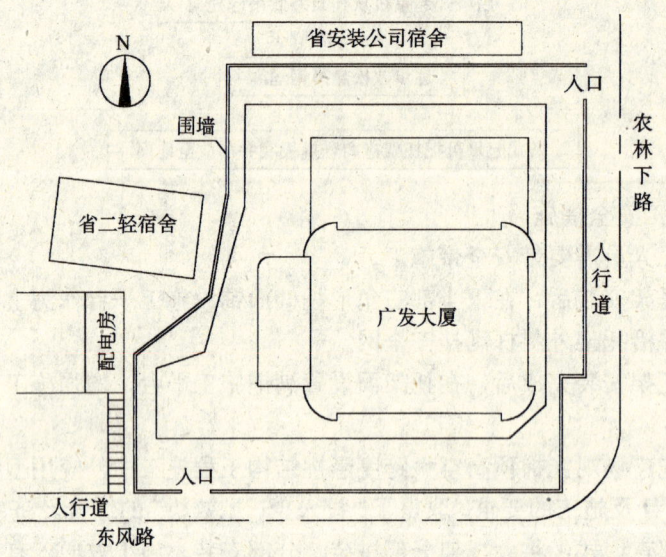

图 8-1 总平面图

该工程由广州市城市规划勘测设计院设计，广东省第一建筑工程公司总承包，是一座银行、办公、综合现代化的超高层建筑，占地面积3310m²，总建筑面积60783m²（其中地下室9027m²，裙楼4241m²），总层数44层（主楼41层，裙楼5层，地下室3层），总高度141.5m。

该工程为钢筋混凝土框筒结构，地下室平面尺寸（见图8-2）东西向54.2～63.1m，南北向59.1m，标准层呈长方形，尺寸为39.6m×33.6m。柱网6m×10.8m，柱截面：地下室1500mm×1600mm，主楼首层～五层1400mm×1500mm，标准层1400mm×1400～750mm，22层避难层1400mm×1000mm。剪力墙主墙厚：地下室～6层600mm，7层以上600～300mm。主梁截面：地下室800mm×1500mm～600mm×1000mm，±0.00以上主楼

500mm×900mm～500mm×700mm，22层避难层500mm×1000mm。地下室底板厚1500mm，负二层板厚450mm，负一层板厚200mm，首层、避难层板厚180mm，其余各层板厚均为150mm。东向大拱门顶标高+20.9m，门宽10.8m，门顶曲梁尺寸为270～800mm×680mm，梁顶标高+20.9m，梁底标高+19.4m。大堂梁底标高+10.2m，施工难度大。

基础为人工挖孔桩（φ1200～2600mm），持力层为微风化粉细砂岩及砾岩，埋置深度多为19.6～28.38m，单桩承载力为4000～

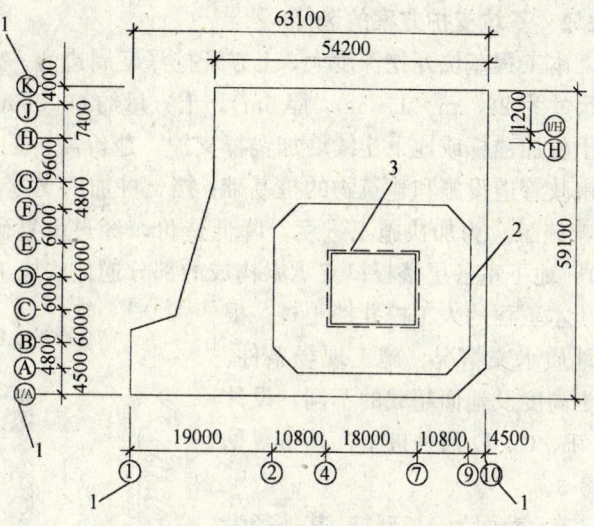

图8-2 基础轴线平面尺寸图
1—地下室外墙边；2—主楼外墙边；3—塔楼外墙边

5000kN。桩芯混凝土强度等级C35，墙、桩、梁、板混凝土强度等级：地下室～9层为C45（地下室底板、外壁板抗渗等级P8），10～顶层C40～C25，因地处闹市区，采用商品混凝土施工。内外墙采用轻质加气混凝土砌块，内墙厚180mm、120mm，外墙厚240mm。

该工程地下室负三层为金库及保险箱库，是华南地区最大的保险箱库，设有最现代化的保安系统。

该工程5层以下外墙及大堂地面、墙面、电梯间墙面、地面，均采用意大利深颜色珍珠绿花岗石、云石外挂，5层以上外墙为法国银色蜂窝铝板及天蓝色钢化反射玻璃幕墙，内墙贴墙纸或刷涂ICI乳胶漆，榉木玻璃间断，地面铺花岗石、抛光耐磨砖或地毯，卫生间贴釉面磁砖，铺地砖，天花为钢龙骨蜂窝铝板，钢龙骨喷塑面板，门为实木夹板门，窗为铝合金窗。

本工程地下室采用部分逆作法施工。
本文仅介绍该工程部分施工技术。

8-2 地下室深基坑挡土桩支护与部分逆作法施工技术

8.2.1 工程现场条件及水文地质情况

本工程位置靠近交通繁忙的主干道，东、南面靠近主干道的人行道，北面靠近宿舍楼，西面紧靠一幢7层和一幢12层住宅，其中7层住宅基础为天然地基，基础埋深1.5m，支护桩紧贴住宅基础和电缆沟。地下防空洞纵横交错。

本工程地貌属黄花岗台地，为拆建工程场地，高程为13.35～14.45m，西部地段起伏较大，高程为16.45～18m（±0.00为绝对标高14.5m），与东、南、北面高差3.5m左右，场地岩土自上而下划分为第四系人工填土、冲积层、坡残积层及基岩共五大层类，地下水为第四系孔隙潜水层及基岩裂隙承压水层。

8.2.2 基坑支护方案的选择

本工程基坑开挖深度大,土方开挖深度周边为$-12\sim-14m$,中筒为$-16.2m$(中筒承台尺寸为$22.2m\times17.5m$,厚5m),土方量约$60000m^3$,施工场地狭窄,工期紧迫,如采用挡土桩加锚杆或地下连续墙加锚杆支护,造价高、工期长,且可能会因锚杆施工损坏四周的市政管道设施和建筑物的桩基础;挡土桩加内支撑,要用大量型钢,支撑系统纵横交错,影响施工。为加快施工进度,降低造价,经过反复研究,决定采用由挡土桩(人工挖孔桩)、地下室各层楼板、支承梁构成的部分逆作法施工的支护体系,施工三层地下室。

本工程的人工挖孔挡土桩,根据地质水文情况、施工现场条件、挡土高度及地面超载的不同,设计A、B、C、D四种桩型,其布置见图8-3。

东、南面为A_1型桩,其外径为1500mm,内径为1200mm,实际长度L为$14.7\sim18.6m$。

北面为A_2型桩,其外径为1500mm,内径为1200mm,实际长度L为$19.15\sim19.7m$。

西北面为B型桩,其外径为1500mm,内径为1200mm,实际长度L为$16.1\sim21.4m$。

西面(靠7层宿舍)为C型桩,其外径为2000mm,内径为1600mm,实际长度L为$20.25\sim21.45m$。

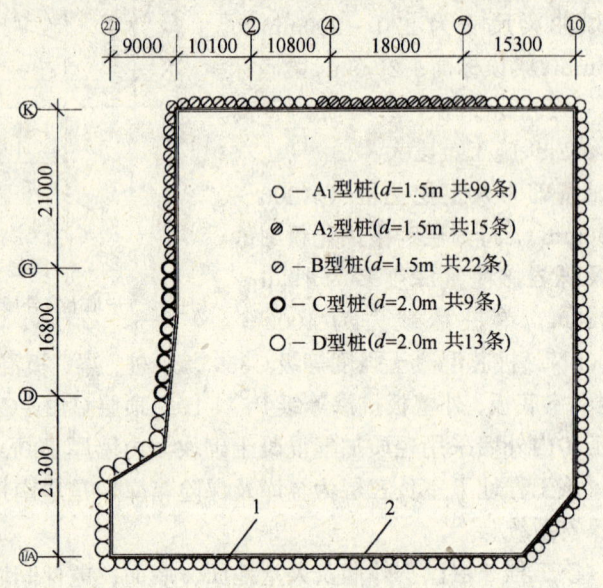

图8-3 广发大厦挡土桩平面布置示意图
1—挡土桩支撑梁;2—地下室外壁板

南面为D型桩,其外径为2000mm,内径为1600mm,实际长度L为$19.2\sim21.3m$。

8.2.3 施工顺序

本地下室工程施工顺序如下:

(1) 场地平整,面层土方开挖(图8-4);

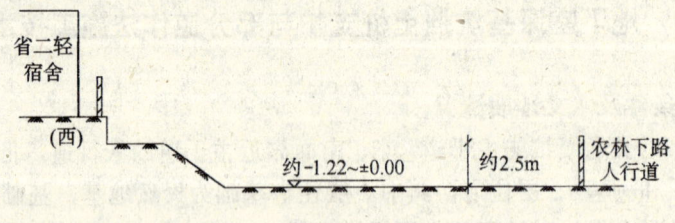

图8-4 场地平整、面层土方开挖

(2) 挡土桩施工(图8-5);

(3) 地下室大开挖至-2层底(图8-6);

(4) 工程桩施工(图8-7);

(5) 挖中筒土方至-15.8m(图8-8);

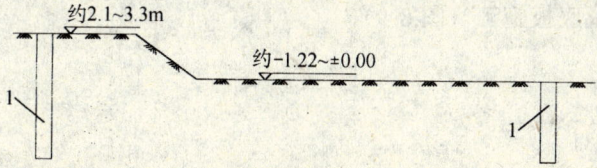

图 8-5 挡土桩施工
1—人工挖孔挡土桩

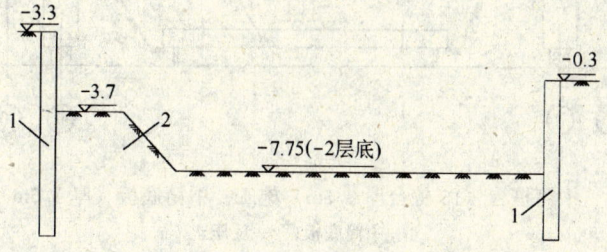

图 8-6 地下室土方大开挖至 −2 层底
1—挡土桩；2—反压土

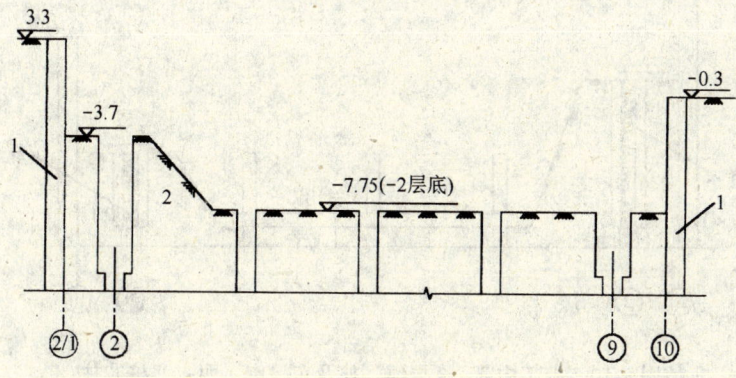

图 8-7 工程桩施工
1—挡土桩；2—反压土

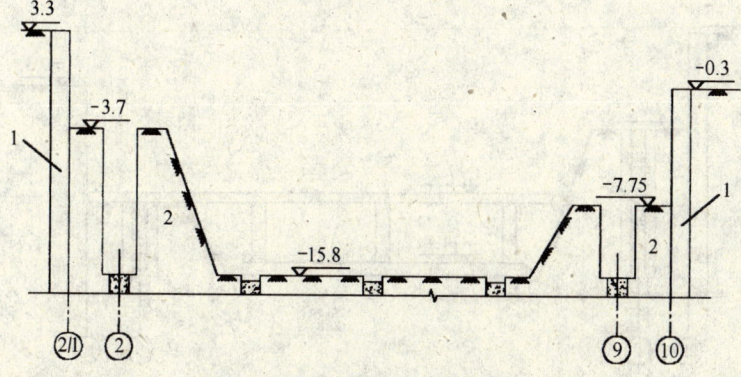

图 8-8 挖中筒土方至 −15.8m
1—挡土桩；2—反压土

(6) 中筒桩台及底板施工（图8-9）;

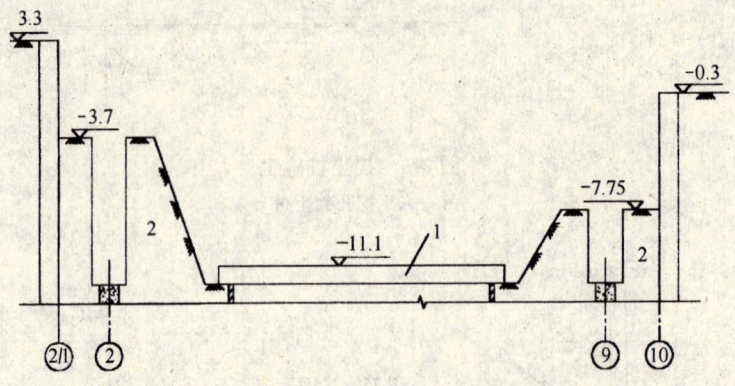

图8-9　中筒桩台（15桩台厚3.5m）施工、中筒底板（厚1.5m）施工
1—中筒底板；2—反压土

(7) 施工中筒-3层墙、柱及东、南、西、北桩芯柱（图8-10）;

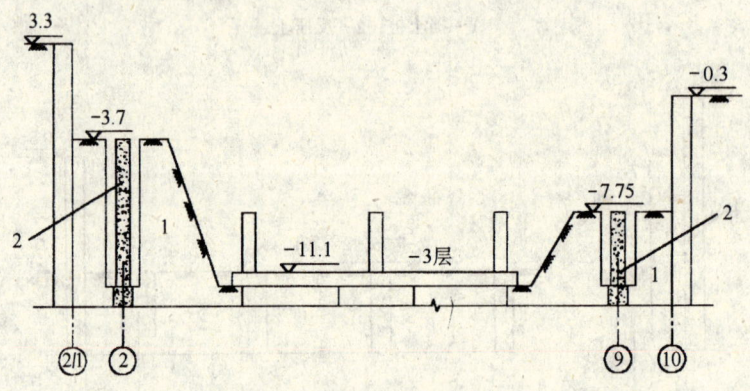

图8-10　施工中筒-3层墙、柱及东、南、西、北桩芯柱
1—反压土；2—桩芯柱

(8) 施工中筒及东、南、北-2层板（图8-11）;

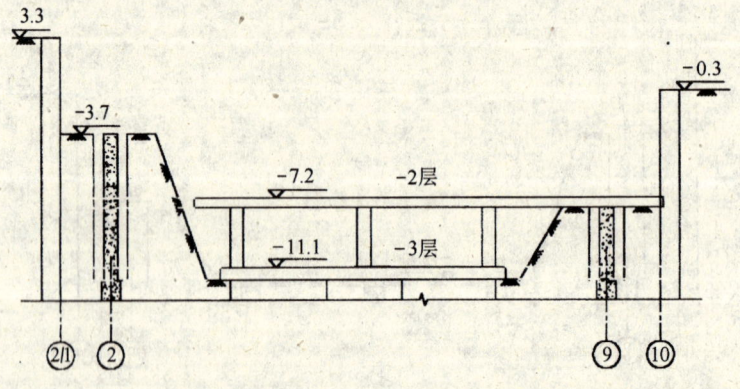

图8-11　施工中筒及东、南、北-2层板

(9) 施工中筒及东、南、北向－2 层墙、柱（图 8-12）；

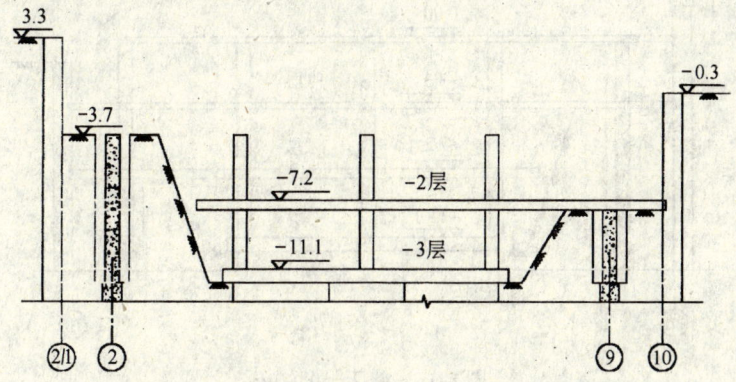

图 8-12 施工中筒及东、南、北向－2 层墙、柱

(10) 施工－1 层板（图 8-13）；

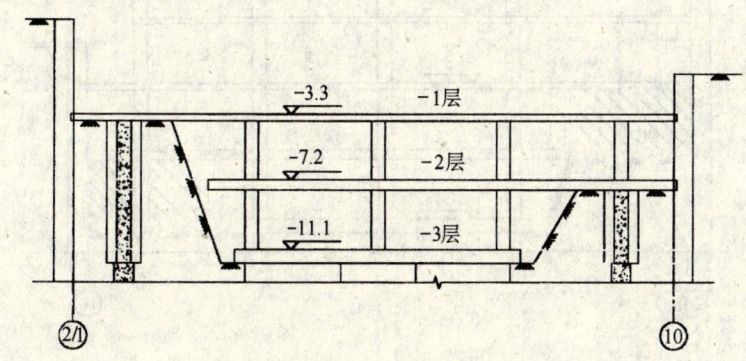

图 8-13 施工－1 层板

(11) 施工－1 层墙、柱（图 8-14）；

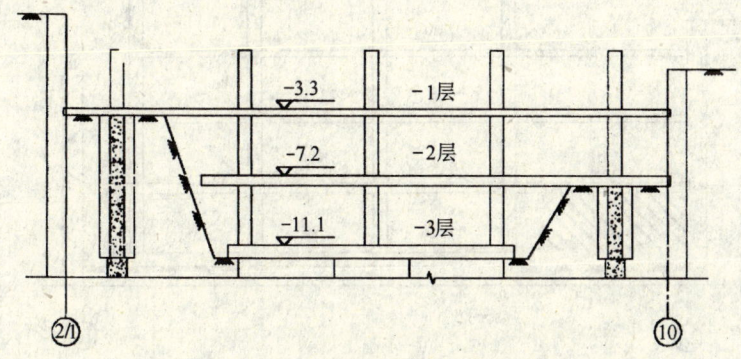

图 8-14 施工－1 层墙、柱

(12) 施工±0.00 板（图 8-15）；

(13) －1 层及－2 层的顶板拆除模板支架后，开挖西边－2 层的反压土及－3 层东、南、北边的土方（图 8-16）；

(14) 施工东、南、北－3 层底板及西边－2 层板，然后挖－3 层西边土方，再施工西边

—3层底板（图8-17）；

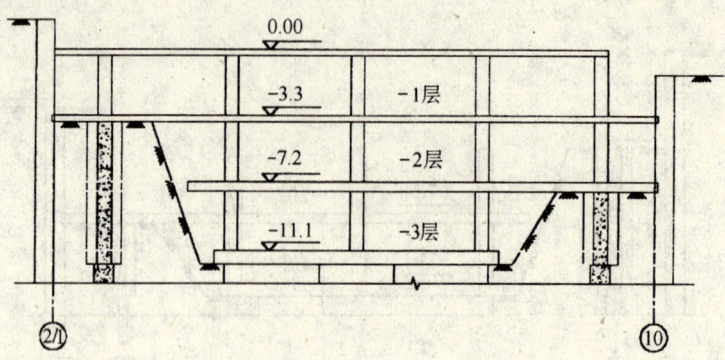

图8-15 施工±0.00板

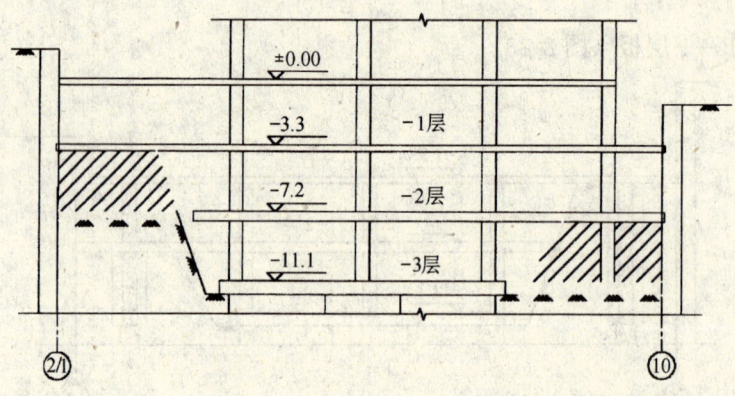

图8-16 —1层、—2层的顶板拆除支架后，开始挖西边—2层的反压土及东、南北边挖—3层土方（±0.00以上结构同时进行施工）

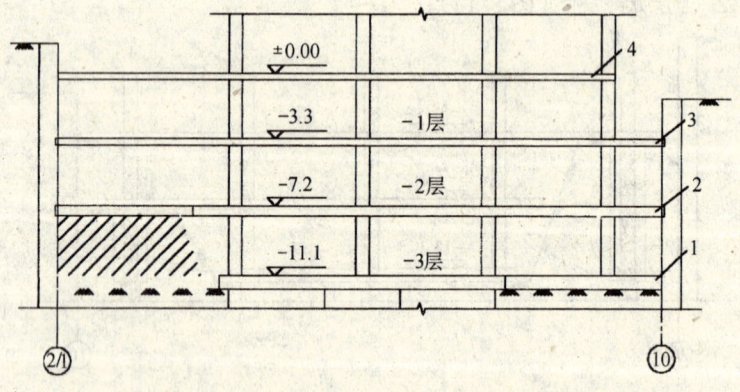

图8-17 施工东、南、北—3层底板及西边—2层板，接着挖西边—3层土方，再施工西边—3层底板
1——3层板厚1500mm；2——2层板厚450mm；3——1层板厚200mm；4—首层板厚180mm

8.2.4 施工要点及技术措施

（1）由于挡土桩密排布置，施工时要注意按规定间隔施工，特别是西边7层宿舍旁的

9条C型挡土桩应分成三批间隔施工,施工时应注意地下防空洞纵横交错,施工前准备沙包备用。密排的挡土桩每隔6m的桩向坑内移250mm,作为支承梁的支座。

(2) 部分逆作法施工挡土桩支护要留有足够的反压土,并采取有效措施保持其稳定。第一次挖土,东、南、北面挖至-7.75m(-2层底标高),留一层反压土,西面挖至-3.7m(-1层底标高),留两层反压土,并在相应的标高处做支承梁,支承相应标高的楼层梁板(因此时下层混凝土外墙未施工),梁板的钢筋必须按规定伸入支承梁,见图8-18。

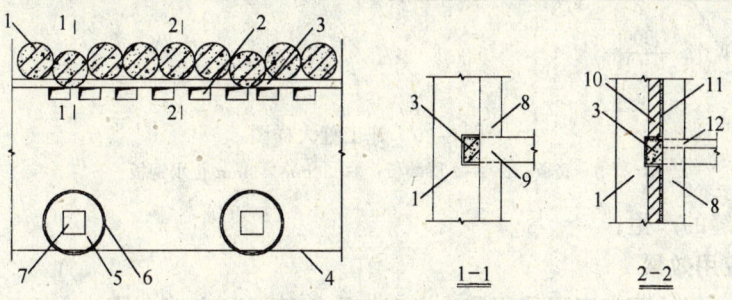

图8-18 挡土桩与地下室楼板连接大样
1—钢筋混凝土挡土桩;2—预留孔(浇筑地下室外墙混凝土用);3—支撑梁;
4—施工缝;5—工程桩;6—工程桩护壁;7—大直径挖孔桩内的桩芯柱;
8—地下室外壁;9—框架梁;10—砖衬层;11—防水层;12—楼板

(3) 由于采用部分逆作法施工,故部分工程桩上的柱子须采用在桩内做桩芯柱的施工方法。桩芯柱上预留各层梁筋、板筋的位置要准确(特别是标高),不然会造成以后施工各层梁板十分麻烦(因所预留的钢筋直径较大)。桩芯柱施工见图8-19。

(4) 必须提供挡土桩在地下室各层板处的受力情况给设计人,以便设计人对各层结构进行复核。

(5) 施工缝的处理要严格按施工规范进行施工,并采取止水措施(特别是底板和外墙的施工缝),以免造成地下室渗漏。施工缝做法见图8-20。

(6) 工序搭接时要严格按施工规范进行验收,避免留下渗漏隐患。

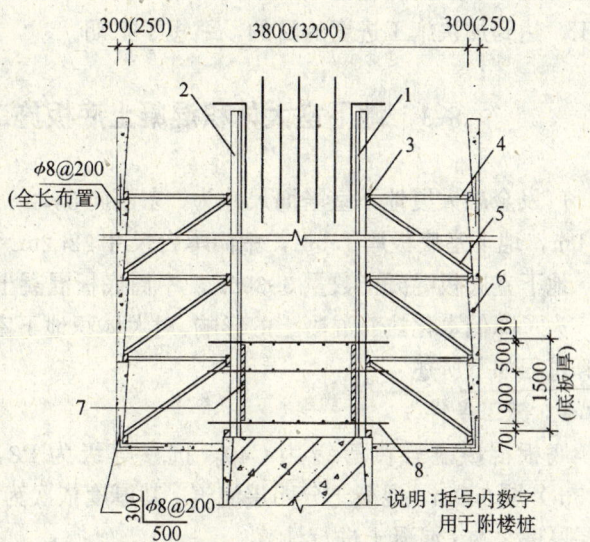

图8-19 桩芯柱模板示意图
1—钢组合模板;2—木方;3—柱箍;4—水平支撑;
5—斜支撑;6—桩护壁;7—预留木板;8—底板预留筋

(7) 浇筑-1层、-2层板混凝土时,在外围剪力墙的位置每隔600mm留一宽600mm、长度为剪力墙厚度的孔洞,作为以后浇筑下层剪力墙混凝土用,并在预留洞之间剪力墙的位置处预留剪力墙钢筋,如图8-18所示。

(8) 地下室混凝土强度等级较高(C40、C45、P8)、混凝土体积较大(本地下室底板厚1.5m,中筒承台尺寸22.2m×17.5m,厚5m,包底板1.5m),应采取一些综合性措施,以

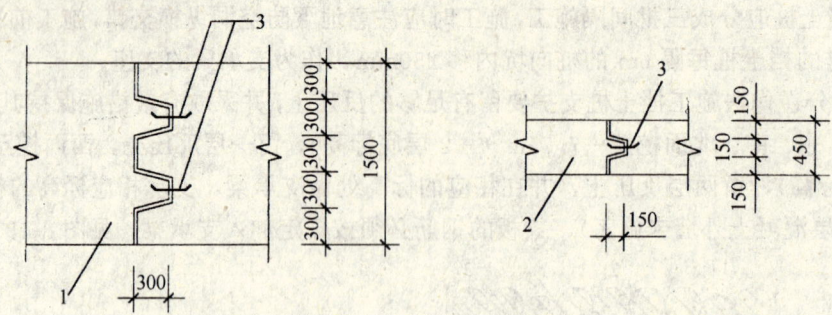

图 8-20 施工缝大样图
1—底板；2——2 层楼板；3—30mm×3mm 止水钢板

控制混凝土裂缝的产生。

8.2.5 工程应用效果

广发金融大厦地下室工程采用周边人工挖孔钢筋混凝土挡土桩结合地下室部分逆作法施工，利用先施工的-1、-2 层板四周板带梁板结构作为地下挡土桩的支撑系统，其刚度大，可省去其它的支撑费用。

选用部分逆作法施工的挡土支护技术方案与挡土桩加锚杆相比，可节约费用 650 万元，与地下连续墙加锚杆相比，效果更显著，同时，采用部分逆作法施工，地上、地下可同时施工，达到加快施工进度的目的，缩短了工期。

8-3 地下室大体积混凝土底板施工混凝土温度的控制

广发金融大厦地下室平面尺寸为，东西向 54.2～63.1m，南北向 59.1m，埋深 12.7～14.8m，地下室底板厚 1.5m，中筒承台尺寸 22.2m×17.5m，厚 5m，埋深 16.2m。

地下室底板混凝土数量 3930m³，中筒底板混凝土数量 1943m³。

为了降低水化热对混凝土的影响，对大体积地下室底板混凝土水化热进行了有关计算，计算过程如下所述。

8.3.1 施工条件

底板混凝土强度等级为 C40，抗渗等级为 P8，中筒承台（其平面尺寸 22.2m×17.5m）厚 5.0m，混凝土分四层浇筑，其厚度依次为 1.0m、1.25m、1.25m、1.5m，以第四层厚度 1.5m 混凝土进行计算。

施工时间：1994 年 1 月 22 日～2 月 3 日；
室内平均气温 20℃，年平均湿度 70%；
混凝土中水泥用量为 451kg/m³。

8.3.2 混凝土裂缝控制的温差计算

(1) 混凝土的绝热温升 T_τ 按下式计算：

$$T_\tau = T_h (1 - e^{-m\tau})$$

式中 T_τ——在 τ 龄期混凝土的绝热温升；
　　　T_h——混凝土的最终绝热温升；

m—— 随水泥品种比表面积及浇筑温度而异；

τ—— 混凝土龄期（d）；

e—— 常数值 $e=2.718$。

T_h 可按下式计算

$$T_h = WQ/(c\rho)$$

式中 W—— 每立方米混凝土水泥用量（kg/m^3）；

Q—— 每公斤水泥水化热（kJ/kg）；

c—— 混凝土的比热（kJ/kg·K）；

ρ—— 混凝土密度（kg/m^3）。

经计算，混凝土各龄期绝热温升见表 8-1

混凝土各龄期绝热温升值　　　　　　　　　表 8-1

龄期（d）	1	2	3	6	9	12	15	18	21	24	…
绝热温度（℃）	27.1	46.0	59.1	79.1	85.9	88.1	88.9	89.2	89.3	89.3	89.3

（2）混凝土内部实际最高温度（T_{max}）按下式计算：

$$T_{max} = T_j + T_\tau \times \xi$$

式中 T_{max}—— 混凝土内部最高温度（℃）；

T_j—— 混凝土浇筑温度（℃），取 $T_j = 25℃$；

T_τ—— τ 龄期的混凝土的绝热温升（℃）；

ξ—— 不同的浇筑块厚度，不同龄期的降温系数（折减系数）。

混凝土各龄期内部最高温度见表 8-2。

混凝土各龄期内部最高温度　　　　　　　　　表 8-2

龄期（d）	3	6	9	12	15	18	21	24	27	30
最高温度（℃）	54.0	61.4	57.6	50.5	43.7	38.4	35.7	32.1	29.5	28.5

（3）混凝土表面温度 $T_{b(\tau)}$ 按下式计算：

$$T_{b(\tau)} = T_q + (4/H^2) h (H-h') \Delta T_{(\tau)}$$

式中 $T_{b(\tau)}$—— 龄期 τ 时，混凝土的表面温度（℃）；

T_q—— 龄期 τ 时，大气的平均温度；

H—— 混凝土的计算厚度（m），$H = h + 2h'$；

h—— 混凝土实际厚度（m）；

h'—— 混凝土的虚厚度（m），$h' = K \times \lambda/\beta$；

K—— 计算折减系数 取 $K = 0.666$

λ—— 混凝土的导热系数，$\lambda = 2.33 W/m·K$；

β—— 模板及保温层的传热系数（$W/m^2·K$）；

$$\beta = 1/[\Sigma(\delta_i/\lambda_i) + 1/\beta_q]$$

δ_i—— 各种保温材料的厚度（m）；

λ_i—— 各种保温材料的导热系数；

β_q——空气层传热系数,可取 $\beta_q=23W/m^2 \cdot K$;

$\Delta T_{(\tau)}$——龄期 τ 时,混凝土内部最高温度与外界气温之差(℃)。

$$\Delta T_{(\tau)} = T_{max} - T_q$$

混凝土表面未有保温层覆盖时的传热系数 $\beta = 1/1/23 = 23$

$h' = 0.0675 \qquad H = 1.635m$

经计算,各龄期混凝土表面温度见表8-3。

混凝土各龄期表面温度　　　表8-3

龄期 (d)	3	6	9	12	15	18	21	24	27	30
表面温度(℃)	25.4	26.6	26.0	24.8	23.8	22.9	22.5	21.9	21.5	21.4

(4) 混凝土温度计算结果总汇于表8-4。

混凝土温度计算总汇　　　表8-4

龄期(d)	混凝土中心温度(℃)	混凝土表面温度(℃)	混凝土中心与表面温差(℃)	混凝土表面与外界温差(℃)
3	54.0	25.4	28.6	5.4
6	61.4	26.6	34.8	6.6
9	57.6	26.0	31.6	6.0
12	50.5	24.8	25.7	4.8
15	43.7	23.8	19.9	3.8
18	38.4	22.9	15.5	2.9
21	35.7	22.5	13.2	2.5
24	32.1	21.9	10.2	1.9
27	29.5	21.5	8.0	1.5
30	28.6	21.4	7.2	1.4

从表8-4可看出,混凝土在未有采取保温措施前,内部与表面温差超过30℃,根据表8-4可作出中心温度与龄期关系图(图8-21)。

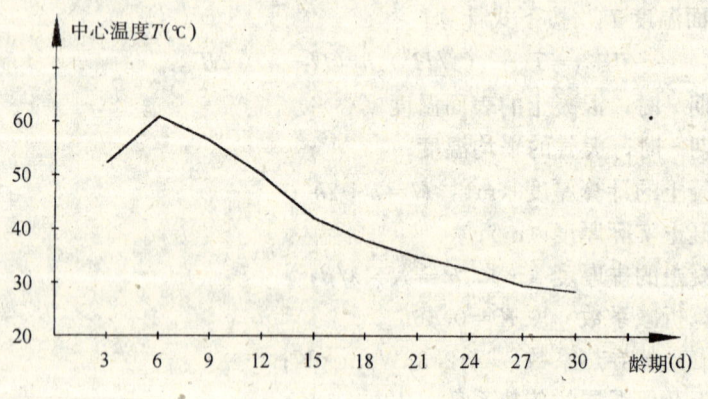

图8-21 中心温度与龄期关系图

8.3.3 混凝土所需保温材料厚度的计算(蓄水保温)

为减少混凝土中心与表面的温差,采取蓄水保温措施。

$$\delta = 0.5H\lambda_i \left[(T_b - T_q) / \lambda (T_{max} - T_b) \right] \times K_b$$

δ——保温材料的厚度（m）；

λ_i——保温材料的导热系数（W/m·K），取 0.58

H——混凝土的计算厚度（m），$H = h + 2h'$；$h' = K \times \lambda / \beta$；

λ——混凝土导热系数（W/m·K）；

T_{max}——混凝土内部最高温度（℃），$T_{max} = 61.4$（℃）；

T_b——混凝土的表面温度（℃）；

T_q——混凝土浇筑后 3～5d 平均气温（℃）；$T_q = 20$℃；

K_b——传热系数修正值，取 $K_b = 2.0$；

0.5——中心温度向边界散热的距离，取其结构厚度的一半。

代入有关数据计算得：

$$\delta = 0.5H\lambda_i \left[(T_b - T_q) / \lambda (T_{max} - T_b) \right] \times K_b = 0.077\text{m}$$

取 $\delta = 80$mm

当蓄水厚度达到 80mm 时，传热系数 β

$$\beta = 1 / \left[\Sigma (\delta_i / \lambda_i) + 1/\beta_q \right] = 5.51 \text{ (W/m}^2\cdot\text{K)}$$

$$h' = 0.2816\text{m} \qquad H = h + 2h' = 2.063\text{m}$$

$$T_b = T_q + (4/H^2) h' (H - h') \Delta T = 36.4℃$$

混凝土表面蓄水后，中心与表面温差为 61.4 − 36.4 = 25℃

混凝土表面与外界温差为 36.4 − 20 = 16.4℃

所以采用蓄水保温措施能减少混凝土内外温差不超过 30℃ 的温度范围，可防止混凝土开裂。

8.3.4 控制混凝土温度裂缝的措施

为了控制混凝土的温度裂缝，根据大体积混凝土的特点结合现场的实际情况，采取了下列的措施：

（1）选择确定合理的混凝土配合比。混凝土配合比见表 8-5。

混凝土配合比　　　　　　表 8-5

材料名称	水	水泥	砂	石	复合高效减水剂	粉煤灰（Ⅱ）
材料用量（kg/m³）	205	451	562	1076	3.19	81

各原材料规格性能如下：

1）水泥：选用广州水泥厂生产的金羊牌 525R 号普通水泥，此种水泥质量优良，水化热适中（461kJ/kg），富余强度较高（28d 抗压强度 58.0MPa 以上）。

2）水：自来水。

3）砂：用中砂，含泥量为 0.9%，空隙率 42%。

4）石：规格为 20～40mm，含泥量 0.35%，空隙率 47.5%，针片状含量 8.0%。

5）复合高效减水剂：选用湛江外加剂厂生产 FDN-880 加缓凝剂。它能增强减水效果，改善混凝土性能，同时具有缓凝作用。

6）掺合料：选用黄埔电厂Ⅱ级粉煤灰，它能取代部分水泥，从而使混凝土中水泥量减少，降低水化热。

(2) 由于在冬季施工，采用了保温法施工，浇筑混凝土后用麻包袋覆盖表面或用蓄水养护等保温措施，使浇筑后混凝土内外温差小于30℃。

(3) 采用分层分段浇筑混凝土，中筒地下室底板厚为5m，分四层浇筑。第一层厚1.0m（标高-16.1～-15.1m），第二层1.25m（标高-15.1～-13.85m），第三层厚1.25m（标高-13.85～-12.60m），第四层厚1.5m（标高-12.6～-11.1m）。

(4) 作好现场测温工作，控制混凝土内部与表面温度以及表面温度与环境温度之差不超过30℃范围。

8.3.5 现场实际测定的温度控制和数据分析（以中筒底板5m厚为例）

在温控过程中，及时掌握混凝土内部不同部位温度分布情况及变化规律，密切监视混凝土内外温差的波动，以便及时调整养护温度，从而有效地控制混凝土内外温差。施工期间选择了各个有代表性的位置设置测点（如图8-22所示）进行监测。底板混凝土施工分四层，每层测温方法步骤是相同的，下面介绍的是厚度为1.5m混凝土层测温情况，这一层最厚，水化热高，温差最大。每个测温区布置两个测点：一个测定混凝土中心温度，一个测定混凝土表面温度（采用预留孔洞办法，用测温仪测定表面温度，取离混凝土表面50～100mm内的混凝土温度）。测区分布见图8-22。

混凝土的测温工作是在浇筑后15h开始测定，因此时是混凝土开始凝结硬化的时间，凝结前的水化热释放是在混凝土呈塑性状态下进行，对混凝土温度裂缝的形成不产生影响。凝结后混凝土水化热的释放则对混凝土温度裂缝的产生会有很大影响，必须对温度进行监控（各测区温度测读数值见表8-6）。

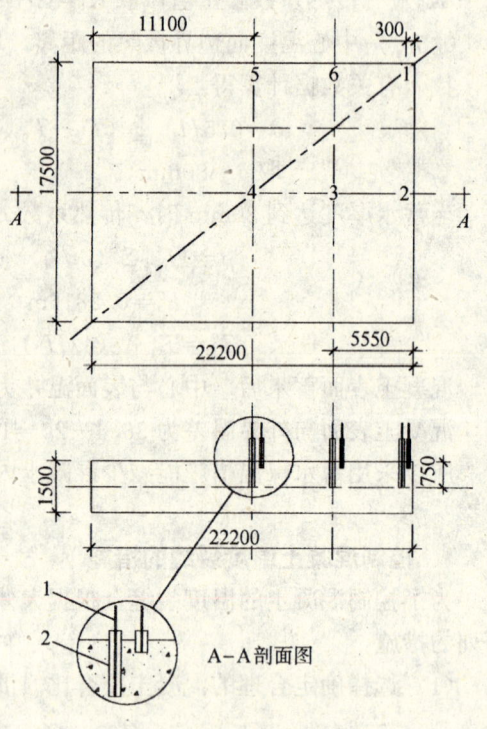

图8-22 测温区分布图
1—测温仪（温度计）；2—测温管

各测区温度测读数值 表8-6

龄期(d)	室外温度(℃)	混凝土中心温度（℃）							混凝土表面温度（℃）						
		1区	2区	3区	4区	5区	6区	平均	1区	2区	3区	4区	5区	6区	平均
15.5	20	60	62	59.5	52.5	50	61.5	57.6	37	45	40.5	31	30	39	37.1
17.5	18	62	65	64	59	60	62.5	62.1	40.5	50.5	40.5	31	37	40.5	40.0
21.0	17	66	67	68.5	60.5	62	64.5	64.8	39	47	41	31	38	39	39.2
23.0	17	67	68	69	66	65	66	66.9	39	47	40	31	37	40	39
34.0	19	69	63.5	66.5	66	70.5	66.5	66.7	38	47	39	32	36	41	38.8
36.0	21	66	64	66.5	65.5	70.0	64.0	66	37	44	37	31	37	35	36.8
39.0	21	67	62	66.5	64	68.5	66.5	65.8	38	40	37	30	35	36	36
41.5	20	65	60	65	60	67.5	65	64.4	35	39	36	30	36	34	35

续表

龄期 (d)	室外温度 (℃)	混凝土中心温度 (℃)							混凝土表面温度 (℃)						
		1区	2区	3区	4区	5区	6区	平均	1区	2区	3区	4区	5区	6区	平均
57.5	20	63.5	57.5	62.0	62.5	66	63	62.4	33	38	34	30	36	32	33.8
60.5	23	62	56	60.5	61.5	64	62	61	33	36	33	30	35	32	33.2
64.5	25	61	53.5	61	61	64	59.5	60.0	33	35	32	29	33	31	32.5
66.5	23	60	53.5	60.5	58	60.5	59	58.6	32	35	32	25	32	30	31.0
81.5	22	56	49.5	55	56.5	56.5	55.5	54.9	29	31	28	23	30	27	28
85.5	26	54.9	48.5	52.5	55	55	53.5	53.2	27	30	27	22	28	25	26.5
89.5	24	53.5	47.5	51.5	54	53.5	52.5	52.0	26	28	25	21	26	23	24.5
105.5	20	55	46.0	49.5	53.0	57	51	51.9	24	26	24	25	24	23	23.5

从实际测得的数据分析（表8-7）可看出，混凝土中心与表面温差均不超过30℃，而混凝土与外界的温差则低于25℃，根据上面的数据可作出中心温度—时间关系图（图8-23）、表面温度—时间关系图（图8-24）、温差—时间关系图（图8-25）。

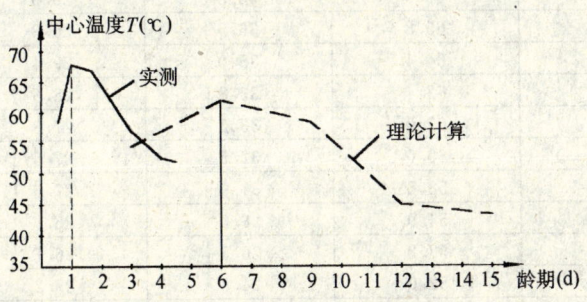

图 8-23　中心温度—时间关系图

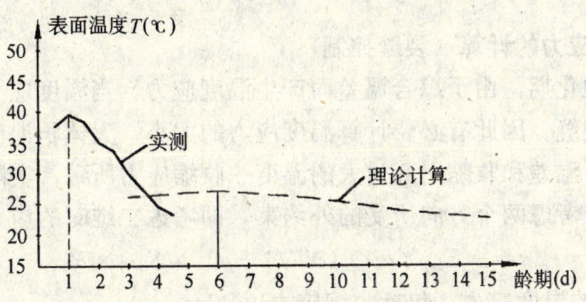

图 8-24　表面温度—时间关系图

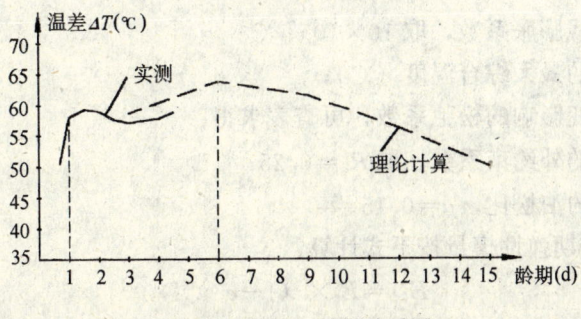

图 8-25　温差—时间关系图

由上面的关系图可看出，混凝土的水化热释放速度最快的是在浇注后36h内，大约在20～40h这段时间，混凝土内部和表面温度达到最高，分别为66.9℃和40.0℃，与计算值相近（计算值分别是61.4℃和34.8℃），由于采取相应措施，混凝土并不是浇注后6d达到最高温度值，而是温度峰值提前。实践证明采用FDN-880加木钙复合外加剂延长凝结时间，对混凝土的水化热释放是有利的。它使得一部分水化热在混凝土呈塑性状态下释放，就大大降低了水化热在混凝土凝结硬化时对混凝土的影响。

各龄期混凝土的中心与表面及表面与外界的温差 表8-7

龄期 (d)	室外温度 (℃)	中心平均温度 (℃)	表面平均温度 (℃)	中心与表面温差 (℃)	表面与外界温差 (℃)
15.5	20	57.6	37.1	20.5	17.1
17.5	18	62.1	40.0	22.1	22.0
21.0	17	64.8	39.2	25.6	22.2
23.0	17	66.9	39.0	27.9	22.0
34.0	19	66.7	38.8	27.2	19.8
36.0	21	66.0	36.8	29.9	15.8
39.0	21	65.8	36.0	29.8	15.0
41.5	20	64.4	35.0	29.4	15.0
57.5	20	62.4	33.8	28.6	13.8
60.5	23	61.0	33.2	27.8	10.2
64.5	25	60.0	32.5	27.5	7.5
66.5	23	58.6	31.0	27.6	8.0
81.5	22	54.9	28.0	26.9	6.0
85.5	26	53.2	26.5	26.7	0.5
89.5	24	52.0	24.8	27.2	0.8
105.5	20	51.9	23.5	28.4	3.5

8.3.6 混凝土温度应力的计算（裂缝控制）

混凝土在凝结硬化期，由于综合温差而产生温度应力，当温度应力超过混凝土的抗拉强度时，就会产生裂缝。因此有必要计算温度应力的大小。大体积混凝土的贯穿性裂缝或深层裂缝，主要是由温差和收缩引起过大的温度—收缩应力所致，实际上由于大体积混凝土平面尺寸较大，需考虑两个方向所受的外约束，即考虑二维时的应力，可按下式计算：

$$\sigma = -E_{(\tau)} \times \alpha \times (\Delta T/1-\mu) \times S_{h(\tau)} \times R_k$$

式中 σ——混凝土的温度应力（包括收缩应力）（N/mm²）；

$E_{(\tau)}$——混凝土龄期τ时的弹性模量（N/mm²）；

α——混凝土线膨胀系数，取$10\times10^{-6}/℃$；

ΔT——混凝土的最大综合温度（℃）；

$S_{h(\tau)}$——考虑徐变影响的松弛系数，可查表求得；

R_k——混凝土的外约束系数，取$R_k=0.25$；

μ——混凝土的泊松比，$\mu=0.15$。

(1) 混凝土各龄期弹性模量按下式计算：

$$E_{(\tau)} = E_c \times (1-e^{-0.09\tau})$$

式中，E_c可近似取28d的弹性模量，C40时，$E_c=3.25\times10^4 \text{N/mm}^2$。

计算结果见表8-8。

混凝土各龄期的弹性模量（N/mm²）　　　　　表8-8

龄期 (d)	3	6	9	12	15	18	21	24	27	30
$E_{(\tau)} \times 10^{-4}$	0.7690	1.3560	1.8044	2.1463	2.4076	2.6065	2.7589	2.8750	2.964	3.0323

(2) 各龄期混凝土的收缩相对变形值按下式计算（计算结果见表8-9）：

$$\varepsilon_{y(\tau)} = \varepsilon_y^0 (1 - e^{-0.01\tau}) \times M_n$$

式中　ε_y^0——标准状态下的极限收缩值，取 3.24×10^{-4}；

　　　τ——从混凝土浇筑后至计算时的天数 (d)；

　　　M_n——不同龄期下的修正系数；

　　　e——常数，$e = 2.718$。

混凝土各龄期的收缩相对变形值　　　　　表8-9

龄期 (d)	3	6	9	12	15	18	21	24	27	30
变形值 $\varepsilon_{y(\tau)} \times 10^{-4}$	0.0766	0.1414	0.1987	0.2538	0.3077	0.3635	0.4183	0.4713	0.5226	0.5725

(3) 混凝土收缩当量温差按下式计算（计算见表8-10）：

收缩当量温差　　　　$T_{y(\tau)} = -\varepsilon_{y(\tau)}/\alpha$

式中　$\varepsilon_{y(\tau)}$——不同龄期混凝土的收缩相对变形值；

　　　$T_{y(\tau)}$——各龄期 (d) 混凝土收缩当量温差，负号表示降温；

　　　α——混凝土线膨胀系数 $10 \times 10^{-6}/℃$。

混凝土各龄期收缩当量温差（℃）　　　　　表8-10

龄期 (d)	3	6	9	12	15	18	21	24	27	30
$T_{y(\tau)}$	-0.766	-1.414	-1.987	-2.538	-3.076	-3.635	-4.183	-4.713	-5.226	-5.725

(4) 混凝土最大综合温度差按下式计算（计算结果见表8-11）：

$$\Delta T = T_j + 2/3 T_{(\tau)} + T_{y(\tau)} - T_q$$

式中　ΔT——混凝土的最大综合温度差（℃）；

　　　T_j——混凝土浇筑温度（℃），$T_j = 25℃$；

　　　$T_{(\tau)}$——混凝土在龄期 τ 时的水化热绝热温升；

　　　$T_{y(\tau)}$——混凝土收缩当量温差（℃）；

　　　T_q——混凝土浇筑后达到稳定时的室外温度，一般根据历年气象资料取本地年平均温度，气象局提供广州年平均温度为 21.5℃。

混凝土各龄期综合温差　　　　　表8-11

龄期 (d)	3	6	9	12	15	18	21	24	27	30
综合温差（℃）	42.1	54.8	58.8	59.7	59.7	59.3	58.9	58.3	57.8	57.3

(5) 温度（包括收缩）应力按下式计算（计算结果见表8-12）：

$$\sigma = -E_{(\tau)} \times \alpha \times [\Delta T/(1-\mu)] \times S_{h(\tau)} \times R_k$$

混凝土各龄期温度应力　　　　　　　表 8-12

龄期 (d)	3	6	9	12	15	18	21	24	27	30
σ (N/mm^2)	-0.543	-1.134	-1.483	-1.664	-1.737	-1.768	-1.765	-1.750	-1.717	-1.692

C40等级的混凝土抗拉强度设计值 $f_t=1.8\text{N/mm}^2$，为了避免温度裂缝的出现，降温时混凝土最大拉应力应小于混凝土抗拉强度的设计值，且满足抗裂安全度 $K\geqslant 1.15$ 的要求。

$$K=f_t/\sigma_{(t)}$$

因此，控制裂缝出现的临界温度应力

$$[\sigma]=f_t/K=1.8/1.15=1.5652\text{N/mm}^2$$

从上面温度应力计算结果，可得混凝土龄期到9d以后，温度应力的值超过了临界温度应力值 $[\sigma]$，有可能会导致温度裂缝的出现，这就必须采取措施，尽可能减少最大综合温差 ΔT。本工程采取加强混凝土养护（蓄水）和保温等措施，使混凝土缓慢收缩，从而使温度应力 σ_t 不大于 1.5652N/mm^2，满足安全度要求。

8-4　建设激光测量仪在工程施工测量中的应用

广发金融大厦由于北附楼、西附楼和部分逆作法施工的部分地下室与主楼同时施工，给施工测量放线工作带来一定困难，该工程属超高层建筑，主楼垂直精度的控制显得尤为重要。为控制测量精度，该工程采用了建设激光测量仪。

建设激光测量仪是一种能自动保持工作精度，可适用于各类工程建设的多工序检测的便携式仪器，它具有6种功能（自动安平激光铅直仪、自动安平激光水准仪、自动安平激光水平面仪、自动安平激光铅直平面仪、自动安平任意倾角激光束准直仪、自动安平激光圆锥面仪），是一种多功能、多用途、性能好、精度高的新颖测量仪器，有助于提高测量精度和效率，节约劳动力，提高工程质量和加快工程进度。下面着重介绍该仪器在本工程铅直度测控方面的一些具体作法。

要保证高层建筑施工的垂直度，必须建立精度较高的控制系统进行建筑物轴线的投测。本工程的东、南面皆为道路，西、北面紧靠多层、高层建筑物及大片民居。在施工过程中，东、南面又采用钢管脚手架。脚手架杆件密集，通视困难，因此宜采用内控方式进行垂直度控制，而建设激光测量仪则可以满足该控制系统的要求。

使用建设激光测量仪进行轴线竖向引测，首先必须选定控制点。现将控制点选定在二层，经测角、量边核准后，得Ⅰ～Ⅳ控制点（图8-26），将新建立的矩形控制网作为主楼施工全过程中竖向控制和施工放样的依据，在以上各层楼面浇筑混凝土时，在对应于这4个控制点的位置处均预留150mm×150mm的垂线投递孔，并在留孔处四周砌200mm高阻水圈，以阻挡投点时施工用水流洒在仪器上；同时为施工投点方便，在二层控制点处用砖砌600mm高、500mm×500mm的砖墩，表面用水泥砂浆找平，控制点用直径10mm、长100mm的钢筋（顶面刻十字线）埋于砖墩，钢筋顶端露出砖墩完成面5mm，并将砖墩加以保护。为减少激光束衍射而产生的误差，利用最有效可靠的测程，分段进行投点，于6层（23.30m）、22层（75.30m）楼面重新设4个控制基点。投测时，将仪器置于控制点，调平，让激光束垂直投测到新测楼面留孔处放置的有机玻璃平板（300mm×300mm）接受靶上

(图 8-27)；记下激光束的光斑圆心位置，则可进行所测楼面的放线工作。

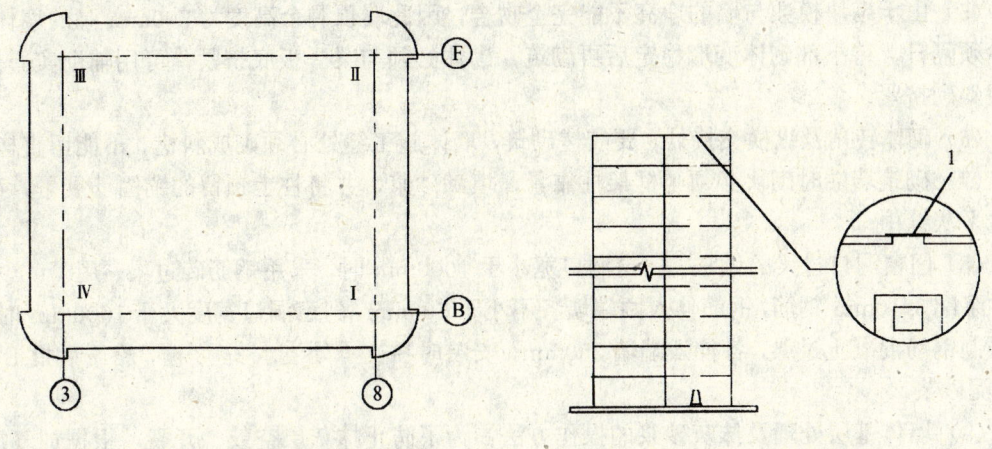

图 8-26 控制点平面

图 8-27 激光投点示意
1—有机玻璃接受靶

经测量本工程垂直度偏差值为 8mm。

使用建设激光仪进行高层建筑的竖向轴线投测，由于有自动安平结构系统、抗干扰功能和连续自动工作的能力，因此具有操作简单、测量速度快、精度高等优点，同时也不受风雨、日照等自然环境和场地条件的影响，从而加快工程进度。

8-5 轻质加气混凝土砌块的应用

广发金融大厦工程内外墙均采用轻质加气混凝土砌块砌筑，内墙厚度为 180mm 和 120mm，所用加气混凝土砌块规格分别为 600mm×180mm×150mm、600mm×120mm×150mm，表观密度为 600kg/m³，抗压强度≥3.5MPa。外墙厚度为 240mm，直形墙所用砌块规格为 600mm×240mm×150mm，弧形墙所用砌块规格为 300mm×240mm×150mm，表观密度为 700kg/m³，抗压强度≥7.5MPa。本工程共使用加气混凝土砌块 3250m³。

内外墙砌筑砂浆均采用 M5 水泥石灰砂浆，内墙抹灰砂浆采用 1：1：6 水泥石灰砂浆打底，厚度≤10mm，1：2 石灰砂浆罩面；外墙面批 1：2 水泥砂浆，厚度为 20mm，分二次涂抹。

8.5.1 施工要点及技术措施

（1）砌块砌筑前，视砌块的干湿程度，决定是否要淋水湿润。若砌块干燥，则需向砌块适量淋水，以保证砌块形成砌体后粘结牢固，但一定要掌握好浇水量，不能浇得太湿，含水率以不大于 20% 为宜，只要表面湿润深入 8~10mm 即可，炎热干燥时可适当洒水后再砌筑。

（2）砌第一皮砌块时，砌块面一定要通线调平，否则影响整幅墙砖缝的横平竖直。

（3）一次铺设砂浆的长度不宜超过 800mm，铺设后应立即放置砌块，要求一次摆正找平，如砂浆已凝固，砌块砌筑后若有移动或松动时，均应铲除原有砂浆重新砌筑。

（4）为减少施工中的现场切锯工作量，避免浪费，便于配料，在砌筑前，应根据墙的长度、高度进行平面、立面砌块排列，上下错缝搭接长度不小于砌块长度的 1/3。有门窗洞口时从门窗洞口边砌起。

(5) 由于砌块模数与墙的净高不能完全吻合，因此墙顶剩余高度为300mm高的墙体，至少须隔日，待下部砌体变形稳定后再砌筑，砌体必须与梁、板底挤紧，可用辅助实心小砌块斜砌挤紧。

(6) 砌体转角及纵横交接处，要咬槎砌筑，墙体施工缝处必须砌成斜槎，不能留直槎。

(7) 砌筑墙端时砌块必须与框架柱靠紧，填满砂浆，并将柱上预留的锚固筋展平，砌入水平灰缝中。

(8) 门窗洞口过梁的做法：门窗洞口宽小于1000mm时，采用钢筋砖过梁，用1:1水泥砂浆配3ϕ10mm钢筋，钢筋伸入两端墙各不小于500mm，门窗洞口宽度大于1000mm时，用预制钢筋混凝土过梁，各伸入端墙250mm，安装时在支承处浇水2~3遍，略干后批1:1水泥砂浆。

(9) 墙体基层处理及抹灰砂浆的操作方法：为了防止抹灰层空鼓、开裂，根据加气混凝土砌块吸水先快后缓、吸水量大、延续时间长的特点，采取了如下措施：在抹灰前一天，是否需对墙面进行均匀的淋水，应视砌块的干湿程度而定。如砌块砌筑时已经很湿，则不能淋水，更不能抹灰，要等到湿的墙体风干一段时间后再进行抹灰；如果墙体比较干燥，淋水时间宜为3~5min，湿水深度以8~10mm为宜。在抹灰前一个小时再淋水一遍，以墙体湿润为宜，然后刷1:4比例的107胶水泥溶液一道，边刷边抹，防止水泥浆干后起粉。底层砂浆用掺有107胶（占水泥用量的15%）的1:1:6水泥混合砂浆，一次抹灰厚度不超过10mm。

(10) 在外墙挂石处做法：根据花岗石的尺寸以及螺栓的固定支点位置设置圈梁及构造柱，以使螺栓锚固在圈梁或构造柱上（图8-28）。

(11) 砌筑过程中，应随时检查墙体表面的平整度、垂直度、灰缝的均匀度及砂浆饱满度等，及时校正所出现的偏差。

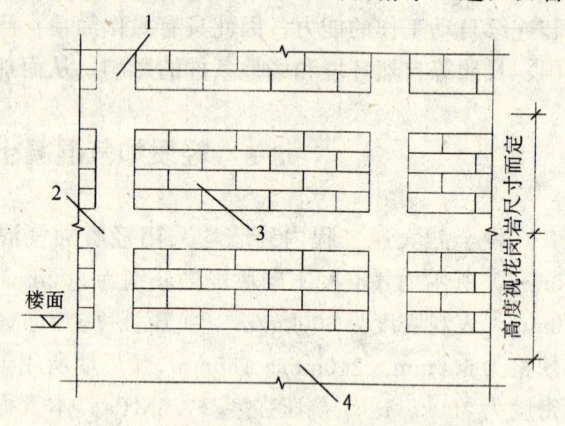

图8-28 加气混凝土砌块挂石外墙构造大样
1—构造柱；2—圈梁；3—轻质加气混凝土砌块墙；4—框架梁

8.5.2 工程应用效果

广发金融大厦内外墙采用轻质加气混凝土砌块砌筑，取得了良好的效果，较好地解决了加气混凝土砌块在施工中出现的技术问题，如砌块灰缝的横平竖直，墙柱接头及墙顶出现裂缝、损耗大、抹灰层空鼓等。

1. 经济效益

(1) 由于加气混凝土砌块轻，其表观密度仅是粘土砖表观密度的1/3，大大减轻了建筑物结构的自重。若设计时加以考虑，则其综合造价比用粘土砖节约5%以上。广发金融大厦共使用加气混凝土砌块3350m³，总重量为2010t，若采用粘土砖其重量为6030t，总重量减轻了4020t。

(2) 减轻工人劳动强度，提高砌筑效率，降低施工人工费成本。以砌100m²的180mm

厚墙为例,用 600mm×180mm×150mm(高)规格的加气混凝土砌块,其数量为 1008 块,而砌红砖则需 9700 块,根据实测,在相同条件下,砌加气混凝土砌块其施工效率比砌粘土砖提高 30%～50%。

(3) 提高垂直运输效率,降低机械费成本。广发金融大厦共用加气混凝土砌块 3350m³,总重量为 2010t,用提升重量为 1t 的井架式升降机运输,其运输次数为 2010 次,若采用粘土砖,其垂直运输次数为 6030 次,用加气混凝土砌块比用红砖减少了 4020 次。以每台班运输 24 次综合考虑,共节省机械台班 167.5 台班。

(4) 由于加气混凝土砌块尺寸大,外观尺寸平整,减少了灰缝数量,抹灰厚度也减小,节省了砌筑砂浆及抹灰砂浆。根据实测,用加气混凝土砌块比用红砖其所需的砌筑砂浆及抹灰砂浆数量对比见表 8-13。

加气混凝土砌块及粘土砖墙体所需砂浆数量(以 100m² 计) 表 8-13

	加气混凝土砌块 (180)	粘土砖墙 (180)
砌筑砂浆	1.71m³	3.92m³
抹灰砂浆(单面)	1.10m³	1.428m³

(5) 减少了汽车运输费。广发金融大厦采用加气混凝土砌块比采用粘土砖,其总重量减轻了 4020t,按 8t 载重汽车运输来计算,其运输次数减少了 503 次,以每运二次(从厂家运至工地)为一个台班计算,共节省 8t 载重汽车台班 252 台班。

广发金融大厦采用加气混凝土砌块经济效益情况见表 8-14。

广发金融大厦采用加气混凝土砌块的经济效益 表 8-14

序号	节省费用名称		节省数量	单价	金额(元)
1	人工费		2700 工日	16.88	45576.00
2	材料费	砌筑砂浆	540m³	116.50	62910.00
		抹灰砂浆	160m³	123.73	19796.80
3	机械费	上落笼	167.5 台班	160.46	26877.05
		载重汽车	252 台班	368.13	92768.76
4				合计	247928.61

2. 社会效益

加气混凝土砌块的应用,有其极大的社会效益:

(1) 保护了自然资源:烧制粘土砖破坏了大量的农田耕地。据统计,为满足建筑市场需要,全国一年要挖去三个县的土地烧制粘土砖。

(2) 减少了环境污染,节约了能源:烧制粘土砖的小砖窑,既造成环境污染,并浪费能源。而加气混凝土砌块规模化、标准化的生产,减少了环境污染,节约了能源。另外由于加气混凝土砌块具有良好的隔热保温性能(隔热保温性能是红砖的五倍),降低了建筑保冷保暖的能耗。

(3) 改善了劳动条件,加气混凝土砌块的应用,可减轻工人劳动强度,提高生产效率。

(4) 由于加气混凝土砌块质量轻,整体性好,提高了建筑物的抗震能力。

8-6 外墙装饰施工

广发金融大厦全部内外墙均为高级装饰，裙楼外墙饰面采用昂贵的意大利深颜色的珍珠绿花岗石（面积约5千多平方米），主楼是采用德国阳极电镀银色蜂窝铝板（面积约1万5千多平方米）及天蓝色玻璃幕墙作外墙。

现将外墙装饰施工分述于下：

8.6.1 外墙铝板的安装

外墙铝板为15mm厚原色电镀蜂窝铝板，由法国"Pohl"公司供应，蜂窝铝板表面为阳极电镀，镀层厚度平均超过20μm。

蜂窝铝板所使用的结构硅胶为"Dow corning"795或995结构胶，此胶经香港专业结构硅胶公司负责测试证明，上述材料能与结构硅胶相结合，相互之间的相容性绝对可靠，另铝合金型材、蜂窝铝板及玻璃涂上结构硅胶后，存放于水中7d后再取回，相连性绝对可靠，可结为一体。

该铝板主要尺寸为1500mm×3200mm，固定于铝合金方形管上（图8-29）。方形管利用螺栓与固定件相联，固定件则用M12螺丝固定于预埋件（40/22 HALFGN—CHANNEL）上，预埋于混凝土中的预埋件能使M12螺丝可活动地、合适地寻找到适合于固定方形管的位置，这是本工程中较为先进的预埋件工艺，取代了过时的、不合我国国家规范的采用膨胀螺丝的不牢固固定办法。

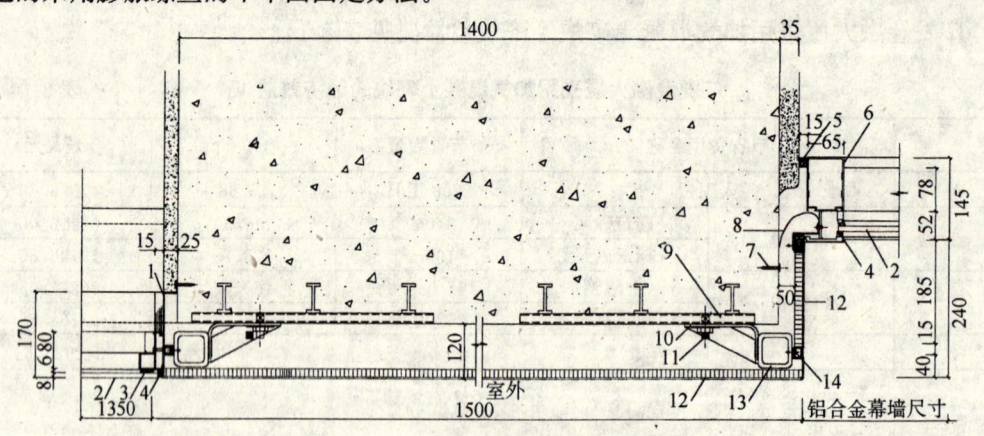

图8-29 外墙蜂窝铝板固定构造图

1—铝合金盖；2—8mm蓝色反射钢化玻璃；3—结构硅胶；4—密封胶；5—防水胶；6—铝合金立柱；7—混凝土钉；8—防水胶布；9—（40/22 HALFEN—CHANNL）预埋件；10—150mm×90mm×6mm厚固定件；11—M12螺丝；12—蜂窝铝板；13—75mm×75mm×6mm厚方形管；14—M6×20mm不锈钢螺丝300mm

注：固定件经热浸镀锌铅水处理

8.6.2 外墙玻璃幕墙

外墙玻璃幕墙是采用天蓝色反射钢化玻璃，此玻璃能反射声波、反射太阳光线50%左右。

玻璃幕墙嵌装于异型铝框中，以密封硅胶"Dow corning"795或995结构胶填塞，异型铝框与铝板一样固定于混凝土的预埋件中，如图8-30所示。

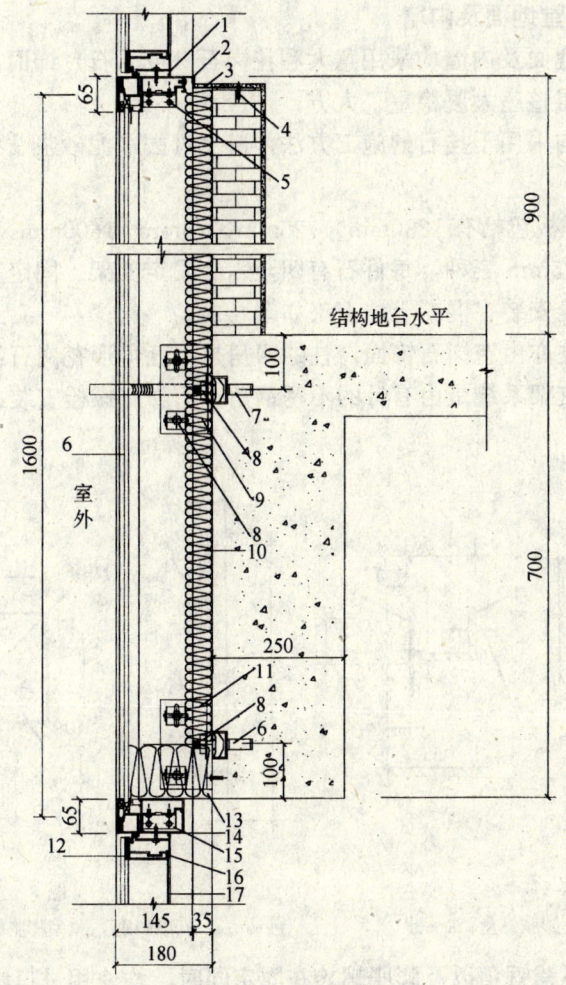

图 8-30 幕墙构造图

1—铝合金横梁;2—密封胶;3—铝合金角;4—混凝土钉;5—M6×20mm 不锈钢螺丝;6—8mm 厚蓝色反射钢化玻璃;7—预埋件 40/22 HALFEN—CHANNEL;8—M12 螺栓;9—100mm×100mm×6mm220 长固定件;10—50mm 厚保温层填料;11—100mm×100mm×9mm1806 长固定件;12—结构硅胶;13—100mm 厚防火隔热材料;14—吊顶;15—25mm×25mm×3mm 厚铝合金角;16—胶条;17—铝合金立柱

本工程的玻璃幕墙,曾在香港坪峰的风雨试验场进行样板试验,试验项目有:

(1) 雨水渗漏性能测试—波动加压;

(2) 抗风压性能测试—波动加压。

试验结果(摘要)如表 8-15。

抗风压性能测试结果 表 8-15

测 试	试 验 结 果
雨水渗漏性能测试(波动加压)	在 2.0kPa 的波动压力下,样板没有漏水的情况出现
抗风压性能测试(波动加压)	在正负风压+/−3.0kPa 下,主受力杆件的挠度均低于 1/175 的要求
抗风压安全测试	在+/−3.75kPa 的压力下,样板刚度良好,没有太大的残余变形
玻 璃	没有损坏

8.6.3 裙楼外墙、大堂地面及内墙

裙楼外墙、大堂地面及内墙均采用意大利花岗石（或云石）饰面。外墙采用意大利珍珠绿花岗石外挂，显得整座大厦稳重、大方。

本工程的内外墙均采用干挂石的施工方法，避免过去水泥砂浆贴石长期流泪流浆有碍立面雅观的施工方法。

（1）外墙的花岗石板包括有 1280mm×725mm×25mm、1600mm×1150mm×25mm 及 1000mm×1000mm×25mm 三种，每件石有四至六个固定支架。固定支架系统是由有针的不锈钢角，用膨胀螺栓安装在混凝土墙上（如图 8-31）。

（2）大厦的外墙柱亦由花岗石饰面，柱的四角是由五角形花岗石组成。每件花岗石有三个固定支架。固定支架系统是由有针的不锈钢角，用膨胀螺栓安装在混凝土墙上（如图 8-32）。

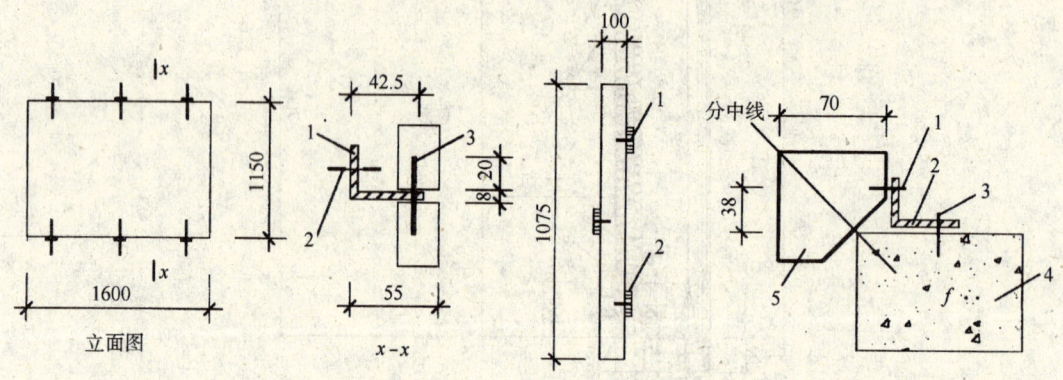

图 8-31
1—不锈钢角；2—膨胀螺丝；3—针

图 8-32
1—针；2—不锈钢角；3—膨胀螺丝；4—柱；5—花岗石

所有支架及有针不锈钢角以及膨胀螺栓在固定同时，均使用进口结构高强胶固定，约 2d 内可达到 100％强度要求，在花岗石与花岗石缝之间均使用可塑粘性胶封填，以达到美观及密封要求。

9 广州好世界大厦工程施工

广州市第一建筑工程有限公司　李定中　曾瑞眉

9-1 工程概况

广州好世界大厦是由广州珠江外资建设总公司兴建、广州珠江外资建筑设计院设计、珠江工程建设监理公司监理、广州市第一建筑工程有限公司施工的一幢高层高智能综合性大厦（见彩图11）。

大厦地处广州花园酒店西侧、环市东路与建设六马路转角处。该工程地下3层，地面以上35层（见图9-1）。其中—1、—2和首、2层为商场，—3层为设备房，战时为人防工程，3～8层为停车库，以上塔楼为写字楼。占地面积3522m²，地下室约7300m²，总建筑面积约54500m²，总高度113.70m，地下室深—13.00m（地下室各层标高分别为—4、—8、—13m）。工程结构形式是框架剪力墙，柱网为8.2m×7.9～6m。大厦按高智能建筑设计施工。工程于1993年4月开工，1996年8月竣工。

1. 环境特点

工程地处市区繁华路段，建筑物西、南边紧邻住宅楼，东北边为主要交通干道，人车流量特别大，东北角为横跨建设六马路和环市东路的行人天桥，因而施工场地狭窄，西边距施工围墙仅有1m，其余地方也仅5～9m（已占用人行通道）。邻近有多间高级宾馆，使夜间施工及土方排放、施工材料进场等均受到限制。施工总平面图见图9-2。

2. 水文地质状况

场地地势较高，地面排水条件较好。场地地层结构简单，自上而下为：（1）人工堆积带，顶部杂填土0.4～1.5m厚，以下为可塑状砂砾性粘土，厚度2.0～4.4m；（2）残积砂粘土砾石带，可塑～硬可塑，厚度约8～20m，平均12m，埋深10～21.5m；（3）风化基岩带属白垩系红层，随深度依次为强风化、中风化至微风化，岩质有泥岩、砂岩、砾岩等，其中强风化基岩不连续，最厚10.2m，底层埋深11～23m，相对高差起伏大。中风化基岩厚度较薄，连续性差，最厚4.1m，平均2.1m。微风化岩面自西南向东北缓倾，厚度大、连续完整，面埋深距地表为11.6～25.5m。

3. 主要施工方法

在推行社会主义市场经济的今天，投资商对工程建设速度要求愈来愈高，建设速度直接关系到投资商的经济效益。本工程的兴建单位和设计者们为了充分利用用地面积及缩短施工工期，加快地面以上结构施工速度，使建筑物能够尽快展现在人们眼中，工程的三层地下室施工设计采用了逆作法方案，地下室外壁采用了地下连续墙，柱下用人工挖孔灌注

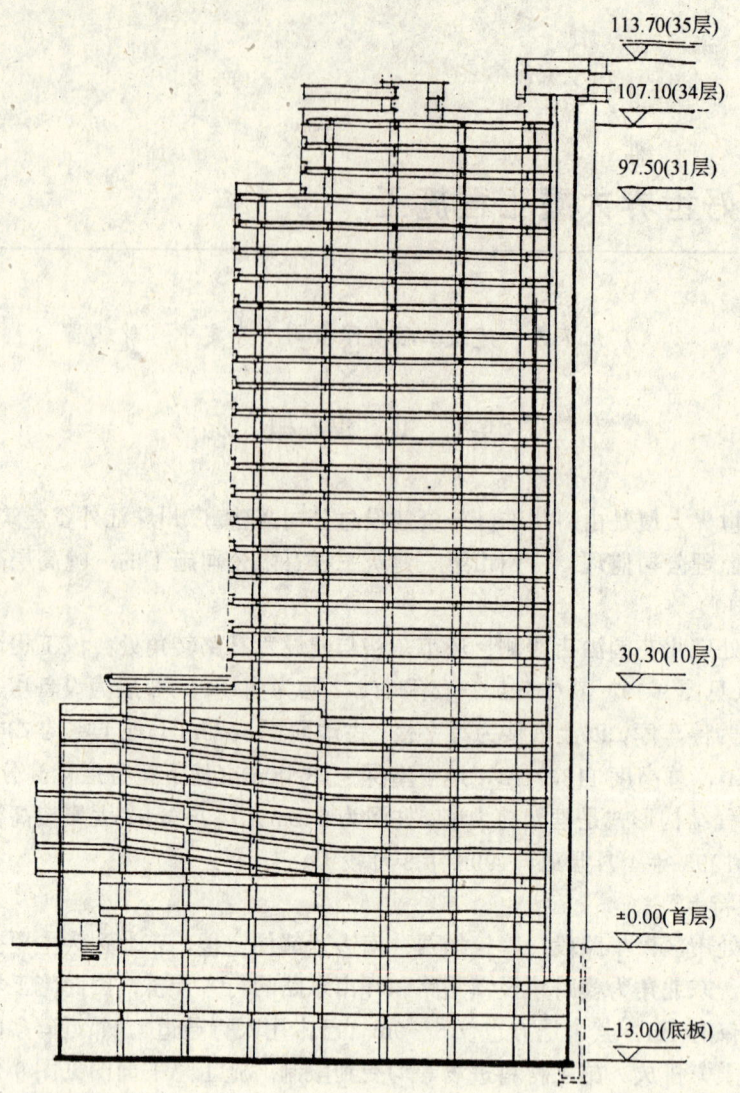

图9-1 剖面图

桩基,工程柱采用了钢管C60级高强混凝土柱(见彩图12),减少了柱子所占的建筑空间,争取更大的停车场开间和停车位。

根据工程设计的特点,对地下室采用了半逆作法施工工艺,组织了钢管高强混凝土柱施工。

工程主体是钢筋混凝土框剪结构,框架结构施工除按常规施工方法外,针对墙柱和梁板设计采用了不同强度等级的混凝土,采用了不同强度等级混凝土同步浇筑施工技术。应用了粗直径钢筋电渣压力焊纵向连接技术。结合本公司高层建筑施工的经验,采用了拉吊式钢管外脚手架施工。

室内大部分的轻质间隔墙,设计采用了空心轻质隔墙板。室内走廊两边墙面的装饰大理石采用了胶粘干作业施工技术。外墙为隐框玻璃(铝板)幕墙。6层室内停车场地面耐磨层采用了无砂混凝土。

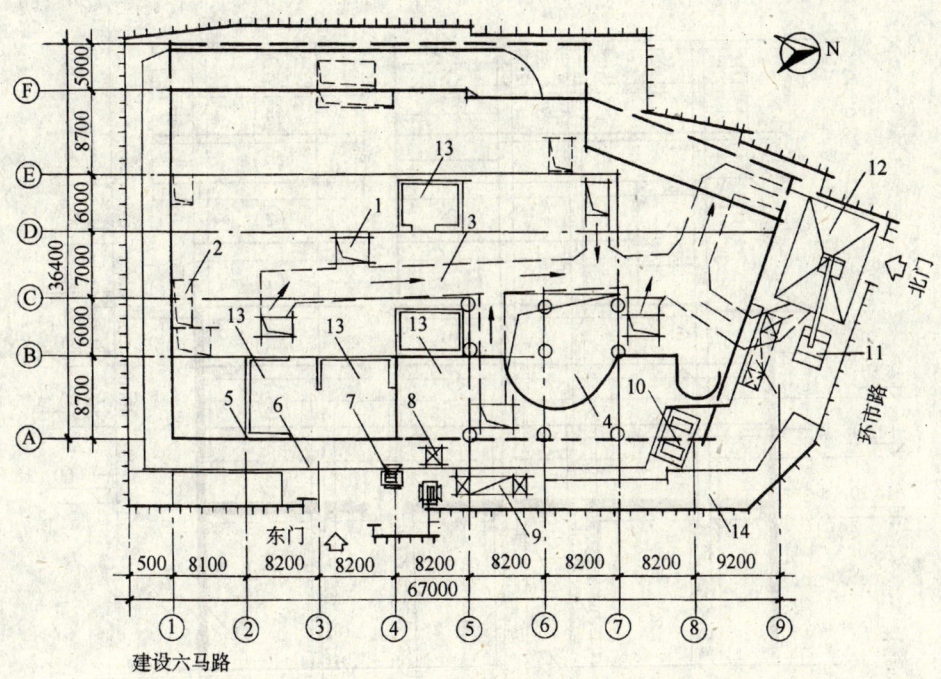

图 9-2 施工总平面图

1—出土口（共五个）；2—设备孔（虚线）；3—出土路线；4—下沉广场；5—首层边线；6—二层边线；
7—强制式混凝土搅拌机；8—塔式起重机；9—组合井架式升降机（虚线为后搭设）；
10—施工人货升降机；11—反铲挖掘机；12—储土坑；13—C60级混凝土原材料堆放场；14—临时设施

9-2 3层地下室半逆作法施工

广州好世界大厦地处繁华路段的交叉路口，邻近多间高级宾馆，特别是春秋两届中国出口商品交易会期间更是繁忙。而设计又尽量利用用地面积，要求主体结构尽快施工，施工场地十分狭窄。首层楼面设计也不容许临时堆土。而所处场地土质较好，属弱水地层，地下室底板标高已部分进入基岩层。根据工程这些特点，考虑到露天机械大开挖的有利条件，在设计容许的条件下尽量多挖深挖，减少暗挖的工作量和减少暗室的结构施工工作量，以加快地下室施工进度。故选择了半逆作法施工工艺，如图9-3所示，第一次机械明挖土方深度到−6.5m，然后进行−1层底板和面板（两个结构层）的施工，利用开阔的工作面比采用全逆作法施工多完成2.5m厚土方和一个结构层施工。

在±0.00层梁板结构完成后，即施工地上2层结构，待2层梁板模板支撑拆除后，即进入首层安装暗挖土方提升设备，接着地下、地面结构同时组织施工。

由于地下室逆作暗挖土方难度较大，挖土工期较明挖长，所以整个工程的施工是以地下室半逆作法为主线组织施工，同时地上各层框架按正作法依次组织施工。

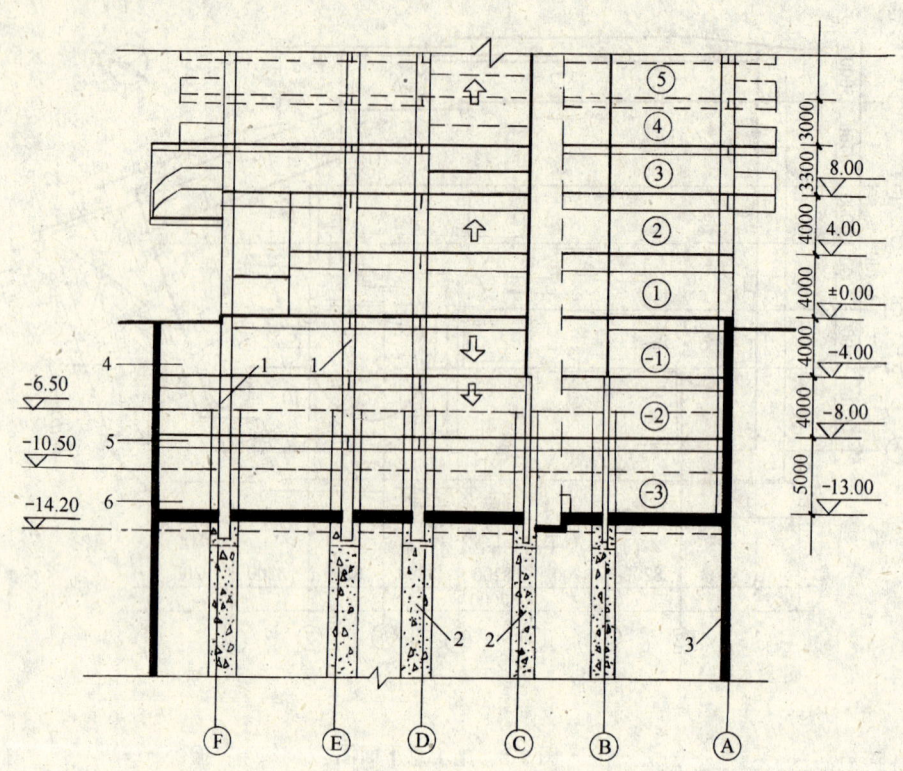

图 9-3 地下室剖面图
1—钢管混凝土柱；2—人工挖孔桩；3—地下连续墙；
4—第一次挖土方（明挖）；5—第二次挖土方（暗挖）；6—第三次挖土方（暗挖）

9.2.1 半逆作法施工流程

总控制流程是：地下连续墙施工 → 室内人工挖孔桩施工 → 钢管混凝土柱施工 → 挖土方（明挖）→ —1 层结构施工 → ±0.00 层结构施工 → 地面 2 层结构施工

┌→ 地下室逆作法施工
└→ 地面以上结构施工

地下室逆作法施工流程为：挖土方（暗挖）→ 地下—2 层梁板结构施工 → 挖土方（暗挖）→ 地下室底板施工 → 地下—3 层剪力墙、衬墙施工 → 地下—2 层剪力墙、衬墙施工 → 地下—1 层衬墙施工。

主体结构总施工流程见图 9-4。

地下室各层梁板施工流程为：挖土方 → 弹墨线 → 安装梁板模板、支撑 → 凿连续墙胡子筋和清理钢盒 → 梁钢筋绑扎（主梁与钢牛腿或钢盒焊接）→ 绑扎楼板底筋（与连续墙胡子筋焊接）→ 预埋线管 → 绑扎楼板面筋 → 浇筑梁板混凝土 → 混凝土养护 →（接下一层施工）。

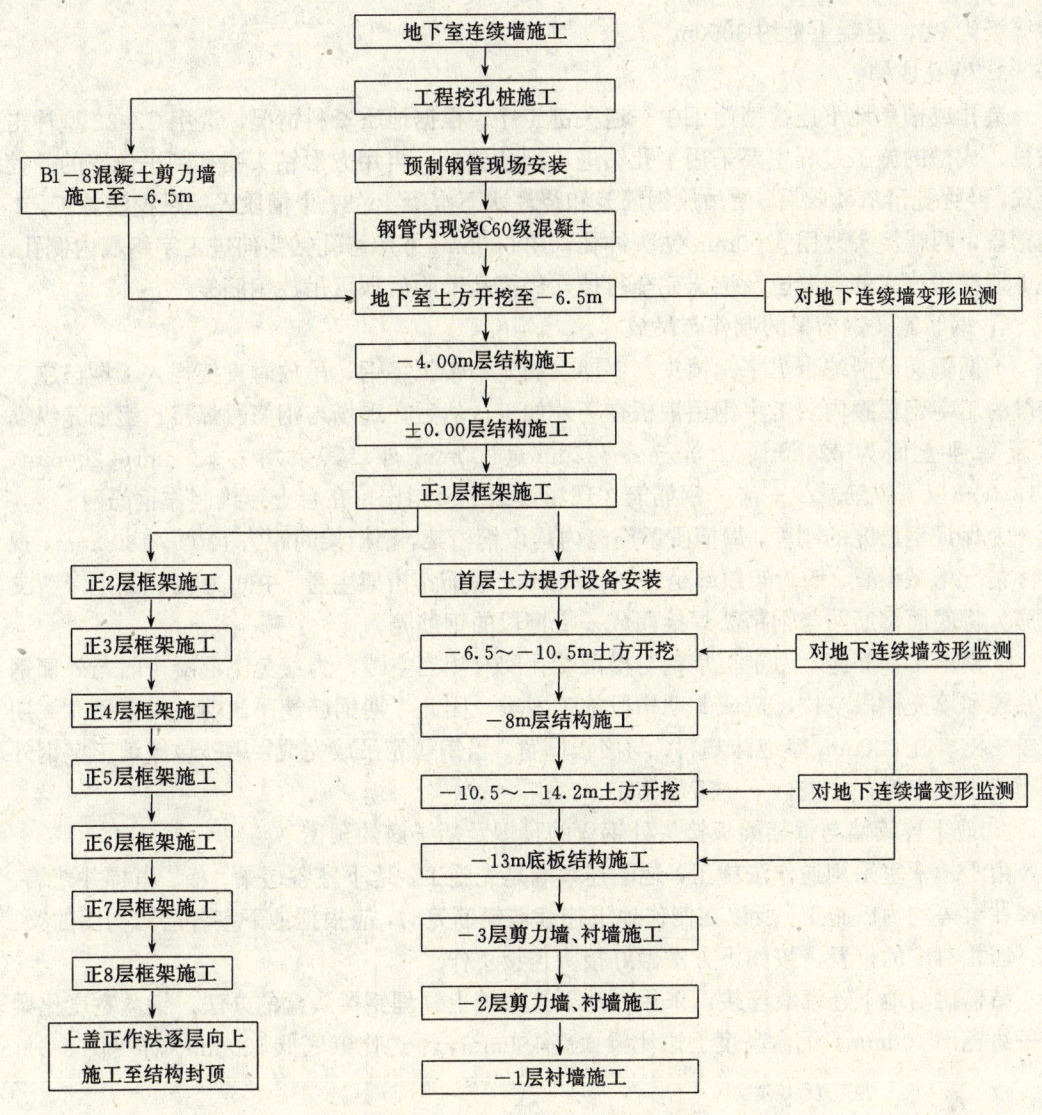

图 9-4 主体结构总施工流程图

9.2.2 地下室外壁地下连续墙施工

地下连续墙厚 800mm，墙深 $-16.6 \sim -24.1$m，设计要求埋入Ⅲ级以上稳定的中、微风化岩层 $800 \sim 1000$mm，所以实际墙深是在每段墙施工时，按实际土质情况而定，由专业施工队施工。

1. 槽段划分

地下连续墙周边长约 210m，共分 37 个槽段，除 6 个转角处布置"L"形或"＼＿"形槽段外，其余均为"一"形槽段，每槽段长度以 6m 为主，其余转角或部分槽段在 $2.2 \sim 5.4$m 不等。逆作施工槽段划分要注意槽段接头位置避开框架梁位，以利于预埋钢梁盒与框架梁钢筋的连接。

2. 槽段接头处理

各槽段采用 8mm 厚钢板焊成"工字钢"接头作分隔。墙体混凝土强度等级为 C25，抗渗等级为 P6，混凝土量约 3000m³。

3. 造孔成槽

造孔成槽是地下连续墙施工中一道关键工序，根据地质资料情况，选用 CZ-22 型冲击钻机，成槽的施工过程主要采用主孔钻进，副孔劈打，再用方形钻头铡孔削平侧壁的开挖方式，经终孔清渣验收后，便吊放钢筋笼和浇注水下混凝土。37 个槽段采用跳挖法施工，Ⅱ期槽段，两端接头改用 ϕ600mm 钻头冲孔，用 600mm 方形修孔钻头伸进工字钢翼内铡孔，将 Ⅰ 期槽段流入的混凝土及泡沫完全打掉，经清孔验收后即可吊放钢筋笼。

4. 钢筋笼及钢桁架的制作与吊放

Ⅰ 期钢筋笼两端带工字钢锁头，Ⅱ 期钢筋笼不带工字钢，吊放时直接插入 Ⅰ 期已施工墙段的工字钢翼腹内。工字钢用钢板在场外加工，然后在现场与钢筋网焊接。钢筋笼纵筋布置除迎土面为 ϕ25mm@200mm＋ϕ22mm@200mm 外，其余均为 ϕ25mm@200mm，-18.00m 以下纵筋减少一半。钢筋笼在现场设钢平台制作，在台上弹线制作钢筋网。

为保证钢筋笼的刚度，每槽段钢筋笼内均设钢桁架，钢桁架间距为 1200～1800mm，视实际情况增减设置，钢桁架顶部为 ⌐8, 2ϕ28mm 纵筋作桁架主身，中间为 ϕ20mm "彡" 支撑筋。将底面钢筋网与钢桁架焊接而成一个槽段的钢筋笼。

Ⅰ 期施工钢筋笼，由于工字钢与槽段端孔间有相当空隙，为避免浇混凝土时与外侧钢板粘连和填充槽段空位，造成 Ⅱ 期槽段施工困难，因此 Ⅰ 期钢筋笼吊放前在工字钢靠 Ⅱ 期槽段一侧绑扎 120mm 厚泡沫塑料，与腹板同宽，当钢筋笼吊放完成，用砂包抛填工字钢外侧槽段半圆空位，才进行下一工序施工。

5. 地下连续墙与框架梁板接头处钢盒的预埋及胡子筋的预留

由于地下室采用逆作法施工，地下连续墙是先施工，地下室各层梁、板、电梯井壁墙、电梯井梁等均为后施工，所以在制作地下连续墙钢筋笼时，应根据地下室各层结构图的梁、板、墙相对应的位置，按如下方法做好接头连接工作。

结构梁与地下连续墙连接：采用在地下连续墙上预埋钢梁头盒的办法。钢盒宽度比梁宽每边宽出 100mm，钢盒高度上边比梁面高 150mm，下边比梁底低 100mm（详见图 9-5），

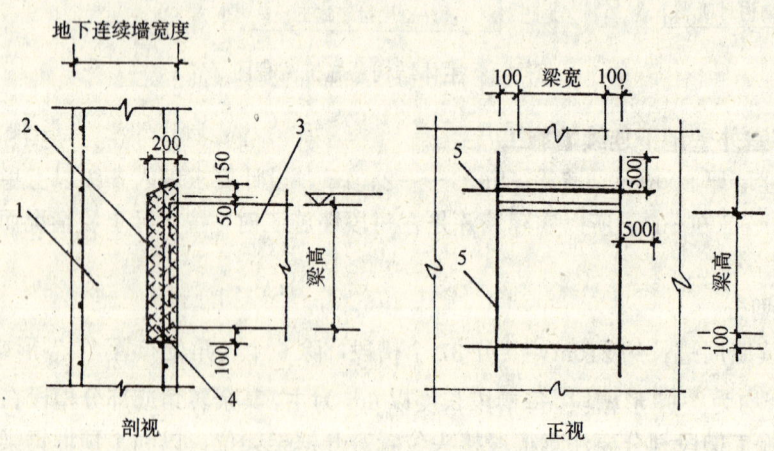

图 9-5 地下连续墙钢盒与后浇梁连接示意

1—地下连续墙；2—钢梁头盒；3—后浇梁；4—泡沫块；5—四周用 1ϕ16mm 钢筋与钢盒及钢筋笼主筋电焊

钢盒用6mm厚钢板制作而成，钢盒四周用钢筋焊接分别凸出500mm长度，与地下连续墙纵筋和水平筋焊牢，若钢盒周边与水平筋或纵筋相碰时，须将钢板开凹槽，并相互焊接，不能切断水平筋与纵筋。钢盒预埋施工时，钢盒内以泡沫块填充，土方开挖时去除泡沫块，清理钢梁头盒，再与框架梁钢筋焊接。钢盒埋置位置必须准确。

地下室各层楼板与地下连续墙连接：本工程采用在地下连续墙上预留胡子筋的办法。在地下室各层楼板相同标高处，沿地下连续墙均匀排列胡子筋，预留时胡子筋形状为"凵"形，胡子筋的一边与地下连续墙主筋焊牢。在预埋胡子筋长度范围内铺放泡沫块，以便于日后胡子筋复位。胡子筋复位后形状为"L"形（见图9-6）。

电梯井壁预留胡子筋和电梯井内梁预埋钢盒方法与上述方法同。

6. 地下连续墙混凝土的供应与浇筑

地下连续墙采用预拌混凝土，由混凝土公司供应，进行水下混凝土浇筑施工，用导管升液法连续浇筑，坍落度为

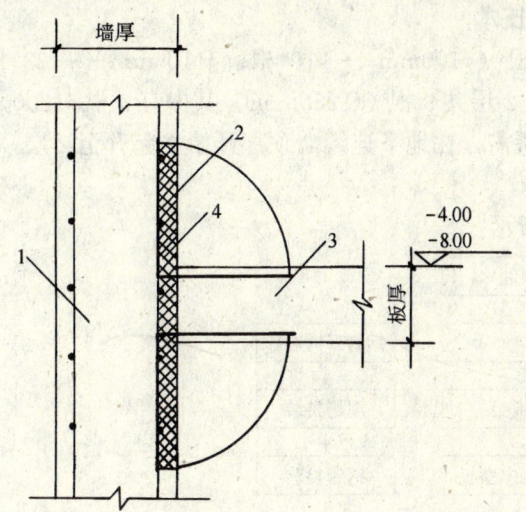

图9-6 地下连续墙段预留胡子筋与后浇板连接示意
1—地下连续墙；2—胡子筋；3—后浇楼板；4—泡沫块

180～220mm。浇筑时要一气呵成，保证混凝土面上升速度大于2m/h。

9.2.3 人工挖孔桩施工

地下室采用逆作法施工，内柱要先施工，设计采用钢管混凝土柱作内柱，基础选择人工挖孔桩，有利于施工。确定挖孔桩的直径时，除桩芯直径应满足设计受力要求外，还应考虑空桩段直径必须满足钢管混凝土柱的钢管安装时所需要的操作空间的要求，此操作空间宽度可取为800mm左右。本工程钢管混凝土柱直径为700～1200mm，故空桩段桩直径D取为2.1～2.8m。当挖至桩顶标高时，重新复线按桩芯直径开挖施工。对于在楼梯剪力墙下直径为3.6m的大直径桩，在-16.00m标高以上（地下室段）将其直径放大为5.6m，作为剪力墙支模和浇筑混凝土用的施工空间。

挖孔桩桩长约23m，桩底要求支承在稳定的中、微风化岩面下不小于500mm，桩顶混凝土完成面标高为-14.00m，桩芯混凝土的浇筑是先将C30级混凝土浇筑至-16.00m标高，然后进行钢管安装。待钢管安装好后，才继续二次浇筑C60级桩芯混凝土至-14.00m标高，以固定钢管，然后才开始浇筑钢管内的C60级混凝土（见图9-7）。

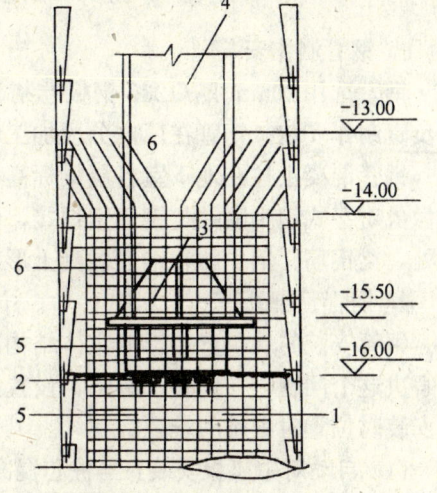

图9-7 钢管座嵌固示意
1—挖孔桩；2—预埋件；3—自动对中座板；4—钢管；5—C30级混凝土；6—C60级混凝土

由于工程桩以中、微风化岩层作持力层,用风镐开掘较为困难,故入岩层部分采用了浅眼松动微量爆破法。

工程桩直径 $D=2.1\sim3.6m$,钢筋笼较重,故在现场制作,采用10t汽车起重机将钢筋笼整体吊放入孔,吊放时应注意不碰撞孔壁。

9.2.4 钢管高强混凝土(C60级)柱施工技术

钢管高强混凝土柱地下室共39根($\phi700mm$——10根、$\phi1100mm$——23根、$\phi1200mm$——6根),高度为10~15m;首、2层共9根($\phi1200mm$),其中有3根$\phi1200mm$的钢管高强混凝土柱是由于立面效果设计所需,在地下连续墙顶部开始立起升至2层,高度约7m。

钢管高强混凝土柱施工流程如图9-8所示。

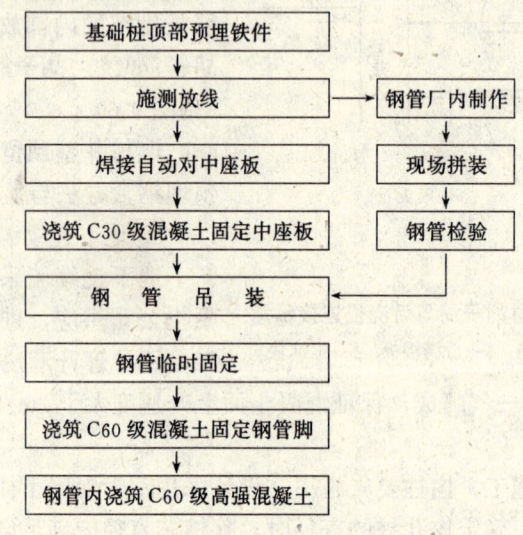

图9-8 钢管高强混凝土柱施工流程图

1. 钢管制作安装

钢管选用20mm厚Q235钢板卷制。钢管的制作安装要求较严格,由广州市新中国造船厂负责制作安装。钢管在厂内分段加工制作,现场分层拼装,用汽车起重机吊装。

钢管混凝土柱在地下室各层梁标高处设有工字钢牛腿,与各层梁钢筋焊接。工字钢牛腿做成对穿式钢牛腿并与钢管壁焊接,钢牛腿的嵌装线必须复核无误才能焊接,在梁柱交接处,梁钢筋、钢牛腿和钢筋混凝土形成一个良好的整体节点(图9-9)。

2. 钢管管脚处理

钢管安装的质量直接影响主体结构质量,钢管的制作尺寸和安装位置线必须准确。为了解决这个问题,在钢管管脚下,设置了一个自动对中找平的座板构件,较好地解决了钢管安装时位置对中难的难题。

(1)自动对中座板安装:当桩芯混凝土浇筑至-16.00m标高处时,就在该标高处预埋铁件,然后调校并焊接带十字肋和"人"形脚的自动对中座板(见图9-7),钢管脚外侧的钢加强肋要在钢管上预先焊好,吊装后该加强肋板不再与对中座板焊接。自动对中座板标高为-15.55m,用C30级混凝土浇筑固定。

(2)钢管吊装:钢管吊起,经取垂直、对正后,将钢管卡在自动对中座板上,并在钢

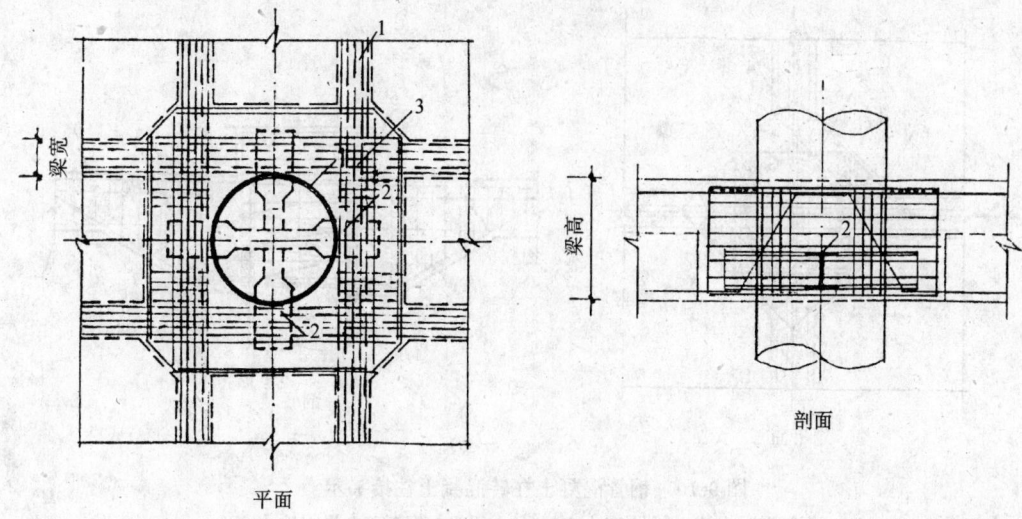

图 9-9 钢管混凝土柱与梁接头示意
1—钢管混凝土柱；2—穿心工字钢牛腿；3—结构梁钢筋

管中部用角钢临时支撑于挖孔桩壁上，吊装即告完成。钢管校正固定后，在钢管管脚外侧浇筑 C60 级高强混凝土至 -14.00m 标高处，施工时用导管送下并振捣密实，保证钢管底部混凝土的质量。

3. 钢管内 C60 级高强混凝土浇筑技术

钢管内为 C60 级素混凝土，采用商品混凝土并以混凝土泵输送，混凝土输送管在原土面布置到钢管口，在混凝土泵车臂杆 (17m) 范围内则可不布管而由臂杆直接灌注。地面以下钢管高 10～15m，钢管内 C60 级高强混凝土一次浇筑完成。其中有 6 根钢管伸上首、2 层，则在首层接驳，分段浇筑管内混凝土。混凝土采用高位抛落无振捣法浇筑，即混凝土从钢管口直接泵入管内，利用高强混凝土在重力作用下下落时产生的冲击能量，使混凝土自动挤密，不需振捣，但在离柱顶 4m 以内区段仍需用振动棒振动。

施工前为了获取经验和实际数据，作了一次模拟试验，制备了一条 $\phi 700mm$、$h=6000mm$ 的钢管，采用容积为 $0.35m^3$ 的吊斗，由塔式起重机直接吊至钢管的上口自由倾卸，不加振动，直至浇到离上口 2m，以上部分才用插入式振动棒捣固，整条柱 $2.3m^3$，25min 浇完，经广州市建筑科学研究院用超声波测试其内部密实度，结果证明整条钢管内部混凝土是密实的，尤其是穿心十字交叉梁底最易形成空洞处，也未发现蜂窝和不密实缺陷。

本工程在实际施工时采用直接泵送 C60 级混凝土从管顶落下，一根约 15m 高的钢管，管内混凝土体积为 $6m^3$，混凝土浇筑顺利时，5～6min 即可完成，其速度十分显著，一般框架混凝土柱的施工速度是无法与其相比的。

4. 钢管混凝土柱转换为混凝土柱节点处理

钢管高强混凝土柱转换为普通混凝土方柱时，以柱托转换（见图 9-10），钢管端部（顶部）焊上所需的连接钢筋，在上、下柱筋连接的梁柱接头作加强措施。

9.2.5 地下室土方施工

1. 土方开挖

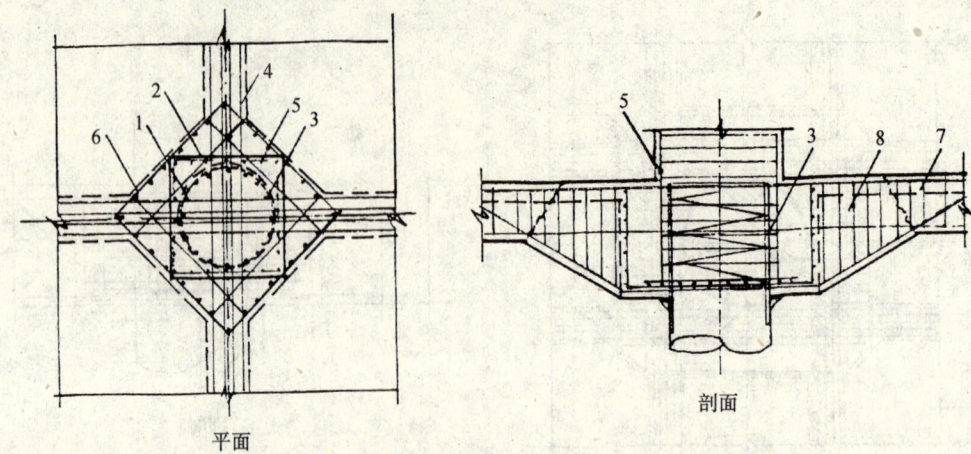

平面　　剖面

图9-10　钢管混凝土柱转混凝土柱接头示意
1—钢管混凝土柱；2—混凝土方柱；3—短筋与钢管壁电焊；4—梁钢筋；
5—方柱钢筋；6—加强筋；7—C30级混凝土；8—C60级混凝土

地下室土方开挖深度标高为－14.2m，土方分三个阶段开挖（见图9-3）。

(1) 第Ⅰ阶段：为明挖，采用机械大开挖，从原土面开挖至－6.5m标高，挖土从西南角开始，采用2台大型反铲挖掘机挖土，20台8t自卸汽车运土，由东门和北门出土外运。施工过程中挖掘机严禁碰撞钢管混凝土柱。第Ⅰ阶段土方量约18000m³，20d完成。

(2) 第Ⅱ阶段：开始暗挖，在－1层结构支模拆除并土方提升设备安装好后开始进行暗挖，土方量约9000m³，由于未有适宜的小型挖土机械，故采用人力挖土、手推车运土，在出土口由提土机将土方吊运上地面集中寄放在北门储土坑内，夜间外运。每天挖土方量约250m³，40d完成。

(3) 第Ⅲ阶段：第二次暗挖深度是3.7m，标高从－10.5m至－14.2m，土方量约8500m³。由于地下3层土质局部达到中——微风化岩层，需爆破清除，采用了浅眼松动微量爆破法施工。

由于出土运输条件受限制，加上地下3层结构施工难度较大，所以施工进度比原计划稍为拖延了些时间。

2. 土方及其它材料的垂直运输

地下室逆作法施工时，土方的垂直运输是在首层以及地下各层相对应的位置留设了五个2500mm×3500mm的垂直出土口（见图9-2），在首层楼面出土口上方安装提升装置吊运土方，每个吊斗容量为1m³。钢筋、模板、支撑等其它施工材料也是通过五个出土口和其它设备留孔洞来传递。为保证施工安全，各出土口和大设备孔洞周边设有铁栏杆和活动门口。当地下室结构施工完成后，各出土口补浇混凝土封闭。

3. 地下连续墙位移监测

在地下室挖土过程中，特别是第Ⅰ阶段土方大开挖时，地下连续墙处于悬臂状态，其挡土功能的可靠性关系到邻近建筑物和施工的安全，必须密切监测其墙顶的变形。为此，在外墙四角离开墙外边1.5～2m处设置固定基准点，在墙顶设观测点，用经纬仪观测地下连续墙的位移，每天早晚一次。当偏移值超出20mm的允许值时，立即通知甲方及设计单位共同研究处理措施。

本工程整个施工过程中,地下连续墙体最大位移在西边地下连续墙中部,大开挖时位移达40mm,经设计单位同意继续施工,整天观测,最后位移值并无增长变化。

9.2.6 地下室各层剪力墙及梁板结构施工

地下室各层梁板由已施工好的地下连续墙、钢管混凝土柱来连接支承。梁与钢管混凝土柱为双梁夹柱,每根梁钢筋需与钢管柱的牛腿焊接,梁板钢筋也分别要与地下连续墙预埋之钢梁头盒和胡子筋焊接(见图9-5、9-6)。钢梁盒位置要准确,地下连续墙的楼板位置处要清凿干净,保证混凝土的连接质量。

采用商品混凝土,用混凝土泵输送,按常规施工。

关于地下室剪力墙的施工,由于地下1层设计上考虑了用大型托梁支承上部剪力墙正作法施工荷载,所以地下2、3层的剪力墙在逆作法施工时可以暂不考虑施工,到地下室底板完成后,由地下3层向上顺作施工至-1层托梁底。

地下2层在楼板施工时,在剪力墙位置(即双梁之间)预留了整块板洞,地下3层剪力墙体的混凝土由此板洞往下浇注,并同时补浇双梁之间楼板的混凝土。而地下2层剪力墙则在墙顶(托梁底)预留一段开口板灌注混凝土(见图9-11)。

东北角三道梯间剪力墙是直接由直径为3.6m桩来支承的,施工时三道梯间剪力墙被直径是5.6m的空桩护壁包围,由于墙体直接支承在ϕ3.6m挖孔桩面,三道剪力墙由下向上正作法施工。第一次剪力墙浇至-6.0m标高,该标高以下的墙上要预留梯梁钢筋、暗梁孔和-2、-3层楼板筋,而-6.00m至-4.00m段的剪力墙与-4.00m层楼板一齐浇筑。

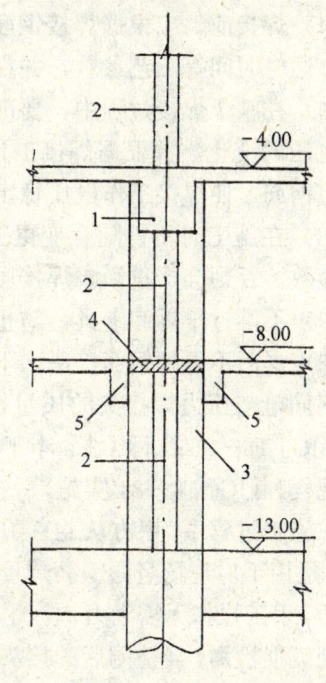

图9-11 地下2、3层剪力墙施工剖面
1—托梁;2—剪力墙;3—钢管混凝土柱;
4—预留板洞;5—双梁夹钢管混凝土柱

9-3 主体结构施工

工程主体结构为钢筋混凝土框剪结构,按常规组织施工。施工中应用了电渣压力焊工艺、不同强度等级混凝土同步浇筑技术和拉吊式钢管外脚手架。

9.3.1 粗直径钢筋电渣压力焊连接技术

本工程柱及剪力墙竖向钢筋多,直径较粗(ϕ14mm~ϕ25mm)。设计不允许竖直粗钢筋采用绑扎连接,故决定ϕ18mm、ϕ20mm、ϕ22mm、ϕ25mm的竖向钢筋采用电渣压力焊接驳。从地下-1层(-4.00m标高)开始使用。

电渣压力焊焊接工艺程序为:安装焊接钢筋→安放引弧铁丝球→缠绕石棉绳装上焊剂盒→装放焊剂→接通电源(工作电压:"造渣"35~45V"电渣"22~27V)→造渣过程形成渣池→电渣过程钢筋端面熔化→切断电源顶压钢筋完成焊接→卸出焊剂拆卸焊

盒→拆除夹具→敲去渣壳→检查验收。

电渣压力焊施工时应注意下列事项：

（1）钢筋端头应平直、干净，不得有马蹄形、压扁、凹凸不平、弯曲歪扭等严重变形，如发现钢筋有严重变形时，应用手提切割机切割或矫正，以保证钢筋端面垂直于轴线。

（2）焊剂盒应与所焊接钢筋的直径大小相适应。

（3）施焊前先搭好操作脚手架。

（4）焊接前，应根据焊接钢筋直径的大小，选定焊接电流、造渣工作电压、电渣工作电压、通电时间等工艺参数，并在现场先做焊接试验，以确定工艺参数。

（5）在整个焊接过程中，要准确掌握好焊接通电时间，密切监视造渣工作电压和电渣工作电压的变化，并根据焊接工作电压的变化情况提升或降低上钢筋，使焊接工作电压稳定在参数范围内。

（6）在施工时不得随意变更工作电压和焊接时间两个重要参数，否则会严重影响焊接质量。

（7）不准过早拆卸卡具，防止接头弯曲变形。

（8）焊后不得砸钢筋接头，不准往刚焊完的接头浇水。

钢筋电渣压力焊接头的质量检验按《钢筋焊接及验收规程》JGJ 18—96 执行（注：本工程施工时按《钢筋焊接及验收规程》（JGJ 18—84 实施）。

在施工过程中，甲方从北京购进一台 ZL-Ⅰ型无破损检测仪，是用于对现场竖向钢筋焊接作快速检测的仪器，该仪器轻巧，手工操作无需动力，检测方法简单，即时可获结果，且是无破损检测，经检测后的接头仍可应用，不必再次施工焊接。该仪器工作原理见图 9-12。

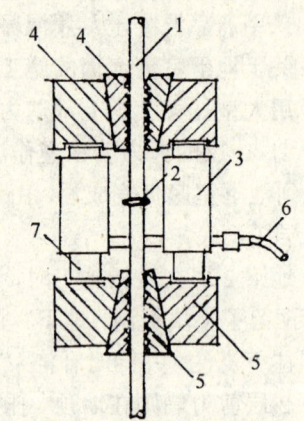

图 9-12　钢筋接头无损检测示意
1—被检钢筋；2—接头；
3—双缸油压千斤顶；4—上夹具；
5—下夹具；6—油管；7—垫块

9.3.2 不同强度等级混凝土同步浇筑技术

设计规定柱、墙混凝土强度等级为 C60，梁板混凝土强度等级为 C30，墙、柱与梁、板接合处用高强度等级的混凝土浇筑。柱梁接头混凝土和梁板混凝土浇筑时，开始时是采用商品混凝土，经过实践，发现存在不少问题：(1) 混凝土搅拌站供应的 C60 级混凝土运输时间难于控制，坍落度变化大，高时达 220mm，低时仅为 60mm，影响泵送和造成浪费。(2) 由于 C60 级混凝土的制备对原材料要求很高，而施工每次要求的 C60 级混凝土量经常多少不一，搅拌站无法准确保证及时供应。(3) C60 级与 C30 级混凝土的接缝，原设计要求在 C60 级混凝土初凝前接着浇筑 C30 级混凝土，由于 C30 级混凝土和 C60 级混凝土供应不及时，造成接浇时间过长，冷缝过多，对结构质量不利。(4) 原梁板与柱头交接处 C60 级混凝土与 C30 级混凝土是用钢网分隔开的，但由于钢筋的阻隔，不能完全阻止混凝土浆外溢，容易产生梁的冷缝和蜂窝。

后经广州市建委批准，改为在施工现场制备 C60 级高强混凝土，主要供应梁板柱头部位使用。现场设计了一条 C60 级混凝土生产线，配置了 2 台 500L 双卧轴强制式混凝土搅拌机，通过精选材料、准确计量、保证搅拌时间、控制好坍落度，层层把关，保证了 C60 级混凝土的制备质量。施工时按设计规定两种混凝土接口设在柱面外 1.5 倍梁高处，搭接口以混凝土自然休止角斜口接上的办法，先用塔式起重机及吊斗吊运自拌的 C60 级混凝土浇筑柱头及柱面外1.5倍梁高的梁区段，然后用混凝土泵输送C30级商品混凝土，组织同步浇筑其它梁板部位。施工结果表明，两者配合顺利，在搭接口处形成不规则的齿槽咬合，不呈明显的界面，效果良好，达到设计要求。

9.3.3 拉吊式钢管外脚手架的应用

本工程高达113.7m，是超高层建筑，主体结构施工中，根据我公司高层建筑施工经验，外脚手架主要采用了拉吊式钢管脚手架。

拉吊式外脚手架采用 $\phi 51mm$ ($t=3mm$ 厚) 钢管搭设，其工作原理，是通过预埋吊环钢丝绳吊索、索具螺旋扣（花篮）等组成的拉吊件，把脚手架挂吊在主体结构外侧。脚手架上的施工荷载通过吊索和水平紧固拉杆分段传递至建筑物主体结构。另外，考虑风力的上托作用，还设置了下拉索（见图9-13、9-14）。

脚手架立柱间距取不大于2m，步距高2.0m，走道净宽为800mm，脚手架离墙距离要考虑幕墙施工的需要。吊点位置、吊环、吊索根据计算定位取料。

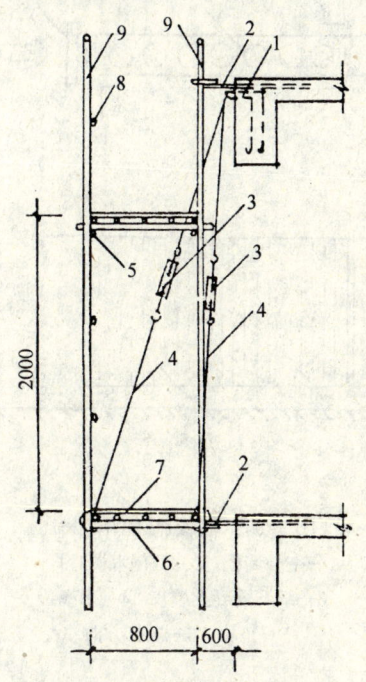
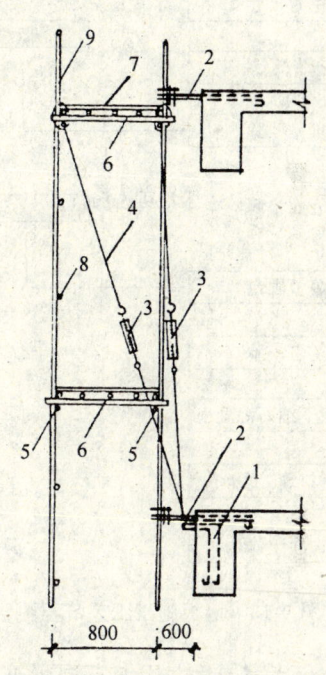

图9-13 脚手架向上拉吊示意
1—吊环；2—紧固拉杆；3—索具螺旋扣；
4—钢丝绳（或钢筋）；5—大横杆；6—小横杆；
7—走道板；8—栏杆；9—立柱

图9-14 脚手架下拉索示意
1—吊环；2—紧固拉杆；3—索具螺旋扣；
4—钢丝绳（或钢筋）；5—大横杆；6—小横杆；
7—走道板；8—栏杆；9—立柱

9-4 室内混凝土轻质隔墙板施工

本工程间隔内墙设计采用混凝土轻质墙板，该墙板由秦皇岛开发区火炬新型建材厂生产。

墙板施工工艺流程见图9-15。

轻质墙板一般在预制构件厂制作，运至施工现场使用。墙板要根据工程设计的开间、墙高和门窗洞尺寸进行选型。墙板较轻，现场可人力搬运，安装时将墙板的粘结面（顶面及侧面）用胶粘剂涂抹均匀，板的侧面齿槽内必须填满胶粘剂。胶粘剂是以1∶2.5（体积比）的水泥与砂干拌混合后，再加入稀释的107胶粘胶水（其体积比为胶∶水＝1∶1～1∶2）拌合均匀而成，涂刷胶粘剂前，先以107胶∶水＝3∶7（体积比）的稀释胶水涂刷一遍，作界面涂层之用，使胶粘剂与板的结合良好。

安装时一人在一侧推挤，一人用撬杆楔入板底将墙板撬起，使板上下边线对齐，板缝挤紧，以挤至出浆为宜，相邻两板表面之间平整度偏差不得大于2.5mm，然后用木楔插入板底将板迫紧楔稳（见图9-16）。

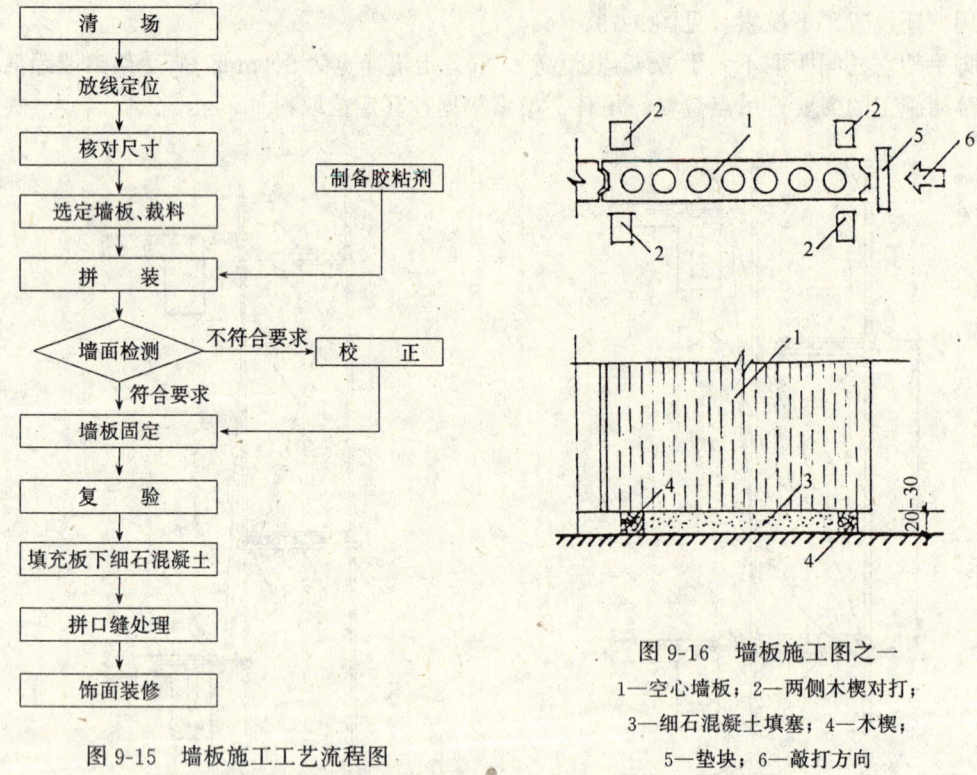

图9-15 墙板施工工艺流程图

图9-16 墙板施工图之一
1—空心墙板；2—两侧木楔对打；
3—细石混凝土填塞；4—木楔；
5—垫块；6—敲打方向

墙板安装完毕后，用细石混凝土（水泥∶砂∶石＝1∶2∶4）将板底缝隙堵填密实，堵塞混凝土时，板的一侧用木方或厚板封堵密实，再将混凝土从板的另一侧底部挤入板底缝隙内，但作校正固定的木楔不予拔除。墙板与墙板间的拼缝处正反面必须加码钉，使板的连接具备良好的整体性。板高在3m以内时，设3个码钉，分别设在板高1/4、2/4、3/4处，码钉横跨两板的板缝呈八字形，与水平成30°角钉入（见图9-17），当墙板安装完成后7d内，在墙顶楼板底部打抗震卡件（见图9-18）。

拼缝表面用107胶与水泥调制的胶浆抹平，用灰刀修理平整，在其拼缝处涂一道宽度约100mm的107胶，然后用玻璃纤维网格布粘贴在其上，玻璃纤维网格布的粘贴一定要牢靠，不能松动或滑动。

空心轻质隔墙板面除公共走廊贴大理石外，其余室内多为贴墙纸。由于墙板较平整，一般不需做找平层而直接做饰面抹灰，局部不够平整的，可先做一层薄薄的找平层，再做饰

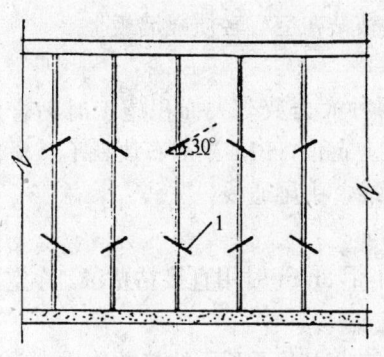
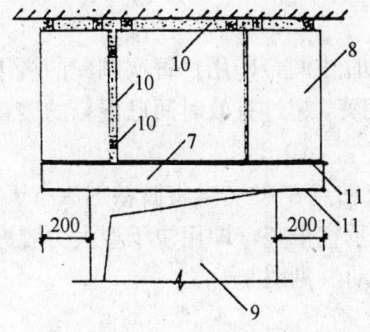
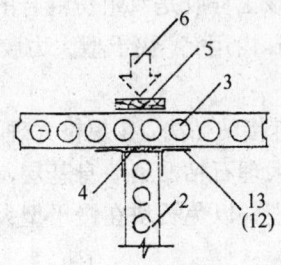

图 9-17 墙板施工图之二

1—码钉（水平30°打入）；2—先装的墙板；3—后装的墙板；4—107胶水泥浆；5—垫木；
6—敲打方向；7—混凝土过梁；8—墙板；9—门洞口；10—打入木楔后填满107胶水泥砂浆；
11—107胶水泥浆坐砌；12—L 30×30×4 角铁码；13—玻璃纤维网格布

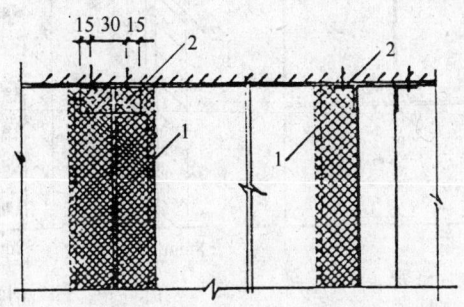

图 9-18
1—L 30×30×4 角铁码；2—玻璃纤维网格布

面抹灰。抹灰前，先用配好的胶水（107胶∶水=1∶1）在墙面扫一遍，然后用拌成的水泥灰浆抹批 5mm 厚，随手抹平，上面再贴墙纸。走廊墙面不需做找平层，直接可粘贴大理石。

9-5 装饰施工

9.5.1 饰面石材胶粘干作业施工

本工程 9 层以上为写字楼，其公共走廊两侧墙面均采用 1200mm×600mm 白色人造大理石镶贴，使用了工程胶粘贴干作业新工艺，胶粘剂是澳洲域华斯蒂化工工程有限公司生产的美之宝大力胶，饰面白色大理石直接或过渡粘贴在空心轻质隔墙板上。

1. 施工准备

（1）选购慢干型（PM）和快干型（PF）两种大力胶，大面积施工时粘合用慢干型（PM）大力胶，装好石块后用快干型大力胶在边上定位，PM 干前石块就不会出现移位。

（2）按大理石的尺寸和设计要求排列进行放线，头尾通线。

2. 粘贴施工

（1）检查墙身垂直度。石板与墙面净空距离小于 8mm 时用直接粘贴法，净空距离大于 8mm 时用过渡粘贴法。

（2）用钢丝擦清除墙板上与大力胶接触面处的尘土及不利于粘接的物质，并在粘贴处表面略作粗糙处理。

（3）该工程胶是双组份混合的粘合材料，用时才调合即用。每次调配的慢干型大力胶应在 45min 内用完，快干型大力胶应在 3min 内用完，超过有效时间已混合的胶粘剂不能继续使用。

（4）直接粘贴法：在规格大理石块料上，取胶粘点 8～9 点，将胶粘剂涂布于石块背面，然后将该大理石粘贴到墙身基层，用水平尺校正垂直平整，即用快干型大力胶涂于石块边作定位处理，以免石块在慢干型大力胶干固前移动（见图 9-19）。

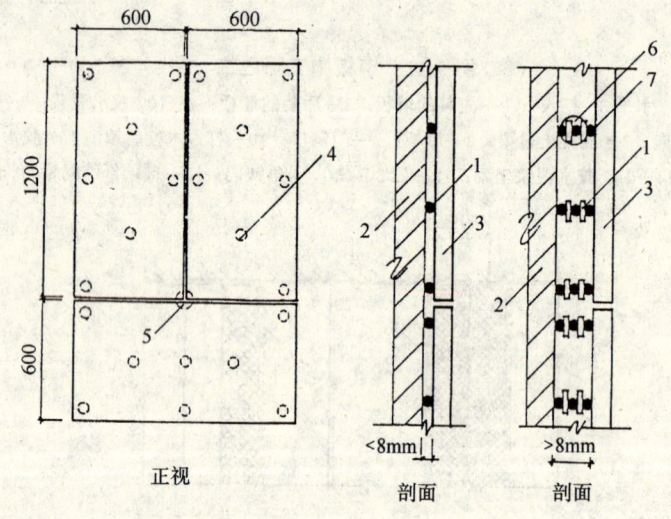

图 9-19 饰面石材粘贴立视和剖视图
1—大力胶点或底脚；2—空心轻质隔墙板；3—人造大理石块；
4—20mm×20mm 胶点；5—稍大胶点；6—快干型大力胶粘结；7—慢干型大力胶

（5）过渡粘贴法：墙面与大理石之间的净距大于 8mm 时用过渡粘贴法，先用快干型大力胶将小石块（可选大理石块或瓷砖片）粘成所需厚度之底脚，再行粘贴墙板（见图 9-19），底脚粘好后 30min 左右可以开始粘贴人造大理石块。

饰面石材采用胶粘干作业技术，有利于文明施工，节省工时，无须湿作业，石材表面不变色，观感质量较好（见彩照页图 9-4）。

9.5.2 外墙幕墙施工

广州好世界大厦的玻璃幕墙，其隐框窗及推拉窗均采用广州铝材厂生产的银白铝材，加拿大 AFG 厂生产 S2-08 $\delta=6mm$ 及 $\delta=8mm$ 的绿色钢化镀膜玻璃，美国陶氏道康宁结构胶、密封胶，法国飞高多点联动锁及国产附件制作。铝板幕墙是采用重庆西南铝厂生产 $\delta=4mm$ 单层铝板，单面喷涂进口象牙白氟碳漆。竖隐横明 150 系列玻璃幕墙 8300 多 m^2，铝板幕墙 18000 多 m^2，60 系列隐框窗 1200 多 m^2，90A 系列推拉窗 200 多 m^2。

基本结构型式：玻璃幕墙采用竖隐横明框形式，为安全起见，除横明装饰条外，其余结构均按全隐框幕墙设计，横明铝合金除作装饰用外，还能承受幕墙的多种荷载，起到了双重保险作用。

幕墙骨架支承体系：采用传统的交叉梁系，主柱为主梁，横料为次梁，主柱通过钢码底焊接。当时由于土建设计未曾考虑埋置预埋件，所以钢码底板全部用喜利得膨胀螺栓固定于建筑物边梁上，横梁通过铝角与主柱连接。膨胀螺栓联结采用了双保险的方案，即对第一颗膨胀螺栓都用扭力扳手进行测试，对不合格的予以返工，另外在梁面加设两颗膨胀螺栓，利用其抗剪性来抵抗幕墙的风荷载。

幕墙最重要的是粘贴玻璃的结构胶，为了保证粘贴质量，生产厂家专门设计了一套挂装式半框型材，能有效地保证结构胶的粘贴质量，该套型材制作的样板顺利通过水密性、气密性、抗压变形等性能测试，得到甲方好评。

幕墙的抗震、抗温差变形及隔热降噪的考虑：由于玻璃与铝框、铝框与骨架之间均留有相应的间隙，当荷载作用使主体出现变形时，幕墙是安全的。另外玻璃组装件上特别设计了一个胶垫条，使其在变形时产生的摩擦位移得到缓冲，减少了噪声的产生，同时也在骨架与组件之间建起了一道隔热的屏障。

防雷考虑：为与地网连通，每层间主柱采用 4mm×40mm 铝扁条连通，每隔 3 层使用 4mm×40mm 镀锌扁钢将该层的所有主柱与地网连通，使外墙形成一个封闭的防雷系统，与土建防雷系统连成一体。

外墙玻璃幕墙、铝板幕墙等均由广州铝材厂装饰公司施工。

10 广州海洋馆工程池体结构施工

广州市第一建筑工程有限公司 黄智辉 李定中

10-1 工 程 概 况

广州海洋馆位于广州动物公园内西北边,建筑面积为 $8436m^2$,占地面积约为 $12000m^2$(详见图10-1),是一座融海洋科普、旅游、购物于一体的设计新颖的集合性低层建筑物,由广州海洋生物科普有限公司兴建,广州设计院负责总体设计,北京泛华监理公司监理,广州市第一建筑工程有限公司负责总体施工。

广州海洋馆总平面布置如图10-1所示,共分为五个区。

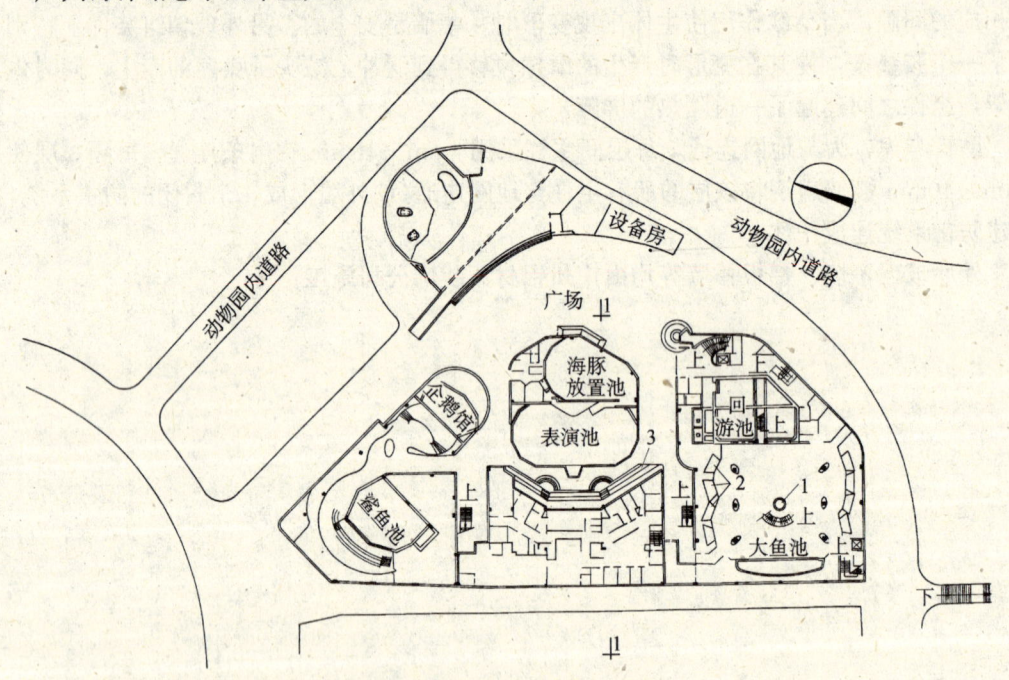

图10-1 广州海洋馆总体平面图
1—圆柱形鱼池;2—鱼箱;3—看台

Ⅰ区为鲨鱼馆,两层框架结构,局部3层,建筑面积 $3235m^2$,主要由鲨鱼池、企鹅馆(二期工程)组成。

Ⅱ区为海洋剧场,是海洋馆内的主要组成部分,占地面积 $3156m^2$,区内主要由表演池、看台、维生系统及看台下设备办公用房组成(详见图10-2),游客和观众可端坐在看台上,尽情欣赏海狮、海豚等海洋动物精彩的水上表演。

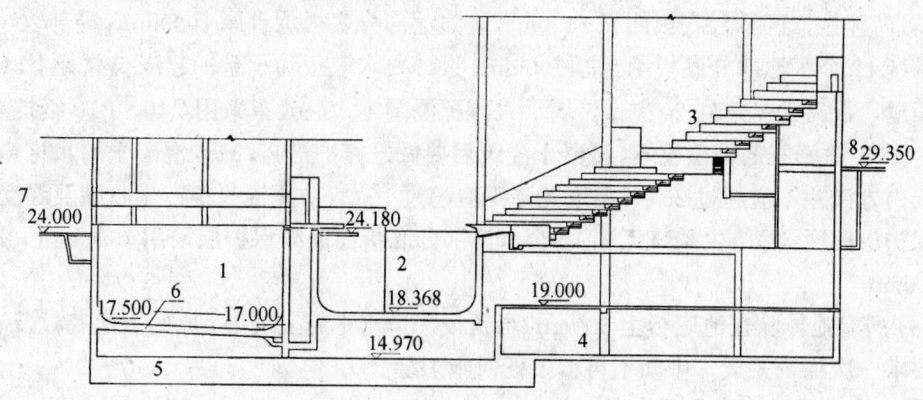

图 10-2　二区 1-1 剖面图
1—海豚放置池；2—表演池；3—看台；4—维生系统；5—承台底板；6—池底板；7—广场；8—园内道路

Ⅲ区为回游馆，上盖 3 层，层高 3.8~4.0m，建筑面积 1634m²，是海洋馆内观赏项目最丰富的观赏区，区内设有回游池（内设观光隧道）、大鱼池、圆柱形鱼池、若干立面水族鱼箱、爬行类软体类海洋生物触摸池等观赏项目。

Ⅳ区为设备房及高底压配电房，单层建筑物，面积 460m²。

Ⅴ区为海狮馆，面积 323m²，馆内包括一个供海狮表演用的水池及其维生系统，水池容积约 500m³。

10-2　工 程 特 点

1. 池体多，体积大

由于海洋馆使用功能上的特点，海洋馆内分布在各个展览区的大大小小的池体总共有二十几个，容积在 1000m³ 以上的池体有四个，最大的表演池及海豚放置池容积共达 4200m³，鲨鱼池、回游池的容积也有 1000 多立方米，其余的池体大多容积在 50~500m³ 之间。

2. 施工工艺要求高

其特点如下：

（1）海洋馆内除消防水池、生活水池外，所有池体周壁都要求清水面，池体模板要求平整、光滑，模板的交接处都应使用 PVC 胶带或其它可行的办法密封。

（2）池体（包括池底板及池壁板）混凝土迎水面钢筋保护层厚度为 75mm，池壁背水面钢筋保护层厚度也要求保证 50mm，池底板背水面钢筋保护层厚度要求保证 40mm。

（3）混凝土的水泥用量不少于 320kg/m³，水灰比不得大于 0.45，并采用外加剂，使浇筑后 56d 混凝土收缩率不超过 $600×10^{-6}$，保证抗渗等级。

（4）绝大多数的池体及观赏鱼箱都采用了一种被称为亚克力胶的透明视窗，可供游客观赏池体或鱼箱内的海洋生物的活动情况，这种视窗由美国原装进口，据称透明度可达 96% 以上，在回游池池壁镶嵌的两块亚克力胶（5776mm×5406mm×318mm），每块的厚度达 318mm，重达 15t，位于大鱼池的一块亚克力胶宽度达到 18m。所有池体与亚克力胶交接处的凹凸部位，误差均不得大于±3mm。

(5) 海洋馆二区承台底板面积1400m²，表演池部分底板承台厚1620mm，局部2000mm，维生系统12个水池部分底板承台厚700mm，设计要求底板和承台一起浇筑混凝土，中间不留施工缝，混凝土量达到2070m³，属于大体积混凝土。混凝土采用C40、P10级抗渗混凝土，掺UEA微膨胀剂补偿收缩，混凝土浇筑后要做好养护措施，减少混凝土的水化热温升，混凝土内外温差不应超过25℃，温度陡降不应超过10℃，防止混凝土产生收缩及温度裂缝。钢筋保护层厚度：除维生系统工程12个水池部分底板面筋净保护层采用75mm外，其余均采用40mm。

(6) 所有池体除在池底板上500mm可留设一道水平施工缝外，原则上池底板及混凝土池壁要求一次浇筑完成，中间不再留设任何施工缝。

3. 池体防腐、防渗漏要求高

因为部分池体内盛载的水不是一般的水，而是经过维生系统配制出来的仿天然海水，有机盐成分含量极高，对结构特别是钢筋腐蚀性极高，为保证结构的质量和耐久性，所以在设计和施工过程中提出下列要求：

(1) 所有池体混凝土均采用C40、P10级抗渗混凝土，且混凝土周壁表面要求清水面，池壁内侧混凝土面不再抹灰，直接在混凝土面上涂防水涂料。

(2) 池体混凝土迎水面钢筋保护层厚度为75mm，背水面钢筋保护层厚度也要求保证50mm，且施工过程中不能在池壁混凝土中形成渗水通道（比如一般采用穿墙螺杆拉固池壁模板，则会在池壁混凝土中形成渗水通道）。

(3) 在池体（包括池底板及池壁）混凝土浇筑完毕后，要及时对混凝土进行养护，防止混凝土因养护不当而造成干裂渗漏。

(4) 所有通过池体（包括池底板及池壁）的预埋套管，要在混凝土浇筑前一次性定位安装预埋，不能在池体混凝土浇筑完成后打凿池体混凝土补装错漏的预埋套管。

4. 池体预留孔洞及套管要求高

海洋馆内各区各池体需要预留大量预留孔及各种规格的预埋套管，预留孔及预埋套管的平面位置及标高精度要求很高，不论大小都要求在混凝土浇筑前一次定位预留或预埋，不能在池体混凝土浇筑完成后打凿池体混凝土来留（埋）设。

10-3 二区承台底板的施工

10.3.1 施工顺序

施工顺序如下：

打凿桩头混凝土浮浆→承台及底板侧砌砖模→底板下回填石粉700mm厚并夯实→浇筑垫层混凝土及防水层施工→承台及底板钢筋绑扎→预埋套管及预留测温孔→预留墙柱插筋→底板、承台混凝土浇筑→混凝土测温养护。

10.3.2 承台、底板侧砌砖模

因承台及底板厚度较大，承台及底板侧采用240mm厚砖模，底板侧砖模应高出底板面至少120mm，以便底板混凝土浇筑后能蓄10mm深的水进行养护。

10.3.3 承台、底板钢筋绑扎

钢筋由我公司机械厂制作成型，用汽车运到现场绑扎安装。承台、底板所用受力钢筋直径最粗为 40mm，为了保证工程质量及加快施工进度，ϕ40mm 钢筋采用了锥螺纹接头连接技术。

10.3.4 混凝土的制备、浇筑、养护

1. 混凝土的制备

承台及底板的混凝土采用 C40、P10 级抗渗混凝土，由混凝土公司预拌，用混凝土搅拌输送车运送至现场。混凝土中掺加了四种外掺材料：①粉煤灰 18%；②FDN-440 减水剂 0.35%；③缓凝剂 0.28%；④UEA 微膨胀剂 10%。

2. 混凝土的浇筑

（1）混凝土的浇筑手段

因混凝土一次浇筑量较大，故在现场配备两台混凝土泵输送混凝土，并利用原土面比底板面高 9m 的高差，用铁皮搭设两道斜槽作为混凝土浇筑的辅助手段；另外，为防止混凝土搅拌输送车因道路阻塞供应不及时，造成浇筑部位出现冷缝，在现场设置了 3 台 350L 的自落式混凝土搅拌机，一旦出现上述情况，搅拌机组能马上工作，直至预拌混凝土供应正常为止。

（2）混凝土的浇筑顺序

混凝土浇筑顺序为：

承台和底板一起浇筑，分两条浇筑路线平行由北向南连续浇筑。

（3）混凝土的浇筑方法

因承台及底板厚达 2m，浇筑时宜垂直分两层连续浇筑，浇筑前应做好下列工作：

1）应仔细检查钢筋绑扎及预埋套管和预留孔洞有无错漏，并按图预埋测温孔，发现有错漏应立即校正及补救。

2）检查钢筋的数量及保护层是否足够，并会同建设方、监理做好混凝土浇筑前的钢筋工程隐蔽验收。

3）检查机械设备是否完好，发现混凝土泵及混凝土搅拌机有故障时要及时修理。

浇筑时应注意下列事项：

1）应遵守整体连续浇筑的要求，采取分层连续浇筑方法。每层浇筑的厚度为 0.5m，在上下两层施工过程中，平面推进又按斜面分层方式接合振捣密实，分层推进宽度以 0.8m～1m 为一段接合为宜。

2）浇筑时应用插入式振动器分层振捣密实，不得少振漏振。

3. 混凝土的养护

（1）混凝土的养护手段

因底板厚度较大，达 1.62m，最厚处达到 2m，所以采用双层麻包加薄膜覆盖，蓄水养护的方法。一方面通过蓄水养护提供混凝土在硬化过程中所必需的水分，另一方面通过蓄热保温防止混凝土因内外温度差过大而产生裂缝，养护时间为 12d。

（2）混凝土的测温监控

1）测温点的布置和埋设：根据承台底板的平面尺寸和形状，选择一些有代表性的位置设置了 11 个测温点：承台中心设一点，距离承台边缘 1.5m 设一点，中间部分加设 1 至 3

个点,间距5m左右(具体平面位置详见图10-3),测温点采用埋设1英寸铅水管,长度2.1m,与钢筋焊牢。

2)测温时间:在混凝土浇筑后头3d升温期间每隔2h测一次,每天24h日夜进行,第4至第7天每隔4h测温一次。测温时对混凝土的上部(混凝土完成面以下100mm)、中部、底部(混凝土底面以上100mm)作测温记录。

3)测温仪器:采用了普通温度计进行检测。

4)数据分析和处理:根据每次测温记录,便可计算出混凝土中心与混凝土表面的温差,若温差$\Delta T \geqslant 25℃$,立即采取措施,加盖麻包袋保温,但本工程实际施工过程中,由于保温措施得当,ΔT并未超过25℃。

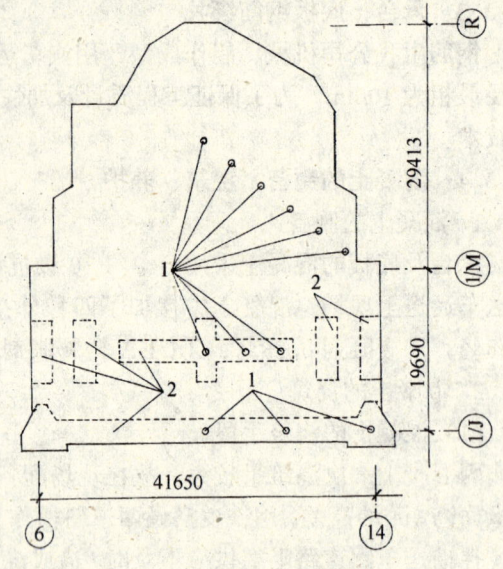

图10-3 二区承台底板测温点布置图
1—测温点;2—承台

10-4 海豚放置池及表演池的施工

在海洋馆内大大小小的池体有十几个,其中二区表演池及海豚放置池容积最大,池体最高,池壁最厚,施工工艺最复杂,现就以表演池为例子,详述池体的施工方法。

在承台上架空设计的表演池及海豚放置池,平面面积380m²,池壁厚750mm,池壁高5.8~7.8m(由池底板面起计),池底板厚500mm,混凝土量725m³。

10.4.1 施工顺序

表演池施工顺序是:施工放线→扎池底板以下池壁及支承短柱钢筋→安装底板面以下池壁及支承短柱、池底板底模板→扎池底板钢筋→安装预埋套管→在池底板面以上500mm处(周边施工缝)焊接钢止水片→浇筑池壁施工缝以下底板及支承短柱混凝土→池底板混凝土养护→扎池壁钢筋→安装池壁模板,搭设池壁内支撑满堂红脚手架→预留孔洞、安装预埋套管→浇筑池壁混凝土→池壁混凝土养护→拆支撑、模板,回收圆锥螺母,继续养护→环氧水泥灌孔。

10.4.2 模板体系的安装及拆除

1. 模板体系的安装

海豚放置池及表演池池壁厚750mm,其模板采用18mm厚压塑夹板,原因有二:①设计要求混凝土完成面为清水面、平整、光滑,而压塑夹板成型的混凝土面在平整度及光滑度方面较定型组合钢模板为佳;②模板安装较为方便快捷,特别是对不规则的平立面的成型较便捷。模板骨架纵向采用100mm×80mm木方,间距300mm,横向采用100mm×80mm双木方,间距610mm。模板用φ12mm不穿墙螺栓(其间距纵向为300mm,横向为600mm)拉固,为有利于拆模及符合结构防水要求,边螺栓与中螺栓之间用一个钢制圆锥螺母连接(详图10-4、图10-5)。支撑系统,池壁外采用100mm×80mm木方45°斜撑,间距 610mm，池壁内采用整体纵横钢管内支撑体系，利用钢管的轴力形成对池内壁模板体系的水平支撑。

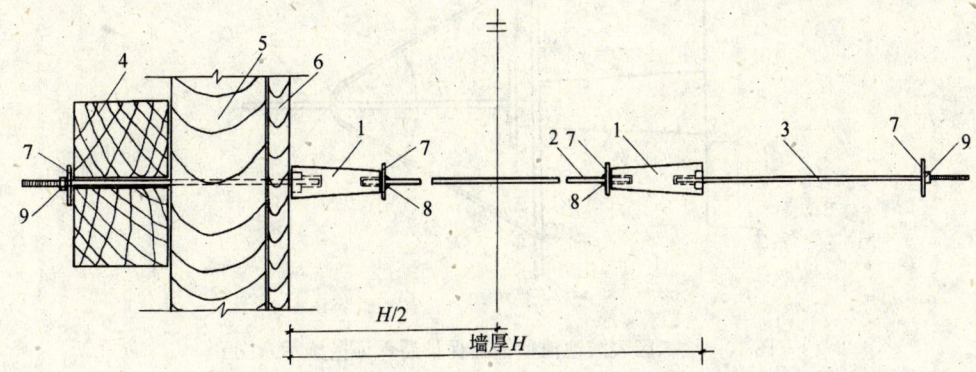

图 10-4　二区表演池池壁模板安装示意图
1—圆锥螺母；2—ϕ12mm 中螺杆；3—ϕ12mm 边螺杆；
4—100mm×80mm 横方@610mm；5—100mm×80mm 竖方@300mm；6—18mm 厚压塑夹板；
7—40mm×40mm×4mm 方垫片；8—焊缝；9—普通六角螺母

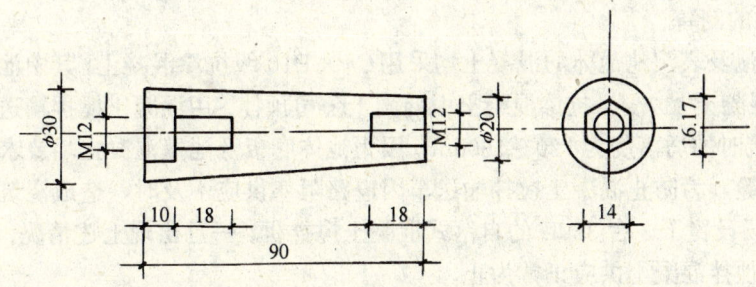

图 10-5　圆锥螺母大样图

2. 模板体系的拆除

混凝土池壁在浇筑混凝土后马上进行混凝土养护，10d 后就可以进行模板拆除。拆模板的顺序为：拆除外斜撑及内横撑→拆除边螺栓→拆除横竖木方及压塑夹板→用内六角螺丝刀旋出圆锥螺母。

10.4.3　钢筋的制作及安装

海豚放置池及表演池的结构用的钢筋均在我公司的机械厂制作成型，用汽车运到现场绑扎安装。钢筋制作安装应注意以下几点：

（1）所有工程用钢筋都要有出厂合格证明书，同时具备加工单位的钢筋试验报告。

（2）钢筋绑扎时按图施工，不要错扎漏扎，钢筋的搭接长度、锚固长度、间距、位置、保护层厚度等均按照国家标准"GB 50204—92"规范和设计要求施工。特别是设计要求池壁迎水面钢筋保护层厚度为 75mm，池壁背水面钢筋保护层厚度亦要求有 50mm。为保证保护层厚度符合要求，采用一 ϕ8mm 光面钢筋作为帮筋，钢筋弯成 75°折线形，起折点与中螺栓焊牢，两端弯钩向下，钩住水平筋，按 75mm 间距焊牢（详图 10-6）。

（3）在钢筋绑扎完成后混凝土浇筑前，一定要做好隐蔽工程的验收，会同建设单位、设

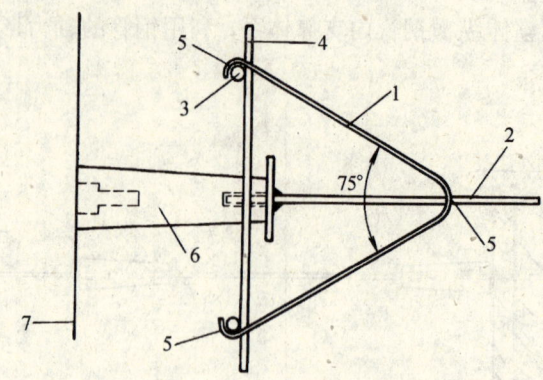

图 10-6 二区表演池池壁钢筋保护层保证措施示意图

1—ϕ12mm 帮筋（两端弯钩，钩紧竖向钢筋，并焊接）；2—ϕ12mm 中螺杆；
3—竖向受力筋；4—横向受力筋；5—焊缝；6—圆锥螺母；7—混凝土墙边线

计单位、监理单位等部门到现场验筋，并做好隐蔽工程验收记录，验收合格后方可浇筑混凝土。

10.4.4 混凝土的制备、浇筑、养护

1. 混凝土的制备

海豚放置池及表演池池体的混凝土均采用C40、P10级抗渗混凝土，其中池底板混凝土308m³，池壁混凝土417m³，抗渗混凝土由混凝土公司预拌，用混凝土搅拌输送车运送到现场。混凝土浇筑时的坍落度为120～160mm。因为池体底板及池壁混凝土均要求一次浇筑完成，不留施工缝，为防止混凝土搅拌输送车因道路阻塞供应不及时，造成浇筑部位出现冷缝，所以在现场设置了3台350L的自落式混凝土搅拌机，一旦出现上述情况，搅拌机组马上工作，直至预拌混凝土供应正常为止。

2. 混凝土的浇筑

（1）混凝土的浇筑手段

在现场设置两台混凝土泵，通过混凝土输送管输送到浇筑部位。

（2）混凝土的浇筑方法

在浇筑混凝土前，应注意做好下列工作：

1）仔细检查钢筋绑扎及预埋套管与预留孔洞有无错漏，发现有错漏时应立即补救。

2）仔细检查模板支撑是否牢固。

浇筑时应注意下列事项：

1）浇筑池壁时要分层浇筑，每层厚度为300mm。

2）用插入式振动器振捣密实，不得少振漏振。

3. 混凝土的养护

为防止混凝土干缩开裂，池壁混凝土浇筑后马上覆盖麻包袋保湿养护，养护时间为7d。

10.4.5 外脚手架的搭设

池壁两侧搭设800mm宽的外脚手架，主要用作模板装拆及池壁防水层施工，搭设外脚手架时要同内支撑钢管分离，以免影响池壁模板的质量。

10-5 亚克力胶视窗安装

海洋馆内各款亚克力胶视窗数量共 51 件，均从外国进口，价值不菲，从运输、进场、就位、安装前的产品保护、安装等各步骤都要按部就班，不允许有丝毫疏忽和大意。现以回游池正立面的亚克力胶（位于第二层）的安装过程为例，简述亚克力胶的安装方法。

10.5.1 亚克力胶的运输及安装前就位

亚克力胶的运输、就位由广州市第二运输公司负责。运输、就位的过程为：装箱运输→进场集中堆放→回游池壁混凝土浇筑至三楼面，经养护后拆模→在回游池底部预制一个木制临时平台→在临时平台上预制一个临时支承框架→用起重机将亚克力胶吊至临时平台的临时支承框架上，保留原有运输包装。

10.5.2 亚克力胶的产品保护

因回游池结构完成后才进行亚克力胶的安装，故必须对亚克力胶进行必要的临时性的遮蔽保护，避免亚克力胶在结构施工过程中受到损坏。具体方法是：在亚克力胶临时放置的平台的四周用钢管搭成临时支架，支架顶部及四周用木板及塑料彩条布覆盖密实。

10.5.3 亚克力胶的安装

亚克力胶的安装也由广州市第二运输公司负责。安装步骤为：在屋顶板指定位置上安装辅助吊装梁→拆除亚克力胶外围的塑料彩条布、木板及支架→用特定的尼龙带环绕在亚克力胶上，并固定在辅助吊装梁上，移去支承框架的前部分→起吊并吊向安装边缘，临时平台亦同步移向安装边缘→用预先放置在安装边缘顶部的夹钳夹紧亚克力胶,防止其向后倾倒→完全进入安装边缘后收紧夹钳固定→移走支承平台及支承框架→灌注密封胶。

11 广州国际电子大厦的施工

广东省第三建筑工程公司 陈 嵘 陈锐良

11-1 工 程 概 况

广州国际电子大厦（见彩图13）位于广州市区庄立交桥西北角，环市东路与光明路之间，西临文化假日酒店，东边为邮电新村多层住宅小区，地处商业闹市之中，施工场地十分狭窄（如图11-1）。

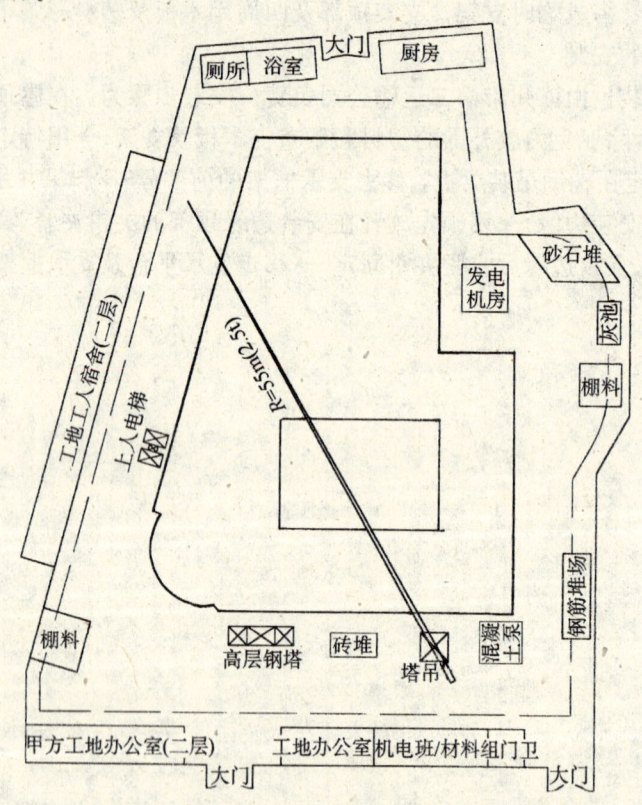

图11-1 广州国际电子大厦施工总平面布置图

本工程占地面积约3300m²，总建筑面积51700m²，由地上35层和地下3层构成。其中，地下3层设有停车场、设备房和水池等，地上部分首层至第7层裙楼为银行、商场、餐厅及多功能展览会议厅，第8层至第34层为写字楼（其中第23层为转换设备层），第35层为俱乐部。大楼内设九台电梯，三道消防楼梯。

本工程采用挡土桩单排锚杆角支撑的挡土结构,人工挖孔桩基础,结构型式为框筒结构,楼面为梁板结构。地下室埋置深度为-13.5m(局部-16.7m),地上标准层层高为3.6m,结构高度为地上157.5m,总建筑高度为168m。

广州国际电子大厦是由新加坡美罗集团投资兴建,日本清水建设株式会社以总承包形式在香港获得该工程的建设权。香港龚书楷建筑师事务所有限公司负责本工程的建筑设计,广东省建筑设计院为建筑设计顾问并负责结构及机电工程设计,广东三建为该工程的国内总承包,工程开工日为1994年7月10日,工程竣工日为1996年10月28日,总工期为840d。

11-2 深基坑的支护结构设计与施工

11.2.1 简况

本工程基坑深度为13.5m,采用挡土护坡桩与单排高强锚杆加斜撑的基坑支护形式。护坡桩为φ1200mm人工挖孔灌注桩,其护壁外径为1500mm,桩距1500mm,密排,要求相邻两桩相切处护壁混凝土搭接400mm,以防渗漏管涌和流土。桩顶设钢筋混凝土圈梁,宽1200mm,高500mm。预应力钢绞索锚杆的应用,使基坑支护安全可靠,桩顶最大变位仅13mm,桩体中部相对挠曲变位值仅5mm,采用单排锚杆,层数少,经济节省,使基础桩与支护桩可以同时开挖,有利于缩短工期,基坑支护和基础桩的开挖于1994年7月10日开始,到1995年3月6日土方开挖顺利结束,历时8个月。

11.2.2 工程地质条件

场地较平坦属残丘地貌,基岩为含砾泥质粉砂岩和砾岩,被第四系残积层和人工填土所覆盖,地质情况见表11-1、表11-2及图11-2。

土层物理力学性质主要指标 表11-1

序 号	1	2-1	2-2	2-3	2-4
土层名称	人工填土	粉土	粉质粘土	粉土	粉质粘土
厚层(m)	1.7~9.25	2.0~6.96	2.3~10.24	3.2~18.65	3.0~5.35
特 性	由砂砾及粉土组成,稍湿、松散~稍密	稍湿~湿,中密~密实,含砾30%~40%	可塑~硬塑,部分坚硬,含砾10%,以粉细砂为主	稍湿、密实,含砾20%~40%,局部夹强风化岩	硬塑,含砂岩10%
标贯击数N(次)	2.9~8.6	10.7~25.0	7.4~29.9	8.5~39.0	10~32
含水量W_{cp}(%)		20.9	21.6	18.3	18.6
孔隙比		0.703	0.677	0.598	0.548
压缩系数(MPa)		0.349	0.285	0.325	0.246
压缩模量E_s(MPa)		4.97	5.47	6.31	6.2
塑性指数		6.5	12.4	7.3	11.5
液性指数		0.21~0.39	0.28~0.31	0.21~0.35	0.4~0.16
塑限(%)		18.4	20.7	17.0	19.3
液限(%)		24.5	33.1	24.8	31.2
凝聚力(kPa)		42.5~61.61	35.4~79.12	29.23~64.0	25.0~71.15
内摩擦角φ(度)		14°47′~20°13′	12°33′~28°27′	10°18′~28°16′	18°~28°
承载力标准值R(kPa)		130	220	220	250
天然密度(g/cm³)		1.9	1.95	1.98	20.1

本工程场地地下水埋深为0.5~4.3m,多为0.9~1.4m,主要赋存于第四系残积层和

基岩强风化带中,属潜水型孔隙—裂隙水。抽水试验表明该场区岩土透水性弱,水量不大。根据水质分析结果,地下水对混凝土无侵蚀性。

岩层力学指标 表11-2

岩带分类	强风化带	中风化带	微风化带
层厚（m）	1.05～20.25 大多4～10	2.5～8.4	
岩 性	以含砾泥质粉砂岩为主	以含砾泥质粉砂岩为主	含砾泥质粉砂岩和砾岩
天然抗压强度（MPa）	1.4	5.5～35.6	42
饱和抗压强度（MPa）		7.0	24.3

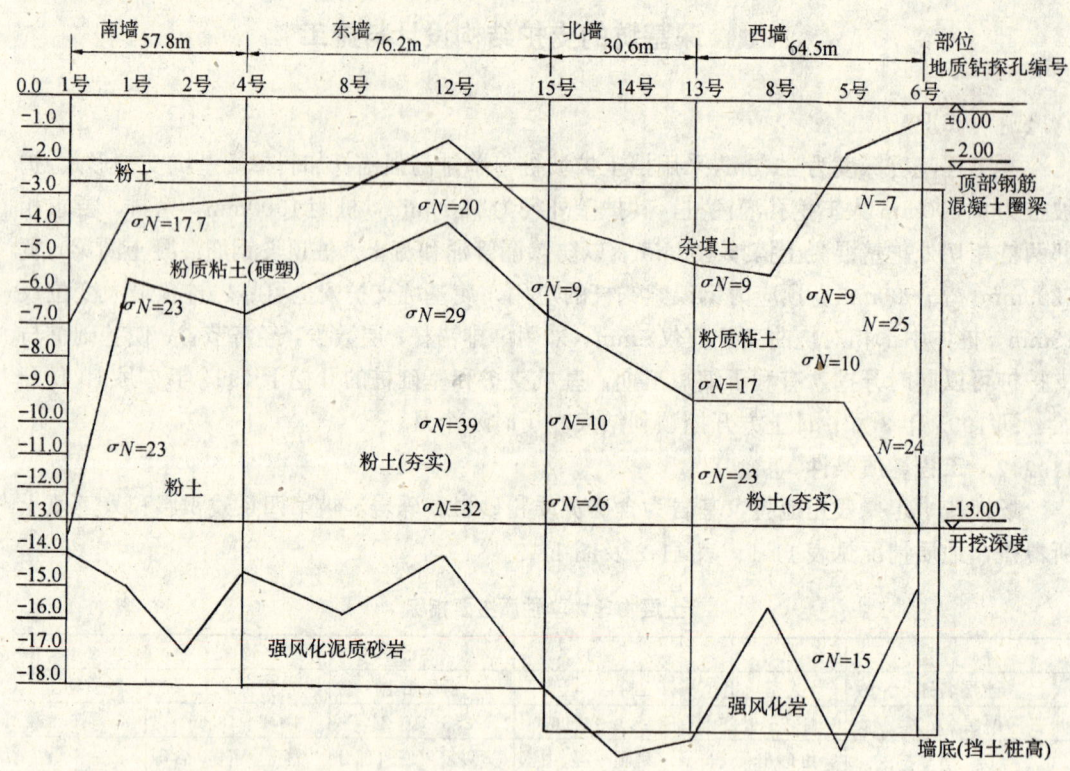

图11-2 基坑支护展开图（附地质分层）

11.2.3 基坑支护设计方案及内力分析

1. 地下水处理方案

在施工挡土桩期间,为防止地表水流入基坑,在地面基坑四周范围设截水沟,将截留水排至市政排水系统流走。截水沟的截面宽400mm,深为400mm,$i=0.5\%$,考虑本工程地下室施工周期长（约3个月）,因此截水沟采用红砖砌体,底铺一皮砖,两侧及底采用水泥砂浆抹面。在基坑四周设排水沟、集水井。排水沟截面为400mm×400mm,$i=0.5\%$。每隔30m设集水井一个,其截面为600mm×600mm×1000mm。每个集水井设置一台潜水泵作坑内施工排水,防止土层软化。在基坑四周（挡土桩以外）设置抽水井,便于挡土桩施工。实践表明该场区地下水量很小。

2. 支护结构设计方案

本基坑开挖深度较大（13.5m）,地下室外墙紧贴征地红线,施工场地极为狭窄。结构设计中把部分挡土护坡桩作为大厦工程边桩结合使用。护坡桩临基坑面用砖砌平后铺贴防水高分子聚合物卷材作为地下室外墙模板,不留空隙。为了防水和便于机械化施工、缩短工期,采用单道锚杆,且锁于桩顶圈梁上。经计算分析,采用刚度较大且造价较低的人工挖孔桩作为护坡桩。同时,将桩顶圈梁面降至 -2.0m 高度,以减少桩身弯矩。桩的内力、位移计算方法采用横向荷载下土、桩共同作用增量法,按不同的施工阶段计算地质条件和荷载条件不同的各墙段,成果见表 11-3。为减少桩顶水平位移,每根锚杆预加轴力 500kN。

支护结构内力、变形及锚索设计计算表 表 11-3

部 位	锚杆水平分力 (kN)	锚杆轴力 T (倾角 35°) @1500 锚固长度 (m)	锚索抗拉力 (kN) 锚索股数	M_{max} (kN·m) 受拉侧配筋	M_{min} (kN·m) 受拉侧配筋	W_{max} 最大变位 (mm)	W_0 桩顶变位 (mm)
A-A 南墙、北墙、西墙	509.4	622kN/14m	1000/5×7ϕ5	1953/18ϕ25	675/6ϕ25	21.6	10.6
B-B 东墙(北段)	712.4	870kN/19.5m	1218/6×7ϕ5	2261/22ϕ25	802/7ϕ25	27.6	14.8
C-C 东墙(北段)	638	779kN/17.5m	1218/6×7ϕ5	2216/20ϕ25	802/7ϕ25	25.5	13.3

挡土护坡桩采用不均匀配筋,按弯矩包络图把主筋配置于受拉区,见图 11-3、图 11-4。

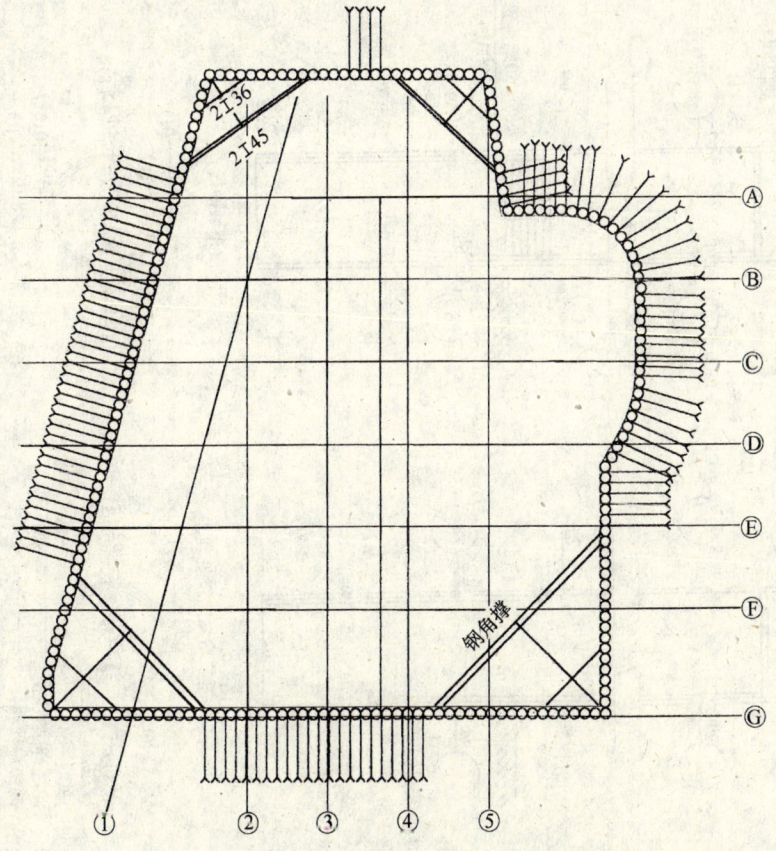

图 11-3 挡土桩和锚杆施工平面图

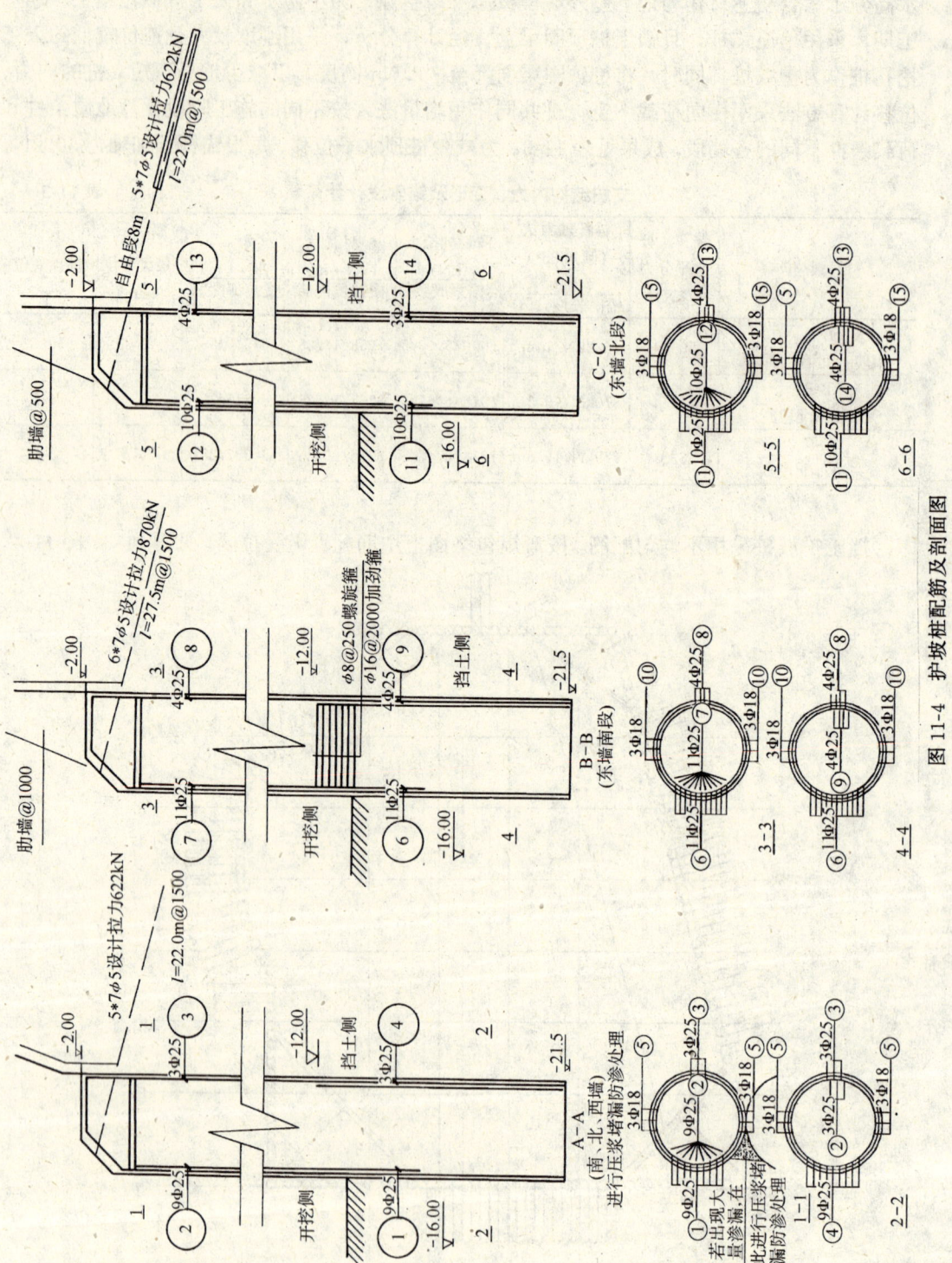

图 11-4 护坡桩配筋及剖面图

为节省锚杆数量,基坑四角设置钢角撑,短撑采用 2 工 36a(长 8m),长撑采用 2 工 45a(长 15~16m),每根角撑承受设计轴力达 2680kN,因此钢撑与桩顶圈梁的连接要特别牢固,以防剪切破坏。

11.2.4 支护工程内支撑系统断面设计

1. 顶部圈梁计算

标准断面采用 500mm×1200mm,锚杆间距 1500mm,B-B 断面锚杆水平力为 712.4kN/1.5。

$$q_{max} = 712.4/1.5 = 475 \text{kN/m}$$
$$M = ql^2/12 = 475 \times 1.5 \times 1.5/12 = 89 \text{kN·m}$$

假定 $L=3$m(当中锚杆假定松弛)

$$M_{max} = 475 \times 3 \times 3/10 = 427.5 \text{kN·m}$$

圈梁混凝土强度等级采用 C30,查配筋表配筋 $A_g = 1607 \text{mm}^2$

实配 $4\phi25$mm($A_g = 1964 \text{mm}^2$)

2. 角撑段加强措施

设计中同时进行了角撑段圈梁作加强配筋并充分考虑了基坑四角拱效应(折减系数 $\eta = 0.8$)。

$$M = \eta ql^2/12 = 0.8 \times 475 \times 5 \times 5/12 = 792 \text{kN·m}$$

查配筋表,得 $A_g = 3210 \text{mm}^2$

实配 $7\phi25$mm($A_g = 3436 \text{mm}^2$)

(其中:$4\phi25$mm 为标准断面通长筋,$3\phi25$mm 为角撑部位加强筋)

3. 圈梁横截面拉剪计算

(1)除角撑外一段锚杆圈梁采用 $\phi8@200$mm 四肢箍,查"建筑结构设计综合手册"4.4、4.2 表得。

$[V_{max}] = 2175$kN>712.4kN   梁截面尺寸满足规范要求

$[V_{cs}] = 976.5$kN>712.4kN   安全

(2)角撑段圈梁

按剪力最大的 B-B 段计,$q = 712.4/1.5 = 475$kN/m

$V = ql/2 = 475 \times 5/2 = 1187.5$kN

查上表

$[V_{max}] = 2175$kN>1187.5kN   截面满足规范要求

$[V_c] = 609$kN<1187.5kN   表明需配箍筋

在角撑支点 $\pm 1.5 o_y$ 范围采用 $\phi8@100$mm 四肢箍,查表得

$[V_{cs}] = 1344$kN>1187.5kN   安全

4. 角撑强度及稳定验算

(1)角撑为一压弯构件,计算依据是《钢结构设计规范》GBJ 17—88,已知条件:轴力 $N=1540$kN,弯矩 $M = ql^2/8 = 1400 \times (15.5)^2/8 = 42044$N·m,计算长度 $L=15.5$m,角撑自重荷载 $q=1400$N/m,截面积 $A_n = 178.5 \text{cm}^2$,截面惯性矩 $I_x = 49000 \text{cm}^4$,$I_y = 1600 \text{cm}^4$,截面抵抗矩 $W_{nx} = 2525.77 \text{cm}^3$,角撑强度设计值 $f=200$MPa(Q235 钢),弹性模量 $E=206 \times 10^3$MPa,回转半径 $r_x = 16.57$cm,$r_y = 9.56$cm。

(2) 计算公式：

强度 $\quad N/A_n \pm M/\gamma_x W_{mx} \leqslant f \quad$ (11-1)

稳定 $\quad N/\varphi_x A + \beta_{mx} M_x/\gamma_x W_{nx}(1-0.8N/N_{ex}) \leqslant f \quad$ (11-2)

式中 γ_x——截面塑性发展系数，$\gamma_x=1.05$；

φ_x——稳定系数；

N_{ex}——欧拉临界力；

β_{mx}——等效弯矩系数。

(3) 强度验算：

长细比 $\lambda_x = 15.5/16.57 \times 10^{-2} = 93.55 < 200$，合适。

查《钢结构设计规范》附表 3.2，$\varphi_x = 0.594$

$$N/A_n \pm M_x/\gamma_x W_{nx} = 154 \times 10^4/178.5 \times 10^{-4} \pm 4.204 \times 10^4/2.526 \times 10^{-3}$$
$$= (102.2 \text{MPa} \quad 70.5 \text{MPa}) < f = 200 \text{MPa} \quad \text{安全}$$

(4) 稳定验算

$N_{ex} = \pi^2 EA/\lambda_x^2 = \pi^2 \times 206 \times 10^3 \times 178.5 \times 10^{-4} \times 10^2/(93.55)^2 = 4147 \text{kN}$

$W_{nx} = 2525.77 \text{cm}^3$，$\beta_{mx} = 1.0$，$\varphi_x = 0.594$

$N/\varphi_x A + \beta_{mx} MX/\gamma_x W_{nx}(1-0.8N/N_{EX}) = 154 \times 10^4/0.594 \times 178.5 \times 10^{-4} + 4.204 \times 10^4/1.05 \times 2.526 \times 10^{-3}(1-0.8 \times 154/414.7) = 167.8 \text{MPa} < f = 200 \text{MPa}$ 安全

11.2.5 支护结构内力、变形计算结果及锚索设计支护系统计算结果具体详见表 11-3。

锚索采用 $7\phi 5\text{mm}$，抗拉强度（标准值）$f_{ptk} = 14700 \text{MPa}$

安全系数按规范取 $K = 1.4$

锚索股数 $n = KT/f_{ptk}A \quad$ (11-3)

A 为 $7\phi 5\text{mm}$ 截面积 $A = 1.38 \text{cm}^2$

如：$A—A$ 断面 $n = 1.4 \times 62.2 \times 1000/14700 \times 1.38 = 4.29$ 取 5 股

$A—A$ 锚固长度 $L_锚 = KT/\pi DE = 1.4 \times 62.2/3.14 \times 0.2 \times 10 = 13.8 \text{m}$ 取 14m。

$B—B$ 锚固长度 $L_锚 = 1.4 \times 87.0/3.14 \times 0.2 \times 10 = 19.4$，取 19.5m

$C—C$ 锚固长度 $L_锚 = 1.4 \times 77.9/3.14 \times 0.2 \times 10 = 17.36$，取 17.5m。

自由段 $L_n = 11.5\sin 35° + 2 = 8\text{m}$

锚杆总长 $L = L_自 + L_锚$

A-A 段：$L_a = 14 + 8 = 22\text{m}$

B-B 段：$L_b = 19.5 + 8 = 27.5\text{m}$

C-C 段：$L_c = 17.5 + 8 = 25.5\text{m}$

11.2.6 信息化施工

为确保基坑安全，规定对每根锚杆均进行确认试验，试验荷载为设计轴力的 1.1～1.2 倍。实际施工中通过确认试验查出有 6 条锚杆未达到设计要求，后及时补设 6 条锚杆。锚杆工程施工前在工地先作 3 根锚杆抗拔试验，测出锚杆抗拔力大于 870kN。锚杆采用 $7\phi 5\text{mm}$ 高强钢绞索 5～6 股，每股在伸长 1% 时的实测最小荷载为 244kN，每股破坏拉力为 269～271kN。

在护坡桩桩顶圈梁上设置了 12 个水平位移观测点，在基坑四边中点埋设测斜仪观测护坡桩的挠曲变形，实测桩顶最大水平变位 13.1mm，与设计值十分接近，实测桩体最大变位

18mm，比计算值 21.6~27.6mm 小，原因是设计中按有效桩径为 1200mm 计算，实际包护壁桩外径为 1500mm，刚度增大较多，可作为设计中的安全储备。在邻近建筑设置了沉降观测点，在基坑四周钻设水位观测点及回灌钻孔。在整个基坑开挖及地下室施工的全过程中进行严密的监测，实行科学的信息化施工，以保证能一旦发现异常情况立即采取应急措施，以确保基坑及邻近建（构）筑物的安全。

基坑开挖分两次进行，第一次开挖 5m 深左右，桩顶位移不超过 3mm；第二次开挖分两层进行，每层各 4m 深，桩顶最大位移 13.1mm。施工期间，挡土桩曾经受过两次倾盆大雨的考验，安然无恙。

在护坡桩施工期间，基坑东北角曾出现局部流砂，加之因降水导致邻近地面沉降 40mm，临近民房出现一些轻微裂缝，后通过加设东北角灌浆防渗帷幕外围灌水处理后，沉降趋于稳定，基坑开挖阶段在东北角加设第二道钢角撑及 27 条锚杆均设于 -7.0m 高程处，此后仅发现东北角 9 层住宅楼有少许均匀沉降，并很快稳定下来，未再发现不利情况。

11.2.7 几点体会

通过对本工程支护结构体系的成功实践，有如下几点体会：

（1）超深基础施工方案的制定，必须全面分析地质资料、周边环境、地下结构特点，并从造价、工期、安全性诸方面全盘统筹考虑，进行多方案比较，抓住主要矛盾，确定最合理的方案。本工程的施工方案在市区内或施工区域狭窄的地方是值得推荐的。

（2）本工程施工场地狭窄，采用刚度较大的挖孔桩，只设一道桩顶锚杆（设于 -2.0m 高程），采用 622~870kN 较高吨位的预应力锚索，顺利地解决了 3 层地下室深基坑的支护问题，此方案有利于解决地下室外墙紧贴护坡桩无间隙的防水问题，避免了多层锚杆方案锚头进入地下室外墙的防水难题。对土石方开挖更是有利，可以一次性分层开挖，实行毫无障碍的机械化施工作业。

（3）顶部锚杆施加了 500kN 的预加轴力，大大减少了基坑的水平变位。实践证明效果非常好，实测桩顶变位最大值仅 13.1mm，这对控制邻近建（构）筑物的不均匀沉降十分重要。

（4）支护结构设计中，除土压力、桩身变形要仔细计算外，对支撑（锚杆、钢角支撑）的构造措施、节点处理等也要精心设计，确保符合计算假定。在施工中要确保各节点构造安装质量，要严格执行方案的实施细则，不能超挖，车辆、机械不能任意压住支撑，否则会出现意外。同时，对每根锚杆均进行试验是十分必要而又切实可行的，本工程即通过此项试验发现 6 条不合格锚杆，及时补设 6 根合格锚杆，从而消除了不安全的隐患。

（5）平面形状较为复杂的支撑设计和挖土一定要遵循受力均匀、能互相平衡的原则，施工安排一定要符合设计意图。本工程的基坑东面有一段圆弧，挡土桩除受土压力作用外，相互间还有轴力作用，转角处存在水平推力，在支护结构设计中除要考虑的约束推力外，在制定挖土顺序时，要充分考虑整个支护系统的力能互相平衡，因此，基坑挖土时，要求向四角顺序轮流挖土，使支护体系所受分力通过围檩、桩顶圈梁互相平衡。

（6）信息化施工是深基础施工中应采取的重要手段，在本工程施工过程中，进行了全方位的监测，掌握支护结构与基坑的变化与安全情况，随时调整施工节奏，采取相应技术措施，使支护结构始终处于有效的监控之中，确保了地下室施工顺利进行。

11-3 主体结构施工

本工程设 3 层地下室,其中 B3 为人防层,每层建筑面积 3300m²;地上 1～7 层裙楼为非标准层,每层约 1700m²,8～23 层每层约 1100m²,25～35 层每层约 900m² 为标准层,24 层为结构转换层,天面顶层为直升机平台。采用全现浇混凝土施工,结构工期从地下室底板开始(1995 年 3 月 6 日)至结构封顶(1996 年 2 月 28 日),共 12 个月时间。

11.3.1 施工流程

1. 地下室阶段

由于本工程地下室结构复杂且混凝土量大,施工场地又狭窄,为确保施工进度,地下室施工采用交叉流水作业。在征得设计许可后,将地下室每层划分为三个流水段,即 C、E 轴×①～⑤设二条垂直施工缝(如图 11-5 所示)。采用如下施工程序:

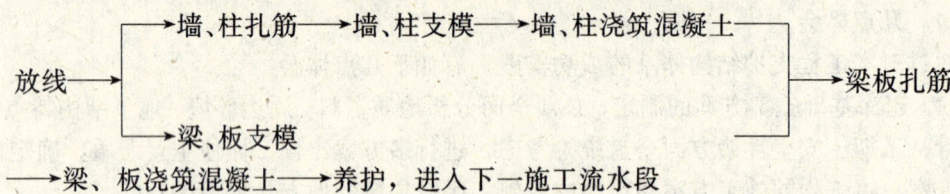

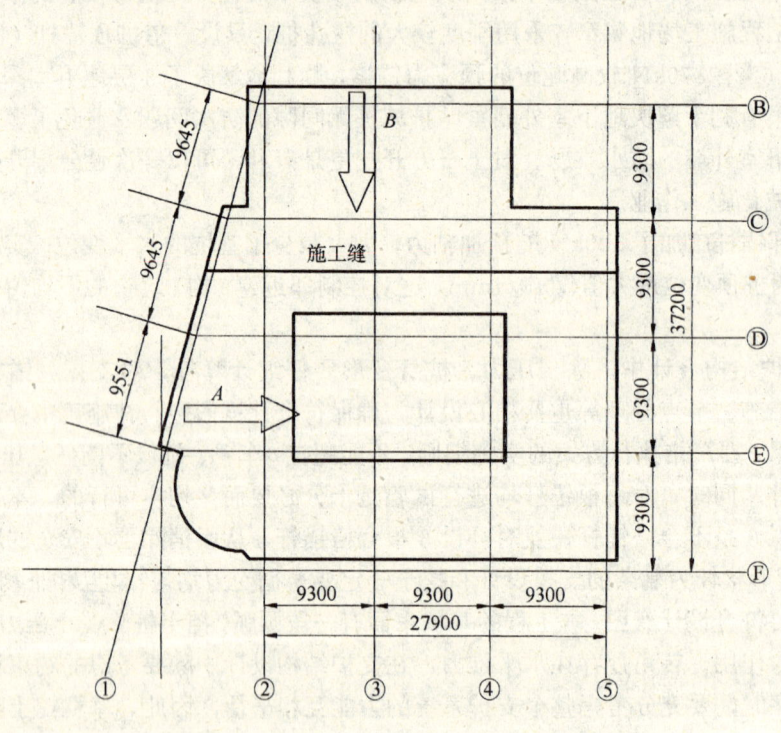

图 11-5 1/F 至 22/F 施工分段流向示意图

2. 上部结构阶段

根据建筑物的平面、结构布置情况及工程量,24 层以下每层结构分为两段施工,设施工缝一道(图 11-6)。25 层及以上每层不分段施工。每层施工顺序为:

楼层测量放线→墙、柱钢筋焊接(同时进行筒体的内模板安装)→墙、柱钢筋绑扎

(同时开始装设楼面模板支顶)→封墙、柱模板→装设楼面梁、板钢筋→浇筑内筒墙混凝土及柱混凝土→清理楼面模板后绑扎梁、板钢筋→浇筑楼面混凝土→养护

另：第25层及以上采取墙、柱及楼面混凝土一次性浇筑。

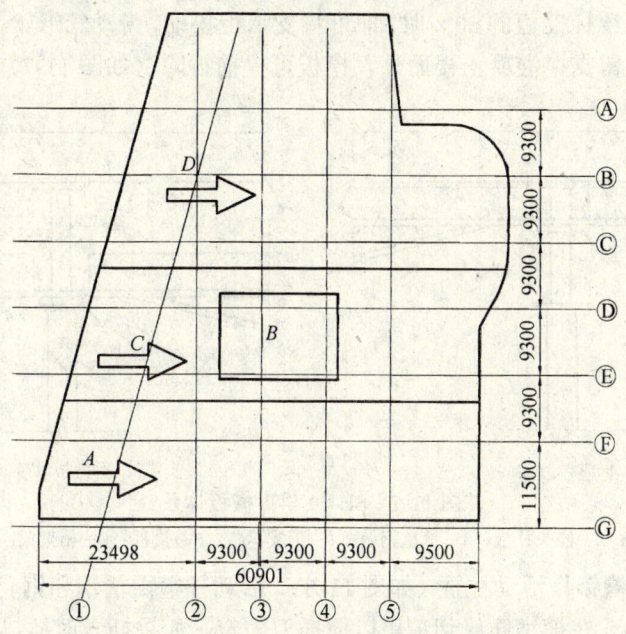

图 11-6 地下室施工段划分图

11.3.2 模板工程

(1) 地下室外墙、核心筒体墙、柱、梁等均采用18mm厚胶合板，以整体装拆，提高效率，确保结构表面平整垂直。其中地下室楼面天花达到清水混凝土面标准，达到不再设置装饰面层的要求。

(2) 地下室底板以下的地梁、桩承台、集水井等的地模和侧模均采用砌砖作模板。

(3) 楼面模板采用自制小角钢肋模板。小角钢肋模板采用∟25×3角钢，用弧焊焊成"目"字形钢框，面焊2mm厚钢板，角钢肋四角均开有ϕ8mm钉孔，拼装时可作固定模板之用，并在中间加劲肋开有ϕ10mm椭圆孔用于插入撬棍，方便模板拆除。模数为300mm，长度为900mm、1200mm、1500mm 三种，宽度为300mm 的整数倍。模板设计均布荷载为 $q=5.75$kN/m，试验最大挠度为1.7mm。小角钢肋模板的施工工序为：

1) 工长根据由梁分隔的楼板结构平面尺寸进行配模设计，确定模板排列，从而确定横楞的间距。

2) 木工装完梁模板后，根据配模要求铺设底龙木方，其间距为模板的纵向长度，并在支撑木方间加一道木方，使钢模板放置更稳妥。

3) 铺设钢模时，如有小于300mm的剩余位置，原则上只能布置在梁边，不能布置在板中，确保板底的平整和防止漏浆。

4) 使用钢模不能随意开孔，以免破坏模板。须预留孔洞时用预留木盒的方法解决，电气专业的预埋暗管可用紧贴模板预置管接头盒办法解决。

(4) 支撑系统：本工程采用SP-70模板体系的早拆支撑系统，它由可调底座、支柱、横

撑、斜撑、悬臂梁、箱形梁等组成。其中支柱下可调底座用以调节支柱高度,支柱顶端有一"T"型早拆柱头,其顶板直接与混凝土面接触,而箱形梁则支承在早拆柱头的支承板上,由于立柱间距最大为1.85m×1.5m,而早拆柱头顶板直接可支承浇捣后的混凝土,因而当混凝土达到设计强度标准值的50%时,即可将支承板松动,带动箱形梁,模板下降115mm,从而除立柱仍然保留支撑混凝土楼面外,模板可提前拆除(如图11-7)。

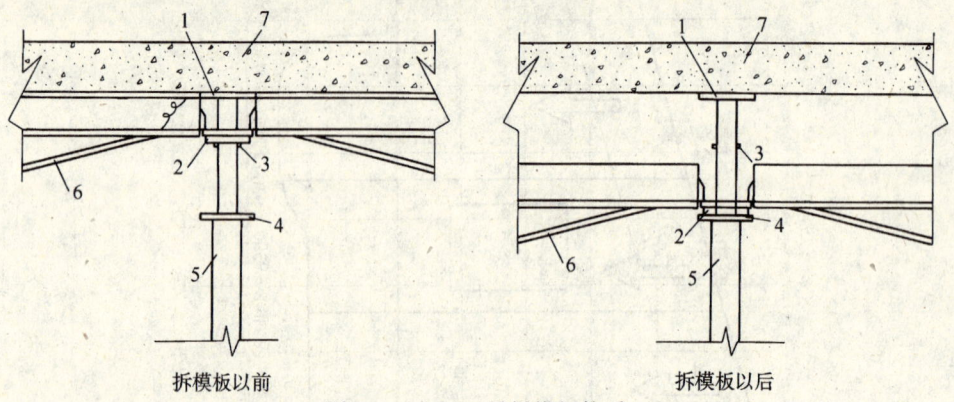

图11-7 SP-70早拆模板体系

1—上支承板;2—柱头托板;3—承重钢销;4—下支承板;5—支柱;6—桁架梁;7—混凝土板

(5)采用8号槽钢作活动柱箍(如图11-8)。活动柱箍由槽钢和钢套焊接而成,长度为1500mm、1800mm,在槽钢腹缘切口,以便插刀固定。如果插入时插口因柱尺寸关系而不适,可在空隙位加木方、板进行调位,安装时,每40mm距离安装一道。该工艺装拆容易,可加快施工进度,适用性广,可用于600～1500mm尺寸的柱,同时,当柱截面小于1200mm×1200mm时,可以不用对拉螺栓。

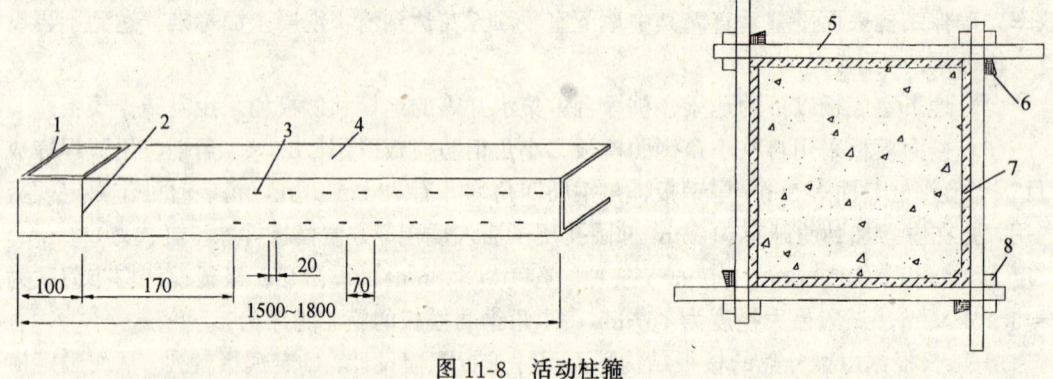

图11-8 活动柱箍

1—钢套;2—焊接;3—插刀口;4—8号槽钢;5—柱箍;6—尖刀;7—柱模板;8—木方

11.3.3 钢筋工程

本工程钢筋是由公司钢筋厂加工制作成型运送到现场,并向工地提供钢材出厂质量证明书及由检测部门所做的抗拉强度、冷弯、延伸率等物理试验报告,凡制作加工好的钢筋均提供加工钢筋表,由现场核对设计图和钢筋表进行安装。

现场墙、柱钢筋大于$\phi 22$mm时均须焊接,焊接采用电渣压力焊。电渣压力焊施工要注意调节好焊接参数,焊剂须先行烘焙,上下钢筋要正直和同心,并适当延迟松开夹具的时间,做到焊包均匀,无夹渣、裂缝、气孔,上下钢筋同心不弯折。手工电渣压力焊当钢筋直径为25mm时，焊接电流宜为400～450A，焊接通电时间为20～25s。焊接后的钢筋应临时固定加以支撑。柱纵筋采用绑扎接头时要注意搭接长度及绑扎牢固。箍与纵筋正交，梁、柱接合节点处柱箍宜在"沉梁筋"前套入梁高范围，随梁筋下降到位绑扎。

梁钢筋采用在梁模板之上绑扎（主次梁），经核对钢筋直径、条数无误后，一起降至模板内的"沉梁"绑扎方法，沉梁前模板内应放置砂浆垫块，沉梁后调整、确保主筋保护层。对于超过1m梁高的梁宜单独在模内绑扎，此时留出梁侧板不封装，待钢筋绑扎完成后再安装梁侧模板。梁、柱箍筋闭合处应相互错开，绑扎用22号黑铅线绑紧，采用45°包角绑扎。受力钢筋采用绑扎接头时位置应错开，接头不宜位于最大弯矩处，搭接长度按设计要求。

本工程由于板钢筋（受力筋及板支座负筋）设计直径较小，浇筑混凝土前因施工原因很容易引起弯曲变形，所以板底筋宜在预埋完成后才装垫砂浆垫块，板负筋同时绑扎，板负筋扎完后即铺临时走道，尽量不踩踏钢筋。

11.3.4 混凝土工程

本工程混凝土全部由商品混凝土公司集中搅拌送至现场，混凝土设计强度等级为C50～C25，其配合比由搅拌站负责设计并对其所供的混凝土质量负责。配合比设计前根据构件的尺寸、钢筋的密集程度等提出最大骨料尺寸和混凝土坍落度要求，混凝土中掺有缓凝型减水剂，达到缓凝、减水而加大坍落度的效果。一般初凝时间不应小于4h。混凝土的28d龄期标准养护条件下的强度以标准试块抗压强度确定。试件应由搅拌站人员在现场随机抽样制作，同批混凝土的强度评定按规定采用统计方法评定，并计算出生产水平相关数值。

现场布置两台混凝土泵，配一台布料杆。泵送时按操作规程执行。泵送时须采取措施防止塞管，混凝土供应应尽量连续，性能应符合泵送要求（坍落度、可泵性、最大骨料尺寸、砂率），混凝土泵送停歇时，每隔4～5min应开泵一次，做正、反各两冲程，同时开动料斗搅拌器搅拌3～4转，以防混凝土离析。夏季高温避免阳光直晒泵送系统，管道采取遮盖。

混凝土浇筑要布料均匀，对于墙、柱应控制浇筑速度在合理范围（宜控制在每小时2.5m左右），减少对模板的侧压力，如控制在2.5m/h的浇筑速度，则由公式

$$F = 0.22 \gamma t_0 \beta_1 \beta_2 V^{1/2} \tag{11-4}$$

计算的侧压力可控制在58kN/m²内。

混凝土浇筑要避免出现冷缝，振捣移动距离为作用半径的1.5倍（约500mm），插入下层50mm，操作要快插慢拔，振捣时间以不出现气泡、表面浮浆和不再沉落为止。

浇筑过程派木工跟班，检查支架、模板，派钢筋工跟班修整钢筋，派瓦工跟班用磨板、压尺修整浇捣完的楼面，做成平整的糙面。施工缝预先确定并留成垂直缝（楼面），施工缝处继续施工时要求：混凝土强度达到1.2MPa，清理和湿润施工缝，在距离施工缝1m范围内采用人工捣固。工地应备有防雨覆盖材料，在浇筑混凝土过程中若出现天雨立即覆盖未凝固的混凝土；大雨时设临时施工缝停止浇筑，当雨停后排除积水，并清除被雨冲刷的混凝土。

混凝土终凝后应及时浇水养护，使混凝土保持足够的湿润状态，养护时间一般不少于7昼夜。

11.3.5 测量放线

由于结构和外墙装饰采取立体化施工，即在结构未封顶时开始外墙装饰施工，因此对

结构垂直度精度要求特别高。为此我公司在开工以前组织一批经验丰富的专业人员精心编制本工程各阶段测量放线方案,并且购置了稳定性好、精度高的 T2 经纬仪(配备转弯目镜),专门用于本工程测量放线。

11.3.5.1 地下室测量放样

1. 平面定位

首先根据红线图和总平面图在基坑大开挖以前测设出③轴东 1m 和ⓒ轴南 1m 两条主控制轴线,经多次校核无误后,分别将两轴线两端后视标记于基坑外稳定可靠并可以通视的邻近建筑物上面,同时在基坑岸边于主控制轴线上设定固定的架仪器点,便于架设经纬仪。由于基坑较深,坑底环境复杂,因此采用坑外外控的定位方法较为适合。基坑大开挖后在基坑岸上的固定架仪器点上架设经纬仪,瞄准主控轴线后视,将主控轴线俯视投测到基坑底面,利用再生的主控轴线(③轴和ⓒ轴)在基坑底定位基坑内各构件的位置。采取同样的方式对地下室各层楼面进行平面定位。

2. 标高定位

在接收地盘后根据规划所给水准点引测建筑物相对标高+1.000m 水准点两个 B 和 A(分别位于西北角和东南角),标定于基坑附近稳定可靠的位置。并在离建筑物约 30m 以外无沉降影响处测设一个永久校核水准点 P,用于随时校核建筑物标高,以消除沉降影响。地下室每层标高定位采用 A 水准点为基准,用大钢尺和水准仪相结合的方法将标高一次传递到各层楼面,用以控制各构件标高。B 水准点仅用以校核检验各层测量结果。

11.3.5.2 ±0.000 以上测量放线

1. 平面定位

在完成地下室顶板即首层楼盖结构施工后,利用原主控轴线③轴和ⓒ轴,根据上部结构特点测设Ⓕ轴(Ⓕ轴北 2m)和③轴(③轴东 1m)为主控轴线,将主控轴线上的控制点和其他辅助控制点 A、B、C、D、E、F 点标记在首层楼面预先埋设好的钢板上作永久保存(如附图 11-9 所示)。对这些控制点进行闭合测量以校核其精度无误。由于建筑物周围建筑密集,而且外墙脚手架为全封闭式,不利于实施外控,因此决定采用内控的方式进行轴线传递。对应各控制点于各层楼面留设 250mm×250mm 方孔用于轴线传递。为提高测量精度和工作效率,公司特别为项目配备了一台 JJ2A 激光经纬仪,根据现场条件决定采用 JJ2A 激光经纬仪进行轴线投测。具体实施如下:

(1) 一名测量人员在基准点上摆设 JJ2A 激光经纬仪,精确地对中、置平。

(2) 将望远镜垂直向上,并将物镜口靠贴在仪器的垂准定位杆上,打开电源开关。

(3) 另一名测量人员在被施测的楼板面平面位置上,将激光接收板(采用 300mm×300mm×5mm 茶色有机玻璃)靶放在对应基点的预留孔洞上面,即放在投影范围内,当接收到自下而上的激光束投影点时,通过用对讲机通知地面仪器操作人员进行望远镜调焦,直到焦点最小为止。

(4) 地面仪器操作人员均匀地用力轻轻地水平旋转经纬仪,此时在靶板上扫描出一个圆的轨迹,持靶人员用对讲机通知仪器操作员尽量调到望远镜的垂直角接近于 0°00′00″,即使圆轨迹最小。根据轨迹圆心便是地面基准点在此高度的铅垂投影点这一原理,地面仪器操作人员利用水平度盘读数,将仪器水平角分别安置在 0°、90°、180°、270°,在保证长气泡整平后向上投射激光束,用对讲机通知持靶人用彩笔记下相应的四个投影点 $A1, A2, A3$,

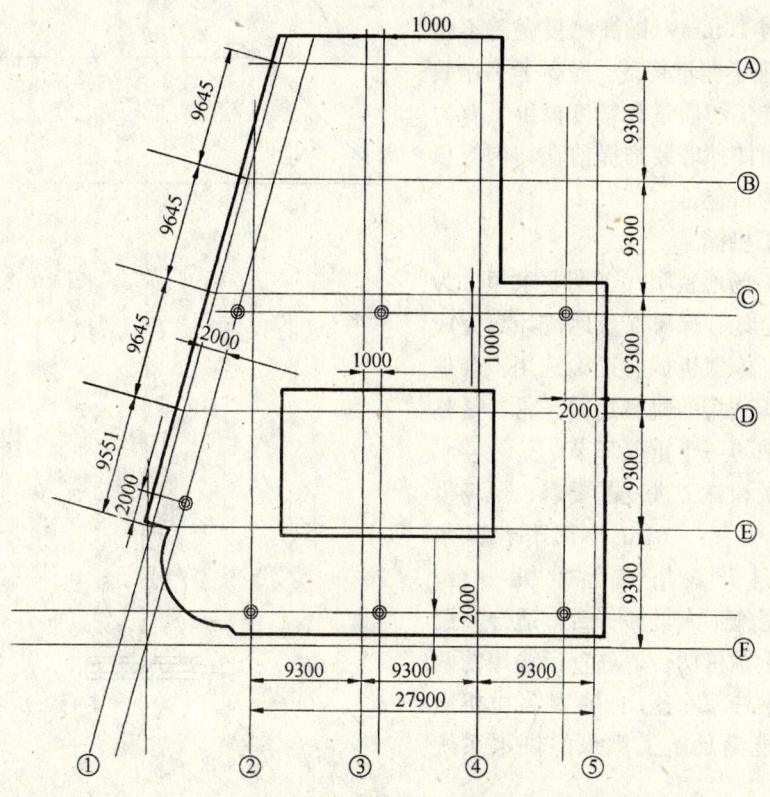

图 11-9　轴线平面控制网布置图

A_4，连接这四个投影点的对角线交点 O'，便是该地面基点在该层楼面上的一个铅垂投影点。为了投影点达到精确，在每点上重复三次操作，取投影点的平均位置作为本次投影最终点（如图 11-10 所示）。

（5）待各个控制点全部引测到楼面上面之后，便架设经纬仪测出各个投影点之间的夹角及用钢尺量出各个投影点之间的距离，算出闭合误差在允许值范围内，对照理论数值，在不超出允许偏差值内，开始根据该层平面图尺寸，引测各轴线及从整体到局部放出施工所需的定位墨线。

（6）为进一步提高精度，规定轴线不准逐层传递以避免积累误差，要求垂直距离 30m 内不换基准层。当垂直距离超过 30m 时，视线长度较大难以保证精度，需要转换基准层。在新的基准层上必须将控制点 A、B、C、D、E、F、G 牢固标记并作闭合测量，以证实其精度和可靠性。

2. 水准测量

水准测量的精度相对较为容易控制。首先选定两条在立面上垂直向上的柱面为标高引测路线，根据现场实际情况选定了 F2 柱南立面和 C5 柱北立面，在首层精确测设+1.000m 标高并牢固标记于 F2 柱南立面和 C5 柱北立面。每层的标高均用 C5 柱北立面的水准点一次拉钢尺测设上去，绝对不准逐层传递标高，也不准随便转换水准基点。直至大钢尺长度不够长时，才将下一个水准基点转换上去，同时用 F2 柱南立面上的水准点测设同一标高，互相校核无误后牢固标定新的基准，再用新的水准点进行上面各层的标高引测。

用上述方法进行广州国际电子大厦的测量放线工作，经测量主屋面层与首层轴线垂直度偏差不超过10mm，标高测量误差不超过5mm。保证了测量精度，提高了工作效率，为结构施工的质量和精度提供了有力的保证，从而使外墙装饰提前在结构封顶之前开工成为可能。

11.3.6 施工机械

由于施工场地狭窄，工期要求短，为确保依期安全地、保质保量地按计划完成该工程任务，施工机械的正确选用、合理布置和确保所选用的机械运转正常，是整个施工过程中的一个重要环节。

按工程量和施工进度的要求，现场设置大中型机械有：165m外部附着富米FM2555型自升式塔式起重机一台，SC200/200型施工人货梯一台，适合高层泵送的混凝土泵机两台，垂直运输用的两塔三笼高层钢井架一座，120kW发电机组两台，以及能满足施工用水的供水系统等。

1. 塔式起重机

富米FM2555 T20 P10型外部附着自升式塔式起重机臂长55m，最大起重量10t，最远端起重2.5t，最大起升高度可达200m，带2/4绳自动转换装置，最大起升速度90m/min。该工地充分利用塔式起重机进行底板及地下室施工，故在开挖土方时，同时开挖塔式起重机基础，塔机基础

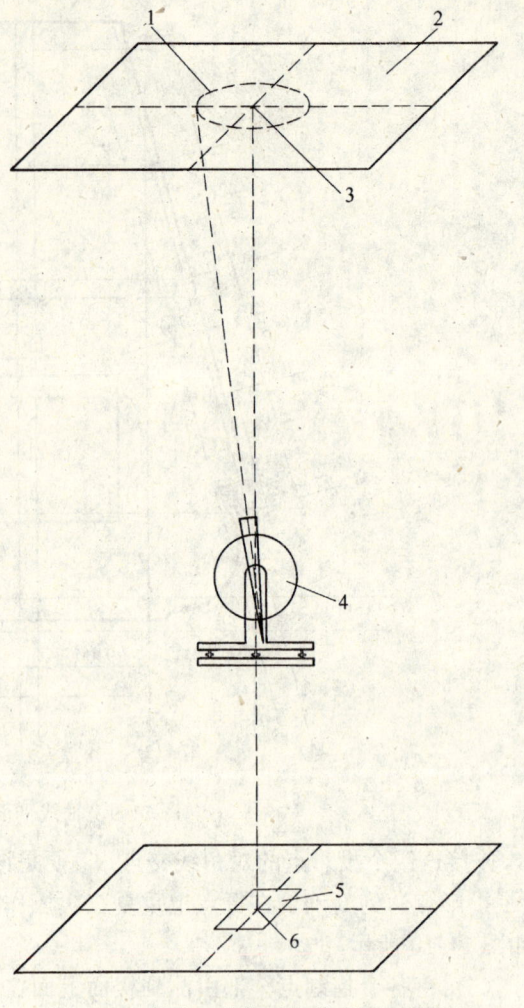

图11-10 激光经纬仪垂直传递原理示意图
1—激光轨迹；2—有机玻璃靶板；3—垂直目标点；
4—激光经纬仪；5—钢板；6—基准点

为7m×7m×1.8m混凝土，塔机基础面为该工程的基础底板底，由于考虑到地下室底板施工的整体性，所以采用70mm高的钢支座支承塔机底座，地下室底板施工时钢支座埋在底板混凝土内，确保底板施工质量。为保证塔机的稳定性，初始安装高度为30m，待地下室底板施工完毕，混凝土强度达到要求时，塔机再自升接高至最大自由高度约44m。此后每六层自升接高一次，共六道附着点，自升接高一次时间需16h左右。

鉴于施工场地过于狭窄，施工物料的堆放，现场施工机械的位置，基本上只能布置在紧靠环市路一侧，使机械的安全使用、施工运作、机械的安装拆卸等都带来了很大的不便和困难；特别是塔式起重机与钢井架只能安装在正面的同一平面线上，相互距离只有25m左右，安装位置如考虑不周，将会造成日后钢井架不拆除塔式起重机将无法降机，会严重影响施工进度计划。经过现场实地多次勘测，最后将塔机安装位置确定在紧靠大厦的东侧，拆卸时可将55m长的吊臂指向西南侧，并将东南角的部分外部脚手架拆除，即可进行正常降机，这样处理后，基本上不影响高层钢井架的正常运作及拆卸。该塔机从1995年3月6

日开始使用，1996年4月15日拆机，工效较高。

2. 高层钢井架

根据施工要求原计划安装高层钢井架两座，但场地实际情况只容许安装160m高的钢井架一座，整座大厦38层的建筑物料垂直运输唯靠一座钢井架运输，要保证施工物料的供给，困难和压力相当大。在无法增加垂直运输机械的情况下，解决办法是：

(1) 加强管理力度，合理安排施工流程，分时段和笼号安排各工种班组使用，尽可能地发挥现有垂直运输机械的最大利用效率。

(2) 加强对机械的操作和维修管理，定员、定位、定时地对机械进行检查、维修。维修人员充分利用班前、班后和午休时间加强对机械进行检修、保养，尽可能减少机械故障发生的可能，提高机械的完好率，确保机械的正常运转。

(3) 对钢井架彻底进行改造，原钢井架的最大安装高度为120m，现提高至160m。通过计算和复核，在钢井架下部40m高度将主肢角钢改为∟$100\times100\times10$，水平支撑采用∟$63\times63\times6$，斜支撑采用∟$63\times63\times6$，中节水平支撑为∟$75\times75\times7$，连接角板厚10mm，确保了钢井架的稳定性和安全性。随着钢井架的增高和运转频率增大，原井架顶滑轮采用的国产轴承性能难满足使用要求，为减少故障和维修次数，将滑轮轴承全部更换。

(4) 安全为了生产，生产必须安全。钢井架历来是建筑工地的安全事故多发点，为确保施工安全有序地进行，施工现场按照广州市安委会钢井架有关的十一项安全标准规定执行。36层楼面共计安装了大小层间安全门114个，并指定两人对各层间门进行日常维护修理，以及井架各部件的安全检查，确保了整个施工过程的安全使用。

(5) 对钢井架上落笼的电控部分进行了技术更新改造，过去上落平层在各层面安装信号探头，拖电线上楼或采用笼底拖挂电缆，用行程开关碰撞取样控制，一直存在着安装难、维护难、故障率高、零配件损耗率高、累积成本贵等问题，为减轻维修人员的劳动强度，缩短维修时间，将原来的平层取样系统改成用减速器与卷扬机缆筒同步连接，采用光控取样平层，在施工应用中取得较为满意的效果。

3. 混凝土泵

该工程采用混凝土泵送技术施工，基础及地下室施工混凝土输送量大，采用2~3台混凝土泵输送及自造2~3条斜槽直接卸混凝土，23层以下采用意大利顺迈57型混凝土泵一台、长沙中联HBT50泵一台输送混凝土，到23层以上时，为确保工程进度，加快泵送速度，内部调整混凝土泵机的配置，更换成一台意大利顺迈172型混凝土泵机和一台长沙中联HBT60型泵机。顺迈SCL172泵为开式油路液压系统，水冷降温，有中、高压两种油路转换连接，中压联接时最大泵送压为105bar，高压联连时最大泵送压力为172bar，原动力为Deuty柴油机BF6LP13C、128kW。国产中联HBT60型混凝土泵为闭式液压系统，原动力为75kW电动机，风冷降温，低压油路，联接时，混凝土缸最大输出压力为5MPa。

在低层混凝土输送过程中，泵送较为正常，但随着泵送高度的上升和场地限制，使混凝土泵与垂直管道之间的水平起步管道距离过短，其中第一个水平90°弯管与泵机距离仅有5m左右，使混凝土垂直负压对泵机冲击过大，引起泵送困难，造成塞管或爆管扣，严重影响施工运作，但由于场地限制，泵机无法移位，解决的办法是垂直立管引上点不变，在立管下原地安装两个R100的90°的弯头，经180°迂回后再装到立管上，并在20层楼平走一段直管再往上接，通过对输送管道的变动，使泵机换向时所产生的负压峰值对泵机的作用力尽量减少,使泵机泵送恢复到正常状态,直至157.5m封顶高度,均未再发生过因负压影响而造成的泵送困难。

4. 施工人货梯

为减低工人的劳动强度,提高工作效率,同时为缓解钢井架的运输压力,本工程选用一台国产SC200/200型施工人货梯供人员垂直上下和部分物料的运送。该梯额定载重量为2t,不设配重的三驱动的运转齿条传动的电梯,起升速度为40m/min,安装高度130m,自1995年9月26日开始使用,至1996年7月3日拆除,实际运行了2224台班,使用率较高。

11.3.7 混凝土表面耐磨材料及工艺

停车场地面因经常性交通造成混凝土表面被磨损,易产生大量灰尘,严重的会导致混凝土表面大颗粒骨料松散。根据本工程的特点,选用了FOSROC公司的耐涂FCL化学硬化防尘剂,对地下室车道混凝土表面进行硬化处理,其硬化处理可以在混凝土完全硬化后进行,保证了硬化效果和质量。

1. 耐涂FCL化学硬化防尘剂的产品性能

耐涂FCL是一种可溶性白色结晶物质,含有金属氟硅物质,以及特别挑选用来提高产品对混凝土渗透性能的润湿剂。它用作硬化新旧混凝土表面,使其防尘、耐磨损和抵御某些化学物质的侵蚀。适用于所有工业场所和停车场地面,提高混凝土表面的耐久性和耐磨性。耐涂FCL从两方面来消除水泥成分的尘土,从而提高混凝土地面的耐久性。首先,经特别选配的润湿剂,确保产品渗入混凝土基面;第二,耐涂FCL内的硅氟物与水泥浆中的氢氧化钙(磨损后相对松散物)发生化学反应。反应方程式如下:

$$2Ca(OH)_2 + Mg_2SiF_6 \longrightarrow 2CaF_2 + MgF_2 + SiO_2 + 2H_2O$$
$$(耐涂FCL) \qquad (全是不溶物)$$

这种化学反应能使厚度达几毫米深的混凝土层硬化,此硬化层远比其他化学硬化剂形成的硬化层"外衣"更有弹性。经过耐涂FCL化学硬化防尘剂处理,地台表面产生一密实无孔混凝土层,经磨损测试显示,经耐涂FCL处理后混凝土耐磨性能提高100%,同时提高了地面对油脂和许多通用化学物的抵抗性,延长地面使用寿命,且不需做任何处理。

2. 耐涂FCL化学硬化防尘剂施工工艺

(1)施工准备:首先,对车库混凝土表面实施彻底清理,清除所有松散物质,并用FOSROC修补材料对裂缝和孔洞进行修补,保证表面平整。利用地下室通风设施干燥车库混凝土表面,局部潮湿位置用太阳灯晒干使表面干燥,以达到最大的渗透。

(2)材料准备:将15kg耐涂FCL溶于45L(10加仑)水中,在塑料容器中搅拌至完全溶解。通常不能采用金属容器盛装。

(3)施工:用软刷或扫帚沾取耐涂FCL溶液,浸透地面(大约每公升浸透6.5m²),在首道涂料基本吸收后(第二天),再涂刷第二遍;第三天再涂刷第三遍。施工完毕第三遍后,清洗混凝土表面以去除多余的耐涂FCL。在施工过程中防止金属、玻璃或油漆物品被耐涂FCL沾染,一旦发生这种情况,应立即将耐涂FCL清洗干净。

11-4 铝合金窗、玻璃幕墙与花岗石饰面施工

本工程外墙立面选用铝合金窗、玻璃幕墙和天然花岗石相间的饰面材料,玻璃幕墙和

玻璃窗选用天蓝色，花岗石选用枣红色，美观大方。

11.4.1 外墙铝合金窗、玻璃幕墙的安装

11.4.1.1 施工准备

(1) 施工前进行技术交底，由设计者对图纸资料、技术工艺等进行详细的说明和解释，确保施工达到设计要求和各项基本性能指标。制订施工组织方案、施工准备计划、总体施工安排、施工技术措施及安全措施。

(2) 进行空气渗透性能、雨水渗透性能、抗风压性能、保温性能、隔声性能、结构胶附着力实验和相容性实验，以上实验需有实验合格证。

(3) 现场准备足够的、清洁的场地堆放装配组件，防止装配组件在堆放过程中划伤、变形或破坏。

(4) 修改外墙脚手架距外墙面的距离，使不少于300~400mm，以保证安装的需要，并做好脚手架的安全防护措施。

(5) 对施工材料验收，检查组件的尺寸，玻璃表面是否清洁，镀膜玻璃如有严重划伤或掉膜应立即更换，对竖梃、横料等铝型材要测定其平直度和扭拧度，符合要求方能施工。

11.4.1.2 施工工艺流程

检验预埋件→测量放线→骨架安装→检验→玻璃铝板安装→检验→打胶→清洁→交验

1. 幕墙的安装（如图11-11所示）

(1) 测量放线：先选择便于仪器操作的位置，依据结构施工的基线复核主体偏差情况，校验埋件水平和垂直方向偏差数据，根据主体轮廓划出分格，然后用墨斗弹出分格线，最后校验复核四周及上下分格线尺寸是否闭合。

(2) 骨架安装：该工程用铝型材做骨架，连接件用镀锌M14×12螺栓连接，连接件与预埋件焊接，焊缝长度、厚度一定要符合设计要求，埋件偏位的用膨胀螺栓锚固，确保锚固稳定。先安装竖梃，后安横料。竖梃骨架安装从下向上进行，竖梃骨架接长，用插芯连接件穿入竖梃骨架中连接。全部安装完成后，挂通长18号钢丝进行逐根检查和调整。横料采用角铝连接件，角铝的一肢固定在横梁骨架上，另一肢固定于竖梃骨架上。一排横梁安装完后用仪器校测，若偏差较大，立即进行调整。

(3) 玻璃和铝板安装：骨架安装检验符合要求后，方能进行玻璃铝板安装。玻璃安装的顺序从上往下进行，安装时用力要均匀，安放要平，型材表面要清洗干净，将打好胶的玻璃就位，利用玻璃垫块调平玻璃，然后固定，紧固时松紧应均衡，在缝隙间填塞海绵条，使其表面与玻璃面的高差保持在5~6mm之间，以利打密封胶。

(4) 打胶：打密封胶前先将两侧玻璃用丁酮清洗干净，随即均匀地打入密封胶，并及时修平表面，待胶干后清洗表面，在拆脚手架或在打胶前将玻璃表面清洗干净，然后打胶拆脚手架。

2. 铝合金窗安装（如图11-12所示）

(1) 放线：按设计要求弹出窗洞口位置线，竖直方向用经纬仪弹出控制线，并以结构提供的轴线为依据，用水准仪确定窗台水平线。

(2) 装框：在安装制作好的铝窗框时，调整垂直度，调整窗框使两条对角线长度相等，误差控制在标准规定范围内，在表面垂直后，将框临时用木楔固定，待检查立面垂直度左

右间隙、上下位置符合要求后，再用射钉将镀锌锚固板固定在结构上，镀锌锚固板是铝合金窗固定的连接件，锚固板的一端固定在门窗的外侧，另一端用射钉固定在密实的基础上。

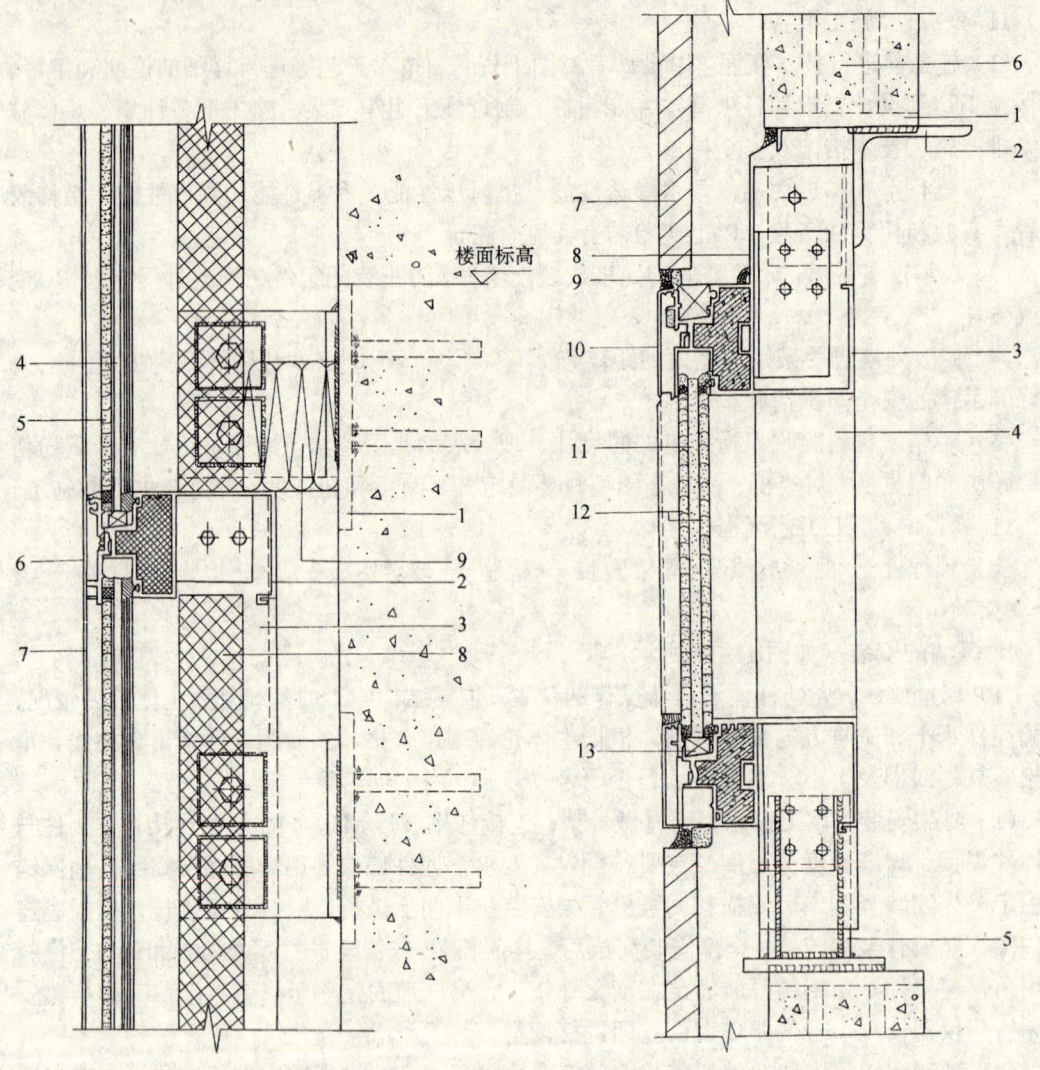

图 11-11 玻璃幕墙的安装
1—预埋件；2—横料；3—竖梃；
4—钢化玻璃；5—打胶；6—盖板；
7—竖向盖板；8—挡光填塞；9—防火棉

图 11-12 铝合金窗的安装
1—预埋件；2—角钢焊接；3—横料；4—竖梃；
5—连接套；6—混凝土结构；7—外墙花岗岩；
8—防雨板；9—防水胶；10—挡板；11—钢化玻璃；
12—周边打胶；13—玻璃垫块

（3）填缝：铝门窗在填缝前经过平整度、垂直度的安装质量检查后，再将框四周清理干净，洒水湿润基层，再用水泥砂浆填实、打胶。

（4）抹面：铝框周边填缝砂浆达到一定强度后，才能取下框的木楔继续补灰，然后才能抹面灰，压平抹光。

（5）窗扇安装：窗扇在土建完工后安装。

（6）清理：铝合金窗竣工前应将型材表面的塑料胶纸撕掉，如发现型材表面留有胶痕和其它污物,可用中性清洗剂清洗干净。

11.4.2 花岗石、大理石的安装

本工程外墙及室内地面采用花岗石饰面,室内墙体装饰采用大理石,总施工面积约17000m^2。由于本工程的建筑设计是由港方按英国标准设计,因此,在施工管理和工程质量上,不仅要符合国家的规范要求,而且要符合国际标准。

11.4.2.1 材料的种类、生产及检验

1. 材料的种类

(1) 外墙石料为:25mm 及 30mm 厚光面及麻面山东半岛红花岗石。

(2) 室内墙身石料为:20mm 厚光面米黄大理石;
　　　　　　　　　　20mm 厚光面蒙古黑花岗石。

(3) 室内地面石料为:25mm 厚光面及麻面蒙古黑花岗石;
　　　　　　　　　　25mm 厚光面及麻面 603 花岗石。

(4) 所有螺栓、连接铁件、连接不锈钢针及配套的铁垫板、垫圈等均为不锈钢"304"标准,膨胀螺栓使用英国"喜利得"不锈钢 M-10 螺栓,外墙花岗石密封胶使用美国"VULKEM921"密封胶。

2. 石料的加工

本工程的石料加工都是根据建筑图要求,重新设计花岗石等的安装配件图,并报建筑师批准,再交厂商按规定尺寸及要求加工生产。

3. 材料的检验

所有花岗石的毛板在切割前要求厂方专人检验(如厚度、光泽、色差分配及质量检定)。建筑物每一立面均采用一致颜色的毛板加工,加工后要求在石背面写上石号及使用位置、层号。在出厂前均必须对产品抽验 20%,合格后才能发往工地,工地在检查抽样记录后方可接受。

11.4.2.2 墙身花岗石、大理石的安装

其施工过程如下:

(1) 对所有安装数据根据图纸及基线、标高进行复核,对有凹凸的混凝土结构进行凿除或修补,确保按图施工。

(2) 根据图纸基线确定垂直点,再以 0.5mm 钢丝固定位置,垂直点固定位置以每 5 层一点,由 1/F 至 G/F 共分 8 点位置,分别以钢丝固定。

(3) 钢丝固定位置以每幅窗框两点,以保证垂直点及花岗石完成面,保证石面宽度偏差不超过 ±1mm 为基本要求。

(4) 标高的准则:安装花岗石之前,必须用水准仪复核全层标高,确认无误后,方可将楼层内标高移到楼外墙体进行施工。

(5) 根据图纸所示,用 M-10 膨胀螺栓焊接固定连接板。

(6) 检查石材是否有损坏,安装花岗石。

(7) 外墙花岗石完成后,在石缝间进行打胶,工序如下:

1) 清理干净石缝中杂物。

2) 将棉条塞进石缝中。

3) 用胶纸贴在石缝两边石料的表面,防止打胶时污染花岗石表面。

4）将胶（"VULKEM921"颜色"Red Wood Tan"）注入石缝中。

（8）室内墙体安装后，用白水泥浆及颜料的混合物对石缝进行勾缝。

（9）所有工序完成后，必须以湿布清理所有完工石材的表面。

11.4.2.3 石材的更换

1. 需要更换的情况

（1）石材有明显的色差。

（2）石材有撞击痕迹或有明显裂纹。

（3）经业主、建筑师或监理公司合理要求更换的石材。

2. 石材更换的方法

（1）用白色胶纸贴在石面，注明需要更换石料尺寸及加工规格，以便备料安装。

（2）更换时，先将石料四边的防水胶锯出，并取出棉条。

（3）将有不锈钢钢针的其中一边石面锯除，保留原不锈钢钢针。

（4）将不锈钢连接板位置的石面锯除，并取出碎石料，然后将整件石料取出。

（5）清除不锈钢连接板及将不锈钢钢针表面的胶痕清理干净。

（6）在一边加回两只F6不锈钢连接板。并将备好石料的背面锯出需插入连接板及一边不锈钢钢针的凹坑，并用混凝土胶填满，然后将石料放入需要更换的位置，调校好石面的平整（如图11-13所示）。

（7）清洁石面及间隙位置，放入棉条，打防水胶。

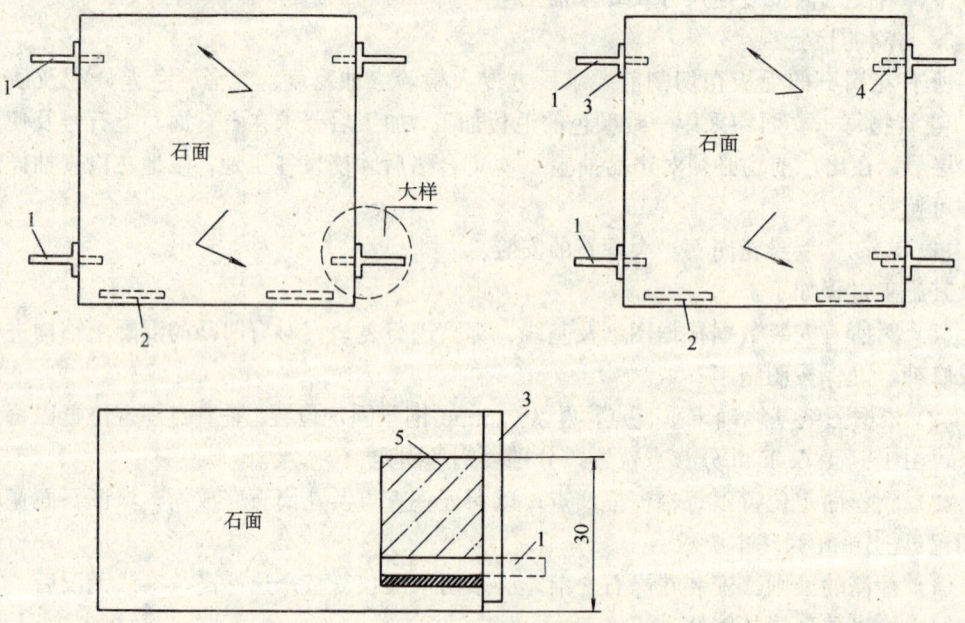

图11-13 石料更换

1—不锈钢钢针；2—托底连接板；3—F2不锈钢连接板；4—F6不锈钢连接板；5—混凝土胶

11.4.2.4 花岗石崩角的修补

1. 需修补石面崩角的情况

（1）在运输、搬运等过程中，部分花岗石的边角位难免会出现崩角或崩面现象，故在安装前需进行修补工作。

（2）如崩石面积大于20mm×20mm，此件石料将会改作其它使用，不再进行修补工作；如面积小于20mm×20mm，将抽出作修补后再进行安装。

2. 修补方法

（1）对崩角位置进行清洁，扫去石粉。

（2）用TENAX透明云石胶及色粉混合，调校至与要修补的石料颜色一致。

（3）调好色后，加入TENAX云石快干胶。

（4）当面积小于10mm×10mm时，直接将色胶填满在崩石位置上，当面积大于10mm×10mm时，将碎石或原崩去的石角加上色胶等填在崩去的位置上。

（5）待大理石胶干后，用打磨机打磨抛光，完成修补工作。

11-5 电脑在项目管理中的应用

在本工程与日本清水建设株式会社的合作中，有机会接触到国际大型工程承包商先进的管理技术，特别是电脑在项目管理中的应用方面，在工作中边学习、边摸索，根据自己的需要，项目部购置了电脑和打印机等设备，利用电脑建立了一个项目管理系统，使施工组织管理向规范化、程序化发展。

11.5.1 工程进度的管理

在项目的进度管理中采用微软公司的Project4.0软件，对工程项目制定多级网络进度计划，对项目计划进行动态管理，确保了工程的按期完工。具体如下：

（1）根据施工需要编制总进度计划和各阶段进度计划，建立多级子网络计划，绘制相应的网络图和横道图。同时，通过对工序的重组和资源的调整，使每道工序所需的工程量、施工持续时间、人力安排、材料供应、机电配备、成本要求等与网络计划对号输入，对进度计划进行优化，找出最佳方案。

（2）进度的动态管理：进度计划的实施是一个不断变化的动态过程，利用电脑可根据施工客观条件的变化及时地调整和修改网络计划，使其满足实际进度的要求，并随时处于动态监控之中，起到指导施工、加快工程进度和提高工效的作用。

（3）项目完成后，直接产生最终报表。

（4）保存各时期进度计划的原始资料，即可准确分析出各次工期延误对整个工程进度计划的影响，结合各次工期延误产生的原因，就可分清责任，为工期拖期索赔提供技术支持。

11.5.2 工程成本的管理

11.5.2.1 工程造价的确定

工程造价是项目成本控制的依据，通过电脑对工程量和工程的预结算编制进行自动计算，节省了大量的人力和时间。施工中配置了"海文"公司的工程量自动计算软件和"华美"公司的广州市1991年、广东省1992年定额预算软件，应用如下：

（1）通过绘图方式将图纸输入电脑，对工程量进行自动计算，输出有关工程量数据；

（2）将工程量输入电脑，运用定额软件自动计算有关人工费、材料价差、管理费等，并得出最终工程总价；

(3) 对包死单价的工程项目，采用 Excel 电子表格，输入工程量进行计算及汇总。

注：由于工程量自动计算软件目前在社会上还未普及使用，故未能应用于和甲方的结算对数，目前仅用于内部生产管理。

11.5.2.2 工程成本的管理

利用数据库管理程序，将工程过程中每一笔收入和支出分门别类地记录，并实时进行统计分析，及时掌握项目的经济状况。项目成本的管理包括：

(1) 工程款的管理，在项目建立以下子目录系统进行管理：

1) 项目总价：依据合同价、工程量及预算的计算进行汇总。

2) 当前项目进度价值：依据工程量及预算的计算进行统计。

3) 甲方已付款：依据电子表格的累计得出。

4) 甲方应付款：依据合同条款及当前进度价值计算得出。

(2) 项目成本的管理包括以下几方面：

1) 材料成本：利用数据库来实施。在项目购置材料的请款过程中，置有计算、统计功能的表格，当每次请款时，电脑将自动记录，并分类统计，随时掌握工地材料成本。

2) 人工费用：利用电子表格制定项目工资单模块，随时掌握项目的人工费支出。

3) 经营费用：办公费用等其它费用支出（同材料费用管理）。

4) 项目总支出记录（对各项成本的汇总、统计）。

5) 及时进行投工投料分析：依据定额计算得出的人工、材料等消耗与实际支出的对比，发现问题及时调整。

11.5.3 合同、文档的管理

随着电脑存贮量的不断增大和文字处理软件的日益完善，电脑已成为最佳的文档管理工具。在项目的管理中，建立了以下几个子目录：

(1) 合同的管理：将项目的所有合同（与发包方及分包方）、补充协议及相关的工料规范等分别编号，输入电脑，随时调出使用。

(2) 图纸的管理：包括施工图、设计变更等的有关编号、内容收到时间等的记录。

(3) 来往信函及文件的管理：包括与甲方的业务联系，与分包的业务联系，与协作单位的联系，与社会各管理部门的联系，公司、分公司的有关文件等等。

(4) 工程资料的管理：将有关工程验收等表格输入电脑，实现资料无纸化，编制竣工资料时打印出来，美观，不会遗漏。

(5) 模块管理：包括统一用表、自制表的管理。利用 Word、Excel 辅助功能，制定一些常用的表格模块，如工地备忘录、工程报验单等。

11.5.4 劳动力的管理

利用数据库、电子表格对项目劳动力进行管理，其内容包括：

(1) 员工档案管理。

(2) 劳动力调度的管理。

(3) 劳动工资的管理。

11.5.5 机械设备管理

利用数据库进行下列设备管理：

(1) 设备台帐管理。

(2) 设备调度管理。
(3) 设备状态记录。

11.5.6 CAD 的使用

利用 AutoCAD 绘制如下图表：

(1) 绘制装饰工程施工图。
(2) 绘制施工方案插图及各类大型图表。
(3) 施工过程中一些不规则构件因计算困难可进行精确放样。

12 松下万宝空调器厂工程施工

广东省第三建筑工程公司　沈文凯

松下万宝空调器厂房位于番禺市钟村镇。南邻松下万宝空调器厂总部办公大楼，东西北向为开阔的荒地，是一项中日双方合资的大型新建项目（属广州市的重点工程）。由轻工部广州设计院设计。

12-1 施工总平面

施工总平面图见图12-1。

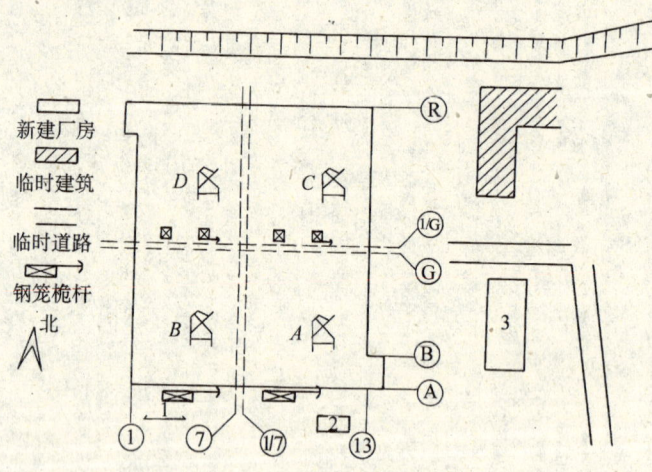

图12-1　松下万宝空调器厂施工平面图
1—钢筋堆放场地；2—混凝土搅拌站；3—工地仓库

12-2 工程概况

12.2.1 结构设计

（1）本工程按七度地震烈度设防，抗震等级为三级。

（2）基础设计：本工程土质以风化岩和中风化岩为主，从勘测资料来看，未发现地下水。混凝土基础为台阶式独立基础，混凝土强度等级为C30。

（3）Ⓐ～Ⓑ轴×①～⑬轴段为现浇框架混凝土，1层和2层的楼板、柱混凝土强度等级为C30，3层楼板、柱混凝土强度等级为C25，4层楼板、柱混凝土强度等级为C20。A、B、C、D四个区域的其它柱和楼板（7、6层楼面，即Ⓐ～Ⓖ×①～⑬）的混凝土强度等级为C30，后浇带混凝土强度等级为C35，柱截面尺寸以600mm×800mm和600mm×600mm为主。门厅柱的截面直径为500mm。

(4) Ⓑ～Ⓡ轴×①～⑬轴段为三跨轻型钢屋架设计，每跨宽度为30000mm，屋面铺压型钢屋面板。

12.2.2 建筑设计

(1) 松下万宝空调厂是一个综合性的厂房。Ⓐ～Ⓑ轴段为员工工作、休息和会客的场所，总共有4层。Ⓑ～Ⓖ轴段为材料吊运、存放和加工零配件的地方，有两层楼面。Ⓚ～Ⓡ轴段为冲床（AHE001、002）、修整冲模机（ADM014）等重型机械设备车间，①/G～Ⓚ轴为厂房内部主要运输通道。

(2) 厂房东西宽150.6m，南北长为170.6m，设备基础的深度为5～6m，厂房总高度17.90m，建筑面积为37600m²。

(3) 外墙围护结构为240mm厚的砖墙，内部隔墙则用钢丝芯板与砖墙相联结，新型材料的使用加快了施工工期和厂房的使用面积。外墙门窗为银白色铝合金窗，厂房外围雨篷的所有构件也全部刷成银白色，与墙身浅色调相得益彰。首层地面采用浅绿色水磨石，使厂房显得干净明亮。

(3) 整个厂房透着鲜明的时代气息，轻型光亮的屋面钢板，浅色调的饰面砖，门厅配以大型的蓝宝石玻璃幕墙，显示出厂房的明快亮丽。

12.2.3 垂直交通设计

(1) 货品提升机：A区4台，B区为5台，总共9台，上货到7.6m层楼面。

(2) 楼梯：A区2樘、B区为3樘，总共5樘。A区和B区中Ⓐ轴～Ⓑ轴段的楼梯主要供职工上下班使用。

(3) 电梯：Ⓐ～Ⓑ轴×①～③轴大厅段1台。

(4) C、D区域为主要工作车间，其Ⓚ轴～Ⓡ轴×①轴～⑬轴为起重机起重装配区域（分别为10m跨和15m跨）。

12-3 施 工 组 织

(1) Ⓐ～Ⓑ轴段为4层框架混凝土结构，故在A、B区南面各设一台主钢笼（三井架式），沿①/G轴。为了运输方便，C、D区各增设两台钢笼（单井架式）。B区的南面，设有一小型混凝土搅拌站。

(2) 本工程西面为另一新建厂房用地，而北面为规划中的员工宿舍楼，所以工人工棚、材料堆放地和工地仓库安排在新建厂房的东面，且靠近公路边，运输装卸方便。考虑主要垂直运输设在南面，钢筋、铁件等的堆放和加工最终选在厂房南面靠近①轴的地段。

(3) 施工用料准备：组合钢模板配备足第二层（标高为+7.6m）楼面的用量6800m²，并作为Ⓐ～Ⓑ轴段3-4层以及天面模板的周转，ϕ48mm×6000mm钢管10000条，板材（厚25mm）2000m²。

(4) 按伸缩缝（Ⓖ、①/G轴与⑦、①/⑦轴）划分为四大施工段，并以A、B、C、D来编号，组织流水施工（图12-2）。整个工期为一年（$t=$一年）。

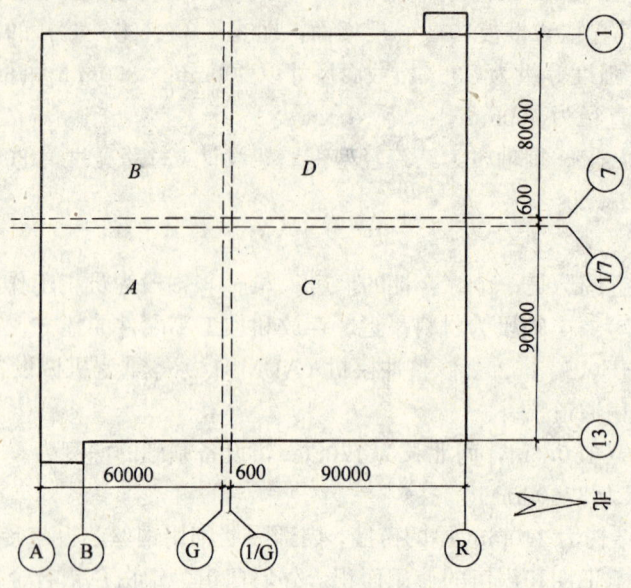

图12-2　厂房施工区域划分

（5）施工顺序：大型土方开挖→独立柱基础、地梁施工→设备基础施工→7.6m以下的混凝土柱浇筑→楼板面混凝土浇筑、埋设牛腿埋件→钢屋架吊装→屋面压型钢板的安装。

（6）根据厂房的施工特点，整个项目班子分为三个施工组，土建部分（包括基础、楼板和装饰）、钢结构安装部分（钢屋架制作、吊装等）、钢屋面板的安装部分（定货和安装）。三个施工组分工合作，各负其责。

12-4　土建部分施工

12.4.1　土方工程

松下万宝空调器厂甲方所交出的施工场地高低不平，最高点与设计的±0.00的高差为2.05m，最低点与±0.00的高差为－1.62m，整个工程的挖方及填方的面积为27080.5m² 左右。

按设计院的图纸，空调器车间的垫层底面标高为－0.45～－0.5m，由于该地段的土质大多为风化岩及中风化岩，根据现场的实际情况，并与设计院讨论协商，空调器厂工程土方开挖方法是先将－0.25m 以上的土方全部挖走，再进行独立柱基础、设备基础及地梁的施工，先从A区开始，然后B区→D区→C区。同时独立柱基础、设备基础的挖土也交叉进行。六月份广东雨水较多，为防基础被雨水泡软，设备基础和独立柱基础在第一次挖土时预留20～15cm，待设计与甲方验坑前立即挖走，其挖土的标高严格按现场的水平线进行。

整个土方工程配备挖掘机4台，翻斗汽车20台，每天挖土方3200m³，施工工期为20d。

12.4.2　基础工程

整个厂房的基础设计采用了天然地基，基础埋深3～4m。基础－1.00m以下部分一次性分层浇筑。阶梯基础最底一级的模板采用 M5 水泥砂浆砌 120mm 厚砖模。浇筑时先将底级混凝土振实，再对称地浇筑每一级，每层浇筑厚度约 200～300mm，每一层混凝土必须在下一层最初浇筑的混凝土初凝前浇筑完成，浇完一个台阶，即用振动器先在四个混凝土面各振捣一遍，边角部分由专人用钢筋插捣来配合。

12.4.3 钢筋工程

钢筋在加工场按图纸要求加工成型，并制作砂浆垫块控制保护层（约 1000mm 间距放置）。7.6m 层楼面主梁的受力筋按设计图纸为双排布置，其上、下层之间的距离则采用绑扎 $\phi 25mm@1000mm$ 的短钢筋控制。$\phi 16mm$ 以下钢筋接头采用绑扎接头，$\phi 16mm$ 以上钢筋采用焊接接头，竖向钢筋用电渣压力焊对接，保证了钢筋的施工质量。

钢筋工程施工顺序：放线复核水平→板筋按墨线位摆放→墙、柱位复核→钢筋工校正竖筋，焊接稳固→楼面周边木侧板支模→浇筑混凝土。

12.4.4 模板工程

本工程的模板以定型钢模板为主，木模板为辅。柱模安装高度为 6～7m（根据楼板梁高的大小）。施工中，钢模板及四面竖向板的木模板在竖向每隔约 2000mm 留一浇筑口，用活板封口，柱模箍用 $\phi 48mm$ 钢管双扣固定，间距 600mm，柱模中下部间距为 400mm，四面模板用钢管斜撑加固，并在模板底端留一清扫口。厂房楼面钢筋梁的跨度较大，在模板安装时，对于跨度大于 4m 的梁模板，在跨中按 3‰ 起拱。

12.4.5 混凝土工程

1. 柱

浇筑混凝土柱前，先从柱底清扫口扫除杂物。在基础面上铺一层 10mm 厚与混凝土内砂浆成分相同的水泥砂浆。厂房柱高 6～7m，浇灌要求分层进行，从每一段的浇筑口（约 2000mm）灌入混凝土，用插入式振动器从柱顶伸入进行振捣。按工期，一天要浇筑 10～15 条混凝土柱。

2. 楼板

厂房楼板的混凝土施工面积较大，为了加快进度，我方采用小车直接往模板上倒，并从楼板两边Ⓐ轴和Ⓖ轴向中间推进。浇筑前，先重新复核楼板的水平，并淋水湿润模板，两端同时架设运输道路，一般比混凝土面高出 200mm。为了控制好大面积混凝土楼板的厚度，每隔 3000mm 在楼板钢筋垫块位焊一条 $\phi 10mm$ 的竖向钢筋，并用红油漆标出楼板的水平（见图 12-3），$\phi 10mm$ 钢筋竖向高出混凝土面部分用焊机烧切。用小车浇筑楼板混凝土时，浇筑的地点应在主梁处和没有上层钢筋的地方，然后用铁铲向两旁铺平，以减少混凝土对钢筋的冲击。板面浇筑用人工铺平后，需用平板振动器振捣，振捣的方向宜与浇灌方向垂

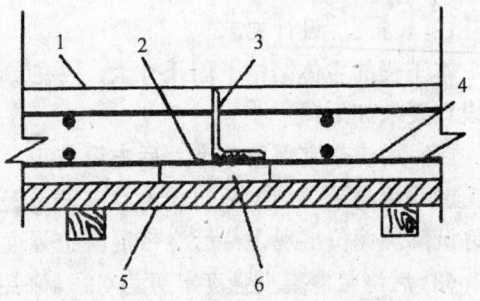

图 12-3 楼板水平标高控制图
1—混凝土面；2—单面烧焊 5d；3—$\phi 10mm$ 钢筋；
4—板筋；5—模板；6—垫块

直。因厂房楼板面积较大，一般振捣时需拖拉两遍，第二遍的拖拉方向与第一遍的方向垂直。

楼板大面积浇筑时，停顿时间有可能超过混凝土的初凝时间，需考虑留设施工缝。因楼板的浇筑是由两边向中间即沿着次梁方向浇筑，施工缝就在梁跨中间1/3的范围内，施工缝表面收口时应垂直于梁轴线。施工缝接着浇混凝土前，应清除混凝土表面的杂物和软弱层，将表面充分湿润，然后铺10～20mm厚与混凝土强度等级相同的水泥砂浆一层。待已浇筑的混凝土强度达到1.2MPa后，才允许继续浇筑混凝土。

12.4.6 预埋件固定

空调器厂房的预埋件数量、种类较多，位置要求准确。按设计图纸，柱身埋件的长度尺寸与柱的截面宽度或长度相同。而对于C、D区部分，柱身同一水平线上一般四面或三面都设有埋件，所以在施工中必须考虑埋件的铁板厚度（10mm）和方便埋件中心线的校核。因此，在不影响钢屋架和起重机梁安装的情况下，钢板埋件制作时，每边各缩小15mm，来提高埋件的安设速度和准确性。为了防止混凝土振捣时埋件的移位或偏斜，柱身埋件应同主筋焊接在一起，另外在埋件底板补两根ϕ16mm撑筋加固（如图12-4）。

对于牛腿上的埋件，浇筑混凝土时，因其牛腿面被埋件盖住，常常造成浇出的混凝土密实度不够。为此，在施工中改为先浇筑混凝土，在混凝土初凝前再埋好铁件。浇筑混凝土时，浇筑厚度应比牛腿实际厚度略厚，这样铁件埋入后，其自身的重量会使混凝土面有所降低，以保证图纸要求的水平高度。同时在牛腿埋件上开两个对称的小孔（$d=40$mm）。浇筑混凝土时，可用插杆插入小孔进行插捣，保证埋件下混凝土的密实性。

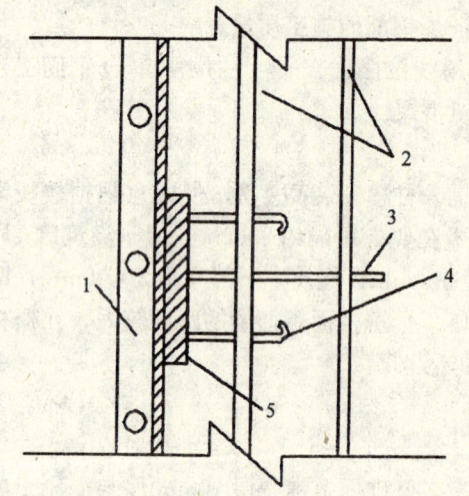

图12-4 埋件大样
1—钢模板；2—主筋；3—撑筋（2ϕ16mm）；
4—预埋件锚筋；5—预埋件

12.4.7 后浇带的施工

12.4.7.1 设计要求

本工程的主体结构平面尺寸大，故在③④、⑤⑥、⑦⑧、⑩⑪轴间各设一道后浇带，有关设计要求如下：

（1）后浇带宜保留2个月后方可施工。

（2）后浇带两侧梁板的受力状态因设缝而改变，保留后浇带期间务必用支撑撑牢，不允许沉降、偏位出现，待后浇带混凝土强度达到设计的强度标准值的100%后方可拆除。

（3）后浇带混凝土强度等级为C35，采用UEA混凝土。施工时先将原混凝土表面凿毛，清理干净，钢筋除锈并焊接，焊接搭接长度为5d（双面），将原混凝土表面充分湿润，再开始进行混凝土浇筑，限制膨胀率为$3\sim4\times10^{-4}$。

12.4.7.2 原材料方面

普通混凝土掺入UEA，拌水后会生成大量膨胀性结晶水化物-水化硫铝酸钙（$3CaO \cdot Al_2O_3 \cdot 3CaSO_4 \cdot 32H_2O$，即钙矾石），使混凝土产生适度膨胀。后浇带混凝土浇筑后，在两边的混凝土面和后浇带的板筋（见图12-5所示）的约束下，UEA混凝土产生的膨胀就会转变为压应力，可以抵消混凝土干缩时产生的拉应力，从而防止了混凝土的早期开裂，保证了整个楼板的施工质量。因此UEA外加剂的品质直接关系到混凝土的补偿收缩能力，关系到本工程后浇带的抗裂性和整体结构性能。因此在选择混凝土膨胀剂时，应坚持质量第一的方针，对多家的膨胀剂进行比较，按同一个配合比进行试配，测出混凝土拌合物加水后5min和60min时的坍落度数值（用水量相同），选出较大的两种UEA膨胀剂，然后看其28d的抗压强度，选取最符合设计目标和质量要求的UEA膨胀剂。

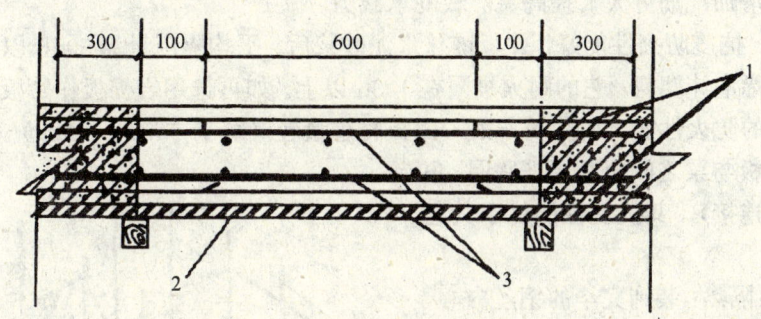

图12-5 后浇带
1—楼板筋；2—模板；3—钢筋网（两道，$\phi 6@100mm \times 100mm$）

12.4.7.3 施工组织工作

对混凝土配合比和UEA加入量，由公司试验室的工程师驻现场协调指导。因为随UEA掺量增多，混凝土的膨胀率增加，强度会有所降低（见图12-6）。按设计要求，限制膨胀率为$3 \sim 4 \times 10^{-4}$，最后选定用掺入水泥用量13％UEA的混凝土浇灌（见图12-7）。

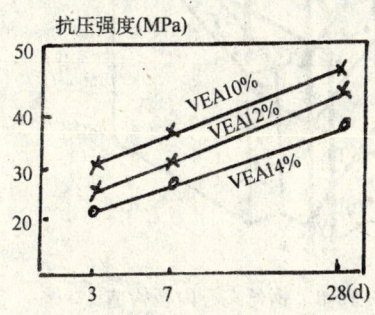

图12-6 UEA掺量与混凝土强度关系

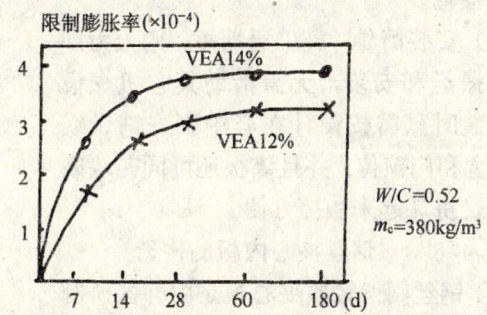

图12-7 UEA掺量与限制膨胀率关系

工地项目领导班子为了严格控制工程质量，对木工班和混凝土班进行了严格的施工技术交底，并由技术负责人在现场协助班组贯彻UEA混凝土施工的技术要点。对浇灌中出现的一些问题及时解决，确保了后浇带的施工质量。

12.4.8 钢丝夹心内板

12.4.8.1 概况

空调器厂是一个综合性的厂房，Ⓐ～Ⓑ轴×①～⑬轴段设有车间办公室、会议室、休息室等，是员工工作和休息的场所，需要一个比较安静的环境。在围蔽设计中，除了砖砌体外，在Ⓖ轴×①～⑬轴采用了一种新型的围护材料——钢丝网架夹心板。因其安装简易，大大地提高了劳动生产率。

12.4.8.2 钢丝夹心内板的性能

钢丝网架夹心板具有下列优良性能：

(1) 强度高，承载性能好：钢丝夹心板两面抹了30mm厚的水泥砂浆，可作为承重墙使用。试验表明，一块高3000mm、厚113mm、宽1200mm的墙板，轴心受压时的破坏荷载可达675kN，轴向压缩强度7.00MPa，横向压缩强度0.50MPa，弯曲强度1.00MPa。根据需要在板中增加配筋可大大提高夹心板的承载力。

(2) 隔声、抗震防火性能好：此板铺抹水泥砂浆后，平均隔声量为50dB以上，内心的自熄性聚苯乙烯泡沫塑料，它的耐火极限在1.3h以上。如再选用岩棉板作为板心，可以大幅度提高墙体的防火性能。而防震方面，因板材重量轻（每平方米约3.9kg）和整体性强（板与板之间、板与梁之间全部用平联网、角网片加强绑扎连接），其抗震性能优于其它材料。

(3) 保温、隔热：装饰完毕的钢丝内心，经测试其墙身的热阻不小于$0.65m^2 \cdot K/W$。大大减少了能量损耗，节约了能源。即一块厚110mm的钢心板材的保温隔热效果优于240mm厚的砖墙，并且增大了厂房的建筑使用面积。

(4) 运输方便，无损耗：半成品网板，自重轻，焊点牢固，刚度好，易于装卸，实践证明无损耗。

(5) 安装简易，施工周期短：用人力即可随意搬运和安装，无需借助其它机械设备。安装时只需按设计在心中预先铺设线管、线盒和门窗位。并且该板还可同砖墙联成整体，拼装起来快捷方便。

12.4.8.3 钢丝夹心内板的构造

(1) 钢丝网架轻质夹心板是由韩国研制成功的。此板由自熄型聚苯乙烯，两侧配钢丝网片，通过斜插腹丝组成空间网架体系。

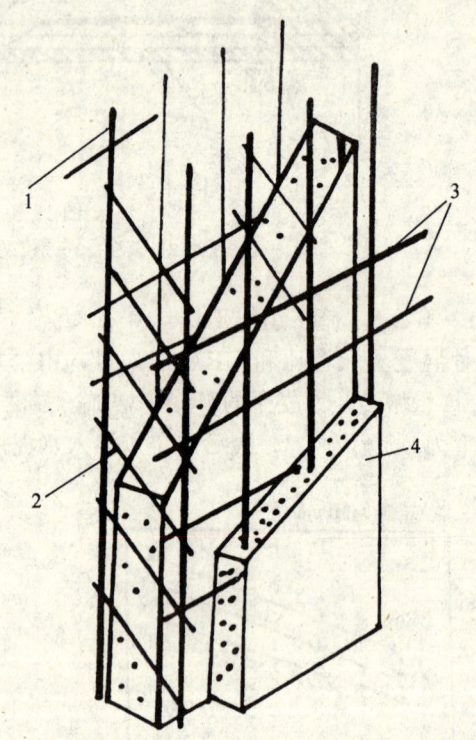

图12-8 钢丝夹心内板构造
1—竖向铁丝；2—斜丝；3—横向铁丝；4—水泥砂浆

板心厚度为50mm，两侧钢丝网片的距离为70mm，钢丝网的间格距50mm，每个网格焊一根腹丝，腹丝倾角为45°，每行腹丝为同一方向，相邻一行腹丝倾角方向相反（见图12-8）。

心板规格：1220mm×2450mm×74mm。

(2) 使用材料：

1) 钢丝：网片钢丝直径2mm，斜插腹丝直径为2～2.5mm，抗拉强度不小于$550N/mm^2$。

2) 自熄型聚苯乙烯泡沫塑料：表观密度为16～24kg/m^3，抗拉强度为$8N/mm^2$，导热系数不大于$0.047W/m \cdot K$。

3) 抹灰砂浆：1:3水泥砂浆，水泥选用325号。

(3) 此材料铺抹了水泥砂浆后，其表面可以根据厂房工作环境的需要喷涂各种涂料、粘贴磁砖等装饰块材。

(4) 其它配件：角网、箍码、U码和22号镀锌铁丝。

12.4.8.4 设计要点

厚度为110mm的钢丝夹心板，墙高限值6m，砂浆强度等级为M10，采用配套的连接件（U码、夹箍等）与主体结构的梁、柱、地面连接。门窗位需配置加强钢筋。若该板材过长时，必须加设钢筋。

12.4.8.5 施工工具

所用施工工具见表12-1。

施工工具　　　　　　表12-1

工具名称	用途	工具名称	用途
冲击钻	柱身钻孔固定膨胀螺栓	手电钻	加网时使用
气动钳	紧固箍码的工具	活动扳手	加钢丝网时的辅助工具
蛇头剪	剪裁板材	水平尺	校核板的平整度，以及安装时的平整
砂轮锯	剪裁已装好的板		
焊机	修补钢丝网		

12.4.8.6 施工安排

沿Ⓖ轴①～⑦轴为一个大组，每个大组又分为两个作业组（3人/每组），⑦～⑬轴为另一个大组。两大组分别从①轴和⑬轴开始施工，即从两端向中间安装。经现场测估，一个作业组，每日可安装39块标准板（1220mm×2450mm×74mm）。

每大组的两个作业组进行交叉作业，第一作业组安装完毕第一施工段板材后，第二作业小组进行网片补强，配合管线的预埋和门窗位的校正工作。

墙体施工工序如下：

轴线通过放线移出到柱边外，复核混凝土柱的偏差→记录下柱的偏差值，算出最合理最经济的砂浆抹灰厚度→打锚螺丝于柱身→固定U码→裁板安装、相互连接固定→安装门窗→安装埋件、电线和线盒→检查心板安装质量→板和门窗的校正，板缝、门窗框口四周的补强→先喷一道EC-1处理剂→再抹一遍底灰→喷一道防裂剂→底灰凝结后再抹面灰→再喷一道防裂剂→做饰面。

12.4.8.7 施工要点

(1) 钢丝心板运至施工现场后，质安员要验收心板的尺寸和板材的平整度，严格控制材料的质量，对变形过大的板材坚决不准进入施工现场。验收完毕后，板材需立排搬运，堆放时要求立排，同时堆放场地需平整，以防板面变形。

(2) 为了减少拼缝，施工前根据现场实际，确定好柱与柱之间的板块数量，并依此绘出板样图，指导各班组的施工。

(3) 对板缝、门窗洞口等薄弱环节，采用网片来补强。同一面墙身的板缝，待墙身整个安装好后，统一附加网片与板网绑扎牢固，转角位和主要板缝位需要用夹箍箍紧。

(4) 外墙板缝应在拼装过程铺垫10mm厚的聚苯条。

(5) 墙身的抹灰应两面同时进行施工，以防止墙身受力不均，导致墙体产生变形。

(6) 外墙的第一遍抹灰，要求两个柱之间的一面墙必须一次到位，使墙身形成有效的整体，确保墙身良好的防水性和整体性。

(7) 为了防止砂浆干缩开裂，抹灰后必须喷涂防裂剂。

(8) 墙身中因设计和功能的需要，必须凿孔开洞的应注意附加网片补强。

12.4.8.8 产品质量检测

产品质量检测结果见表12-2。

产品质量检测表　　　　　　　　　表12-2

检测项目	单位	标准规定	实测结果
外观		板面平整，焊点均匀	合格
长度	mm	±5	−5～+2
宽度	mm	±4	−4～+1
厚度	mm	±4	+1～+4
平整度	mm	±4	−2～+3
漏焊率	%	≤2	1.8
自重	kg/m²	3.9	3.87
热阻	m²·K/W	≥0.65	0.89
耐火性能	℃	将样品放入高温炉到650℃保温1.5h，发现泡沫无存，水泥板及钢丝完好	将样品放入高温炉到750℃保温1.5h，发现泡沫无存，水泥板及钢丝完好

12.4.8.9 产品安装质量验收标准

产品安装质量验收标准见表12-3。

ⓖ×①～⑬轴钢丝心板安装质量评定方法　　表12-3

项次	项目		允许偏差（mm）	检验方法
1	轴线偏差		5	钢尺检查
2	标高（层高）		±10	水准仪
3	垂直度（每层）		5	托尺检查
4	表面平整度		5	用2m靠尺
5	外窗上下偏移		20	吊铁丝线检查
6	门窗洞口	宽度	±5	钢尺检查
		门口高度	+15～−5	

12-5 钢屋架的吊装

12.5.1 概况

松下万宝空调器厂厂房，面积约为24000m²，钢屋架厂房分别为20m×170m一跨和30m×170m四跨（见图12-9）。

按照设计，厂房的两端，即①和⑬轴为现浇钢筋混凝土屋架，屋面高为17.6m。

钢屋架剖面图见图12-10。

12.5.2 施工部署

(1) 按计划，整个厂房的吊装工期为三个月。因此工期短，且质量要求高，从图12-9

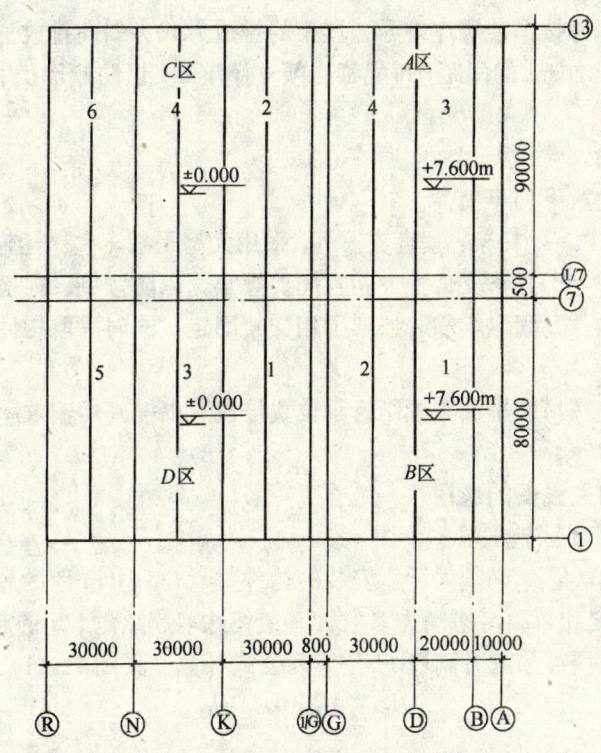

数字表示钢屋架的吊装顺序

图 12-9　总体安装顺序平面图

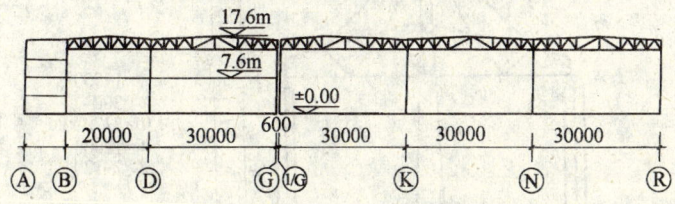

图 12-10　钢屋架跨间剖面图

和图 12-10 来看，C 和 D 区的钢屋架（30m 跨），吊机行驶和起吊较为简单，行驶路线明确。而 A、B 区的钢屋架的吊装，按设计有 1 层 7.6m 现浇混凝土楼面（Ⓐ～Ⓑ轴×①～⑬轴则为 4 层现浇混凝土框架）。根据结构设计和现场计划，把吊装的施工分为两个大的施工段（即 A 和 B 区为一施工段，C 和 D 区为另一个施工段）。整个吊装机械的选择、吊装顺序以及吊装方法，都针对两个施工段的各自情况来考虑。

（2）由于吊装需重型车辆，故建筑物外需铺设临时道路，道路宽度为 5.0m。

（3）钢屋架、钢支撑和钢吊车梁等构件按图纸进行制作后，再运到施工现场。

（4）进入现场安装前，根据吊装的进度安排，施工人员应清理有碍吊装的支架、脚手架等。根据现场土质的实际，大多数为风化岩。为保证车间厂地的平整，独立柱基础、地梁等部位的填土采用蛙式打夯机夯实。大面积的填土采用压路机压实，确保了地面的平整坚实。

（5）为了便于车辆和吊装机械的进（退）场，需在⑬轴线上的⑴ ⁄ ⒼⓀ轴间和Ⓝ～Ⓡ轴间（靠Ⓝ轴边）分别留一个宽 10m、高 8m 的临时大门通道。

(6) 屋架及零部件按吊装顺序编号，屋架的排放方式为斜向排放，沿①~⑬轴线各榀屋架之间保持不小于 20cm 的间距，每榀都必须支撑牢靠，以防倾倒。并且预留好起重机安装屋架的开行路线。

12.5.3 屋架的运输

屋架运输时须注意下列事项：

(1) 20m 屋架、TJ—1 托架、垂直支撑等，采用大型平板车整体运输。30m 屋架分为两个半榀运输，直立绑牢于托车支架上，相互间要撑牢，以防倾倒、摇摆而产生变形。

(2) 运输时，构件要固定牢靠，屋架须用支架固定，同时采取构件编号归类运输，以便管理。

(3) 构件进场应按吊装平面布置图所示位置堆放，以提高运输效率，构件应放置在垫木上。

12.5.4 起重机和有关设备的选用

12.5.4.1 C 和 D 区施工段

(1) 起重机的起重量 Q 必须大于所安装的构件重量 Q_1（30m 跨的屋架重 1.9t）与索具重量 Q_2（重 0.5t）之和，再考虑动力系数 K，最终选取起重量 30t 的起重机。

(2) 对于起重机所需的起升高度 H 按下列公式计算（见图 12-11）：

$$H \geqslant h_1 + h_2 + h_3 + h_4 \tag{12-1}$$

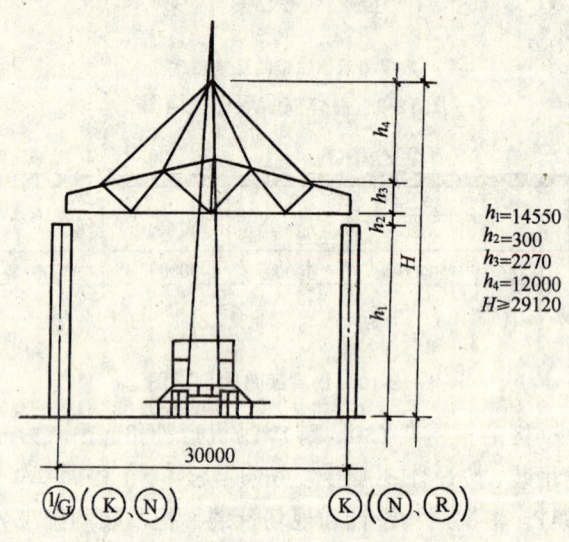

$h_1 = 14550$
$h_2 = 300$
$h_3 = 2270$
$h_4 = 12000$
$H \geqslant 29120$

图 12-11 起吊高度示意图

(3) 根据起重量 Q、起升高度 H 和工期要求，起重机械选择了轮胎起重机 QL3-40，其理由是：

1) 因其行驶时对路面的破坏性较小，可减少路面维修；
2) 行驶速度较快，吊装时灵活、快捷；
3) 稳定性较好，起重量较大。

(4) 为了配合主机的吊装，另外选用了一台 QL3-25 的轮胎起重机，负责吊装檩条、风机支架等。

12.5.4.2 A 和 B 区施工段

对于在 7.6m 楼面上吊装的屋架，若选用起重机跨外开行来进行吊装，将遇到两个问题：第一，因Ⓐ～Ⓑ段为现浇框架结构，使跨外起吊Ⓑ～Ⓓ轴钢屋架受阻；第二，起重机起吊Ⓓ～Ⓖ轴的钢屋架时，需在①/Ⓖ～Ⓚ轴段内行驶，将阻碍 C、D 区的吊装安排，影响了整个工期。最后选用了可在 7.6m 楼面移动的平移式井架桅杆一台（连 5t 慢动卷扬机，见图 12-12），在跨内行驶，确保了两个施工段同时进行吊装。该机吊装技术参数为：起重量 10t，底座面积 6.5m×2.8m，自重约 4.0t。

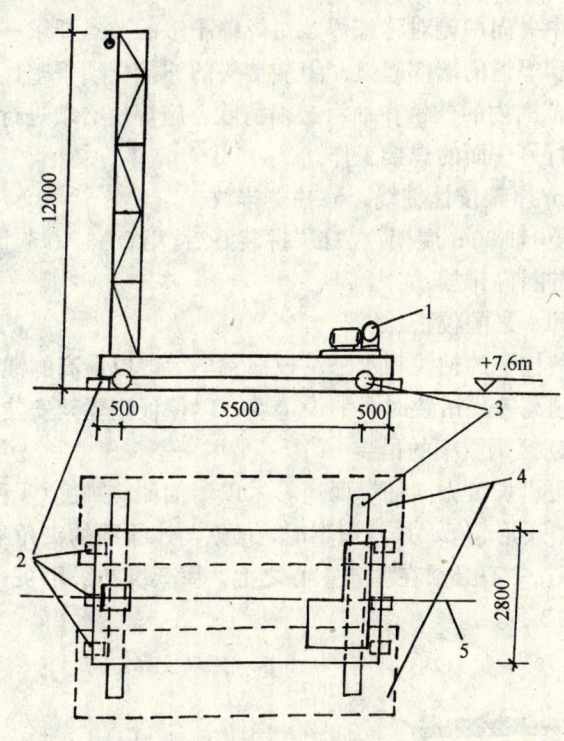

图 12-12　平移式井架桅杆示意图
1—卷扬机；2—木垫；3—滚动钢管；4—钢板；5—梁位中线

12.5.5　现场吊装安排

现场施工人员分四组，其中三组分别为屋架吊装、托架吊装、檩条和风机支架吊装，每组又按两个施工段编成两个小组。第四组为起重组，组员 11 人（5 人负责 C 和 D 区，6 人负责 A 和 B 区）。

总体安装顺序平面图见图 12-9。

钢屋架安装程序如下：

放线定位和复核校正→柱顶的总水平面垫板调整→吊装屋架→安装檩条→安装檩条拉条→安装屋架间的水平支撑。

12.5.6　吊装方法

12.5.6.1　屋架的拼装（30m 跨钢屋架）

30m 跨钢屋架的制作分成两大片。在平整的台上，型钢应矫直整平，以 1:1 的尺寸放样，以确保杆件的重心线在节点处交于一点。构件是利用制作平台进行组装，组装时先上、下弦杆，然后连接腹杆，最后组装成两大片。构件表面还需进行刷油。首先，要清除构件表面的锈皮、毛刺、油污等，再开始涂防锈漆两遍，防火漆两遍，安装焊缝处应留出30～50mm宽的范围暂时不涂。涂刷时，环境相对湿度不应大于85%，雨天或构件表面有结露时不宜作业，涂后4h内严防雨淋，工作时温度应为5～38℃之间。

运至施工现场后，30m跨屋架两个半榀的拼装，应在30m屋架相应位置定位划线放置，使12个调整支架水平，然后按编号将对接的屋架调整水平，插入对接销子使连接成整体，并测算总体尺寸和相应的控制尺寸合格后，开始连接施焊。焊接一般使用小直径焊条和较小电流进行，焊接由中央向两侧对称施焊，对焊缝不多的节点要求一次性施焊，并不得在焊缝以外的构件表面和焊缝的端部起弧。组装接头的连接板须平整，且连接表面及沿焊缝位置每边30～50mm范围内的铁锈和油污必须清除。施焊后必须进行补漆处理，然后整体翻身，调整水平，进行另一面的焊接工作。

拼装焊接好的30m屋架按柱轴线，靠柱侧排放。

对于A、B区Ⓓ～Ⓖ轴30m屋架，在首层拼装好后，用QL3-40起重机将其吊上至7.6m楼面，然后沿轴线靠柱斜向排放。

12.5.6.2 轴线和水平的校正

在吊装前，应复核柱子的轴线和水平，校核完毕后，以最高的混凝土柱顶水平面作基准，记录下各柱的柱顶高差。吊装时，铺设垫块，以保证钢屋架安装的水平和准确性。

12.5.6.3 C和D区钢屋架的吊装

30m钢屋架吊装可沿长度方向捆绑两道杉木以增加侧向刚度（见图12-13），25t的起重机沿跨中开行，从②轴开始起吊。扶直屋架时，吊索与水平线的夹角不宜小于60°，吊装屋架时不宜小于45°。绑扎中心必须在屋架重心之上，屋架绑扎采用9m长、2[20a横吊梁四点绑扎屋架（见图12-13）。

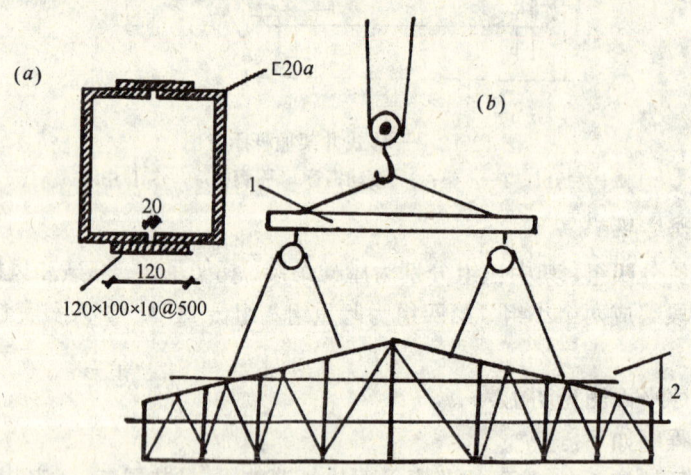

图12-13 30m跨钢屋架吊装
(a) 横吊梁构造；(b) 屋架绑扎示意图；
1—横吊梁；2—杉木

屋架吊升时，先将屋架垂直吊离地面约300mm，待稳定后，转至吊装位置的下方，再慢慢提升屋架，升至高出柱顶约300mm。

当第一榀屋架吊装就位后，立即进行垂直度和轴线校正。无误后，上紧螺栓，电焊固定（两名焊工在屋架两端同时施焊），并用工具式支撑与前端屋架固定，用经纬仪检查其垂直度偏差，用工具式支撑来纠正偏差（见图12-14）。

为了加快速度，屋架吊装后，用QL3-25轮胎起重机吊装支撑系统构件，完成后再检查屋架的间距和垂直度。

起重机运行路线为：从⑯～⑯×⑬轴大门进场先吊装⑯～⑯×①～⑬轴段的屋架→吊装⑯轴～⑯轴×①～⑬轴段屋架→吊装⑯轴～⑯轴×①～⑬轴段屋架，最后退出⑯轴～⑯×⑬轴大门。

12.5.6.4　A和B区楼面的屋架吊装

7.6m楼面的20m跨和30m跨屋架系统，采用平移式井架桅杆进行吊装，吊装前按结构施工图放线定出楼板面的梁位，并在楼板底加设φ48mm钢管支撑，间距1500mm。首先吊装20m跨，把桅杆

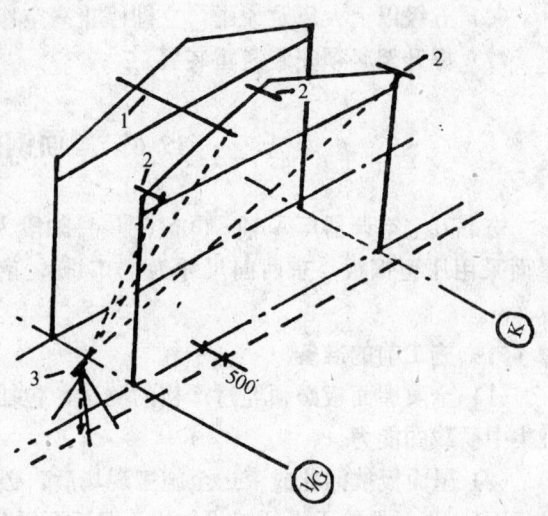

图12-14　屋架的临时固定与校正
1—工具式支撑；2—卡尺；3—经纬仪

底座支承在ⓒ轴混凝土柱及主梁上（已用墨线标出梁位）。为了使楼面受力均匀，考虑在底座与楼面接触部位加垫8mm×1500mm×600mm钢板（如图12-12），并作为移动基础，起吊时再铺垫木方，确保起吊的安全。桅杆须用4根φ16mm钢丝绳自南、北两侧固定在混凝土结构的柱根部，保证桅杆起吊时的稳定性（钢丝绳每组拉力为18kN）。

平移式井架桅杆起吊前，必须检查起重滑轮组、导向滑车以及卷扬机钢丝绳的完整性和可靠性，并在钢屋架两端设置溜绳，以控制钢屋架起吊时的稳定。

屋架安装就位时采用三点线锤吊正，并采用水平调整杆控制钢屋架间距和纠正偏差。

12.5.7　质量保证措施

(1) 制作件各部尺寸及连接件一律在拼接过程中边施工边检查，按设计图纸及《钢结构工程施工及验收规范》(GB 205—83) 中有关规定执行。

(2) 采用T42-2焊条焊接，严格按施工图要求，满足焊缝要求：

单面安装焊缝：厚8mm，长100mm

双面安装焊缝：厚8mm，长50mm

围焊缝：厚8mm

端支座板与螺栓垫板焊缝：三面围焊均要求厚10mm

(3) 水平支撑，垂直支撑安装时先用螺栓连接，待调整后再焊牢固定，不能直接施焊。

(4) 需作焊缝探伤的部件，要有完整的探伤报告书。

12.5.8　安全措施

(1) 指挥人员应以色旗、手势、哨子等进行指挥，指挥人员站在能见到的位置。

(2) 地面操作人员必须带好安全帽，高空作业人员必须使用安全带，拴靠柱顶后方可进行各项工作。

(3) 柱顶须搭设操作架。
(4) 屋架上弦绑安全护栏。
(5) 严禁酒后进入施工现场。
(6) 五级以上大风及大雨,立即停止高空作业。
(7) 提升架必须安装避雷装置。

12-6 屋面钢板的安装

松下万宝空调器厂Ⓐ轴~Ⓑ×①~⑬轴段为混凝土框架结构。Ⓑ轴~Ⓡ轴×①~⑬轴屋面采用压型钢板,东西向尺寸为170.6m,南北向尺寸为150.6m,屋面板安装高度为17.6m。

12.6.1 施工前的准备

(1) 金属屋面板必须经过严格的测试,包括屋面抗风吸力的能力和出于安全因素考虑抗集中荷载的能力。

(2) 屋面板被捆扎成束送至施工现场后,必须整齐地放置在干净的地方(放于 A 区首层楼面)。为了保持干燥须铺设枕木,钢板面用防雨布遮盖,以抵挡潮气。对于淋湿的板材必须马上擦拭干净,防止长期的潮气导致钢板面漆老化,最终影响屋面的施工质量。

(3) 限于钢板的运输条件(最大长度不得超过12m),因此,根据施工图,20m 跨的每边斜坡面可以一块铺装,而30m 跨的每边斜坡面则分成两块搭接铺装,以满足运输条件。

一个斜坡面的钢板数量,可按照以下公式进行计算:

$$钢板的数量 = \frac{建筑物长(m)}{压型板有效宽度(0.406m)} \qquad (12\text{-}2)$$

(4) 屋面板下的保温棉要经专职人员检查其规格和技术要求,并要求厂方出具合格证明。

(5) 按照施工图纸统计出所有的需求量,列出材料清单表,提前一个半月向钢板材公司订货,并要求在正式开工前生产出构件总数的三分之二。

12.6.2 设计要求

屋面板安装采用隐蔽式固定(如图 12-15),考虑屋面隔热要求,檩条上先铺钢丝网,然后铺 75mm 保温棉(由玻璃棉毡和双面反射铝箔构成),上铺屋面板。板与板之间的搭接长度不少于 150mm,搭接缝须用非硬化的玛琋脂来密封。

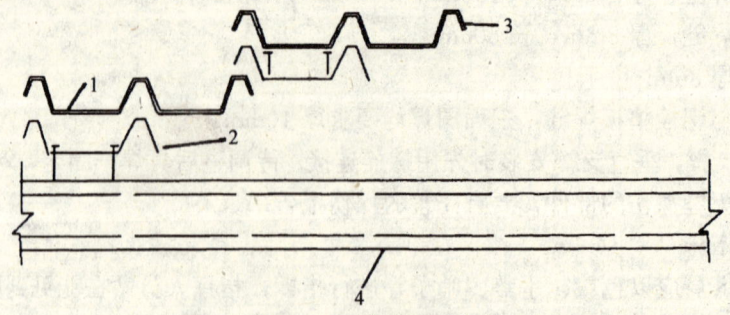

图 12-15 隐蔽式固定
1—第一块板;2—固定夹板;3—后续板;4—檩条

12.6.3 施工布署

1. 施工程序

本工程为一大型多跨——厂房,屋面板施工程序如图12-16所示。钢屋面板的安装方向从凤尾开始,即从厂房的西面开始（①轴线）,屋面板铺设顺序先从天沟屋檐向屋脊方向进行,如1/G到H轴,上面的板在搭接处压住下面的板,并且在施工钢屋面板的同时交叉进行泛水周边板的施工。

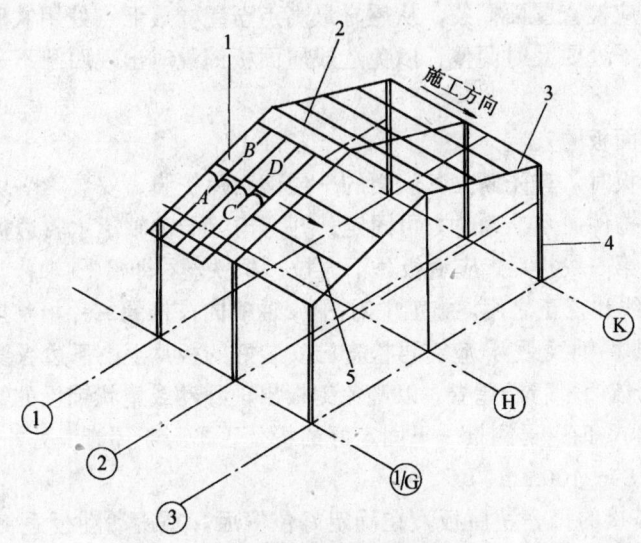

字母表示钢屋面板的吊装顺序

图12-16 屋面板安装程序

1—屋面板；2—屋脊；3—钢屋架；4—柱；5—檩条

2. 安装顺序

檩条补漆→拉线找平→铺铁丝网和保温棉→铺屋面板及相应的泛水→定段检验（15m一段,即两轴线距）→屋脊盖板→复检。

3. 人员组织

本工程按进度铺板要求60d内完工,任务重,工期短。故配备焊工约15人；脚手架工及技术工30人；打钉工15人；涂密封胶及上弯下弯工人10人；管理人员4人（2人负责A、B区,另外2人负责C、D区）。

12.6.4 施工机具

施工机具见表12-4。

施工机具 表12-4

序号	机械名称	单位	数量	序号	机械名称	单位	数量
1	电焊机	台	4	5	下弯器	把	8
2	手工剪	把	20	6	氧气乙炔	套	2
3	开口器	把	6	7	切割机	台	4
4	上弯器	把	8	8	电钻	把	10

12.6.5 主要施工工艺

12.6.5.1 水平及垂直运输

现场屋面板、泛水等水平运输开始采用搬运工联合搬运。为了加快工期，后改用起重机直接从送货车上将钢板捆绑吊至屋面结构上。因20m跨的屋面板较长，则使用钢管及绳索来直接吊装，吊到7.6m的楼面后，由工人卸货，然后一块块送到屋面上。板料吊至屋面后，尽量靠近于钢屋架上（不得放置于檩条中央）。所有板肋须朝上，板面应朝同一方向，便于依顺序安放。

12.6.5.2 屋面平整度的复核

屋面板安装前应检查屋面檩条，从屋脊最高点至屋檐最低点处用铁丝拉线，然后依线进行检查，发现不平处要及时调整，以免造成屋面板铺设时出现凹凸不平，影响了屋面的使用。

12.6.5.3 屋面板的安装

开始安装屋面板时，首先撕去其表面的一层塑料保护膜。安装第一块板时，要确保位置妥当，并与其它构件关系准确时方可固定。并考虑好于①轴泛水收边板的搭接关系。

沿①轴安装妥第一块板后，应沿板片下方拉一根铁丝，即沿1/G轴作为基准线，作为后续板片的定位、定线和校正之用。施工中对沿1/G轴横向搭接的每片板都应随时检查。每隔一段区域（15m，即两轴线距），应需再检查已安装好的板片上、下边缘线延伸至屋檐另一端（即⑦轴），是否依旧平行于屋脊，以避免钢板出现移动或扇状铺设的倾向。当安装屋面板到⑦轴（伸缩缝位）时，再测量一下固定好的板是否平行于屋脊。另外第一块板放置时，需考虑伸入天沟约80~100mm。

沿1/G轴横向搭接的每一块屋板，在确定好位置后，须用活动扳手将搭接的肋条一端（如图12-17所示，Ⅱ端）紧紧夹住，夹住Ⅱ端的同时，再调整一下屋面板的位置，然后进行固定。

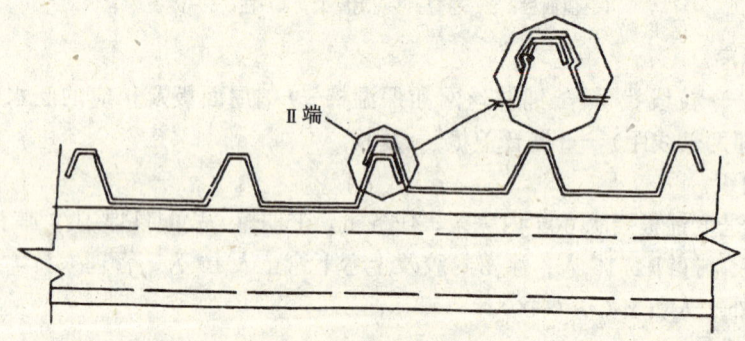

图12-17 屋面板搭接

对于沿屋面的纵向铺设板，应将上面一块板叠置于第一块板上，其搭接长度应保证150mm（设计要求）。

因设计采用隐蔽式固定，所以先将一排固定夹板固定在位于钢板两端的檩条上，如图12-15所示。固定夹板的定位根据现场实际，因⑦与1/7轴为一伸缩缝，所以把①~⑬轴分成两段①~⑦轴和1/7~⑬轴，确定好横向搭接板的叠置宽度，然后量出固定夹板的摆放位置。第一个固定夹板定好后，在檩条上弹出墨线作为基准线。

固定夹板的形状是不对称的，每块夹板上标有箭头，指向屋面板的安装方向。在厂房施工中，最终收口位小于板宽一半时，则仅用固定夹板的短边固定屋面板，其余空间以泛水收边。

12.6.5.4 泛水、屋脊盖板及天沟安装

(1) 沿厂房两端①轴和⑬轴的泛水安装要保持平、直、紧密三条原则，泛水与泛水间搭接为200mm。泛水板间还需涂上密封胶，使两个相对的表面成为一个连续层，然后再打铆钉固定，固定间距为700mm。泛水板与屋面板的搭接为300mm，下弯部分确保150mm。下弯部分固定采用0.8mm厚的镀锌钢板。屋面坡度处泛水处理如图12-18。

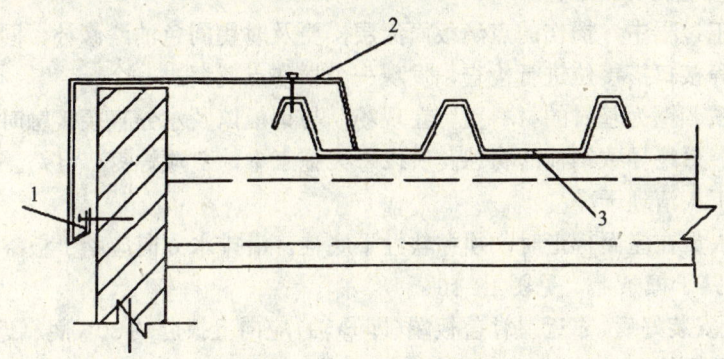

图12-18 屋面泛水大样图
1—镀锌钢板；2—屋面泛水板；3—屋面板

(2) 屋脊盖板分别位于ⓒ轴、Ⓓ轴和Ⓖ轴间中线、①/Ⓖ轴和Ⓚ轴间中线、Ⓚ轴和Ⓝ轴、Ⓝ轴和Ⓡ轴间中线，总共5条。主要注意盖板与波纹相配。可以用切割机切割盖板，使其嵌入波谷中，并贴紧波纹。

(3) 沿Ⓡ轴的天沟，天沟的翻起边与屋面板底螺钉连接，螺钉间距为150mm。在施工中，翻起边与屋面板处可用50mm×50mm×1.2mm的镀锌角钢（热镀）加强，如图12-19所示。

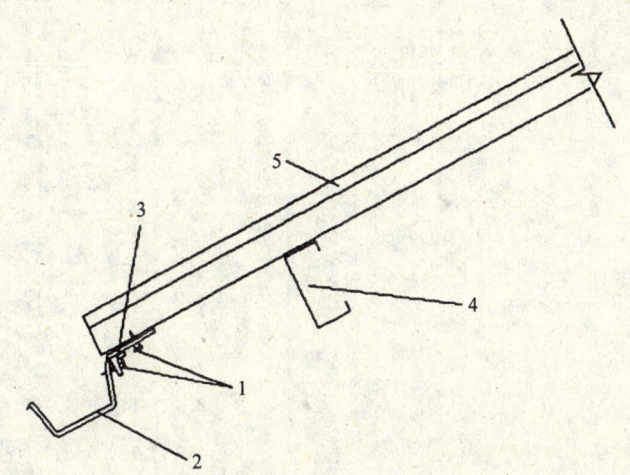

图12-19 屋面天沟大样图
1—螺钉（间距150mm）；2—天沟板；3—镀锌角钢；4—檩条；5—屋面板

12.6.5.5 质量保证措施

(1) 对泛水、天沟和盖板位需钻孔打钉的一定要垂直于板面，用力均匀，不要过头也不要太松,其凹陷量以自攻螺丝底面与肋板中线齐为原则，+1.5mm～-1.5mm 为合格。另外迫近垫圈必须完整。

(2) 在最终收口位，钢板需要进行裁切。切割时，钢板外面应朝下，以防切割所产生的热金属粉屑附于涂膜面，时间长了氧化面层。最好切割钢板时，下面放一垫块，既可保护钢板面层，又可使切口平整。

(3) 在施工过程中，损伤的点滴板面涂层，要及时用同色油漆修补，同时应派质安员对泛水、屋盖等接口搭接位进行检查，发现一个损伤点就解决一个。

(4) 当以铁、铜为基材的材料置留在现场，与钢板以及水分直接接触时，将会造成镀铝锌层的破坏，最终导致钢板的腐蚀。所以每天施工中，自攻螺钉、电钻、钢锯等留下的金属屑必须派工人清理干净。

(5) 施工人员在屋面行走时，须穿软性平底鞋，沿排水方向应踏于板谷，沿檩条（沿 1/G 轴）方向应踏于檩条上，见图 12-16。

(6) 屋面板安装好后，靠近屋脊盖板端（即 H 轴）应向上扳起约 80°，而靠近天沟（1/G、K 轴线）端应向下扳约 20°，以加强屋面的防水性能。

(7) 决不允许拿已经安装好的板面作其它未安装完段的施工平台。

13 佛山购物中心第一期工程施工

广州市第三建筑工程有限公司　沈流文　冼兆佳　邓　毅

13-1 工程概况

13.1.1 设计概况

佛山购物中心工程位于佛山市城南区季华路与兆祥路交叉口的西南角，是佛山新旧城区的交接地带。总用地面积约4.3万m^2，分三期兴建，其中第一期工程占地面积约1.5万m^2，总建筑面积16.66万m^2，建筑物总高度为97m。一层地下室，地下室长174m，最宽处86m，面积为1.41万m^2，设有大型停车场、设备用房及两个消防水池，消防采用砖墙、防火卷帘分区；1~3层为裙楼，裙楼总建筑面积4.99万m^2，内设步行街、剧院、派出所、银行、网球场、泳池等；4层为转换层，4层以上为六栋24层商住楼，其中2号楼建筑面积2.54万m^2，3号~6号楼每栋建筑面积1.66万m^2，7号楼建筑面积2.45万m^2。（2号、7号楼为复式住宅）。

结构形式为框架剪力墙结构，地下室底板和顶板、裙楼各层楼板及2号楼、7号楼部分楼板采用无粘结预应力混凝土结构。基础采用人工挖孔桩，单桩单柱（部分为单桩双柱）。地下室底板板面标高为-4.0m。柱截面最大为1050mm×1050mm，最小为600mm×600mm，剪力墙最厚为350mm，最小截面为250mm，梁截面为250mm×500~800mm不等（除预应力梁），地下室底板厚250~300mm，普通板厚为100~120mm。

地下室梁、柱、板、壁采用C40级、P8混凝土，1~7层柱、剪力墙采用C40级混凝土，8~13层柱、剪力墙采用C35级混凝土，14~19层柱、剪力墙采用C30级混凝土，20~顶层柱、剪力墙采用C25级混凝土，1~7层梁板采用C35级混凝土，8~13层梁板采用C30级混凝土，14~顶层梁板采用C25级混凝土。

该工程是佛山市十大重点工程之一，由佛山利确公司投资兴建，佛山建筑设计院设计，广州市第三建筑工程有限公司承建，1995年3月开工，1996年12月竣工。

13.1.2 工程地质概况

地质资料显示该地区地下水丰富，稳定水位在-1.3~-1.9m之间，自地面以下依次为：

(1) 填砂：黄色，松散，湿，部分已压实，埋深-0.6~-1.8m。
(2) 淤泥：灰黑色，流塑，很湿，埋深-1.0~-4.6m。
(3) 细沙：深灰色，稍密-中密，饱和，埋深-2.8~-11.7m。
(4) 中沙：灰-灰黄色，中密-密，饱和，埋深-6.0~-15.4m。

(5) 粗砂：灰黄色，饱和，埋深-4.6～-17.2m。
(6) 粉砂：深灰色，中密，饱和，埋深-6.8～-11.7m。
(7) 淤泥质土：深灰色，可塑，湿，埋深-6.8～-13.4m。
(8) 粉质粘土：硬塑，湿，埋深-9.8～-20.4m。
(9) 泥岩：紫褐色，强风化，埋深-12～-25m。
(10) 粉砂岩：紫褐色，中风化-微风化，埋深-13.4m以下。

13.1.3 工程测量

根据施工现场情况，制定了具体的测量方案，利用极坐标法结合角度前方交合法测量，通过两种测量方法的相互校核修正，引测出建筑物基点，定出轴线，完成建筑群的轴线控制测量，经规划局复核无误。

由于规划局交出的规划基点（A、B）离建筑物距离超过100m（见图13-1），施工中根据规划红线图及规划点 A、B 的坐标值，以及建筑物四角交点 C、D、E、F 的坐标值，计算出待测点（C、D、E、F）与 A、B 点之间的角度、距离值。首先在 A 点安置 J_2 级经纬仪，以 AB 为始边后视 B 点将水平度盘合零，按计算出的角度值转动望远镜照准轴，定出 AC、AD 方向线，同法在 B 点安置经纬仪，定出 BC、BD 方向线，通过 AC、BC 线交出 C 点，AD、BD 线交出 D 点。经角度测量测出建筑物 C、D 点后，采用极坐标测量法分别在 A、B、C、D 点安置经纬仪复核 $\angle BAC$、$\angle ABD$、$\angle ACD$、$\angle BDC$ 闭合，AB、BD、CD、AC 距离闭合。

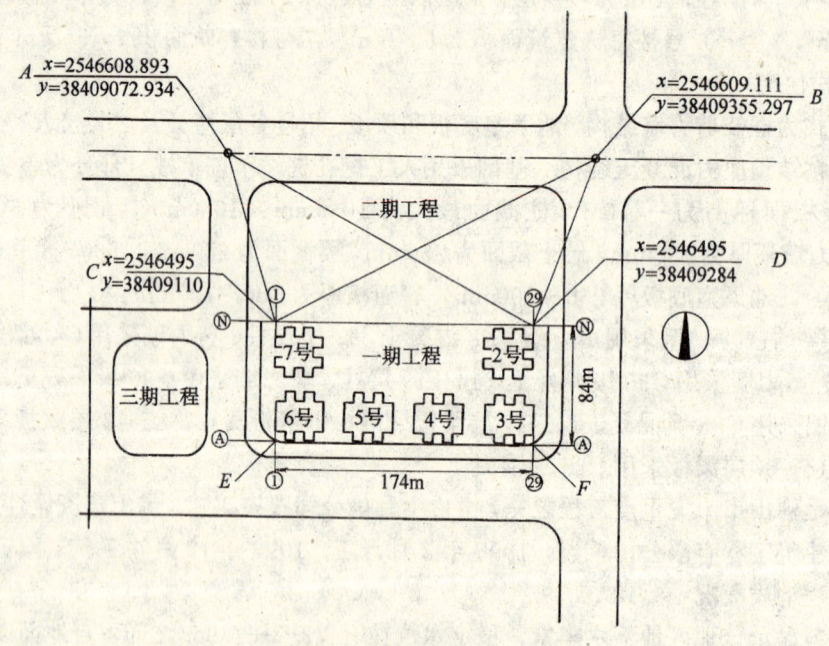

图13-1 工程测量示意图

利用引测出的 C、D 点，以 CD 线为基准线，采用极坐标测量法引出建筑物基点 E、F，并复核 C、D、E、F 四角基点角度、距离，闭合才投入施工使用。

将建筑物基点、轴线引测至围墙上，作好标志，以备施工过程引测或复核。在首层楼板完成后，将基点引入建筑物内，由2层开始每层楼板预留孔洞，将测量基点从预留孔洞引测至上一层楼面施工使用。

13-2 地下室工程施工

13.2.1 大型土方工程施工

13.2.1.1 基坑围护方案的选择

该工程基础部分地下室大型土方开挖后进行人工挖孔桩施工,根据地质钻探资料显示,该地段地下砂层最厚达7m,其中粉砂层最厚3.6m,且地下水位高。土方开挖后,基坑底搁在淤泥面上,边坡处于填砂层及淤泥层中,由于有大量的地下水,在基坑大型土方开挖及挖桩施工中都有可能出现流砂、流泥,可能导致边坡失稳和挖孔桩无法进行。考虑到本工程虽然基坑面积大,但深度较浅,且周围尚未有建筑物及构筑物,基坑边坡稍有位移对周围环境不会造成较大影响,为了使基坑顺利开挖,结合本工程情况和地质、环境状况及邻近工程施工经验,分析比较多种基坑围护方案,最后选择摆喷化学灌浆帷幕墙止水,阻止外部水进入基坑,放坡叠放砂包护坡,坡底打短木桩压脚进行地下室土方大开挖的护坡方案,见图13-2。经过甲方、设计、质监、施工、钻探有关专家论证,在确保工程安全顺利进行的前提下,确定幕墙的经济深度为10m,并在人工挖孔桩施工期间设轻型井点降水。

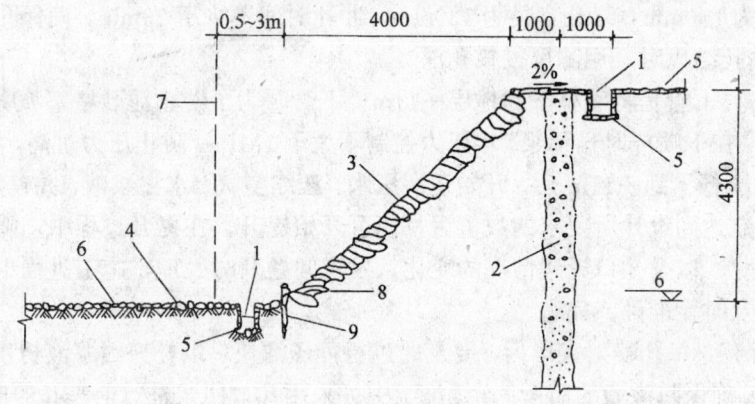

图13-2 基坑放坡构造
1—排水沟;2—防渗幕墙;3—护坡砂包;4—石角(面铺碎石屑);5—C15级混凝土厚150mm;
6—基坑底;7—地下室外壁;8—木桩;9—木板

13.2.1.2 防渗帷幕墙施工

该方法是通过摆喷墙互相搭接形成帷幕,使地基成分中的砂和淤泥,通过高压射流作用将其切割破坏,从而与浆液混合形成防渗的固结墙体。防渗帷幕墙分两度工序施工,其连接形式如图13-3所示。

防渗帷幕架为188m×100m,共布孔320个,防渗帷幕面积5660.46m²。防渗帷幕的上沿距原地面1.0m,下沿通过淤泥质土层进入粉质粘土层约0.5m,钻孔的孔距为1.8m,钻孔垂直度偏差不大于1.5‰。

(1)使用主要机具设备:

钻机2台、高压泵1台、泥浆泵1台、空气压缩机1台、制浆机1台、注浆管、喷嘴、流量计、输浆管等。

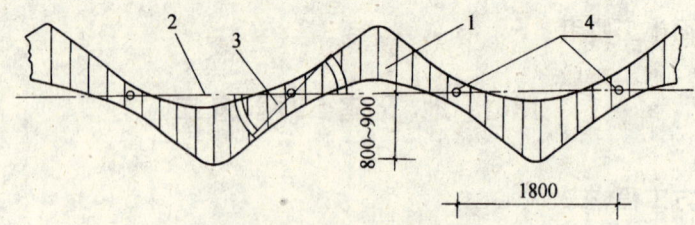

图 13-3 摆喷帷幕平面示意图
1—摆喷帷幕；2—摆喷帷幕中心线；3—摆喷角度约 20°；4—高压摆喷注浆孔

(2) 高压喷射注浆材料：

水泥、化学剂（如 CMC 等）、膨润土等。

(3) 高压喷射注浆施工顺序：

定位→造孔→下喷杆→送水、气、浆、定向→喷射。

1) 定孔位：按设计帷幕轴线，以孔距 1.8m 进行定位，确保定位木桩准确地钉在设计位置上，为了保证工序孔的定位桩不被破坏，将定位木桩钉入土内 50mm 以上。

2) 造孔：钻机就位后，用木板或方木将钻机支稳，并用水平尺校平，将钻杆头对准孔位定位桩，保证实际孔位与设计孔位偏差不大于 100mm，造孔采用泥浆循环、合金钻具钻孔，开孔直径为 150mm，终孔直径为 130mm，冲孔时间不少于 20min，确保孔底沉淀不大于 200mm。钻孔结束时，用测尺校核孔深。

3) 下喷杆：下管是将喷杆下到地层-11m。下管时为了防止泥砂堵塞喷嘴，采用黑色胶布裹住喷嘴。在下喷杆时送稀浆，水压力控制不大于 1MPa，防止压力过高，将孔壁射塌。

4) 喷射：喷杆下到-11m 后，开始送高压水、压缩空气、水泥浆液，并校定喷射方向，待各项施工参数达到设计所要求的数值后，便可开始提升，在提升过程中，随时注意各项施工参数的变化，以及孔口返浆情况的变化，发现问题及时处理，施工过程中，应进行施工记录，确保及时、准确、完整。

5) 静压灌浆：每孔喷射完毕后，要及时进行静压灌浆，以补充因浆液析水、收缩而造成的体积减少，确保防渗墙的质量。连续施工中可采用孔口回浆进行前一孔的静压灌浆，需要停机的前一孔的静压灌浆，可采用多储的回浆，必要时用水泥重新制浆进行静压灌浆。有关参数见表 13-1。

高压喷射施工参数 表 13-1

项 目	参数名称	单 位	施工参数	相 应 要 求
高压水	压力	MPa	30~34	喷嘴 $\phi 1.9$mm
	流量	L/min	75	
压缩空气	压力	MPa	0.6~0.8	气喷与水嘴间隙 1~3mm
	流量	m³/min	0.8~1.3	
水泥浆液	流量	L/min	60	回浆密度：砂层＞1.30；土层＞1.25
	密度	g/cm³	＞1.58	
喷杆	提升速度	cm/min	9	
	摆角	°	20	

13.2.1.3 地下室大型土方开挖施工

该工程基坑面积大（195m×98m），挖土深度4.3m，土方量约78600m³，采用3台斗容量为1m³的反铲挖掘机开挖，每台挖掘机配备5台自卸汽车运土，配备2台轴流泵及20台潜水泵配合施工。（配备机具详表13-2）。开挖时注意保护防渗墙，不让挖掘机和自卸汽车直接在上行走，挖掘机挖土时不碰撞防渗墙，挖土斗离开防渗墙最少1m。

主要施工机具一览表　　　　　　　　　　　表13-2

序号	设备名称	规格	数量（台）	每台设备耗电量（kW）	备注
1	潜水泵	φ60mm	20	1.1	
2	柴油发电机	150kW	2		备用发电
3	轴流泵		2	2.2	
4	锯木机		2	3	
5	反铲挖掘机	1m³	3		
6	自卸汽车	8t	15		
7	拌合机	300L	3		
8	平板式振动器		4		

土方开挖前，先根据施工方案要求修筑施工临时道路及排水系统，道路及排水系统布置见图13-4。

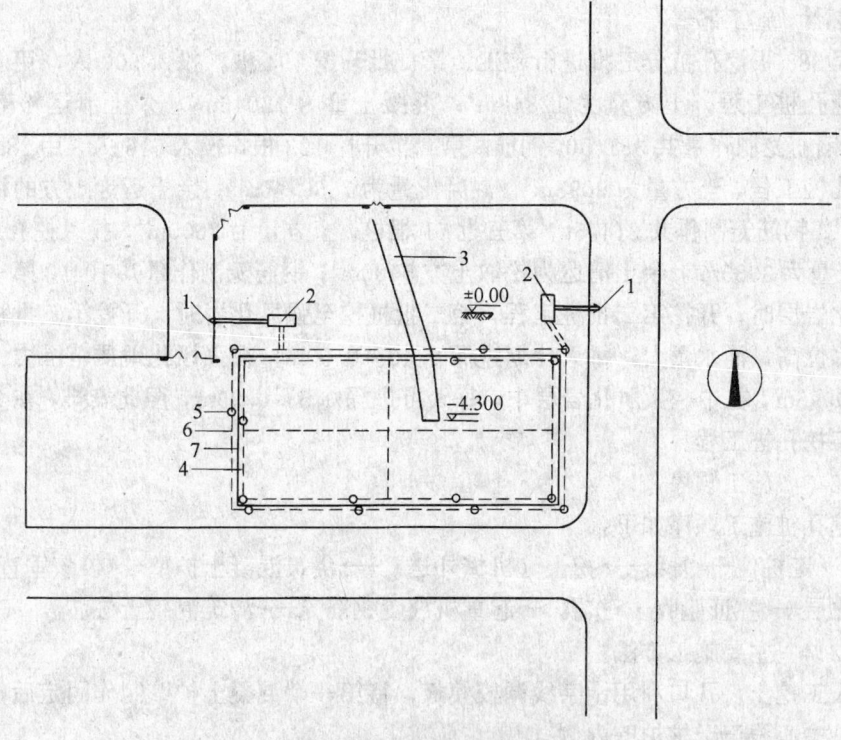

图13-4　临时道路排水系统布置图
1—市政集水井；2—三级污水池；3—8m宽临时道路；4—地下室临时排水沟；
5—集水井（每50m设置一个）；6—原地面临时排水沟；7—地下室开挖边线

挖土前10d组织工人装砂包，所用砂就地取材于现场回填砂，装好砂包叠堆备用。挖土时，先在坑中部挖一深约4m土坑作临时排泄地下水，挖土分两部分进行：第一部分为㉙轴～⑭轴由东向西挖土，第二部分为①轴～⑭轴由西向东挖土，随挖随运，每天挖土量约1500m³。挖土边坡坡度1∶0.5～0.7，用砂包护坡，坡脚打木桩镶木板加固。

基坑开挖后便可进行人工挖孔桩施工。由于在地下室施工中，模板工程、钢筋工程、混凝土工程的工作量大，施工周期长，造成基坑长期暴露，且开挖场地地下水含量丰富，会积贮大量的施工用水和雨水。故为有利于基坑排水、降水，基坑底沿周边设环形明沟加集水井，基坑中设十字形集水沟与明沟连通，坡面设明沟和三级污水池，用水泵将坑底水抽上地面明沟，排至污水池滤清后，再抽至东边的水池或北边的市政排水系统。挖土完成后，基坑底铺石角300mm厚，面铺10～30mm碎石及碎石屑刮平，用5t压路机往复碾压后人工找平，浇筑150mm厚C15级垫层混凝土，以利于人工挖孔桩施工展开。

13.2.2 人工挖孔桩施工

13.2.2.1 工程概况和主要特点

该基础工程人工挖孔桩共388根，桩径为1000mm、1200mm、1400mm、1600mm、1800mm、2000mm、2400mm、2600mm。平均挖深约20m，总挖土方量约2.6万m³，桩芯混凝土量约2.3万m³，施工场地已从地表开挖基坑至－4.30m，穿过表面的填砂层、淤泥层及细砂层，由于原土质情况较差，地下水埋藏浅，水量丰富，布设轻型降水井25个，在挖桩施工前，按方案要求先进行降水井的施工，用以降低地下水位。

13.2.2.2 施工部署

本工程388根挖孔桩分三批进行施工。第一批开挖194根，投入500人，用43d完成该期人工挖孔桩工程，土方量为12848m³；混凝土量为12046m³；余土清运松散土方共19272m³；钢筋笼制作量共331.50t钢筋。第二批开挖123根，投入516人，用28d完成该期人工挖孔桩工程，土方量为9098m³；混凝土量为7869.40m³；余土运走土方的松散土方共13647m³；钢筋笼制作共214.5t。第三批71根桩，土方量为3600m³，投入挖孔工人160人；混凝土量为3385m³，余土清运为松散土方5400m³；钢筋笼制作量共104t。第一批桩孔挖至强风化岩层时，开挖第二批桩工程，第二批桩挖至强风化岩时，开挖第三批桩。由于冲积层的水位高，涌水量大，每天计划进深0.40～0.50m，在强风化地质范围内，每天挖掘不少于0.95m，在中～微风化岩层中，每天可进深0.5～0.95m，照此安排，在85d内完成整个人工挖孔桩工程。

13.2.2.3 施工顺序

人工挖孔桩施工顺序如下：

放线→定桩位→复线→挖土（机械外送）→浇筑混凝土护壁→校核垂直度→挖至中微风化层→签证验收→扩孔→起重机放置钢筋笼→浇筑混凝土桩芯。

13.2.2.4 主要施工方法

（1）人工挖土，孔口利用十字线调校模板，待第一个混凝土护壁制作固定后，把建筑物辅线及桩中心线记于桩护壁内侧。

（2）在一般泥质中，使用锄头、铲等工具挖土，利用人力垂直绞车运土，挖到深度超过20m后，使用3kW卷扬机输送余泥。

（3）施工到岩层后，利用空气压缩机配合风镐进行施工。

（4）成孔扩底后，必须先清除桩底的岩渣、杂物、泥砂等，积水深度不超过50mm。

（5）钢筋笼采用在现场制作，纵钢筋在同一截面内错开接驳，电弧焊单面焊接，搭接

$10d$,用汽车起重机吊装钢筋笼。

(6)浇筑桩芯混凝土时连续施工,一次浇完,不留施工缝。用串筒输送混凝土,保证混凝土自由下落高度不大于2m,每输送$1m^3$混凝土时用插入式振动器振动一次。每桩留一组试件。

13.2.3 地下室结构施工

地下室面积为1.41万m^2,承台以单桩承台为主,小部分采用双桩承台,桩承台厚度为1.2m、1.5m、1.8m三种,采用C40级P8混凝土。底板采用无粘结预应力梁板结构,不设伸缩缝、沉降缝,底板厚为250～300mm,采用结构自防水。

13.2.3.1 施工总平面布置

首期工程场地西、北面均为空置场地,根据现场环境情况,在场地西面(三期工程用地)及北面设置现场型混凝土集中搅拌站两套,其中西面设置水电、机械设备、机修室及钢筋加工场。混凝土搅拌站配HZS50型搅拌设备一套,JS500强制式搅拌机1台,装载机2台。塔楼施工期间增加JS500强制式搅拌机1台,装载机1台,为缩短泵管距离,将JS500强制式搅拌机两台分别安置在2号楼、7号楼北边,施工总平面布置见图13-5。西北面搭设

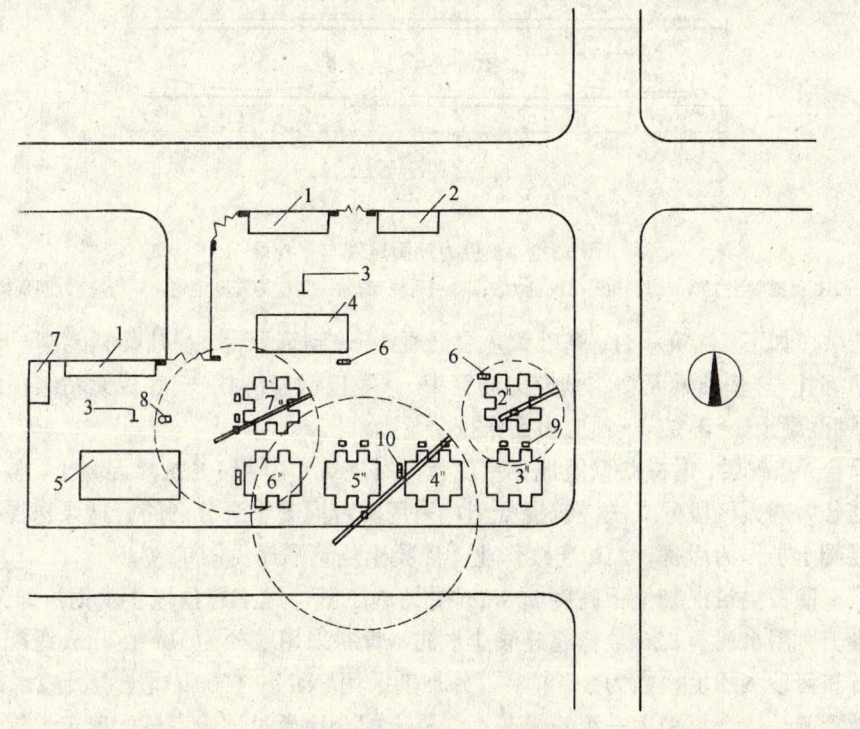

图13-5 施工总平面布置图
1—宿舍;2—办公室;3—材料堆场;4—预应力筋加工场;5—钢筋加工场;
6—2号搅拌站;7—饭堂;8—1号搅拌站;9—上落井架;10—上人电梯

临时职工宿舍、厨房、饭堂等生活设施,部分职工临时宿舍等设施在工地西北围墙内搭设。北面设周转料堆场及木工加工场。现场内设环形运输道路,环形道路与北边的东、西大门相通并经此出季华路,环形路的西边路段与搅拌站及钢筋加工场的环形路相接。每座塔楼设两台三车架井架,在4号楼与5号楼之间的裙楼顶设置一台施工人员专用电梯。在2号、

7号楼配置砂浆搅拌机各8台，3号~6号楼各配置砂浆搅拌机6台。

市供电源分两路由现场东北及西南沿道路两侧敷设引至施工现场，并设300kW发电机备用。现有水源已在现场北面，由φ50mm管供水，土建全面开工时增加φ150mm供水管，以满足施工、生活及消防用水需要。在施工场内用φ100mm干管沿道路一侧敷设，用φ75mm管引入各塔楼供水，每座塔楼设两条φ65mm立管，待地下室蓄水池建成后与地下室蓄水池相接，配高压水泵供消防及生产用水。

13.2.3.2 基础及地下室底板施工

地下室底板底、基础梁底、桩承台底用碎石屑回填振实，面浇筑素混凝土，地梁侧用M7.5水泥砂浆MU10红砖砌筑砖模，厚240mm，地下室12个电梯井壁板采用370mm厚砖模，在各个施工区之间根据无粘结预应力混凝土梁板钢丝束锚固端与张拉端的设置部位，留置0.8~1m宽的后浇带（见图13-6），在后浇带留设BW遇水膨胀止水橡胶条，混凝土强度达设计强度标准值的100%后张拉无粘结预应力钢丝束，采用比原浇混凝土强度等级高一级的微膨胀混凝土浇筑后浇带。

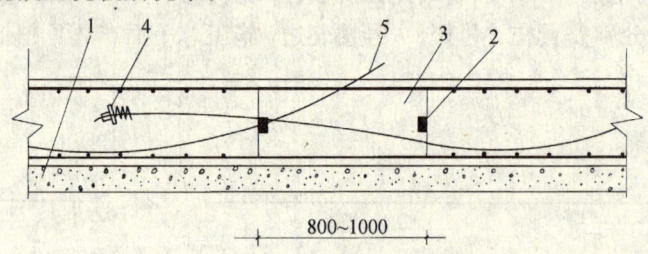

图13-6 预应力筋固定端与张拉端
1—C10级混凝土100mm厚；2—BW止水条；3—后浇带；4—预应力筋固定端；5—预应力筋张拉端

施工顺序如下：浇筑承台、基础梁垫层混凝土→砌筑承台、基础梁侧砖模→承台、基础梁钢筋绑扎→基础梁无粘结预应力筋穿束→底板钢筋绑扎→底板无粘结预应力筋安装→浇筑混凝土→养护→预应力筋张拉。

桩承台、基础梁、电梯井壁及地下室底板同时浇筑C40级P8抗渗混凝土，整个底板以后浇带划分为两大区段分二次浇筑混凝土，采用两台混凝土泵分两路管道泵送混凝土，另备1台混凝土泵作为后备，24h连续作业，混凝土浇筑顺序见图13-7。

地下室壁板浇筑混凝土于高度500mm处留施工缝，施工缝预埋止水钢板如图13-8所示。混凝土所用水泥为525号普通硅酸盐水泥，骨料采用粒径为10~20mm级配良好的花岗岩碎石和河砂（细度模数为3~2.3），外加剂采用FDN—100混凝土缓凝减水剂、UEA混凝土微膨剂，掺合料采用一级粉煤灰。混凝土配合比通过试验室试配确定，掺合料粉煤灰的用量为水泥用量的10%~12%，以控制每立方米混凝土中的水泥用量。混凝土养护采用南京YM-84型混凝土养护剂，在混凝土表面纵横喷洒各两道，形成薄膜覆盖混凝土表面进行养护，效果良好，对比淋水养护省工省时，经济实用。

13.2.3.3 地下室壁柱及顶板施工

1. 施工顺序

安装壁、柱钢筋→安装壁、柱模板→安装梁底及一侧模板→安装顶板模板（每梁一侧留1m宽模板暂不铺）→浇筑柱混凝土→安装梁钢筋、无粘结预应力钢绞线→安装其

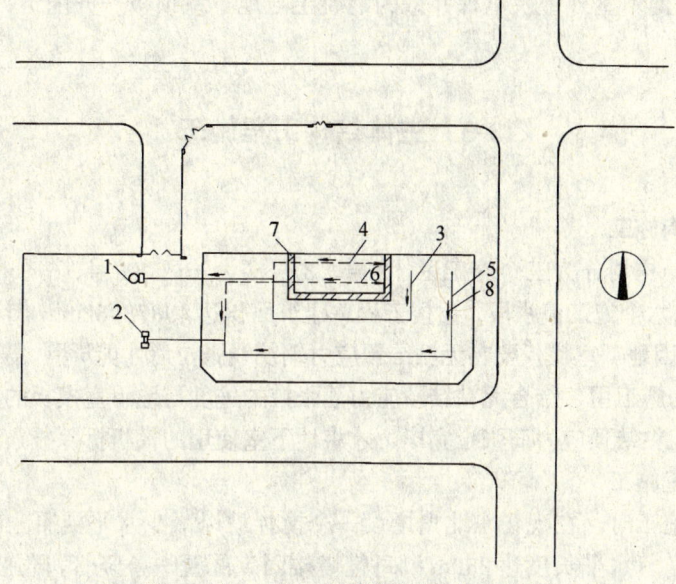

图 13-7 地下室底板混凝土浇筑流向图
1—1号搅拌机；2—2号搅拌机；3—1号机第一次混凝土泵管铺设位置；4—1号机第二次混凝土泵管铺设位置；
5—2号机第一次混凝土泵管铺设位置；6—2号机第二次混凝土泵管铺设位置；7—后浇带；8—混凝土浇筑流向

余梁侧及板模板→安装板钢筋及无粘结预应力钢绞线→浇筑壁、板混凝土→养护混凝土至强度达设计强度标准值的 100%→无粘结预应力筋张拉。

2. 模板工程施工

壁板支模采用 18mm 胶合板作模板，用 80mm×100mm 木方作竖楞，间距每 600mm 一道，用双排 ϕ51mm 钢管作横楞，ϕ12mm 穿墙螺栓配硬质塑料套管拉结，穿墙螺栓间距纵横皆为 600mm，柱模板用钢组合定型模板，按柱截面尺寸选择钢模板组装，柱箍采用 ϕ12mm 钢筋与 80mm×100mm 木方组合使用，间距为 300mm。

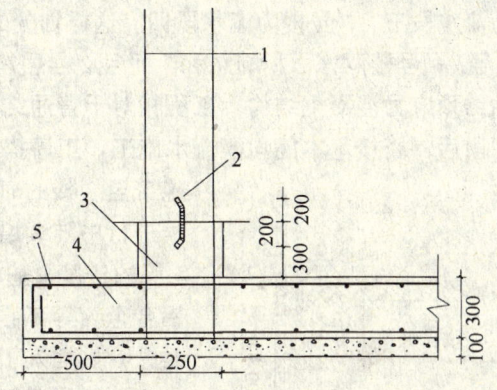

图 13-8 地下室钢板止水带
1—地下室外壁钢筋；2—钢板止水带；3—地下室外壁；
4—地下室底板；5—地下室底板筋

地下室顶板模板采用 18mm 胶合板，用 H 架及多功能脚手架支模。安装梁、板模板时，梁一侧模板及该一侧的板模板留出 1m 宽暂不安装，待梁钢筋安装完成并验收合格后才将其余部分模板安装完毕。柱、壁模安装前涂脱模剂，梁板模板安装完成后涂脱模剂。

3. 钢筋、混凝土工程

钢筋在现场加工厂制作成型后运至施工面安装，先安装梁钢筋，后安装板钢筋，再安装普通钢筋，无粘结预应力筋视其布置位置穿插安装。竖向钢筋接驳采用电渣压力焊焊接。

地下室顶板模板安装过程插入浇筑柱混凝土，柱混凝土用混凝土泵送至浇筑点的木槽内，然后加串筒用铁铲人工下料，分层浇筑，用插入式振动器振动，混凝土分层浇筑厚度为300～500mm。地下室外壁及电梯井壁的混凝土与地下室顶板一齐浇筑，加串筒输送，分层振捣。

13-3 主体结构工程施工

13.3.1 裙楼结构施工

裙楼及塔楼结构划分为三个施工区，2号、3号楼为一区，4号、5号楼为二区，6号、7号楼为三区，共六个施工流水段。裙楼工程总建筑面积达49878.62m²，计划在两个月内完成裙楼结构工程，因地下室模板要在无粘结预应力钢绞线张拉后才能拆除，需再配置一层模板及支撑作首层结构施工用，结合无粘结预应力筋张拉的进度与地下室模板的周转进行分段流水施工。地下室无粘结预应力筋张拉完毕，才将地下室使用的模板拆除投入到裙楼使用。

13.3.2 塔楼工程施工

在塔楼结构施工时，在现场东北角增设一个搅拌站以减少水平混凝土输送管长度（最长一条混凝土输送管水平长度达250m），每幢塔楼固定配置一条竖管，随施工高度接高，竖管沿柱边穿过楼板接至施工楼面，用角钢卡与柱预埋件焊接固定，每层柱中设一道卡，在楼板处用木方楔紧。为合理安排劳动力，顺利铺开流水段施工，根据各栋塔楼的工作量分成四个流水段组织劳动力施工。2号楼为流水段一，3号、4号楼为流水段二，5号、6号楼为流水段三，7号楼为流水段四。这样划分的主要原因是：2号、7号楼的面积分别相当于3号、6号楼两栋面积的总和，而且2号、7号楼为复式住宅，该两栋楼的部分楼板采用无粘结预应力混凝土结构，工程相对于普通结构施工要困难，工期亦较长。通过这样划分流水段后，塔楼基本能均衡流水施工，工序搭接合理，材料也能合理调配使用。在塔楼

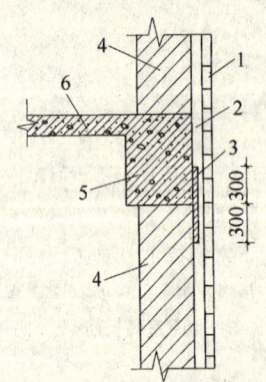

图13-9 外墙钢板网的钉设
1—外墙马赛克陶瓷锦砖；
2—外墙抹灰；3—钢板网；
4—砖砌外墙；5—混凝土大梁；
6—混凝土楼板

施工至8楼的时候，插入瓦工进行5楼的砌砖施工，在结构工程进行中陆续增加瓦工，把砌砖、抹灰工程亦相应控制在月进4层的进度，基本与结构工程同步进行，为后续的水电、电梯、铝合金窗等工程腾出工作面。在塔楼建筑施工至第20楼的时候，开始插入了水电安装、电梯安装、铝合金窗安装等工程。

13.3.3 脚手架工程

该工程脚手架高度为97m，脚手架面积为102516.4m²，共45步脚手板，每步高为2m，在建筑物第8、14、19、24层高处加设安全斜挡板。全部采用双排扣件式钢管脚手架，以普通$\phi 51 \times 3.5$钢管扣件搭设。搭设时采用了下列措施：

(1) 立柱在首层均使用钢地垫，每层楼面浇筑时预留$\phi 6mm$钢筋与立柱拉固；

(2) 在第6层、14层、22层设钢管斜撑；

(3) 在9层、17层、25层设钢吊环拉牢钢管；

(4) 建筑物出入口均设置钢竹安全平挡板；

(5) 脚手架外围满拉尼龙安全网；

(6) 脚手架离外墙0.3m，走道宽0.9m；

(7) 楼与楼之间设单边上落斜道,用水平通道连通。

13.3.4 外墙防裂缝处理

建筑物外墙梁底与砖墙交接处,由于砂浆收缩,又受到阳光直接照射,温度变化所引起的热胀冷缩,很容易产生水平裂缝,造成外墙块料损坏、剥落,外墙墙体渗水,严重影响工程质量及外观。在本工程施工中,塔楼每层外墙梁底周边用钢钉钉设宽600mm的钢板网(网眼尺寸为25mm×25mm),钢板网与梁及墙体分别搭接300mm,面层抹灰同外墙,见图13-9。通过钉钢网处理,减少了外墙水平裂缝的出现。

13-4 无粘结预应力混凝土结构体系施工

佛山购物中心的地下室底板、顶板、裙楼的各层楼板及2号、7号楼大厅部分的各层楼板,均采用无粘结预应力混凝土板。

13.4.1 无粘结预应力筋

本工程无粘结预应力筋采用台湾生产的U$\Phi^6$15.24无粘结预应力钢绞线(抗拉强度1860MPa)。

13.4.2 锚具

张拉端采用OVM15-1型二夹片式单孔工作锚具,固定端采用OVM15-P型挤压锚。

13.4.3 施工工序

在梁、板施工中,先将梁普通钢筋绑扎成型,在梁箍筋上,按无粘结预应力钢绞线设计内力弯矩图按一定距离定点放线,每隔300～500mm焊接ϕ10mm钢筋固定支架,然后进行无粘结预应力钢绞线穿束,将钢绞线绑牢在固定支架上,并将无粘结预应力钢绞线固定端按图纸要求相互错开,保证固定端不在同一截面上,将固定端锚垫钢板与梁普通钢筋焊牢,确保梁筋不发生位移(见图13-10)。此外,尚应检查无粘结预应力钢绞线保护胶皮,如有破损,则用胶布进行修补。

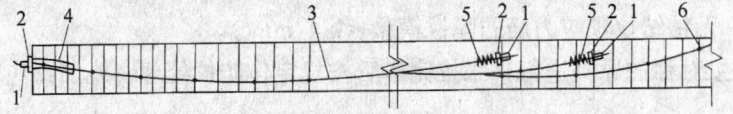

图13-10 钢筋绑扎及无粘结预应力筋穿束示意图
1—OVM锚具;2—固定端锚固钢板;3—预应力钢绞线;4—波纹管;5—固定端加固钢筋
(单束:螺旋筋,多束ϕ10mm钢筋网两片);6—ϕ10mm固定支架(每300～500mm一个)

梁筋安装完毕后,开始绑扎板普通钢筋,底筋绑扎完成,在底筋按预应力筋内力弯矩图焊接好固定支架,将纵横无粘结预应力钢绞线按图纸间距铺设,绑扎固牢在固定支架上,最后绑扎板面钢筋。

预应力筋的铺放根据非预应力筋在外,预应力筋在内的原则进行,严格控制预应力筋的走向和矢高。

在梁张拉端1.2～1.5m范围内设波纹管,将钢绞线穿入波纹管,固定端采用14mm多孔锚垫板加固端部,用单头OVM挤压锚具分束固定。

端部加固钢筋采用开口式钢筋网片从梁顶或梁侧插入(见图13-11),其施工工序如下:
无粘结预应力筋下料→绑扎非预应力钢筋→锚具组装→无粘结预应力筋放线→焊

接固定架→铺设无粘结预应力筋→固定端头锚板→浇筑混凝土→无粘结预应力筋张拉（混凝土强度达设计强度标准值的80%以上）→无粘结预应力筋切除→封锚。

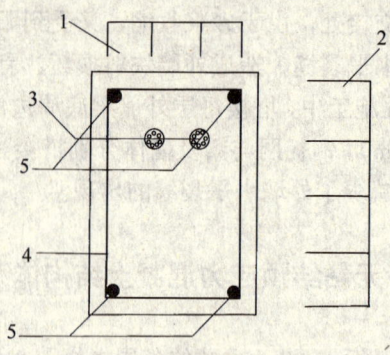

图 13-11 固定端钢筋加固网片图
1—φ10 加固网片；2—φ10 加固网片；3—预应力钢绞线；4—梁箍筋；5—梁普通钢筋

13.4.4 无粘结预应力筋张拉

本工程所有无粘结预应力筋均采用单根张拉控制应力为1395MPa，1根 UΦ⁶15.24 钢绞线张拉力为195.3kN，根据设计要求，无粘结预应力筋长度在25m以下的采用一端张拉，长度在25m以上的采用两端张拉，张拉过程采用双控手段，即当无粘结预应力筋张拉至设计张拉力时，其实际伸长值与理论伸长值的误差应在-5%～+10%范围内。

无粘结预应力筋理论伸长值 ΔL 的计算见下式：

$$\Delta L = F_{pm} \cdot L_p / A_p \cdot E_p$$

式中　F_{pm}——无粘结预应力筋的平均张拉力（kN），取张拉端的拉力与固定端（两端张拉时取跨中）扣除摩擦损失后拉力的平均值；

L_p——无粘结预应力筋长度（mm）；

A_p——无粘结预应力筋的截面面积（mm²）；

E_p——无粘结拉预应力筋的弹性模量（kN/mm²）。

张拉顺序按对称的原则进行，张拉完毕后按规定作防护处理，施加预应力前绝对不得拆除底模。

14 广州羊城麦芽生产塔工程施工

广州市第三建筑工程有限公司 谭学政

14-1 工程概况

广州羊城麦芽生产塔座落在广州经济技术开发区,建筑面积为12300m²,建筑物最高点为106.60m,为生产麦芽产品的垂直生产线工业厂房。厂房由A、B、C三个区段组成,如图14-1所示A区为圆筒形,剪力墙承重结构,筒体为11层,筒内直径为24.46m,筒壁厚

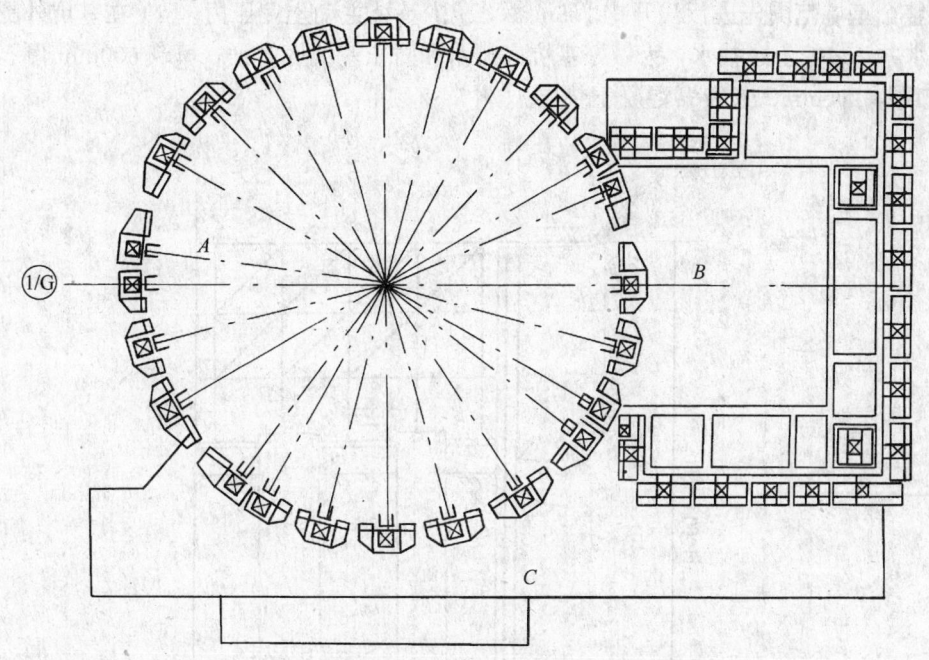

图14-1 麦芽生产塔平面图

350mm,壁外侧附墙柱截面为1100mm×700mm,共24根,沿高度方向每隔3.5m设环形圈梁一道,上砌240mm厚砖墙用以保温。首至3层为干燥车间,层高分别为8.7m和9.1m,4至9层为发芽车间,层高为9.4m,10至11层为浸麦车间,层高为11.2m和6.7m。首至11层楼板厚度为150mm,有纵横间距2.5m、截面为400mm×1200mm的环形梁。B区为矩形剪力墙承重结构,分为18层,首至2层为配电房和传输间,3层为漏斗式混凝土暂存仓,4层至16层为发芽车间配套设施及机房和蒸发间,17、18层为通风间和工作间。层高与A区相间,附层高度为4.8m,漏斗仓为17.2m。C区框架结构,分为6层,屋面标高为

26.5m，分别布置风机房及排气井道等。

本文主要介绍A、B区的施工方法以及基坑支护方法。

14-2 布袋桩在基坑支护中的应用

14.2.1 支护结构的选定

麦芽生产塔基础的地质条件，根据钻探资料表明，塔地地层由第四系地层及下第三系基岩组成，自上而下依次为：杂填土、淤泥及淤泥质粘土、粗砂或砾砂及粘土层、强风化钙质页岩。原地貌属珠江三角洲冲积平原，地基较稳定。场地内主要含水层为砾砂层，属透水层，水位埋深一般在0.5～1.18m。

根据地质情况和设计要求，基坑开挖深度为6.0m，确定采用布袋桩作基坑支护结构（见图14-2），桩长在11～13m间，以嵌入粘土层不少于1m或粗砂层不少于0.5m为准，墙厚0.62m，并在基坑中加集束钢管对顶支撑系统。鉴于本场地地下水量不大，为降低施工造价，挡土方案没有止水措施而只考虑了挡土。因此，经研究决定采取如下附加措施：(1)对整个基坑范围先进行浅开挖1.5m深，减少基坑主动土侧压力。(2)在基坑外围边做7个集水井，边挖土边抽水，为做好基坑底排水和防止基坑底管涌，填筑600mm厚石渣疏水及铺设厚200mmC15级素混凝土垫层。

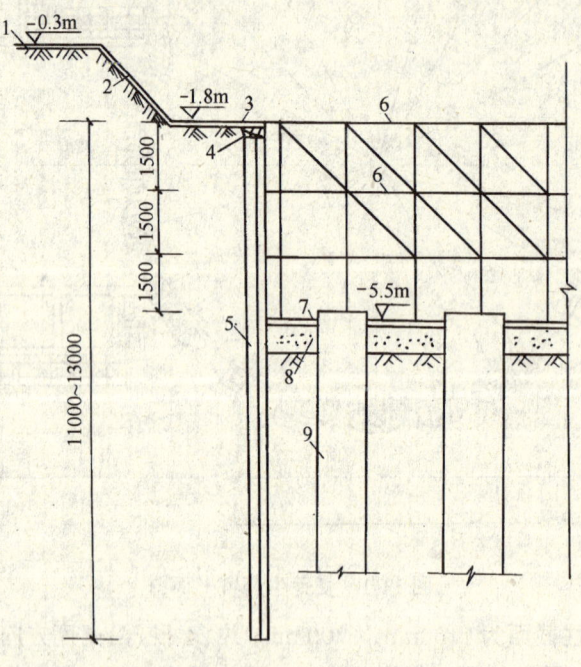

图14-2 基坑挡土支护结构剖面图
1—原土面；2—20mm厚水泥砂浆抹面；3—浅挖土面；4—压顶梁；5—布袋桩；
6—集束钢管（3ϕ51mm）；7—200mm素混凝土垫层；8—600mm厚石渣粉；9—工程桩

14.2.2 布袋桩的施工工艺

14.2.2.1 施工准备

(1) 放线定位，确定布袋桩的位置。
(2) 设置制浆池、泥浆池和排水沟。
(3) 注浆泵、搅拌桶等设备就位，备足注浆用料和辅助器材。
(4) 根据设计要求准备好有关浆液配比技术资料。

14.2.2.2 施工工序

(1) 钻孔桩：设定桩位钻孔，钻孔时慢档进给，保证桩孔的垂直度，最大偏差不超过1%。钻孔过程中注入泥浆进行桩孔护壁。

(2) 制管袋：根据预定桩深裁好布袋（布袋长＝桩长＋0.6m，布袋直径应符合设计要求），穿入第一节注浆管，将布袋下端扎紧，防止漏浆。

(3) 沉管袋：将套好第一节注浆管的布袋垂直插入桩孔中，逐节驳接注浆管，直至预定深度，最后将袋上口扎紧，防止冒浆。

(4) 制浆液：按照设计配合比调制浆液。

(5) 注浆：将注浆泵的送浆软管套入布袋注浆管顶端进行注浆，初始压力为0.5～0.8MPa，当浆液充满布袋后即进行加压注浆，压力增至1～1.2MPa。当压力表读数突然升高时，马上降压，脱离注浆软管，用塞头封住注浆管，防止浆液上冒。

(6) 加压补浆：在浆液初凝前（约4h），每隔0.5～1h进行一次加压补浆，补足布袋内因泌水而形成的体积损失，使桩身浆体达到致密饱满的效果。

14.2.2.3 机具设备

(1) 油压高速钻机1台，功率9kW。
(2) 沉浆泵1台，功率4kW，泵排量：120L/min。
(3) 液压注浆泵1台，功率4kW，泵排量：50L/min。
(4) 制浆机1台，功率5.5kW，许用水灰比0.6：1。
(5) 拌浆机1台，功率4kW，容量650L。
(6) 电动泥浆泵1台，排浆量30～40m³/h。
(7) TQ型丝机切管机1台，钻床1台。

14.2.2.4 施工情况

本工程布袋桩共设计966根，桩径300mm。开始施工前，为进一步明确场地土质情况，在现场钻了两个点并作土质分析，确定将桩长调整至11～13m，主要是为使桩底支承在淤泥以下土层处。

布袋桩是将套着塑料编织纤维袋的注浆钢管放入已钻好的桩孔中，通过压力注浆液注入袋中成型，形成具有一定抗力的桩体。施工质量对桩体强度影响很大，施工中注重浆液的配合比，观察压力及浮浆，以保证桩体强度在C10级以上，并在每桩中心均设1ϕ51mm加劲钢管，管壁厚3mm。完成布袋桩及压顶梁后，原来的施工方案设计为分层开挖，由于工期紧迫，而且试挖现场的土质比勘探资料反映的土质好，故采用一次挖深3.7m（－5.5m），然后再做集束钢管对顶和换土垫层。实践证明两排布袋桩悬臂挡土深度可达4m以上，基坑开挖后，采用集水坑，抽走透过布袋桩渗入基坑的地下水。施工过程中对周围的建筑物基本没有影响。

在施工过程中，矩形基坑东西面布袋桩和中段曾经因该处基坑挖土过深（相当于悬臂挡土＋5.5m），而引起桩顶压顶梁向基坑偏移约50mm，后趋于稳定，后来施工现场采用钢管支撑将其对顶加固，满足了施工需要，由此反映布袋桩的挡土能力是具有一定潜力的。

14.2.3 体会及建议

本工程结合具体情况，用布袋桩和集束钢管对顶支护深达6.0m的软土基坑进行挡土，是一次成功的实践，所采取的附加措施证明是有效的，取得了较好的经济效益。按经济技术指标对比，其造价约为喷粉桩挡土的2/3，布袋桩挡土在深基坑支护工程中具有一定的竞争力和推广价值，原因在于它不但具有较明确的垂直承载能力，而且也具有一定横向负荷能力，这正是它比深层搅拌、喷粉桩的优越之处。

14-3 爬模工艺在结构施工上的应用

14.3.1 爬模系统的选定

麦芽生产塔由于结构体型和构造复杂，A、B、C三个区各层平面高度不一，而施工工期只有420d，包括同时插入安装大型设备，第11层还需让安装单位吊入五个大罐就位后结构才可以继续施工，而罐体体积大，直接影响楼板支撑的安装，工期紧迫与技术难度大同时存在。原施工方案考虑用滑动模板进行结构施工，但滑模施工在管理和操作技术上都较为复杂，如滑至各层楼板标高后需继续空滑几米高后停置，待楼层的1.3～2.4m高井格梁楼盖施工后才能继续滑升上层筒壁，不但对施工安全难以保证，而且对质量及工期都较难控制。经过调研分析，并听取有关专家的意见，认为采用爬模工艺进行结构施工，可比滑模工艺有如下优越之处：

(1) 不存在空滑难题，施工中可以停歇，便于预埋平台埋件及进行井格梁及楼板的施工。使施工过程的安全、质量及工期保证率提高。

(2) 没有滑模平台及其附属设施的影响，使塔内楼板在施工时有开阔的操作空间，方便料具运输及操作。

(3) 采用爬模方法，较好地解决了筒体水平环梁突出的问题，不需改动模板，使操作简化。

(4) 爬模施工操作及纠偏技术相对比较简单，易于掌握，对剪力墙结构和构筑物适用性好。

基于上述论点，决定修改原施工方案，改用爬模工艺完成本工程结构施工。

爬模施工工艺流程见图14-3。

14.3.2 施工操作要点

14.3.2.1 爬架及钢模板的组装

(1) 第一节钢模板在±0.00层混凝土完成后开始组装，按照爬架设计图预埋尼龙内纹螺母定位，当第一节混凝土墙拆模后，爬架开始组装，固定在预留螺母的混凝土墙或混凝土柱上。

(2) 所有组装的模板按已编号的顺序进行拼装，复核螺栓孔尺寸、位置是否准确，起吊点是否符合要求，校对无误后，用ϕ12mm螺栓连接校正，用钢管支撑稳定。

(3) 爬架组装前质安员对半成品的焊缝、尺寸、配件等逐一进行检验，组装后检查爬架连接螺栓的紧固程度，各层操作平台的稳定性，并对平台的护栏、空隙较大的地方增加钢丝网。

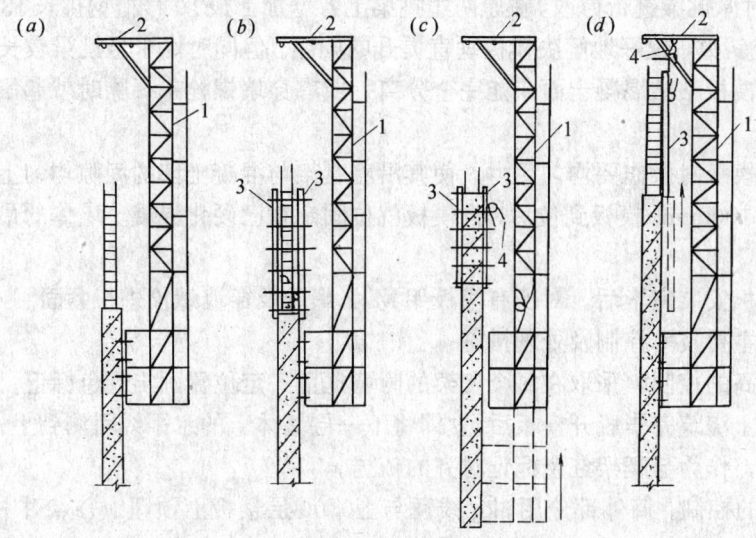

图 14-3　爬模施工工艺流程图
(a) 爬架固定混凝土墙后,绑扎钢筋；(b) 安装、校正模板后,泵送混凝土入筒体内浇筑混凝土；
(c) 手动葫芦挂在模板上提升爬架；(d) 固定爬架后,将手动葫芦挂在顶挑梁上提升模板
1—爬架；2—爬架顶挑梁；3—模板；4—手动葫芦

(4) 本工程筒形结构使用钢大模板,其宽度为 2090～4370mm,高度为 3600mm,矩形结构部分使用钢骨架竹胶合板大模板,其宽度为 1800～3100mm,高度为 4600mm,由于混凝土对模板产生侧压力较大,设计时每隔 600mm 用 1 根 10 号槽钢作横肋加固；每 600mm 纵横间距用 $\phi 12mm$ 螺栓固紧。实际上由于螺栓多次重复使用,为赶进度泵送混凝土一次浇筑高度有时超过 500mm,造成部分螺栓松脱,出现胀模现象,后经严格控制每次浇筑高度和对螺栓加双螺母,胀模现象得以解决。

(5) 爬架是由支架立柱和附墙支架底座构成的组合桁架,每个立柱由 3 个标准节用螺栓连接,支架底座用 8 支 $\phi 25mm$ 螺栓固定于混凝土柱或墙上的预埋尼龙内纹螺孔内,应保证螺栓拧入孔内深 30mm。支架组装后,五层操作平台及安全爬梯等附属措施与立柱支架结成整体结构,由质安部门验收后才可以进行提升。

14.3.2.2　爬架与模板的提升

(1) 由于爬架数量多,为满足爬架在 1d 内使筒体或矩形部分提升结束,劳动力配置了 42 人,分成 7 个小组,并配足提升过程中所用的附件工具和附属工序的用料。

(2) 由于爬架互相之间没有牵制,可各自独立提升,若没有特殊原因,尽可能按相邻顺序逐个提升比较安全,每个爬升架的两个葫芦吊点布置要合理,两个操作者控制的链条松紧度应一致,始终注意架体在平面内均匀受力,发现架体倾斜应及时调正,以免产生卡壳和损坏架体,保证爬升顺利到位。每个爬架应有一个备用手动葫芦,以防手动葫芦出问题时替换。

(3) 爬架提升到预定位置后,应及时固定螺栓,对有偏差的螺孔应小心调整,不能采取硬撬、破坏架体方法来固定螺栓。待架体螺栓全部上紧后,才可以卸下钢丝绳。

(4) 模板提升时在爬架顶挑梁与模板设计吊点处挂装手动葫芦。为了平稳起见,一般采用二点起吊的办法升模板,模板面积较小的可单点吊,鉴于原设计挑梁过短,不能起吊

筒内的模板，故对原挑梁进行修改，在原两边挑梁上各增加1根10号槽钢挑长1300mm，用 $\phi51mm$ 钢管焊成斜撑，较好地解决模板垂直提升的问题。但同时由于悬挑梁较长，10号槽钢仍然偏细，大模板粘结混凝土面未能完全分离，或有穿墙螺栓未拆除时就起吊，致造成部分挑梁变形。

(5) 提升大模板时操作要均匀用力，使其沿着爬架与混凝土墙的间隙均匀上升，上升的倾斜度不大于100mm，模板到位后，推模板就位固定在已硬化混凝土墙体的最上一排对拉螺栓上。

(6) 内外模板安装完毕后，对所有模板用M12螺母及穿墙螺栓进行紧固。

14.3.2.3 主要技术控制及处理措施

(1) 水平标高的控制。采取在每个爬架的附墙框上一定位置画出红色标记；另外，当上一层墙体混凝土浇筑完毕脱开模板后，立即将下一层墙体上的水平线引测到上一层墙上，亦做好红色标记，作为与爬架红色标记对齐的依据。

(2) 垂直度的控制。筒体部分用5kg线锤与±0.00层楼板上预埋中心点对中，吊线长度随墙体升高延长，保持吊线上部端点与爬模上口齐平，再以吊线上部端点为中心向四周用钢尺取圆筒半径检验其垂直度。由于建设方设备跟进安装，4层以下结构圆心封闭，不可能再依靠原中心点，则在筒内楼板纵横预留四个孔，形成十字线引上各层对中，较好地解决了圆心垂直度的偏移问题。B区剪力墙用吊线锤法将轴线从三面混凝土墙面引测，用经纬仪每20m高复核一次。

(3) 外突出环形圈梁的处理。筒壁外柱每隔3.5m高设有240mm×500mm一道环形梁，作为支承保温墙体之用。若同爬模一起施工，则需要修改大量钢模板，且每层施工时间长，经研究在附柱两侧预留梁钢筋，先完成筒壁及柱混凝土，第二天拆模后即插入焊接梁筋安装梁模板，浇混凝土后隔天随即进行保温墙砌筑，使保温墙与结构同步上升，没有影响爬模正常的施工进度，让出时间进行楼板井格梁的施工。

14-4 爬架在外墙装修中的应用

14.4.1 爬架利用的选定

本工程施工的另一个特点，是利用爬架设备下部增加一层操作平台，依靠墙、柱混凝土原来预留的尼龙内纹螺母紧固吊架框与爬架，进行外墙粉刷及镶贴玻璃马赛克工作。它只需要加工若干个吊架框，就可以完成外墙装修全过程，每降模一次，最大行程为4.80m，操作工艺流程（见图14-4）基本与爬模上升施工相似，原爬模的有关操作规定继续有效。此方法的特点是不需要外墙脚手架就可以进行外墙装修作业、安装外墙设备等，大量节省了脚手架材料，降低工程成本，缩短工期，充分发挥爬架的优越性及效能。

14.4.2 操作要点

(1) 爬架正式下降前，先要对爬升系统作全面检查，对附墙吊架框牢固程度派专人检验，即看连接螺栓是否全部拧紧，手动葫芦有否失效，上下吊点是否牢固，在确认符合要求后，在现场管理人员统一指挥下进行下降。

(2) 每个爬架必须在下降前挂上2根保险钢丝绳，清理各层操作平台杂物，将2个手动葫芦稍稍收紧，使架体均匀受力，然后拆卸爬架螺栓。

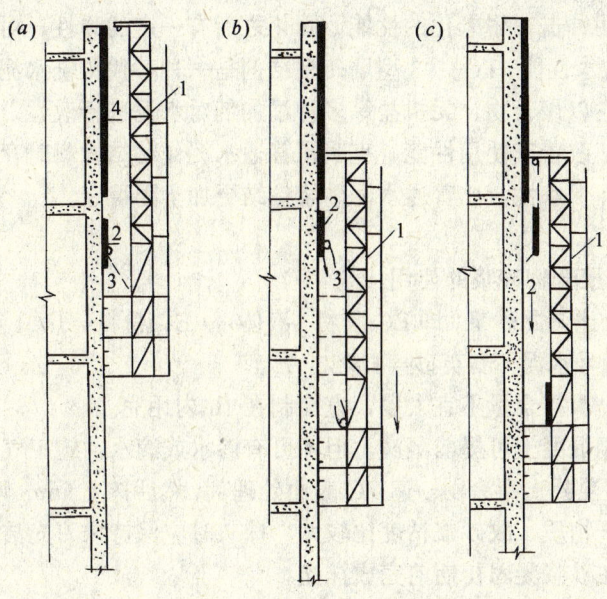

图 14-4 爬架下降作业流程图
(a) 将吊架框固定在墙上；(b) 爬架下降到位，固定爬架；(c) 拆除吊架框，下降暂放在爬架上
1—爬架；2—吊架框；3—手动葫芦；4—外墙饰面

(3) 待所有连接爬架底座的承力螺栓全部拆除并经检查无误后，在指挥人员的统一指挥下缓缓下降架体。

(4) 架体到位后，即将爬架底座上所有螺栓全部装上拧紧。固定后的架体，其操作平台上的堆放物及其它施工荷载总和应严格控制在 $1kN/m^2$ 以下（只可 3 层同时堆重，包括操作人员）。

(5) 遇到恶劣及雷雨天气，应停止爬架下降，如下降中途出现恶劣气候，要尽快把架体固定，不能冒险作业。

14-5 EC 聚合物及粘结剂在室内顶棚的应用

14.5.1 材料选定

生产塔由于工艺需要，各层车间室内温度、湿度相差较大，生产时对结构及饰面有一定影响。3 层以下为干燥车间，温度最高时可达 80℃，但生产有周期性，温度随之而变化，特别是 3 层与 4 层的温度相差达 65℃，对 3 层与 4 层间的楼板，温差影响很大，楼板虽有 150mm 保温层，但下层楼板厚度只有 60mm，一冷一热的环境极易造成混凝土楼板产生裂缝。而发芽车间湿度达 95%，顶棚板容易有冷凝水，而生产卫生条件较高，原图设计顶棚板抹水泥砂浆，建设方认为需改进。根据实际情况，向建设单位建议在 3 层顶棚板使用 EC 聚合物砂浆抹面，使之形成高密度的保护层。在 4~9 层顶棚板用墙体粘结剂粘结瓷砖代替水泥砂浆抹面，使之顶棚干净容易清洁，满足生产要求。

EC 聚合物砂浆是由一种长链聚合物分散在水泥相中形成的高密度砂浆，有很好的抗渗性、抗裂性以及耐冲击、耐老化的性能。固化之后有一定的弹性，对各种材料有很好的粘结力，有很好的防水性能。TC—93型墙砖粘结剂是一种替代传统水泥砂浆铺贴墙面饰面材料的粘结材料，它以聚合物、无机盐等多种添加剂对水泥进行改性，大幅度提高饰面与基层之间的粘结力，改善其使用性能，克服了普通水泥作粘结材料时存在的各种弊端，并具有很好的和易性、保水性，比普通水泥砂浆粘结更加牢固稳定。

14.5.2 施工要点

14.5.2.1 EC聚合物砂浆的使用

(1) 严格按配合比调配砂浆。即EC胶料（液体）：EC粉料＝1：4重量拌合，其中EC粉料配合比为：525号水泥：石英砂＝1：2。

(2) 粉料胶料一次拌合量不宜太多，宜控制在1h内用完。

(3) 施工时顶棚混凝土可提前湿润，但不可有渗水或滴水，施工气温在5℃以上。

(4) 施工时先在混凝土面涂刷一遍EC表面处理剂，然后抹上5mm厚EC聚合砂浆。由于砂浆中含有高分子物质，故砂浆粘度比较大，抹灰时应保持抹刀光洁，压光时应掌握好施工时间，尽可能在砂浆凝固初期前完成抹光。

14.5.2.2 TC—93粘结剂的使用

(1) 粘结剂配比（重量比）为：水：粘结剂粉＝1：4～5，拌调至所需稠度后静置10min再彻底搅拌均匀即可施工。

(2) 粘结基层应干净，不能有浮尘或疏松物，必要时（如基层温度过高或过于干燥），可用水提前湿润，但不可以积水进行镶贴作业。

(3) 施工环境要求气温不能低于5℃或室内湿度大于90%，否则粘结剂不能凝固，导致镶贴的块料不牢而脱落。在施工期间曾遇上阴雨气候，湿度非常大，部分顶棚瓷片贴后24h后仍不牢固，还有小部分脱落导致返工现象。

14.5.3 效果检验

(1) 3层顶棚采用EC聚合物砂浆抹面后，由于该产品有一定的弹性，较好地解决了3层与4层之间的温差对楼板造成的影响，砂浆形成一层很好的保护膜，有一定的抗裂性，通过一年投产后的检验，未发现有渗漏的裂缝。

(2) 4层至9层发芽车间顶棚使用TC—93粘结剂粘结白瓷砖，每层面积约500m^2，施工方便，效率高，粘结牢固。使用一年后，检查未见有脱落现象，可见该产品比用普通水泥砂浆粘结有着明显的优点，是墙体特别是顶棚镶贴块料较理想的新型粘结材料。

14-6 爬模工艺技术经济效益分析

麦芽生产塔工程结构施工采用的爬模工艺，是本公司在全剪力墙结构施工中使用爬架和大钢模板的首次尝试，得到建设方及有关单位的支持，并在施工过程中不断完善和改进，使工程能按质按期交付甲方使用。经过检测，轴线、筒体中心位移偏差皆未超过设计规定（圆心位移不大于5mm，轴线偏移不超过±12mm）。满足了生产设备圆心轴设备安装的精度要求。

在现浇钢筋混凝土剪力墙结构工程中，模板费用占整个工程费用的比例较大，若采用传统的模板体系，会直接影响工程的质量、工期及成本。要使结构施工的质量好、工期短、成本低，必须要抓好模板工程这一环节，才能取得较好的经济效益。本工程用了爬模体系，通过实践：证明该体系比较适用于剪力墙结构及电梯井混凝土壁的施工，通过完善还可以作为外墙脚手架使用，具有可用于结构和外墙施工装饰双重功能的特点，加快了施工速度，节省了大量周转材料，提高了工效。其设备利用率高，相对投资较少，整套爬模设备只占工程造价的 4.8%，它与传统搭设的钢管外脚手架相比较，可减少脚手架费用支出约 75%，即本工程此项费用节省约 120 万元，节约周转模板木材约 600m³，与传统木模板工艺相比，可节省劳动力 8000～10000 工日。

15 泰康城广场转换层结构施工

广州市第三建筑工程有限公司 钟晓明 林 谷 谭敬乾

15-1 工 程 概 况

泰康城广场位于泰康路和海珠广场交界处,地下室2层,地面以上36层,总建筑面积71000m², 总高度122m。转换层设在第11层,标高+43.2m,面积2279m², 转换层结构的钢筋总重量约720t, 混凝土量达2826m³。该转换层为梁式结构,其下为钢筋混凝土框架结构,支承上部26层钢筋混凝土框架剪力墙结构的全部荷载。

该工程特点如下:

(1) 转换层设置高度大,转换层设在结构的第11层,标高为+43.2m。

(2) 结构构件的截面尺寸大,楼板厚度为300mm,局部板加厚至与邻梁同厚;深梁截面尺寸为500~2000mm×1000~3000mm,整个转换层重量达9000t。

(3) 钢筋排布复杂,大梁钢筋平均排数多至15排,梁交汇点的钢筋穿插更加复杂。

(4) 结构布置复杂,转换层梁的排布纵横交错,没有规律,且与下层梁板布置完全不同;第10层及以下各层Ⓔ~Ⓓ×②~③轴为一个7m×7m的预留洞口,转换层深梁梁底在该处的悬空高度为40.7m;在11×Ⓔ~Ⓓ轴从43.2m的高度外挑一悬臂跨度为5.08m的悬楼,悬楼的重量达一百多吨;10层及以下各层结构中部⑥~⑦轴处设有一条宽度为1m的后浇带(见图15-1)。

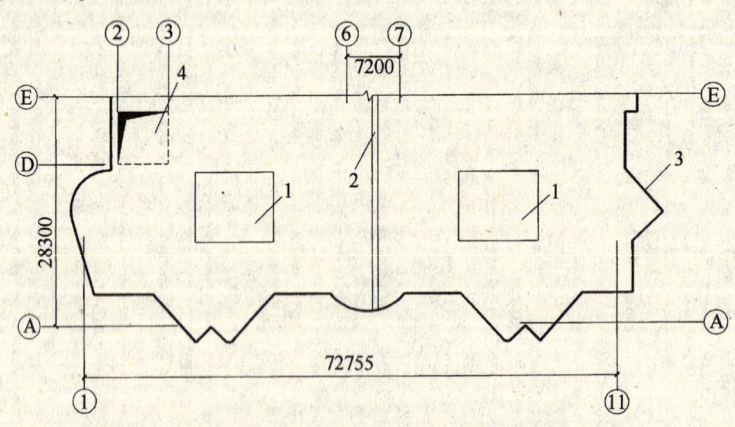

图 15-1 泰康城转换层平面示意图
1—电梯井;2—后浇带;3—悬楼;4—10层楼面预留洞口 (7m×7m)

15-2 转换层结构施工方案

15.2.1 模板支撑方案的确定

经计算，11层深梁的钢筋、混凝土、支架、模板、施工荷载及10层的楼面自重叠加，总荷载达90kN/m²，而设计院提供的第10层楼面的设计活荷载为30kN/m²。根据常规施工方法，尚需利用8、9、10层模板支撑保留不拆除，来分担转换层的施工荷载，这样需要耗用大量的模板周转材料及费用，而在转换层结构施工时，10层结构的混凝土强度已达到设计要求。为此，对第10层结构的承载力进行了验算。

经对10层楼面复核，可知楼面的承载力可达55~90kN/m²，远大于设计使用荷载30kN/m²，即除个别部位需在10层以下加装回头支撑外，转换层结构自重、施工荷载及模板支架的总重量可由第10层的梁板独自承担。为使施工更为安全、稳妥，选择了转换层结构分两次浇筑的方法施工，第一次浇筑高度为1.8m，第二次浇筑高度为1.2m。转换层大梁模板支撑的荷载，其中混凝土仅按1.8m高度荷载考虑，最大限度地利用了10层楼面结构的承载力。

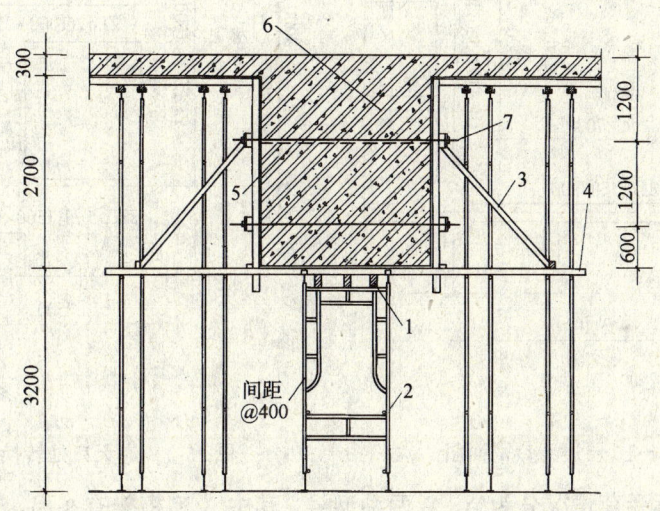

图 15-2 高度3m大梁模板支撑大样图

1—80mm×80mm木方；2—水平钢管拉杆；3—50mm×100mm木方，间距1200mm；
4—80mm×80mm木方，间距400mm；5—第一次浇筑混凝土；6—第二次浇筑混凝土；7—φ16@600mm对拉螺栓

15.2.2 一般部位模板支撑方案（见图15-2）

(1) 模板支撑采用多功能脚手架直接支承在10层楼面上，支撑间距为400mm。楼板脚手架相互搭接400mm布置，每排间距不大于1m。局部位置需于第9层楼面加回头支撑。

(2) 梁底模采用25mm厚的直边板，梁侧模、楼板底模均用18mm厚木胶合板，木方采用的截面尺寸为80mm×80mm，间距为400mm。在多功能脚手架横梁上铺垫木方，由脚手架的支托与横梁共同承担荷载。

(3) 高度2.5m以上的大梁侧模采用两排φ16mm穿心对拉螺栓加固，2m以下的采用一

排 ϕ16mm 穿心对拉螺栓加固，对拉螺栓的间距为 600mm。

15.2.3 特殊部位模板支撑方案

15.2.3.1 预留洞口模板支撑方案

在西边Ⓔ~Ⓓ×②~③轴由2层楼面开始至10层楼面都留有一个通天口位置，6~10层的通天口是7m×7m的洞口（见图15-3），而洞口上方为第11层（转换层）的梁板覆盖着，大梁梁高2.5m，梁宽分别为1.0m和2.5m，梁底标高为+40.70m，仅梁自重就达62.5kN/m（见图15-4）。如从首层板面开始用钢管（或多功能脚手架）支模，则支撑高度达40.70m，需要大量材料，且稳定性及强度难以保证。因此，另设计五排钢桁架跨过10层楼面的洞口，来支承该部分梁板的重量（见图15-5）。钢桁架预制好后利用塔式起重机运至设计位置就位，在桁架端部及跨中用角钢作垂直支撑与桁架焊牢，然后在桁架上支模。

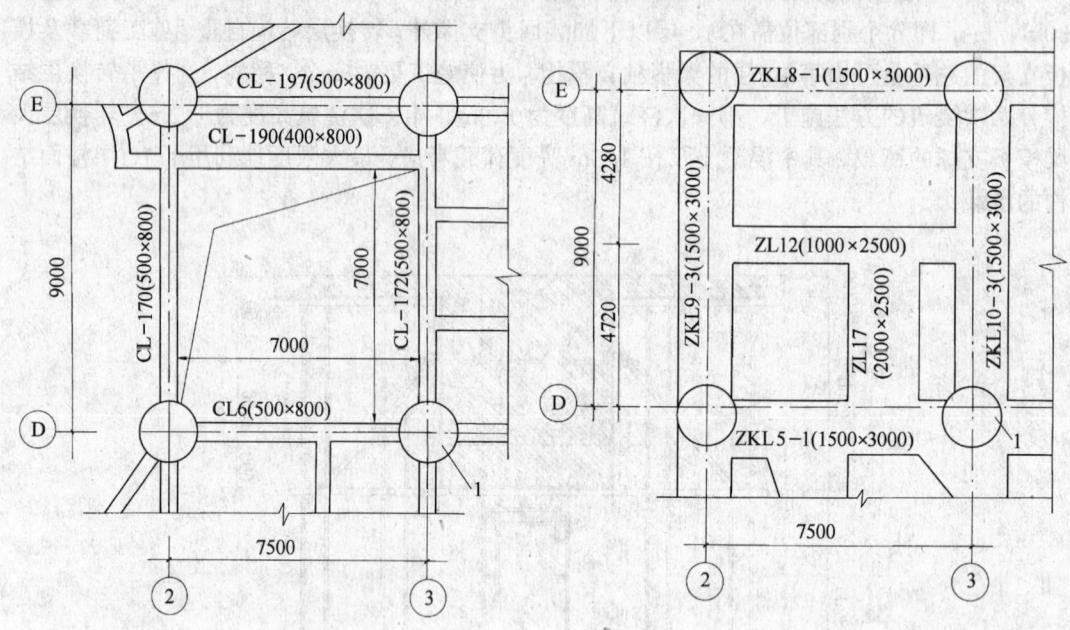

图15-3　6~10层通天口平面图　　　图15-4　通天口处转换层平面图

钢桁架按实际受荷情况分为A、B两种型号，其中A型桁架有3榀，间距1.0m，每榀约1010kg；B型桁架有2榀，间距1.1m宽，每榀约698kg；桁架高度均为2.8m，上弦杆节点间距为0.8m，下弦杆节点间距为1.6m。A型桁架上弦杆用2∟100mm×80mm×10mm长肢连接，下弦杆用2∟63mm×6mm焊接，腹杆主要是由2∟50mm×5mm、2∟40mm×4mm、2∟70mm×5mm、2∟63mm×4mm、2∟75mm×5mm、2∟80mm×8mm等组成。B型桁架上弦杆为2∟100mm×63mm×8mm长肢连接，下弦杆是2∟50mm×5mm，腹杆主要是由2∟40mm×4mm、2∟50mm×5mm、2∟70mm×5mm组成。

在第10层支承钢桁架的两条跨度为7.5m的大梁，根据复核发现承载力不足，因此在第9层设八字形钢斜撑以卸减梁的部分荷载（见图15-5），提高承载力，钢斜撑由[14a用—130×8×170@600mm焊接组成，斜撑下端分别支撑在两边的圆柱牛腿上。

钢桁架支撑的费用虽然比满堂支架稍高，但它具有进度快、施工安全、占地少等优点，在实际应用中，也方便了施工。

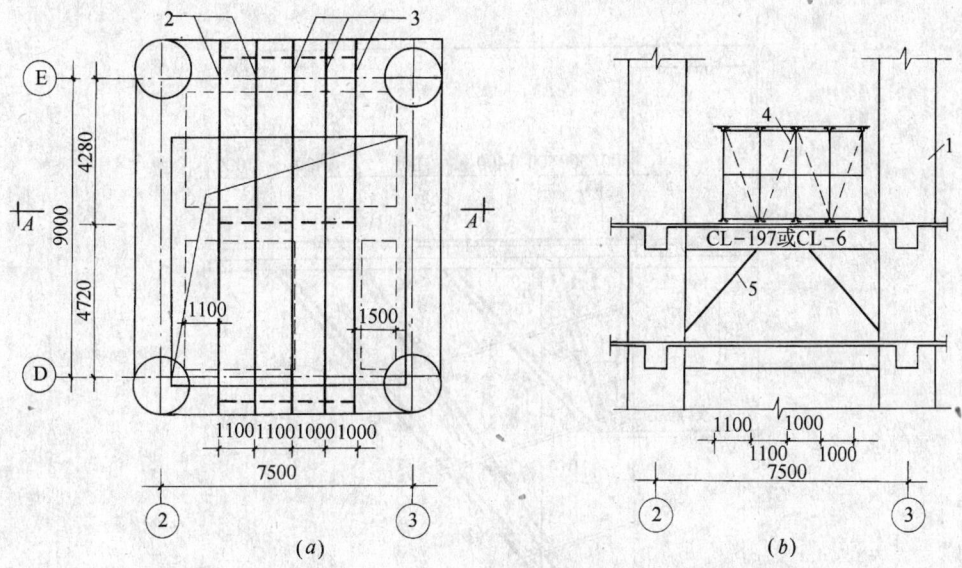

图 15-5 钢桁架布置图
(a) 平面图；(b) A-A 剖面
1—ϕ1700mm 圆柱；2—B 型桁架（两榀）；3—A 型桁架（三榀）；
4—钢桁架支撑；5—钢斜撑（端部与柱采用钢牛腿连接）

15.2.3.2 后浇带模板支撑方案

按原设计，10层及以下的后浇带梁板断开，不能承受转换层支模的荷载。经向设计单位提出10层楼面后浇带的梁仍连续浇筑，而板则后浇筑的方法施工。经过复核计算，该位置的转换层支模可直接支承于第10层后浇带两边的楼面上，仅利用原第10层后浇带位置未拆除的模板及支架作回头顶撑。

15.2.3.3 悬臂结构模板支撑方案

在东边⑪×ⓒ～Ⓓ处为三角形悬楼，挑出宽度为5.08m，长约10m。此悬臂结构上部有剪力墙，结构荷重达一百多吨。按常规做法，需要从地面开始搭设40多米高的支架安装模板，要耗费较多的材料、人力，同时现场条件也不允许。经过分析和计算，放弃了传统的做法，采用钢结构进行支撑，以工字钢从第10层楼面作悬臂伸出支承悬楼结构的模板及支架（见图15-6）。工字钢梁下面加钢斜撑，分两层进行支撑：10层设一排斜撑共7根，由Ⅰ16组成；9层有两排斜撑共八根，由Ⅰ18、Ⅰ14、∟70×70×6组成，所有斜撑均用∟70×70×6双向焊接连牢。

为防止支撑体系由于水平力作用而导致结构向外推移，悬挑钢梁（Ⅰ18）与电梯井钢筋焊接。

施工后经检测，浇筑第一次1.8m高混凝土后尚未出现下挠，浇完第二次1.2m混凝土后，外端最大下挠约5mm，符合设计及施工要求。

15.2.4 转换层大梁粗钢筋支托方法

该转换层钢筋粗，间距密，自重大，单靠钢箍不能担负钢筋自重，因此设置了钢筋支架以辅助钢筋绑扎。钢筋支架按不同的梁截面尺寸用∟6×6或∟8×8角钢焊接组合而成（见图15-7）。

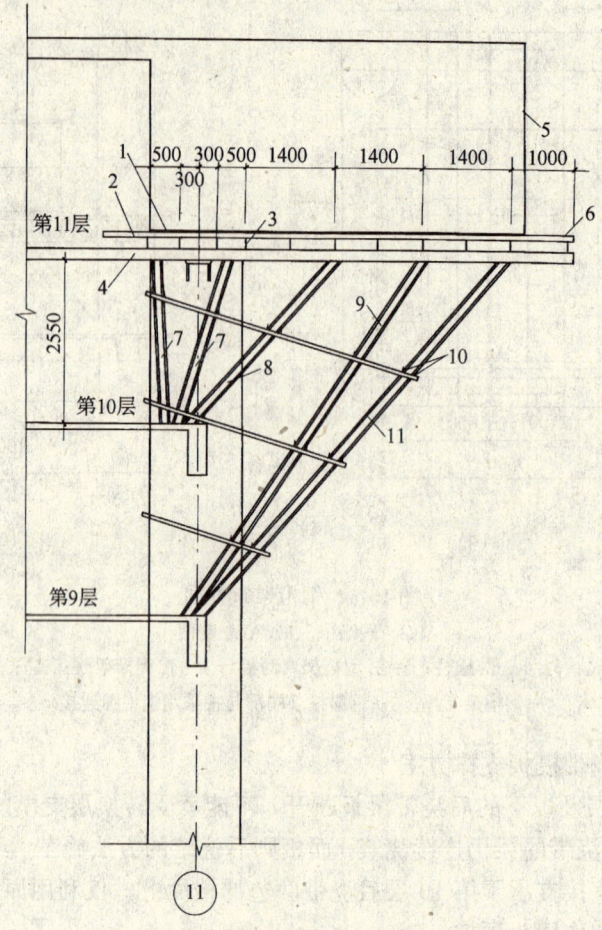

图 15-6 悬楼模板支撑示意图

1—25mm 直边板；2—50mm×100mm 木方@400mm；3—18 号工字钢；4—18 号工字钢；5—梁边；
6—施工工作面；7—14 号工字钢；8—16 号工字钢；9—18 号工字钢（a 排）；14 号工字钢（b，c 排），
$L\,7×7×0.6$（d，e 排）；10—$L\,7×7×0.6$；11—16 号工字钢（a 排），$L\,7×7×0.6$（b，c 排）

在安装好的梁底模板上，按间距约 3m 一道安放钢筋支架，支架就位后，沿梁轴方向在支架的两边用[8 槽钢与支架的上、下横杆的端面焊接，作垂直及水平支撑，以保持支架的稳定，当梁的高宽比大于 2 时，为保证梁的平面外的稳定性，可在垂直于梁轴方向用[8 槽钢（或钢管）作斜撑或水平撑。安装钢筋时，将部分纵向钢筋与支架点焊，以增加稳定性。钢筋绑扎完毕，安装梁侧模板时将支撑拆除。

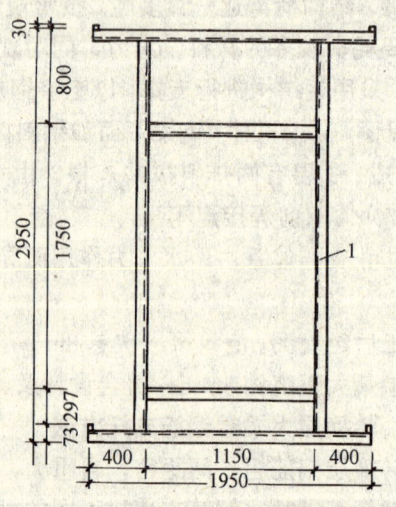

图 15-7 转换层大梁钢筋支架
1—$L\,6×6$（$L\,8×8$）角钢

15-3 转换层结构施工

15.3.1 转换层结构模板支撑安装

模板支撑安装须严格按设计方案施工。以小面积先做样板,经验收后,让其它班组按样板进行转换层模板支撑铺设。桁架、型钢的型号,节点的焊缝长度、高度及饱满度,须符合设计方案要求,支座的预埋件留设由专人负责,安装完毕后须经方案设计人验收。

梁底模板按设计要求调整支架的标高,然后安装梁底模板,并拉线找平。当梁跨度大于及等于4m时,梁底模板应按规定起拱。梁底模板每边须铺设1m宽的工作台,以便工人操作。

梁模板采用二层多功能脚手架作支撑,楼板模板采用四层脚手架作支撑。脚手架要求垂直,上下层支柱应在同一竖向中心线上,纵横排列整齐,每两排脚手架之间用配套的剪刀撑拉结,设两道水平钢管拉杆,确保竖向和水平方向的稳定。

当梁的钢筋绑扎并验收完毕后,安装梁侧模板、对拉螺栓、压脚板、斜撑等。

钢桁架由综合厂预制成型运至现场。钢桁架的安装位置须用墨线控制。桁架运至现场利用塔式起重机卸车,卸车后需用钢管扣件夹紧桁架,以避免翻身起吊时产生侧向变形。

15.3.2 转换层钢筋的制作与安装

泰康城广场转换层梁截面大,钢筋多,每条梁都有约15排的钢筋。为做好钢筋的绑扎,在认真熟悉图纸及图纸所注明的技术要求的基础上,做到取料、写牌、制作、几何尺寸和数量准确。

首先绑扎梁钢筋,在已装好的梁底模板上安装钢筋支架,然后往支架上依次排放梁底及梁面部分钢筋和箍筋,按设计图纸要求绑扎,绑扎梁钢筋时,由中间往两侧逐条扎好,然后逐层往上排放和绑扎,当绑扎到最顶层钢筋时,钢筋适当与支架焊接,两侧的钢筋及梁腰筋也适当与支架焊接。然后,在全部拆除支架的临时支撑后,安装梁侧模板及铺楼面模板,绑扎楼面钢筋。

梁钢筋绑扎要随扎随检查,发现错漏要立即纠正,并及时办理钢筋隐蔽验收手续,才允许安梁侧模和安装楼面模板。

钢筋制作安装中,对构造复杂部位在事前放好节点大样后才开料。在绑扎钢筋过程中,安排专职施工员负责检查核对,避免错漏。

排放钢筋时用尺量度准确,规格、尺寸符合后才安装,梁与梁之间及交错处的钢筋排放、位置与锚入尺寸必须做到准确无误。

遇到梁的面钢筋间距太密,振动棒难插入时,在绑扎钢筋中,每隔500mm有意识地留出一道80mm宽的缝,以便振动棒能顺利插入进行振捣作业,以保证混凝土振捣密实。

15.3.3 大体积混凝土施工

本工程采用C40级商品混凝土,用泵送方法浇筑,属大体积混凝土。混凝土浇筑期间正值11月份,早晚温差较大。由于大体积混凝土在硬化过程中,将产生大量水化热,据初步估算,梁内混凝土中心的最高温度可达到80℃以上,形成内外温差达30℃以上,产生较大的温度应力,足以使混凝土产生裂缝,因而必须采取抗裂措施。

15.3.3.1 抗裂措施

(1) 选择普通硅酸盐水泥,掺适量粉煤灰、高效缓凝减水剂及微膨胀剂(UEA)拌制混凝土。

(2) 混凝土分段分次分层浇筑。

(3) 采取构造措施,在梁两侧增设纵横 $\phi6@100mm$ 的钢筋网,以增强抗裂能力。

(4) 采用双层湿麻袋覆盖混凝土,实行外部保湿保温,梁内部埋设水管(见图15-8)循环通水降温的方法养护,以减少混凝土内外温差,保持混凝土表面湿润。

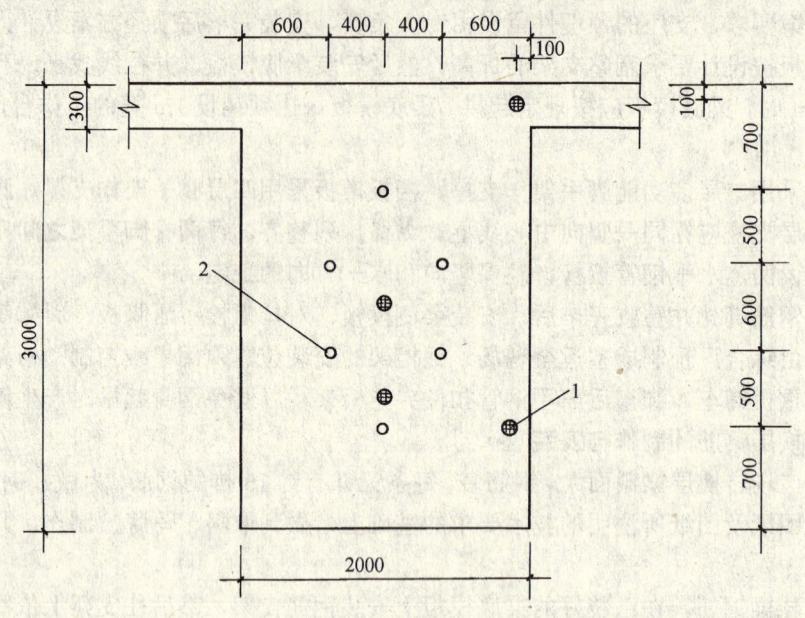

图 15-8 梁内布管示意图
1—热敏电阻测温管;2—水管

(5) 对混凝土内外温度进行监控,梁内部埋设14个热敏电阻测温点(见图15-9),由专人每隔3h对梁内外温度测读一次,通过循环水系统,控制梁内部温度,使混凝土内外温差不大于25℃。

(6) 将转换层四周的外脚手架加高一层,围上编织布,以避免寒风对混凝土的不利影响。

15.3.3.2 混凝土的输送与浇筑

主要方法及要求如下:

(1) 混凝土运输主要采用混凝土泵输送,共配设两台,其中1台备用,塔式起重机辅助运输。

(2) 混凝土是由搅拌站提供的预拌混凝土。混凝土到达工地后,要求保持有120~140mm 的坍落度,以满足泵送要求。混凝土泵的平均泵送能力为 $35m^3/h$,经对每一层混凝土浇筑所需的时间进行计算,要满足混凝土分层浇筑要求,混凝土的缓凝时间需达到12h。

(3) 以后浇带为界,在⑥~⑦轴间的后浇带把转换层结构划分成东、西两个流水段,分段流水浇筑混凝土。

(4) 每个流水段共分两次浇筑,第一次浇筑高度为1.8m(标高+42.00m),第二次浇

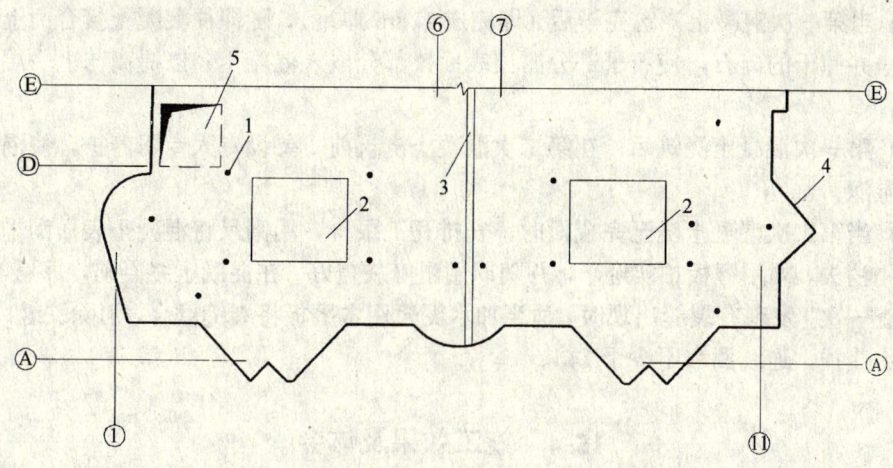

图 15-9　泰康城转换层测温点平面布置图
1—测温点；2—电梯井；3—后浇带；4—悬楼；5—10 层楼面预留洞口（7m×7m）

筑高度为 1.2m（标高+43.20m）。第一次浇筑分三层进行，每层厚度约 600mm。第二次浇筑分三层进行，第一、二层厚度约 450mm，第三层厚度约 300mm，其中第二层浇至楼面板底（标高+42.9m），第三层一次浇筑至板面。

（5）浇筑时先浇筑东段，由⑦轴向⑪轴推进。接着浇筑西段，由⑥轴向①轴推进。东段第一次浇筑完毕后，立即插入东段的板面钢筋的绑扎。当西段第一次混凝土浇筑完毕，东段板面钢筋绑扎完成，并进入西段绑扎板面钢筋，东段第一次浇筑的混凝土经测试其强度达到 15MPa 后（即 2d 后），即可进行东段第二次混凝土的浇筑。第二次混凝土浇筑顺序方向与第一次相反，东段由⑪轴开始，向后浇带方向推进。西段由①轴开始，向后浇带方向推进。每层混凝土浇筑方向相反（见图 15-10）。

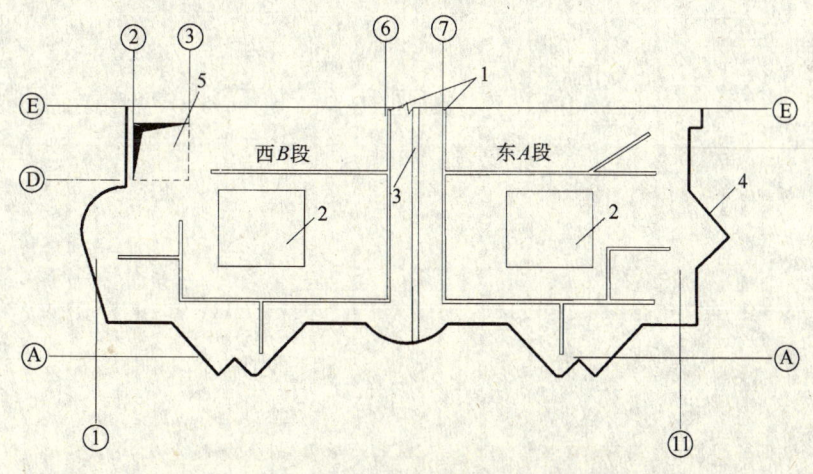

图 15-10　转换层施工流水段划分及泵管布置图
1—混凝土输送管；2—电梯井；3—后浇带；4—悬楼；5—10 层楼面预留洞口（7m×7m）

（6）设专人负责振捣，振捣时每个插点间距应不大于 500mm，每一层振捣厚度比该层混凝土厚 100mm，直振至振动棒周围不冒气泡为止。

(7) 当第一次混凝土浇筑完毕后（即完成1.8m厚度），随即往混凝土接合面上撒上已清洗干净并晾干的碎石，使石子部分露出表面，部分嵌入混凝土，以提高与上一层混凝土结合力。

(8) 第一次混凝土浇筑后，在第二次混凝土浇筑前，要设专人专职养护，使混凝土表面保持湿润。

(9) 当第二次混凝土浇至完成面时，安排瓦工跟班，用刮尺将混凝土表面刮平，待表面水光刚消失，即用磨板拍实磨平，并随即用湿麻袋盖好。在混凝土终凝前，每隔4h揭开麻袋检查一次，发现有裂缝出现时，适当加水泥浆用木磨板将裂缝磨合，消除裂缝。12h后开始洒水养护，连续洒水不少于14d。

15-4 施工效果及体会

(1) 转换层的支撑在施工至拆模整个过程中，模板的强度、刚度及整体稳定性均能满足施工要求，无变形、跑模及漏浆现象。混凝土表面平整，无蜂窝、麻面，混凝土强度达到设计要求，方案的实施是成功的。

(2) 转换层的支模方法，充分挖掘了下层钢筋混凝土楼面的潜力，加上混凝土的浇筑采用了二次浇筑的方案，从而大大降低了支模的工料耗用量，节约了资金，施工效果达到了预期目标。

16 中国广州大都会广场工程施工

广州市第四建筑工程有限公司 伍旭辉 姚明球

16-1 工程概况

广州大都会广场座落在广州繁华地带及交通枢纽的天河北路旁,面朝天河体育中心,东接中国市长大厦,并邻近中信广场、潮汕大厦,西靠广州市体育学院,北与天河东火车站相望。在高层建筑群的衬托下,使大都会广场显得瑰丽异彩,气派超凡(见彩图14)。

广州大都会广场是广州卓越城市房产有限公司投资兴建的多功能智慧型高层商业大厦,是广州市政府重点建设项目之一。工程图纸由华南理工大学建筑设计院设计。工程由广州市第四建筑工程公司承建土建工程;广东省工业设备安装公司承做设备的安装。

大都会广场占地面积8900m^2,建筑总面积76980m^2。建筑物由主楼、商场和公众活动广场三大部分组成。其中主楼设有两层地下室,商场和公众广场均附设一层地下室。主楼和商场的首至3层以及公众广场的圆弧柱廊为裙楼部分。公众广场、圆弧柱廊外为开阔的露天广场。主楼48层,天面附设3层设备层和水池。两层地下室的层高分别为6.5m和5.5m,裙楼层高均为4.5m,标准层的层高为3.5m,避难层(22层)层高7m,34层层高4.5m。建筑物标高为+198.80m,土建总造价为一亿三千万元。

大都会广场的外型及平面设计,风格独特。裙楼的外立面独立柱采用意大利墨绿色花岗石仿古罗马柱形式镶嵌,柱与柱子之间配以大幅面透明玻璃幕墙,组成凹凸图形,立体感极强。全幢塔楼外墙为镶嵌比利时高级双层真空隔声、隔热金色中空玻璃的玻璃幕墙,天面尖顶采用确良PVC金黄色喷涂铝百叶构成"金字塔"式的造型,使整栋大厦金辉璀璨、尊贵豪华。设计师还匠心独运,利用门前广阔的空间,设计出古罗马式柱廊广场。广场地面铺广场砖,并以不同颜色的砖拼成"8"字型的拼花图案,圆弧柱廊由35条11m高的变截面罗马柱组成,喷以高级岩石漆,气势宏伟。在金辉火箭式的大都会广场和钟楼相互映衬下,更具广州大都市气派和现代建筑风格。

大都会广场地下两层为停车场、库房、设备用房、配电房、配件、空调、消防等调控中心,首至3层分别为银行、商场,4至48层为金融、商场、服务、咨询等高级写字楼,按高级标准设计和装修。其中第22层和34层为避难层兼作设备层,大厦配备一樘手扶电梯和十樘客货梯及消防用梯,并设有中央空调、闭路电视、电话通讯、烟感报警、消防自动喷洒、音响系统、电脑管理、卫星接收系统等一系列先进的自动化功能系统装置。

大都会广场标准层的室内房间装饰采用墨绿色哑光漆木脚线,山樟木门框,防火胶板门扇,扫ICI牌手扫漆。天花板为铝合金龙骨,镶嵌高级石膏板。墙身抹灰扫ICI牌乳胶漆,地面铺豪华地毯。电梯厅走廊、卫生间墙身及地板采用花岗石、大理石拼花图案铺贴,矿棉板天花吊顶。首层大堂的设计按五星级酒店，选用材料极尽考究，天花采用进口影木色板配以棒木木线造型，扫硝基清漆（呖架）。部分墙壁采用高级墙纸、花岗石、镜画及不锈钢饰板构成不同的图案，地面为豪华地毯及进口意大利花岗石地板，在大型吊灯、壁灯的辉映下更显得富丽堂皇。

大都会广场的结构设计为钢筋混凝土框剪筒体结构，商场中庭上顶盖为锥形镀锌合金玻璃采光棚。此工程首层以上最大柱截面为1300mm×1800mm，裙楼和公众广场的圆柱分别为直径900mm和950mm两种，剪力墙厚度为800mm至600mm。最大梁截面为1100mm×1000mm，最大梁跨为9.85m，最大板厚为400mm，其余大部分板厚为120mm和130mm。柱混凝土强度等级为C50至C30，各层梁、板的混凝土强度等级均为C30，核心筒、剪力墙的混凝土强度等级与同层柱相同。其主要工程量见表16-1。

主要工程量　　　　　表16-1

混凝土总量 （m³）	钢筋安装总量 （t）	玻璃幕墙 （m²）	外墙干挂石 （m²）	墙、地台花岗石 （m²）
27845	7879	22900	1500	7500

16-2　施工管理和施工工期

大厦设计独特，结构复杂，工期短，对施工质量、安全、进度的保证增大了难度。尤其是属于涉外工程，质量和进度的要求尤为严格，同时此工程被列为广州市该年重点建设项目。我公司承接了这个项目后，首先组成完善的管理机构，实施公司级管理。由公司副总经理为首的公司属下各部室、机械厂负责人组成的现场指挥机构统筹指挥。由项目经理、副经理、施工员、材料员、生产计划员、定额员、成本核算员、质量安全检查员、技术资料员组成项目经理部，实施一体化管理（参见广州市大都会广场工程管理架构表16-2）。本着"以质量求发展，向管理要效益，客户的需要就是我们的目标"的质量方针，运用公司多年的施工经验，结合本工程的特点，在开工前制定详尽的施工组织设计（其施工总平面布置见图16-1）和创鲁班奖的质量目标计划及质量保证措施。设立质量管理小组，全面推行GB/T 19000—ISO 9000质量保证模式，实施分部分项工程验收、样板间、工序交接以及技术资料管理等制度，对工程质量实行全面监控。从而使地基与基础、主体结构、装饰工程等分部工程质量均评为优良。

广州市大都会广场工程项目架构表　　　　　表16-2

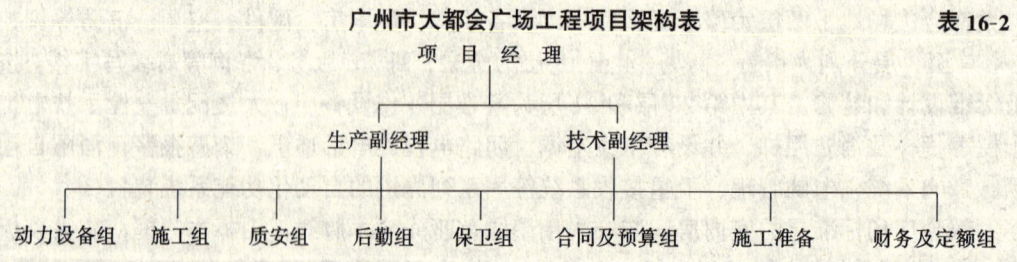

此外，广东设备安装公司也配备了现场工作领导班子，充分做好了施工组织设计，施

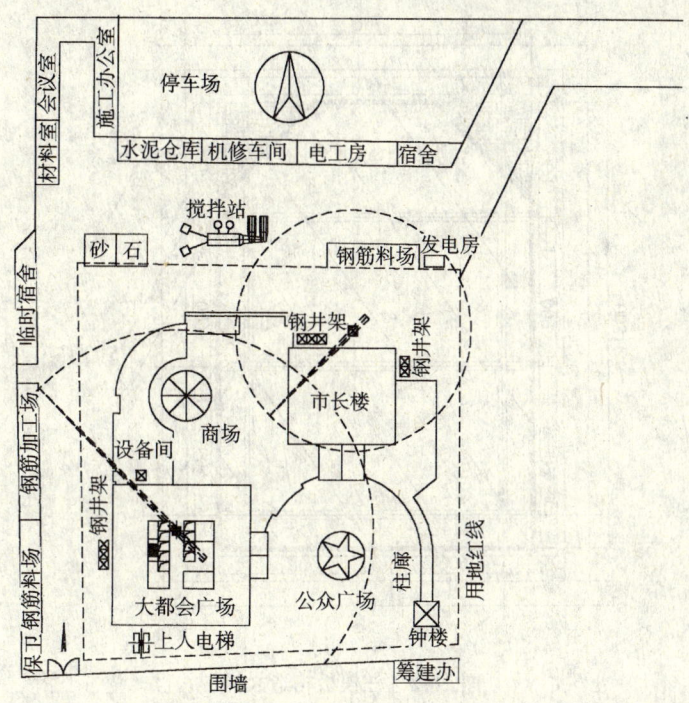

图 16-1　广州市大都会广场工程施工平面布置

工中与我公司紧密配合，使安装工程满足设计和使用要求。

大都会广场从1994年6月18日我公司插入施工，到1996年3月28日竣工，历时21个日历月，保证了合同工期的兑现。

16-3　模板工程

16.3.1　标准层模板工程

此工程剪力墙、柱截面大（墙厚为800mm，柱为1300mm×1800mm），楼层比较高（3.5m），标准层层数多（从6层至48层）。针对以上工程特点，我公司采用SP-70、SP-55系列组合模板体系。该模板体系具有刚度、强度大，拼装速度快，操作简便，周转使用次数多等特点。完成该工程全部结构，现场只是大批更换过一次，平时只对模板作必要的常规保养，从而大大地减少周转料的投入，降低了成本。制作出来的构件表面光滑，棱角分明，几何尺寸准确，从而保证了结构的质量。

16.3.1.1　柱、核心剪力墙模板

在结构施工中，考虑到柱、剪力墙截面积及楼层高度均较大，采用ϕ51mm钢管搭设整体式柱架，在柱的四个方向设置ϕ51mm钢管45°斜撑，上截柱采用水平钢管、卡具，纵横连接固定柱模，另加16号铁丝和花篮螺丝固定。由于柱截面较大，对柱模本身刚度的要求，相应设置了丁具式钢柱箍和ϕ14mm穿柱螺栓，外套ϕ16mmPVC塑料管做柱模板内撑，钢制工具式柱箍竖向间距@600mm，在柱的每个方向设ϕ14mm穿墙螺栓，水平及竖向间距@600mm。柱模板构造大样见图16-2。由于采用了以上措施，使柱的垂直度、截面尺寸误差

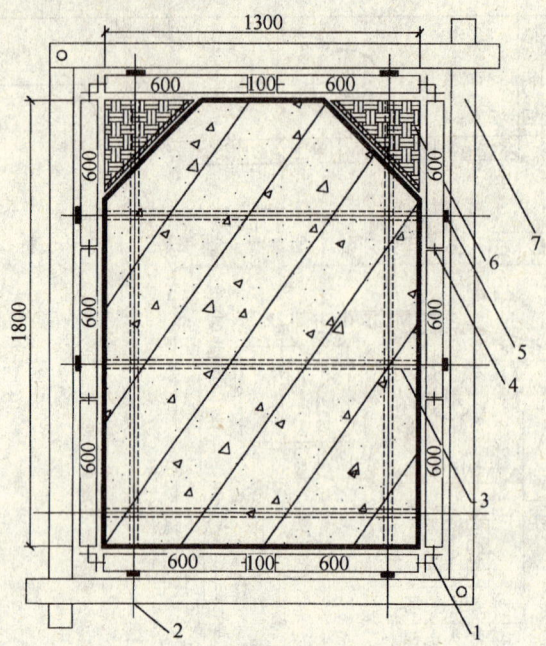

图 16-2 柱模板构造大样

1—联接角模；2—ϕ14mm 穿墙螺栓@600mm；3—ϕ16mmPVC 塑料套管；
4—联接插销；5—70×70×5 垫圈；6—定型切角木模板；7—钢柱箍@600

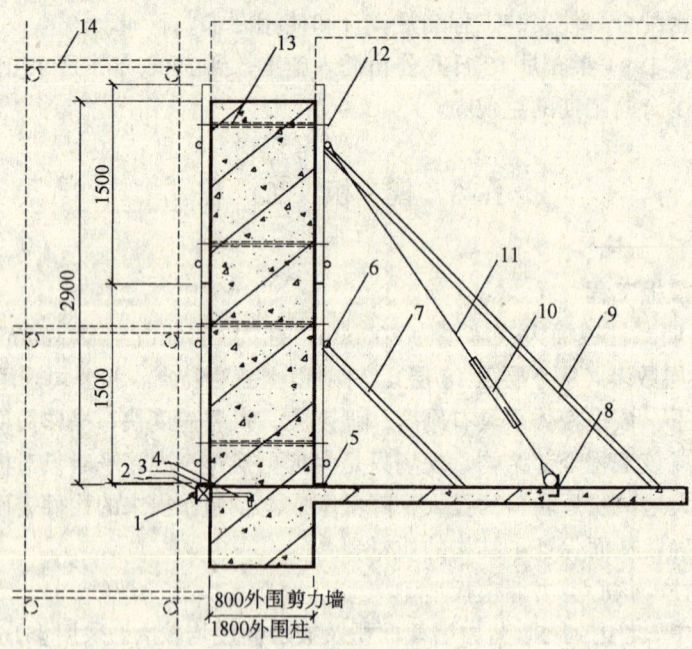

图 16-3 外围柱、剪力墙模板及支撑大样

1—螺母；2—槽形垫圈；3—8mm×10mm 木方；4—ϕ25mm 螺栓；5—25mm 厚垫脚木板；
6—水平压ϕ51mm 钢管；7—ϕ51mm 钢管斜撑@1500mm；8—ϕ10mm 钢筋环@1500mm；
9—ϕ51mm 钢管斜撑@1500mm；10—CO 型花篮 d=20mm；11—16 号铁丝拉杆；
12—ϕ14mm 穿墙螺栓；13—ϕ16mmPVC 塑料套管；14—整体提升式脚手架

分别为3mm及±4mm以内。核心剪力墙设置了竖向、横向间距为600mm的φ14mm穿墙螺栓，为防止模板下部胀模，在楼板上钉两件25mm厚直边板压脚，并控制模板第一度水平钢管距地面150mm以内。对于边角剪力墙外侧模板的安装，采取了在同一层结构面外侧预留φ25mm螺栓支承，不用借外脚手架，消除了安全隐患。外围剪力墙及柱模板构造大样见图16-3。实践证明，采取此措施后，边角剪力墙及柱的外侧模板整体变形极小，使模板外倾控制在3mm以内。

16.3.1.2 电梯井筒模

本工程的一个特点是电梯多而且分布集中，八樘客梯和一樘消防用电梯全部集中在核心筒体结构中，其中五樘电梯为高层梯。造成该工程核心筒内结构十分复杂，剪力墙纵横交错，钢筋量非常大，这样就给施工带来极大的困难。针对工程以上的特点，为确保工程的质量和进度，电梯井壁采用专用电梯井筒模，电梯井筒模构造大样见图16-4。利用内部爬升式塔式起重机配合，先跳格吊装筒模并调整好几何尺寸，根据模板安装各电梯井的钢筋，并将剩余的电梯井筒模一并吊装就位，最后封好外壁模。筒模的施工过程见图16-5。这种施工方法既节省了拼装电梯井内模的时间，保证了电梯井道的垂直度，又给钢筋绑扎提供了依据。由于采用以上模板体系，使电梯井道施工工期大大地缩短了。

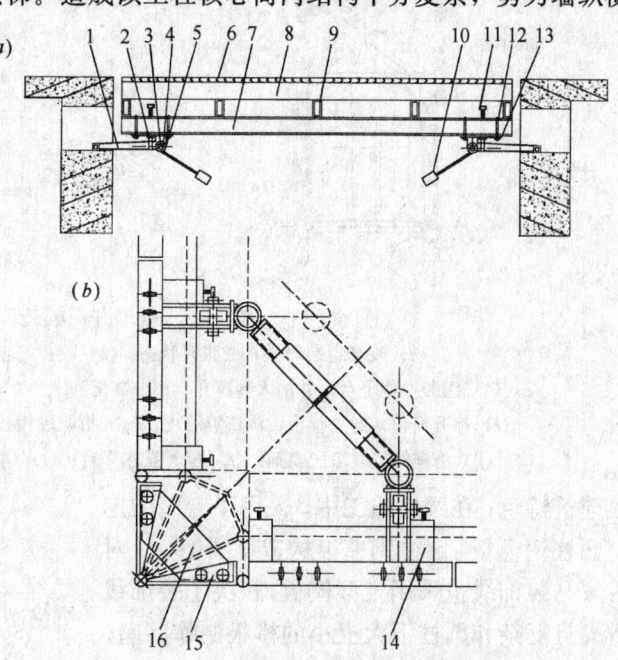

图16-4 电梯井筒模主要部件构造大样
(a) 电梯井筒模操作平台构造大样；(b) 电梯井筒模转角构造大样
1—支腿；2—支腿架；3—销轴；4—花螺母；5—开口销；6—木板；7—10号槽钢；8—10mm×80mm木方，间距不大于600mm；9—50mm×100mm方钢；10—平衡锤；11—螺杆；12—U形螺栓；13—螺母；14—方钢管卡；15—连接角钢；16—定形板

16.3.1.3 梁、楼板模板及其快拆支架体系

各层梁底模板用25mm厚直边板，梁侧板采用SP系列钢木模板，楼面板用1220mm×2440mm厚12mm竹胶合板。板、梁支架体系采用多功能门架式快拆脚手架。为了保证施工速度，本工程采用早拆模板系统，其做法是：在梁的跨中，底模板设接驳口，设置4条φ51mm钢管支撑，在提早拆模时保留，以缩小跨度达到早拆模板的目的。另外，在楼面模板安装过程中，为了确保模板接缝小于1.5mm，表面平整不漏浆，严格控制全部采用25mm厚直边板收口。上述措施在月进4层以上施工速度下，比原来的支模体系，备料数量可节省25%。

16.3.2 圆弧形柱廊、钟楼模板工程

首层东面的公众活动广场，由两排同心圆圆柱共35条组成圆弧形仿古罗马式柱廊，柱廊贯穿广场的东、北、西三面。柱轴线定位半径分别为20.4m及23.4m，柱高为11.25m，柱廊顶周边为1.2m高圆弧形混凝土女儿墙，还有标高19m的三角形钟楼。针对柱廊及钟

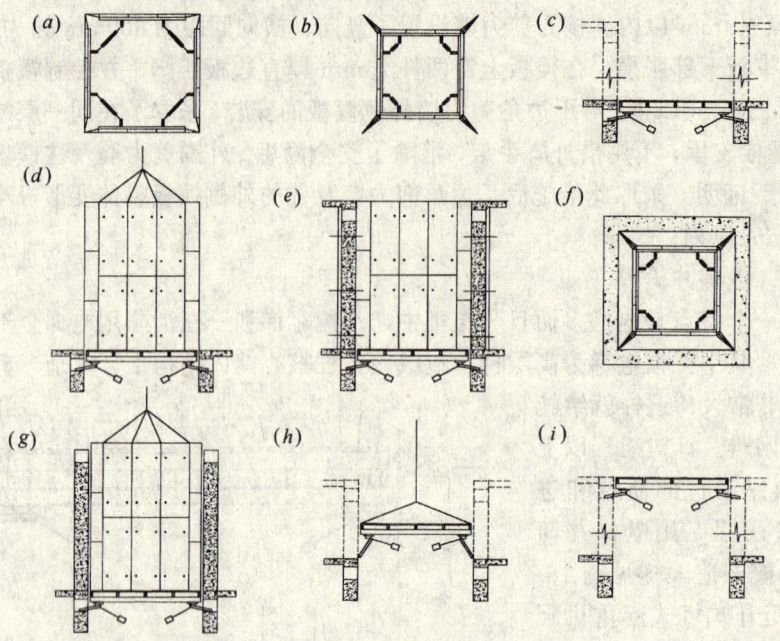

图 16-5 电梯井筒模施工过程

(a) 现场组装筒模,成张开状态;(b) 收拢筒模,涂脱模剂,准备吊装;
(c) 现场组装操作平台,并吊入预留孔,调节高度和水平;(d) 吊入筒模,绑扎钢筋,设预留孔;
(e) 撑开筒模,封外模板,浇筑混凝土;(f) 拆除墙模,收缩筒模四角,使筒模脱离墙体;
(g) 清理筒模,涂脱模剂;(h) 提升操作平台;(i) 调节操作平台水平,准备下层施工

楼建筑特色,在圆柱施工中,采用了专门的定型圆柱钢模板,圆柱钢模板构造见图 16-6。对古罗马装饰线也采用定型模板,解决了装饰线量大且复杂和圆柱下大上小的模板制作问题。

16.3.3 屋面尖顶框架斜梁模板工程

工程主楼屋顶为四棱锥金字塔外形,为钢筋混凝土框架梁结构,平面投影尺寸 25.8m×25.8m,各向倾角均为 50.3°。框架斜梁截面尺寸为 500mm×1400mm,除主斜梁为矩形截面外,其余框架梁均为梯形截面,尖屋顶四周共有框架柱 12 条,柱高 12m。

针对结构的特点,通过计算和放样的方法得出框架梁与柱、梁与梁交接处的模板几何尺寸,组织木工制作。由于尖顶结构为不规则几何尺寸,故支架体系采用 ϕ51mm 钢管搭设。经轴线、标高引测定位后,对钢管支架进行修正,安装好柱梁接头模板后,铺设四角斜梁底模板,然后再依次安装其它梁底模。待梁钢筋绑

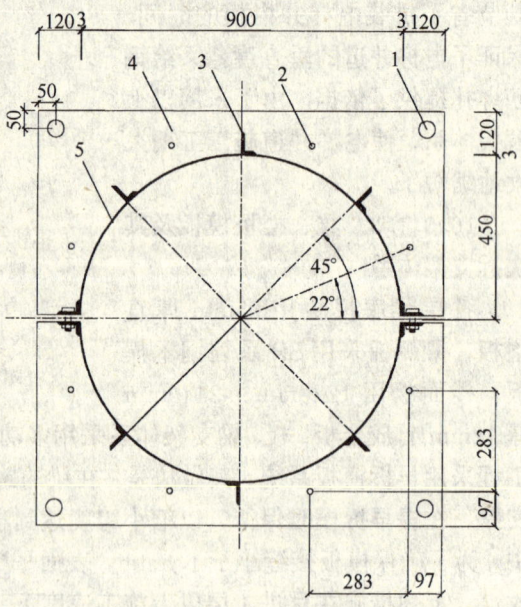

图 16-6 圆柱钢模板构造大样

1—ϕ48mm×3.5mm 钢管用于两头;
2—ϕ16mm 拼装孔;3—∟63mm×40mm
×8mm 角钢;4—3mm 厚加劲钢板;5—3mm 厚钢板

扎完成后，再安装各段梁的侧模。

16-4 钢筋工程

16.4.1 主楼结构钢筋工程

本工程柱和剪力墙的竖向钢筋均为 $\phi 28\sim 32\mathrm{mm}$ 带肋钢筋，要求采用绑扎连接，其接头位置需要错开三道，接头搭接长度需为 $45d$。但如果本工程钢筋采用绑扎连接，就会有以下缺点：①按规范规定绑扎接头的要求，对于层高 3.5m 的楼层来说，第三个连接接头就会升至上一层楼面上去。②采用绑扎连接工艺，由于柱、剪力墙的竖向钢筋数量较多，连接位置处因钢筋数量成倍数增加而变得十分密集，混凝土施工容易产生蜂窝。故最后决定钢筋连接采用电渣压力焊工艺。其与绑扎连接工艺比较，具有工效高、用料省、技术经济效益显著和焊接质量稳定等优点。

1. 电渣压力焊工艺要求

(1) 供电电压不能低于 400V；

(2) 钢筋焊接的端头要直、端面要平；

(3) 接头要错开；

(4) 焊接前应将接头端部 1200mm 范围内的油污和铁锈用钢丝刷清除干净；

(5) 上下连接钢筋必须同心；

(6) 焊接时禁止搬动钢筋，应保证钢筋自由向下正常下落，否则会产生"假焊"接头；

(7) 顶压钢筋时，需扶直并保持约半分钟不动，确保连接接头铁水固化，约 3min 后才能拆药盒。

2. 电渣压力焊注意事项

(1) 在焊接过程中应严格要求，接头处钢筋轴线的偏移不得超过 0.1 倍直径，同时不得大于 2mm，确保钢筋轴线对中；

(2) 在焊接过程中，要准确掌握好焊接通电时间，以及密切监视造渣工作电压和电渣工作电压的变化，并根据焊接工作电压的变化情况提升或降低钢筋，使焊接工作电压稳定在参数范围内；

(3) 在顶压钢筋时要保持压力数秒后方可松开操纵杆，以免接头偏斜或接合不良，并要搭架扶持钢筋上端，以防上下钢筋错位和夹具变形；

(4) 钢筋焊接结束时，应立即检查钢筋是否顺直。否则要在钢筋还处于热塑状态时将其扳直，然后稍延滞 1~2min 后卸下夹具；

(5) 因为是露天焊接，在大、中雨天气时禁止进行焊接工作。在微雨天时，焊接施工现场要有可靠的遮蔽防护措施，焊接设备要遮蔽好，电线要保证绝缘良好；

(6) 焊剂必须保持干燥，避免因焊剂受潮造成焊接过程中产生大量气体渗入熔池，或因钢筋锈蚀严重和表面不洁而影响质量标准；

(7) 要注意严格做好焊接接头质量的检验工作，利用小锤、放大镜、钢尺和焊缝量规对焊接接头逐个检查，对发现有焊包裂纹、表面有明显烧伤等缺陷的不合格接头应予切除，并重焊。

16.4.2 天面尖屋顶斜梁钢筋工程

综前所述，本工程因尖屋顶框架体系施工难度大、工期短、结构复杂，针对以上特点，钢筋施工采用以设计为依据，图纸放样计算应与现场实际相结合，由于框架梁截面为梯形，故梁的箍筋采用开口形式。

16-5 混凝土工程

16.5.1 混凝土的制备

由于本工程施工工期紧，混凝土量大，故在现场设置混凝土搅拌站，制备好的混凝土直接由混凝土泵输送至各浇筑点。主楼的首至6层柱、核心筒剪力墙中设计要求采用C50级混凝土。其配比如下：

水泥：砂：1～3石：水：FE-C_2外加剂

1：1.34：2.10：0.36：0.7%

砂率为39%，初凝时间4.35h，R_4=46.12MPa，R_7=51.3MPa，R_{28}=60.3MPa，坍落度220mm，和易性好，满足泵送施工的要求。其中FE-C_2外加剂为混凝土高效减水剂，具有减水率高（15%～20%）、混凝土早期强度增长快、泵送性能好的特点。

16.5.2 混凝土的泵送技术

本工程现场配备了两台SHC57混凝土泵，负责结构施工达27845m³混凝土的输送。配合5d一层的施工周期，1.5d需泵送约600m³混凝土，平均每小时泵送20～30m³，这是其他施工方法所不能达到的。混凝土一次泵送到结构的最高层52层，垂直高度达200m，充分利用了该泵的理论泵送高度。为避免工程质量通病，在管道的布置上，做到直管顺直，管道接头加密封箍并敲击手柄使之卡紧，保证密实不漏浆，弯头处加强管身与基座的锚固。水平管道经过的位置做到平整，用支架或木方垫固，不得与模板及钢筋接触。竖管穿越每层楼板时，在预留洞口用木块卡紧管壁，并在柱身设钢箍将竖管抱紧。为抵消输送高层混凝土时的逆流压力（背压），混凝土泵与竖管的水平距

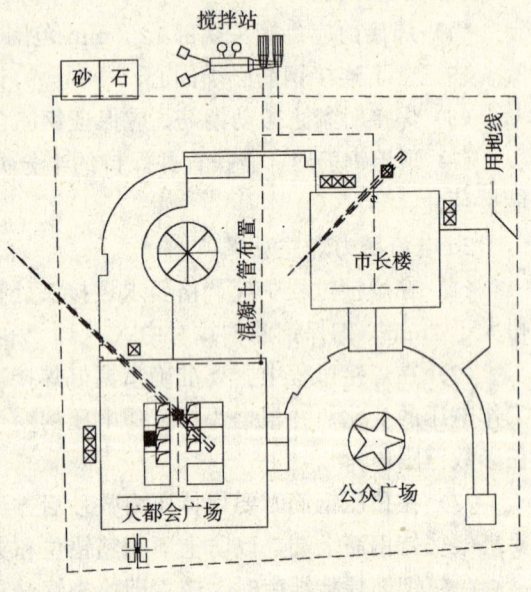

图16-7 广州市大都会广场工程混凝土管道布置

离为20m，并在竖管的根部装上截流阀。混凝土输送管道的布置见图16-7。在泵送过程中，设专人开机、冲管，并做好机械运行记录、压力表压力记录、塞管及处理记录、泵送混凝土量记录、保养维修记录等，密切注意泵机的技术状态和性能。

16.5.3 混凝土的浇筑

混凝土浇筑时应注意下列事项：

（1）在柱、剪力墙浇灌前，或新浇混凝土与下层混凝土结合处，在底面上应均匀浇灌

50mm 厚与混凝土配比相同的水泥砂浆。砂浆用铁铲入模，不用料斗直接倒入模内。柱、剪力墙混凝土应分层浇灌振捣；

（2）每层浇灌厚度控制在 500mm 左右；
（3）混凝土下料点应分散布置循环推进，连续进行；
（4）混凝土从搅拌机卸出至浇灌完毕，控制在 60min 内完成。

16.5.4 混凝土的养护

混凝土如果采用传统覆盖浇水养护的方法，必然会影响结构轴线的定位放线工作，无法适应高速度的施工进度的需要。为此，本工程采用了 YM-84 型混凝土养护剂进行保湿养护的方法。当混凝土终凝后，采用背包式喷雾器纵横喷洒一遍养护剂，在混凝土表面形成覆盖薄膜，以达到封闭保水养护的目的。本工程经用回弹仪和抽芯检测，混凝土强度与该批混凝土试块强度平均值对比差异不大。

使用养护剂和淋水保养两种养护方法的对比如下（以 1000m² 面积计）：
（1）用工方面的对比：喷洒养护剂为一工日，淋水养护用工为 24 工日；
（2）时间上对比：喷洒养护剂保养需时为 0.5d，淋水养护为 14d；
（3）经济上对比：喷洒养护剂费用为 2 元/m²，一层约为 1200m²，故为 2400 元；淋水养护每天用水为 5t，共 14d/层，另加水泵电费 200 元，故需用 260 元。故使用养护剂费用要比淋水费用高，工期可大大缩短。

16-6 整体提升式外脚手架应用技术

本工程结构由裙楼（1～5 层）及主楼（6～48 层）组成。除裙楼部分外，主楼标准层只在 45 层收进 1.2m，加上结构外形方正，立面变化较小。针对以上结构特点，本工程外脚手架采用我公司开发的整体提升外脚手架体系。整体提升外脚手架的平面布置见图 16-8。它是分别用普通钢管和铸钢扣件按常规方法在裙楼顶搭设 4 层高的双排外墙脚手架（共 7 层半操作层，每层高 2m），下面第 1 层用钢管和扣件搭设成双排桁架，桁架两端支承在脚手架承力架上，外脚手架在停置时，有拉固螺栓与建筑物可靠连接，随着结构施工进程，利用电动提升机将整个外墙脚手架往上提升，并保证外墙脚手架始终高出结构施工操作面一层操作层，以配合施工进程。脚手架提升时，采用工具式悬臂钢梁吊挂提升机，提升机吊钩与承力架连接，全部提升机同步动作，达到整体提升，脚手架设有多道导向滑轮，使脚手架整体沿建筑物导向上升或下降，为防止晃动，设置防断绳装置，以策安全。提升过程由整体提升脚手架自动控制台控制，使全部提升机同步，保证同步提升差异小于 50mm，信号部位直接与脚手架相联，使提升机同步运转。在提升过程中，应注意做好以下几点：

（1）在提升前，必须全面检查外脚手架各操作层和安全网是否有杂物尚未清理，排除提升时可能产生的坠落不安全隐患；脚手架及建筑物的连接是否全部拆除，脚手架范围内的建筑物临边防护措施是否已经安全和完善；
（2）提升时间应选择在午休或下班后。提升时严禁有人在脚手架上；
（3）脚手架提升过程中为防止晃动，除在脚手架上设有多道导向滑轮外，还应在楼层内设置专人用钢丝绳加以牵引；
（4）提升后，必须全面检查各支承系统及拉顶系统，脚手架外侧应全部挂好密眼安全

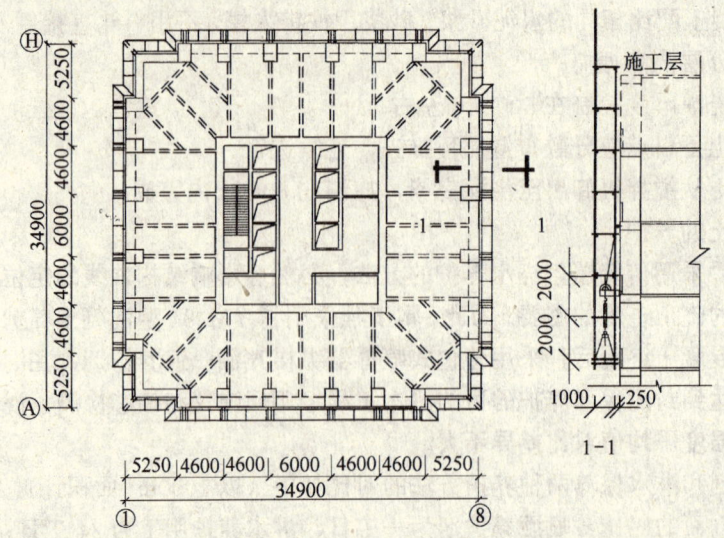

图 16-8 整体提升式脚手架平面布置及构造大样

网。脚手架体系底部除密铺钢走道板外,在脚手架底与建筑物边铺密眼安全网,确保脚手架及建筑物内的杂物不能穿过脚手架下坠;

(5) 在脚手架提升后,以下的楼层每 5 层在建筑物外围 2m 范围内设置斜挡板,并满铺铁皮,以防高空坠物伤人;

(6) 每次脚手架在提升前后,均由公司质安部门与现场专职人员共同检查,办理好交验手续后才能提升或使用,另外在脚手架使用期间,严禁堆放杂物。

整体提升脚手架具有操作方便、机件损耗小、投入的周转料少、适用性较强等特点,其与传统的全高搭设的外脚手架的比较如下:

(1) 收费对比:预算定额外脚手架费用为 128 元/m²,而整体提升脚手架体系的费用约为 45 元/m²,节约 64%;

(2) 工效对比(按本工程面积为 34.9m×34.9m,层高为 3.5m 计):全高搭设外墙脚手架的搭设用工量为 260 工日。采用整体提升脚手架提升一层只需 10 人操作用时 1h 便可完成,提升前后工作准备约占用 25 工日,全高用工量总共为 34 工日,整个工效提高 7 倍多;

(3) 周转料用量对比:本工程按 8000m² 搭设量计,全高钢管外脚手架需用钢管量为 400t,而使用整体提升脚手架体系需用钢管量仅为 70~80t,并可减少大量的走道板、安全网等周转料的投入。

16-7 防 水 工 程

本工程主楼、裙楼的天面及地下室内墙的防水层施工面积约为 3000m²,防水材料采用"911"涂料非焦油型聚氨酯橡胶防水涂料。该涂料干燥后成为高弹性无接缝橡胶层,具有抗拉、粘合强度高;抗湿、抗裂性好;不透水性良好,以及耐热耐腐蚀、耐老化、耐低温等一系列优点。施工前,采用防水砂浆填补的方法处理结构面层的凹凸部位,并清扫干净。

然后做一道水泥浆结合层，在其上再做水泥砂浆找平层，待找平层干燥硬化后，清扫及用压缩空气吹净表面，涂刮"911"防水涂料两道，每道厚约1mm，第二道涂刮方向与第一道垂直。涂刮时防止出现气泡，第二次涂刮要等第一道固化后，清除去杂质才可进行。对特殊部位，如突出地面、墙身的管子根部、地漏、阴阳角，应特别注意涂层质量，确保密实完整。防水涂料应返上墙壁或柱身1m，涂层完成3d后应做渗水试验，经检验确定为无渗漏后，再进行水泥砂浆保护层及以上的钢筋细石混凝土层找坡的施工。由于防水材料产品性能优良，各工序严格按规程操作，层层把关，完工至今无渗漏现象。

16-8 砌体工程

大都会广场主楼共48层，标准层均由16个单元套间所组成。为减轻结构荷载，减少占用农田生产的红砖用量，单元分隔墙壁采用轻质蒸压混凝土砌块，蒸压混凝土砌块质量轻（只有600kg/m³，相当于粘土砖的1/3），保温和隔热、隔声性能、耐火性、可加工性均优于普通的粘土砖。由于施工方法基本与粘土砖相同，操作较易掌握，不会造成施工上的困难。又因其质量轻，块体大，可减少运输量达2/3，并可提高砌筑效率。且块体大，墙壁整体性更好。施工当中采用600mm×250mm×100mm（长×高×宽）规格的砌块，与砌筑红砖相比，砌筑效率可提高10倍。为保证墙体质量，砌筑时应注意下列事项：

(1) 砌块上下皮应错缝，搭接长度不得小于块长的1/3；
(2) 墙壁的转角、纵横墙交接部位及柱与墙壁交接处放置两根ϕ6mm拉结筋；
(3) 砌筑砂浆强度等级为M5。水平灰缝要求不大于15mm，竖缝不大于20mm；
(4) 由于此种砌块体积较大，厚度较小，故砌筑时一定要控制砌筑的高度，禁止一次砌筑超过1.2m，否则，由于砌筑砂浆的收缩，使墙壁下沉，造成墙体与结构梁或板交接处出现裂缝。且由于墙体厚度小，只有100mm，连续砌筑到顶很容易造成墙体失稳倒塌；
(5) 由于混凝土轻质砖体积较大，在柱或剪力墙中留设墙体拉结钢筋要求比较高，应计算好预埋高度，避免为施工时带来不便。

16-9 装饰工程

16.9.1 主楼室内粉饰工程

主楼标准层以上的室内墙身为一般抹灰。为了达到质量标准的要求，采取了以样板间推动整个面的做法，选用有一定装饰施工经验的班组，由质安员监控。各分项装饰工作完成后，经工程处一级初验，公司质安部验收，评定合格后，作质量、安全、技术三交底，然后以此为样板，全面铺开。在抹灰施工过程中，对轻质混凝土砌块墙体在抹灰前一天先行淋水，并在抹灰前先用107胶水泥浆（107胶的掺入量为水泥重量的20%）涂刷墙面，再随即抹上砂浆层。对于轻质砌块墙体与混凝土柱、剪力墙交接处，则还需先钉挂细眼钢网才抹灰。操作时用2m托线板做好冲筋，抹底层砂浆（1:1:6 混合砂浆）将其压实平顺，待底层抹灰砂浆7~8成干后，再进行面层抹灰（1:2 水泥砂浆），厚度控制在2mm内，并要压实压光。这样就有效地保证了墙壁不出现空鼓、开裂和不平整现象，避免重复返工浪费材料，保证了工程的质量。

室内房间和走廊大部分地面均为水泥砂浆地面，上面再铺豪华地毯。因此施工中要特别保证地面的平整度，避免出现空鼓。为此在地面施工前，先将基体表面充分湿润，在四周做好"灰饼"后，再用干硬性水泥砂浆做冲筋，铺设水泥砂浆后做好砂浆的抹平、压实和压光工作，安排专职质安员进行监控，使表面平整度控制在4mm偏差范围内。验收时获得良好的评价。

16.9.2 圆弧形柱廊、钟楼的装饰施工

首层东面的公众活动广场，由两排同心圆轴线圆柱共35条组成圆弧形柱廊，贯穿广场的东、北、西三面，柱轴线定位半径分别为20.4m及23.4m，柱高为11.25m，廊面周边为1.2m高的圆弧形女儿墙，标高为19m的三角形门楼。圆柱、圆弧形连续梁及女儿墙门楼均有仿古罗马装饰线，线条高贵优雅、凹凸有序，东西柱廊连接钟楼，钟楼高26.5m，屋顶为四棱锥体，并由4条异形柱支承，整个钟楼的装饰仿照英国伦敦大钟楼的风格而设计。

针对柱廊的古罗马圆柱下大上小，装饰面与结构面最大处厚度相差达275mm，为此，用了另一套工具及钢结构圆柱饰线模板进行装饰施工。首先，沿周边绑扎$\phi 6mm$竖向通长钢筋，间距为150mm；$\phi 6mm$圆形水平箍筋，间距为1000mm。然后安装圆柱钢模板，以每段1.5m安装，浇灌C20级细石混凝土，严格振捣保证其密实。浇筑混凝土拆模后，无发现空鼓、露筋等缺陷。接着抹上M7.5级水泥砂浆面层。由于圆柱顶及柱脚的建筑造型中，水泥砂浆的厚度较大，所以此部分采用分层抹灰的施工方法。另外，还按图纸大样，按1：1比例用18mm厚木夹板做出拉线模具，交施工班组作为施工完成面的尺寸复核。

由于有严格的质量管理措施和认真执行操作规程，在验收中从观感到实测均被评为优良，该部分已成为本工程的一大建筑特色，成为大都会广场的标志。

16.9.3 砂浆泵的应用

由于工程场地狭窄，不宜多设井架，装饰施工中采用了低区和高中区同时施工的方法。低区仍然采用井架运输砂浆，中高区则采用砂浆泵运输。在现场配备了1台PB4砂浆泵，设在裙房西北角，管道沿裙房西向外围进入主楼，通过主楼西北角的预留洞口往上布管。PB4砂浆泵具有体积小、重量轻、灵活方便、操作简单、维修方便、快捷以及扬程高、水平输送距离远、工作效率高等优点，因而缓解了高层建筑中长期存在的垂直运输紧张的问题。从而保证了工作面全面铺开，加快了砌体工程及装饰工程速度，保障了施工的连续性，也保证了施工质量。

16.9.4 1~5层外墙干挂花岗石施工

本工程采用全部意大利进口的墨绿色渗花花岗石板材。施工前均经专人严格筛选，保证石材的色泽和块料尺寸的统一。干挂石施工时先用经纬仪放出骨架中线，然后做骨架。在混凝土面上用膨胀螺栓固定一块L形钢板，再通过与一块上面焊有小圆销钉的钢板相联，从而组成整个骨架，花岗石块料通过销钉固定在骨架上，见图16-9外墙干挂花岗石节点大样图。骨架均采用防锈漆打底，外涂银漆。由于整个工序要求严谨，石块接缝横平竖直，高低差小于0.2mm，接缝宽度均匀。块料间的接缝填充专门的粘胶。

16.9.5 6~48层金黄色中空玻璃幕墙工程

本工程标准层外墙采用从比利时进口的24mm双层真空、隔声、隔热金色镜面玻璃做幕墙。外墙面积达22900m²。幕墙施工分为埋件安装，水平、垂直骨架安装，玻璃安装三道工序。埋件安装与结构施工同步进行，为减少结构与幕墙施工上的误差，故结构的轴线与

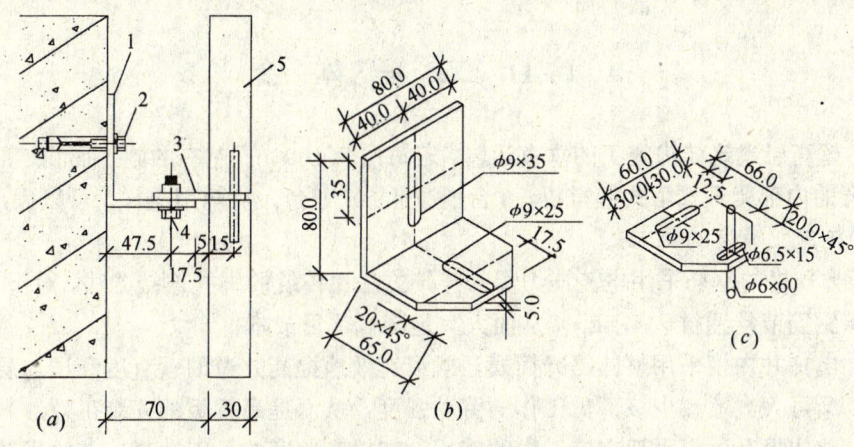

图 16-9 外墙干挂花岗石节点大样
(a) 干挂花岗石节点构造图；(b) 托板大样；(c) 舌板大样
1—托板；2—M8 膨胀螺栓；3—舌板；4—连接螺栓；5—花岗石

水平每 5 层与幕墙放线校对一次，并相互调整。骨架和玻璃的安装采用吊船施工，保证了结构施工与幕墙工程同步进行，保证了工期。

16-10 主轴线、标高引测和沉降观测

16.10.1 主轴线、标高引测

通过甲方提供的基线，在建筑物的首层用经纬仪放出主楼、商场的基准轴线，并复核闭合后，在主楼各层的四个大角预留 200mm×200mm 洞口，通过铅直仪将主轴线向上引测到各层楼面上，再用经纬仪复测轴线闭合后，才全面开出其它轴线。并以 5 层为一个基准站，从上一站点引测主轴线与本层主轴线比较并作调整，从而确保主楼的垂直度，完工后实测得主楼中心偏差为 15mm，达到规范要求。

水准基点的引测，由甲方提供之位于建筑物西南向的天河北路与体育西路交汇处东侧的人行道上的大地测量水准点，用 DS3 型水准仪引测到位于建筑物东南和西北角的已有建筑物上（上述两点均位于本工程地下室边线以外，不受施工中土体位移的影响），并以此作为次水准点，再用同一水准仪将水准点引测到建筑物的两个大角上，经复核闭合误差在 ±3mm 以内，并分配调整后，标上红色标志，作为水准的引测基点。各层标高线的引测是将水准仪安放于每个楼层结构面且大致在两对角柱或剪力墙连线中点位置，用专用大钢尺引上的标高进行复核，当闭合差小于±3mm 时，作适当分配调整后引测到楼层各处，供抄平之用。抄平时，以前后视两条水平线作校核。按此方法对标高进行引测。在结构封顶后对建筑物总高度测量，误差为+20mm，是规范允许的范围内。

16.10.2 沉降量测量

本工程沉降观测是委托广州市设计院进行的，在主楼首层外边柱及剪力墙上埋设 6 个永久性沉降观测点。在结构施工阶段，每施工 3 层观测一次，到 20 层后每施工 5 层观测一次，结构封顶后每月观测一次，直到工程基本完成。每次观测都实施了仪器、人员、观测

程序"三固定"的方针,工程即将交付使用时,最大沉降量是 9.3mm,符合设计规范要求。

16-11 工 程 体 会

(1) 超高层建筑结构施工的垂直运输,若每层为 1000m² 左右的施工面积,则采用 1 台 50m 吊臂的内部爬升式塔式起重机,2 台混凝土泵,1 台人货两用电梯,可以满足月进 5～6 层的结构施工速度的要求;

(2) 大规格的钢筋采用电渣压力焊的连接方法比传统的绑扎连接方法,对于 $\phi 32mm$ 钢筋,每条钢筋节省钢材达 4.8kg,从而大大地降低项目成本;

(3) 电梯井内模采用整体提升筒模,既可有效地提高井道的垂直度和层与层间的接口处平整,又可大大地减少该部位工作的劳动强度,从而提高模板的安装工效;

(4) 整体提升外脚手架在施工中的使用,有提升速度快、工效高、节约周转料、资金投入少等优点;

(5) YM-84 混凝土养护剂的使用虽然经济上比淋水养护的投入大,但能较有效地解决了与放线间的矛盾,从而提高施工速度,对现场的文明生产管理也大有帮助;

(6) 外墙采用干挂花岗石的方法,虽然比湿作业法费用要高,但其施工速度大大高于湿作业法,且操作简便,工序少,劳动强度低,可彻底杜绝湿作业出现的花斑现象。

17 港澳江南中心工程施工技术

广州市第四建筑工程有限公司　罗俊麒　涂晓明

17-1 工程概况

港澳江南中心由江南房产有限公司兴建，由华南理工大学建筑设计研究院设计；设计顾问为香港周星樾建筑工程师事务所；工程监理为金门工程管理有限公司；建筑工程测量为香港利比建筑测量师；由广州市第四建筑工程有限公司中标承建。

港澳江南中心大厦座落在广州市海珠区中心地带，北侧为昌岗中路（正对28层四星级的江南大酒店），南侧为广东省口腔医院（12层）及职工宿舍（18层），东侧为江南大道南（正对广州市医学院第二附属医院），西边紧靠"江南苑"地盘。施工场地有城市道路直达现场，交通十分便利。但因为是城市干道，因此在施工时受交通管理、市容卫生管理的限制较多，给施工带来较大困难。

本工程总占地面积$10600m^2$，整个工程的建筑总面积为$111133m^2$，其中包括地下室3层和5层裙楼。本工程分二期施工：第一期工程，建筑面积$42871m^2$，工程包括地下室3层，裙楼5层及塔楼之1、2层。第二期工程，建筑面积为$68262m^2$，工程包括塔楼顶板面以上所有工程。

港澳江南中心大厦地下3层为人防层，平时为停车库，层高3.85m；地下2层设有汽车库及设备用房、垃圾处理房等配套用房，层高4.00m；地下1层由超级商场、电气用房、自行车库、消防控制中心组成，层高4.00m；地上1层、2层、3层为大型购物广场，4~5层主要为娱乐区，设有多种文娱活动场所及配套服务的设施，如设有保龄球场、夜总会、卡拉OK、玩具城以及快餐式食街，商场主入口处设置了6层高的交通中庭，中庭内两部自动扶梯使人流引向各层空间，顶部玻璃光棚。6层平台层（裙楼天面），主要为俱乐部，设有健身游泳场以及平台花园等。首层层高6.0m，2~4层层高5.00m，6层层高6.00m。7~27层为办公室（高级写字楼），灵活分隔空间，以满足不同用户的需要，并有相应服务的生活设施，层高均为3.80m。28层为机电设备层，层高3.00m。28A层为避难层，层高3.00m。29~48层为高级公寓，每层分12单元，内有独立的卫生间、厨房等必需的设施，层高3.15m。49~51层为内部使用办公室、观光层、设备房，屋顶设有天线。塔楼总高207.65m。

裙楼设有3部电梯，中庭设12部自动扶梯。塔楼内筒设12部高速电梯（奥地斯），其中4部到29层，6部到49层，二部直达观光层，服务范围贯穿整栋综合楼。

本工程采用现浇钢筋混凝土框剪和筒体结构，基础采用大直径人工挖孔桩支承于微风化粉砂质岩层。裙楼以及地下室采用框剪结构，楼盖采用肋形梁板。裙楼外框柱为（1.50m

×1.60m，内有φ1200mm钢管）钢管混凝土柱，外框裙梁为钢劲性梁；地上6层设有结构转换层（大梁截面1500mm×3200mm），7层以上塔楼采用筒中筒结构（柱截面1.40m×1.50m，外框梁1.00m×1.80m），塔楼的楼盖采用肋形梁板。

17-2 基础承台地下室底板大体积混凝土施工

本工程地下室底板厚1.00m，平面面积为7130m²，三层地下室建筑面积为21000m²，底板加上承台混凝土量约11000m³，属于大体积混凝土。设计要求底板混凝土用后浇带（仅考虑底板大面积收缩变形，属于收缩缝）分为三个区（Ⅰ、Ⅱ、Ⅲ区）。混凝土强度等级为C45、C30。后浇带的混凝土强度等级为C45，混凝土的抗渗等级为P6。底板之下为C10级素混凝土垫层，厚150mm。

54层大楼由一个大承台SW1、四个较小承台SW2支承。SW1承台埋置深度为（-16.60m），承台尺寸24.3m（长）×19.25m（宽）×4.75m（高），扣去电梯井坑，混凝土量为3117m³，钢筋数量多且密集。SW2承台是一个底边为12.3m的等边切角三角形，高为3.7m。每个承台混凝土量为262m³。

地下室底板混凝土量Ⅰ区（见图17-1）为3200m³；Ⅱ区为800m³；Ⅲ区为3100m³。本地下室工程合同工期为11个日历月，工期紧迫。

17.2.1 施工顺序

为保证工程质量，征得设计院同意，整个工程施工顺序为：主楼桩承台及内筒承台→主楼底板→裙楼底板（以后浇带为界分三个区域）。

进行流水施工，并安排好钢筋的绑扎和浇筑混凝土的交叉作业。

17.2.2 施工组织安排

根据工程特点，结合现有建制及施工任务实际情况，我公司按下列措施实施。

(1) 按施工进度计划要求，现场项目管理班子负责统一指挥，协调各有关单位的工作配合及工序搭接。

(2) 提前解决图纸中技术或材料、设备问题，为施工创造有利条件。

(3) 提前解决各自分管材料、设备的供应问题。

(4) 预先选定预拌混凝土站，由我公司提供配合比，供预拌混凝土站进行试配、实验。

(5) 根据工程进展情况，协调有关人员配合施工现场与有关单位进行洽商、资源供应、加工订货、材料运输、现场管理及安全保卫工作。

17.2.3 施工措施

(1) 整个承台的施工共分为五个工段（四个SW2、一个SW1）。

(2) 承台钢筋一次性扎好（指-12.85m以下钢筋）。

(3) 每个SW2承台一次性浇筑混凝土至底板底（-13.00m）。SW1大承台分二次施工，第一次浇筑混凝土至电梯井底（-15.00m），第二次浇筑至底板底（-13.00m），两次的间隔时间5d。浇第二次混凝土时，用空压机清扫施工缝。

(4) 每浇筑完一个承台，利用混凝土面与垫层面的高差进行蓄水保湿养护。

(5) 浇筑这五个承台，根据工地的实际情况，购买搅拌站的预拌混凝土，运到工地边，利用斜槽输送到浇筑点。

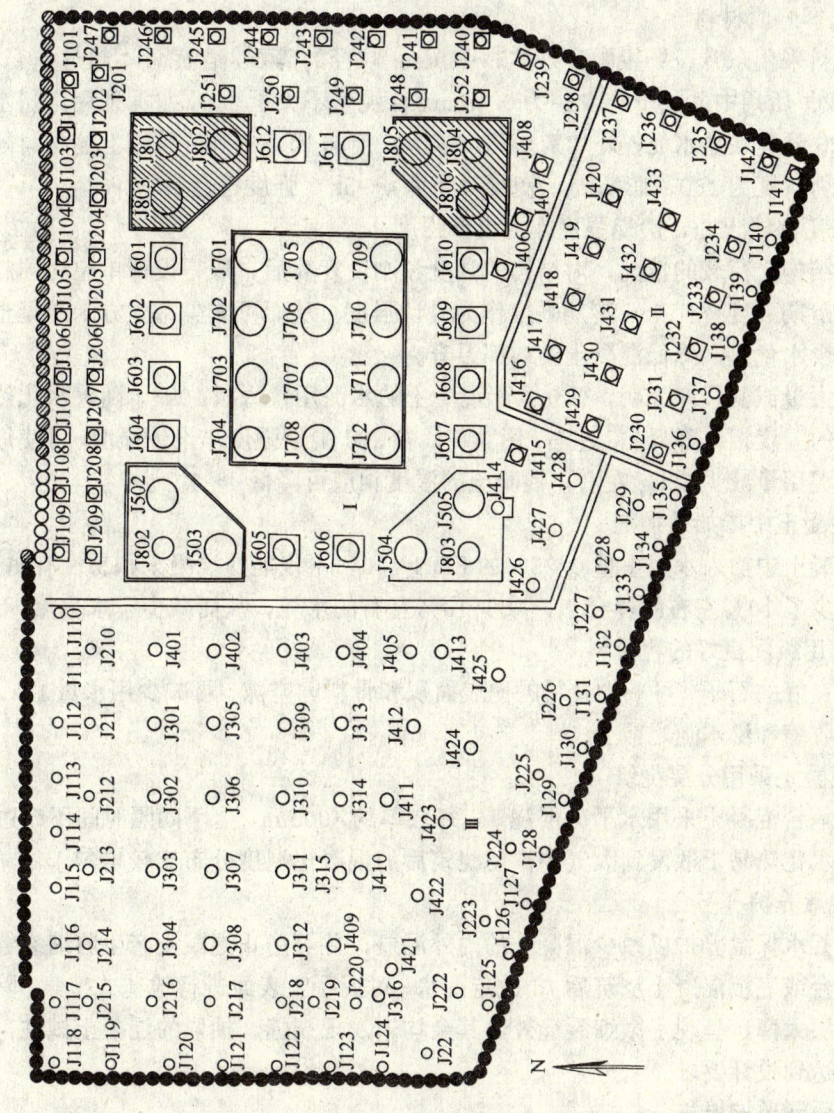

图 17-1 基坑平面图

(6) 整个地下室底板利用后浇带位置，分为三个区（Ⅰ、Ⅱ、Ⅲ区），见图 17-1。

(7) Ⅱ区面积比较小，利用斜槽浇筑混凝土。

(8) Ⅰ区和Ⅲ区混凝土利用 2 台混凝土泵输送。根据混凝土泵每小时的输送量和混凝土的初凝时间，按照上面一层浇筑的混凝土应在下面一层混凝土初凝前浇筑完毕的要求，确定混凝土的浇筑范围，以避免冷缝出现。

17.2.4 防止混凝土温度裂缝所采取的措施

大体积混凝土施工易产生裂缝有多方面原因，如约束情况、周围环境温度、混凝土的均匀性、结构形式、原材料质量、模板刚度等，都可能引起大体积混凝土产生裂缝。情况比较复杂，但是温度裂缝是重要因素之一。温度裂缝主要是水泥水化热的大量积聚，使混凝土出现早期温升和后期降温现象，混凝土内部形成较大的温度梯度，以至产生温度应力。为防止温度裂缝的产生，施工中采取了下列措施：

1. 选择好原材料

粗骨料采用东升石场级配良好的 5~30mm 粒径的碎石，含泥量不超过 1%，针片状含量低于 5%；所用中砂的平均粒径为 0.4mm，含泥量不大于 2%，水泥采用广州水泥厂产的五羊牌 525 号硅酸盐水泥；外加剂采用广东湛江产的 FDN-440。采用上述材料配制的混凝土，要求坍落度为 160~180mm，初凝时间为 4~5h，强度符合要求。

2. 采用混凝土 60d 龄期强度作为设计强度

根据结构受荷载的情况，对结构的强度和刚度复算后，取得设计单位的同意，采用混凝土 60d 龄期强度替代 28d 龄期强度作为设计强度。从而可减少每立方米混凝土中的水泥用量，减少水化热，降低混凝土的内部温升。

根据大量试验资料表明，每立方米混凝土的水泥用量每减 10kg，随着水化热的减少将使混凝土的温度相应降低 1℃ 左右，用 60d 代替 28d 龄期强度作设计强度，可使每立方米混凝土的水泥用量减少 55kg 左右，混凝土的温度相应可降低 4~7℃。

3. 混凝土中掺加外加剂

在混凝土中掺入水泥重量 0.25% 的 FDN-440，不仅能使混凝土和易性有明显的改善，同时又减少了 10% 左右的拌合水，减少 10% 左右的水泥，从而减少了水化热。

4. 选用级配良好的粗骨料

级配良好的石子，可减少骨料的比表面积和骨料间空隙，可减少用水量 15kg 左右，使混凝土的收缩和泌水随之减少。

5. 混凝土采用分层浇筑

浇筑承台混凝土采用水平分层浇筑，每层厚约 400mm，上下间隔时间不超过 3h，分层浇筑可使水化热易于散发到大气中，使浇筑后的混凝土温度分布比较均匀。

6. 注意养护

采用蓄水保温养护以减少混凝土的内外温差，并可防止混凝土产生收缩裂缝。

在承台或底板混凝土浇筑后 7d 放走蓄水，对混凝土表面进行地毯式搜索，除几处由于钢筋保护层太薄，呈现了微细裂缝外，其余均未发现裂缝，抽取的混凝土试件，其 28d 的强度值均达到设计要求。

17.2.5 质量监控措施

如此大体积混凝土的施工，只许成功不许失败。为确保工程质量，采取下列监控措施：

（1）指令搅拌站对原材料必须根据试配单按要求进料。

（2）浇筑时，派员到搅拌站监控，做到车车投料准确。

（3）混凝土搅拌输送车运混凝土到现场后，车车检查坍落度，达到要求（160~180mm）才能浇筑。

（4）为减少坍落度损失，尽量缩短运输时间，控制运输时间在 90min 以内，并保持出车均衡。

（5）要求浇混凝土工人严格按施工方案进行振捣。

（6）浇筑 SW1 承台混凝土时，在其内部安装电热偶测温器，每天测温 6 次，每隔 4h 测温记录一次，从而指导蓄水厚度的调整。

混凝土浇筑 28d 后，曾对 2 个 SW2 承台进行抽芯试压，混凝土强度皆达到设计要求。

17-3 钢筋锥螺纹接头连接技术

17.3.1 本工程结构特点

本工程结构具有下列特点：

(1) 结构构件截面大、跨度大。电梯坑承台大梁跨度24m，梁宽4m，梁高4.7m，梁底面有90条φ32mm规格主筋，下料制作长度25.45m。

(2) 梁板和墙柱等构件的粗钢筋，设计上基于人防和地震设防的考虑，均要求通长焊接。

主体结构的20条1.5m×1.6m钢管混凝土柱，每柱配置64条φ32mm规格纵向主筋，由基础至顶层都要焊接；转换层梁底面φ32mm主筋及φ25mm腰筋共计2400多条，钢筋亦要通长焊接成39.70m长。

(3) 受力构件主钢筋直径粗、排列层次多且密集，主筋数量大、净距小。

针对上述特点，本工程粗钢筋的连接采用了锥螺纹接头连接。

17.3.2 钢筋锥螺纹接头施工

17.3.2.1 钢筋锥螺纹加工

加工过程中应注意下列事项：

(1) 钢筋应先调直再下料。切口端面应与钢筋轴线垂直，不得有马蹄口或挠曲。

(2) 加工的钢筋锥螺纹丝头的锥度、牙形、螺距等必须与连接套的锥度、牙形、螺距一致，且经配套的量规检测合格。

(3) 已检验合格的丝头应加以保护，钢筋一端丝头应戴上保护帽，另一端可按钢筋不同直径规定的力矩值拧紧连接套筒，并按规格分类堆放整齐待用。

17.3.2.2 钢筋锥螺纹接头连接时注意事项

锥螺纹接头连接是将要连接的钢筋端部锥形螺纹插入事先加工的成品套筒中，用力矩扳手将其拧紧，从而使钢筋连接起来。

连接时应注意下列事项：

(1) 连接钢筋时，钢筋规格和连接套筒的规格应一致，并确保钢筋和连接的丝扣干净、完好无损。

(2) 带连接套筒的钢筋应固定平直，连接套筒的外露应有密封盖。

(3) 连接钢筋时，应对正轴线将钢筋拧入连接套筒，然后用力矩扳手拧紧。接头拧紧值应按钢筋不同直径规定的力矩值，不得超拧，拧紧后的接头应作上标记。

17.3.3 几点体会

港澳江南中心钢筋锥螺纹接头连接技术的应用，经与其它连接手段比较，证明其在解决高层、超高层、大跨度、大面积建筑工程钢筋制作、运输、安装工期、质量、安全等方面具有独特的优势和实用价值，其优点如下：

1. 工艺简单，可操作性强

现场安装只需一把扳手、两个工人，就可以自由轻快地操作，且不受天气、环境及工人文化素质等因素的影响，容易为工人接受。

2. 适用范围广

锥螺纹接头连接不受钢筋材质的可焊性影响，不受钢筋规格限制，不仅适用于竖向（如桩筋、墙柱纵向主筋）钢筋的连接，还适用梁板、锚杆等水平方向的钢筋连接，适用于超长的、密集的、排列层次多的、大量的、大面积的通长粗直径及不允许断开的各种形状构件的钢筋连接。

3. 有利于水平运输和垂直运输

超长钢筋应用锥螺纹接头连接，可有效地控制钢筋长度，在汽车运输和垂直运输的允许范围内，使水平与垂直运输钢筋完全处于安全、高效受控状态。

4. 有利于质量保证

钢筋锥螺纹丝头和连接套筒的加工，属机械加工范畴，不受钢筋材质的影响，钢筋套丝和连接用套筒均由工厂用专用机具加工，产品质量稳定，检测手段保证，不合格品已在生产过程中被淘汰，绝对不会用在构件上。与电渣压力焊、电弧焊、闪光对焊等连接手段比较，锥螺纹接头连接具有钢筋对中性好的优点。同时，因其既不受电压高低、电流强弱的影响，也与钢材可焊性能优劣无关，更与天气好坏等环境因素无关，接头质量比其它手段更有保证。根据港澳江南中心几十组取样所做的试验结果报告，所有锥螺纹接头试件的屈服强度实测值都大于设计的屈服强度的标准值（实测 $\phi25mm$ 钢筋的屈服强度平均达到 $342N/mm^2$；$\phi32mm$ 钢筋的屈服强度平均达到 $389N/mm^2$）；钢筋抗拉强度实测值皆不低于母材的抗拉强度标准值，接头达到 A 级标准。

5. 有利于加快施工速度，保证工期

港澳江南中心工程，公司提出的进度要求是月进 5 层争取 6 层。施工现场安排给钢筋安装绑扎的时间很短，电梯坑承台大梁 290 多吨的钢筋连接须在 10h 内完成；转换层 250 多吨的钢筋连接须在 14h 内完成；标准层墙柱钢筋 119t，每层 4h 便须完成，而每层楼面 120 多吨的梁板钢筋连接时间只有 12h。在设计及规范都不允许墙柱和梁板的粗直径钢筋采用绑扎的情况下，要在这么短的时间内完成现场钢筋的连接工作，按目前国内外采用的任何焊接方法都是难以完成的，应用了锥螺纹接头连接技术，由于提前做好了钢筋套丝的准备工作，一旦插入钢筋安装工序，即可以铺开作业，极大地加快了钢筋安装速度。据统计，以柱子钢筋连接为例，电弧焊连接要 50h，电渣压力焊连接要 10h，而锥螺纹接头连接每柱不到 4h，而且可以 20 条柱每柱 4 人同时施工。可以这样说，如果没有钢筋锥螺纹接头连接技术的应用，港澳江南中心工程月进 5 层的计划（事实上工程已达到月进 6 层），只能是一句空话，从本工程的实践看，锥螺纹接头连接技术对保证工期起到举足轻重的作用。

6. 成本较低，综合经济效益较好

从港澳江南中心应用钢筋锥螺纹接头连接技术的成本分析中可知，对于大于 $\phi25mm$ 规格的钢筋而言，采用绑扎搭接连接及采用电弧焊连接的成本与锥螺纹接头连接的成本比较，三者基本持平，但是锥螺纹接头连接无论在质量、安全、工期、文明生产上都绝对优于绑扎接头和焊接接头，特别是工效大大提高，极大地缩短了工期。

17-4 钢管混凝土柱施工

本工程地下室到裙楼的外框柱为钢管混凝土柱（柱截面为 1.5m×1.6m，内有直径为 1.2m 钢管）。

17.4.1 钢管混凝土柱特点

钢管混凝土是将混凝土填入钢管内使两者共同工作的一种复合结构材料，它是从螺旋圆箍配筋发展出来，兼有钢结构和钢筋混凝土结构的特征和优点。因此钢管混凝土是一种具有承载力高、刚度大、塑性和韧性好、抗震性能好、节省材料、施工周期短等特点的新型组合结构材料。

17.4.2 钢管混凝土柱施工工艺

江南中心工程钢管采用直径为 1.2m、厚度为 12mm 的直缝焊接管，钢板选用 SS41 号钢。SS41 钢从化学成分和机械性能分析，相当于 Q235 钢的性能。因此，采用 E430 系列焊条焊接，经可焊性试验焊缝达到设计要求。

17.4.2.1 钢管制作

钢管加工、检验主要控制纵向弯曲、直径、椭圆度、翼板顶标高等几个重点项目。直径、椭圆度的控制直接影响钢管安装能否顺利，最终影响工期。在钢管加工过程中，通过卷板→焊接→椭圆度修正的过程来保证直径、椭圆度满足设计要求。利用三辊滚板机进行卷板，卷板速度为 3.5～5m/min，用 1/4 圆弧靠模复核弧度，对接口平齐，上焊接平台自动焊焊接成型后，重新经滚圆修正，靠模复核各处椭圆度，要求偏差在 3/1000 钢管直径范围内，一节卷筒垂直连接，用吊线复核各特征点垂直度，偏差不大于 1/1000。钢管加工完成后，在管身上刻记十字中心线标记。由于钢管壁的厚度只有 12mm，应在管两端内侧加八爪撑加强，避免装卸、搬动过程造成管径变形。

17.4.2.2 钢管安装

本工程钢管每层有 20 条，长度按楼层不同为 3.9～6.0m，重量为 1.6～2.2t，钢管安装利用现场 1250kN·m 内部爬升式塔式起重机起吊安装，吊点选在钢管翼板位置（见图 17-2）。

利用钢管出厂时管身上标注的十字中心线对准现场由施工员提供的中心轴线就位，在钢管接口上放四块厚 4mm 的钢板，确保接口间隙为 4mm，以满足焊接要求。钢管垂直度的调校是利用 4 台对称放置的螺栓千斤顶进行，在现场将两台经纬仪成 90 度放置，对准各处方向的中心线，通过经纬仪指导千斤顶的调校方向，最终达到垂直度偏差不大于 1/1000 钢管长度的要求。

采用八点焊将钢管点焊固定，由于钢管接口距离楼地面 500～1000mm，在接口上施焊，其热量传递至楼面时已基本没有，因此消除了焊接热量对管内混凝土的影响。在椭圆度有保证的情况下，接口错边一般不大于 4mm，错边的修正方法是：点焊固定无错边的一侧，利用铁码、锲形铁块将错边位置逐渐修平。将接口位置的油污、铁锈、毛刺等杂物清除干净，用风焊烘干焊接位置，焊条作烘干处理。根据钢板厚度、接头形式、焊缝位置及焊道层次，焊接电流选择在 90～120a 之间，接口焊接采用 20kW 交流电焊机，两人同时反方向施焊，施焊前，由于衬管与钢管间按设计要求预留 4mm 间隙，因此施焊时首先将该间隙填平，用 ϕ3.2mm 焊条在接口焊第一道底焊，之后用 ϕ4.0mm 焊条按横焊先下后上的原则，一层层连续施焊，施焊顺序见图 17-3。施焊时应注意两焊工焊接速度保持一致，在第一道底焊焊接完毕后，再利用经纬仪复核垂直度，若变形过大，则应重新调校。

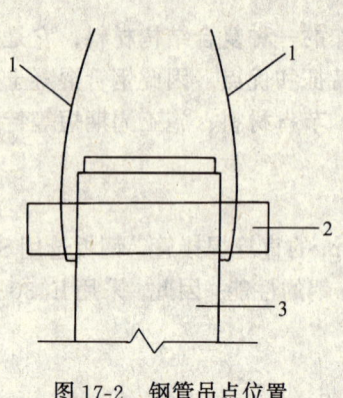

图 17-2 钢管吊点位置
1—吊索；2—钢管翼板；3—钢管

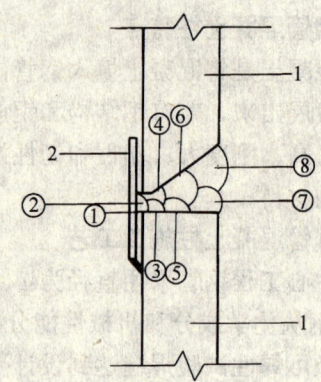

图 17-3 接口施焊顺序
1—钢管；2—衬管
①、②、③、④、⑤、⑥、⑦、⑧—施焊顺序

17.4.2.3 混凝土浇筑和养护

1. 混凝土浇筑

混凝土浇灌采用混凝土泵泵送，混凝土吊斗辅助。为便于混凝土质量检测，预先在钢管内品字型埋设超声波探测管。

浇灌前将粘合面凿毛，并清理干净，在基层面浇灌一层厚度为100～200mm的与混凝土强度等级相同的水泥砂浆，以免自由下落的混凝土粗骨料产生弹跳现象。

混凝土分层浇筑，每层厚度为0.5m，每层振捣一次，采用两条高频振动棒对称同步上下移动方式振捣，做到"快插慢抽"，振动时间每点不宜少于30s，以混凝土表面不再显著下沉，不再出现气泡，表面泛浆为准。

2. 混凝土养护

混凝土养护采用保温、保湿养护法。

当钢管内混凝土达到终凝后，及时蓄水养护，蓄水高度不小于100mm。

在钢管外壁采用麻袋包裹以保持湿润，防止内外温差过大而造成温度应力。

17.4.3 钢管检测

焊缝经外观检查以及超声波探伤检验均符合二级焊缝的质量标准，焊接完毕，经对钢管复核：

（1）轴线偏差在4mm范围内；

（2）钢管翼板顶标高偏差：0～－10mm；

（3）钢管垂直度偏差不大于4mm，总高度偏差不大于10mm。

上述各项指标均满足CECS28：90《钢管混凝土结构设计与施工规程》的验收要求，通过制作、安装、焊接等各个环节的严格检查、控制，按工艺要求焊接施工，钢管在工程实际安装中能满足设计和规范的要求。

17.4.4 几点体会

钢管混凝土结构在江南中心工程中的应用，优点是肯定的，在保持钢材用量相近和承载能力相同的条件下，构件的横截面积减少了1/3，使建筑空间得到加大，减轻了构件自重。本工程钢管由进场至安装验收，每层20条钢管安装约需时间48h，工期明显缩短。但钢管在施工过程中也存在一个明显的不足,就是受天气的影响较大,若遇上雨季或潮湿天气就不利于钢管的焊接操作,影响现场焊接质量,这有待从焊接设备、焊接材料、人员素质等各方面进一步完善解决。

17-5 碗扣式钢管提升脚手架的应用技术及高空拆除工艺

本工程在7～49A层（标高39～193.5m）采用碗扣式钢管提升脚手架,搭设高度相当于建筑物标准层4层楼高度,走道宽900mm,里排每层走道高1.8m,共8层脚手架（9层走道）,总高16.5m,立杆距建筑物外侧350mm。（详见图17-4）。

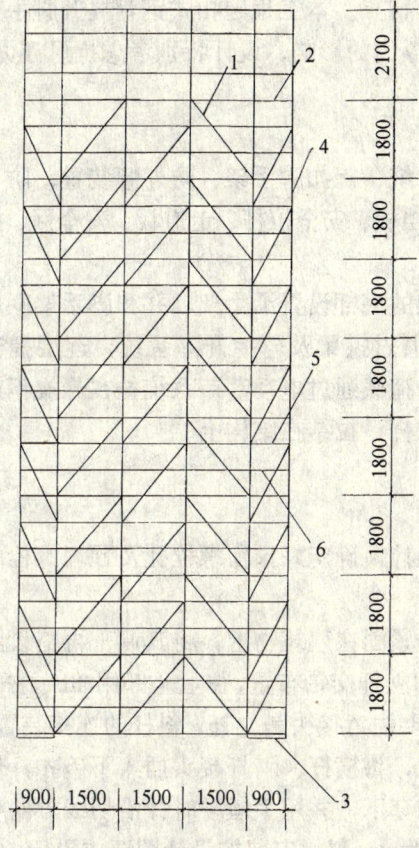

图 17-4 脚手架立面
1—斜杆；2—走道；3—承力架；4—立杆；
5—碗扣钢管栏杆；6—竹子栏杆

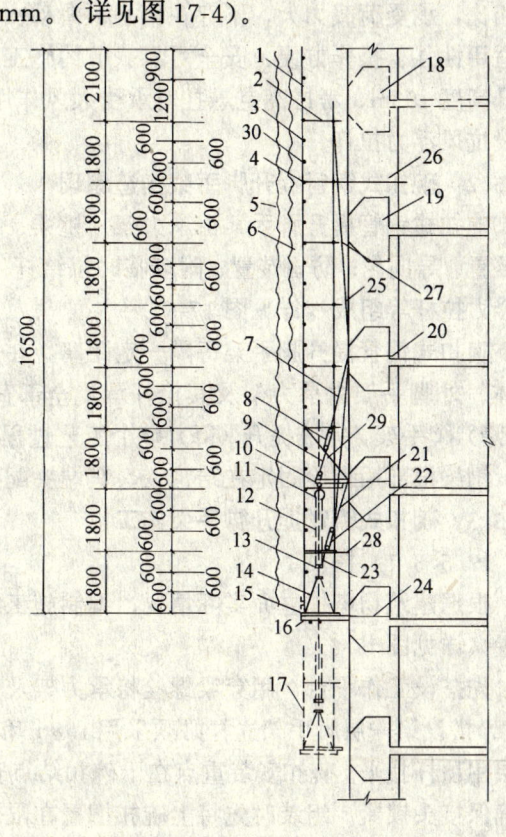

图 17-5 脚手架剖面图
1—立杆；2—横向水平杆；3—扶手纵向水平杆（碗扣钢管）；4—纵向水平杆；5—细眼安全网；6—钢丝网；7—挑梁拉杆上节；8—挑梁拉杆中节；9—挑梁拉杆下节；10—挑梁；11—慢速提升机；12—提升机链条；13—提升机动滑轮；14—承力架吊架；15—脚手架承力架；16—砂眼网兜底；17—起始提升位置；18—待浇灌混凝土梁；19—已浇灌混凝土梁；20—穿梁承重螺栓；21—承力架拉杆上节；22—承力架拉杆中节；23—承力架拉杆下节；24—承力架穿梁螺栓；25—防外倾装置；26—临时固定钢管；27—兜底安全网；28—导向轮；29—抗浮力拉杆；30—扶手纵向水平杆（竹子）

17.5.1 碗扣式钢管提升脚手架特点

高层建筑物外脚手架,要保证高空作业人员和脚手架影响范围内的人员及设备安全可靠,并能满足有关规范和施工作业的要求。按传统搭设方法,高层建筑外脚手架为双立杆外脚手架,其用料多、材料资金周转慢。选用碗扣式钢管提升脚手架系统,能满足随结构施工逐层提升、随外墙装饰逐层下降的施工需要,改革了传统的外脚手架全高搭设工艺,适用于高层建筑现浇钢筋混凝土结构施工。碗扣式脚手架是整体空间受力的网架,其碗扣焊接固定于立杆上,脚手架立杆、水平杆、斜杆组成若干个三角几何形不变体系。而扣件式钢管是将扣件用螺栓紧固于钢管上,属于铰接连接。碗扣立杆节点是轴心受压,与扣件钢管相比,承受荷载力大,不存在偏心、滑动、转动等问题。与全高搭设外脚手架相比,具有适用性强、操作方便、安全可靠、节约施工费用等特点。本工程碗扣式钢管提升脚手架提升高度193m,考虑高空悬挂时承受大风作用产生浮力的影响,设计特别考虑抗风浮力,增设抗风浮力拉杆。

17.5.2 碗扣式钢管提升脚手架构造原理

碗扣式钢管提升脚手架由承力架、挑梁、电控系统、碗扣脚手架、防外倾装置、防下坠装置、导向轮、防雷装置、附墙临时拉结杆、安全挡板、安全拉杆、走道板、安全网、抗风浮力拉杆等组成(详见图17-5)。

碗扣式钢管提升脚手架每隔一定距离,在脚手架的底部设置承力架,并和脚手架联成整体。外脚手架由承力架及其拉杆承受全部荷载,通过挑梁及电控升降系统,逐层提升(下降)脚手架,完成提升(降)整个工艺过程。提升荷载通过电动葫芦系统挂在悬挑钢梁上,钢梁根部用螺栓固定在结构上,其端头配有斜拉杆,拉结在结构上。

17.5.3 碗扣式钢管提升脚手架施工

17.5.3.1 搭设

根据建筑物塔楼立面实际情况,编制施工组织设计,确定好预留螺栓孔及预埋螺栓的位置(详见图17-6)。

先搭设工作平台,用穿梁螺栓将承力架及其拉杆紧固在建筑物上,将其调平再搭设脚手架,搭设第一层脚手架立杆必须采用1.8m和3m的立杆交错布置,往上全部用3m立杆,顶层用顶杆找平。碗扣安装重点在于碗扣结点安装,要注意接头是立杆、斜杆的连接装置,应确保接头锁紧。组装时先将上碗扣搁置在限位锁上,将横杆、斜杆接头插入下碗扣,使碗头弧面与立杆密贴,待全部接头插入后,将上碗扣套下,并用手锤顺时针沿切线方向敲击上碗扣的凸头,直到上碗扣被限位锁卡紧不再转动为止。斜撑安装按设计图要求设置,斜杆的联结与横杆一样,不同尺寸构架应配备不同长度的斜杆,斜杆应尽量布置在构架节点上。脚手架安装到2层时,调整脚手架水平,使脚手架水平度、垂直度达到要求,立杆垂直度必须控制在$L/400$(L为立杆长度)内,且不大于50mm。随安装碗扣式钢管脚手架高度的增加,应采取临时固定措施,保证碗扣式钢管脚手架与建筑物连接牢固。

最后安装走道板、防外倾装置安全网、挑梁、抗风浮力拉杆等。

17.5.3.2 碗扣式钢管提升脚手架提升

提升脚手架前,悬挑钢梁及斜拉杆螺栓要紧固,安装好电动葫芦,拆除与建筑物的连结,检查是否有阻碍脚手架上升物件,松开承力架拉杆螺栓。提升脚手架时,指定专人观察机具运行情况,按下电控制箱开关,使全部电动葫芦同步提升,牵动整体脚手架以80~

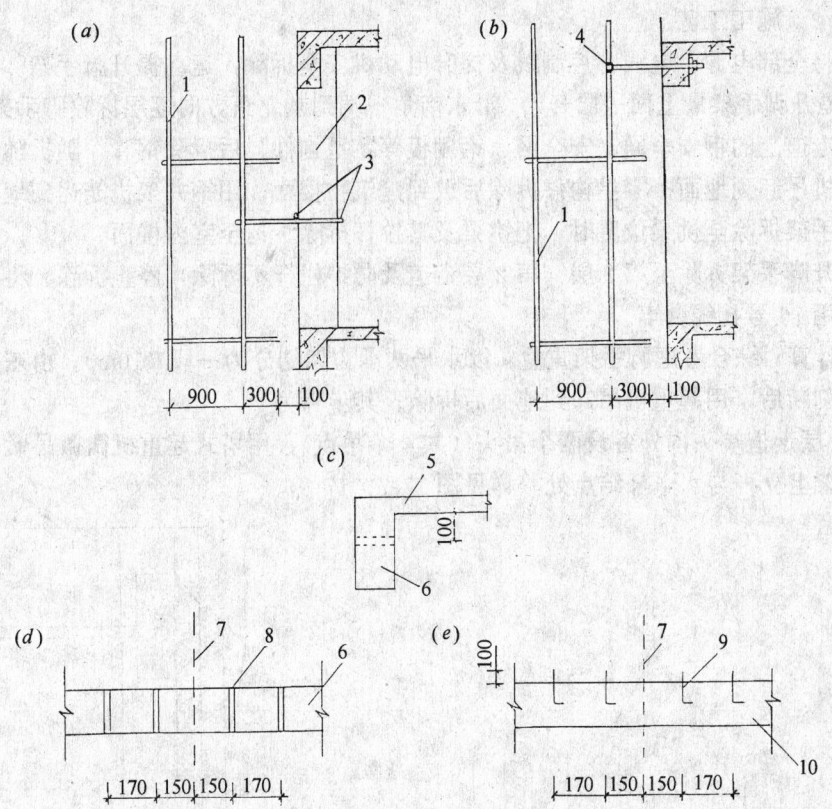

图 17-6　脚手架临时拉固措施及预留螺栓孔、预埋螺栓位置
(a) 遇柱临时拉固措施；(b) 遇梁临时拉固措施；(c) 梁中预留螺栓孔高度；
(d) 预留螺栓孔位置；(e) 预埋螺栓位置
1—提升脚手架；2—柱；3—$\phi 51mm$ 钢管；4—临时固定螺栓；5—楼板；
6—梁；7—机具中心线；8—$\phi 32mm$ 孔；9—$\phi 28mm$ 螺栓；10—梁

100mm/min 的速度匀速上升。在脚手架顶部安装手动葫芦，相应加强牵引，防止脚手架向外倾斜失稳，提升（下降）到位后，立即将承力架拉杆与建筑物用螺栓紧固，同时安装脚手架与建筑物拉结，并做好底层及各层走道的安全措施。

为了配合工程进度，在只允许白天进行提升、操作的情况下，合理安排模板及支架的拆除、周转、安装工作以及挑梁、电动葫芦的安装、拆除等的工艺搭接工作，满足工程结构月进 6 层的施工要求。

17.5.4　碗扣式钢管提升脚手架高空拆除

根据工程实际情况，需在 31 层高空（120m）处拆除该碗扣式钢管提升脚手架。

17.5.4.1　准备工作

(1) 拆除前全面检查提升脚手架承力架锚固是否可靠，并在每层水平方向每隔 5.5m 处，用短钢管与窗台预留钢管用扣件锚固。

(2) 全面清除脚手架上的杂物，以防拆除时坠落。

(3) 全面检查塔式起重机，使之处于正常使用状态，按起重机吊臂的允许负载，计算脚手架拆卸每段的长度。

17.5.4.2 施工工艺

(1) 先将全部电源、电线、控制线及提升电动机安全拆除,运离提升脚手架。

(2) 从提升脚手架最上面一层开始,沿东南角一端到东北角方向逐层拆除脚手架走道。先拆除一层走道上的钢安全网、安全网、钢棚板等零星构件,后拆除钢管,随拆随将钢管用塔式起重机吊卸到地面;零星构件拆除后放到建筑物楼面,用钢井架机笼运到地面。

(3) 脚手架拆除至挑梁位置时,把挑梁及其拉杆拆除,运至室内楼面。

(4) 提升脚手架拆除至第2层(第2层走道及防护栏杆不拆除)停止拆除,将松杆件及走道棚板用16号扎线绑牢。

(5) 经计算,综合考虑脚手架重量,以水平两承力架划分为一段(10m),由东南角开始分段气焊割断后,用起重机吊卸到地面后拆除。其步骤为:

1) 在2层走道端头内外各设两个吊头(共4个吊点),用塔式起重机微微吊紧,吊点应设在承力架上立杆与水平杆结点处(详见图17-7、17-8)。

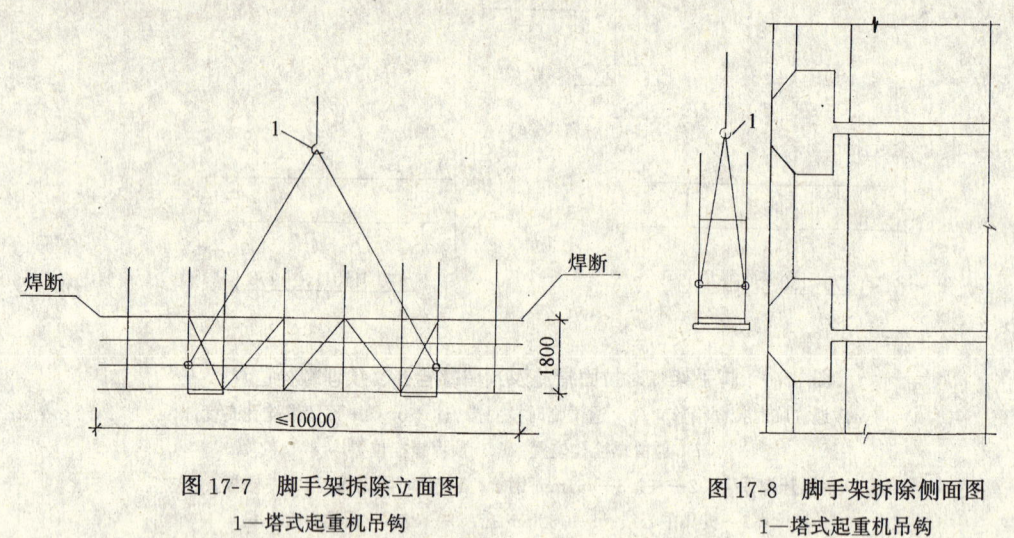

图 17-7 脚手架拆除立面图　　　　图 17-8 脚手架拆除侧面图
1—塔式起重机吊钩　　　　　　　　1—塔式起重机吊钩

2) 用两条麻缆绑固于分段脚手架两端立杆与水平杆结点处。

3) 先将承力架与建筑物的连接螺栓拆除,再将承力架的两条拉杆拆除,并绑扎牢固于分段的钢管上,将最底层走道斜铁棚板放于安全位置。

4) 用乙炔焊将分段脚手架与整体提升脚手架断开。

5) 拆除分段脚手架全部与建筑物连接的临时钢管拉杆,用两条麻缆稳固,防止过大摇动。确保分段脚手架与整体脚手架及建筑物安全分离后,用塔式起重机将分段脚手架吊卸到地面拆除,然后用汽车运走。

17.5.5 应用效果

港澳江南中心工程在塔楼采用碗扣式钢管提升脚手架,满足了施工工艺进度要求(每月6层结构),提升平稳,安全可靠,与搭设全高外手架相比,每平方米脚手架节约83元,工效提高5倍多。提升脚手架高空拆除工艺在市长大厦、大都会广场、港澳江南中心大厦广泛推广应用,收到良好效果。采用这种碗扣式钢管提升脚手架,安全可靠,且周转多次,促进现场文明生产的管理,具有显著的技术经济效益。

17-6　结构钢筋网在工程中的应用

本工程采用现浇钢筋混凝土框架剪力墙和筒中筒结构。塔楼的楼盖采用肋形梁板。楼板钢筋采用焊接结构钢筋网。

17.6.1　钢筋网特性和施工

钢筋网采用普通低碳盘条，经冷拔（轧）调直，切割后由电脑控制多门高速焊机焊接形成结构性钢筋网。其强度设计值为340MPa，是Ⅰ级钢筋强度设计值（210MPa）的1.62倍。在确保钢筋混凝土构件强度的前提下，可节约钢材38%，水泥10%，工期缩减30%，经济效益可观且适用性强（可用于各类板式结构上）。

港澳江南中心大厦工程由塔楼11层开始使用结构钢筋网作为楼板钢筋。钢筋网生产厂商按图纸要求，将钢筋网编号加工成型，整批运送到施工现场。钢筋工按编号顺序把钢筋网放在楼面上，无需钢筋工分筋、绑扎，减轻其劳动强度。由于钢筋强度较高，其交点均为焊接点，为结构性的整体网片，因此，施工中不会因为施工人员的踩踏而发生过大的变形，工程质量得以保证。

17.6.2　钢筋网的质量要求

钢筋网的受拉、受压搭接长度按广东省《焊接网混凝土结构技术规程》DBJ/T 15-16-95执行。验收钢筋网时只需检查钢筋网的编号与图纸编号是否一致以及搭接和锚固长度是否达到规范要求，在运输过程中有无发生变形及脱焊便可。

17.6.3　钢筋网与传统的绑扎钢筋比较

17.6.3.1　质量比较

传统的绑扎钢筋存在下列弊端：

（1）靠人工排放钢筋，钢筋间距误差较大。

（2）绑扎时仅用小钢丝在钢筋十字交叉处绑扎，并不确切牢固，因而混凝土构件中纵横向钢筋没有切实的传力联系，在受力情况下由个别钢筋承担。

（3）楼板钢筋通常采用Ⅰ级钢筋，其强度较低，施工时绑扎好的钢筋很容易因施工人员的踩踏而变形，使钢筋作用的混凝土有效高度减小，降低了构件的承载能力。

（4）人工绑扎钢筋工人的劳动强度大，施工期长，并受天气影响。

采用焊接网其优点为：

（1）钢筋网为工厂加工，排列间距准确。

（2）交点为焊接点，可保证整网受力，在结构某点受力时，可依靠纵筋与横筋的焊接点把作用力均匀扩散而达整体受力的目的。

（3）采用了冷拔钢筋，其设计强度增加，节约钢材。

（4）由于焊接网为整体受力，增加了网体承受施工荷载时的刚度，减少了由于施工时产生的人为变形。

（5）主要加工过程在工厂中加工，安装时间短，受气候影响较小，其质量可于出厂前检定，避免了人手操作时对绑点质量的影响。

采用钢筋网可解决以上绑扎钢筋存在的问题，使整个施工现场整齐美观，确保钢筋间距准确，减轻了施工人员的劳动强度。

17.6.3.2 经济效益比较

1. 使用钢筋网可节约钢材

钢筋网的钢筋强度设计值为340MPa，比Ⅰ级钢筋的强度设计值（210MPa）提高了62%，能节约钢材38.24%，但考虑到使用钢筋网时搭接等因素以及经过工程应用实践证明，使用钢筋网替代Ⅰ级钢筋，按原Ⅰ级钢筋的配筋率计算，可以按节约钢材30%计算进行代换，即原设计需用1t Ⅰ级钢筋，只需用0.7t钢筋网代换即可。

2. 使用钢筋网成本比较

成本比用一般钢筋每吨节约3%费用。

17.6.4 小结

钢筋网在钢筋混凝土结构施工中的应用是一种对传统绑扎钢筋施工的改革。它克服了绑扎钢筋的通病，减轻了劳动强度，保证质量，安装速度快，降低了成本。

18 天秀大厦大型结构转换层施工技术

广州市住宅建设发展公司 杨捷敬 简 旭

18-1 工 程 概 况

天秀大厦位于广州市环市路与小北路的交汇处（见彩图15），是由3层地下室、4层裙楼和三栋分别高（从结构转换层以上起计）27、28、29层的塔楼组成的大型商住楼。其结构转换层位于裙楼顶，建筑面积约3600m²，混凝土量约5000m³，用钢量约1400t，为大型宽板梁式结构转换层（其平面见图18-1），承受上部三栋塔楼各层全部荷载，是整个楼群的结构关键。

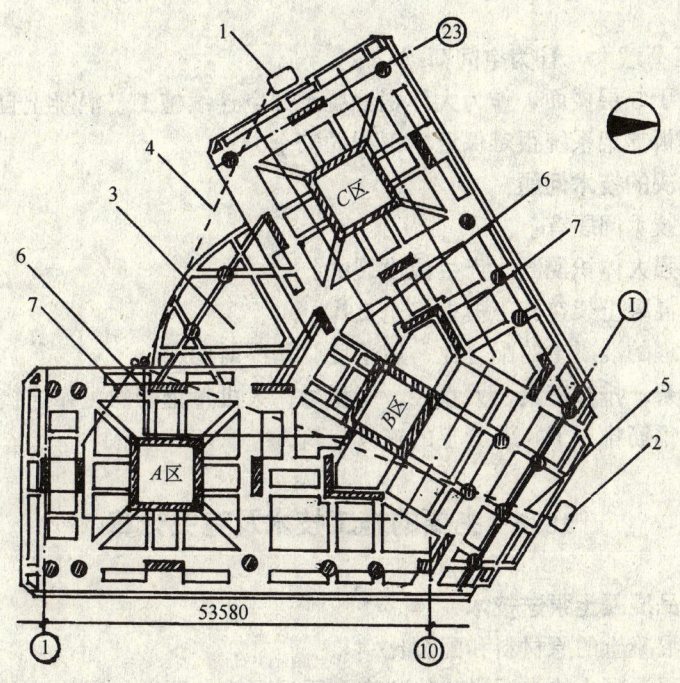

图18-1 结构转换层平面图
1—1号混凝土泵；2—2号混凝土泵；3—游泳池区；4—1号混凝土泵的混凝土输送管在地面的敷设线路；
5—2号混凝土泵的混凝土输送管在地面的敷设线路；6—2号混凝土泵的混凝土输送管在转换层的敷设线路；
7—1号混凝土泵的混凝土输送管在转换层的敷设线路

18.1.1 工程特点

1. 结构构件尺寸大、数量多

大部分大梁的高为2m，有的为2.5m，宽0.6～6.7m。各种大截面的梁数量多并且比较长，最长的大梁达53.58m。整个转换层的混凝土用量非常大，属大体积混凝土施工。

2. 钢筋穿插复杂，排布异常密集

大梁纵横交错，在几条梁的交汇处钢筋排布最密处有69层钢筋之多，钢筋最小间距只有10～20mm。如此密集的钢筋，施工时连接绑扎不容易，增加了保证混凝土浇筑密实的难度。

3. 混凝土强度高

设计采用C50级高强混凝土，对大体积混凝土施工极为不利。一方面采用高强混凝土时水泥水化热比普通混凝土要高，混凝土受温度应力的影响要大；另一方面这种梁纵横交错的转换层，由于温度应力的影响，在浇筑混凝土的各个阶段，转换层各梁处于复杂的应力状态，影响混凝土产生温度裂缝的因素增多。

4. 设计要求无施工缝连续浇筑混凝土

由于设计单位考虑到该转换层要承受水平和竖向荷载，为了保证混凝土的整体性，禁止大梁施工时留各种施工缝，要求一次性连续浇筑混凝土，这样势必加大了施工难度。

5. 各种施工荷载大，且为空间荷载

本转换层位于5层楼面，作为大体积混凝土架空连续施工，混凝土自重和其它荷载都很大，一般的模板支架系统很难保证本工程的安全。

18.1.2 主要解决的技术问题

主要解决的技术问题有：

（1）防止高强大体积混凝土产生温度裂缝。
（2）大体积混凝土架空施工模板安全支撑。
（3）确定合理的混凝土的配合比、坍落度、初凝时间。
（4）穿插复杂、排布密集、大直径、多型号、大批量钢筋的可靠连接安装。
（5）超密集钢筋排布下，混凝土的连续浇筑。

18-2 主要的施工技术及有关计算

18.2.1 高强商品混凝土泵送技术

18.2.1.1 混凝土的原材料和配合比

为减少大体积混凝土的水泥水化热和有利于混凝土的泵送与浇筑，在设计混凝土配合比时综合考虑了各项因素（见表18-1），并采取了一系列技术措施，如：采用了水化热比较低的525号湘乡牌矿渣硅酸盐水泥；尽量减少水泥用量；掺入了11%的粉煤灰；为了减少大体积混凝土的干缩和考虑到超密集钢筋排布条件下混凝土浇筑的困难，采用了级配良好的砂石，掺入了FDN-SP减水剂等。采用的混凝土配合比见表18-2。

确定合理的混凝土配合比综合考虑的因素 表 18-1

序 号	考虑的因素	要求的条件
1	高强混凝土	混凝土强度高,水泥强度高,水灰比不能太大
2	泵送混凝土	泵机要求坍落度≥120mm,粗骨料粒径≤10~30mm
3	水泥水化热	尽量减少水泥用量,水泥水化热要小
4	混凝土的干缩	减少水泥和水用量,砂石的级配要良好
5	高密集钢筋排布浇筑混凝土	粗骨料的粒径≤30mm,混凝土的易性要好
6	混凝土连续施工	混凝土的初凝时间不能太短

混凝土的配合比及每立方米混凝土中的材料用量 表 18-2

材 料	水 泥	粉煤灰	砂	水	石 子		外加剂	水灰比
					粒径 5~15mm	粒径 10~30mm		
配合比	0.89	0.11	1.24	0.37	0.46	1.39	0.09	0.37
材料用量 (kg)	480	60	670	200	248	751	49	

18.2.1.2 混凝土的坍落度

参照《混凝土结构工程施工及验收规范》GB 50204—92,泵送混凝土坍落度宜为80~180mm。考虑到广州市交通阻塞,商品混凝土远距离运输造成的坍落度损失,超密集钢筋排布混凝土浇筑困难等因素,综合各工程技术人员建议的坍落度值并结合工地现场试验,本工程采用的混凝土坍落度值为140~160mm。

18.2.1.3 混凝土的初凝时间

转换层混凝土为分层成台阶式浇筑,混凝土接口计算间隔时间最长为 6h,加上商品混凝土运输时间,确定混凝土初凝时间为 8h。

18.2.1.4 混凝土泵的配置

本工程工地现场配置了 2 台混凝土泵,一台设在本建筑物西面的㉓轴外,一台设在东面的①轴外(见图18-1),每台泵输送量为 24m³/h 以上,由 5~6 台商品混凝土搅拌输送车供应混凝土,保证了转换层空间大体积混凝土的连续浇筑。

18.2.2 组合门式脚手架支模体系施工技术

18.2.2.1 方案的确定

一般情况下的大体积混凝土架空施工都留水平施工缝,分层分期浇筑,待下一层浇筑好的混凝土达到一定强度后,和模板系统一起支撑上一层浇筑的混凝土,以减轻大体积混凝土巨大的荷载和缓解水化热的影响。但是在该工程中,设计考虑到该转换层将承受水平和竖向剪应力的共同作用,为了保证其整体性,不允许留水平和竖向的施工缝,要求一次性连续无缝浇筑混凝土。因此,在施工时模板系统承受着巨大的水平和竖直方向的荷载。

为了保证安全可靠施工,大体积混凝土架空施工模板系统必须满足以下要求:
(1) 模板系统每个受力构件要有足够的强度和刚度。
(2) 支模系统要有足够的整体刚度。
(3) 由于施工时产生的振动荷载很大,模板系统在巨大的荷载作用下容易整体失稳破坏,因此模板系统整体稳定性要好。
(4) 本转换层是一种大型的结构转换层,使用的模板材料和构件多,模板系统的安装工作量大，对工期影响大。因此模板系统的构造要易装、易拆，构件能通用，以便缩短工期，减少造价。

针对以上情况，经多方比较，确定采取在设计中加强第四楼层（次转换层）梁的承载力的措施，利用组合门式脚手架支撑模板，把荷载传递到第四层楼面的板梁上，由第四楼层结构承受转换层的全部施工荷载。

18.2.2.2 模板系统的组成

1. 模板组成

（1）梁底模板除考虑强度和刚度要求外，还考虑大体积混凝土施工保温的需要。因为大梁的混凝土施工时除了上表面要散热外，其余侧面和底面都会大量散热，所以由下至上铺设了25mm厚直边板，18mm厚夹板，麻包布两层，1.5mm厚塑料薄膜一层，尼龙编织布一层，1.5mm厚钢板一层，以满足模板系统的保温、强度和刚度的要求。

（2）梁侧模板采用组合钢模板，外加两层麻袋。

2. 支架系统组成

（1）梁底模板的支撑

梁底模板的支撑是本工程最关键的部分，决定着工程的安全。根据现有施工条件，确定主要采用组合门式脚手架作为大梁底模板的竖向支撑。用截面为100mm×100mm格构式钢筋梁托住模板，再用截面为100mm×100mm格构式钢筋梁作为托梁，用一榀1700mm门架和两榀470mm的矮架叠架支撑，具体布置见图18-2。图中阴影部分表示大梁，跨度小于4m的大梁只在中部设两排直径48mm的钢管竖向支撑。

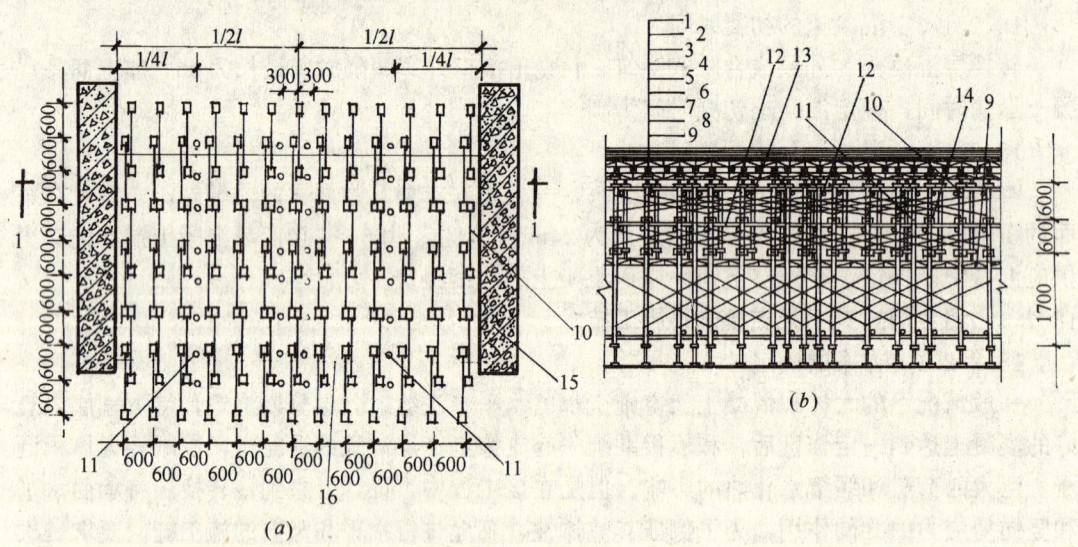

图 18-2 大梁支架系统布置图
(a) 大梁支架系统平面布置图；(b) 大梁支架系统竖向布置图（1-1剖面图）
1—1.5mm厚钢板一层；2—尼龙编织布一层；3—1.5mm厚塑料薄膜一层；4—两层麻包布；5—18mm厚夹板；6—25mm厚直边板；7—间距为200mm、截面为100mm×100mm格构式钢筋梁；8—间距为300mm、截面为100mm×100mm格构式钢筋梁；9—间距为600mm、截面为100mm×100mm格构式钢筋梁；10—门式脚手架；11—直径48mm钢管竖向支撑；12—直径48mm钢管水平加固杆，上中下共三道；13—直径48mm、间距600mm的短钢管竖向支撑；14—铁夹；15—混凝土柱或剪力墙；16—大梁

（2）梁侧模板的固定

由于混凝土连续浇筑，对侧模板作用的侧压力很大（近 $60kN/m^2$）。如果侧模板固定不好，浇筑混凝土时很容易爆板。侧模板主要采用直径 12mm 的对拉螺杆和直径 14mm 的对顶钢筋共同固定，如图 18-3 所示。

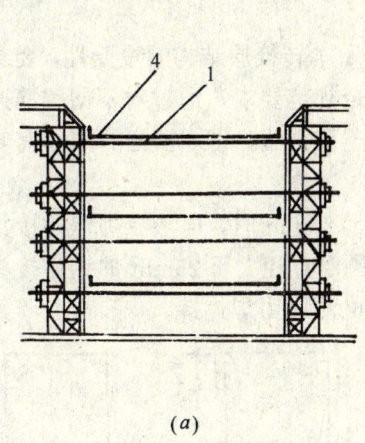
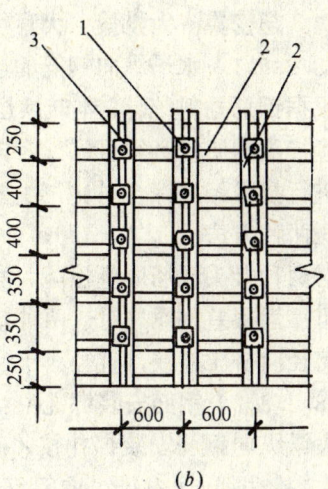

图 18-3　大梁侧模对顶钢筋和对拉螺栓设置图
(a) 大梁侧模对顶钢筋设置图；(b) 大梁侧模对拉螺栓设置图
1—直径 12mm 对拉螺栓；2—截面为 100mm×100mm 格构式钢筋梁；
3—10mm 厚 100mm×150mm 钢垫板；4—直径 14mm 对顶钢筋（与箍筋焊牢）

3. 支架系统的稳定加固

由于本工程的特殊性，施工时的振动和冲击荷载都很大。竖向支撑由门架叠加组合而成，如果安装出现误差，则很难保证各门架柱在竖直的一条线上，若不采取有效的加强支架系统整体稳定性的措施，其失稳破坏的危险十分大。

为了预防支架系统发生失稳破坏的危险，保证其整体稳定，在四楼剪力墙和柱内预埋了刚性锚杆，让支架系统的水平杆件与之焊接。每一层门架除保留使用门架自身的交叉杆外，还加设直径为 48mm 的钢管水平加固杆，并通长布置，与邻近的梁、板支架连成一个整体，尽量让水平加固杆顶紧钢筋混凝土墙和柱。另外，还在门架的外围加设剪刀撑与水平加固杆连成整体，形成由桁架组成的连续闭合围箍。为了保证各门架竖直，在门架柱接口上均加设了铁夹。

为了加强支架系统的承载力，除了按图 18-2 以 600mm×600mm 间距排布门架作为垂直支撑外，还在每一条 2m 高梁的中部和 1/4 跨度位置设置了直径为 48mm 的钢管加强竖向支撑，并与水平加固杆连成整体。在第一个门架顶杆上每隔 600mm 铺放两条截面为 100mm× 100mm 的格构式钢筋梁，其上加设一条直径 48mm 的短钢管支托最上层的格构式钢筋梁。

18.2.2.3　安全保证

为了确保模板系统安全可靠，在施工前对该模板系统进行了认真设计计算。对各个构件进行了抗弯、抗剪、挠度验算，对系统进行了整体稳定验算；对其各种材料都进行了严格的质量检验；对截面为 100mm×100mm 格构式钢筋梁和门架都进行了承载试验；并进行了模拟模板系统承载试验。当荷载达 78kN/m² 时，发现有的格构式钢筋梁由于加工质量问题，少部分焊缝出现破坏。为此在转换层支架系统中还采取了加强措施。本工程还进行了施工现场局部承载试验，当荷载达 100kN/m² 时支架系统都没有出现异常情况。

在施工过程中，安排了专门人员对该系统进行变形监测，如果出现险情立即采取加强措施。

18.2.3 超密集、大批量、大直径钢筋连接、绑扎、安装技术

18.2.3.1 水平纵向钢筋的连接

根据钢筋抽料统计，本转换层共有 5308 个接头。鉴于本转换层结构的重要性，要求钢筋连接接头的质量必须可靠。考虑到接头数量较多，结合规范要求，通过对不同钢筋连接方法进行技术经济综合对比，主要采用了两种钢筋接头连接方法，即电渣压力焊和套筒径向挤压两种方法。

对两种接头现场质量检验，发现对于当钢筋直径大于 25mm 时，电渣压力焊的接头的质量可靠性很差。通过对这两种接头的技术经济对比，决定直径大于 25mm 的钢筋接头采用套筒径向挤压连接，直径小于 25mm 的钢筋接头采用电渣压力焊连接。

18.2.3.2 钢筋安装绑扎

大梁纵向钢筋安装绑扎按"底筋→箍筋→腰筋→第二排底筋→各排纵向箍筋→面筋"的顺序进行。由于大梁的宽度大，为让施工人员能进入梁内绑扎安装钢筋，所以本工程一部分钢筋采用了开口箍筋（见图 18-4）以让安装人员出入。开口箍筋占全梁箍筋的 30%，待纵向箍筋绑扎完毕之后再焊接封闭。大梁箍筋的具体排列布置见图 18-5。

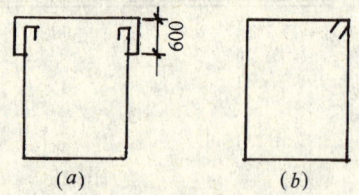

图 18-4 大梁箍筋示意图
(a) 开口箍筋；(b) 闭口箍筋

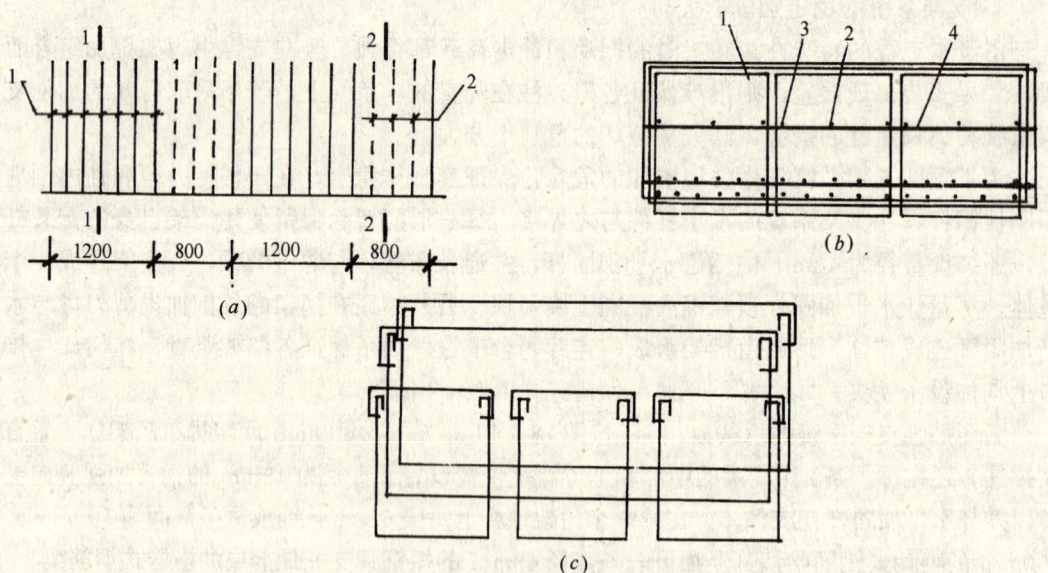

图 18-5 大梁箍筋排列布置示意图
(a) 大梁侧面开口、闭口箍筋排列示意图；(b) 大梁横截面闭口箍筋排列示意图（1-1 剖面图）；
(c) 大梁横截面开口箍筋排列示意图（2-2 剖面图）
1—闭口箍筋；2—开口箍筋；3—腰筋；4—承托腰筋的承托筋（直径 20mm，间距 400mm）

18.2.4 超密集钢筋排布下的大体积混凝土浇筑技术

本结构转换层大梁钢筋排布异常密集，如果采用常规的浇筑方法，很难保证混凝土浇筑密实。因此采取了如下几种技术措施：

(1) 预留下料口，如图18-6所示。

(2) 设置进入口，让施工人员进入梁内浇筑混凝土。由于梁比较高，为保证第一层混凝土浇筑密实，在梁侧钢筋排布相对稀疏一些位置距梁底600mm高度处开设了600mm×600mm的进人孔，施工人员可进入梁内浇筑混凝土。

(3) 切断部分面筋（主要是分布筋和箍筋）开设混凝土浇筑口。对于钢筋特别密集的地方，经设计单位同意，切断部分分布筋和箍筋，开设混凝土浇筑口，待混凝土浇筑到该位置处，再焊上相应的钢筋。

(4) 适当改变梁的截面形式。经设计单位同意后，对面层钢筋较密侧面钢筋较疏，很难从梁表面下料的大梁，把其截面改成Y字形，使混凝土从梁侧进入梁中（见图18-7）。

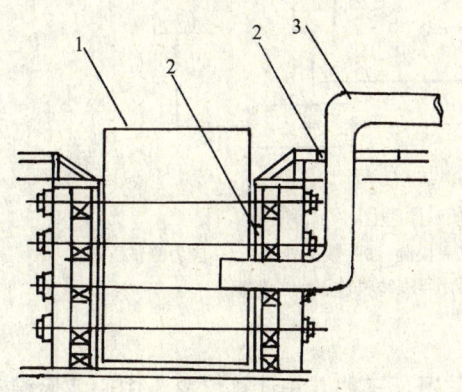

图18-6 预留下料口示意图
1—箍筋；2—预留的下料口（600mm×600mm）；
3—混凝土输送管

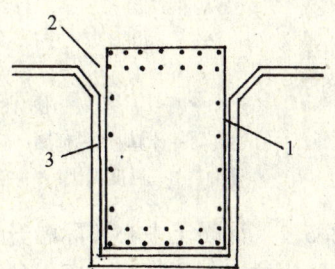

图18-7 改变梁截面下料示意图
1—箍筋；2—下料口；3—侧模板

(5) 采用机械振捣和人工振捣相结合的方法振捣混凝土。本工程配备了直径25mm、35mm、50mm插入式振动器20台，平板振动器4台。根据不同的情况使用不同的振动器。在两梁相交位置钢筋很密的部位，采用直径25mm的插入式振动器振捣，辅以人工用竹竿或钢钎捣实，并派专门人员以木棰敲击侧模板以强化振捣效果。

(6) 为了防止混凝土浇筑后发生龟裂，在混凝土浇至要求高度后，按标高用长刮尺刮平，在初凝前2~3h用磨板打磨压光。

(7) 在混凝土中掺入一定量的细碎石和粉煤灰，以使具有良好的可泵性和利于钢筋密集区混凝土的浇筑。

(8) 在大梁交汇钢筋特别密集的区域，组织专门的综合施工小组负责该区域混凝土的浇筑，以保证混凝土浇筑密实。

本工程采用分层成台阶式浇筑法。浇筑顺序由 A 区 → B 区 → C 区 → 游泳池区（见图18-1）。用两台混凝土泵同时输送混凝土，各自按规定浇筑路线浇筑一定区域。每台泵供应混凝土量都大于24m³/h，以确保不出现冷缝。

18.2.5 信息化施工及大体积混凝土的温度裂缝防止技术

如何控制温度裂缝的出现和开展,一直是大体积混凝土结构工程施工中的重大课题。本转换层大体积混凝土施工有许多不利因素,其中主要是配制高强混凝土采用的水泥强度高、用量多、水化热大,对大体积混凝土早期的温度应力的影响非常大。同时转换层的大梁纵横交错、连接复杂,在各梁交叉位置处会出现应力集中现象,很容易引起混凝土产生裂缝。为了防止混凝土温度裂缝的发生,一方面对混凝土的温度应力进行测算,并根据测算的结果制定了防止温度裂缝的措施;另一方面采用信息化施工技术(其原理见图18-8),对混凝土的温度和应力进行施工全过程的跟踪和监测,以摸清大体积混凝土中温度场和应力场的变化规律,并根据监测的结果采取相应的技术措施,以保证工程质量。

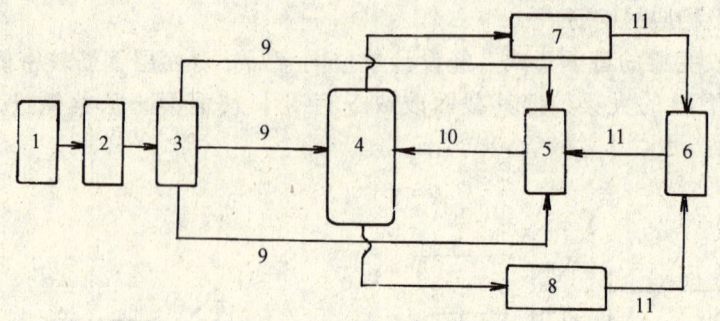

图18-8 信息化施工原理图

1—试验;2—计算;3—预测;4—工地现场;5—控制;6—数据处理;7—应力测试;
8—温度测试;9—初步控制指标;10—温控措施;11—数据

18.2.5.1 混凝土中心实际温升计算

为了能比较准确地预测混凝土的温度情况,采用了三种方法计算混凝土中心实际温升。具体计算如下:

1. 第一种计算方法

(1) 水泥化学成分分析和水化热测定试验

按照质量检验的取样方法,将水泥样品送广州市水泥质量检验站检验,以获取水泥和粉煤灰的水化热值(见表18-3)。

水泥的矿物组成和水化热值 表18-3

试样名称	矿物组成(%)			水化热(kJ/kg)	
	C_4AF	C_3S+C_2S	C_3A	3d	7d
湖南湘乡525号矿渣水泥	12.28	74.09	13.58	228	264

(2) 水泥和粉煤灰水化热总量

参考《块体基础大体积混凝土施工技术规程》YBJ 224—91所提供的公式,利用实测的水泥、粉煤灰3d、7d水化热值,可推算出每公斤水泥水化热总量Q_0。

计算公式如下:

$$t/Q_t = n/Q_0 + t/Q_0 \tag{18-1}$$

式中 Q_t——在龄期 t 时的累积水化热，经测定本工程所使用的矿渣 525 号水泥 3d 的累积水化热为 228kJ/kg，7d 为 264kJ/kg，粉煤灰 3d 的累积水化热为 11kJ/kg，7d 为 20kJ/kg；

Q_0——水化热总量（kJ/kg）；

t——龄期（d）；

n——常数，随水泥品种、比表面等因素变化。

把水泥、粉煤灰 3d 和 7d 的累积水化热分别代入公式（18-1），得两方程组，分别解这两个方程组，可算出水泥的水化热总量 Q_0 值和 n 值、粉煤灰的水化热总量 Q_0 值和 n 值。计算结果为（n 值略）：

水泥的水化热总量 $Q_0=299.46$ kJ/kg

粉煤灰的水化热总量 $Q_0=51.76$ kJ/kg

（3）混凝土中心最终绝热温升

计算公式如下：

$$T_{\max} = WQ_0/c\rho \tag{18-2}$$

式中 $T_{\max}$——混凝土最终绝热温升（℃）；

W——每立方米混凝土的水泥用量（kg/m³）；

c——混凝土的比热，取 0.96 [kJ/(kg·℃)]；

ρ——混凝土的质量密度，取 2400kg/m³。

取水泥 $Q_0=299.46$ kJ/kg、粉煤灰 $Q_0=51.76$ kJ/kg，代入公式（18-2）计算得：

$$T_{\max} = 63.74℃$$

（4）混凝土中心实际温升

直接利用前面计算的混凝土最终绝热温升 $T_{\max}$ 值，根据下列公式计算出各龄期混凝土中心实际温升：

$$T_{m(t)} = \xi T_{\max} \tag{18-3}$$

式中 $T_{m(t)}$——龄期 t 时混凝土中心的实际温升（℃）；

ξ——不同浇筑混凝土块厚度（本工程中取 2m 厚）与混凝土最终绝热温升的关系系数（见表 18-4）。

取 $T_{\max}=63.74$℃，代入公式（18-3），便可求得混凝土中心各龄期的实际温升值（见表 18-4）。

混凝土各龄期的 ξ 值和中心实际温升值　　　　表 18-4

龄　期（d）	3	9	15	21	27	30
ξ 值	0.57	0.485	0.295	0.175	0.105	0.095
实际温升值（℃）	36.33	30.91	18.80	11.15	6.69	6.06

2. 第二种计算方法

（1）水泥水化热总量

利用水泥的矿物成分的水化热估算本工程所使用的矿渣 525 号水泥的水化热总量 Q_0 的计算公式如下：

$$Q_t = a_t C_3S + b_t C_2S + c_t C_3A + d_t C_4AF \tag{18-4}$$

式中　　　　　　　Q_t——t 天的水泥的累积水化热值（kJ/kg），取一年时间的累积水化热值为水泥水化热总量 Q_0；

　　　　a_t、b_t、c_t、d_t——水泥中各矿物在 t 天内的累积水化热值，见表18-5；

C_3S、C_2S、C_3A、C_4AF——水泥熟料中产生水化热的各种矿物含量，可根据实测的水泥化学成分推算其组成量，即各种矿物在熟料中的百分比（见表18-3），代入公式计算。

水泥中各矿物在一年时的累积水化热值　　　表18-5

	a_t 及 b_t	c_t	d_t
一年的水化热值（kJ/kg）	226.1	1168.1	376.8

把各值代入公式（18-4）得：

$$Q_0 = Q_{一年} = 372.4 \text{kJ/kg}$$

(2) 混凝土中心最终绝热温升

取水泥 $Q_0=372.4$kJ/kg、粉煤灰 $Q_0=51.76$kJ/kg，代入公式（18-2）得：

$$T_{max} = 78.94℃$$

(3) 混凝土中心的实际温升

取 $T_{max}=78.94℃$，代入公式（18-3）即可求得混凝土中心的实际温升值，如表18-6所示。

混凝土各龄期的 ξ 值及中心的实际温升值　　　表18-6

龄　期（d）	3	9	15	21	27	30
ξ 值	0.57	0.485	0.295	0.175	0.105	0.095
实际温升值（℃）	44.99	38.28	23.29	13.81	8.29	7.50

3. 第三种计算方法

根据经验公式（18-5）计算混凝土中心最高实际温升，再由公式（18-6）反算混凝土的绝热温升，再利用公式（18-3）计算各龄期混凝土中心最高实际温升值。

(1) 混凝土的中心最高实际温升

计算公式：

$$T_m = 1.1 \times \frac{W_1}{10} + \frac{W_2}{50} \tag{18-5}$$

式中　T_m——混凝土中心最高实际温升（℃）；

　　　W_1——每立方米混凝土中水泥用量（kg/m³）；

　　　W_2——每立方米混凝土中粉煤灰用量（kg/m³）。

$$T_m = 1.1 \times 480/10 + 60/50 = 54℃$$

(2) 混凝土最终绝热温升

由公式（18-3）得：

$$T_{max} = T_{m(t)}/\xi \tag{18-6}$$

混凝土第 3 天龄期为实际温升最高值，则 ξ 取 0.57，$T_m=T_{m(3)}=54℃$，代入公式（18-6）得：$T_{max}=94.74℃$。

(3) 混凝土中心实际温升

取 $T_{max}=94.74℃$，代入公式（18-3）得混凝土各龄期中心实际温升值（见表18-7）。

混凝土中心各龄期的实际温升值　　　　　表 18-7

龄　期 (d)	3	9	15	21	27	30
ξ 值	0.57	0.485	0.295	0.175	0.105	0.095
实际温升值（℃）	54.00	45.94	27.95	16.58	9.95	9.00

18.2.5.2　大梁混凝土的中心温度、表面温度

1. 初步选用的保温材料

混凝土上表面：四层麻袋、一层塑料薄膜。

混凝土下表面：18mm 厚夹板、一层编织布、两层麻袋、25mm 厚木板。

混凝土侧面：钢模板、20mm 厚空气、两层麻袋。

2. 保温材料相当于混凝土的虚厚度计算

(1) 保温层的总热阻计算

计算公式如下：

$$R_s = \sum_{i=1}^{n} h_i/\lambda_i + 1/\beta'_u \tag{18-7}$$

式中　R_s——保温材料总热阻（$m^2·K/W$）；

　　　h_i——第 i 层保温材料的厚度（m）；

　　　λ_i——第 i 层保温材料的导热系数 [$W/(m·K)$]，取木模板为 0.23、钢模板为 62.44、麻包袋为 0.14、塑料薄膜和尼龙编织布为 0.43、空气为 0.03、混凝土为 1.51；

　　　β'_u——固体在空气中的放热系数 [$W/(m^2·K)$]，取 13.71。

按公式 (18-7) 计算的结果为：

混凝土上表面保温材料的总热阻 $R_{s上}=0.3056 m^2·K/W$

混凝土下表面保温材料的总热阻 $R_{s下}=0.2927 m^2·K/W$

混凝土侧面保温材料的总热阻 $R_{s侧}=0.7956 m^2·K/W$

(2) 保温层的虚厚度

计算公式如下：

$$h' = K\lambda R_s \tag{18-8}$$

式中　h'——保温层的虚厚度（m）；

　　　K——计算折减系数，取 0.666；

　　　λ——混凝土的导热系数。

把公式（18-7）所得的结果代入公式（18-8），计算得混凝土各表面的保温层的虚厚度，见表 18-8。

混凝土各表面保温层的虚厚度　　　　　　　　表 18-8

混凝土表面	上表面 h'	下表面 h'	侧面 h'
保温层虚厚度值（m）	0.308	0.295	0.801

3. 混凝土各表面的温度与中心温度的计算

混凝土的表面温度按下列公式计算：

$$T_{b(t)} = T_q + 4h'(H - h')\Delta T_{(t)}/H^2 \tag{18-9}$$

式中　$T_{b(t)}$——龄期 t 时混凝土的表面温度（℃）；

　　　T_q——龄期 t 时大气平均温度（℃），取 26℃（根据气象局提供的资料预测）；

　　　H——混凝土的计算厚度，$H = h' + h$，h 为混凝土实际厚度（m）；

　　　$\Delta T_{(t)}$——龄期 t 时混凝土中心温度与外界气温之差，由于不能预测各龄期的气温，故取各龄期混凝土的中心温升值。

混凝土中心温度由如下公式计算：

$$T_{z(t)} = T_j + T_{m(t)} \tag{18-10}$$

式中　$T_{z(t)}$——龄期 t 时混凝土中心温度（℃）；

　　　T_j——混凝土的浇筑温度，取大气平均温度为 26℃。

把各数据分别代入公式（18-9）、公式（18-10），即可求得混凝土的表面温度和中心温度。当取 T_{max} 分别为 63.74℃、78.94℃ 和 94.74℃ 时，计算所得的混凝土表面温度和中心温度等的结果分别见表 18-9、表 18-10 和表 18-11。

取 T_{max} = 63.74℃ 时计算所得的混凝土各种温度值（℃）　　　　　表 18-9

龄　　期（d）	3	9	15	21	27	30
上表面温度	41.15	38.89	33.84	30.65	28.79	28.53
下表面温度	40.60	38.43	33.56	30.48	28.69	28.44
侧面温度	51.14	47.39	39.00	33.72	30.63	30.19
中心温度	62.3	56.9	44.8	37.2	32.7	32.1
混凝土最大里外温差 ΔT_{max}	21.70					
混凝土最高温升	36.3					
混凝土最大日降温速度		2.02				

取 T_{max} = 78.94℃ 时计算所得的混凝土各种温度值（℃）　　　　　表 18-10

龄　　期（d）	3	9	15	21	27	30
上表面温度	44.76	41.96	35.71	31.76	29.46	29.13
下表面温度	44.09	41.39	35.36	31.55	29.33	29.02
侧面温度	57.13	52.49	42.12	35.56	31.74	31.19
中心温度	70.99	64.28	49.29	39.81	34.29	33.50
混凝土最大里外温差 ΔT_{max}	26.9					
混凝土最高温升	44.99					
混凝土最大日降温速度		2.50				

取 $T_{max}=94.74℃$ 时计算所得的混凝土各种温度值（℃）　　　表 18-11

龄　期　(d)	3	9	15	21	27	30
上表面温度	48.57	45.16	37.66	32.91	30.15	29.75
下表面温度	47.71	44.47	37.24	32.67	30.00	29.62
侧面温度	63.37	57.79	45.34	37.47	32.89	32.23
中心温度	80.00	71.94	53.95	42.58	35.95	35.00
混凝土最大里外温差 ΔT_{max}	32.29					
混凝土最高温升	54.0					
混凝土最大日降温速度		3.00				

18.2.5.3　大体积混凝土的温度应力计算

1. 混凝土收缩变形值的当量温度

(1) 混凝土的收缩变形值

计算公式如下：

$$\varepsilon_{y(t)} = \varepsilon_y^0(1-e^{-0.01t}) \cdot M_1 \cdot M_2 \cdot M_3 \cdots M_{10} \tag{18-11}$$

式中　　$\varepsilon_{y(t)}$——龄期为 t 时混凝土收缩引起的相对变形；

ε_y^0——在标准试验状态下混凝土最终收缩的相对变形值，取 $3.24×10^{-4}$；

$M_1、M_2\cdots M_{10}$——考虑各种非标准条件的修正系数，取 $M_1=1.25$，$M_2=1$，$M_3=1$，$M_4=0.95$，$M_5=1.1$，M_6：3d=1.09、9d=0.98、大于9d=0.93，$M_7=0.7$，$M_8=1$，$M_9=1.0$，$M_{10}=0.68$。

由公式（18-11）计算出 3d、9d、15d、21d、27d、30d 龄期混凝土的收缩相对变形值为：

3d：$\varepsilon_{y(3)}=0.0647×10^{-4}$，9d：$\varepsilon_{y(9)}=0.171×10^{-4}$，15d：$\varepsilon_{y(15)}=0.260×10^{-4}$，21d：$\varepsilon_{y(21)}=0.355×10^{-4}$，27d：$\varepsilon_{y(27)}=0.443×10^{-4}$，30d：$\varepsilon_{y(30)}=0.486×10^{-4}$。

(2) 混凝土收缩变形值的当量温度

计算公式如下：

$$T_{y(t)} = \varepsilon_{y(t)}/\alpha \tag{18-12}$$

式中　$T_{y(t)}$——龄期为 t 时混凝土收缩变形值的当量温度（℃）；

α——混凝土的线膨胀系数，取 $1.0×10^{-5}$；

$\varepsilon_{y(t)}$——龄期为 t 时混凝土收缩引起的相对变形。

由公式（18-12）计算出各龄期混凝土收缩变形值的当量温度值如下：

3d：$T_{y(3)}=0.65℃$，9d：$T_{y(9)}=1.7℃$，15d：$T_{y(15)}=2.6℃$，21d：$T_{y(21)}=3.6℃$，27d：$T_{y(27)}=4.4℃$，30d：$T_{y(30)}=4.9℃$。

2. 混凝土各龄期的弹性模量

计算公式如下：

$$E_{(t)} = E_0(1-e^{-0.09t}) \tag{18-13}$$

式中　$E_{(t)}$——龄期为 t 时混凝土的弹性模量（N/mm²）；

E_0——混凝土最终弹性模量，一般近似取标准条件下养护 28d 的弹性模量，C50 级混凝土为 $3.45×10^4 N/mm^2$。

由式（18-13）算出的混凝土各龄期的弹性模量见表 18-12。

混凝土各龄期的弹性模量 表18-12

龄　　期 (d)	1	3	9	15	21	27	30
弹性模量 ($\times 10^4 \text{N/mm}^2$)	0.297	0.820	1.92	2.56	2.93	3.15	3.94

3. 混凝土各龄期的松弛系数

混凝土各龄期的松弛系数 $H_{i(t1)}$ 取值见表18-13。

混凝土各龄期的松弛系数 表18-13

龄　　期 (d)	3	9	15	21	27	30
松弛系数值	0.19	0.212	0.230	0.310	0.443	1.000

4. 混凝土最大自约束应力

计算公式如下：

$$\tau_{z\max} = (\alpha/2) \times \Delta T_{\max} E_{(t)} H_{i(t1)} \qquad (18\text{-}14)$$

式中　$\tau_{z\max}$——混凝土的最大自约束应力（MPa）；

　　　α——混凝土的线膨胀系数，取 1.0×10^{-5}；

　$\Delta T_{\max}$——混凝土浇筑后出现的最大里外温差，根据前面表18-9、表18-10 及表18-11 所算的结果，取其中的最大值（即表18-11 中的数据）32.29℃ 计算；

　　　$E_{(t)}$——与最大里外温差相对应龄期 t 时混凝土的弹性模量，根据前面所算的结果，混凝土第三天龄期出现最大里外温差时的弹性模量值为 $0.82 \times 10^4 \text{N/mm}^2$；

　　$H_{i(t1)}$——最大里外温差相对应龄期 t 时混凝土的松弛系数，取 0.19。

把各数值代入 (18-14) 式得：

$$\tau_{z\max} = (1.0 \times 10^{-5}/2) \times 0.82 \times 10^4 \times 0.19 \times 32.29 = 0.25 \text{MPa}$$

5. 混凝土的最大水平外约束拉应力

计算公式如下：

$$\sigma_{\text{水}\max} = \sum_{i=1}^{n} \Delta\sigma_i = \frac{\alpha}{1-\nu} \sum_{i=1}^{n} \left(1 - \frac{1}{\cosh\beta L/2}\right) \Delta T_i \cdot E_{i(t)} \cdot H_{i(t1)} \qquad (18\text{-}15)$$

式中　$\sigma_{\text{水}\max}$——混凝土的最大水平外约束拉应力（MPa）；

　　　$\Delta\sigma_i$——将温升的峰值降至周围气温的总降温温差分为 n 个温差段，$\Delta\sigma_i$ 为第 i 段的温度收缩应力（MPa）；

　　　ΔT_i——将温升的峰值降至周围气温的总降温温差分为 n 个温差段时，ΔT_i 为第 i 段的计算温差（℃），选用温升值最高的表18-11 中的数值和公式 (18-12) 的计算结果，列成表18-14 进行计算；

　　$H_{i(t1)}$——龄期为 t 时，约束力加荷持续时间为 t_1 时的松弛系数；

　　　L——结构的长度（mm）；

　　cosh——双曲余弦函数；

　　　ν——泊桑比，取 0.15。

其中 $\beta = (C_x / (HE_{i(t)}))^{1/2}$ 　　　　　　　　(18-16)

18-2 主要的施工技术及有关计算

式中 C_x——混凝土的水平阻力系数（N/mm³）；

H——结构的厚度（mm）。

ΔT_i 值的计算 表 18-14

温差段	3～9d	9～15d	15～21d	21～27d	27～30d
$T_{z(i)}$值（℃）	8.06	17.99	11.37	6.63	0.95
$\Delta T_{y(i)}$值（℃）	1.05	0.90	1.00	0.80	0.50
ΔT_i值（℃）	9.11	18.89	12.37	7.43	1.45

表 18-14 中：
$$\Delta T_i = \Delta T_{y(i)} + T_{z(i)} \tag{18-17}$$

式中 $\Delta T_{y(i)}$——第 i 温差段的混凝土收缩变形的各龄期当量温度温差（℃）；

$T_{z(i)}$——第 i 温差段混凝土各龄期中心温度温差（℃）。

(1) 混凝土的水平阻力系数 C_x

该转换层的混凝土的变形主要受到下层柱的约束，由于目前没有有关转换层大体积混凝土施工混凝土变形的水平阻力系数取值的经验数据以及计算公式，在这里把该转换层理解成为是承受上部裙楼荷载的空中基础，把转换层下的柱视为桩，于是其单位面积上柱的水平阻力系数 C_x 参考桩对基础的水平阻力系数估算，可由下式估算：

$$C_x = Q/F \tag{18-18}$$

式中 Q——桩产生单位位移所需的水平力（N/mm）；

$$Q = 4EI(K_hD/4EI)^{3/4} \tag{18-19}$$

其中 K_h——地基水平侧移刚度（1×10^{-2}N/mm³）；

E——桩的弹性模量，取 3.45×10^4 N/mm²；

I——桩的惯性矩（mm⁴）；

D——桩的直径（mm）；

F——每根桩分担的地基面积（mm²）。

由于该转换层有一条连续长 53.58m、高 2m、宽 2.2m 的大梁，其产生温度裂缝的可能性最大，所以主要针对该梁进行测算。在该条梁下有 6 根直径 1.7m 的圆柱，一道 $0.85m \times 5m \times 3.5m$ 的剪力墙和一道 $0.85m \times 1.73m \times 3.5m$ 的剪力墙。由于剪力墙和圆柱的侧移刚度各不相同，故在计算中把剪力墙按惯性矩折算成柱。

经折算：该梁下共相当有 29.57 根柱，故每根柱分担的面积 $F = 53580 \times 2200/29.5 = 3986337.5$ mm²

柱的惯性矩为 $I = 4.1 \times 10^{11}$ mm⁴

$$Q = 4 \times 3.45 \times 10^4 \times 4.1 \times 10^{11} \times \left(\frac{1 \times 10^{-2} \times 1700}{4 \times 3.45 \times 10^4 \times 4.1 \times 10^{11}}\right)^{3/4}$$

$$C_x = \frac{Q}{3986337.5} = 0.0324$$

实取 C_x 约为上述计算值的 2 倍，即 $C_x = 0.06$。

(2) 混凝土的最大水平外约束拉应力 $\sigma_{水max}$ 值

选用温升值最高的表 18-11 中的数值，列成表 18-15 进行计算。

混凝土最大水平外约束拉应力的计算　　　　　　　　表 18-15

序　号	(1)	(2)	(3)	(4)	(5)
系　数　名	$H_{i(t1)}$	ΔT_i	$E_{i(t)}$	$1-\dfrac{1}{\cosh\beta L/2}$	$\Delta\sigma_i$
$\Delta\sigma_{3-9}$	0.212	9.11	1.92×10^4	0.381	0.166
$\Delta\sigma_{9-15}$	0.230	18.89	2.56×10^4	0.312	0.408
$\Delta\sigma_{15-21}$	0.310	12.37	2.93×10^4	0.282	0.373
$\Delta\sigma_{21-27}$	0.443	7.43	3.15×10^4	0.267	0.326
$\Delta\sigma_{27-30}$	1.000	1.45	3.94×10^4	0.262	0.176
$\sigma_{水max}$					$\sum\Delta\sigma_i=1.449$

注：$\Delta\sigma_i=1.176\times10^{-5}\times$ (1) × (2) × (3) × (4)

$\sigma_{水max}=1.449 < f_{tk}/K=2.75/1.15=2.391\text{MPa}$

18.2.5.4　测算结果分析

根据计算结果可知，采用以上三种计算方法，混凝土中心最高温升值都不相同。采用第一种方法计算的值最小，混凝土中心最高温升为 36.33℃，比较接近《块体基础大体积混凝土施工规程》建议的控制指标（35℃）；混凝土的最大里外温差为 21.7℃，比上述规程的控制指标（25℃）要小。采用第三种方法计算的值最大，混凝土中心最高温升为 54℃，比上述规程的温控指标大 19℃；混凝土最大里外温差为 32.3，比上述规程的温控指标大 7.3℃。可见采用的计算方法不同，其结果相差比较大。

从总体情况看，由于该结构转换层的混凝土受到的外约束作用比较小，如果施工现场混凝土的温度按第三种计算方法（最不利情况）的结果发展，混凝土最大水平外约束应力为 1.449MPa，小于混凝土的抗拉强度。故混凝土产生由于外约束应力引起的贯穿裂缝的可能性不大。但是仅只采用上述的保温方法，混凝土的里外温差偏大，为了防止由于混凝土的自约束应力产生的表面裂缝，施工中加强了混凝土早期的保温。

18.2.5.5　技术措施

1. 温控措施

根据计算的结果，制定了如下温控措施：

（1）尽量减少水泥用量；

（2）尽量降低混凝土入模温度，搅拌站所用的原材料加设遮阳设施和淋水降温；

（3）由于混凝土底面的里外温差最大，如果混凝土的实际温度按第三种方法计算的结果发展，混凝土的里外温差将比较大，因此将四楼四周用编织布封闭，减少转换层模板底面空气对流降温；

（4）如果混凝土的实际温度按第三种方法计算的结果发展，除了上述采用的保温材料外，在整个转换层搭设塑料薄膜保温棚。遇到温度异常情况，用大功率灯照射，以减少里外温差，尽量控制混凝土的里外温差在 25℃ 以内。

2. 温度监测

进行温度监测是大体积混凝土施工质量控制的有效手段。施工人员从监测过程中反馈的信息，调整和改进施工方法，对防止混凝土产生温度裂缝很有帮助。

该工程的测温是对浇筑温度、养护过程中混凝土的中心温度、上下表面温度升温值、内外温差、降温速度、环境温度进行监测，以利用这些指标控制混凝土的温度裂缝的产生和发展。

为了保证测温的精度和测温速度，本工程采用电子测温仪器对混凝土温度进行监测。

(1) 测温器材

混凝土的温度监测采用上海生产的 XDD302 自动记录仪 1 台（同时测六点），XMZA-102 型数字显示仪 4 台（一次测一点），MZC001 型微型铜电阻探头约 150 块；浇筑温度监测用普通温度计（插入混凝土 100mm 能读数）；环境温度监测用普通温度计和离开被测温物体后仍能读数的水银温度计。

(2) 混凝土内部测温点的布置

混凝土内部测温点平面布置详见图 18-9；沿混凝土块体厚度测温点的布置见图 18-10。

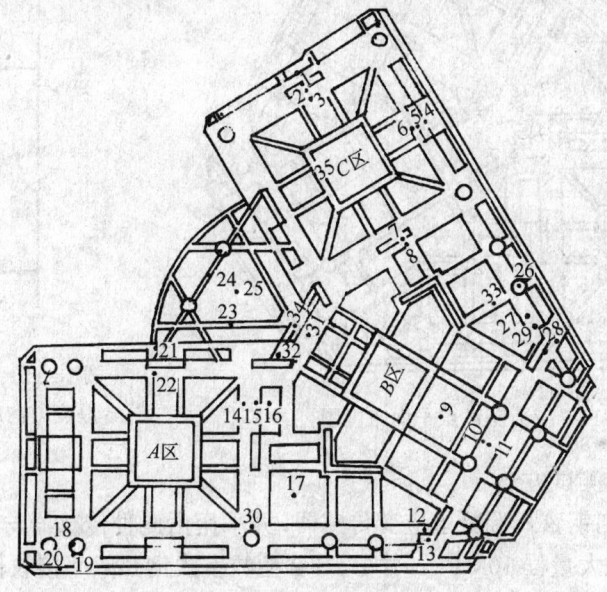

图 18-9 测温点平面布置图

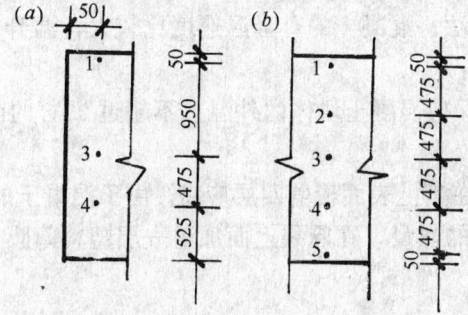

图 18-10 沿混凝土浇筑块体厚度方向测温布置图
(a) 梁侧测温点布置；(b) 梁中心测温点布置

3. 应力测试

对转换层大体积混凝土进行应力测试,比较直观准确地反映了结构的应力应变状态,从而有效地防止了大体积混凝土产生裂缝。

(1) 应力测试点的布置

应力测试点平面布置见图18-11,应力测试点沿大体积混凝土厚度方向布置见图18-12,主要按梁长度方向布置,对各梁交汇处,应力比较复杂、应力集中的位置,增设了各方向的应力测试点。

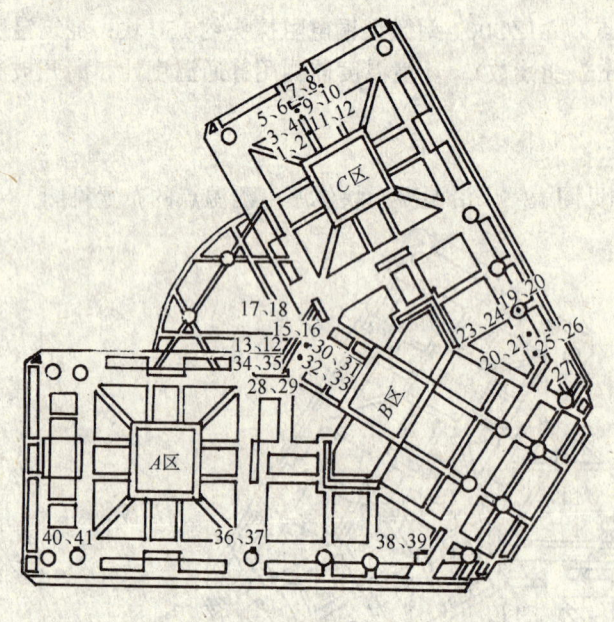

图18-11 应力测试点平面布置图

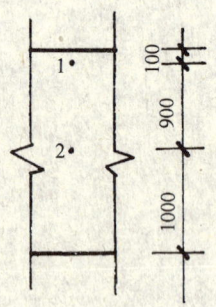

图18-12 沿混凝土浇筑块体厚度方向应力测试点布置图

(2) 测试仪器和测试方法

采用了JXH系列钢弦式混凝土应变传感器,并采用由此种传感器与夹层筒组成的无应力计作应变测试,最大量程10MPa,并由SS-2型数字式钢弦频率接收仪进行测试。

4. 现场采取的温控措施

从施工现场采集的数据分析,开始浇筑的混凝土温升快、温升高、降温快,如果仅采用计算时初步选用的保温方法,混凝土的日降温速度比较大,温升会更高,因此现场适当调整了温控方法。具体如下:

(1) 混凝土升温阶段在保持混凝土块体内外温差不超过25℃的前提下,尽量减少覆盖,尽量让其降温。

(2) 混凝土降温阶段,在其上表面覆盖四层麻袋。由于混凝土的温度高,水分蒸发快,为了避免水分蒸发带走过多的热量,在麻袋上面加盖一层塑料薄膜,并在整个转换层楼面搭设保温棚。

18.2.5.6 工程效果

这种梁式结构转换层空间大体积高强混凝土施工,温度应力变化非常复杂,由于进行了认真测算,制定了有效的防止混凝土产生温度裂缝的方案,采取了信息化施工技术,对混凝土的温度和应力进行全过程的跟踪和监测,及时发现问题,及时采取有效的措施,混凝土浇筑养护完成后，其表面平整密实，没有温度裂缝，得到了华南理工大学、广州市城乡建设委员会、广州市房地产管理局、广州市质监站等单位的工程专家教授的一致好评。

18-3 温度和应力测试数据处理分析

18.3.1 混凝土的中心最高温度计算值与实测值比较分析

通过把整个结构转换层的测温数据输入预先编制好的计算机测温信息管理系统进行处理，其结果如下：

各混凝土测温点的中心最高温度平均值为 78.3℃，和第三种计算方法估算的结果比较接近，而其它两种方法估算的结果与实测的结果相差就比较大。造成这种情况的主要原因是第一和第二种方法估算选用的矿渣硅酸盐水泥的水化热总量参数偏小。根据实测的混凝土中心最高温度值，利用公式（18-6）和（18-2）反算出水泥的水化热总量为 433.95kJ/kg，比第一种方法估算的水泥水化热总量大 134.49kJ/kg，比第二种方法估算的水泥水化热总量大 61.53kJ/kg。

18.3.2 同一条浇筑线路上，先后浇筑的混凝土的中心最高平均温升值的比较分析

以 ⑧C → AC → Ⅱ 轴线的浇筑线路上的测温点为例，其中混凝土中心最高温度的比较见表 18-16。从表中可见混凝土的中心最高温升值在其浇筑温度和外界气温值相差都不大的情况下，最先浇筑的混凝土要比后浇筑的混凝土值要小 10.6℃。

同一条浇筑线路上先后浇筑的混凝土中心最高温度的比较　　　　表 18-16

轴线名称	⑧C	AC	AC	Ⅱ
开始浇筑时间	1995.4.8.15	1995.4.9.1	1995.4.11.6	1995.4.11.23
浇筑温度（℃）	26.3	28.0	27.5	29.0
外界气温平均值（℃）	24.0	24.6	23.0	21.6
混凝土中心最高温度平均值（℃）	71.4	76.0	82.0	82.0

18.3.3 外界气温变化对混凝土入模温度的影响分析

不同时间的外界平均气温以及该时间的各测温点混凝土的平均入模温度见表 18-17。从表中可以看出混凝土的入模温度对外界气温变化不敏感。

不同时间的外界平均气温及该时间的混凝土入模温度　　　　表 18-17

浇筑时间	6:00	12:00	15:00	23:00
外界平均气温（℃）	20.74	26.48	26.27	20.56
平均入模温度（℃）	27.13	27.95	28.54	27.07

18.3.4 混凝土的里外温差、日降温速度的比较分析

通过计算机对测温数据的处理结果看，同一测温点混凝土的早期里外温差比后期大，一

般出现在混凝土浇筑后的2~3d，各测点的最大里外温差平均为24.6℃，基本上能控制在前述规程的控制指标25℃内。混凝土中心最高平均温升为48.2℃，比前述规程的控制指标（35℃）大13.2℃。混凝土的日降温速度在其浇筑后的1.5~8d内比较大，平均最大值日降温速度近5~6℃/d，比前述的规程的控制指标（1.5℃/d）要大3~4倍。

由此可见，梁式结构转换层与块体基础大体积混凝土的温度场的变化规律存在明显差异：

（1）块体基础长和宽方向的尺寸比较大，一般视块体基础沿厚度方向（即上下表面）散热，视侧面基本不散热。而梁式结构转换层的大梁宽度方向的尺寸往往比块体基础小，大梁混凝土的上下表面和侧面都大量散热，故控制混凝土日降温速度在1.5℃左右比控制混凝土的里外温差在25℃以内难度大。

（2）该梁式结构转换层的混凝土比一般的块体基础的混凝土强度高，混凝土的水化热很大，要控制混凝土中心最大温升在35℃以内，是不太容易的。

18.3.5 温度应力实测情况分析

本结构转换层的大梁纵横交错，连接较为复杂，同时混凝土浇筑不易做到在同一时间内完成。在温度应力的影响下各梁处于复杂的应力状态，故混凝土内的应力分布实测的情况非常复杂，不同于常规的试验和一般工程的情况。但是实测的温度应力基本上小于混凝土的抗拉强度。总的看来混凝土的应力在同一大梁的横截面分布大致呈三种类型：第一种类型是混凝土表面和中心在整个测试过程中以压应力为主（见图18-13）；第二种类型是混凝土表面和中心在整个测试过程中以拉应力为主（见图18-14）；第三种类型与通常的大体积混凝土温度应力分布的情况相同，混凝土表面和中心在其升温过程中表现为压应力，在其降温过程中表现为拉应力（见图18-15）。混凝土应力发展变化主要在其浇筑后前8d内完成的，所以控制混凝土前期的温度变化是防止大体积混凝土温度裂缝的关键。

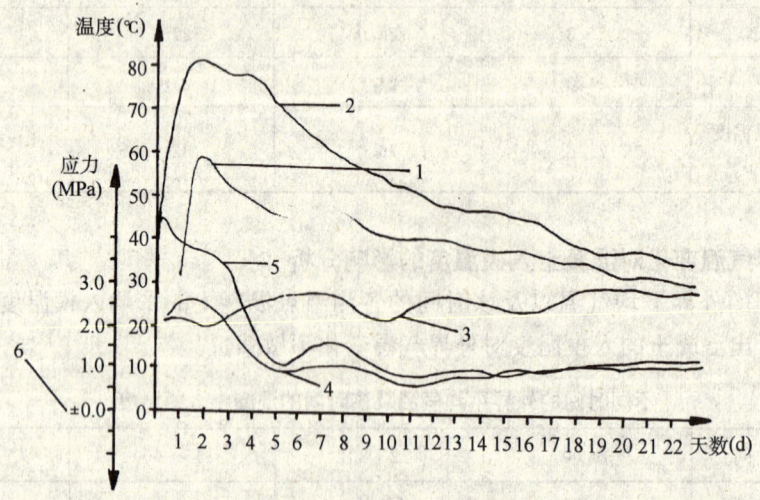

图18-13 实测31号测温点温度和应力曲线图

1—混凝土浇筑块体表面温度曲线；2—混凝土浇筑块体中心温度曲线；3—环境温度曲线；4—混凝土浇筑块体表面应力曲线；5—混凝土浇筑块体中心应力曲线；6—+号表示压应力，-号表示拉应力

18-3 温度和应力测试数据处理分析

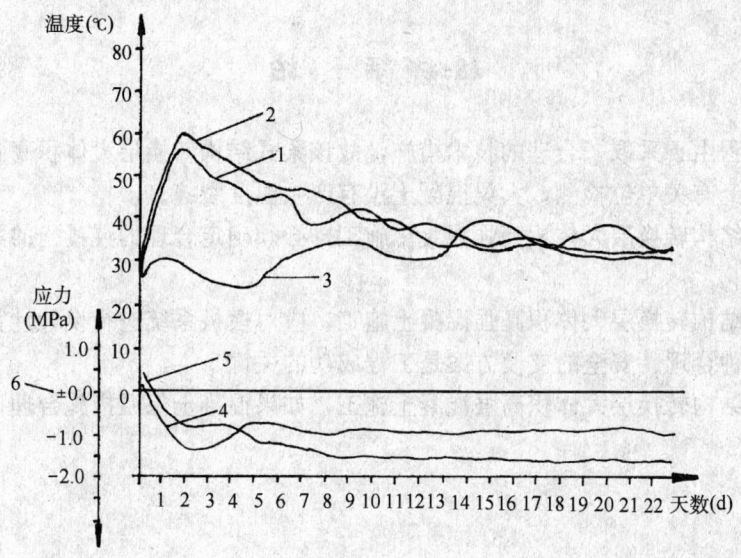

图 18-14 实测 3 号测温点温度和应力曲线图

1—混凝土浇筑块体表面温度曲线；2—混凝土浇筑块体中心温度曲线；3—环境温度曲线；4—混凝土浇筑块体表面应力曲线；5—混凝土浇筑块体中心应力曲线；6—＋号表示压应力，－号表示拉应力

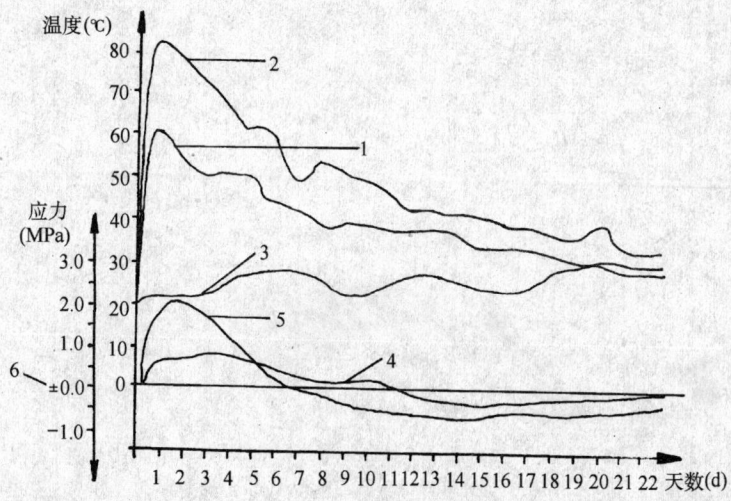

图 18-15 实测 27 号测温点温度和应力曲线图

1—混凝土浇筑块体表面温度曲线；2—混凝土浇筑块体中心温度曲线；3—环境温度曲线；4—混凝土浇筑块体表面应力曲线；5—混凝土浇筑块体中心应力曲线；6—＋号表示压应力，－号表示拉应力

18-4 结 论

(1) 本工程由于采取了合理的技术措施，故该梁式结构转换层大体积高强混凝土施工取得了成功，经有关单位检测，大梁混凝土没有产生温度裂缝。

(2) 梁式结构转换层大体积高强混凝土施工，必须确定合理的混凝土的配合比、坍落度、初凝时间。

(3) 梁式结构转换层大体积高强混凝土施工，应对模板系统进行设计计算以及必要的试验。采用一种合理、安全的支模方案是工程成功的关键。

(4) 梁式结构转换层大体积高强混凝土施工，如果混凝土保温措施合理，完全可以防止温度裂缝。

19 广州市新中国大厦结构施工

广州市住宅建设发展有限公司
陈超英 姚志雄 李镇河 杨捷敬 李祖义

19-1 工程概况

新中国大厦坐落在广州市人民南路与十三行路交界处，为48层、总高度200m的超高层综合商业大厦（见彩图16）。±0.000下设5层地下室，底板面标高为-17.650m。总建筑面积为14.60万m^2，其中地下室面积36715m^2。该建筑物平面基本为矩形，东面为圆弧型，塔楼东、南、北立面为退台式外型，每10层退2m，平面见图19-1。

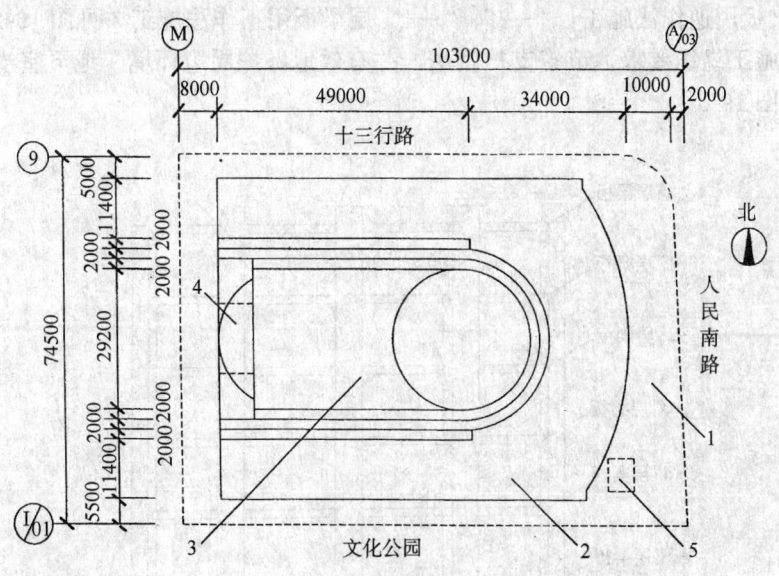

图 19-1 平面图
1—地下室；2—裙楼；3—塔楼；4—1号出土口；5—2号出土口

本工程为钢筋混凝土框剪结构，建筑物中部为三组电梯井筒组成的核心筒，井筒外边为钢管混凝土柱（见彩图17），由地下室向上直至24层为24根圆形钢管混凝土柱，24层以上转为方形钢管混凝土柱。地下室共有钢管混凝土柱94根。另外为配合地下室半逆作法施工，在核心筒剪力墙内设有T型、L型、矩形截面的钢管构架混凝土柱27根。钢管用16Mn钢板制作，直径有1400mm、1250mm、1050mm、1000mm、950mm、900mm等六种，壁厚有25mm、20mm、18mm三种。钢管内混凝土强度等级为C60～C80。电梯井筒的剪力墙厚度为250～850mm，混凝土强度等级为C40～C70。

工程现场东、北、南三面均为繁华地段，对施工有很大的制约，加上施工范围内地下室占去约90%场地，周边仅余2～3m宽的施工使用场地，且裙楼结构完成后，即进行装修并投入使用，那时上部结构尚在施工，所以对现场临时设施布置、垂直运输机械布置，都要在裙楼营业的前提下来考虑安排，只能集中在西边唯一的施工现场上布置，给施工增加了很多困难。

根据业主要求，塔楼每上升10层，就要拆除下面10层的外脚手架，以供外玻璃幕墙安装。所以塔楼外脚手架需要采用分段搭设，分段拆除，一部分利用建筑物向内退2m来分段，另一部分分段采用型钢挑起外脚手架，在上一段外脚手架的最下一层的水平脚手板应采取安全措施，以保护下面已安装的玻璃幕墙和行人的安全。

19-2 地下室半逆作法施工

19.2.1 施工工艺流程

本工程5层地下室采用"半逆作法"施工，除"-1"层土方用大开挖方法外，"-2"至"-3"层"-4"至"-5"层每两层土方分别作一次开挖，即"-1"、"-3"、"-5"层（即底板）梁板用逆作法施工，"-2"、"-4"层梁板用正作法施工，见图19-2。它能符合整个工程的施工组织要求，节省支护费用，并有效地保护周边环境。地下室半逆作法施工工艺流程见图19-3。

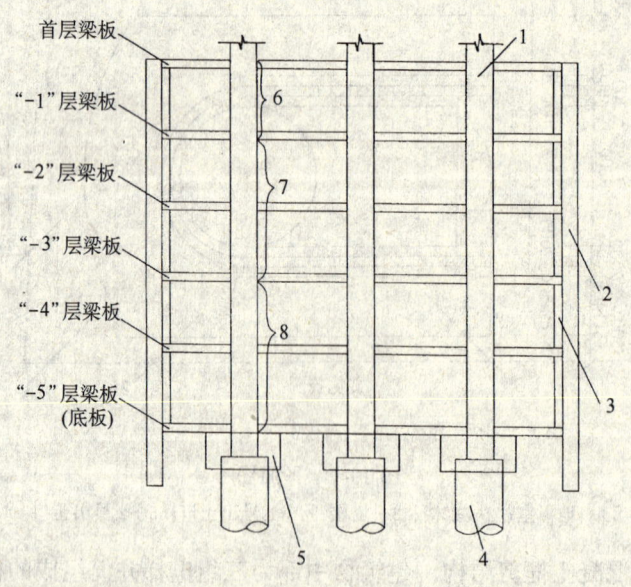

图19-2 地下室支护结构及土方开挖顺序
1—钢管混凝土柱；2—地下连续墙；3—内壁墙；4—人工挖孔桩；5—桩承台；
6—第一次土方开挖范围；7—第二次土方开挖范围；8—第三次土方开挖范围

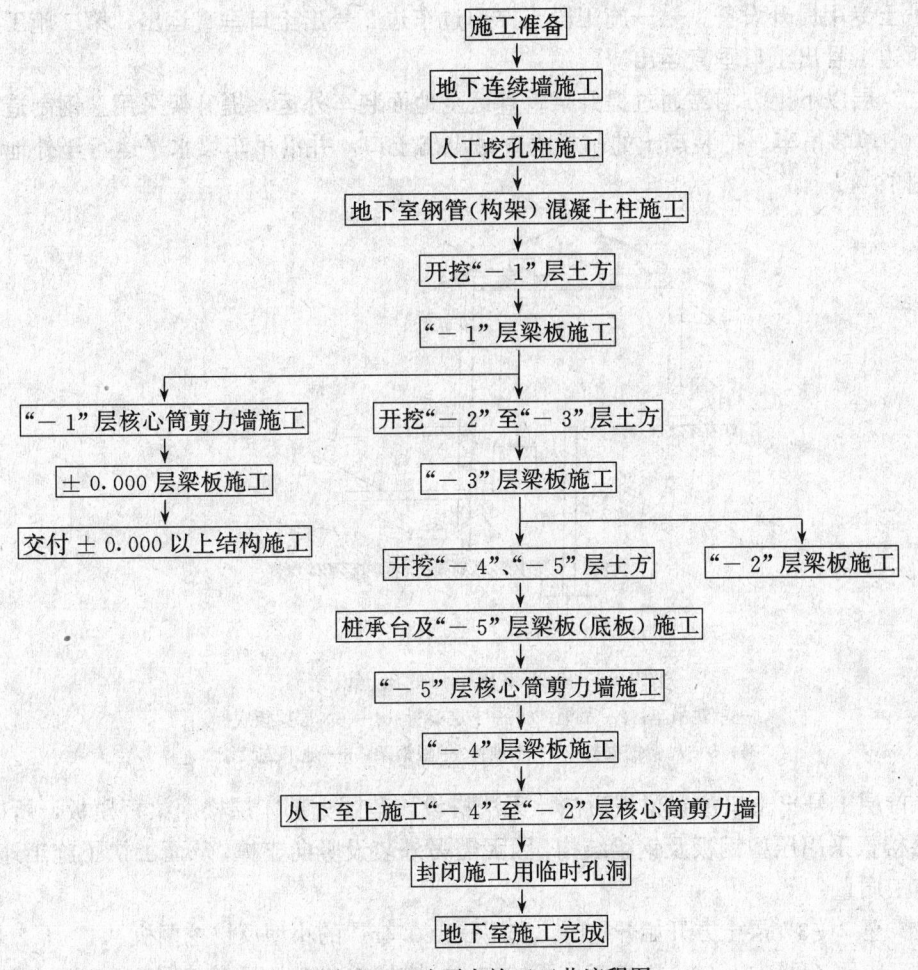

图 19-3 地下室施工工艺流程图

19.2.2 地下室施工期间支撑体系

利用地下连续墙、人工挖孔桩、钢管（构架）混凝土柱，作为逆作法施工期间承受结构荷载及其施工荷载的构件，经验算，可以利用地下室"-1"、"-3"层梁板兼作地下连续墙的水平支撑，一次开挖两层土方，地下连续墙也能满足水、土及地面附加荷载的侧压力要求，并利于机械挖土施工和加快施工进度。

19.2.3 土方开挖及运输

19.2.3.1 "-1"层土方开挖

土方开挖及出土是逆作法的关键部分。"-1"层用 4 台 1m³ 反铲挖掘机，采用"敞开式"开挖。以Ⓓ轴为界分两个施工段，Ⓐ/03～Ⓓ轴是第一段，Ⓓ～Ⓜ轴为第二段。先开挖第一段土方，完成后施工该段"-1"层梁板结构，同时开挖第二段土方。-1 层梁板混凝土加入早强剂，浇筑 7d 后便可以进行"-2"至"-3"层土方开挖。

19.2.3.2 "-2"至"-5"层土方开挖

"-1"层梁板完成后，"-2"至"-5"层土方、结构均处于封闭状况下施工，故在东、西两端梁板处分别预留 8m×9m、8m×12m 的洞口作为出土口及材料运输口，并在洞口上方架设吊土专用提升设备。第一施工段土方通过东边 2 号出土口垂直运出，第二施工段土方通过西边 1 号出土口垂直运出。

"-1"层以下土方均需通过提升架垂直运至地面装车外运，提升架采用型钢制造，设置 3 套 10t 单轨吊车，把装满土的吊桶垂直吊出出土口，并沿吊车梁水平运行至外地面卸土，见图 19-4。

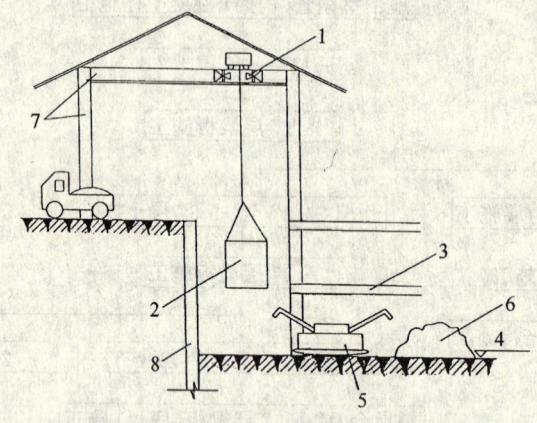

图 19-4 地下室出土口的出土设施
1—单轨吊车；2—吊桶；3——1 层梁板；4——3 层梁板底标高；5—反铲挖掘机；6—土堆；7—型钢架；8—地下连续墙

由于首层 1 号出土口位置梁板后浇，无法搭设该范围上部 4 层楼面梁板模板，所以此处 2、3 层楼板采用压型钢板及钢梁结构，因无需另外装设竖向支撑，从而加快了施工速度，保证了施工质量。

"-2"至"-3"层土方开始开挖时，先用一台 $0.4m^3$ 的小型反铲挖掘机"A"于 2 号出土口拓宽工作面（见图 19-5），随着工作面的加大，增加 6 台 $1m^3$ 反铲挖掘机"B"对第一施工段进行开挖，从东南角向西北角推进。当土方开挖至一定范围后，用 2 台反铲挖掘机在核心筒两侧挖通两条连接 1 号、2 号出土口的通道，土方均从 2 号出土口垂直运至地面。

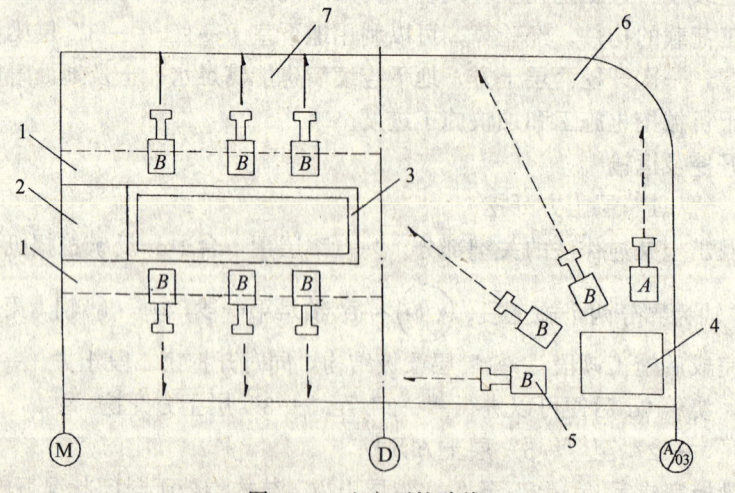

图 19-5 土方开挖路线
1—挖土通道；2—1 号出土口；3—核心筒；4—2 号出土口；5—反铲挖掘机；6—第一施工段；7—第二施工段

在完成第一段土方开挖后,进行该段"-3"层梁板施工,同时进行第二施工段的土方开挖。将反铲挖掘机等机械转移至Ⓓ～Ⓜ轴,沿通道展开工作面,大面积开挖第二段土方,并由1号出土口垂直运输至地面(见图19-5)。"-4"至"-5"层土方施工方法与"-2"至"-3"层的相同。

地下室开挖过程中,随着工作面向内延伸,土方水平转移的工作量越来越大,增加2至3台装载机将远处的土方转移至出土口附近,由反铲挖掘机装土入吊桶,垂直运输至地面,在两出土口旁设堆土点,由反铲挖掘机装车外运。第一施工段土方出东门外运,第二施工段土方由西门外运。

19.2.4 框架梁与地下连续墙连接节点

施工地下连续墙时按设计要求在相应位置预埋凹形钢盒接头,待土方开挖暴露出钢板接头后,清除泥土,将框架梁的一端焊到该接头上,见图19-6。

19.2.5 核心筒剪力墙接口

钢管构架混凝土柱是设在核心筒剪力墙内的劲性骨架,在逆作法施工中,先施工钢管构架混凝土柱,然后施工核心筒剪力墙。因为"-1"层核心筒剪力墙要在±0.000层梁板完成后作为上部结构施工和内部爬升式塔式起重机的基座,故"-1"层梁板完成后随即施工"-1"层核心筒剪力墙。而"-5"至"-2"层剪力墙则在底板完成后才向上采用正作法施工,以减小剪力墙在施工过程中出现的收缩。因此,核心筒剪力墙在"-1"层暗梁底与"-2"层剪力墙顶的接口处理是非常关键的,为便于连接,在安装"-1"层剪力墙暗梁模板时,墙竖筋穿过梁底模,弯成90°,待下一层土方开挖后,将竖筋同下一层墙竖筋连接。"-2"层剪力墙顶部支模成喇叭口,作为浇筑混凝土的下料口,浇筑混凝土后将斜面多余部分混凝土凿除,见图19-7。

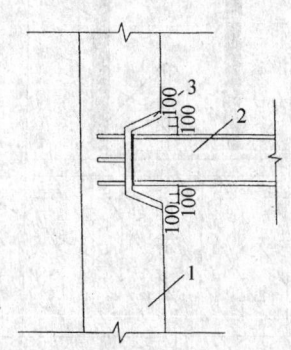

图19-6 框架梁与地下连续墙的连接
1—地下连续墙;2—框架梁(型钢混凝土梁);3—预埋钢板盒

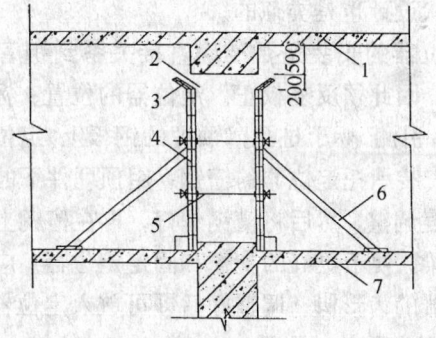

图19-7 核心筒剪力墙的接口处理
1——1层楼板;2—混凝土浇筑口;3—木模板;4—钢模板;5—对拉螺栓;6—钢管斜撑;7——2层楼板

19.2.6 结构沉降变形监控

在逆作法施工前,经设计人员对构件在各阶段的受力、变形、沉降进行验算并符合要求后,才准予施工。在施工过程中也设置观测点及设备对结构和周边环境进行监控,如其中的结构沉降观测往返闭合差的允许限差为±2.323mm,实际误差为-0.837mm。各项观测结果表明,结构本身变形、沉降及对周围建筑物、管线的影响皆在允许范围内。

19-3 钢管混凝土柱施工

19.3.1 钢管的检验

钢管选用螺旋形缝焊接管，由大型卷管设备连续卷出。但由于设备的限制，圆度有一定误差，造成钢管在圆度、轴线、牛腿夹角等方面存在相应误差。因此，在出厂前须严格检查每根钢管的焊接质量及几何尺寸，特别是牛腿、管端面与管身垂直度等，并制定专门表格记录检查结果。钢管出厂前要备齐各项质检证明、合格证等，方能运入工地。在运输中，牛腿处于不利受力状态，可能变形，影响以后施工，为此，采取在牛腿与管身之间焊临时拉结钢板条加固，防止运输吊装过程中牛腿变形。

19.3.2 地下室钢管（构架）吊装

地下室钢管从首层直至地下5层，一次吊入人工挖孔桩内，中间不驳接，最长达21.5m，最重的约20t。考虑到吊装时桩孔内不能下人，桩孔直径以能放入钢管及附在管上的牛腿为准。牛腿外边离管壁不少于100mm。因此钢管吊入时管身要垂直，桩孔的垂直度也应控制好，防止牛腿与护壁碰撞。当两根钢管构架靠近时，采用一个桩孔放两根钢管构架的方法，本工程最大挖孔桩直径为5.1m，其内吊放两根钢管构架。在浇筑桩芯混凝土前要预埋钢管（构架）的定位器，用以引渡、限定钢管（构架）的管脚位于正确位置。

19.3.2.1 定位器安装

定位器为十字锥形，锥底宽比钢管内径小5mm，可限定钢管管脚水平位移，十字板承托钢管，齿形脚锚入钢筋混凝土桩内。对T形、L形钢管构架，其定位器形状设计也是类似的。

定位器的安装是否准确直接关系到钢管安装的准确性，因此须反复校正。定位器的位置、标高，由±0.000引测，标于桩孔壁预埋的钢板上。定位器安装前，先安装承托定位器的槽钢，用预埋件下的螺栓进行水平度调整，然后将槽钢焊好，再在槽钢上焊三条角铁横梁，便于更好的支撑和固定定位器。应注意避开定位器的齿形脚。调整好后即可放入定位器，校正轴线并焊接固定，见图19-8。

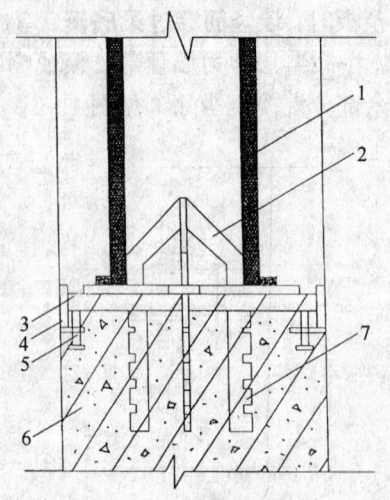

图19-8 定位器的安装
1—钢管；2—定位器；3—槽钢；4—预埋件；5—调平螺栓；6—人工挖孔桩；7—锚固的钢板齿形脚

对T形、L形定位器同样按其形状安设槽钢后再安装。考虑到护壁下沉、浇筑挖孔桩混凝土时定位器受影响等因素，预埋件锚入一定要牢固，若定位器倾斜或移位，对钢管安装的垂直度、轴线的准确性、钢管的接头质量影响甚大。如钢管端面与管身不垂直，或定位器有倾斜，钢管吊入调垂直后可能使钢管一边与定位器接触而另一边脱离，造成钢管标高不准，因此，在浇灌挖孔桩混凝土时，应注意避免对定位器的冲击和振捣。若节点处牛腿偏高，将不利于楼面施工，而实际上要钢管完全垂直就位也是很困难的，可考虑加工时将钢管牛腿标高适当降低10mm，对以后楼板施工有利。本工程施工中这样处理以后，绝大多数钢管在吊装以后，标高误差控制在规程要求的允许偏差+0mm至-20mm之内。

19.3.2.2 地下室钢管（构架）就位安装

桩孔间距离足够汽车起重机进入，地下室钢管（构架）用80t汽车起重机进行吊装。为使起吊后钢管尽量垂直，能顺利放入桩孔，钢管出厂前在管顶焊接吊耳，使吊索固定方便、对称。吊耳侧面加焊肋板，以确保在最不利位置起吊时吊耳不至侧翻破坏。

钢管起吊稳定后，慢慢放入桩孔，套正定位器，待钢管底接触定位器的十字板后，对准轴线。用带花篮螺栓的扣件连接管顶及桩顶预埋件进行微调定位，待轴线、标高复核无误后，即用工字钢将管顶与预埋件焊接固定。由于钢管底部位移与标高受定位器限制，顶部对准轴线后即可认为管顶与管底在垂直方向投影重合，管身已被调垂直。而标高由定位器控制，不能再调整（注意确认钢管管脚已接触定位器的十字板），如有误差，只能在下次接驳时修正。此后，在钢管管脚浇筑与管内混凝土同强度等级的混凝土（厚500mm）封管脚。

19.3.2.3 地下室钢管的固定

在挖孔桩护壁顶上将钢管上端固定，这只是临时固定。当"-1"层开挖后，挖孔桩护壁必须凿除，顶部临时固定则不复存在。因此，在钢管内混凝土浇筑、土方开挖前，要在钢管与桩孔壁之间填砂，并从管底开始，每隔一段（约2m）浇灌一圈0.5m厚素混凝土，以固定管身。浇灌该混凝土圈时注意避开牛腿，免除以后凿混凝土困难。之后，往钢管内浇筑混凝土。"-1"层开挖时，钢管（构架）混凝土柱由下部混凝土圈固定，待完成"-1"层与首层，再往下施工时，钢管混凝土柱上面已被新浇的楼板固定。

19.3.3 首层以上钢管的吊装

在地下室施工的同时，开始±0.000以上结构施工，钢管的第二段是从±0.000向上950mm处起至4层楼面上950mm处止，长14m。在内部爬升式塔式起重机尚未安装前，因楼板无法承受汽车起重机的荷载，因此采取部分加强首层楼板措施，在其上搭设可移动钢塔架加桅杆的方法吊装东面第一施工段钢管，并用130t汽车起重机吊装西边出土口位置的钢管，使上部与地下室结构施工进展顺利，工期不被拖延。当内部爬升式搭式起重机安装完毕后，首至4层楼面钢管部分用其吊装。4层楼以上钢管改为两层一段，全由内部爬升式塔式起重机吊装，个别重量大、距离远的，根据塔机能力则只能每层一段起吊。在每次钢管吊装后，立刻把复核的柱顶标高信息送回钢管的加工厂家，以便调整下一次接驳钢管的长度，尽可能消除标高误差。

19.3.3.1 钢管的轴线校正

吊装时将钢管对准轴线放于下一段钢管的管顶，轴线重合后再由经纬仪进行垂直度校正和调整。必须注意的是，不论同管径、还是小管径与大管径管驳接，接头都用插口形式的结构限位（见图19-9）。但由于钢管采用螺旋卷管设备，加工往往达不到设计要求精度，当配合公差按设计值时，难以安装，甚至卡住不能放下，一旦放入时被卡住，很难处理。因此施工中，卡位的肋板采取现场切割的办法处理，公差比设计值略大（取5mm），安装时则顺利得多。

底部轴线对准后，用两台经纬仪在两个垂直方向监控，用带花篮螺栓（直径16mm）的钢丝绳进行调整。钢索共4根，一端系在钢管顶加焊的钢筋环上，一端系在楼板的预埋件上，用花篮螺栓从四个方向调整钢管，直至管身垂直。经纬仪均架在轴线上，避免管截面

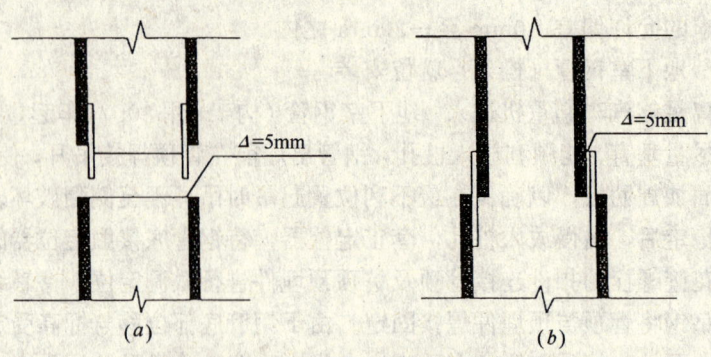

图 19-9　上、下段钢管的连接接头
(a) 上、下段钢管管径相同时的连接；(b) 上、下段钢管管径不同时的连接

收窄情况下出现误差。驳口施焊时应四周焊缝对称进行，避免焊逢一侧收缩引起垂直度改变，同时做好钢管的临时支撑。焊接时经纬仪应连续观察，出现偏差则在管底另一侧施焊，靠焊缝收缩进行调整。施工证明，这是有效的方法之一。为施工方便，管顶轴线处应标画出刻度，观察时可直接取得偏移准确读数。

19.3.3.2　钢管的支撑

钢管接驳焊接需要较长时间，在焊接过程中，起重机不能脱钩，否则影响吊装速度。若对钢管进行临时支撑，可提早脱钩，以加快吊装速度。

钢管出厂前，在钢管向上的第一层牛腿下面，两个相垂直方向各焊有两个钢耳片，间距 400mm，钢耳片在牛腿下是为使节点处的施工不受影响。钢管调垂直后，用 4 根 ⊏16 槽钢斜撑，上面与钢耳片焊接，下面与预埋件焊接撑牢钢管，形成两向双撑。加撑后限制了管的移动，加上钢管顶调校垂直用的 4 条钢索的拉结，钢管被临时固定，见图 19-10。当管

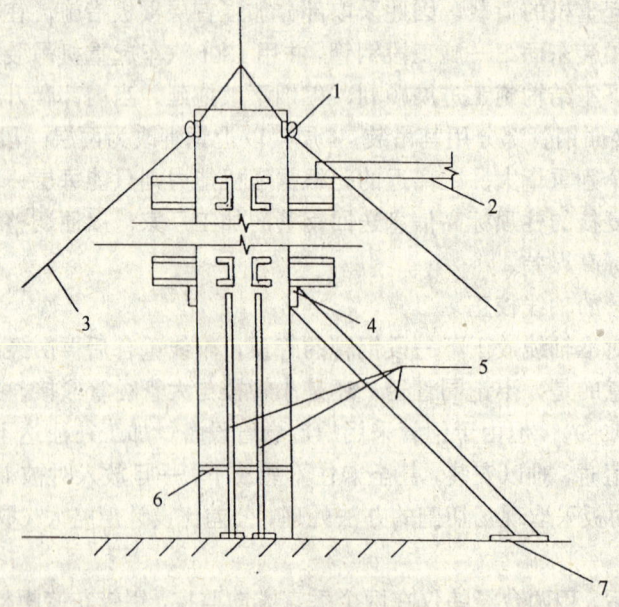

图 19-10　钢管的支护
1—钢吊耳；2—水平槽钢；3—钢缆绳；4—钢耳片；5—4 根 ⊏16 槽钢斜撑；6—钢管接驳焊缝；7—预埋件

底焊缝焊到一定长度后即可卸下吊钩,加快下一根钢管的吊装。对3层为一段的钢管,则在顶层牛腿处用槽钢将管与管之间进行水平拉结,以确保安全。

不同管径的钢管接驳时,其标高由限位弧板来限定,如圆形钢管接驳,原设计是按图19-11(a)施工的,而这种做法当轴线存在误差时,因下段管伸出加劲肋板使弧板受阻碍而无法转动,现场安装时限制了轴线的对中,所以决定将弧板限位改为在上段钢管管身相应部位加焊4块临时限位竖板,如图19-11(b)所示。由于竖板不妨碍钢管就位安装时的转动,且临时限位竖板能承受管身自重和吊装冲击产生的剪力,钢管校正之后,只需将4块竖板板脚焊于下段钢管顶,并做好临时支护,即可卸下吊钩。对于不同管径的方钢管的接驳,由下部钢管在靠近接口处先预留出钢耳片来作限位,具体做法详见图19-11(c)。

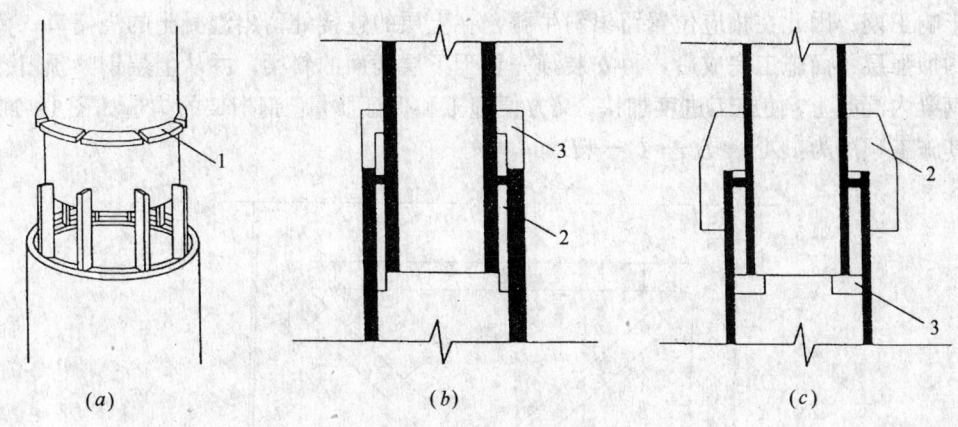

图 19-11 不同管径的钢管接驳时的限位
(a) 原设计的弧板限位;(b) 改进的临时竖板限位;(c) 方钢管限位做法
1—限位弧板;2—加劲肋;3—临时限位板

吊装完成后,可撤去钢索,以免影响楼面水平运输,管顶加防水盖板。对变截面驳接管还应在弧板处开4个均布50mm×50mm小孔,既便于观察混凝土的浇筑情况,同时也便于插入钢筋将混凝土插实,使气泡易于溢出。

19.3.4 钢管内高强混凝土的浇筑

由于钢管直径大,管壁厚,有足够的强度与刚度,因此,除地下室外,±0.000以上钢管吊装完毕后,不立即浇筑混凝土,而直接施工上部楼板,由钢管支承上部楼板的荷载。待钢管支承的最上一层的楼板完成后才浇筑钢管内混凝土。这样,由于间隔时间长,为保证浇筑质量,除加盖封闭外,浇筑前仍需逐根对钢管进行检查,排除积水。

钢管内混凝土的强度等级为C60~C80。混凝土采用串筒向管内浇筑,串筒下端离管内混凝土面不大于2m高,并随混凝土面上升而上升,同时选用高频振动器振捣。由于钢管的牛腿伸入管内,所以不使用高抛法。通过试验也证明:高抛时混凝土被牛腿碰撞散开,造成石与浆分布不均匀,气泡较多,较难达到要求的质量,而采用串筒加振捣结合,则效果理想。

19-4 钢梁施工

钢梁的安装是用内部爬升式塔式起重机吊放就位，利用先安装的梁底板支承，用手动葫芦调整位置。由于在加工、安装过程中存在误差，牛腿可能稍有偏移，所以钢梁在加工时预长10mm，其中一端不开坡口，在现场根据实际情况开坡口，避免焊缝过宽，保证焊接质量。

本工程的13～14层、23～24层及41～42层为结构加强层，钢梁多，并另有V字形斜钢梁，其下部位于下层梁中间，两根V形斜梁一根伸入上层钢管混凝土柱节点，一根伸入上层面的剪力墙内，与剪力墙内藏钢管构架混凝土柱连接，构成层间桁架，共16榀，每榀跨度均为10m。因每榀桁架重量超出塔式起重机起重能力，如在现场拼装，则焊接工作量大，影响工期。因此在相应位置留出斜牛腿，在上层的连接处留出混凝土的浇捣口，待每段结构加强层楼面施工完成后，再安装预先置于下层楼面的斜梁，并从上层钢梁预留孔浇筑斜钢梁内混凝土，使施工进度加快，又方便施工和保证质量。钢桁架的构造如图19-12所示，其施工顺序为：$A \longrightarrow B \longrightarrow C \longrightarrow D$。

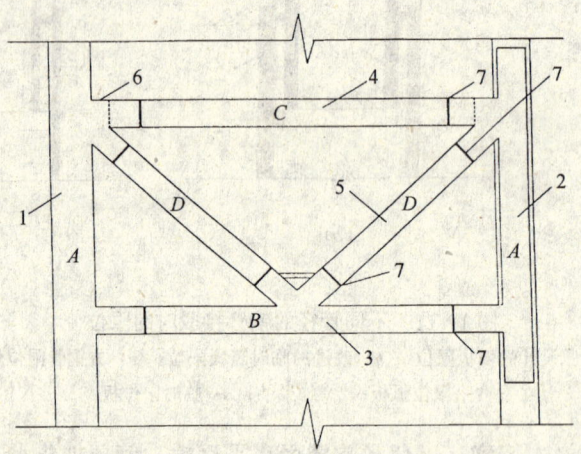

图 19-12 钢桁架构造及施工顺序图
1—钢管混凝土柱；2—钢管构架混凝土柱；3—下层劲性钢梁；4—上层劲性钢梁；5—斜方钢管梁；6—在钢梁留斜梁混凝土的浇筑口；7—接驳焊缝

19-5 施工起重用塔式起重机的选择

19.5.1 塔式起重机型号的选择

由于本工程需吊装的钢构件较多，如劲性钢梁、钢管（构架），特别是钢管，既长又重，所以必须要选择合适的起重设备，才能解决施工吊装问题。在塔式起重机的选择上主要考虑以下几个方面的要求：

(1) 必须能起吊4层楼面以上每两层为一段、重8t的钢管，且工作幅度不小于40m。

(2) 若选用外部附着自升式塔式起重机，则因起重机塔身与建筑物塔楼退台间相距达

19m，塔身锚固撑杆太长，易造成失稳。所以还是以选用内部爬升式塔式起重机为宜。

（3）能适应塔楼东侧顶部高度达46.5m的5层圆形楼顶施工时吊装运输的需要（见图19-13）。此时内部爬升式塔式起重机能转变成为外部附着式塔式起重机进行工作。

通过市场调查了解到，进口塔式起重机性能虽不乏能满足使用要求的，但价格比国产的高出一倍以上，经过对国内几间塔式起重机生产厂家的考查，最后选用了四川建筑机械厂生产的C7022型2800kN·m内部爬升式塔式起重机。该塔机吊臂长70m，最大起重能力160kN，最大爬升高度205m，而且也能实现内部爬升转外部附着的转换，基本能满足本工程的使用要求。该塔式起重机是采用法国波坦厂技术生产，性能较先进，但为了满足本工程实际的需要，要求厂家对塔身加高至60m，且对塔机的安全度进行了全面复核，同时对塔机的现场支座也给予适当加强，以保证施工安全使用。

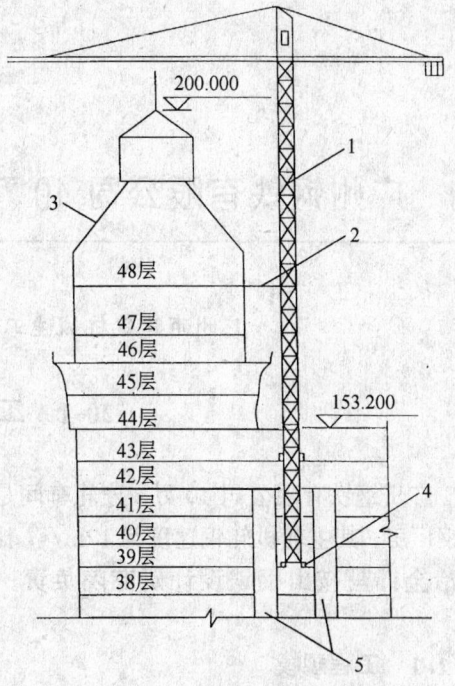

图19-13 内部爬升式塔式起重机转为外部附着式示意图
1—C7022型内部爬升式塔式起重机；2—锚固杆；3—上部圆形塔楼；4—支承塔机钢梁；5—电梯井

19.5.2 内部爬升式塔式起重机安装位置选择

塔式起重机安装的位置既要靠近建筑物中部，以使塔机能将全部钢管顺利吊装，该位置又必须有能力承受塔机的荷载，并有足够空间让塔机能顺利爬升。

因电梯井内部空间不能满足塔机爬升空间的要求，因此选择两组电梯井之间的电梯门厅作为内部爬升式塔式起重机的安装位置，以满足2.9m×2.9m的爬升空间要求和方便塔机底座钢梁的拆卸与转移。

塔机的机座是利用两组电梯井之间的连梁来支承，经验算后，采取加大连梁宽度及配筋的办法，使其能承受塔机1100kN的荷重。为使塔机与建筑物锚固安全方便，另设了4根钢梁，塔机的机座由钢梁固定，钢梁则与钢筋混凝土连梁中预埋的螺栓连接固定，便于拆卸和重复使用。塔机爬升后将钢梁拆下，用于上段的锚固。结构施工时，将塔机位置处的楼板做出预留孔，在塔机上升后才封闭楼板。该塔机经过两年时间的使用，证明基本能达到预期效果。

20 广州钢铁有限公司40万吨连轧主厂房施工

广州市建筑机械施工有限公司　柯德辉　周佩沿

20-1　工程概况

广州钢铁有限公司40万t连轧车间是一座引进意大利轧钢设备的年产40万t棒材的轧钢厂房，其主轧机轧钢速度为17m/s，比国内一般的轧钢速度8m/s快近一倍。工程设计由冶金部马鞍山钢铁设计研究院负责。建筑施工由广州市建筑机械施工有限公司承担。

20.1.1　工程规模

该工程由原料跨和主轧跨两部分组成。建于广州钢铁有限公司厂区内的西北面。占地面积18000m²，建筑面积25000m²。原料跨跨度30m，长348.30m；主轧跨跨度为24m，长312.30m。车间纵向设置三道伸缩缝。厂房内的设施主要包括有11个区段的设备平台；加有冲渣沟、漩流池、浊水泵房等构筑物，1号、2号、3号、4号、5号中央控制操作室及19项的附属建筑物。

建筑平面呈矩形（见图20-1、图20-2），长向为东西方向，其东面两跨取平，西面原料跨比主跨长出6跨。柱距尺寸以6m为主，Ⓐ轴、Ⓒ轴大门处柱距为12m，Ⓑ轴除部分为6m外，分别有12m、18m、24m的柱距，并相应用12m混凝土托架、18m、24m钢托架支承混凝土屋架（屋架间距均为6m的模数）。由于首次采用平接式的12m预应力托架支承Ⓑ列的屋架，结构安装难度很大。

基础采用φ480mm锤击沉管灌注桩及φ800mm、φ900mm钻孔灌注桩基础。φ480mm灌注桩有776根，桩尖要求落在残积硬塑土层上，单桩容许承载力为500kN。φ800mm钻孔灌注桩68根，φ900mm钻孔灌注桩36根，均以第8层强风化带为持力层，单桩容许承载力分别为1100kN和1400kN。厂房内有大量设备基础和设备管沟，连轧平台基础采用人工挖孔灌注桩基础。上部结构中，主厂房Ⓐ、Ⓒ列为"I字型"钢筋混凝土柱，Ⓑ列柱除①~⑥轴线为钢筋混凝土I字柱外，其余⑦~㊾轴线为钢筋混凝土双肢柱。全部厂房柱均为现浇混凝土柱，柱顶标高+17.00m。上盖部分，24m跨和30m跨均采用预应力钢筋混凝土折线形屋架，并带有混凝土天窗架，上盖铺大型预制屋面板。6m柱距吊车梁、走道板采用预应力或非应力混凝土构件；除Ⓑ列柱12m跨采用下承式预应力混凝土平接式托架外，其余12m（边柱Ⓐ、Ⓒ轴）、18m、24m柱距的托架、吊车梁、走道板均采用钢结构。

20.1.2　施工概况

合同工期为425个日历天（另打桩工期60d，1991年7月1日至8月30日），由1991

20-1 工程概况

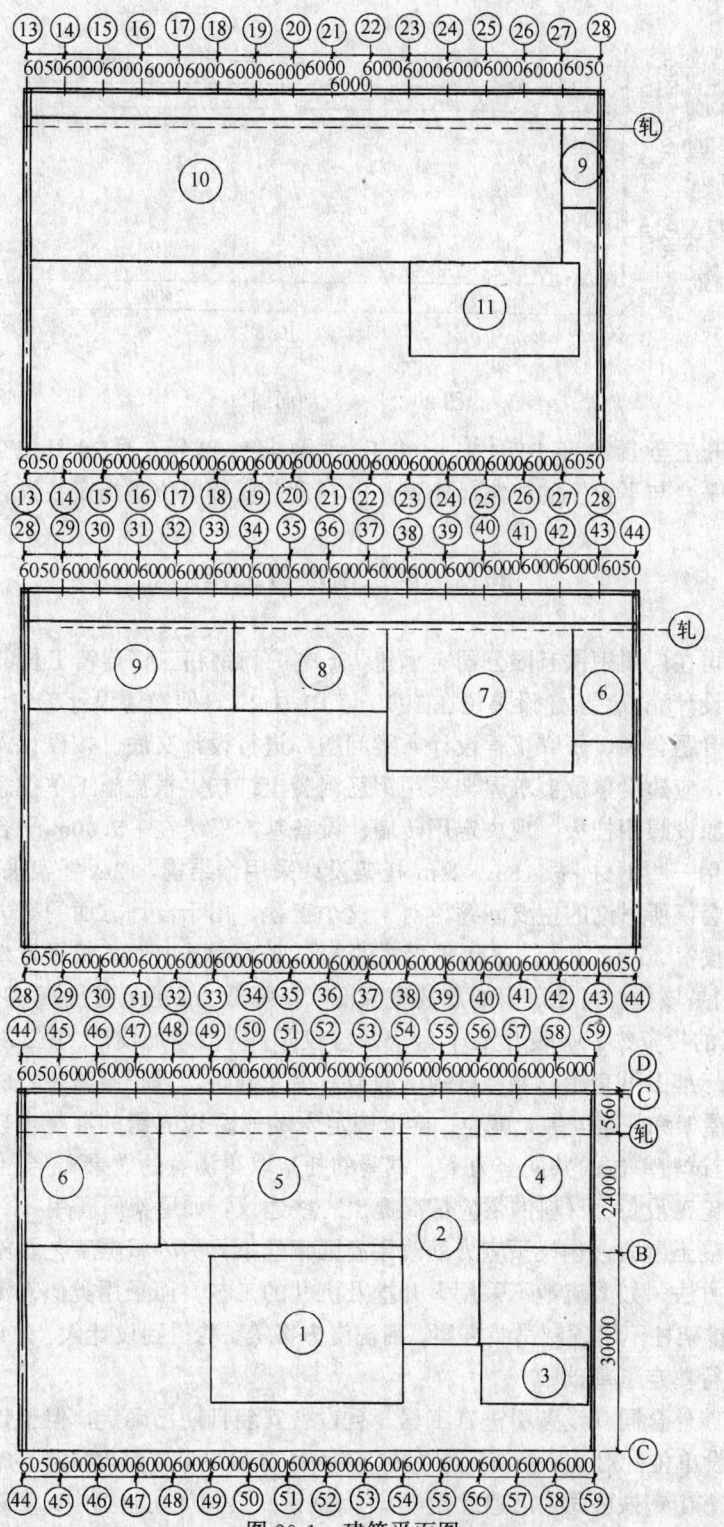

图 20-1 建筑平面图
1—上料区；2—组合步进式加热炉；3—烟囱烟道；4—推钢机区平台；5—粗、中轧区平台；6—精轧区平台；7—水冷及3号飞剪区平台；8—冷床输入辊道及打包二平台；9—冷床输入辊道及打包一平台；10—冷冻区平台；11—成品收集区；轧—轧机中心线

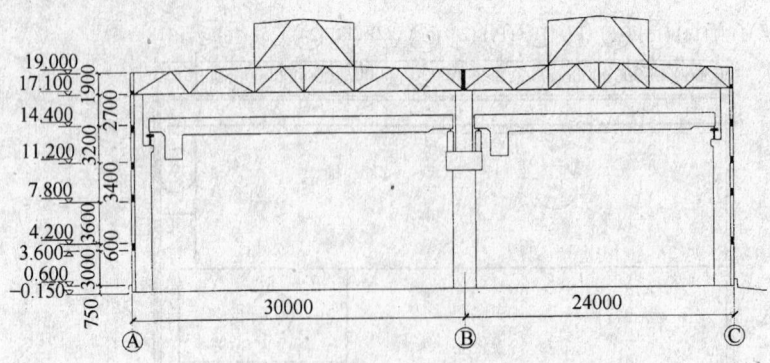

图 20-2 建筑剖面图

年9月1日起开工至1992年10月31日竣工，并要求1992年6月30日先交付主副跨厂房结构和主轧机平台与平台上的控制操作室，以利设备安装单位进场安装设备。

20-2 施工前准备工作

鉴于我公司在广州钢铁有限公司有承建40t电炉炼钢和三钢连铸工程的施工经验，在该工程的扩初设计完成后，建设单位在1990年10月29日便邀请设计单位、施工单位有关人员共同召开专题会议，研究工程设计方案问题和进行设计交底。按设计人交底：该项目工艺方案已定，应建设单位要求屋架采用钢筋混凝土结构；根据施工单位意见，柱采用现浇方式。外墙原设想用挂板，现决定用砖墙；设备基本安装在+5.00m平台上。由于甲方希望该工程少用一些钢材，故18m、24m托架设计采用钢结构，12m托架采用混凝土结构，且托架是这次会议所讨论的主要问题。对于这个工程，由于设计方面的努力，钢屋架改混凝土屋架节省投资300多万元；采用平接式的12m跨混凝土托架，每平方米建筑面积可节约50元，原因是该托架可使厂房的总高度降低（每降低1m可节省投资6%，现降低2m，即可节约12%的投资约100多万元），经济效益较好。但会增加设计、施工的工作，原因是托架无现成的标准图可套用，要经试验（静载）后才确定，且托架吊装要两台吊机同时操作（分别吊住屋架和托架安装）就位。会上确定先做一榀12m跨的混凝土托架作静载试验（在施工单位与试验单位的共同努力下，试验的托架取得满意的效果）。会上，施工单位根据广州地区的施工设备、材料的供应情况提出一些建议：如屋架原套用（G415）图集为粗钢筋预应力混凝土屋架，建议预应力筋改用高强钢丝束；另外根据工艺及施工单位的优势提出一些施工方法，如漩流池不采用大开挖及沉井的工艺，而采用类似人工挖孔桩的混凝土护壁方案；排架柱不用预制吊装方案，用现浇方案等，均得到设计人、建设单位采纳，为工程的顺利进行奠定了基础。

该工程是涉外合同（设备引进）工程，且设备安装日期已确定，但土建施工图还没有最后完成。建设单位针对这一情况，在1991年4月份组织甲方监理代表、施工单位有关的管理人员到马鞍山钢铁公司（已建成投产）、南京钢铁公司（在施工中）参观同类厂房，了解在施工中要注意的问题，吸取别人的经验教训；同时到马鞍山钢铁设计研究院进一步了解设计进度及设计意图，为厂房施工做好一切准备工作，亦为施工部署决策提供依据。

20-3 施工总体部署

考虑到该工程将会处于边设计出图、边拆迁移地下管线网、边进行土建施工和边进行设备安装的特殊情况，根据所掌握的资料和本公司的现状，将整个工程大体划分为6个部分：①桩和柱基础承台施工；②现浇钢筋混凝土柱施工；③构件场内、场外制作；④结构吊装；⑤地面以下、地面以上各大、中、小型设备基础施工；⑥装修工程、附属工程、地坪及其他零星工程施工。除要求建设单位、设计人按此顺序提供施工图纸外，施工的准备工作也按此顺序进行。整个工程施工是施工准备、现场施工同时开始进行。施工总体部署及施工进度计划则是根据设计出图情况不断进行调整。

工程在1991年7月开始厂房桩基础的施工。根据施工场地拆迁情况，利用厂房的伸缩缝，将建筑物划分为四个方块作施工段，桩机安排为追逐式分段流水施工，做到完成一段，检测一段，下道工序插入施工一段。由于该厂房占地面积大，地质情况复杂，桩长最短为2.90m；锤击沉管灌注桩以控制桩的贯入度，钻孔灌注桩以检查岩质情况来控制桩的质量。锤击和钻孔两类桩共投入7台桩机施工，利用场地大的特点，用2个多月时间施工完成锤击沉管灌注桩776根，钻孔灌注桩104根。厂房柱基础独立桩承台在桩经过检测达到设计及验收规范要求后，立即插入施工。柱基础独立桩承台面积较大，用传统的方法（木方固定柱预留插筋）难以达到质量要求，是采用焊接钢筋的方法固定柱插筋，经施工后检验全部达到质量验收标准要求，且大大提高了施工工效。桩基承台的土方是采用人工挖土方，并按锤击和钻孔桩进度及桩检测情况来进行，共投入200多人，经过一个多月日夜全天候施工，完成全部基础的桩承台，共完成浇筑混凝土量2981.71m³。桩、承台等经地基基础分部分项验收达到优良等级。在部分的柱基承台完成后便马上插入现浇柱综合脚手架的搭设。在这段时间，厂房排架柱施工和设备平台人工挖孔桩的图纸已同时交付。根据当时正值年末，雨水量小的气候情况，决定厂房柱及设备平台人工挖孔桩同时施工，对部分有场地冲突的桩、柱施工作出统筹安排，分段错开施工时间。由于人工挖孔桩的排土是用来回填室内地台（原地面标高约-1.0m），对屋架的预制台座稳定不利，故适当压后屋架的预制时间。设备平台人工挖孔桩用2个多月时间于1991年11月完成，为后来设备平台施工、确保设备安装时间创造了十分有利的条件。在后来结构吊装完成后的设备平台施工的实际处境，也充分证明了先行施工完成人工挖孔桩的决策是十分有利的。厂房排架柱在1992年1月全部完成。厂房预制混凝土屋架、托架施工利用现浇混凝土柱施工时只占用柱位场地的特点，在1991年11月开始穿插施工，赢得了时间，亦充分利用了时间和空间，同时使结构吊装能在1992年1月便可插入施工，更为厂房封顶和下一步设备平台插入施工赢得了时间。

20-4 现浇钢筋混凝土柱施工

本工程现浇排架柱共159根，其中工字柱120根，双肢柱29根，矩形柱10根。柱施工前，基础回填土严格按要求回填、夯实后，搭设柱子脚手架。采用组合钢模板作柱模板，对不合模数的特别是牛腿等则用木模板补足，混凝土浇筑的水平施工缝设在吊车梁牛腿底、吊车梁面及双肢柱的水平连杆顶面，以施工缝分界分段施工，其施工工艺流程见图20-3。

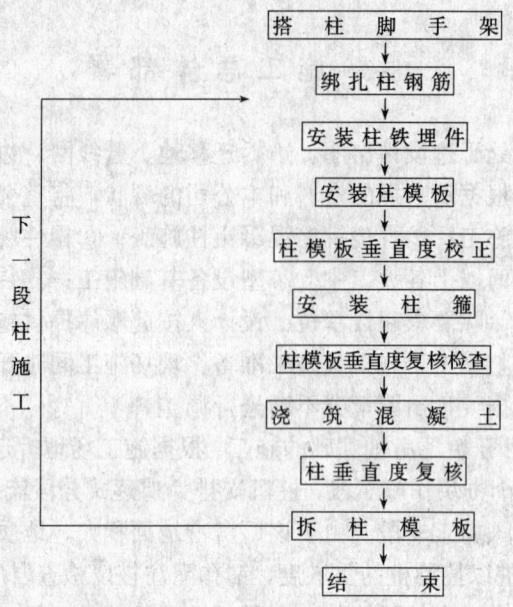

图 20-3 柱施工工艺流程图

柱脚手架采用门式脚手架搭设，作为钢筋绑扎、模板安装的支架。柱脚手架沿纵向柱列方向用φ50mm钢管连通拉结，并设置"剪刀撑"以加强刚性和整体稳定性。横向用"斜撑"增加柱脚手架的稳定性。每施工上一段柱时，下一段柱均利用钢管将混凝土柱和柱脚手架系牢，减少柱脚手架的垂直支承长度。

混凝土柱的施工要处理好施工缝的留设位置和接口，每段柱模板的安装接驳口均高于水平施工缝的位置，以使混凝土柱接口平顺。柱子垂直度的控制采用四边拉钢丝绳及柱脚手架顶压的方式固定，并用锤球和经纬仪进行测设，在浇筑混凝土后还要进行复测一次，发现偏差即时校正。施工时特别要注意防止柱的扭曲；钢埋件安装用电焊将其固定在柱钢筋上。

20-5 预应力混凝土构件的制作

24m、30m 预应力混凝土屋架、12m 跨平接式预应力混凝土托架、6m 跨预应力混凝土吊车梁均在施工现场制作。屋架捣制位置距离柱边 6～7m。底模安装前，基础回填土按要求分层夯实，以保证预制构件时的承载力，避免不均匀下沉引起构件变形；底模下用枕木和木方"排底"。屋架、托架采用平卧叠层施工，屋架叠层 3～4 层，托架叠层 2 层。构件叠层之间，抹纸筋灰二度作隔离层。吊车梁采用立式施工，构件预制位置按吊装方案布置，尽量方便起重机进场和构件翻身就位，不妨碍抽管、穿预应力筋和预应力筋张拉。每个预制构件的混凝土必须一次连续浇筑完毕，不得设施工缝。屋架、托架先浇筑下弦部位，后浇筑其他部位。

20.5.1 12m 跨平接式预应力混凝土托架制作

12m 跨平接式预应力混凝土托架是该工程的关键构件，其成败将直接影响整个工程的成败。这种 12m 跨平接式预应力混凝土托架没有采用标准图所列出的形式，而由设计单位根据工程的实际情况另行设计。由于该托架属未定型新结构，且为重要的受力构件，为了弄清托架的结构力学性能，根据设计单位和建设单位的要求，必须进行有关施工阶段和使用阶段的模拟荷载试验，以对构件的力学性能作出评定，最终确定托架的施工图纸。托架形状详见图20-4。

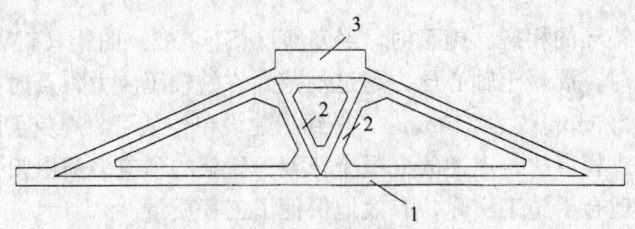

图 20-4　12m 跨平接式托架示意图
1—预应力下弦杆；2—预应力斜腹杆；3—上弦杆

　　在试验的托架开始制作时，由于斜腹杆的预应力筋的锚具位置凸出在上弦水平杆面的顶部，经与设计人协商同意，从构造上改变了上弦压杆原设计钢筋布置，并增加了3根ϕ16mm钢筋，上弦压杆的横截面高度从托架设计图的300mm增加为350mm。改变后的上弦压杆，在预应力筋张拉锚固后，其锚具在混凝土封口后不会凸出，使上弦杆杆面变为平整。另施工时建议将Ⅳ级预应力钢筋改为采用高强钢丝束，斜腹杆预应力筋孔道用橡胶管留孔成型改为埋设波纹管，以防止斜腹杆与下弦杆交会点处在拔管时产生裂缝。上述建议得到设计人认可，从而减少了施工时钢筋冷拉台座的投入和超长钢筋运输的费用和困难。该托架经广州市建筑科学研究所进行有关施工阶段及使用阶段的模拟加荷试验，认为该托架具有较高的强度安全系数及较高的抗裂度和刚度，而且具有较大的延性，可满足安全使用和耐久性的要求；另外，试验的破坏荷载与设计的破坏荷载十分接近，说明设计合理，安全和施工质量完全满足设计图纸要求。采用这种形式的托架，设计、施工均增加了很大的工作量，但经施工单位提议，进行修改后的制作和张拉工艺均简化了（省去了冷拉台座和超长钢筋的运输费用，预应力高强钢丝束改用钢制锥形锚具使预应力损失减少），从而缩短了施工工期，并降低施工成本。而采用这种平接式托架支承混凝土屋架的结构形式稳定性也增大，有利于抵抗地震荷载。其余托架制作时严格按制作试验托架的方法和手段施工，全部托架的质量都达到设计要求。

　　托架预应力筋的张拉顺序为先张拉下弦杆，后张拉腹杆。张拉程序为：

$0 \xrightarrow{\text{持荷 2min}} 1.05\sigma_{con} \xrightarrow{} \sigma_{con} \longrightarrow$ 锚固；用两台千斤顶在两端（对角）同时张拉，预应力筋张拉顺序编号见图20-5。

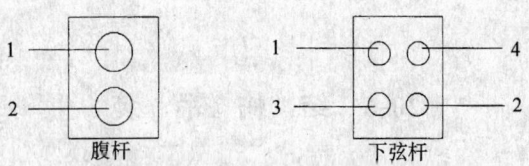

图 20-5　腹杆、下弦杆张拉顺序示意图

20.5.2　24m、30m 预应力混凝土折线形屋架制作

24m、30m 跨预应力后张法混凝土折线形屋架，由于施工时建议设计人改用碳素钢丝作为预应力筋的方案，使施工时同样免去了预应力筋的冷拉工序；由于屋架两端部均采用钢制锥形锚具锚固预应力筋，施工时还相应修改了（YWA-24-$\frac{1}{3}$）型屋架的预留孔孔距，避免了钢制锥形锚具锚环的相碰。施工时，经复算（JSJJ-162）图集（YWJ-30-4）型屋架的下弦截面张拉施工时，混凝土轴心压力超过规范允许的轴压应力，及时提议加大下弦横截面的高度尺寸（从 220mm 改为 240mm），得到了建设单位认可，避免了屋架预应力筋张拉施工时可能发生的工程事故。上述的混凝土托架、屋架的预应力筋由粗钢筋改为高强钢丝束，实践证明是较适合于施工实际，有效地保证了工程质量。

叠层制作预应力混凝土屋架时，须待下层构件的混凝土强度达到设计强度标准值的 30% 以上时，方可浇筑上层构件的混凝土。预留孔道采用专用橡胶管成型，考虑流水施工作业，屋架备管量为 4～5 榀的用量，配置 0.5t 卷扬机，在混凝土初凝后、终凝前抽管（一般用手指压混凝土，表面不出现凹痕，即抽管）。

混凝土强度达 100% 设计强度标准值时，方可进行预应力筋张拉。叠层屋架预应力筋的张拉顺序，由上而下进行。预应力筋张拉采用 0 $\longrightarrow$ 1.03σ_{con} $\longrightarrow$ 锚固的超张拉程序。张拉端和固定端交错布置在屋架两端，为避免侧向弯曲，两束及四束者在两端对称布置。预应力钢丝用砂轮切割机切割。张拉后尽快进行孔道灌浆，灌浆顺序先下后上，避免上面孔道灌浆时流下的水泥浆堵塞下面的孔道。水泥浆采用不低于 425 号的普通硅酸盐水泥配制，水灰比 0.4～0.45，并掺减水剂，在灌满孔道并封闭排气孔后，再继续加压至 5～6 个大气压，稍候再封闭灌浆孔。孔洞内水泥浆强度达到 15MPa 时，方可移动构件。孔道灌浆后，端部用 C40 级细石混凝土封闭。

20.5.3　6m 后张法预应力混凝土等截面吊车梁制作

吊车梁的施工制作，预留孔道时在梁内每隔 0.6～0.75m 用点焊井字架固定波纹管；梁内普通钢筋采用绑扎骨架，不允许采用点焊或弧焊，梁内预应力钢筋不得有焊接接口；梁体混凝土达到设计强度标准值的 90% 后才能张拉预应力钢筋。对于曲线型预应力筋孔道成型，考虑到抽芯拔管困难，是采用预埋波纹管成型。另原设计图纸的腹部截面宽度太窄，不利于保证混凝土的浇筑质量，故将腹部宽度从 120mm 改为 200mm，使施工后的吊车梁混凝土的质量得到了保证。

直线预应力钢筋采用一端张拉，曲线预应力钢筋采用二端张拉。张拉程序是先张拉上部预应力钢筋（控制应力为 $0.9f_{pyk}$），后张拉下部预应力钢筋（控制应力为 $0.9f_{pyk}$），不用超张拉，并须反复张拉使锚具变形不超过设计规定。孔道内水泥浆强度大于 15MPa 时方可移动构件。

20-6　结 构 吊 装

根据构件的外形尺寸、重量、安装高度，以及必须由起重机吊装 12m 预应力混凝土托架的同时安装预应力混凝土屋架的安装工艺（见图 20-6）要求和吊装机械的条件，吊装工程共投入 20t、35t、36t、90t 汽车起重机各一台，40t 履带起重机一台来完成吊装工程。各

台起重机所负责吊装的构件类型、数量见表20-1。

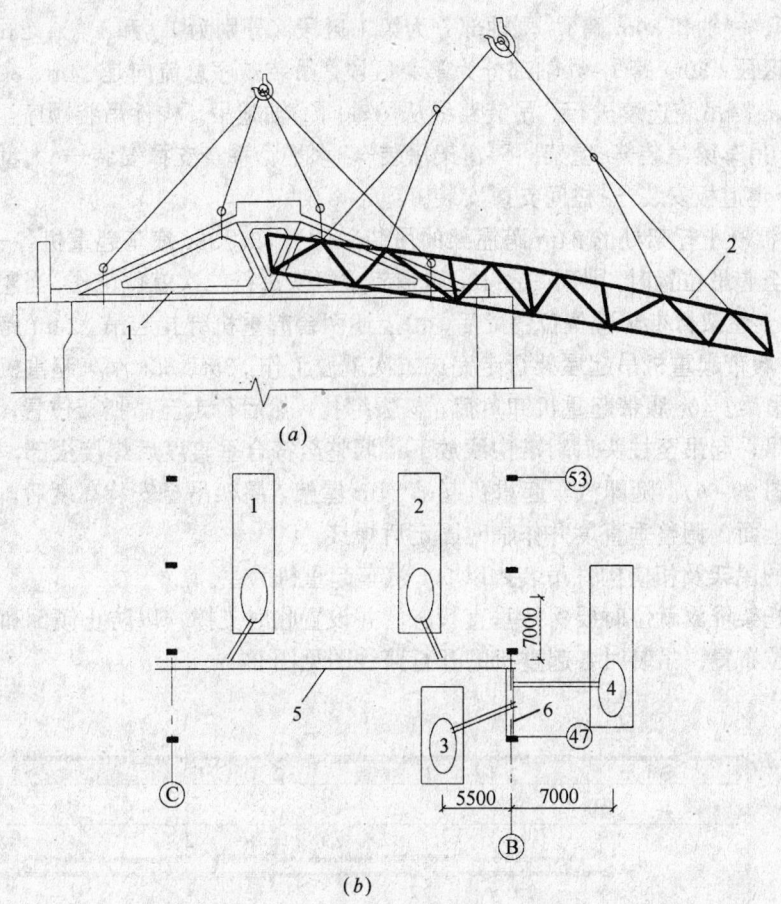

图 20-6 托架、屋架吊装示意图

(a)：1—12m（18m、24m）托架；2—24m 屋架；(b)：1—35t 汽车起重机；2—36t 汽车起重机；
3—40t 履带起重机；4—20t 起重机；5—混凝土屋架；6—托架

表 20-1

起重机类型	施工区段	所吊构件名称	构件所在位置	所吊构件数量（件）	构件重量（t）
35t 汽车起重机 36t 汽车起重机	Ⅰ₂₄、Ⅱ	24m 跨混凝土屋架	⑦～㊾轴	56	12.5
20t 汽车起重机 40t 履带起重机	Ⅰ、Ⅱ	12m 跨混凝土托架	Ⓑ轴	23	10
36t 汽车起重机	Ⅰ、Ⅱ	18m 跨钢托架	Ⓑ轴	1	10
35t 汽车起重机 40t 履带起重机	Ⅰ、Ⅱ	24m 跨钢托架	Ⓑ轴	2	23
40t 履带起重机	Ⅰ、Ⅱ	12m 钢吊车梁	ⒶⒷⒸ轴		
		18m 钢吊车梁	Ⓑ轴	1	7
		24m 钢吊车梁	Ⓑ轴	2	10
35t、(36t) 汽车起重机	Ⅰ、Ⅱ、Ⅲ	6m 混凝土吊车梁	ⒶⒷⒸ轴	111	6
35t、36t 和 90t 汽车起重机	Ⅰ、Ⅱ、Ⅲ	混凝土天窗架	①～㊾轴	114	1.24
		大型屋面板		3102	2.2
90t 汽车起重机	Ⅰ₃₀、Ⅲ	30m 跨混凝土屋架	①～㊾轴	62	16

为满足后续设备基础、设备平台的施工需要，整个吊装工程按时间顺序划分为三个区段：24m跨㊹-(59)轴和30m跨㊼-(59)轴部分为第Ⅰ区段（分别为I_{24}和I_{30}）；24m跨⑦-㊹轴部分为第Ⅱ区段；30m跨①-㊼轴部分为第Ⅲ区段。吊装顺序总流向是24m、30m跨同时吊装，确保24m跨吊装连续进行。吊装路线从(59)轴向①轴施吊。构件吊装顺序：屋架翻身就位⟶托架、吊车梁吊装⟶屋架、天窗架吊装⟶水平、垂直支撑安装⟶大型屋面板、天沟板吊装⟶走道板安装⟶柱间支撑安装。

在12m混凝土托架处的24m跨屋架的吊装采用了35t、36t汽车起重机各一台，而该屋架二次就位至起吊位置时，则用一台40t履带起重机来进行二次就位工作，当履带起重机吊着24m混凝土屋架行走至就位位置处后，由上述两台起重机绑扎起吊。24m跨结构的吊装过程为：40t履带起重机吊起屋架行走完成二次就位工作，35t、36t汽车起重机就位绑扎好钢丝绳、横吊梁。40t履带起重机卸负荷，松去绑扎，然后行走至吊托架位置，按吊点将托架绑扎好起吊，起吊至柱头后对准中线放下，调整至符合垂直度后焊接根部，焊接后吊机不卸荷（见图20-6*b*）。随即汽车起重机起吊24m屋架，屋架吊至安装高度后，按中线放在柱头及托架上面，调整垂直度并作临时固定后焊接。

30m跨的屋架及相应构件吊装，以90t汽车起重机为主。

屋架及托架堆放就位时要保持垂直状态，并设置临时支撑，以防止倾倒和弯曲。

构件就位布置、吊装时各起重机的开行路线图见图20-7。

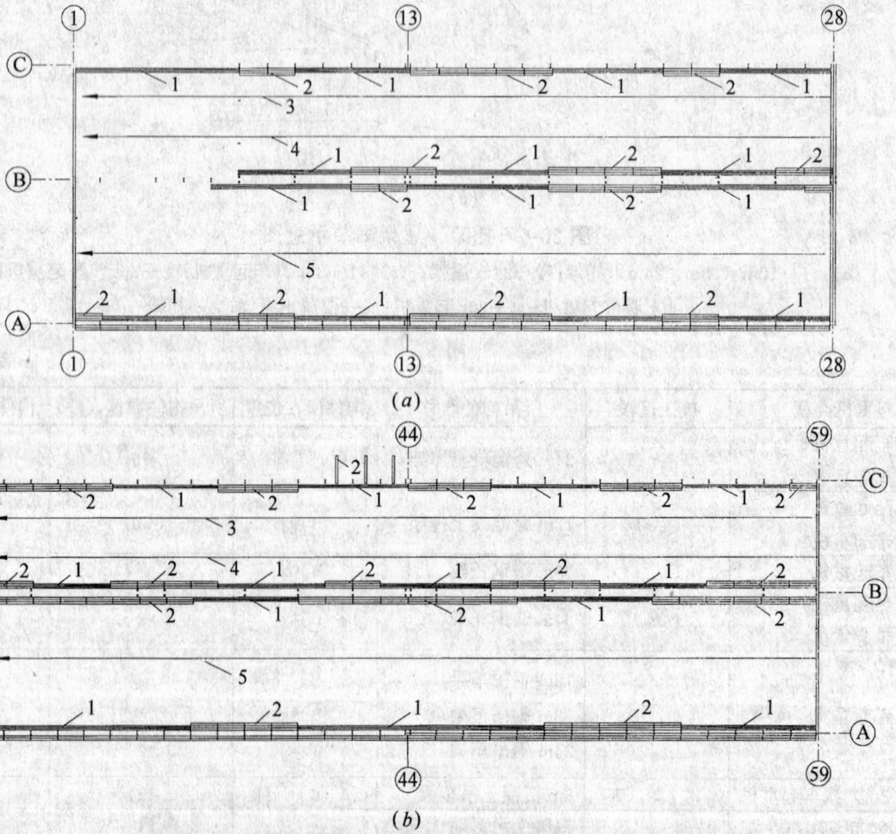

图20-7　构件就位布置、吊装时各起重机的开行路线图

1—屋架；2—屋面板及天沟；3—35t汽车起重机开行路线；4—36t汽车起重机开行路线；5—90t汽车起重机开行路线

20.6.1 吊车梁吊装

吊装时对称绑扎，吊钩对准重心，吊车梁起吊后，要保持水平，就位时缓慢起钩，争取一次将吊车梁端吊装准线与牛腿顶面吊装准线对准。就位后，用垫铁垫平，即可脱钩。吊车梁在屋盖结构吊装后，校正好标高、平面位置及垂直度，然后用电焊作最后固定，并在梁与柱空隙处浇筑细石混凝土或焊连接杆（钢吊车梁）。

20.6.2 屋盖吊装

屋架翻身和起吊的吊索绑扎点，在上弦节点处，左右对称。吊索与水平线夹角，翻身扶直不宜小于60°，起吊时不宜小于45°。

本工程用两根吊索，四点绑扎（吊装示意见图20-8）。屋架采用40t履带起重机先将屋架吊离地面500mm，然后将屋架吊至吊装位置的下方，由35t、36t汽车起重机绑扎起吊，检查各种连接件是否安装完毕。起钩将屋架吊至超过柱顶约300mm，将屋架缓慢降至柱顶（或托架处），进行对位。屋架对位以柱轴线为准，吊装前应先将轴线放于柱（或托架）顶面。对位后，立即临时固定，然后起重机脱钩。

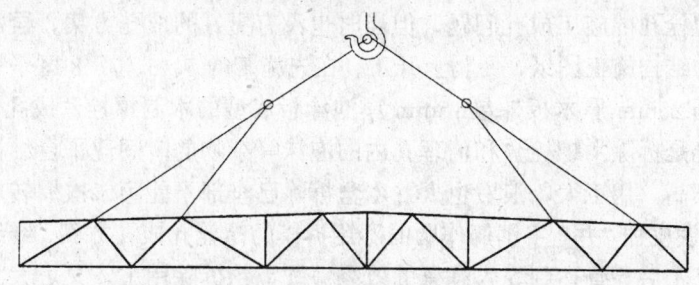

图20-8 24m、30m屋架吊装绑扎示意图

第一榀屋架安装就位后，与抗风柱连接牢固。第二榀屋架吊至柱顶后，在屋架上弦用三个卡杆（一个安装在屋架中央，两个在屋架两端）与第一榀屋架临时连接固定（其余各榀屋架与前榀屋架临时固定与上述相同）。然后用定尺及线锤和经纬仪检查并校正屋架垂直度后，立即用电焊固定屋架与柱（或托架）的连接处。

屋架固定后，进行支撑系统的吊装及固定，最后吊装屋面板及天沟、天窗架等。屋面板的安装自两边檐口左右对称地逐块铺向屋脊，屋面板就位后即与屋架上弦焊牢，每块屋面板可焊三点，最后一块只能焊两点。

20-7 设备基础、设备平台施工

厂房内轧机设备平台是该工程的关键项目，设备平台按轧钢功能分作11个区域，320m长的轧机中心线要求各区必须统一，要求误差不大于2mm，且平台在地面上部3.6～5m不等（设备平台标高不一）。总混凝土量是7150.85m³，且在设计交底和收到正式施工图后的两个多月的时间，就要将①～⑨区的平台完成交付设备安装，而各区的开工、完工时间有先有后。针对这种情况，为消除放线的传递误差，轴线的保证措施是在车间纵向两端轧机中心线外2m处，设置5m高的混凝土结构放线平台控制轧机中心线，使从基础至设备平台面的轴线均是由设在该放线平台上的两个基准点控制和测设。实施后，有效地消除了放线误差，且不受各区平台施工的干扰。横向轴线则采用红外线测距仪定位控制，在施工时不断复测检查各轴线，及时根据放线的结果调整预埋螺栓、螺栓套筒、预留螺栓钢管。平台施工后，实测轴线误差最大只有1mm，保证了各区平台轴线的准确和安装进口设备的精度要求。设备平台、设备基础共有预留装螺栓钢管105支，直埋固定螺栓610支，预留螺栓套筒3224个（采用L 50×3角钢制作安装固定架来固定），施工后经安装单位检查复核，全部达到安装要求。考虑到要使设备平台的技术要求和措施落实到每个施工人员中去，施工前编制了《广钢40万t连轧工程设备平台施工要点和施工注意事项》，并经甲方主管领导审核、补充完善后，打印交各工段执行。由于该文件针对性强，措施可行，使设备平台的施工质量达到了预期的效果。

在施工时，根据设备平台标高不一、几何尺寸变化大、且地坪是未处理的原土等情况，用门式脚手架搭设平台模板支架，在门式脚手架底部垫上枕木；模板大部分使用25mm厚木板，局部使用钢组合模板；深梁则用ϕ12mm 螺栓加强梁侧模板的刚度。

设备平台施工变更最大的是预留螺栓孔的改进。设计图纸要求预留上小下大的方孔，留孔不允许切断梁板的结构受力钢筋，施工难度很大。虽然在设计进行方案交底时已意识到和提出了预留螺栓孔的施工成孔问题，但当时也没有更好的成孔方案，再加上工期急，一接到设备平台的结构施工图纸，便马上开工。在先施工的5、6、7、8区平台的预留螺栓孔是采用常规的用25mm厚木板外包15mm厚泡沫板成型的木制螺栓盒成孔的方法。平台浇筑混凝土后，光是拆除木螺栓盒和清理孔内的泡沫等杂物的时间比平台结构施工所需时间还长，且精度不高，用工大，浪费也大（木盒拆除已全部不能第二次周转用），费时费工。后改用1mm厚铁皮加"井"字钢筋作肋的不用拆模的螺栓孔成孔方案，继续施工其余各区的设备平台，完工后检查达到令人满意的效果。既节约拆除用工，又可大大缩短工期，施工精度高，对结构的损伤程度少，亦为今后施工同类型的设备基础积累了经验。

加热炉基础是该厂房的"心脏"。在此以前国内只施工过三个此类型的设备基础（其中只有一个是一次施工成功，其余的一个是施工后打掉重做，另一个要经处理后才能安装设备）。建设单位对施工的要求是必须保证一次成功。该加热炉基础基底深－6.0m，基础壁高度4.50m；基础底板厚1000mm，全部采用直埋螺栓。基础几何尺寸要求基础壁对角线和基础内的设备基础墩位轴线及对角线均要求不大于2mm，四侧混凝土壁板纵横误差小于5mm。具体施工程序如下：先立外侧模板，安装底板和壁板钢筋，制作安装固定螺栓用的型钢固定支架；放线确定每个螺栓的位置，将螺栓就位，然后反复检查、核准每一个螺栓的定位位置。经反复核准无误后，才将螺栓焊牢在支架上。在螺栓焊牢后，与建设单位人员再复测一次，无误后办理签认手续，才浇筑混凝土。加热炉基础全部是采用钢组合模板支模，并穿ϕ12mm 螺栓来固定壁内外模板。施工后复核，各项指标全部达到设计和安装要求。

20-8 漩流池、除油池施工

漩流池（圆形、直径11m、埋深11m）、除油池（矩形、埋深8m），原设计考虑是用大开挖挖土方后施工，考虑到该两个构筑物紧贴厂方的管道网，且与在建的厂房柱基距离近，若采用大开挖的施工方法，会影响厂方的生产和在建厂房的安全。经方案比较后，采用类似人工挖孔桩成孔工艺的混凝土护壁成孔法施工。护壁平均厚275mm，配壁筋纵横ϕ16mm

@200mm。除油池护壁施工时在-1.5m～-3.0m处有流砂出现，故在-2.0m处四角各设一条斜撑混凝土梁（梁截面尺寸为250mm×600mm，上下配筋各4ϕ25mm，箍筋ϕ8mm@200mm）以增加壁体的整体刚度。施工时在孔（池）顶搭设"满堂红"安全操作平台，提土方法采用人工挖孔桩用的提土架。所施工的护壁一次成功。其余工序均按施工方案执行。经完工后检查，满足设备使用要求。且为建设单位节省投资约40多万元；施工安全亦得到了保证。

该工程项目在施工高峰期间投入的作业人员达500多人，而施工中能做到紧张、有条不紊，这是在工程动工前，施工准备工作考虑细致的体现。

21 佛山市国际商业中心结构工程施工技术

广东省六建集团有限公司　麦坤良　梁中觉

21-1 工程概况

佛山市国际商业中心位于市区汾江西路与城门西路交汇处的三角地带，地处闹市中心，车辆及行人较多，西邻保险公司和市质量检测所。工程占地面积6850m², 总建筑面积110000m²；地下3层，地上52层；1～6层为裙楼，7～44层为主楼标准层，从45层起东西向成斜面收缩。50层以上为塔楼，混凝土结构高度191.2m，连同屋顶钢结构，建筑总高度为228.0m。工程采用冲孔桩基础地下连续墙作基坑围护兼作地下室外墙结构；结构形式为外框内筒，密肋梁楼盖。建筑立面见彩图18。

工程地质为第四纪冲积层，由地表向下依次是素填土、淤泥质粘土、粉砂、中砂、粉质粘土；第三纪泥岩，中微风化岩界面埋深−19.00m～−23.80m。场地地下水丰富，液面一般在地表下1.20～1.50m，季候降水为主。

本工程为佛港合资工程，广东省六建集团有限公司总承包，地下室及主体结构施工工期要求为十六个月，工程进度和施工质量要求特别严格。

21-2 深基坑支护技术

本工程场地地面标高为−1.00m，基坑开挖深度分别为主楼部分−15.50m，副楼部分−12.40m，两部分由斜面相连。基坑平面长93.2m，宽52m。基坑围护结构采用混凝土地下连续墙，墙厚800mm，双面通长配筋$\phi25@250$mm，开挖面−3.00m～−16.00m加强配筋$\phi25@250$mm，混凝土强度等级为C25水下混凝土。桩基础和连续墙由省基础公司分承包。

21.2.1 基坑支撑方案确定

基坑支撑的形式直接影响土方开挖作业和结构施工速度，与建设投资效益息息相关。原基坑支撑设计为分别在−3.0m、−7.5m、−11.0m处设三道钢水平支撑。为节省投资，方便施工，特别在土方作业中给予大型挖土设备创造操作的空间，加快施工速度，对原设计方案进行了多次的综合研究和深入分析，重点对混凝土连续墙的复核验算，充分利用连续墙的抗弯能力。最终方案确定为：基坑围护结构的连续墙采用两点支撑、结合中心开挖技术的方案，把原来−7.5m的中间水平支撑提高至−5.65m，并修改为钢筋混凝土水平支撑（见图21-1），在水平支撑的支承点辅设一道连续墙顶部的钢斜撑。修改后的方案，全部钢筋混凝土水平支撑由

14根φ1200mm混凝土桩柱支承。水平支撑的跨度分别为10.50～15.00m，考虑到连续墙支撑力点匀布，各水平支撑端部设计成Y型副支撑。水平支撑截面为800mm×1000mm，Y型副支撑截面为600mm×1000mm，沿连续墙周边−5.65m处设钢筋混凝土圈梁一道，截面为800mm×1000mm 水平支撑及圈梁的混凝土强度等级为C30。连续墙顶钢斜撑选用2工45a组焊，下撑点设在水平支撑梁支承点上，上撑点设在连续墙−2.00m的内圈⊏45圈梁上。方案修改后，基坑作业空间扩大了，能够容纳大型挖掘机械作业。

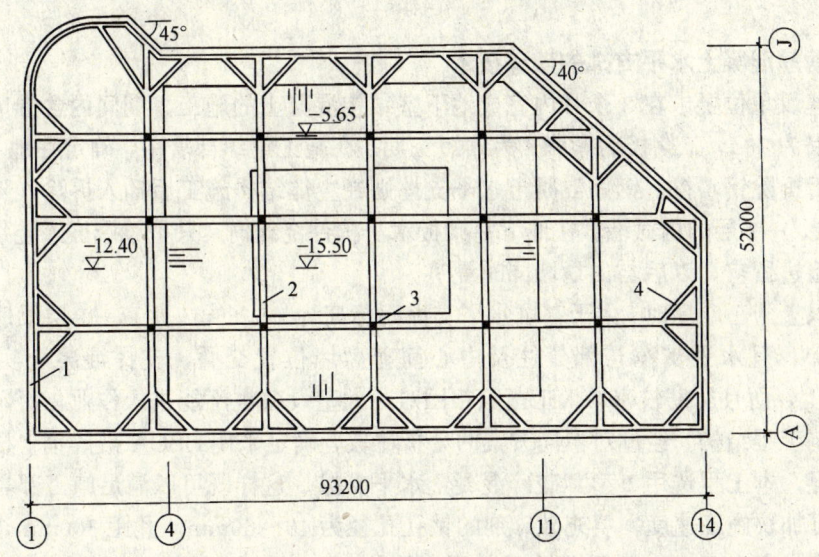

图21-1 基坑支护平面布置
1—地下连续墙（厚800mm）；2—钢筋混凝土水平支撑；
3—水平支撑混凝土支承桩柱（直径1200mm）；4—Y型副支撑

21.2.2 土方开挖和支撑施工

土方开挖和支撑施工分三段穿插进行，施工走向由东向西。在建筑车道位置作坑内临时车道，最后挖土。

第一次挖土沿连续墙挖去1.5m后放坡（见图21-2），坡底角控制小于38°，中心挖土

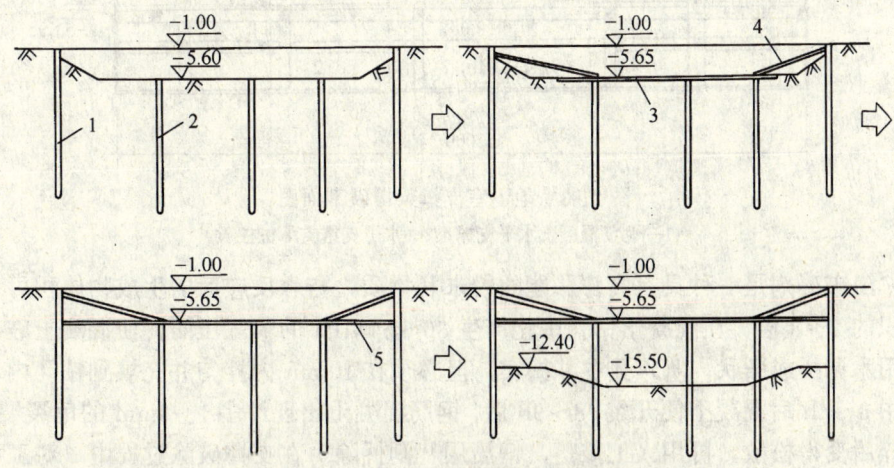

图21-2 土方开挖和支撑施工过程示意图
1—800mm厚钢筋混凝土地下连续墙；2—水平支撑支承桩柱；
3—中心水平支撑；4—2工45a钢斜撑；5—后浇筑水平支撑

深4.6m，再在开挖面挖槽安装中心水平支撑模，支撑面稍低于开挖面。完成中心水平支撑混凝土浇筑后5～7d，安装钢斜撑。在分段钢斜撑安装完成后，挖去坡体土方，完成全部水平支撑混凝土的浇筑。在−5.65m圈梁与连续墙界面处用聚苯乙烯板分隔。第三次挖土按照地下室−3层板底标高完成挖土深度，由人工找平。

施工中凿除桩顶混凝土4500m³，采用人力风镐加炸药爆破、大型挖掘机械挖土，高峰期使用1m³反铲挖掘机8台，随挖随运，挖运土方6万m³。土方开挖和支撑施工耗用工期100d。

21.2.3 钢筋混凝土水平支撑的破碎技术

由于建设单位要求在3个月内完成地下室结构混凝土的施工，期间内含春节假日，实际施工日仅为76d，工期极为紧张。为缩短工期，在施工组织部署中，确定在地下室−2层梁板浇筑后拆除钢斜撑，钢筋混凝土水平支撑则在主体结构施工后插入拆除，随后完成地下室−2层、−1层的内衬墙。在地下室梁板水平构件浇筑时，只把梁端嵌入连续墙内，板则沿连续墙边留空，以后与内衬墙同时浇筑。

采用以上施工顺序时，由于基坑水平支撑面标高为−5.65m，距离−1层梁底仅0.25m（见图21-3），且水平支撑与部分柱及中心筒剪力墙位置交叠，支撑混凝土实际强度达40MPa以上，而且配筋较密，人工凿除很困难，大型设备也不能进入作业，而硝类炸药爆破必然影响工程结构。经过对不同方案的分析比较，确定采用HSCA破碎剂（根据施工时的气温情况，本工程选用Ⅱ型）破碎混凝土水平支撑。这样既可以满足施工部署中的技术要求，又可加快施工速度。填充破碎剂的钻孔孔径为40～60mm，孔距300mm，在结构节点位置适当加密为150mm；孔深为破碎厚度的90%。破碎顺序为副支撑→主支撑（先破除沿连续墙周边各开间的支撑，再破除中间各开间的支撑）→支承柱（桩）；主支撑从中间开始破碎，施工中搭设工作台和临时支顶防护。

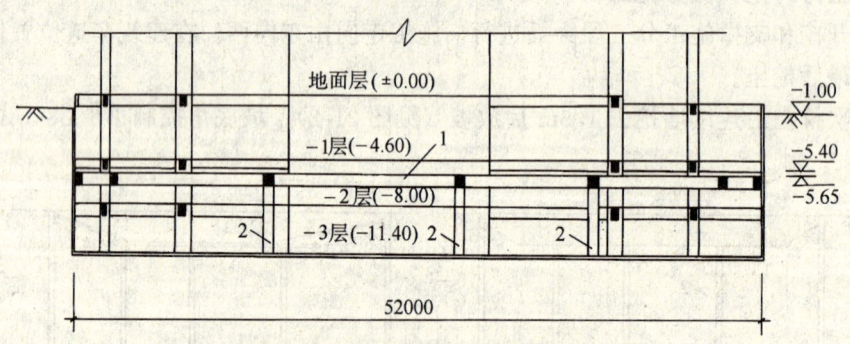

图21-3 地下室支撑梁爆破剖面图
1—钢筋混凝土水平支撑；2—水平支撑支承桩柱

HSCA破碎剂是一种具有高膨胀能的粉末状物质，与水反应后的生成物体积可增大到原有体积的2～3倍，在混凝土钻孔中能产生30～50MPa的膨胀压而促使混凝土破碎。使用时，用水调搓成条状，塞入孔中并捣实，但必须在10min内拌匀并充填到钻孔内，一般塞入孔中3～4h后混凝土便开裂，8～9h后，钢筋混凝土出现许多1～3mm的龟裂裂缝。混凝土破碎后变得松散，再用人工敲落，钢筋用气割拆除。在支撑破除过程中，对工程结构毫无影响。

HSCA破碎剂遇水后有腐蚀性，操作人员要戴防护眼镜及橡胶手套。当HSCA浆体接触到人体后，要立即用自来水冲洗。

工程中使用HSCA-Ⅱ破碎剂拆除基坑支撑，能够有效地控制相邻构件不受影响，破除时无冲击波，无噪音，不造成环境污染，也没有影响上部结构施工，其工效比人工破碎高3~5倍。

21-3 混凝土施工技术

21.3.1 预拌混凝土的应用

由于施工现场处于市中心繁华地段，而且场地狭窄，工期紧，混凝土使用量大，故本工程不适宜现场堆放砂石材料及搅拌混凝土，工程中所应用的混凝土全部由公司搅拌站供应。考虑到本工程所使用的混凝土量大、高强度、高性能的特点，在监控混凝土质量方面采取了各种特定的措施，其中包括：确保原材料质量稳定，实行择优定向采购，选用了广州珠江水泥厂粤秀牌和湖南湘乡韶峰牌两种水泥；集料来源也固定，使用北江中砂和新会龙口山石场花岗岩质碎石。工程结构所用混凝土的强度等级有C60、C50、C40、C30及C25，配合比设计考虑了不同构件的技术要求，掺入了高效减水剂、缓凝减水剂、粉煤灰，以提高混凝土的工作性能。在施工过程中，地下室底板混凝土一次连续浇筑量达7000m^3，在严格的技术监控下，4昼夜便顺利完成。从地下-2层板开始至52层，全部混凝土实现一级泵送。工程结构施工共应用预拌泵送混凝土53079m^3，其中：C60级混凝土8282m^3；C50级混凝土5680m^3；C40级以下混凝土39117m^3。混凝土施工质量在施工全过程中都受到严格控制，抽样检验混凝土的抗压强度全部符合合格标准，构件回弹检测也全部达到要求。

工程主楼从地下室3层到地上52层所使用的预拌混凝土，按照技术部署要求采用一级泵送施工工艺，最大泵送高度191.2m（即52层）。泵送设备使用了德国施维恩BP3000HR-18R型混凝土泵，输送管管径为125mm。随着不同时期施工泵送高度的增加，及时调整混凝土的施工配合比和相应的坍落度。通过分析混凝土坍落度的运输损失情况，以施工高度达到160m之后，尚利于泵送的坍落度作为坍落度的取值标准，此时碎石最大粒径减至20mm，要求混凝土出搅拌机时的坍落度为220mm，到达施工现场不低于200mm。由于从施工设备到混凝土的试配都作了周全的技术准备，使本工程在52层结构封顶时（高程191.2m）一级泵送混凝土顺利完成。

21.3.2 高强混凝土施工技术

工程主楼的柱和中心筒的混凝土的设计强度等级从地下室3层至地上7层为C60，8层至16层为C50。由于混凝土强度高，同时考虑到施工工期短，故对高强混凝土配合比设计着重考虑泵送技术要求和运输途中的坍落度损失，对坍落度的要求为180±20mm。施工前对配合比设计做了多次复演试验，掌握了地方原材料、施工条件变化等诸多技术数据，施工中高强混凝土的预拌生产能够根据气温、湿度和原材料的变化及时调整生产配合比。为了落实对预拌混凝土的质量控制，施工现场采用了三项技术措施：①预拌混凝土送到现场后，由专人负责检测坍落度。当气温高，坍落度实测值不利于泵送作业时，允许现场增加与原设计配合比掺量相同的减水剂液，但总用量必须小于配合比用水量的1%，以作为坍落度损失的补偿。当坍落度小于120mm时，不使用该车混凝土，退回搅拌站处理。②柱、剪力墙混凝土浇筑后，上部浮浆应全部排出。③楼面混凝土浇筑时，先浇柱脚节点，并在周边1000mm范围也浇筑高强度混凝土。实际施工中高强混凝土强度的评定结果，详见表21-1。

高强混凝土强度的评定结果　　　　　　表21-1

强度等级/部位	使用量 (m^3)	试件组数 n	m_{fcu} (MPa)	S_{fcu} (MPa)	f_{cumin} (MPa)	评定
C60/基础	2744	53	68.95	6.65	57.8	合格
C60/1-7层	5538	61	63.83	3.60	58.5	合格
C50/8-16层	5680	105	55.56	4.80	49.6	合格

21-4　分段悬挑外脚手架

本工程1～6层为裙楼，平面外轮廓为内圆弧和折线构成不规则形状，其外脚手架采用扣件式钢管脚手架，立杆为单管，脚手板宽900mm，辅以竹杆作安全围栏。工程主楼标准层平面形状呈鼓形，最大长度为51.04m，宽度34m，由于建设单位要求在结构施工阶段插入外墙隐框玻璃幕墙的安装，并强烈要求保证裸露结构的工程质量。鉴于主楼东西面呈圆弧形，外脚手架搭设时只能以折线代替。通过多个方案的分析比较，裙楼以上7～16层主楼外脚手架确定采用分段悬挑脚手架，如图21-4所示。

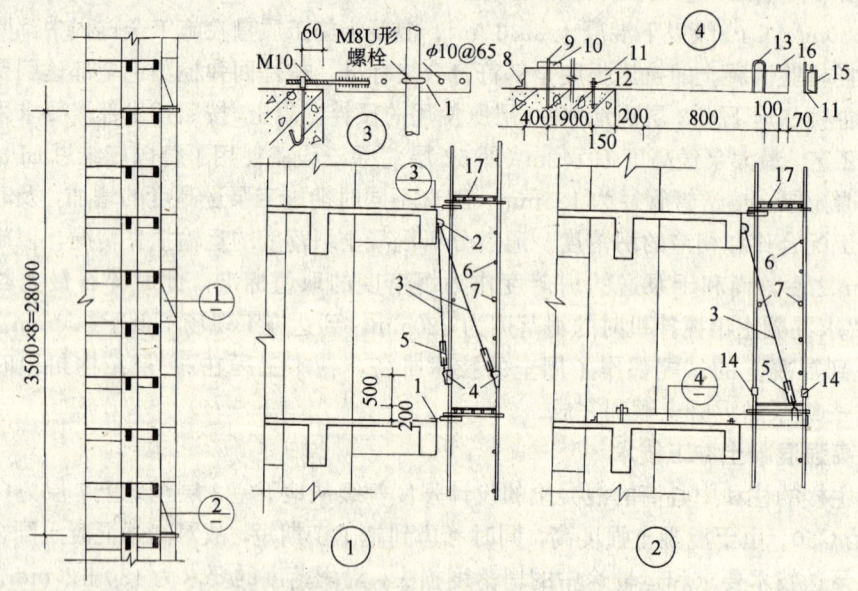

图21-4　分段悬挑外脚手架示意图及节点大样
1—M10螺栓拉顶器装置；2—预埋Ⅰ级钢筋ϕ16mm吊环；3—ϕ14mm斜拉杆；4—吊挂管夹；
5—ϕ16mm双头花篮螺栓；6—安全围护竹杆；7—ϕ48mm钢管；8—∟70角钢，用M12拉爆螺栓固定；
9—ϕ14mm预埋拉环；10—锲形硬木；11—[14槽钢，$l \geqslant 3620$mm；12—ϕ14mm预埋竖筋，
安装后与[14槽钢焊接；13—ϕ14mm吊环，与槽钢焊接；14—上下段脚手架连接扣件；
15—8mm厚加劲肋板，在槽钢端部处；16—ϕ20mm钢筋，预焊在槽钢上；17—脚手板

21.4.1 构造特点

主楼外脚手架采用分段悬挑搭设施工，第1～4段脚手架搭设高度为28m，每段铺设操作层脚手板8层，第5段搭设高度为24.50m，操作层脚手板7层，主楼脚手架搭设总高度为136.50m，最高处标高为+164.00m。每层操作层竖向距离一般为3.50m，脚手板面比楼层略高。立杆钢管管径为48mm，壁厚3.5mm，立杆间距为2000mm，内立杆距边梁200mm。第一段钢管立杆直接支承在裙楼屋面结构层上，第2段至第5段钢管立杆由[14槽钢悬挑承托；每段脚手架第4层内外立杆用2ϕ14mm斜拉杆吊挂于楼层结构的边梁上。每层脚手架立面辅以ϕ40～50mm竹杆作安全围栏，维护栏杆水平间距不得大于1000mm，垂直间距不得大于600mm，满挂密目安全网，并且在操作层临时增挂塑料编织布；操作层脚手板（宽900mm）满铺，不留空隙，每层内立杆沿水平方向每隔4m用螺栓拉顶装置与主楼结构层边梁联接固定。在施工中各段之间的端部立杆用扣件连接固定，而各段剪刀撑则独立布置。

在脚手架需要拆卸时，只要把各段端部立杆的连接扣件解除，则上下段脚手架独立自成体系，可各自进行拆卸作业。

21.4.2 搭设施工技术

第一段脚手架从裙楼屋面（即结构第7层）开始搭设，搭设高度28m，设操作层8层。在搭设中同时安装斜拉杆。考虑到楼层混凝土强度的增长时间，提前预搭第二段脚手架2层。在预搭第二段的第一层脚手架时，要求操作层脚手板面高出结构层面350mm、立杆高出500mm并大致取平。这样要求的目的是为了保证各层结构施工都能及时提供脚手架使用。

在设有拉吊点的楼层浇捣混凝土时，沿边梁对应脚手架立杆位置处预埋ϕ16mm吊环，锚固长度≥30d（d为吊环直径），当混凝土强度达到15MPa后（一般约5d），安装ϕ14mm斜拉杆，用双头花篮螺栓调紧，使脚手架荷载传递到主楼结构中。

第二段以后各段第一层脚手架都安装悬挑[14槽钢，其位置要求对正脚手架立杆按统一方向平移80mm，作为预埋ϕ14mm拉环的中心线。拉环高出楼面180mm，宽110mm，锚入楼面框架梁长度≥500mm；在沿边梁面偏拉环一侧预埋ϕ14mm插筋，在5d之后，把悬挑槽钢插入拉环内，悬挑段靠近脚手架立杆，调好位置后，槽钢上顶面与拉环的间隙用硬木楔挤紧，把ϕ14mm插筋与槽钢焊接，槽钢后端用拉爆螺栓固定于楼板。

悬挑槽钢安装后，树立第二段脚手架立杆，并预搭设两层大横杆、下段脚手架高出上段第一层操作层的立杆，用螺栓扣件与上段立杆连接紧固，然后拆除下段原预搭设外脚手架（2层）立杆。转移立杆逐根进行操作。

第二段搭设脚手架8层，再预搭上段2层。每段脚手架搭设过程重复，但第5段（即到达46层后）没有预搭的要求。

21.4.3 脚手架拆除

本工程外脚手架在主体结构施工完成后4个月已全部拆除。拆卸施工是分段进行的，由于施工需要保留钢井架和施工电梯，因而保留部分脚手架作平台，在拆卸前这些部位每4层安装连墙杆，加固后与要求拆除的脚手架分离。脚手架拆除前必须做好主楼结构层临边护栏。在拆除悬挑槽钢上的立杆前，为了确保施工安全，在槽钢前端临时安装护栏。先拆立杆，后拆脚手板，再后拆除槽钢。拆下材料全部由钢井架运输到达地面。

本工程脚手架搭设和拆除没有发生过任何安全事故。

21-5 模 板 工 程

在总结已往的施工实践基础上，工程施工组织设计对模板进行了改革，形成了一套适合本工程特点的模板系列，保证了混凝土外形尺寸的准确。

21.5.1 柱模板

工程主楼柱截面尺寸为1600mm×1600mm。施工中使用了两种模板，裙楼施工阶段柱模使用18mm厚夹板，用[8槽钢作横楞，间距为300mm，在初期施工，发现浇筑后横楞挠度较大，局部达10mm，在地下2层施工时，增加ϕ18mm钢筋与[8槽钢组焊成桁架式横楞，使用后挠度控制在3mm以内。主楼施工阶段柱模板则改用定型组合钢模板，施工质量更有进一步提高。

21.5.2 密肋梁板模板

本工程主楼柱距为8400mm，副梁中心距2050～2150mm。经过施工荷载实际分析计算，施工方案要求采用门式架支撑沿主梁和沿板长向排列（如图21-5），楼板模板支撑两侧用十字扣锁住ϕ45×3.5mm钢管牵杠，兼作副梁檩条，横楞使用80mm×80mm木方，间距≤400mm，梁模板使用18mm厚夹板；板模板使用SP-55定型钢框竹胶合板满铺，满铺后余下的非标准尺寸部分垫平后，盖2mm钢板。模板安装快捷稳定，梁中心距也得到有效的控制，使每层模板安装工期减少2d，节约了大量工时，也减少了周转材料的损耗。

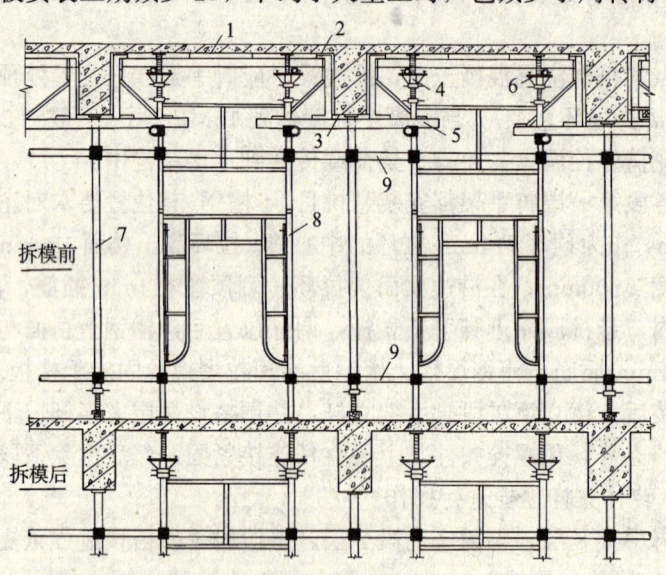

图 21-5 密肋梁楼盖支模示意图

1—SP-55钢框竹胶合板；2—临边（非标准尺寸部分）2mm钢板；3—18mm厚夹板梁模板；
4—支撑及托架；5—80mm×80mm木方；6—ϕ45×3.5mm钢管牵杠；
7—ϕ45mm钢管支撑；8—钢管门式架支撑；9—钢管上下横杆

21.5.3 电梯井内筒子模

在早期施工中试用了合页式组合电梯井内筒子模，由于浇筑混凝土速度快，筒子模根部刚度不足，混凝土浇灌后出现跑模漏浆。在工程第5层开始，使用了自行制造的定型大钢模组合拼装筒模。筒子模根据电梯井内控尺寸，每面制作一块大钢模，嵌入下层200mm，高度平施工层楼面，中间设3层双向对撑螺杆。楼盖混凝土浇筑后，利用井内钢管脚手架吊挂手动葫芦，分块提升钢模并重新组拼。每个筒子模拆装均在3h内基本操作完毕，施工中不必使用塔式起重机。

21-6 钢筋工程

21.6.1 钢筋连接

超高层建筑中钢筋使用量大，接头多。为了减少柱钢筋竖向接头，采用跨层连接办法。施工中$\phi 28\sim 40mm$的带肋钢筋采用套筒挤压连接技术，施工接头共21000个。$\phi 22\sim 25mm$带肋钢筋则采用了电渣压力焊连接技术，施工接头共49350个。由于建筑物具有抗震要求，经研究，本工程全部柱箍采用闪光对焊自闭合连接技术，对焊柱箍共46.6万个。考虑到高层建筑的技术要求，部分筒体水平钢筋采用绑扎连接。施工中对套筒挤压连接、电渣压力焊、闪光对焊三种钢筋接头，按规定进行外观检查和抽样试验，全部达到合格标准。由于工程钢筋连接采用新技术，保证了施工质量，提高了施工速度，节约了7万个工日，对照预算定额节约钢材408t。

21.6.2 钢筋绑扎的新工艺

21.6.2.1 柱箍安装

楼面柱箍的安装方法是在柱筋连接前，按施工图要求分层把柱箍先套入柱筋下段。柱筋连接后，在柱筋上标划位置，由上而下进行绑扎。

柱梁交接节点的柱箍，也按层次先后套入柱筋，暂置于梁面上，从下而上与梁筋一齐绑扎。

21.6.2.2 梁钢筋绑扎

根据工程楼盖设计采用密肋形式，次梁较多的特点，梁钢筋施工与模板施工互相配合，分区错位进行。施工中先安装梁底模及一面侧模，跳装楼板底模。梁的水平钢筋与箍筋穿插交织后就位绑扎，保证了骨架尺寸准确，防止变形。梁的钢筋检查合格后，再完成全部楼盖模板安装。

21.6.2.3 楼板钢筋绑扎

为了保证楼板钢筋位置准确，板厚度符合要求，施工中使用了折线形钢筋支架，以固定板底筋和面筋位置，保证板筋保护层厚度。支架由竖向筋$\phi 4@300mm$和水平筋$2\phi 6mm$焊接而成，钢筋支架的长度比梁间净距短50mm，间距约1.20m。施工中把板底筋、面筋分别绑扎在支架下、上水平筋位置，即板筋的设计位置。板底筋的排放，预先在模板上按设计布筋间距划线，板筋拉直后先用铁丝扎牢交点，再安装钢筋支架，并与钢支架下水平筋绑扎牢固，然后绑扎面筋。板钢筋绑扎后，有较大刚度，在浇混凝土过程中不易产生走位和面筋下沉的现象。

21-7 激光-重锤延伸轴线技术

工程轴线延伸分两个阶段，第一阶段为地下室-裙楼施工阶段，第二阶段为主楼施工阶段。第一阶段施工时，在地面建立轴线控制网，采用普通重锤法传递轴线；第二阶段施工时，在裙楼屋面（第7层）重新建立轴线控制网（见图21-6），应用JD-91建筑激光测量仪内投点天顶法延伸轴线，每层激光投测后，再用15kg重锤（用1mm钢丝吊挂）复核，校准后建立施工楼层控制网，确定轴线和构件平面尺寸。

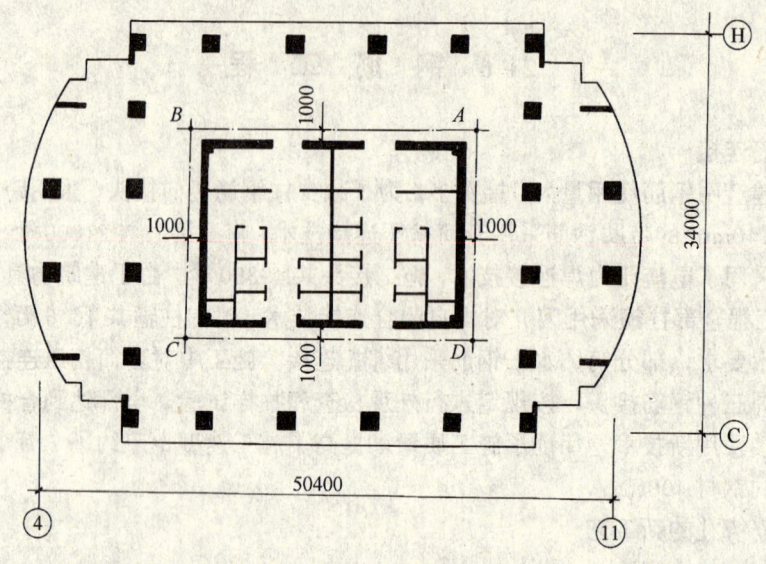

图 21-6　主楼标准层轴线控制网平面图
A、B、C、D—控制网四角顶点

21.7.1　主楼轴线控制网的建立

主楼平面呈鼓形，轴线为平面坐标系列，第一次主楼轴线控制网设定在7层中心筒距外周边1000mm处，闭合成长方形，角顶点为控制点，控制点处用1∶2水泥砂浆做出边长为250mm的正方形块，并用水平尺校平，待其干硬后弹出控制网十字线，并把预先制作的边长为176mm正三角形木板以重心线对正十字线，然后钉牢，周边设永久护栏防止碰撞。

施工时为了提高测量精度，采取分段控制分段投点的方式，以竖向每50m左右为一投测段。当第一投测段楼层结构施工完毕，其上层控制点精确复核无误后，锁定该层控制点，重新建立第二投测段控制点。工程施工中分别在第7层、21层、31层、41层、47层各设分段投测控制点。

21.7.2　施工投测

投测作业时，把激光测量仪安放在三角小板上，调整三脚螺栓，使气泡居中调平，并使光轴对准控制点，接通电源后激光器发光，通过可变径选择适当孔径，使目标光斑清晰。光靶是作业层预留的300mm×300mm孔盖，使用透明玻璃板制作，作业层人员确定光斑中心后，通过对讲机传递信息，控制激光测量仪操作人旋转激光准直器90°，激光在光靶上再照射另一个光斑，作业层人员再确定光斑中点。如此共旋转激光准直器3次，得出4个光斑中心，对应中心连接的交点，作为垂准线投影点，如图21-7所示。依次旋转激光准直器90°，其目的是为了消除同心圆的误差。每层4个控制点的垂直引测在15～20min内即可完成。

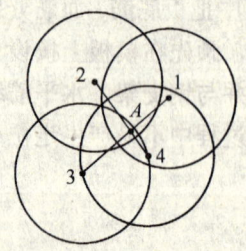

图 21-7　控制网竖向投点示意图

控制点引测完成，再用重锤垂吊对准控制点复核。各相关投影点投测完成后，弹出相邻两点连线，建立出作业层轴线控制网。根据轴线对应控制网的平面关系，用钢卷尺测量出各轴线及构件平面位置，完成作业层放线工作。

21.7.3 工程垂直度检测

本工程采用以结构完成面形心与设计形心坐标之差作为建筑物垂直度控制的评价标准。施工时，在工程主楼取 12 个主控构件，作为测量主体结构垂直度的观测点。以投测至各层的控制轴线为依据，量取各层主控构件测点至控制轴线 x 和 y 方向的垂距，计算出该垂距与原设计值的差值，即为各主控构件在施工中产生的位置偏差。通过每个楼层的测量结果，便可计算出每个楼层的实际形心位置。设该层实际形心位置与设计形心位置在 x、y 方向的坐标差分别为 Δx 和 Δy，则实际形心对设计形心的偏移长度值 s 可按下列公式计算：

$$s = \sqrt{\Delta x^2 + \Delta y^2}$$

因而该楼层的垂直度偏差 k 便可确定为：

$$k = \frac{s}{H}$$

式中　　H——该楼层距地面高度。

在工程主体结构施工完成后，委托华南理工大学测量教研组对垂直度作检测。实际形心最大偏移值出现在 46 层，其偏移值 s 为 17.29mm，本层垂直度偏差为 1/9400，对 191.2m 高度处（52 层）而言，垂直度偏差小于万分之一。

21-8　结　束　语

佛山市国际商业中心结构工程实施了建设部"九四"期末至"九五"期间重点推广十项新技术中的商品混凝土技术、高强混凝土技术、粉煤灰应用技术、粗钢筋连接技术、新型模板技术、悬挑外脚手架技术、网络技术施工计划等，合计推广应用新技术有 7 项。又结合工程特点，优化组合基坑支护技术，开发了抗震柱箍闪光对焊自闭合连接技术，应用激光测量技术等一系列先进技术的应用和新技术的开发，满足了业主对工期的要求，也保证了工程质量，取得了良好的经济效益、社会效益和环境效益。

22 佛山市建裕大厦施工技术

广东省六建集团有限公司　李奇逊　徐建邦

佛山市建裕大厦是一座集停车场和高级住宅于一体的高层综合商住楼，由佛山市电力建设集团公司投资兴建，佛山市房屋建筑设计院设计，广东省六建集团有限公司施工。

22-1 工程概况

1. 工程所在位置和现场准备情况

建裕大厦地处佛山市季华路南侧，东距高13层的建展大厦仅13m，南距居民住宅区36m，西面离经华大厦、季华公园100m开外，北距季华路50m，交通运输十分方便。场地内水电设施齐全，水电供应充足。场地地面基本平整，四周已经布置有排水沟。该地盘四周亦已砌筑红砖围墙与外界隔离。

2. 地质情况简介

该工程场地属第四系发育，上部0~13m主要由一层细砂~砾砂层组成。孔隙度大，渗透性好，层位稳定，属富贮水区，水源补充来源于河流的渗透补给，而且在砂中含大量的云母等悬浮矿物，经水携带搬运，极易构成流砂层。属不良降水工程区。地下水静止水位-1.0~-3.0m。不透水层为粉质粘土层，顶界埋深11.2~13.8m。取水样化学分析，地下水对混凝土无侵蚀性。因场地地基上部为较厚的砂土层，尤其细砂层为易液化的砂土层，所以该高层建筑基础以选择钻孔灌注桩为宜。

3. 建筑特征

该工程占地面积为$70m \times 34m = 2380m^2$，总建筑面积为$41360m^2$。建筑物由两座塔楼和裙楼组成，两座塔楼对称分布在东西两边。建筑物地下1层，地上22层。裙楼4层，建筑高度为13.7m；塔楼18层，总建筑高度为73.2m。

地下室至4层为大型停车场，建筑面积达$11900m^2$，设有斜道上落。首层设配电房，5层至22层为住宅。首层以上在建筑物中部⑨轴与⑩轴间设200mm宽伸缩缝。本建筑物设有日本三菱电梯4部，楼梯4樘。屋顶设有水池及电梯机房。地下室层高为3.2m，首层层高4.5m，2、3层层高3m，4层层高3.2m，5层至22层层高3m，屋顶电梯机房层高5m。

外墙面用混合砂浆找平后，贴高级玻璃马赛克。外墙门窗为白玻白料铝合金门窗。住宅外门为防盗铁门和木夹板门，内门为木夹板门。内墙面与顶棚采用混合砂浆抹灰后扫高级乳胶漆，楼地面铺高级耐磨砖。停车场楼面为配筋细石混凝土，表面做掺金刚砂水泥砂浆耐磨层。

4. 结构特征

该工程结构形式采用全现浇钢筋混凝土框架剪力墙结构，结构设计按七度抗震裂度设防，二级抗震计算。基础采用钢筋混凝土钻孔灌注桩，桩径分别为1600mm、1400mm、1200mm和1000mm四种，桩长20～30m。地下室壁板厚250mm，地下室底板厚500mm，桩承台厚度为1.5m，电梯基坑承台厚度为2m。地下室底板、壁板均采用抗渗混凝土，抗渗等级为P8。±0.00以上剪力墙厚度为300mm，底层柱截面尺寸分别有600mm×1000mm、900mm×900mm和600mm×600mm三种。混凝土强度等级：钻孔灌注桩为C25，7层以下为C35，8层至15层为C30，16层以上为C25。本工程结构的填充墙采用粘土红砖砌筑。外墙及梯间墙厚度均为180mm，内墙厚度均为120mm，内、外墙及梯间墙均采用MU7.5砖、M5混合砂浆砌筑。

5. 结构工程主要实物量

土方量：17336m³；模板：44876m²；钢筋：3363t；混凝土：23875m³。

6. 施工现场总平面布置

针对该工程的施工特点，工程分阶段进行施工总平面图的设计，并且进行动态管理。总平面图先后按基础阶段、结构阶段、装饰阶段进行设计实施和调整。结构阶段施工总平面图见图22-1。

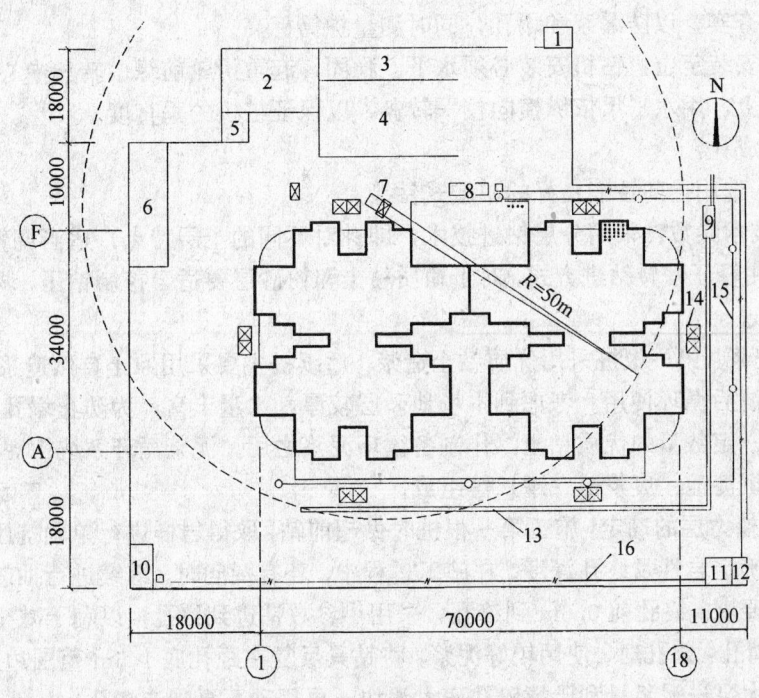

图22-1 结构阶段施工总平面图

1—保卫室；2—水泥仓库；3—堆砂区；4—堆石区；5—工地办公室；6—钢筋加工场；
7—QT80A塔式起重机；8—小型搅拌站；9—滤砂池；10—厕所；11—电工房；
12—保卫室；13—排水沟；14—钢井架；15—水管；16—电线

22-2 钻孔灌注桩施工

22.2.1 施工机械的配备及平面布置

该工程钻孔灌注桩共布桩 94 条，其中 $\phi1600mm$ 桩共 40 根、$\phi1400mm$ 桩共 18 根、$\phi1200mm$ 桩共 32 根、$\phi1000mm$ 桩共 4 根。设计要求桩端支承于微风化基岩上，且嵌入该岩层 1.5 倍桩径，基岩强度 $f_r=10000kPa$。平均桩长约 25.5m，理论成孔立方量约 4500m^3。由于工期紧迫，在施工区域内配置了 6 台桩机，由西向东错开排列 1 至 6 号桩机，其中 2 号和 5 号桩机分别负责西塔楼和东塔楼的电梯基坑下的钻桩。6 台桩机不分昼夜同时施工。

22.2.2 钻孔灌注桩施工工艺

该工程桩型为大中型桩，采用正循环钻进成孔，二次反循环换浆清孔。整套工艺分为成孔、下放钢筋笼和导管灌注水下混凝土。

主要施工工艺如下：

（1）清除障碍：在施工区域内全面用挖掘机向下挖掘 4~5m，彻底清除大块角石等障碍物。

（2）桩位控制：该工程采用经纬仪坐标法控制桩位及轴线。每桩施工前再次对桩位进行复核。

（3）埋设护筒：采用十字架中心吊锤法将钢制护筒垂直稳固地埋实。护筒埋好后外围回填粘性土并夯实，以防漏浆和塌孔，同时测量护筒标高。

（4）钻机安装定位：钻机安装必须水平、稳固，起重滑轮前缘、转盘中心与护筒中心在同一铅垂线上，用水平尺依纵横向校平转盘，以保证桩机的垂直度。

（5）钻进成孔：

1) 钻头：选用导向性能良好的单腰式钻头。

2) 钻进技术参数：采用分层钻进技术，即针对不同的土层特点，适当调整钻进参数。开孔钻进，采用轻压慢转钻进方式，对于粉质粘土和粉砂层要适当控制钻压，调整泵量，以较高的转数通过。

3) 护壁泥浆：第一根桩采用优质粘土造浆，后续桩主要采用原土自然造浆，产生的泥浆经沉淀、过滤后循环使用。考虑到本场地砂层较厚，水量丰富，为防止塌孔，保证成孔质量，还配备一定数量的优质粘土，作制备循环泥浆之用。泥浆循环系统由泥浆池、循环槽、泥浆泵、沉淀池、废浆池（罐）等组成。

4) 终孔及持力层的确定：施工第一根桩时做超前钻，取得岩样进行单轴抗压强度试验，会同设计人员确定岩性及终孔深度。在施工过程中，若有疑问时，继续进行抽芯取样试验，确保达到设计要求。终孔前 0.5m 到终孔，采用小参数钻进到终孔，以利于减少孔底沉渣。

（6）一次清孔：终孔时，使用较好泥浆，将钻具反复在距孔底 1.5m 范围边反扫边冲孔低转速钻进，大泵送泥浆量利于搅碎孔底大泥块，再用砂石泵吸渣清孔。

（7）钢筋笼保护层：在吊放笼筋时，沿笼筋外围上、中、下三段绑扎混凝土垫块，以保证笼筋的保护层厚度。

（8）钢筋笼的制作与下放：

1) 钢筋笼有专人负责焊接，经验收合格后按设计标高垂直下入孔内。

2）吊放过程中必须轻提、慢放，若下放遇阻应停止，查明原因处理后再行下放。严禁将钢筋笼高起猛落，强行下放。到达设计位置后，立即固定，防止移动。

（9）下导管：灌注混凝土选用$\phi 250mm$灌注导管，导管必须内平、笔直，并保证连接处密封性能良好，防止泥浆渗入。

（10）二次清孔：第二次清孔在下导管后进行，清孔时用较好泥浆清孔，将孔内较大泥屑排出孔外，置换孔内泥浆，直到泥浆相对密度≤1.25，清孔过程中，必须将管下放到孔底，孔底沉渣厚度≤50mm，方可进行混凝土灌注。

（11）水下混凝土灌注：本工程以商品混凝土为主，保证混凝土灌注必须在二次清孔结束后30min内进行。商品混凝土加入缓凝剂。开灌储料斗内必须有足以将导管的底端一次性埋入水下混凝土中0.8m以上的混凝土储存量。灌注过程中，及时测量孔内混凝土面高度，准确计算导管埋深，导管的埋深控制在3~6m范围内。机械不得带故障施工。

由于该工程基础桩的形式选择正确，而且施工管理完善，94根钻孔灌注桩仅占用了二个月的施工工期就顺利完成。之后抽取了3根桩进行双倍设计承载力的单桩竖向静载荷试验，结果各桩均能满足规范规定的要求。同时亦抽取了20根桩（抽样率21.3%）进行反射波法的桩基无损检测，结果Ⅰ类桩有19根，Ⅱ类桩有1根。在竣工验收前测得整幢建筑物的最大沉降量亦只有4mm。在赶工的情况下，桩基施工达到了较理想的效果。

22-3 基坑围护工程

除东边距原有建筑物13m外，其余南、北、西三边30m范围内均为空置用地。为了节省甲方资金，充分研究了地质资料并经过反复论证，最后决定该工程采用复合挡土防渗方案：在建筑物东边及北边近东一段做$\phi 700mm$钻孔桩挡土墙共66m长，桩中心距900mm，桩长12m；在北边近东一段及东、南两边通长做$\phi 500mm$深层搅拌桩防渗墙，桩中心距350mm，桩长13m，形成半封闭的防渗挡土体系（见图22-2）。以后在基坑降水成功的前提下进行基坑局部大开挖。

22-4 降低地下水位工程

22.4.1 降水要求

降水工程开工前已完成复合挡土防渗的基坑围护工程。为方便地下室施工，基坑土方开挖前须有效地降低地下水位，要求降水深-5m（以外地面计），并维持此水位四个月。降水成功后进行地下室土方的开挖，东边作垂直开挖，其余三边分别按1:2及1:1坡度放坡开挖，采用压砂包护坡。

22.4.2 降水工程

（1）本工程采用轻型井点降水法降水，在施工场地周围布设21个降水井点，其中在有挡土桩或深层搅拌桩部分设8个井点，孔距17~18m；无深层搅拌桩部分设13个井点，孔距小于7.5m（见图22-2）。

（2）降水井点采用XY-100型钻机，开孔$\phi 230mm$，成井$\phi 168mm$，井深15m左右。降水井用直径$\phi 168mm$钢管作护壁管及滤管，滤管外层用尼龙网包裹。

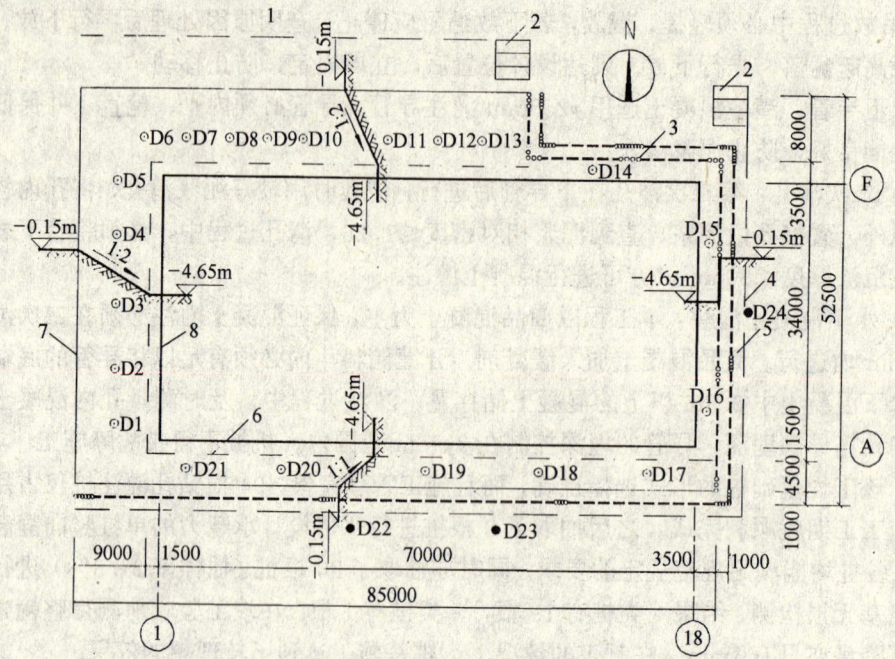

图 22-2 轻型井点降水井位置平面及基坑开挖平面图
1—季华路；2—市政滤水池；3—挡土桩线；4—水沟；5—深层搅拌桩线；
6—坡底木桩线；7—坡顶边线；8—地下室边线

说明：⊙ D1～D21 为轻型井点降水井点位置及编号；● D22～D24 为水文观测孔及编号

（3）抽水用水泵：采用佛山水泵厂生产的 2TC-30 型自吸泵，吸程 8m，流量 $28m^3/h$，配备电机 4kW，吸水管 2″。

（4）水的排放：采用三级过滤沉清排放，三级池用红砖水泥砂浆砌成，以达到沉清的目的。

（5）降水井点全部成井后开始抽水，一星期后将地下水位降至 −5m，并维持此水位四个月左右，以保证地下室工程施工。

（6）如果施工后发现降水不能达到预期的效果（−5m），则在有关地段增加降水井点，以有效地降低地下水位，保证地下室施工。

（7）为预防因降水对附近建筑物产生不良影响，在工地东面挡土墙外布置 1 个、南面防渗墙外布置 2 个水文观察孔，如有异常，工地及时向公司报告，以便采取有效措施。

（8）井点抽水期间，派专职人员 24h 值班，分三班，每班三人，以保证水泵等的正常工作。

（9）地质技术人员每天定时用静电感应仪测量各井点的下降水位深度，并及时记录、汇总，编绘水位深度曲线。

降水效果：当时降水工作进展顺利，一星期后已将地下水位降至设计要求的 −5m，并维持此水位至地下室施工完成（约四个月），降水期间未对附近建筑物产生不良影响。地下室土方开挖至设计标高时，以及地下室施工期间，基坑土方都保持得相当干爽。实践证明，半封闭的防渗挡土基坑围护工程和轻型井点降水工程是成功的。

22-5 土方开挖工程

土方开挖前,先将施工场地清理平整,在施工区域内,布置好临时性排水沟。建筑物位置的轴线、水平控制桩必须经过施工员核查无误方能开挖。

根据本工程地质资料及现有施工环境、施工进度要求和工程造价等方面的考虑,采用东面钻孔桩挡土,南、北、西三面放坡大开挖。由两台挖掘机担任主要挖土工作,辅以人工修边坡及人工挖桩台部分的土方。本工程外地面标高为-0.15m,地下室底板底标高为-4.55m,挖土深度4.5m,桩台及电梯井部分还要局部加深,土方量约1.7万 m^3。

为方便汽车进出场地运泥,在基坑开挖前,必须在场地内用角石修筑500mm厚、5m宽的路面,具体位置见图22-3。东面挖土范围至挡土桩边,南面以1:1放坡开挖,西、北面以1:2放坡开挖,具体位置见图22-2。挖掘机由北面进场,从西面开始采用分层挖土,每层厚约1m,然后阶梯式后退,挖掘至所需深度上0.2m,再用人工挖掘找平至所需深度,以尽量避免对原土扰动。挖土时挖掘机要注意避免碰撞工程桩。由于场地限制,基坑所挖出的土方全部用汽车外运离场。

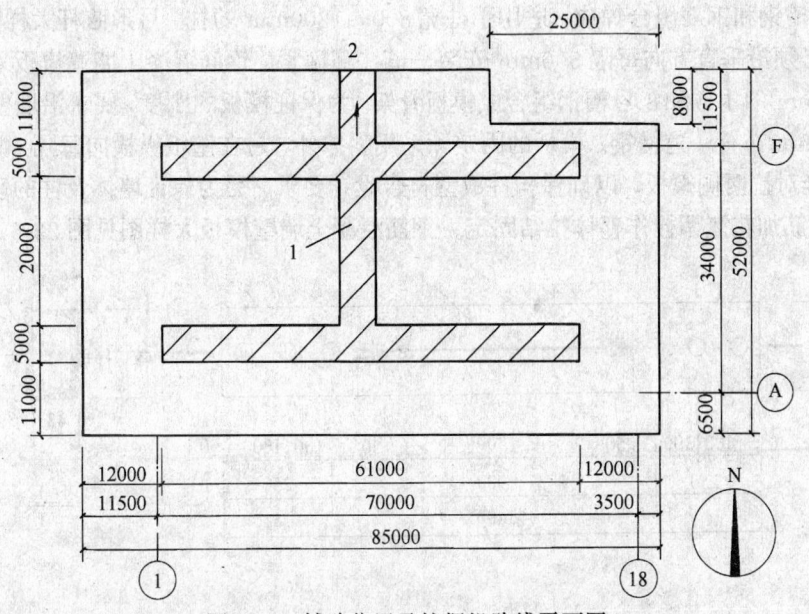

图 22-3 铺路位置及挖掘机路线平面图
1—现场运土道路,400mm厚角石垫底,面铺100mm厚、粒径30~50mm碎石;2—出口往季华路;

基坑必须严格按要求放坡,坡面用纤维袋砂包压面,坡脚砂包面与建筑物基础外边应预留1.0m宽工作面。为防止边坡出现滑移现象,在南面坡脚打4m长,西、北面坡脚打2m长,尾径至少为80mm的松木桩加固,木桩间距为200mm,以确保边坡的稳定。

为防止雨水天地表水大量涌入基坑冲刷坡面,在坡顶基坑边四周做排水沟。在基坑底部四周均匀分布10个深1.0m的集水坑,基坑周边及坑内分格挖排水沟将水导入集水坑,最后用水泵将水排出坑外排水沟。

为了掌握防渗挡土围护结构和放坡土体的稳定情况,及时预报施工过程中可能出现的异常情况，在土方开挖期间需派专职人员24h轮值监测。在土方开挖完成后的地下室施工期间，亦需派专职人员每天监测至少两次，充分掌握围护结构和坡体工作状态的第一手资料。

22-6 结 构 施 工

由于首层以上在⑨轴和⑩轴间设伸缩缝，将建筑物分成东西两部分，因此将框架结构的施工亦划分为东西两个大流水段。合理安排模板、钢筋、混凝土三个工种循环作业。

施工时，配备QT80A外部附着自升式塔式起重机1台、JZR750型及JZC350型混凝土搅拌机各1台、HBT50型混凝土泵1台、BP-3000型混凝土泵1台（备用）、6个高速钢井架、6个慢速钢井架、电渣压力焊机4套、挖掘机2台、运输汽车4辆和其它小型机械一批。

在结构施工中推行项目法管理，并应用计算机辅助施工项目管理，运用网络计划技术控制施工进度。

22.6.1 模板工程

剪力墙壁及柱的模板全部采用18mm厚耐水夹板做模板，以保证混凝土构件的质量与提高壁板和柱的平整度。柱箍采用弓形弦杆、ϕ14mm拉杆和80mm×80mm木方组合而成。该弓形弦杆由槽钢和钢筋组合焊成，适用于柱宽800~1200mm的柱。弓形弦杆大样图见图22-4。柱模板必须沿垂直方向每隔500mm安装一道柱箍箍紧。钢筋混凝土墙壁模板采用规格为80mm×80mm的木方和8号槽钢组合成模板骨架。为保证模板的刚度，要求沿墙壁的高度方向每隔400mm布置一道槽钢。模板的固定除采用斜撑外，另在壁板纵横向每隔400mm均布ϕ10mm螺栓对拉两侧模板，以确保构件成型符合设计要求。另为保证墙体及柱的垂直度，须用ϕ6mm钢筋加花篮螺栓作整体拉结固定。钢筋混凝土墙壁模板大样图见图22-5。

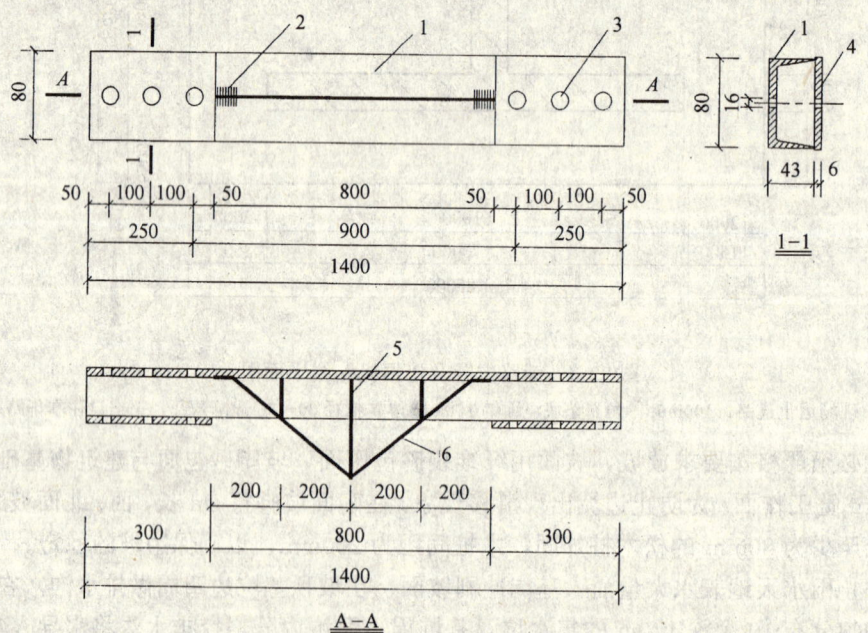

图22-4 弓形弦杆柱箍大样图
1—8号槽钢；2—双面焊90mm长；3—ϕ16mm孔；4—钢板-6mm×80mm×300mm钻3孔ϕ16焊于槽钢两端；
5—ϕ18mm钢筋；6—ϕ18mm钢筋弯曲而成

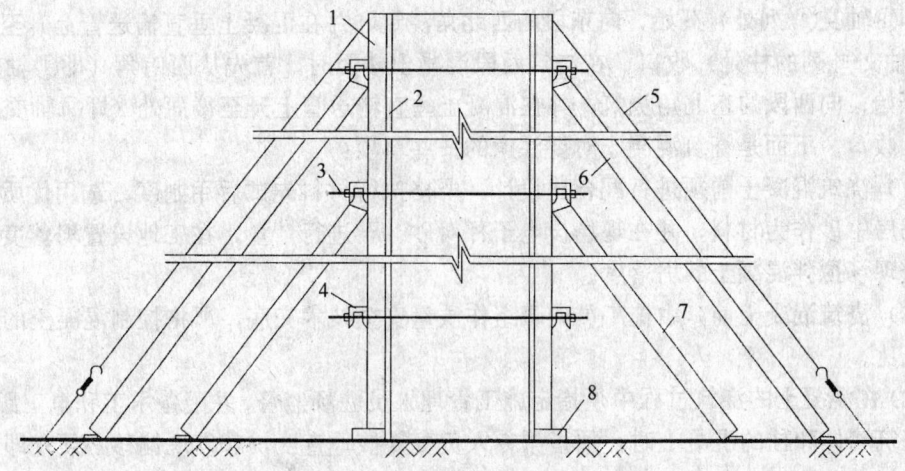

图 22-5 钢筋混凝土墙壁模板大样图

1—80mm×80mm 木方，间隔 400mm；2—18mm 厚木夹板；3—ϕ10mm 对拉螺栓，纵横间隔 400mm；4—8 号槽钢，间隔 400mm；5—ϕ6mm 钢筋；6—杉木斜撑，间隔 1000mm；7—80mm×80mm 木方斜撑，间隔 1000mm；8—20mm 厚压脚板

楼面模板的安装仍采用传统支模方法：其下部采用钢门式架支顶，上铺 80mm×80mm 木方 2～3 层，木方上铺 18mm 厚耐水夹板作楼面及梁的底模，以提高楼板天花和梁的平整度。

为提高夹板的利用率和方便拆模，采用高效脱模剂直接涂在夹板上使用。

22.6.2 钢筋工程

(1) 钢筋在工地现场加工，尽量减少二次运输。

(2) 钢筋焊接工艺：柱钢筋焊接采用全自动电渣压力焊以提高工效和焊接质量，梁钢筋焊接采用电弧焊。梁、柱钢筋同一截面上的接头需相互错开，且数量不得大于 50%。

(3) 钢筋进场必须核对成品钢筋的数量、钢号、直径、形状和尺寸是否与料单、料牌相符。如有错漏，应纠正增补。同时按规格、型号分类堆放。

(4) 为确保钢筋保护层的厚度，采用绑扎水泥垫块的方法：用 1:2 水泥砂浆制作成 40mm×40mm 的垫块，厚度同保护层厚。并在制作时预先埋设两根 22 号火烧铁丝，每根长约 100mm。垫块制作过程中注意淋水保养，以保证有足够的强度。垫块放置间距：剪力墙和柱以纵横相隔 600mm 为宜，楼板可纵横相隔 1000mm，梁底则以每隔 600mm 放置两块为宜。

(5) 钢筋绑扎、焊接及其质量均应符合设计和施工规范的要求和质量验收要求。

22.6.3 混凝土工程

地下室混凝土的浇筑由于受到场地限制，故采用商品混凝土通过 HBT50 型混凝土泵输送浇筑。主体结构混凝土的浇筑，则采用由 JZR750 型和 JZC350 型两台搅拌机组成的小型搅拌站现场拌合混凝土，避免了商品混凝土的运输因交通堵塞所造成的延误。同时由 HBT50 型混凝土泵主要负责现场泵送混凝土，并利用 6 个高速钢井架和 QT80A 塔式起重机（$R=50m$）配合混凝土的浇筑，以解决混凝土水平和垂直运输的问题。混凝土输送管在混凝土搅拌机旁沿地面铺至 Ⓔ 列交 ⑩ 轴的柱时，附着该柱上升至需要浇筑混凝土的楼面。由于首层至 4 层在 ⑨ 轴与 ⑩ 轴间设伸缩缝，将楼面分成东西两块；而 5 层以上则是东西两座塔楼。因而将其分成东西两个施工段进行施工。在浇筑东段混凝土楼面时，首先从东南角（即⑱轴交Ⓐ列处）开始，向东段的西北角浇筑，并在混凝土垂直输送管上升至楼面处（即⑩轴交Ⓔ列的柱处）收口。在浇筑西段混凝土楼面时，首先从西南角（即①轴交Ⓐ列处）开始，向西段的东北角浇筑，并在混凝土垂直输送管上升至楼面处（即⑩轴交Ⓔ列的柱处）收口。下面是浇筑混凝土时要注意的一些事项：

（1）浇筑混凝土前须进行配合比设计，严格执行材料先试后用制度，选用优质花岗碎石和马房中砂作为材料，并在现场设电子秤对砂、石进行计量，在工地设置坍落度筒，随时抽查现场搅拌混凝土的坍落度。

（2）浇筑混凝土前，由施工员向班组作质量安全技术交底，严格控制混凝土的配合比和水灰比。

（3）在混凝土的浇筑过程中须指定施工管理人员驻场监督，并配备木工和电工跟班，特别在浇筑墙体和柱的混凝土时，须指派专人负责复核垂直度，若发现偏移必须立即采取措施加以纠正。

（4）浇筑墙体和柱混凝土以人工插竹杆与插入式振动器相结合进行振捣。混凝土必须先倒在料槽上，再用串筒将混凝土送至墙体和柱的底部。浇筑楼面混凝土用插入式振动器插入振动，最后用表面振动器振动。使用振动器要注意振动的方法及各点的振动时间，施工员在对工人进行技术交底时要明确要求，必要时示范操作，浇筑混凝土时严格监督，保证混凝土的密实度。

（5）在混凝土浇筑10h后开始指派专人淋水养护，以保持混凝土表面湿润，淋水时间不少于七昼夜。

22.6.4 主楼垂直度控制

该工程采用激光投测和重锤吊线坠相结合的方法进行垂直度控制。使用精度为±5角秒、射程为500m的J2-JD激光经纬仪和1mm钢丝、15kg铅锤作为垂直投测的工具。

（1）由于建筑物外围搭设有钢管脚手架，杆件排列密集且满挂安全网，通视困难，不具备建立外控网的条件，故选用内控方式。

（2）由于本工程地下室光线较暗及有施工积水，首层至4层为材料堆放区和民工宿舍，故选取裙楼顶面（即5层楼面）作为激光投测轴线传递的起始点。裙楼以下只采用普通重锤吊线坠法传递轴线进行垂直度控制。

（3）建筑物5层以上分东西两座塔楼，在5层楼面东西两座塔楼各分别设置四个轴线控制点，作为今后竖向传递测量和垂直度控制用。

（4）在每座塔楼每层结构楼板相应位置预留4个250mm×250mm的投点孔，用15kg重锤或J2-JD激光经纬仪逐层引测。

（5）每楼层用激光经纬仪对竖向投测的控制网交汇点进行角度闭合和钢卷尺尺量相结合的偏角纠偏法后，放出井字形网络线。而楼层轴线则根据控制网依次用钢卷尺量测出。

（6）竖向投测每6层用激光经纬仪进行对基准点的校测，并且进行重锤吊线坠法，同激光经纬仪引测做比较；为便于逐层引测的方便，在施工至12层的时候，又做了精确性引测。该工程逐层引测误差基本在3mm以内，22层复测结果最大偏移值为5mm，小于规范规定不大于$H/1000$、且不大于30mm的要求。

22.6.5 新技术的应用和推广

22.6.5.1 应用计算机辅助施工项目管理

该工程在计算机辅助施工项目管理方面主要应用于下列三方面，即网络计划计算机辅助管理，主要对工程项目的全过程实施施工进度、资源使用等的动态监控；预结算及统计、财务计算机辅助管理，以对工程项目实施成本控制；计算机办公室系统自动化，以实现施工文件和技术资料管理的规范化和标准化。

现主要就网络计划计算机辅助管理方法作一个概述：

(1) 确定网络计划目标。
(2) 调查研究。
(3) 工作方案设计。
(4) 使用网络计划软件编制网络计划图，其步骤为：
1) 输入工作基本数据，输入内容包括：任务名称、持续时间等；
2) 建立各项工作之间的逻辑关系和搭接关系；
3) 分配资源（资源指人员和设备）；
4) 输入其它信息：费用、注释等。

至此，单代号和双代号的网络计划图、横道图、资源图都可由计算机给出；施工进度的关键线路已由计算机确定。

(5) 优化网络计划，其步骤为：
1) 通过"汇总信息"：检查整个项目工期、工作量、费用。
2) 通过关键工作过滤器找出关键线路上的工作。
3) 通过超分配资源过滤器找出资源强度超出的资源。
(6) 保存基线计划。
(7) 实施网络计划。
(8) 根据施工实际对网络计划进行调整。
(9) 完工后总结并建立模块，保存档案。
(10) 计算机辅助施工项目管理的实施效果和推广应用。

由于该工程尝试使用人们以往极少应用的先进的单代号网络计划图作为编制计划的主要图表，并将其布局调整成一幢建筑物的形状。图中每一行代表建筑物的每一层，每一列表示该工程的每一个主要分项工程，以便于直观理解，使人们很快接受了这一图表，让单代号网络计划图发挥出其独到的优越性和科学性。

通过各级施工管理人员的通力合作，该项技术在建裕大厦工程的应用获得成功，使主体结构的施工进度比原计划提前56d，劳动力及机具设备亦得到合理的调配，收到很好的经济效益和社会效益。

1996年初，该项技术在佛山市首次应用在建裕大厦的施工管理上并获得成功后，立即推广应用在佛山国际商业中心工程（52层，总建筑面积11万m^2）、城南F地块职工住宅小区（32层，总建筑面积8万m^2）等多项大中型项目的施工管理上，均获得良好的效果。

22.6.5.2 悬吊脚手架的应用

(1) 根据建筑物的特点，外脚手架搭设采用扣件式钢管脚手架，其中4层以下裙楼采用普通钢管脚手架落地搭设，5层以上塔楼采用悬吊钢管脚手架。

(2) 5层以上脚手架的搭设采用悬吊分层卸荷的技术措施，其施工方法为：在8层、13层和18层边梁预留ϕ16mm吊环一道，水平距离每隔2m留一吊环，用ϕ14mm拉杆及花篮螺栓拉吊脚手架，脚手架与建筑物每层均埋设拉顶结合装置，其水平距离按每隔7m留设一道。外脚手架的搭设在地下室外地面回填土方后开始，以后按进度加高。

（3）该悬吊分层卸荷的方法大大减轻了塔楼外脚手架对5楼楼板的垂直荷载，而且施工简单方便，成本不高，不失为一种可供借鉴的脚手架搭设方法。

22.6.5.3 现浇楼盖的早拆模技术

其原理为利用双T型销与槽的水平交错和重叠运动，使挂梁套能够上下移动，从而完成模板的拆装。它保留枋底部分的支撑，减少平台、板的结构跨度，使混凝土强度达到设计强度标准值的50%即可拆模，以达到快速周转的目的。但在本工程的运用中，由于楼板属密肋型，梁间距较小，又由于工人操作的熟练程度不够，施工速度反而不及普通顶架。故此早拆模技术在标准层6层局部施工完后即不再予以采用。尽管如此，但亦可得出一个结论：早拆模技术在无梁楼盖或梁间距较大时应用，其优越性是明显的，但在密肋梁板的施工中对施工进度有相当大的限制。

22-7 工期状况和验收情况

该工程于1995年8月29日开始放线，1995年9月5日开始施工钻孔灌注桩和基坑挡土止水围幕，1995年12月4日破土动工，1996年3月13日完成地下室结构，1996年9月23日封顶，1997年5月28日完成土建工程，1997年12月17日全面竣工。建裕大厦建成后，被佛山市建设工程质量监督站评为竣工优良工程，不久更被佛山市建委评为佛山市优良样板工程，之后又被推荐为广东省优良样板工程。

22-8 总结和体会

（1）该工程东面距建展大厦（13层）仅13m，但南、北、西三面30m范围内无建筑物。根据这一特点，采用了半封闭的防渗挡土基坑围护方案，经实践验证是可行的。该方案的成功应用为甲方节省了大量的基坑支护资金，亦为今后的工程提供了一个可供借鉴的成功范例。

（2）积极应用新技术，依靠科技进步来达到科学管理的目的。本工程应用计算机辅助施工项目管理，对施工进度的资源进行有效的动态跟踪和监控，最终缩短了结构施工的工期，为日后装修阶段的施工赢得了时间。

（3）通过在夹板模板表面涂上高效脱模剂，大大提高了模板的周转次数，节约了工程费用。

（4）结构层施工按伸缩缝划分为东西两个施工段作流水施工，避免了窝工现象，加快了施工进度，对于每层施工面积大的建筑是合适的。

（5）高层建筑结构施工的垂直运输，就每层1700m²左右的施工面积，采用1台外部附着自升式塔式起重机，1台混凝土泵，6台高速钢井架，6台慢速钢井架，3套楼面模板，可以满足一个月施工3至4层的结构施工速度，充分体现了机械化施工的明显优势。

（6）工程项目的施工要能顺利进行并达到预期的效果，必须取得施工、设计、甲方、质监等单位的密切配合和通力合作，这样才能确保大家的目标一致，把工程管理好。

(7) 推行全面质量管理，认真做好工前详细的书面技术交底和施工、技术方案的编制、施工过程的跟踪检查和工序完成后的前后道工序的交接检。贯彻落实各级生产岗位责任制，做到分工协作、职责分明，杜绝推诿、扯皮现象的出现。由于管理严格，措施落实，该工程在公司和市的质安检查中多次取得优异的成绩，在取得较好的经济效益的同时也取得了良好的社会效益。

23 深圳市国贸商业大厦工程施工

深圳市第一建筑工程有限公司　黄秉中　金　陵　姜　伟　汤海波

23-1　工程概貌与施工基本情况

23.1.1　工程概况和主要特点

该建筑地下室2层，地上37层。地下室东西长69.6m，南北宽62.8m；建筑标准层东西长34.8m，南北宽48.8m。建筑物总高度：地下 $-8.1m$，地上128.3m，标准层层高为3.1m。地下建筑面积 $8937.6m^2$，地上建筑面积 $40758m^2$，建筑总面积 $49696m^2$。

该建筑采用大直径人工挖孔桩承台基础，主楼桩嵌入微风化基岩，裙楼桩嵌入强风化基岩，地下连续墙嵌入强风化基岩。1.20m厚的基础底板，地下连续墙兼作地下室外墙。该建筑主体结构6层以下为外框内筒，6层以上为筒中筒结构体系。

施工主要特点是：

(1) 地处深圳市罗湖区的商业黄金地段，施工场地很少，建筑物覆盖面积相当于占地面积的90%。建筑物东面为繁华的南湖路，南面为别墅区，西面为国贸中心大厦，西北面为天安大厦，北面为国贸商住大厦；施工场地宽度在东南西北面分别为6m、4m、8m、12m。

(2) 交通拥挤，管线密布。建筑物周围的南湖路、嘉宾路、人民南路、深南路均为市中心主要交通干道，人车流量特别大，施工用车只能夜间进入施工现场。建筑物的唯一施工道路只有南湖路。建筑物东面有南湖路旁的给水、排水管道，以及国际通信光缆；西面紧靠国贸中心大厦地下室外墙；北面有复杂的给排水管、煤气管道，给施工带来很大的困难。

(3) 地下室采用部分逆作法施工，在深圳属首次采用这项施工工艺，需解决由此带来的各种技术、施工难题。地下室施工工期紧，桩基完成后需在75d内完成地下室的土建工程。

综上所述，工期短、施工场地狭窄、施工车辆夜间运输、部分逆作法施工技术尚需探索，这是本工程施工方案编制时考虑的难点。

23.1.2　施工组织与管理

该工程的难点是地下室施工，具有工期短、施工难度大、首次采用部分逆作法施工等特点。工程自1993年11月20日开始施工，70d完成地下室施工。1至5层有劲性钢柱，6层设有劲性转换大梁（1.6m×3m），平均20d完成一层。结构标准层6至35层平均6d一层。由于场地狭小，工期紧迫，在施工组织安排上采取了相应措施，主要有：

(1) 国贸商业大厦、国贸广场为新建工程，国贸广场将周围的国贸商业大厦、国贸中心大厦、天安国际大厦、国贸商住大厦连接成一片。经建设单位同意，决定将国贸广场的东、西、北区先不施工，南区地下室与国贸商业大厦一起先行施工。国贸商业大厦结构施工完后才开始国贸广场的施工。

（2）所有原材料、周转设备材料，包括使用频繁、数量甚大的模板、钢筋、砂、石、水泥等一律采取夜间运输进场。

（3）地下室施工时尽量利用工地周围三栋大厦的相界地段作为施工场地，布置钢筋加工场、混凝土搅拌站。地下室顶板完成后，利用地下室顶板做为施工场地（国贸商业大厦西、北面）。地下室施工时，大部分采用商品混凝土，保证了大体积混凝土浇灌的需要，克服了施工场地狭窄的困难。

（4）工地周围为办公楼，无宿舍区，为保证结构工期，采用加班加点的方法，增加施工作业时间。

（5）加强计划管理，做好准确的月、周、日作业计划，建立可靠的材料、后勤保证体系，随要随送，保证供应。

（6）地下2层至5层施工时，劲性钢柱的安装、焊接占用的工期比较长，为此编制比较详细的安装方案，编制合理的吊装顺序，7层劲性钢柱共分3次吊装，每一次劲性钢柱安装、焊接可以穿插进行，从而缩短了工期。

（7）标准层施工平均每层5至6d，为减轻塔式起重机的工作强度，塔式起重机只吊运钢筋、柱混凝土，模板全部组织专人往上楼层倒运。

23.1.3 施工平面布置

地下室及上部结构的施工平面布置分别见图23-1、图23-2。

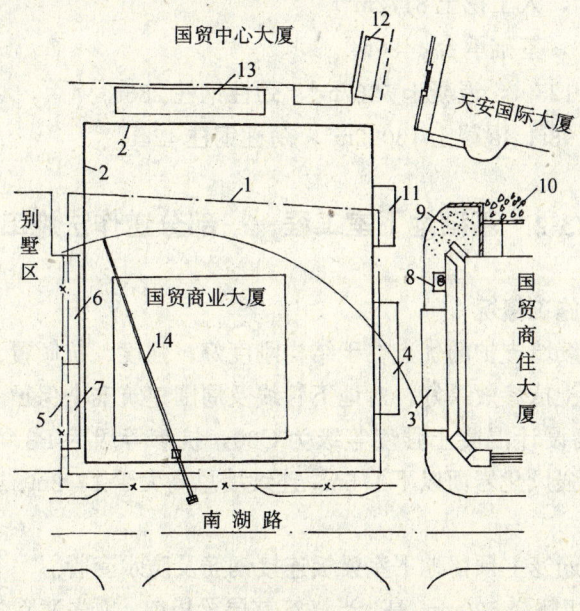

图 23-1 地下室施工平面图

1—基地红线；2—地下室外墙线；3—建设单位办公室；4—水泥仓库；5—工地围墙；
6—职工宿舍；7—施工单位办公室；8—变压器房；9—砂场；10—石场；11—搅拌站；
12—钢筋原材料堆场；13—钢筋加工场地；14—塔式起重机

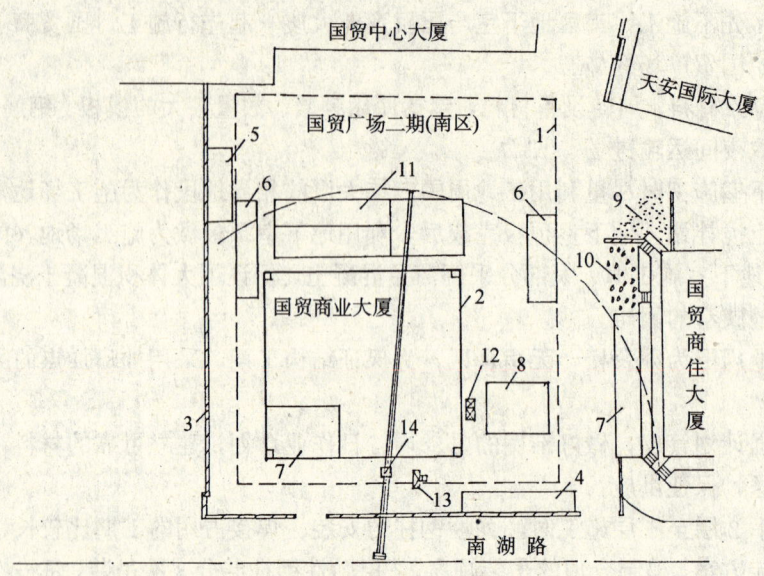

图 23-2 上部结构施工平面图

1—地下室外墙边线；2—塔楼建筑边线；3—工地围墙；4—办公室；5—职工食堂；
6—地下室车道；7—水泥仓库；8—混凝土搅拌站；9—砂场；10—石场；
11—钢筋加工场及堆场；12—2台井架；13—人货电梯；14—塔式起重机

23.1.4 结构工程主要实物量

机械挖土 $8577m^3$，人工挖土 $8172m^3$。

基础垫层 $1759m^3$，基础承台 $4498m^3$。

地下室结构钢筋 1259t，混凝土 $5267m^3$，劲性钢柱 285t。

上部结构钢筋 4198t，混凝土 $13092m^3$，劲性钢柱 424t。

23-2 基础地下室工程——部分逆作法施工

23.2.1 地下连续墙施工概况

（1）选用地下连续墙支护的优点在于结构刚度好，强度、抗倾覆、抗滑动、抗管涌性能都能得到保证，挡土抗渗效果好，对地下管线及周围建筑安全保护十分有利。

（2）地下连续墙设计混凝土强度等级为C30，抗渗等级为P8，墙厚800mm，周长216.6m。墙底进入了强风化岩面以下1.5m，连续墙总高大于14.2m。连续墙单元墙长度为4～6m。

（3）连续墙的钢筋笼上预留地下室梁板连接钢筋及防水套管。

（4）连续墙顶一律超浇500mm高，当浇筑首层梁板前，须先凿除500mm高的混凝土，留下防渗企口缝，并冲洗干净。再施工墙顶 $0.8m \times 1.2m$ 的环形圈梁，与首层梁板同时浇筑。

（5）地下连续墙施工用进口C-50型液压抓斗挖土机成槽，按槽段中心线成对称挖掘，护壁泥浆采用优质膨润土泥浆，泥浆以正循环方式补给，清底置换采用空气吸泥法以反循环方式抽吸槽底泥浆和淤泥。

23.2.2 人工挖孔桩施工概况

该工程主塔楼部分有 28 根桩,桩直径为 2600~3300mm,桩底标高 −22.500m,单桩承载力为 43779~70526kN。裙楼部分有桩 33 根,桩直径 1200~2000mm,单桩承载力为 6170~18950kN,桩底标高为 −16.500m。桩身混凝土强度等级为 C30,钢筋 I 级,主筋保护层厚度为 50mm。按常规施工,采用超声波无损检测法对桩混凝土进行检测,并按 50% 桩数量进行抽芯检测。

23.2.3 地下室工程"部分逆作法"施工

23.2.3.1 地下室工程施工方案的选择

地下室挖土深度为 −9.70m,局部 −12.40m,地下室占地面积 4800m²。建筑场地属于稻田、鱼塘填土而成,人工填土及淤泥层厚达 4.8m,设计计算 −3.00m 和 −6.40m 处土侧压力分别为 150kN/m² 和 370kN/m²。

由于土侧压力较大,单靠地下室连续墙挡土能力不足。为确保地下室连续墙不产生过大的水平位移,也确保工程周围地下管网及公路的正常使用,原设计是采用钢结构支撑,然后正作施工。按这个方案,需钢材 400 多吨,支撑费 370 万元,地下室施工总工期为 305d,由于工期太长,不能满足建设单位的工期要求。

"部分逆作法"是在充分发挥连续墙本身的挡土潜力前提下,通过计算,基坑土方挖至 −5.00m 深,然后开挖基坑中心部分直到基坑底标高,形成"正作法"施工。沿基坑周边,保留部分土体,利用土体的被动土压力维持地下连续墙的稳定,在保留的这部分土体上做土模施工地下 1 层楼板结构后,形成梁板顶撑连续墙的支撑体系。再挖去保留的地下 2 层土体,采取"逆作法"施工。这种部分区域"正作"、部分"逆作"的施工方法称为"部分逆作法",它能确保结构及施工安全,可使上部结构与"逆作"的土方开挖及地下室底板等同时施工,取消原计划的基坑开挖时的钢支撑体系,可节约大量投资,而且缩短了工期。

"部分逆作法"在深圳国贸商业大厦地下室工程施工中,总工期总计 238d,缩短工期 67d,节约资金 372.6 万元。

23.2.3.2 地下室工程"部分逆作法"施工的顺序

其施工顺序如下(见图 23-3):

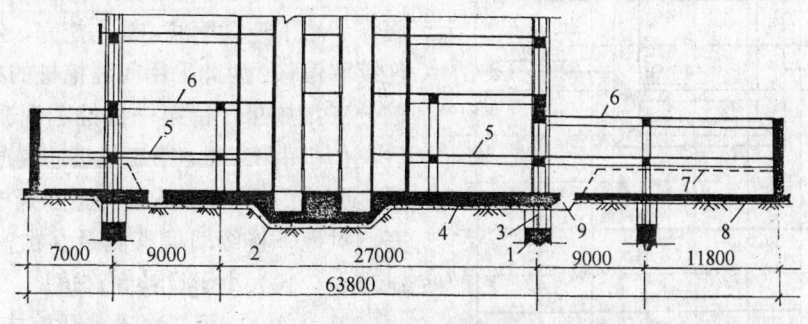

图 23-3 地下室半逆作法施工顺序示意图
1—挖孔桩;2—垫层;3—劲性钢柱;4—正作部分底板;5—地下一层梁板;
6—首层梁板;7—逆作法部分土方挖运;8—逆作法部分底板;9—后浇带

(1)连续墙周边土方全面开挖至 −5.0m,中心部分挖至 −9.3m,沿墙边留出足够宽度的土体顶住地下连续墙,然后做人工挖孔桩→浇筑 C30 级桩芯混凝土到 −13.00m→安装劲性钢柱预埋件→浇筑-13.00~-11.68m的C35级桩芯混凝土→混凝土养护→劲性钢柱安装→浇筑-11.680~-11.600m的C45级微膨胀混凝土和-11.600~-9.50mC35级桩芯混凝土→安装裙房("逆作")部分的劲性钢柱→第二次土方开挖"正作法"施工的部分挖到地下2层承台垫层底(-9.70m),"部分逆作法"施工的部分人工挖到地下1层板底(-5.10m)。

下面两步同时施工:

1)"正作"部分的垫层混凝土浇筑→破除桩护壁和桩头混凝土浮浆→承台基础底板施工→地下2层柱和墙施工。

2)"逆作"部分桩孔内绑扎地下2层柱子钢筋→垫级配砂夯实(厚度是地下2层承台厚度)→级配砂层上抹100mm厚1:2.5水泥砂浆→在桩孔内支地下2层柱子模板→在桩孔内浇筑地下2层柱子混凝土→做地下1层("逆作"部分)梁板土胎模。

(2) 施工地下1层(-4.85m)梁板(塔楼与裙楼一同施工)→地下室1层柱和墙施工。下面两步同时施工:

1) 1层梁板、柱和墙施工→2层梁板施工~6层柱和墙施工。

2) 裙楼("逆作"部分)地下2层的:土方开挖→承台混凝土浇筑→地下2层的内衬墙施工→地下1层的内衬墙施工。

23.2.3.3 第一次土方开挖技术

本工程地下室土方开挖量共计41285m³,先开挖土方,再施工人工挖孔桩,会引起地下连续墙偏移。设计允许的最大偏移值为15mm。按此允许偏移值计算,高层的中心("正作")部分土方可以挖到-9.3m,周边("逆作")部分土方可以挖到-5.00m,而后施工人工挖孔桩。由于在轴线②、⑥、Ⓐ、Ⓕ上有劲性钢柱,为了方便吊装劲性钢柱,所以在第一次土方开挖时,Ⓐ、Ⓕ轴之间的塔楼部分土方只开挖至-5.00m标高。②~⑥/Ⓕ~Ⓙ轴之间的土方开挖至-9.300m标高,如图23-4所示。

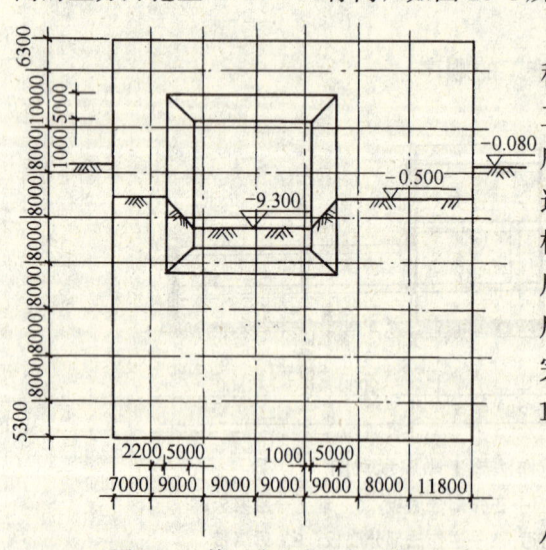

图23-4 第一次土方开挖示意图

土方开挖前,在地下连续墙上口设置了偏移观测点,观测得地下连续墙的偏移为0。本工程桩距地下连续墙较近,桩位密,桩径大,桩底深于地下连续墙底,桩孔挖完,会造成地下连续墙偏移。为此采用间隔挖桩的办法,即把桩分三批施工,待第一批桩芯混凝土浇筑完后,才施工第二批,第二批桩芯混凝土浇筑完后,再施工第三批。从基坑土方开挖到桩孔挖完,对地下连续墙偏移测量5次,累计偏移1.5mm,大大小于设计允许值。

23.2.3.4 第二次土方开挖技术

挖孔桩施工完后,地下连续墙偏移量大大小于设计允许值,所以将中心岛("正作")部分分别往四边扩宽,-5.00m标高处南面的土方保留8.80m宽,东面的土方保留7.50m宽,西面的土方保留7.50m宽,北面的土方保留8.80m宽。土方挖至地下室承台底标高,周边("逆作")部分土方挖至地下1层板底,如图23-5所示。从扩宽挖土到做完中心岛("正作")的承台混凝土,这期间对地下连续墙又观测5次,累计偏移3.5mm,仍远小于设计允许值。

23.2.3.5 "逆作法"部分的地下2层柱子的施工技术

"逆作法"部分的地下2层柱子其施工程序是:

劲性钢柱安装→桩芯混凝土浇筑到承台底→绑扎地下2层柱子钢筋(在桩孔内绑扎)→桩孔内的承台厚度范围填级配砂,用振动棒振捣密实,抹1:2.5水泥砂浆100mm厚→在桩孔内支地下2层柱子模板及浇筑柱混凝土(浇到地下1层梁底)。地下2层柱芯混凝土待逆作法部分土方开挖后,与底板一起浇筑。

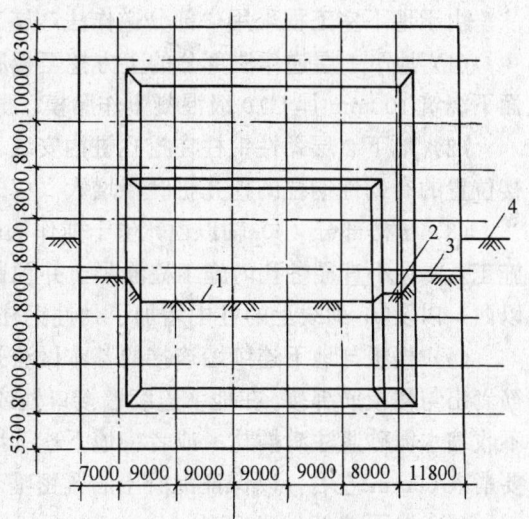

图23-5 第二次土方开挖示意图
1——9.700m;2——9.300m;
3——5.100m;4——0.08m
(编号1、2、3、4指土方标高)

这样做法,有如下五个好处:

(1)解决了柱子底板因钢筋多、支模困难,无法加支撑的问题;

(2)解决了因柱子竖向钢筋多,柱底模板缝隙多,造成浇筑混凝土时漏浆,柱梁节点部位混凝土不密实的问题;

(3)利用地下室底板的300mm厚的混凝土面层,施工承台时在柱底吊模形成台阶,浇筑承台混凝土时一起浇300mm厚的台阶混凝土,压力差可以使柱底与承台面混凝土密合性加强;

(4)缩短了工期,只要"逆作"部分土方挖完,承台混凝土浇完,上部(±0.00m以上)结构可以连续往上施工,不受施工层数的限制;

(5)逆作法部分承台混凝土浇筑前,地下1层以上梁板的重量传递给柱芯,由劲性钢柱承担荷载,经设计院核算,可以施工至6层梁板,因此逆作法部分施工有相对充裕的时间。

23.2.3.6 地下室"逆作"部分土方的开挖运输技术

本工程"逆作"部分的土方9920.5m³,受地面运输限制,只能有一个运土出口,即北面连续墙边缘的地下室车道出口。采用2台履带式装载机,将驾驶室棚拆掉排烟管截短,用起重机将装载机吊到基坑下,人工配合装载机开挖并往出口处推土,在基坑上用1台长臂反铲挖掘机吊挖土方,在地面上装车运走,40d完成土方的开挖运输任务。若按常规逆作法施工中土方开挖方法:人工开挖,人力手推车运土到预留口出土处,再用抓斗抓吊到地面上装土运走,需工期120d。所以本工程土方开挖比常规方法提前完成。

23.2.3.7 照明与通风

地下室照明采用36V以下低压电,电线悬挂走线,灯具布置严格按照施工需要,同时设置一个应急照明系统。地下室的施工在几乎封闭的环境内进行,通风相当重要。在楼梯间、电梯井道、车道口安置数只鼓风机向地下室吹风,由于土比较湿润,尘埃比较少,对施工作业有利。

23.2.3.8 局部施工部位处理方法

由于地下室工程采用"部分逆作法"施工，有些部位需作处理如下：

(1) 地下1层逆作法部分的土方挖至板底下100mm，然后挖梁沟，用红砖砌胎模。板面下浇筑100mm厚C10级混凝土作胎模，原浆压光，刷107胶拌石灰水作脱模剂。

(2) 地下2层劲性钢柱在挖孔桩内安装、支模，要有一定的操作空间，故已将位于裙楼位置的有劲性钢柱的挖孔桩孔径增大（仅限于−9.300m以上部分）。

(3) 裙楼部分（Ⓕ轴以西）位于逆作法施工区域的土方开挖之前，地下2层底板无法施工，要在小直径桩孔内施工柱混凝土并预留底板钢筋比较困难，因此在②、⑦轴（Ⓕ轴以西）以及Ⓙ列线上的柱中增加了劲性钢柱，地下1层梁板支撑在劲性钢柱上。

(4) 楼板与地下连续墙连接的基本做法是在地下连续墙内预先插入钢筋，施工时将钢筋剥出与楼板筋绑接。在地下连续墙接口处或未留插筋处，则在现场进行钻孔插入钢筋，用不收缩水泥砂浆注满插扎；或者将地下连续墙竖向钢筋凿出来焊接。楼板位置的墙体还需要凿入60mm左右，以保证混凝土的紧密啮合。

(5) 地下连续墙宽度为800mm，框架梁与连续墙交接处在墙中设置暗柱，宽度为1000mm，因此在施工200mm厚的内衬墙时，将暗柱由800mm加宽至1000mm，配置竖向钢筋和横向箍筋。在连续墙混凝土中位于地下1层、2层的框架梁下分别凿两个剪力槽（800mm×70mm×250mm），以增加新旧混凝土啮合力、抗剪能力。

(6) 地下连续墙周围8m宽左右的土体挖完后，开始施工逆作法部分的承台混凝土及连续墙内侧的200mm厚内衬墙。施工地下1层、首层梁板混凝土时，在内衬墙位置预留300mm宽板带，以便绑扎内衬墙钢筋、浇筑内衬墙混凝土。

23-3 混凝土主体结构工程施工

23.3.1 工程测量

1. 轴线控制

采用直角坐标法定出平面控制网。主楼设4个控制点，用铅垂仪投测至各层楼面上，经复核间距无误后，再放各细部尺寸。

2. 外墙和井筒垂直度控制措施

提高外墙（梁板）、电梯井墙体模板边线的放线精度，在建筑物四周及电梯走廊共测放5条控制线，细部尺寸由控制线量出去，缩短拉钢尺长度，提高精度。采用标准钢尺，按规定时间进行标定，消除钢尺刻度误差。

严格按尺寸要求支模，每3层对垂直度进行校核，保证测量精度。

23.3.2 钢筋工程

(1) 底板钢筋规格大，间距密，施工时用$\phi 32mm$钢筋支撑上层钢筋，支撑点下面垫70mm×70mm×70mm混凝土垫块（钢筋保护层为70mm），垫块混凝土强度等级与底板混凝土同为C40。

(2) 本工程钢筋施工的难点是梁的纵向钢筋穿过劲性钢柱。纵向钢筋若用闪光对焊，接头焊包大于劲性钢柱孔眼直径。故6层以下框架梁、柱纵筋对接采用挤压套筒连接。6层以

上 $\phi32mm$ 钢筋、$\phi32mm$ 与 $\phi28mm$ 钢筋对接采用挤压套筒连接；$\phi22\sim\phi25mm$ 竖向钢筋采用电渣压力焊连接，水平钢筋采用对焊；$\phi22mm$ 以下钢筋采用绑扎接头。

(3) 本工程的主体结构抗震等级为 2 级，故对纵向受力钢筋的材质要求较严，钢筋的抗拉强度实测值与屈服强度实测值需满足 GB 50204—92 规范要求。进口钢筋焊接前必须进行化学成分分析。

23.3.3 模板工程

(1) 底板采用砖胎模，逆作法部分的地下 1 层梁板用砖砌梁胎模及 C10 级混凝土垫层板模。

(2) 底板、墙、梁板后浇带采用 10mm 网眼钢板网作模板，混凝土浇筑后不再拆除。

(3) 墙柱、梁板模采用 18mm 厚夹板、50mm×100mm 木方、钢管支撑，在现场制作安装。

23.3.4 混凝土工程

(1) 地下室底板施工：

1) 地下室底板厚 1.2m，采用 525 号普通硅酸盐水泥，掺缓凝型减水剂，使混凝土的初凝时间控制在 4～6h。采用现场搅拌与商品混凝土相结合的方法，可以相互补充，使用 2 台混凝土泵输送混凝土，备用 1 台泵和 1 台柴油发电机。

2) 采用"斜面分层"布料施工（坡度 1：8），分层厚度控制在 400mm 左右；斜面浇筑一层混凝土的数量为 $51.2m^3$（$0.4\times8\times0.4\times40=51.2m^3$），两台泵输送能力至少为 $2\times15=30m^3/h$，则至少 2h 可覆盖一次，不会产生冷缝。

3) 混凝土的养护和测温。混凝土表面清理抹平后立即用 5 层水泥袋覆盖，待混凝土表面达到一定强度后，分块用砂浆做围堰灌水养护，采用灌水蓄热养护法。经统计测温数据，混凝土内外温差小于 20℃，混凝土未产生有害裂缝。

(2) 主体结构标准层每层混凝土量为 $589m^3$，其中墙柱为 $251m^3$，梁板为 $338m^3$，每层分两次浇筑，第一次为墙柱，第二次为梁板。由现场 2 台 7501 混凝土搅拌机制备，生产能力为 $60/2.5\times0.65\times2=31.2m^3/h$。混凝土由 2 台快速卷扬井架提升。

(3) 混凝土浇筑时遇强度等级变化部位（梁板与柱、剪力墙交界处）时，离柱、剪力墙边 500mm 处沿 45°斜面用 5mm 网眼铁筛布隔开，先浇墙柱混凝土后浇梁板混凝土。

23.3.5 屋面网架施工

本工程在 35 层②～④轴线的会议厅顶盖设计为钢网架，面积为 $19.4\times32.0=620.8m^2$。钢管、封板、套筒均为 Q235 钢；钢球为 45 号钢锻打成型；高强螺栓、紧固钉为铬钢。杆件之间全部用螺栓连接，便于运输与安装。钢网架安装脚手架用 $\phi48\times3.5mm$ 钢管搭设，架子的承载能力为 $5000N/m^2$，立杆纵、横向间距为 1.6m，横杆步距 1.8m，每间隔 4.8m 绑 1 道剪刀撑。架子顶面满铺木方，模板作操作平台。

在 37 层梁面上预埋钢板，网架支座与预埋件焊接。网架杆件在现场拼装，安装时先将杆件上的套筒销钉固定，将竖杆和斜杆对准支座的螺栓孔，用手拧螺栓至拧不动时，再用专用扳手拧紧。网架收口处球节点安装时不得一次性拧紧，须待安装校核无误后，再将螺栓全部拧紧。球节点上多余的眼孔应用优质腻子填补，最后对网架杆件进行喷漆处理。

23.3.6 外脚手架工程

(1) 采用 $\phi48\times3.5mm$ 钢管、工具式扣件搭设的双排架，宽 1.0m，里排立杆离外墙

0.3m，立杆纵向间距1.5m，大横杆步距1.8m。

(2) 转换层以上与转换层以下外墙面不同，商业大厦6层板西、北面与即将施工的裙楼屋面相连，所以主楼结构施工到7层后，采用工字钢外挑桥式钢架支承脚手架。外挑脚手架搭设好后，将转换层以下的外墙脚手架拆除，为结构施工创造场地。外墙装修从上而下到6层时，再重新搭设1～7层外墙脚手架。

(3) 1～7层高25.65m，7层以上高103.5m，7层以上外墙架采用工字钢悬挑三次，每次11层（34m高）。I25工字钢伸入边柱混凝土内700mm，东西面间距为6m，南北面间距为4m。I28工字钢做纵向梁。工字钢端部用φ19.5mm双钢丝绳斜拉在上面第二层边梁上，该处预先埋入2φ25mm的吊环。外脚手架的搭设和外挑桥式钢架的布置，详见图23-6所示。

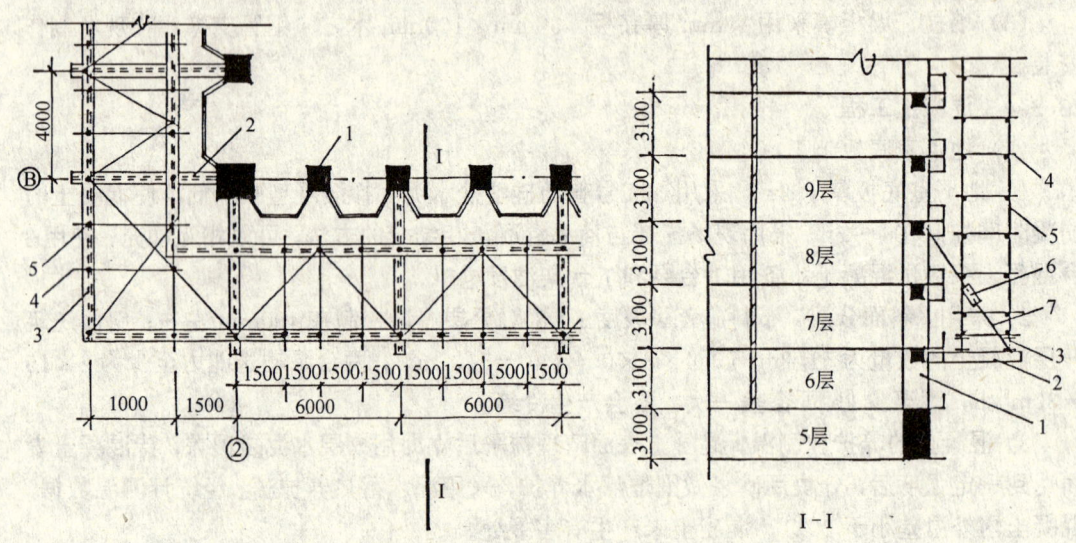

图23-6 标准层外脚手架搭设示意图
1—柱；2—I25挑梁；3—I28纵向梁；4—外架横杆；5—外架立杆；
6—吊篮螺栓；7—吊拉绳（φ19.5mm，双绳）

23.3.7 垂直运输机械

(1) 塔式起重机1台安装在建筑物东面，其基础与地下室底板合二为一，塔式起重机在地下室开始施工时就投入使用，节约了人工。

(2) 双笼电梯1台安装在东面，运输工人、零星装修材料，运输时间相互错开。

(3) 标准层施工时，建筑物北面安装2台井架，程控卷扬机牵引，可以准确预先定位。井架北面布置2座搅拌站，4台750L搅拌机，搅拌好的混凝土、砂浆直接卸入井架内翻斗中。楼面上布置2路走道，用手推车将混凝土、砂浆运输到位。由于使用井架运输混凝土，混凝土的坍落度在70～90mm之间，混凝土的质量容易控制，整个工程的混凝土试块没有一组不合格，并节约生产成本。6层以下的混凝土量大，使用2台HBT60混凝土泵输送混凝土。

23-4 劲性钢柱的运输、吊装

为了提高竖向结构的承载力，缩小混凝土构件的断面尺寸，塔楼柱子从-11.60～

20.45m 设有劲性钢柱，设计分成七段制作安装，各段之间采用法兰螺栓连接固定后焊接。为了加快安装速度，更好地配合各层梁板混凝土施工，劲性钢柱共分三次安装。

23.4.1 劲性钢柱的制作

劲性钢柱由深圳阳光金属构件有限公司制作，断面为十字型，焊缝连接。

23.4.2 劲性钢柱的运输

制作好的劲性钢柱，根据安装的先后顺序运到施工现场，采用15t的长板汽车运输，车上制作一台能承受11t的特殊架子放置劲性钢柱，每台用2个手拉葫芦固定劲性钢柱，用加工厂的龙门吊车装车，运到现场卸车：①地下2层、地下1层、1层（计3层）较重的劲性钢柱采用25t汽车起重机卸车；②2层至5层的劲性钢柱采用塔式起重机卸车。地下室劲性钢柱卸到基坑内−5.00m地面上，用25t汽车起重机倒运就位；1、2、3层劲性钢柱卸到1层楼面上，用25t汽车起重机倒运就位；4、5层劲性钢柱直接用塔式起重机吊卸放到3层楼板上的滚杆上，再用滚杆运输到吊装部位。

23.4.3 劲性钢柱的安装

塔楼劲性钢柱计划按楼层分段制作安装，每段高度及重量为：地下2层（−11.60～−3.65m），高7950mm，重10.2t；地下1层（−3.65～1.20m），高4850mm，重6.2t；1层（1.20～5.90m），高4700mm，重6t；2层（5.90～9.50m），高3600mm，重4.6t；3层（9.5～13.10m），高3600mm，重4.6t；4层（13.10～16.70m），高3600mm，重4.6t；5层（16.70～20.4m），高3750mm，重4.8t。劲性钢柱总重量为709.4t（塔楼665.1t，裙楼44.3t），塔楼每根劲性钢柱总高32.05m，要分成七次吊装，每次吊装都要在7m多深的桩坑内及钢筋混凝土柱子的钢筋笼内安装、找正与焊接，安装比较困难。

本工程劲性钢柱的安装量大，次数多，安装精度要求高，现场狭窄，施工难度大。为保证劲性钢柱的安装质量，采取如下施工方法：

23.4.3.1 劲性钢柱吊装前的准备工作

在桩坑内−11.60m和−10.60m处预埋件表面放出劲性钢柱的中心线及边线，测量各预埋件的标高，每块预埋件测量5个点（四个角和中心点），将测得的高低差用红铅油标记在各测量的点上，准备各种不同的厚度的钢垫板，配合两台经纬仪和各种临时固定的材料。各楼层的劲性钢柱安装前都要进行下节1200mm高的垂直度及标高测量，并做记录。

23.4.3.2 地下室劲性钢柱的安装

1. 起重机的选择

采用75t汽车起重机吊装，以吊装幅度最大的地下2层Ⓕ列×④轴的劲性钢柱为例，计算75t汽车起重机吊装能力能否满足实际吊装的需要。Ⓕ列×④轴线上的劲性钢柱重10.20t，吊装最大工作幅度为14m，要求起升高度为10.4m。从75t汽车起重机性能表中查得：工作幅度在14m，起升高度为20m时，可起吊11t，故选用75t汽车起重机能满足吊装需要。

只为了Ⓕ列×④轴的劲性钢柱选用75t汽车起重机在经济上不合算，决定这根劲性钢柱分为两段安装。第一段（−11.60～−7.625m）高3.975m，重5.1t；第二段（−7.625～−3.65m），高3975mm，重5.1t。这样选用40t汽车起重机，查表得工作幅度在14m，起升高度为16.5m时，可吊5.2t；工作幅度在9.0m，起升高度为16.5m时，可吊11t，基本满足吊装需要。

2. 地下室劲性钢柱的安装顺序

基坑内土方已开挖至-5.00m标高，地下2层（-11.60~-3.65m）劲性钢柱须在桩护壁内安装。施工步骤为：桩芯混凝土浇筑到-13.00m→安装劲性钢柱预埋件→浇筑-13.00m至-11.68m的桩芯混凝土→混凝土强度达到设计强度标准值的70%时安装-2层劲性钢柱→浇筑劲性钢柱底部与预埋件之间的微膨胀混凝土及-11.600~-9.50m的C30级混凝土→安装-1层劲性钢柱。劲性钢柱柱脚构造如图23-7所示。

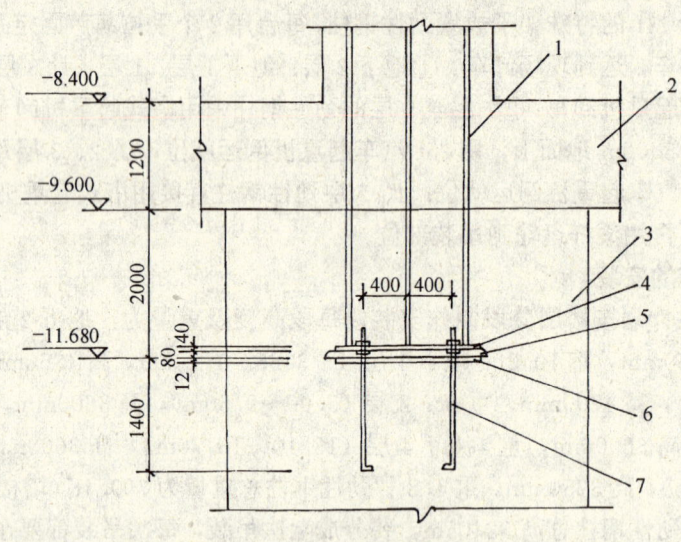

图23-7 劲钢柱柱脚构造图

1—劲钢柱；2—底板；3—桩；4—M-1钢板（1200mm×1200mm）；
5—C45微膨胀混凝土填实；6—M-2钢板（1250mm×1250mm）；7-4φ32mm 螺栓

3. 起重机行走道路处理

基坑内土方已开挖至-5.00m标高，从地面到基坑预留斜坡道，上面铺级配碎石。40t汽车起重机直接在基坑内行走，行走道路上的素土应预先夯实，铺石渣；遇到挖孔桩时用路基板盖住。为了提高安装效率，要按照计划的安装顺序依次进行。地下2层、1层的劲性钢柱安装后，开始挖土及施工正作法部分的地下2层墙柱。

23.4.3.3 地上1层至3层劲性钢柱吊装

首层梁板混凝土达到设计强度标准值后，其模板支撑系统先保留，再在梁下增加钢支撑，经核算，可以承受40t汽车起重机及劲性钢柱的重量。由于1层梁面高出板面200~300mm，所以在起重机行走路线上铺路基板，将荷载传递到梁上。劲性钢柱焊接紧跟安装进度，依顺序焊接。为了操作及安全的需要，在第2层、3层楼板位置搭设牢固的安装平台。1至3层劲性钢柱安装完后，开始施工2层梁板。

23.4.3.4 4层、5层劲性钢柱吊装

3层梁板混凝土浇筑完三天之后，开始第三次吊装劲性钢柱，即吊装4层、5层劲性钢柱。由于采用40t汽车起重机在建筑物周围倒运劲性钢柱比较困难，也增加起重机台班费。而该工地唯一的施工道路是东面的南湖路，塔式起重机就安装在大厦东面边缘，故4层、5层劲性钢柱用塔式起重机直接吊到3层楼面东边，然后用φ150mm钢管作为滚杠，将劲性钢柱放在滚杠上运输到位。再用40t汽车起重机安装4层劲性钢柱，并依次焊接，再吊装5

层劲性钢柱。5层劲性钢柱顶端标高为21.250m,必须确保起重机的工作幅度不超过9m,才能起吊。

23.4.4 劲性钢柱的校正与临时固定

(1) 劲性钢柱采用两台经纬仪校正,行线、列线各1台视柱侧面与基本面的垂直度。待劲性钢柱临时固定好后,再次校正,确实无误方可移动经纬仪。劲性钢柱安装的垂直度允许偏差为3mm,故校正时必须保证不超过3mm,因偏差大,就会影响钢筋的穿插绑扎。

(2) 劲性钢柱安装校正后,立即进行最后的临时固定,最后临时固定的方法是:安装在桩坑内的,采用L 75×6角钢固定,钢楔子楔紧。上面各楼层的劲性钢柱固定采用—20mm×200mm×510mm的钢板(共4块),将十字型劲性钢柱的腹板上下节用M20(L=100mm)螺栓固定,而后进行焊接。

23.4.5 劲性钢柱吊装的技术及安全要求

(1) 起重机、钢丝绳的直径等按计算选用的购置,劲性钢柱的安装偏差应在钢结构安装的允许偏差和设计的允许偏差内。

(2) 安全要求:—5.0m地面要夯实、铺碎石垫层;斜道的填土必须碾压密实,上铺碎石,确保起重机行走与吊装物件时的安全。钢丝绳经常加润滑油,以减少磨损和腐蚀,禁止使用轮缘破损的滑轮。每天上班前应对吊索、吊具、起重机等进行检查,完好无缺才能正常吊装施工。

23-5 C60级高强度混凝土的应用

为了提高竖向结构的承载力,缩小混凝土构件的断面尺寸,增大使用面积,减轻结构自重,采用了C60级高强度混凝土。

23.5.1 混凝土供应

5层以下柱及核心筒体采用C60级混凝土,其用量为2292m³。90%的C60级混凝土由深圳市利建混凝土公司提供。5层柱和筒体的混凝土在现场搅拌,现场搅拌时采用自动计量上料机,人工倒水泥、外加剂,后台派专人监督,保证上料准确,混凝土搅拌时间及坍落度符合要求。

23.5.2 混凝土配合比

C60级混凝土配合比见表23-1。

混凝土配合比　　　　表23-1

部 位	混凝土用材料 (kg/m³)				水灰比	砂率 (%)	坍落度 (mm)
	水	水泥	砂	石	SF			
—2至4层柱、筒体	176	550	604	1070	4.68	0.32	25.1	140~160
5层柱、筒体	173	540	573	1113	4.86	0.32	23.8	70~90

23.5.3 原材料的选用

(1) 水泥:使用日本"东方龙"普通硅酸盐水泥,标号为525号,进场检验其强度和安定性都合格。经检测,其强度稳定在55.0~62.0MPa之间。

(2) 碎石：使用"乌石古"和"雷公山"石子，主要以"雷公山"石子为主，粒径 10～30mm，碎石级配、含泥量及针片状含量都符合 JGJ 53—92 的要求。

(3) 砂子：使用东莞砂，其细度模数、含泥量经检验，符合 JGJ 52—92 的要求。

(4) 外加剂：采用北京翰苑技术开发公司化工部生产的 SF 高强度混凝土泵送剂，掺量为水泥用量的 0.7%～1.1%，提高强度 25%～40%（28d），减水率 12%～23%，延缓凝结时间 5～10h。

23.5.4 施工情况

23.5.4.1 配合比调整

(1) 根据每班测得的砂、石含水率，调整混凝土用水量；

(2) 根据砂的实测细度模数及石子级配调整砂率；

(3) 根据气温及初测的坍落度情况调整用水量。

23.5.4.2 原材料检验

(1) 水泥：水泥进场时检验其强度（快测强度及 28d 强度）和安定性、标准稠度需水量。水泥存放时间超过两个月的重新检验，并按重新检验的强度及安定性，确定是否适用于配制高强混凝土。

(2) 碎石：石子检验其级配、含泥量及针片状含量，石子的含水率在每班搅拌混凝土前进行检验，并以此调整配合比。遇到下列情况加密检测次数：施工过程中天气发生变化、炎热气候、堆放石子有明显水分分布不均的现象。

(3) 砂子：砂检验其级配（细度模数）、含泥量，其配合比调整情况同碎石。

(4) 外加剂：外加剂有厂方的质量证明书，每批进场的外加剂都用工程所用的材料进行适应性及效果检验，并验证其合理掺用量。

23.5.4.3 计量与搅拌

(1) 原材料计量的误差符合下列规定：水泥不大于±2%；粗细骨料不大于±3%；水、外加剂不大于±2%。

(2) 混凝土正式施工前，对计量精确度作一次标定。以后每一工作班正式称量前，对称量设备进行零点校核。

(3) 每盘混凝土搅拌时间不少于 1.5min。

(4) 每班第一盘混凝土搅拌时间适当延长，并在出料口联样检验其坍落度，以复核施工配合比是否符合施工要求。如混凝土偏干或偏稀，则在配合比作相应调整后再进行上述的坍落度检验，直到满足要求为止。

(5) 高强混凝土用高效减水剂，每次搅拌时由专人事先按每盘用量制得的容器准确称量并一次性投放，以避免人为误差。减水剂在干料投完后立即投入，并注意投放干净。

23.5.4.4 浇筑与养护

(1) 在浇筑 C60 级混凝土时，由于柱内主筋很密，钢筋直径为 ϕ32mm，净距为 50mm；箍筋有三至五种，箍筋直径 ϕ14@100mm。柱内又有劲性钢柱，劲性钢柱翼缘板与主筋净距为 130mm，劲性钢柱内设置有横隔板（加劲板），柱芯部位梁主筋穿插其中，所以混凝土浇筑十分困难。为此，对不便于振捣的劲性钢性的横隔板采取扩大孔口的措施，扩大浇筑面。另外柱内配筋位置作适当调整，混凝土坍落度保证为 140～160mm，流动性大；并加强振捣，拆模后表明混凝土里实外光。

筒体内暗柱、暗梁较多，预留孔洞众多。对厚度为300、350mm的墙体，其暗梁上下主筋由一排改为两排布置，以方便混凝土的浇筑。浇灌高度大于2m，则在中间高度处设置浇灌孔。筒体各个墙体采用分层浇筑，每次分层高度不大于500mm。

（2）由于C60级混凝土水泥用量大，水化热高，混凝土的养护至关重要。为此，采取了如下措施：

1）对全部养护工作设专人负责，并作好技术交底。

2）混凝土终凝后，墙柱顶蓄水50mm高养护，墙柱侧模板开始每二小时浇一次水养护，拆模后满挂一层麻袋进行保温（遮阳），并浇水使麻袋保持湿润14d。

3）地下室混凝土浇筑5d后拆侧模，地上结构提前到3d拆侧模。

23.5.5　C60级混凝土浇筑后的实际效果

（1）拆模后混凝土外观平整，无蜂窝、麻面、狗洞现象。经多次测定，混凝土表面碳化深度为零，混凝土浇筑质量良好。

（2）C60级混凝土数量总共2292m^3，按照施工规范：①每搅拌100m^3混凝土，做一组试块，做了23组试块。②每搅拌100盘混凝土做一组试块，做31组。实际留置试块96组，超过了规范规定留置的试块组数，按数理统计方法判定强度合格。混凝土每组试块抗压强度达到设计强度标准值的100%～129%。随机抽样试块，送质检站试压都合格。

（3）用回弹仪在各层选择多点进行检测，由于混凝土强度等级为C60，已超过回弹仪使用限值，不能得出混凝土强度的绝对值，但各层各点回弹波动小，证明混凝土的质量稳定。经过对筒体墙混凝土的抽芯检查，其强度在65.0～79.0MPa之间。

23.5.6　施工体会

混凝土现场搅拌条件较差，要想达到C60级混凝土强度指标，应做好以下工作：

（1）选择优质的水泥、碎石、砂、外加剂。每批水泥、砂石作有关性能的检测，外加剂作与水泥的适应性试验；

（2）加强施工管理，专用机械定人定位，并经常对计量工具进行校核，特别加强坍落度的监测；

（3）每次施工前应测试砂石含水率，及时调整配合比，其投料顺序及搅拌时间应有保证；

（4）利用高效减水剂配制C60级混凝土，既节约了水泥又保证了质量；

（5）混凝土应避免风吹日晒，及时覆盖和养护，以获得强度高、耐久性好的混凝土。

23-6　6层转换大梁施工工艺

23.6.1　基本作法

6层转换大梁截面尺寸为1.6m×3.0m，混凝土强度等级为C50，数量为982m^3，劲性钢梁重为41.4t，针对上述情况，采取下列基本作法：

（1）充分考虑混凝土水化热，尽量降低水化热。

（2）混凝土分三段浇筑，各段高度均为1m，第三段结合6层梁、楼板和井筒壁一起浇筑。

（3）采用木模板，底模下用ϕ48mm工具式脚手架钢管组合成排架作支架。

（4）支架支承于第5层楼板及其边梁上，荷载主要由边梁承担，第4、5层梁板支架在转换大梁混凝土强度达到设计强度标准值前不拆除。浇筑第二段、第三段混凝土时，荷载由已浇筑且混凝土强度已达到不低于50%设计强度标准值的第一段混凝土梁来承担。钢筋、模板与梁内预先安装好的劲性钢梁连接并固定，以加强整体稳定。

23.6.2 梁板模板方案

为了降低大梁混凝土因水化热而产生的温升及降低支模的费用，大梁分3次支模，3次浇筑混凝土。底模（双层七夹板）下面纵向设100mm×100mm木方4根，横向设100mm×100mm木方@750mm，横向木方下面用3根ϕ48mm钢管脚手架组成排架，排架为@750mm，双向斜撑，并在1.5m高处设水平连杆，排架下用100mm×100mm木方做底盘垫木，使荷载传至5层楼板及边梁上，第二、第三段混凝土荷载由已浇筑完且混凝土强度达到50%以上设计强度标准值的第一段混凝土梁承担。详见图23-8所示。

5层楼板在北侧和西侧边梁设有挑板，转换大梁外侧支撑落空，为此在支撑位置设置钢牛腿81个。做法是在5层楼板边梁混凝土浇筑时预埋带锚筋的钢板，拆模后再焊接匚18a槽钢组成钢牛腿。除设置钢牛腿外，5层板北侧与西侧阳台还须增设加固板筋ϕ8@150mm。

每个浇筑段在钢筋绑扎完毕后，再安装两侧模板。侧模应高出各浇筑段的混凝土面不少于100mm，以便蓄水养护。侧模用18mm厚七夹板支设，紧贴模板的水平纵向布置100mm×100mm木方，上下共七层，第一浇筑段为三层，第二、三浇筑段为二层。两外侧竖向用双60mm×90mm木方@750mm。

横向设对拉螺杆M25，上下共六排，纵向间距750mm。每根螺杆配ϕ38mm（L=1.6m）套管1根，设在模板内，由下向上数，第二、五排套管与劲性钢梁焊接固定。

23.6.3 钢筋绑扎方案

为了配合混凝土的分段浇筑，钢筋相应分段安装绑扎。底模铺好后，绑扎板底部钢筋，即第一段浇筑混凝土内的主筋。为了不互相干扰，底部钢筋应与箍筋分批穿插协调安装绑扎，安装绑扎配合顺序为：1号箍筋内主筋→1号箍筋→1号、2号箍筋之间的梁底主筋→2号箍筋内主筋→2号箍筋→其余梁底主筋→3号箍筋→4号、5号箍筋，详见图23-9所示。

两内箍（图23-9中箍2、3）是封闭型箍筋，在箍筋内底筋就位完毕后，分别竖起有关箍筋。大外箍是开口型箍筋，在54根底筋全部就位后，最后竖立外包箍筋。所有水平钢筋配合混凝土浇筑，分三批先后安装绑扎。在第二段混凝土浇筑完以后，安装绑扎第三段的ϕ20mm腰筋、ϕ16mm水平钢筋，然后安装绑扎ϕ25mm上部主筋，最后是外包大箍的上部封口钢筋。图23-9中由下向上数第一和第五排ϕ10mm水平筋应与劲性钢梁的顶面和底面点焊连接，以便更好地保证转换大梁钢筋体系的整体稳定和固定。

23.6.4 混凝土施工情况

23.6.4.1 混凝土的温升计算

混凝土水化热升温的计算，根据王铁梦著《钢筋混凝土裂缝控制》中公式计算最高升温为35℃。

23.6.4.2 综合降温措施

除主要采取分段浇筑施工方案以大幅度降低水化热升温值以外，另采取以下综合措施：

（1）创造条件在工地搅拌混凝土。避免商品混凝土输送车在运送途中受烈日曝晒，导致混凝土入模温度增高。

（2）避免使用泵送混凝土。降低混凝土坍落度，大幅度降低水和水泥用量，降低水化

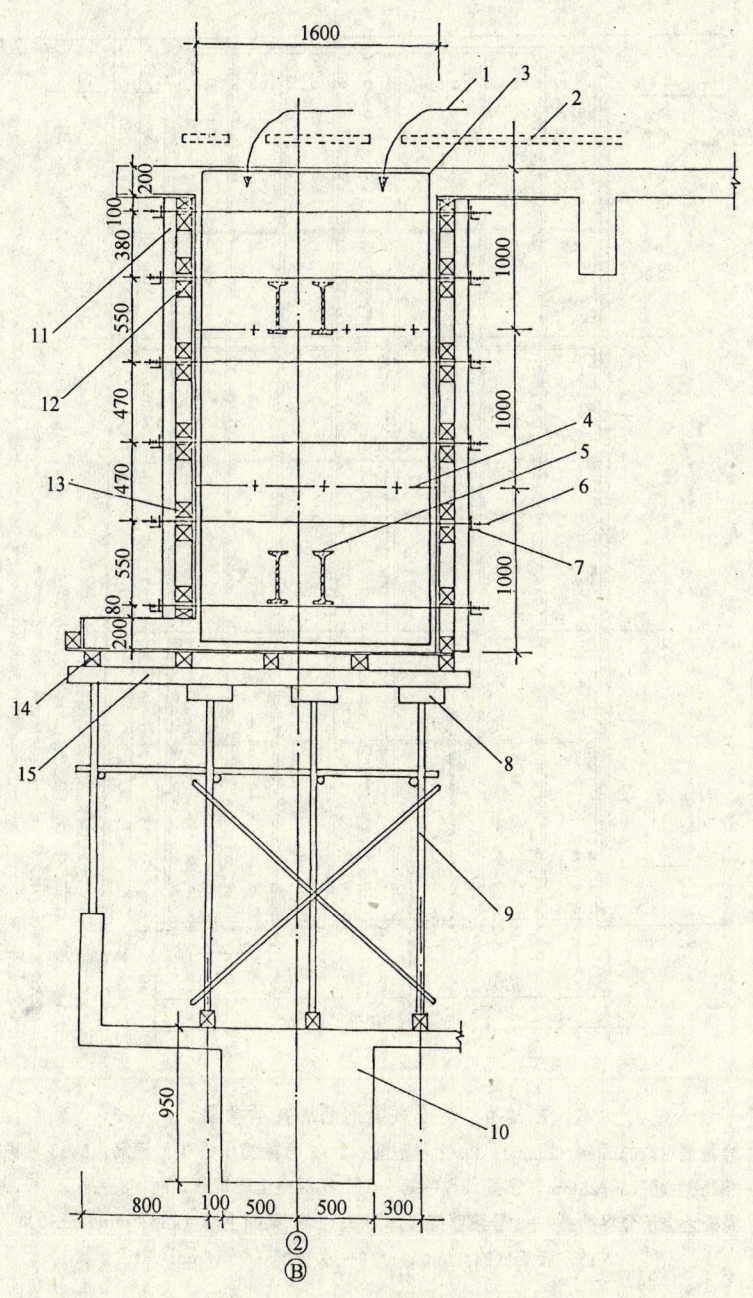

图 23-8 转换大梁支模示意图
1—混凝土浇灌口；2—操作平台；3—转换大梁钢筋笼；4—大梁分层浇筑分界线；
5—钢桁架；6—M24对拉螺杆（纵向间距750mm）；7—∟75×75×6 垫块
(l=200mm)；8—100mm×100mm 木方（l=300mm）；9—钢支撑（纵向间距750mm）；
10—5 层边梁；11—双木方（60mm×90mm）；12—木方垫（l=200mm）；13—100mm×100mm
木方（通长）；14—100mm×100mm 木方（通长5根）；15—100mm×100mm 木方（l=2600mm）

热升温常值和混凝土收缩。

（3）使用 SF 高强缓凝型减水剂。控制初凝时间不少于5h，有利于水化热的释放，有利

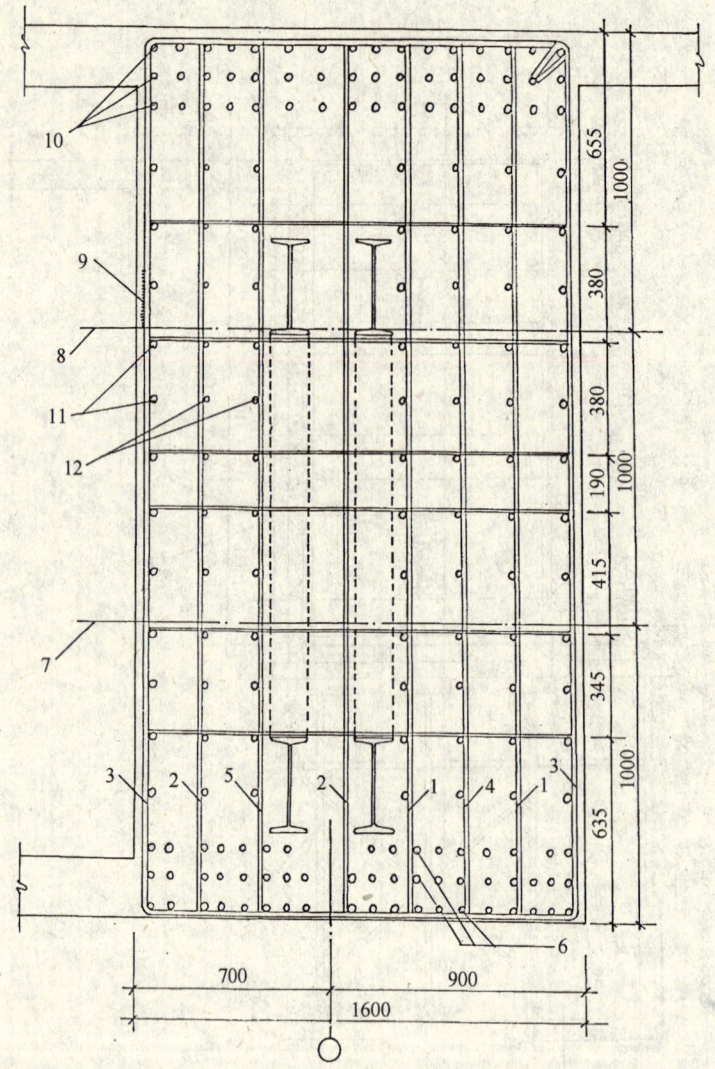

图 23-9 转换大梁钢筋绑扎示意图

1—1号箍筋（φ16mm@100mm）；2—2号箍筋；3—3号箍筋；4—4号箍筋；5—5号箍筋；6—梁底主筋（54φ25mm，三排）；7—第一、二次混凝土浇筑分界面；8—第二、三次混凝土浇筑分界面；9—3号箍筋搭接焊10d；10—梁面主筋（48φ25mm，三排）；11—腰筋（24φ20mm）；12—水平筋（60φ16mm）

于延长混凝土层间搭接覆盖时间，结合降低混凝土坍落度，争取控制水泥用量在450kg/m³左右，可降低水化热升温度10％，降低常值3.5％。

（4）第二段混凝土开始浇筑时间应满足第一段混凝土升温阶段结束并开始转入降温阶段的时间，一般不少于3d，此时混凝土已有不低于设计强度标准值50％的强度。应以测量记录为准，不提前覆盖。

（5）每段混凝土浇筑严格控制分层浇筑厚度，坚持水平分层下料，尽量延长上下层之间覆盖的间隔时间，认真掌握流水作业的程序和秩序。

（6）料场和浇灌现场，特别是转换大梁上空，设置遮阳凉棚。

(7) 转换大梁上空架设水管，降温兼供混凝土养护用水。

(8) 料场特别是碎石场准备好洒水降温设施。

23.6.4.3 混凝土的浇筑

(1) 混凝土分段浇筑量：第一浇筑段为236m³，第二浇筑段为216m³，第三浇筑段为530m³（包括楼板、梁及相应的井筒）。

(2) 混凝土生产、运输、浇筑：混凝土在现场搅拌，设4台750L搅拌机。混凝土提升利用塔式起重机和快速卷扬机井架，井架设在搅拌机出口处，在搅拌坑直接装斗。

用20台手推车在工作平台上作水平运输，工作平台略高出混凝土楼面标高，每跨转换大梁设两个固定的下料点，设两组漏斗和串筒，小车直接将混凝土输送入漏斗，借助串筒卸料，工人主要在工作平台上操作振捣。

第一、二段浇筑层之间与第二、三次浇筑层之间的间隔时间分别为3天11小时和8天17小时，满足关于上层混凝土覆盖的时间条件。

23.6.4.4 测温和养护

(1) 每段混凝土浇筑完后，侧面淋水保温养护，顶面蓄水养护。进入降温阶段，侧面模板外加钉湿润草袋和塑料布保温。

(2) 测温工作在每一跨梁每次浇筑完后随即开始。测温孔布置是每跨梁2组，每组2支，一支在梁中，一支在梁外边沿，距模板30mm处。第一、二段测温孔埋设深度为550mm，第三段测温孔埋深为800mm。测温时间间隔是3h，在混凝土温度降到40℃左右时（高出大气温度10℃左右）测温结束，可以停止养护。温度记录主要情况见表23-2。

测温记录　　　　　表23-2

分段	梁中最高峰值（℃）	梁边最高峰值（℃）	梁中平均峰值（℃）	梁边平均峰值（℃）	内外平均峰值温差（℃）	峰值处最大温差（℃）
第一段浇筑	75	73	68.6	66	2.6	10
第二段浇筑	75	69	68.4	63.6	4.8	17
第三段浇筑	74	67	66.9	60.4	6.5	16

23.6.4.5 分段浇筑时，在分段界面上的处理

混凝土浇筑结束后静停1h，待混凝土面泌水渗出后，在模板上钻孔排出泌水，用30～60mm碎石作为石笋铺放在混凝土表面的水泥浆中；大小粒径碎石，应一半埋入水泥浆中，一半露在外面，作石笋的碎石要经过筛选。

23.6.5 施工效果

6层转换大梁的施工从方案到实施都较成功，拆模后进行裂缝观察，发现梁的内外两侧有若干毛细裂缝。除有5条发现在第三浇筑段的外侧外，其余全部集中在第二浇筑段。总计裂缝65条，外侧35条，内侧30条。裂缝宽度外侧有两条大于0.1mm，最大一条为0.14mm，其余有18条小于0.1mm，15条小于0.05mm；内侧全部小于0.07mm。在较宽的裂缝处，骑缝凿3～5mm深坑5处，在坑底均未再发现裂缝痕迹。据此分析，这些毛细裂缝应该都是属于表面层的收缩裂缝。第二浇筑段梁两侧配筋较第一、二浇筑段相对要少，这可能是裂缝集中在第二浇筑段的原因。

24 深圳市邮电局洪湖生活区高层住宅工程施工

深圳市第一建筑工程有限公司　汤海坡　陈生发　陈克旺　黄秉中

24-1 工程概况

深圳市邮电局洪湖生活区高层住宅工程位于笋岗东路与洪湖路交汇处东北角的田贝村内。该工程由深圳市邮电局投资兴建，中国建筑西南设计院深圳院设计，深圳市第一建筑工程公司施工。该工程于1996年10月被评为深圳市优质样板工程，1996年12月被评为广东省优质样板工程，1997年12月荣获中国建筑工程鲁班奖（国家优质工程）。该建筑地下室两层为停车场及设备用房，1层为居委会和饭堂，2层为娱乐用房，3层以上为住宅，每层10户，内设三部电梯，中央天井增加采光。建筑物东西长30.2m，南北宽29.8m，楼共29层。建筑总高度：地下-9.5m，地上80.736m。总建筑面积22355m^2，±0.00相当于绝对标高22.0m。建筑外墙从下到上镶贴深咖啡、土黄及浅天蓝色条形锦砖。

该建筑采用人工挖孔灌注桩承台基础及天然地基独立柱基础（塔楼四周的地下裙房用）两大类。挖孔桩有ϕ1400mm和ϕ1600mm两种，柱端进入中风化花岗石岩层，基础承台由桩台和地下室底板及中心筒承台连成一个整体。主体结构为全现浇钢筋混凝土框支剪力墙中筒结构。按7度地震烈度设防，框架及剪力墙的抗震等级均为2级。框架柱、剪力墙、筒体及梁板结构混凝土强度等级：地下2层、地下1层为C40、P8抗渗混凝土，1～5层为C40，5～15层为C35，15～24层为C30，24层以上为C25。结构用钢筋为Ⅰ级和Ⅱ级两种，预埋件钢板为Q235，焊条为TA2型。围护墙均为混凝土空心砌块，砌块厚度为190mm和90mm两种规格，M5水泥砂浆砌筑。

24-2 施工平面布置

本工程场地十分狭窄，计划先施工塔楼，把裙楼的位置做为施工场地，副塔楼结构封顶后，再采取措施，用少量的机械设备施工裙楼。

在本建筑的南面和北面各修一条宽6m的施工材料运输道路，与本建筑的西面小区正式道路开口接驳，场地内道路用毛石铺300mm厚，再铺50mm碎石和砂浆碾压平整，在接驳口处10m长范围内，在以上做法的基础上，再铺设C20级150mm厚的混凝土路面，并在入口处设置洗车台，道路两边用MU7.5红砖及M5水泥砂浆砌排水沟250mm宽，排水坡度为1‰，确保车辆不带泥土上路。

设置1台55m臂长的QTZ80塔式起重机在本建筑的东南角，能覆盖整个建筑物，又能起吊钢筋、混凝土等物件，也便于安装与拆除。在西南角设置1台SCD120型户外电梯，便于人员上下及利用塔式起重机安装拆除，1台90m高的井字架设在本建筑物东面，便于装修材料运输及利用塔式起重机安装拆除。本建筑的东面设混凝土、砂浆搅拌站一座，并在南面设钢筋加工及原材料堆场各一处，在北面设置相应的临时宿舍、办公室、仓库等，详见图24-1所示。

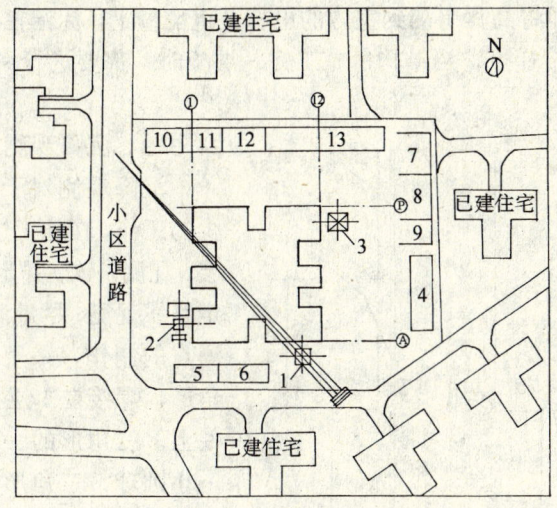

图24-1 施工总平面布置图

1—塔式起重机；2—SCD120电梯；3—井架；4—混凝土搅拌站；
5—钢筋原材料堆场；6—钢筋成品堆场；7—碎石堆场；
8—砂料堆场；9—水泥库；10—建设单位办公室；
11—施工单位办公室；12—仓库；13—工地宿舍

24-3 施 工 测 量

本工程±0.00以下—9.50m，±0.00以上80.736m，总高度90.236m，结构施工要求控制总高度的垂直偏差在30mm之内。主要作了以下几个方面控制：

24.3.1 轴线控制

本工程属高层建筑，采用多条主轴线交叉控制，列轴线控制有Ⓐ、Ⓖ和Ⓟ列轴线。控制Ⓐ、Ⓟ列轴线的主要目的是确保塔楼南北面外墙垂直度，控制Ⓖ列轴线的主要目的是确保室内三部电梯井道的垂直和内径尺寸。

行轴线控制有②、⑨和⑫行轴线，控制②、⑫轴线的主要目的是确保塔楼东西面外墙的垂直度，控制⑨轴线的主要目的是确保室内三部电梯井道的垂直内径尺寸，整个工程的施工轴线控制网如图24-2

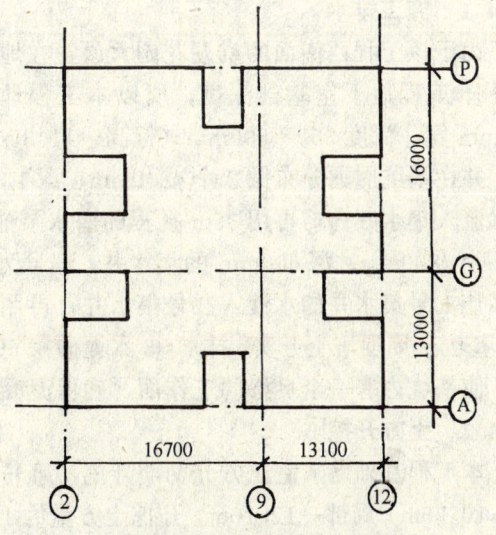

图24-2 主轴线控制示意图

所示。

24.3.2 高程控制

高程控制以建设单位指定的水准点为依据起算高程。在整个施工过程中，除建设单位指定的水准点外，另在建筑物附近补加两个水准点，以防在施工过程中原水准点被破坏。当第一层结构完成后，即将高程引测到室内的电梯井道墙壁上，标记在±1.000m处，作为往后每升高一层的高程传递点，当结构每施工完一层板时，都要进行一次轴线的投测及高层传递到各楼层抄平测量。

24.3.3 沉降观测

沉降观测对于本工程是一次必不可少的工作，在施工过程中，结构每升高一层，观测一次。并定人、定仪器、定顺序、定路线观测，尽量消除各种误差，沉降观测点的制作，采用10mm厚钢板做成三角形，焊接在1层柱子+500mm处预埋件上，三角形的一顶角用不锈钢焊条焊一小圆球，三角形钢板的大小随建筑物装修的厚度而定，如图24-3所示。一般均凸出墙300mm，钢板作成三角形状的好处是能够防止在施工过程中上下碰动，影响观测精度。

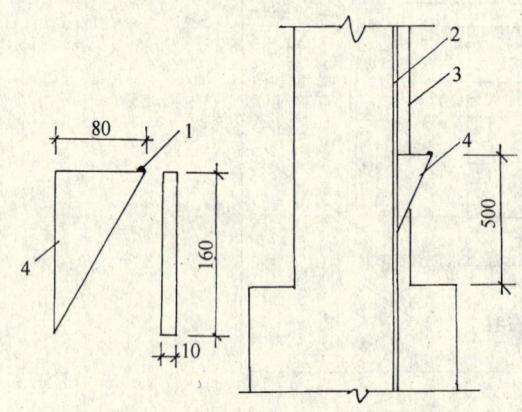

图 24-3　沉降观测点制作示意图
1—不锈钢焊堆；2—柱子钢筋；3—柱；
4—沉降观测点（钢板制作，焊接在柱子钢筋上）

24-4　地下室工程施工

本工程地下室共有两层，建筑面积3700m²，基础深度为−10.00~−12.10m，裙楼基础深度为−6.41~−7.90m。

24.4.1 施工排水

由于该工程西南面的洪湖花园大厦正在地下室工程施工，其地下室基坑开挖深度大大低于本工程地下室基础深度，所以本工程地下室施工时不考虑降水，仅在基坑周围挖780mm宽、深度350~800mm（标高−11.35~−11.80m），用红砖砌成300mm宽的排水沟，并在基坑周围分布做8个 ϕ800mm、深1.2m的集水井，编号为2号~9号。让排水沟的水流入集水井内，再用35m扬程的潜水泵抽排井内的水，中心筒深基坑（−11.3m）内挖一个 ϕ800mm、深600mm的集水井，编号为1号，从1号集水井做一条暗沟到2号集水井，让1号集水井的水流入2号集水井，再用潜水泵抽出来。为防止基坑上的水流入基坑内，基坑上周围培土夯实，抹1:3水泥砂浆500mm宽，做成里高外低的基堤，如图24-4所示，使基坑内有一个良好的工作面，确保混凝土的施工质量。

24.4.2 土方开挖

本工程基础地下室土方分两期开挖，第一期开挖两层地下室（塔楼）部分，开挖深度为−10.10m，局部−12.10m，开挖土方量为136556m³；第二期开挖1层地下室（裙楼）部分，开挖深度为−6.91m，独立基础−8.5m，开挖土方量3485m³。为了加快施工进度，减

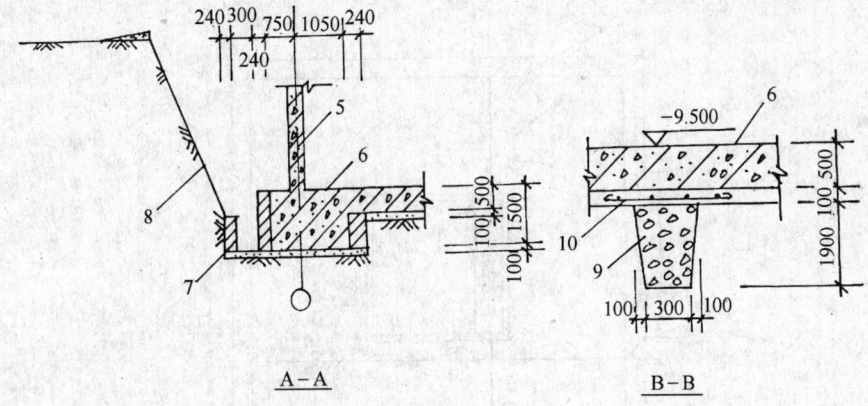

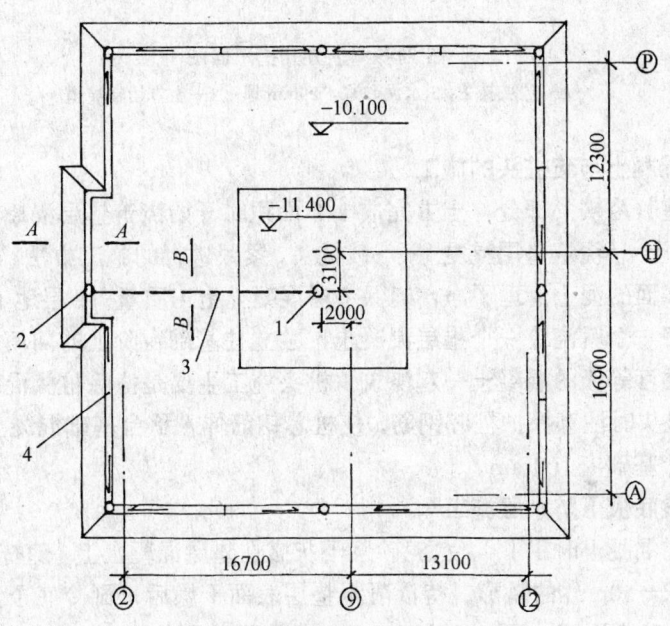

图 24-4　施工现场排水系统图

1—1号集水井；2—2号集水井；3—排水暗沟；4—排水明沟（箭头表示流水方向）；
5—地下室外墙；6—地下室底板；7—砖砌排水沟；8—边坡抹 1∶3 水泥砂浆 20mm 厚；
9—排水暗沟（填碎石）；10—暗沟上配 $\phi 6mm$ 钢筋

轻施工人员的劳动强度，土方开挖以机械为主，人工配合。两层地下室（塔楼）部分分两次挖到底，第一次挖到 $-8.00m$（自然地面约 $-5m$），约挖深 3m；第二次挖到 $-12.10m$（$-8.00\sim 12.10m$），约 4.1m 深。1 层地下室（裙楼）部分，机械开挖到 $-6.71m$，人工挖到 $-6.91m$ 后，往下的独立柱基础也采用人工开挖。土方开挖方向：2 层地下室（塔楼）部分，从西南往东北角开挖运土。1 层地下室（裙楼）部分，从东北角分两路开挖，一路从北到南再到西，另一路从东到西再到南。如图 24-5 所示。土方回填分层碾压夯实，每层虚土厚度不大于 500mm，取土检验合格后做面层。

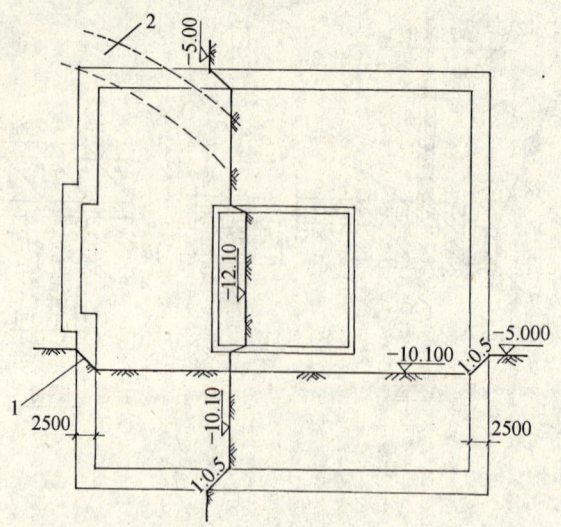

图 24-5 土方开挖平面图
1—边坡抹 1∶3 水泥砂浆，20mm 厚；2—土方运输坡道

24.4.3 垫层混凝土与破桩头的施工

两层地下室（塔楼）部分，土方完成 1/3 面积时开始浇筑垫层混凝土。采取前面机械开挖→人工清土→浇筑垫层混凝土→破桩头，紧跟进行的施工方法，浇筑垫层混凝土之前，先将钢筋表面的泥土清理干净，确保垫层混凝土施工质量。1 层地下室（裙楼）部分，独立柱基坑挖好一个就浇筑一个垫层混凝土，独立柱基础台阶上的回填采用与地下室底板垫层混凝土同强度等级的混凝土一起浇筑。桩头施工主要是凿除桩头混凝土浮浆，采用人工凿除，凿除桩头时注意保护桩芯钢筋，使桩芯钢筋伸入承台基础混凝土内 800mm，并保证桩芯伸入承台基础内 100mm。

24.4.4 地下室底板下防水层施工

在浇筑垫层混凝土时用 1∶3 水泥砂浆干灰撒在垫层混凝土上，随打随压光，垫层混凝土阴阳角处做 $R=50$mm 的弧形。待混凝土垫层表面干燥后，刷冷底子油二道，而后涂抹 15mm 厚的橡胶防水涂膜一层，上撒绿豆砂，以增强防水涂膜与其上面的 40mm 厚 1∶3 水泥砂浆保护层的粘结。

24.4.5 钢筋工程

地下室承台基础钢筋、基础拉梁钢筋、地下室底板钢筋和墙柱钢筋的绑扎顺序为：承台基础钢筋→基础拉梁钢筋→地下室底板钢筋→墙柱插筋。钢筋的排距正确，误差在允许范围之内，双向钢筋满口绑扎，垫块混凝土强度等级与基础混凝土相同、厚薄一致、支垫平稳。为了保证钢筋位置正确及不变形，用 ϕ25mm 钢筋支撑上层钢筋，钢筋中间焊一块钢板止水片（—3mm×30mm×30mm）；在底板面上用 ϕ25mm 钢筋焊接成井字形交叉钢筋来固定柱子插筋。

24.4.6 模板工程

本工程地下室的竖向构件有方柱、外挡土墙及中心筒体墙，水平构件为梁板结构以及 500mm 厚的地下室底板，承台基础之间为基础拉梁。采用的模板形式有：

(1) 土模。地下室底板下的桩承台、基础拉梁、中心筒体承台采用砖土模或支模浇筑120～240mm 厚C15 级混凝土做土模。独立柱基础周围及台阶上采用强度等级与垫层混凝土相同的混凝土填充或用级配砂填充。

(2) 柱子、墙模板采用20mm 厚七夹板、50mm×90mm 木方和钢支撑支设，ϕ14mm 螺杆对拉，外墙和外围的柱子用ϕ14mm 螺杆加钢板止水带（—3mm×40mm×40mm）。

(3) 水平构件采用20mm 厚七夹板，50mm×90mm 木方和钢支撑支设。

24.4.7 混凝土工程

本工程地下室底板混凝土量总计2310.2m³。其中2 层地下室部分1052m³，1 层地下室部分1250.2m³，材料需要量：水泥1100t，砂1350m³，碎石2040m³。

混凝土由现场设立的搅拌站集中拌制，搅拌机安装3 台，使用2 台，在搅拌站后台采用装载机上料和自动计量装置，以确保混凝土施工配合比中各种原材料数量的准确性。

24.4.7.1 混凝土浇筑强度计算

地下室底板及外墙、柱混凝土采用525 号普通水泥，内加FDN 减水剂。525 号普通水泥的初凝时间为2～3h，掺FDN 减水剂可以使混凝土凝结时间延长3～6h，为留有充分余地取缓凝时间为2h，则混凝土初凝时间可按4h 计算。

1. 地下室底板混凝土浇筑强度计算

混凝土最大浇筑量，以两层地下室（塔楼部分）基础承台Ⓓ—Ⓖ列来计算，即 [（1.8×1.5×2+5.1×0.5×2+1.8×1.5×2）×2+12.4×1.8×2×0.7×2]÷4=20.5m³/h，每个浇灌步距（2m 宽）混凝土在4h 内浇筑完，即每小时浇筑20.5m³ 混凝土，保证该浇灌速度则混凝土不会出现冷缝。

2. 地下室外墙混凝土浇筑强度计算

混凝土最大浇筑量以2 层地下室部分计算，外墙周长118m，即118×0.35×0.6÷4=6.2m³/h，分层下料捣实混凝土，每层厚控制在0.6m 高，4h 循环一圈，即每小时浇筑6.2m³ 混凝土，保证这个速度外墙不会出现冷缝。

24.4.7.2 设备需要量计算

(1) 搅拌机生产混凝土量为60/3×0.55×2=22m³/h＞20.5m³。安装3 台JZ750 型搅拌机，使用2 台，1 台备用。

(2) 混凝土泵排量为30m³/h＞20.5m³/h，工地放2 台，使用1 台，1 台备用。

(3) 装载机运砂石数量60/4.5×3=40m³/h＞30m³/h。进两台，使用1 台，1 台备用。

(4) 振动器数量4.5×6=27m³/h＞20.5m³/h。

每班配8 台插入式振动器，使用6 台，备用2 台，分6 个浇捣小组，在同一平面平移浇捣，如图24-6 所示。

24.4.7.3 混凝土水化热分析计算及养护

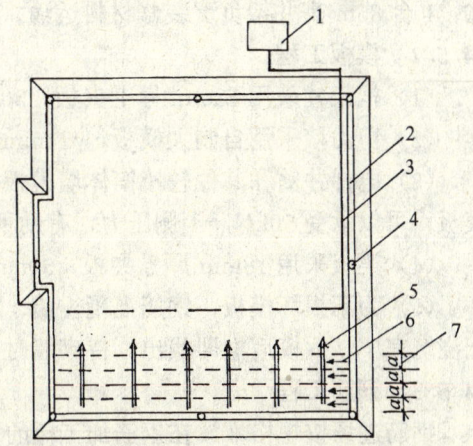

图24-6　地下室底板混凝土浇筑示意图
1—混凝土搅拌站；2—排水沟；3—混凝土输送管；
4—集水井；5—混凝土浇灌方向；
6—循环浇灌方向；7—混凝土浇灌步距（a=2m）

测温

该地下室底板 500mm 厚，混凝土内外温差不会很大，混凝土浇筑完毕立即用水泥袋予以覆盖，待混凝土终凝之后，进行分块用粘土围堰灌水养护，即能控制混凝土内外温差不超过规定值。下面，以地下 2 层中心较厚的混凝土承台计算混凝土内外温差。规范规定，当混凝土内部最高温度值与混凝土表面温度之差 $\Delta T \leqslant 25℃$ 时，将不会出现表面裂缝。本工程计划温差控制 $\Delta T \leqslant 20℃$。该承台混凝土强度等级为 C40，抗渗等级为 P8，厚度为 1.8m，决定采取下列措施：

(1) 采用 525 号矿渣硅酸盐水泥；

(2) 掺 FDN 减水剂，既可使混凝土缓凝又可降低水泥用量；

(3) 控制混凝土入模温度在 20℃ 以下。6月份深圳大气温度在 25～30℃ 左右，为此碎石浇水降温，使碎石和水温在 20℃ 以下，即能控制混凝土入模温度在 20℃ 以内。

(4) 混凝土表面清理抹平后就立即用 5 层水泥袋覆盖，待混凝土终凝后，即分块用粘土围堰灌水保温养护（灌水深度 50mm），采取灌水蓄热养护法。减少混凝土内部和混凝土表面的温差，避免混凝土产生过大的温度应力，而使混凝土产生裂缝。在 Ⓓ×⑥、Ⓗ×⑥、Ⓓ×⑧、Ⓗ×⑧ 轴各布置 1 个测温孔，深度大于 2/3 板厚，每 4h 测温一次，作好测温记录，技术人员根据测得的混凝土内外温差，必要时调整养护保温措施。

24-5 主体结构工程施工

本工程主体结构为全现浇混凝土框支剪力墙中筒结构体系。±0.00 到 10m（1～2 层）为框架结构，10m（3 层）以上为全剪力墙结构。

24.5.1 垂直运输

设置 1 台 1200kN·m 的塔式起重机，担负钢筋、模板、木方和脚手架材料的垂直运输。1 台混凝土泵输送混凝土，1 台 85m 高的户外电梯供施工人员的上下和小型机具的垂直运输，1 台 85m 高井架负责装修材料运输。

24.5.2 模板工程

(1) 框架柱采用 18mm 厚七夹板，50mm×90mm 木方支设，ϕ14mm 螺杆对拉。

(2) 剪力墙采用自制大模板，ϕ14mm 螺杆对拉。

(3) 电梯井筒和其他较小筒体墙模板采用北京施工应用科学研究所生产的组合式筒体模板，可以承受 $50kN/m^2$ 侧压力，有助于提高混凝土表面质量，保证电梯井的垂直。

(4) 梁板采用 18mm 厚七夹板，50mm×90mm 木方支设，钢顶撑支撑。

(5) 为不损坏模板，钢筋混凝土墙、柱内的预埋拉结筋在支模前预钉在模板上，混凝土浇筑完毕，拆模后立即找出，待砌墙时再焊接。

24.5.3 钢筋工程

钢筋进场按规格堆放在钢筋加工棚的一侧，并在塔式起重机的工作幅度内，有利于钢筋卸车和制作后水平转运。本工程由于抗震的需要，施工时必须注意下列事项：

(1) 柱、梁的箍筋弯钩的弯折角为 135°，其平直长度均为 10d（d 为钢筋直径）。

(2) 梁内纵向受力钢筋现场绑扎搭接连接时，下部钢筋在支座处搭接，上部钢筋在跨度 1/3 范围内搭接，搭接长度为 42d。

(3) 框架柱钢筋优先采用焊接接头，接头区段内及端部箍筋加密，相邻接头净距不小于 35d。框架柱钢筋采用绑扎搭接连接时，搭接长度不少于 42d，同一截面接头钢筋面积不得超过钢筋总面积的 50%。

(4) 框支梁内主筋不留接头，当必须留有接头时，应用焊接接头，不得采用绑扎接头，梁端上部的上部钢筋应伸入框架内 1200mm。

(5) 钢筋接头质量应符合规范要求，对于直径 $d \geqslant 16$mm 的钢筋，优先采用闪光接触对焊接头。

(6) 按设计的电施平面图在结构施工中，将②和⑫轴的Ⓐ、Ⓒ、Ⓖ、Ⓗ、Ⓜ和Ⓟ列；Ⓐ和Ⓟ列的③、⑥、⑧和⑪轴中的柱、墙内用 2 根竖向钢筋兼作防雷引下线，此时注意地下室施工时焊的钢筋位置，要在有接头处电焊 10d 长度，并与 6、9、12、15、18、21 层和屋顶结构外围梁的钢筋焊成电气通路的防雷带。

24.5.4 混凝土工程

施工注意事项如下：

(1) 施工时严格按配合比下料，经常检测坍落度，准确控制用水量，严格控制搅拌时间，搅拌台及计量台设岗位责任人，每班设专人控制配料用量，确保砂、石、水的用量。

(2) 柱子和剪力墙浇筑混凝土时，在柱头和墙上口搭设下料平台，混凝土先卸在平台上，再由人工用铁铲铲混凝土入模，防止碰坏模板和导致柱子和墙模板倾斜、钢筋移位。柱子和墙做到分层下料，分层捣固，防止漏浆和过振，以保证混凝土的质量。混凝土浇筑前，先在柱和墙根部浇灌 30～50mm 厚的同强度等级水泥砂浆，以防止柱和墙表面出现麻面。

(3) 梁、板混凝土浇筑应连续进行，并在前层混凝土初凝之前将后层混凝土浇筑完毕。对每层的卫生间、厨房和顶面混凝土的浇筑更要高度重视。

(4) 混凝土的养护采取自然养护法。在自然条件下，混凝土浇筑 10～12h（天气炎热时 8～9h）后及时浇水养护，养护时间不少于 10d，前面 3d 在无蓄水的情况下，白天 2h 浇水一次，夜间至少 2 次；3d 后适当减少。对每层卫生间、厨房和顶面混凝土应覆盖蓄水养护不少于 10d。各楼层养护的主水管，采用 ϕ50mm×3.5mm 钢管从电梯井内焊接顺井壁上升，用铁件固定在墙上，固定铁件每隔 1m 设一道。

24-6 砌筑工程

本工程内外墙均采用混凝土空心砌块，M5 混合砂浆砌筑。砌筑砂浆的拌制应符合配合比的要求，做到认真拌制，确保有良好的稠度与和易性，以保证砌筑质量。

砌筑时，将混凝土柱或墙中预埋拉筋找出焊接，砌筑的水平缝、竖缝砂浆要饱满，要符合规范要求。

砖墙砌块砌到距离梁底或板底 100mm 后，应在已砌好的墙体砂浆强度达到设计强度标准值的 30% 后（约两天时间），再砌最后两行，且侧砖斜砌与梁底或板底顶紧砌实，灰浆必须饱满。

24-7 脚手架工程

本工程采用扣件式钢管脚手架，其搭设要求为：

（1）采用φ48×3.5mm 钢管、工具式扣件搭设双排架，宽1.0m，里排立杆离墙0.3m，立杆（除特殊部位外）纵向间距为1.6m，大小横杆步距为1.8m。

（2）根据规范规定，70.15m 高的外脚手架竖向分成3段，即：第1段1～8层高23.75m，第2段9～17层高24.75m，第3段18～25层高21.65m。脚手架立杆，第1段用50mm×250mm 的通长木方垫底，第2段和第3段用角钢和槽钢自制外挑桥式钢架支承。

（3）外脚手架7步架高开始设锚点，沿高度方向每5～5.5m，沿长度方向每个柱距或每个开间设一个拉锚点，梅花型错开布置。

（4）外脚手架从转角处开始，每隔7根立杆间设一组剪刀撑，剪刀撑与地面夹角为45°，斜杆用2只回转扣件连接，搭接二扣件间距500mm。

（5）外脚手架的搭设必须遵照建设部颁发的安全规范要求进行搭设验收，确保外架的几何尺寸、整体刚度、便利操作，确保架上施工人员的安全。

24-8 装 饰 工 程

24.8.1 内装饰

结构施工到3层时，就进行室内的初步装饰施工，到结构封顶时，内装饰打底已完成95%的工程量，剩下的5%再用20d 完成，而后从上（顶层）至下（1层）进行细装饰的施工。

24.8.2 外装饰

外墙分成3段打底，在结构和砌筑施工中穿插进行，结构和砌筑封顶时，外墙打底完成85%，剩下的15%再用40d 完成，而后从上（顶层）到下（底层）进行外墙锦砖的镶贴和铝合金门窗扇安装。

24.8.3 装饰施工注意事项

（1）抹灰前，对基层面要清洗干净，提前4h 浇水湿润，一次抹灰厚度，砖墙不超过15mm，混凝土表面不超过10mm，超厚的部分要分层抹平。

（2）外墙窗边、窗台要做成1:20 左右斜坡，外窗台面应低于内窗台面10mm，以防止雨水渗进室内，要特别重视窗框塞缝质量，不使成为水槽。

（3）卫生间、沐浴间和厨房地面排水坡度应符合设计规定，找好坡后，先试水。无积水时再做面层，特别要保证阳台面低于内走廊面20mm，内走廊、卫生间、厨房低于房间、厅室20mm，并在施工结构时予以调整考虑。

（4）屋面结构找坡，必须按设计要求找好，并在排水口处形成天沟或排水扁平漏斗，避免屋面积水，造成防水层浸泡失效。

（5）屋面防水层采用防水涂膜，先抹平压光1:2.5 水泥砂浆底层，屋面找平应平整光洁，阴阳角处应做弧形。做防水层时，基层必须干燥。防水涂膜厚度必须保证，粘结必须牢固。

25 深圳书城工程施工

深圳市建筑工程公司　李国松　马　跃　梁洪枢

25-1 工程概况

深圳书城座落在深圳市深南东路南侧蔡屋围地段，东邻金丰大厦，西面与深业大厦相邻，北面与"地王大厦"隔路相望。它是集商业、办公、图书营销为一体的多功能综合大厦。总用地面积 4029m²，建筑占地面积约 1880m²，总建筑面积约 40490m²（其中地上33220m²，地下7270m²），楼高27层（局部29层），建筑高度99.9m。地下室埋深9.5m，共有两层半。整栋建筑功能划分为：地下室为设备用房和停车库，地下室夹层和半地下室为自行车停车库，1至4层裙房为图书展销厅，塔楼5至7层为办公楼，8层27层为公寓式办公楼。28层和29层是设备用房、屋顶水池和观景回廊。

工程基础为人工挖孔桩基础，主体结构类型为现浇钢筋混凝土框架筒体结构，基本柱距 8m×9m，6m×9m。框架梁基本跨度为9m、8m。最大柱截面为1300mm×1300mm，地下室钢筋混凝土外墙厚为350mm，电梯井筒体墙厚500mm。结构平面布置图见图25-1。建筑物抗震设防烈度为七度，抗震等级为二级。各部位混凝土强度等级见表25-1。

各部位混凝土强度等级表　　　　　表 25-1

部　　位	墙柱混凝土强度等级	梁板混凝土强度等级
地下室底板～3层板面	C45	C40
3层柱～7层板面	C40	C40
7层柱～19层板面	C35	C35
19层柱～26层板面	C30	C30
26层柱～屋面	C25	C25

深圳书城总平面布置合理，与周围环境互相协调。根据不同功能分设不同的出入口：北面为广大读者购书入口，南面为办公楼入口；东西两侧为汽车出入通道。功能分区明确，主次分明，人车分流，互不干扰。

方形平面，中间核心筒，四周框架柱，使得该平面形式有效利用率高，使用灵活，结构简单，经济适用。为了打破方形平面的呆板，在方形的四条边上各凸出一个尖角，并用玻璃幕墙面形成反光的"亮柱"，与水平的带形铝窗形成强烈的对比，使立面造型新颖美观、活泼大方。再加上主入口的全玻弧形光棚，两层高的明亮中庭，乳白色的面砖，浅灰蓝色玻璃，枣红色花岗岩石铺面的入口大台阶，把深圳书城刻划得造型生动，形象鲜明。丰富的空间，淡雅的色彩，融和着广大读书爱好者强烈求知欲。深圳书城成了深圳市深南路高

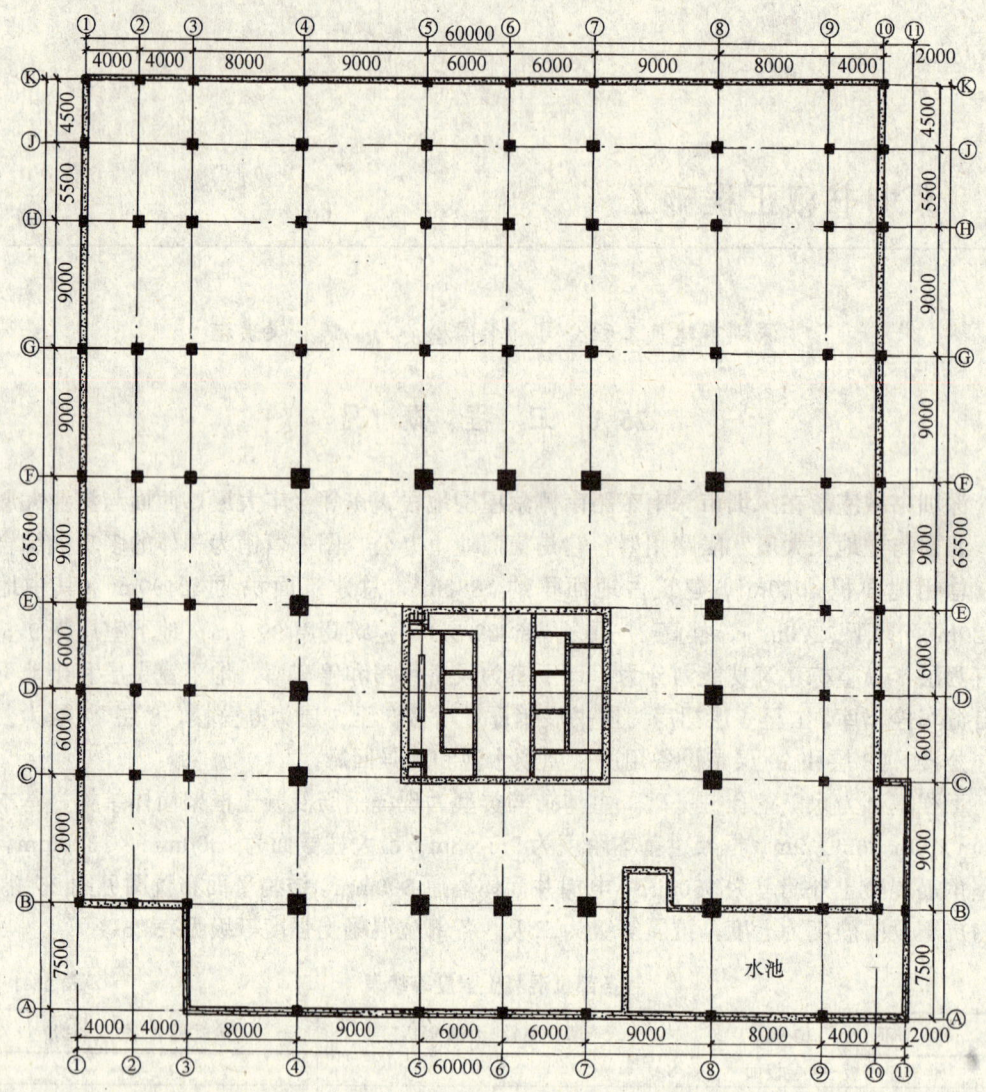

图 25-1 地下室及塔楼地下室底层结构平面图

层建筑走廊上一颗熠熠生辉的明珠。

25-2 人工挖孔桩及基坑土方施工

25.2.1 场地工程地质概况

深圳书城采用人工挖孔桩基础,共 99 根桩,最大桩径 3m,最小桩径 1.5m,其余还有 1.4m、2.3m、2.5m 桩径。桩深最深为 33m,最浅为 22m,桩端做扩大头,持力层为强风化岩层。基坑开挖深度约 9.5m(局部 11.0m),土方开挖量约 30000m³。场地工程地质概况如下:

(1) 人工填土(Q^{ml}):杂色,主要由建筑垃圾组成。松散,仅分布在场地西部,层厚 0.5~1.0m。

(2) 第四纪坡残积层(Q^{dl+el}):粘土,褐黄、褐红、灰白相间,约含 30% 石英。稍湿、硬塑，层厚4.0～6.0m。

(3) 第四纪残积层（Q^{el}）：粉质粘土，灰白、褐黄、红色。由粗粒花岗岩残积而成。湿，硬塑，局部可塑，层厚13～20.9m。

(4) 燕山期侵入岩（$\gamma_5^{3(1)}$）：主要矿物成分为石英、长石、黑云母，粗粒结构，块状构造。依其风化程度划分为强风化层（带）、中风化层（带）、微风化层（带）。本工程的持力层为强风化层，其特点为：肉红、褐黄色，裂隙极发育，与上覆残积砾质粘土呈渐变过渡，上部岩芯呈土夹角砾状，下部呈土夹角碎块状，用手易掰断。层厚21.5～33.1m，层顶标高—18.3～11.9m。

其余土层略。

(5) 地下水：主要存在于残积砾质粘土和基岩裂中，属上层滞水～裂隙水类型，靠大气降水补充稳定，水位埋深1.8～7.5m。

综上所述，场地地面以下至8m范围内的土层地质条件可以，但基坑开挖后暴露的边坡土体在遇雨水及地面生活污水时，易湿陷。施工时应注意边坡的防护。

25.2.2 基坑土方开挖与人工挖孔桩施工顺序

深圳的7月至10月是多雨及暴雨季节，基坑的施工如何尽量避开雨季成为首要课题。紧靠基坑南侧有数栋旧民房建筑（见图25-2），如果基坑长时间暴露受雨水浸蚀，基坑边坡就有塌方的可能，因此原拟在该侧采用挡土桩护坡。但在制定施工方案时，根据东面的金丰城工地和西面的深业大厦工地都已经进行了基坑开挖和桩孔开挖，降低了夹于二工地间的深圳书城场地的地下水位，经过认真分析现场施工条件，进行了科学方案对比，最后决定采用"先挖桩后挖基坑，利用工程桩自身降水"的施工方法，不但为建设单位节省了投资，而且为人工挖孔桩和基坑的施工创造出如下有利的条件：

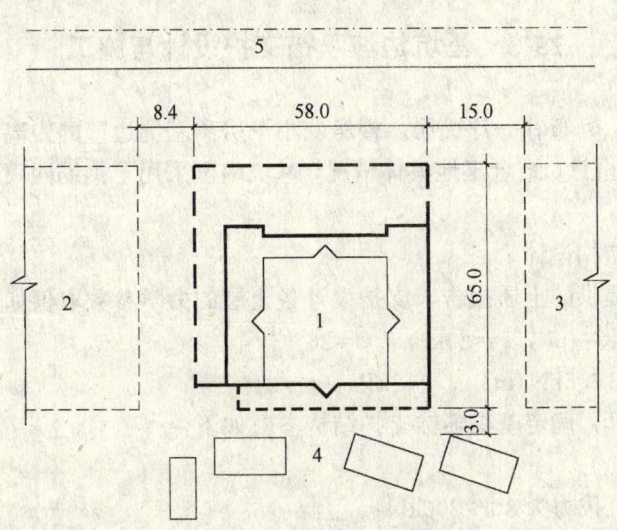

图25-2 总平面图（单位：m）
1—深圳书城；2—深业大厦；3—金丰城；4—旧民宅；5—深南中路

(1) 人工挖孔桩施工期间，获得了较宽阔及完整的施工场地，减少了桩孔土石方和材料的二次运输费用。

(2) 待挖孔桩完成后再进行基坑开挖，从施工时间上可避开暴雨季节进行基坑开挖，避免雨季施工基坑雨水的排放作业，减少基坑边坡遭雨水的浸蚀而产生塌方的危险。另一方面也减少了基坑边坡的外露时间（特别是避开了雨季露坑），可以降低自然环境对基坑边坡稳定的危害，从而可节省边坡的护坡费用。

(3) 推迟了基坑开挖时间，可使土层中的地下水由相邻两工地的降水而得到相应减少，从而减少了降水费用。

(4) 在桩芯混凝土养护期内同时进行基坑土方开挖，不单独占用工期，工序连接紧凑，时间得到合理利用。

实践证明，此施工方案是正确的，效果很好。挖孔桩从1993年7月开挖到10月底完成，11月开始进行基坑大开挖。此时，天气已进入干旱季节，基坑开挖深9.5m，基坑东西北三面边坡放坡坡度选用1:0.3，用80mm厚1:2水泥砂浆抹面护坡，南面因距民房较近（1.6～5.6m），采取钢筋网喷锚支护，取消了原拟使用的挡土桩支护方案。在整个坑内施工作业期间，基坑边坡稳定安全，未出现塌方现象。因此，为建设单位节省了近300万元的施工措施费用，为整个工程施工赢得更多的时间。

25.2.3 人工挖孔桩施工

本工程在挖孔桩施工过程中曾出现轻微的流砂现象。采用了钢筋排插稻草加麻袋堵塞的方法予以防治。

本工程人工挖孔桩持力层为强风化岩，而强风化岩遇水易变为泥浆，施工过程中极容易造成挖孔桩混凝土浇筑时桩端部夹渣。为防止这类质量事故的发生，在挖孔桩终孔时，采用边清泥浆边用高强度混凝土200mm封底的办法，认真处理持力层面的清泥工作，确保挖孔桩桩端施工质量，从抽芯结果分析，证明该方法是可行的。

25-3 基坑边坡喷锚支护设计与施工

在基坑的南侧，分布着一片民居。楼房及小平房离基坑边壁的距离为1.6～5.6m。基坑深度9.5m。为安全计，结合工地具体情况，基坑南侧采用了钢筋网喷锚支护的方法进行护坡。

25.3.1 喷锚支护结构设计

根据勘测公司提供的土质报告，支护设计各土层的力学参数取值如下：

粘土：$\gamma=18.1kN/m^3$，$c=25kPa$，$\varphi=26°$

粉质粘土：$\gamma=17.5kN/m^3$，$c=12kPa$，$\varphi=31°$

根据有关分析和计算，确定基坑喷锚支护结构参数如下：

1. 锚杆

单根锚杆设计抗拔力为80～200kN；

对中支架为$\phi6mm$圆钢；

锚杆杆体材料为$\phi25mm$ II级钢筋；

锚杆头井形架为$4\phi25mm$、长250mm，II级钢筋；

锚杆与水平面夹角0°～10°，呈梅花形布置。

自上而下分别排列（见图25-3）：

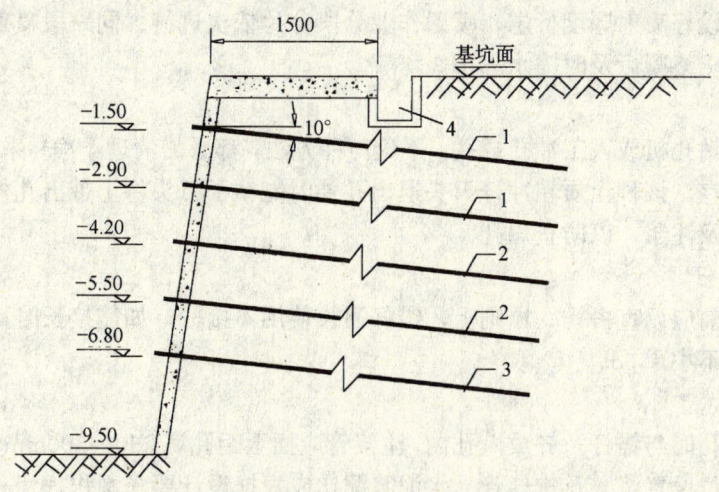

图 25-3 基坑喷锚支护剖面示意图

1—ϕ25mm@1300mm，L=10m；2—ϕ25mm@1300mm，
L=8m；3—ϕ25mm@1300mm，L=6m；4—集水沟

第一排：ϕ25mm，长 10000mm@1300mm；

第二排：ϕ25mm，长 10000mm@1300mm；

第三排：ϕ25mm，长 8000mm@1300mm；

第四排：ϕ25mm，长 8000mm@1300mm；

第五排：ϕ25mm，长 6000mm@1300mm；

2. 喷射混凝土面层

混凝土强度等级为 C15；

喷射厚度：100mm。

3. 锚杆砂浆

重量比：水泥∶砂=1∶1，添加早强剂。

4. 钢筋网

规格：ϕ6mm，间距 200mm×200mm。

25.3.2 喷锚支护施工

工艺流程：

开挖坡面→初喷混凝土→造孔→安装锚杆→孔注浆→铺设钢筋网→复喷混凝土。

1. 开挖坡面

坡面的开挖采用挖掘机大开挖，人工修整坡面分层作业的办法进行。每次开挖深度比各排锚杆标高低 300~500mm，然后进行该排锚杆孔的成孔工作，待该排锚杆完成后，再进行下一层土的开挖。如此类推，至最后一排锚杆完成。坡面开挖后，应立即进行初喷工作，防止坡面被雨水或地下积水等侵害。如坡面有渗水，应视情况埋设泄水管或在坡面挖小导水沟集水，待坡面风干后进行初喷。

2. 初喷混凝土

在每层坡面开挖完成后随即进行，石子粒径为 5~15mm，初喷厚度控制在 40~50mm。

喷射前应先埋设好喷射厚度标志，喷射作业分段分片依次进行。同一段喷射顺序应自下而上。喷射混凝土终凝后及时喷水养护3d。

3. 造孔

成孔采用钻孔机或人工冲孔成孔，不论何种方法，都必需清理干净。采用人工冲孔时，土质以粘土为宜，该种土质在冲杆刀头退出孔外时能粘于刀头将土带出孔外。终孔后，应及时安装锚杆及注浆，以防止塌孔。

4. 安装锚杆

锚杆安装前应调直去锈，原则上，锚杆通长使用不接驳，如需接长时，采用绑条焊接长，每条焊缝不小于5d。

5. 注浆

注浆管入孔时与锚杆一齐放入孔内，注浆管应插至距孔底250~500mm，为保证注浆饱满，在孔口部位设置浆塞及排气管。水泥浆配比应根据设计要求制作。

6. 铺设钢筋网

钢筋网应与锚杆连接牢固，保证喷射混凝土时不晃动，搭接长度为30d，可采用梅花型绑扎。加强筋2ϕ20mm及角钢∟100×6mm在钢筋网安装合格后进行，并与锚杆焊牢。钢筋网安装完毕，及时进行隐蔽验收。

7. 复喷混凝土

复喷混凝土与初喷操作一样，在复喷前，应对第一层混凝土进行检查，对松散、松动部分应除去，并用水冲净。第二层厚度为50~60mm，同时，应将钢筋网盖住。复喷混凝土终凝后，应及时喷水养护，日喷水不少于3次，养护时间不少于3d。

25-4 模 板 工 程

深圳书城主体结构采用现浇钢筋混凝土框架筒体结构体系。在塔楼的施工中，梁板模板采用快拆模板体系，电梯井筒体采用钢木组合定型模板。

25.4.1 梁板模板快拆模板体系

柱、墙、梁和板混凝土同时浇筑，有效地加快了施工进度。为了配合这一施工方法，提高模板周转使用率，混凝土经试配加入早强剂，在梁板混凝土浇筑后7~8d（混凝土强度达设计的强度标准值75%以上时），即拆除板底和跨度小于8m的次梁模板，跨度大于8m的主、次梁支撑仍然保持原支撑状态继续支撑梁模板，待混凝土浇筑后12~13d强度达到设计的强度标准值100%以上时，拆除全部支撑和梁底模板。在配备2套模板的情况下，比常规的梁板支撑法提高周转速度3倍，同时为了提高混凝土表面质量，并降低模板的损耗率，每块模板均采用玻璃纤维聚酯面胶合板。

25.4.2 电梯井模板施工

电梯井施工采用钢木组合分片模板。筒模与移动式平台配套使用。筒体支模先支内模，调整好内模后，绑扎筒体钢筋，然后支外模，筒内模与外侧模板以穿墙螺栓联系并且紧固，螺栓外套硬塑管，管径比螺栓直径稍大，待混凝土浇筑后8~12h，松开螺母，拔出螺栓，这样，既可节省螺栓，又有利于脱模。脱模时，内模通过收紧筒模器，使筒模离开混凝土面，用塔式起重机吊出筒模进行清理周转使用。

电梯井筒模施工工序如下:

操作平台定位→筒模整体吊装就位→钢筋绑扎→外侧模板拼装→对穿螺栓安装→混凝土浇筑→调整模板螺栓使筒模离墙(混凝土浇筑后8~12h)→模板清理待周转。

25-5 钢筋工程

25.5.1 一般梁钢筋绑扎

普通梁钢筋绑扎重点在梁柱核心区,梁柱核心区钢筋绑扎质量将直接影响结构的抗震能力。在此区段梁和梁、梁和柱交错穿插,钢筋重叠,再加上在此区段还有加密箍,所以核心区域钢筋绑扎是钢筋施工的难点。为克服核心区钢筋绑扎的困难,应依循先梁底筋,后梁面筋的施工顺序。

一般梁钢筋的施工顺序为:

安装梁板模板→梁底筋穿梁箍筋置于梁内→绑扎柱箍筋→梁面筋穿梁箍→绑扎梁钢筋→穿腰筋→绑扎腰筋→调整钢筋准确就位。

25.5.2 转换层梁钢筋

转换梁要承受上部各层的荷载,所以都存在截面和配筋率大的特点。同时设计上为了抗震的要求,对钢筋都作一定的构造要求。如底筋和面筋在支座对钢筋的锚固长度作出特殊的要求,在收口柱座处尤其严格。

本工程18层为一转换层。转换层梁截面为950mm×1500mm,底筋配置两排,共18ϕ32mm,面筋配置两排,共14ϕ32mm,中间部门依次排列3ϕ20mm。梁箍ϕ14@120mm(六肢)。转换梁截面配筋见图25-4。

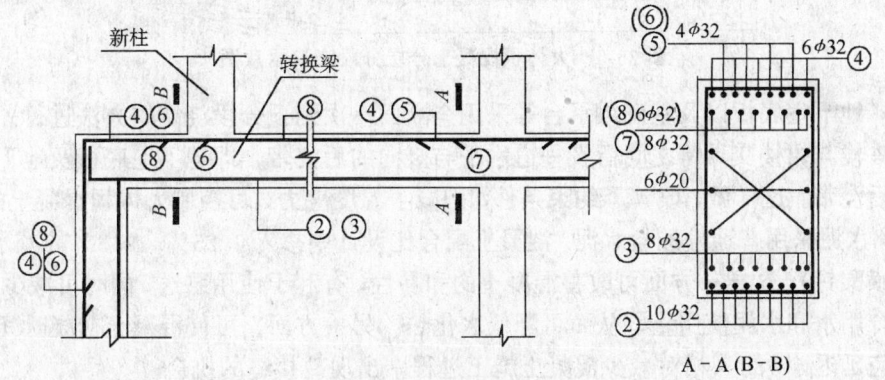

图 25-4 转换梁截面配筋示意图

从转换梁的截面配筋示意图分析,④号筋、⑥号筋和⑧号筋都要锚入梁底以下1500mm,再加上收口柱的钢筋也要作弯钩锚入梁内,以致在该节点处钢筋密布,所以转换梁内各钢筋的施工顺序就显得尤其重要。如果再像一般梁安装钢筋顺序先布底筋再布面筋,底筋稍有偏外的现象时,面筋就无法放置,从而前功尽弃。考虑到面筋较底筋更靠往柱外边缘,即使面筋有出现往内偏的现象,面筋也比较好调整,待柱混凝土浇筑后面筋固定,还有足够的空间去放置底筋。在放置面筋前,先支转换梁底模和板模,并在转换梁和板的交接位置留出2m的操作距离来搭设操作平台。按设计要求把④、⑥、⑧号筋锚入收口柱后就浇筑收口柱混凝土至梁底下500mm。固定好面筋后再进行穿②、③号底筋，套箍筋，穿腰筋，最后就封转换梁侧模。

转换梁钢筋施工顺序如下：

支梁底模→搭操作平台→面筋施工→浇筑收口柱混凝土（固定面筋）→穿梁底筋→套扎箍筋→穿扎腰筋→封梁侧模。

25-6 混 凝 土 工 程

25.6.1 防水混凝土的配制

地下室及水池的结构自防水混凝土加入沈阳新时代PC防水添加剂，加入量要严格根据试验所提供的设计配合比，按现场实际情况调整施工配合比进行投料拌制。本工程对PC防水添加剂的投料比例为水泥重量的9.6%。

25.6.2 大体积混凝土的浇筑方法

深圳书城工程基础底板混凝土量约3000m^3。地下室底板厚400mm，电梯井筒体基础底板厚2500mm，混凝土量约700m^3。设计防水要求底板防水为结构自防，按设计要求以及现场混凝土生产能力情况，书城基础底板混凝土浇筑方案采用如下方案：

(1) 电梯井筒体基础底板部分采用分层浇筑，每层厚500mm左右。分层如图25-5所示。

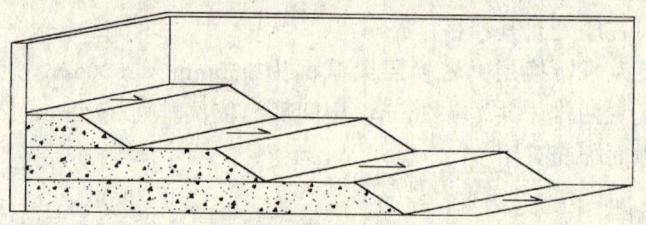

图25-5 大体积混凝土分层分段浇筑示意图

(2) 地下室底板以及基础梁承台等采用全断面一次到顶分段浇筑的方法进行。分段是在横向塔楼与裙楼交界跨之间留设一道水平与竖向的后浇带，即地下室底板及地下室外墙均留设后浇带。这样做，改善了约束条件，削减了温度应力，可控制大体积混凝土的裂缝。

(3) 水泥采用普通硅酸盐水泥。混凝土配合比设计中掺入0.25%~0.3%的减水剂（即木质素磺酸钙），这样一方面可改善混凝土的和易性，有利于使用泵送，同时可减少10%左右的拌合用水和水泥使用量，从而可降低水化热。另一方面，可使混凝土初凝时间和终凝时间相应延迟5~8h，相对减少混凝土施工过程中出现冷接缝的机会。

25.6.3 混凝土的养护

混凝土水分过早蒸发和混凝土内外温差过大也是造成混凝土开裂的原因之一，本工程采用薄膜保湿的方法进行养护。在混凝土浇筑12h内铺盖塑料薄膜，并在薄膜面上覆盖麻袋淋水养护。然后根据气候情况，并每隔2~3h浇水一次，始终保持麻袋潮湿状态，混凝土养护时间为7d，地下室和水池的防水混凝土的养护时间15d。地下室底板在覆盖养护7d后，改为蓄水养护，混凝土墙挂麻包袋淋水养护，总养护时间15d。按如此操作，确保了混凝土强度质量，又使得混凝土表面不出现收缩裂缝，整个3层的地下室在没有抹防水砂浆及外层柔性防水的情况下，经过一个雨季的考验，没有发现一处渗漏，获得较好的混凝土自防水效果。

25-7 轻质蒸压加气混凝土砌块砌筑

本工程使用轻质蒸压加气混凝土砌块。使用轻质蒸压加气混凝土砌块有如下优点：

（1）表观密度小，减轻对结构的荷载，从而可降低建筑造价。

（2）施工方便快捷，轻质蒸压加气混凝土砌块的砌筑速度比普通粘土红砖砌筑速度快两倍，大大降低人工费用。同时该砌块既可切割又可打钉，门洞边无须加砌木砖，直接打钉就可把木门框紧紧固牢。

（3）防渗效果好。经实验，将轻质蒸压加气混凝土砌块浸泡在水里24h，浸渗深度仅为8mm。所以采用加气混凝土砌块砌筑外墙，可更有效的抑止外墙的渗水问题。

（4）由于轻质蒸压加气混凝土砌块的砖体非常规则，充分地保证了墙体的平整度，为下道抹灰工作创造有利的条件。

轻质蒸压加气混凝土砌块有着多种优点，但始终"质轻"，所砌墙的刚度较红砖差些。所以门洞无论大小，都要加混凝土过梁，并且在轻质蒸压加气混凝土砌块墙体的顶部均用红砖与梁板满浆斜顶紧密，使轻质蒸压加气混凝土砌块墙体刚度得到加强。

25-8 装 饰 工 程

25.8.1 外墙面砖镶贴

为保证外墙垂直度的准确性，先采用重锤由上往下挂吊垂直，在各外墙面上弹出控制墨线。再按垂直控制墨线每5层分段挂线，先做墙面找平层。由于混凝土梁（柱）与轻质蒸压加气混凝土砌块接触处因材料不同，易产生收缩裂纹，所以在外墙抹灰前，在梁柱与砌块接缝处加钉密目铁丝网（网宽度≥500mm），然后抹加入5％防水粉的水泥砂浆找平层。待整个塔楼外墙面做完找平层后，再用同样的方法进行挂线弹线，另用经纬仪抽查检验，确认无误后才进行面层镶贴。镶贴面砖1h前，墙面先扫一道水泥浆，起封填砂眼和增强粘结力之作用，砖缝用1:0.5细砂水泥浆勾缝，分两次压抹缝线，确保了缝口不起砂眼，不出现水泥浆收缝的收缩裂纹，确保外墙不渗漏。各种贴面砖镶前均需浸泡充分湿润。

25.8.2 内墙面砖镶贴

本工程电梯厅内墙采用600mm×900mm大规格抛光砖镶贴。这种砖有"砖薄块大"的特点，施工起来比较困难，容易出现翘角曲面，造成空鼓。操作上既有别于大理石的挂贴法，又不同于一般小规格面砖的做法。为了既保证施工质量又收到美观效果，经几种方法试贴比较后，决定采用面砖之间留缝10mm，铺浆推压挂贴施工方法。具体做法如下：

清扫基层面，并按设计要求在基层面做找平层，纵横方向定好面砖和灰缝的标线。镶贴前，先将块砖清洗干净，钻孔成槽（面砖钻孔至少在上排应有两个）并用铜丝穿孔。充分湿润找平层，并撒上适量水泥粉，往块砖背层抹素水泥膏，然后镶贴，通过上排两段铜线调校面砖的高低，并紧固在灰缝的钢钉上。完成铺贴层后，稍加外撑，对面砖进行推压，以避免出现空鼓。

25.8.3 室内地面砖的铺贴

深圳书城塔楼各办公楼层全部采用 450mm×450mm 米色耐磨抛光砖，裙楼采用 600mm×600mm 线条格耐磨抛光砖。地面砖铺贴面积大、数量多。为了保证施工质量，各楼层地面砖镶贴安排在墙面、天棚饰面项目完成后逐层穿插跟上施工，以避免和减少因其它工种交叉作业而磨损地面。施工时，在各楼层房间内进行分格，排砖，调整纵横垂直缝及水平度的控制，将半块砖行调至施工面不显眼的一边，力求保证表面平整，纵横分格缝均匀、顺直。

26 番禺市侨基花园超高层住宅工程滑模施工

广东省番禺市建安集团公司　苏宝国　黄一辉　赖智峰

26-1 工程概况

　　侨基花园是番禺市当时最大型最高的超高层高级商住楼（见彩图19）。它座落于番禺市中心市桥东环路丹山路段以南，东靠丹山河、南近消防大队建筑群、西面是空置地、北面靠东环路，由四栋33层塔楼（其中3层裙楼连在一起呈L形）和一座3层的三角形商场及1层地下室组成（见图26-1），总建筑面积为98000m²（其中地下室7800m²）。每栋塔楼呈井字型，有三台电梯、两个消防楼梯，外形布满横竖线条，结构布置为内筒外剪（其结构平面布置图见图26-2），室内地面为柚木地板，卫生间设有浴缸、座厕，厨、厕内墙面全部贴优质瓷片到顶。并配备管道煤气、热水器、洗菜盆、电话、公共电视天线、防盗系统等等。

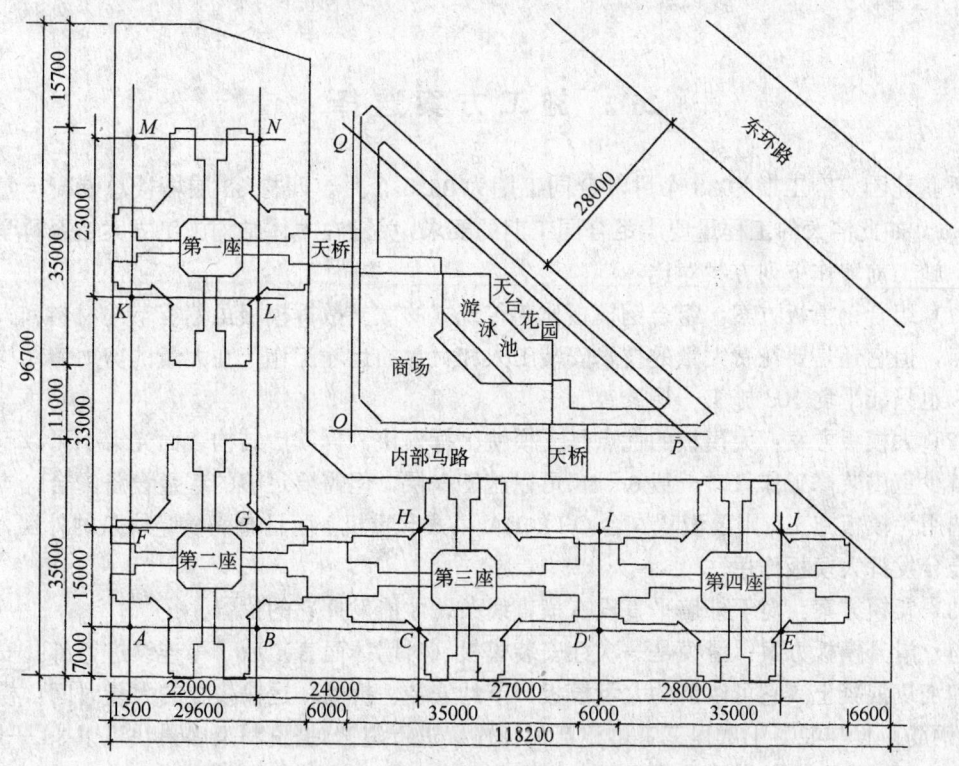

图 26-1　总平面及测量控制网布置图

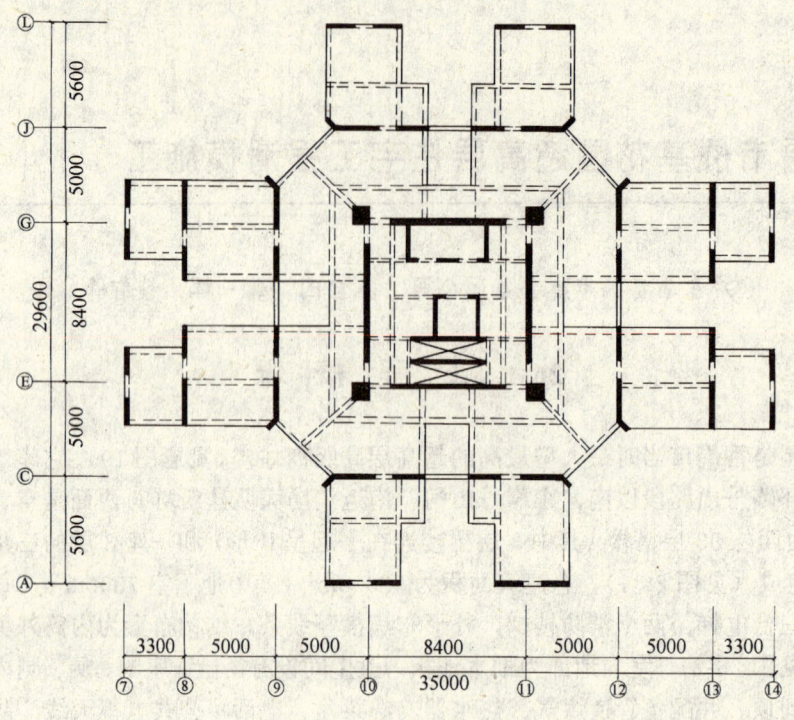

图 26-2 结构平面布置图

26-2 施工方案选择

侨基花园定额工期为 38 个月，合同工期为 25.5 个月。四栋 33 层塔楼总混凝土量约 50000m³。如此浩大的工程量要满足合同工期的要求，关键在主体结构施工方案是否科学与先进。施工前曾作下列方案对比：

(1) 组合钢模板方案：组合钢模板比起传统式的散支散拆模板虽然有节约材料和人工的优点，但它还是要花费大量的技术安装工人和大量的运输工作，在大量的剪力墙结构施工中，也只能平均 10d 施工一层。

(2) 大模板方案：大模板的优点是支模快、拆模快，拆模后结构表面光滑，可以不抹灰，减少室内装修工作量，一般 6～8d 可以施工一层，但需要足够的起重设备配合，本工程若选用大模板施工，则要设置 5 台 QT80EA 塔式起重机。而且布满横竖线条的外墙，也不能充分发挥大模板作用。

(3) 爬模方案：对于外墙平直没有横直线条，才能发挥它的优势。

(4) 滑升模板方案：滑模是一次性安装模板（对墙体而言）后，可连续进行绑扎安装钢筋和浇筑混凝土。它可以节约大量模板，节约安装、拆除、运输模板的大量时间；模板工程、钢筋工程与混凝土工程三者可相互配合连续进行施工，据资料反映最快可以 3d 一层，平均 4～5d 一层。虽然滑模技术亦受很多条件限制，但经过了认真的分析和充分的研究并权衡利弊，最后选择了滑模施工方案。

26-3 测 量 技 术

因为本工程建筑面积大，层数多，工期紧，又采用滑模施工，要求速度快，同时要求在滑升过程中观测垂直度偏差，所以要准确控制测量及放线的难度较大。

26.3.1 场地平面控制网的测量

侨基花园基础开挖的范围大，开挖区的各种轴线均被挖掉，周围场地又堆满各种建筑材料、建有各种临时设施，车辆多，人员杂，难以建立平面控制网，所以在基坑开挖完成后，要及时将轴线恢复到桩基础桩头上，具体可把直角坐标、极坐标法共同运用，以便于检查桩位是否正确。随后在地下室垫层上恢复控制轴线，以保证底板钢筋绑扎及浇筑混凝土位置正确。在地下室底板完工后，将整个建筑的平面控制网建立在相对稳定的地下室底板上，以确保对建筑物实施控制测量。侨基花园的四座塔楼呈 L 形布置，外加一个三角形商场。建立控制网时要满足精度要求，又要分布均匀使用方便。为此建立了如图 26-1 所示的控制网。

四座塔楼的控制网整体要保证闭合，对每栋而言形成的局部矩形控制网也要闭合。由于三角形商场轴线方向与塔楼轴线方向不一致，为测量方便专为三角形商场独自建立一个三角形控制网，这样两大部分一起构成整个侨基花园的平面控制网。由于整个场地的面积太大，轴线上钢筋密集通视困难，无法利用轴线做控制网线，所以设控制网线时，根据甲方提供的 A 轴线向东偏移 1.5m 放出控制网线 M，然后用 2 秒级经纬仪打 90°角放出与之垂直的控制网线 AE，再放出控制网线 BG、CH、DI、EJ、KL、MN 等短控制网线，再用钢尺放出其他控制网线，并进行闭合差检验。使用钢尺时按规定进行各项修正。实践证明用这种方法使用经纬仪放长直线的次数量少，可有效地避免因频繁使用经纬仪时由于角度误差而产生的控制网闭合差，为保证测量精度，除对整个控制网进行闭合差检验外，对控制网中每个小矩形网都进行了闭合差检验，确保了整个放线工作的准确性。

由于地下室面积太大，底板混凝土采取了分区浇筑的方法，为了赶工期采取施工完一块底板放一块控制网线的措施，等全部地下室底板施工完后，控制网线也很快完成，最后只需进行闭合差检验，从而赢得了工期。控制网测定后，用 20mm 直径膨胀螺栓打入混凝土底板上，周围用混凝土加固保护。在膨胀螺栓上用电钻钻出控制网线结点小孔。最后将控制网各点绘制到现场总平面图上予以记录，并通知甲方有关部门验线，收到验线合格通知后，方可正式使用。

在平面控制网建立以后，可用激光铅直仪及吊锤层层向上投测，每次投测后都要检验各自的闭合差。

26.3.2 标高控制网测设

本工程甲方给定的水准点距离建筑物最近点仅数十米。由于工程采用挡土桩支护、管井降水的方法开挖地下室土方，抽地下水会对周围地面造成很大的影响，无法建立标高控制网，故在开挖土方之前在地下室的桩基上建立前期标高控制网，主要用于控制土方开挖、打桩头标高及垫层施工之用，在地下室底板混凝土浇筑完之后，前期水准点被埋入混凝土中，这时需在底板上设置过渡用控制水准点。待地下室完成后，在挡土桩及±0.000 上建立控制用水准点，每座塔楼上各建 1 个，在周围的挡土桩上再建立 4 个控制水准点。定期用甲方的水准点进行复查（每层施工前）。

26.3.3 沉降观测

为了观测四座塔楼的沉降情况，在每座塔楼的首层都设置了5个沉降观测点。用直径20mm的膨胀螺栓打入混凝土楼板中，与测滑模偏差的激光基准点位置相同，具体位置见图26-3。

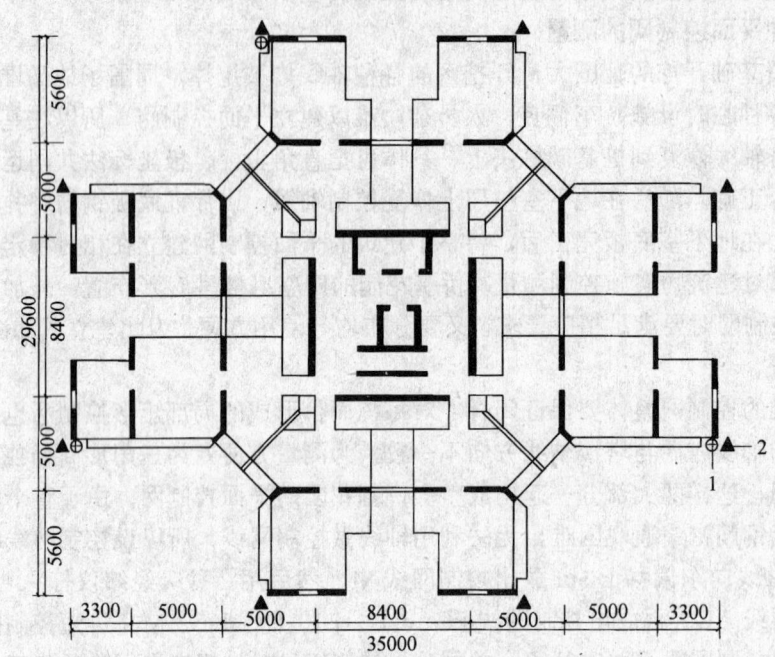

图 26-3 沉降观测点及滑模垂直度观测点布置
1—滑模垂直度观测点位置；2—剪力墙轴线投测点位置

膨胀螺栓离剪力墙很近，可以较好地反映剪力墙的下沉情况，测量时利用周围挡土桩上的基准点进行，每滑升三层楼观测一次。

26.3.4 滑模施工测量

本工程从±0.000便开始采用滑模施工，测量方法与一般建筑施工有所不同。

1. 结构垂直度控制测量

由于本工程层数多，南边相距数米便是围墙、3层楼房，周围还有许多其他的临时设施，加上建筑群本身相互阻挡视线，在开始阶段难以采用外控方法，故主要用内控法控制垂直度，以外控法控制扭转度及复校垂直度。选用激光铅直仪做为主要内控观测仪器，同时辅以吊锤，2秒经纬仪进行校核及进行局部垂直度控制。所使用的激光铅直仪是北京建筑施工技术研究所研制的建设牌激光铅直仪，垂直精度为5角秒，即对应100m高处产生的偏差为2.2mm，激光铅直仪射出的光线垂直向上投射到设在滑模平台上的激光接收靶上，可以观察到接收靶随滑模的偏移情况，以便随时调整滑模的滑升方向，保证结构整体垂直度。另外尚配备一些活动靶，用以将激光垂直线引到剪力墙的墙身上，以检查墙身的偏移情况，便于滑模纠偏时用之为调整依据。由滑模本身的局部变形、倾斜导致滑模的偏移与实际墙身不一致，这个数值可能大到10mm，甚至更大。

根据本工程实际情况，将地下室底板上的总控制网向上引投到首层，在首层±0.000高度于四个墙角设置四个平面定位基准点，如图 26-3 所示，用膨胀螺栓将钢板固定在定位点地面上，中心用电钻钻一个小孔，将来激光仪的光点就要对准该点。在基准点上方设有仪器保护箱，使用时将激光仪放在其中，以免被上面的坠落物砸坏，并起到防水作用，铁箱上设有活动窗口，当观测时打开让激光通过，不用时再封闭。测模装置组装完毕之后，在对应的位置装上激光靶。激光靶用半透明有机玻璃制成，上面刻有网格，装在铁制遮光筒中，从靶上的光斑可读出滑模的偏移。对滑模的偏移情况，每滑一层观测三次，即滑升前、滑升中、滑升到位后。由于滑升到位后滑模处于脱空状态，故偏差常常很大，需根据观测结果进行纠偏，所以空滑后的观测非常重要，在每层滑升到位后即在剪力墙上投出垂直控制线，在滑升过程中可随时用吊锤检查墙体的局部垂直偏差。为了便于用激光铅直仪投出剪力墙上的垂直控制线，在 2 层每个墙角都布置基准点，平面位置见图 26-3。当层数较低时，可用吊锤校核激光铅直仪测出的垂直度；当滑升到较高的高度时，在周围用 2 秒级经纬仪核准垂直度。由于采取了层层用激光垂直仪测量，经纬仪校验的观测方法，避免了观测积累误差，使得总垂直度测量精度控制在 10mm 以内（当 $H<60m$ 时）；当 $H>60m$ 时，总垂度偏差 $<15mm$。这 10mm 及 15mm 的误差中包含了对点误差、气流不稳定产生的光线折射误差等的总和，满足规范的要求（规范要求 $H>90m$ 时垂直度偏差 $<50mm$）。

2. 滑模的高程控制

在安装滑模模板及提升架前先要测出地面的标高，以便调整模板在一个水平上。模板及提升架安装好后，用水准仪引测 ± 0.000 标高于 A、B 两座塔楼之间及 C、D 两座塔楼之间的两台塔式起重机的塔架上，涂上红色三角形油漆标记。然后每隔 5m 在塔架上做出红油漆标记。塔式起重机放在端承桩支承的箱形地下室底板上，沉降很小，可忽略不计，另在引测时扣除弹性变形影响。在滑升前根据滑升高度在塔架上放置钢卷尺并拉直，便可在滑模平台上直接用水准仪观测到钢卷尺的读数，从而读出仪器高度，再将高程转到支承杆上。本工程使用的支承杆有两种，一种是工具式支承杆，总数为 288 根，一种是埋入结构体内的支承杆，总数为 102 根。工具式支承杆位于剪力墙体外部，可反复使用，但由于其自由高度大，易失稳弯曲，加上是通过扣件卡在下层楼板上的，使用时易下滑，故造成其标高非常不准确，在滑升过程中要经常调整标高标记。相反剪力墙体内支承杆由于是通过焊接接长且埋入墙体内不回收，其自由度较小，不易失稳弯曲及下滑，高度稳定，也不需要经常调整标高标记，所以把墙体内支承杆选为标高控制点。本工程滑模部分体形非常复杂，支承杆多达 390 根，钢筋相当多，由于钢筋、支承杆、布料架等对引测标高时的视线干扰太大，无法一次观测所有支承杆标高，必须分两次引测。先用扫描仪或水准仪将高程转到剪力墙体内支承杆上做出标高控制点，用黄油漆和白油漆交替标记。再由木工将高程转到工具式支承杆上，由于工具式支承杆经常要调整标记高度及循环使用，故用粉笔标记。用白油漆和黄油漆交替标记有助于判断墙体内支承杆是否被更换过。

由于滑模滑升需连续进行，夜间采用建设牌激光水平仪，该仪器的特点是夜间可看到明亮的光线点，而且可手动扫描，具有自动安平功能，故可控制光点直接照在支承杆上，直接按光点做出标高标记，非常方便。

在白天则可选用自动安平水准仪，亦可使用激光扫描仪，但这时由于激光接收靶的特性，需采用自动扫描方法，本工程用美国 EL-1 型激光水平扫描仪，该仪器使用方便，速度快，精度较高。

标高对滑模来说是非常重要的，必须绝对正确，所以在管理上采取测量人员自查、专人复核的方法加强复查，确保了所有楼层的标高准确无误。

滑模工程是一个庞大的系统工程，每一个环节都必须协调，否则便严重影响施工进度。为此在组织形式上将测量组分为两个小组，其中一个专门负责滑模垂直度控制及高程控制，按四座塔楼进行流水作业，另外一组则负责平面放线及随后的立面线条等等。

除了保证滑模滑升的标高控制外，在每次滑升后，马上要组织人员在2h内在刚滑出的剪力墙上放出1m高度线，确保木工支楼面模板时有高程依据。

由于在人员组织、仪器选用、技术应用各方面做得比较周全，把好了测量控制关，使工程得以顺利地进行。

26-4 地下室施工

本工程地下室面积为7800m², 共一层，底标高-4.15m，部分区域为-4.65m（A、B、D三座塔楼核心筒及整个C座），顶板标高± 0.000m，场地平均标高-0.300m，该地下室为框架-剪力墙结构，底板厚度0.9m，外壁厚度350mm，地下室外壁、水池壁采用C33级抗渗混凝土，抗渗等级为P6，其它墙体及柱混凝土强度等级为C33，地下室顶板即± 0.000结构层混凝土强度等级为C38，± 0.000以下钢筋混凝土总量为10805.7m³，混凝土由现场搅拌站制备，并用混凝土泵输送。地下室外壁、水池及底板采用PUK材料防水。

26.4.1 基坑支护工程

1. 场地条件

本工程施工场地狭窄，其地下室外墙边距西面征地界线仅为2m，南面距消防大队房屋为5m，东面距丹山河堤内脚线5~6m，北面距东环路边线为30m，且在该30m范围内，埋设有市政主要供水、排水管道及邮电局通讯电缆。

2. 水文地质资料

在地下室开挖深度范围内，从上至下，其土层依次为：回填土及淤泥，部分范围进到中、细砂层。回填土层厚度0.7~3.5m，一般2m左右，平均饱和密度为18.5kN/m³，抗剪强度指标$C=13.82$kPa，$\varphi=24°56'$；淤泥层厚度2~8m，平均4.5m左右，平均饱和密度14.3kN/m³，抗剪强度指标$C=6.61$kPa，$\varphi=3°24'$。地下水位一般为0.8~1.2m，平均1.05m，由西向东变深，主要含水层为海冲积中细砂，局部为粗砂，渗透系数$K=4.26$m/昼夜，属中等透水承压孔隙水层。

3. 各种挡土方案的可行性分析

基坑开挖挡土支护的方法很多，本工程受场地开挖面的限制和开挖各土层的物理力学指标制约，以及水文情况的影响，不可能采取自然放坡，也不可能采用外拉杆板桩。另外，由于地下室基础工程桩数量多，密集程度大，而且地下室结构混凝土工程量大，工作面小，如采用内撑式板桩挡土，将会ａ阻碍地下室的施工，从而影响施工进度。地下连续墙则太昂贵，故最后决定选用悬臂式挡土桩支护方案。根据本工程地下室的开挖深度（3.8~4.3m）、周边场地条件，结合技术及经济指标比较，根据不同的条件和不同的位置采取了不同形式的悬臂挡土桩，如图26-4所示。

4. 混凝土悬臂挡土桩的设计

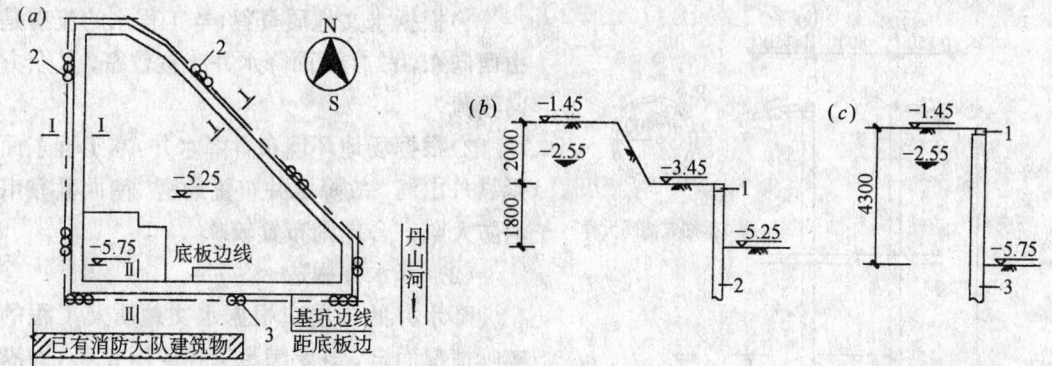

图 26-4 挡土桩布置图
(a) 挡土桩平面布置图；(b) Ⅰ-Ⅰ剖面；(c) Ⅱ-Ⅱ剖面
1—500mm×300mm 压顶梁；2—1号挡土桩（锤击沉管灌注桩）；3—2号挡土桩（钻孔灌注桩）

根据地质勘察报告，取桩后土的平均饱和重度 $\gamma=17.3\text{kN/m}^3$，内摩察角平均值 $\varphi=20°$，按开挖深度的不同，靠近市消防大队即南面的2号桩计算得最大弯距 $M_{max}=196\text{kN}\cdot\text{m}$，采用 $\phi 600\text{mm}$ 钻孔灌注桩，桩长12m，采用C20级混凝土，配筋为：纵筋 $6\phi 25\text{mm}$，箍筋为 $\phi 12@200\text{mm}$，东西北相同。对于1号桩，算得最大弯短 $M_{max}=123\text{kN}\cdot\text{m}$，采用 $\phi 480\text{mm}$ 锤击沉管灌注桩，桩长12m，采用C20级混凝土，配筋为：纵筋 $4\phi 25\text{mm}$，箍筋 $\phi 12@200\text{mm}$，计算桩顶最大位移为45mm，桩顶用 $500\text{mm}\times 300\text{mm}$ 压顶梁，将桩顶封住加固。

26.4.2 基坑降水、排水方案

1. 基坑开挖发生流砂和涌砂的可能性分析

根据地质勘察报告，场内地下水位平均高为 −1.05m（相对自然地面而言），由钻孔剖面图知：8号、12号、17号、1号、26号钻孔透水砂层的顶面标高均等于或高于需开挖的地下室底标高（−4.3m）。即这些区域透水层已被挖穿，而且这些区域大多靠近基坑边缘，而基坑边缘的动水压力为最大，其值为：

$$j=-t=-\gamma_w i=-\gamma_w \frac{h_2-h_1}{2}=9.8\times\frac{4.3-1.05}{2}=15.93\text{kN/m}^3$$

式中 γ_w——水的重度（kN/m^3）；

i——h_1 与 h_2 之间的水力梯度。

细砂的饱和重度为 $\gamma=9\text{kN/m}^3$，故将发生流砂现象。除以上孔位外，淤泥层厚度小于2m，在承压水头的顶托下，基坑底部在以上区域，可能被顶破，出现涌砂现象。故在设计挡土桩时充分考虑了这一因素，将挡土桩的长度加长穿过砂层进入不透水层。

综合以上分析，为使工程顺利地进行，在地下室的周围布设了降水井及设了二道排水沟，如图26-5所示。

2. 降水井的分布与构造

（1）降水井布置原则

图 26-5 降水井及基坑排水平面布置图
1—集水井；2—排水沟；3—降水井

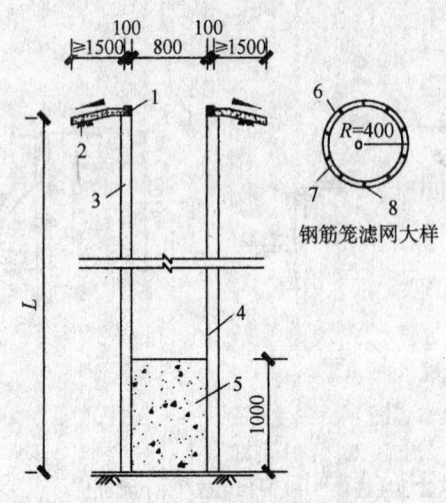

图 26-6 降水井剖面图
1—降水井顶部混凝土井圈；2—水泥砂浆散水坡；
3—过滤层（0.5mm 碎石与粗砂混合），厚度 $b \geqslant 200mm$；
4—钢筋笼滤网；5—碎石、砂混合料过滤填充层；
6—铁丝滤网（20 目）；7—$\phi 8mm$ 箍筋@200mm，
$\phi 12mm$ 加强箍筋@500mm；8—10$\phi 14mm$ 竖向钢筋

1) 根据水文地质资料,本工程水的流向是由西向东,故在西面降水井布置较密,其余方向较疏。

2) 根据场地环境布置降水井：本工程东面紧靠丹山河,故降水井布置最密。南面紧靠市消防大队宿舍,则布置较疏。

(2) 降水井构造

降水井的构造应根据水文地质及工程的实际情况而定,既要满足工程使用要求(即满足预期效果),又要经济。具体构造见图 26-6。

降水井的深度 $L = H + 3m$, H 为开挖深度,此式只在密排挡土桩穿过透水层进入不透水层的条件下才适用。

3. 降水对周围建筑物的影响和防护措施

(1) 基本情况

在场地南面,距本工程建筑物边线 5m,就是市消防大队建筑群大院围墙。大院内有塔楼、综合楼及停车楼、训练场等。塔楼、综合楼及停车楼的基础均为桩基础,主体均为框架结构。

北面,离本工程建筑物边线约 30m 处为东环路,西面离建筑物边线约 100m 为市广路,此范围内无建筑物,东面为丹山河。

(2) 降水对消防大队建筑群的影响及其防护措施

场内地下水位标高为 -1.05m,设计降水深度 3.5～4.0m,经计算,降水井抽水影响半径为 53.40m,市消防大队建筑群在此范围内,因此必须注意防护。

降水对周围建筑物的影响,主要表现在地面沉陷、裂缝和由于沉陷不均匀而造成上部结构的倾斜和裂缝。造成以上损坏现象的原因,是因为在整个地下室施工过程中,抽水降低地下水位,造成周围建筑物下地基土固结、流失、掏空,而使地基沉陷。

为了防止消防大队建筑群下地基土的流失,采取了下列措施：

1) 在靠消防大队一侧（南面）挡土桩实行以封为主的方案,用 $\phi 600mm$ 钻孔桩密排,间距为 550mm,为了保证施工质量,实行相邻两桩前后施工的方法。降水井实行必要时才抽水或间歇抽水,甚致有时灌水（视地下室开挖情况而定）。

2) 本工程降水深度变化范围均在地基淤泥层,该层土属饱和土,其固结速度取决于土中自由水的排出速度（即为渗透固结）,因此为控制基土中淤泥层的固结速度,在降水时,对于靠近消防大队建筑群一侧的降水井采取比其它方向降水井迟一步抽水及间歇性抽水的措施,即先开挖其它方向的基坑,后开挖靠近消防大队建筑群一侧的基坑,这样可尽量缩短此侧降水井的抽水时间,从而有效的减小由于土的固结而造成地面的沉陷。

3) 靠消防大队建筑物侧的降水井抽水要慢抽,即小流量抽水,从而使土内降水坡线比较平缓,减小不均匀沉陷量。

4) 尽量缩短地下室施工工期,在底板混凝土浇完之后（底板 900mm 厚）立即回填土,这样减小降水深 0.9~1.0m（包括垫层厚度），将非常有利于建筑群地基的稳定。

根据其它工程降水施工经验，对于桩基础的建筑物在降水幅度 3.5m 左右的情况下，由于土的压缩沉陷而给予桩的负摩擦力很小，不会因此造成桩基的沉陷，而对于地坪和不在地梁上的间墙，在个别地方可能出现小的裂缝。

由于消防大队建筑群的主要建筑物均为桩基础，所以在本工程地下室降水施工时，通过采取以上的防护措施后，除围墙和首层地面出现个别沉陷裂缝外，其主体建筑未受到损坏。

5）加强沉陷观测。为确保周围建筑物的安全，在整个基础开挖和降水过程中，定期对周围建筑物进行定点沉陷观测，以便发现问题及时采取补救措施。

26.4.3 地下室结构施工时施工缝的留置

1. 施工缝的位置

本工程地下室面积较大，为 7800m² （底板所占面积），±0.000 以下混凝土总量为 10805.7m³，其中底板 7020m³，现场混凝土搅拌站的实际生产率为 20m³/h，每天 24h 计算其产量也只有 480m³/d。如果连续浇筑最少也要 14.7d。这在实际上是不可取的。因此，根据本工程地下室结构特点，并征得甲方及设计单位的同意，地下室工程分三块进行施工，施工缝位置设在⑥~⑦轴及 (L) ~ (1/N) 轴之间，即 A、B 座塔楼部分为一块，C、D 座塔楼部分为一块，三角形商场部分为一块，如图 26-7 所示。

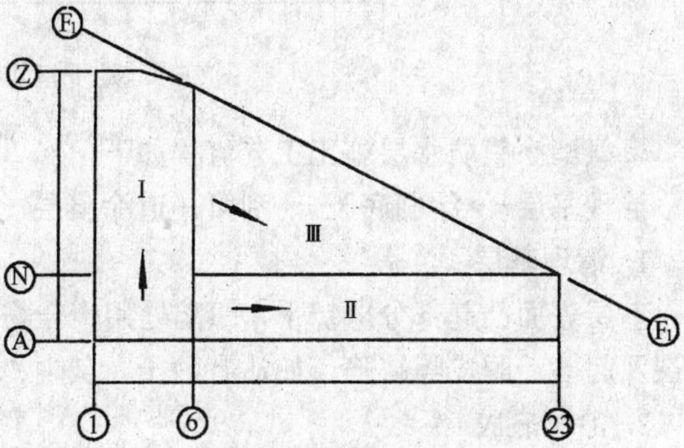

图 26-7　地下室底板施工分块示意图
注：图中箭头所示为混凝土浇筑方向。

2. 地下室底板施工缝的处理措施

本工程底板混凝土施工。分三大块进行，施工缝的处理采用钢板网技术，钢板网厚度 $s=3mm$，高度为底板有效高度 $h_0=80mm$，网孔为菱形，大小为 3cm²，直穿整个施工缝长度，浇筑混凝土时，砂和石子将网孔封住并露出，自然形成毛面，且堵住砂浆流淌，毛面上基本无浮浆附着，后浇混凝土时，无须对施工缝进行打毛、冲洗，易保证施工质量，提高了施工速度。如图 26-8 所示。

先浇混凝土的底板在施工缝处预留钢筋，上下二层均分两个长度 250mm 和 1000mm 相间布置，且上下层错开对应，满足《规范》中有关钢筋接头的规定。

为防止施工缝处新旧混凝土出现收缩裂缝，在施工缝处设置了加强筋，本工程采用 $\phi16mm@200mm$，$L=3m$ 进行焊接加强，每边 1.5m。

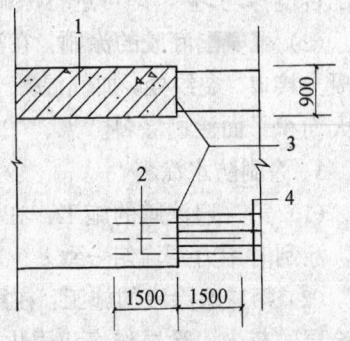

图 26-8　底板施工缝处理
大样剖面及平面图
1—混凝土底板，厚 900mm；
2—加强筋 $\phi16mm@200mm$，$L=3000mm$；
3—钢板网；4—主筋 $\phi22mm@200mm$

施工缝处续浇筑混凝土时，按《混凝土结构工程施工及验收规范》规定执行。

26.4.4 地下室防水工程施工

本工程地下室防水设计如图 26-9 所示。

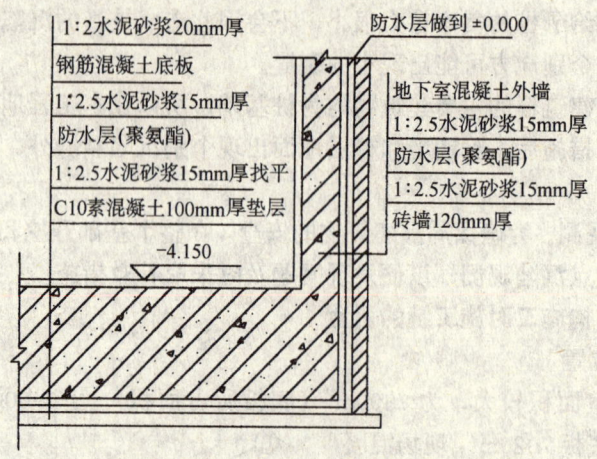

图 26-9 地下室防水层构造图

聚氨酯涂膜防水层施工工艺流程如下：

清理基层→涂刷底胶→刮第一道涂膜层→刮第二道涂膜层→做保护层。

1. 清理基层

基层表面凸起部分应铲平，凹陷处用聚合物砂浆（107 胶砂浆）填平，并不得有空鼓、开裂及起砂、脱皮等缺陷。如沾有砂子、灰尘、油污，应清除干净。

2. 涂刷底胶

（1）聚氨酯底胶的配制：将聚氨酯甲料与供底胶使用的乙料按 1∶3 或 1∶4（重量比）的比例配合搅拌均匀（也可将聚氨酯涂膜防水涂料甲料∶乙料∶二甲苯＝1∶1.5∶2 的比例配合搅拌均匀），即可进行涂刷施工。

（2）聚氨酯底胶的涂刷：在涂刷第一遍涂料之前，应先在阴阳角、排水管、立管周围、混凝土接口、裂纹处，加气混凝土、混凝土预制板等各种接合部位，增补铺贴增强材料，然后大面积平面涂刷涂料。

3. 涂刷防水涂料

（1）第一遍涂膜的施工：在底胶基本干燥固化后，用塑料或橡皮刮板均匀涂刷一层涂料，涂刮时用力要均匀一致。

（2）第二遍涂膜的施工：在第一层涂膜固化 24h 后，对所抹涂膜的空鼓、气孔、砂、卷进涂层的灰尘、涂层伤痕和固化不良等缺陷进行修补后，刮涂第二遍涂料，涂刮的方向必须与第一层的涂刷方向垂直。涂刷总厚度按设计要求，一般控制在 1.5mm 左右（即涂刷用量在 2.5kg/m² 左右）。涂刷顺序是先立面后平面。

（3）第二遍涂膜固化后，厕浴间应做好闭水试验，合格后抹 20mm 厚水泥砂浆保护层；如为地下室立墙，可在第二层涂膜固化后抹砂浆，使之成为整体，起到保护涂层的作用。

4. 特殊部位处理

突出地面、墙面的管子根部、地漏、排水口、阴阳角、变形缝等薄弱环节，应在大面积涂刷涂料前，先做一布二油防水附加层，即在底胶表面干后，将纤维布裁成与管根、地漏等尺寸、形状相同并将周围加宽20mm的布，套铺在管道根部等细部。同时涂刷涂膜防水涂料，常温4h左右表面干后，再刷第二道涂膜防水涂料，经24h干燥后，即可进行大面积涂膜防水层施工。

26-5 主体结构施工

本工程工期紧迫，装修工程量大，缩短工期的措施主要在于结构阶段。根据本工程的结构特点，经研究确定主体结构采用滑模施工工艺。

26.5.1 滑模施工基本方案

滑模施工基本方案是采取"滑一浇一"施工方法，即滑模施工一层墙、柱、梁后，便将模板空滑，使滑空后的模板下口距已滑墙体等构件表面的距离等于楼板的厚度，然后浇筑该层楼板混凝土，随后便继续进行上一层结构的滑模施工。结合本工程的特点，具体施工时采取下列施工方案：

（1）3层裙楼部分：由于其部分梁板布置与标准层不同，故剪力墙和柱采用滑模施工，逐层滑空，梁楼板逐层支模现浇。

（2）标准层部分：剪力墙、柱、梁同时滑模施工，逐层滑空，楼板逐层支模现浇。

（3）顶部外墙76.70m以上开始向外突出，其突出部分辅以现浇手段配合滑模施工。

（4）主体结构女儿墙及核心筒上部斜墙，均采取支模现浇方法施工。

（5）楼梯的施工随上层楼板的施工逐层跟进进行。

（6）各层楼板的支模现浇施工方法与常规施工相同，楼板模板采用钢框胶合板模板。

（7）混凝土垂直运输采用混凝土泵，布料杆布料。另配置塔式起重机及施工人货电梯负责材料运输。

26.5.2 滑模装置的设计

26.5.2.1 千斤顶、支承杆和提升架的布置

本工程滑模用的千斤顶是采用起重能力为60kN的卡块式千斤顶。支承杆采用$\phi 48\times 3.5$mm的钢管制成，上下支承杆的连接是采用螺栓连接（见图26-10）。

提升架采用横梁式提升架（见图26-11），其布置如图26-12所示。

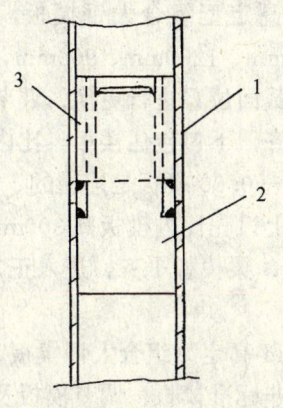

图26-10 钢管支承杆的连接方式
1—$\phi 4.8\times 3.5$mm钢管；
2—螺栓头；3—螺母套

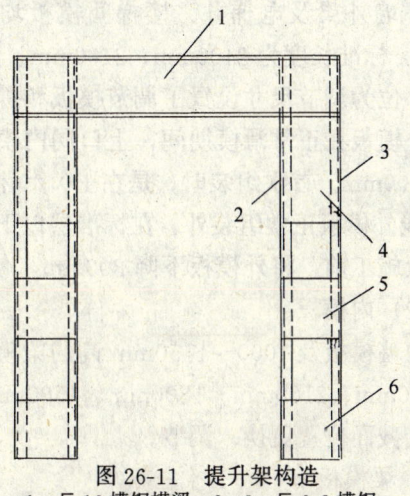

图26-11 提升架构造
1—[16槽钢横梁；2、3—[6.3槽钢；
4、5、6—5mm钢板

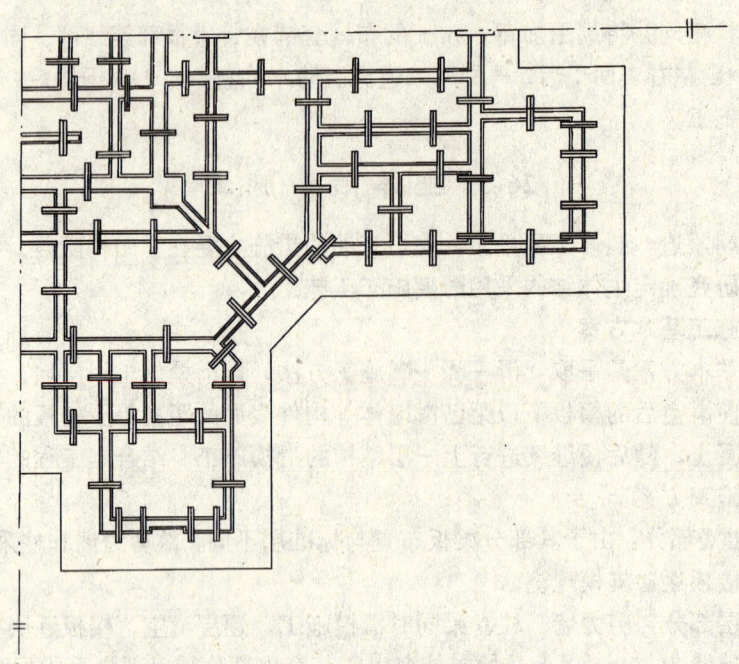

图 26-12 提升架布置图

在剪力墙部位，每个提升架配置1台千斤顶，支承杆位于墙体内部（称为体内支承杆）。在梁部位，由于梁钢筋密集，因此将支承杆布置于梁外两侧（称为体外支承杆），一个提升架配置2台千斤顶，由梁外两侧支承杆支承。

每栋塔楼滑模装置的设计荷载为6450kN，其中：滑模自重为3.0×840（平台面积）=2520kN；施工荷载为2.5×840=2100kN；混凝土与模板间摩阻力为2.0×915（模板面积）=1830kN。实际共使用千斤顶390台。

26.5.2.2 模板及围圈的配置

1. 墙体模板

（1）外墙外模板

外墙外梁及电梯井、楼梯间模板均采用1200mm高定型组合大钢模板，边框宽度84mm，标准长度为2400mm、2100mm、1800mm、1500mm、1200mm、900mm，在墙体变截面部位为调节尺寸设置了调节模板和拼条，在结构变截面位置进行更换、调节。

外模板在正常滑模期间，上口同内模板、梁模板平齐，下口包住楼板，比内墙模板下口低300mm。首次组装时，是在±0.00楼板上进行，且±0.00楼板是连通的，因此除①、Ⓐ轴线外模板正常组装外，在标准层以下，其余外模板上口先比内模板高300mm，在第4层楼板施工前，将外模板下降300mm，使上口同内模板、梁模板平齐，进入正常施工。

（2）内模板

内墙模板及1000～1150mm高的梁模板，采用900mm高定型组合大钢模板，标准长度为2400mm、2100mm、1800mm、1500mm、1200mm，非标准模板、调节模板及拼条用于墙体变截面位置更换、调节。

2. 梁模板

650mm高的梁在门洞位置，模板按墙处理。较多的是600mm高的梁，去掉板厚，净高

500mm，加上底板厚 55mm，梁侧模总高 555mm。梁模上口同墙模板平齐，下口比内模高 345mm，在模板空滑到上一层后，此空间有利于板的施工。

板上梁模板：在 B5、B11、B21 卫生间及厨房间的位置，梁在板上，梁的内侧模板高 500mm，上口与楼板面平，比一般墙、梁楼板高出 100mm，下口与 B5、B11、B21 板面平。板上梁模板安装在 T2 提升梁短腿一侧。

3. 角模

(1) 外墙阳角模直角边 200mm×200mm，模板高 1200mm。阳角模槽钢背楞上的孔眼同外挑架 WTJ2 相连接。

(2) 外墙阴角模，直角边 300mm×300mm，模板高 1200mm。

(3) 内墙角模，直角边 300mm×300mm，模板高 900mm。采取柔性角模做法，即直角背楞和直角边框不连续，中间有 20mm 间隙。当模板进行收缩调节时，角模有一定的活动余地。

(4) 梁角模，直角边 300mm×300mm，模板高 500mm。

(5) 板上梁角模，直角边 300mm×300mm，模板高 500mm。

(6) 为使安装后的模板产生倾斜度，阳角模上口每边小 2mm，阴角模上口每边大 2mm。

4. 插板

(1) 插板位置：梁与墙相连处，当施工墙的时候将插板插上，以连接角钢带动插板同墙模一起滑升，当施工梁的时候，解除插板连接角钢，让梁与墙连通；墙的门窗洞口处，当形成洞口时将插板插上，逐块插入后，互相对撑、固定，插板之间用回形销连接，插板不随墙模滑升，当到达过梁底模时，解除插板连接角钢，让过梁与墙连通。

(2) 插板高度：梁与墙相连处插板高度一律 900mm，墙的门窗洞口处，插板总高＝层高－过梁高，由于层高不同，门窗洞口处插板总高不一。为此，以标准插板高度组合为主，配一部分高度调节板。

(3) 插板宽度：根据剪力墙的截面变化及梁的宽度不同而定，插板宽度应比墙、梁截面小 10mm，以利滑升。

(4) 滑条：滑条采用 $\phi 14$mm 圆钢制成，是控制插板的轨道。工地组装模板时，根据模板平面布置图先行放线，确定插板位置后，在相应的滑升模板（或角模）上划线，并将滑条间断焊接在模板上。

5. 模板之间及模板与提升架的连接

钢模板之间用 M16×40 螺栓连接。模板同提升架支腿的连接采用钢板制作的卡铁卡在模板背面的槽钢上，卡铁同支腿用螺栓连接。见图 26-13。

6. 滑升模板的倾斜度

为了减少滑升时模板与混凝土的摩阻力，两侧模板在组装时应形成上口小、下口大的倾斜度，单面模板的倾斜度为 0.3%，即：组装成的墙模板上口比墙截面宽度小 5mm，模板下口等于墙截面宽度。对梁模板上口比梁宽小 5mm，下口可小 2mm，充分利用允许的负公差。

7. 围圈

围圈安装在提升架下部的槽钢夹板上，使提升架之间连成整体。围圈的纵横向之间用水平斜撑连接，上下围圈之间用围圈立杆对拉螺栓及斜杆连接，使之成为装配式桁架。

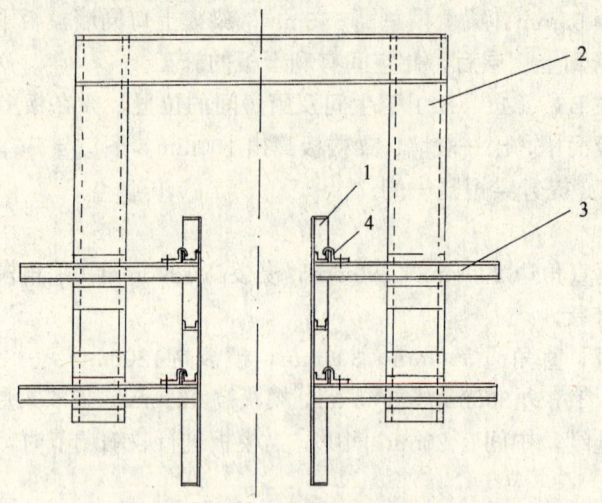

图 26-13 模板与提升架连接
1—模板；2—提升架；3—支腿；4—连接卡铁

26.5.2.3 操作平台的布置

操作平台的平台板分为固定平台板和活动平台板两部分，都铺设在围圈及提升架的支腿上，整个平台的布置关系如图 26-14 所示。

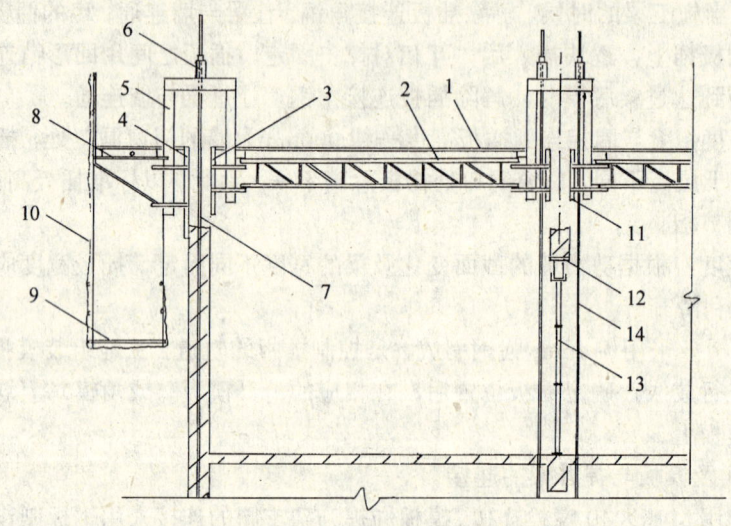

图 26-14 操作平台布置图
1—操作平台；2—围圈；3—内墙模板；4—外墙模板；5—提升架；6—千斤顶；7—体内支承杆；
8—外挑架；9—吊脚手架；10—安全网；11—梁模板；12—梁底模；13—梁底模支撑；14—体外支承杆

26.5.2.4 液压油路及液压控制台的布置

1. 油路布置

本工程采取分区分组并联法布置油路，在电梯井位置设 2 台 72 型液压控制台，分 5 个区布置环形主油路，如图 26-15 所示。每个区有 2 根 $\phi 16mm$ 主油管同控制台相通。区与区之间设 $\phi 16mm$ 针形阀，既可分开又可连通。每个区分设若干 $\phi 16mm$ 分油器，分油管接

$\phi16mm \times \phi8mm$ 分油器，每组分油器用 $\phi8mm$ 支油管组装 5~8 个千斤顶，所有千斤顶均设针形阀。各区千斤顶的数量见表 26-1。

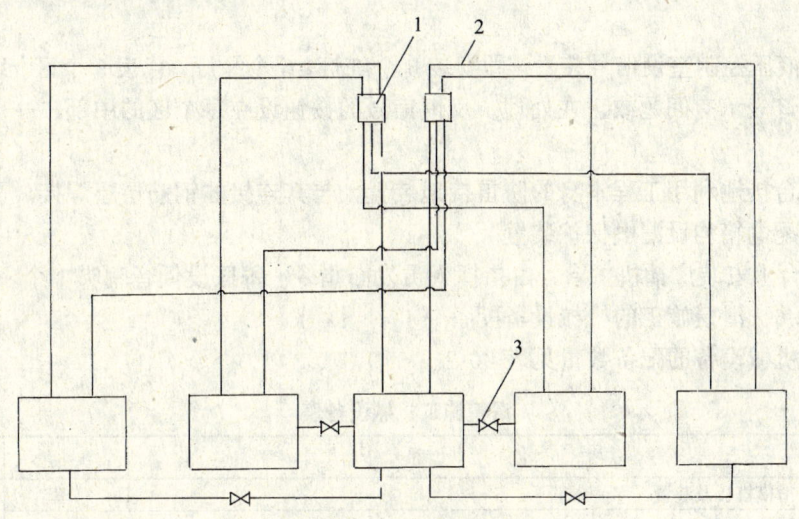

图 26-15 油路布置图
1—控制台；2—主油管；3—针形阀

千斤顶分区布置数量（台）　　　　　　　　　　　　表 26-1

部　位	1 区	2 区	3 区	4 区	5 区	合　计
结构体内（剪力墙）	14	20	14	20	34	102
结构体外（梁）	62	70	62	70	24	288
						390

2. 液压控制台的位置

液压控制台的安装位置，要尽可能不影响结构施工，同时也要注意到控制台与平台上各远点千斤顶的距离基本相等，这是保证同步提升的前提条件。按 390 个千斤顶正常提升所需供油量，每座塔楼设置 2 台 72 型控制台，在控制台的油箱底部用管连通。如发生故障，可在短时间内用单台控制台维持运行，待排除故障后再同时工作。从这些因素考虑，把控制台设置在电梯井处恰到好处。

液压控制台必须有遮雨设施，在用钢管搭设的棚架上铺盖防雨布后，再加盖 50mm 厚的木板，以兼作为测量工作平台，这样既解决了防止高空吊运物料时坠物的危险，又提供了滑升过程中所必须的测量平台，收到一举两得的效果。

26.5.2.5 电气系统设计

(1) 4 栋楼设 4 根电源电缆线，长约 150m，分别在台下接配电箱后，盘放在地面上。电源电缆线从台下垂直引入平台后，沿提升架顶部钢管，通向位于液压控制室的总配电箱，总配电路控制全平台的动力信号和照明的开关。

(2) 台上每个区设一个配电箱，配电箱内设插座 4 个，用于两台振动器、1 台电焊机和 1 台千斤顶除锈机。动力线及电器配件规格由维修电工选用。

(3) 台上照明采用碘钨灯（亦可采用带伞形灯罩的白炽灯），做木支架安装在提升架上部，间距 5m 左右。每栋楼约安装 56 个碘钨灯，其中 (1)、(3) 区各 8 个，(2)、(4) 区各

12个，(5)区16个。

(4) 吊脚手架及室内照明安装36V低压灯泡，吊脚手架每隔5m左右1个灯，室内每间4个灯。

(5) 在液压控制室设信号装置，即安装5个红灯，5个绿灯，代表5个区。绿灯表示工作正常，红灯表示有问题或正在处理。反馈信号的按钮设在每个区的中部，一般由区长掌握。

(6) 平台接地利用工程本身的防雷接地装置，与其连接的钢筋层层焊接。平台上总配电箱及分区配电箱均设漏电保护装置。

(7) 平台上安装广播机1台，由指挥人员发布指令。每区设低音喇叭1个，以免扰民。

26.5.2.6 滑模施工的机械设备配备

全工程机械设备的配备数量见表26-2。

滑模施工机械设备表　　　　表26-2

序号	名　称	数量	备注
1	滑模模板及装置	4套	
2	搅拌站 38m^3/h	1座	
3	混凝土泵 70～40m^3/h LSB7018E	2台	
4	人工布料杆 回转半径10m	2台	
5	塔式起重机 QT80EA 臂长45m	2台	
6	施工人货电梯 双笼	2台	
7	液压控制台 72型	9台	备用1台
8	千斤顶 60kN卡块式	1680台	备用120台
9	激光经纬仪	2台	
10	激光水平仪	1台	
11	对讲机	40台	
12	泡沫灭火机	20个	
13	手动葫芦	16个	
14	电焊机	12台	
15	气焊设备	4套	
16	高压水泵	1套	
17	电锯	4台	

26.5.3 滑模装置的组装

1. 准备工作

(1) 模板、构件按规格型号清点，分类堆放，对运输过程中产生的模板、构件变形进行纠正，模板面刷薄层废机油，调节丝杠及工具式支承杆螺纹涂抹润滑脂。

(2) 对千斤顶逐个编号。临时设置一带载试验台（加载力为60kN），根据实际行程按2mm的级差分为两组，便于上台组装时区别设置。

(3) 油路部分的全部高压油管用压缩空气逐根吹除管内杂物。

(4) 卡块式千斤顶对支承杆的外径尺寸公差允许范围较小，当检查支承杆外径发现有超正偏差时，可用车床车削0.2～0.5mm；若为超负偏差，则改作普通脚手架钢管使用。

(5) ±0.00楼板是组装平台，浇筑混凝土时，以±0.00为上限标高严格控制。

(6) 清除首层楼面所有杂物，弹出轴线及墙柱边线，再加弹模板外框的边线，便于组装时的定位。在边线附近，每隔1～2m设点测量其标高，作上与±0.00的差值标记。

(7) 调整钢筋。对墙、柱边线处的竖向钢筋，凡与模板相碰的或不能满足保护层要求的，一律调整至合格，并将 900mm 模板高度内的钢筋绑扎完毕。

(8) 地下室外墙边及电梯井搭设低于平台 50mm 及 350mm 的临时组装脚手架。

(9) 预先安装提升架上的所有构件，并调试合格后才能吊运上台组装。

2. 组装顺序与步骤

按照工地总体施工计划安排和实际进度情况，并考虑 1 台塔式起重机服务 2 座塔楼的因素，按 C 座→B 座→D 座→A 座的大流水作业顺序，在 C 座开始 5d 后进入 B 座同时安装的平行作业。

每座塔楼分为 5 个作业区，在中部核心筒模板就位无误，调整完毕后，再向其余 4 个区延伸同时安装。这种安装顺序的好处在于，避免模板拼装的累计误差向单一方向集聚，难以调整。又可以打开工作面，利于缩短工期。

每座塔楼的滑模装置安装步骤如下：

(1) 模板的就位与调整

1) 按模板配置平面图的规格型号安排调运顺序，分开间就位。

2) 在每个开间中，先竖起四个角的角模，依次将模板用螺栓初步连接，模板与墙、柱边线的差值，以两端基本对称，控制在±3～5mm 以内，个别开间的差值过大时，用调整拼铁的厚度（拼铁的厚度级差为 10mm）予以解决。在开间四周尺寸协调完成后，拧紧连接螺栓，并装上模板背梁处的连接槽钢。

3) 对宽度较大的单边模板，拼装过程中在适当部位加临时支撑稳固。

4) 在安装过程中随时注意安装点的标高标记，根据差值及时在模板下边框垫上木块。

(2) 安装提升架

1) 吊上组装平台之前，先将立柱上活动支腿调至最大位置，为就位时从模板上部跨落提供一定的安装间隙。

2) 提升架安装位置已按滑模设计在组装平台上作出标记，大部分都能按图施工，有个别点可能会因模板调整等原因，支腿端部与模板的背肋相碰，可在原定位置前后小范围挪动。

3) 提升架由塔式起重机提升落下定位时，注意保持与两侧模板的相等距离。

4) 当提升架落地扶正后，旋动调节丝杠，将活动支腿推向模板槽钢背梁下部。

5) 用撬棍或直接人力抬高的办法，使支腿与模板槽钢背梁紧贴，提升架横梁处于水平状态，对提升架立柱下部的悬空，用木块或木楔垫实。

6) 经检查无误后，用螺栓紧固支腿与模板的连接卡铁，这时可松开吊钩，进入下一榀吊装。

7) 安装几榀后，即流水进行支架水平管之间的纵向拉结。

(3) 安装体系结构构件

1) 在每一开间提升架安装、检查、调试完成之后，还须确认不会与相邻的开间安装调整产生相互干扰，即可安装内围圈及平台边框。

2) 木工程因墙体厚度变化，整个上升过程有 2 次模板改装过程，在处理围圈转角处的搭接是用连接板或连接槽钢螺栓连接的，对改装模板留有拆装快速的余地。

3) 外围圈视内围圈安装情况稍后平行作业。

4）安装外挑架的同时安装外挑平台钢管、栏杆及提升架支架水平管的纵横拉结管，安外挑架时已将吊脚手架的吊杆安装好，待滑至3层再装吊脚手架。

（4）安装测量观测装置

1）将带有遮光筒、有机玻璃读数网格板的观测装置焊接在平台四个角点的外角模槽钢背梁上。

2）从网格板中心点的引线垂直向下，在±0.00楼板面上用混凝土埋固观测基准点。

3）在观测基准点处安装上下有通视孔的观测仪器保护箱。

（5）安装液压系统

1）主油路跨开间的连接，是通过穿越提升架立柱空腔完成的，在穿入前后，避免弯曲半径过小。对空腔外的裸露部分，安设在横梁槽钢下部，能起到保护作用。

2）分油器的位置，宜放在与所连接的几个千斤顶距离较近处，避免出现同一分油器接出的支油管长度悬殊过大。

3）每条支油管上都配有针形阀，安装好后旋紧关闭，用牛皮纸包扎待试压。

4）油路部分在未与千斤顶连接前先进行排气和加压试验。启动控制台，将油压调至1MPa送油，逐渐加压至3MPa，观察各连接点密封有无渗漏，将压力维持在3MPa，把末端的针形阀开启少许排气。排气时用小油桶收集油沫，防止液压油溢出污染钢筋及模板。

5）排气后关闭针形阀，将压力增至12MPa，持续5min，检查密封、针形阀有无渗漏，油管有无爆裂。试压重复三次。如遇爆管立即停机，清洗漏油造成的污染。

6）油路试压完成后，将针形阀与千斤顶连接，打开针形阀，将压力调至3MPa，松动千斤顶的排油螺栓，进行第二次排气，待排出的油无气泡时，旋紧排油螺栓。排气过程用棉纱吸收油沫，避免污染。

7）在油路系统检查调试结束后，才插入支承杆。

（6）安装水电系统

1）每座塔楼在地面安装独立的配电箱，引出主电缆。工地设有200kW柴油发电机作备用电源。停电时的切换由主控制屏完成。

2）为增加主电缆悬空吊挂高度较大时的强度安全性，附加一根$\phi 8mm$的钢丝绳。

3）台上设一总配电箱，分送至4个分区的配电箱。装设380V/36V变压器，作为行灯和台下照明的电源。

4）照明线路的敷设尽量避免悬空拉线和全暴露，利用提升架立柱空腔或围圈槽钢等结构件保护绝缘外套。

5）施工用水主立管在消防管道井逐层接高，沿平台四周提升架上部安设水管，脱模后的养护用水由胶管引至下吊脚手架。

（7）安装混凝土输送管道与布料杆

混凝土的输送供应对滑模施工的进度和质量有很大的制约作用。施工方案原定的输送布料方式，是泵送到台上转载料斗后，再用小料斗分装，由塔式起重机转至各布料点。按正常滑升速度计算，每小时需完成$20\sim 40m^3$的输送布料。由于施工期间正值夏季，广东地区气候炎热，如按原定的方式，存在一定的隐患。为此，根据台上布料点的分布情况，决定修改原方案，采用布料杆直接下料。而新购设备在时间上不能保证开工在即的要求。只好临时租借2台移置式布料杆，但其回转半径只有10m，而全平台有1/3的布料点距平台中心达12m～16m。因此采取了在消防电梯井设布料杆平台井架,将布料杆安装在它上面,布料杆出口挂可伸缩串筒,半径10m外的远端布料点由自溜溜槽接力完成布料的布置方案。见图26-16。

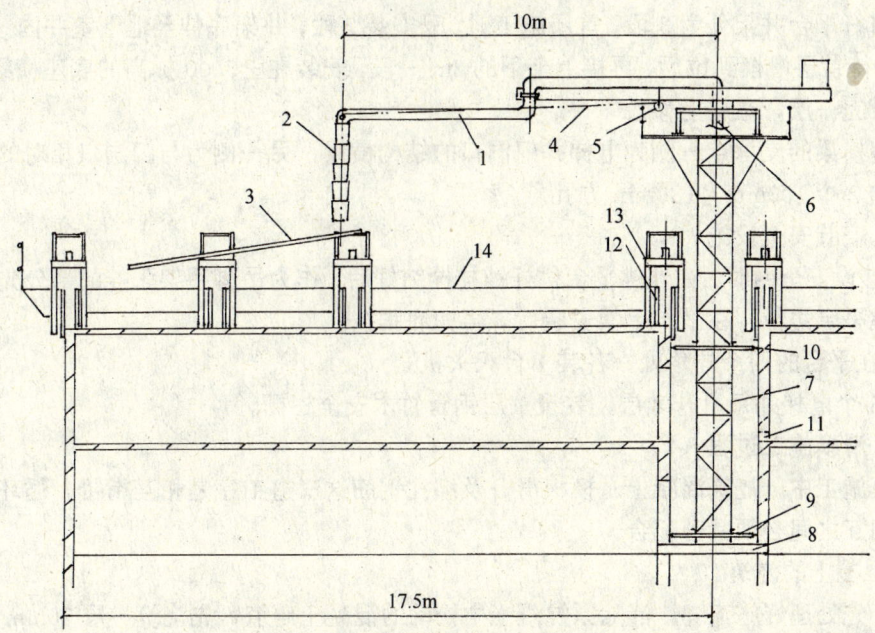

图 26-16　布料杆系统安装示意图
1—移置式布料杆；2—可伸缩串筒；3—溜槽；4—收缩钢丝绳；5—手动绞盘；
6—混凝土输送管；7—布料杆平台井架；8—井架底座槽钢横梁；9—下套架；
10—上套架；11—预留方孔；12—模板；13—提升架；14—滑模平台

　　布料杆平台井架与滑模平台完全独立,各自的上升互不干涉。布料杆井架平台无上升动力,每次由塔式起重机提升安装,提前于滑模平台上升一层。平台井架支承在井筒中的2根槽钢横梁底座上。在靠近底座和离底座2层层高处分别设2道套架,将井架卡牢在井筒中,套架的端头有顶紧头,通过旋动螺栓控制井架垂直度并顶紧。

　　布料杆与平台对心安装,用卡件螺栓固定布料杆支腿,能方便地由塔式起重机在2座楼之间来回的调动,轮换完成滑模和水平结构的布料作业。

　　在首层滑模组装时,将门洞处的模板提高200mm(留待3层改装时再恢复),作为混凝土输送管的入口,从梁模板下部空间插入至电梯井门口,通过弯管从井架中部向上连至布料杆接口。

　　布料杆出口安装可伸缩串筒。串筒为用0.2mm铁皮制成的有大小头的锥筒,大头外缘焊接2个弯钩,用2条φ6.3mm钢丝绳作吊挂承重绳,将φ20mm的绳夹夹板反装,再另新制一夹板,由绳夹夹板和新制夹板按串筒安装长度夹紧在钢丝绳上,绳夹留出的空环作为串筒的挂接点及收缩钢丝绳导轨,2条收缩钢丝绳连接在最后一节串筒的耳环上,依次穿过绳夹的空环,在布料杆出口端外侧,经改向导轮引至布料杆中心部位用抱箍安装在布料杆上的手动绞盘上。每节串筒的最小套入长度为30～50mm,整个串筒可收缩2.5m。串筒整体柔度好,能承受混凝土的出料冲击,通过收缩串筒的长度,解决了每层始滑和终滑的下料点高差导致下料飞溅的问题。

远端布料溜槽,采用U形断面,溜槽角度通过多次现场测试,定为15°。溜槽铺设在2根钢管搭成的斜托架上,中间一段采取活动连接,增加一个卸料点。

布料杆平台井架分为3段,首层施工时,只安装2段,井架底伸至地下室井内−4.65m标高处,待首层滑模到位后,再接上余下的2m一段,安装在±0.00标高的底座横梁上。以后随每滑完一层,逐层上移。

底座横梁的支承点一侧为电梯井门洞口的结构横梁,另一侧为与门洞口相对的井筒壁上预留的2个100mm×180mm方孔。

(8) 安装安全设施

1) 挂设安全网时,在外挑平台栏杆铺挂拴结好后,作为吊脚手架张挂的部分先临时卷扎在外挑平台边缘,在吊脚手架安装后,再兜底张挂。

2) 在平台的四个外角处,各装1台灭火机。

3) 3个电梯井每滑升2层,装设1层钢管竹木安全栏栅。

26.5.4 滑模施工过程

滑模施工中,浇筑混凝土、模板滑升及绑扎钢筋这三道工序是相互衔接、循环连续地进行,相互之间必须紧密配合。

1. 混凝土的浇筑

(1) 先处理好施工缝,清除原混凝土中松动的混凝土碎渣,先浇筑一层50mm厚的同强度等级的减半石的混凝土。

(2) 根据每个浇筑层混凝土数量,确定混凝土卸料顺序,按指定的位置、顺序和数量布料。

(3) 混凝土浇筑按"先内后外,先难后易,均匀布料,严格分层"的原则进行。即每个浇灌层先浇内墙,后浇外墙,先浇墙角、门窗口、钢筋密集的地方,后浇直墙,应有计划地均匀地变换浇筑方向,防止结构倾斜或扭转。

(4) 混凝土必须分层浇灌、分层振捣。每个浇筑层厚度为300mm,振捣混凝土时,不得直接振动支承杆、钢筋和模板。振动棒插入下层混凝土深度不宜超过50mm。

(5) 梁的截面高度在500mm以上时分两层浇筑,在500mm以下,可一次浇灌完成。

(6) 混凝土浇到墙顶、梁顶时,要注意找平,并及时将模板顶部及操作平台上的混凝土清理干净,松散的混凝土不能堆积在墙顶、梁顶上。

2. 模板的滑升

(1) 初滑升

1) 底层300mm混凝土浇筑交圈后1h,滑升一个行程。

2) 以后每隔0.5~1h滑升一次,每次1~2个行程。

(2) 正常滑升

当900mm模板内全部浇满混凝土后,进入正常滑升。每次连续滑升300mm。

在滑升过程中应注意下列事项:

1) 当两次正常滑升的时间间隔超过1h时,应增加中间滑升,每次1~2个行程。

2) 每次滑升前,应注意观测混凝土出模强度的变化,以采取相应的滑升措施(减慢或加快)。

3) 每次滑升前应检查并排除滑升障碍。

4) 滑升时应保证充分给油和回油，没有得到全部回油信号时，要了解原因，不得轻易给油。

5) 给油过程中要随时检查有无漏油、渗油现象。

6) 随时检查平台的水平、垂直偏差情况及支承杆的工作状况，如发现异常，应及时采取调平、纠偏、加固等相应处理措施。

(3) 空滑

当每层墙体、柱混凝土浇筑完，即进行空滑，空滑速度同正常滑升速度一致，为了避免将混凝土拉裂，可采取"多滑少升"的办法，即每隔0.5h 提升一次，每次4～5个行程。在空滑期间，钢筋绑扎、支承杆接高、模板清理等工作同时进行，空滑时间共4h，空滑时应注意：

1) 随时检查标高，并限位调平，保证空滑完成时，标高准确，平台水平。

2) 注意观察支承杆的变化情况，及时采取加固措施，防止支承杆失稳。

(4) 停滑

当滑模完成一层墙体和柱或在其它情况下，必须停滑时，应采取停滑措施：即每0.5h滑升一次，每次1～2个行程，总计提升高度300mm，共提4h以上，在恢复施工前，还应再提升两个行程，使模板同局部粘结的混凝土脱开。因停电造成的停滑，应接通柴油发电机电源，或汽油发电机装置，以满足停滑措施的暂时滑升要求。

3. 钢筋加工及绑扎

(1) 配筋的要求

配筋时除按图纸及有关规范配筋外还要求：

1) 墙立筋按一层一搭接，搭接接头按50%错开，接头位置设在每个楼层标高处及楼层标高以上900mm处。

2) 箍筋加工时一端弯成135°，另一端只弯成90°，绑扎时再由人工弯成135°。

(2) 钢筋施工前的准备

1) 钢筋加工场应有专人负责清理、点数，按分区分轴线位置备好所用钢筋，挂上标牌，并按号堆放整齐。

2) 运到台下指定位置后，也按号堆放，等待垂直运输。运到台上后，分配到各区、各轴线，不能乱放。

3) 长钢筋搁在提升架上，箍筋应挂在提升架上，不要在外平台堆放。

(3) 钢筋绑扎

1) 钢筋绑扎应按图纸和施工验收规范要求进行。

2) 要严格控制主筋的搭接长度和接头位置，特别是大直径钢筋，由于自重和振动往往要下滑，可向上提一些，到进入混凝土时正好，避免误差累计，要随时控制主筋位置的正确性，防止偏位。

3) 为防止水平筋偏移碰模板，并控制水平筋的保护层，可在丁字墙(梁)、十字墙(梁)和墙(梁)中部的模板上口焊 $\phi 10mm$ 钢筋做斜口引导。水平筋之间用 $\phi 6mm$ 钩连接，垂直间距600mm，水平间距1000mm，梅花形布置。

4) 楼梯段的钢筋在+9.40m以下，支承在两边剪力墙内，墙体滑模时，预埋 $\phi 8mm$ 插筋，沿梯段斜向放置，滑过后取出绑扎。+9.40m以上梯梁TL2，在墙上留洞。楼梯段和TL2梁比楼板和休息平台晚一层施工。

4. 模板清理与润滑

清理的办法是用小钢管焊斜口钢板，进行铲除，消除的渣屑从脱空处除掉，模板背面在浇楼板混凝土时要随时清理。

刷脱模剂采用特制长刷：用0.75mm厚白铁皮及地毯边角料，作成1200mm长，120mm宽，上口有一拉手，让光面对钢筋，毛面对模板。涂刷前注入脱模剂，然后上下搓动，涂刷时注意不要污染钢筋。

5. 混凝土的养护

采用喷涂养护剂的方法，在每层墙体滑完后进行。为了处理施工缝和模板的清洗，仍需安装水管，其方法是：在电梯井附近楼板留洞处，安装上水竖管，层层接高，接阀门，由专人用胶管浇水冲洗，注意不能冲刷刚浇的混凝土。

26.5.5 滑模施工中对一些问题的处理

1. 混凝土的浇筑和出模强度的控制

在滑模施工中，应尽可能做到在同一浇筑层同一时间内混凝土的强度接近一致，为顺利滑升创造先决条件。但由于同一浇筑层位的混凝土受搅拌出料的先后，泵送过程的停留状态，浇灌点的温度区别等诸多因素的影响，在出模时不可避免地会出现强度上的差异，为此，对每一层施工都事先作好布料方案，并根据滑升中的具体情况随时作出调整。

(1) 根据结构的具体情况，在平台上共设30个布料点，最快时，能在40min内完成全部20m³的布料。

(2) 配备1名协调全台布料作业的专职施工员，主要对各点的布料顺序和布料量进行控制，特别注意对每一浇筑层的超量限制，避免将余料留到下一浇筑层或者浇筑层超过规定高度的做法。

(3) 布料顺序按照"先内后外，先难后易，均匀布料，严格分层"的浇灌原则。在滑升几层后，还应配合纠偏的需要综合考虑。

(4) 布料要兼顾滑升速度与混凝土输送管道停歇允许时限的要求，以比较均匀的速度进行。遇到模板已填满，下部还不能脱模，不能连续泵送时，为防止输送管被堵塞，需每间隔30min泵送一段管内的存料，此时，应尽可能均布到全平台各处。

(5) 每层开始浇筑时，应根据所在层位墙体的厚度，确定分层浇筑的高度。分层高度在首层及2层为200~250mm，3层以上为300mm。进入正常滑升后，浇筑速度必须与滑升速度同步。

(6) 混凝土的出模强度，以控制在0.2~0.4MPa最为理想，但要保证每一处在每一出模时刻均达到这个值是很难做到的。但若出模强度过高，将导致表面粗糙、拉裂混凝土，甚至出现粘模现象。因此，为控制各处混凝土出模强度不至于太高，采取了下列措施：

1) 初滑时对出模强度的控制为：

①第一次交圈应小于或等于1h（取决于混凝土的配合比）。

②第二次交圈后，试滑一个行程，即30mm，判断混凝土的强度是否达到所预料强度。

③若判定混凝土强度较高，则在加速第三次混凝土施工的同时，每隔0.5h滑升一个行程。

2）交叉转换布料顺序，使每一点的混凝土强度的差异减少。

3）严格遵守"先内后外，先难后易，先厚后薄，先大后小，先两端后中间，均匀布料，严格分层"的施工原则。

2. 支承杆的除锈及脱空加固

（1）支承杆的除锈

由于所用千斤顶的卡块式卡头对污染十分敏感，当卡块齿牙被铁锈、水泥堵塞填满后，齿牙的刃口不能有效地咬入支承杆，造成打滑。一旦有打滑现象出现，刃口便与支承杆表面形成摩擦，刃口很快磨掉，对咬入支承杆更加困难，如此恶性循环，楔块很快报废。故支承杆表面必须清洁。为此，专门设计制作了支承杆除锈机，结构简单，制作费用低，实用效果好。原理如图26-17。

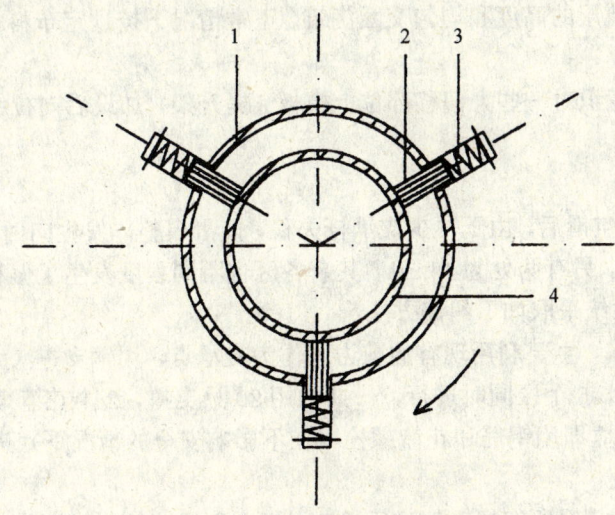

图26-17 支承杆除锈机原理图
1—ϕ63mm钢管；2—钢丝束；3—弹簧；4—支承杆

对重复使用的支承杆，每层使用前都用除锈机清理一遍，支承杆上粘附的水泥浆块，先由人工铲掉后再由除锈机处理。

（2）支承杆的脱空加固

因体外支承杆多数用于梁部，在模板下口已有1.0～1.2m脱空，即从上部固端算起约2.5m时，开始加横杆拉结加固，再用纵向杆与横向杆连接，纵向杆两端顶紧在剪力墙上。

3. 液压千斤顶爬升的同步控制

滑模平台的水平上升是由千斤顶的爬升同步决定的。对千斤顶同步的控制，采取了以下几项措施：

（1）从滑完4层开始，每层更换1/4数量的千斤顶清洗卡块。

（2）按分区并落实到人头监视千斤顶的进油和回油情况，在远端千斤顶行程充分到位后，才进行回油。

（3）安装限位调平器，将千斤顶的行程误差积累分段调平消除。一般情况限位卡的分段高度为300mm，当平台出现倾斜趋势时，将分段高度减少至150～200mm。

4. 防偏措施与纠偏处理

对施工中的垂直度控制,始终坚持"防偏为主,纠偏为辅"的方针。

(1) 防偏措施

1) 加强垂直度观测和水平测量工作。对控制滑模平台水平上升的限位卡,设定标高后再复查一遍。在每层滑升过程中,进行3次垂直度观测,测得的数据及时反馈到控制台上,以便发现问题,及时采取措施。

2) 滑模平台上的施工材料,避免集中堆放,造成分布不均引起局部荷载加大。在提升架立柱水平管上搭设搁架,按钢筋、支承杆的使用部位及顺序,固定位置堆放。外挑平台不堆放重物。

3) 保持千斤顶的同步爬升,及时更换出现故障的千斤顶。

4) 安排专门人员对支承杆加强垂直度检查,保证支承杆的垂直度。

5) 严格控制浇筑层的高度和均匀交圈浇筑。正常情况下按预定布料顺序下料,当有纠偏要求时及时调整。

6) 空提后,有意识对一些大偏移部位上模板(提升架)加设后向拉结杆,扭转部分偏移。

(2) 纠偏处理

C 座第9层滑模空滑后,由于不少支承杆失稳,使滑模整体发生向西偏北倾斜,其中3区最大偏移达50mm,另有两处为45mm,其余各区也不同程度发生了偏移现象。根据以上情况,对 C 座滑模系统采取如下纠偏方法:

1) 采取集体纠偏:主要利用现有的剪力墙作为支承点,用钢支撑(活动,可调节)顶住滑模装置进行纠偏,5个区同时进行,一共约用20只支撑,2个花篮螺栓,1个3t手动葫芦。纠偏到位后,立即用钢筋和花篮螺栓(在不影响安全的情况下)进行定位拉固,然后拆掉钢支撑。

2) 在纠偏的同时,对所有提升架进行检查,把向西或北倾斜的调直,或向东南轻微倾斜。

纠偏后,垂直度观测结果,效果良好。对 A、B、C、D 4座塔楼通过采取以上的方法纠偏,使偏移量得到有效的控制,直至封顶为止,4座塔楼的垂直度观测结果,均未超过滑模施工规范的允许值。

5. 滑模体系外周整体刚度的加强

本工程的平面图形在四周外围伸出的尺寸较大,滑模平台的外端在滑升时易产生偏移。从观测数据分析,偏差不是由于滑模平台整体扭转引起的,根据外端各点偏移的无规律性,初步判断是滑模平台外围的整体刚度不够。结合纠偏,先在 C 座的外伸端,将两个相邻的角端点围圈交接处,用钢筋和花篮螺栓在空中张紧,使最外端的剪力墙模板失去左右摆动的可能性。经滑升后的继续观测,证实了所作判断是准确的,效果比较明显。在此基础上,其余的3座也如法处理。

6. 千斤顶卡头的改进

本次工程所用的液压千斤顶,是90年代初期新推出的卡块式千斤顶,起重能力为60kN。该设备对减少千斤顶的数量,改善滑模体系结构,节省支承杆钢材消耗量,都有不少好处。但由于卡头的卡块为以齿牙咬紧支承杆,所要求的工作条件,如支承杆的直径、清洁度等,是比较严格的。而广东地区的气温高、空气湿度大、多雨,支承杆表面很容易生锈。雨后几小时，即可见到支承杆上布满新锈，使带锈的水流入千斤顶的卡头。尽管采取了对支承杆除锈、保洁，卡头的卡块定期清洗等措施，还是不能从根本上解决卡块齿牙堵塞的问题。由此造成夹紧失效，频繁更换千斤顶等诸多的不便，更换磨损件费用及时耗都较大。

为解决这个问题，从避开齿牙夹紧考虑，曾尝试性地将卡头加以改进，即将上下卡块式卡头改为钢珠式卡头，这种卡头的回油、换件维修都较卡块式有所改善，但下滑量和短时超载能力不及卡块式。将改动后的千斤顶少量投入使用，通过2~3层运行的观测，对相关的参数进行调整后，进而全面使用。需要特别说明的是，由于原卡头尺寸的限制，只能布置一排钢珠，在原有卡头基础上改为钢珠式只是权宜之计。由于单排所容纳的钢珠数量偏小，产生应力集中等因素，也出现过卡头崩缺、开裂的情况。

改动后的千斤顶在以后的使用中，总体来说比较理想，特别是对支承杆污染的适应性较强，千斤顶的维修费用明显降低。虽然也反映出一些缺陷和不足，但给专业厂家以后的千斤顶改型工作，起着较好的启示效果，也为本工程的顺利进行起到决定性的作用。

26-6 泵送混凝土技术

26.6.1 混凝土泵输送能力的计算

侨基花园是四座33层的高级商住楼，单栋建筑物高度为106.7m，由于施工工期较短，所以，剪力墙、柱结构采用滑模施工工艺进行施工，混凝土垂直运输采用前西德混凝土泵，其垂直泵送高度为200m，水平输送距离为800m。

根据搅拌站、泵机和建筑物之间的平面布置，泵机的输送能力计算如下：

水平直管105m，布料水平直管15m，垂直管106.7m。

弯管：45°2个，90°5个。

水平接头40个，垂直接头36个，锥形管1条。

(1) 本工程折算泵送水平距离：
$$L=(105+15)+106.7\times3.33+(2\times6+5\times9)+(40+36)\times5/10+20=587m$$

(2) 本工程折算泵送垂直距离：
$$H=106.7+(120+12+45+38+20)/3.33=177.3m$$

所以，泵机有能力将混凝土一泵到顶，关键是要选择好混凝土配合比，同时混凝土的供应量还要满足滑模施工的要求，本工程滑模施工要求混凝土第一浇筑层在1h内交圈，3~3.5h内浇筑满模，因此，混凝土的初凝时间应控制在2.5~3.5h内，出模强度要达到0.2~0.4MPa。

26.6.2 泵送混凝土的配合比

1. 骨料的选用

制作泵送混凝土的粗骨料应是连续级配骨料，其空隙率应尽可能地小，单粒级的粗骨料空隙率大，所以制作的混凝土稳定性差。针片状颗粒含量过大的碎石会明显降低混凝土的可泵性，增大泵送压力，且容易造成塞管，所以针片状颗粒的含量不应大于10%。对碎石而言，粗骨料的最大粒径与输送管径之比应控制在1:4~1:5之间。而细骨料宜采用中砂，其通过0.315mm筛孔的颗粒含量不应少于15%。

通过对本地区的多种砂、石样本进行筛分,发现本地区的碎石都是分级出售的,因此,基本上是单粒级碎石,其筛分结果见表26-3。

碎石筛分在各筛上的累计筛余(%)　　表26-3

碎石样本	筛孔尺寸(mm)					
	31.5	25	20	16	10	5
10~30mm 碎石	23	76	100			
10~20mm 碎石			29	82	100	

砂子筛分结果见图26-18。

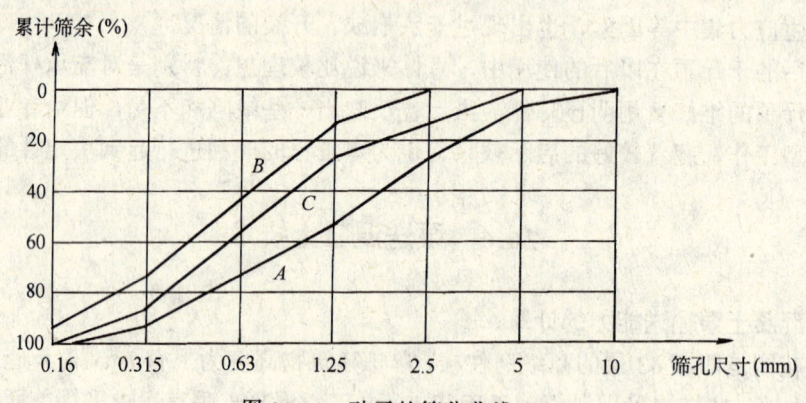

图 26-18　砂子的筛分曲线

注:A、B 曲线之间是中砂范围,C 曲线是本工程用砂曲线,细度模数为2.7。

由以上试验结果可以看出,本地区碎石级配不理想,而砂子通过 0.315mm 筛孔的含量也不足,因此,有必要改善石子的级配,并适当增大砂率。经过多次混合筛分试验,得出以下结果比较适宜,即:10~20mm 粒径的碎石宜占总量的 65%,10~30mm 粒径的碎石宜占碎石总量的 35%,而砂率宜为 43%,其混合筛分曲线如图26-19所示。图中 A、B 曲线之间为可泵区域,C 曲线是本工程所采用骨料的筛分曲线。

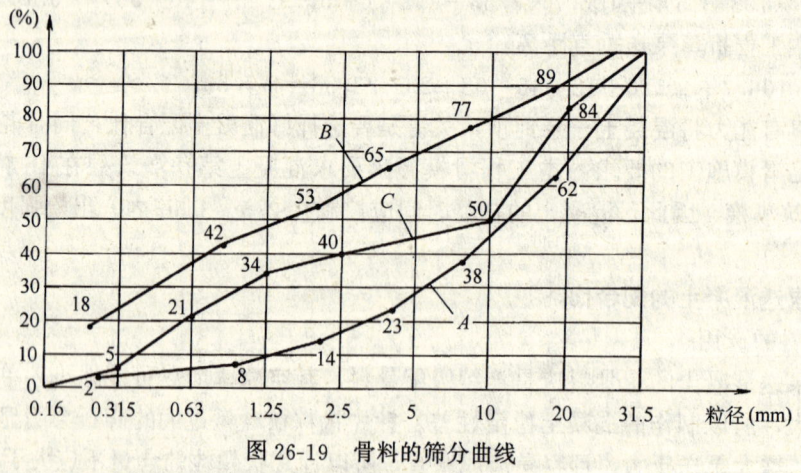

图 26-19　骨料的筛分曲线

2. 外加剂及外掺料的应用

减水剂一般对混凝土都同时具有增塑、保塑的作用,微引气减水剂还可以提高混凝土的含气量，降低泵送阻力。考虑到混凝土的可泵性和本工程滑模施工对混凝土初凝时间的要求，选用的外加剂主要有四个要求：缓凝、高减水、微引气和早强，N 型缓凝减水剂和 N 型高效减水剂符合这些要求，因此，对这两种减水剂进行了对比试验。

由于滑模施工要控制混凝土的初凝时间，而影响混凝土初凝时间的主要因素之一是气温，气温越低，则混凝土的初凝时间就越长。表 26-4 是温度对混凝土初凝时间影响的试验结果。

不同温度下混凝土的初凝时间（h） 表 26-4

减水剂型号	掺量（%）	水灰比	温度（℃）					
			≤10	15	20	25	30	≥35
N 型缓凝减水剂	0.45	0.4	6.5~8	5.5	5	4.5	4	3~3.5
	0.45	0.45	7~9	6	5	4.5	4	3~3.5
	0.45	0.5	7~10	6.5	5.5	4.5	4	3~3.5
N 型高效减水剂	0.45	0.4	4.5~6	4.5	4	3.5	3	2.5
	0.45	0.45	5~6	4.5	4	3.5	3	2.5
	0.45	0.5	5.5~6.5	5	4.5	4	3.5	3

注：所用水泥为珠江水泥厂 525 号硅酸盐水泥。

由表 26-4 可以看出，气温对混凝土的初凝时间影响很明显，因此，在冬季施工时采用 N 型高效减水剂，而夏季施工时采用 N 型缓凝减水剂。

由于本地区砂子通过 0.315mm 筛孔含量普遍不足，一般在 8%~15%之间，因此，有必要选用适当的外掺料来改善混凝土的泵送性能。Ⅱ级粉煤灰对提高混凝土的可泵性有明显的效果。在试验中，粉煤灰的掺量应以不影响 3d、7d 强度和提高可泵性为目的，Ⅱ级粉煤灰不同掺量对混凝土性能的影响试验结果见表 26-5。

粉煤灰不同掺量对混凝土性能的影响 表 26-5

编号	水灰比	材料用量（kg）					减水剂（占水泥重）	粉煤灰掺量（%）	坍落度（mm）	抗压强度（MPa）		
		水	水泥	粉煤灰	砂	碎石				3d	7d	28d
A1	0.45	195	433	0	752	1050	0.45%	0	130	25.4	36.0	46.1
A2	0.45	195	368	65	752	1050	0.45%	15	140	24.7	32.4	44.4
A3	0.45	195	346	87	752	1050	0.45%	20	160	23.7	30.2	43.2
A4	0.45	195	325	108	752	1050	0.45%	25	170	20.3	25.2	40.5
B1	0.50	195	390	0	795	1050	0.45%	0	120	23.6	33.1	43.0
B2	0.50	195	331	59	795	1050	0.45%	15	140	21.5	29.7	41.3
B3	0.50	195	312	78	795	1050	0.45%	20	150	19.5	27.2	38.9
B4	0.50	195	292	98	795	1050	0.45%	25	160	17.3	23.4	36.0

注：珠江水泥厂 525 号硅酸盐水泥；N 型减水剂；沙角电厂Ⅱ级粉煤灰；砂子细度模数为 2.7；碎石最大粒径为 30mm。

从表 26-5 的试验结果来看，Ⅱ级粉煤灰的掺量宜控制在 20%左右。

3. 泵送混凝土配合比的确定

经过大量对比试验分析，取得合理的泵送混凝土配合比，见表 26-6。

泵送混凝土的配合比　　　　　　　　　　表 26-6

混凝土强度等级	材料用量（kg）				减水剂（占水泥重）	坍落度（mm）	抗压强度（MPa）		
	水泥	水	砂	碎石	粉煤灰			3d	7d	28d
C38	355	195	761	1050	88	0.45%	150	24.9	32.0	45.2
C33	320	200	795	1055	80	0.45%	150	21.5	28.4	40.5
C28	310	200	772	1065	83	0.45%	170	18.1	24.7	34.8

注：珠江水泥厂 525 号硅酸盐水泥；N 型减水剂；沙角电厂 Ⅱ 级粉煤灰；
砂子细度模数为 2.7；碎石最大粒径为 30mm。

表 26-6 中各种混凝土的相对压力泌水率见表 26-7，混凝土的含气量为 1.1%～2.0%，施工中 C28 级混凝土一泵到顶的混凝土油缸压力为 180bar（18MPa）。

混凝土的相对压力泌水率　　　　　　　表 26-7

混凝土强度等级	相对压力泌水率（%）	
	S_{10}	S_{140-10}
C38	20.8	79.2
C33	21.7	78.3
C28	22	78.0

26-7　机电设备安装

26.7.1　机电设备安装项目

侨基花园机电设备安装分项包括强电、弱电、送排烟、电梯等。

1. 强电

本工程由两路 10kV 电源，引入 -1 层的高压电房，再分别引至变压器，变压器容量为：1250kVA*4＋800kVA*2，另设有风冷式 500kW 自启动柴油发电机组 3 台。

2. 弱电

1）电话：调配线室。

2）有线电视：信号来自公用电视网。

3）保安电视监控系统：主要是电梯电视摄像机。

4）防盗对讲系统：用于住宅单位。

5）消防自动报警控制系统：对火灾实行自动报警，对消防水泵、送排烟风口、风机、电梯等实行联动。

3. 电梯

工程包括 12 台富士达高速电梯及两台扶手电梯。

4. 送排烟、通风系统

分成火灾送排烟风口及地下室通风两部分。

26.7.2　施工前准备及施工计划

侨基花园工程项目工程量大，工期短（20 个月），机电设备安装项目多而复杂，因此在施工前必须做好各项准备工作，制订一系列施工计划。

首先认真准备图纸会审,把一些图纸中的疑难点及错误在会审期间解决,以便于日后施工。

另外,由于机电设备安装涉及的范围广,分包单位多(共有六个分包单位),必定存在交叉作业的混乱。因此必须对各项安装工作进行具体分析,统筹安排综合施工进度计划,明确具体实施办法,使安装项目能配合土建施工,不拉后腿,取得满意的结果。

26.7.3 设备安装与滑模施工之间的配合

由于桥基花园主体工程采用了滑模施工工艺,因此随主体施工的电气管线暗敷工序就遇到比较大的困难,必须摒弃一些常规的施工方法,采用与滑模施工工艺相配套,行之有效的施工方案。

1. 剪力墙上预埋管、盒的施工

(1) 接线盒的埋设

由于滑模模板的滑升,加上对混凝土的振捣,如果把接线盒直接安装固定,试图一次完成该工程工序,则极易出现"塞盒"现象,混凝土塞满接线盒。为解决这个问题,必须将该工序分为两步施工。第一步,用一块 100mm×100mm×50mm 的木块代替接线盒,接管一端钻一个 20mm 左右深的孔,将一条带母线的线管插入木块,包上两层水泥纸,然后固定(见图 26-20)。

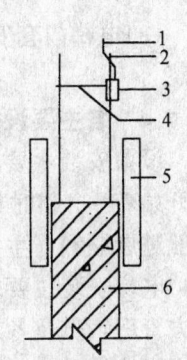

第二步,待剪力墙混凝土浇筑后,根据预定位置挖出木块,装上接线盒,并用水泥砂浆固定。这样做出来的线盒就十分整齐、美观。

图 26-20 接线盒的埋设
1—电线管;2—钢筋;3—木块;4—固定支撑;5—滑模模板;6—剪力墙

(2) 预埋管的埋设

由于滑模施工要求模板滑空不能过高,一般滑空至楼板面 30mm 左右(见图 26-21),因此掌握剪力墙上预埋管的预留长度变得尤为重要,太长了被板夹住,太短了会被混凝土埋住。经过试验,决定其预留高度为圈梁的 1/3。在圈梁沉下之后,未封梁侧模板之前把管子接好(见图 26-22)。从而达到其安装要求,又不影响滑模施工。

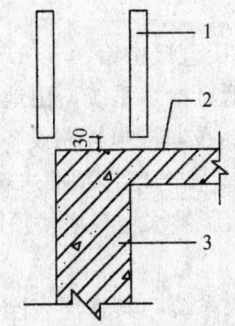

图 26-21 模板滑空高度
1—滑模模板;2—楼板;3—剪力墙

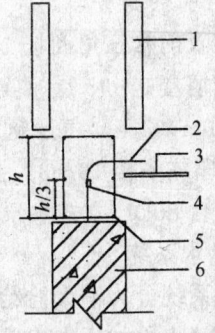

图 26-22 预埋管的埋设
1—滑模模板;2—电线管;3—楼板模板;4—线管连接头;5—梁钢筋;6—剪力墙

其次,同样由于滑模模板的滑空高度问题,楼板的暗管敷设工作也受到较大影响,特别是核心筒位置,滑模模板纵横交错,线管数量多。有些部位出现电气、通信、消防三个系统的线管互相交叠的情况，因此必须合理调整线路走向，正确运用、发挥中间过渡盒的作用，保证工程质量。

2. 墙体砌筑和装饰施工阶段与设备安装的配合

墙体砌筑和装饰施工阶段是各工程交叉作业配合难度最大的阶段，为此规定了以下程序作为施工准则。

（1）砌筑墙体→墙体暗敷线管、盒安装→抹底层灰→调整线盒位置 并固定→穿线→抹面层灰→装开关、插座→刷乳胶漆。

（2）送排烟系统控制线安装→砌筑墙体→风口底箱安装→抹底层灰→抹面层灰→装风口百叶→刷乳胶漆。

（3）电梯门套安装→水泥砂浆塞门套缝→抹底层灰→抹面层灰→门套上漆→刷乳胶漆。

26.7.4 各主要设备的安装、调试

设备安装主要在首层及-1层设备间进行，土建施工进入装饰工程施工阶段，各设备安装开始着手，临时封堵各预留孔，清理施工现场，进行安装。由于牵涉的交叉作业较少，故一般进展顺利，主要抓好质量。

电梯安装按要求应提前完成并验收，并征得甲方的同意，在施工期间，作为甲方人员、我方管理人员及各级主管部门检查验收人员上下各楼层的交通用具，解决了装饰施工阶段垂直运输机具的紧张。

各系统的调试是检查工程质量的关键，也是施工中最重要的一环。其中消防自动报警系统是最为复杂的一项。主要由于送排烟风口开关是电磁机械式开关，容易出现复位困难的问题。经与厂家共同研究，改进其电磁开关，终于一次通过验收。

26-8 给排水消防系统安装

26.8.1 给排水系统概况

1. 生活给水系统

裙楼1层及前楼三角商场1～4层的给水，利用市政水压直接供给。

四座住宅塔楼3～15层（实际施工改为3～17层）为低区给水系统，由地下泵房低区供水设备（1.6m×3.2m气压罐2台，80LD立式水泵2台，及其配电控制设备、补气罐组成）供水，四座住宅楼16～33层（实际施工改为18～33层）由各塔楼顶面水箱下行供水，地下室设置8台80DL立式水泵（每座2台，一用一备）加压供水至各塔楼顶面水箱。

2. 消防给水系统

消防给水系统分为消火栓给水系统和消防自动喷水灭火系统，其中消火栓加压供水系统又分为低区消火栓加压供水系统及高区消火栓加压供水系统，低区消火栓加压供水系统由地下泵房低区消火栓气压供水设备（1.6m×3.2m气压罐1台，100DL×4立式泵2台组成）负责供给裙楼、三角商场1～4层、四座塔楼11层以下的消火栓供水灭火；高区消防栓加压灭火系统由3台100DL×7立式泵加压供给塔楼11～33层消火栓供水灭火，并与顶面水池连通，以保证管网灭火水压。消防自动喷水灭火系统由地下泵房自动喷水消防气压供水设备（1.6m×3.2m气压罐1台，100DL×2立式水泵2台及其配电控制设备）稳压供

水,承担地下室车库,首、2层商场及前楼1~4层商场之自动喷水灭火。

3. 排水系统

住宅塔楼排水系统采用粪污分流制,每座塔楼设置20条DN150铸铁排水立管,塔楼每层八个住宅单元,其中四条污水立管负责承接厨房洗涤污水,八条污水立管和八条粪水立管分别承接卫生间的洗涤污水,主立管垂直下落至2层顶,由横吊管集中于四条主横吊管沿墙下行至地下室,穿墙排出至室外排水系统,其中粪便污水分别集中经化粪池及生化池处理方排出至室外排水管道系统。采用顶面伸顶通气方法排气,不设专门的通气立管。首层污粪水单独排出。

26.8.2 施工准备

1. 图纸会审

图纸会审是施工前的一项必经工作,对给排水工程更显必要。由于其管道多,纵横交叉,而且有生活给水、消火栓给水、自动喷淋给水、污水排水及粪便排水等系统不同之别,为此必须图纸会审,对图纸中不合理部分进行纠正和补充。

2. 施工组织设计

施工组织设计是日后施工的指导性文件,从施工方案设计到技术措施的采用,从施工进度计划到劳动力计划的制订,从施工前准备到现场临时设施计划,从施工质量保证措施到安全生产保证措施,从工程开工到竣工验收,均要体现在施工组织设计中。本工程还要将总承包与各分包单位之间的交叉配合措施、工作方法均纳入施工组织设计。

3. 设备订货

图纸会审后,就要开始组织一些大型设备的订货,这样可具有充裕的时间进行比较,同时一旦安装开始,一些具体尺寸就应按所订设备尺寸确定,千万不可临急抱佛脚,病急乱投医。

26.8.3 给排水系统安装注意事项及与土建施工的配合

(1) 地下室底板施工时,配合钢筋绑扎预留地下室排水钢管于底板内,以便将地下室的污水排至集水井集中排除。

(2) 地下室外墙及地下水池施工时,在土建绑扎钢筋和安装模板的同时,预留防水套管于墙上。

(3) 在结构施工阶段,根据本专业各工种的设计图纸,组织专门班子,准确预埋或预留各层孔洞。

(4) 在结构平面施工至第8层时,插入给排水、消防主管安装,条件允许时,插入地下室、首、2层的主横管安装,此过程应注意以下几点:

1) 给排水及消防主管分阶段 按高区与低区系统进行立管试压,其试验压力以立管最低处的压力为依据,按最低点工作压力再加0.5MPa进行试压(1.0MPa压力以下管道按工作压力的1.5倍压力进行试验),各层给水及消防横管的试压逐层进行,而且按不同的工作压力试验,同时做好试压验收记录。

2) 排水主管安装前,逐条对排水管进行灌水检查,发现砂眼及时修补后重试,不漏后方可安装,排水主管安装后应重点检查其排水三通处的管底标高,看是否符合设计标高及规范要求。安装过程中每隔3~5层均进行灌水检查,看接口是否渗漏,砂眼是否存在。

3) 当条件允许时,在给水排水及消防施工至一定阶段时,则插入地下室、首2层的水平干管及楼层的水平管安装工作，且逐层试压做好试压验收记录。

（5）当建筑物内部间墙完成后，则适时插入给水排水支管的安装，便于土建抹灰和暗管敷设。此时，消火栓箱同时配合安入墙内达到暗敷目的，此阶段宜注意以下几点：

1）给水入墙支管应分单间试压，防止暗敷后漏水，并做隐蔽记录和试压记录。

2）给水管出墙接口应接出外墙20～30mm，然后用管塞封堵，防止贴瓷片时封住出口，若是冷热水管，其出墙口间距、水平度、垂直度均应按规范要求，否则会严重影响日后洁具给水配件安装。

3）排水支管要待卫生间、厨房地面、土建防水层完成后，方可安装，而且安装后即应通知土建及时充填矿碴（对地坑式卫生间而言），对横吊管，则要按三次三层浇灌且做五层防水的方式配合土建封孔。填渣和封孔前要进行横管通水试验，看接口及管道有无渗漏现象。

（6）与冷热水管道相连的五金配件及卫生洁具的安装，应在室内装修工程基本完成后进行，坐厕及浴缸则应配合土建先行安装，但水箱、洗脸盆及五金配件则宜最后安装，减少破损率及失窃率。

（7）地下室车库喷淋支管及喷头连接管，适时插入安装，有室内装修的地方，其喷淋支管及喷头连接管的安装及试压工作应当赶在封天花板之前完成，此前已进行了一次试压，当天花开始封板时，喷头行下管及喷头的安装工作就应及时予以配合，此时应进行二次试压，以检查管道接口、喷头接口渗漏情况，如发现问题应及时处理。

（8）在管道系统安装的同时，适时插入水泵、潜水泵、气压供水设备、气压消防设备的安装，有关注意事项如下：

1）安装水泵时应注意基础的准确找平，否则，水泵运行容易出现磨损甚至故障。

2）安装潜水泵前，应当彻底清除集水井内的垃圾后，才能正式装泵运行，否则，池内垃圾容易缠绕或打烂叶轮，水泵不转，烧坏电机。

3）气压设备安装后，应调整好运行水压，同时检查压力罐的合格证明资料是否齐备。

（9）要处理好各工种之间交叉施工的协调配合问题。

以侨基花园卫生间的施工为例，其中给水排水与土建之间的施工配合程序如下：

卫生间结构施工→安装给水排水主立管→土建封立管楼面孔→砌间墙→安装沿墙暗敷给水支管并单间试压→墙面抹灰→地坑防水层施工→排水横支管地漏安装并通水试验→填矿渣→浇筑混凝土地面→墙面贴瓷片→安装浴缸及坐便器底座→砌洗脸台并装大理石台板→浴缸前双联铜水嘴安装→浴缸前装饰墙暗埋铜水嘴贴瓷片→铺地板砖→安装洗脸盆、坐厕水箱及各种水阀→清洁卫生→锁门防盗。

26-9 主体结构外墙横竖线条的施工

本工程外墙横竖线条多，线条凸出外墙厚度70mm，宽度500mm。为保证施工工期和工程质量，必须减少滑模组装及滑升的施工难度。为此，对外墙横线条采取预埋钢筋作二次混凝土浇筑，竖向线条采用钢筋混凝土预制板组装。在浇筑横向线条板时，预埋好与竖向线条预制板连接的钢筋（见图26-23）。

竖向板与外墙（及反梁）无钢筋连接，以减少预埋钢筋的数量，便于施工。竖向板与外墙（及反梁）之间的竖向接缝及与横向板的水平接通，均采用塑料油膏填充，然后刷聚氨酯作防水处理。

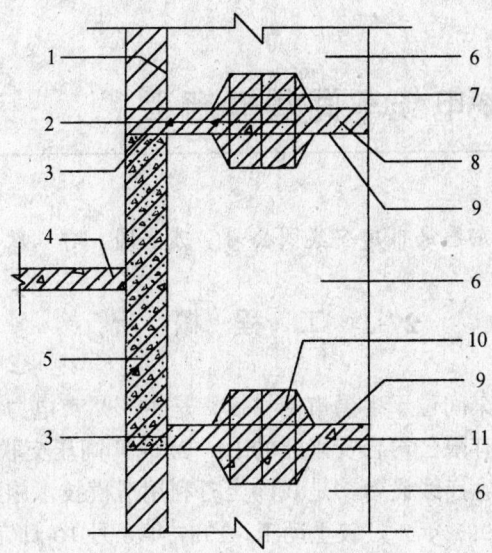

图 26-23 横竖线条板的连接与防水做法
1—外墙外边线；2—预埋连接筋 3φ10mm；3—施工缝；4—楼面；5—反梁；
6—竖向线条预制板；7—竖向板伸出钢筋与预埋连接筋焊接，搭接长度 10d；8—横向线条；
9—竖向板与外墙（反梁）及横向板接缝用塑料油膏填充，两外侧刷聚氨酯防水层；
10—连接筋焊好后，梯形缺口用 M15 水泥砂浆挤压填实；11—横向线条预制板

27 番禺南村交联电缆车间滑模施工

广东番禺市建安集团公司 苏宝国 郭 欣

27-1 工 程 概 况

番禺南村电缆厂交联车间位于番禺市南村镇,是由广州市电力总公司和番禺南山工业集团公司及香港天誉发展有限公司合资兴建的10～220kV高压交联电缆生产线,成套引进芬兰诺基亚垂直交联电缆生产线设备,是我国当时利用滑模技术施工的最高工业厂房。于1995年10月开始筹建,1997年2月破土动工,1997年5月10日完成桩基及地下室施工。5月11日开始组装滑模,5月28日主体结构滑模施工开始,10月24日主体结构封顶,12月底完成全部内外装修及消防、给排水工程,进入设备安装调试阶段。在主体结构施工至14、15、16层时,吊装电缆生产线的大型设备。

交联车间主厂房呈单体杆状结构,建筑总高度116.8m,主体结构高103.2m,地下室1层,±0.000以上17层,总建筑面积5580m²,地下室层高5m,首层高10m,8、15、17层层高6.5m,14层层高8.5m,其余标准层层高5m。首层平面布置见图27-1,(1-5)轴墙体厚度为900mm,(1-F)、(1-B)、(1-1)轴线墙体厚度为500mm,经过2、3、11、15层四次收缩变为300mm,其余部位墙体厚度为220mm不变。外墙四角有四条大柱较外墙面突出900mm,四角大柱至15层取消。15层以上,水平结构外挑1850mm做为外通走廊。除首层外,每层楼主要有四道大梁,截面为300mm×1000mm,互相交成井字形。首层楼板厚度为300mm,2层至17层楼板厚度为150mm,屋面厚200mm。建筑物内设货运电梯、上人电梯各1台及消防楼梯。

本工程工期紧迫,质量要求高,公司对该工程进行了细致分析,决定采用先进的液压滑升模板施工工艺,实行"滑一浇一"的施工方法,这主要从以下两点考虑:

(1) 该工程的两个电梯井(人货各一)及楼梯间,几个内部小筒体与外围筒体适宜滑模施工,也较容易解决梁高筋密的混凝土浇筑,有利于确保按期完工。

(2) 利用本公司现有的滑模设备,可较大幅度降低工程的造价,具有较好的经济效益。

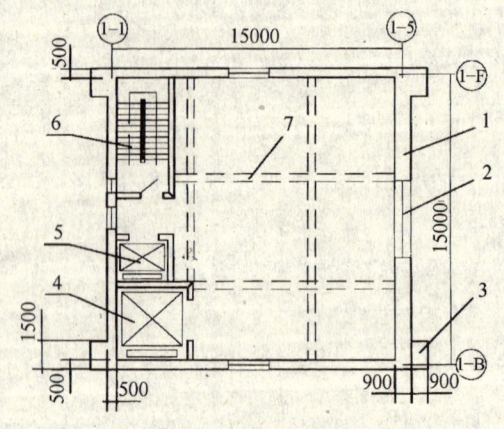

图 27-1 首层平面图
1—剪力墙;2—门洞;
3—四角大柱;4—货运电梯;5—运人电梯;
6—消防梯;7—井字大梁

27-2 滑模装置的构造特点

27.2.1 模板系统

27.2.1.1 模板

本工程所用滑模模板采用高度为 900mm、1200mm 两种定型组合大型钢模，其宽度系列大于 300mm 时以 300mm 为模数，最宽为 2400mm；宽度小于 300mm 的模板以 50mm 为模数，最小为 50mm，小于 50mm 用拼条，拼接拼条厚有 10mm、20mm、30mm。

模板是由 4mm 厚面板、8 号槽钢及 80mm×4mm 扁钢焊接而成（见图 27-2），模板之间用 M16 螺栓连接，每个连接处水平安装两条 8 号槽钢，长 500mm（称为加强槽钢），用螺栓与两模板相联，以增加接缝处的刚度。模板与提升架之间的连接如图 27-3 所示，模板被担在提升架的叉形调节槽钢上，用扣扣住模板的水平槽钢，而叉形调节槽钢通过转动调节丝杆使模板向内或向外移动，达到调整模板倾斜度与改变墙体截面厚度的目的。

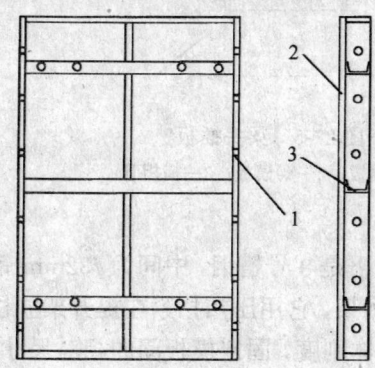

图 27-2 模板示意图
1—侧板；2—面板；3—槽钢

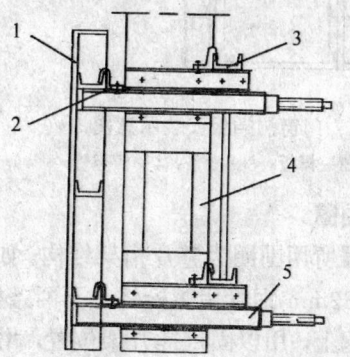

图 27-3 模板与提升架连接示意图
1—模板；2—压扣；3—围圈；
4—提升架立柱；5—调节丝杆

在本工程中，外墙外侧的模板、电梯井井筒、楼梯间内侧模板用高度 1200mm 的模板（称外模板），外墙其余部分及井字大梁均用高度 900mm 的模板（称内模板）。

27.2.1.2 角模

在建筑物阴阳角处所用的 90°拐角的模板称为阴阳角模，高度有 900mm 和 1200mm 两种，与相邻的模板用 M16 螺栓连接，接缝处用加强槽钢加强。本模板系统所采用的阴阳角模，在制作上，上下尺寸大小一样，没有制做倾斜度，为了在阴阳角模处获得滑模施工工艺所需的倾斜度，在角模安装时，采取的办法是：在角模与相邻模板接缝之间的连接螺栓上穿入垫圈，若是阴角，垫圈数量由上至下逐渐减少；阳角模与模板接缝处由上至下垫圈数逐渐增多，这样就使阴阳角的模板形成了所要求的倾斜度，解决了角模无倾斜度的难题。

27.2.1.3 插板

插板是滑升模板施工工艺中用于形成门窗洞以及封堵梁模的活动模板，是由插板和焊接在模板上的导向滑条及横担组成（见图 27-4），本建筑物的门窗洞是用这种插板形成的。在门窗洞位置和梁头，需用插板阻住混凝土，形成门窗洞和墙面。插板设置的好坏直接影响门窗洞施工质量。用滑条形式的插板，结构简单、安装方便，不足之处是焊接在模板上的滑条会在墙面上拉出一条深槽,在滑道清理不干净时,会损坏墙面混凝土保护层。另外,安装插板处模板的倾斜度或模板间尺寸变化,会引起插板脱出滑道或难以装拆,所以在滑升过程中应随时检查模板倾斜度和尺寸的变化,有时需对插板进行支顶。在大梁梁头处,则改用图27-5所示形式的插板,这种插板装拆容易,不会脱落,同时避免了焊在梁头的滑道损伤梁头混凝土。

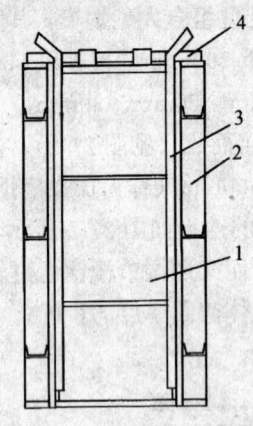

图27-4 门窗洞插板安装示意图
1—插板；2—模板；3—滑条；4—横担管

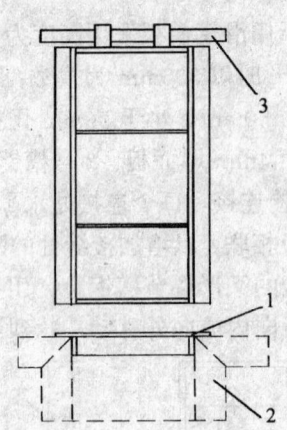

图27-5 梁头插板
1—插板；2—梁模板；3—横担管

27.2.2 围圈

本工程所用围圈为整片桁架结构,如图27-6所示,上下是8号槽钢,中间为$\phi32mm$钢管,中间$\phi32mm$钢管用螺栓将上下两条槽钢联结而形成桁架,它用压扣扣紧在提升架立柱的滑槽槽钢上,用以固定提升架位置,增加滑模平台的整体刚度,固定模板间的相对尺寸。围圈的铺设是按提升架的布置而自然形成的一个闭合区域,对于面积较大的区域,用与围圈结构形式相同的桁架将围圈纵横加固,形成空间桁架,这样可保持平台结构稳定,加大平台整体刚度,提高平台安全性。同时利用这些桁架铺设的平台有较大的承载能力,保证了吊运混凝土上台面落料处不垮塌。围圈的转角处则用特制三角形槽钢架连接,滑模平台的围圈,一次安装后,直到工程结束不再作变动,改模板无须变动围圈。

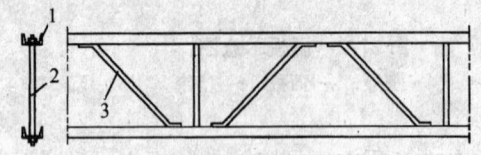

图27-6 围圈
1—槽钢；2—立杆；3—斜杆

27.2.3 提升架

由于本工程建筑物结构特殊,墙体厚度尺寸变化大,收缩次数多（最大墙厚度由900mm,经四次收缩至300mm）,因此采用了一些特殊形式的提升架来满足结构和剪力墙截面变化的要求。

27.2.3.1 正常形式的提升架

在梁模板和墙厚度尺寸无须变化的部位,如电梯井、楼梯间,使用了立柱间距为620mm、立柱与横梁采用焊接方式的提升架,如图27-7所示。在提升架横梁上方装有提升架拉结管,可用钢管将所有提升架联成一体。每条立柱侧边安装两只调节丝杆,通过螺纹与叉形调节槽钢相联,叉形调节槽钢可在用角钢和槽钢形成的滑道里滑动。这种提升架刚度大，能较好地保持模板的倾斜度和相对尺寸。

建筑物的三面外墙，墙截面厚度从500mm变至300mm，安装了立柱间距为900mm、立柱与横梁采用焊接形式的提升架，为了满足墙体截面厚度调节范围需要，相应地将墙需收缩截面一侧的立柱，较正常形式提升架加长200mm。其它部位结构尺寸与正常形式提升架相同。

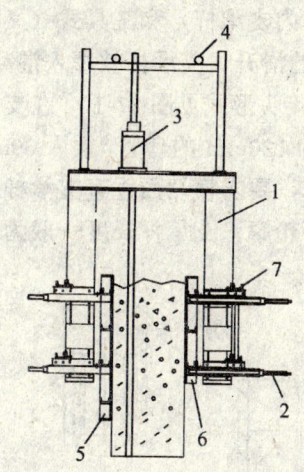

图 27-7　立柱固定提升架
1—二支腿提升架；2—调节丝杆；3—千斤顶；
4—拉结杆；5—外模板；6—内模板；7—围圈

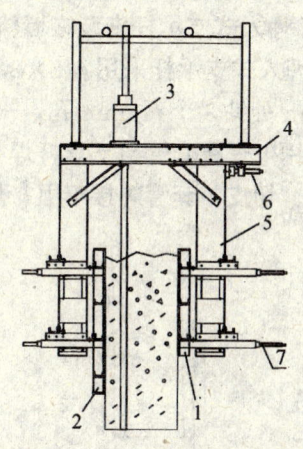

图 27-8　立柱可调提升架
1—内模板；2—外模板；3—千斤顶；4—横梁；
5—立柱；6—立柱顶推丝杆；7—调节丝杆

27.2.3.2　两立柱可调提升架

在（1-5）轴线处，墙体厚度由900mm变为300mm，调节幅度大，单靠用立柱与横梁焊接形式的提升架加长调节丝杆与叉形调节槽钢，无法满足如此大墙体厚度变化幅度的需要，因此在滑模设计中，对安装在（1-5）轴线处剪力墙的提升架在正常形式提升架的基础上做了较大的改动，一是加大调节丝杆的行程，调节范围在200mm，当调节范围累计不超过200mm时，可只调节丝杆而无需调立柱。二是把立柱与提升架横梁的焊接形式改为螺栓连接（见图27-8），为了缩短调模时间，减轻调模工作量，在横梁下部增设了顶推立柱的螺杆，当松开一幅模板两端角模处的连接，同时扭动这幅墙上提升架的立柱推动丝杆，很容易将整幅墙的模板一齐移动到位。横梁上每隔100mm钻一组立柱安装孔位，当调节丝杆行程无法满足调整截面的需要，则需要移动立柱的位置。在多次改模实际操作中证实，这是一项省时省力的技术措施。

27.2.3.3　三立柱提升架

在建筑物楼梯间与相邻井字大梁部位，梁与剪力墙之间距离很小，也就是说梁模板与楼梯间剪力墙模板距离很近，为了能调整这两处模板的倾斜度，专门设计了这种特殊形式的提升架（见图27-9）。提升架横梁与立柱用螺栓连接，梁模模板与剪力墙模板同时吊挂在中间立

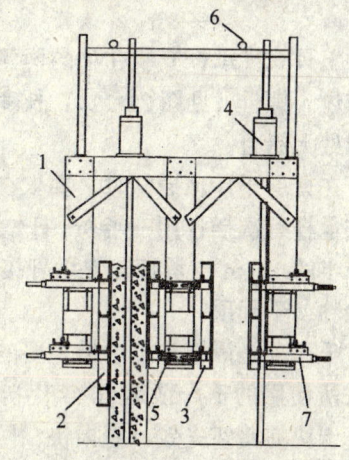

图 27-9　三立柱提升架
1—立柱；2—外模板；3—梁模板；
4—千斤顶；5—调节装置；
6—水平拉结管；7—调节丝杆

柱的调节装置上，调节装置可对模板进行微调，获得所需的倾斜度。三立柱上装有两只千斤顶，一条支承杆为楼梯间剪力墙埋入式体内支承杆，另一条为安装在梁的一侧的工具式支承杆。

27.2.4 支承杆

支承杆是千斤顶向上爬升的轨道，又是滑模装置的承重支柱，承受着施工过程中的全部荷载。本工程所使用的支承杆分两种：埋入式（又称体内支承杆）和工具式（又称体外支承杆）。埋入式支承杆安装在墙体中间，随着滑模装置的滑升，支承杆被埋入混凝土中，不回收。埋入式支承杆采用 $\phi 48\times 3.5$ mm 的脚手架钢管，接头形式见图 27-10，在支承杆两端头 30mm 处钻 3 个 $\phi 14$ mm 孔，一头插入 $\phi 40$ mm、长度为 120mm 的套管，插入 60mm，在三孔位处用电焊将套管与支承杆焊牢。体内支承杆的制作，要求横切面垂直支承杆，切口处无毛刺、切皮，套管焊接牢固，焊角不得高出钢管的外轮廓。支承杆长度一般为 3m。

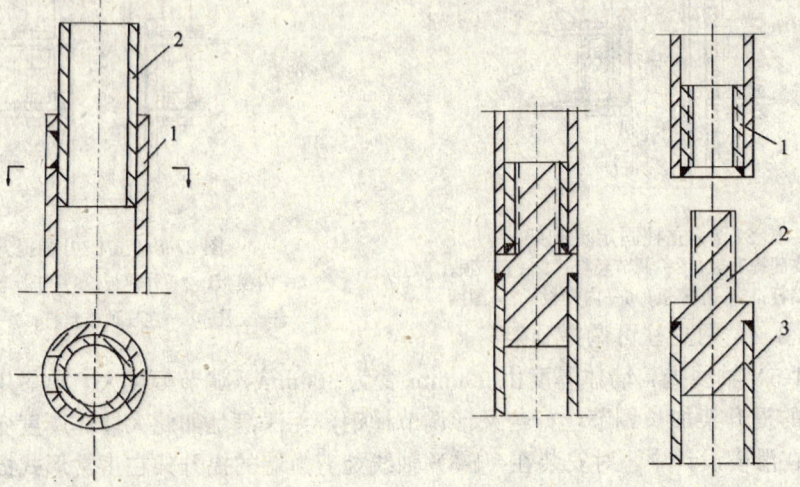

图 27-10 体内支承杆
1—钢管；2—套管

图 27-11 工具式支承杆
1—螺母；2—螺丝头；3—钢管

工具式支承杆安装在梁的两侧，要回收重复使用。是用 $\phi 48\times 3.5$ mm 钢管制作，两头焊螺纹、螺母（见图 27-11），长度有 1.4m 和 3m 两种。工具式支承杆要求螺纹扭动轻松，接口处无错台。

在首层千斤顶插杆时，要求在同一水平支承杆的接头数不能超过支承杆数的一半。体内支承杆首次插杆用一半 3m 杆，为了使插杆顺利，端部倒角。工具式支承杆首层插杆时应用一半的 1.4m 支承杆，支承杆接地端垫 100mm 木方加钢板，方便今后回收。

27.2.5 千斤顶

千斤顶是滑模施工中最主要的机具，其性能的优劣直接影响工程质量和进度。我公司过去所使用的千斤顶是 90 年代初研制的 60kN 卡块式千斤顶，其缺点是对工程条件要求高、卡块易堵塞失效、磨损快、回油困难，维修更换卡块费用极大。

本工程所用的千斤顶是在 60kN 卡块式千斤顶的基础上多次加以改进的，是将千斤顶卡头内的卡块及保持架用钢珠、保持环及弹簧代替，如图 27-12 所示。

27.2.5.1 千斤顶的改制

改卡块式千斤顶为钢珠式千斤顶，是将卡头内的卡块用 14 颗钢珠代替（见图 27-13），钢珠装于保持环的锥孔内,使14颗钢珠在卡头内均匀地作用在支承杆与卡头斜面形成的楔面内,弹簧使保持环内的钢珠始终与卡头内锥面均匀接触。钢珠直径为ϕ10.2mm;弹簧丝$d=6$mm,$D=65$mm,$n=4$圈,端头磨平。

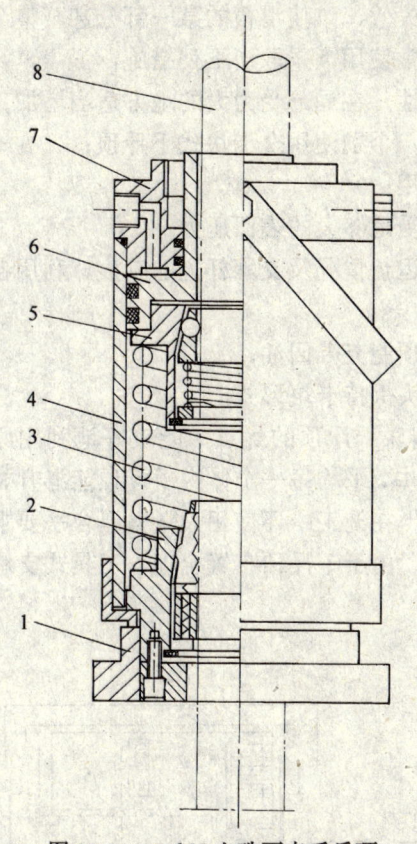

图 27-12 60kN 上珠下卡千斤顶
1—底座;2—下卡头;3—弹簧;4—缸体;
5—上卡头;6—活塞;7—上盖;8—支承杆

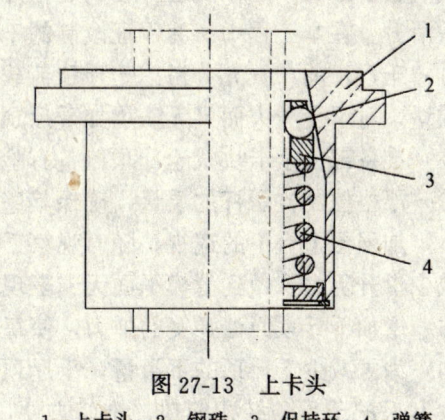

图 27-13 上卡头
1—上卡头;2—钢珠;3—保持环;4—弹簧

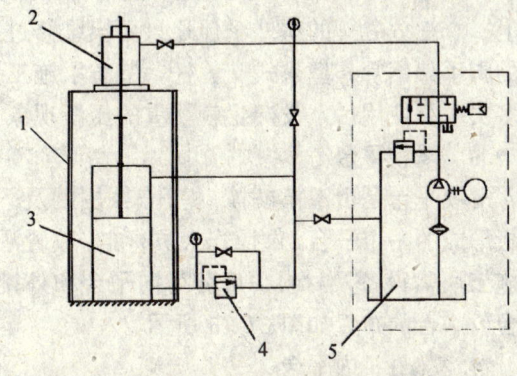

图 27-14 千斤顶爬升试验台原理图
1—试验台;2—千斤顶;3—油缸;4—背压阀;5—控制台

27.2.5.2 爬升试验

为了确切掌握改制后的千斤顶性能和爬升的可靠性,利用直通式溢流阀特性曲线与滑模荷载特性相近这一特点,用小通径溢流阀作为大直径油缸的背压阀,获得千斤顶不同的爬升荷载。千斤顶爬升试验台原理如图27-14所示,在不同的荷载下,根据钢珠对支承杆的压痕,找出千斤顶的最佳承受荷载。试验显示,咬痕的深度和下滑量与荷载的大小之比值:在荷载为45kN范围内基本上是固定不变的,当荷载超过45kN时,其比值迅速增大,荷载继续增大,支承杆会产生缩径,滚珠的咬痕会形成一个通槽,这时千斤顶完全失去爬升力,只有越过这一段支承杆,千斤顶才会恢复爬升力。另外,千斤顶的最大荷载与支承杆的壁厚有关,同样的材质,壁厚越大,最大爬升荷载也越大。所以这种千斤顶在荷载为30kN左右时,使用效果最好,对壁厚为3.5mm的支承杆,最大荷载不超过50kN。千斤顶进行了多次破坏性荷载试验,试验后观察上卡头表面,只有轻微的压痕,说明上卡头强度和表面硬度能满足要求。

27.2.5.3 改制千斤顶的使用

单排钢珠千斤顶最大的不足是抵抗风险能力较差。滑模施工中，千斤顶设计荷载一般不超过30kN，但在意外情况下，千斤顶实际荷载会大大增加，最严重情况是钢珠在支承杆上挤压出一条上下贯通的咬痕，千斤顶就完全失去爬升力，使周围的千斤顶荷载增加，如果不及时找出原因，加以处理，会引起千斤顶联锁失效，致使滑模的某一部分甚至整个平台无法滑升。在本工程中，为保证改制的千斤顶正常使用，采取了下列措施：

（1）千斤顶的布置充分考虑千斤顶荷载的均匀性，在局部受力大的地方适当增加千斤顶的数量，对于受力大而又无法增加千斤顶的地方，个别使用全卡块式千斤顶；

（2）准备部分全卡块式千斤顶以备有险情时使用；

（3）严格控制支承杆的质量，确保其壁厚能承受足够大的表面压力；

（4）加强台上台下的巡视，随时观察千斤顶的运行情况及支承杆上的咬痕，利用各种手段减少滑升阻力，做到滑模平面无卡阻现象发生；

（5）增加千斤顶回油弹簧的弹力，使每个千斤顶能充分回油；

（6）为了减少千斤顶的下滑量，千斤顶的下卡头保持卡块形式。

改制后的千斤顶结构简单、维修方便，具有钢珠千斤顶的优点，能较好地利用原有60kN卡块式千斤顶，同时改制费用低。在滑模施工中，平均每一个体内千斤顶能滑升30m以上，有三分之一的体外千斤顶只更换维修过一次。在施工中还使用大量壁厚合乎要求的旧的脚手架钢管作埋入式支承杆，节省了施工费用。由于千斤顶布置合理，工具式支承杆在多次重复使用后，没产生较严重的压溃现象。

27.2.6 滑模平台

滑模平台是由滑模模板、提升架、围圈及平台板形成的一个平台，供操作人员行走、放置滑模施工所需设备及材料，可分为内平台和外挑平台。平台的布置如图27-15所示。

27.2.6.1 内平台

内平台是在围圈的钢桁架及分格槽钢上铺设2000mm×1200mm×20mm的胶合板形成的。由于浇筑楼板混凝土时需将平台板掀起，一些固定设备如电箱、液压控制台、对焊机等应放在不影响浇筑楼板混凝土的位置。小电梯井处无楼板，人员较少走入，故在该处放置电箱和变压器。两台控制台（1台备用）及备用千斤顶、油管放在图27-15所示位置，并用钢管搭设一平台，既可作为控制台遮雨之用，台面又可作为经纬仪测量用平台。内平台板靠剪力墙部位放置定量料槽。内平台提升架上的水平拉结管供堆放施工期间所用的长材料如钢筋、支承杆等之用，同时接支承杆人员、钢筋对焊工、测量人员在上面作业。在剪力墙施工时，平台上的井字梁模板空位用活动盖板盖住，防止人员落下。

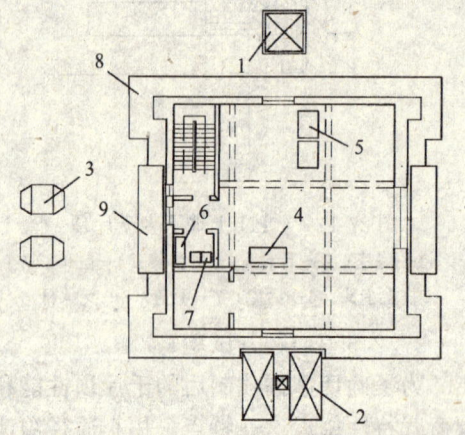

图27-15 平台及设备布置图
1—塔式起重机；2—人货升降机；
3—搅拌机；4—对焊机；5—控制台；
6—电箱；7—变压器；8—外挑平台；9—雨篷

滑模平台成正方形，(1-B)、(1-F)轴线墙面长达17.1m，为了使墙面产生较小的平面误差，同时提高外墙千斤顶的同步性，将外墙所有提升架用22号槽钢在横梁部位用螺栓联起来，同时在外墙外模板接缝处，另加两条1m长的连接槽钢增加模板刚度，用8条焊有花篮螺栓的拉结管，纵横两个方向将台拉结，并收紧花篮螺栓。

27.2.6.2 外挑平台

外挑平台是由安装在外墙提升架立柱上的钢管架、水平管、防护栏及平台板形成的，由于本工程平台面积窄小，堆放材料多，故外挑平台也作为外墙混凝土的落料点。为此在外挑平台板上铺铁皮，防护栏处铺设300mm高的侧板。外挑平台面还搭设遮雨篷及下外吊架的爬梯。在外挑平台的外侧倾斜30°，用钢管和竹竿搭设1.5m宽的防护栏。

27.2.6.3 平台供电、供水

滑模平台由一条25mm²的主电缆供电至台上电箱，然后分至每个用电器，台上用电分两部分，即照明用电和动力用电。

动力电为380V和220V，主要用电设备见表27-1。

滑模平台主要用电设备　　　　　　表27-1

名　称	数量（台）	功率（kW）	名　称	数量（台）	功率（kW）
液压控制台（备用1台）	2	7.5	手提角磨机	2	
电渣焊焊机	1	22	扩音机	1	
电弧焊焊机	2	11	插入式振动器	4	

控制台装有扩音机，两个高音喇叭安装在塔式起重机的塔身上。

照明电分220V和36V两种，台下均用36V电照明，电箱380V电经两次变压变至36V，台下照明线用4mm²的套管线，铺设在围圈的下槽钢上，沿着围圈每隔2m布一盏灯。照明线翻越梁、墙时从提升架立柱的中空穿过，平台上外露部分加套管。大小电梯井和楼梯间各布3～5盏灯，外吊平台每隔3m布一盏灯。平台照明用220V电，外挑平台四角及人货梯入口各布一盏太阳灯，另有8盏拖灯分布在平台各处，主要供清理模板使用。塔式起重机旋转平台设两盏4kW射灯，控制台设1盏灯。

平台施工消防用水是用1根直径100mm水管，直接由地面泵送上台。沿外吊平台铺设一圈φ20mm水管，每方设一只水龙头，供剪力墙养护用。

27.2.7 外吊脚手架

在外墙、电梯井、楼梯间部位安装吊脚手架，供观察脱模情况、抹灰、养护、纠偏使用。外吊脚手架均是用钢管、扣件搭设的，如图27-16所示。

滑模平台的外吊脚手架，以往都习惯在第一次滑升后，平台停在某一层再安装。本工程在施工中采用了新的安装工序。滑升前，在外挑架上将吊杆预先安装，横担管也与吊杆用活动扣件固结一端，吊杆放在滑模平台四周，将外吊架组装所需材料配齐堆放在滑模平台四周吊脚手架安装位置，当滑升至吊杆可垂直位置时，立即进行外吊脚手架其余部分安装。在随后的8h内，滑模约滑升1.6m左右，吊脚手架全部安装完毕，投入使用，确保首层10m层高的外墙抹灰和滑升脱模观察，节省了搭设临时脚手架的工序。吊杆的两端加设了防脱措施，在吊杆两端部钻φ14mm通孔，穿入一条φ12mm钢筋，并点焊在吊杆上，防止钢管从扣件中脱出。电梯井和楼梯间的吊脚手架在滑模停滑后安装，吊杆上钻φ17mm的孔，用M16螺栓固定于提升架立柱上，横担管用扣件与吊杆固结，横杆上纵向铺设钢管和胶合板形成吊平台。外吊脚手架安有1.3m高钢管防护栏，安在外挑平台的安全网须兜底，

外吊脚手架不允许堆放杂物，仅供人员行走和作业。

27.2.8 提升架及千斤顶的布置

按设计要求，滑模平台布置125只6kN的千斤顶，由1台HY70型液压控制台提供滑升动力。其中62台千斤顶布置在剪力墙部位（简称体内千斤顶），使用体内支承杆。63台千斤顶布置在梁的两侧（简称体外千斤顶），使用工具式支承杆。建筑物四角大柱的异型提升架上，每个提升架布置4台千斤顶。每个剪力墙部位的提升架装1台体内千斤顶（见图27-17）。

在井字梁部位，每个提升架安装两台体外千斤顶，支承杆分布在梁的两侧。靠近楼梯间的剪力墙和大梁布置3个三支腿提升架，每个提升架安装体内和体外千斤顶各1台。

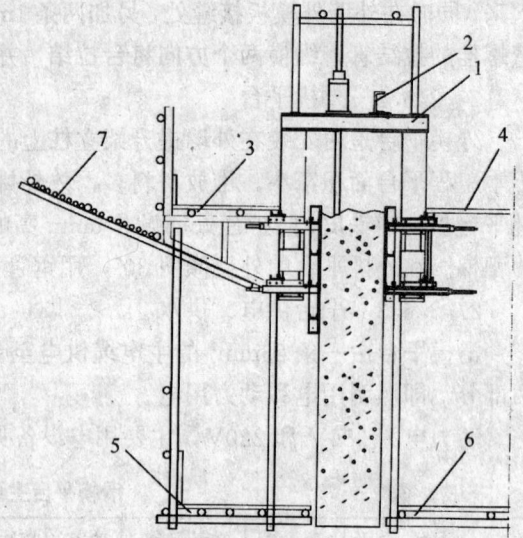

图 27-16 外挑平台及内外吊脚手架
1—二支腿提升架；2—槽钢；3—外挑平台；
4—内平台；5—外吊脚手架；6—内吊脚手架；
7—外挑防护架

由于首层高10m，(1-5)轴线剪力墙厚900mm，有5m×6m的门洞，考虑到支承杆的加固，确保首层滑升的顺利，在(1-5)轴线剪力墙部位增加4台体内千斤顶，间隔地安装在内侧，在第二层改模时将其取消。同时在(1-5)轴线和(1-1)轴线靠(1-B)轴线大柱的剪力墙处增加一个提升架。在大小电梯井之间的剪力墙处增加一个提升架，考虑到该处剪力墙两侧均用1200mm高的外模板，电梯井筒面积小，故模板安装成封闭筒状，但阻力较大。除首层，全台用体内千斤顶65台，体外千斤顶63台。15层的四角大柱取消，每柱取消2台体内千斤顶。

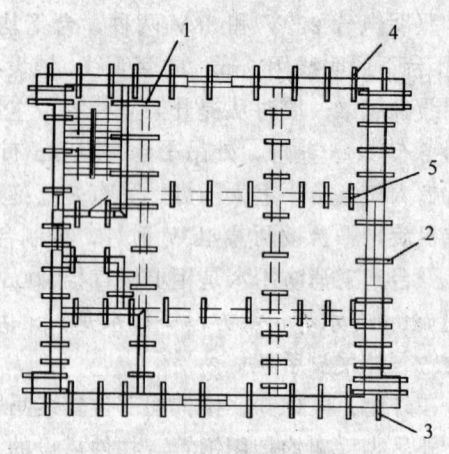

图 27-17 提升架布置图
1—三立柱提升架；2—二立柱可调提升架；3—异型提升架；4—体内支承提升架；5—体外支承提升架

27.2.9 油路的布置

总结以往滑模施工经验，在油路布置上采用了小区环状布置，油管用公称压力为16MPa的软管吊挂在提升架水平拉结管下方。油路的布置对千斤顶的工作状况及同一行程中全台千斤顶滑升的均衡性有较大影响，以往主油路安装在平台下方的围圈上，跨过梁和墙时，需从提升架立柱翻过，这样增大了油路长度和压力损失，安装、观测、检修不便，且经常会在浇筑楼板混凝土时将油管埋在混凝土里而造成滑升故障。在本工程油路布置上，将整个平台分为五个小区，每个小区有两根主油管（$D_g=16mm$）直接接入液压控制台，并形成环状，每个千斤顶就近从主油路上的分油器用支油管接入千斤顶，每个相邻的小区用截止阀联通。所有油管吊挂在提升架水平拉结管下,这样便于观察更换油路。在某小区需单独通油时,只要关闭与相临小区联通的截止阀即可。这种布置形式油路长度最短,压力损失最小,全台供压均衡,远近千斤顶基本同时供油。

27-3 滑模施工

27.3.1 滑模装置的组装

在滑模装置组装前,应做以下工作:
(1) 认真研究滑模装置设计图及施工组织设计,领会设计者的意图和施工全过程;
(2) 维修改制千斤顶、控制台,对千斤顶逐个进行载荷爬升试验、试压检查。清理油管,用空压机吹净油管内腔。按图改制模板,清理面板并刷废机油;
(3) 在现场对可以提前组装的部件加以组装(如提升架)。

在浇筑±0.0 地台面后,可进行滑模的组装,分以下几个步骤进行:
(1) 清理±0.0 地台面,绑扎900mm 高范围内的水平钢筋,在梁和剪力墙垂直投影位置用水泥砂浆找平100mm 宽的地台面,弹出剪力墙和梁的边线,画出提升架的位置线。先将角模按墨线就位,后拼装其它部分模板并用螺栓联紧,尺寸不足的可加拼条,模板接缝尽可能错开。在角模处加调整倾斜度的垫圈。先装内模板后装外模板。外模上口与内模齐平,在模板接缝处加装连接槽钢;
(2) 用塔式起重机将已组装好的提升架吊装到位,用水平尺和线锤找平提升架,将提升架用卡扣与模板连接牢固;
(3) 由内向外安装围圈和钢桁架。将所有提升架用双排钢管沿墙和梁方向相互拉结,并在平台的1/3 和2/3 处横向和纵向用双排焊有花篮螺丝的钢管将平台两侧的提升架拉结管拉结起来。外墙提升架用匚22 槽钢在提升架横梁部用螺栓连接;
(4) 通过调节丝杆调整模板倾斜度至0.3%~0.5%。装外挑平台及栏杆,安装外吊脚手架吊杆、横担、水平管,备齐外吊平台材料,装插板滑条;
(5) 安装千斤顶、油路、控制台。控制台将油压力先调至1MPa,将千斤顶排气阀打开,对油路及千斤顶排气,直至每个千斤顶的排气阀出油为止。然后,控制台将油压加至3MPa,检查油管、接头、千斤顶是否漏油,再将油压力逐渐加至12MPa,并保压5min。重复一次,检查油路和千斤顶耐压性能;
(6) 插支承杆:体外支承杆下端应垫100mm 木方和铁板。同一水平的支承杆接头量不超50%。铺平台板,吊定量料槽上台,装插板;
(7) 全面检查滑模装置的安装质量,复查模板倾斜度,配齐安全灭火装置。

27.3.2 滑模机械设备的配置

27.3.2.1 混凝土垂直运输量计算

本工程滑模施工混凝土垂直运输由1台塔式起重机完成,配两只1m³ 和2只0.5m³ 料斗。滑模混凝土的每层浇筑厚度为300mm,分三次浇满900mm 模板高度。

(1) 每300mm 厚浇灌层混凝土量:

首层(最大):   剪力墙部位   13.10m³
              大梁、剪力墙部位   17.25m³

15～17层(最小): 剪力墙部位　　　　　　6.85m³
　　　　　　　　 大梁、剪力墙部位　　　11.16m³

(2) 根据每个浇灌层的混凝土量,浇灌时间的控制:剪力墙部位少于1h,大梁、剪力墙部位少于1.5h;滑升速度:剪力墙部位为300mm/h,大梁、剪力墙部位为200mm/h。混凝土初凝时间约4h,混凝土的出模强度为0.2～0.4MPa。

(3) 按照滑模施工混凝土浇灌速度和滑升速度的要求,塔式起重机使用两只1m³料斗上料。在首层时,塔式起重机每提升1斗料需3.5min,每小时上料量最大为17m³,可满足滑升需要,随着楼层增加,吊料时间加长,但墙体截面尺寸变小,混凝土量减少,仍可基本满足滑模施工对混凝土上料速度的要求,但在滑模浇筑混凝土期间不能用塔式起重机吊运其它材料。

27.3.2.2 机械设备的配置

滑模施工机械设备布置见图27-15,机械设备配置见表27-2。

滑模施工机械设备配置表　　　　　　　　　　　　　表27-2

名　称	数量	名　称	数量
滑模装置	1套	激光经纬仪	1台
QT80EA 塔式起重机	1台	自动安平激光铅直仪	1台
350卧轴式混凝土搅拌机	2台	电焊机	2台
SC100/100 施工升降机	1台	气焊设备	1套
HY72型液压控制台(备用一台)	2台	50kN手动葫芦	4个
60kN液压千斤顶(备用25台)	150台	380V～36V变压器	2台
对讲机	12台	泡沫灭火器	5只
高压水泵	1台	木工电锯	2台
插入式振动器	4台	扩音机及高音喇叭	1套

27.3.3 混凝土的制备与浇筑

27.3.3.1 混凝土的制备

建筑物所用混凝土的制备是现场搅拌,用两台350型卧轴式混凝土搅拌机完成,人工上料,由专职施工员负责混凝土配比、取样、送检。建筑物地下室用抗渗等级为P8、强度等级为C40的混凝土;1～2层剪力墙、梁用强度等级为C40的混凝土;3～11层剪力墙和梁用强度等级为C35的混凝土;12～17层剪力墙和1～17层楼板用强度等级为C30的混凝土,三种强度等级混凝土的配合比见表27-3。

混凝土配合比表　　　　　　　　　　　　　　　　　表27-3

混凝土强度等级	水泥标号	碎石粒度(mm)	配合比	材料用量 (kg/m³)			
				水泥	砂	石	水
C30	425	16～31.5	1:1.23:2.2	500	617	1089	205
C35	525	16～31.5	1:1.23:2.2	500	617	1089	205
C40	525	16～31.5	1:1.09:2.02	539	587	1089	205

27.3.3.2 混凝土的浇筑

在滑模施工中,混凝土的浇筑顺序遵循这样一个原则:"先内后外,先难后易,先厚后薄,先两端后中间,分层浇筑,均匀布料"。具体在本工程中,浇筑的顺序为:先浇厚度大的外墙、角柱，并先浇筑背阳的外墙，后浇筑向阳的墙；其次浇筑电梯井、楼梯间；最后浇筑大梁。对于每道墙，先浇筑墙角、门窗洞口暗柱钢筋密集的地方，后浇筑中间直墙，不许将混凝土从中间易浇处用振捣器向两端钢筋密处推进，以防造成门窗洞口棱角坍落或泌水冲刷。严格分层浇灌，用定量料槽控制浇筑厚度。在需要实施纠偏措施时，应按措施要求的浇灌顺序执行。振捣深度不应插进下层混凝土深度的50mm，尽量避免振动钢筋、支承杆和插板。

27.3.4 模板的滑升

27.3.4.1 初滑

本工程主体结构施工期为6月~10月，气温高，昼夜温差小，一般混凝土的初凝时间，白天为3~3.5h，夜晚为3.5~4h，另外有诸多因素影响混凝土的初凝时间，如水泥的熟化期长短，同厂同标号、不同批次的水泥，初凝时间均不同。这就要求在初滑时"快浇早滑"。一般浇圈时间在1h左右，在浇完第二圈后，可停1个行程，观察最初浇圈和最后浇圈处混凝土强度，同时观察滑升平台是否正常滑起。正常情况下，从浇圈开始到达平均最佳出模强度需3h以上，此时模板基本全部浇满，再滑升1~2行程，看平均强度是否能达到0.2~0.4MPa，以决定相应滑升速度。此时应兼顾门窗洞、小剪力墙处混凝土出模强度，适当放慢滑升速度。

27.3.4.2 正常滑升

在初滑升200~300mm后，即可进入滑升速度相对稳定的正常滑升阶段，滑升速度基本与浇圈速度同步，每小时200~300mm。正常滑升过程中，每次滑升加压前，要用喇叭通知台上操作工人；停止加压回油也要告知操作人员：千斤顶开始回油。控制台加压时要在系统压力到达液压系统调定的溢流压后保压20s才回油，回油时间要在3min以上。千斤顶的回油设专门操作工人观察，对于不能充分回油的千斤顶，应轻轻摇动千斤顶上部的支承杆，使每个千斤顶充分回油。对回油不好或爬升情况不好的千斤顶，应及时加以更换。更换千斤顶时，应先让其充分回油，关闭千斤顶的截止阀后才可进行。更换体内千斤顶，新插入的支承杆应与原支承杆在接口处焊接，并在接口处加焊2~3条短钢筋。

在正常滑升过程中，一般每300mm抄平一次，平台的抄平靠千斤顶的限位卡。若发现平台某一位置滑升慢或加压后千斤顶无法爬升，要立刻找出原因并进行处理。若平台某部无法滑起，而平台又无卡阻，证明该部滑升阻力过大，千斤顶爬升力不够，这时应考虑增加千斤顶或采用全卡块式千斤顶，对滑不起的部位可单独供油，直到平台基本滑平，才可同步滑升。平台停顿滑升的时间最长不能超过1h。

当塔式起重机或搅拌机出现故障时，应放慢滑升速度，尽量将剪力墙内的混凝土浇平，前期可每隔10min滑升一次，后期可适当延长到15~20min，若在2h内仍无法恢复供料施工，则要做停滑处理，模板中要保持高度至少达400mm以上的混凝土。

本工程中，建筑物门窗洞有两种：一种是门洞，它的洞口从楼板起，门洞的形成是在浇灌混凝土前将插板插入滑道中，滑升过程中插板同滑升模板一起滑升。另一种是窗洞，它的洞口不是从楼板开始，这样就要在混凝土浇灌至窗洞口下口标高时才插入插板，插板相对于墙体是固定不动的，随着模板的滑升，插板要逐渐沉入模板中，直到插板上口与模板上口平，才与模板一齐滑升至洞口顶。门窗洞口顶部的处理是完全一样的，在支好门窗洞口过梁底板和绑扎好过梁钢筋后，随着滑模模板的滑升，过梁底板与钢筋连同插板逐渐沉入模板中，浇灌过梁混凝土，就会形成门窗洞口。但有时插板被紧紧夹在模板中无法与滑升模板脱开，会将门窗洞过梁底板与钢筋一起带起，为此将过梁钢筋焊在墙体的竖筋上，另外在竖筋上焊短钢筋压住插板，这样就能防止插板被带起。另一种情况，插板与模板结合过松，一旦取出插板的横担，插板不久就会掉下去而在此位穿孔跑浆，遇到这种情况就要将插板吊在墙体钢筋上，并用支撑将两块插板相互顶在墙上。门窗洞滑出后立即安排清理修正。

27.3.4.3 停滑

本工程滑模施工的一个难点就是每层墙体滑模完成后均要采取停滑措施。在正常滑升模板上口滑升至梁底标高下50mm时，便抄平平台，浇满剪力墙模板内混凝土后，浇筑混凝土工作便完成。随后则采取停滑措施，停滑位在梁底标高以上400mm，停滑分三步进行：

(1) 将千斤顶的限位卡上提250mm，在这段行程内，滑升速度较快，一般10min左右滑一次，每次滑升行程30mm，用1.5h滑完这段行程，目的是降低模板内混凝土高度，减少滑升阻力。

(2) 将限位卡再上提150mm。包括松卡、紧卡时间在内，这段行程控制在2.5h以上，每30min滑一次，直到滑完全程。千斤顶到位后，松卡回油，限位卡再上提100mm。此时模板中的混凝土基本已终凝，不会沾模。

(3) 间隔12h以后，再提升2个行程，确保混凝土不会沾模。

27.3.5 剪力墙钢筋的绑扎

(1) 剪力墙的竖筋采用电渣压力焊对接方式，滑模施工前将竖筋接高至平台面以上4m，滑升过程中随滑随接，钢筋驳接处应相互交错，避免在同一水平。由于四角大柱钢筋粗大密集，接长高度高，故在提升架拉结杆上方用钢管搭设导向框，扶正竖筋，可防止竖筋对模板的错误导向作用。

(2) 剪力墙的水平筋与柱的箍筋制作好后吊运上台，按品种分区堆放在提升架的水平拉结杆上，随滑随扎。为防止水平筋被模板的边角带起，在模板上口安装钢板导向板，如图27-18所示，它安装在剪力墙阴阳角处的内外模板上口处，剪力墙直段每3m安装一只。

(3) 当门窗洞过梁底标高滑过提升架横梁后，要进行门窗洞过梁支模和钢筋绑扎。先在过梁底板上摆放箍筋，后穿入底筋，随着过梁

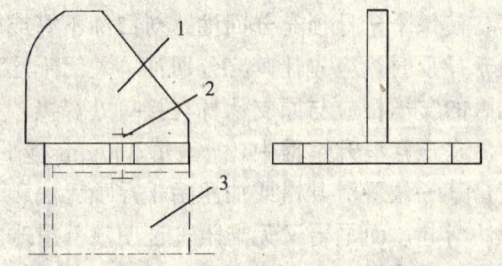

图 27-18　钢筋导向板
1—导向板；2—螺栓；3—模板

沉入模板中，逐步扎完全部过梁钢筋。过梁的底筋可焊在剪力墙的竖筋上，防止过梁被插板带起。

27.3.6 支承杆接长

(1) 在滑模施工前，要求支承杆接高至千斤顶以上3m，供测引标高使用；

(2) 吊上台的支承杆质量应符合要求。体内支承杆应平直、清洁，无凸痕，套管焊接牢固，切口无毛刺、切皮。工具式支承杆应清洁平直。螺纹头无损伤，清洁、涂机油。接杆后，接头无错台，垂直度偏差不超过5∶1000；

(3) 体内支承杆的接长是将已焊好套管的一头端部插入无套管的一头。用水平尺检查

支承杆的垂直度，在支承杆端部3个钻孔处将套管与支承杆焊牢，除掉焊渣即可，接口处应无错台；

（4）体内支承杆接头滑出千斤顶后，应将接缝处补焊加固，门窗洞口脱空距离较大的部位，接口处焊2～3条短钢筋加固；

（5）工具式支承杆至少要保持两层楼不能拆除，支承杆穿通楼板部位，在浇筑楼板混凝土前用水泥纸包住，便于日后回收。支承杆在每层楼板应锁脚，即用开口钢板垫在支承杆根部的楼板上，在支承杆根部锁一扣件，防止支承杆下滑。

27.3.7 标高控制

（1）基准标高被设置在塔式起重机的塔身上，每5m用油漆做出标记，并标出标高值；

（2）滑模施工前用经纬仪将塔式起重机塔身标高引至千斤顶体内支承杆上，引入点分布在平台各处，且不少15个。由专人用水平管将这些标高引至每个支承杆上，用红油漆做三角标记，用水平管引标高时，必须以最初引入在体内支承上的标高为基准，避免误差累积；

（3）用经纬仪从塔身引标高至平台体内支承杆上时，一般每隔2～3m引一次，以此为基准上下各分1m，用绿油漆做三角标记。对支承杆位置发生移动的，应重新引标高；

（4）滑升过程中，由操作工人按指定尺寸用直尺从三角标记引出每次滑升行程千斤顶限位卡的标高；

（5）对于有门窗洞口及有预埋件的部位，应直接从塔身上引标高至门窗临近的竖筋上，用红油漆做三角标记。

27.3.8 墙面的修补及养护

对于滑模施工所滑出的墙体和梁，由于种种原因可能存在混凝土面有蜂窝、麻面、崩角、拉松拉裂现象，应及时加以修补。

1. 崩角

门窗洞口及墙角处由于插板安装不好、保护层过大、混凝土浇筑控制不好、出模强度控制不好等原因，会出现崩角。出模后要立即加以修复，可用与混凝土同等强度等级的水泥砂浆修复，严重部位要局部支模，灌入水泥砂浆。

2. 蜂窝、麻面、露筋、坍塌

混凝土振捣不实、漏振、局部钢筋过密、石子过大、漏浆、提升过早，都会使混凝土脱模后出现蜂窝、麻面、露筋、坍塌等现象，需立即修复。先将松散混凝土清除，用同等强度等级水泥砂浆压实，对于较为严重的情况，可局部支模，灌入高一级砂石减半混凝土。

3. 拉松、拉裂

墙面若出现局部墙体拉松、拉裂，说明该部分模板存在问题，除了对拉松、拉裂部位进行修补处理以外，还应检查该部位模板是否存在负倾斜度或模板清理不干净等问题。

混凝土出模后应及时淋水养护，出模后24h内，每2h淋水一次，24h后，每4h淋水一次。淋水时注意保护墙体刚修整的部位。

27.3.9 梁的滑模施工

当剪力墙滑升到位采取停滑措施时，可开始梁滑模施工准备。梁的滑模施工与墙有所区别，梁较轻，易于被滑模模板带起，且混凝土量大，浇筑时间长，因此在滑模施工前要做好充分准备，检查梁模的倾斜度。

27.3.9.1 梁底模的支设

在墙滑模采取停滑措施同时，可穿插进行梁底模支设工作。梁底模的支承采用单排钢独立支撑，由于楼层高度高，可用多条驳接至需要的高度，钢支撑中套一根顶芯，可在1m范围内任意调节高度，顶芯头部插有顶托，顶托上摆放双排空腹钢梁（见图27-19）。钢支撑的加固是利用体外支承杆作加固杆而形成的空间桁架，即用两根短钢管加两个扣件，即完成了钢支撑的水平二维约束。与支承杆的加固相同，每1.5m加固一次。空滑完毕后，取掉梁头插板，在顶托上放置空腹钢梁，将已制好的梁底模铺在钢梁上，通线调平，即完成了梁底模的安装。在梁头部位，梁底高出剪力墙混凝土50mm，需封板。梁底模板宽度须小于梁模板宽度5～10mm，以防止木板淋水后与梁模板胀紧，滑模时将梁带起，边缝过大部位用牛皮纸塞缝。

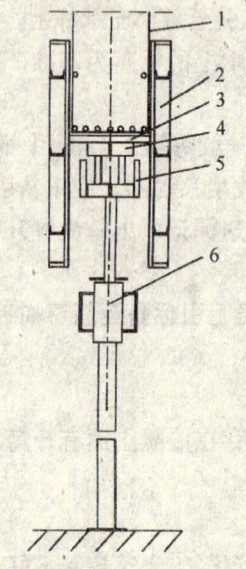

图27-19 梁底模支设示意图
1—梁筋；2—梁模板；3—梁底模；
4—钢梁；5—顶托；6—独立钢支撑

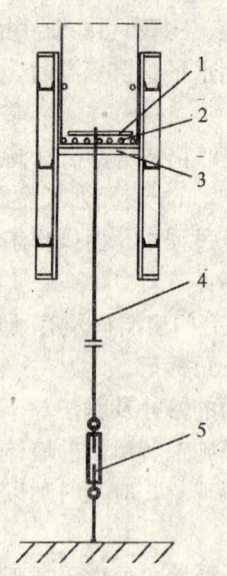

图27-20 梁钢筋拉结示意图
1—横钢筋；2—梁底筋；3—梁底模板；
4—拉结钢筋；5—花篮螺丝

27.3.9.2 梁筋的绑扎

梁的底筋、面筋较密集粗大，长度较长，梁筋的绑扎受提升架高度限制，不能一次完成，同时要解决穿梁筋的安全问题。

在梁位，用钢管横担在梁模板上，梁筋的底筋和箍筋在横担钢管上绑扎，受滑模装置的影响底筋无法直接摆放在梁位上，须先将钢筋穿出滑模平台，再从提升架下穿入，大梁水平筋为 $\phi 24mm$ 螺纹钢，一般长10多米，伸出平台外十分危险，所以在每个需穿梁筋的位置，在四角大柱、沿梁方向搭设钢管架，伸出滑模外挑平台3m，用来承担穿梁筋时伸出平台外钢筋的重量。

在扎完梁底筋、箍筋、侧水平筋后，抽出横担在梁模上钢管，将梁筋沉入模板中，绑扎梁其余部分钢筋。剪力墙圈梁也可采用同样绑扎方法。梁筋与梁底模板之间要垫20mm厚水泥块，保证梁底钢筋有足够的保护层。梁与圈梁钢筋绑扎完毕后，全面检查是否有阻碍滑模平台滑升的地方，防止梁被带起。梁头部位，梁底筋要与剪力墙的竖筋点焊。

27.3.9.3 梁筋的拉结

为了防止梁在滑升过程中由于种种原因被带起，需将梁筋从下层拉住。在梁筋沉入模板后，进行梁筋的拉结。

(1) 首层滑梁时，由于工具式支承杆根部无固定，会出现支承杆被带起的现象，梁筋的拉结只能拉在±0.00地面上（图27-20），地面打入M16膨胀螺栓，与一条ϕ10mm的圆钢筋焊接。在梁底板上钻一孔，穿入ϕ10mm圆钢筋，将圆钢筋与一条横压在梁底筋上的ϕ20mm螺纹钢筋焊接，两条圆钢筋用花篮螺栓收紧。

(2) 其它层梁的拉结，上部与首层相同，下部可利用工具式支承杆的加固杆，用花篮螺栓收紧。

(3) 拉结点选在每条梁和梁的交叉点之间以及梁交叉点与墙之间，当其距离超过3m时均需设一拉结点，梁头底筋要与剪力墙竖筋焊接。初滑梁时一定要检查拉结点是否脱落，梁是否被带起，一旦梁脱模顺利，拉节点钢筋会松弛下来。

27.3.9.4 梁的混凝土浇筑和模板滑升

1. 梁混凝土的浇筑

剪力墙部位模板有450mm深的滑空位，梁底至模板上口距离为400mm，首先完成300mm的剪力墙浇圈，后浇筑300mm梁混凝土，再将剪力墙与梁部位的模板全部浇满。一定要严格控制浇圈的顺序和浇圈高度。

2. 滑升

一般2.5h左右可完成剪力墙与梁的混凝土浇筑，浇筑完毕，模板可立即进行滑升。剪力墙内有450mm厚的老混凝土，而梁底需滑升500mm的距离才能出模，这时可按正常速度滑升，边滑边浇灌混凝土，混凝土到位标高为楼板标高下200mm（楼板厚度为150mm），梁与剪力墙只浇灌800mm左右混凝土，在即将滑升到混凝土到位标高时，应减慢滑升速度，等待将梁与墙所需混凝土吊运上台。此时梁与墙新浇混凝土均未出模。

3. 抄平

将千斤顶限位卡卡在模板上口（到楼板面标高下200mm处），该标高为梁和墙混凝土标高，平台到位后，等待将所有的梁与剪力墙模板中浇灌满混凝土，多余的混凝土吊运下台，混凝土不得高于模板上口，这个位置的标高要求准确，否则会造成穿楼板筋困难。

4. 空滑

全部混凝土浇筑工作结束后，开始空滑，滑升到剪力墙新浇的混凝土出模，观察混凝土强度。此时混凝土无振动影响，出模强度在0.1MPa就不会坍塌，可用较快的速度将梁和墙脱出，混凝土出模强度低，可减少梁和剪力墙上表层混凝土被带松的现象。模板空滑到位标高是在模板下口高出楼板面标高10mm处，这一站标高对楼板施工影响很大，因此到位前重新检查所有支承杆的到位标高，高低差不超过10mm，将千斤顶限位卡卡紧，并将所有千斤顶滑升到位，检查无误后，才可松卡回油。至此整个"滑一浇一"施工方法的滑模部分全部完成。

27.3.10 模板的清理

滑模施工中，模板的清理既难以解决、容易忽视，又关系重大，直接影响滑模施工质量。模板清理不好，会引起模板倾斜度变化，增大滑升阻力，轻则滑出的墙面粗糙、崩角，将墙体拉裂断，重则滑升困难，支承杆大面积失稳，引起沾模。由于模板内钢筋密集，空间窄小,给清理模板工作带来了巨大的困难。本工程采取了以下措施,确保了模板清理质量。

(1) 由专人负责,组织专门的清理队伍,分墙到人,落实责任,一包到顶,层层清理。制造各种专用工具,想尽各种办法(如用锤振击与表面铲除相结合等),将模板清理干净,特别是转角处和小剪力墙部位。

(2) 随滑随清,利用模板刚滑空时混凝土凝结时间短、强度低的情况,一滑空立刻派人清理。对于门窗洞口,在支过梁底模前,从下面清理。

(3) 利用改模的机会对模板彻底清理。

(4) 加强打油工作,层层打油,用矿泉水瓶在瓶盖上插一段软管,制成喷油器,向模板表面喷油,让油从上慢慢浸下整个模板面,这样既不会污染钢筋,也不会流入剪力墙中。

采取这些措施后,形成良性循环,模板越清越光滑,滑出的墙面光滑密实、棱角挺括、门窗洞口方正、滑升阻力小、千斤顶同步性能提高。

27.3.11 支承杆的加固

由于建筑物层高较高,梁采用滑模施工,主体结构对垂直度要求高,支承杆的加固、防止失稳尤显重要,体外工具式支承杆如何防止失稳是保证滑模正常滑升的关键。对于对称设置的体外支承杆,在滑升1.5m左右(支承杆自由脱空高度约3m)用短管先横向拉结加固,随即在纵向用两排长钢管将横向拉结管串联(见图27-21),两头必须抵墙。每隔1.5m加固一层,形成稳定的空间桁架结构。对于单根体外工具式支承杆的加固,采用水平拉结和竖向旁接加固相结合,即在水平两个方向用钢管拉结顶墙,沿支承杆方向用钢管旁接加固,水平杆每隔1.5m加固一层。

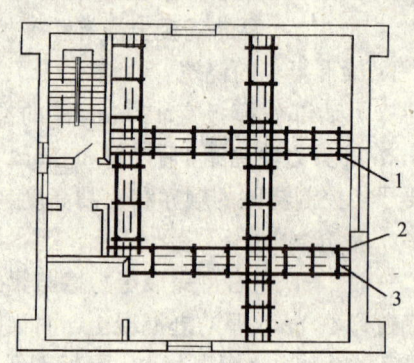

图 27-21 支承杆加固平面图
1—工具式支承杆;2—加固长杆;3—加固短杆

体内支承杆失稳一般发生在门窗洞口,即支承杆自由脱空距离大的地方。它的加固采用支承杆旁接1~2条钢管,提高抗失稳能力。体内支承杆驳接处滑出千斤顶后,将接缝处焊牢,对于易失稳的门窗洞口部位,用焊2~3条短钢筋将接口处加固。

在滑升前,所有台下加固用的长钢管、扣件均要备齐,从梁模空位放到平台下。滑升至1m左右,台下加固工人进场,做准备工作。采取以上措施后,即使在层高为10m、8.5m、6.5m各层梁滑模施工时,也很少有支承杆失稳现象发生。

27.3.12 建筑物垂直度控制

本工程主体建筑物呈单体杆状结构,总高度高,使用功能特殊,平台面积小,层高高等特点,垂直度控制就显得更突出重要,建筑物的防偏与纠偏综合体现了滑模施工水平,也是该工程的技术重点和难点之一。

要确保滑模平台平稳垂直上升,从管理战略上要坚持"防偏为主、纠偏为辅"的原则,即一切措施、一切操作要求围绕"防偏",把偏差消除或减少于"防偏"中,在防偏以后仍然出现偏差,那就要进行"纠偏"。本工程所采取的防偏、纠偏措施如下:

(1) 在滑模平台四角设八个靶点,实行动态监测,每滑升1m,用自动安平激光铅直仪测取一次数据,所得数据立刻反馈给平台指挥人员,对偏扭趋势加以分析,及时采取措施。

每层滑升完毕后,对建筑物进行测绘,所得结果作为防偏、纠偏依据。

(2) 加强对千斤顶的管理。运转过程中,加强观察千斤顶的工作状态,对性能变差、回油不好的千斤顶要及时更换、维修。千斤顶每滑升300mm调平一次。对剪力墙密集、滑升阻力大的部位(如电梯井),增加千斤顶的数量,使平台滑升均匀。

(3) 对周边剪力墙部位的提升架用22号槽钢联成整体,增加提升架爬升的同步性和平台整体刚度,对外模板接缝处增加两条加强槽钢,加大模板联接处刚度。

(4) 对模板的阴阳角模板实施增大倾斜度的措施。加强对模板的清理、打油,做到"落实到人,一包到顶,随滑随清"。

(5) 加强滑模平台的管理,对吊运上台的施工材料,分类定量均匀地摆放。

(6) 在滑升过程中,加强台上台下的巡视,使滑升时模板无卡阻。对偏位的钢筋及时归位,在角柱处架设钢筋导向架。利用柱筋对模板的导向作用,产生克服偏扭的水平力。

(7) 加强对支承杆从制作、回收、清理、接长、加固全过程的管理,严格按要求操作,保证支承杆的垂直度。

(8) 在外模板与已滑出的剪力墙之间,近水平方向设置4个手动葫芦,在发现有偏扭趋势时,对平台施以相反的水平力,由专人负责调节水平力的大小,随滑随纠,逐步纠正偏扭。

(9) 按防偏纠偏要求,不断调整布料的先后顺序,使混凝土对模板产生的侧压力有利于克服偏扭。

(10) 在千斤顶下加垫片,使千斤顶向某一方倾斜。在接长支承杆时也有意识地向某一方向倾斜,增加对滑模平台的导向作用。

由于15层以下各层外模板始终包含有200mm左右混凝土,故平台无法滑空纠偏。采取了以上防偏、纠偏措施以后,建筑物的偏扭及形状误差不超过30mm。

27.3.13 外挑通廊的施工

本工程在建筑物15层以上,水平结构外挑1850mm,做为行人通廊。从安全、结构受力方面考虑,决定采用在14层剪力墙上部预留孔洞,安装钢架搭设平台的方法,以支设1850mm外挑通廊模板及15层以上外脚手架,如图27-22所示。在15层梁滑升完毕后,要吊装设备、改模板,此时外脚手架已跟近15层,先将滑模吊脚手架拆除,利用外脚手架进行钢平台的搭设。水平方向每隔3m安装一片三角架,四角柱位置预埋钢板,三角架与预埋钢板焊接,每个角柱位安装两片三角架。三角架从预留孔洞伸入墙内部分,靠紧墙面用300mm长槽钢焊牢。在三角架上每隔600mm铺设通长水平槽钢,将所有三角架联成一体,水平槽钢用扣扣压在三角架上。在角位处,两方向水平槽钢对接、焊牢,用φ10mm圆钢加花篮螺栓拉结在角柱上。槽钢上间隔300mm铺木方,木方上铺木板,形成平台。钢平台外侧用钢管和竹竿搭设1.5m宽的倾斜防护栏。平台搭设完毕后,可进行外挑通

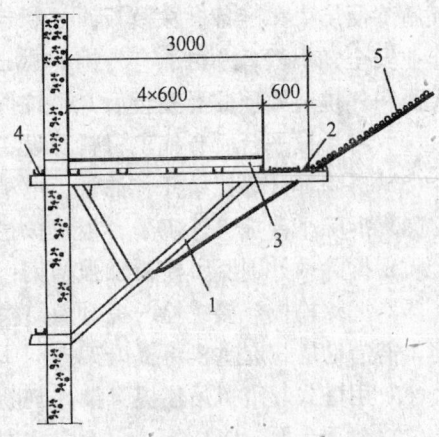

图 27-22 外挑平台示意图
1—三角架;2—水平连接槽钢;3—木方;
4—背面槽钢;5—防护栏

廊支模工作。15层将四角大柱取消，全部外墙收到300mm厚，外模板下口与内模板下口平。浇捣楼板时，将外挑通廊底板与简支梁一起浇捣。

27.3.14　14～16层设备吊装

14至16层为电缆生产线的主生产段，装有大型电缆生产线设备，应甲方要求，主体结构施工到浇筑15层楼板混凝土前，利用塔式起重机将生产线14层上的大型设备吊运上楼，待浇筑15层楼面混凝土后，将15层设备吊运上楼，设备最大体积有3m×5m×6.5m，重达7t。

27.3.14.1　吊运准备

（1）在支设13层、14层楼板底模板时，对设备放置区域增加楼板模板支承点，增加数量按设备重量而定。在支设15层楼板模板时，由于层高8.5m，对大型设备放置区用ϕ48mm钢管、间距600mm搭设钢管支架，支承楼板模板。

（2）塔式起重机全面检修，更换钢丝绳，吊钩由双绳变为四绳，并用1.2倍设备重量做吊运试验。

（3）在滑完15层梁后，滑模平台需将设备吊装处的水平拉结管、平台板、围圈、加固桁架全部拆除，吊运区域内支承杆不得高于千斤顶1m。

27.3.14.2　设备吊运

将14层设备吊运就位后，进行15层楼板模板的支设，浇筑15层楼板混凝土。在楼板混凝土强度达设计的混凝土强度标准值的80%以上后，吊装15层设备。吊装完成后，需将滑模平台恢复，对于设备尺寸过高大、阻碍滑模平台恢复的部位，要增设临时拉结措施，保持滑模平台的稳定性。对于15层改模又进行临时拉结的模板，要全面进行检查。

27.3.15　模板的拆除

在17层梁滑模施工完成以后，滑模平台滑到模板下口高出楼板面标高50mm后，全部滑模施工便结束，准备拆除模板。要制定详细的模板拆除方案，对操作工人要重新进行高空作业安全知识教育。由于有外挑1850mm的水平结构，对模板拆除有很大帮助。在浇筑完天面和外挑通廊顶面混凝土后，可按拆除方案拆除滑模设施。拆除顺序如下：

（1）将滑模平台所有施工材料及设备吊运下台；

（2）拆除提升架拉结杆、油管、电箱、照明设施及搭设的雨篷；

（3）拆除平台板、外挑平台板及护栏；

（4）拆除内外围圈、模板加强槽钢；

（5）拆除模板连接螺栓、提升架与模板的连接，使提升架与模板分离。电梯井、楼梯间处，需借助塔式起重机将提升架连同所联模板一齐吊出，在地面上解体；

（6）用塔式起重机吊住提升架，割断千斤顶支承杆，将提升架吊运下台；

（7）清理台面。

整个平台的拆除、吊运、解体连同运输共用5d时间，没出现任何安全事故。至此本工程主体结构滑模施工全部结束。

27-4　滑模施工管理

常言道：滑模施工是"三分技术、七分管理"。技术固然重要，但在施工过程中管理的重要性更为突出，先进的施工技术结合严密的组织管理，才能充分体现滑模施工工艺速度快、质量好的优越性。

滑模施工是集施工管理、劳动组织、施工技术、材料供应、工程质量、生产安全、设备安装、信息资料、生活服务等各项管理工作及混凝土、钢筋、木作、液压、电气焊、机械操作、测量、抹灰、清理等各工种共同协调的一项系统工程，是技术性强、组织严密的先进施工工艺。必须有统一指挥，把各项管理工作落实到人，明确其职责范围，建立名符其实的质量保证体系。

27.4.1 管理组织

本工程中，设项目经理，项目经理下设主管施工员任滑模总指挥。主管施工员下设各工种施工员，施工员负责各个工种班组的管理，班组按工种分为混凝土班、木工班、钢筋班、滑模班、测量班、外脚手架班等。工地由专人负责混凝土制备及材料供应。项目经理负责全面工作，主管施工员负责工地一切具体事务管理，各工种施工员按主管施工员的指挥管理各班组，做到统一指挥，一切服从指挥决策、号令，一切向指挥反馈各方信息。

27.4.2 管理工作重点

针对滑模施工的特点，抓住影响滑模施工进度、质量、安全的主要矛盾，逐项落实专人负责。严格按规章制度办事，赏罚分明。项目经理同主管施工员重点对以下各项工作进行严格管理：

(1) 确保混凝土性能符合设计与施工的要求；
(2) 严格按操作要求浇筑混凝土；
(3) 控制好混凝土的初凝时间和出模强度；
(4) 重视模板的组装、改模、检测、清理和维护；
(5) 随时检查千斤顶和支承杆的工作状况；
(6) 抓好防偏为主，纠偏为辅的各项措施；
(7) 采取措施保证钢筋质量；
(8) 合理安排各工种工作，特别注意安排好水平结构的施工，因这是影响工期的重要因素；
(9) 把安全防火工作当头等大事来抓；
(10) 注意滑模平台环境的整洁，因这是文明施工的必要条件；
(11) 妥善安排工人的休息时间和生活。

28 惠州市中心人民医院外科手术大楼工程施工

惠州市第一建筑工程公司　陈国利　王敏华　李敏荣

28-1 工程概况

惠州市中心人民医院外科手术大楼，位于惠州市鹅岭北路41号医院大院内。由惠州市中心人民医院投资，惠州市惠阳建筑设计事务所设计，惠州市第一建筑工程公司承建。该工程于1993年5月开工，1994年11月竣工。

外科手术大楼建筑面积13641m²，主要由局部地下室（建筑面积为400m²）和上部手术室、住院病房等组成，按六度三级建筑抗震设防。地下室高4m，其平面布置如图28-1所示，首层高度为3.4m，3至8层高度为3m，9层高度为3.5m。本工程为钢筋混凝土框架结构，人工挖孔桩基础，桩径分别为1.4m和1.2m，桩长度为12～15m，设计持力层为中风化岩层，桩芯混凝土强度等级为C25。地下室底板面标高为-4m，底板厚度为400mm，侧墙厚度为300mm，混凝

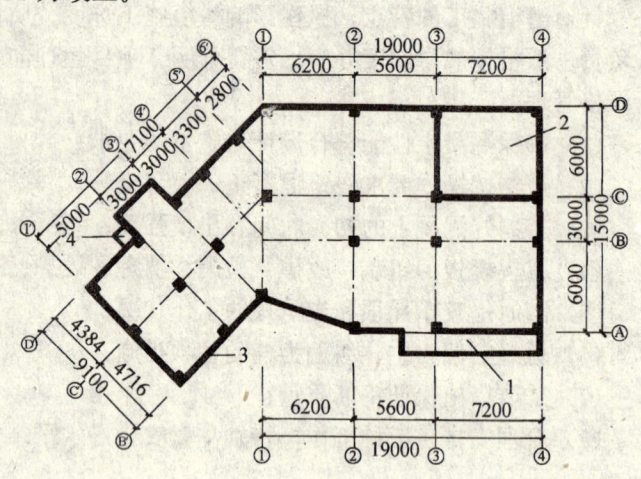

图 28-1　地下室平面布置图
1—坡道；2—水池；3—侧墙（厚300mm）；4—集水井

土强度等级为C30，抗渗等级为P8，采用改性沥青卷材柔性防水。地下室顶板厚度为150mm，混凝土强度等级为C30。

28-2 人工挖孔桩施工

本工程共完成结构桩（人工挖孔桩）70根，桩径分别为1.2m和1.4m，其中地下室部分为25根，设计桩顶标高为-5m，电梯间部分4根，设计桩顶标高为-2.7m，其余部分为41根，设计桩顶标高为-1.7m。Ⓐ轴和Ⓑ轴与门诊大楼较近，采用护壁桩做支护体系，护壁桩孔径为1.0m，护壁厚度为100mm，桩底标高为-10m，桩中心距离为1.5m，护壁桩沿Ⓐ轴和Ⓑ轴外1.5m处布置，护壁桩采用人工挖孔灌注桩，混凝土强度等级为C20，桩

芯混凝土浇筑面标高为−1.0m。桩孔净距仅为0.5m，采用"隔桩跳挖"的方法施工，先开挖完1号、3号桩，灌注完桩芯混凝土后，再进行2号桩的施工。以下叙述结构桩的施工。

28.2.1 护壁施工

根据地质勘察资料，本工程地基不存在流砂和流泥层，按设计要求，每节护壁高度为1m，厚度为150mm，护壁混凝土强度等级为C20。

施工前技术负责人和施工负责人逐孔检查各项施工准备工作，逐级进行施工技术、安全交底和安全教育。

开挖前，从桩中心位置向桩四周引出四个桩心控制点，用牢固的木桩标定。当第一节桩孔挖好安装护壁模板时，用桩心点来校正模板位置，并保证护壁比下面的护壁厚150mm，高出现场地面200mm。每灌完三节护壁混凝土后，设专人严格校核桩中心位置、护壁厚度及垂直度一次。

桩孔开挖后应尽快安装护壁模板，将孔内积水抽干后，当天一次性完成护壁混凝土的灌注，并保证每节护壁厚度不小于150mm，混凝土强度等级不低于C20，上下护壁间的搭接长度不少于50mm。灌注护壁混凝土时，用竹竿、木棒反复插捣并敲击模板，直至不冒气泡为止。浇灌24h后拆除护壁模板。

挖出的土石方及时运走，孔口四周2m范围内不堆放余泥杂物，机动车辆通行时，暂停孔内作业。孔口四周设上下两道护栏。每天开工前先将桩孔内积水抽干，用鼓风机向桩孔内送风15min，将桩孔内混浊空气排出后，作业人员才头戴安全帽、脚穿绝缘胶鞋下桩孔作业，在桩孔内不使用明火、不吸烟，采用安全矿灯照明。工作人员使用电动葫芦上下桩孔，每天上班前、下班后，安全员严格检查电动葫芦并加足润滑油，确保开关灵活、准确，铁链无损，保险扣不打死结，钢丝绳无断丝。桩孔内设置软爬梯，随挖孔深度加长至工作面作救急备用。桩孔内人员作业时认真留意桩孔动态，发现涌水、护壁变形等不良预兆以及有异味气体时，立即停止作业并迅速撤离。中途抽水后，将地面上的专用电源切断，作业人员才下桩孔作业。

在桩孔内爆破时，所有人员全部撤离至安全地带后才引爆，爆破前用铁板盖住桩孔，并在上面堆放砂包，防止石头飞出桩孔，爆破后，采用送风、抽气和淋水等方法将桩孔内废气排除，然后作业人员再进入桩孔内作业。

施工现场的电缆、电线架设在专用电杆上，所有的电器设备严格接地接零，在负荷线的首端设置漏电保护器，每天由持证电工检查合格后才接通电源，各桩孔实行一孔一闸用电，桩孔内使用绝缘良好的电器设备。

桩孔暂停施工时，用盖板封闭，并在孔口做1m高的护栏围蔽。

桩孔开挖至中风化岩层时，通知建设单位、设计单位和质监部门到现场对孔底岩层进行鉴定，鉴定符合设计要求后，继续进行入岩挖掘和扩大端施工。桩入岩深度为1.9m，桩扩大头直径为2.0m。桩孔入岩挖掘至1.9m时终孔，清除护壁污泥及孔底的残碴、浮土、杂物和积水后，立即通知建设单位、设计单位及质监部门，到现场对桩底形状、尺寸、岩性、入岩深度等进行检验，经检验合格并办理好鉴定手续后，迅速用C25级混凝土进行封底，按设计要求封底混凝土浇筑高度为1.9m。浇灌封底混凝土时，用内径为200mm的导管下料，出料口与混凝土浇筑面距离为1.5m，当混凝土厚度达到1m时，停止下料，作业人员携带插入式振动器进入桩孔内振捣混凝土，然后继续浇灌至设计要求的封底混凝土高度，混凝土振捣密实后,做成高底不平的锯齿状表面。

28.2.2 钢筋笼制作和安装

所有进场的钢筋都进行验收,并抽取试样送惠州市工程质量检测中心进行力学性能试验,经检测合格后才进行钢筋加工。需要焊接的钢筋,按有关规定抽取焊接试样送检测中心进行焊接试验,经检测合格后才进行钢筋笼制作。

桩身纵向受力钢筋采用直径为18mm的螺纹钢筋,加劲箍筋采用直径为16mm的螺纹钢筋,螺旋箍筋采用直径为8mm的光面钢筋。钢筋笼外径比桩孔设计直径小140mm,分别为1.06m和1.26m,加劲箍外径分别为1.03m和1.23m。纵向受力钢筋长度,根据每根桩除封底混凝土厚度以外剩余的未浇灌混凝土浇筑高度,以及伸入桩帽中的钢筋锚固长度(45倍钢筋直径)之和来确定。地下室部位桩剩余的未浇灌混凝土最小浇筑高度为3.7m,剩余的未浇灌混凝土最大浇筑高度为7.8m,相应地,地下室部位桩的纵向受力钢筋最小长度为4.5m,纵向受力钢筋最大长度为8.6m。

电梯井部位桩剩余的未浇灌混凝土浇筑高度为10.4m至11.4m,纵向受力钢筋长度为11.2~12.2m。其它部位桩剩余的未浇灌混凝土最小浇筑高度为6.1m,最大浇筑高度为11.6m,相应地,纵向受力钢筋最小长度为6.9m,纵向受力钢筋最大长度为12.4m。纵向受力钢筋分长、短钢筋间隔布置,当桩剩余的未浇灌混凝土浇筑高度小于7m时,长、短钢筋长度一致;当桩剩余的未浇灌混凝土浇筑高度大于7m时,短纵筋的长度为7.8m,长纵筋长度由该桩剩余的未浇灌混凝土浇筑高度确定。

钢筋笼每隔2m布置一个加劲箍,在距桩顶2.5m范围内每隔100mm布置一个螺旋箍筋,其余部位每隔200mm布置一个螺旋箍筋。纵向受力钢筋采用焊接搭接,纵、横钢筋交接处用电焊焊接牢固,焊接接头位置错开,在距任意一个焊接接头中点650mm的区段内,不布置有两个焊接接头的钢筋,在该区段内有接头的受力钢筋截面面积小于受力钢筋总截面面积的50%。

安装钢筋笼时,在钢筋笼外侧绑扎厚度为50mm的水泥砂浆垫块,确保钢筋笼的主筋净保护层厚度不小于50mm,将钢筋笼轻轻放入桩孔内,不碰撞孔壁,稳稳地安装在封底混凝土表面上。安装完毕后,检查钢筋笼标高,确保地下室部位桩的钢筋笼顶标高为-4.2m,电梯井部位桩的钢筋笼顶标高为-1.9m,其余部位桩的钢筋笼顶标高为-0.9m,然后通知建设单位、设计单位和质监部门进行验收,并做好签证记录。

28.2.3 浇筑桩芯混凝土

浇筑混凝土之前,将准备使用的水泥、砂和石子送材料检测中心进行试验,并由检测中心确定施工配合比。

浇筑桩芯混凝土之前,检查用电线路,确保漏电保护装置灵敏、正常,与准备浇筑混凝土的桩相邻10m范围内的桩孔停止作业,作业人员撤离,将准备浇筑混凝土的桩孔内积水抽干,将封底混凝土层表面的浮碴清理干净。

经检测中心试验确定的混凝土配合比为水:水泥:砂:石=0.51:1:2.03:3.67,坍落度为30~50mm,每立方米混凝土水泥用量为330kg,砂用量为670kg,石料用量为1212kg,水用量为168kg,水泥采用南华牌525号水泥,砂采用东江天然河砂,石料采用粒径为20~40mm的新鲜花岗岩石子。配料时,水泥、砂、石子用磅秤称量,水用标准计量水桶称量,将混凝土配合比在搅拌机旁挂牌公布,确保材料称量准确。在现场用出料容量为 250L 的强制式混凝土搅拌机拌制混凝土。搅拌前，先加水空转搅拌机 5min，使拌筒充分润湿，再倒掉积水，按石子→水泥→砂的装料顺序下料搅拌，搅拌延续时间为 2min。搅拌第一盘混凝土时，要考虑到搅拌机筒壁上的砂浆损失，配料时，只配水泥、砂和拌合水后即开机搅拌。

浇筑时，混凝土通过直径为 200mm 的导管下料，导管由壁厚 3mm 的钢管制成，下料口距离灌注面保持在 1.5m，在桩底先填以 100mm 厚与 C25 级混凝土内砂浆成分相同的水泥砂浆后，再连续分层浇筑，每层混凝土浇筑厚度为 750mm，用插入式振动棒分层捣实混凝土，振捣至混凝土表面呈现浮浆和不再沉落为止，振捣上层混凝土时振动棒插入下层混凝土中 50mm。本工程有 19 根桩在距封底混凝土表面 0.5m 至 1.5m 范围内渗水量太大，无法抽干桩孔内积水，这部分桩孔采用水下混凝土灌注法施工，水下灌注用导管由壁厚 3mm、直径 200mm 的无缝钢管制成。开始灌注前在储料斗内储存约 1.5m^3 混凝土，以确保灌注时将导管的底端一次性埋入水下混凝土中 0.8m 以上，灌注时，导管端部距离封底混凝土表面 0.4m，以便顺利排出隔水栓。水下混凝土连续灌注，在灌注过程中，专人负责填写灌注记录表和测量导管埋深，确保导管底端埋入混凝土面以下 1.8m。当混凝土浇筑面距离渗水点 5m 时，将混凝土表面积水抽干后，填以 400mm 厚 C25 级减半石子混凝土，用振动棒捣实混凝土后，利用常规方法灌注剩下的桩芯混凝土。每根桩留置一组混凝土试块，留置的试块经检测中心测定，符合设计要求。经检测中心动测和抽芯检测，桩芯混凝土质量满足设计要求。

28-3 地 下 室 施 工

28.3.1 土方施工

地下室底板开挖面标高为 -4.55m，基础梁底开挖面标高为 -5.05m，采用大开挖方法，用机械挖土及人工修整基坑，坡度为 1:0.5，并用砂包护坡，靠门诊楼一侧因有护壁桩不放坡。靠南湖一侧布置排水沟，即沿 ⑪ 轴和 Ⓓ 轴外布置排水沟，在 ①′ 轴和 Ⓓ 轴交界处、④′ 轴和 Ⓓ 轴交界处外，距离基础轮廓线 0.8m 处各布置一个边长 0.9m、基底标高为 -6.35m 的集水井。布置排水沟处基坑宽度比基础轮廓线增加 1.6m，集水井处基坑宽度比基础轮廓线增加 2.0m，其它部位基坑宽度比基础轮廓线增加 0.8m。在 Ⓓ 轴和 Ⓓ 轴外距离基础轮廓线 0.8m 处布置排水沟，其宽度为 0.4m，坡度为 0.5%，排水沟边缘距离坡脚 0.3m，排水沟底比基础梁底开挖面低 0.6m，集水井边缘离开坡脚 0.3m，每个集水井内安装 1 台 6 英寸（152mm）离心式潜水泵，通过胶皮管把积水排到市政排水沟里。

土方开挖时，用挖掘机械沿着承台地梁线开挖承台及地梁至设计标高 -5.05m，开挖底板至设计标高 -4.55m；再沿着排水沟线开挖排水沟及集水井，然后人工修整基坑，用人工及风镐将桩头顶部的浮浆及超长部分破碎凿除。排水沟壁及集水井壁用 M5 水泥砂浆、MU10 砖砌 120mm 厚保护砖墙，集水井底清理污泥后满铺红砖，用潜水泵连续抽水，将积水排至施工场地外，以保证基坑干燥。

承台及地梁外侧采用砖砌胎模，胎模厚度为 180mm，用 M5 水泥砂浆、MU10 红砖砌筑，基础轮廓线外侧胎模厚度为 240mm。

胎模砌筑完毕后，将底板及基础梁开挖面找平，做 100mm 厚 C10 级素混凝土垫层，承台及地梁外侧胎模面批 20mm 厚 M10 水泥砂浆，然后进行卷材防水层施工。

28.3.2 地下室防水施工

为防止地下室渗漏，设计了三道防线：基础外墙外侧及底板下的改性沥青卷材柔性防水；掺外加剂的C30级防水混凝土自防水；底板上表面及基础外墙内侧涂抹刚性防水水泥砂浆防水。

28.3.2.1 施工前准备

垫层施工完毕后，在地下室侧墙外侧用M10水泥砂浆、MU10砖砌筑370mm厚砖墙，砖墙比原地面高200mm，在砖墙内侧和混凝土垫层表面用掺入水泥用量10%无机铝盐防水剂的防水砂浆做20mm厚的砂浆找平层，表面进行压光，使不起砂、不出现空鼓，找平层与突起物相连处的阴、阳角，抹成均匀光滑的圆角。待找平层基本干燥，含水率小于9%后，开始进行防水卷材的施工。检查含水率的简易方法是在基层表面上铺设1m×1m的橡胶卷材，静置3h左右，掀开后如基层表面及卷材表面均无水印，即可视为含水率小于9%。

28.3.2.2 工艺要点

外科手术大楼与门诊大楼、职工食堂、住院大楼很近，紧靠医院内主要通道，施工场地狭小，因此，地下室改性沥青柔性防水采用内贴法施工。其施工工序如下：

清扫找平层表面→涂刷基层处理剂→复杂部位附加增强处理→涂刷胶粘剂→铺贴卷材→内保护层施工→地下室钢筋混凝土结构施工→基坑回填→内侧刚性防水抹面施工。

铺贴防水卷材前，先将基层表面的突起物和砂浆疙瘩等异物铲除，并把尘土杂物彻底清扫干净。然后将胶粘剂和稀释剂（工业汽油）按1:0.5（重量比）的比例稀释，用电动搅拌器搅拌均匀后，用长把滚刷均匀涂布在干净和干燥的基层表面上，干燥4h左右，才进行下一道工序的施工。

地下室的阴、阳角和穿墙管等容易渗漏的薄弱部位，用胶粘剂进行附加增强处理，将胶粘剂和工业汽油按1:0.5（重量比）的比例稀释的稀释液，涂刷在阴、阳角和穿墙管的根部，涂刷的宽度距中心250mm，涂刷3度，涂膜固化后，才进行铺贴卷材施工。

防水卷材铺贴按先立面后平面的铺贴顺序进行。卷材铺贴前将表面撒布物清理干净，按需要长度裁剪反卷备用。墙面铺贴处自下而上进行，在墙面高300mm处用粉线弹出基准线，在基准线上涂刷胶粘剂，在卷成圆筒形的卷材的中心插入1根直径30mm、长1.5m的铁管，由两人分别手持铁管的两端，并使卷材下端预留1m后，在基准线处粘贴牢固，向卷材和墙面交接处涂刷胶粘剂后，压紧卷材向上推，封严接口，刮掉多余的胶粘剂。每铺完一张卷材后，立即用干净松软的长把滚刷从卷材下端开始朝卷材短横方向顺序用力滚压一遍，彻底排除卷材与基层之间的空气。排除空气后，用手持压辊滚压，使其粘结牢固。相邻卷材搭接宽度为100mm。在塔接缝部位，用自动热风焊接机骑缝熔焊粘结牢固，熔焊热风温度为500~650℃，焊接速度2.5~3.5m/min。第一层全部铺贴完毕后，再铺第二层，第二层卷材的搭接缝与第一层卷材的接缝错开二分之一，上层盖过下层，覆盖搭接长度为150mm，其铺设方法及接缝方法与第一层卷材做法相同。

在底面上则平行于长线铺贴卷材，以③轴和④轴之间中线作为基准线，用长把滚刷蘸满胶粘剂，均匀涂刷在基层处理剂已基本干燥和干净的基层表面上，然后将卷材的一端固定在预定的部位，再沿基准线铺展。在铺设卷材过程中，张拉卷材力量应适中，不过紧，不拉伸卷材以及不出现皱折现象，平面与立面相连的卷材，先铺贴平面部位，然后铺贴立面部位，使卷材紧贴阴、阳角，不出现空鼓。接缝部位应离开阴、阳角 600mm。

铺完一张卷材后，立即用干净松软的长把滚刷从卷材一端开始朝卷材短横方向顺序用力滚压一遍，彻底排除卷材和基层之间的空气，然后用外包橡胶的长 300mm、重 30～40kg 的铁辊滚压一遍，使其粘结牢固。所有接缝部位，均用自动热风焊接机进行骑缝熔焊，使其粘结牢固和封闭严密。第一层铺贴完毕后，接着铺贴第二层卷材，其搭接缝与第一层卷材的接缝错开二分之一，其铺设方法及接缝方法与第一层卷材相同。平、立面处卷材交叉搭接，接缝留在底平面上，所有转角处均铺贴附加层，附加层为两层卷材。自平面折向立面的卷材，与永久性保护墙粘贴紧密，然后将自立面折向平面的卷材铺贴在其上面，接缝位置用自动热风焊机骑缝焊接粘牢，封闭严密。

卷材与穿墙管之间以及卷材收头部位，全部用自动热风焊接机熔焊粘牢，封闭严密，收头部位最后用掺入水泥用量 20% 的 107 胶的水泥砂浆进行压缝处理，铺贴卷材时，作业人员不穿鞋底带有钉子的鞋进入施工现场，以免损坏防水层。

卷材防水层铺设完毕，经过认真和全面检查验收合格后，即可进行保护层施工。在立面部位的卷材防水层表面涂刷胶粘剂后，撒上干净的细砂，干燥后，用掺入水泥用量 20% 的 107 胶的水泥砂浆做厚度为 20mm 的刚性保护层。

在平面部位的卷材防水层上，虚铺一层石油沥青纸胎油毡作保护层，铺设时用少许胶粘剂花粘固定，防止在浇筑细石混凝土刚性保护层时发生位移。铺设油毡保护隔离层后，浇筑 40mm 厚的细石混凝土作刚性保护层，施工时防止施工机具（如手推车和铁铲等）损坏油毡保护隔离层和卷材防水层，如有损坏，立即用接缝专用胶粘剂粘补一块卷材进行修复，然后继续浇筑细石混凝土，以免留下隐患，造成渗漏水质量事故。

细石混凝土刚性保护层养护后，即进行地下室底板和墙体钢筋混凝土的施工。

28.3.3　地下室底板混凝土施工

地下室混凝土强度等级为 C30，抗渗等级为 P8，底板厚度为 400mm，配 $\phi16@200mm$ 钢筋，边墙厚度为 300mm，竖向受力筋配 $\phi16@200mm$，横向受力钢筋配 $\phi14@200mm$，基础梁宽度为 350mm，高度为 900mm，上下受力钢筋配 $4\phi25$。混凝土施工顺序为：安装基础梁、底板、柱及边墙钢筋→浇筑底板混凝土和高 250mm 的导墙混凝土→立内柱模板及浇筑内柱混凝土→安装侧墙及顶板模板→浇筑侧墙及顶板混凝土。

28.3.3.1　钢筋安装

基础梁纵向受力钢筋上下通长布置 3～5 根直径为 25mm 的螺纹钢筋，纵筋在梁长 1/3 处搭接，搭接长度为 900mm，相邻搭接接头错开 900mm，同一断面只搭接 1 根钢筋，纵向受力钢筋在梁两端伸入支座 900mm，梁内附加吊筋上下双向布置，绑扣方向正对向钢筋骨架内，梁底和梁侧绑扎厚度为 30mm 的砂浆垫块，确保钢筋的混凝土保护层厚度。

底板钢筋保护层厚度为 30mm，纵、横方向每隔 500mm 用厚度为 30mm 的砂浆垫块，将钢筋垫起，上、下层钢筋净距为 310mm，纵、横每隔 1.5m 用高度为 310mm 的钢筋支架将上、下层钢筋网焊接在一起，上、下层钢筋的弯钩均向下布置，锚入基础梁内 600mm，底板钢筋在板跨 1/4 处搭接，搭接长度为 600mm，相邻接头错开 700mm，同截面搭接钢筋数量不超过总数的 1/4。所有钢筋交叉点都用铁丝绑扎牢固，用一面顺扣和十字花扣交替绑扎，钢筋转角处用兜扣并加缠。

墙体纵向受力钢筋直径为 16mm，横向受力钢筋直径为 14mm，横向钢筋布置在纵向钢筋内侧，纵向受力钢筋全部插入基础梁内700mm，横向钢筋绑扎搭接长度为500mm，相邻接头错开500mm，沿侧墙通长布置，在拐角处断开并锚入柱内500mm。

方柱截面为600mm×650mm和500mm×550mm，圆柱外径为700mm，柱纵向受力钢筋为直径25mm的螺纹钢筋，地下室柱受力钢筋全部通长布置，在首层搭接，受力钢筋最小净距为100mm，在钢筋外侧绑扎厚度为30mm的水泥砂浆垫块，来确保混凝土保护层厚度。

在侧墙用专用模具安装高度为250mm的边模后，即可进行防水混凝土施工。防水混凝土采用氯化铁防水混凝土，它是在混凝土中掺入适量的氯化铁防水剂配制而成，混凝土中掺入氯化铁防水剂后，在水泥水化过程中能产生不溶于水的氢氧化铁、氢氧化铝等胶体，填充于混凝土内部孔隙内，堵塞和切断贯通的毛细孔道，改善混凝土内部的孔结构，增加了密实性，使混凝土具有良好的抗渗性。氯化铁防水剂配制简便，材料来源广泛，价格较低，具有增强耐久、抗腐蚀等优点。

28.3.3.2 氯化铁防水剂的配制

氯化铁防水剂是由氧化铁和盐酸按适当比例在常温下进行反应，生成一种深棕色氯化铁溶液，再加入适量的硫酸铝而制成。

氧化铁：采用轧钢过程中脱落下来的氧化铁皮，其主要成分为氧化亚铁、三氧化二铁和四氧化三铁等。先在钢板上将氧化铁皮加热烧净油污，然后粉碎，细度要求能通过3mm筛孔。

盐酸：工业品，相对密度为1.15～1.19。

硫酸铝：工业品，主要成分为含水硫酸铝。

将一重量份的氧化铁皮投入耐酸陶瓷缸中，再注入二重量份的盐酸，不断搅拌使其充分反应，反应进行2h左右，向溶液中加入0.2重量份的氧化铁皮，继续反应5h后，逐渐变成深棕色浓稠的酱油状氯化铁溶液。将溶液静置4h，吸出上部清液，再向清液中加入相当清液重量5%的硫酸铝，经搅拌均匀至完全溶解，并使密度达到1.4以上，即成氯化铁防水剂。

氯化铁防水剂中的氯化铁能促使混凝土收缩，氯化亚铁对混凝土的收缩则基本上无影响，故应控制氯化铁和氯化亚铁的含量比例为1:1.1，且氯化亚铁的含量不少于400g/L，使混凝土收缩不至增加过多。防水剂中加硫酸铝，可使混凝土体积产生少量膨胀，以抵消防水剂中氯化铁的收缩影响，硫酸铝的掺量为防水剂溶液重量的5%。

28.3.3.3 防水混凝土的配合比与拌制

防水混凝土的配合比由惠州市工程质量检测中心通过试验选定，防水剂掺量为水泥重量的3%。水泥采用南华牌525号硅酸盐水泥，砂采用含泥量小于0.5%的东江天然河砂，石料采用含泥量小于0.5%、针片状含量小于1%、粒径为20～40mm的新鲜花岗岩石子，所有材料都抽取试样送检测中心试验合格后使用，防水混凝土的水灰比为0.48，坍落度为40～60mm，配合比为（水泥+外加剂）:砂:石:水=(0.97+0.03):1.63:3.18:0.48，每立方米混凝土水泥用量为368.5kg，石子用量为1208kg，水用量为182kg，氯化铁防水剂用量为11kg。

防水混凝土配料按配合比准确称量，水泥、砂、石料用磅秤称量，水用标准计量水桶称量，外加剂用台秤称量，水泥、水、外加剂的称量偏差在±1%以内，砂、石料的称量偏差在±2%以内。

配制防水混凝土时，首先称取需要量的防水剂，用80%以上的拌合水稀释，搅拌均匀后，再用该水溶液拌合混凝土，最后加入剩余的水，不可将防水剂直接倒入混凝土拌合物中。

采用出料容量为250L的强制式混凝土搅拌机拌制防水混凝土，搅拌延续时间为3min，搅拌时，先注入水泥及粗、细骨料后，再注入氯化铁水溶液，以免搅拌机遭受腐蚀。每个工作班安排专人检查原材料质量和用量两次，确保原材料质量及称量准确，每个工作班安排专人在浇筑地点检查混凝土坍落度两次，确保混凝土坍落度为40～60mm。

28.3.3.4　底板混凝土的浇筑

在地下室施工期间，经常用潜水泵将集水井内积水排到下水道，使地下水面低于基础梁底面400mm，基坑保持干燥。浇筑前，清除基坑内的积水、木屑、铁丝、铁钉等杂物，在柱受力钢筋上将底板浇筑高度用红油漆标出。混凝土采用手推车作水平运输，用溜槽将混凝土送入浇筑面。基础梁和承台分两层浇筑，第一层厚度为400mm，当基础梁和承台处混凝土下料厚度达到400mm时，用插入式振动器来回插入振动，直至混凝土开始泛浆和不冒气泡。然后基础梁、承台、底板继续下料至设计浇筑高度，用插入式振动器按纵横顺序交错振动，使混凝土表面泛浆和不冒气泡，再用表面振动器来回振动一次。

施工缝设在底板表面以上250mm处，施工缝设置止水钢板，施工缝以下混凝土与底板混凝土一起浇筑，浇筑完毕后，将施工缝表面筑成高低不平的锯齿面。

在混凝土浇筑后4～6h进入终凝时，用双层麻袋覆盖，安排专人浇水湿润养护，保持湿润14d以上。

28.3.3.5　内柱混凝土施工

底板养护2d后，进行内柱混凝土施工，内柱共8根，包括两根构造柱，构造柱截面尺寸为250mm×350mm，结构柱截面为600mm×650mm和500mm×550mm，当天立模，当天浇筑C30级普通混凝土。浇灌前清除模板内的积水、木屑、铁丝等杂物并以水湿润模板，浇灌时在底部填以100mm厚与混凝土内砂浆成分相同的水泥砂浆，1.8m以内利用侧孔进料，1.8m以上由柱顶下料，每浇筑500mm厚用插入式振动器进行振捣至表面泛浆。

内柱混凝土浇筑完毕6h，混凝土进入终凝时，浇水养护24h后拆除模板，拆模后，继续对内柱和底板混凝土浇水湿润养护，内柱混凝土湿润养护4d后，进行侧墙和顶板混凝土施工。

28.3.4　侧墙及顶板混凝土施工

为了提高施工速度，采取墙、附墙柱及梁板一次性浇筑的方法，不设施工缝。采用永久性保护墙做侧墙外侧模板，采用防水胶合板做侧墙内侧以及梁、板模板，胶合板规格为1830mm×920mm×20mm。由于胶合板柔性较大，不能用螺栓拉杆及铁丝对穿来固定侧墙模板，支撑系统是关键，必须校核其强度和刚度。

28.3.4.1　侧墙模板设计计算

采用保护砖墙作侧墙外侧模板，大模板作侧墙内侧模板，模板面板采用1830mm×920mm×20mm防水胶合板。侧墙高4.0m，顶板厚度为150mm，导墙高度为250mm，大模板高度为4-0.25-0.15=3.6m，柱间墙长度为2.0～7.0m不等，以胶合板长度1830mm作为基准模板长度，以每跨的柱间墙净长度与1830mm的倍数的差值为模板条的宽度，基准模板与每跨的模板条拼装组成该跨的大模板。以基准模板为计算单元，校核其强度和刚度。面板以竖向小肋为支承点，小肋采用80mm×80mm木方，小肋间距为366mm，小肋支承在横肋上，横肋采用80mm×100mm木方，横肋间距为450mm，横肋支承在竖向大肋上，竖向大肋采用150mm×200mm木方，竖向大肋间距为610mm，木方均采用红松木方，其抗弯强度为13N/mm²。

1. 侧压力计算

大模板主要承受混凝土的侧压力和振捣混凝土时产生的荷载。

混凝土侧压力标准值按下式计算：

$$F = 0.22\gamma t_0 \beta_1 \beta_2 V^{½} \quad (kN/m^2)$$

式中　γ——混凝土重力密度（kN/m^3）；

　　　t_0——混凝土初凝时间（h）；

$$t_0 = \frac{200}{T+15}$$

　　　T——混凝土的温度（℃）；

　　　V——混凝土的浇筑速度（m/h），$V=2$m/h；

　　　β_1——外加剂影响系数，掺外加剂时，$\beta_1=1.2$；

　　　　　不掺外加剂时，$\beta_1=1.0$；

　　　β_2——坍落度影响系数

　　　　　坍落度小于30mm时，$\beta_2=0.85$

　　　　　坍落度为50～90mm时，$\beta_2=1.0$

　　　　　坍落度为110～150mm时，$\beta_2=1.15$

$$F = 0.22 \times 24 \times \frac{200}{30+15} \times 1.2 \times 1.0 \times \sqrt{2} = 39.82 \ (kN/m^2) = 0.03982 \ (N/mm^2)$$

振捣混凝土时产生的荷载标准值为0.004N/mm²，验算面板强度时侧压力设计值：

$$F_1 = 0.03982 \times 1.2 + 0.004 \times 1.4$$
$$= 0.053 N/mm^2$$

验算面板刚度时侧压力设计值：

$$F_2 = 0.03982 \times 1.2 = 0.0478 N/mm^2$$

2. 面板验算

面板按支承在小肋和横肋上的双向板计算，选面板区格中三边固定，一边简支的最不利受力情况进行计算。

$$\frac{l_x}{l_y} = \frac{366}{600} = 0.61$$

查《建筑结构静力计算手册》得内力系数和变形系数：

$$K_{mx} = 0.03808 \qquad K_{my} = 0.00624$$
$$K^0_{mx} = -0.08104 \qquad K^0_{my} = 0.05702$$
$$K = 0.002472$$

取1mm宽板条作为计算单元，荷载为：

$$q_1 = 0.053 \times 1 = 0.053 N/mm$$

$$q_2 = 0.0478 \times 1 = 0.0478 \text{N/mm}$$

支座弯距为：
$$M_x^0 = K_{mx}^0 q_1 l_x^2 = 0.08104 \times 0.053 \times 366^2 = 575.3 \text{N} \cdot \text{mm}$$

面板的截面系数：
$$W = \frac{bh^2}{6} = \frac{1 \times 20^2}{6} = 66.67 \text{mm}^3$$

应力为：
$$\sigma = \frac{M}{W} = \frac{575.3}{66.67} = 8.63 \text{N/mm}^2 < 13 \text{N/mm}^2$$

满足要求。

跨中弯矩为：
$$M_x = K_{mx} q l_x^2 = 0.03808 \times 0.053 \times 366^2 = 270.3 \text{N} \cdot \text{mm}$$

应力为
$$\sigma = \frac{M}{W} = \frac{270.3}{66.67} = 4.05 \text{N/mm}^2 < 13 \text{N/mm}^2$$

满足要求。

挠度验算：
$$B_0 = \frac{Eh^3}{12(1-\nu^2)} = \frac{9 \times 10^3 \times 20^3}{12(1-0^2)} = 6 \times 10^6 \text{N} \cdot \text{mm}$$

$$f_{max} = K \frac{q_2 l^4}{B_0} = 0.002472 \times \frac{0.0478 \times 366^4}{6 \times 10^6} = 0.353 \text{mm}$$

$$\frac{f}{l} = \frac{0.353}{366} = 0.00096 < \frac{1}{500} = 0.002$$

满足要求。

3. 小肋计算

小肋按支承在横肋上的两端固定梁计算，计算跨度为横肋间距450mm，小肋采用80mm×80mm木方。

荷载为：
$$q = 0.053 \times 450 = 23.85 \text{N/mm}$$

截面系数为：
$$W = \frac{bh^2}{6} = \frac{80 \times 80^2}{6} = 85333 \text{mm}^3$$

惯性矩为：
$$I = \frac{bh^3}{12} = \frac{80 \times 80^3}{12} = 3413333 \text{mm}^4$$

弯矩为：
$$M = \frac{1}{12} q l^2 = \frac{1}{12} \times 23.85 \times 450^2 = 402468 \text{N} \cdot \text{mm}$$

强度验算：
$$\sigma = \frac{M}{W} = \frac{402468}{85333} = 4.72 \text{N/mm}^2 < 13 \text{N/mm}^2$$

满足要求。

挠度验算：

$$f = \frac{5ql^4}{384EI} = \frac{5 \times 23.85 \times 450^4}{384 \times 9 \times 10^3 \times 3413333} = 0.4145\text{mm}$$

$$\frac{f}{l} = \frac{0.4145}{450} = 0.00092 < \frac{1}{500} = 0.002$$

满足要求。

4. 横肋计算

横肋按支承在竖向大肋上的四跨连续梁计算，计算跨度为610mm，采用80mm×100mm木方。

荷载为：

$$q = 0.053 \times 610 = 32.33\text{N/mm}$$

截面系数为：

$$W = \frac{bh^2}{6} = \frac{80 \times 100^2}{6} = 133333.3\text{mm}^3$$

惯性矩为：

$$I = \frac{bh^3}{12} = \frac{80 \times 100^3}{12} = 6666666.7\text{mm}^4$$

查表得最大弯矩为：

$$M = Kql^2 = 0.1 \times 32.33 \times 610^2 = 1202999.3\text{N} \cdot \text{mm}$$

强度验算：

$$\sigma = \frac{M}{W} = \frac{1202999.3}{133333.3} = 9.02\text{N/mm}^2 < 13\text{N/mm}^2$$

满足要求。

挠度验算：

$$f = \frac{5ql^4}{384EI} = \frac{5 \times 32.33 \times 610^4}{384 \times 9 \times 10^3 \times 6666666.7} = 0.971\text{mm}$$

$$\frac{f}{l} = \frac{0.971}{610} = 0.00159 < \frac{1}{500} = 0.02$$

满足要求。

5. 竖向大肋计算

竖向大肋采用150mm×200mm木方，以上、下及中间两支撑点作为支承点，墙浇筑高度为4000−250−150=3600mm，计算跨度：

$$l = \frac{3600}{3} = 1200\text{mm}$$

截面系数为：

$$W = \frac{bh^2}{6} = \frac{150 \times 200^2}{6} = 1 \times 10^6 \text{mm}^3$$

惯性矩为：

$$I = \frac{bh^3}{12} = \frac{150 \times 200^3}{12} = 1 \times 10^8 \text{mm}^4$$

大肋为三跨连续梁。

荷载为：
$$q = 0.053 \times 1200 = 63.6 \text{N/mm}$$

查表计算最大弯矩为：
$$M = Kql^2 = 0.1 \times 63.6 \times 1200^2 = 9158400 \text{N} \cdot \text{mm}$$

强度验算：
$$\sigma = \frac{M}{W} = \frac{9158400}{1 \times 10^6} = 9.15 \text{N/mm}^2 < 13 \text{N/mm}^2$$

满足要求。

挠度验算：
$$f = \frac{5ql^2}{384EI} = \frac{5 \times 63.6 \times 1200^4}{384 \times 9 \times 10^3 \times 1 \times 10^8} = 1.908 \text{mm}$$

$$\frac{f}{l} = \frac{1.908}{1200} = 0.00159 < \frac{1}{500} = 0.02$$

满足要求。

6. 组合挠度

面板与横肋的组合挠度：
$$f = 0.353 + 0.971 = 1.324 \text{mm}$$

面板与竖向大肋的组合挠度：
$$f = 0.353 + 1.908 = 2.261 \text{mm}$$

均小于3mm，满足施工对模板质量的要求。

28.3.4.2 安装模板

安装模板前，先安装侧墙上暗梁及柱子钢筋，在钢筋网片、柱筋和模板之间绑扎厚度为25mm的水泥砂浆垫块，网片纵横受力钢筋交叉点用点焊焊接牢固，纵横每隔700mm绑扎砂浆垫块，纵横每隔1m用长度为250mm、直径为16mm的钢筋将钢筋网焊接在一起，保证钢筋位置准确，所有钢筋不露出墙皮，钢筋绑扎完毕后，认真进行检查，办理隐蔽工程验收记录。

安装侧墙模板之前，在地下室底板表面，用10号热轧普通槽钢做支撑侧墙模板的桁架，槽钢和柱之间垫以方木，桁架结点焊接牢固。模板制作时，防水胶合板用铁钉固定在竖向小肋上，小肋、横肋和竖向大肋相互用抓钉钉牢。将基准模板及每跨的模板条按每跨的净长度拼装，在竖向大肋的支承点，即竖向大肋两端以及距大肋两端1.2m处，用10号热轧普通槽钢作为横连杆，将每跨大模板拼好。槽钢与竖向大肋用抓钉钉牢，抓钉与槽钢焊接牢固。大模板拼装后涂上废机油脱模剂。

安装模板前，将施工缝混凝土表面凿毛，清理浮渣和杂物。安装模板时，在模板下部安装可调地脚螺栓，地脚螺栓下放100mm高垫木，按顺序吊装就位，就位后，在槽钢横连杆处用钢管支顶支撑在支撑桁架上，钢管支顶安装调节螺杆，两端配置U形垫板，与槽钢可靠连接，支顶间距为1.0m。用2m长双十字靠尺检查模板垂直度，通过调整支撑的调节螺杆使模板垂直，调整模板下部的地脚螺栓使模板横向水平。

侧墙模板安装完毕后，安装地下室顶板的模板。地下室顶板厚度为170mm，梁最大宽度为300mm，梁最大高度为700mm，支撑立柱采用90mm×90mm木方，模板采用规格为

1830mm×920mm×20mm 的防水胶合板，局部不规则板面配以木模，梁模板由胶合板加工制成。梁跨度大于 4m 时底模起拱，起拱高度为全跨长度的 2/1000，梁模板夹木与支顶顶部的横担木钉牢，梁高大于 600mm 时，在梁高 300mm 处加直径为 16mm 的对拉螺栓，在对拉螺栓上下加设两根横档，由垫板传递应力，螺栓沿梁长方向每隔 1m 布置，螺栓外穿 ϕ25mm 硬塑料套管，确保梁的净宽。对拉螺栓在梁内钢筋安装完毕后再安装。梁底支撑间隔为 400mm，支撑立柱间由下而上间隔 1.2m 布置 40mm×60mm 木方拉杆。

板模板支撑纵横间隔为 600mm×600mm，支撑立柱上铺 80mm×100mm 大横方，大横方上铺 40mm×60mm 小横方，小横方间距为 300mm，小横方上铺胶合板，每块胶合板以及根据各部位尺寸切割而成的小块胶合板，都用钢板进行包边处理，并注明使用部分，以便能在上面楼层的相应部位重复使用。用于不规则部位的木板，安装前先刨边，根据具体部位尺寸在现场切割安装。支撑立柱由下而上相隔 1.2m 布置 40mm×60mm 木方拉杆，并与梁下支撑用水平拉杆及斜拉杆搭牢。模板拼接严密，在板模与梁模连接处，板模拼铺到梁侧模外口齐平，避免模板嵌入梁混凝土内，相邻两板面持平，高低差在 2mm 以内。梁板模板安装之后，开始绑扎梁板钢筋。

安装梁钢筋时，在梁底、梁侧模板与钢筋骨架之间，绑扎厚度为 25mm 的水泥砂浆垫块，确保梁钢筋保护层厚度。绑扎板钢筋时，先在板面上弹线后绑扎钢筋，在板面上纵横相隔 700mm，将厚度为 15mm 的水泥砂浆垫块绑扎在水平受力钢筋与模板之间，确保板筋保护层厚度。所有钢筋交叉点用铁丝交错着变换方向绑扎牢固，钢筋网主、副钢筋位置按设计图纸要求放置，用钢筋制成高 100mm 的支架将板的负弯矩钢筋与下部钢筋网片绑在一起，成为整体，确保负弯矩钢筋位置准确。钢筋安装完毕后，认真检查，并做好隐蔽工程验收记录。

28.3.4.3 浇筑侧墙及顶板混凝土

浇筑混凝土之前，对模板及支柱进行检查，确保模板稳定牢固，拼接严密，不松动，螺栓紧固可靠；用油毡条将缝隙堵严，在模板四周弹线将混凝土浇筑厚度标出，将高度与混凝土浇筑厚度相同的木料放在浇筑地点。用清水将木模板充分湿润，清洗干净，不留积水，然后浇筑侧墙和顶板混凝土。

浇筑时将施工缝冲洗干净，在施工缝处铺一层厚度为 25mm 的与 C30 级防水混凝土中砂浆配合比相同的水泥砂浆，然后用溜管将防水混凝土送入浇筑面，下料厚度达 500mm 时，用插入式振动器，采用垂直振捣方法捣实混凝土，振捣时振动棒与混凝土表面垂直，均匀排列振动器插点，每次移动位置的距离为 500mm，振捣至混凝土表面呈水平不再显著下沉，不再出现气泡，表面泛出灰浆并将模板边角填满充实为止。振动器操作时快插慢拔，快插是为了防止先将表面混凝土振实而与下面混凝土发生分层、离析现象；慢拔是为了使混凝土能填满振动棒抽出时所造成的空洞，振捣过程中，将振动棒上下略为抽动，使上下振捣均匀。侧墙混凝土分层浇筑，每层混凝土厚度为 500mm，振捣上一层时，振动棒插入下层中 50mm，清除两层之间的接缝，上层混凝土在下层混凝土初凝前振捣完毕。

侧墙防水混凝土浇筑完毕，立即浇筑梁板混凝土。按设计要求，地下室顶板为 150mm 厚的 C30 级普通混凝土。将防水混凝土中的外加剂用量改为水泥用量即可，混凝土配合比为：水灰比为 0.48，水泥∶砂∶石∶水＝1∶1.63∶3.18∶0.48，坍落度为 40～60mm，每立方米混凝土用水泥 380kg、砂 620kg、石料 1208kg、水 182kg。

普通混凝土组成材料除防水剂外，其它组成材料与防水混凝土的组成材料相同，采用南华牌525号水泥，含泥量小于0.5%的天然东江河砂和含泥量小于1%、粒径为20～40mm的新鲜花岗岩石子。

浇筑混凝土之前，将梁板模板内的垃圾、木片、刨花、锯屑、泥土等杂物清除干净，用清水充分湿润模板并清洗干净，用油毡纸将木模板中尚未胀密的缝隙堵严，以防漏浆。在板面上用200mm高的钢筋支架和木板做好走道。采用出料容量为250L的强制式混凝土搅拌机拌制混凝土，混凝土搅拌延续时间为90s，各种原材料严格按施工配合比准确配料，按石子→水泥→砂的下料顺序下料。浇筑时用手推车将混凝土送至浇筑点，先将楼板模板高度以下的梁内混凝土浇捣成阶梯形，当达到板底位置时即与板的混凝土一起振捣，随着阶梯形的不断延长，连续向前推进。梁内钢筋之间净距为30mm，采用带刀片的振动棒振捣，振捣时振动棒在离开模板100mm处振动，避免撞击钢筋。混凝土板则采用平板式振动器振捣，在每一位置连续振动30s，使混凝土面均匀出现浆液，移动时成排依次振捣前进，前后位置和排与排间相互搭接50mm。浇筑时，将放在浇筑地点与板厚度相同的木料标志，随浇筑移动，保持板面的水平，振捣完毕，立即将混凝土面板抹面找平。

浇筑完毕6h，当混凝土进入终凝时，用麻袋对混凝土进行覆盖浇水养护，保持混凝土处于湿润状态。浇筑混凝土后，进行基坑回填土施工，然后在填土表面做宽度为800mm、坡度为5%的散水坡，避免地表水入浸。

养护14d后，将模板拆除，拆模板时先拆梁板模板，后拆侧墙模板。拆梁板模板时，按拆拉杆→拆支撑→拆大横方→拆小横方→拆面板的顺序进行。拆侧墙模板时，放松地脚螺栓，逐条放松钢管斜支顶螺杆，再逐条拆除槽钢横连杆，最后拆除大模板。

模板拆除后，进行氯化铁防水砂浆抹面防水施工。氯化铁防水剂掺量为水泥重量的4%，砂浆水灰比为0.56。氯化铁防水净浆的配合比（重量比）为水∶水泥∶防水剂＝0.56∶1∶0.04，用于底层的防水砂浆配合比为水∶水泥∶砂∶防水剂＝0.56∶1∶2.0∶0.04，用于面层的防水砂浆配合比（重量比）为水∶水泥∶砂∶防水剂＝0.56∶1∶2.5∶0.04。

防水净浆配制时，将防水剂放入容器中，缓慢加水搅拌均匀，然后加入水泥，充分搅拌即成。

防水砂浆配制时，将称量好的防水剂加入称量过的拌合水中搅拌均匀，然后将称量过的水泥和砂放入搅拌机干拌均匀，再加入溶有防水剂的拌合水，搅拌2min即成防水砂浆，防水砂浆应随拌随用，避免凝固失效。

抹防水砂浆之前应对基层进行处理，即用钢丝刷将表面打毛，并浇水冲洗干净。

氯化铁防水砂浆层施工时，先在基层上涂刷一道防水净浆，然后抹厚度为12mm的底层砂浆，分两次抹压，第一次用力抹压使与基层结合成一体。底层第一遍砂浆凝固前用木抹子均匀搓成麻面，待阴干后再抹压第二遍砂浆。底层砂浆抹完约12h后，即可抹厚度为13mm的面层砂浆，同样分两次抹压。抹压前，先在底层砂浆上均匀涂刷一道防水净浆，随涂刷随抹第一遍面层砂浆，厚度不超过7mm，第一遍面层砂浆阴干后抹第二遍面层砂浆，并在凝固前分次抹压密实。地面防水层施工时，为了防止踩踏，按从里向外侧的顺序进行。

结构阳角处的防水层做成直径10mm的圆角，阴角处的防水层做成直径50mm的圆角。在露出防水层的管道周围剔成30mm×30mm（深×宽）的沟槽，将铁锈除尽，冲洗干净后涂刷一道防水净浆，用底层砂浆将沟槽捻实，随即涂一道防水净浆，抹底层砂浆，厚度为13mm，分两次抹压。底层砂浆抹完12h后，在底层砂浆上涂刷一道防水净浆，随涂刷随抹第一遍面层砂浆，厚度为7mm，第一遍面层砂浆阴干后再抹第二遍面层砂浆，并在凝固前分次抹压密实。

防水层施工8h后，在底板上覆以湿草袋，侧墙浇水保持湿润养护24h后，定期浇水养护14d。

28-4 上部结构工程施工

上部施工垂直运输工具为2台高速井架式升降机。根据平面尺寸和设计要求，以伸缩缝为界，分两个施工段施工，每段约900m^2和700m^2。柱混凝土强度等级：1～2层为C30；3层为C25；4～9层为C20。楼盖混凝土强度等级：1～2层为C25；3层以上为C20。1至8层楼盖厚度为170mm，9层楼盖（天面）厚度为150mm，载货电梯布置在④轴至⑤′轴之间，双道载人电梯布置在⑮轴至⑯轴之间，货梯井规格为3.3m×2.6m，双道载人电梯井规格为3.4m×（2.55×2）m，电梯井壁剪力墙厚度为200mm，混凝土强度等级与柱子混凝土强度等级相同。

28.4.1 模板工程

上部结构采用规格为1830mm×920mm×20mm的防水胶合板作模板，不规则部位配以木模，梁柱模板根据梁、柱规格切割胶合板制成。梁板支柱采用小头直径为100mm的圆木，梁部位支柱间距为400mm，板支柱为纵横间隔600mm，支柱间由下而上以1.2m间距布置40mm×60mm木方拉杆。柱模外面每隔800mm加设牢固的钢木夹箍，以防止炸箍，各柱单独拉四面斜撑，确保位置准确。在板支柱上铺80mm×100mm大横方，大横方上铺40mm×60mm小横方，小横方间距为300mm，小横方上铺胶合板，不规则部位以厚20mm的木板现场切割拼铺。

电梯井剪力墙模板采用大模板，考虑到梁高和柱边长的影响，标准层货梯剪力墙大模板采用两种规格，长×高分别为3.2m×2.6m和1.97m×2.5m。载人电梯剪力墙大模板采用5种规格，长×高分别为：3.3m×2.4m；3.3m×2.6m；2.36m×2.4m；2.36m×2.5m；4.24m×2.5m。首层电梯井剪力墙大模板比标准层大模板高400mm，9层电梯井剪力墙模板比标准层模板高500mm。大模板面板采用1830mm×920mm×20mm的胶合板，竖向小肋采用80mm×100mm木方，距大模板边100mm开始布置，间距为310mm。竖向小肋支撑在横肋上，横肋采用120mm×150mm木方，间距为500mm，以四道穿墙螺栓为支承点。大模板安装前涂废机油脱模剂。安装时将长度与剪力墙厚度相同的、直径为25mm的塑料套管套入对拉螺栓，大模板安装垂直度符合要求后，旋紧穿墙螺栓。

28.4.2 钢筋工程

因场地狭小，钢筋均在场外加工，按设计要求Ⅰ级钢筋末端做180°弯钩，圆弧弯曲直径D为钢筋直径的3倍，平直部分长度为钢筋直径的4倍，Ⅱ、Ⅲ级钢筋末端做90°弯折，弯曲直径为钢筋直径的5倍，箍筋弯钩的弯曲直径为20mm，弯钩平直部分长度为40mm。

根据梁纵向受力钢筋的受力主次，以设计图纸给定的编排顺序绑扎梁内钢筋，梁和柱的箍筋与受力钢筋垂直设置，箍筋弯钩叠合处沿受力钢筋方向错开设置。板和墙的钢筋网，全部用铁丝扎牢，绑扎接头的搭接长度末端，与钢筋弯折处的距离大于钢筋直径的10倍，受拉钢筋绑扎接头的搭接长度均大于45倍钢筋直径,受压钢筋绑扎接头的搭接长度均大于30倍钢筋直径,在钢筋搭接处中点和两端用铁丝扎牢。各受力钢筋的绑扎接头位置相互错开,从绑扎接头至1.3倍搭接长度范围内,受拉区有绑扎接头的受力钢筋截面积不超过受力钢筋总截面积的25%,受压区有绑扎接头的受力钢筋截面积不超过受力钢筋总面积的50%。

外科大楼按六度三级抗震设计,框架柱、剪力墙和梁中直径大于25mm的钢筋采用电弧焊焊接搭接,焊接接头处钢筋经过预弯处理,并使两根钢筋的轴线在一条直线上,双面焊接时焊缝长度为6倍钢筋直径,单面焊接时焊缝长度为12倍钢筋直径。设置在同一构件内的焊接接头相互错开,在焊接接头中心至长度为35倍钢筋直径、且不小于500mm的区段内,有焊接接头的受力钢筋截面面积不超过受力钢筋总截面面积的50%,焊接接头不布置在构件最大弯矩处,距离钢筋弯折处的最小距离为12倍钢筋直径。在钢筋和模板之间绑扎水泥砂浆垫块,确保板钢筋的混凝土保护层厚度为15mm,梁、柱钢筋的混凝土保护层厚度为25mm。

28.4.3 混凝土工程

上部结构混凝土分别有C20、C25、C30三个强度等级,C20强度等级混凝土采用罗浮山牌425号普通硅酸盐水泥拌制,C25、C30强度等级混凝土采用南华牌525号普通硅酸盐水泥拌制,砂采用东江天然河砂,石子采用粒径为20~40mm的新鲜花岗岩石子。混凝土的施工配合比由检测中心试验确定,C20强度等级混凝土的水灰比为0.5,施工配合比为水:水泥:砂:石=0.5:1:1.86:3.48,坍落度为40~60mm,每立方米混凝土水泥用量为346kg,水用量为174kg,砂用量为645kg,石子用量为1205kg。C25级混凝土的水灰比为0.51,施工配合比为水:水泥:砂:石=0.51:1:2.03:3.67,坍落度为30~50mm,每立方米混凝土水泥用量为330kg,砂用量为670kg,石子用量为1212kg,水用量为168kg。C30强度等级混凝土的水灰比为0.48,施工配合比为水:水泥:砂:石=0.48:1:1.63:3.18,坍落度为40~60mm,每立方米水泥用量为380kg,砂用量为620kg,石子用量为1208kg,水用量为182kg。在施工现场用强制式混凝土搅拌机拌制混凝土,原材料严格按配合比规定配料,按石子→水泥→砂的装料顺序下料搅拌2min,通过充分搅拌,使混凝土的各种组成材料混合均匀,颜色一致。搅拌好的混凝土直接卸入自动倾卸吊斗,提升到施工楼层后,卸入楼面受料斗,再用手推车运送到施工部位浇筑。

梁、柱混凝土强度等级不同,浇筑时在距柱边500mm的梁范围内浇筑与柱混凝土同强度等级的混凝土。

柱、墙混凝土分层浇筑,浇筑时先在底部填以100mm厚水泥砂浆,混凝土分层厚度为500mm,用插入式振动器捣实混凝土,钢筋密集部位,灌注小石混凝土,用带刀片的振动棒捣实混凝土。

混凝土浇筑完毕6h后,即浇水润湿养护混凝土,待混凝土强度达到设计强度标准值的75%时,将模板拆除,继续浇水养护。

28-5 安 全 技 术

28.5.1 安全责任制

施工中建立安全生产责任制,以确保安全生产工作层层有人负责,事事有人管理,做到齐抓共管，责任明确。项目经理具体领导安全生产工作，在组织施工时认真执行生产规章制度，不违章指挥，不强令工人冒险作业，制止违章冒险作业，制定安全生产实施细则及具体奖罚措施，对不戴安全帽施工的工人和不系安全带装、拆井架式升降机的工人给予经济处罚，每天检查施工现场，及时消除事故隐患，每周对工人进行安全技术和安全纪律教育。

项目技术负责人负责领导安全生产的技术工作，负责审查改善工人劳动条件的技术措施项目，认真解决施工生产中的安全技术问题。

施工员、质安员直接领导工程的安全生产，在施工中不违章指挥，保证现场作业人员安全，经常检查施工现场的各个部位，发现各种安全隐患立即处理，并根据工程进展情况，分项、分层、分工种进行安全技术交底，每周组织工人学习安全技术操作规程，并认真执行安全技术操作规程，不违章操作。施工员、质安员对施工中搭设的脚手架和现场内的机电设备设施组织验收，符合安全规程要求后，方可使用。

班组长要模范地执行安全生产规章制度，熟悉本工种的安全技术操作规程，教育并领导本班组工人遵章作业。每天上班前召开安全生产会，认真执行安全技术交底，检查本班组的作业环境和机具设备，发现问题及时处理，将思想或身体状况反常的班组成员调离危险作业部位，每周组织一次安全生产活动，进行安全生产及遵章守纪教育。

工人要严格遵守安全操作规程，正确使用防护用品和安全设施、工具，爱护安全标志，服从分配，坚守岗位，持证进行特殊作业，不随便开动他人使用操作的机械及电气设备。

28.5.2 施工现场安全防护

施工现场工人操作时穿软底防滑鞋，正确戴好安全帽，系好帽带。采用双排竹脚手架和安全网做建筑物的安全防护，在脚手架外侧挂安全网作立面垂直防护。脚手架材料采用小头直径大于75mm的毛竹，立杆间距为1.0m，埋入地下300mm，大横杆间距为1.1m，小横杆间距为0.6m。脚手架每高4m，水平每隔7m，用直径9.3mm的圆股钢丝绳套在毛竹套管中与建筑物拉结牢固。在脚手架两端、转角处及中间，每隔7根立杆处设置一组剪刀撑，剪刀撑埋入地下300mm，与地面成45°交角。在脚手架外侧拴挂规格为5m×6m、网孔直径为25mm×25mm的安全网，脚手架和立网高度超过工作面1.5m，随施工作业的升高而提升，在第2层和第7层处设置宽6m的安全网作水平防护。

楼梯口和梯段边、未安装栏板的阳台与楼层周边，用毛竹设置1.2m高的防护栏杆，防护栏杆上杆离地面高1.2m，下杆离地面高0.6m，电梯口设置1.2m高的防护栏杆，电梯井内每隔两层设置一道水平安全网。在靠外科大楼通道上，用毛竹搭设3.0m高的安全防护棚，棚顶铺厚度为20mm的木板。

配电箱、开关箱导线在箱体下底面进出，导线不老化、不破皮、绝缘良好，架空线路架设在专用电杆上，电杆上用横担固定绝缘子，分挡架设电线，配电盘装设动力及照明漏电保护器，持证电工负责检查，确保漏电保护器正常工作，每台用电设备使用各自专用的开关箱，实行一机一闸供电。

井架式升降机安装可靠的限位保险装置、防断绳装置和灵敏可靠的制动停靠装置，在吊篮允许提升的最高工作位置安装上极限限位器，在最高处安装避雷装置，经实测接地电阻为4.5Ω。从下往上间隔9m设置一组井架式升降机附墙架，附墙架与井架体及建筑物之间采用角钢刚性连接。井架式升降机设上下两组8根缆绳，缆绳选用直径9.3mm的圆股钢丝绳，下端与地锚连接，缆绳与地锚成50°夹角。接料平台严密铺设厚20mm的木板，接料平台两侧栏杆满扎竹笆，楼层的通道口处设置常闭的停靠门，吊篮的上料口处装设安全门，升降运行时安全门封闭吊篮的上料口，防止物料从吊篮中滚落。

施工现场的用电设备负荷线的首端处设置漏电保护装置，在平刨、电锯和钢筋加工设备的传动部位设置安全防护装置，在手持电动工具负荷线的首端处装设动作电流小于15mA、额定动作时间小于0.1s的漏电保护器。焊接机械放置在防雨和通风良好的地方，搅拌机安置在坚实的地方，用支架架稳，不得用轮胎代替支撑，作业后将料斗降落到料斗坑内，检查保养时升起料斗并用保险挂钩扣好。

外科大楼主体施工于1994年7月顺利完成，施工过程中未出现任何质量、安全问题，经多次质检，地下室不渗漏，结构混凝土的强度、密实度完全符合设计要求，外科大楼已于1994年11月正式竣工验收，被评为惠州市优良样板工程。

29 广州天河城广场工程施工

广东开平二建集团股份有限公司 邱荣利

29-1 工 程 概 况

广州天河城广场由广东天贸（集团）股份有限公司兴建，广州市建筑设计院设计，广东开平二建集团股份有限公司施工。本工程座落于天河路旁，北与天河体育中心相望，西靠体育西路，南靠天河南一路，东靠筹建中的中区广场。

本工程东西向宽143.30m，南北向长187m（第一期长147.40m），设计有3层地下室，7层裙楼，裙楼北面有两座塔楼，分别为48层、建筑总高度为178.20m的写字楼与39层、建筑总高度为131.82m的酒店。兴建单位要求分两期施工，第一期工程仅兴建裙楼以下部分，该部分由地下3层，上盖7层组成，工程总建筑面积为157800m²，建筑总高度为38m。其结构平面图和剖面图分别见图29-1及图29-2。

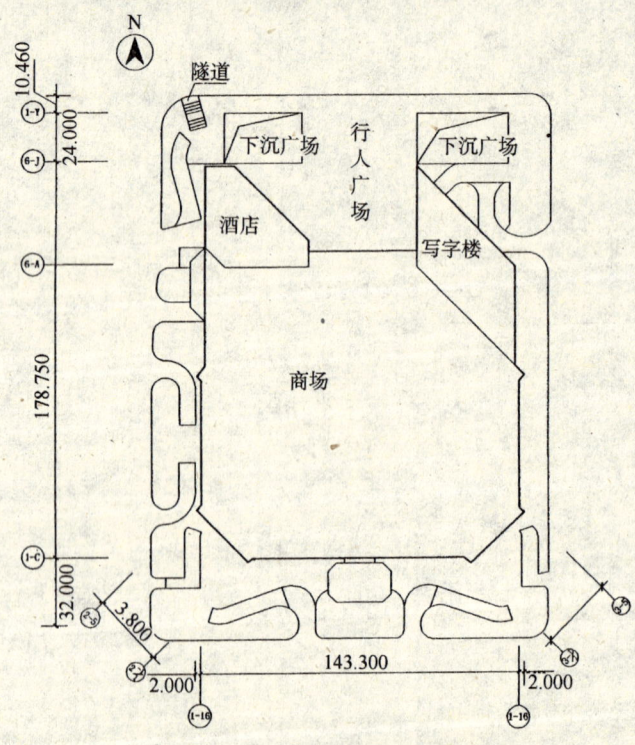

图 29-1 天河城广场平面布置图

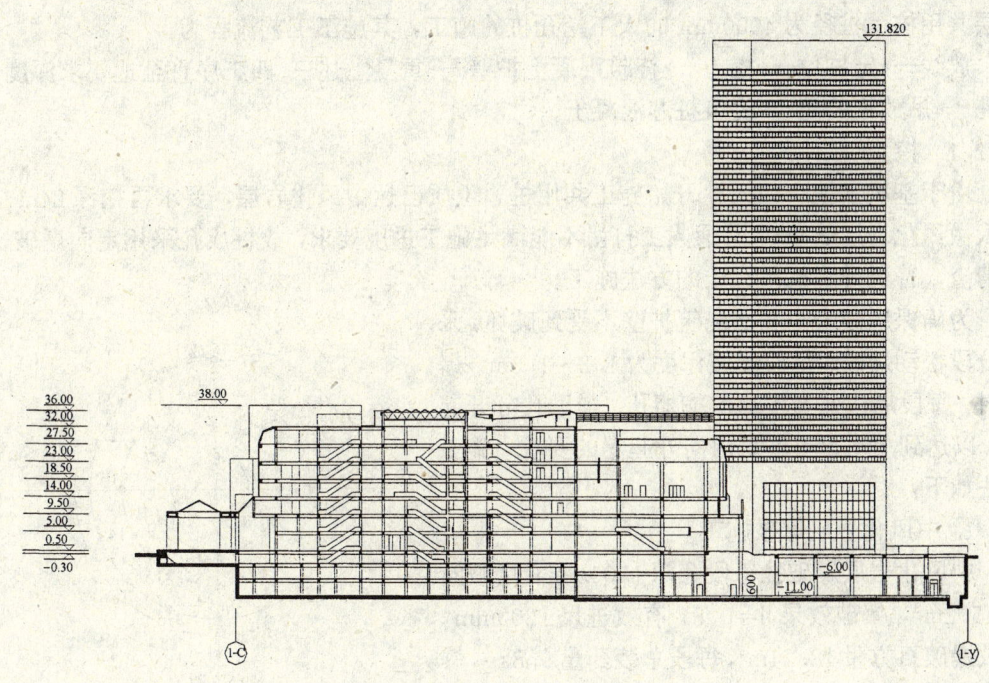

图 29-2 天河城广场剖面图

本工程基础采用人工挖孔桩,桩径为 1200～4000mm,共 319 根。裙楼为框架结构,其中柱最大截面尺寸为 1500mm×1500mm;梁截面最大尺寸为 800mm×1200mm,跨度为 13m,部分框架梁采用无粘结预应力混凝土梁;楼板厚度,地下室部分为 150mm,上盖部分为 120mm。地下室底板厚 800mm。基坑开挖深度为 -12m。

本工程地下 2 层、夹层设计为室内停车场,地下 1 层以上为商场,并集餐厅、舞厅、咖啡厅、食街、美容室、娱乐城、电影院、卡拉 OK 厅、桑拿室、天面露天咖啡座、游泳池等于一身的多功能综合娱乐商城。

本工程装修标准较高,外墙不同部位采用了花岗石贴面、蜂窝铝板饰面、隐框式玻璃幕墙;楼地面有镶铺花岗石、混纺地毯等;内墙柱面分别采用花岗石贴面、贴墙纸、优质木墙裙、铝吸声板等;顶棚分别采用铝合金龙骨防火胶板吊顶、优质木吊顶、铝吸声板吊顶、条型铝合金板吊顶等。

室内共安装自动手扶电梯 62 台,垂直电梯 14 台,运货电梯 7 台,液压式电梯 2 台,菜货电梯 5 台。

本工程设计新颖高雅,功能齐全,风格独特,具有大型综合商场的豪华舒适气派和现代建筑特色。本文就工程中的几项分部分项工程施工列述于下。

29-2 人工挖孔桩施工

本工程基础采用人工挖孔桩,桩径为 1200～4000mm,共 319 根,其中桩径 1200～1400mm 共 166 根,桩芯混凝土强度等级为 C35;桩径 1500～4000mm 共 153 根,桩芯混凝土强度等级为 C40。桩长为 12～24m,其中桩径为 4000mm 的桩长为 24m。本文仅叙述高低层共用桩、桩径为 4000mm 的人工挖孔桩的施工，其施工工艺流程为：

放线→定桩位→挖土→浇筑混凝土护壁→重复上述三、四工序直至达要求深度→扩孔→吊放钢筋笼→浇筑桩芯混凝土。

29.2.1 挖土

由于基坑下挖-12m 才开始施工共用桩，土质已达中风化岩层，要求再挖深 24m，使桩入微风化岩层 2.5m，普通人工打凿不能满足施工进度要求，故桩成孔采用定向爆破，人工清渣，普通升降机吊运土的方法施工。

为确保爆破安全和已浇筑护壁不受到破坏，采取分段松动爆破，每段爆破深度为 1.2～1.5m。爆破时，每段周边孔与中部的掏槽孔、辅助孔分开起爆，以达到单次、单段由内向外起爆的要求，施工方法如下：

1. 中风化岩层爆破施工

中风化岩层爆破孔每段孔深 1500mm，爆破断面 15.2m²，爆破效果 $\eta=0.8$，有效进尺 1200mm，有效爆破石方量 18.24m³，每段总装药量 9.8kg，爆破炸药单耗 0.54kg/m³。每段爆破孔布置见图 29-3，有关爆破参数见表 29-1。

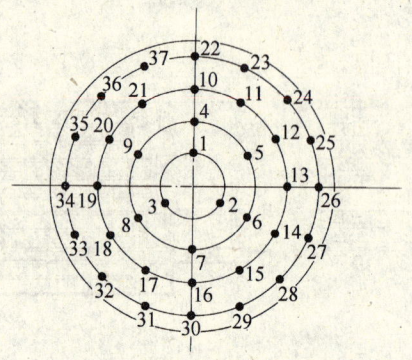

图 29-3 中风化岩层爆破布孔图

中风化岩层爆破参数　　表 29-1

爆破孔名称	孔号	孔径(mm)	单孔药量	炮孔向桩孔中心倾斜角（与水平面夹角）
掏槽孔	1～3	10	0.4kg	85°
辅助孔	4～9	20	0.3kg	90°
辅助孔	10～21	30	0.3kg	90°
周边孔	22～37	40	0.3kg	88°

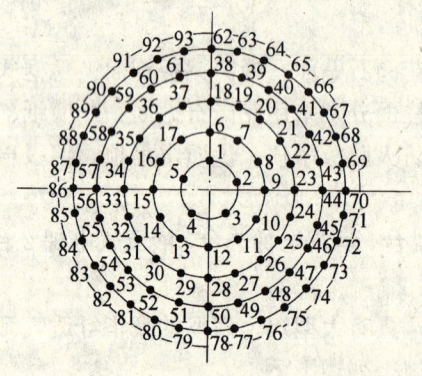

图 29-4 微风化岩层爆破布孔图

2. 微风化岩层爆破施工

微风化岩层爆破孔每段孔深 1500mm，爆破断面 15.2m²，爆破效果 $\eta=0.78$，有效进尺 1170mm，有效爆破石方量 17.8m³，每段总装药量 34.5kg，爆破炸药单耗 1.89kg/m³。每段爆破孔布置见图 29-4，有关爆破参数见表 29-2。

微风化岩层爆破参数　　表 29-2

爆破孔名称	孔号	孔径(mm)	单孔药量	炮孔向桩孔中心倾斜角（与水平面夹角）
掏槽孔	1～5	10	0.5kg	85°
辅助孔	6～17	18	0.4kg	90°
辅助孔	18～37	26	0.4kg	90°

续表

爆破孔名称	孔号	孔径(mm)	单孔药量	炮孔向桩孔中心倾斜角（与水平面夹角）
辅助孔	38~61	34	0.4kg	90°
周边孔	62~93	40	0.3kg	88°

3. 安全措施

（1）爆破后采用井底送风和洒水的方法消除炮烟，并经小动物检测不少于30min，确定安全后才能下井清渣作业。

（2）下井时用钢爬梯安全带保护，用竹竿清除在护壁上的危石，检查护壁有无损坏，发现井壁有坍塌迹象，立即停工，由下而上进行护壁修复。

29.2.2 混凝土护壁施工

护壁厚度为200~250mm，混凝土设计强度等级为C20，护壁钢组合模板共分12块，每块宽度为1047mm，模板高度为1000mm。模板安装为上下各设一道角钢压住模板，用直径50mm钢管加可调螺栓4条顶压角钢，固定护壁模板。

护壁混凝土掺入DAN减水剂，混凝土浇筑时，用竹竿和木棒插实，并辅以敲击模板振实。护壁混凝土浇筑后24h拆模，养护12h后爆破下一段岩土。

每节护壁混凝土拆模后，即把轴线位置标定在护壁上，并把水准标高、桩中心线引至护壁上，用以控制桩孔位置和垂直度，确定桩深和桩顶标高。

29.2.3 钢筋笼的吊装

本工程桩钢筋笼长为24m，竖向钢筋由2条（双筋）φ32mm钢筋组成，间距为200mm；箍筋为φ12mm钢筋，间距为200mm，与竖筋焊接；加劲箍为φ25mm钢筋，间距为100mm，每根桩钢筋笼重量为12.87t。钢筋笼分两次制作安装，第一次将成"米"字形分布处的竖筋与加劲箍焊接初步成型，用塔式起重机吊至桩孔固定；第二次将其余竖筋在井下焊接，然后再在井下安装箍筋，并予以焊接。

井下搭设排架操作平台用作焊接作业，每井设1台6m³空气压缩机供风，作业人员下井前预供风不少于3min，同时穿绝缘鞋、绝缘衣服、戴绝缘手套，备用防毒面具，井上专人监护，井下设小鸟监护井下空气，防止焊接作业中产生有害气体伤害人体，作业人员操作期间若感身体不适，立即离井。

29.2.4 桩芯混凝土的浇筑

1. 混凝土输送

一部分桩所用的混凝土是采用混凝土搅拌输送车直下基坑运至桩边供应，另部分桩所用的混凝土是由混凝土泵输送。

2. 混凝土性能要求

桩芯混凝土强度等级为C40，为满足施工要求，混凝土初凝时间宜控制为3h左右。对采用混凝土搅拌输送车供应的混凝土，其坍落度为90~120mm，对采用混凝土泵供应的混凝土，其坍落度为140~160mm。

3. 桩芯混凝土浇筑前准备工作

（1）在清洗桩护壁与清底工作的同时，做好入岩扩底部分测水工作，并做好每分钟渗水量记录。

（2）计算出扩大头无护壁部分混凝土体积，以准备封底混凝土量，达到一次浇筑止水的目的。

(3) 与气象站保持联系，密切注意天气变化，做好应急措施。

(4) 准备活动防雨棚，以防浇筑过程中突遇大雨。

4. 桩芯混凝土浇筑要求

(1) 按准备工作在储备足够封底混凝土后，一次性连贯浇筑。

(2) 设两道混凝土输送串筒，串筒底距已浇筑混凝土面不超2m。

(3) 边浇灌边振实，设专人井下操作，每浇灌约500mm高振实一次，在井下设12V低压行灯用于井下操作照明，井下振动操作时，杜绝漏振，振动顺序以串筒为中心向外振动密实，并用肉眼检查振动至无气泡上冒为止。

29-3 地下室底板施工

地下室底板厚800mm，混凝土设计强度等级为C40，抗渗等级为P8，底板面积22180m²，混凝土量（包括承台、电梯井）24400m³，属大体积混凝土，必须注意防止产生温度及收缩裂缝。按地下室壁墙钢筋混凝土结构伸缩缝最大间距为30m的规定，设计把地下室底板用后浇带划分16块。

29.3.1 混凝土浇筑方案

为防止混凝土产生温度及收缩裂缝，采取分块浇筑混凝土的施工方案，底板按设计要求划分16块，块与块之间设置宽度为800mm的后浇带。底板的分块图见图29-5，底板分六个区进行浇筑，图中每块底板数字的第一个数字表示分区号码，第二个数字表示混凝土浇筑施工顺序，每标准块的平面尺寸为33.50m×36.85m，混凝土量1360m³。

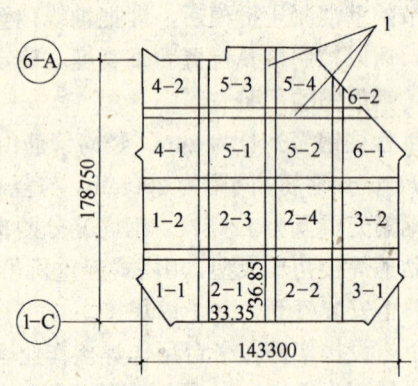

图29-5 底板分块图
1—后浇带

29.3.2 混凝土浇筑方法

(1) 底板混凝土是由两座德国大象牌现场型全自动搅拌站供应，每站产量为70m³/h，混凝土输送采用3台大象牌混凝土泵，其中1台为备用泵，每台泵输送量为50m³/h。混凝土拌制后，直接卸入混凝土泵中输送至现场。

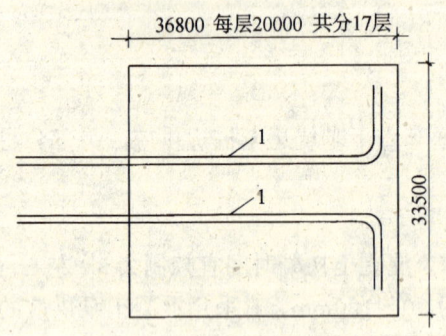

图29-6 底板分层浇筑示意图
1—混凝土输送管

(2) 底板混凝土施工顺序按图29-5进行，施工采用斜面分层法，每层段宽度为2m，混凝土量为74m³，两台混凝土泵同时输送，完成一层段施工时间为45min，每段混凝土衔接要在初凝前完成，并将表面泌水及时排出。在特殊情况下，如机械故障，在前一层段没有施工完毕而已施工混凝土达到初凝时，两台混凝土泵错开使用，即抽调1台混凝土泵施工后一层段，同时此层段施工宽度改为1m，恢复正常后再按前面的方法施工。混凝土输送管移动采用固定管逐节拆卸移管法施工，每块底板分层施工示意见图 29-6。

(3) 底板混凝土捣实采用插入式振动器，设专人操作，插振方法采用垂直插振，振捣时做到快插慢拔，上下略为抽动，振动插点均匀排列，按顺序进行。振动插点采用行列式排列，振动棒在振实时以混凝土表面呈水平，不再有沉落，出现浮浆无气泡上冒为止，振实后用水准仪控制表面标高，用方尺人工将表面找平。

29.3.3 后浇带的施工

后浇带侧模采用 $\phi12mm$、$\phi18mm$ 钢筋做骨架，面封密目钢板网（钢板厚度 3mm，网孔尺寸 5mm，网孔间距 3mm）。密目钢板网与骨架焊牢，每块模板长 2100mm，高 630mm，制作大样如图 29-7。

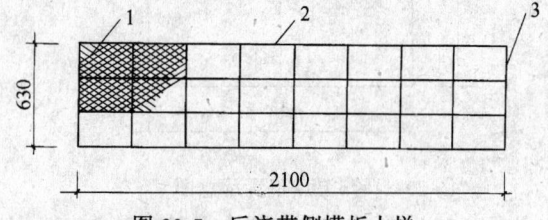

图 29-7 后浇带侧模板大样
1—密目钢板网；2—$\phi12mm$ 钢筋；3—$\phi18mm$ 钢筋

密目钢板网模板的安装，在底板底层钢筋安装后进行，并与支承面层钢筋的铁凳焊接支撑牢固。

每块底板混凝土浇筑后，对后浇带进行清洁，同时用钢板覆盖，防止垃圾、杂物掉进后浇带，在浇筑后浇带混凝土前，用高压水枪进行清洗和清除钢筋浮锈。

后浇带混凝土为设计强度等级 C45 的微膨胀混凝土，设计要求在底板混凝土每块施工达 30d 后浇筑，每个施工段为≤48m，微膨胀剂采用高效 UEA 产品，掺入量（水泥用量）11%，并掺入 VEC 缓凝剂共同使用，微膨胀混凝土浇筑后保养时间为 30d，前 15d 蓄水保养，后 15d 用麻袋覆盖浇水保养。

后浇带混凝土拌制采用现场搅拌，混凝土泵输送，每段后浇带由施工至浇筑完工不超过 120min，现场搅拌站与混凝土泵输送量完全满足要求，振捣采用分层式，第一层振动高度在 450mm 范围内，第二层振动高度至完成面，振动器采用插入式振动棒，振动方法为交错式，振实至表面无沉落，表面浮浆呈水平无气泡上冒为止，同时设专人监察，杜绝过振或漏振。

29.3.4 底板混凝土温度的监测

地下室底板混凝土属大体积混凝土，内外温差必须控制在 25℃ 以内，采取蓄水保温养护，蓄水高度 80mm，若混凝土中心温度与表面温度相差超过 25℃ 时，则增加蓄水厚度。

在施工过程中必须加强混凝土内外温度的监测工作，以防止混凝土产生温度裂缝。

温度的测试是选取第一次施工四块底板中的一块，面积为 36.85m×33.35m，布置 7 个测温点，如图 29-8。

底板混凝土温度采用预埋式热电阻感温器进行测试，每个测点沿纵向布置 3 个测温棒，沿混凝土深度布置见图 29-9，采用 XMA-2002 型数字显示温度指示仪测读，仪器误差±1%。

四块底板混凝土为连续浇筑，浇筑时间从 1993 年 7 月 17 日 20 时 50 分开始，至 19 日 19 时 30 分浇筑完毕，历时 46h40min，每块底板平均需用时间为 11h40min，比原计划每块底板施工时间提前 2h20min。

测试工作：从混凝土浇筑开始的 7 月 17 日起至 7 月 27 日止，为期 10d，这段时间，每天测温 6 次，每隔 4h 测温记录一次，从而获得混凝土体内的温度升降变化数据。

通过对被后浇带划分为 16 块的其中 3 块底板混凝土测温，根据每刻记录数据，得出各测点时间—温度曲线图，以及得出测温点的温度—深度曲线图，从 7 个测点中只有 E 点与

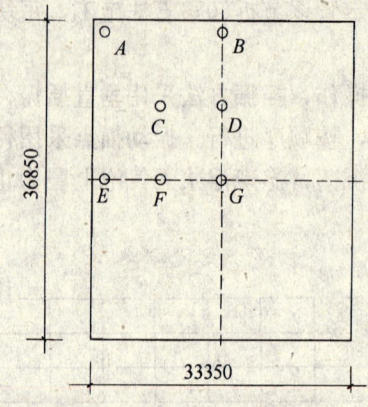

图 29-8 测温点布置示意图

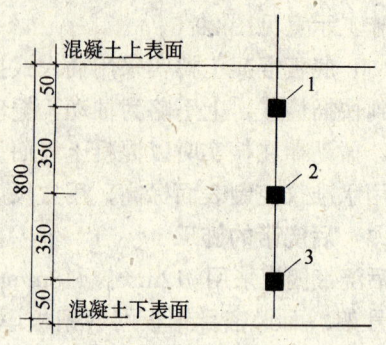

图 29-9 测温棒沿混凝土深度布置图
1—1 号测温棒；2—2 号测温棒；3—3 号测温棒

F 点温度较为突出，其余测点温差较为接近，故本文主要列举 E 点与 F 点曲线图（其余点从略），如图 29-10 至图 29-13 所示。

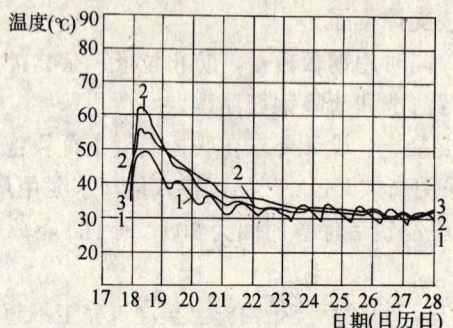

图 29-10 A 点时间—温度曲线图
1—为 1 号测量棒的温度变化曲线；
2—为 2 号测量棒的温度变化曲线；
3—为 3 号测量棒的温度变化曲线

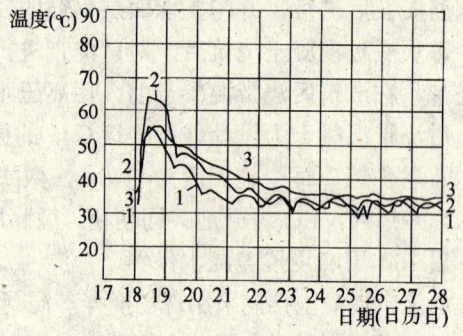

图 29-11 B 点时间—温度曲线图
1—为 1 号测量棒的温度变化曲线；
2—为 2 号测量棒的温度变化曲线；
3—为 3 号测量棒的温度变化曲线

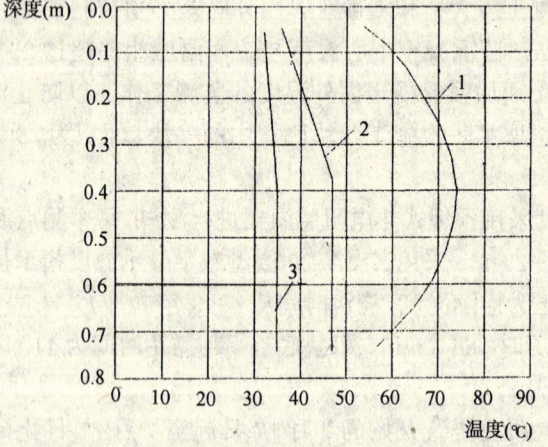

图 29-12 E 点混凝土的温度—深度曲线图
1—混凝土最高温度时的温度—深度曲线；2—混凝土最高温度出现后 48h 的温度—深度曲线；3—最后测得的混凝土温度—深度曲线

测量结果较准确地反映了该块底板混凝土温度变化情况,各测点在混凝土浇筑完毕后的 10～16h 内,混凝土水化热温度上升较快并且达到最高值,其中 F 点最高温度为 81.4℃,也是出现最大温差值的点,温差达 23.7℃。7 个测点的最高温度平均值为 72.2℃。最大温差平均值为 16.6℃。

从曲线图的变化情况看到各测点在出现最高温度的 48h 内降温落差较大,最大 E 点落差温度为 25.9℃,最小的是 F 测点为 16.8℃,7 个测点平均落差值为 23.3℃。

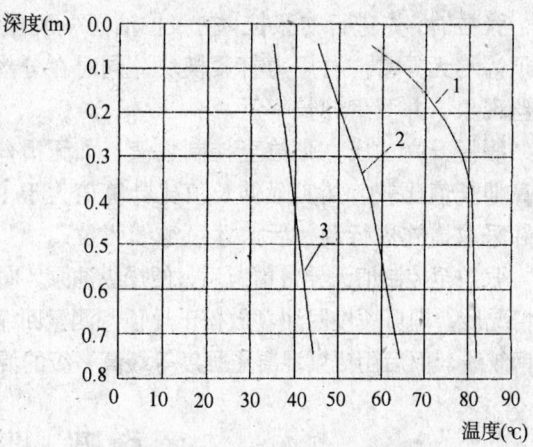

图 29-13　F 点混凝土的温度—深度曲线图
1—混凝土最高温度时的温度—深度曲线;
2—混凝土最高温度出现后 48h 的温度—深度曲线;
3—最后测得的混凝土温度—深度曲线

29-4　无粘结预应力混凝土梁的施工

29.4.1　结构概况

本工程部分框架梁采用无粘结预应力混凝土,梁截面为 600mm×1100mm,梁跨度为 13m,首层梁预应力筋为 Φ^j12.7 钢绞线,抗拉强度为 1770N/mm²,2 层以上梁预应力筋为 U7Φ^s5 钢绞线,抗拉强度为 1570N/mm²。预应力筋张拉力为 131.4kN。

29.4.2　施工工艺

无粘结预应力混凝土梁的施工工艺流程如下:

安装梁的一侧模板→梁预应力筋曲线放线→梁普通钢筋的绑扎→焊装固定架→预应力筋下料及穿束→焊接锚垫板→安装梁另一侧模板→浇筑梁混凝土并养护至强度达设计强度标准值的 75%→预应力筋张拉→端部预应力筋切除→封闭端部。

(1) 安装预应力筋的固定支架:按在梁侧模板上画的抛物曲线焊装固定支架,固定预应力筋位置,防止其在浇混凝土时移位。

(2) 预应力筋穿束就位及焊接锚垫板:预应力筋逐根从梁一端穿入梁另一端,全部穿完后用铁丝固定在固定支架上,保证预应力筋穿束后与图纸抛物线相符,焊装锚垫板固定预应力筋端部。

(3) 混凝土的浇筑:在浇筑梁混凝土时,逐层浇灌振实。振动棒振实时,注意振动棒不能直接碰撞预应力筋,以免造成不必要的变形或损坏。

(4) 无粘结预应力筋的张拉及端部处理:当梁混凝土强度达到设计强度标准值的 75% 后,即可进行预应力筋张拉。张拉时采用下列张拉程序:

$$0 \xrightarrow{\text{持荷 2min}} 1.05\sigma_{con} \longrightarrow \sigma_{con}$$

张拉前要进行设备配套标定,并随机选择几孔进行摩阻损失测定,计算相应的钢绞线伸长值。

张拉时，先进行初张拉，初张拉油压一般控制在 2～3MPa。经检查预应力筋、锚具、千斤顶等均无异常，再用力打紧楔块，同时在分丝头处的钢丝上画记号，用以观察张拉时的滑丝现象，并测量伸长率。

缓慢升高油压，张拉至控制数值，如无滑丝和断丝现象时，量测钢绞线的伸长值并与计算伸长值比较，如实际伸长值比计算值大于 10% 或小于 5% 时，应停止张拉，在查明原因并采取措施进行调整后，才可继续张拉。

张拉至控制值无异常情况后，便操纵油泵，向顶塞缸供油进行顶压锚固，如 1～2min 无异常情况后，即可缓慢回油，放松千斤顶，测量回缩率，退下楔块，完成张拉。用砂轮机切除多余钢绞线，而后用比梁混凝土强度等级高一级的混凝土进行封闭端头，保证钢绞线不外露。

29-5 圆 拱 施 工

29.5.1 结构情况

天河城广场 E 段 6 层有一跨度为 13000mm、长 26500mm、拱板厚 100mm 的圆拱，圆拱半径为 6500mm，拱板由 10 根 400mm×500mm 的拱梁及 6 根 300mm×500mm 连系梁支承，拱底离下部楼板面为 4500mm，拱顶高为 11000mm，其结构平面图及剖面图见图 29-14 与图 29-15。

29.5.2 圆拱模板支架及脚手架构造

29.5.2.1 支架构造及搭设程序

（1）先浇筑 YEGL1 梁至 +24.05m 高度，预留半圆拱

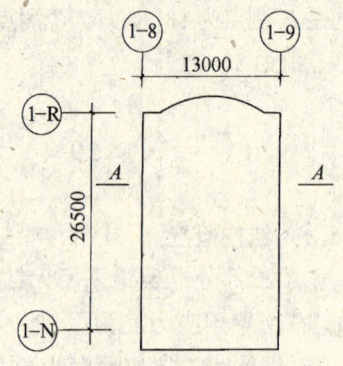

图 29-14 半圆拱平面图

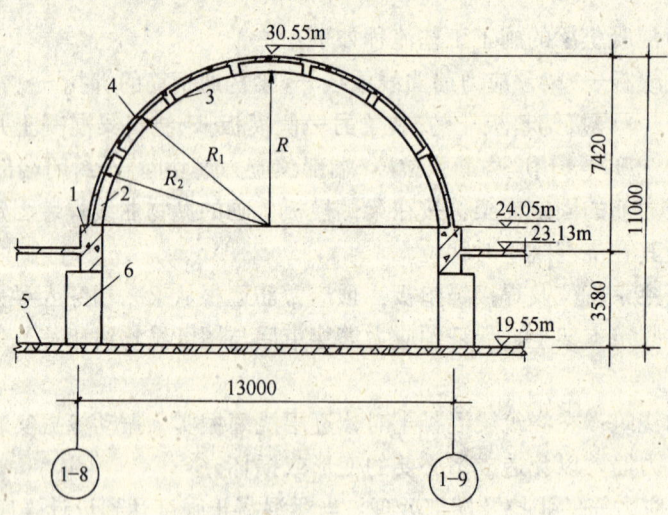

图 29-15 半圆拱 A—A 剖面图

1—YEGL1 梁（600mm×1800mm）；2—YEGL3 拱梁（400mm×500mm）；3—连系梁（300mm×500mm）；
4—拱板（厚 100mm）；5—楼板；6—柱（1400mm×1400mm）；
R—拱梁内表面半径，为 6000mm；R_1—拱板内表面半径，为 6400mm；R_2—拱板外表面半径，为 6500mm

梁YEGL3及圆拱板连接钢筋，待安装模板后进行焊接。

（2）由下层楼板平面至+24.05m标高，搭设第一道顶架，顶架两边支撑用水平拉杆与YEGL1梁支撑拉结牢固，不允许松动摇摆，并设双向剪力撑。

（3）搭设半圆拱梁、拱板部分的第二道顶架，半圆拱梁为双排顶，行距500mm，杆距800mm。

（4）在连系梁下设双排支顶，行距500mm，杆距1000mm。顶架搭设见图29-16。

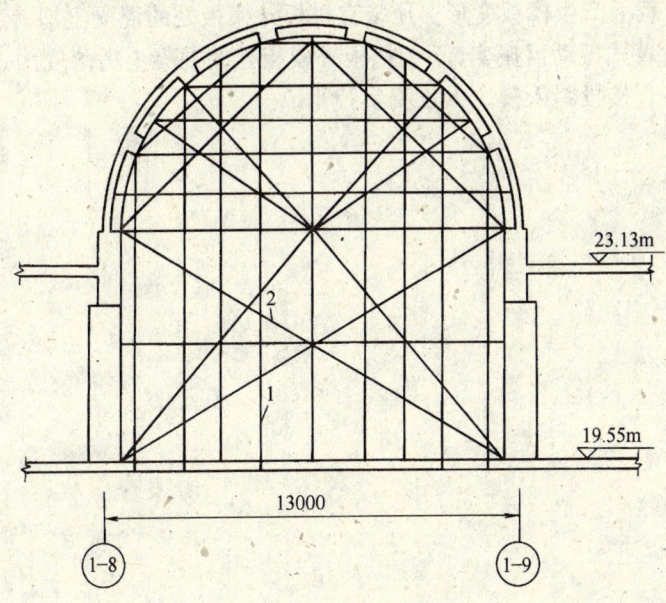

图29-16　模板支架图
1—支架竖杆；2—支架斜拉杆

29.5.2.2　脚手架构造

脚手架按1/4圆周制作成单梯可移动式，两个脚手架安放在一起成半圆，按圆拱长每边设4个脚手架，外加脚手板，如图29-17所示。这样为圆拱的模板、钢筋安装、混凝土浇筑、圆拱面装饰提供了有利的操作条件，加快了施工速度，节省脚手架搭设费用。

29.5.3　圆拱钢筋安装

YEGL3拱梁钢筋在楼面绑扎成型后，用塔式起重机吊起安装，并与预留在YEGL1上的拱梁连接筋焊接，连系梁、拱板钢筋按常规方法安装。

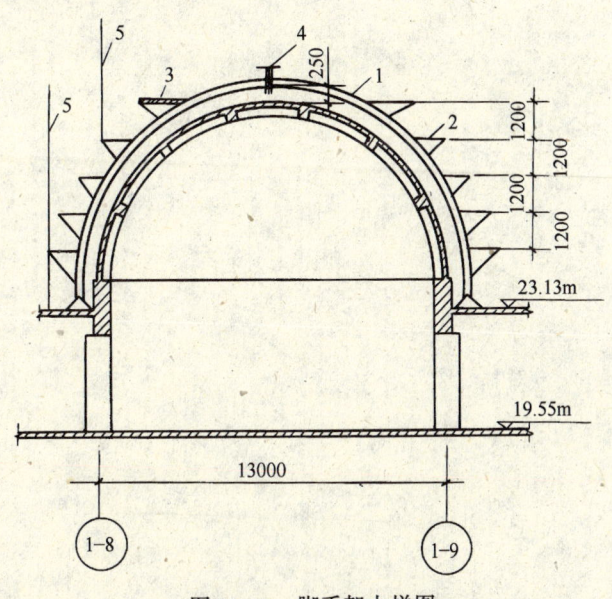

图29-17　脚手架大样图
1—Φ32mm钢筋脚手架体；2—脚手架支承架；
3—50mm宽脚手板；4—脚手架紧锁销；5—安全挡板

29.5.4 圆拱混凝土的浇筑

浇筑拱板混凝土前,先在 YEGL1 梁上方安装拱板的外模板,模板高度 2400mm,即从+24.05m 标高处开始安装至+28.45m 标高处;从+28.45m 至+29.75m 标高处的拱板外模板为随装随浇混凝土,此段模板高度为 2700mm,由下至上分四段安装,每段模板高为 700mm;+29.75m 至拱顶不用封面模板,直接用人工捣实混凝土。

浇筑圆拱混凝土分两班从两边拱脚向拱顶同步进行,并控制两边浇筑高度与浇筑速度一致,防止单边荷载下产生模板变形。凡装有拱板外模板处的混凝土坍落度为 160mm,用竹竿人工插实和附着式振动器振实,不装拱板外模板处的混凝土坍落度为 50~80mm,用塔式起重机吊起料斗直接投料入模,人工捣实找平。

30 深圳市电影大厦工程施工

深圳市金众（集团）股份有限公司 李伟平 黄日升 郭 良 刘雄飞 李志坚

30-1 工 程 概 况

深圳市电影大厦是深圳市重点工程之一（见彩图20）。地处罗湖区，位于桂园路和解放路交点北侧，紧临布吉河边。

本工程由深圳市文化局、深圳市南国影联有限公司等单位投资开发，由中国船舶工业总公司第九设计院（地下连续墙设计）和深圳大学建筑设计院设计，由深圳市金众股份有限公司总承包施工。

本工程由两层地下室、5层裙房和主副楼组成。1号主楼共30层，高度107.4m；副楼共13层，高度48.9m；2号主楼共24层，高度91.1m。总占地面积3624m^2，总建筑面积36011m^2。地下室基础埋深10.5m。立面示意图见图30-1。

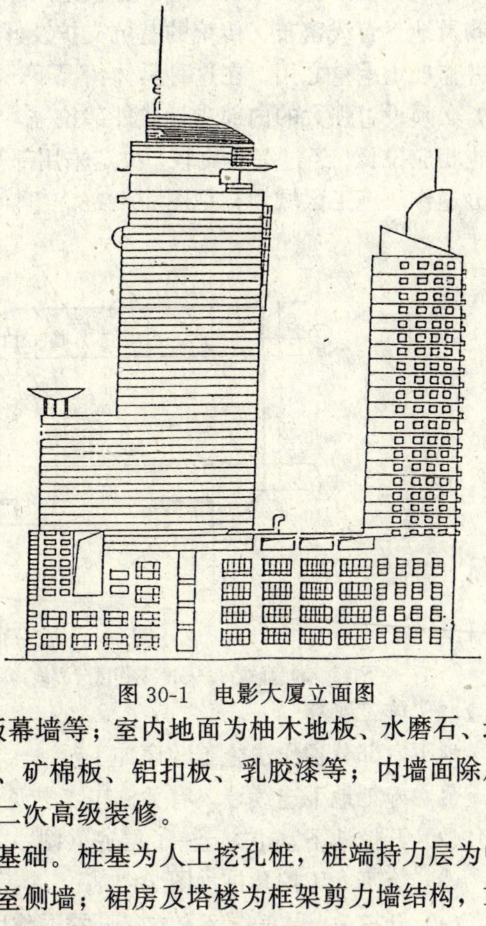

本工程功能齐全，集办公、旅馆、住宅、商场、娱乐、停车场于一体，由全套现代化的水、暖、电、煤气、通讯、防盗、空调、火灾自动报警、广播电视和电脑信息控制中心等23个系统组成，其中含有自动扶梯5部，电梯6部。

本工程建筑设计造型新颖独特，外墙面为

图30-1 电影大厦立面图

面砖、花岗岩、水泥砂浆弹涂、玻璃—复合铝板幕墙等；室内地面为柚木地板、水磨石、地砖、花岗岩、细石混凝土等；顶棚有轻钢龙骨、矿棉板、铝扣板、乳胶漆等；内墙面除局部瓷片、乳胶漆、大理石或多彩喷涂外，均为二次高级装修。

本工程采用桩基与箱形基础相结合的复合基础。桩基为人工挖孔桩，桩端持力层为中风化粗粒花岗岩弱含水层；地下连续墙为地下室侧墙；裙房及塔楼为框架剪力墙结构，11层以下采用C50级高强混凝土。

本工程建筑场地类别为Ⅱ类，按抗震烈度7度设防。为减少温度收缩应力和增强抗震性能，故在±0.00以上设置1条抗震缝，在±0.00以下设2条后浇带，后浇带宽1m，钢筋贯通，采用一次性模板。

本工程场内地层地质情况自上而下分别为：

人工填土：　　　0.6~3.1m
粉质粘土：　　　0.7~2.4m
淤泥质砂：　　　2.4~3.4m
砾砂混卵石：　　1.4~6.9m
砾质粉质粘土：　3.3~8.2m

30-2　地下室部分逆作法施工

30.2.1　基坑支护体系的选择

本工程位于深圳布吉河边，不仅地下水位高，而且各层岩土均具有高透水性，附近建筑物及地下管线密布，传统的基坑支护及开挖方法难以实施，从而选择地下连续墙截水防渗并作挡土承重之用。在这种具体情况下，如采用常规方法施工，为了减少地下连续墙变形，必须设置强大的内部支撑或外部拉锚，不但消耗大量钢材，工程造价也相当可观，工期也相应拉长。经过综合比较，决定采用部分逆作法施工，以省去地下连续墙的临时支撑。部分逆作法施工区域划分见图30-2。

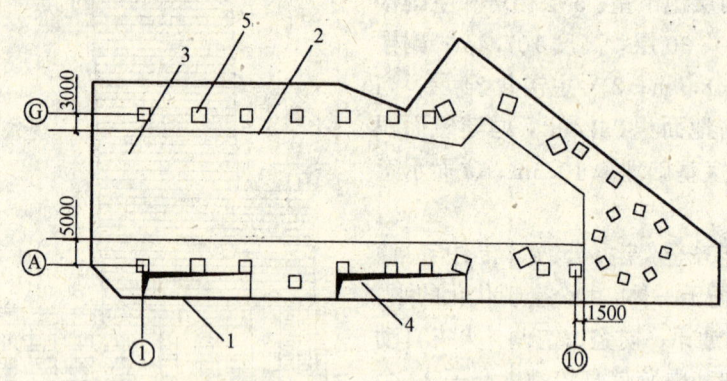

图 30-2　部分逆作法施工平面图
1—地下连续墙轮廓线；2—正\逆作区分界线；3—正作区；4—预留垂直运输孔洞；5—中间支承柱

30.2.2　施工顺序

地下室部分逆作法施工顺序如下：

(1) 施工地下连续墙（有关施工工艺见下节）（图30-3）；
(2) 开挖地下室土方至-1层底（图30-4）；
(3) 施工人工挖孔桩（图30-5）；
(4) 开挖-2层正作区土方；开挖逆作区中间支承柱位置土方（图30-6）；
(5) 施工正作区-2层承台、地梁、底板（图30-7）；
(6) 施工正作区-2层墙柱，施工逆作区-2层中间支承柱（图30-8）；
(7) 施工-1层梁板（预留出土口）（图30-9）；
(8) 施工-1层墙柱（图30-10）；
(9) 施工1层梁板（预留出土口）（图30-11）；

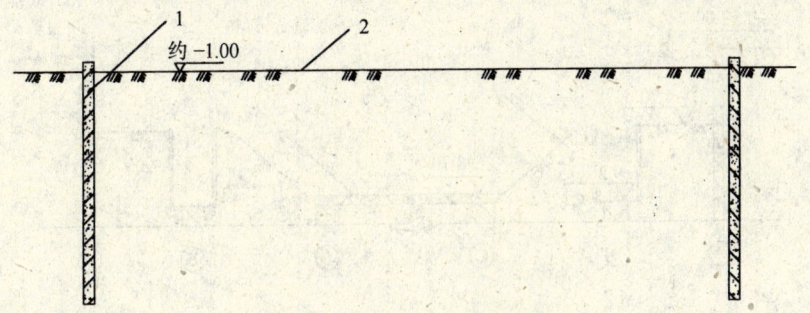

图 30-3 施工地下连续墙
1—地下连续墙；2—原地面线

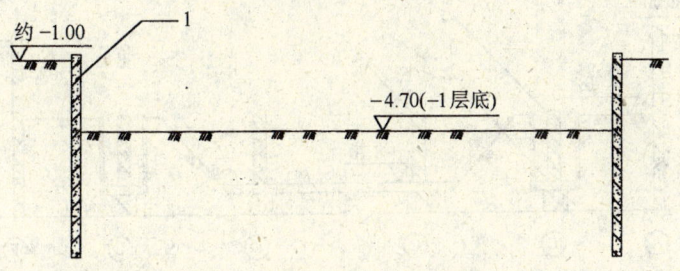

图 30-4 开挖地下室土方至-1层底
1—地下连续墙

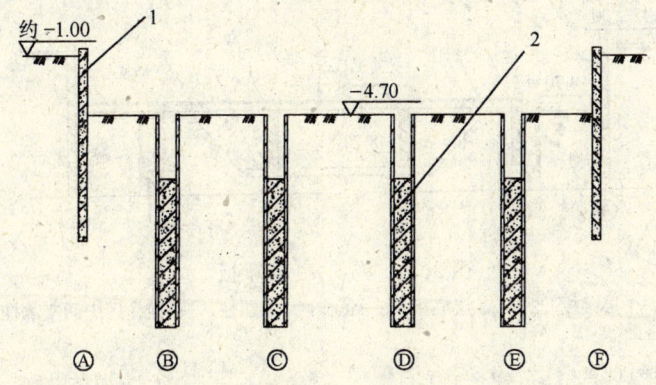

图 30-5 施工人工挖孔桩
1—地下连续墙；2—人工挖孔桩

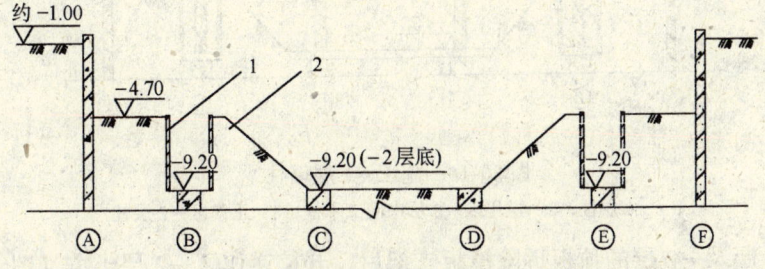

图 30-6 开挖-2层正作区土方；开挖逆作区中间支承柱位置土方
1—护壁；2—预留平衡土体

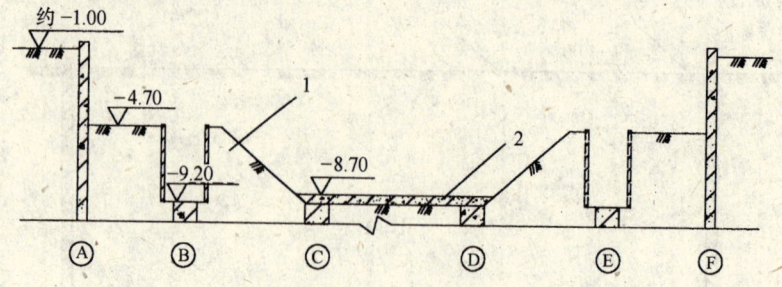

图 30-7　施工正作区-2层底板（包括承台、地梁）

1—预留平衡土体；2——2层底板

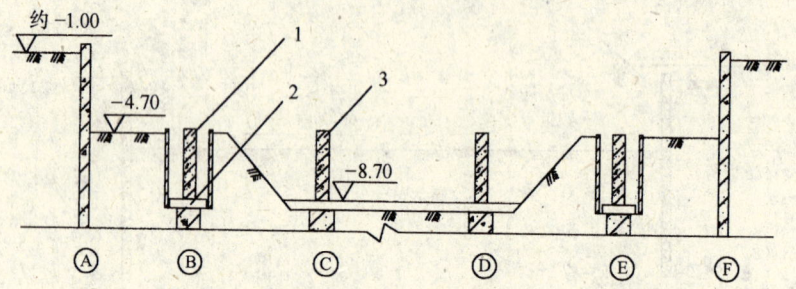

图 30-8　施工正作区-2层墙柱，施工逆作区-2层中间支承柱

1—逆作区-2层中间支承柱；2—承台；3—正作区-2层柱

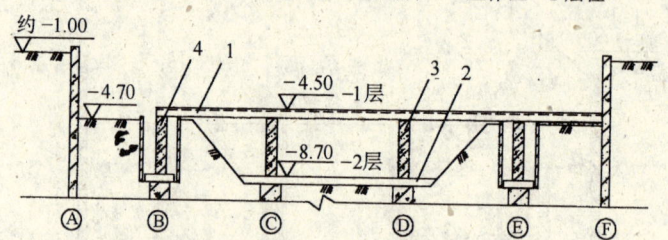

图 30-9　施工-1层梁板

1——1层梁板；2——2层底板；3—正作区-2层柱；4—逆作区中间支承柱

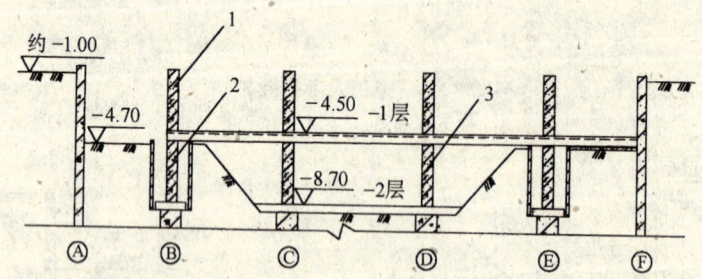

图 30-10　施工-1层墙柱

1——1层柱；2—逆作区-2层中间支承柱；3—正作区-2层柱

(10) -1层及-2层的顶板拆除模板支架后，开挖逆作区-2层土方（图30-12）；

(11) 施工逆作区-2层承台、地梁、底板（图30-13）；

(12) 施工-1层、1层预留出土口处梁板，至此整个地下室结构工程施工完毕（图30-14）。

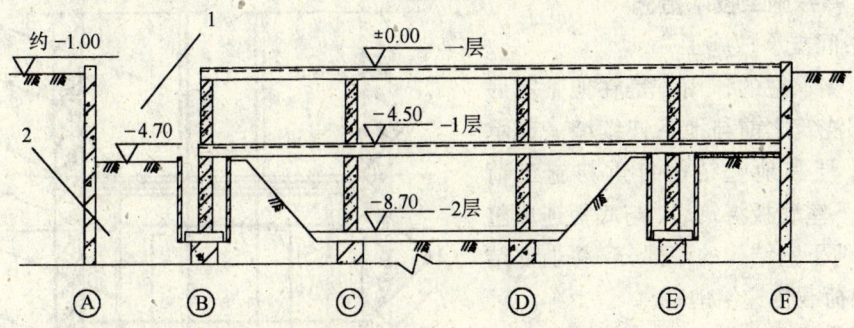

图 30-11　施工 1 层梁板
1—预留出土口；2—预留平衡土体

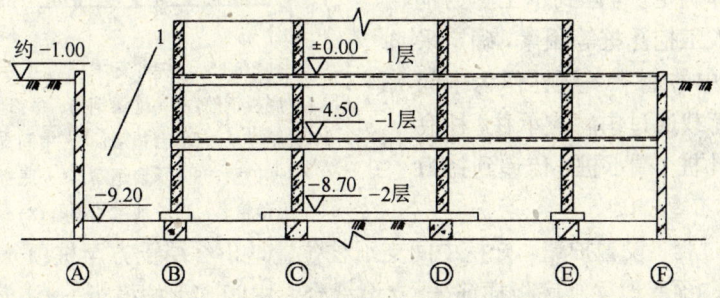

图 30-12　-1 层及-2 层的顶板拆除模板支架后，开挖逆作区-2 层土方
1—预留出土口

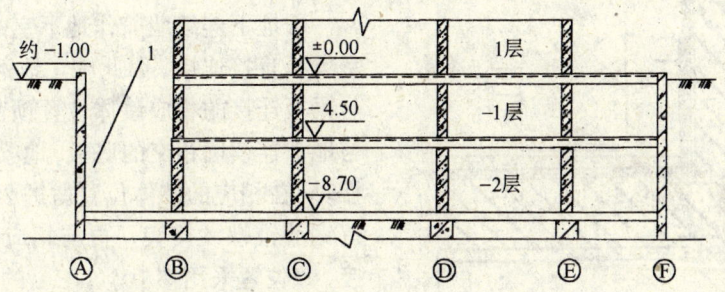

图 30-13　施工逆作区-2 层底板（包括承台、地梁）
1—预留出土口

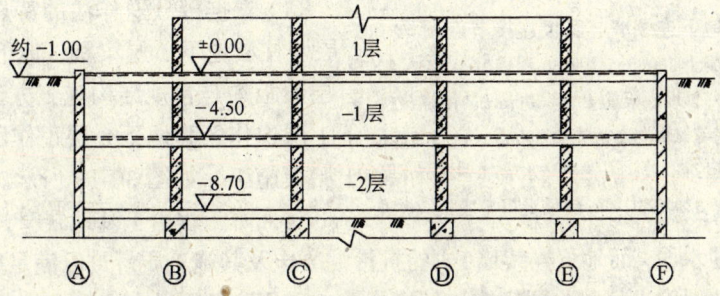

图 30-14　施工-1 层、1 层预留出土口处梁板

30.2.3 特殊施工技术措施

1. 中间支承柱施工

中间支承柱的作用，是在地下室底板未全部浇筑之前与地下连续墙一起承受地下1层和地上结构自重与施工荷载，在地下室底板浇筑后，与底板连成整体，作为地下室结构的一部分，将上部结构及承受荷载传递给地基。

中间支承柱的位置和数量，要根据地下室结构布置和制定的施工方案详细考虑后，经计算确定。考虑到本工程为框筒结构，采用人工挖孔桩等因素，确定采用施工图设计中的地下2层柱作为中间支承柱，上部荷载通过中间支承柱、柱底承台、人工挖孔桩（端承桩）传递到持力层。

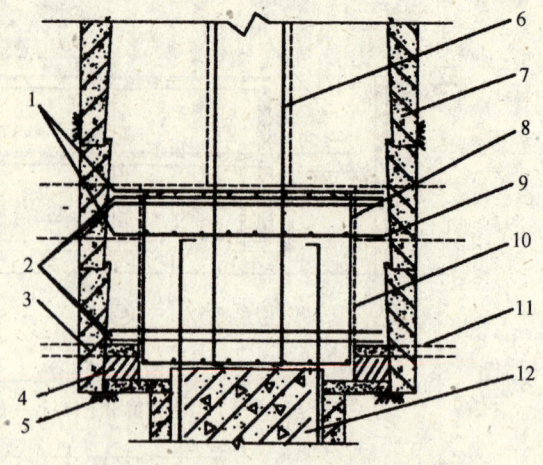

图 30-15 中间支承柱施工示意图
1—底板钢筋；2—地梁钢筋；3—地梁垫层；
4—砖胎模；5—承台垫层；6—中间支承柱钢筋；
7—护壁；8—承台钢筋；9—底板轮廓；
10—承台轮廓；11—地梁轮廓；12—人工挖孔桩

具体施工过程：设置护壁，开挖中间支承柱位置地下2层土方至桩顶→绑扎承台、中间支承柱钢筋；预留地梁、底板插筋→支设承台、中间支承柱模板→浇筑承台、中间支承柱混凝土。如图30-15所示。

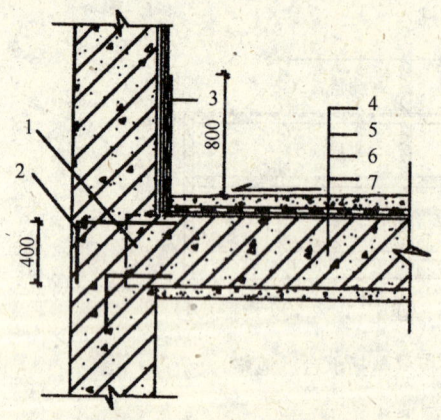

图 30-16 地下连续墙与底板连接节点图
1—凿进连续墙混凝土200mm，用C50级掺10%UEA细石混凝土浇筑；2—预埋底板筋φ25@200mm，锥螺纹接头；3—底面防水层与侧面防水层重叠800mm；4—100mm厚C20级细石混凝土兼找坡；5—卷材防水层；6—20mm厚1:2防水砂浆，掺3%黑豹；7—钢筋混凝土底板

2. 地下连续墙与地下室梁板的连接

因地下连续墙兼作地下室的外墙，与地下室梁板直接连接，因此施工地下连续墙时，在与梁板连接的相应墙体位置预留钢筋。在施工与地下连续墙相交的底板、地梁及地下1层梁板时，在相应的墙体位置凿进200mm，露出预留钢筋锥螺纹接头，再与相应的梁板钢筋连接。该位置采用掺10%UEA的C50级细石混凝土浇筑。如图30-16及图30-17所示。

3. 地下室结构施工

（1）根据部分逆作法的特点，正作区地下2层墙柱和地下1层梁板、地下1层墙、柱和首层梁板均与常规结构施工方法相同，对于地下1层逆作区和地下2层正作区梁板，则采用土胎模施工。如图30-18所示。

（2）本工程由于基地狭窄，地下墙体的防水层无法做在迎水面，而地下连续墙P6的抗渗混凝土及其施工质量难以满足要求。因此，在进行注浆封堵处理后，将防水层做在连续墙内壁。采用防潮和排水相结合的防水方法，如图30-19所示。沿地下室周边设排水沟、集水井，保证少量渗漏水不进入地下室主要使用部位。

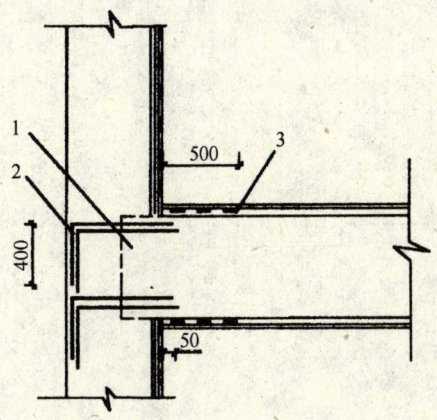

图 30-17 地下连续墙与混凝土梁连接节点图
1—凿进连续墙混凝土 200mm，用 C50 级掺 10％UEA 细石混凝土浇筑；2—预埋梁筋 20 ⌀ 32，长 1100mm，锥螺纹接头；3—防水层伸入面层下长 500mm

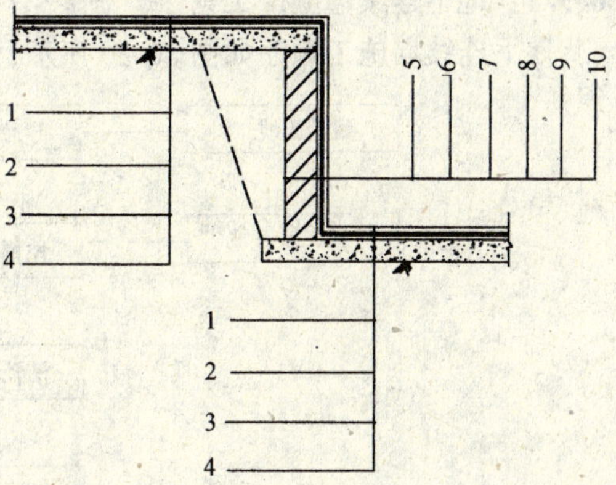

图 30-18 承台、底板胎模图
1—砂浆保护层；2—防水层；3—C10 级素混凝土原浆压光；4—素土夯实；5—原土；6—回填土；7—红砖砌体；8—砂浆找平层；9—防水层；10—砂浆保护层

4. 施工监测

沿解放路、桂园路电影大厦两侧有商业建筑、居民住宅；还有一定数量的地下管线。大多数构筑物离大厦仅 4m 左右。为确保附近建筑物安全及地下管线的正常使用，土方开挖施工前，布置了一系列监测点，分布在建筑物上及地下连续墙内，以及地表和土体深部。施工期间，对整个大厦的监测分析每周两次。主要开挖施工段，每天通报一次监测结果，做到及时反馈于施工。遇到问题，如地下连续墙接缝渗漏引起地表下沉较大问题，及时进行了注浆封堵，稳定了地表沉降；土方开挖速度过快引起连续墙因卸载过快而快速位移的问题，因及时发现并调整了开挖部署速度，使问题得以解决。

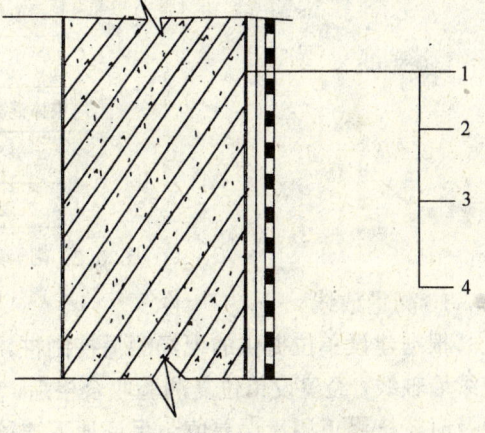

图 30-19 地下连续墙防水图
1—内侧壁面刷黑豹两道；
2—10mm 厚 1：2.5 水泥砂浆掺 3％黑豹；
3—8mm 厚 1：2 水泥砂浆掺 5％黑豹；
4—刷 P.V.C. 防水涂料 2mm 厚

由于采取的施工技术措施得当，在基坑施工的全过程中，地下墙实测最终沉降值为 3～5mm；最大水平位移 37mm；地表沉降量 33mm；临近建筑物沉降 1～3mm，基坑两侧交通道路未产生明显沉降，所有地下管线均维持正常使用，道路始终畅通。

30-3 地下连续墙施工

本工程地下连续墙既是基坑开挖时挡土隔水的支护结构，又是地下室的外墙。结构平面近似长方形，周长为 262m，厚度为 500mm，深度 11.85～16.05m 不等。混凝土量为 2495m³，混凝土强度等级为 C25，抗渗等级为 P6。

30.3.1 地下连续墙施工工艺

地下连续墙施工顺序如图 30-20 所示。

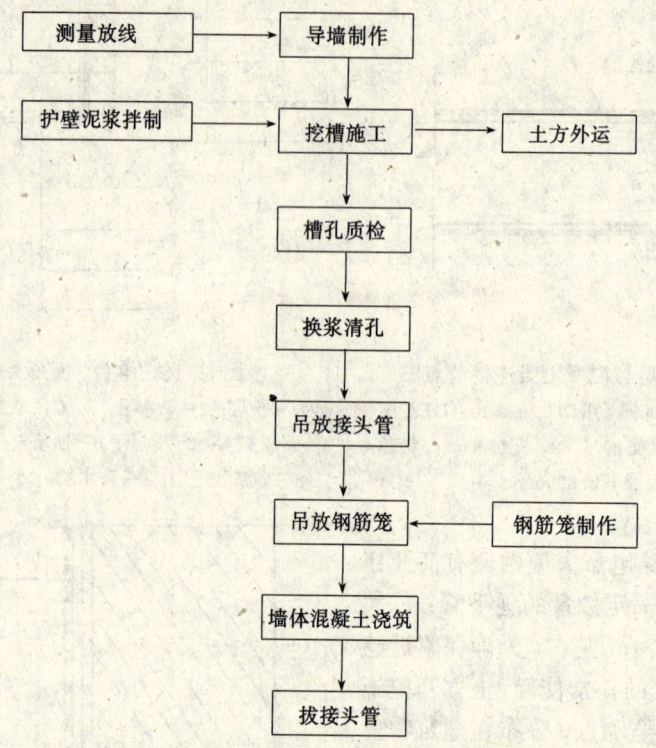

图30-20 地下连续墙施工顺序

1. 测量放线

根据建设单位提供的现场测量控制桩,在现场设置若干必要的固定测量桩以投测地下连续墙轴线,经建设单位复测验收合格后,方可开始导墙施工。现场桩位每周复核一次,以便及时校核修正测量误差值,保证地下连续墙导线测量网闭合。

全部槽段划分定位应准确,用油漆线明确无误地标志在导墙上,并应经常复测。

2. 导墙施工

在地下连续墙成槽前必须先修筑导墙。

本工程在原状土不受破坏条件下,导墙形式主要采用"⏋⏌"形钢筋混凝土结构,导墙深 1.5m 以上,导墙净宽 640mm,顶面高出地面 200mm,以防止地表污水溢流入导墙之中破坏泥浆性能,导墙面座落在经平整后的自然地表面上。局部区域土质较差位置,导墙改用"⏋⏌"形钢筋混凝土结构,其底部整平铺实,墙背用粘土分层回填夯实,防止泥浆渗漏。如图 30-21 示。

导墙混凝土强度等级为 C20,导墙混凝土量约 192m³,钢筋使用 ϕ8mm 约 5t(按 1.5m 深度计算,如遇地下障碍物,导墙应加深至地下障碍物底部以下)。在场地上沿地下墙轴线分段打设龙门桩以控制轴线,开挖导墙沟槽,人工配合修边坡及立导墙模板,浇筑混凝土时用电动振动器振捣密实,混凝土达到强度拆模后,立即用100mm×100mm@2m 方木在导墙净空内分上、下两排顶紧。

3. 泥浆拌制

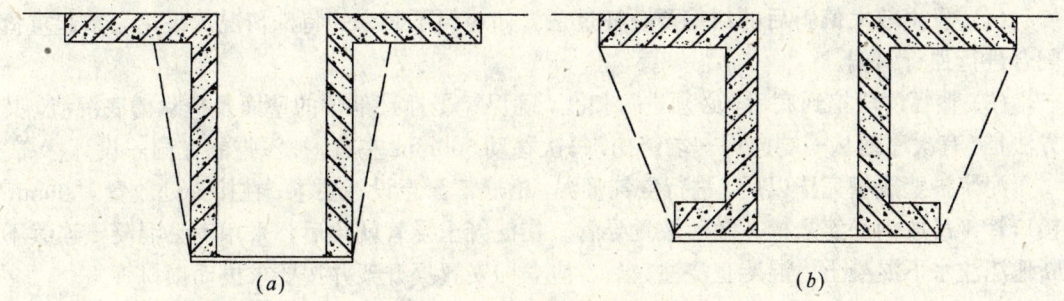

图 30-21 导墙断面形式示意图
(a) 倒 L 形导墙；(b)] [形导墙

护壁泥浆生产循环系统的质量控制指标和供给状况，是保证本工程液压抓斗成槽的关键环节，故在现场中心地带修筑可存放泥浆 400m³ 的泥浆池一个，用泥浆搅拌机拌制新浆，送入浆池存放 24h 后用泥浆泵输入槽，予以循环、沉淀、处理，确保符合指标的泥浆的充分供给。

泥浆成分通过试验最后确定为：

水：100%；陶土粉：6%～8%；纯碱：0.4%～0.5%；浆糊粉 CMC：0.03%～0.05%。并视现场实际情况随时作相应调整。

4. 成槽施工

采用意大利进口的 C50 液压抓斗成槽机成槽，分区分段交叉流水作业，挖出土方及时转至堆土、弃土场地。槽段长度的确定综合考虑了工程地质情况（当地层不稳定时，减少槽段长度，有利于防止槽壁面坍塌）、临近建筑物情况、起重设备能力、混凝土供应能力、稳定液槽的容积、可连续作业的时间及地下连续墙防水性能和整体性等因素选定，最长槽段为 7.6m，分幅接缝采用半圆形接头，如图 30-22 所示。

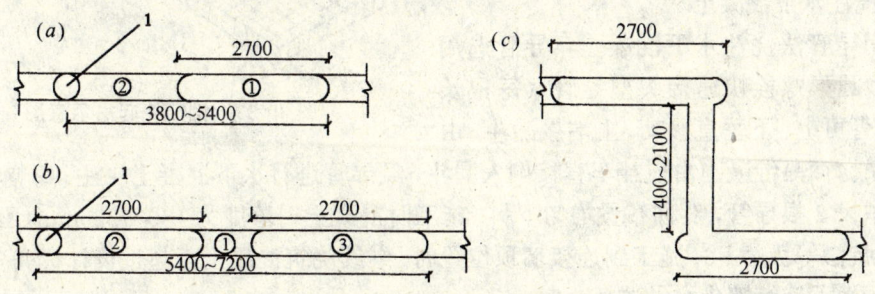

图 30-22 槽段长度与抓挖顺序示意图
(a) 3.8～5.4m 长槽段的抓挖顺序；(b) 5.4～7.2m 长槽段的抓挖顺序；(c) 转角形槽段
1—接头孔

抓挖过程中注意事项：

(1) 为保证成槽质量，液压抓斗在开孔入槽前必须检查仪表是否正常，纠偏推板是否能工作，液压系统是否有渗漏等。

(2) 开始成槽 6～7m 的偏斜情况，对整孔的总精度影响很大，故挖掘速度不宜太快，应拎直抓斗，半悬空开挖。

(3) 整个成槽过程中，纠偏工作应随时进行，使显示精度始终保持在良好范围内。

(4) 发生较大偏斜后的纠偏要矫枉过正。如遇纠不回来的特殊情况，采用大型起重机配合进行强行纠偏。

(5) 整幅槽段挖到底后，必须进行扫孔，确保铲平抓接部位的壁面及挖除槽底沉渣。其方法是：有次序地从一端向另一端铲挖，每次移动500mm左右，抓深控制在同一设计标高。

泥浆护壁成槽完毕以后，进行空气吸泥，槽底清淤至设计要求，在接头处放置φ600mm锁口管，吊放钢筋笼入槽，随后放置导管。在混凝土导管就位后，采用商品混凝土连续不断地浇注水下混凝土。混凝土浇注完后，应立即安置提升架并按要求拔动锁口管。

5. 钢筋笼制作与吊放

在现场浇筑三块宽7m、长15m、厚0.15m的混凝土条形场地作为钢筋笼制作平台。在混凝土平台上先铺筑型钢固定平台，在其上面先铺底部钢筋网，点焊后设置桁架筋（一般幅宽6m的钢筋笼设桁架筋4片），然后铺上片钢筋网。钢筋笼的水平筋与主筋用18号铅丝绑扎，采取间隔点焊，保证牢固。施工中应注意：

(1) 钢筋笼的外形必须平直规则，最宽部位必须小于设计宽度40～50mm。

(2) 钢筋笼起吊长度须先作起吊验算后确定。

(3) 钢筋笼中布设横向桁架筋的刚度必须足够。

(4) 钢筋接头必须平滑，防止浇筑混凝土过程中出现导管钩住钢筋头的事故。

钢筋笼采用9点起吊形式（见图30-23），起吊中必须稳慢操作。

6. 浇注水下混凝土

采用导管法浇注水下混凝土，导管选用φ250mm圆形螺栓快速接头型导管（每根长2m），导管可上、下垂直移动，上端接漏斗，由

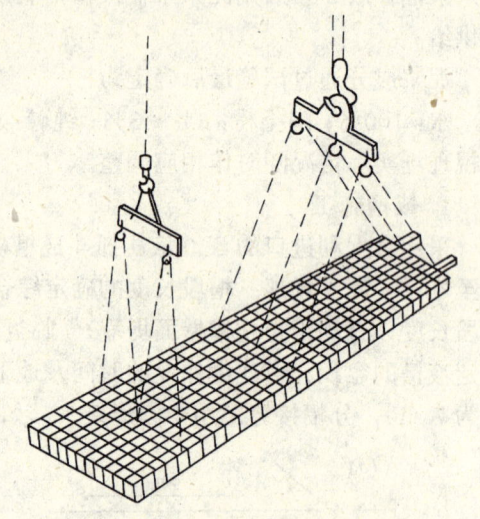

图30-23 钢筋笼起吊示意图

机架悬吊。商品混凝土由搅拌车直接倒入漏斗，经导管进行水下混凝土浇注。每幅宽为6m的槽段中设2根导管，对称布置均匀下料。施工时混凝土坍落度为180～220mm，强度等级为C30，抗渗等级为P6。施工到连接墙顶位置时，继续浇筑混凝土至超过设计标高450mm。

30.3.2 地下连续墙止水做法

地下连续墙即为地下室外墙。室内墙不另加内衬，地下墙本身抗渗等级为P6，槽段接缝的结构形式为半圆形接头。从工程实践看，因混凝土浇筑质量造成墙体渗漏水部位在15％以上，经及时辅以压密注浆进行封堵后，基本无渗水。不仅防止了水土流失引起的坑外地层位移沉降，也使土方开挖和底板施工得以顺利进行。

整个地下墙所有孔洞均设计防水构造，长方形开洞处设置防水密封预留凹槽，各种圆孔的套筒外另设密封防水的连续钢圆环。

30.3.3 施工要求和质量控制

(1) 成槽垂直度偏差控制小于1/300，并应用测槽仪测定其垂直精度及槽的宽度。

(2) 触变泥浆应按规范要求试配，待确定其配比后，应严格按要求配制，并要检查物

理力学指标。
30.3.4 施工体会
(1) 由于本工程地下强透水层较厚,在采用泥浆护壁过程中,为防止泥浆渗漏破坏槽壁稳定,在成槽前进行了多种泥浆成分的调试,选择了合适的泥浆成分。

(2) 选用了合理的成槽机械(意大利进口的抓斗成槽机)。与本工程地基土层相适应,取得了良好的效果。

(3) 原设计槽段为47个单元,最长的为6m。为了减少槽段接头,增强地下连续墙的整体性,对单元槽段重新划分,调整为40个槽段。最长的槽段长度为7.6m,缩短了工期,同时有效地保证了质量。

(4) 地下连续墙的分槽段施工,使槽段之间存在接缝,往往成为渗漏水的途径。从土方开挖过程来看,半圆形接头渗漏水达15%以上,防水效果较差,须辅以压力注浆封堵,才能获得较好的止水效果。

30-4 底板大体积混凝土施工

本工程地下室底板厚500mm,承台板厚1300mm至2500mm,地梁高1200mm至1500mm,属大体积混凝土。

30.4.1 原材料和配合比要求
1. 水泥

底板混凝土强度等级为C40,抗渗等级为P8,混凝土采用搅拌站商品混凝土。水泥使用525号普通硅酸盐水泥,水泥用量控制在400kg/m³。混凝土中掺粉煤灰替代部分水泥,降低水化热,掺量为水泥量的15%左右。

2. 骨料

粗骨料:采用级配良好的碎石,粒径在5~40mm,含泥量不大于1%。

细骨料:选用中砂,砂率控制在37%以内,含泥量不大于2%。

3. 外加剂

混凝土中掺入FDN-500型外加剂,掺量为水泥量的8%左右。FDN型外加剂具有缓凝、减水、微膨胀、防渗等作用。

4. 水灰比

控制混凝土中的水灰比不大于0.50。

5. 坍落度

考虑到泵送工艺要求,坍落度控制在180~200mm。

30.4.2 施工要点
(1) 地下室底板混凝土分为三段浇筑,以施工图纸设置后浇带为分界线,段界划分见图30-24。

(2) 商品混凝土供应按30~40m³/h考虑,现场配备2台HBT-60型拖式混凝土泵同时进行泵送混凝土施工。根据混凝土运输速度和浇筑速度确定配备12台混凝土搅拌输送车。

(3) 每段混凝土实施分区分层浇筑方式。按核心筒基础、承台和底板(混凝土厚度有显著区别)作为依据分区。在竖向按500mm厚度(根据混凝土的坍落度选择混凝土的自然

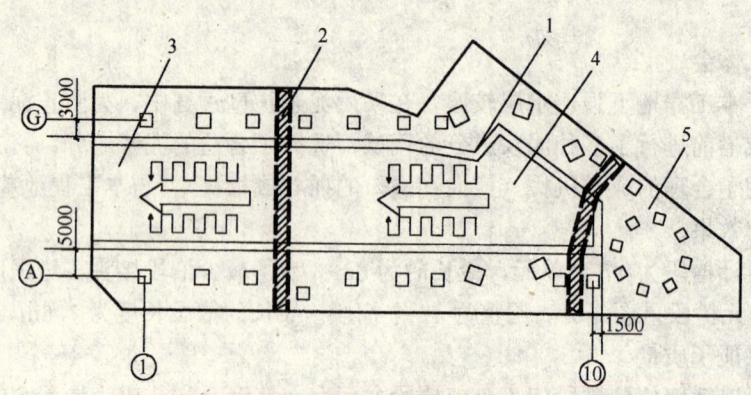

图 30-24 底板大体积混凝土浇筑示意图
1—正、逆作区轮廓线；2—后浇带，宽度为 1m；3—第 I 浇筑段；
4—第 II 浇筑段；5—第 III 浇筑段

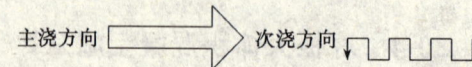

休止角为 12°推算）为依据分层。混凝土泵按其作用分为 1 号泵和 2 号泵，负责按不同方式浇筑不同区域的混凝土，其中 1 号混凝土泵浇筑基梁底标高上部混凝土，2 号混凝土泵按跳仓作业施工方法浇筑核心筒基础和承台的混凝土（其插入和终止时间以保证不同区间的混凝土不出现施工冷缝为根据推算）。

（4）泵送混凝土时，要注意每一部分浇筑层的厚度控制在 500mm 左右，泵管要注意及时移动，特别是在梁、柱及墙相交部位，浇筑层的厚度不能过高，否则易振捣不密实，直接影响混凝土结构的质量。

（5）由于跳仓作业，混凝土浇筑由低处向高处进行，尽可能避免了不同区间骨料与浆液的分离流失，改善混凝土浇筑过程中的均匀性。但由于坍落度大，有可能在每一层浇筑层上面产生泌水层，尤其低区集中的泌水较多，可采用专用的软轴泵或隔膜泵抽出。

（6）分层浇筑到底板表面后，在混凝土表面即将凝固时进行二次振动，然后用木抹子抹压混凝土表面，以防出现表面收缩裂缝。

30.4.3 混凝土的养护方法和时间

由于底板混凝土的浇筑时间在元月下旬至 2 月上旬，大气平均温度 20℃，因此要做好混凝土的养护、覆盖保温、温度测量等工作。

（1）已浇筑到标高的表面，要及时用一层草袋浇水覆盖保温养护。从测温孔中观测混凝土的内部最高温度与混凝土表面温度之差，以及表面温度与大气温度之差，控制不超过 25℃。

（2）为了及时了解混凝土的内外温度变化，基础底板需要布置测温孔，测温孔布置原则：10.0m 左右设置 1 个测温点，测温点根据所在部位不同设 1 至 3 个测孔；a 测孔距混凝土表面 0.10m 处，b 测孔在底板中部 1.25m 处，c 测孔距底板底部 0.70m 处，见图 30-25。

（3）在混凝土浇筑前，将测温孔管 ϕ48mm 钢管预先放置在底板筋上。钢管下端砸扁加焊，上端用木塞封闭 200～500mm 高水柱。钢管组布置在大体积混凝土的边缘位置和中部，平面测点间距 4～5m，采用热电偶温度计进行测量。

（4）测温时间：在混凝土温升阶段每 4h 测温一次，温降阶段每 8h 测温一次，同时测大气温度。在实际施工测量中,因温控措施得力,未发现内外温差大于20℃的情况。

30.4.4 后浇带、施工缝、测温孔的处理

(1) 地下室设置二条"后浇带",将底板分为南、中、北三段,每段连续浇筑而成,分段及浇筑后浇带详见图30-24。"后浇带"宽度1m,两侧用网眼折板式金属片支模。

(2) 后浇带混凝土设计图中有具体要求,为了确保后浇带混凝土的施工质量,选用强度等级为C50,抗渗等级为P8的UEA微膨胀混凝土。

(3) 地下室外墙部分水平施工缝,采用钢板止水带一道,放在施工缝中间部位,在浇筑根部混凝土前与墙体插筋焊接牢固。

(4) 基础底板测温孔是薄弱部位,处理不好就很容易从孔处渗漏,因此每一个孔都采用C50细石混凝土(掺10%UEA微膨胀剂)填实。

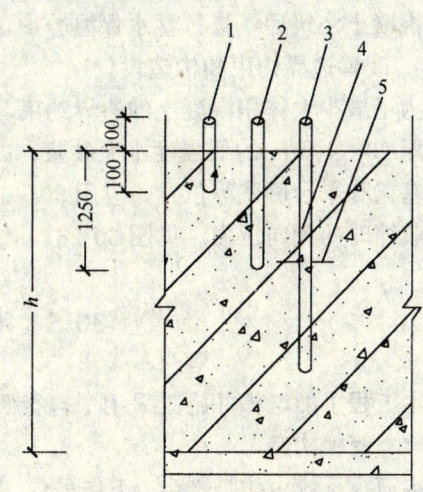

图 30-25 测温孔布置图
1—a测孔;2—b测孔;3—c测孔;
4—直径为48mm钢管;
5—直径为150mm的圆形止水钢板

30.4.5 防止裂缝出现的措施

1. 准备工作

做好大体积混凝土施工前的准备工作,尤其是通过热工计算以确定混凝土的入模温度,分析水化热引起的温差,拟定材料降温措施。

2. 控制温升

本工程大体积混凝土掺用粉煤灰,降低了水泥水化热;掺加FDN-500型减水剂,减少10%左右拌合水,节约10%左右的水泥,使初凝和终凝时间相应减缓3h左右。

3. 延缓混凝土降温速率

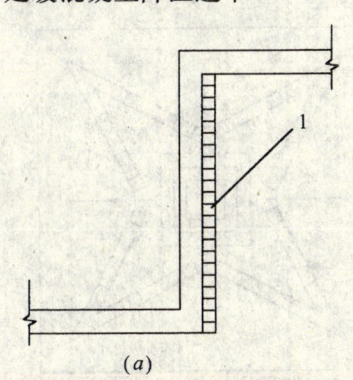
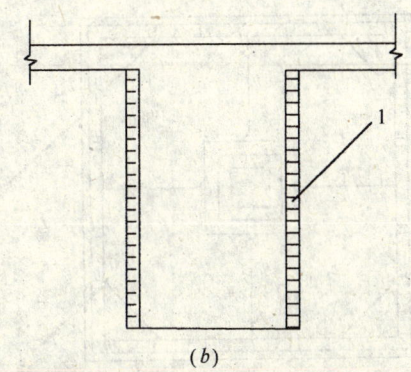

图 30-26 缓冲层示意图
(a) 高低底板交接处;(b) 底板地梁处
1—聚苯乙烯泡沫塑料

混凝土浇筑后,进行蓄水保温养护,避免表面和内部温度梯度过大。

4. 改善边界约束和构造设计

为了减少大体积混凝土的边界约束,本工程混凝土浇筑前在垫层面设置缓冲层,虚铺一层厚20~40mm的低强度水泥砂浆,以降低新旧混凝土之间的约束力。在高低底板交接处、基梁和平台侧壁等位置,应用30~50mm厚的聚苯乙烯泡沫塑料作垂直隔离,以缓冲基础收缩时的侧向压力。见图30-26。

30-5 电梯井模板工程

本工程中的电梯井施工采用了自行研制的电梯井自升降筒模。

30.5.1 筒模构造

本筒模系统由防护平台、工作平台、电葫芦、爬升导架、支持系统及模板体系构成,如图30-27所示。

30.5.2 工作原理

(1) 正常工作状态时,防护平台支在左右两侧墙体上,工作平台支在前后两侧墙体上,电梯井筒模与电梯井侧墙内侧模用穿墙螺杆连接,如图30-27(a)所示(见561页)。

(2) 提升防护平台与爬升导架,仅解除防护平台的水平约束,往上提升一层并恢复水平支承状态,如图30-27(b)所示。

(3) 提升电梯井筒模,爬升导架的底座定位后,拆除筒模的穿墙螺杆,收缩筒模,解除工作平台的水平约束,提升筒模系统到预留洞位置,恢复工作平台水平支承状态,即可进入下一个工作循环,如图30-27(c)及图30-28所示。

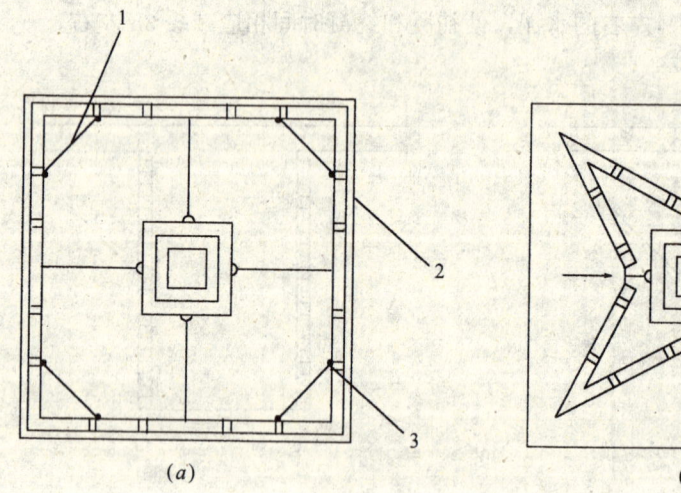
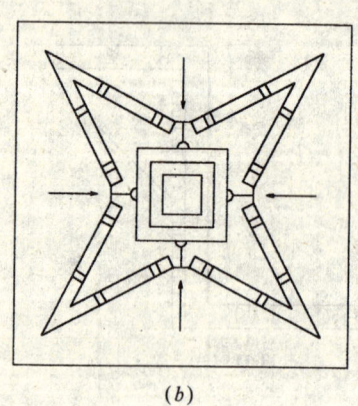

图30-28 筒模状态图
(a) 工作状态时;(b) 拆模状态时
1—撑位系统;2—模板;3—铰链

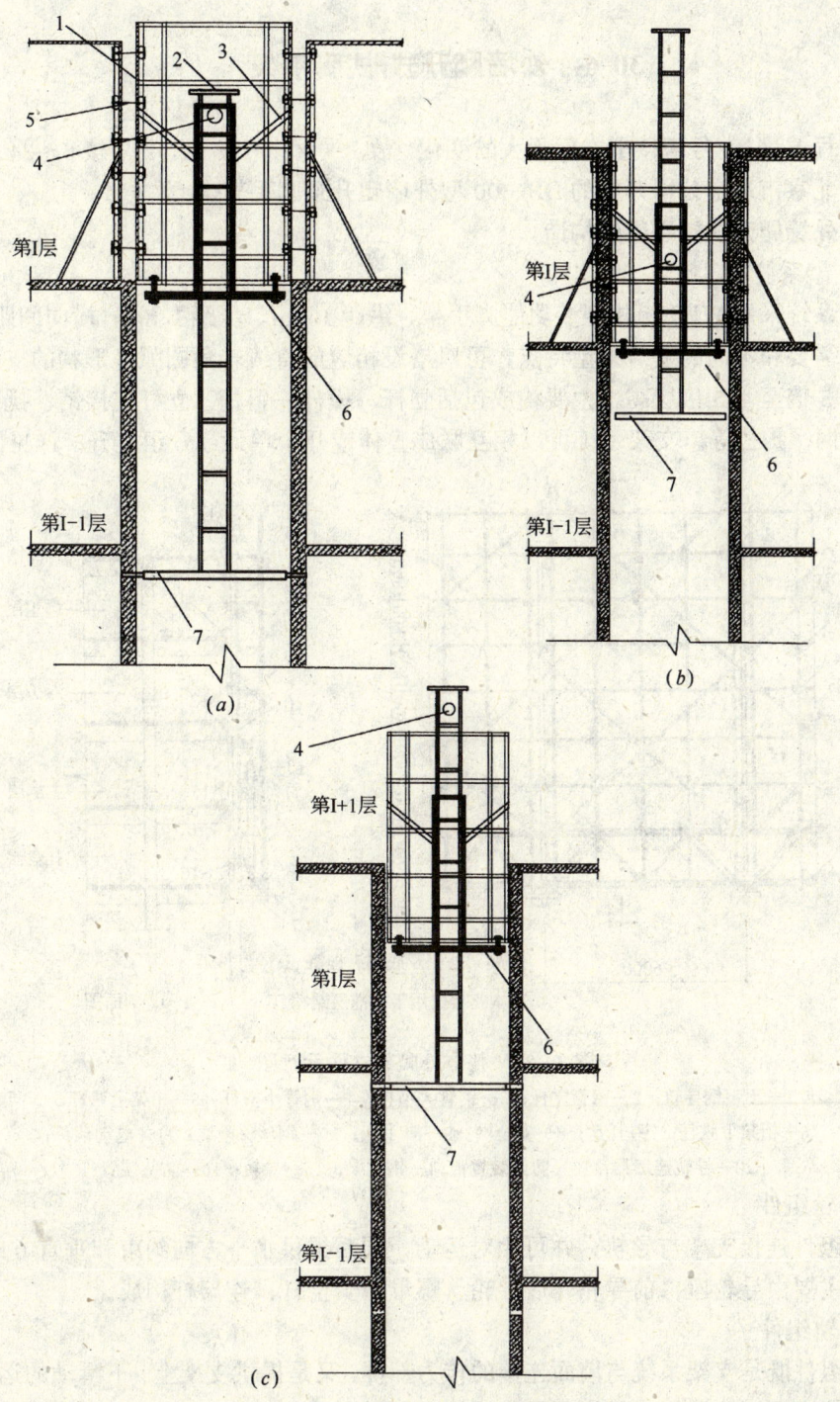

图 30-27 电梯井筒模爬升原理图

(a) 正常工作状态,防护平台面支在左右两侧墙体上,工作平台面支在前后两侧墙体上;电梯井筒模与电梯井侧墙内侧模用穿墙螺杆连接;
(b) 提升防护平台与爬升导架,仅解除防护平台的水平约束,往上提升一层并恢复水平筒支状态;
(c) 提升电梯井筒模,爬升导架的底座定位后,拆除筒模的穿墙螺杆,收缩筒模,解除工作平台的水平约束,提升电梯井筒模系统到预留洞位置,恢复工作平台水平支承状态,即可进入下一个工作循环

1—模板体系;2—爬升导架;3—支撑系统;4—电葫芦;5—穿墙螺杆;6—工作平台;7—防护平台

30-6 外墙爬升式脚手架

本工程1号、2号塔楼平立面无大的变化，故1号楼6～28层、2号楼6～24层脚手架均采用由北京市瑞宝公司开发的DP—00型外墙爬升式脚手架。

30.6.1 外墙爬升式脚手架的构造

1. 支架系统

支架系统采用WDJ碗扣型多功能脚手架，纵距1.8m，步距1.8m，横向间距0.95m，根据施工需要和不同的建筑外型特点，可以搭设相应的直线转角圆弧等形状的支架。支架高度为3.5倍至4.5倍层高，主要构成包括立杆、横杆、斜杆、立杆连接销、挑梁、脚手板、安全网、护栏等。支架系统可以相互联成整体或几个单元或一组爬升。详见图30-29。

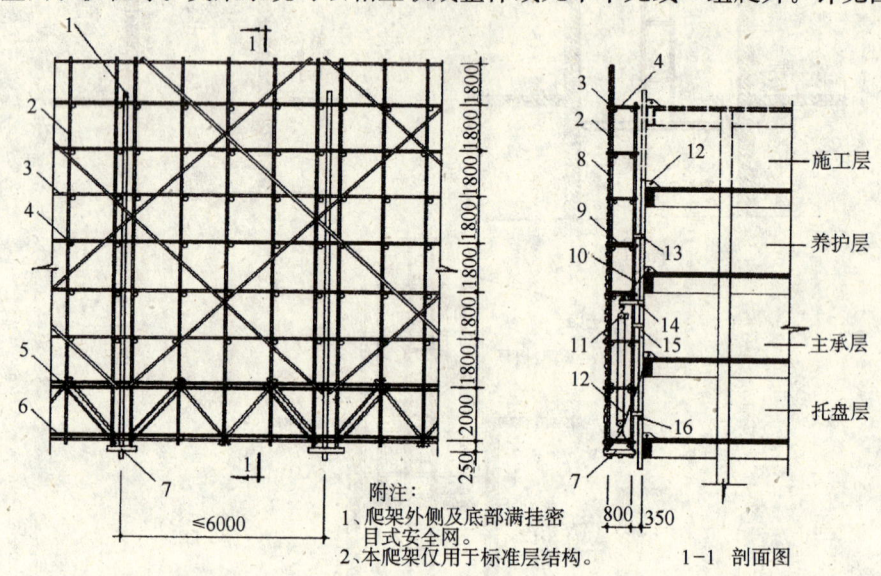

图 30-29 整体外爬架立面示意图
1—工字钢导轨；2—钢管立杆；3—钢管大横杆；4—钢管小横杆；5—桁架上弦杆；
6—桁架下弦杆；7—托盘；8—安全网；9—脚手板；10—钢丝保险绳；11—电动葫芦；
12—导轨连墙器；13—防倾装置；14—钢挑梁；15—导轨；16—防坠装置

2. 导轮组件

导轮组件连接支架与导轨，并可相对运动，同时提供水平方向约束和垂直方向的安全保护，它主要由导轮座、前导轮、后导轮、螺母、安全杆、连架杆构成。

3. 导轨组件

导轨组件既是支架系统与墙面连接的传力部件，又是提供支架上、下滑动的运动轨道，它主要由挂座可调连墙杆、导轨和限位锁构成。

4. 提升机构

提升机构由提升座、电动葫芦、滑轮组、电路控制柜构成。

30.6.2 施工方案的确定

根据本工程特点及施工需要，确定了外爬架的整体布置方案和特殊情况的处理办法：

(1) 根据 2 号楼呈矩形、1 号楼呈圆形的特点,确定了支架平面合理的布置。

(2) 确定导轨预埋点的平面位置,电动葫芦所在位置即预埋点的平面位置。2 号楼一般情况间距为 3×1.8=5.4m,1 号楼为 2×1.8+1.5=5.1m。

(3) 确定支架高度及宽度:支架高度取 1.8m×7 步=12.6m,支架宽度沿外墙布置成矩形(2 号楼)或圆形(1 号楼)。因有塔式起重机、电梯等设备,只能布置成半封闭状。

(4) 确定电梯、塔式起重机同爬架的相对位置及安装方法。本工程在电梯、塔式起重机位置段均采用普通外脚手架。1 号塔楼外爬架在电梯位置断开。

(5) 根据已设置的预埋点位置,确定支架及导轨离墙距离:支架离墙 0.6m,导轨离墙 0.48m。

(6) 2 号塔楼由于有阳台外凸,确定阳台在主体完成,爬架下降时施工,以方便外爬架爬升。

(7) 确定所需部件的规格数量,按计算确定。

(8) 确定爬升方式为整体爬升,做出线路布置方案。

30.6.3 搭设工序及方法

搭下部普通脚手架(过渡架),调整好合适高度→搭底座及下二步爬架→随结构进度搭设上部架体→搭设轨道→搭设电动葫芦等提升设备→安装电气控制设备及线路→调试→随施工进度升降架体。

30.6.4 与普通钢管脚手架经济效果比较

经济效果比较见表 30-1。

经济效果比较表　　　　　　　　　　　表 30-1

项 目	普通钢管脚手架	爬 架
材料折旧摊销费(元)	565300	108005
人工费(元)	112320	53910
机械台班费(元)	24624	10422
合计(元)	702244	172337
共节约(元)	529907	

二、基础与地下室工程

31 深层搅拌桩在基坑支护工程中的应用

广东省建筑工程集团有限公司　陈家辉

深层搅拌桩从90年代初已陆续在广东省高层建筑基坑支护工程中推广应用。它所以能得到推广应用，主要有以下一些优点：
(1) 成本低；
(2) 进度快；
(3) 施工无噪声、无振动、不污染环境；
(4) 同时可作为防渗围幕；
(5) 按重力式挡土墙设计时一般可不设支撑，便于其它工程在敞开条件下施工。

由于以上优点显著，因此深受欢迎，只要地质条件及场地条件合适，深层搅拌水泥土挡墙往往成为优选方案。现将作者根据自己亲自负责设计及施工的几个工程实例加以介绍如下。

31-1　番禺市富临花园大厦工程基坑支护

31.1.1　工程概况

番禺市富临花园大厦共4栋26层商住楼，占地面积6500m²，建筑面积8万多平方米。基坑长91m，宽75m，周长为332m。场地地质淤泥层较厚，最深达13.6m。地下水埋深为0.8～1m，测孔涌水量175m³/d，基坑深度6.9～7.4m。建设单位向四个单位招标，共提出四个方案。

(1) ϕ1.2m密排人工挖孔桩，桩长18m，局部淤泥加固处理，造价550万元，工期四个月。

(2) ϕ0.8m钻孔灌注桩，桩长20m，土锚杆预应力锁定。造价600万元，工期四个半月。

(3) ϕ1.0m钻孔灌注桩，桩长18m，土锚杆预应力锁定，桩间用化学灌浆防水。工期四个月，造价580万元。

(4) 深层搅拌水泥土挡墙，用ϕ600mm桩7排，桩长14.6m，墙宽3.9m，造价380万元，工期两个半月。

建设单位考虑第(4)方案造价低、工期短，故决定采用深层搅拌桩作基坑支护。

31.1.2　工程设计

深层搅拌水泥土挡墙按重力式挡土墙的设计方法进行设计。首先，根据地质资料选取基坑周边地质剖面和最不利的剖面，参考地区经验确定参数γ、c、φ值如表31-1。

土的物理性能参数　　　　　　表31-1

土　层	h (m)	c (kPa)	φ (°)	γ (kN/m³)	K_a	$\sqrt{K_a}$	K_p	$\sqrt{K_p}$
素　填　土	1.1	13	15	19	0.589	0.767	1.7	1.3
降水处理的淤泥	10.9	12	10	16.6	0.704	0.84	1.42	1.192
未降水处理的淤泥	2.6	6	7	16.6	0.782	0.885	1.277	1.13

表中　h——土层厚度（m）；

　　　c——粘聚力（kPa）；

　　　φ——内摩擦角（°）；

　　　γ——各层土的重度（kN/m³）；

　　　K_a——主动土压力系数，$K_a=\text{tg}^2(45°-\varphi/2)$；

　　　$\sqrt{K_a}$——主动土压力系数的平方根；

　　　K_p——被动土压力系数，$K_p=\text{tg}^2(45°+\varphi/2)$。

31.1.2.1　土压力计算

计算公式如下：

1. 无粘性土（砂土）

粘聚力 $c=0$

主动土压力 $e_a=\gamma H \text{tg}^2(45°-\varphi/2)$ 　　　　　　　　　　　　　　　（31-1）

被动土压力 $e_p=\gamma H \text{tg}^2(45°+\varphi/2)$ 　　　　　　　　　　　　　　　（31-2）

式中　e_a——主动土压力强度（kPa）；

　　　e_p——被动土压力强度（kPa）；

　　　γ——土的重度（kN/m³）；

　　　H——挡土墙深度（m）；

　　　φ——土的内摩擦角（°）。

2. 粘性土

粘聚力 $c \neq 0$

主动土压力 $e_a=\gamma H \text{tg}^2(45°-\varphi/2)-2c\text{tg}(45°-\varphi/2)$ 　　　　　　　　（31-3）

被动土压力 $e_p=\gamma H \text{tg}^2(45°+\varphi/2)+2c\text{tg}(45°+\varphi/2)$ 　　　　　　　　（31-4）

式中　c——粘聚力。

31.1.2.2　抗倾覆和抗滑动稳定性计算

按我国《建筑地基处理技术规范》JGJ 79—91的规定，深层搅拌桩水泥土挡墙围护的抗倾覆和抗滑动稳定性的计算可采用重力式挡土墙的抗倾覆和抗滑动稳定性计算公式。

1. 抗倾覆稳定性验算

如图31-1，按重力式墙验算墙体绕前趾 C 的抗倾覆安全系数。

$$K_q = \frac{E_p h_p + W \dfrac{B}{2}}{E_a h_a + E_q \dfrac{H}{2}} \geq 1.5 \qquad (31-5)$$

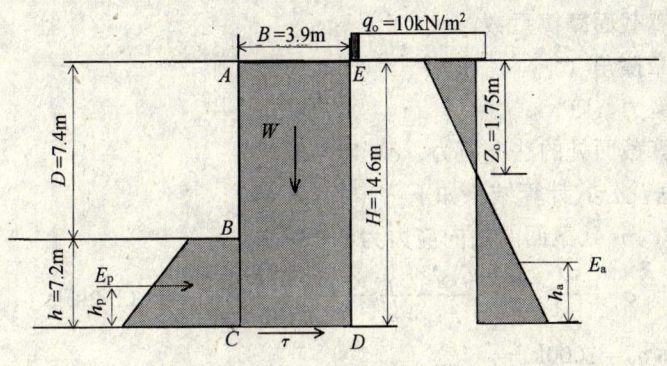

图 31-1 计算示意图

式中 K_q——抗倾覆安全系数；

E_p——总被动土压力；

E_a——总主动土压力；

h_p——E_p 的力臂；

h_a——E_a 的力臂；

W——水泥土挡墙自重；

B——水泥土挡墙宽；

H——水泥土挡墙高；

E_q——地面超载造成的主动土压力。

2. 抗滑动稳定性验算

如图 31-1，按重力式墙验算墙底沿底面抗滑动稳定安全系数：

$$K_s = \frac{E_p + W\mu + cB}{E_a + E_q} \geqslant 1.3 \tag{31-6}$$

式中 K_s——抗滑动安全系数；

μ——基底摩擦系数，采用经验系数，一般可采用 tgφ 作为系数；

c——粘聚力。

本工程根据以上数据及公式计算结果其抗倾覆安全系数 $K_q=1.65>1.5$；抗滑动安全系数 $K_s=1.41>1.3$。

31.1.2.3 墙体应力验算

墙体所验算截面处的法向应力 σ (kPa) 为：

$$\sigma = \frac{W_1}{B} < \frac{q_u}{K} \tag{31-7}$$

墙体所验算截面处的剪切应力 τ (kPa) 为：

$$\tau = \frac{E_{A1} - W_1\mu}{B} < \frac{\sigma \mathrm{tg}\varphi + c}{K} \tag{31-8}$$

式中 W_1——验算截面上部的墙重 (kN)；

q_u——水泥土的抗压强度 (kPa)；

K——水泥土的强度安全系数，一般取 1.5；

E_{A1}——验算截面上部的土压力值 (kN)；

μ——验算截面摩擦系数;
φ——内摩擦角(°);
c——粘聚力(kPa);
σ——验算截面处的法向应力,$\sigma=W_1/B$。

根据以上数据及公式计算结果如下:

在基坑底面 7.4m 处截面的法向应力为:

$$\sigma=\frac{W_1}{B}=\frac{3.9\times 7.4\times 18}{3.9}=\frac{519.5}{3.9}=133.2\text{kPa}$$

今该工程实际 $q_u=1000$kPa,

故 $\sigma=W_1/B=133.2<q_u/1.5=1000/1.5=666.7$kPa。

在基坑底面 7.4m 截面处的墙体剪切应力计算结果为:

$$\tau=31\text{kPa}<(\sigma\text{tg}\varphi+c)/1.5=58\text{kPa}$$

31.1.3 工程施工

31.1.3.1 施工准备工作

施工准备工作内容如下:

(1) 编制施工组织设计。这就是工程施工总方案,作为指导施工的重要文件。其主要内容下面分别介绍。

(2) 场地平整。根据桩机走行管长度 9m 面宽加以平整,并清除桩位处地上地下一切障碍物(包括大于 100mm 块石、旧混凝土及杂物等)。

(3) 施工平面布置。搅拌站距离桩机以不超过 30m 为宜;水泥库应靠近搅拌站设置,以减少搅拌人员搬运工作量,施工前应调查清楚地下管线位置,有碍施工的要改移或采取保护措施。

(4) 水泥浆配合比及水泥土强度试验。这些工作应按照设计要求在施工准备工作阶段去做,其配合比确定为:掺水泥量为土密度的 15%;木质素磺酸钙为水泥用量的 0.2%;石膏粉为水泥用量的 2%。水泥土抗压强度为 $q_u=1000$kPa。

31.1.3.2 施工工艺

(1) 成桩试验。在深层搅拌桩正式打设以前,应按照施工组织设计确定的施工工艺打设数根试桩,以最后确定水泥浆的水灰比、泵送时间、搅拌机的提升速度和复搅次数等。最后确定水灰比为 0.45~0.50,搅拌机转数为 60r/min,平均提升速度不大于 800mm/min,在正常情况下一小时能搅拌 13m 长的桩。水泥掺入比 $a_w=15\%$,计算 ϕ600mm 桩每米需用水泥量为:$Q=\pi r^2 H\gamma a_w=\pi(0.3)^2\times 1\times 1660\times 0.15=70$kg=1.4 袋。为了保证水泥浆能均匀地搅拌到每根桩内,输浆量用压缩泵的档次控制,即下沉时用 2 档,上升时用 3 档,遇到粘土下沉缓慢时用 4 档。经反复试验校核,水泥用量与设计用量基本吻合,每根桩偏差不超过半袋。

(2) 测量放线定桩位。对所有搅拌桩进行编号,以便填写施工记录,富临花园大厦基坑挡墙设计平面图详见图 31-2。

(3) 施工工艺。富临花园挡墙深层搅拌桩施工工艺流程是:桩机就位→喷浆搅拌下沉→喷浆搅拌上升→重复下沉、上升至孔口(共 4 个回合)→关闭搅拌机并移位。

本工程水泥土挡墙体采用格栅式,如图 31-3 所示。由于挡墙是考虑起既挡土又防水的双重作用,故单桩直径取600mm,桩与桩之间:考虑挡水纵向相交100mm,考虑受力横向相交50mm。

为了减少或避免墙体冷接驳,共4台桩机,开始每两台桩机在角部相接,然后即向相反方向移动,直至与另1台桩机相接终止,如图31-2所示,最后桩机1与桩机4相接,桩机2与桩机3相接。

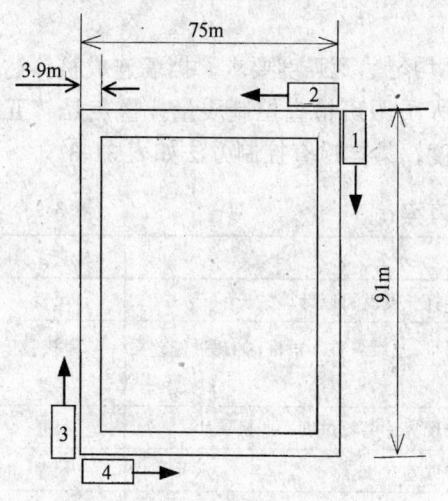

图31-2 水泥土挡墙围护平面图
1、2、3、4—深层搅拌机编号

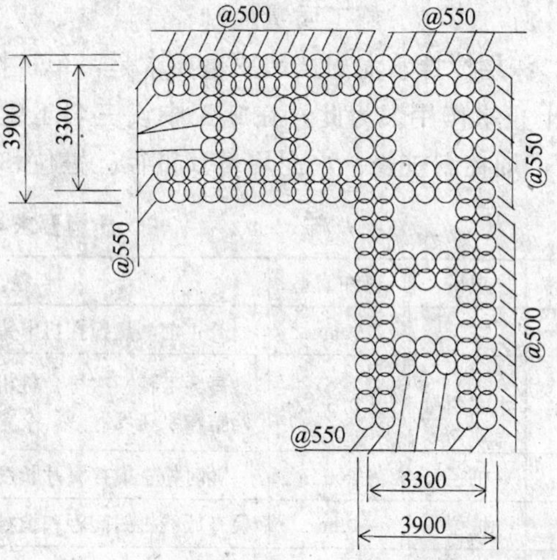

图31-3 格栅式挡墙平面图

31.1.3.3 施工组织

每台搅拌桩机每班配备5人,其中:

机长1人,负责全面指挥;

司机1人,负责操纵搅拌机搅拌,移机对位,指挥灰浆泵启闭档次,调整搅拌机垂直度,排除机械故障,填写《深层搅拌施工原始记录》(表31-2)等。

深层搅拌施工原始记录表 表31-2

工程名称_____设计桩径_____设计桩长_____桩顶标高_____面高程_____水泥品种、标号_____水灰比_____水泥掺入比_____外加剂:石膏粉_____减水剂_____记录_____

序号	桩号	名称	施工日期	开始时间	喷浆搅拌(mm)	重复搅拌(min)	结束时间	施工桩长(m)	水泥用量(包)	试块编号	备注

助手1人,负责垫木找平,左右移机挂滑轮,协助对桩位,更换搅拌头,联系输浆,清洗及疏通搅拌头等。

搅拌水泥浆1人,负责搬运水泥,掺入外加剂,加水搅拌等。

司泵1人,倒浆、过滤、清碴、疏通倒浆管、集料斗,启闭压缩泵及调换档次,处理堵管、爆管，清洗集料斗和管路。

31.1.3.4 施工机具

富临大厦工地所使用的搅拌机是浙江产品，搅拌机是悬吊在龙门架或塔架式导向架上，动力头为30kW三相电动机，带动搅拌杆（$\phi 100\times 10$mm无缝钢管）和搅拌翼将水泥浆搅拌于土中。全套设备为水泥浆搅拌机、集料斗及输浆泵等。

31.1.3.5 施工质量控制

深层搅拌水泥土挡墙质量要求是：单桩搅拌要均匀达到强度要求。挡墙连成整体达到挡土止水作用。为此，在施工中设三名工程技术人员跟班检查控制质量。重点是"五控制"，即控制桩长、水泥用量、桩径、桩位和垂直度。具体检查控制方法如表31-3。

质量要求与检查方法　　　　　　　　表31-3

顺序	项目	容许偏差	检 查 方 法	检查工具
1	桩长	100mm	开工前测量搅拌机卡头上搅拌杆长度就可以计算桩长	尺量
2	水泥用量	±0.5袋	每天考核一次每台桩机水泥用量，连续考核3根桩，如超过偏差，调整输浆速度	考核表记录
3	桩径	±20mm	随时检查搅拌翼片长度，如发现翼片磨耗过度，即换翼片	尺量
4	桩位	50mm	检查放线桩的间距和搅拌机对中偏差	尺量
5	垂直度	1.0%	随时检查搅拌桩机前后左右的垂直度	线坠

施工过程坚持了"五控制"并随时检查施工记录，对照预定的施工工艺，对每根桩进行质量评价，发现不合格的桩，按设计要求进行补桩。

31.1.3.6 施工注意事项

（1）正确掌握桩位，测量放线定桩位后要有专人复测，移机就位时要准确，纵向移机对位要见到两侧的桩位，防止桩机斜位；

（2）停机后如继续搅拌时应下沉或提升0.5m，达到搅拌均匀。

（3）浆液倒入集料斗时应加筛过滤，以免残碴损坏泵体和堵管，泵送浆液前，应保持浆液管湿润，以利输浆。

（4）搅拌浆液的缸数以及水泥、外加剂用量和送浆液的时间，搅拌下沉、提升的深度、时间等要有专人记录，以备考核。

（5）施工中应尽量避免硬接驳，相邻桩搅拌间隔时间不宜超过24h，如遇有硬接驳时，应采取补救措施，如补桩等方法加以处理，保证挡墙连接的整体性。

（6）注意前台开机操作和后台供浆的密切配合，互相联络的信号必须明确。前台操机喷浆下沉，提升的次数和速度必须符合规定的施工工艺，后台供浆必须连续，一旦因故停浆，必须立即通知前台，以免造成断桩。

（7）水泥质量是保证水泥土强度的关键，每批水泥进场后，必须检验合格后方可使用。

（8）如遇有粘性土搅拌下沉困难时，应放慢下沉、提升速度，防止扭断钻杆，或扭坏动力头。

31.1.3.7 工程验收

（1）采用轻便触探（N_{10}）在成桩后7d内进行桩身检验，用轻便触探器中附带的勺钻，在搅拌桩身中心钻孔,取出混凝土桩芯,观察其颜色是否一致,是否存在水泥浆富集的"结核"或未被搅拌匀的土团。同时触探试验,根据现有的轻便触探击数(N_{10})与水泥强度对比关系来看,当桩身 1d 龄期的击数 N_{10} 大于 15 击时,桩身强度已足能满足设计要求,或者 7d 龄期的击数 N_{10} 大于原天然地基的击数 N_{10} 的一倍以上,桩身强度也已能达到设计要求。

(2) 采取开挖检验,在墙体格栅式的中部空腔挖至 6m 深,如图 31-4,检查其外观搭接状态,不但互相搭接好,而且不渗水,说明其止水作用已达到。

图 31-4 开挖检验

(3) 抽芯检查水泥土强度。设计要求 90d 强度标准值达到 $q_u=1000$kPa,本工程抽芯共 27 根桩,对水泥土不同龄期的强度进行检验,结果表明凡龄期达到 50d 以上时,其强度均达到 1MPa 以上,符合设计要求。

31.1.4 基坑开挖

深层搅拌桩是否成功,在挖土阶段就可以得到证明。因此在挖土前必须考虑采取增加安全可靠的措施。

首先要解决水泥土挡墙要做完多少天才可以开始挖土的问题。这是搅拌桩围护施工一个很重要的问题,设计强度是指 90d 的强度,工程不能等三个月才动工,所以要搞清楚水泥土搅拌桩的强度发展规律。经过几年的试验及经验得出广州市包括南海市的水泥土搅拌桩的强度发展曲线(见图 31-5)及其计算公式如下:

$$\frac{Q_1}{Q_2} = \left(\frac{T_1}{T_2}\right)^{0.58} \tag{31-9}$$

式中 Q_1——搅拌桩在龄期 T_1 时的强度;

T_1——搅拌桩强度达到 Q_1 时所需的天数 (d);

Q_2——已知的强度;

T_2——搅拌桩强度达到 Q_2 时所需的天数 (d)。

例如已知 Q_2 的 90d 强度为 1000kPa，T_2 是 90d，则 7d 的强度为：

$$Q_1 = Q_2\left(\frac{T_1}{T_2}\right)^{0.58} = 1000 \times \left(\frac{7}{90}\right)^{0.58} = 1000 \times 0.22735 = 227.35\text{kPa}$$

今本工程法向应力 $\sigma = 133.2\text{kPa} < 227.35\text{kPa}$，说明 7d 强度可以满足墙体法向应力要求，故搅拌桩完成一星期后就可以挖土。

然后，要确定是否需要对被动区淤泥进行加固。根据设计估算，挡墙顶部向基坑的水平位移值为 142mm，而根据经验，墙顶的位移不超过 200mm，一般不需要对被动区土进行加固，但考虑到场地地质淤泥很厚，还要采取以下措施：

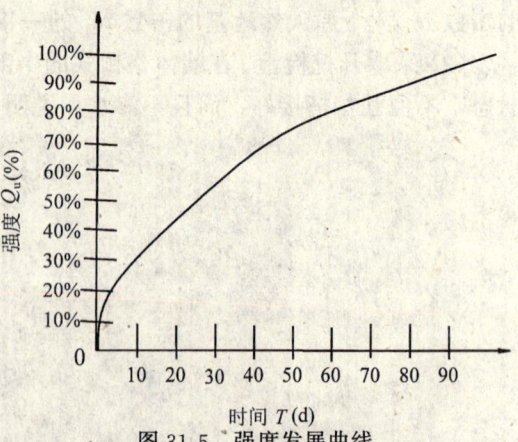

图 31-5　强度发展曲线

(1) 将墙底尽可能超过淤泥层而放到粉细砂层，现墙体高 14.6m，基本上达到要求。

(2) 先将所有高层建筑的钻孔桩全部做完，这样一来起到加固被动区土的作用。

(3) 在挖土前在坑内设 9 个深井（深 12m），抽干坑内积水（两个星期就基本抽干），这样做既可以使基坑在干燥条件下施工，同时又可以提高坑内被动区土的抗剪强度。

(4) 由于整个基坑从 −1m 开始都是淤泥，机械挖土不可能分层进行，只能从北到南进行，为了缩短墙体受水平力作用的时间，先集中力量逐个做完 −7.4m 深的桩承台及水泵房，使坑内保持在 −6.9m 地下室混凝土板底的水平，以尽量在挖土时充分利用时间与空间效应。

实践证明在整个施工过程中，不但挡墙整个稳定性好，未发生任何问题，而且 332m 长基坑墙面未发现渗水现象，如图 31-6、图 31-7 所示。

图 31-6

图 31-7

31.1.5 挡墙变形位移监测

为了及时掌握挡墙顶水平位移的变化，以分析对比设计估算是否与挡墙实际变形观测接近，以及当发现太大变化时采取相应的应变措施，以保证安全。故从挖土开始即每天观测墙顶水平位移，如图 31-8 所示。其结果与原设计估算很接近，变形发展的规律是随着挖深增加而变形也随着增加外，还有一个现象就是挖到 $-7.4\mathrm{m}$ 已达到基坑底时，也就是说水平荷载不增加了，但墙体水平位移在一定时间内还持续增加一定数量，这就是时间效应。墙体变形都是在靠角部为零，中间最大，这说明是空间效应。如果变形太大，可以在墙中间被动区加固即可。

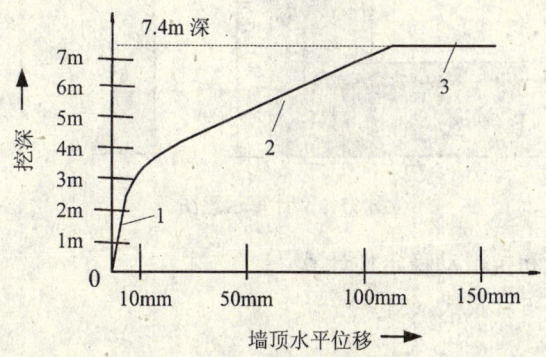

图 31-8 墙顶水平位移变化

1—开始发展阶段；2—逐步发展阶段；3—时间效应阶段

由于挡墙水平位移较大，坑外地面下沉约 110mm，北侧距离基坑 8m 的地面有一条与基坑平行的 20mm 宽裂缝，东侧距离基坑 6.5m 的路面有一条 30mm 宽裂缝，北侧由于最后挖土，水平位移最大不超过 100mm，原因是暴露的时间较短。其他附近房屋、管线等都未受影响,这个基坑支护工程是成功的,既安全又省钱,受到各方赞赏。

31-2 南海市美豪大厦工程基坑支护

31.2.1 工程概况

南海市美豪商住大厦共 4 幢 28 层商住楼,占地面积 8000m²,建筑面积 9 万多平方米,地下室 1 层,基坑长 208m,宽 37m,周长 490m,建设单位原定基坑支护方案为采用 ϕ800mm 的钻孔灌注桩,工期 4 个月,造价 380 万元。经与作者商议改为深层搅拌桩水泥土挡墙,工期 2 个月,造价 240 万元。

31.2.2 工程设计

仍按重力式挡土墙设计方法,根据地质勘察报告及地区经验确定参数 γ、c、φ 值,如表 31-4。

土的物理性能参数 表 31-4

土 层	h (m)	γ (kN/m³)	c (kPa)	φ (°)	K_a	$\sqrt{K_a}$	K_p	$\sqrt{K_p}$
素填土	1.5	19	15	16	0.568	0.754	1.76	1.32
粉质粘土	7.5	19.5	25	18	0.528	0.727	1.89	1.38
粉细砂	10	19.2		25	0.41	0.64	2.46	1.57

31.2.2.1 土压力计算

计算公式见式 (31-1)～(31-4),参照图 31-9 计算示意图计算。

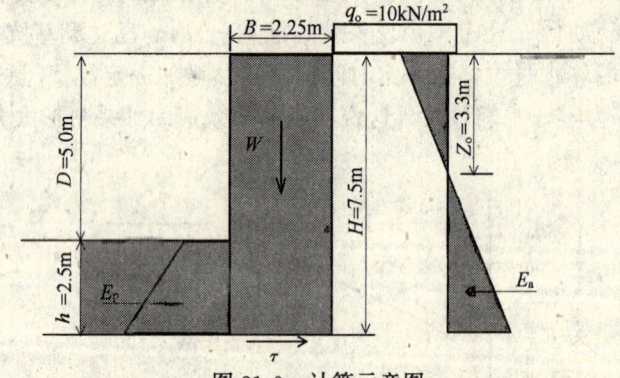

图 31-9 计算示意图

31.2.2.2 抗倾覆和抗滑动稳定性计算

计算公式见式 (31-5) 及式 (31-6)。

计算结果:

抗倾覆安全系数 $K_q = 1.95 > 1.5$

抗滑动安全系数 $K_s = 2.88 > 1.3$

以上计算结果安全可靠。

31.2.2.3 墙体应力验算

计算公式见式 (31-7) 及式 (31-8)。

计算结果:

墙体法向应力 $\sigma=97\text{kPa}$

本工程 $q_u=1500\text{kPa}$,因本工程土质较好,故水泥土强度比淤泥强度高。故:

$$\sigma=97\text{kPa}<\frac{q_u}{1.5}=\frac{1500}{1.5}=1000\text{kPa}$$

剪切应力:

$$\tau=6.7\text{kPa}<\frac{\sigma\text{tg}\varphi+c}{1.5}=\frac{97\times0.32+23.3}{1.5}=36\text{kPa}$$

31.2.3 工程施工

施工方法、施工组织及施工机具等与上节基本相同,从略。但其墙体平面构造不是格栅式的,而是四排 $\phi600\text{mm}$ 搅拌桩并列布置,如图 31-10 所示。桩纵向搭接 100mm,横向搭接 50mm,即纵向桩距为 500mm,横向桩距为 550mm。

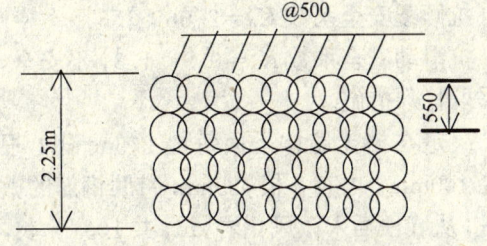

图 31-10 深层搅拌桩布置图

31.2.4 基坑开挖

在基坑开挖前采取了以下措施:

(1) 先做完四栋高层建筑的所有钻孔灌柱桩,这样对被动区起到加固的作用;

(2) 挖土前先在坑内范围进行轻型井点降水一个星期,这样,既可以在基坑内干燥条件下施工,又可以提高坑内被动区土的抗剪强度;

(3) 采用机械挖土,按栋分层开挖。

整个地下室施工很顺利,基坑除一处因旧下水道水浸蚀造成漏水需堵塞外,其他 490m 长水泥土挡墙无渗水现象,挡墙顶部最大水平位移 25mm,靠近基坑外边地面下沉约 20mm,没有发生地面裂缝。

31-3 花都市国际酒店大厦工程基坑支护

31.3.1 工程概况

花都市国际酒店大厦工程占地面积 4414m^2,38层,地下室2层。地下室深度9m,基坑长95m,宽50m,周长为290m。据该工程地质勘察报告,该场地强含水层为砾砂层,平均层厚为5.23m,其透水性高,下伏灰岩浅部,岩石节理裂隙相对发育,发现有溶洞存在,因此,场地涌水量较大,抽水试验最大涌水量 $Q=1158\text{m}^3/\text{d}$,渗透系数 $K=118.7\text{m/d}$。为此建设方要求基坑支护止水性强,有两个方案:一个为采用 0.8m 厚的钢筋混凝土地下连续墙加一道支撑,造价 800 万,工期四个月;另一个方案为采用深层搅拌水泥土挡墙,造价 330 万,工期两个月。经多次研究决定采用水泥土挡墙。

31.3.2 工程设计

本工程设计仍按重力式挡土墙方法。地下室底板 9m 深,但场地地质微风化岩面平均在 8.1m 左右,也就是说挡墙不能插入基坑底以下,没有被动土区,其结果肯定抗滑稳定性不足,如图 31-8,要采取特殊措施加以解决。

首先，根据地质勘察报告及地区经验确定参数 γ、c、φ 值如表 31-5。

31.3.2.1 土压力计算

按照图 31-11 计算示意图及表 31-5 中参数计算。计算公式见式（31-1）～（31-4）。

31.3.2.2 抗倾覆和抗滑动稳定性计算

计算公式见式（31-5）及式（31-6）。

计算结果：

抗倾覆安全系数 $K_q=2.66>1.5$

抗滑动安全系数 $K_s=0.9<1.3$，不安全，须采取特殊措施。

决定在挡土墙体平面每隔 2.5m 设 1 根直径 100mm，内有 2 根 ϕ25mm 带肋钢筋的微型桩，从墙顶插入微风化岩 2m，共 10.1m 长，这样抗滑能力足够，并可以增强挡墙体的整体性，控制墙体水平变形。如图 31-12 及图 31-13 所示。

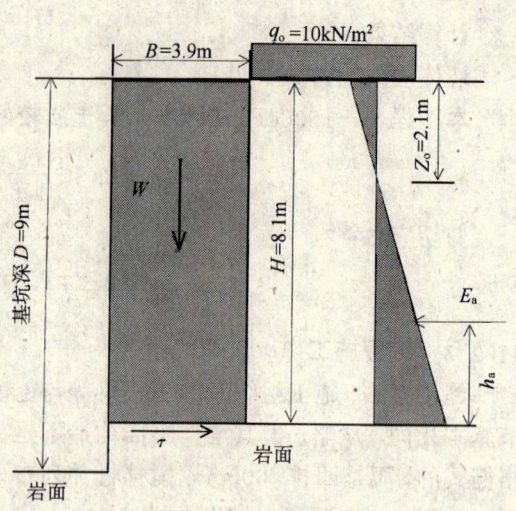

图 31-11　计算示意图

土的物理性能参数　　　　　　　　表 31-5

土　层	h (m)	c (kPa)	φ (°)	γ (kN/m³)	K_a	$\sqrt{K_a}$
杂填土	1.03	11	15	19	0.59	0.77
粉质粘土	1.84	13.5	17.6	20	0.54	0.73
砂	5.25		32	19.5	0.31	0.55
微风化石灰岩						

31.3.2.3 墙体应力验算

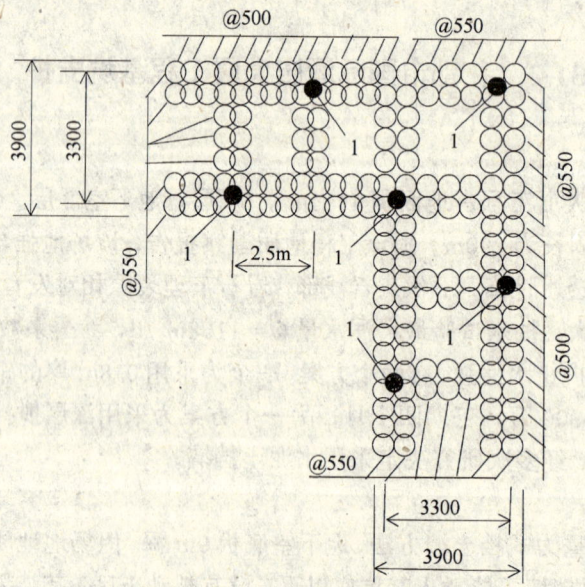

图 31-12　格栅式挡墙平面图
1—ϕ100mm 钢筋混凝土微型桩

计算公式见式（31-7）及式（31-8）。

计算结果：

法向应力 $\sigma = \dfrac{W_1}{B} = \dfrac{3.9 \times 8.1 \times 19.6}{3.9} = 158.76\text{kPa}$

今该工程水泥土抗压强度很高，含砂层部分 $q_u = 17\text{MPa}$，粉质粘土最低也达到 $q_u = 1.5\text{MPa}$。

故 $\sigma = 158.76\text{kPa} < \dfrac{q_u}{1.5} = \dfrac{1500}{1.5} = 1000\text{kPa}$

剪应力 $\tau = \dfrac{(E_a + E_q) - W_1 u}{B} =$

$\dfrac{(164.25 + 30.78) - 619.2 \times 0.268}{3.9} = 7.46\text{kPa}$

今 $\dfrac{\sigma \text{tg}15° + c}{1.5} = \dfrac{158.76 \times 0.268 + 13.5}{1.5}$
$= 37.4\text{kPa}$

故 $\tau = 7.46\text{kPa} < 37.4\text{kPa}$

31.3.3 工程施工

施工方面与第 1 节所述基本相同，所不同的是在水泥土挡墙做完后，按图 31-10 要求，用 100 型钻探机钻孔 10.1m 深，入微风化石灰岩 2m 深，插入两根 $\phi 25\text{mm}$ 带肋钢筋后，即以压力灌水泥浆直至挡墙顶形成混凝土微型桩。微型桩共 116 根，造价 10 万元，仅占工程总造价的 3%。花钱不多，解决了大问题。

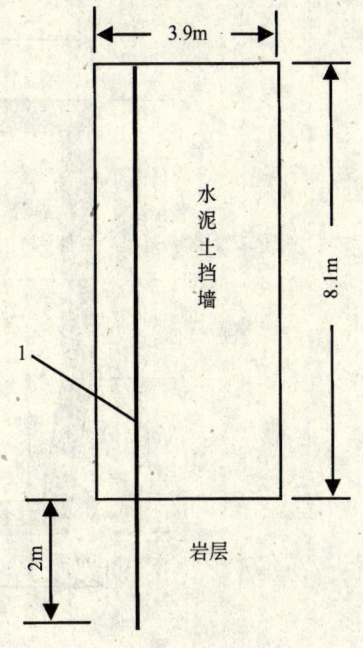

图 31-13　垂直锚固钢筋混凝土微型桩图
1—微型桩 $\phi 100\text{mm}$

31.3.4 基坑挖土

由于挡土墙 8.1m 在岩面上，地下室深 9m，不存在被动土区。当墙体做完锚固微型桩一星期后，即可以挖土。由于采取了垂直锚固微型钢筋混凝土桩，增强了挡墙整体稳定性，控制了墙体水平移位，实测墙顶最大位移为 21mm。基坑外地面也未发现下沉和裂缝。距基坑 4m 及 2m 的天然地基的 6 层楼房也未受影响。

31-4　广州市同德围商住楼基坑支护

31.4.1 工程概况

广州市同德围商住楼为 24 层高层建筑，占地面积为 2500m^2，地下室 2 层，深 8.6m。基坑长 47.5m，宽 47.2m，周长 186.64m 如图 31-14 所示。该工程基坑支护原设计为直径 1.2m 人工挖孔桩，但由于设计人未考虑该场地砂层含水丰富，且距离 5m 处有一条小溪流经基坑东面外，水的来源充足。所有人工挖孔桩挖 3m 左右深后就抽不干水，出现流砂，无法施工，最后宣告失败，停工半年。后找作者设计水泥土挡土桩墙，造价仅为原设计人工挖孔桩的 70%，工期一个半月，连加锚固微型桩，共费时 2 个月。

31.4.2 工程设计

本工程设计仍按重力式挡土墙方法。地下室底板 8.6m 深，但场地地质强风化石灰岩面平均在 7.7m 左右。所以挡墙不能插入基坑底以下，没有被动土区。这种情况肯定抗滑动能力不足，如图 31-15 所示，要采取用垂直钢筋混凝土微型桩锚固方法加以解决。这已在花都

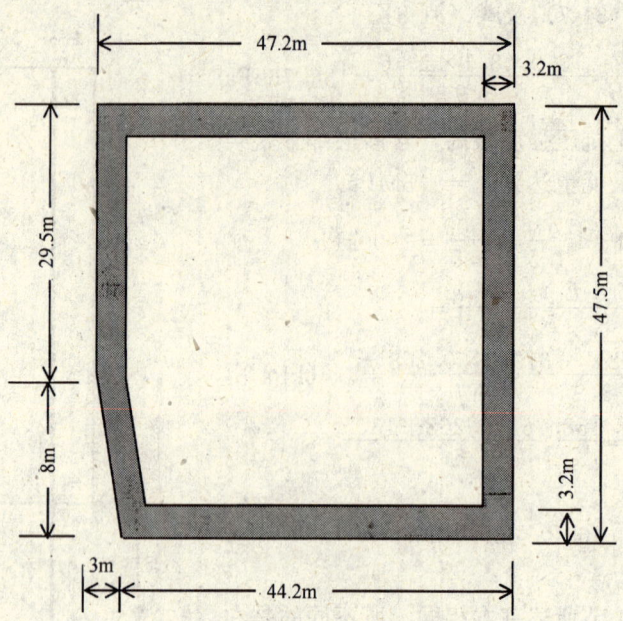

图 31-14 水泥土挡墙平面设计

市国际酒店大厦基坑支护工程中应用，证明是成功的好办法。

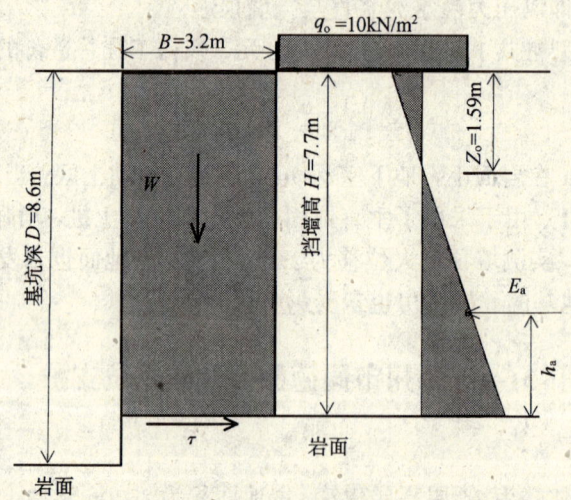

图 31-15 计算示意图

现在根据地质勘察报告及地区经验确定参数 γ、c、φ 值如表 31-6。

土的物理性能参数　　　　表 31-6

土 层	h (m)	c (kPa)	φ (°)	γ (kN/m³)	K_a	$\sqrt{K_a}$
杂填土	1.32	10	20	19.2	0.49	0.7
淤泥质粉土	3.17	12	10	17	0.7	0.84
砂	3.25		35	1945	0.27	0.52
强中风化岩						

31.4.2.1 土压力计算
按照图 31-12 计算示意图及表 31-6 中参数计算,计算公式见式(31-1)~(31-4)。

31.4.2.2 抗倾覆和抗滑动稳定性计算
计算公式见式(31-5)及式(31-6)。

计算结果:

抗倾覆安全系数 $K_q = 1.54 > 1.5$

抗滑动安全系数 $K_s = 0.91 < 1.3$,不安全,须采取特殊措施。决定在挡土墙体平面每隔 2m 设 1 根直径 100mm、内插有 2 根 ϕ25mm 带肋钢筋的微型桩,从墙顶插入到强中风化岩 4m,共 11.7m 长。这样增加了墙体底的抗剪能力,因而抗滑能力足够,并可以增强墙体的整体性,控制墙体水平位移。如图 31-16 及图 31-17 所示。

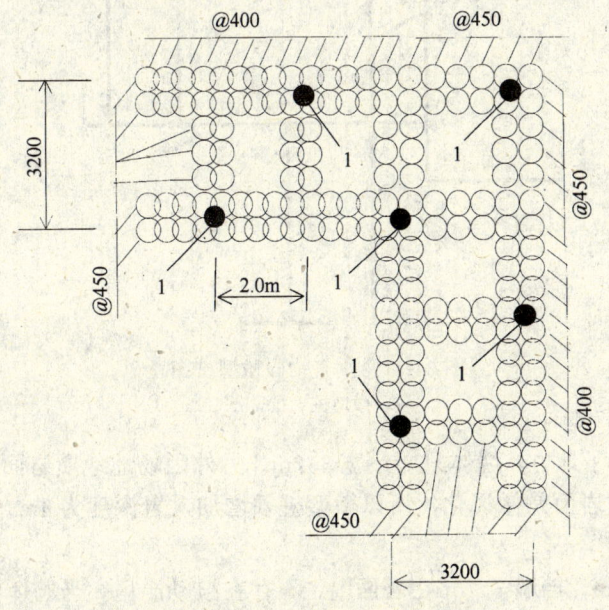

图 31-16 7 排桩径为 500mm 的格栅式深层搅拌水泥土挡墙
1—ϕ100mm 钢筋混凝土微型桩

31.4.2.3 墙体应力验算
计算公式见式(31-7)及式(31-8)。

计算结果:本工程实际 $q_u = 1500$kPa

法向应力
$$\sigma = \frac{W_1}{B} = \frac{3.2 \times 7.7 \times 18.5}{3.2} = 142.5 < \frac{1500}{1.5} = 1000 \text{kPa}$$

抗剪应力
$$\tau = \frac{\sigma \mathrm{tg}\varphi + c}{1.5} = \frac{142.5 \times 0.4 + 10}{1.5} = 44.7 \text{kPa}$$

今 $\tau = 25$kPa < 44.7kPa

31.4.3 工程施工
同德围商仕楼大厦基坑支护施工方面和花都国际酒店大厦基坑支护基本相同,但深层搅拌桩直径取 500mm 而不取 600mm,主要原因是前面已先做了人工挖孔桩支护,该桩因出

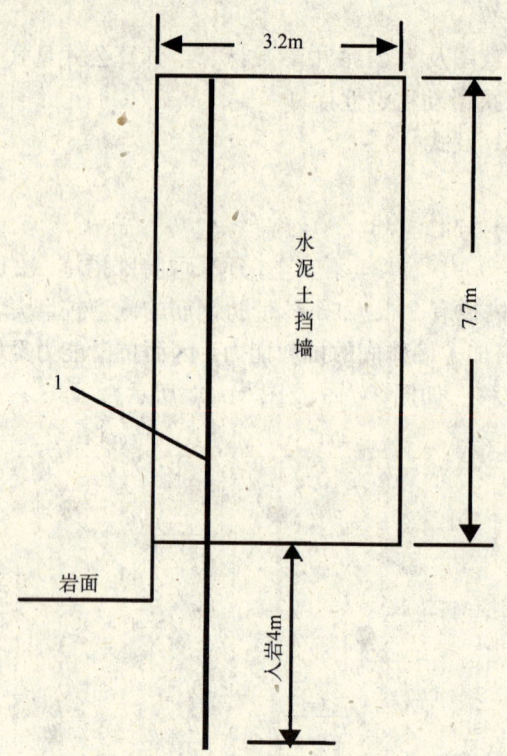

图 31-17　垂直锚固微型桩图
1—微型桩 ϕ100mm

现流砂而失败，但占了地方，墙体只能最宽 3.2m。另外因场地地质岩面是强中风化岩，不如国际酒店场地地质岩面是微风化，所以微型桩须增加入岩深度为 4m。

31.4.4 基坑挖土

由于地下室 8.6m，挡墙 7.7m 在岩面上，不存在被动土区，当墙体做完锚固微型桩一星期后，即可以挖土。挡土墙体除东面角有一处漏水堵塞之后，整个基坑无渗水现象。实测墙顶最大水平位移为 19mm，基坑外地面未发现裂缝。

31-5　结 束 语

从以上四个工程实例的成功经验，可得出下列初步结论：

（1）深层搅拌桩应用于基坑支护不但适用于地基承载力标准值不大于 120kPa 的软土，也适用于粉质粘土及砂类地层，只要场地条件允许，其应用范围很广泛；

（2）在广州地区，有很多场地地质岩面埋深较浅，可以采用垂直锚固微型钢筋混凝土桩插入岩层，免除深层搅拌桩插入坑底，既省钱省时，又能增强挡墙的整体稳定性，控制墙体水平位移。

32 荔湾广场大面积深基坑支护结构设计及地下室结构施工

广东省水利水电机械施工公司　关沃康　李振宇

32-1 前　言

在城市深基坑开挖时，由于受到周围环境的制约，普遍采用各种形式的基坑支护结构，以保证基坑边坡土体的稳定以及周围邻近设施的安全与正常运作，也保证了地下结构的正常施工及有关人员的安全。在这类支护结构的设计计算中，由于土压力、水压力、土性参数、支护结构形式与支护结构刚度、支护结构的工作状态等等多种多样因素的影响，使得这类结构的设计与计算变得十分复杂。深基坑支护结构的工程费用占总工程投资的比例也较大，因此，采用正确的设计计算方法及选取合理的支护方案，对经济效益与社会效益的影响具有极其重要的意义。

本文对荔湾广场深基坑支护方案的选择作详细的分析并对位移数据作研讨。

32-2 工　程　概　况

荔湾广场位于广州市荔湾区德星路之西侧，南至下九路，北至长寿路。该地段是广州繁华的商业地区，工程周围商店林立，交通十分拥挤。

该工程地下室2层，基坑深8m，宽101m，西侧长324m，东侧长284m，基坑平面面积为30700m^2。

本工程场地的地质情况为：

(1) 人工填土及残积层，其包括：

1) 杂填土层：厚1~3m，松散，含水量较高。

2) 淤泥层：厚1~4m，埋深1~3m，松散，含水量较高。

3) 细砂、中砂层：厚2~13m，埋深3~7m，松散，含水量较高。

4) 粉质粘土层：厚7~11m，埋深4~13m，上部可塑，向下逐渐变化为硬塑。

(2) 基岩：岩性主要为内夹方解石脉粉质泥岩，其分为：

1) 强风化带：岩质近土状，岩体较碎，厚度为5~12m，岩层面深度在18~25m之间。

2) 中风化带：岩质较坚硬，但裂隙较发育，厚度为1.5~7.5m，岩层面深度在20~32m之间，单轴抗压强度平均为5MPa。

3) 微风化带：岩质坚硬，但裂隙发育，岩层面深度在25~39m之间，单轴抗压强度平均为6.5MPa。

地下水埋深为0.8~1.2m。

本工程场地南北二区的地质差异较大，南区岩面高，淤泥及细砂层较薄，粘土层以硬塑粘土为主，北区则岩面低，淤泥及细砂层较厚。

32-3 支护结构方案的选择

32.3.1 钻孔桩与喷粉桩组合挡土防渗墙加锚杆支护开挖方案

如图 32-1 所示，在地下室边墙外侧周围设置 $\phi1000$mm 钻（冲）孔桩，桩间距为 1m，再在钻（冲）孔桩外侧另设 $\phi550$mm 喷粉桩，间距为 1m。基坑开挖采用锚杆支护。

此组合方案造价较低，有一定的防渗效果，同时由于南半区岩面高，采用锚杆支护较经济，从经济角度分析，此方法是可取的，但从技术角度分析，则存在以下几个问题：

(1) 钻孔桩挡土墙整体稳定性差。

(2) 采用喷粉桩防渗，虽具有一定防渗效果，但止水不完全可靠，同时因为它的强度低，抗剪性能差，会随钻孔桩的位移而变形，产生裂缝，失去防渗作用；而在细砂层较厚的工程中，防水问题却十分重要。

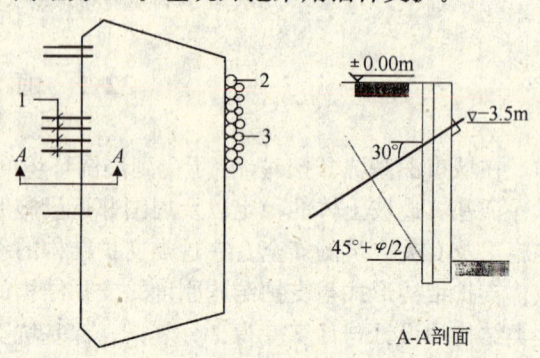

图 32-1 钻孔桩加喷粉桩组合挡土防渗墙加锚杆支护平面布置图
1—锚杆@1000mm；2—$\phi1000$mm 钻孔桩@1000mm；
3—$\phi550$mm 喷粉桩@1000mm

(3) 由于本工程范围砂层较厚，在锚杆的施工过程中可能会出现涌砂现象，引起地面塌方，危及临近建筑物，对工程质量及进度也会造成不良影响。

32.3.2 800mm 厚连续墙挡土止水加锚杆支护方案

此方案采用 800mm 厚连续墙进行地下室围封止水，连续墙平均墙深 16m，基坑开挖采用锚杆支护。水平间距为 1m，位置为 -3.5m 标高，锚杆每根施加 50kN 预应力，单根长度 20～35m。

工程的围护结构采用地下连续墙方案，防水性能远远优于其他形式的围护结构，在地下室结构施工时，往往采用复合墙的结构作地下室的边墙，即利用地下连续墙和衬墙作地下室的边墙，这种结构比较合理，防水性能是可靠的。

但由于砂层较厚，采用锚杆支护，在锚杆的施工过程中会出现涌砂现象，引起地面塌方，危及临近建筑物。同时，锚头的渗水问题大大降低了地下连续墙的防水作用，不能充分发挥连续墙的优势，所以，这种支护组合仍未为最佳方案。

32.3.3 800mm 厚连续墙挡土止水加部分板带与钢支撑支护方案

此方案采用 800mm 厚连续墙挡土围封止水，墙深平均 16m，为了避开锚头渗水问题及消除锚杆施工引起地面塌方的现象，基坑开挖改采用 $\phi600$mm 钢管支撑支护，钢管壁厚 14mm。钢管撑设一排，高程为 -2.0m。因本工程场地较宽，支撑较长，故部分采用半逆作法施工，利用板带与钢管支撑共同支护。支撑与板带平面布置见图 32-2。

钢管支撑和锚杆相比，消除了锚头渗水的隐患，且制作安装受地质和场外环境影响小，

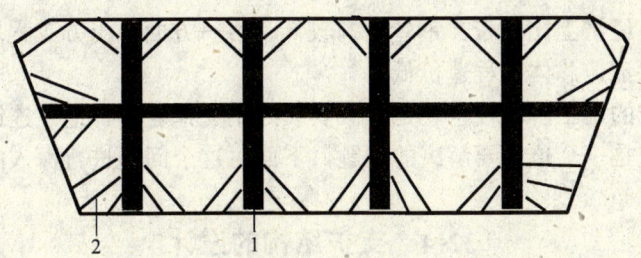

图 32-2 钢管支撑与板带平面布置
1—板带；2—钢支撑

施工方便，但因支撑工程量较大，且要增加支承板带的钢管柱的费用，经济上不合算。另一方面，钢支撑及支承柱对基坑开挖带来一定的困难，它防碍了大型机械的使用，由于本工程土方工程量较大，就这方面而言，工期将受到一定的制约。

32.3.4　800mm 厚连续墙围封加斜钢支撑支护顺作法方案

为了解决上述几种方案的不足，在基坑支护方案选择问题上，必须充分考虑设计与施工的实际情况，由于工程场地十分宽阔，如采用水平支撑，其挠度无法满足要求，根据地质资料，本工程场地细砂层较厚，由于细砂在无水状态其内摩擦角值会变大，也就是说被动土压力与压缩模量会变大，其阻抗地下连续墙位移的能力也增强，利用这一特点，可以起到反压土的作用；本工程基础桩采用冲（钻）孔灌注桩，基坑开挖是在基础桩完成后才进行，这样，可以将桩墙加以综合考虑。由于上述原因，选择以下方案较为合理。

如图 32-3 所示，基坑开挖分区分层进行，先进行中部土方的开挖及基坑内降水工作，挡土墙内侧周围留反压土，反压土的边坡视土质实际情况作不同的修定，并且在反压土面设置砂包以增加反压土的稳定性，待中部土方完成后，立即进行桩承台的施工，并埋设支撑底座，然后安装钢支撑，待承台混凝土达到龄期后才进行反压土的开挖；钢支撑待完成－1层楼板后才拆除。

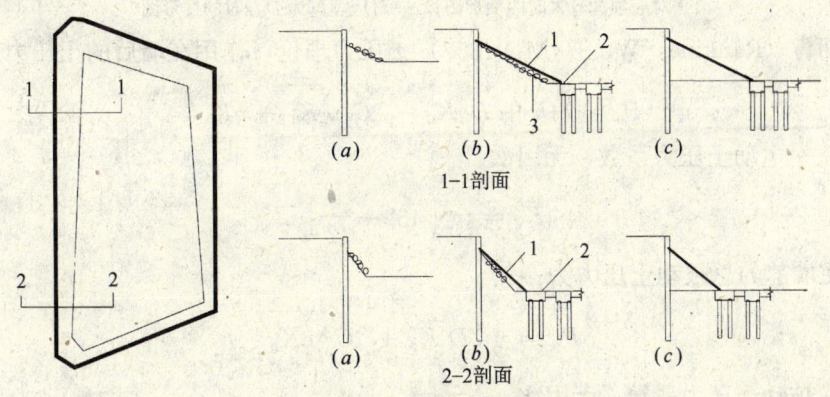

图 32-3　支撑示意图
(a) 开挖基坑中部土方，挡土墙内侧留反压土；(b) 桩承台施工，安装钢支撑；(c) 开挖反压土
1—钢支撑；2—桩承台；3—反压砂包

此方案既解决了钻孔桩挡土墙整体稳定性差及喷粉桩防渗止水不完全可靠的问题，同时也解决了由于砂层较厚，采用锚杆支护时，在锚杆的施工过程中可能会出现涌砂现象，引起地面塌方，危及临近建筑物安全等问题，工程质量及进度较为可靠。一方面，由于此方

案支撑数量较小,经济上比板带、钢管支护较低;另一方面,土方工程可以实行大型机械化作业,工期有保证,总体工程造价低。

但在基坑开挖的施工阶段,也就是在未安装好钢支撑之前,地下连续墙的位移能否在允许值范围内,这是一个迫切要解决的问题,下面对这个问题进行深入的研讨。

32-4 支护结构的设计

32.4.1 无锚(撑)悬臂支护结构设计的简单计算方法

当基坑开挖时,完全靠支护结构嵌入坑底的足够深度来保持稳定,当嵌入深度较大时,支护结构顶变位较小,下端处没有位移。当嵌入深度为最小入土深度(D_{min})时,其上端向坑内倾斜较大,下端则向坑外位移。若嵌入深度小于D_{min}时,支护结构将失去稳定,顶部向坑内倾到。

无锚(撑)悬臂支护结构的变形与土压力图如图32-4所示。

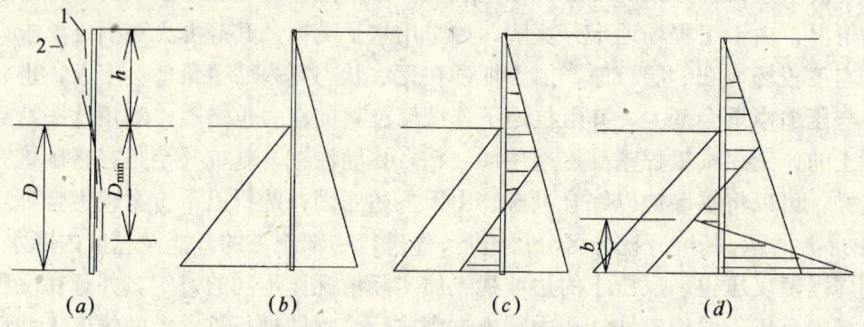

图32-4 无锚(撑)悬臂支护结构的变形与土压力图
(a) 变形示意图;(b)、(c)、(d) 土压力分布图
1—对应埋深较大时的变形图;2—对应埋深为D_{min}时的变形图

根据朗肯(Rankine,W. J. M. 1857)土压力理论,作用在墙后的土压力为:

$$P_a = \gamma(h+D)K_a - 2C\sqrt{K_a} + qK_a \tag{32-1}$$

式中 K_a——主动土压力系数,无因次。

$$K_a = \text{tg}^2\left(45° - \frac{\varphi}{2}\right)$$

作用在墙前的总被动土压力为:

$$P_p = \frac{1}{2}\gamma D^2 K_p + 2C\sqrt{K_p} \tag{32-2}$$

式中 K_p——被动土压力系数,无因次。

$$K_p = \text{tg}^2\left(45° + \frac{\varphi}{2}\right)$$

支护结构在平衡状态时,必须满足下列条件:$\Sigma N=0$ 及 $\Sigma M=0$。

由平衡方程求

$$\Sigma N = 0$$

得

$$b = \frac{K_p D^2 - K_a(h+D)^2}{(K_p - K_a)(h+2D)} \tag{32-3}$$

$$\Sigma M = 0$$

则
$$K_a(h+D)^3 - K_p D^3 + b(K_p - K_a)(h+2D) = 0 \tag{32-4}$$

求解（32-3）及（32-4）式的联合三次方程组可得 D 及 b，然后再求得危险截面处的最大弯矩，即可进行截面选择。

32.4.2 单层或多层支护结构设计

当基坑开挖较深，土质较差时，用单层支撑不能满足支护结构的稳定性及强度要求时，可采用多层支护结构。多层支护结构应根据分层挖土深度与每层支护设置的实际施工情况分段分层计算。

由于不同的支护结构形式及基本假定，形成了不同的计算方法，大致可分为几大类，见表 32-1。

支护结构内力计算分类 表 32-1

序号	类 别	基 本 假 定	计算方法
1	塑性法	墙前土体处于塑性平衡状态，将墙体视为简支或连续梁	弹性线法，自由端法，连续梁法
2	弹性法	墙后土体处于弹性平衡，将墙板视为弹性地基中的梁	M 法
3	弹塑性法	墙前土体的地面至某一深度地基处于塑性平衡，在塑性区以下为弹性区，将墙板作为弹性地基中的梁	山肩法
4	近似法	假定支撑点为刚性支点，墙板为简支或连续梁	连续梁近似法
5	有限单元法	充分考虑墙板与支撑的刚度及墙面板与土体的共同作用	弹性地基杆系，薄壳有限单元法

表 32-1 中 1 至 4 的方法都有不足之处，这几类方法的计算值与实测误差较大，因为土压力的情况比较复杂，而支撑是分阶段进行施工，深基坑开挖也是逐步进行的，这几类方法也未能考虑墙板的刚度、支撑的刚度对内力的影响以及墙板变位对侧压力荷载的影响，所以难以计算墙板的变位，而墙板的变位值往往是保证基坑及周围邻近建筑物和地下管线的安全与稳定的控制值。本工程支护计算采用弹性地基杆系有限单元法，自编电算程序进行设计计算。

弹性地基杆系有限单元：将基坑底面以上的墙体理想化为横梁单元，将入土部分墙体作为弹性地基梁单元，将锚（撑）作为两端铰接的弹性支承件（图 32-5a）。

具有弯曲刚度 $E_p I_p$ 的墙板的计算简图为：将具有刚度系数 $K_i (i=1, 2, 3, \cdots n)$ 的弹簧切断，代之以力 X_i，并将墙底固定成为一个悬臂梁的计算简图，将坐标原点置于墙底。如图 32-5（b）所示。

变形协调方程如下：

$$\begin{bmatrix} \delta_{11} \delta_{12} \cdots \delta_{1n} - 1 - y_1 \\ \delta_{21} \delta_{22} \cdots \delta_{2n} - 1 - y_2 \\ \\ \delta_{n1} \delta_{n2} \cdots \delta_{nn} - 1 - y_n \end{bmatrix} \begin{bmatrix} X_1 \\ X_2 \\ X_n \\ \Delta_0 \\ \mathrm{tg}\phi_0 \end{bmatrix} = - \begin{bmatrix} \Delta_{1p} \\ \Delta_{2p} \\ \\ \Delta_{np} \end{bmatrix} \tag{32-5}$$

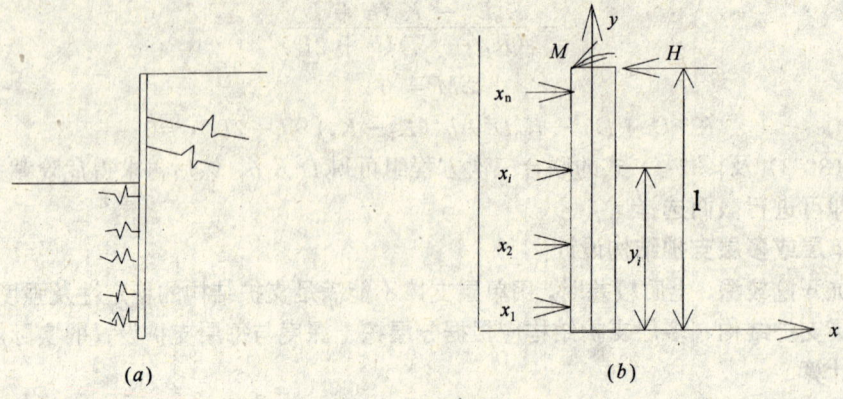

图 32-5　杆系有限单元计算简图

(1) 解此方程求 X_i、$\mathrm{tg}\phi_0$、Δ_0 各值。

(2) 求 M_i、Q_i、Δ_i，并绘出 M、Q、Δ 图。

(3) 求桩顶位移：

$$\Delta = \Delta_0 + Y_n \mathrm{tg}\phi_0 + Y_n/2EI \left[\Sigma e_k Y_k^2 (1 - Y_k/3Y_n) - \Sigma X_i Y_i^2 (1 - Y_i/3Y_n) \right]$$

32.4.3　岩（土）层抗力系数 K 的取值问题

在岩（土）层的抗力系数 K 的取值问题上，假定岩（土）是成层状的，不同的深度有不同的 K，如图 32-6，岩（土）层的弹簧集中力为 X，位移为 Δ，

$$X = q(b \cdot d)$$

$$\Delta = \frac{dq(1 - \mu^2)}{E_s} \omega$$

$$K = \frac{X}{\Delta}$$

则

$$K = E_s b / \left[\omega (1 - \mu^2) \right]$$

这里 b、d 取 1m，ω 为与 b/d 有关的形状系数，$b/d = 1$ 时，$\omega = 0.88$。

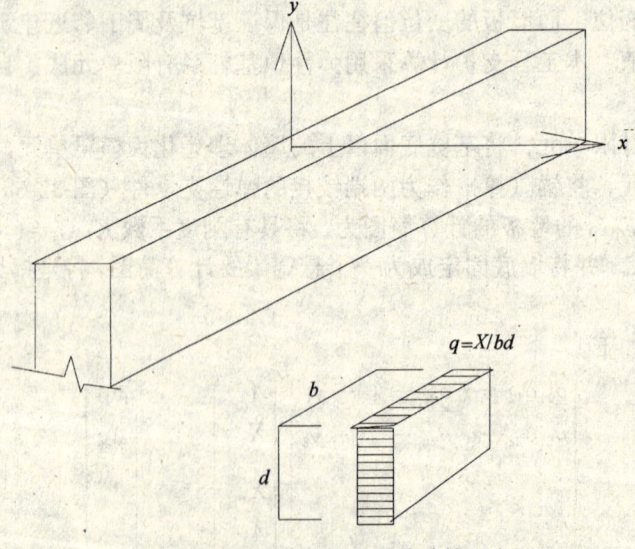

图 32-6　岩（土）层抗力系数计算示意图

则
$$K = E_s / [0.88 \cdot (1 - \mu^2)]$$

靠近开挖面附近的抗力系数 K，由于边界条件的影响，其值应乘修正系数 K_r。对于平面基坑，基坑底面 1m 深范围 K_r 为 2/3；对于放坡基坑，假设反压坡区的 K_r 应为与 c、φ 及坡度有关的抛物线的数值，如图 32-7。

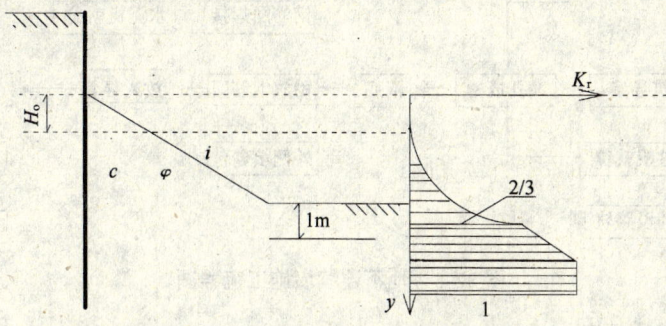

图 32-7 抗力计算系数之修正系数沿深度的分布

32.4.4 支护结构设计的计算结果

支护结构计算结果见表 32-2

支护结构计算结果　　　　　　　　　　表 32-2

位置	最大弯矩 (kN·m)	连续墙纵向钢筋 (mm)	支撑水平反力 (kN)	支撑型号	支撑间距 (mm)	最大位移 (mm)
南区	399	25@100	221	I 36c	2000	20
北区	480	25@100	410	2[40a	3000	35

32-5　基坑开挖及支护结构的施工

32.5.1 地下连续墙的施工

32.5.1.1 概述

该工程的地下连续墙，主要作为地下室的外墙兼作施工过程的围护用的防渗、挡土结构。连续墙厚 800mm，取大约 5m 为一槽段，采用工字钢接头。地下连续墙施工的施工流程见图 32-8。

35.5.1.2 "工字钢"接头工艺

"工字钢"型式接头具有加强墙段间的整体性与剪力传递、延长渗径、减少接头渗漏等优点。

连续墙"工字钢"接头设置是根据设计连续墙钢筋网的外表尺寸作为"工字钢"接头的净宽，以腹板作为界线。

由于工字钢与端孔间有相当空隙，为避免浇混凝土时，混凝土绕过空隙填充槽段空位，造成Ⅱ期槽段施工困难。因此，安装前，在工字钢靠二期墙段一侧绑扎 100mm 厚与腹板同宽的泡沫塑料(见图 32-9)；钢筋网安放完成、清孔完毕后，用砂包抛填工字钢外侧半圆空位。

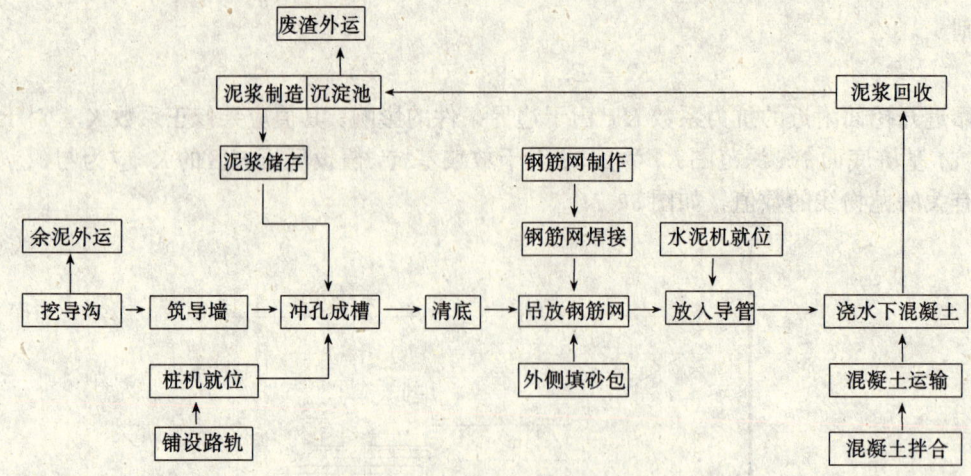

图 32-8　地下连续墙施工流程图

32.5.1.3　成槽工艺

1. 槽段划分

槽段划分就是确定单元槽段的长度，在泥浆护壁条件下进行施工，槽段划分一般要考虑地质条件、后续工序的施工能力、地面施工荷载、地下水位以及开挖深度。槽段长度宜取5m左右。根据连续墙的施工工艺，还应分Ⅰ、Ⅱ期槽段。

2. 造孔成槽

造孔成槽是地下连续墙施工

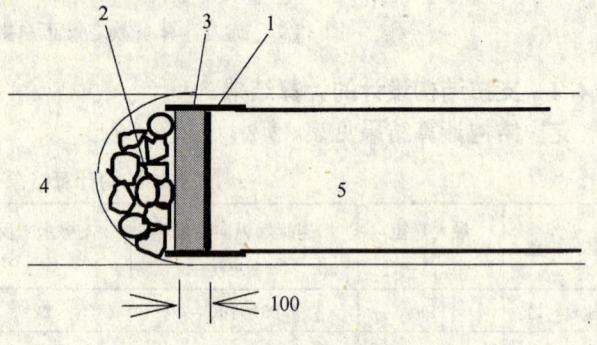

图 32-9　工字钢接头示意图

1—工字钢；2—砂包；3—泡沫塑料；4—Ⅱ期混凝土；5—Ⅰ期混凝土

中的一道关键工序。应根据地质资料和设计要求，结合现场情况，选用适合的造孔机械，成槽的施工过程主要采用主孔钻进、副孔劈打、使用方型钻头削平侧壁的方式。为了确保成墙的槽壁较为平滑，垂直度较好，需要在施工过程中反复检查造孔机械的水平度与位置。

32.5.1.4　槽底的清孔

在成槽完成后，为了把沉积在槽底的沉渣清出，需要对槽底进行清孔，以提高地下连续墙的承载力和抗渗能力。在清孔过程中，要不断向槽内泵送优质泥浆，以保持液面稳定，防止塌孔。清孔通常采用抽砂筒清孔及高压风洗的方法。

32.5.1.5　钢筋网的加工与吊装

钢筋网在现场平卧组装。为了保证钢筋网有足够的刚度，吊装时不发生变形，设置纵向钢筋桁架，主筋保护层为70～80mm，垂直方向每2m设置一排定位块，长度超过15m的钢筋网，采取分两段制作吊放，吊点中心对准槽段中心后，缓慢放下，在放到设计标高后，固定在导墙上。

32.5.1.6　水下混凝土的浇筑

水下混凝土采用10～30mm粒径的碎石，中砂，坍落度为180～220mm，浇筑时应连续浇灌，并保证混凝土面的上升速度大于2m/h，埋管深度为1～6m，并做好试件取样备检。

32.5.2 基坑土方开挖

基坑土方开挖前,应对场地的环境作充分的了解,注意有无电缆、管道或其他危险物品,开挖是否会对周围建筑物造成影响。开挖前应在四周连续墙或挡土桩组合墙上设置观测点,在整个施工过程中都要对基坑围护结构的变位进行观测,以便必要时采取相应的措施。

基坑开挖前,应作好排水措施,修筑好排水沟、集水井,防止基坑积水,以保证开挖的顺利进行。

土方开挖主要采用大型机械进行,用PC—200、220、300,斗容1.0m³的反铲挖掘机直接挖掘,采用三菱8~13.5t 自卸汽车出土。

为保证开挖时连续墙的稳定性,墙边土方开挖采用分段跳间进行,如图 32-10(a)、(b)所示,首先直挖至 2m 深,然后中间部分放坡挖至 4m,并叠加反压砂包,再将两侧土方放坡挖至 4m 并叠砂包,待叠好砂包后,再将中间部分挖至 6m 并叠砂包,如此类推。

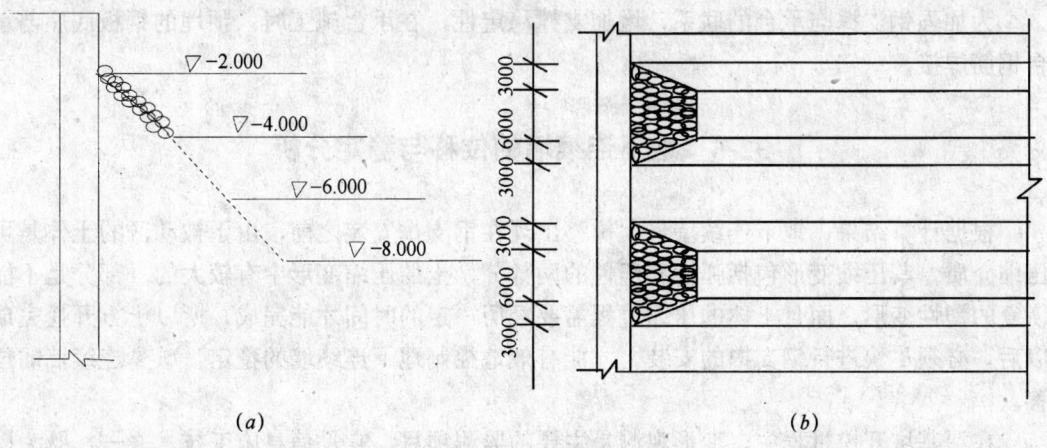

图 32-10 墙边土方开挖示意图

32.5.3 钢支撑安装

根据不同的地质条件,钢支撑采用单条Ⅰ36c 工字钢和用钢板连接两条[40a 槽钢的框架结构两种形式,并分别选用墙边第一排的承台或第二排承台作为支撑后座,如图 32-11 与图 32-12 所示。

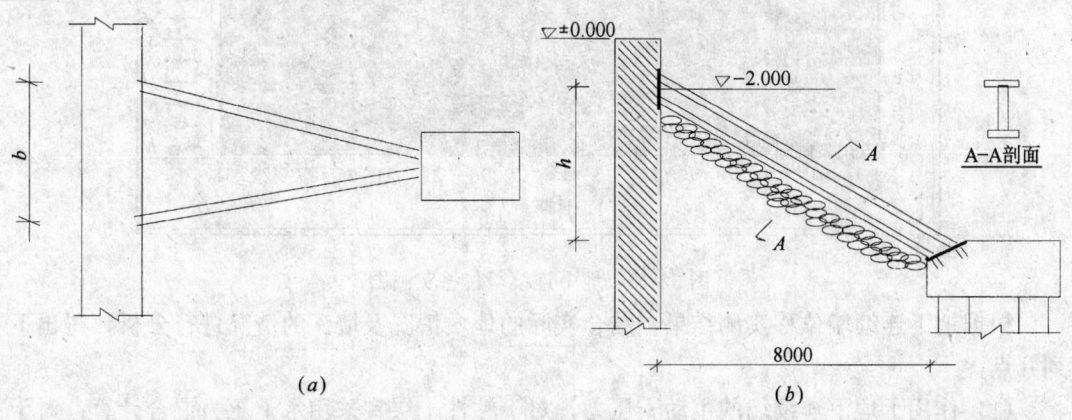

图 32-11 南区支撑示意图
$b=2000mm;h=6000mm$

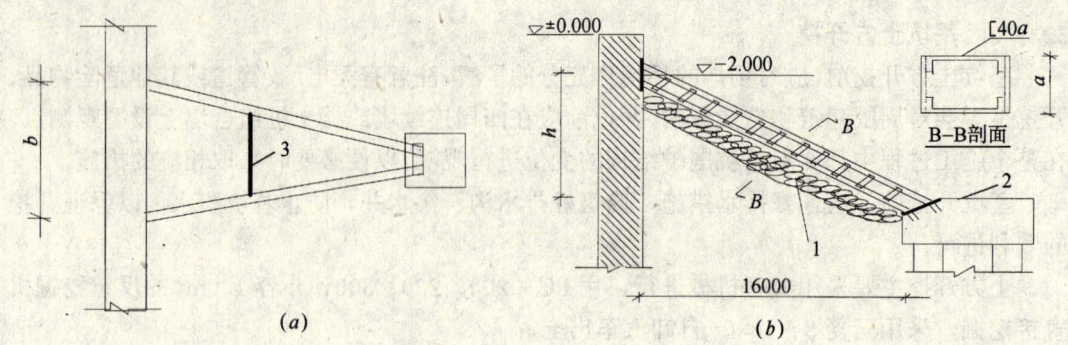

图 32-12 北区支撑示意图
$b=3000mm$；$a=400mm$；$h=6000mm$
1—反压砂包；2—桩承台；3—[42a 槽钢

为加强钢支撑与承台的联系，增加支撑稳定性，在承台施工时，预埋的钢板底座与承台钢筋焊接。

32-6 地下连续墙的位移与稳定分析

根据计算结果，地下连续墙最大位移出现在钢支撑安装之前，由于被动区的土体是可压缩介质，其压缩变形包括弹性和塑性的两部分，土的压缩变形中有较大的一部分是不能恢复的塑性变形，而且土体的压缩过程需要经历一定的时间才能完成，所以土方开挖完成以后，必须尽快进行钢支撑的安装，才能有效地控制地下连续墙的稳定，减少连续墙的位移。

在深基坑开挖过程中，变形观测是主要的监测项目，它是信息施工技术之一，既为以后设计提供新的资料，也是保证周围建筑物安全的必要的措施。在荔湾广场基坑开挖过程中，在南、北两区分别设置多个观测点，其中6个点的观测结果如图 32-13 所示。

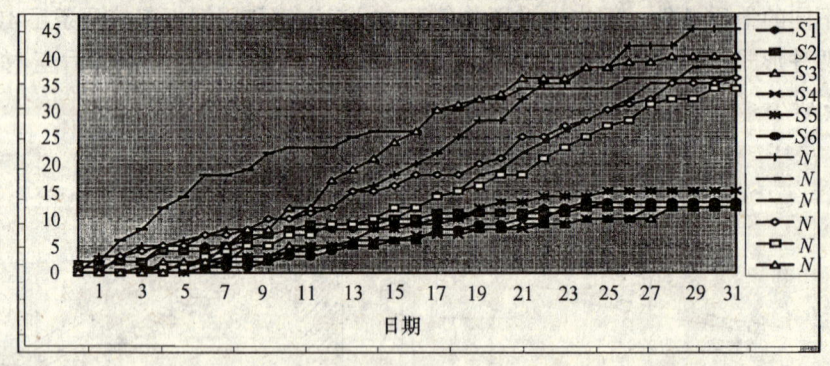

图 32-13 地下连续墙位移实测图

根据地下连续墙位移实测结果，结合实际的地质情况及墙深的情况进行分析，得出下列几点：

（1）作用于地下连续墙的主动土压力，对于粘性土层宜采用水土压力混合计算；对于砂性土宜采用水土分开计算。

（2）如果仅考虑受横向荷载作用，地下连续墙超过一定的深度后，其深度对墙顶位移影响不大。

(3) 由于朗肯土压力理论假定墙背和土体之间没有摩擦力,对于 c 值较小的土层,可视墙背和土体之间没有摩擦力,对按朗肯土压力理论求得的主动土压力值的影响较小,但对于 c 值较大的土层,按朗肯土压力理论求得的主动土压力值偏大,实际位移值比理论计算值小。

(4) 基坑开挖后,在设置弹性支撑(或锚杆)之前,挡土墙的位移是间断性发展的,这说明主动土压力及被动土压力是反复变化的,就是说挡土墙发生位移后,主动土压力会变小,但经过一定时间后,墙后的土体结构重新排列,出现新的土压力,使挡土墙再次发生位移。

32-7 地下室结构施工

荔湾广场为特大型的多塔楼的建筑群,地下室结构共 2 层,每层面积为 3.7 万 m^2,地下室底板厚度两端为 400mm,中部为 500mm,混凝土的抗渗等级及强度等级为 P8、C30。圆柱设计尺寸直径为 700~1500mm,混凝土强度等级为 C35。承台有 2 桩、3 桩、6 桩、35 桩等,厚度为 1.5~2.0m,平面尺寸最大达 18m×14m。剪力墙厚度为 250~400mm,混凝土强度等级为 C35。楼板厚为 120mm,中部地下 1 层板厚 400mm,首层板厚 150mm 混凝土强度等级为 C30。下面主要对其大面积底板与大体积承台以及防水工程的施工工艺与技术作一些介绍和探讨。

32.7.1 大面积底板的施工

32.7.1.1 简述

本工程地下室底板面积约 30000m^2,厚 400mm、500mm,采用商品混凝土、泵送浇筑,由于其面积非常之大,施工时采用分块及留设后浇带的浇筑方法,为保证施工质量,在承台、地梁、底板施工的同时,设置排水降压系统,以保证底板混凝土在浇筑时和浇筑后 3d 内不承受压力。

32.7.1.2 排水降压系统

临时降水井直径为 800mm,深度为从底板面深下 1000mm,井底铺设碎石过滤,井壁加设大号铁丝网及过滤层,如图 32-14 所示。

临时降水井之间用排水暗沟纵横贯通,以达到整体降压效果,暗沟纵横直接穿过地梁底,并低于地梁底 300mm。

降水井用潜水泵或泥浆泵连续抽水,以保持水位不高出新浇混凝土块的底面高度,此降水井为临时性质,地下室完成后再逐一进行封闭,封闭时先埋设钢管,然后逐层用加有微膨胀剂的混凝土浇筑,最后封堵钢管。

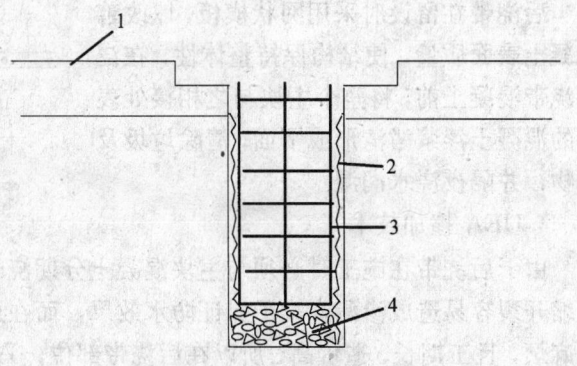

图 32-14 降水井大样
1—底板面;2—过滤网;3—钢筋笼;4—碎石过滤层

32.7.1.3 后浇带

由于底板面积很大,浇筑时需分块进行,在块与块之间设置后浇带。

1. 后浇带的设置与分布

设置后浇带,确保主体结构受混凝土的温度变形与干缩变形的影响减至最小值,后浇带混凝土采用 UEA 微膨胀混凝土,在主体混凝土完成 48d 后浇筑。

在计算时将总的温差和收缩分为两部分,在第一部分温差和收缩期间内,把结构分为若干段,使之能有效地减小温度和收缩应力,在施工后期将这若干段浇成整体,再继续承受第二部分温差和收缩,这两部分的温度和收缩应力叠加后,应小于混凝土的设计抗拉强度,这就是利用后浇带控制裂缝的原则。

根据上述原则,经计算,后浇带按 30~35m 设置一条,其分布平面见图 32-15。

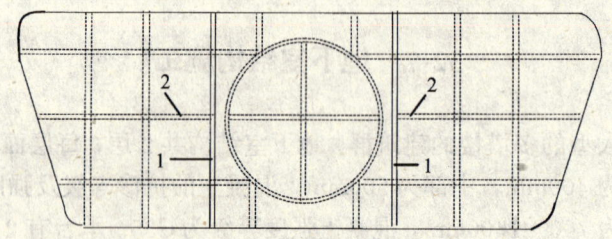

图 32-15 后浇带平面布置图
1—永久分缝;2—后浇带(虚线表示)

2. 后浇带的形式

后浇带宽度设置时,考虑方便施工,避免应力集中,使后浇带在填筑后承受第二部分温差及收缩作用下的内应力能分布均匀,所以其宽度一般可取 700~1000mm,此工程中采用 1000mm 宽度,其形式见图 32-16。

后浇带上梁主筋连续,板筋分离且按 50% 断面错开,其与主块垂直施工缝采用嵌入式施工缝。

3. 后浇带的施工

后浇带在留设时采用网状模板,以改善混凝土表面质量,使结构保持整体性,在浇后浇带混凝土前,将整个主块与之相接处表面的混凝土浮浆凿清形成平面,清除垃圾及杂物,并隔夜浇水润湿。

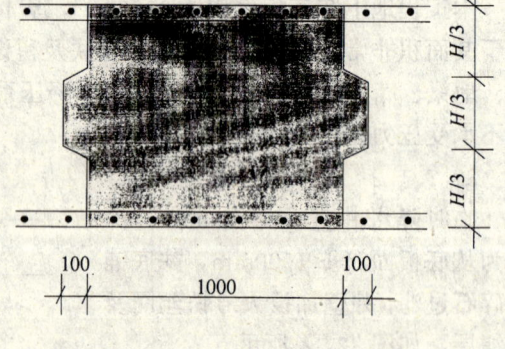

图 32-16 后浇带构造示意图

4. UEA 掺加技术

由于后浇带在施工时必须与主块混凝土分期浇筑。若采用普通混凝土作为填筑材料,其收缩开裂容易造成渗漏,难于保证防水效果,而在此结构上采用卷材或有机涂料,施工较为麻烦,且工期长、造价高,所以在后浇带部位,采用了掺加 UEA 的微膨胀混凝土作为填筑材料。

UEA 膨胀剂是由硫铝酸钙熟料或硫酸铝熟料、天然明矾石和石膏共同磨细而成,在普通水泥中加入 10%~12%UEA,拌水后会生成大量有膨胀性的水化硫铝酸钙,从而使混凝土产生适度膨胀,在钢筋及邻位的约束下,产生的膨胀能转变为压应力,起到抵消混凝土因干缩而产生的拉应力的作用,从而防止混凝土收缩开裂,并使混凝土致密化,达到防渗的目的。

UEA微膨胀混凝土的施工与普通混凝土相类似，浇筑时采用插入式振动器逐层振捣密实，直至混凝土表面开始泛浆和不冒气泡为准，浇筑后及时浇水养护，并用砂袋、草帘等覆盖，使其表面经常保持潮湿状态，其养护时间在14d左右。

32.7.1.4 施工效果

从底板施工后的效果来看，后浇带的设置是合理的、有效的，而使用掺加UEA的微膨胀混凝土作为填筑材料，更进一步保证了结构防水效果，根据检测，整个地下室3万多平方米的底板，未发现一条贯穿裂缝，表面裂缝亦仅在圆形广场边缘有少许发现，即使在防渗最为薄弱的地下连续墙与底板相连部位，亦未发现有渗漏现象。

32.7.2 大体积承台混凝土的施工

32.7.2.1 浇筑方法

本工程的承台有2桩、3桩、6桩、35桩承台等，厚度为1.5～2.0m，其中35桩承台平面尺寸达18m×14m，厚2m，体积较大，在进行此部分的混凝土浇筑时，采用了分段分层踏步式推进的浇筑方法，如图32-17所示。浇筑时由①区开始，第一段采用8m，其后按5m一段向另一边踏步推进，如此边加高边推进，加高厚度约为400mm一层，每一层都做好振捣工作并控制推进速度不能过大，在浇筑时，做好泌水的处理，当混凝土大坡面的坡脚接近顶端模板时，改变混凝土浇筑方向，从顶端往回浇筑，与原斜坡相交成一个集水坑，此时有意识地加强近两侧模板的混凝土浇筑强度，这样集水坑逐步在中间缩小成水潭，用软轴泵及时排除。采用这种方法排除最后阶段的所有泌水。

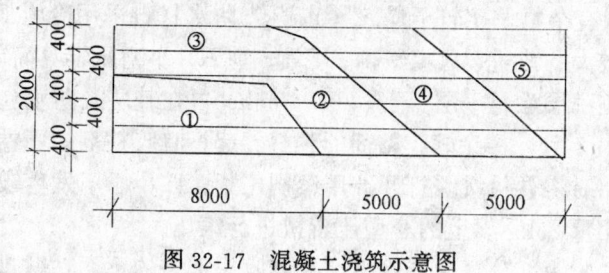

图32-17 混凝土浇筑示意图

32.7.2.2 温度裂缝的控制

对于大体积的混凝土浇筑，从施工角度主要是防止混凝土发生温度裂缝。大体积混凝土施工阶段产生的温度裂缝，是内部产生的温度应力大于混凝土的抗拉强度而产生的结果，其产生的原因主要有水泥水化热、外界温度变化、混凝土收缩变形等。施工时主要采取了减少混凝土内外温差的措施，方法是：在混凝土浇筑前，绑扎钢筋时，在2m深处长边每隔3m埋设1根钢管，钢管弯曲引至承台上边，浇筑结束后在钢管一端注入自来水，从另一端排出，以降低承台混凝土内外温差，钢管在养护完毕后灌浆封闭。钢管排出的水，不直接外泻，而在承台表面积蓄，以延缓混凝土的降温速度，进一步缩小混凝土中心和表面的温差值，从而控制混凝土的裂缝开展。

32.7.3 大面积侧向防水施工

32.7.3.1 方案简述

侧向防水是指侧向地下连续墙及其与地下室底板连接处的防水，由于地下连续墙是分段施工，其接头处的渗水现象一直是个施工难题，加上基坑开挖深度较大，地下水位高，为保证地下室的良好使用，做好防水、防潮的设计与施工工作，尤为重要。

根据地下连续墙围护本身的特点与要求，采用了挂网喷浆与卷材防水相结合的防水方法。开挖出的地下连续墙，其表面是凹凸不平的，且有些部位会较潮湿，难以在其上面直接进行卷材铺贴，故在其表面先设一层约50mm厚的钢丝网砂浆面层，起到找平及给卷材一个基本干燥工作面的效果，再进行防水卷材的铺贴，并在其外侧加砌一道18mm厚砖墙，如图32-18所示。

防水卷材采用英国产的"富斯乐"防水材料，此材料采用冷操作施工，操作简便、劳动强度低、污染小，且延伸性高、耐老化、防水性能可靠，有效地保证了大面积侧向防水效果。

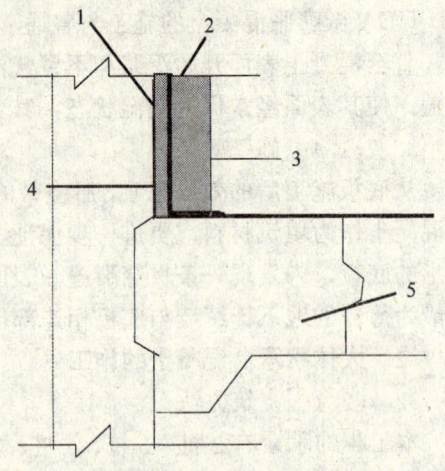

图32-18 侧向防水大样图
1—挂网喷浆；2—防水卷材；3—18mm厚砖砌墙；
4—连续墙外壁；5—地下室底板

32.7.3.2 施工工艺

在进行挂网喷浆前，清除连续墙外壁上的余泥浮渣，将壁面清扫干净，然后在墙上设置膨胀螺丝或在墙筋上焊出一截钢筋，将钢丝网挂上，用喷浆机将加石粒的砂浆喷至墙面，砂浆喷射厚度约50mm左右，喷后进行抹平。

挂网喷浆完成10d后，进行侧向防水卷材的施工。施工前检查基层面的坚实、平整情况，并保证基层面没有杂物及比较干燥。"富斯乐"防水材料采用冷施工的方法，比以前的热操作施工工艺有较大的改进，只需滚刷、毛刷、剪刀、小型压辊等简单的工具便可进行，施工时先在基层涂刷底层涂料一层，干燥30~60min，再在基层及防水卷材各涂一层基底胶粘剂，干燥10~15min后，将涂好胶粘剂的卷材卷起，有胶粘剂的面卷在外面，然后摆好位置进行铺贴，铺贴时将卷材缓缓打开，用滚刷压紧，并小心不发生皱褶，不卷入杂物。

卷材铺好后，用重25kg以上的小型压辊机进行滚压。

为防止卷材末端收头部分翘起或剥落，在其收头部分的下面粘贴自粘性胶粘带，进行封端处理，侧向与水平卷材交接部分如32.7.3.1方案介绍中所述，砌18mm厚砖墙压实接缝收头。

32-8 结 束 语

本文针对大面积深基坑的工程情况，从技术、经济及工期等方面分析了各种支护结构方案的优缺点，提出了支护结构设计的合理计算方法，并通过现场监测进行验证和分析。对于放坡开挖的反压土的土压力的取值问题仍有待进一步研究。

33 金汇大厦深基坑地下室工程施工实践

广东省水利水电机械施工公司　甄祖玲　汪国胜

33-1 工程概况

33.1.1 概述

金汇大厦位于广州市解放南路西侧与大新路北侧交界处,西、北两面紧邻高层建筑及多层民居。占地面积约4000m²,总建筑面积为66000m²,包括地面以上28层,地下室5层,建筑物高度为100m,主体结构采用外框架内筒体结构体系,基础采用人工挖孔灌注桩,桩基础座落在微风化岩层上。

地下室基坑南北向长65.8m,东西向宽52.0m,裙楼基坑开挖深19.0m,塔楼部分挖深22m。根据地质条件、基坑深度和环境保护要求,基坑支护采用24m深、800mm厚地下连续墙。坑内采用三层ϕ600mm、14mm厚钢管支撑水平支护。另外,考虑本工程位于繁华地段,场地相当狭小,开挖范围周边至工地围墙仅约1m(南面约有3m),故施工设计考虑在地下室基坑面东西向架设一面积为695m²的施工钢平台,一方面解决了施工场地狭小的矛盾,另一方面提高围护支撑体系的整体刚度。围护支撑体系布置详见图33-1、图33-2所示。

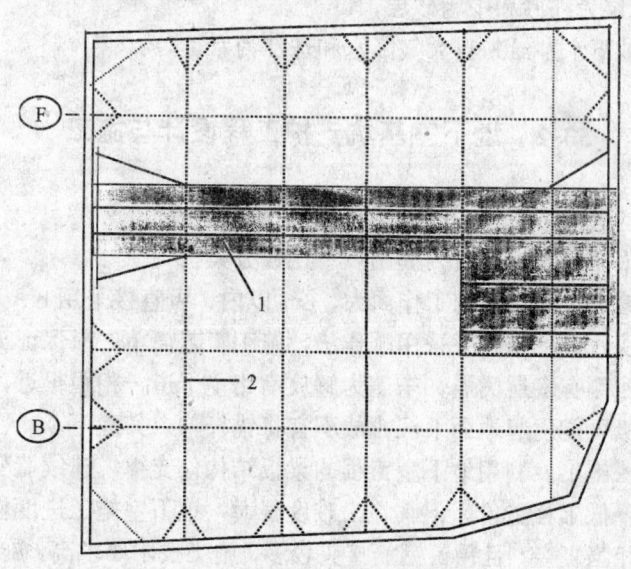

图33-1　围护支撑平面图
1—施工钢平台;2—水平钢支撑

33.1.2 地质概况

根据工程地质勘察报告，该场地地质情况如下：

(1) 第四系人工填土层（Q_4^{ml}），层厚 1.2～6.5m。

(2) 第四系全新统海冲积层（Q_4^{mc}），其包括：

1) 淤泥质粉质粘土：顶板埋深 1.2～6.5m，层厚 2.7～8.0m；

2) 细砂：顶板埋深 5.7～10.7m，层厚 3.1～10.7m；

3) 粉质粘土：仅局部地方，层厚 6.3m。

(3) 第四系残积土层（Q^{el}）：顶板埋深 11.4～16.8m，层厚 1.6～7.2m。

(4) 白垩系上统基岩（K_2），其分为：

1) 强风化泥质粉砂岩：顶板埋深 13.8～23.4m，层厚 2.7～8.6m；

2) 中风化泥质粉砂岩：顶板埋深 20.6～28.4m，层厚 2.7～9.3m；

3) 微风化泥质粉砂岩：顶板埋深 22.5～31.2m，层厚 4.4～13.1m。

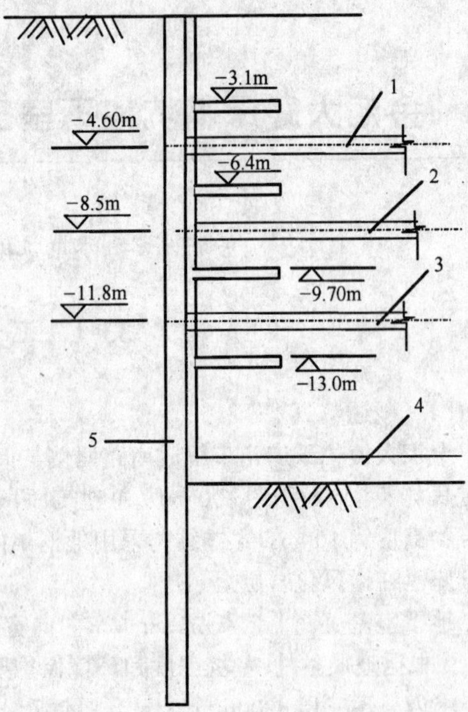

地下水静止埋深 0.65～1.5m，场地地下水埋藏条分为松散土层的孔隙水和基岩裂隙水，场地的主要含水层为细砂和中粗砂层，其它为相对隔水层，地下水补给来自大气降水和珠江河水。

图 33-2 围护剖面图
1—第一道钢支撑；2—第二道钢支撑；3—第三道钢支撑；4—地下室底板；5—地下连续墙

33-2 地下室基坑支护工程设计与施工

33.2.1 支撑方案的选择

结合基坑开挖平面及开挖深度，提出以下比较方案：

(1) 采用锚杆锚拉。基坑开挖工作面大，8m 以内，可直接采用 KATO PC—300 挖掘机挖土，施工速度快，地下室施工采用顺作法，施工工艺简单，易保证工程质量。但场地北侧为解放大厦，西侧有多层民居，东侧为解放南路主干道，相距很近，而且淤泥、细砂层很厚，锚杆施工极可能引起地面下沉，故不宜将锚杆伸入其地下。

(2) 采用逆作法施工。利用地下室工程的梁板结构作支撑，连续墙变形少，可节约大量支撑工具，大大降低工程造价，但其施工难度很大，地下室施工进度慢，地下主体结构与支承柱的连接点相当复杂，且预留钢筋接头较多，施工技术要求高，施工质量较难保障。

(3) 采用圆拱圈梁加钢支撑。由于此工程地下室范围接近正方形，采用和地下连续墙相内切（外切）的圆弧圈梁作支护，拱与连续墙之间加钢支撑，整个支撑系统受力较合理，圈梁支护受力最小，材料用量少，投资较省，但圆拱与主体结构的关系及施工难度较大，拆除支撑时,将有很大难度,而且拱要求受力比较均匀,若各向受力差异较大时,拱较易发生扭曲破坏,后果相当严重。

(4)采用水平钢支撑。不受混凝土龄期影响,施工速度快,地下室主体结构部分按顺作法施工,避免在作梁板时预留钢筋接头,挖土较半逆作法方便,同时可在支撑位置施加预应力,改善连续墙的受力情况,虽然钢支撑投资较大,但钢支撑管材可重复使用,其综合经济效益较好。本工程选用此方案。

33.2.2 地下室施工工序

地下室施工工序如图33-3。

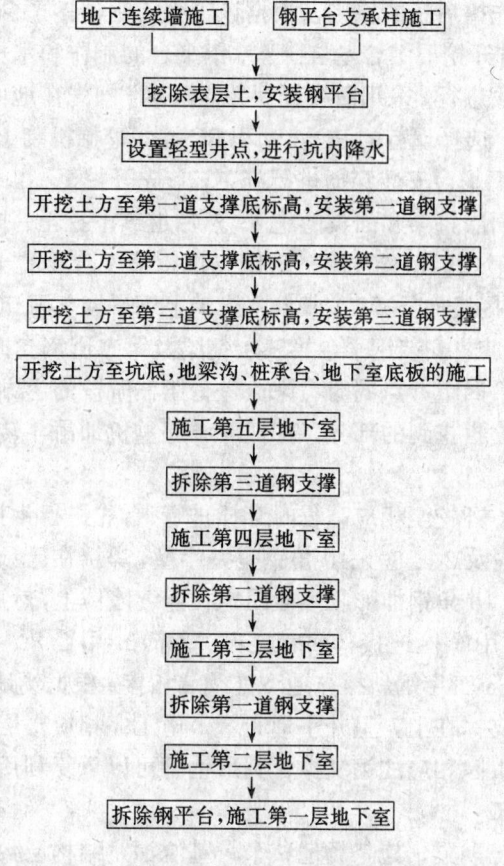

图3-3 地下室施工流程图

33.2.3 钢平台的设计施工与土方开挖

33.2.3.1 钢平台设计

本工程需挖运土石方约6万m^3,挖土深度最深22m,工程量较大,而且施工中必须与钢支撑安装穿插进行,考虑本工程场地狭小,连续墙至周边围墙距离只有1.0m,基本没有位置用作施工场地,临时设施的布置也比较困难。为方便土方开挖和地下室施工,设置一个施工钢平台是十分必要的。

钢平台位置的确定,主要根据两点:第一是钢平台的进出口与外界道路相连,确保车辆能顺畅地进出工地;第二是钢平台支承柱的设置要结合人工挖孔桩来设置,同时结合永久结构柱综合考虑。支承柱底端部埋于人工挖孔桩混凝土中。

钢平台方案确定为：以东门为基准，将钢平台设置于Ⓔ-Ⓔ轴与Ⓓ-Ⓓ轴之间，另加宽Ⓓ轴与Ⓒ轴之间⑤轴以东的位置，该平台面积约为695m²，平台面采用间距为350mm的工20b组成的联系小梁，上覆10mm钢板，立柱采用2[40a组成的钢构架柱，主梁采用工61.5型钢。起重机和载重汽车直接在平台上运行。钢平台平面布置见图33-1。

33.2.3.2 钢平台的施工与土方开挖

钢平台的立柱施工与支撑立柱同时进行，按要求与工程桩钢筋笼连接固定后插入人工挖孔桩内，钢立柱安放垂直度误差≤1%，钢平台的制作安装与水平钢支撑的安装统一考虑，与土方开挖相互配合，穿插进行。

土方开挖严格按照先撑后挖的原则，根据该工程需制作钢平台作为后续工序的施工场地及支撑布置情况，土方开挖要结合基坑降水、钢平台的制作和水平钢支撑安装统筹施工，整个基坑开挖分四个阶段进行，采用四级轻型井点降水。即先在地面设置第一级轻型井点，然后进行第一阶段挖土，选择现有的PC-220和PC-300挖掘机装土或转堆，由原地面挖至－5.1m，第一层开挖与钢平台安装穿插进行施工，首先开挖至－1.5m，进行地下连续墙顶的压顶联系梁及钢平台面层钢梁和面板的施工，然后继续下挖至－5.1m，在－5.1m处设第二级井点，安装钢平台第二层钢梁及第一道钢支撑；第二阶段的土方开挖，由－5.1m至－9.1m，使用PC-220挖掘机加长臂（12m）将土转上钢平台，用PC-200挖掘机短臂装车，在－9.1m处设第三级井点，安装钢平台第三层钢梁及第二道钢支撑；同样，第三道钢支撑与钢平台第四道钢梁及第四级井点同时考虑，进行第三阶段的土方开挖；土方开挖至第四阶段，加长臂挖掘机不能再挖到的部分，用抓斗和起重机加吊斗转至钢平台上。

33.2.4 钢支撑的施工

钢支撑的施工在土方开挖至相应高程时穿插进行，首先进行钢托架及三角支架的安装，钢托架采用2[16a槽钢及2∟80×10角钢呈井字型，焊接在已预埋于基础桩中的构架柱上，三角支架用2∟80×10角钢加膨胀螺栓固定在连续墙体上，然后进行双管支撑的安装，钢管长度1～2m不等，用螺栓连接，两管之间每隔1m用∟80×10角钢相连，端部用2工36a组合型钢及工36a工字钢斜撑与地下连续墙相接。根据场地状况及受力合理性，东西向支撑在下，南北向支撑在上，呈井字形布置。施工完相应楼层的梁板后，待混凝土强度达到相应强度时，即拆除相应的钢支撑，圆形钢管可以重复利用。

33.2.5 地下室结构施工

本工程地下室由于工期紧，施工场地狭窄，基坑深，结构层数多等原因，施工难度十分大，因而进行合理的施工方案设计及工艺流程的安排是十分必要的。结合本工程的实际情况，选择如下方案进行施工：

33.2.5.1 施工方案选择

由于施工场地十分狭窄，仅有施工钢平台可供运输车辆进出及临时转运材料使用，因而在东侧大门旁安装1台塔式起重机供材料的水平及垂直运输使用。钢筋制作在加工厂加工成型后运至施工现场安装绑扎，模板采用18mm厚夹板及20mm、25mm厚松木散板，80mm×100mm松木方，φ48×3.5mm钢管等，采用门式活动脚手架作支顶，模板脚手架备料为二层板面用量。混凝土采用商品混凝土，用两台混凝土泵输送至仓面浇筑。同时结合本工程结构特点及施工工艺的需要，本地下室分三段进行施工，以形成流水作业，提高工作效率。三个施工段的面积为750m²、1570m²、830m²。考虑到浇筑混凝土后的温度、干缩等因素引起的变形,在底板及衬墙施工缝处设立了两道宽800mm的后浇带。

33.2.5.2 施工顺序及工艺流程

根据土方开挖完成情况及分段工程量,施工顺序为:

第三段→第一段→第二段。

各楼层每一结构施工段工艺流程为:

柱、墙竖筋驳接、钢筋绑扎→柱、墙模板安装→柱混凝土浇筑→拆柱模→放线、抄平→墙混凝土浇筑→楼面模板安装→楼面钢筋绑扎→楼面混凝土浇筑→养护、放线。

柱、墙模板安装后,即进行楼面模板安装,柱、墙混凝土浇筑,拆柱模,放线,抄平等工序穿插进行,以充分利用时间,抓紧工期。包括基础地梁、承台施工,仅用了120d的时间,就优质、高效地完成了5层地下室的施工任务。

33-3 新材料、新工艺的应用

33.3.1 HG301高效防水剂

根据本工程原设计图纸,基础底板下垫层面使用涂料作为防水层,且根据五级人防要求,底板面不允许留永久集水井或临时降水点。在基坑开挖至设计标高,浇筑完垫层混凝土后,垫层面仍有微弱渗漏水,导致垫层面较为潮湿,无法进行防水涂料的施工。经过多次研讨及试验对比,业主、设计和施工单位一致同意选用HG301高效防水剂。

本品为淡黄色粉剂,属硅铝盐无机防水材料,施工时直接掺入水泥砂浆中,可提高水泥砂浆的密实性及强度,堵塞水泥砂浆中的孔隙及毛细通道,大幅度提高水泥砂浆的抗渗性能,配制的高效防水砂浆,可直接抹在垫层面上,厚度为20~50mm,形成永久防水层。

本产品的性能稳定,防水寿命长,无毒、无味、无腐蚀性,对人体、水质及环境无影响,且可在潮湿的基面上进行施工。

施工时,经现场技术人员检验,本防水砂浆致密性好,无微小裂缝及裂纹,表面光滑干燥,且有一定的强度,不易损坏破碎。

33.3.2 镀锌止水钢板

本工程地下室为5层,地下室结构施工分缝是防水抗渗的薄弱部位。因此施工缝的防水处理必须引起高度重视。根据常规设计及施工经验,一般均采用橡胶止水带等柔性有机防水材料。但橡胶止水带因易老化、易被撕裂等原因而影响效果,而且因为止水带在施工安装过程中容易造成破损弯折,且接头处理困难,这都给防水效果带来很大的影响。本工程采用5mm厚、300mm宽镀锌钢板作为施工缝的止水板,接头采用焊接连接,施工操作十分方便,避免了橡胶止水带的弱点。从施工效果看,远比橡胶止水带好,且材料价格二者相差不大。

33.3.3 快又易收口网

因施工工艺及结构要求,地下室结构底板及外墙需设立后浇带,5层楼板都必须设立施工缝进行分块浇筑。根据传统工艺,在竖向分缝处必须立模支顶,待混凝土浇筑后达到一定强度再拆模,混凝土表面需进行人工凿毛、清理。工序操作十分繁琐困难,特别是结构底板,一般板厚较大,混凝土强度等级较高,钢筋又密集,后浇带宽度一般仅为800~1000mm,这给立、拆模及人工凿毛清理工作带来了极大的不便。为解决这一难题,选用了一种叫快又易收口网的材料，本材料为钢性材料制成，既有一定的强度，又有一定的柔韧性，安装方便，表面留有直径约 10mm×10mm 的波纹形孔隙，既作为模板使用，又可作为混凝土分缝处理措施。混凝土浇筑后，收口网外表面形成较为规则的波纹面，既免除了拆模的困难，又解决了人工凿毛清理的麻烦。从使用情况看，效果较好，值得推广使用。

33.3.4 锥螺纹钢筋接头工艺

本工程地下室结构由于基坑开挖深度大，上部结构层数多，设计在钢筋选择方面，采用直径一般均在 25～40mm 之间。因此，钢筋安装时，钢筋连接工作量十分巨大。由于某些部位不允许采用绑扎搭接连接，如用焊接连接，则因工期十分紧张而必须投入大量的人力及机械设备。经济上、时间上都不容许。况且原设计钢筋数量多而密集，搭接以后将更为密集，这将使混凝土的浇筑质量难以保证，钢筋的受力传递也随之受到影响。

针对上述实际情况，在保证结构施工质量的前提下，要按期竣工，常用的搭接焊工艺已难以适应。为此，通过对钢筋锥螺纹套筒机械连接工艺与原有焊接方法进行综合比较，发现前者能有效弥补焊接方法中存在的缺陷，具体优点如下：

(1) 施工进度快；
(2) 不受天气影响，可全天候施工；
(3) 施工难度小，操作简单，投入人力及机械设备少；
(4) 接头受力性能良好，施工质量容易控制；
(5) 施工成本低，可有效降低造价。

因此，在通过试验检测符合设计要求的基础上，征得设计单位同意后，在地下室结构施工中，选用了锥螺纹钢筋接头工艺。事实证明：锥螺纹接头工艺为提高效率、缩短工期起了很大作用。

33-4 实际施工效果

该基坑在整个施工过程中，在连续墙上布置了 10 个观测点，截止 1997 年 12 月 10 日到第一道钢支撑拆除后，连续墙的最大位移为 50mm。在基坑周围总共布置了 12 个沉降观测点，到 1997 年 12 月 8 日观测到的最大沉降处于西南角处，为 68mm。表明支护结构体系是稳定和安全的，对周边环境影响很小。这得益于精心的结构设计和成熟的施工技术措施。

33-5 几点体会

33.5.1 地下连续墙

在地下水丰富地区，深基坑开挖采用地下连续墙支护，有下列三重作用：(1) 在基坑开挖时，作为基坑支护结构，可以挡土、挡水；(2) 辅以衬墙作为地下室侧壁承受侧压力；(3) 根据本工程的结构特点，作为主体结构的边框支承，其承受主体结构梁板的垂直力。

随着施工技术的改进和提高，刚性防水的地下连续墙接头基本上解决了地下室的渗水问题，加之对地下连续墙的位移有严格的控制，在施工过程中，充分考虑"时空效应"的影响，控制开挖的顺序和时间、支撑及底板的浇筑时间，保证了整个支护结构的位移比较均匀并满足要求，充分发挥了连续墙的强度和刚度。

33.5.2 施工平台

本工程施工钢平台与水平钢支撑统一考虑，解决了井字型支撑深基坑开挖问题，尤其适用于周边场地狭小的基坑。由于钢平台的水平钢梁又作为水平钢支撑，结构布局合理，施工简便，并节省了材料，缩短了工期，降低了造价，争得了场地。在地下结构施工中还可作为施工便道，加快了施工进度，从设计角度来看，中部设置施工钢平台，对于提高基坑支护体系的安全度，以及限制连续墙位移等，无疑也是十分有益的。

33.5.3 圆管钢支撑

钢支撑的钢管制成工具型式，以便于安装、拆卸，每段钢管长度1～4m不等，用螺栓连接，两管之间每隔1m用∟80×10角钢相连，钢管支撑结构受力好，重复利用率高，综合经济效益好。

33.5.4 新材料、新工艺的应用

随着科学技术的不断发展，传统的建筑材料、施工工艺将会逐渐被新的材料、工艺所取代。在建筑工程施工中，必须注意科技的新动向，积极推广应用高新科学技术，但在实施的过程中，必须要经过在各种条件下的试验检测与论证，只有这样才能确保工程的质量。

34 广州花园酒店西广场地下停车场半逆作法施工

广州市第一建筑工程有限公司　李定中　陈　民

34-1 工程概况

广州花园酒店是国内外颇有名气的五星级大酒店,宾客如云,原建停车场已不堪负荷,急需增加停车泊位,拟在花园酒店西广场建一座3层地下停车场。西广场位于花园酒店西北角,广场北面为繁荣的环市中路,东面为花园酒店进入正大门必经之路,南面紧靠花园酒店西楼,西面是临沟通南北交通的建设六马路。地下停车场边线北面距环市中路6m,东面距自用道路3.3m,南面距西楼2.6m,西面距建设六马路3m(见图34-1)。3层地下室的建筑物设计和施工尽量在广场红线范围内争取最大的使用面积,施工现场周边车水马龙,场地狭窄。

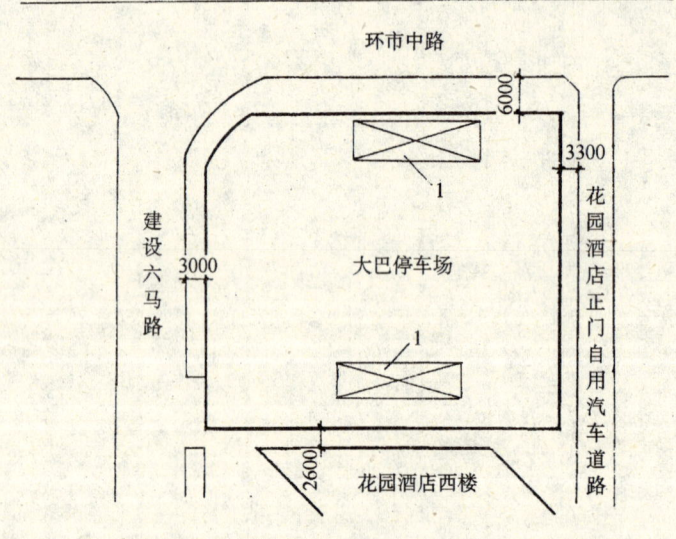

图 34-1　建筑平面四至图
1—进出车道

花园酒店业主要求,工程要在1996年11月中旬才能交出场地开工,1997年3月底地面要恢复原貌交还业主,以作1997年4月中国出口商品春季交易会期间酒店使用,整个工程要求1997年秋交会(9月底)前竣工交付使用,不得影响交易会期间酒店的正常营业。

根据场地环境、业主的要求和场地地质构造,我公司向业主重点介绍了半逆作法(盖挖法)施工和顺作法施工工艺,建议业主采用半逆作法施工,对工期的要求有较大的保证。

业主经慎重考虑，同意选定了半逆作法施工工艺。工程由广州市城市规划勘测设计研究院设计，广州市建联监理公司监理。

3层地下停车场，平面尺寸为60.1m×50m，各层标高分别为—3.70m、—7.20m、—10.70m（见图34-2），建筑物总面积约9200m²。基坑开挖深度为—11.20m。

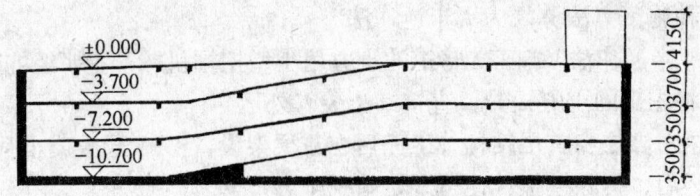

图34-2　建筑物剖面图

本工程地质构造简单，属二、三类场地条件和地基岩土条件。自上而下：

(1) 素填土——褐色泥质粉土，厚度平均0.86m，层底标高平均—0.70m。

(2) 残积土——褐色粘性土，含砂泥质石英砾石交夹强风化石，厚度平均18.40m，层底标高平均—19.30m。

(3) 强风化泥质砂岩——红褐色泥质石英砂岩，东厚西薄，厚度平均1.70m，层底标高平均为—21m。

(4) 中风化泥质砂岩——褐色泥质石英砂岩，东厚西薄，厚度平均1.8m，层底标高平均为—22m（—28.00～—14.80m）。

(5) 微风化泥质砂岩——褐色泥质石英砂岩，厚度平均4.5m。

地下水位距地面1.3～3.0m，第二层土质是第四系风化残积土的粉质粘土，是较好的隔水层，而下部粉土为弱含水层，地质条件较好。

工程设计地下室外壁采用800mm厚地下连续墙，混凝土强度等级为C30，抗渗等级为P8，墙深约21m，嵌入中风化岩4m或嵌至微风化岩，周边长219m，作为挡土、防水和承重三合一构件；采用ϕ1200mm、ϕ1400mm人工挖孔桩作为内柱基础，有效桩长6～15m。地下室底板以上挖孔桩直径扩大为ϕ2500mm，以提供钢筋混凝土柱施工的操作空间。柱截面为600mm×600mm；承台直径为2500mm，1.1m厚；地下室底板400mm厚，混凝土强度等级为C35，抗渗等级为P8。—1、—2层楼板200mm厚，首层300mm厚，混凝土强度等级C30，梁截面为200mm×400mm～400mm×900mm。

34-2　半逆作法施工工艺

考虑到业主对工期的特殊要求，在四个半月左右时间，地面要恢复原状，交还业主正常营业使用，因此采用了半逆作法施工工艺，即利用敞开施工的有利条件，加大土方明挖数量，先施工—1层结构，接着地下室顶板结构施工，即可组织进行恢复原地面停泊车辆的使用功能和绿化的工作。然后进行比较困难的暗挖土方，进行地下室底板和—2层结构的施工，工程图纸则据此施工工艺配合出图。

34.2.1　半逆作法施工工艺的特点

利用地下结构自身周边挡墙（地下连续墙、人工挖孔桩成墙等）及梁、板、立柱作为深基坑开挖的挡土及支撑体系，在完成地面1层（±0.000m）的楼面结构后，便可以作为地下室深基坑开挖时的第一层支撑，随后逐层向下开挖土方，浇筑各层地下梁板结构，直至底板封底，这种施工方法称为"全逆作法"。考虑到暗挖土方比较困难，尽量争取增多明挖的土方数量，在坑壁挡墙的挡土允许变形范围内，先开挖1～2层地下室结构高度的土方，再进行－1层、地面1层结构的施工，随后再逐层向下开挖土方浇筑各层地下梁板结构，直至底板封底，这种施工方法称之为"半逆作法"。

本工程采用"半逆作法"施工，暗挖的土方用小型挖掘机械开挖，经坑底水平运输后，由专用吊土设备将挖出的土方提升，直接卸土装车外运。

吊土设备是在－1层和首层结构施工完后在首层架设，待－1层混凝土强度达到设计强度标准值的100%后，拆除模板，便可开始暗挖土方。

34.2.2 施工阶段划分及施工工艺流程

地下室分三个阶段组织施工：

第一阶段：先进行地下连续墙施工，接着进行人工挖孔桩施工，由专业队伍负责。

第二阶段：在挖孔桩完成后，即进行工程柱施工，柱顺作做至－1层梁底。然后便进行基坑土方大开挖至－5.80m，中部－6.80m。这就充分利用了明挖的有利条件，在地下连续墙不超过设计允许变形值的条件下尽量多挖深挖，减小了暗挖的工作量。接着施工地下1层结构（－3.70m）。此时，结构模板的支柱直接支承在－5.80m（中部－6.80m）深度的基土上；－1层框架完成后，进行±0.000层结构梁板施工，当±0.000层结构完成后，地面便可复原。

第三阶段：组织地下室底板及－2层结构施工，这一层土方暗挖从－5.80m（中部－6.80m）至－11.20m，用小型反铲挖掘机挖土，辅以人工修整。地下室土方完成后，先浇筑地下室底板（－10.70m）及梁板混凝土，接着施工地下2层的结构，然后是地下连续墙内衬墙砌筑，最后装饰粉刷。

地下室施工工艺流程图见图34-3。

34.2.3 地下连续墙施工

34.2.3.1 导墙的选用

导墙选用"儿"形导墙，深1.5m，内壁净距为860mm，为保证地下连续墙在转角处的完整性和满足施工工艺要求，导墙转角处平面改为"T"字形形式。

34.2.3.2 槽段的划分

连续墙周边长219m，槽段长度最短为4300mm，最长为6000mm，共分42个槽段，除一个弧形槽段外，其余均为直线形槽段。槽段接口采用型钢工字型锁口。槽段划分时要注意避让开框架梁埋置钢梁盒的位置。

34.2.3.3 地下连续墙钢筋笼的制作与安装

地下连续墙钢筋笼是在现场设置的制作平台上制作，双机抬吊安装。钢筋笼制作时预埋后浇梁梁盒和后浇板板盒（见图34-4、图34-5）。

34.2.3.4 混凝土的供应与浇筑

采用搅拌站生产的预拌混凝土，比设计要求提高一个等级，即按C35、P8级设计施工配合比，采用525号普通硅酸盐水泥，坍落度为190～210mm，混凝土中掺入10%～12%的UEA（微膨胀剂）及0.8%的减水剂，以提高混凝土的和易性和流动性，采用水下混凝土导管法浇注。

34-2 半逆作法施工工艺

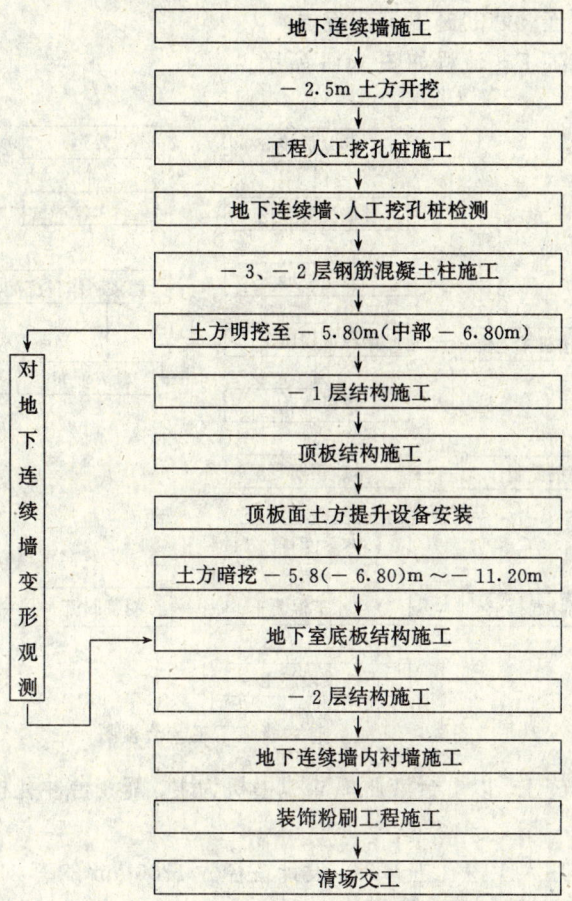

图 34-3 地下室施工工艺流程图

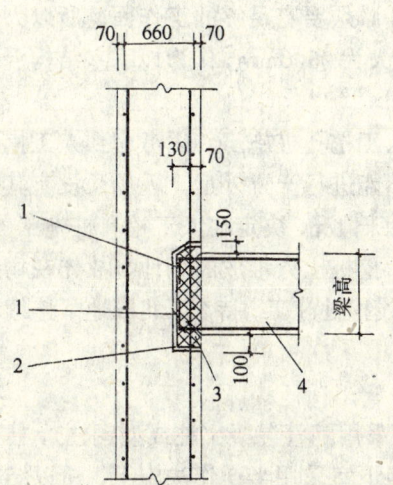

图 34-4 地下连续墙预埋件与后浇
混凝土梁连接示意
1—梁主筋与梁钢盒焊牢；2—8mm 厚钢板
焊成梁钢盒；3—地下连续墙施工时
泡沫填充；4—后浇梁

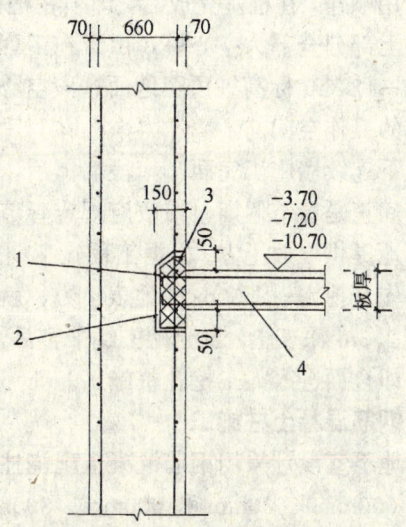

图 34-5 地下连续墙预埋件与
后浇板连接示意
1—板筋与板钢盒焊牢；2—8mm 厚钢板
焊成板钢盒；3—地下连续墙施工时用泡沫填充；
4—后浇板

34.2.3.5 地下连续墙的施工工艺流程

地下连续墙的施工工艺流程如图34-6所示。

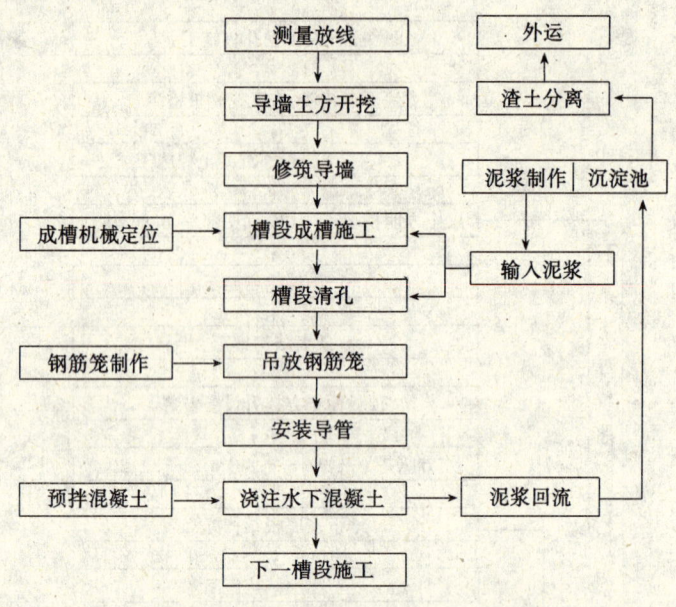

图34-6 地下连续墙施工工艺流程图

地下连续墙成槽施工，以1台液压抓斗成槽机为主，配6台冲孔桩机作入岩成槽使用。

34.2.4 工程桩施工

地下室内柱设计用人工挖孔桩基础，设计桩径为1200mm的有21根，桩径为1400mm的有28根，人工挖孔桩共49根。桩顶标高为-12.60m，有效桩长约6～15m。考虑到框架柱施工采用顺作，在桩基完成后，即须在桩孔内先施工钢筋混凝土柱，所以在-12.60m标高桩顶以上部分全部为空心桩，由于在工程柱施工时，必须要有足够的工作面，所以人工挖孔桩自-12.6m标高桩顶至地面这段空心桩，桩径扩大为2500mm，作为地下室结构混凝土柱施工的操作空间。

当地下连续墙施工完西、南段墙体后，提前插入人工挖孔桩施工。因考虑到人工挖孔桩施工期间正是春节假期，市政府规定春节前后十天不能进行土方外运，现场又没有其他足够的场地提供堆放土方。根据工程施工期间的这个特殊情况，决定在人工挖孔桩施工前，在场内首先开挖深-2.50m的地表土方，就地作为日后挖桩土方堆放的场地，故先在场地南段开挖2.5m深表土，表土挖去经平整后，即进行放线挖桩施工。待东、北段地下连续墙完成后，即全面进入人工挖孔桩施工。

34.2.5 钢筋混凝土柱施工

因为地下室设计采用钢筋混凝土现浇柱（一般较多采用钢管混凝土柱或型钢柱），柱截面尺寸为600mm×600mm和600mm×800mm，而本地下室采用半逆作法施工，所以结构受力柱必须在基坑土方开挖前做好。按正作法将地下室3层高的柱子分为两段三次施工，第一段柱由-3层至-1层，此段柱第一次施工为由地下室桩承台面至-2层梁底；第一段柱第二次施工为由-2层梁底至-1层梁底。第二段柱由-1层楼面至顶板面，在-1层结构面完成后施工，谓之柱第三次施工。

因为柱子是在每根桩孔内施工,所以柱子的垂直度和方位、预留钢筋位置必须认真核对正确,方能浇筑混凝土,框架梁钢筋在柱头预埋,后与梁筋焊接。柱模板采用18mm厚木夹板,用木柱箍夹紧,方木和木条支撑。木支撑顶在挖孔桩的护壁上(见图34-7)。

34.2.6 地下室基坑土方施工

地下室逆作法施工,挖土方的速度是影响工程进度最直接的主要原因之一,事前必须制定好施工方案,落实措施,组织实施。

34.2.6.1 垂直运输方法

本项目地下室逆作法施工的垂直运输通道,主要依靠在首层和-1层相对位置留设的4个出土孔,其中3个小孔的尺寸为2500mm×3500mm,一个大孔的尺寸为5500mm×

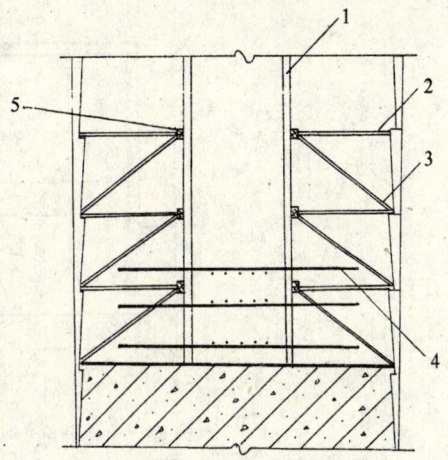

图34-7 桩芯柱模板示意图
1—木夹板;2—水平支撑;3—斜支撑;
4—预留梁钢筋;5—柱箍

8000mm(见图34-8),此大孔是小型挖掘机的吊运出入孔,也兼作出土孔用。首层楼面出土孔上方安装龙门架吊运土方(见图34-9),每个吊斗容量为1m³,以小型挖掘机装土入吊斗后,用龙门架吊上首层直接卸土装车、外运,钢筋、模板等施工材料也是通过出土孔和其他设备留孔来传递。当逆作法施工完成后,各预留出土孔浇筑微膨胀混凝土封闭。

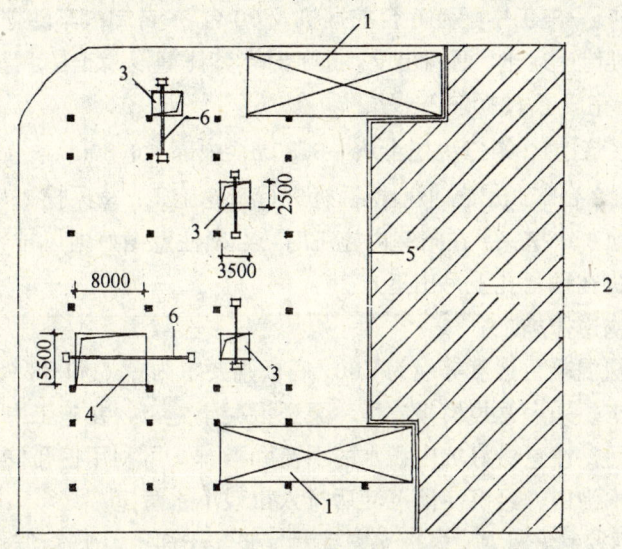

图34-8 预留出土孔平面示意图
1—进出车道;2—地面复原后交回业主春交会使用作停车场;
3—土方吊运孔;4—小型机械吊运孔(兼吊土孔);
5—围街板;6—吊土用龙门架

34.2.6.2 土方施工

地下室土方约33000m³,分两个阶段三次开挖。

(1)第一个阶段(明挖):第一次开挖采用机械开挖2.5m深表土,这次开挖主要解决

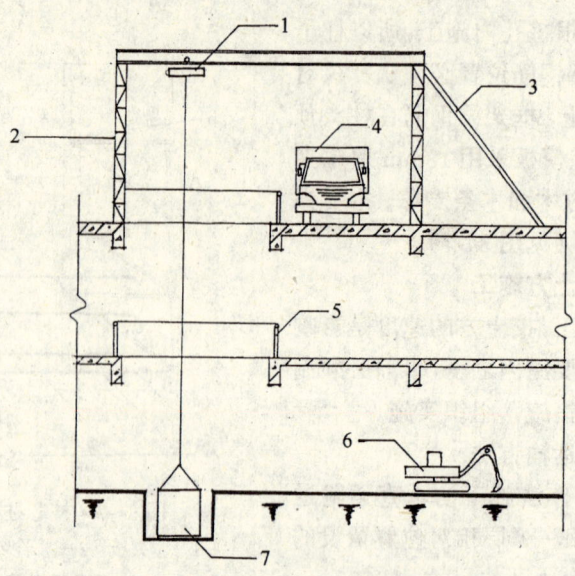

图 34-9 地下室暗挖土方施工剖面
1—电动葫芦；2—格构柱；3—龙门架斜撑；4—5t 汽车；
5—安全护栏；6—小型反铲挖掘机；7—吊斗

人工挖孔桩施工中挖桩土方无场地堆放之实际困难，这样可以利用深坑来堆放挖孔桩余土。第二次挖至 -5.80m，为争取明挖有利条件多挖土，减少暗挖工作量，在离开地下连续墙边 4m 再挖深至 -6.80m，施工中配置 6 台挖掘机及 20 台 8t 自卸汽车随挖随运，挖土方向由东向西挖土，挖掘机传递运土，西门出土。施工时严禁碰撞混凝土柱。计划用 12d 完成，实际仅用 6d 便完工，完成了 13500m^3 土方。

（2）第二阶段（暗挖）：第三次挖土从 -5.80m（中部 -6.80m）~ 11.2m，约 16800m^3 土方，采用机挖，配 2 台 0.3m^3 的小型挖掘机进行暗挖施工。每天挖 250$\sim$300m^3 土方。计划在 55d 挖完，实际 64d 挖完。在暗室内施工时，必须注意做好通风排气措施，挖土完毕，挖土机用汽车起重机在预留孔上吊出运走。

34.2.7 地下室结构逆作施工

地下室各层梁板混凝土强度等级为 C30，底板则要求为 C35 和 P8 级抗渗混凝土。各层梁板结构按常规施工，采用常规模板支撑，泵送混凝土施工，在施工中要注意下列事项：

（1）基坑开挖后，注意做好坑内积水的引流和抽排，可利用挖孔桩孔作集水井，用抽水机抽排至地面排水沟内，经沉淀池沉淀后排入市政下水管道。

（2）挖土时注意控制好标高，模板支撑宜置于坚实土面上，凡扰动过的浮土要清除，回填砂或石粉夯实，支撑脚要加垫枕木，防止模板支撑下沉变形。

（3）逆作施工时，地下室各层梁板钢筋需与地下连续墙预埋的梁板钢盒焊接（见图 34-4、图 34-5），与钢筋混凝土柱上的预埋钢筋焊接。沾染在预埋钢盒和钢筋上的泥浆，必须用钢丝刷加清水洗刷干净，对施焊作业部位做好追溯记录，按照国家现行标准《钢筋焊接及验收规程》进行质量验收。

（4）做好照明、送风、排气工作。

34-3 地下连续墙顶变形观测

第一阶段挖土至 -5.80m 时，地下连续墙处于悬臂状态，其工作的可靠性关系到邻近建筑物和施工的安全，必须密切监测地下连续墙顶的变形。在地下连续墙四角离开外边 $1.5\sim2\text{m}$ 处设固定基准点，用经纬仪进行变形观测，每天早晚进行一次，至 $\pm0.000\text{m}$ 梁板施工完毕为止。本工程施工过程中地下连续墙顶最大位移在东边和西边连续墙中部，位移最大值达 20mm，在设计允许位移范围之内。

34-4 几点体会

（1）通过本工程实例证明，在一定条件下，对深基坑施工采用"半逆作法"施工工艺是可行的，技术是先进的。特别对施工场地狭窄，施工工期要求急的情况下，宜优先考虑采用"半逆作法"施工方法。本工程仅用 4 个月的时间就能交出首层地面，恢复绿化环境，作春交会期间酒店停车使用，其中地下连续墙施工计划用 38d 完成，实际用 52d 完成；工程桩施工原计划用 35d 完成，实际仅用 26d 完成；-1 层和首层结构施工计划用 28d，实际仅用 18d；暗挖土方原计划用 55d 完成，实际用了 64d；底板和-2 层结构施工原计划 40d 完成，实际仅用 26d，整个工程亦按原计划按期竣工，达到原施工方案的目的。该技术广泛适用于在公共场所以及高层建筑的深基坑施工。

（2）由于采用"半逆作法"施工，工程桩上的柱子须采用在桩孔内做混凝土柱的施工方法。柱子的方位、垂直度、标高必须控制准确，桩芯柱上预留的各层梁筋，必须严格按照结构的标高、梁筋的位置、几何尺寸、钢筋的规格、长度等准确预留，不然会对以后施工各层梁板时造成非常大的麻烦。

（3）如果地下连续墙能达到构造防水的要求，则地下室内衬墙便可采用砖砌体，其做法是离开地下连续墙一定距离砌筑砖衬墙，夹层内设排水沟，这样既方便施工，又可省地下连续墙内壁防水施工的费用。

（4）在逆作法施工中，暗挖土方难度较大，往往是影响工程进度的关键工作，而地下室暗挖空间一般都不会太大，采用小型挖掘机械挖掘，龙门架吊土，可大大提高逆作中暗挖土方的进度。

（5）在暗室施工中，为了降低空气中的粉尘和废气污染，保护施工人员的安全和良好的施工环境，建议钢筋的连接尽量采用机械连接（如钢筋冷挤压、螺纹套筒连接等施工工艺），同时要落实好通风排气措施，保障安全生产。

（6）把两层暗挖的土方一次挖完，再进行底板、-2 层结构施工的施工方案，为采用机械开挖土方创造了有利条件，使小型挖土机械施工时可不受净高的影响。而常规采用的暗挖一层土方，施工一层结构的施工方法，其下一层土方的开挖需待楼面梁板混凝土强度达到设计强度标准值的 100%，拆除模板后才可进行，两者相比，前一施工方案可缩短工期两个月。

35 淤泥地基挡土支护体系异常变形的处理

广东省第三建筑工程公司　郭　斌　陈锐良　苏伟超　陈焕忠

35-1　前　言

随着高层、超高层建筑的不断增多，地下室建筑也越来越普遍，由于受施工场地的限制，基坑四周不得不设置挡土桩、地下连续墙、深层搅拌桩等结构来挡土，有时还须设置一道或多道支撑或锚杆，以保证地下室的顺利施工。由于工程地质、工程环境是复杂的，地质勘测报告仅能揭示地层的大致情况，许多局部的特殊的地质构造未能充分反映，再者土力学的计算理论还未完善，故挡土支护结构设计的适用、安全、经济诸原则难以得到协调的体现。在工程实践中，有些挡土支护体系虽然保证了地下室的安全施工，但是由于其安全储备较大，造成了较大的浪费；有些挡土支护体系由于考虑得不够全面或其他未有预估到的因素，造成挡土支护体系出现异常变形，有时甚至出现整体坍塌、滑动及管涌等，造成人员伤亡及财产损失。本文通过我公司对广州明珠广场挡土支护体系异常变形的分析、研究和处理（该工程挡土支护体系的设计、施工均由别的单位完成）的工程实践，为同行对挡土支护体系异常变形的处理提供一个参考实例。

35-2　工　程　概　况

明珠广场工程位于广州黄埔经济技术开发区内，西临夏港大道，北面为青年路，东面为开发区管委会大楼。该工程为框架剪力墙结构，设计有1层地下室（层高5.4m）、4层裙楼及两幢塔楼（分别为21层、25层），建筑面积约50000m^2。本工程桩采用钻孔成孔混凝土灌注桩，桩截面有圆形、近似椭圆形（两端为半圆、中间为长方形，详图35-8）两种型式，其中近似椭圆形截面桩的两端半圆的直径均为1.8m，中间宽度有1.5、2.0、2.5m三种，桩净长17~25m，嵌入微风化岩层1m。除两个核芯筒位置的Z9、Z10承台为群桩大承台外，其余均为单桩或多桩承台，Z9承台的尺寸为13.8m×18.4m×2.8m，Z10承台的尺寸为10.45m×10.3m×2.8m，其余详图35-1。本工程地下室、上部结构（挡土支护体系的设计、施工除外）均由广东省第三建筑工程公司承包施工。

本工程原土面为建筑标高-1.3m左右。基坑底标高大部分为-6.0m，局部达到-8.3m，基坑四周均有供、排水管道，南面还有通讯电缆。由于受场地的限制，原设计采用钻孔灌注桩来进行挡土。原设计为：在地下室外围设置挡土桩挡土和采用水泥深层搅拌桩作止水帷幕，平面尺寸为69m×60m，挡土桩桩径为0.8m，间距为1m，桩长17.5m，桩的纵向配筋近土面均匀配置8Φ25mm（通长），远土面均匀配置6Φ16mm（通长）。喷粉桩桩径为0.5m，间距为0.4m，埋深为8～13m，起止水作用。挡土桩桩顶设800mm×500mm的压顶梁，梁两侧各配4 ⌀ 20mm的主筋。四周设排水明沟。具体详图35-1、图35-2。

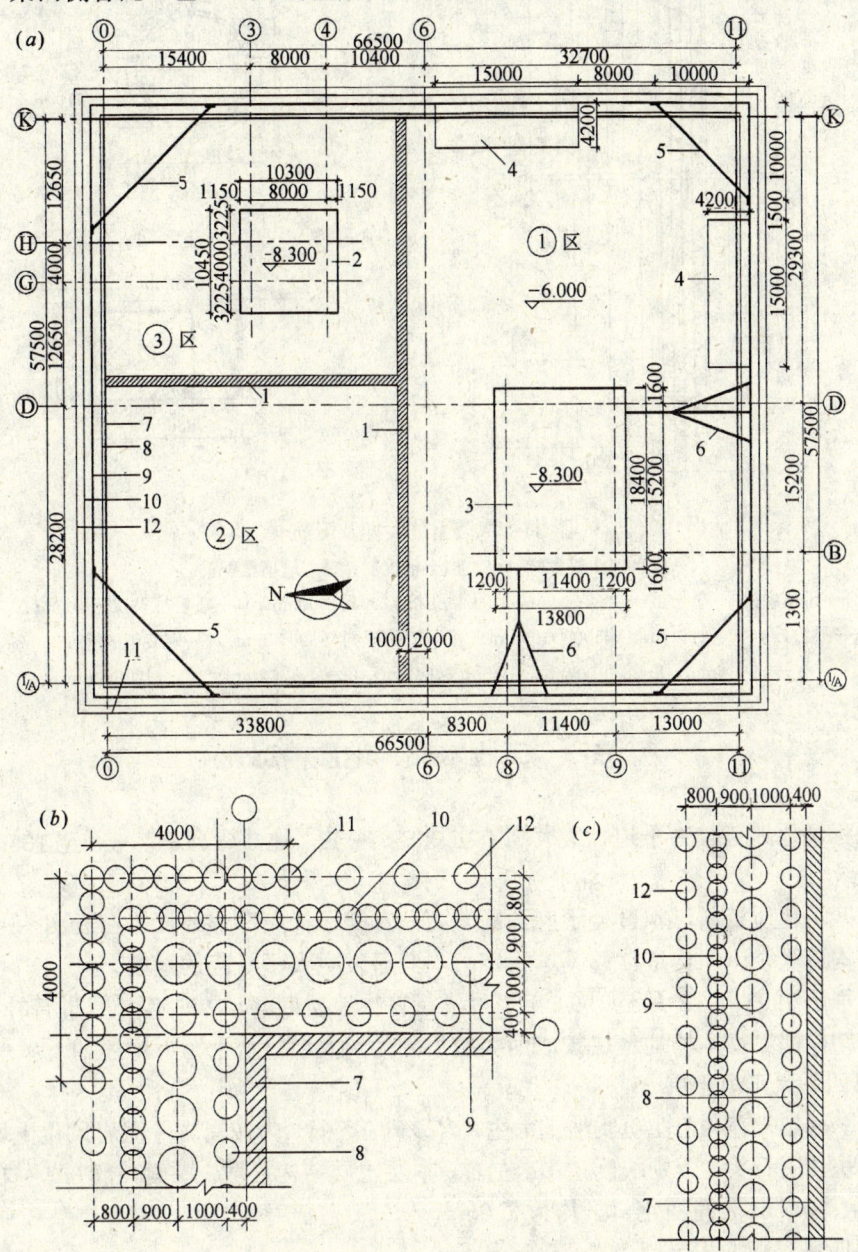

图 35-1 挡土支护体系平面布置图
(a) 挡土支护体系平面；(b) 四角挡土桩平面布置；(c) 四边挡土桩平面布置

1—后浇带；2—Z10承台；3—Z9承台；4—砂包；5—水平钢角支撑2[32C；6—斜钢支撑2I40C；
7—地下室外墙；8—喷粉桩$\phi 500@900mm$；9—钻孔桩$\phi 800@1000mm$；10—喷粉桩$\phi 500@400mm$；
11—喷粉桩$\phi 500@500mm$；12—喷粉桩$\phi 500@1200mm$

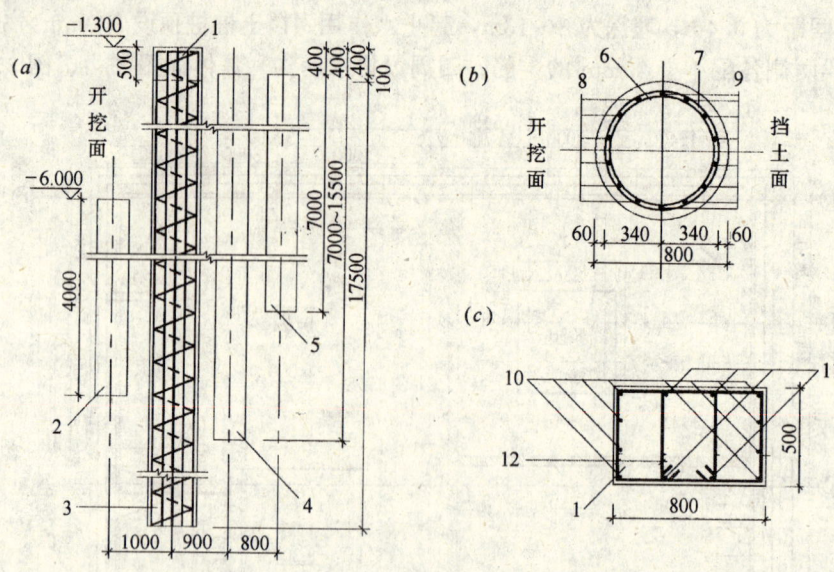

图 35-2　挡土桩大样及配筋
(a) 挡土桩大样；(b) 挡土桩配筋；(c) 压顶梁配筋

1—压顶梁；2—喷粉桩 $\phi500@900mm$；3—钻孔桩 $\phi800@1000mm$；4—喷粉桩 $\phi500@400mm$；
5—喷粉桩 $\phi500@1200mm$（$\phi500@500mm$）；6—加劲箍 $\phi16@2000mm$；7—螺旋箍 $\phi8@250mm$；
8—6Φ16mm；9—8Φ25mm；10—8Φ20mm；11—4Φ12mm；12—$\phi6@250mm$

35-3　工程水文、地质情况

本工程场地地势较为平坦，最大高差在 0.5m 左右，地面标高 107.8m 至 108.3m（珠江高程系统）。

根据区域地质资料，本区处于麻涌断陷，西部狮子洋断陷，北面为白云山——罗岗断陷，地质构造复杂，但构造活动基本稳定，不具备发生大于 6 级的地震。

本工程于 1993 年 12 月至 1994 年 1 月进行首次地质勘察，1995 年 5 月进行补充勘察，根据两次钻探揭露，本场地地层按成因类型可分为四大层，从上至下详述如下：

1. 第四系人工填土层

浅黄——红褐色，土性粉质粘土为主，含砂砾、碎石，为花岗岩～泥岩风化土堆填，局部夹有大块硬质石头，个别块度达 1m 左右，本层土质结构松散，厚度一般 3m 左右，揭露厚度由 2.1～4.5m 之间变化，平均为 3.0m。

2. 第四系海相冲积层

海相冲积层按土性差异又分为四个亚层，由上至下分别如下：

(1) 淤泥

灰～灰黑色，土质均一，饱水，流塑，含少量粉细砂，少量有机质，局部夹细砂层透镜体，本层标贯试验 12 次，$N=0.9～1.8$ 击，平均 $N=1.1$ 击，方差为 0.345。取土样 9 件，其物理性质指标详表 35-1。

(2) 粉土

灰～灰黑色为主，含细砂，中细砂约 80% 左右，淤泥质土 20%，粘性很差，饱和水，松散。顶面埋藏深度一般为5～6m，厚度一般为4～5m，局部较深。标贯试验16次，$N=0.9～7.9$击，平均2.7击，表明本层粉土呈饱水、松散状态。取土样11个，其物理性质指标详表35-1。

(3) 淤泥（质土）

淤泥质土呈灰～灰黑色，含10%细砂，含少量有机质，饱水，软流塑。本层面一般为7.8～10.5m，厚度为1.3～6.9m。本层标贯试验10次，$N=0.8～3.9$击，平均$N=1.9$击，方差0.9696击。本层取土样11个，其物理性质指标详表35-1。

(4) 粉质粘土～粘土

粘性土呈灰～浅灰绿色～灰黄色，局部含淤泥质土和少量砂砾，饱和水，软塑～可塑状，局部可塑偏硬。本层面一般为7.8～10.5m，厚度为1.3～6.9m，本层标贯试验5次，$N=4.1～15.3$击，平均$N=8.2$击，方差为4.3652。本层取土样7个，其物理性质指标详表35-1。

各岩土层主要物理力学指标统计表　　　　表 35-1

分层编号	成因代号	岩土层名称	天然状态性质指标				稠度			固结		剪切		抗压强度		
			含水量	密度	孔隙比	饱和度	液限	塑性指数	液性指数	压缩系数	压缩模量	凝聚力	内摩擦角	单值	平均值	标准值
			ω_0	ρ_0	e_0	S_r	ω_L	I_P	I_L	a_{1-2}	E_{s1-2}	c	φ	f_r	$\overline{f_{xk}}$	f_{rk}
			%	g/cm³		%	%			MPa⁻¹	MPa	kPa	°	MPa	MPa	MPa
1	Q^{ml}	人工填土	17.4	1.95	0.62	75.5	40.0	15.5	<0	0.19	8.305					
2	Q^{al}	淤泥	72.3	1.566	1.92	99.2	46.5	19.1	2.68	1.55	1.813	4.5	4.5			
3	Q^{al}	粉土	19.1	2.046	0.57	90.2	22.6	8.3	0.62	0.215	9.54	18.1	19.3			
3-1	Q^{al}	淤泥质土	49.2	1.713	1.33	97.6	36.6	13.9	2.12	0.893	2.962	9.8	7.2			
4	Q^{al}	粘土～粉质粘土	32.0	1.902	0.88	98.5	37.3	16.4	0.62	0.315	5.975	26.2	14.8			
5	Q^{el}	残积粉质粘土	31.6	1.92	0.88	99.0	42.0	12.0	0.13	0.23	8.0	49.2	9.4			
6	E	强风化泥岩	17.7	2.12	0.55	90.0	26.0	7.0	<0	0.16	10.06			0.154		1.5

3. 第四系残积土层

灰～灰黑色，土质均一，湿，可塑～硬塑状，夹少量强风化岩块。本层顶面埋藏深度为14.10m至16.8m，平均为15.76m。本层标贯试验4次，$N=6.7～24.8$击，平均为14击，方差为5.7913。本层取土样1个，其物理性质指标详表35-1。

4. 基岩

基岩为第三系土布心组沉积岩，岩性为泥岩，泥质和钙质胶结，泥岩的成分以鳞片状粘土矿物和水云母为主，含量占70%左右，次为隐晶质方解石，占25%左右，泥质结构，层状构造，层理和页理发育，抗风化能力特弱，风化程度在垂直深度上很不均一，往往成为泥岩中的软弱夹层，在强风化带里呈软土状态的薄层，而于中风化岩层里，夹有强风化乃至风化土，即中风化层有泥化现象，但厚度仅为数厘米左右，岩芯干后有裂纹。本区基岩属于软质岩类，按风化程度基岩的垂直分带为强风化带、中风化带、微风化带。分述如下：

(1) 强风化泥岩

35 淤泥地基挡土支护体系异常变形的处理

钻孔编号	31			坐标	$x=$ $y=$	钻孔深度	29.60m	开孔日期	1995.5	
孔口高程	107.58m					静止水位	1.0m	终孔日期	1995.5	
层序号	深度 标高 (m)	分层厚度(m)	年代及成因	取芯率(%)	图例 比例尺 1:200	地 层 描 述		标贯 N 击 数 深度(m)	岩(土)样 编 号 深度(m)	备注
1	$\dfrac{3.40}{104.18}$	3.40	Q^{ml}			【人工填土】：黄褐色夹白色，为花岗岩风化土，土性为粉质粘土，结构较松散				
2	$\dfrac{10.20}{97.38}$	6.80	Q^{al}			【淤 泥】：灰黑色，含有机质和粉砂，流塑。8.3m以下含粉细砂较多		$\dfrac{0.9}{5.45\sim5.75}$	$\dfrac{31\sim1}{8.1\sim8.3}$	
						【粉 土】：黄褐色，含较多粉细砂，饱和，松散				
3	$\dfrac{10.90}{96.68}$	0.70	Q^{al}			【淤泥(质土)】：灰黑色，含较多有机质，流塑		$\dfrac{1.7}{10.95\sim11.25}$		
3-1	$\dfrac{13.30}{94.28}$	2.40	Q^{al}			【粉质粘土】：浅灰色，可塑			$\dfrac{31\sim2}{12.9\sim13.1}$	
4	$\dfrac{15.50}{92.08}$	2.20	Q^{al}			【残积粉质粘土】：灰色～灰黄色，为泥岩的风化残积土，呈可塑				
5	$\dfrac{16.50}{91.08}$	1.00	Q^{el}			【强风化泥岩】：灰色，泥质胶结，风化强，质软，易折断		$\dfrac{10.5}{15.65\sim15.95}$		
6	$\dfrac{19.20}{88.38}$	2.70	E			【中风化泥岩】：灰色，泥质胶结，裂隙发育，岩芯多呈短柱状～饼状，少呈块状，岩质较硬			$\dfrac{31\sim3}{19.7\sim19.9}$	
7	$\dfrac{24.00}{83.58}$	4.80	E			【微风化泥岩】：灰色，泥质～钙质胶结，岩芯完整，多呈长柱状，岩质硬				
8	$\dfrac{29.60}{77.98}$	5.60	E						$\dfrac{31\sim4}{28.5\sim28.9}$	

图35-3 31号钻孔柱状图

灰黑色为主,岩质软,岩块手可折断,夹有较多强偏中风化岩块和中风化岩石薄层,风化程度在垂直深度上呈不均分布。本层埋藏深度为16.5~17.5m,平均为17.0m,埋藏深度分布较平稳,厚度为0.8~4.6m。

(2) 中风化泥岩

灰黑色为主,泥质和钙质胶结,岩质偏软,岩芯多呈短柱状及饼状,层理和裂隙均发育。干后岩芯有裂纹,由于抗风化能力不同,中风化带中夹有强风化岩,本层埋深一般为16.7~21.1m,平均为18.87m,中风化基岩顶面的埋藏深度比较平稳,变化不大。

(3) 微风化泥岩

灰色~灰黑色为主,泥质和钙质胶结,岩质较硬,岩芯呈柱状,层理和裂隙不发育,干后岩芯有裂纹,本层埋藏深度一般为20~26m,微风化基岩顶面的埋藏深度比较平稳,变化稍大。

第四系含孔隙水,基岩含裂隙水,上部为滞水,而粉土是强透水层,含丰富的地下水。地下水位静止埋深为地表下1.2~2.3m,以孔隙水为主,其来源主要由大气降水补给。

本工程进行了两次抽水试验,抽水位置以上有3m填土,淤泥厚1~2m,接近淤泥底层,局部夹有粉土层,粉土层含水量高,透水性强,通过抽水试验计算出单孔涌水量$Q=8.4 \sim 12 m^3$/昼夜,$K=0.35$m/昼夜。

地质、水文情况具体详图35-3(31号钻孔柱状图)。

35-4 原支护体系在施工中的异常变形

本工程原地面标高为-1.3m,坑底标高为-6.0m,四周基础梁底标高为-6.5m,ZJ9、ZJ10承台底标高达到-8.3m,基坑平面尺寸为69m×59m,总土方量达25000m³。设计要求承台、基础梁及地下室底板的混凝土采用整体浇筑,不留设任何施工缝或后浇带。根据设计要求,原施工方案为:基坑土方采用一次开挖至底,开挖由东南面开始,不分区、不分段,连续施工,等基坑土方全部开挖完后,再进行地下室承台、基础梁及底板的施工。其施工过程及挡土桩变形情况如下:

7月4日至30日,进行土方试挖,主要开挖基坑中间塔式起重机基础的土方,土方量约2000m³。

7月31日设置挡土桩变形观测点。

8月1日开挖⑧~⑨×Ⓙ~Ⓚ轴(东南角)范围土方至坑底,第二天观测到挡土桩最大变形为15mm。

8月2日至11日暂停土方开挖,仅人工清理桩承台、基础梁的土方,经观测,8月12日开工前挡土桩变形为20mm。

8月12日正式进行土方开挖,开挖从12日下午开始,日夜施工,至8月14日晚,已开挖完东南角⑧~⑪×Ⓖ~Ⓚ轴范围约2000m³的土(已开挖坑底),8月13日观测到东面挡土桩最大变形为60mm,伴随散水坡开裂,8月14日观测到东面挡土桩最大变形为65mm,南面挡土桩最大变形为27mm,并伴随基坑边散水坡原土面开裂,东面马路出现裂缝。

8月15日全天下雨(暴雨),挖土停工,观测到东面挡土桩变形85mm,南面40mm,东面公路开裂明显，缝宽最大20mm，东南角的公路也开始出现裂缝，工地围墙变形倾斜。

8月16日全天继续暴雨，挖土继续停工，观测到东面挡土桩变形135mm，南面71mm，东面马路开裂最大缝宽达60mm，东南角两边1/2范围围墙有向外倾塌的危险。

8月17日至18日继续下雨，变形继续增大，8月19日之后几天，天气转晴，变形开始稳定，其变形变化情况详图35-4（挡土桩变形曲线图）。

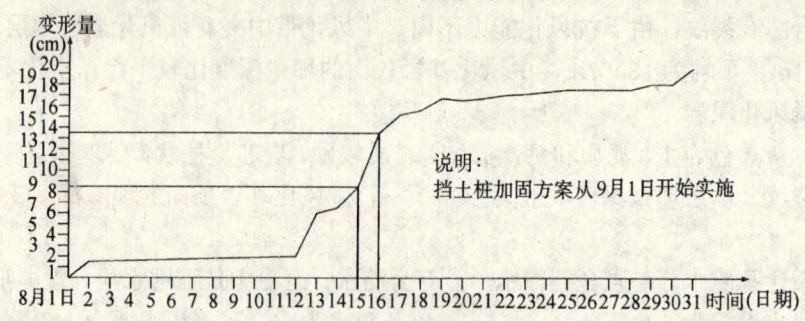

图35-4 挡土桩变形曲线图

从变形曲线图知，挡土桩变形太大，出现异常，其日变形量最大达到50mm，若不采取任何措施继续开挖土方，则挡土桩的变形将会进一步增大，造成道路进一步开裂和沉陷，导致供、排水管道破裂及南面通讯电缆的破坏，甚至会发生挡土桩断裂及整个挡土支护体系破坏等严重后果。因此，我公司立即停止土方开挖施工，并分析、研究处理措施，同时，采取在变形较大段面回填土，减少桩的悬臂长度，增大坑内被动土压力，稳定挡土桩的变形，对变形最大的部位，除回填土外，再填压砂包。

35-5 原因分析

经对原设计结合地质资料作重新分析，发现该工程场地地质较复杂，其淤泥及淤泥质土在整个场地均有分布，其厚度较厚，特别是东、南两面，并且各层土的物理力学指标的离散性较大，最大值是最小值的好几倍，为了能更好的查找支护体系异常变形的原因，以便确定处理方案，经分析、研究，拟考虑以31号钻孔所反映的地质为基础（详图35-3），综合其余各钻孔的地质，对其作适当的调整，然后进行理论计算分析，具体如下：

35.5.1 计算理论

考虑采用由同济大学研究的深基坑计算软件《DESS系统》，该软件假定挡土桩为弹性体，挡土桩在土压力的作用下，利用弹性力学理论和有限元理论，对挡土桩进行分析，求得挡土桩各节点的内力、变形及基坑外土体的沉降变形。

35.5.2 计算数据

综合考虑到本工程场地已经平整，取原地面标高为-1.3m。

考虑到周围道路车辆的行走，地面可能堆放部分工程材料等，取地面堆载为$15kN/m^2$。

考虑到地下水较丰富及施工阶段天气多雨的实际情况，将地下水水位作适当提高，取地下水水位在原地面以下0.9m。

基坑底标高大部分为-6.0m，中间大承台位置达到-8.2m，基坑四周地梁、承台底标高为-6.9m，考虑到地梁、承台为局部加深，取基坑底的标高为-6.5m。

原挡土桩的混凝土强度等级为C25，其弹性模量取为$E_c=2.8\times10^7 kN/m^2$。

挡土桩截面模量为$\pi D^3/32=\pi\times0.8^3/32=0.0503m^3$，挡土支护体系单位宽度的截面模量$W=0.0503m^3/m$。

各层土的计算厚度，采用31号孔所揭露的厚度，再综合其余各钻孔的地质及场地地质的变化作适当的调整，具体详计算数据简图（图35-5）。

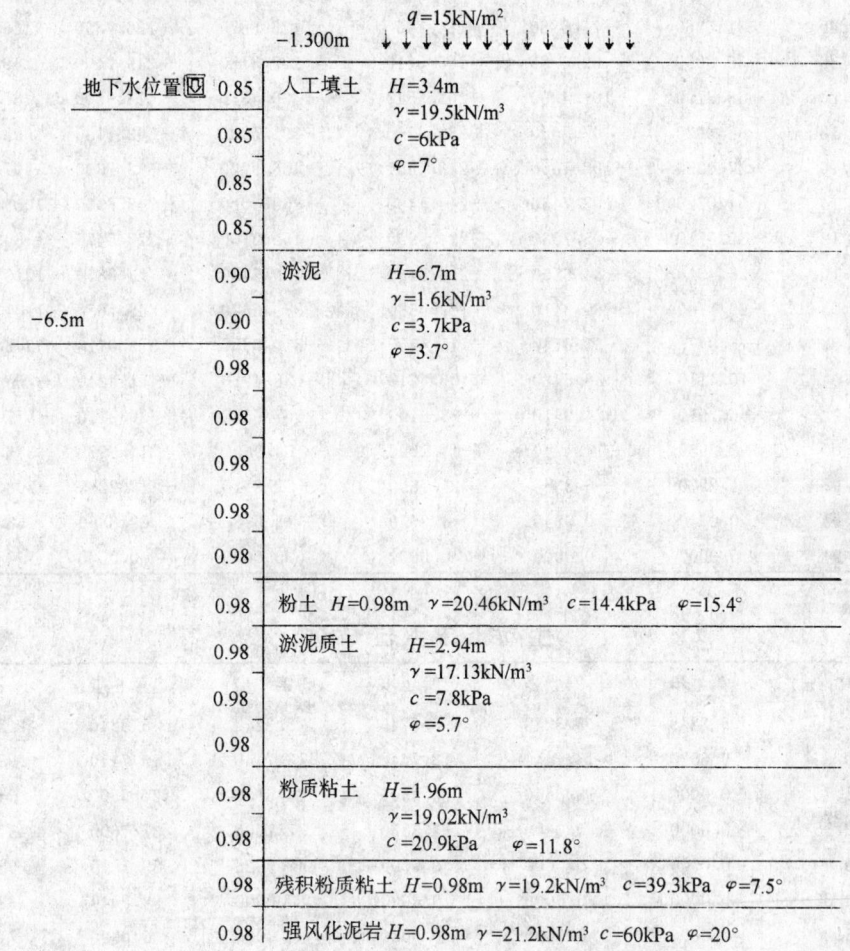

图35-5 计算数据简图

各层土的物理力学指标，根据地质资料中各岩土层主要物理力学性能指标统计表（表35-1）和土工试验成果表中提供的数据，同时考虑到各层土的物理力学指标的离散性较大，由此对其作适当的调整；地质资料中未提供数据的土层，根据地质资料中对该层土的描述，结合该工程周围其余工程的地质资料及以前的经验确定，具体详计算数据简图（见图35-5）。

35.5.3 计算打印

详见表35-2至表35-6。

各节点弯矩值(kN·m)

表 35-2

节点	标高(m)	第1步	第2步	第3步	第4步	第5步	第6步
1	0.00	0.0010	0.0110	0.0110	−0.0080	−0.0040	0.0070
2	−0.85	−4.5260	−4.5260	−4.5320	−4.5100	−4.4830	−4.5040
3	−1.70	−16.2610	−20.7200	−20.7230	−20.6890	−20.6340	−20.5100
4	−2.55	−25.4060	−49.5980	−57.7640	−57.7050	−57.6350	−57.5440
5	−3.40	−31.6260	−71.6880	−114.7960	−126.8870	−126.7890	−126.7060
6	−4.30	−36.0060	−89.4280	−165.0610	−232.3480	−249.7190	−249.6610
7	−5.20	−38.3190	−101.4060	−203.5540	−320.4350	−414.9600	−437.8120
8	−6.18	−38.6020	−107.7680	−230.6260	−391.5900	−562.7180	−695.5390
9	−7.16	−37.0230	−108.1860	−243.5550	−436.9720	−672.2390	−907.1240
10	−8.14	−34.0270	−103.7430	−244.1400	−458.3020	−742.6970	−1065.1210
11	−9.12	−30.0710	−95.7030	−234.8990	−459.2160	−777.5470	−1169.5470
12	−10.10	−25.4310	−84.6590	−216.5460	−439.5430	−773.3850	−1210.0390
13	−11.08	−20.1780	−69.3410	−182.4530	−379.8620	−685.7620	−1101.2360
14	−12.06	−15.0970	−53.6740	−145.4150	−310.5850	−575.0710	−946.9790
15	−13.04	−10.4110	−38.6420	−108.4210	−238.4920	−454.2240	−768.5740
16	−14.02	−6.2980	−24.9310	−73.4100	−167.7540	−330.8110	−577.9850
17	−15.00	−3.2960	−14.1740	−44.1090	−104.9550	−214.2970	−386.0180
18	−15.98	−1.2970	−6.3350	−21.1890	−52.8910	−112.2280	−208.7540
19	−16.98	−0.0740	−0.9840	−4.3620	−12.5580	−29.3860	−58.7800
20	−17.94	0.0000	0.0000	0.0000	0.0000	0.0000	0.0000

主动土压力值(kN)

表 35-3

节点	标高(m)	第1步	第2步	第3步	第4步	第5步	第6步
1	0.00	5.3240	5.3240	5.3240	5.3240	5.3240	5.3240
2	−0.85	9.6520	13.7440	13.7440	13.7440	13.7440	13.7440
3	−1.70	0.0000	18.3640	24.5500	24.5500	24.5500	24.5500
4	−2.55	0.0000	0.0000	23.8360	37.7600	37.7600	37.7600
5	−3.40	0.0000	0.0000	0.0000	42.9320	55.1210	55.1210
6	−4.30	0.0000	0.0000	0.0000	0.0000	58.2040	72.4520
7	−5.20	0.0000	0.0000	0.0000	0.0000	0.0000	71.7120
8	−6.18	0.0000	0.0000	0.0000	0.0000	0.0000	0.0000
9	−7.16	0.0000	0.0000	0.0000	0.0000	0.0000	0.0000
10	−8.14	0.0000	0.0000	0.0000	0.0000	0.0000	0.0000
11	−9.12	0.0000	0.0000	0.0000	0.0000	0.0000	0.0000
12	−10.10	0.0000	0.0000	0.0000	0.0000	0.0000	0.0000
13	−11.08	0.0000	0.0000	0.0000	0.0000	0.0000	0.0000
14	−12.06	0.0000	0.0000	0.0000	0.0000	0.0000	0.0000
15	−13.04	0.0000	0.0000	0.0000	0.0000	0.0000	0.0000
16	−14.02	0.0000	0.0000	0.0000	0.0000	0.0000	0.0000
17	−15.00	0.0000	0.0000	0.0000	0.0000	0.0000	0.0000
18	−15.98	0.0000	0.0000	0.0000	0.0000	0.0000	0.0000
19	−16.98	0.0000	0.0000	0.0000	0.0000	0.0000	0.0000
20	−17.94	0.0000	0.0000	0.0000	0.0000	0.0000	0.0000

被动土压力值 (kN)　　　　　　　　　　　　　表 35-4

节点	标高 (m)	第1步	第2步	第3步	第4步	第5步	第6步
1	0.00	0.0000	0.0000	0.0000	0.0000	0.0000	0.0000
2	−0.85	1.1659	0.0000	0.0000	0.0000	0.0000	0.0000
3	−1.70	3.0513	3.4447	0.0000	0.0000	0.0000	0.0000
4	−2.55	3.4405	7.9855	5.3568	0.0000	0.0000	0.0000
5	−3.40	2.4491	6.2748	11.2503	7.1686	0.0000	0.0000
6	−4.30	2.2948	6.4106	13.0863	19.3372	11.1423	0.0000
7	−5.20	2.2806	6.8130	15.1123	25.2408	32.7743	17.6705
8	−6.18	1.9009	6.0661	14.4376	26.2670	39.0294	47.0680
9	−7.16	1.4479	4.9581	12.5996	24.5407	39.8333	54.7558
10	−8.14	0.9785	3.6691	10.0238	20.8396	36.3677	54.6032
11	−9.12	0.6977	3.0644	9.2980	21.0024	39.7940	65.2697
12	−10.10	0.6251	4.3616	16.0630	40.8285	85.1714	152.3225
13	−11.08	−0.1743	0.3563	3.0049	9.7889	23.5358	46.3798
14	−12.06	−0.4040	−0.6482	−0.0450	2.8744	10.3638	24.6360
15	−13.04	−0.5845	−1.3485	−2.0222	−1.3838	2.6192	12.4330
16	−14.02	−1.1334	−3.0132	−5.8271	−8.1011	−7.0403	1.4088
17	−15.00	−1.0240	−2.9777	−6.5124	−10.9531	−14.7385	−15.0039
18	−15.98	−0.7916	−2.5394	−6.2160	−11.9715	−19.6196	−27.8475
19	−16.98	1.1720	−4.4556	−12.7202	−28.3412	−54.5481	−93.0594
20	−17.94	−0.0759	−1.0042	−4.4507	−12.8143	−29.9861	−59.9780

支护体系变形值 (m)　　　　　　　　　　　　表 35-5

节点	标高 (m)	第1步	第2步	第3步	第4步	第5步	第6步
1	0.00	0.0016	0.0066	0.0189	0.0433	0.0864	0.1555
2	−0.85	0.0014	0.0058	0.0168	0.0388	0.0779	0.0141
3	−1.70	0.0012	0.0050	0.0147	0.0343	0.0695	0.1266
4	−2.55	0.0010	0.0043	0.0127	0.0299	0.0611	0.1123
5	−3.40	0.0008	0.0035	0.0106	0.0255	0.0528	0.0981
6	−4.30	0.0006	0.0028	0.0087	0.0212	0.0444	0.0835
7	−5.20	0.0005	0.0022	0.0069	0.0171	0.0364	0.0694
8	−6.18	0.0003	0.0016	0.0051	0.0130	0.0283	0.0550
9	−7.16	0.0002	0.0011	0.0037	0.0096	0.0213	0.0422
10	−8.14	0.0001	0.0007	0.0024	0.0065	0.0150	0.0307
11	−9.12	0.0001	0.0004	0.0015	0.0042	0.0101	0.0213
12	−10.10	0.0000	0.0001	0.0007	0.0023	0.0060	0.0135
13	−11.08	0.0000	0.0000	0.0002	0.0010	0.0031	0.0078
14	−12.06	0.0000	−0.0001	−0.0001	0.0001	0.0011	0.0036
15	−13.04	0.0000	−0.0001	−0.0002	−0.0003	−0.0001	0.0009
16	−14.02	0.0000	−0.0001	−0.0003	−0.0006	−0.0009	−0.0008
17	−15.00	0.0000	−0.0001	−0.0003	−0.0006	−0.0011	−0.0016
18	−15.98	0.0000	−0.0001	−0.0003	−0.0006	−0.0012	−0.0020
19	−16.98	0.0000	0.0000	−0.0001	−0.0004	−0.0010	−0.0020
20	−17.94	0.0000	0.0000	−0.0001	−0.0003	−0.0008	−0.0019

支护体系周围土体沉降值（m） 表35-6

阶段	离坑边距离（m）	沉降值
1	2.00	0.000061
2	2.00	0.000258
3	2.00	0.000769
4	2.00	0.001826
5	2.00	0.003745
6	2.00	0.006914

35.5.4 挡土桩的承载力计算

本工程挡土桩为悬臂结构，主要承受水平土压力作用，挡土桩的内力主要为弯矩。

由规范GBJ 10-89知，沿周边均匀配置纵向钢筋的圆形截面钢筋混凝土偏心受压构件，其承载力计算公式如下：

$$N \leqslant \alpha f_{cm} A \left(1 - \frac{\sin 2\pi\alpha}{2\pi\alpha}\right) + (\alpha - \alpha_t) f_y A_s \quad (35\text{-}1)$$

$$N\eta e_i \leqslant \frac{2}{3} f_{cm} A r \frac{\sin^3 \pi\alpha}{\pi} + f_y A_s r_s \frac{\sin^3 \pi\alpha + \sin\pi\alpha_t}{\pi} \quad (35\text{-}2)$$

由于挡土桩受力以弯矩为主，其压力主要为自重，可以忽略不计，由此将公式中的压力N取为0，$N\eta e_i$取为M，具体如下：

$$0 \leqslant \alpha f_{cm} A \left(1 - \frac{\sin 2\pi\alpha}{2\pi\alpha}\right) + (\alpha - \alpha_t) f_y A_s \quad (35\text{-}3)$$

$$M \leqslant \frac{2}{3} f_{cm} A r \frac{\sin^3 \pi\alpha}{\pi} + f_y A_s r_s \frac{\sin^3 \pi\alpha + \sin\pi\alpha_t}{\pi} \quad (35\text{-}4)$$

以上公式为沿周边均匀配置纵向钢筋的圆形截面钢筋混凝土受弯构件计算公式。分析公式（35-3）知，$\alpha f_y A_s$为受压区钢筋提供的抗力，$\alpha_t f_y A_s$为受拉区钢筋提供的抗力。对于非均匀配置纵向钢筋的圆形截面受弯构件，该公式可变换为：

$$0 \leqslant \alpha f_{cm} A \left(1 - \frac{\sin 2\pi\alpha}{2\pi\alpha}\right) + \alpha f_{y1} A_{s1} - \alpha_t f_y A_s \quad (35\text{-}5)$$

分析公式（35-4）知，$f_{y1} A_{s1} r_s \dfrac{\sin^3 \pi\alpha}{\pi}$为受压区钢筋提供的抵抗力矩，$f_y A_s r_s \dfrac{\sin\pi\alpha_t}{\pi}$为受拉区钢筋提供的抵抗力矩。对于非均匀配置纵向钢筋的圆形截面受弯构件，该公式可变换为：

$$M \leqslant \frac{2}{3} f_{cm} A r \frac{\sin^3 \pi\alpha}{\pi} + f_{y1} A_{s1} r_s \frac{\sin^3 \pi\alpha}{\pi} + f_y A_s r_s \frac{\sin\pi\alpha_t}{\pi} \quad (35\text{-}6)$$

根据原设计挡土桩的配筋（具体详图35-2），按公式（35-5）、（35-6）进行计算，过程如下：

取 $\alpha = 0.3013$

$\alpha_t = 1.25 - 2\alpha = 0.6467$

$\alpha f_{y1} A_{s1} = 262929$

$\alpha_t f_y A_s = 1283303$

$\alpha f_{cm} A \left(1 - \dfrac{\sin 2\pi\alpha}{2\pi\alpha}\right) + \alpha f_{y1} A_{s1} - \alpha_t f_y A_s$

$= 0.3013 \times 13.5 \times 502655 \times \left(1 - \dfrac{\sin 2 \times 0.3013\pi}{2 \times 0.3013\pi}\right)$

$\quad + 262929 - 1283303$

$= -180 \cong 0$

$M = \dfrac{2}{3} f_{cm} A r \dfrac{\sin^3 \pi\alpha}{\pi} + f_{y1} A_{s1} r_s \dfrac{\sin^3 \pi\alpha}{\pi} + f_y A_s r_s \dfrac{\sin\pi\alpha_t}{\pi}$

$= \dfrac{2}{3} \times 13.5 \times 502655 \times 400 \times \dfrac{\sin^3 \pi \times 0.3013}{\pi}$

$$+ 2815 \times 310 \times 340 \times \frac{\sin^3 \pi \times 0.3013}{\pi}$$

$$+ 6394 \times 310 \times 340 \times \frac{\sin \pi \times 0.6474}{\pi}$$

$$= 550091789 \text{N} \cdot \text{mm}$$

$$= 550 \text{kN} \cdot \text{m}$$

35.5.5 支护体系分析

由表35-2及表35-5计算结果知，在不考虑挡土桩塑性变形的情况下，其桩顶变形达到160mm，挡土桩内的弯矩达到1200kN·m，且挡土桩有整体向坑内倾斜的趋势，并且，在开挖至－5.6m位置时，桩顶位移就达到90mm，挡土桩内的弯矩最大达到800kN·m，而挡土桩的最大承载力仅为550kN·m，由此从理论分析知，当基坑开挖至－5.6m时，挡土桩内产生的内力就已经达到且超过了挡土桩的承载力，使挡土桩出现塑性变形或破坏。而实际上，在8月14日开挖完⑧～⑪×Ⓖ～Ⓚ轴范围的土方时（没有开挖承台、基础梁的土方），测得挡土桩变形为65mm，而没有达到理论分析的90～150mm范围。经分析，实际变形没有达到理论值是由于：①开挖土方的宽度较小仅20m，在挡土一侧土自身产生土拱效应，使挡土桩承受的土压力较理论值小；但是，随着开挖宽度的增大，这种效应越来越小。②在理论计算中没有考虑挡土桩的压顶梁的作用，而实际中挡土桩通过压顶梁将一部分土压力传到两边没有开挖土方的挡土桩上，相当于在已开挖土方位置的挡土桩桩顶施加一个与主动土压力方向相反的力，这样减少了挡土桩的变形，随着开挖宽度的增大，压顶梁的传力效果越差，对挡土桩的约束作用将越小。③在理论计算中，各层土的力学指标是综合实验结果得出，而实际中，各层土的力学指标的离散性较大，也使得理论与实际值有差异。

挡土桩在经过8月15日、16日两天暴雨后，其变形迅速增大，特别是16日，其变形由85mm增大到135mm，日变形量达到50mm，经分析认为，下雨后，雨水渗透到地下，挡土桩两边的土在遇到雨水后，各层土的物理力学指标变差，使得挡土桩承受的主动土压力增大，被动土压力减少，挡土桩的内力即弯矩加大，逐步达到了挡土桩的自身承载力，于是，挡土桩内受拉一侧的钢筋出现塑性变形，导致整个挡土桩出现塑性变形，这样就造成了挡土桩在16日的日变形量达到50mm，由于挡土桩在产生塑性变形的过程中，其承载力也在不断的增加，以及桩顶压顶梁对挡土桩的约束作用，使挡土桩的变形达到一定程度后产生新的平衡，而没有造成挡土桩的破坏及整个支护体系的坍塌。

通过以上分析，造成支护体系出现如此大的变形，主要有如下几点原因：①在进行支护体系设计过程中，采用的支护结构不尽合理，从地质资料反映知，该场地淤泥和淤泥质土两层土的厚度均较厚，特别是淤泥，并且其位于开挖面位置，采用悬臂结构，由于淤泥层所提供的被动土压力值小，相当于增大了支护体系的悬臂长度，使支护体系的内力及弯矩均加大。②支护体系的强度不够，挡土桩内的纵向钢筋太少，使得挡土桩的承载力较低，而土压力产生的弯矩较大，使得挡土桩出现塑性变形。③支护体系的刚度不足，在基坑开挖前期，由于挡土桩的刚度不足，使支护体系出现较大的变形。

35-6 处理方案选择

根据挡土桩的现有受力情况、桩身强度、支护体系刚度、地质情况、周边环境及地下设施等，对其进行综合分析，对各种处理方案进行筛选、比较，最后集中在如下两个方案：

(1) 不变更原设计意图，仍然在基坑土方全部开挖完成后，再施工地下室承台、基础梁及底板，并且地下室承台、基础梁及底板的混凝土采用一次浇筑成型，其中不留设任何施工缝、后浇带，而仅对挡土桩采用加设预应力锚杆的方案。

该方案拟采用在桩顶或桩身的某个位置加设一道预应力锚杆，在对锚杆施加预应力的过程中，就相当于在挡土桩加设锚杆的位置处给挡土桩施加一个与主动土压力方向相反的力，并且在基坑开挖过程中，锚杆还能改变挡土桩的受力状态，将挡土桩由原来的悬臂构件改变为一端固定一端铰支的受力构件，其较大的改善了挡土桩的受力状态，使挡土桩内的弯矩迅速减少，并且还能有效地控制挡土桩的变形，保证地下室施工的安全及地下室施工过程中周围建筑物、构筑物的安全。

经初步估算，锚杆直径约为150mm，由于岩层埋藏较深，锚杆平均长度超过30m，锚杆材料考虑采用1条Φ40mm的粗钢筋，两根桩设1根锚杆，共120多根锚杆，锚杆总长约4000m，再加上钢筋混凝土围檩，总造价超过100万元，另外，由于锚杆的施工而延误工期约30d。

(2) 变更原设计意图，按原结构分区原则，基坑土方采用分区开挖，地下室的承台、基础梁及底板均采用分区施工，并且在基坑的四个角上加设水平钢角支撑，周边部分堆放砂包，在西、南两边利用电梯井位置的群桩承台Z9加设斜向钢支撑，斜向钢支撑一端顶在Z9承台上，另一端顶在挡土桩上。加设水平、斜向钢支撑，改善了挡土桩的受力状态，将挡土桩由原来的悬臂结构改变成一端固定一端铰支的受力结构，使挡土桩内的弯矩得到有效的减少，同时能较好的控制挡土桩的变形；在挡土桩基坑内侧堆放砂包，能减少挡土桩的悬臂长度，提高基坑内侧土的被动土压力，达到稳定挡土桩变形的效果；对基坑土方采用分区开挖，及对地下室承台、基坑梁和底板进行分区施工，能有效地减少基坑的开挖深度，再加上钢支撑的作用能较大地减小压顶梁对挡土桩的约束宽度，提高压顶梁对挡土桩的约束作用，并且还能充分利用土体自身的土拱效应，来达到控制挡土桩变形和减小挡土桩内力的目的。

经初步估算，约需要砂包350m³，钢支撑约12t，包括其他材料以及机械、人工费，合计总造价约20万元左右，另外，由于该方案的实施，其工期较原计划延长10d左右。

从以上两个方案比较知，方案1在对挡土桩的变形方面，比方案2要稍微好一些，但是方案2已经能满足施工安全的需要，从经济和工期方面比较，方案2明显优于方案1，方案2不仅能节省大笔费用，而且能缩短工期，给开发商带来一定的间接经济效益。由此，通过对以上两个方案从不同方面进行比较，经研究讨论，最后确定采用第二个方案作为本工程挡土支护体系的处理方案。

35-7 处理方案的实施

基坑土方采用分区开挖，地下室承台、基础梁及底板采用分区施工，在挡土桩内侧堆填砂包和加型钢角支撑、斜向钢支撑的处理方案，其主要施工过程如下：

(1) 在东、南两边已开挖土方的挡土桩内侧进行土体回填，对变形最大部位堆压砂包，砂包边长15m，底宽4.2m，高4.2m，顶宽1m，堆成梯形，位置详图35-1，堆压砂包和回填土体以减小挡土桩的悬臂长度,增加被动土压力,达到稳定挡土桩的变形及减少挡土桩的内力,然后,在基坑的东南、西南两个角上,在压顶梁标高位置各加设一道钢角支撑,支撑截面由两根槽钢组合而成,具体详图 35-6。

(2) 施工 Z9 承台。由于 Z9 承台埋深较深,开挖面标高-8.3m,且在该范围内均为淤泥,为了保证 Z9 承台的顺利施工,同时也不影响挡土支护体系的安全,经多方面研究分析,最后确定按 1∶2 比例放坡,并且在其四周均堆压 1.2m 宽砂包,以保证边坡的稳定。承台土方开挖完成后,按设计要求做好承台的地模及防水,再按正常的施工顺序施工 Z9 承台,直至浇筑其混凝土至地下室底板面以下 50mm。在该施工过程中,认真组织好各工序的施工搭接,在保证工程质量、安全的前提下,以最短的时间完成 Z9 承台的施工。

(3) 当 Z9 承台的混凝土强度(养护 7d)达到原设计强度标准值的 50% 以上,且在承台四周做好土方回填压实后,以 Z9 承台为支点,在南面、西面各加设一道斜向钢支撑(位置详图 35-1),斜钢支撑一端撑在 Z9 承台上,另一端撑在南面、西面挡土桩的压顶梁上,撑在压顶梁的那一端共设置三个支点,呈树叉形,主撑杆经计算其截面由两根工字型钢组合而成,具体详图 35-7。

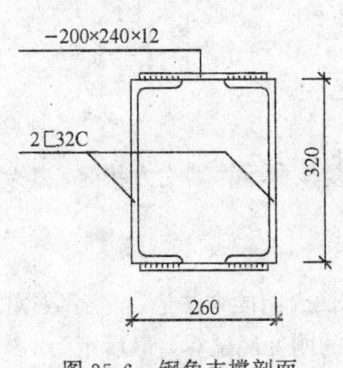

图 35-6 钢角支撑剖面

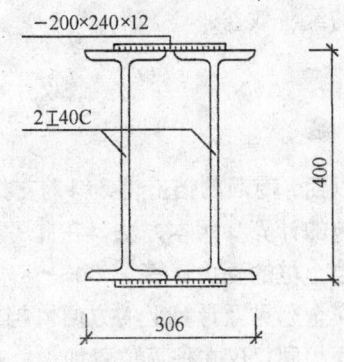

图 35-7 斜钢支撑剖面

(4) 当东南、西南两个角上的钢角支撑和西、南两边的斜钢支撑(由于西、南两边的地质较东边的地质差,由此,仅在西、南两边加设斜钢支撑)完成且符合要求后,即开始开挖①区内剩余的土方,拆除挡土桩内侧的砂包,接着按正常的施工顺序施工①区内地下室承台、基础梁及底板,直至完成①区地下室底板的全部混凝土。

①区面积约占整个基坑面积的一半,在①区地下室承台、基础梁及底板的混凝土全部浇筑完成后,地下室底板有一定的厚度,这样就降低了挡土桩挡土的高度,由于混凝土的自重较大,在底板混凝土完成后,就相当于在基坑开挖面的土体上施加了一个均布荷载,这样就提高了挡土桩基坑一侧土体的被动土压力,改善了挡土桩的受力,另外,在①区地下室底板混凝土达到一定强度后(①区地下室底板的混凝土在东、南、西三边均与挡土桩相连成整体),就相当于在基坑开挖面位置给三面挡土桩加设了一道刚度很大的水平支撑系统,很大程度的改善了挡土桩的受力,使该部分的挡土支护体系在很大程度上得到了加固,同时,由于压顶梁所起的约束、整体作用,将其余两个区的部分土压力传递至①区的挡土支护体系上,由此,①区地下室底板混凝土完成且达到一定强度后,也对②区、③区的挡土支护体系起到了一定的加固作用。

(5) 从地下室平面图分析得知,西北角②区的混凝土量相对较少,没有大承台,基础承台也以单桩、双桩承台为主,其开挖深度考虑承台、基础梁及电缆沟时,与东北角③区比较相对较浅,其挡土桩的受力也较好,另外在西北角的压顶梁位置加设一道水平钢角支撑(支撑与东南、西南角的相同,具体详图35-1),经计算、研究、分析可满足安全要求;为了更进一步的减少挡土桩的变形及基坑的暴露时间,在进行②区施工时,采用两班作业加快②区的施工,同时做好施工的搭接,加强施工管理,实际仅用了 8d 时间就完成了整个②区的土方开挖,地下室承台、基础梁及底板混凝土的浇筑,据设于压顶梁的观测点测得,挡土桩的最大变形为110mm。

(6) 最后施工③区,在①、②区施工完成后(地下室底板混凝土均与四周挡土桩相连成整体),在开挖面位置,对挡土桩已基本形成了一个刚度很大的水平支撑系统,这对于③区的开挖是十分有利的,另外在东北角的压顶梁标高位置加设一道水平钢角支撑(该支撑与西北、西南、东南角的相同,具体详图35-1),该支撑对挡土桩的受力能起到很大的加固作用,经计算、分析已能满足施工安全要求,为了进一步减少挡土桩变形及缩短基坑的暴露时间,采取一定措施加快施工进度,最后顺利地完成了该区的施工。

采用以上施工方法及顺序,对该工程地下室进行施工,顺利地完成了地下室结构,取得了很好的经济效益。

35-8 理 论 计 算

本文以西、南面的挡土桩、斜钢支撑、Z9 承台为例,复核和验算其受力状况,其余桩、支撑及砂包的计算参照本方法,在此不再叙述。

35.8.1 挡土桩的受力计算

为了安全起见及计算上的方便,挡土桩的计算采用前面介绍的方法进行,各数据的取舍也与前面相同,仅在桩顶位置加设一道钢支撑,钢支撑的刚度经试算,最后定为 $1.65 \times 10^4 \text{kN/m}$,计算结果详见表35-7至表35-11。

各节点弯矩值(kN·m)　　表35-7

节点	标高(m)	第1步	第2步	第3步	第4步	第5步	第6步
1	0.00	0.0010	0.0010	0.0110	−0.0080	−0.0050	−0.0010
2	−0.85	−4.5260	−4.5260	−4.5320	−4.5100	85.0500	117.6100
3	−1.70	−16.2610	−20.7200	−20.7230	−20.6890	158.4020	223.5430
4	−2.55	−25.4060	−49.5980	−57.7640	−57.7050	210.9070	308.6080
5	−3.40	−31.6260	−71.6880	−114.7960	−126.8870	−231.2960	361.5550
6	−4.30	−36.0060	−89.4280	−165.0610	−232.3480	203.2730	368.0140
7	−5.20	−38.3190	−101.4060	−203.5540	−320.4350	125.1610	309.2610
8	−6.18	−38.6020	−107.7680	−230.6260	−391.5900	48.0350	179.0190
9	−7.16	−37.0230	−108.1860	−243.5550	−436.9720	−18.8890	60.4020
10	−8.14	−34.0270	−103.7430	−244.1400	−458.3020	−74.5460	−43.4830
11	−9.12	−30.0710	−95.7030	−234.8990	−459.2160	−119.0120	−131.3230
12	−10.10	−25.4310	−84.6590	−216.5460	−439.5430	−149.9710	−198.0710
13	−11.08	−20.1780	−69.3410	−182.4530	−379.8620	−148.1840	−209.7320
14	−12.06	−15.0970	−53.6740	−145.4150	−310.5830	−135.5470	−201.9700
15	−13.04	−10.4100	−38.6420	−104.4210	−238.4920	−116.3000	−181.3620
16	−14.02	−6.2980	−24.9310	−73.4100	−167.7540	−92.5540	−150.9410
17	−15.00	−3.2960	−14.1740	−44.1090	−104.9550	−64.7890	−109.5500
18	−15.98	−1.2970	−6.3350	−21.1890	−52.8910	−36.6640	−64.0920
19	−16.98	−0.0740	−0.9840	−4.3620	−12.5580	−11.2970	−20.9660
20	−17.94	0.0000	0.0000	0.0000	0.0000	0.0000	0.0000

35-8 理 论 计 算　　627

主动土压力值 (kN)　　　　　　　　　　　　　　　　　　　表 35-8

节点	标高 (m)	第1步	第2步	第3步	第4步	第5步	第6步
1	0.00	5.3240	5.3240	5.3240	5.3240	5.3240	5.3240
2	−0.85	9.6520	13.7440	13.7440	13.7440	13.7440	13.7440
3	−1.70	0.0000	18.3640	24.5500	24.5500	24.5500	24.5500
4	−2.55	0.0000	0.0000	23.8360	37.7600	37.7600	37.7600
5	−3.40	0.0000	0.0000	0.0000	42.9320	55.1210	55.1210
6	−4.30	0.0000	0.0000	0.0000	0.0000	58.2040	72.4520
7	−5.20	0.0000	0.0000	0.0000	0.0000	0.0000	71.7120
8	−6.18	0.0000	0.0000	0.0000	0.0000	0.0000	0.0000
9	−7.16	0.0000	0.0000	0.0000	0.0000	0.0000	0.0000
10	−8.14	0.0000	0.0000	0.0000	0.0000	0.0000	0.0000
11	−9.12	0.0000	0.0000	0.0000	0.0000	0.0000	0.0000
12	−10.10	0.0000	0.0000	0.0000	0.0000	0.0000	0.0000
13	−11.08	0.0000	0.0000	0.0000	0.0000	0.0000	0.0000
14	−12.06	0.0000	0.0000	0.0000	0.0000	0.0000	0.0000
15	−13.04	0.0000	0.0000	0.0000	0.0000	0.0000	0.0000
16	−14.02	0.0000	0.0000	0.0000	0.0000	0.0000	0.0000
17	−15.00	0.0000	0.0000	0.0000	0.0000	0.0000	0.0000
18	−15.98	0.0000	0.0000	0.0000	0.0000	0.0000	0.0000
19	−16.98	0.0000	0.0000	0.0000	0.0000	0.0000	0.0000
20	−17.94	0.0000	0.0000	0.0000	0.0000	0.0000	0.0000

被动土压力值及支撑力 (kN)　　　　　　　　　　　　　　表 35-9

节点	标高 (m)	第1步	第2步	第3步	第4步	第5步	第6步
1	0.00	0.0000	0.0000	0.0000	0.0000	105.3711	143.6829
2	−0.85	1.1659	0.0000	0.0000	0.0000	0.0000	0.0000
3	−1.70	3.0513	3.4447	0.0000	0.0000	0.0000	0.0000
4	−2.55	3.4405	7.9855	5.3568	0.0000	0.0000	0.0000
5	−3.40	2.4491	6.2748	11.2503	7.1686	0.0000	0.0000
6	−4.30	2.2948	6.4106	13.0863	19.3372	2.5441	0.0000
7	−5.20	2.2806	6.8130	15.1123	25.2408	8.0775	4.0708
8	−6.18	1.9009	6.0661	14.4376	26.2670	10.4109	11.8627
9	−7.16	1.4479	4.9581	12.5996	24.5407	11.4993	15.0395
10	−8.14	0.9785	3.6691	10.0238	20.8396	11.4220	16.3659
11	−9.12	0.6977	3.0644	9.2980	21.0024	13.7772	21.5157
12	−10.10	0.6251	4.3616	16.0630	40.8285	33.4075	56.2065
13	−11.08	−0.1743	0.3563	3.0049	9.7889	11.0742	19.8282
14	−12.06	−0.4040	−0.6482	−0.0450	2.8744	6.7451	13.1053
15	−13.04	−0.5845	−1.3485	−2.0222	−1.3838	4.5894	10.0136
16	−14.02	−1.1334	−3.0132	−5.8271	−8.1011	4.1017	11.1948
17	−15.00	−1.0240	−2.9777	−6.5124	−10.9531	0.3666	4.1507
18	−15.98	−0.7916	−2.5394	−6.2160	−11.9715	−2.8146	−2.3797
19	−16.98	−1.1720	−4.4556	−12.7202	−28.3412	−14.3569	−22.6130
20	−17.94	−0.0759	−1.0042	−4.4507	−12.8143	−11.5278	−21.3937

支护体系变形值（m）　　　　　表35-10

节点	标高(m)	第1步	第2步	第3步	第4步	第5步	第6步
1	0.00	0.0016	0.0066	0.0189	0.0433	0.0497	0.0584
2	−0.85	0.0014	0.0058	0.0168	0.0388	0.0451	0.0539
3	−1.70	0.0012	0.0050	0.0147	0.0343	0.0405	0.0494
4	−2.55	0.0010	0.0043	0.0127	0.0299	0.0359	0.0448
5	−3.40	0.0008	0.0035	0.0106	0.0255	0.0312	0.0398
6	−4.30	0.0006	0.0028	0.0087	0.0212	0.0265	0.0347
7	−5.20	0.0005	0.0022	0.0069	0.0171	0.0219	0.0295
8	−6.18	0.0003	0.0016	0.0051	0.0130	0.0171	0.0238
9	−7.16	0.0002	0.0011	0.0037	0.0096	0.0130	0.0187
10	−8.14	0.0001	0.0007	0.0024	0.0065	0.0092	0.0139
11	−9.12	0.0001	0.0004	0.0015	0.0042	0.0062	0.0099
12	−10.10	0.0000	0.0001	0.0007	0.0023	0.0038	0.0066
13	−11.08	0.0000	0.0000	0.0002	0.0010	0.0020	0.0040
14	−12.06	0.0000	−0.0001	−0.0001	0.0001	0.0007	0.0020
15	−13.04	0.0000	−0.0001	−0.0002	−0.0003	0.0000	0.0008
16	−14.02	0.0000	−0.0001	−0.0003	−0.0006	−0.0005	−0.0001
17	−15.00	0.0000	−0.0001	−0.0003	−0.0006	−0.0006	−0.0005
18	−15.98	0.0000	−0.0001	−0.0003	−0.0006	−0.0007	−0.0008
19	−16.98	0.0000	0.0000	−0.0001	−0.0004	−0.0005	−0.0007
20	−17.94	0.0000	0.0000	−0.0001	−0.0003	−0.0005	−0.0009

支护体系周围土体沉降值（m）　　表35-11

阶段	离坑边距离(m)	沉降值
1	2.00	0.000061
2	2.00	0.000258
3	2.00	0.000769
4	2.00	0.001826
5	2.00	0.002218
6	2.00	0.002839

由计算结果知，挡土桩在加设钢支撑后，其弯矩有很大幅度的降低，桩顶变形也得到了有效的控制。挡土桩挡土一侧的最大弯矩由原来的1200kN·m，减少至450kN·m，挡土桩基坑一侧的弯矩最大为360kN·m，均能满足挡土桩自身承载力的要求。

35.8.2 斜钢支撑的设计及验算

35.8.2.1 初步估算

由计算结果知，桩顶应提供的支撑力为143.7kN/m，考虑支撑覆盖的范围为20m，则支撑应提供的水平力 $F_水=143.7\times20=2874$kN。

$F_轴=F_水/\cos25.4=3181$kN

$f_y=215$N/mm²

$A=F_轴/f_y=3181\times1000/215=14795$mm²

考虑整体稳定系数 ϕ 及弯矩的作用，选用ZI40c的工字钢作为斜钢支撑的主撑杆，由型钢表查得：

$A_1=10207$mm²；$i_x=152.9$mm；$i_y=26.7$mm；$b=146$mm；$I_{x1}=238470000$mm⁴；$I_{y1}=7275000$mm⁴；$q=0.8$kN/m。

35.8.2.2 支撑所受荷载

支撑所受轴向力 $F_轴=3181$kN。

支撑所受弯矩主要由自身重力产生，为了计算上的方便及安全起见，按如下方法计算：

主撑杆自身重力产生的最大弯矩

$$M_1 = ql^2/8 = 0.8 \times 2 \times 14 \times 14 \times \cos 25.4/8 = 35 \text{kN} \cdot \text{m}$$

副撑杆重力在主撑杆内产生的最大弯矩

$$M_2 = p \times 6 \times 8/14 = 0.26 \times 2 \times 4.4 \times 6 \times 8 \times \cos 25.4/14 = 7 \text{kN} \cdot \text{m}$$

则主撑杆内的最大弯矩

$$M = M_1 + M_2 = 35 + 7 = 42 \text{kN} \cdot \text{m}$$

35.8.2.3 主撑杆截面设计

$\lambda_x = L/i_x = 14 \times 0.7 \times 1000/152.9 = 64$

$\lambda_x = \lambda_{oy}$

$\lambda_{oy} = \sqrt{(\lambda_y)^2 + (\lambda_1)^2}$

$\lambda_1 = L_1/\lambda_y = 800/26.7 = 30$

$\lambda_y = \sqrt{(\lambda_{oy})^2 - (\lambda_1)^2} = 56$

$\lambda_y = L_y/i_{y1}$

$i_{y1} = L_y/\lambda_y = 8 \times 0.6 \times 1000/56 = 85 \text{mm}$

$i_{y1} = \sqrt{I/A}$

$I = (i_{y1})^2 \times A = 85 \times 85 \times 2 \times 10207 = 147491150 \text{mm}^4$

$I = I_{y1} + x^2 \times A$

$x^2 = (I - I_{y1})/A = (147491150 - 2 \times 7275000)/2 \times 10207$

$\quad = 6512 \text{mm}$

$x = 80 \text{mm}$

$b_1 = 2 \times 80 = 160 \text{mm}$

由计算知，两根 I40c 的工字钢形心之间的距离为 160mm，缀板之间的净距为 800mm 时，可满足在 X 轴、Y 轴两个方向的整体稳定相同。

35.8.2.4 支撑稳定验算

1. 弯矩平面内稳定验算

查表得 $\phi_x = 0.786$ $\beta_{mx} = 1.0$ $\gamma_x = 1.05$

$\omega_{1x} = 2384800$

$N_{Ex} = \pi^2 EA/(\lambda_x)^2 = 10132932 \text{N}$

$$f = \frac{N}{\phi_x A} + \frac{\beta_{mx} M}{\gamma_x \omega_{1x}(1 - 0.8 N/N_{Ex})}$$

$$= \frac{3181 \times 1000}{0.786 \times 2 \times 10207} + \frac{1.0 \times 42 \times 1000000}{1.05 \times 2384800 \times (1 - 0.8 \times 3181000/10132932)}$$

$$= 198 + 22$$

$$= 220 \text{N/mm}^2$$

$f_v = 215 \text{N/mm}^2$

基本满足。

2. 弯矩平面外稳定验算

$$I_y = 727.5 \times 10000 \times 2 + 80 \times 80 \times 10207 \times 2$$
$$= 145199600 \text{mm}^4$$
$$i_y = \sqrt{I/A} = 84 \text{mm}$$
$$\lambda_y = 4800/84 = 57$$
$$\phi = 0.823$$
$$\beta_{tx} = 1.0$$
$$\phi_b = 1.07 - \frac{(\lambda_y)^2}{44000} \times \frac{f_y}{235} = 1.0$$
$$f = \frac{N}{\phi_y A} + \frac{\beta_{tx} M}{\phi_b \omega} = \frac{3181000}{0.823 \times 2 \times 10207} + \frac{1.0 \times 42 \times 1000000}{1.0 \times 2384800}$$
$$= 189 + 17$$
$$= 206 \text{N/mm}^2$$
$$f_y = 215 \text{N/mm}^2$$

满足要求

35.8.2.5 缀板设计

$b \geqslant 2C/3 = 2 \times 160/3 = 107 \text{mm}$，取 $b = 200 \text{mm}$

$t = 12 \text{mm}$

$L_d = 240 \text{mm}$

35.8.3 Z9承台验算

考虑到Z9承台的各桩均为近似椭圆形，且大小不同，另外，作用在承台上的两个支撑力均未通过承台的形心，致使承台产生扭转趋势。因此，采用地基基础设计规范中的群承台水平承载力计算公式进行验算可能出入较大，由此，拟考虑采用单桩桩顶水平承载力计算公式进行验算。具体计算过程为：首先，根据材料力学理论，计算由于支撑力偏心作用而使承台产生的扭矩，以及在该扭矩作用下，承台的各桩桩顶产生的水平力，接着，根据框架结构设计理论中的 D 值法，计算支撑力水平作用使每根桩桩顶产生的水平力，最后，计算各根桩的合力，选取水平力最大的1根桩进行水平承载力验算，具体计算过程如下：

35.8.3.1 荷载计算

由斜钢支撑1的受力知，斜钢支撑1给Z9承台的水平力为2874kN，经计算，斜钢支撑2给Z9承台的水平力基本与斜钢支撑1相同，由此，考虑斜钢支撑2给Z9承台的水平力也为2874kN。

$$M_{扭} = (9.2 - 2.0) \times 2874 - (6.9 - 2.0) \times 2874$$
$$= 6610 \text{kN} \cdot \text{m}$$
$$F = 2874 \text{kN}$$

35.8.3.2 各桩顶的水平力计算

详见表35-12、图35-8。

35.8.3.3 桩顶水平力验算

由于本承台的桩均为近似椭圆形，在规范中无该类型桩的计算公式，为了计算上的方便及安全起见，考虑采用圆形截面桩水平承载力计算公式进行验算，即仅考虑近似椭圆形

35-8 理论计算

表35-12 承台桩顶水平力计算表

项目及计算公式	①	②	③	④	⑤	⑥	⑦	⑧	⑨	⑩
桩型	J9	J8	J9	J8	J8	J8	J8	J9	J8	J9
$A=\pi R^2+D\times L$	7044690	6144690	7044690	6144690	6144690	6144690	6144690	7044690	6144690	7044690
I_{x0}	9.3×10^{12}	6.2×10^{12}	9.3×10^{12}	6.2×10^{12}	6.2×10^{12}	6.2×10^{12}	6.2×10^{12}	9.3×10^{12}	6.2×10^{12}	9.3×10^{12}
I_{y0}	1.73×10^{12}	1.5×10^{12}	1.73×10^{12}	1.5×10^{12}	1.5×10^{12}	1.5×10^{12}	1.5×10^{12}	1.73×10^{12}	1.5×10^{12}	1.73×10^{12}
$I_{x1}=I_{x0}+A\times(I_x)^2$	3.3×10^{14}	6.2×10^{12}	3.3×10^{14}	3.6×10^{14}	4.8×10^{13}	4.8×10^{13}	3.6×10^{14}	3.3×10^{14}	6.2×10^{12}	3.3×10^{14}
$I_{y1}=I_{y0}+A\times(I_y)^2$	2.3×10^{14}	2.0×10^{14}	2.3×10^{14}	6.2×10^{12}	6.2×10^{12}	6.2×10^{12}	6.2×10^{12}	2.3×10^{14}	2.0×10^{14}	2.3×10^{14}
I_x					2148.4×10^{12}					
I_y					1344.8×10^{12}					
$I=I_x+I_y$					3493.2×10^{12}					
M					6610×10^6					
$F_{x\xi}=MXA/I(\text{正}\rightarrow)$	-89980	0	89980	-88367	-30231	30231	88367	-89980	0	89980
$F_{y3}=MYA/I(\text{正}\uparrow)$	-75983	-66275	-75983	0	0	0	0	75983	66275	75983
F_1					-2874000					
$D_x=12EI/h^3$	1.73×10^{12}	1.5×10^{12}	1.73×10^{12}	6.2×10^{12}	6.2×10^{12}	6.2×10^{12}	6.2×10^{12}	1.73×10^{12}	1.5×10^{12}	1.73×10^{12}
$D_{x\text{总}}$					34.72×10^{12}					
$F_{x1}=D_xF_1/D_{x\text{总}}$	-143203	-124165	-143203	-513214	-513214	-513214	-513214	-143203	-124165	-143203
F_{y1}	0	0	0	0	0	0	0	0	0	0
F_2					2874000					
$D_y=12EI/h^3$	9.3×10^{12}	6.2×10^{12}	9.3×10^{12}	1.5×10^{12}	1.5×10^{12}	1.5×10^{12}	1.5×10^{12}	9.3×10^{12}	6.2×10^{12}	9.3×10^{12}
$D_{y\text{总}}$					55.6×10^{12}					
F_{x2}	0	0	0	0	0	0	0	0	0	0
$F_{y2}=D_yF_2/D_{y\text{总}}$	480723	320482	480723	77536	77536	77536	77536	480723	320482	480723
$F_x=F_{x1}+F_{x2}+F_{x3}$	-233183	-124165	-53223	-601581	-543445	-482983	-424847	-233183	-124165	-53223
$F_y=F_{y1}+F_{y2}+F_{y3}$	404740	254207	404740	77536	77536	77536	77536	556706	386757	556703
$F_{\text{合}}=\sqrt{(F_x)^2+(F_y)^2}$	467107	282910	408224	606557	548948	489167	431864	603570	406199	559241

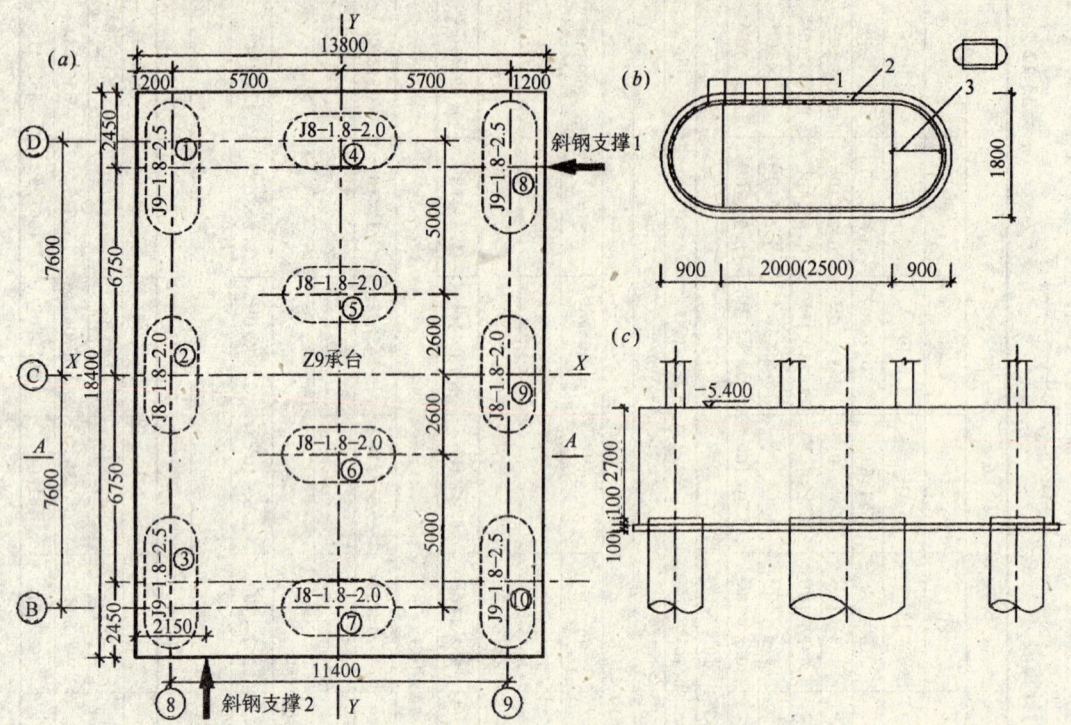

图 35-8 Z9 承台平面图
(a) Z9 承台平面图；(b) J8 (J9) 桩配筋图；(c) A-A 剖面图
1—主筋 52 ⌀ 25mm (58 ⌀ 25mm)；2—螺旋箍 ϕ10@300mm；3—加劲箍 ⌀ 20@2000mm

两边半圆的承载力。

考虑地基土为淤泥质土，查规范附表，

取 $m = 3 \times 1000000 \text{N/m}^4 = 3 \times 10^{-6} \text{N/mm}^4$

$b_0 = 0.9 \times (d+1) = 0.9 \times (1.8+1) = 2520 \text{mm}$

$E = 30000 \text{N/mm}^2$

$I = \pi D^4 / 64 = 5.15 \times 10^{11} \text{mm}^4$

$\alpha = \sqrt[5]{mb_0/EI} = 2.2 \times 10^{-4} \text{mm}^{-1}$

$\gamma_m = 2$

$f_t = 1.5 \text{N/mm}^2$

$\alpha_E = 2.0 \times 100000/30000 = 6.7$

$\rho_g = 15217/\pi \times 900 \times 900 = 6.0 \times 10^{-3}$

$\alpha h = 2.2 \times 10^{-4} \times 23 \times 1000 = 5.06$

$\nu_m = 0.926$

$d_0 = 1800 - 120 = 1680$

$w_0 = \pi d \times (d^2 + 2(\alpha_E - 1) \rho_g (d_0)^2) / 32$
$= 606670394$

$\zeta_N = 0.5$

$$A_n = \pi d^2 (1 + (\alpha_E - 1)\rho_g)/4$$
$$= 2631719$$
$$N = 13.8 \times 18.4 \times 2 \times 25 \times 1000/10 = 1269600$$
$$R_h = \frac{\alpha \gamma_m f_t w_o}{\nu_m}(1.25 + 22\rho_g) \times \left(1 + \frac{\zeta_N N}{\gamma_m f_t A_n}\right)$$
$$= 645624 N$$
$$= 645 kN \geqslant 607 kN$$

满足要求。

35.8.3.4 结果分析

Z9 承台在不考虑承台与土之间的摩擦力、承台四周土对承台的压力、支撑的竖向分力，将近似椭圆形截面改为圆形截面计算水平承载力，均能满足要求。由此可知，挡土桩的斜钢支撑以 Z9 承台为支点，不会对 Z9 承台造成不利影响，同时也不会影响建筑物的基础。

35-9 经验总结

随着经济的不断发展，城市用地越来越紧张，以及地下工程的越来越普遍，挡土支撑体系的设计、施工已成为现代建筑中的一个主要研究课题。但由于工程地质情况的复杂性以及相同土层物理力学指标的离散性，使得设计人员在设计中较难把握，再加上支护理论的不太完善，造成部分挡土支护体系出现或多或少的问题，本文通过对该工程挡土支护体系异常变形的处理，总结了一些这方面的经验，具体如下：

（1）在支护体系设计中，如遇到淤泥层较厚，且又刚好位于开挖面位置时，应尽量避免采用悬臂式挡土结构进行挡土，因为采用悬臂式挡土结构时，开挖面位置是淤泥，淤泥层所能提供的被动土压力很小，使得支护结构的反弯点较大幅度的下移，造成悬臂段长度相对加大及弯矩过大，支护体系的变形也很显著。

（2）在挡土支护体系的施工、基坑土方开挖及地下结构的施工过程中，应制订好支护体系及周围道路、建筑物、构造物的沉降、侧移观测方案，进行信息化施工，这样能及时发现问题，及时进行处理。

（3）在基坑土方开挖及地下室施工过程中，应结合建筑物的结构特点，编制合理的施工方案，也是挡土支护体系成败的关键。

（4）在挡土支护体系的设计、施工过程中，合理地、充分地利用建筑物自身的结构特点，有时能取得很好的经济效益和社会效益。

（5）在挡土支护体系的设计中，应充分重视压顶梁的作用，压顶梁不但能加强支护体系的整体性，而且在调节各桩之间的受力以及对桩顶的约束，也能起到很好的效果。

36 人工成槽连续墙在深基坑施工中的应用

广州市第三建筑工程有限公司　谭敬乾　李广荣　钟晓文　林　谷

36-1 概　　况

目前我国高层、超高层建筑的地下室层数多、深度大，且施工场地相对狭窄，故施工中需对坑壁采取支护措施，如密排人工挖孔桩、钻（冲）孔桩和机械成槽连续墙等。机械成槽连续墙和钻（冲）孔桩施工需要大型机械设备，造价高，工期长，且施工噪音大，泥浆污染严重；而密排人工挖孔桩的桩间密封性能差，很难做到止水防渗，故在地下水位高的软土地区多与压密注浆、高压旋喷或深层搅拌桩结合使用，形成复合结构的支护形式，此种形式必需两种以上工艺，工期较长，造价较高。

针对深基坑支护的现状，从节约费用、加快工期及减少环境污染的角度出发，设计出一种新型的深基坑支护结构——人工成槽连续墙。

人工成槽连续墙由密排人工挖孔挡土桩发展改良而成，它结合了机械成槽连续墙和密排人工挖孔桩的特点，充分利用人的劳动力和廉价的支护材料，采取新颖的支护形式，将挡土、结构承重和止水防渗等功能合于一种结构形式中（人工成槽连续墙结构），在确保质量和安全的前提下，达到节约支护费用，加快工期，减少环境污染等良好效果。

36-2 第一、第二代人工成槽连续墙的应用

人工成槽连续墙目前已发展了"三种"结构形式，分别称之为第一代、第二代、第三代人工成槽连续墙。其中第一、第二代人工成槽连续墙采用类似密排人工挖孔桩的结构和施工工艺。第一代人工成槽连续墙由半圆形人工挖孔桩"相切割"而成，该工艺按人工挖孔桩的工艺分"a"、"b"两批桩进行施工，先施工"a"桩，后造"b"桩时凿掉"a"桩护壁（与"b"桩相交部分）；每桩均有两种截面形式，低于基坑底的部分采用全圆桩，高于基坑底的部分采用大半圆桩，"a"、"b"桩最终相切割而形成地下室内侧呈平面、外侧呈圆弧形的连续式墙体结构（见图36-1、图36-2）。该墙体结构具有较高的承载力，在地下室施工时，在其内表面做内衬作为加强防水和修饰内表面用，则该结构既可作为挡土和止水防渗的支护结构，又可作为地下室外壁承重的永久性地下结构。

第一代人工成槽连续墙（应用于广州市东风中路国信大厦）工艺流程为：第一代人工成槽连续墙和人工挖孔工程桩同时施工→压顶圈梁施工→开挖第一层土方，施工第一道锚杆→开挖第二层土方，施工第二道锚杆→基坑土方机械大开挖→地下室底板及结构施工。

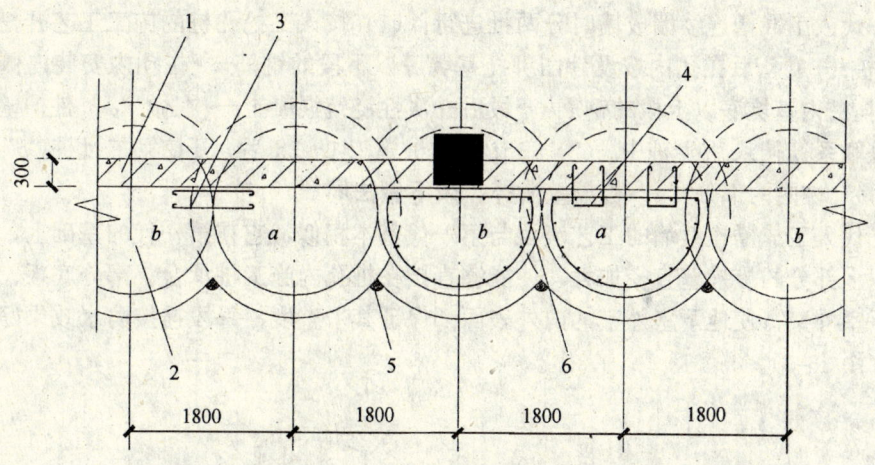

图 36-1 第一代人工成槽连续墙边柱桩连接及配筋构造大样图

1—钢筋混凝土内衬墙；2—人工成槽连续墙；3—施工"a"桩护壁时，预留桩与桩联系筋（竖向 $2\phi12@200mm$，$L=850mm$）伸入"b"桩中；4—每桩预留竖向桩—内衬墙联系筋 $\phi8@800mm$ 伸入内衬墙中；5—施工"b"桩时，在"a"桩、"b"桩相切处安放膨润土条；6—先施工"a"桩，待完成"a"桩 $1\sim3d$ 后再施工"b"桩，施工"b"桩时，将切入"b"桩内的部分"a"桩护壁凿去

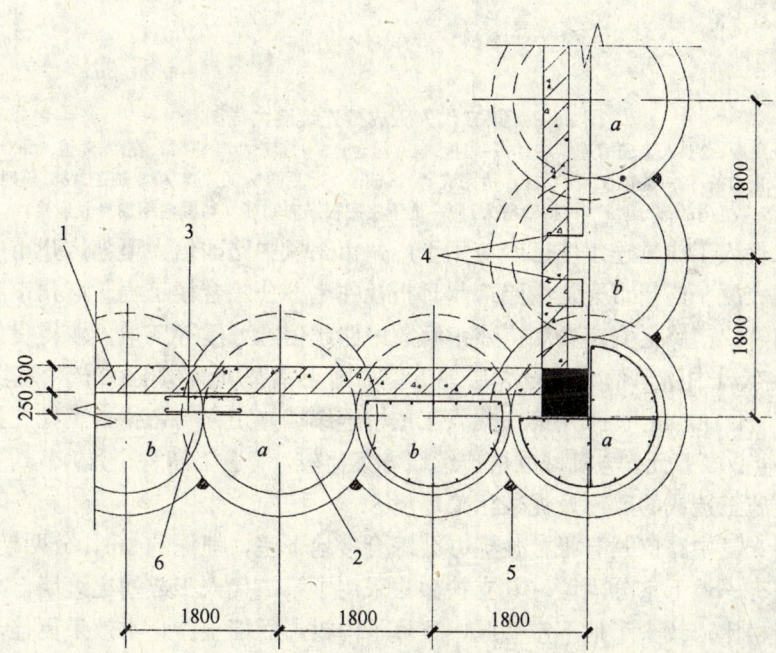

图 36-2 第一代人工成槽连续墙角柱桩连接及配筋构造大样图

1—钢筋混凝土内衬墙；2—人工成槽连续墙；3—施工"a"桩护壁时，预留桩与桩联系筋（竖向 $2\phi12@200mm$，$L=850mm$）伸入"b"桩中；4—每桩预留竖向桩—内衬墙联系筋 $\phi8@800mm$ 伸入内衬墙中；5—施工"b"桩时，在"a"桩、"b"桩相切处安放膨润土条；6—先施工"a"桩，待完成"a"桩 $1\sim3d$ 后再施工"b"桩

第一代人工成槽连续墙成墙时分两批进行：(1) 按人工挖孔桩的施工工艺开挖第一批桩"a"桩→成孔后在孔内按设计图绑扎基坑底以下段的钢筋→在孔内安装内侧面模板→再绑扎桩内基坑底以上段的钢筋→最后一次性浇筑混凝土→在做"a"桩护壁时，预留桩与桩联系筋伸入"b"桩中。(2) 完成"a"桩施工1～3d后，开挖第二批桩"b"桩，并将切入"b"桩内的部分"a"桩护壁凿掉，余下做法同"a"桩。

第二代人工成槽连续墙的工艺流程与第一代基本相似，它在第一代的基础上，将高于基坑底以上部分的桩护壁直径加大，使能够直接在桩孔内施工桩承台、部分底板、墙底地梁和地下室外壁，使地下室外壁的内外表面都保证其平整度，每段连接防水效果好，无需做内衬（图36-3）。

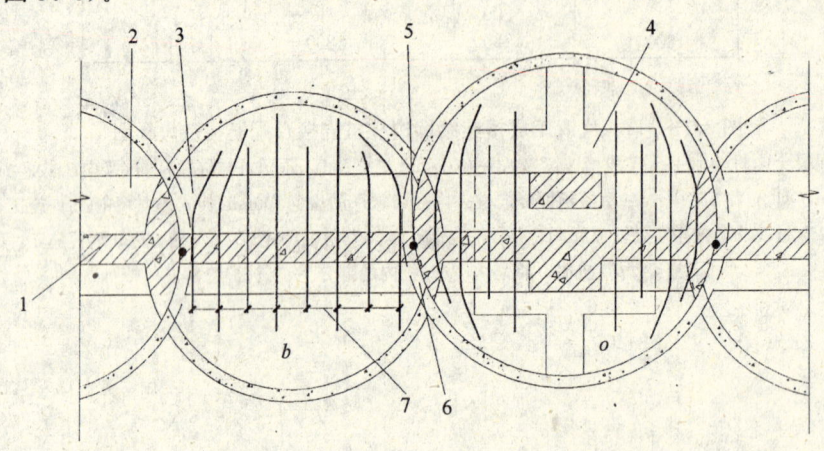

图36-3 第二代人工成槽连续墙大样图

1—地下室分隔墙；2—人工成槽连续墙；3—底板；4—承台；5—施工"b"桩时，在"a"桩、"b"桩相接处安放"BW"止水条；6—先施工"a"桩，待完成"a"桩1～3d后再施工"b"桩，施工"b"桩时，将切入"b"桩内的部分"a"桩护壁凿去；7—地下室底板纵向锚筋（与横向钢筋冷驳连接）

第一、二代人工成槽连续墙已经应用于广州市东风中路国信大厦、广州市中山一路骏达国际汽车城大厦、广州市光复中路广州日报社住宅办公综合楼工程、广州市起义路百汇大厦、广州市解放南路亿安广场和广州市解放中路越信隆大厦等工地，取得良好的效果。

如广州市东风中路国信大厦设3层地下室，地下室基坑面积$1400m^2$，基坑深度14m（中间电梯井位深18.5m），采用第一代人工成槽连续墙施工，与密排人工挖孔挡土桩方案比较，节约资金200万元，与机械成槽连续墙方案比较，缩短工期一个月，节约资金120万元，且无机械施工造成的噪声及泥浆污染环境。

如广州市光复中路广州日报社住宅办公综合楼地下室，埋深约9m，分两期先后施工，一、二期之间有一地下室分隔墙，其支护做法采用了第二代人工成槽连续墙，与第一代人工成槽连续墙相比，减少了地下室壁厚，省掉了内衬，而挡土、止水效果更佳，总共节约资金80万元，比常规方案造价节约了35%。

36-3 第三代人工成槽连续墙的应用

36.3.1 概况

第三代人工成槽连续墙是一种采用"钢木混合结构"和"深层搅拌桩"组合而成的连

续墙槽式支护结构，通过人工挖土成槽建成。这是在总结第一、二代人工成槽连续墙施工经验的基础上，创新采用钢、木型材和水泥土作支护材料代替常用的钢筋混凝土护壁，实现既挡土防渗，又可在墙槽内直接建造地下室外壁及其外防水，而投入的钢、木型材更可回收大部分作重复使用，达到安全、质优、经济的效果。

第三代人工成槽连续墙的墙槽外侧采用若干排深层搅拌桩相互重叠搭接，在每条桩搅拌完成而未硬化前，插入 $\phi 51 \times 3.5 mm$ 钢管作为加强材料。因深层搅拌桩具有良好的抗渗性及一定的强度，再与加强材料相结合，则能承受一定的水土侧压力，起到挡土、止水防渗二合一的作用。墙槽内侧采用"钢木混合结构"作支护，即每隔一定距离钻孔并插入H型钢立杆，在施工墙槽时，在两H型钢立杆之间镶入水平木方支护基坑内侧土体（土方随挖随运），并按一定距离及一定深度，用型钢对撑、内外侧型钢围檩将深层搅拌桩和钢木混合结构联合构成一整体的连续墙槽——第三代人工成槽连续墙的基槽。在进行地下室结构施工时，可直接在墙槽内施工地下室外壁及其外防水，再结合地下室的"中心岛"法施工，可顺序完成地下室底、壁、顶板等结构，而墙槽内侧的钢、木型材则可大部分回收作重复使用。

第三代人工成槽连续墙在安骏大厦地下室工程中使用的结果表明，其经济效果好、工期短、对周围环境污染少，因此具有较好的发展前景。

36.3.2 支护方案的选择

安骏大厦位于广州市珠江新城华骏广场内，是一幢地下室2层、上部28层的框-剪结构，该工程地下室呈矩形，长52.6m、宽42.2m，地下室面积 $4708.60 m^2$，基础底板埋深 $-8.620m$（局部 $-10.200m$）；基础采用人工挖孔桩基础，桩径有2000mm、1700mm、1400mm 和 1200mm 四种；底板厚500mm，基础梁600mm×900mm，地下室2层外壁厚400mm，1层外壁厚300mm，±0.000层相当于绝对标高+8.600m。

该工程的地质和水文条件如下：(1) 场地上部覆盖层由杂填土、淤泥、粗砂及粘性土组成，其中第一层杂填土，结构松散；第二层淤泥，抗剪强度低，压缩性高，具有蠕变和角变的特点；第三层粘土，多呈软塑状，自稳性差；第四、五层粗砂及粉土，相对富水；第六层残积土层，分布较稳定，多呈硬塑与坚硬状。(2) 场地下部基岩是白垩纪上统大朗山组三元里段细砂岩与砾岩，其埋深相差较悬殊，按其风化程度划分为全、强、中和微风化基岩四个带。(3) 本区地下水为覆盖层潜水和基础上部裂隙性潜水，地下水静止水位埋深 0.2～1.30m。地下水来源为大气降水补给，主要富存于第一、五层填土、粗砂中及基岩中。

本工程底板埋深 $-8.620m$（局部 $-10.200m$），属深基坑开挖，坑底为粗砂含水层，容易造成渗水失稳，故在基坑施工中要考虑采用降水及止水措施。

本工程基坑支护有三种方案：(1)"钻孔灌注桩加锚杆和旋喷止水"支护方案；(2)"第二代人工成槽连续墙加钢筋混凝土内支撑"支护方案；(3)"第三代人工成槽连续墙"支护方案。对支护结构而言，重要的是保证基坑的稳定性，能防止管涌、流砂及渗漏，控制地面沉降和位移量。在具体实施中，必须考虑实际施工场地条件和经济性及施工管理、施工进度等因素。

结合本工程的地质、水文特点和结构设计特点，对支护方案作了技术、经济分析：(1)方案因钻孔灌注桩工艺所限，很难做到桩间密贴而容易引起渗漏，且施工工期较长，地下室结构与挡土结构各自独立，故造价高昂，总费用约800～900万元。(2)方案因要采用"a"、"b"桩跳挖施工，与(3)方案相比较占用工期，总费用约400～500万元。(3)方案因墙槽可同时连续开挖，故工期较短，且可直接施工地下室外壁，挡土、止水防渗和结构承重合一，木方、型钢更可大量回收使用，故经济效果好，总费用约300万元。根据以上分析：（3）方案优于（1）、（2）方案。因此，本工程采用了第三代人工成槽连续墙施工。

36.3.3 第三代人工成槽连续墙的设计（图36-4、图36-5、图36-6）

36.3.3.1 深层搅拌桩加插 $\phi 51\times 3.5$mm 钢管的设计（图36-7、图36-8、图36-9）

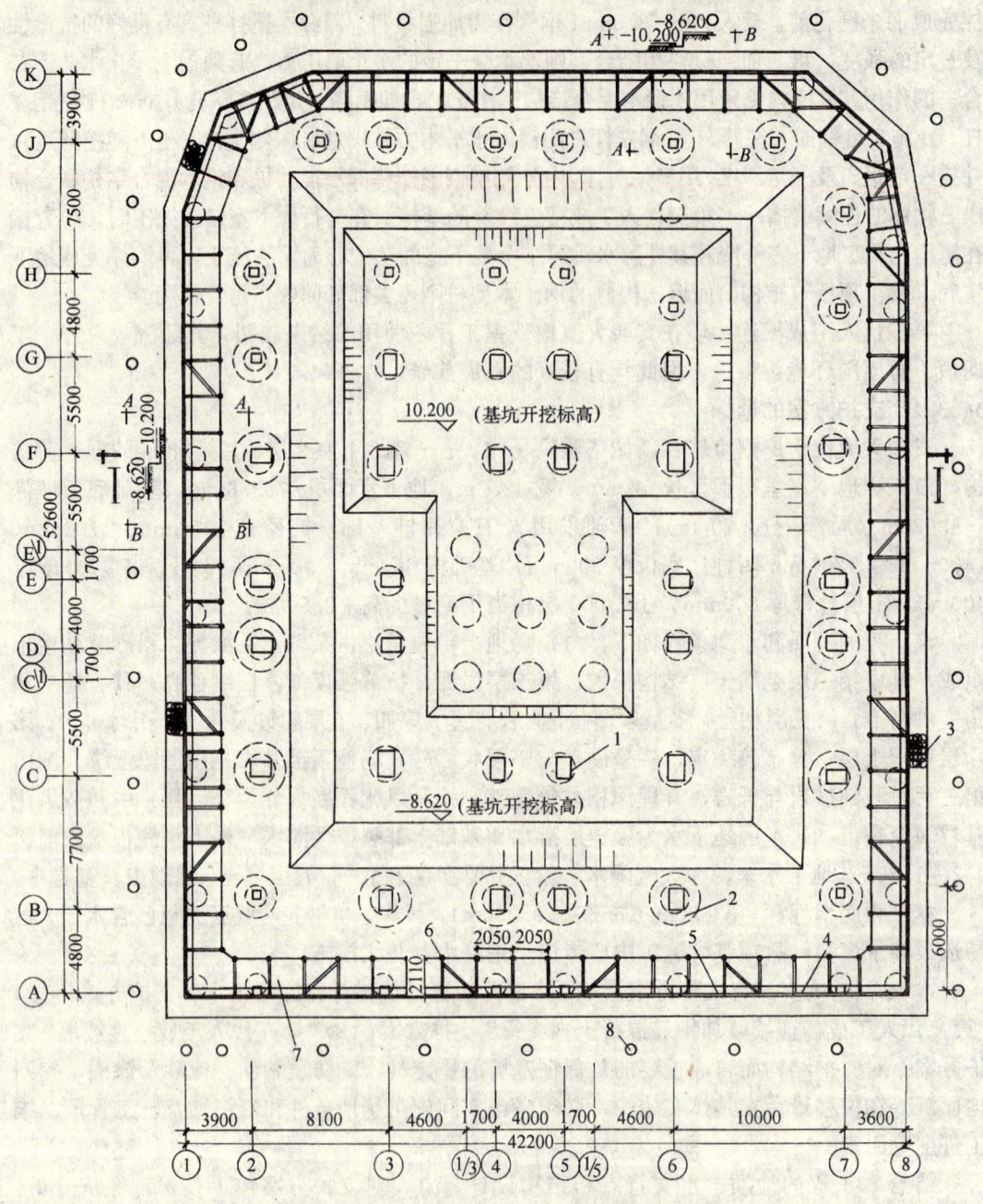

图 36-4 第三代人工成槽连续墙平面图
1—普通工程桩；2—扩孔工程桩；3—深层搅拌桩；4—地下室外墙；5—100mm 厚内衬墙；
6—钻300mm 孔并插入 HZ220 型钢立杆；7—第三代人工成槽连续墙；8—降水井

36-3 第三代人工成槽连续墙的应用

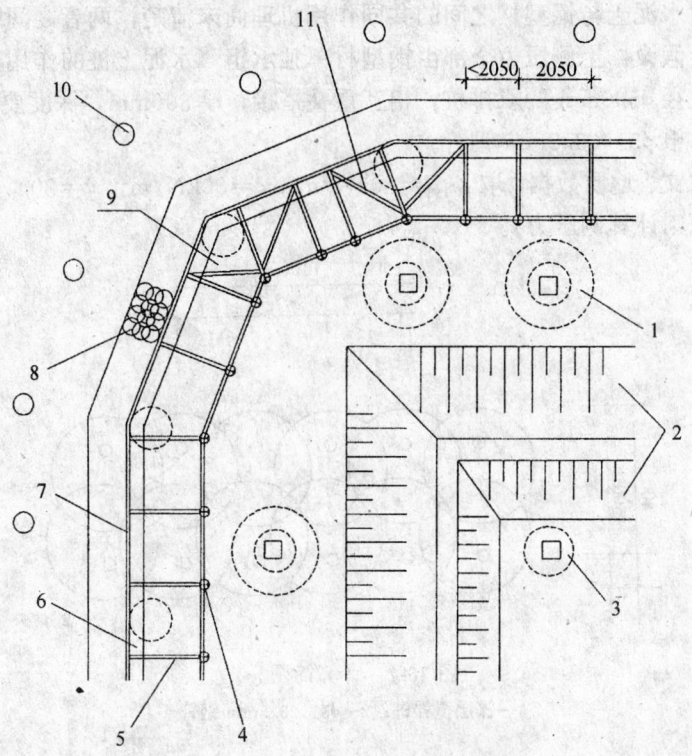

图 36-5 第三代人工成槽连续墙平面详图

1—扩孔工程桩；2—预留土台；3—普通工程桩；4—钻 300mm 孔并插入 HZ220 型钢立杆；5—HK100b 水平支撑；6—地下室外墙；7—100mm 厚内衬墙；8—深层搅拌桩；9—第三代人工成槽连续墙；10—降水井；11—HK100b 水平斜撑

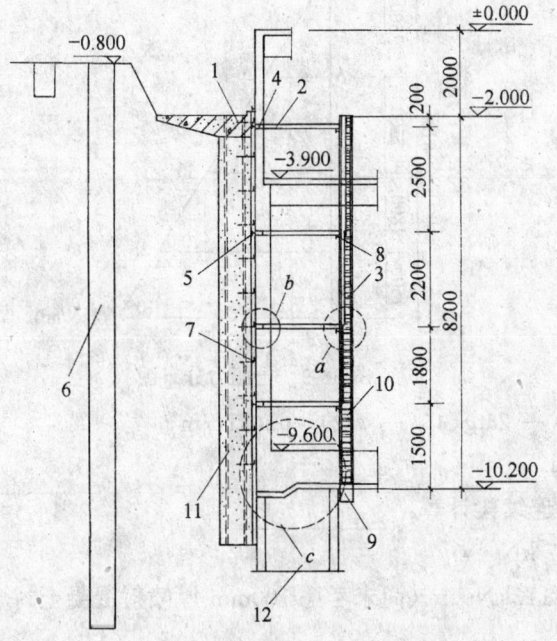

图 36-6 第三代人工成槽连续墙剖面图（A—A）

1—钢筋混凝土压顶圈梁；2—HK100b 与 HZ220 立杆连接牢固；3—100mm 厚木方；4—止水环；5—HK100b 水平围檩；6—ϕ600mm 降水井，过滤层 2m；7—C25 钢网混凝土 100mm 厚，ϕ6@200mm 双向，ϕ12@800mm 纵横钉 $\frac{100}{400}$，表面抹平涂威特力 E1 防水涂料；8—HK100b 水平围檩与 HZ220 立杆焊牢；9—HZ220@2050mm；10—200mm 厚木方；11—二排深层搅拌桩内插 ϕ51×3.5mm 钢管；12—工程桩

因为目前对水泥土与钢型材之间的共同作用机理尚未清楚，两者之间的粘结强度较难确定。因此设计假设：土侧压力全部由钢型材单独承担，水泥土桩的作用在于抗渗防水。

设计采用桩径 ϕ500mm 的双排桩，相互重叠搭接，厚800mm，深度要穿透砂层1m以上，每桩内插1根 $\phi51\times3.5$mm 钢管。

根据工程水文、地质数据，取 $\gamma_{外侧}=20\text{kN/m}^3$，$c=30\text{kN/m}^2$，$\varphi=20°$，$h=9$m（墙槽外侧按水土合算原则计算侧压力）。

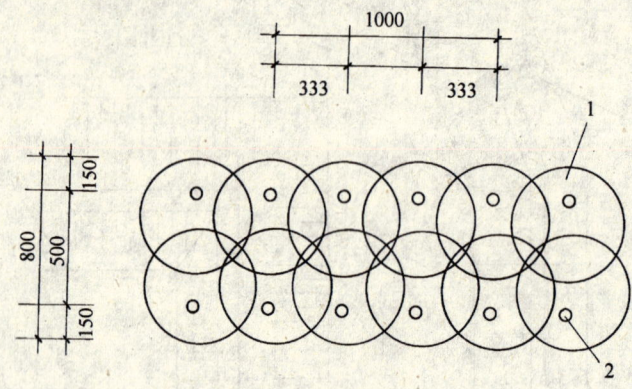

图 36-7 计算简图一
1—深层搅拌桩；2—$\phi51\times3.5$mm 钢管

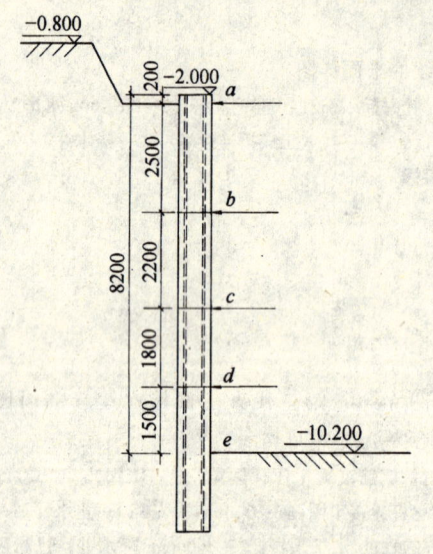

图 36-8 计算简图二

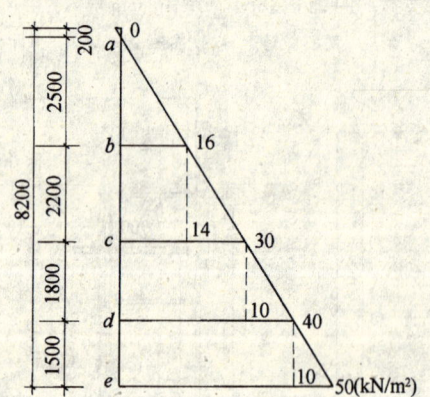

图 36-9 土压力分布图

$$P_a = \gamma_{外侧} h \text{tg}^2(45°-\varphi/2) - 2c\text{ctg}(45°-\varphi/2) \approx 50\text{kN/m}^2$$
$$P = 50\times 1.0 \approx 50\text{kN/m}$$

深层搅拌桩内力按承受三角形荷载的连续梁计算：

深层搅拌桩承受的最大弯距：$M_{max}\approx 7$ kN·m

每延米深层搅拌桩的抗弯能力：$M_{抗}\approx 113$ kN·m（尚未考虑100mm厚喷射混凝土衬墙的抗弯能力）

$M_{抗}\gg M_{max}$

满足要求

36.3.3.2 H型钢立杆、水平支撑、围檩和水平木方的设计

1. H型钢立杆的设计（图36-10、图36-11、图36-12）

采用H型钢立杆HZ220，$L=9$m，每2.05m1根。

根据工程、水文地质数据，取 $\gamma_{内侧}=18$kN/m^2，$c=30$kN/m^2，$\varphi=20°$（墙槽内侧不考虑水压力作用）

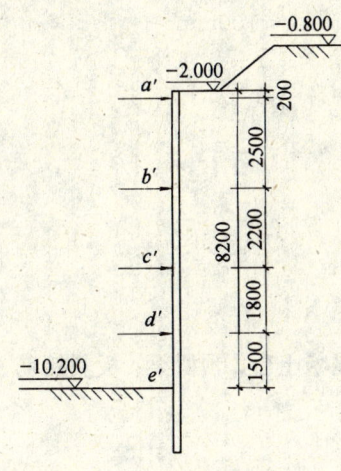

图36-10 计算简图

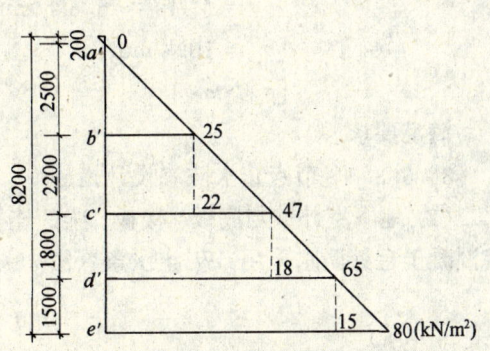

图36-11 土压力分布图

$P_a = \gamma_{内侧} h \text{tg}^2(45° - \varphi/2) - 2c\text{tg}(45° - \varphi/2) \approx 40\text{kN/m}^2$

$P = 40 \times 2.05 \approx 80\text{kN/m}$

HZ220型钢立杆内力按承受三角形荷载的连续梁计算：

HZ220型钢立杆承受的弯矩：

$M_{max} \approx 12\text{kN} \cdot \text{m}$

HZ220型钢立杆的抵抗弯矩：

$[\sigma]=170\text{N/mm}^2$，$W_x=251000\text{mm}^3$

$M_{抗} = [\sigma] \approx 43\text{ kN} \cdot \text{m}$

$M_{抗} \gg M_{max}$

满足要求。

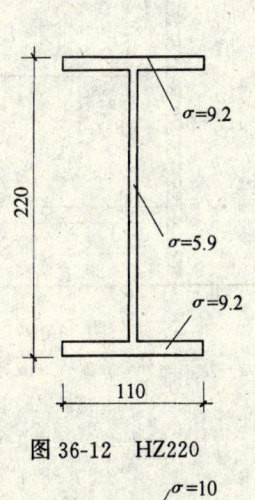

图36-12 HZ220

2. HK100b水平支撑、围檩和水平木方的计算（图3-13）

HK100b水平支撑：

$A_s = 2600\text{mm}^2$，$L=2.0$m，$i_y=25.3$mm，$V_{max} \approx 110$kN

$\lambda = L/i_y \approx 80 \longrightarrow \varphi \approx 0.731$

$\sigma = V_{max}/A_s\phi \approx 58\text{N/mm}^2$

$[\sigma] = 170\text{N/mm}^2$

$\sigma \ll [\sigma]$

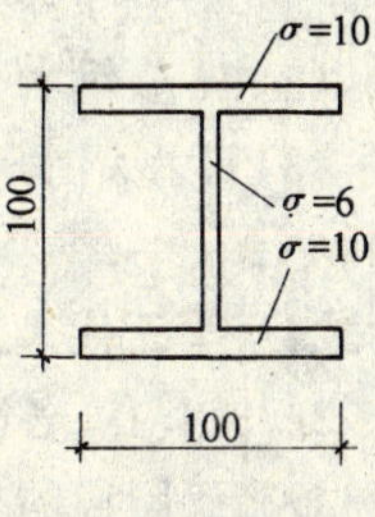

图36-13 HK100b

HK100b 水平围檩：

$$P_{max} \approx 65 \text{ kN/m}$$
$$M = P_{max}L^2/16 \approx 17.5 \text{kN} \cdot \text{m}$$
$$M_{抗} = \sigma W_x \approx 18.7 \text{kN} \cdot \text{m}$$
$$M_{抗} > M$$

80mm×100mm 水平木方：

$$P_{max} \approx 37 \text{kN/m}, b = 1000 \text{mm}(每米深度), h = 100 \text{mm}$$
$$W = 2bh^2/6 = 3333333 \text{mm}^3, L = 2.0 \text{m}$$
$$M = P_{max}L^2/8 \approx 18.5 \text{kN} \cdot \text{m}$$
$$\sigma = M/W \approx 5.6 \text{N/mm}^2$$
$$[\sigma] = 10 \text{N/mm}^2$$
$$[\sigma] > \sigma$$

满足要求。

36.3.3.3 节点止水防渗设计措施

(1) 地下室外壁与底板、楼板、梁的连接处设置搭接混凝土台，预留梁、板驳接筋，搭接混凝土台处防水采用 BW 止水条（图 36-14）。

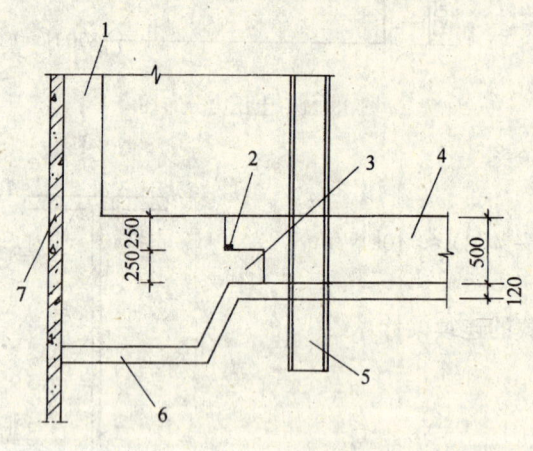

图 36-14 底板搭接大样图ⓒ
1—地下室外壁；2—20mm×30mmBW 止水条，施工缝应凿毛；
3—搭接混凝土台；4—地下室底板；
5—HZ220 型钢立杆；6—C20 级混凝土垫层；
7—喷射混凝土100mm 厚

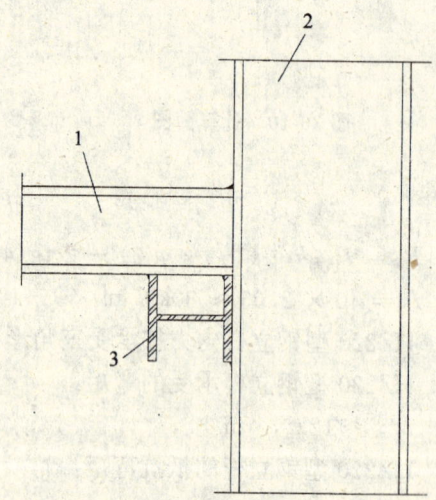

图 36-15 H 型钢节点大样图ⓐ
1—HK100b 水平对撑；2—HZ220 型钢立杆；
3—HK100b 水平围檩

(2) H 型钢水平支撑与地下室外壁接触处防水采用钢板止水环（图 36-15、图 36-16）。
(3) H 型钢水平支撑与地下室外壁接触面 200×200mm 范围涂 EC 聚合物砂浆（图 36-16）。

36.3.4 第三代人工成槽连续墙的施工

36.3.4.1 各阶段施工顺序

各施工阶段的施工顺序见图 36-17。

36.3.4.2 主要分部分项工程施工

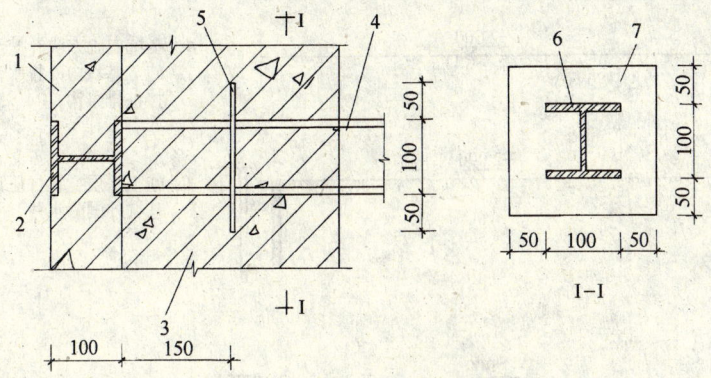

图 36-16 H型钢节点大样图⒝
1—喷射混凝土衬墙；2—HK100b 水平围檩；3—地下室外壁；
4—水平对撑 HK100b；5—止水环（-200×200×6）；6—水平对撑 HK100b；7—EC 聚合物砂浆

1. 土方浅挖和排水、排浆沟槽的施工

首先将基坑内土方浅挖至 -2.000m；接着在基坑内、外施工排水沟、集水井，为深层搅拌桩、连续墙槽、工程桩的施工提供良好的作业环境；为防止深层搅拌桩施工时，注入地层的水泥浆液四处溢流，防碍下道工序施工，沿着桩机行进方向挖掘排浆沟槽。

2. 深层搅拌桩、压顶圈梁和降水井施工

深层搅拌桩和基坑外降水井同时施工。

深层搅拌桩施工周长约 200m，为加快工期，将施工区域划分为三个施工段，用 3 台单轴搅拌机同时施工。深层搅拌桩施工质量是止水防渗的关键，因此施工前根据各区域土层地质、水文条件制定详细的搅拌措施，严格控制水泥掺量和提升速度，为使搅拌均匀，每桩至少做到双搅双喷。

在施工完每根桩后立即用振动器将钢管（$\phi 51\times 3.5$mm）振插入桩内。因深层搅拌桩相互之间切入搭接，故每个单元段施工均采取三班连续作业，保证施工不停顿；施工时严格控制桩机移位，确保桩与桩的切入厚度和钢管的插入位置、垂直度、入土深度符合设计要求。在相邻单元段接合位置加厚深层搅拌桩墙的宽度和相互切入厚度，并增加复搅次数和水泥掺入量，确保搭接质量。

在全部深层搅拌桩施工完毕后，随即做桩顶圈梁。注意将圈梁箍筋与 $\phi 51\times 3.5$mm 钢管焊牢，并预留短竖筋与地下室外壁喷射混凝土衬墙钢筋网焊接；为防止基坑外地表水倒流入基坑内，将圈梁靠基坑一端做成凸墙。

在深层搅拌桩外侧做降水井，用小型钻孔桩机每隔 4～6m 钻孔约 36 个，孔径为 600mm，孔深要穿透砂层 2m 以上。每钻完一个桩孔，立即用小型汽车起重机将 $\phi 400$mm 钢筋笼吊装入孔内；然后在钢筋笼外侧满填粒径 10～20mm 的碎石至孔口作为过滤层；再利用水泵将孔内地下水抽排至基坑外围排水沟内，为后继工序的施工起降水防流砂的作用。

3. 人工挖孔工程桩施工

工程桩与 H 型钢立杆同时施工。

工程桩严格按人工挖孔桩施工规程施工。基坑中部的工程桩按常规孔径开挖，基坑周边（预留土台范围）工程桩根据地下室施工要求，采用扩孔施工（特殊做法）。

扩孔工程桩特殊做法是：底板以下部分按常规设计孔径施工，底板以上部分加大挖孔

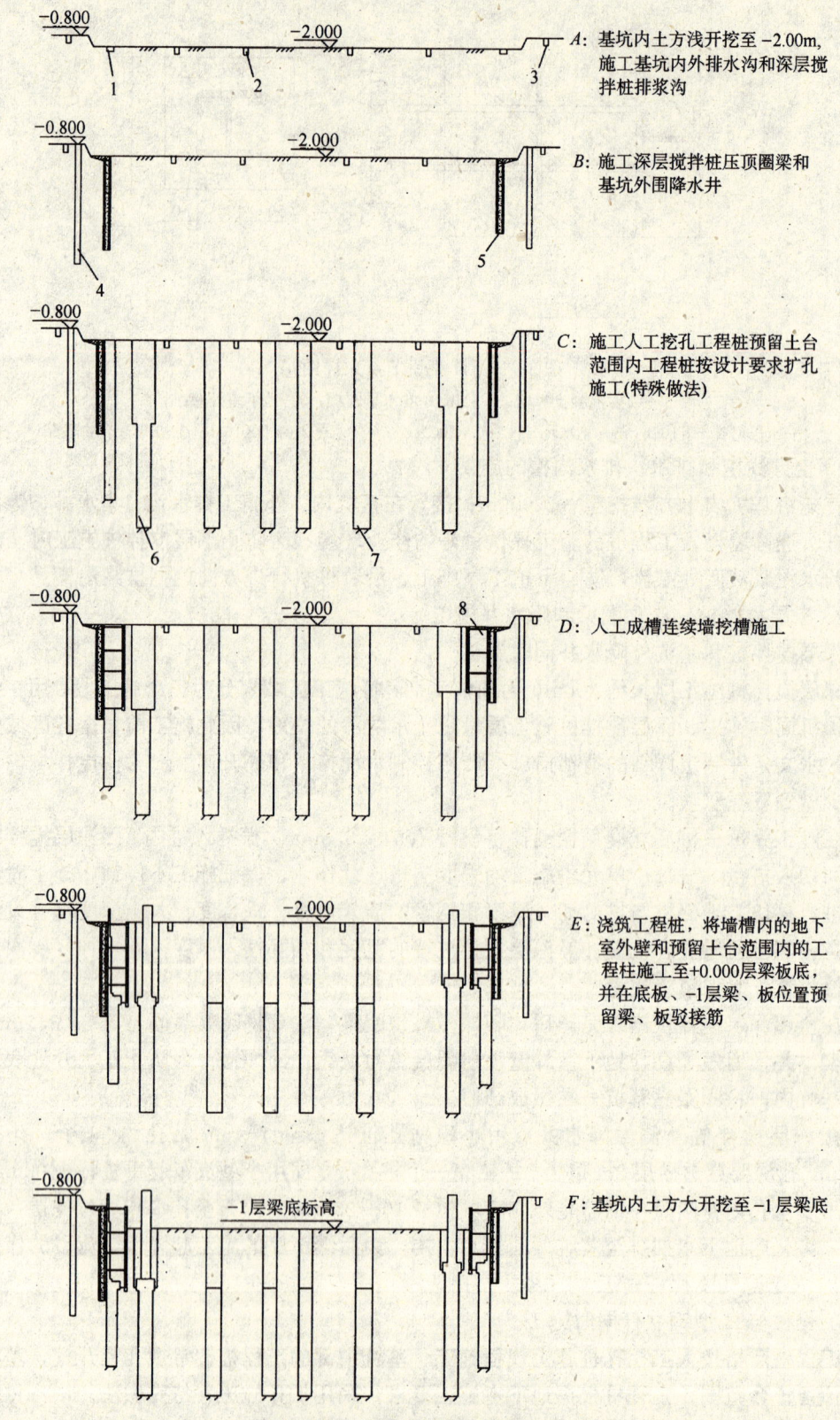

图 36-17 施工各阶段示意图（一）

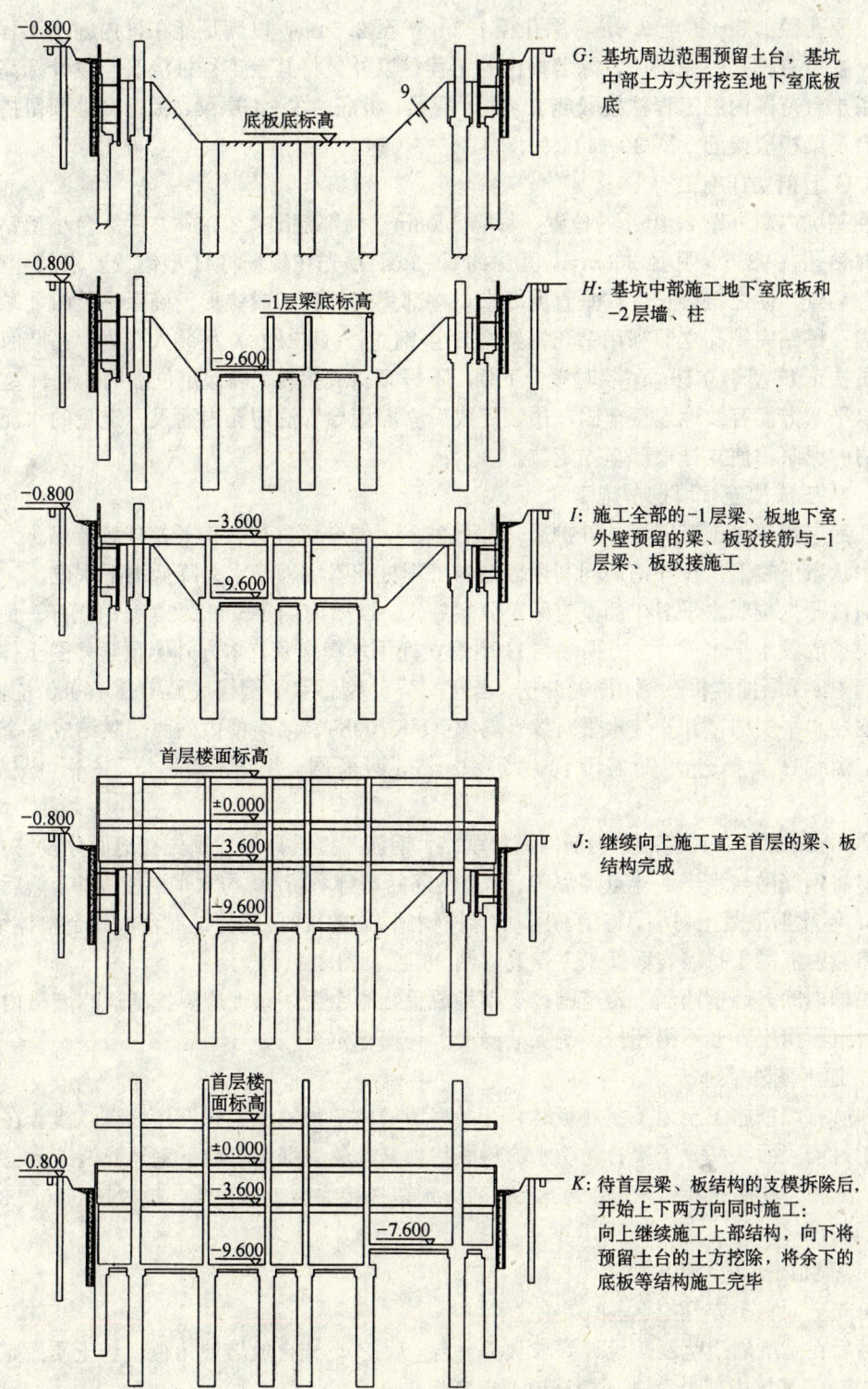

图 36-17 施工各阶段示意图（二）
1—深层搅拌桩排浆沟槽；2—基坑内排水沟；3—基坑外排水沟；4—降水井；5—深层搅拌桩；
6—扩孔工程桩；7—普通工程桩；8—人工成槽连续墙；9—预留土台

孔径（原孔径1.5m扩至3.0m，原孔径1.2m扩至2.5m），以满足能在桩内施工工程柱的要求。在所有挖孔桩完工后，除墙槽内的工程桩以外，将其余工程桩浇筑至设计标高，并将预留土台范围内的工程柱接驳施工至－1层梁、板底，在－1层梁、板标高处预留搭接混凝土台及梁板驳接筋（图36-14）。

4. H型钢立杆施工

在基坑内离外壁2.10m的位置，每隔2.05m（局部范围<2.05m）用2台小型钻孔桩机同时钻孔共98个，孔径300mm，孔深约7~9m；预先在现场将H型钢按要求尺寸截断、驳接并调直，使之符合长度、垂直度要求，端部用气焊割切成锥形，确保吊装时能顺利插入孔内。每钻完一孔立即利用钻孔机架将H型钢立杆（HZ220）吊装入孔内，吊装时派专职人员扶正H型钢立杆，吊装时缓慢下插，不得倾斜或扭转，确保定位准确，使H型钢立杆与水平木方能有效地连接牢固，吊装完成后立即用导管法向孔内灌入一定量的水泥浆置换孔内的泥浆，使立杆根部牢固定位。

5. 人工成槽连续墙挖槽施工

在深层搅拌桩施工完毕并养护后（大于28d），便全面进行人工开挖连续墙槽。为保证在无水状态下施工，在开挖期间利用墙槽内工程桩和基坑外降水井降低地下水位。

墙槽开挖按照水平对撑的垂直间距分层施工。墙槽内侧（靠HZ220型钢立杆一侧）边挖边逐条放置水平木方，木方两端与H型钢立杆用木楔塞紧，木方外侧顶紧外围土体。墙槽外侧（靠深层搅拌桩一侧）同时开挖，当开挖至H型钢水平围檩底面（HK100b）位置时，随即安装水平围檩，并安装水平对撑、斜撑（HK100b），使墙槽内外两侧联结成一个刚体结构，然后在墙槽外侧安装双向φ6@800mm钢筋网，并钻孔钉 100 纵横向 400 φ12@800mm钢钉，其端部与钢筋网满焊联结。钢筋网按设计尺寸预先在地面分段绑扎好，施工时将钢筋网与水平围檩点焊焊牢。部分钢筋网端部弯折90°与水平围檩满焊，然后施工100mm厚喷射混凝土衬墙，将钢筋网、H型钢水平围檩、深层搅拌桩混合成一个整体结构，最后将喷射混凝土衬墙表面磨平并压光（图36-15、图36-16）。

挖槽期间，墙槽两侧一定范围内严禁堆放重物和余泥，余泥应随挖随运，墙槽内侧预留土台范围内土方亦不得超挖，确保墙槽受力均衡稳定。

6. 地下室外壁施工

在所有墙槽施工至地下室底板时，开始将墙槽内工程桩施工到设计标高，接着在喷射混凝土衬墙表面涂高分子聚合物防水涂料威特力E1，然后继续将地下室外壁施工至±0.00层梁、板底，并在底板和－1层梁、板标高处预留搭接混凝土台及梁、板驳接筋（图36-6、图36-14）。

7. 基坑内土方大开挖施工

首先全面将土方开挖至－1层梁底。

然后在基坑周边范围按设计要求预留土台（后挖），土台放坡坡角视现场土质而定（约40°~50°），基坑中部继续大开挖至地下室底板止。

土方大开挖用反铲挖掘机按一定顺序分层全面开挖，当挖到离底板底标高约200mm位置，改用人工开挖，以便平整场地。

8. 按"中心岛"法施工地下室结构

其施工顺序为：基坑（中部）施工地下室底板──→施工－2层中部墙、柱──→施工－1层全部梁、板──→施工－1层中部墙、柱──→施工±0.00层全部梁、板──→施工首层墙、柱、梁、板──→首层施工至梁、板，待模板拆除后，开始进行上下两方向同时施工：向上继续施工上部结构，向下将余下的地下室结构施工完毕。

地下室结构严格按有关规范进行施工，并在－1层及±0.00层楼板相应位置处预留出土口，地下室预留土台范围结构的施工按逆作法的有关规定进行，施工时主要解决余泥外运、排水、通风、照明等技术问题。

9. H型钢、木方的回收和节点止水防渗施工

在将预留土台的余泥全部挖除外运后，用气焊割切H型钢，然后通过预留出土口，将H型钢、木方运上地面，以备后用。

为止水防渗，在搭接混凝土台位置设置 $b \times h = 20mm \times 30mm$ 的BW止水条，施工前先将混凝土台凿毛并清洗干净，然后按要求布置BW止水条，在浇混凝土时将其埋合于新旧混凝土接合位。在水平斜撑、对撑与地下室外壁接口处约200mm×200mm范围，抹上EC聚合物砂浆，而在外壁混凝土内部与H型钢接触处在H型钢上焊钢板止水带（－200mm×200mm×6mm）。（图36-14、图36-15、图36-16）。

36.3.5 施工监测和施工效果

在施工过程中，对支护体系的安全稳定性作了全面监测。实践证明，支护结构安全稳定，其位移变形值在允许范围之内；深层搅拌桩的止水防渗效果好；节点止水防渗效果较佳，基坑开挖基本上处于无水状态。这证明墙槽的挡土、止水防渗等功能是满足设计要求的。

通过实际的施工监测，将第三代人工成槽连续墙与机械成槽连续墙等工艺作对比，可得出下述结论：

（1）在经济效果方面：第三代人工成槽连续墙止水防渗、挡土、地下室外壁及外防水合一，又无需再做内衬，施工地下室外壁时节省一半的模板用量，其所用的大量钢、木支护材料可回收作重复使用。因此造价约为机械成槽连续墙造价的1/2，经济效果十分可观。

（2）在工期方面：第三代人工成槽连续墙的墙槽采用人工开挖施工，可同时投入大量劳动力全面进行，又可直接在墙槽内施工建造地下室外壁及其外防水，且不必再做内衬，故大大缩短工期；机械成槽连续墙需分槽段施工，其投入的机械与工作面受实际场地环境约束，故工期较长。

（3）在止水防渗方面：第三代人工成槽连续墙外围采用深层搅拌桩止水，桩体相互搭接密贴，防渗性能好，且施工墙槽过程中可随机监测止水防渗的效果，可随时采取补救措施；而机械成槽连续墙因分槽段施工，相邻槽段接头的止水效果较难确保。

此外，第三代人工成槽连续墙大部分工艺过程采用人工施工，工艺较简单，与机械成槽连续墙相比，不需要大量泥浆处理，对于在闹市中因机械施工产生的泥浆多、污水多、难处理等问题，第三代人工成槽连续墙不失是一项很有推广应用价值的适用技术。

同时，施工中尚存在的不足是：因地下室周边后做部分要在"逆作法"状态下施工，造成钢、木型材回收时较难拆除、搬运，且在余泥外运、通风、照明等方面增加了一定的施工难度；在应用范围方面，因该工艺对土层的适应性受深层搅拌桩工艺的适用范围所限，与施工机械的工作性能（施工深度等）有关，故有待逐步完善。

总之，第三代人工成槽连续墙因具备止水防渗、挡土、地下室外壁及外防水合一等特点，在节省支护费用、缩短工期、减少环境污染等方面的效果相当明显，不失为一种适合我国国情的、颇具吸引力的适用技术。相信，随着第三代人工成槽连续墙工艺的逐步完善，该工艺将在深基坑施工领域中得到更好的应用。

37 广州国际银行中心工程半逆作法施工

广州市第四建筑工程有限公司 林炳新 何健强

37-1 工程概况与施工特点

37.1.1 工程概况

广州国际银行中心工程是由广州盛置业有限公司投资兴建，工程图纸由广州军区后勤部设计院设计，施工单位为广州市第四建筑工程有限公司。工程占地面积约3600m²，总建筑面积约46000m²。主体建筑总高度为48.96m。其中地上15层，1层层高4m，2层层高3.7m，3至15层标准层层高3.02m。建筑面积为33888m²。地下室4层，建筑面积为12112m²，地下室建筑平面形状略呈扇型，东西向长60m，南北向长60m。地下室底板标高-14.6m，地下1层层高4.2m，地下2、3层层高均为3.0m，地下4层层高为4.4m。

本工程为钢筋混凝土框筒结构，核心墙（筒）设在中央，周围框架网9m×9m。周边挡土墙为人工挖孔桩连续墙。柱和核心墙的基础为人工挖孔桩。地下室各层楼板为无梁楼盖，首层楼板和地上各层楼板为肋梁楼盖。肋梁楼盖板厚110mm，梁高600mm，梁宽500（600）mm。

本工程使用功能和主要设施：地下4层设空调机房、水泵房、水池。地下3层设高低压配电房、停车库。地下2层设停车库。地下1层和地上2层为商场。地上3至15层为办公室。地下1层至地上3层设有电动扶手梯两樘。由地下室至地上15层设有8樘电梯。各层之间设有三樘步级楼梯。

37.1.2 施工特点

1. 地处闹市、施工场地狭窄

本工程位于广州市人民北路和东风路交汇处，西面为人民北路，南向为东风西路，北边有住宅群，东临广州医学院。东风路和人民路属广州市主要马路，交通繁忙。整个建筑物沿规划红线建造，红线以外即为繁华商业中心人行道及交通主干道。地下室周边紧贴城市道路和内街道路，施工场地狭窄（见图37-1）。

2. 时间紧迫、矛盾交错

按售房业务要求，地面建筑显现期要在施工后10个月内，合同工期仅12个月，而地下室施工的难度很大，如按常规组织施工，很难如期完成。

综上所述，时间紧、工期短、施工场地狭窄、矛盾多、施工难度大，这是工程研究施工方案时必须正视的几个重大关键问题。

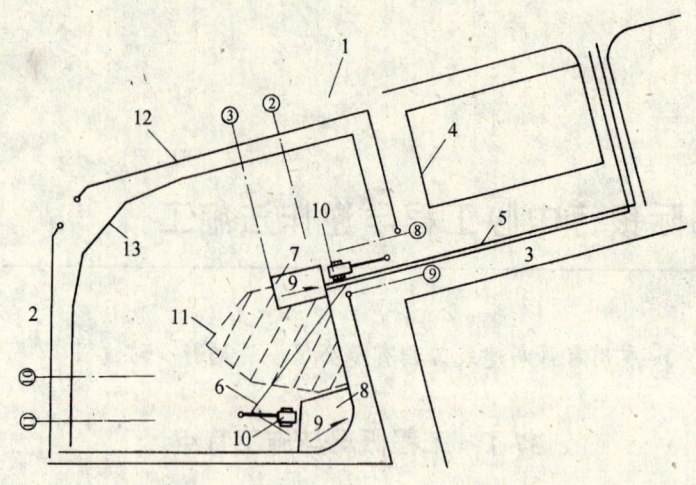

图 37-1 地下室挖土施工平面布置图

1—人民北路；2—东风路；3—街道；4—原有建筑物；5—重载车路线；6—空载车路线；
7—排渣口Ⅰ；8—排渣口Ⅱ；9—斜坡；10—反铲挖掘机；11—虚线范围内要预挖，楼板模板用门架式脚手架作支架；
12—施工场地边线（建筑红线）；13—地下室边线

37-2 施工方案选择

针对时间紧、工期短、难度大等施工关键问题，若采用正作法施工，很难解决上述难题。施工单位经充分研究论证，决定采用半逆作法施工。因为根据逆作柱受力计算，采用半逆作法施工，可使该工程地下室 4 层结构完成时，上盖结构可同时施工至 12 层，满足业主售房业务要求。该施工方案得到设计单位的大力支持，在设计上给予足够的配合。

37-3 半逆作法施工

37.3.1 半逆作法施工工艺原理

在该工程施工中利用地下周边连续墙、逆作柱承重，连续墙为地下室外壁最外的一层结构，墙厚 1200mm，深 16m，兼起挡土、止水作用。以 -1 层楼板为施工分界层，建筑物从分界层开始往地上、地下同时立体交叉施工。由长约 200m 的地下连续墙及在 33 根人工挖孔桩基础上设置的 H 型钢柱共同承重。每层结构施工时，钢柱外包钢筋混凝土成了原设计的结构柱，桩和钢柱承受上盖自重和施工活重等全部荷载。每层梁板对挡土桩墙形成一个支撑系统，随基础挖土的开始，由分界层楼板向地上、地下同时全面组织施工。

37.3.2 半逆作法主要施工方法

37.3.2.1 地下连续墙施工

本工程选取人工挖槽方法，以一定间距布置人工挖孔桩，用人工挖孔至设计要求的深度，绑扎钢筋及浇筑混凝土。然后在相邻两挖孔桩之间人工挖土至相同深度，用弧形槽壁将其连接，浇筑混凝土使挖孔桩间彼此连接成一个连续的墙体，每根桩在每层楼板的标高处均预留连接钢筋。

37.3.2.2 地下连续墙与楼板连接施工

每层土方完成后,沿地下连续墙内侧的各层楼面标高位置弹出凹槽位置线,用人力操纵风镐开凿凹槽,凹入墙面300mm深(见图37-2),将预留钢筋伸出与楼板钢筋焊接,焊接长度按设计和施工规范要求。在浇筑结合部混凝土时添加膨胀剂。

37.3.2.3 施工排水

本工程施工时利用原有挖孔桩的桩孔作为集水井,集水井深度低于挖土面1~2m。土方随挖随运走,保持在桩孔壁四周形成一排水沟,当水汇集到桩孔后及时抽走。

37.3.2.4 地模施工

本工程地下1、3、4层楼板采用砖砌水泥砂浆抹面作模板,并在水泥砂浆面层铺一层塑料薄膜作隔离层。其中由于地下2层柱、地下4层柱为逆作法施工,在施工地下1、3层楼板地膜时,在墙、柱位置按搭接长度要求把预留墙柱的连接钢筋向下打入土中,当遇到打不进土层时,在该位置挖坑后回填砂,再插筋处理。

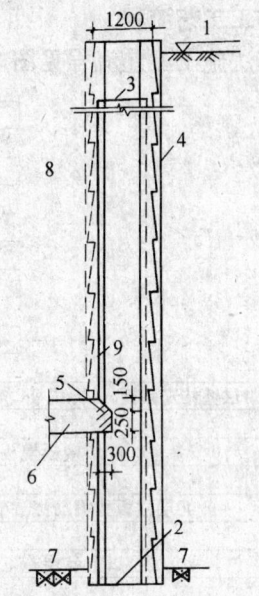

图 37-2 凹槽大样及嵌入大样图
1—地面标高;2—墙底标高;3—人工挖孔连续墙顶;4—临时护壁,开挖时需凿去;5—支承楼板的凹槽;6—楼板;7—岩层面;8—开挖面;9—地下连续墙面

37.3.3 施工主要机具配备

反铲挖掘机	1台
10~15t 翻斗汽车	5台
轮式装载机	2台
长臂反铲挖掘机	1台
9m³ 空气压缩机	2台
风镐	2支
推土机	1台

37.3.4 施工劳动组织

各工种工人职责范围见表37-1。

各工种工人职责范围表 表 37-1

工 种 名 称	职 责 范 围
机械挖土司机	操作反铲挖掘机挖土和翻斗汽车、长臂反铲挖掘机等运土
土方工	操作风镐沿地下连续墙凿凹槽,人工挖土方修整
电 工	布置现场通风、照明用电
木 工	安装柱、楼板模板
混凝土工	浇筑柱、楼板混凝土
钢筋工	绑扎柱、楼板钢筋

37.3.5 施工工艺流程

半逆作法施工工艺流程见图 37-3。

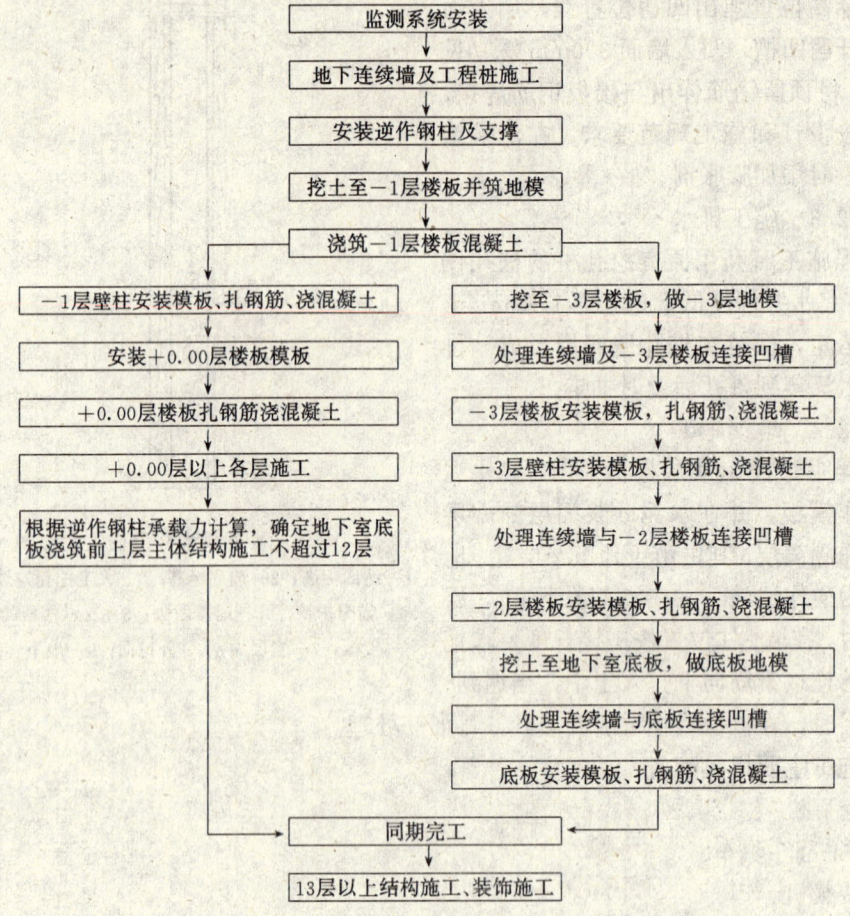

图 37-3 半逆作法施工工艺流程图

37.3.6 半逆作法施工技术关键及解决方法

37.3.6.1 逆作柱的安装与支撑

本工程逆作柱采用型钢组合柱，其组合形式根据结构受力要求做成 H 型、十字型、长扁型等形式，在距各层楼面标高以下约 600mm 的位置，沿钢柱周边焊一至两道剪力传递构件。施工前首先将钢柱按机械起重能力及运输限制长度进行分段。本工程每根钢柱分为两段，对接头为铣平钢板，用高强螺栓连接，并预留浇筑混凝土的通道。安装钢柱时，先校正好柱的垂直度，再用富斯乐浆液灌浆，使钢柱底端固定在人工挖孔桩预定的标高上。为保证其定位及支承力，自柱脚起浇筑 900mm 高的混凝土，并在人工挖孔桩承台面标高以上的加强壁内按设计要求设临时水平支撑（本工程在每层楼板下 10～15mm 处均设置工字钢十字形临时支撑），以保证施工中钢柱的垂直度，减少柱体的纵向弯曲变形。

37.3.6.2 半逆作法施工的墙柱与楼板混凝土的结合

由于本工程地下 2 层与地下 4 层墙、柱为逆作法施工，为了保证这两层楼板结构与墙柱混凝土的紧密连接，在地下 1、3 层楼板的墙、柱接头位置，按设计要求预留混凝土浇筑通道。混凝土采用流态混凝土，振动棒可穿入混凝土浇筑通道内振捣，以保证下部新浇筑混凝土与上部浇筑混凝土的紧密结合。

37.3.6.3 地下室施工挖土步距和分界层选定

1. 挖土步距和分界层选定

选定合适的挖土步距和分界层对整个逆作法施工有很大的好处，因此必须详细研究确定。本工程按设计图纸和施工进度要求，为了尽量减少逆作柱长度和逆作层数，并考虑到机械挖土需要满足的空间高度，减少开挖工序，而选择了地下1层为分界层进行逆作法施工。本工程的地下连续墙设计允许地下2、3层土方合并一次挖掘为第一逆作挖土步距，以减少逆作墙柱的施工层，地下4层为第二挖土步距。

2. 施工出土通道的确定

该工程土方采用机械开挖方法，施工前根据环境和原地下室结构布置，在北面永久车道位置和东北角共设两个出土口。

3. 土方出入口的处理

挖地下1层土方时，为正作法挖土。用翻斗汽车外运，并且有意识地将出土口附近土方挖深5m，该位置地下1层楼板采用门架式脚手架支模，待楼板强度达到设计强度标准值的100%后，拆去模板和支架，该空间便形成地下2、3层初挖土的工作面，工人装拆支架和模板可通过预留出土口出入。

4. 土方的开挖和运输

地下2、3层土方开挖，是逆作层有顶盖挖土，采用液压式反铲挖掘机挖掘。由推土机完成地下室部分土方的水平运输，把土推到出土口处，由长臂反铲挖掘机挖至地面装车运走。

5. 风化层的开挖

挖掘地下4层土方已遇到风化层，将挖掘机改装为液压凿岩镐开凿。出土时汽车不驶入地下，打凿的岩土在地下层用手推车作水平运输，集中后由长臂反铲挖掘机转运至地面。

6. 下一层土方开掘的时机

地下2、3层和地下4层土方要分别在地下1层和地下2层结构完成且混凝土强度达到设计强度标准值100%后才进行挖掘。

37.3.6.4 上下结构施工进度的配合

施工中控制好分界层上、下各层结构的施工进度，须满足设计受力的要求，避免逆作柱超载引起失稳。

37.3.7 质量保证措施

(1) 半逆作法施工的中间柱起临时支承作用，在地下室施工过程中，每根柱上布置测点观测垂直度和沉降值，保证每层柱垂直度偏差不大于柱长的0.5%，平面位置偏差不大于5mm，每月沉降值在5mm以内，通过建立观测信息的收集，监控柱不允许出现失稳现象。

(2) 通过在连续墙上布置水平位移观测点，在每层挖土和浇筑混凝土后进行监测，记录位移值，确保连续墙垂直偏差控制在0.5%以内，墙顶水平位移不大于20mm，墙顶中线偏差在30mm以内，通过信息的反馈，保证了挡土结构的稳定性。

(3) 做好地下室内衬混凝土的施工，保证其自防水性能达到设计和规范要求。经检验，其抗渗等级在P8以上，未出现地下水的渗漏。

(4) 采用碘钨灯照明，用固定布线形式拉设施工临时供电线路，使地下室施工有了足够的光照度，挖土机械的运作灵活性得到了保证。

(5) 对施工中的"四口"防护采用设钢管栏杆及张挂安全网等措施,符合专项方案对安全生产的要求。

(6) 注意为挖土机械提供足够的挖土操作空间高度。本工程以地下2、3层为一开挖步距,挖土高度为5.5m,地下4层挖土高度为3.8m,施工中合理地安排了挖掘的施工流程及土方运输路线,避免挖掘机碰撞已浇筑的楼板及柱。

(7) 挖土时对桩孔加强壁的破壁工作用人力完成,保证不把破壁时的振动经临时支撑传至钢柱。

37-4　工程施工进度完成情况

本工程从1995年4月初进场施工到1996年3月底完工。半逆作法施工达到施工组织设计要求,即地下室4层结构完成时,上盖结构能同时施工到12层。而且,该工程从1995年4月到1996年1月,用270d完成钢筋混凝土结构施工,比常规的施工方法缩短工期120d。

37-5　施　工　体　会

1. 支护效果好

由于地下连续墙在施工过程中起挡土、挡水、承重和围护的作用,地下室各层楼板起刚性水平支撑作用,逆作柱起中间承重作用,使整个地下室各层楼板、地下连续墙和逆作柱形成一个整体。效果是土体变形小,受力可靠,临时挡土结构与永久结构合二为一,从而节省了临时支护系统的费用。

2. 增大施工场地使用面积,缩短工期

采用半逆作法施工,可以增加施工场地使用面积,缩短工期。浇筑完地面层楼板后,就可利用分界层楼面作施工场地,分别向上向下同时施工,地面建筑就开始显现,既符合售房的商业性要求,又可迅速恢复地面交通,并提供一定的施工场地,为城市内狭窄的环境提供了施工条件。地上和地下结构能同时施工,总体工期比常规施工可缩短约三分之一。

3. 保证邻近建筑物及设施的安全

由于地下连续墙受地下各楼层楼板支撑,土方分层开挖,故结构变形很小,同时免除了深基坑施工中主体结构与支护结构之间施工工作面的抽排水,使连续墙外土体不受扰动,因而避免了地下室土方开挖时降水对周围建(构)筑物造成地基沉降的影响。

4. 防漏效果好

由于结构外土层不受扰动,连续墙与原土层结合紧密,不会形成回填土中的积水带,减轻了回填土层地下积水对建筑物的浮力和渗透作用,保证了地下室抗浮安全和防漏安全。

5. 施工不利因素减少

基础在封闭条件下施工,减少了气候、季节的影响,有利于工程围护和工程质量。

综上所述,通过在广州国际银行中心工程的施工,显示建筑工程地下室半逆作施工法适用于城市密集建筑群中施工有多层地下室的高层建筑物,是一种具有总体施工周期短、地面建筑显现快、对相邻建(构)筑物影响小、节约挡土结构造价等特点的施工方法。

38 中华广场四层地下室施工

广州市住宅建设发展有限公司
余镜衔　黄建威　冼汝成　邓荣全　李鹏生

38-1 工程概况

38.1.1 工程规模及结构形式

中华广场位于广州市中山三路与较场西路交汇处，是一座包括4层地下室、9层裙楼和两幢分别为28层和65层超高层塔楼的现代化、多功能综合大厦，总建筑面积约280000m²。地下室面积为64500m²，呈"L"形，东西长137m，南北长168m。基础底面的标高为-13.7~-14.9m，局部达到-15.9m。

本工程基础形式：裙楼部位采用钢筋混凝土片筏基础，28层塔楼部位采用钢筋混凝土片筏基础加人工挖孔桩，65层塔楼部位则采用人工挖孔桩基础。

结构形式：采用钢筋混凝土框架-剪力墙、内筒外框结构体系。

38.1.2 地质及水文条件

1. 地质条件

地质资料显示，本工程所处场区属低山经过长期的剥蚀和夷平作用，地形变得低缓平坦，基岩上覆盖有不等厚的残坡积物和人工填土，地貌单元属于剥蚀准平原。地势东北高（原土面标高为-0.6m），西南低（原土面标高为-2.7m），最大高差为2.1m。地基岩土层自上而下的分层概况见表38-1。

2. 水文条件

场内地下水位稳定，含水层厚为18.1m。主要为杂填土中的上层滞水（分布不均匀）和泥质粉砂基岩层的裂隙水（水量相对比较大，略呈微承压性）。地下水补给来源主要是大气降水和地面排水，雨季地下水位将有所上升。

地基岩土层分层概况表　　　　表38-1

层次	类别	性状	分布情况
1	杂填土层	灰-灰黑色 松散	遍布整个场区，填土以粘性土和建筑垃圾为主，厚度1.0~5.1m。场区西南局部地段，层下有淤泥质填土，呈灰黑色，软塑状态，最大厚度为2.8m
2	粉质粘土、粘土、中砂层	粉质粘土：棕红、灰黄等杂色，可塑状态为主，局部硬塑 粘土：棕红色为主，可塑，局部硬塑 中粗砂：呈灰黄等色，饱和，中密-密实	本层最大厚度为6.1m，粉质粘土局部渐变为粘土、中粗砂

续表

层次	类别	性状	分布情况
3	粉质粘土层	褐红色为主，局部为暗灰色，可塑-硬塑，局部坚硬	本层最大厚度为5.80m
4	泥质粉砂岩层	褐红色为主，下部夹有青灰色，泥质胶结为主，含钙质，遇水后强度有所降低，易软化	基岩层面深度为2.70～13.00m，大部分地段基岩埋深都小于10m，微风化基岩层面深度为3.60～21.60m，场地东部微风化基岩层面埋深大都小于10m，场地西部一般为10～20m，层面起伏较大

38-2 施 工 部 署

本工程地处闹市区，四周为建筑物所包围，只有东面较场西路有两个宽约8m的施工出入口。场地内东西两面有4m宽的道路（局部有8m宽），北面道路狭窄，只能供行人、手推车通行，南面不能通行。根据本工程基坑较深、地下室面积大、施工场地狭窄、物料运输困难等特点，采取了以下的方案，合理地进行施工部署。

38.2.1 分阶段、分区域安排施工程序

38.2.1.1 土石方及支护施工阶段

基坑内土石方开挖从杂填土、粘土到粉砂岩，粉砂岩从强风化、中风化到微风化，总挖方近20万m^3。土石方的施工程序是从西往东、从远到近、从上到下逐步向出入口收拢。基坑支护结构形式有人工挖孔排桩和喷锚网支护两种。支护的施工程序是先挖桩后喷锚，从西往东，由北到南，逐段逐层自上而下进行。

38.2.1.2 基础及结构施工阶段

4层地下室规模大、面积大，基底岩层情况不一，基础形式不同，结构形式也不一样；高层部位基岩深，低层部位基岩浅；高层部位为挖孔桩基础，低层部位为柱基加厚的片筏式基础；高层部位为内筒外框结构，低层部位为普通框架-剪力墙结构。基础、底板及结构的施工，根据结构形式、特点和施工工艺、运输条件等因素，划分为A、B、C_1、C_2四个区，各区的位置详施工总平面布置图（图38-1）。各区所在部位及底板工程量见表38-2。

各区底板面积及混凝土量表　　　　表38-2

区段 概况	A 区	B 区	C_1 区	C_2 区
上部层数	28层塔楼	65层塔楼	9层裙楼	9层裙楼
底板面积（m^2）	2700	3100	4400	6200
底板混凝土量（m^3）	3400	4000	3800	5400

底板及地下室结构的施工顺序为：$C_1 \rightarrow A \rightarrow B \rightarrow C_2$。各区之间的施工缝处理：底板和楼板留施工缝；外壁板每层留两条水平施工缝，每40m及施工区之间留设垂直后浇带。

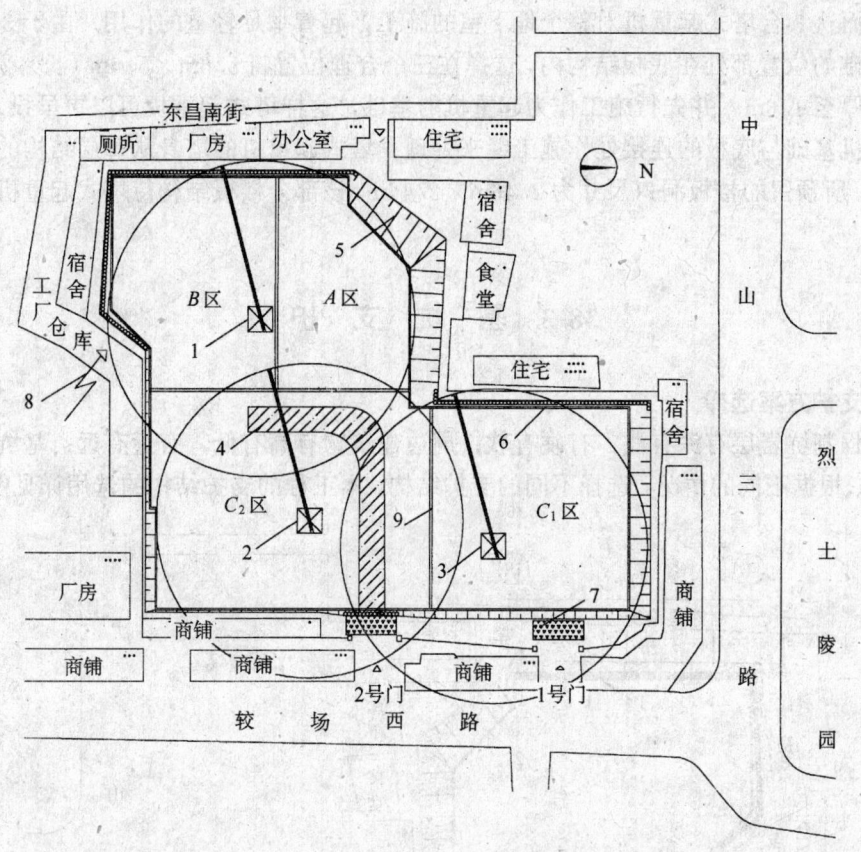

图 38-1 施工总平面布置图
1—1号塔式起重机；2—2号塔式起重机；3—3号塔式起重机；4—临时斜坡道；5—基坑支护体；
6—地下室底板边线；7—停车平台；8—交流电输入线路；9—分区施工缝

38.2.2 基坑内设置临时斜坡道

为了减少钢管混凝土柱的钢管现场吊装的次数和现场焊接的工作量，地下室的钢管采用在场外加工，按4层地下室全高度一次吊装，长度13.5m，用大平板车运入B区施工现场，然后由汽车起重机在B区底板面进行吊装的施工方法。为使运、吊B区钢管的大平板车和汽车起重机能顺利进场，在土方开挖时，特地在C_2区设置一条临时土石方斜坡道，斜坡道与2号出入口连通，宽约10m，长约80m，坡度约为15%（斜坡道位置详图38-1）。为保证行车安全和斜坡的稳定，斜坡路面浇筑了150mm厚的C20级混凝土。同时，临时斜坡道又是让汽车直接进入基坑装土、出土的唯一通道，也是前期的施工材料运入基坑内施工现场的通道，为前期施工的顺利、快速进行创造了有利的条件。斜坡道位置的土石方开挖和地下室结构的施工，待B区的钢管安装完毕后才进行。

38.2.3 在基坑内安装3台塔式起重机

场内材料的水平、垂直运输主要靠3台型号为QTZ800kNm（臂长50m）的塔式起重机来实现。它们分别布置在A区与B区交界处和C_1区及C_2区内，最大限度地覆盖了整个施工平面，基本实现了材料在全场范围内的水平和垂直运输。在临时斜坡道挖掉后，整个地下室施工的大部分材料（除商品混凝土用泵送外），均靠3台塔式起重机来进行水平及垂直运输，因而这3台塔式起重机对整个地下室的施工，起着举足轻重的作用。由于3台塔式起重机基础的位置都处在底板结构内，选择在三个合理位置将5.6m×5.6m（长×宽）的结构底板加厚至1.6m，并先行施工作为起重机的基础，这样塔式起重机可以更早投入使用。塔式起重机基础与底板的连接处作施工缝来处理。塔式起重机的塔身从每层结构的井字梁中间穿过，所预留的楼板洞口尺寸为2.46m×2.46m，该部分楼板结构待塔式起重机拆除后再浇筑。

38-3 基 坑 支 护

38.3.1 支护方案选择

本工程基坑岩层有深有浅，有硬有软；周边建筑物有高有低，有近有远；基坑边场地有宽有窄。根据不同的情况，选择不同的支护结构。本工程的支护结构的选用详见图38-2。

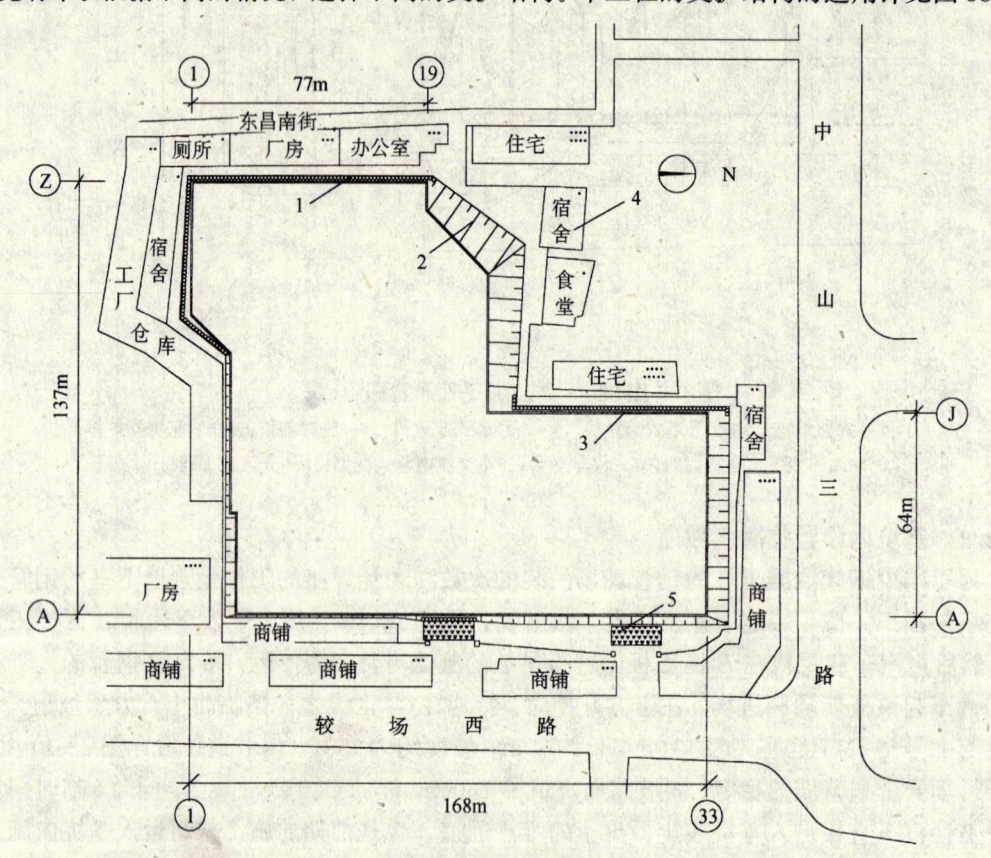

图 38-2 基坑支护结构分区图
1—挡土排桩；2—喷锚支护；3—地下室底板边线；4—工地临时设施；5—停车平台

38.3.1.1 人工挖孔排桩支护

西南边土质较差，夹有淤泥，基岩较深，且离旧厂房、民居较近；西边离9层住宅较近，支护的可靠与否对9层住宅影响较大。此两处采用人工挖孔排桩挡土，在顶部和中部做冠梁和腰梁，加多道预应力锚索。挖孔排桩加锚索的支护剖面详见图38-3。正对两个出入口的基坑边，由于需停置混凝土搅拌输送车等大型载重汽车，附加应力大，采用钢筋混凝土停车平台，用人工挖孔桩做基础，靠基坑边的桩兼作支护桩。

38.3.1.2 喷锚网支护

北边、东边、南边等处基岩埋深较浅，离原有建筑稍远，则采用喷锚网支护，喷锚网支护的结构断面见图38-4。东南边线由于紧靠4层厂房及1层商铺（内有工厂的电房），应力较大，且由于位置限制，支护面接近垂直，则在中部加了二道预应力锚索及钢腰梁。

38.3.2 基坑支护施工

38.3.2.1 挖孔排桩施工

挖孔支护桩的桩径为1.2m，桩中心距1.5m，分三批跳挖。钢筋笼现场制作，用汽车起重机吊起安装就位。桩芯混凝土于现场就近搅拌。

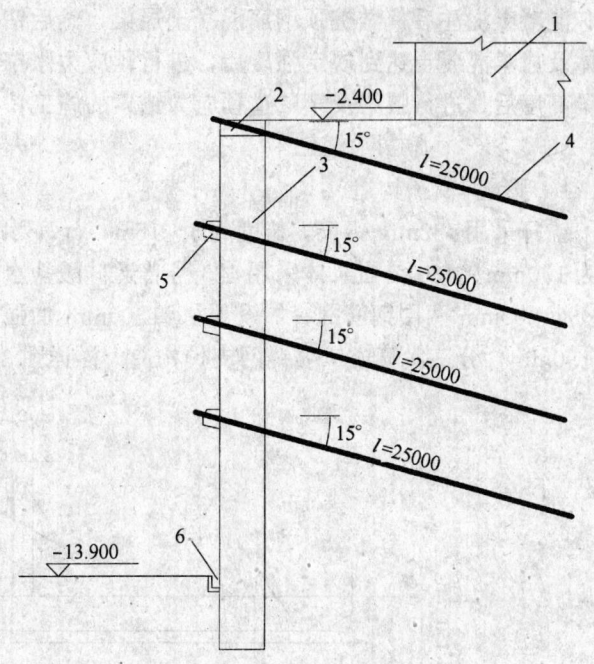

图 38-3 挡土排桩支护断面之一
1—3层厂房；2—冠梁；3—挡土排桩；4—预应力锚索
（5×7ϕ5 钢绞线，布距@3000mm）；5—腰梁；6—排水沟

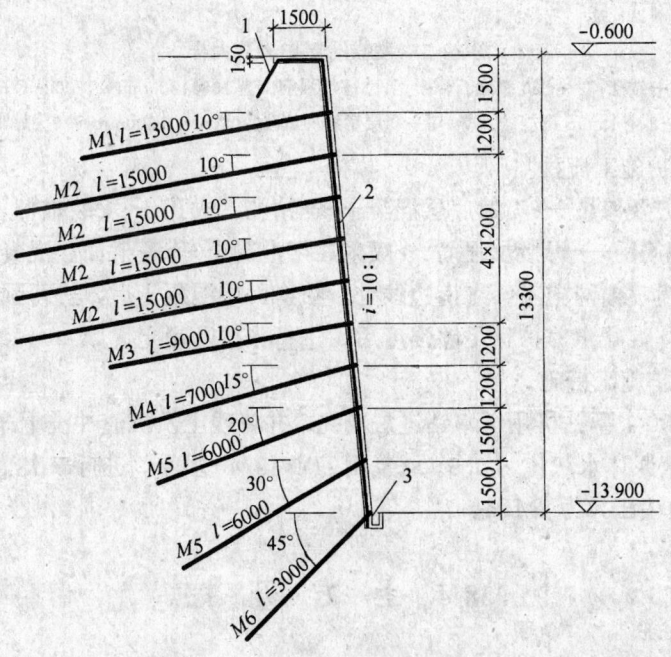

图 38-4 喷锚网支护结构断面之一
1—加强钢筋插入土层1200mm；2—C20级细石混凝土（180mm厚）；3—排水沟

桩芯混凝土浇注后，做桩顶钢筋混凝土冠梁，然后钻锚孔→安预应力锚索→灌浆，待锚固体及冠梁混凝土达到规定强度后，进行预应力张拉、锁定。锁定后进行土方开挖，挖至腰梁高度后，进行腰梁及第二道预应力锚索的施工，再挖下一层土石方。

38.3.2.2 喷锚网施工

1. 喷锚网支护构造

锚杆采用$\phi 22mm$钢筋，长度为$5\sim 15m$，行、列距均为$1.2m$，呈梅花型布置。锚杆孔径为$150mm$，M30锚固浆体采用425号普通硅酸盐水泥配制，掺加10%的UEA微膨胀剂。配$\phi 6@200mm$两层钢筋网，加设$\phi 16@1200mm$加强筋。坡面C20级的细石混凝土，厚度为$180mm$，分三次喷成。喷锚网支护构造大样详图38-5。

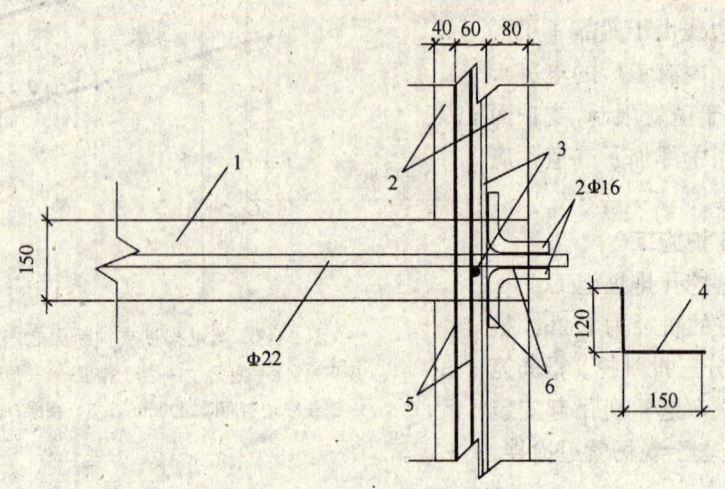

图38-5 喷锚网支护构造大样

1—锚孔；2—C20级细石混凝土；3—加强筋（$\underline{\Phi} 16@1200mm\times 1200mm$）；
4—$2\underline{\Phi} 16mm$钢筋的大样；5—双层钢筋网（$\phi 6@200mm\times 200mm$）；6—焊牢

2. 喷锚网支护施工流程

基坑挖土石方及修坡→喷射底层混凝土→钻孔、成孔→安装锚杆及套灌浆管→灌浆→安装双层钢筋网→焊接加强筋→喷射二层混凝土→喷射面层混凝土→养护→挖土方、进行下一道喷锚网施工。东南边线处，喷射面层混凝土后，进行预应力锚索及钢腰梁的施工，锚固体混凝土养护达足够强度后，进行张拉及锁定。

3. 喷锚网支护施工措施

锚孔用XJ-100-1型钻机用压水钻进法成孔，并将残土及沉渣冲洗干净。锚杆每3m长设置一道定位器。浆体水灰比为0.5。灌浆用ZDN15/40型泵，进行二次灌注，初始压力为0.5MPa，二次灌注压力为2MPa。

38-4 土方开挖

38.4.1 开挖方法

土方用挖掘机挖，岩层用凿岩机挖松再用挖掘机挖，基坑底及局部加厚基础的基坑底用风镐人工修整。土石方用自卸汽车运出。基坑边缘$5\sim 8m$内的土石方开挖与基坑支护配合，逐段（每20m为一段）逐层进行。基坑中间的土石方开挖可比边缘深2～4m，以利排水。

38.4.2 降排水措施

地质资料表明：本场地含水层厚度为18.1m，综合渗透系数$K=0.67m^3/d$，抽水影响半径约为21.3m，基坑涌水量约为$800m^3/d$。本工程基坑开挖及支护施工时采用明排法，即在坑内周边及中部纵横设置排水沟，将水引向集水坑，用水泵将水抽排至坑顶排水沟排走。

38.4.3 支护监测

在基坑支护及土方开挖过程中，为了确保基坑稳定及周围建筑物的安全，采用信息化施工，对支护进行监测，利用监测数据来指导施工。本工程对支护进行两方面的监测，即：①邻近建筑物及路面的沉降观测，布15点；②支护结构的位移观测，布16点。要求测量精度达到国家二等标准，每4h进行一次观测。在整个施工过程中，观测结果表明，位移及沉降值不大，较为稳定，且终值未超过设计要求。

38-5 桩基础施工

38.5.1 桩基概况

28层塔楼所处的A区有人工挖孔桩共11条，直径均为1.4m，桩身长5.0～14.8m；65层塔楼所处的B区有人工挖孔桩共66条，直径有2m、2.4m、2.8m三种，桩身长3.05～14.55m，设计桩端持力层全部为微风化岩层，要求持力层岩样天然湿度单轴抗压强度不小于10MPa，桩芯混凝土的强度等级为C40，护壁混凝土强度等级为C25。单桩设计承载力见表38-3。

单桩设计承载力表　　　　　　　　　　　　　　表38-3

桩身直径（mm）	2800	2400	2000	1400
单桩设计承载力（kN）	11000	8000	6000	3200

38.5.2 桩基施工

施工前，每根桩都进行超前钻，确认持力层位置并查明桩端以下4m范围的基岩性状。施工时，要求持力层岩层暴露不得超过24h。在桩基开挖及浇筑桩芯混凝土时，采取两条有效的降水措施，即：①在桩底设置集水坑；②选取部分已挖的桩孔作为临时降水井。浇筑桩芯混凝土时，混凝土搅拌输送车进入C_2区基坑底，将混凝土卸入混凝土泵中，由混凝土泵送至串筒灌下，用高频振动器振捣。若桩孔内涌水量大于$1m^3/h$，则进行水下混凝土的浇筑。

38-6 地下降排水及防水工程

38.6.1 地下室及裙楼结构施工时的降排水工作

38.6.1.1 降排水系统的设置

为了保证基础底板及底板底柔性防水层（采用APP改性沥青防水卷材）的施工能在一个干燥的工作面上进行，保证工程质量，同时，为了避免地下水强大的浮力对地下室结构的不利影响，设计要求在地下室底板及结构施工期间进行持续的降水工作，使地下水位保持在地下室底板底 500mm 以下，并要求将降水工作持续至上部裙楼结构完成为止。

考虑到明排法降水的效果有限及以后基坑回填土后降排水工作的连续性，采用降水井来代替集水井。具体做法是：在底板周边设置连通的排水明沟（宽 400mm，深 500～700mm，到基坑回填土时，将此明沟改为盲沟后再进行回填）；底板范围内每隔 40m 左右设置一条盲沟（宽 400mm，深 500～700mm，下层滤水层采用 60～100mm 毛石，上层滤水层采用 5～10mm 碎石，其上再盖一层纸胎沥青卷材）；沿底板周边每隔 40m 左右设置一个直径为 0.8m、深 8m 的人工挖孔降水井（共 15 个），在底板范围内每隔 40m 左右亦设置一个同样的降水井（共 6 个，位于地下室底板结构的集水井处），集水井处的降水井及该处的底板结构的做法详见图 38-6。基坑底降排水平面布置详图 38-7，它们与基坑顶地面的排水渠组成一个完善的降排水系统。

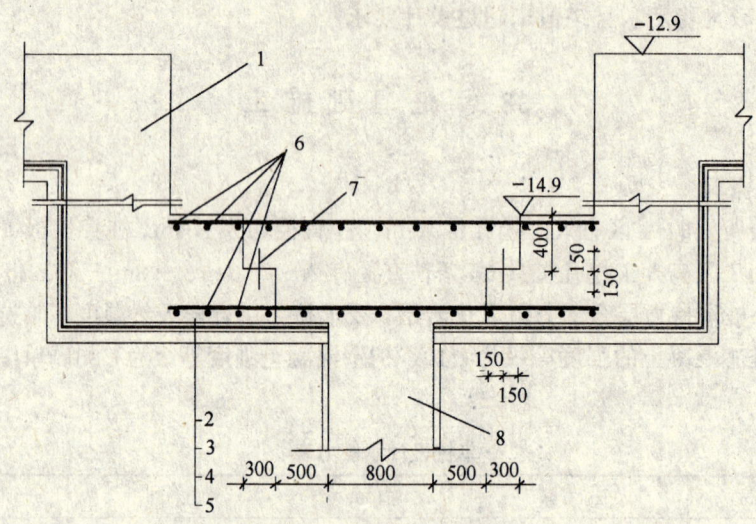

图 38-6　集水井处降水井大样

1—底板结构；2—细石混凝土保护层（厚 40mm）；3—防水卷材（厚 6mm）；4—防水砂浆（厚 20mm）；5—垫层（厚 150mm）；6—底板钢筋；7—3mm 厚钢片止水带；8—降水井（护壁布置 $\phi 25$mm 的泄水孔，@300mm×300mm）

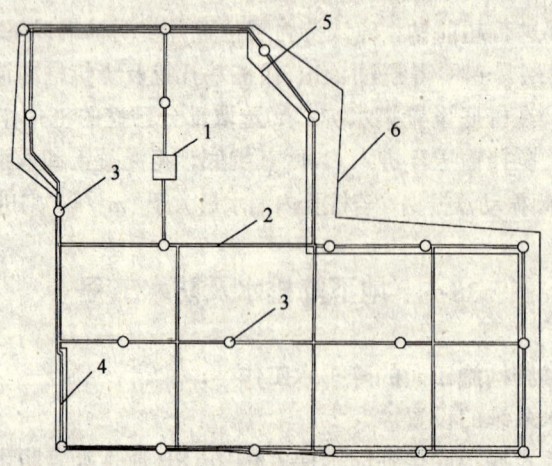

图 38-7　基坑底降排水平面布置图

1—塔式起重机基础；2—排水盲沟；3—降水井；4—排水明沟；5—底板边线；6—支护边线

基坑内雨水、地下水由设置在降水井内的 WQX15-15-2.2 型（流量为 $15m^3/h$）潜水泵抽上基坑顶的排水渠，再排入市政管道。为了准确地控制地下水位，提高效率，采用抽水自动控制系统，对潜水泵的工作进行自动控制，控制电路如图 38-8 所示。基坑周边的降水井在回填土时用红砖砌筑加高到外地面，降水工作结束后再回填封堵。

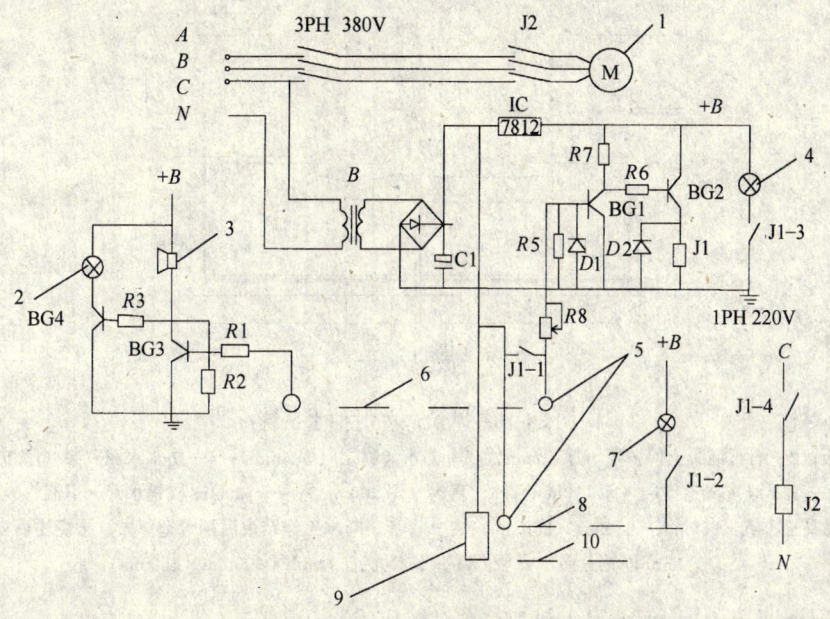

图 38-8 抽水自动控制电路图

1—配电箱；2—警报指示灯；3—报警蜂鸣器；4—工作指示灯；5—电极式传感器；
6—报警水位（周边降水井：-14.9m；集水井处降水井：-15.4m）；7—停止抽水指示灯；
8—开始抽水水位（-18.6m）；9—水泵；10—水泵底所处水位（-19.1m）

38.6.1.2 局部降排水处理

1. 设置盲沟网 B 区的核心筒处基坑比较深（-15.1m），挖孔桩周边渗水情况较严重，影响了防水砂浆及防水卷材的施工。经研究采用在桩的周围加设盲沟网（盲沟宽 300mm，深 300～500mm，做法同 38.6.1.1 节所述）的方法，将地下水汇集流入附近降水井抽走。盲沟网的布置见图 38-9。

2. 设置田字形盲沟

由于地下室底板集水井及电梯基坑的深度比底板底深 1.6～2m，降水后的地下水位仍较高，导致有几个较深的基坑底渗水，防水层的施工难

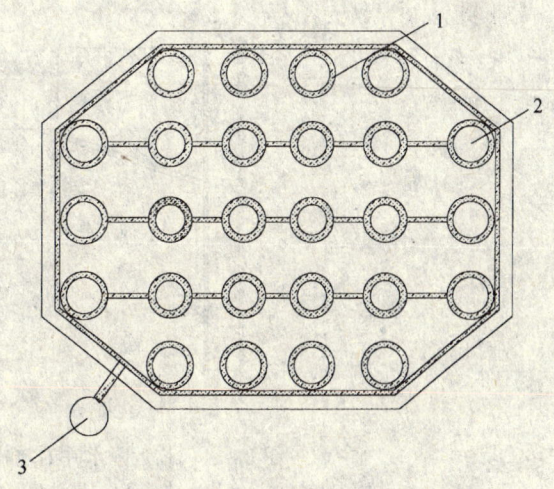

图 38-9 D 区核心筒基础盲沟平面

1—盲沟；2—工程桩；3—降水井

以进行。本工程采用在其底部加设田字型盲沟，中间交点处设置一临时抽水系统的方法（如图 38-10 所示），用水泵从引流管中抽走积水。底板结构完成后再向引流管灌压水泥砂浆；最后封堵引流管，浇筑混凝土封闭。

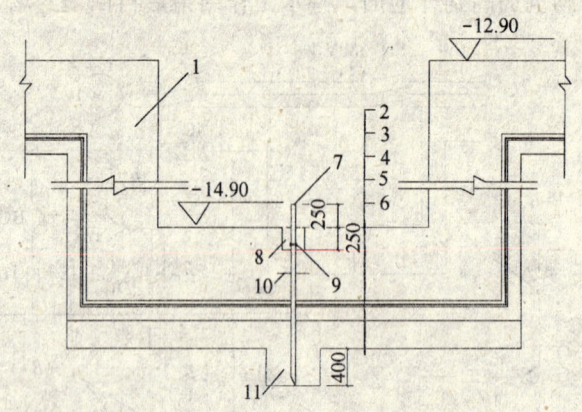

图 38-10　基坑底临时抽水系统

1—底板；2—细石混凝土保护层（厚40mm）；3—防水卷材层（厚6mm）；4—防水水泥砂浆（厚20mm）；5—C15级混凝土垫层（厚150mm）；6—盲沟（深300mm）；7—ϕ50mm 镀锌水管（引流管）；8—后浇混凝土小坑（250mm×250mm×250mm）；9—管套，降水工作结束后用管塞塞紧，再浇注后浇混凝土；10—3mm 厚钢片防水翼环；11—集水坑（600mm×600mm×400mm）

3. 邻近降水井处电梯基坑的降水

C_1 区内的两个电梯基坑的情况与上述第 2 点所述类似，但这两个基坑离降水井较近（约 4～5m），所以采用在坑底做十字形盲沟，用锚杆钻孔机从盲沟底打一个 ϕ120mm 的斜孔通往邻近的降水井（见图 38-11），让坑底积水顺盲沟、斜孔流向降水井后抽走。

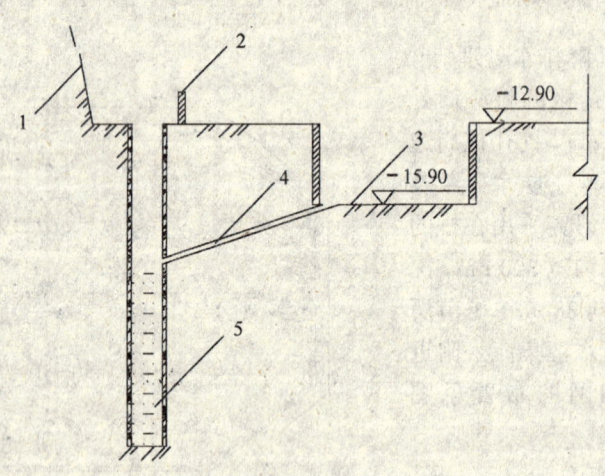

图 38-11　临近降水井处电梯基坑降水做法

1—支护边线；2—底板边砖模；3—集水井；4—ϕ120mm 排水孔；5—降水井

38.6.2　地下室抗浮措施

抗浮措施如下：

(1) 设置抗浮锚杆。为有效抵抗地下水浮托力,进一步保证施工期间结构的稳定,除加强降水工作外,还在部分柱基及外壁板下面设置了1189根抗浮锚杆。锚杆采用ϕ32mm钢筋,钻孔孔径为130mm,用M30微膨胀水泥砂浆灌孔。锚杆长度(由垫层底面起计)根据基岩的风化程度分为3m和7m两种,入中强风化岩的深度为7m,入微风化岩的深度为3m。单根锚杆的设计抗拔力为180kN。现场选取了8根锚杆,进行的锚杆抗拔试验结果表明:抗拔力均达到设计要求,最大抗拔力为280kN。

(2) 基坑降水工作持续到裙楼结构完成,以防止地下室被地下水浮力托浮破坏的事故发生。

38.6.3 防水工程

本工程地下室的防水等级为一级。有关做法如下:

(1) 迎水部位混凝土抗渗等级为P8。底板施工缝处设3mm×300mm钢板止水片一道。外壁板水平施工缝留设在楼板面以上500mm处和梁底下100mm处,每条施工缝设3mm×300mm钢板止水片一道。外壁板每隔40m左右设一条450mm宽的垂直后浇带。后浇带构造见图38-12。

(2) 底板的柔性防水层采用6mm厚APP改性沥青防水卷材(双层,采用热铺法施工)。为解决工程桩与承台的结合部位防水效果差的问题,采用以下做法:浇筑细石混凝土垫层时,先在桩边周围留出400mm宽的环形工作坑,深度为250mm(见图38-13)。待桩位防水层做好后,再回灌垫层混凝土。

(3) 外壁板的柔性防水层采用3mm厚APP改性沥青防水卷材,与底板边缘预留的防水卷材搭接高度为600mm。

(4) 固定壁板模板用的拉杆在迎水面的防水处理方法为:先沿拉杆周边凿出40mm×70mm×20mm(宽×高×深)的槽,割掉拉杆外露部分,再用微膨胀水泥砂浆填平,然后做防水层。

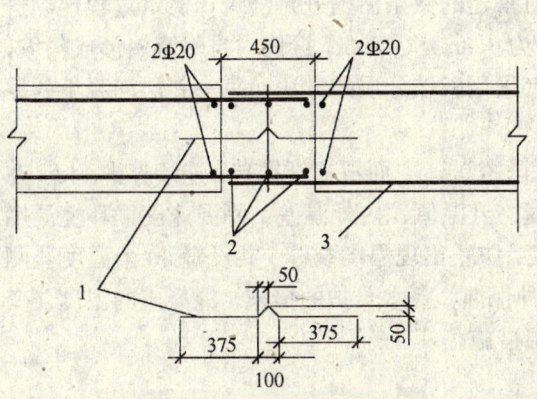

图38-12 壁板后浇带构造
1—钢板厚2mm,入两侧壁板各200mm;
2—壁板纵向钢筋;3—壁板横向钢筋

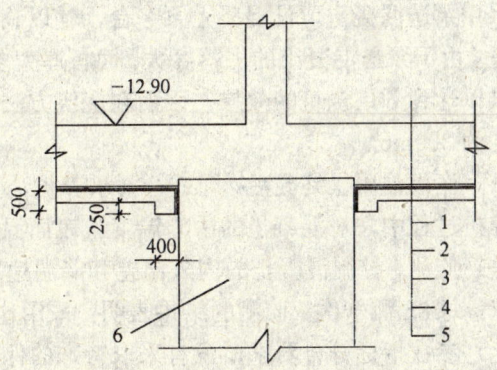

图38-13 工程桩处防水做法示意图
1—底板结构;2—细石混凝土保护层(厚40mm);
3—防水卷材层(厚6mm);4—防水水泥砂浆层(厚20mm);
5—C15级混凝土垫层(厚150mm);6—工程桩

38-7　地下室结构施工

38.7.1　模板工程

（1）方柱采用组合钢模板支模，横方采用 80mm×80mm 木方，竖方采用 100mm×100mm 钢筋梁，沿高每隔 600mm 设置两道扁钢拉杆拉紧两侧钢模板，用 ϕ48mm 钢管作为侧向支撑。

（2）圆柱采用特制的半圆形钢模板，竖向紧固采用 ϕ48mm 钢管和钢筋梁，横向紧固采用 ϕ12mm 的钢筋，侧向支撑方法同上述方柱模板。

（3）内外钢筋混凝土墙体采用组合钢模板拼装，用木方及钢筋梁紧固，按 600mm×600mm 的间距用扁钢拉杆拉紧两侧模板，用 ϕ48mm 钢管、门式脚手架进行侧向支撑。

（4）楼板和梁的模板采用 18mm 厚的夹板或松木板。模板垂直支撑采用门式脚手架，架间设剪力撑，架顶排布托方（楞木）、钢筋梁承受荷载。

38.7.2　钢筋工程

（1）钢筋接头形式：底板钢筋、梁的主筋采用锥螺纹接头；柱的纵向钢筋采用电渣压力焊；楼板钢筋采用绑扎接头。

（2）所有钢筋均在加工厂制作，运至现场后由塔式起重机吊运至各区安装。

38.7.3　混凝土工程

38.7.3.1　底板大体积混凝土的施工

本工程底板面积 16400m^2，混凝土量为 16600m^3，混凝土强度等级为 C35，抗渗等级为 P8，厚度为 800mm、1000mm，部分加厚至 1600mm、2000mm。

整个底板结构由施工缝划分为 4 个区（即 C_1、C_2、A、B 区），一次浇筑量最大为 5400m^3。采用泵送混凝土，设混凝土泵 3 台，辅以临时搭建的数条溜槽进行浇筑，浇筑过程连续进行。由于泵送混凝土的坍落度大，而板厚大多为 0.8m 和 1.0m，振捣时自然流淌形成斜坡，难以达到分层浇筑的效果，因而在浇筑方法上采用斜坡分层的方法，每一斜层混凝土的厚度为 300mm。

底板混凝土终凝后，即进行蓄水养护，水深 300mm，面覆盖纤维布，连续养护 14d。在养护过程中，对混凝土的中心温度、表面温度、升温值、内外温差、降温速度、环境温度进行监测，控制混凝土的内外温差和降温速度，防止出现温度裂缝。共设置 60 个温度监测点，每 8h 测一次。监测的结果表明：采用这种保温、蓄水养护的措施，混凝土的温度（变化）参数指标符合要求，没有采取特殊的保温措施。

38.7.3.2　墙、柱混凝土的施工

墙、柱混凝土的浇筑在梁板模板安装完成后进行。施工缝留设在梁底以下 100mm 处。采用分层浇筑分层振捣，连续施工的方法。

38.7.3.3　梁、板混凝土的施工

在浇筑梁板混凝土的同时，浇筑从梁底施工缝至楼板上 500mm 处施工缝位置的外壁板的混凝土。为保证连续浇筑及外壁板的 P8 级抗渗混凝土的浇筑质量，在施工时，先浇筑

属外壁板部分的P8级混凝土至施工缝高度,待混凝土稍凝后,再浇筑附近楼板的混凝土。

38.7.4 地下室钢管混凝土柱的施工

本工程B区65层塔楼由地下4层至第27层,设计上采用了40条直径为1100mm的钢管混凝土柱,地下室的柱芯混凝土的强度等级为C70。

38.7.4.1 钢管的吊装

根据设计要求及本工程的施工情况,采取地下室4层钢管一次吊装的方法,吊装的长度达13.5m,重7.32t。钢管全部在工厂制作、焊接,运至现场后通过在C_2区留设的斜坡道进入基坑底B区的安装点,利用大型汽车起重机逐根吊装就位在预埋的定位板上,调整好垂直度后,焊接固定。

38.7.4.2 钢管混凝土柱环梁节点构造与环梁钢筋的安装

钢管混凝土柱与楼层结构的连接,在本工程中,采用不设置牛腿,而是在钢管上贴焊两条 $\phi 25$mm 钢筋作为环形抗剪销,然后将环绕柱身的环梁与楼层结构整体连接的方法。其节点大样见图38-14。这种连接方式有以下特点:制作简单,节省钢材,安装方便(简化了对牛腿进行认向定位这道工序,减少施工误差),由于钢管内无障碍物,浇筑钢管内混凝土更为方便,更能保证混凝土的密实性。这种节点对环梁钢筋的制作安装要求较高:每根纵筋只允许有一个焊接接口,环筋尺寸必须准确,才能保证环梁的设计尺寸及顺利安装。做法是:环梁纵筋全部在加工厂焊接成型,整个环梁钢筋在楼面现场绑扎成型后,用塔式起重机吊装进环梁模板内,定位固定。环梁钢筋的整体吊装见图38-15。

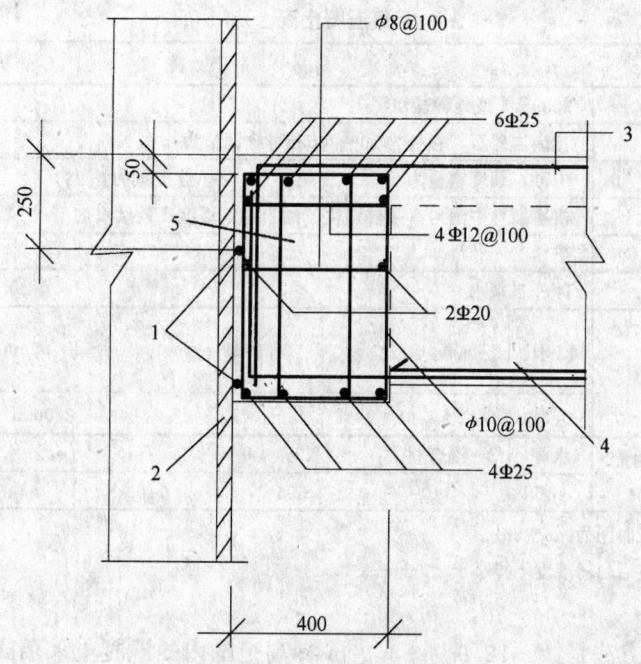

图38-14 钢管混凝土柱与梁板连接节点

1—2Φ25mm 环箍(抗剪环)与钢管壁贴焊;2—钢管壁;3—框架梁面筋;4—框架梁底筋;5—环梁节点

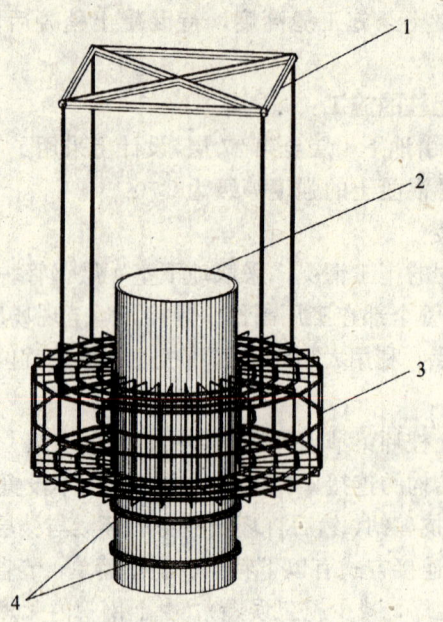

图 38-15　环梁钢筋整体吊装示意图
1—吊装架；2—钢管；3—环梁钢筋；4—抗剪环

38.7.4.3　柱芯混凝土的浇筑

柱芯混凝土采用强度等级为 C70 的高强混凝土。其配合比设计见表 38-4。

C70 级混凝土配合比　　　　表 38-4

原材料					
水泥	525 号 Ⅱ 型硅酸盐水泥				
碎石	花岗岩碎石，粒径为 10～20mm，含泥量为 0.51%				
砂子	中砂，细度模量为 2.68，级配区为 Ⅱ 区，含泥量为 0.28%				
外加剂	格雷斯（中国）有限公司生产的 D-100 缓型高效减水剂				
混合材	矿粉				
水	冰冻自来水				
施工配合比	水灰比	配合比	含砂率（%）	坍落度	质量密度（kg/m³）
	0.26	1∶1.08∶2	35	220mm	2396
每立方米混凝土材料用量（kg）	水泥	混合材	砂	石	水	外加剂
	440	110	595	1100	145	5.5L

注：本配合比的初凝时间为：6～8h；
　　混凝土到高抛点后的坍落度不得小于 150mm。

混凝土的浇筑方法是：−12.9～−3.00m 标高范围内的混凝土采用高抛加高频振捣的浇筑方法，特制的混凝土料斗容积为 0.76m³，由 1.1m 标高处抛落。每抛两斗后，吊入 ZDN100 型高频振动棒振动 30～60s，将混凝土中气泡排走，增强其密实度；−3～±0.00m 标高范围内的混凝土，则采用串筒送入，加高频振捣的浇筑方法。

混凝土的浇筑时间选择在地下室顶板结构完成后进行。这样可省去搭设工作平台的工作，施工方便、安全。高抛的最大高度达14m，一次高抛混凝土量超过0.7m³，均满足《钢管混凝土结构设计与施工规程》CECS28：90的高抛条件，还增加了高频振动的措施，对保证混凝土的质量更为有利。经广州市建筑工程质量检测中心站用超声波抽查，混凝土均匀、密实，无缺陷，强度达到设计要求。

39 广州市二沙岛十五区地下车库基坑支护设计与施工

广东省六建集团有限公司　朱志山　黄文铮　张瑞锦

39-1 工程概况

广州市二沙岛十五区地下车库位于广州市二沙岛十五区中学校园内，占地面积8100m²，周长398m，设有1层地下车库。拟建场地的东、南、西面紧靠区内主要交通要道，地下车库结构外边线距道路边线为4.3~5.7m，道路的人行道下面铺设有煤气管、污水管、通讯电缆等地下管线；北面距已建教学楼约15m；西北角为待建的学校风雨操场（已完成桩基础）。综合考虑土方平衡调配后，基坑大开挖深度为自然土面下6.2m。基坑周边环境见图39-1。

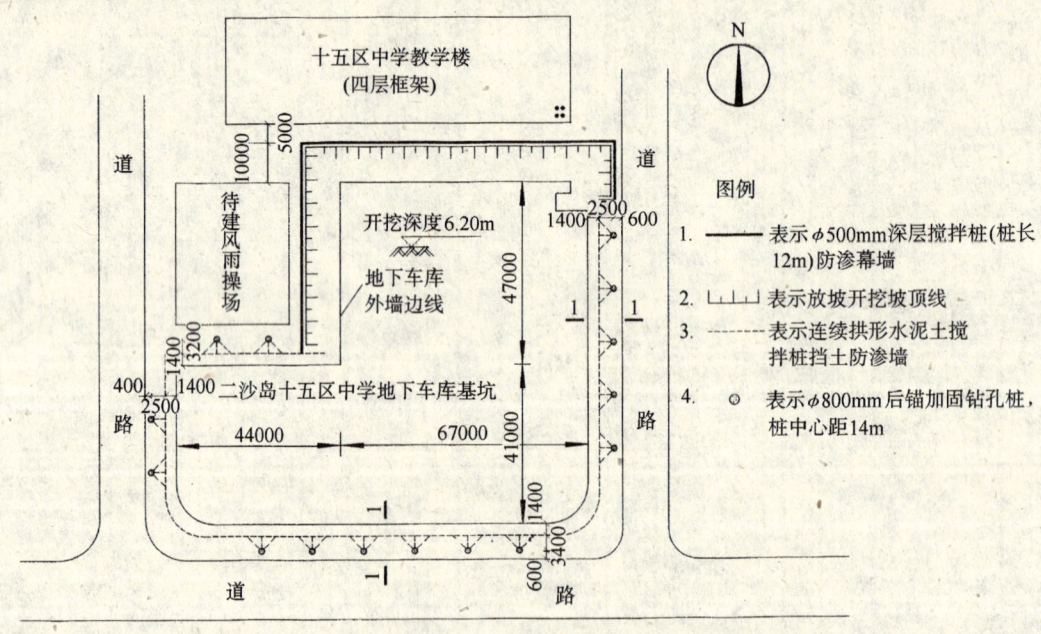

图 39-1　十五区中学地下车库基坑支护防渗方案平面图

39-2 地质状况

根据场地《工程地质勘察报告》，工程场地20m深度范围内土层情况见表39-1所示。

场地工程地质状况　　　　　　　　　　　　　　　表 39-1

序号	土层名称	土性描述	土层厚度 (m)	主要计算指标		
				$\gamma(kN/m^3)$	$\varphi(°)$	c (kPa)
1	素填土	由砂土、碎石、粘土堆填而成	2.5	17.2	15	10
2	细砂	混20%淤泥，松散、饱和	2.5	17.8	30	6
3	淤泥	深灰色、流塑、饱和	4	16.8	12	5
4	细砂	灰色，稍密、饱和	2.6	19.0	30	6
5	粉质粘土	含少量粉砂，硬塑，湿	1.4	16.9	25	30
6	强风化泥岩					

拟建场地毗邻珠江，场地地下水直接与珠江水连通，地下水位埋深 1.2~1.6m，地下水位随珠江水位的涨落而变化。

39-3　支护方案选型与设计

39.3.1　工程特点分析

该工程场地周边紧临交通道路，周围场地狭窄，四周建（构）筑物对沉降及位移都很敏感，而且基坑面积大、开挖深度较深，场地地下水位高且土质条件差，要求基坑开挖过程中严防边坡管涌、流砂现象的发生，同时还要保证周围建筑物、道路，特别是各种地下管线不会产生过大的变形、沉降、开裂。另外，建设单位要求尽量降低工程造价，并在40d内全部完成支护结构的施工，工期相当紧。

根据上述特点，基坑支护体系应要有足够的刚度抵抗水土的压力和地面荷载的作用，同时要求设置防水帷幕，确保基坑开挖降水时，邻近建（构）筑物不产生附加沉降，而且要求支护结构施工质量可靠、速度快捷、造价经济、技术先进可行。

39.3.2　支护结构选型分析

综合以上基坑工程特征，决定采用以下四种典型的支护方案进行综合分析：

（1）加锚杆的挡土桩或喷锚网支护：施工工艺要求较高，且因施工须交叉进行，工期相应增长。

（2）加内支撑的挡土桩：因基坑面积大，相应内支撑稳定性差，需耗费较多建材，且影响地下室挖土和结构施工，支撑还须拆除，其总体费用及工期相应增加；加后锚的挡土桩，因周围场地狭窄、工程造价较高，其使用受到一定限制。

（3）双排钻孔桩：具有较大的刚度和抗倾覆能力，但双排桩在淤泥质软土地区和场地狭窄条件下，其工程费用较高，其使用性相应也受到限制。

（4）拱形水泥土支护：该结构是将水泥土搅拌桩排列成多跨连续拱形墙进行挡土防渗、用钻孔灌注桩充当拱脚支座（拱脚支座桩采用钢筋混凝土圈梁压顶）所形成的组合支护结构。该结构在水土压力作用下只产生沿拱轴截面方向的轴压力，因而可以充分利用水泥土抗压强度高的特性，同时，水泥土拱中一排深层搅拌桩既可进入不透水层进行防渗，又能与其它排搅拌桩共同受压挡土，因此该结构具有既受压挡土又自闭防水的优点，可充分发挥材料的作用。但是，当基坑面积大、又不允许采用内支撑时，拱形水泥土支护结构变形较大，其变形和整体稳定性往往无法充分满足工程要求，且要求拱脚支座钻孔桩具备较大的刚度和强度。

通过上述四种方案的反复分析，决定利用拱形水泥土结构的优点，采用拱形水泥土加刚架式钻孔桩空间组合新型支护结构，如图39-2所示，沿基坑周边每间隔一定距离，在拱形水泥土结构拱脚上加设后锚钻孔灌注桩，后锚钻孔桩与相邻的三支拱脚支座桩之间，采用刚性节点和刚性连梁联成了一个空间整体单元，拱脚支座桩顶采用变截面钢筋混凝土圈梁压顶，从而形成了一种新型的空间组合支护结构。该结构不但拥有拱形水泥土支护结构的所有优点，而且克服了其缺点。它无需设内支撑或锚杆，方便基坑挖土作业和基础施工；它通过加设后锚钻孔桩以形成刚架，发挥空间刚架的整体刚度和空间效应与桩土协同作用，从而大幅度提高了拱形水泥土支护结构的整体稳定性和抗倾覆能力，大大减少支护结构的变形，因而具有受力及结构形式合理、安全可靠、节省材料、缩短工期、造价经济、技术先进可行等优点。

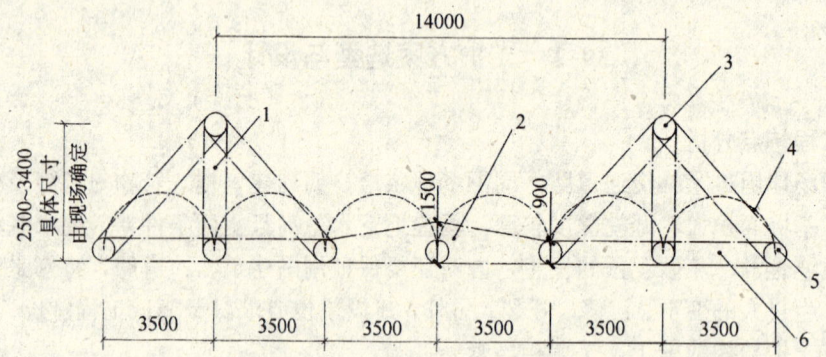

图39-2 拱形水泥土加刚架式钻孔桩空间组合支护结构平面示意图

1—500mm×500mm拉结圈梁；2—900～1500mm×500mm压顶圈梁；3—ϕ800mm后锚钻孔桩，桩中心距14m；4—深层搅拌桩拱形挡土防渗墙；5—钻孔桩（桩长15m）拱形挡土墙支座；6—900mm×500mm压顶圈梁

39.3.3 支护方案设计

39.3.3.1 支护方案的确定

根据本工程的场地环境条件、技术要求、工程造价及工期等方面情况，确定在基坑北侧、西北侧采用放坡开挖形式，在基坑东、南、西南侧，均采用拱形水泥土加刚架式钻孔桩空间组合支护结构作为基坑开挖挡土防渗结构。详见图39-1。

39.3.3.2 方案的技术要求

（1）在场地狭窄的东、南、西南面均采用拱形水泥土加刚架式钻孔桩空间组合支护结构进行挡土防渗，其中：拱形水泥土采用多跨双排深层搅拌桩连续拱形墙（见图39-3），外排搅拌桩起挡土作用，桩长8m，内排搅拌桩起挡土和防渗双重作用，桩长12m，桩端进入不透水层0.5m。拱形水泥土拱跨为3.5m，矢高1.75m，拱脚支座采用ϕ800mm钻孔桩（有效桩长14.5m）。沿基坑周边每间隔14m，在拱形水泥土支护结构拱脚上设1根ϕ800mm后锚钻孔桩（桩长15m），后锚钻孔桩与相邻的3根拱脚支座桩之间采用500mm×500mm圈梁刚性拉结，支座钻孔桩采用500mm×900～1500mm变截面钢筋混凝土圈梁压顶。

（2）基坑北侧、西北侧场地较开阔，可放坡开挖。坡面压砂包，坡脚打木桩，防渗搅拌桩桩长取12m。

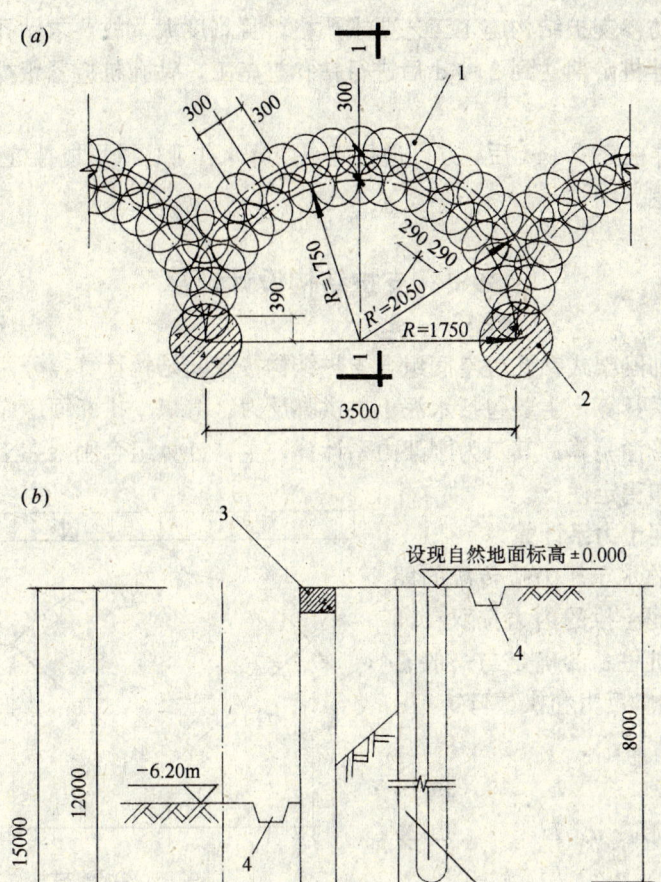

图 39-3　拱形水泥土防渗挡土墙构造
(a) 平面大样图；(b) 1-1 剖面
1—双排 φ500mm 深层搅拌桩（内层桩长 12m，外层桩长 8m）拱形防渗挡土墙；
2—φ800mm 钻孔桩支座（桩长 15m）；3—900～1500mm×500mm 压顶圈梁；4—排水沟；5—外墙轴线

(3) 降排水措施：在土方开挖过程中，及时做好基坑四周地面水的导流。在基坑外沿周边设一截水明沟，防止地表水流向基坑；在基坑内沿周边设一排水明沟，并每间隔 30m 设置临时集水井，及时将集水井内的地下水排出基坑外。

(4) 因本工程工期紧，在工程桩（锤击沉管灌注桩）施工期间，必须同时进行支护结构施工。锤击桩施工所产生的振动、挤压作用容易对深层搅拌桩造成损伤，因此施工配合尤其重要。故采用流水追逐式作业措施，具体做法，先打工程桩，待工程桩施工离开一定距离后，再进行深层搅拌桩施工。

(5) 因拱形防渗支护结构施工工艺要求严格,且难度大,故要求钻孔桩与搅拌桩施工时密切配合。搅拌桩龄期达到 2~4d 后进行钻孔桩施工,钻孔桩应紧跟搅拌桩施工流向逐步推进。

(6) 深层搅拌桩完成 14d 后,方可进行基坑内降水作业。拱形搅拌桩龄期超过 28d 后,方可进行土方开挖。

39-4 支护结构设计计算

拱形水泥土加刚架式钻孔桩空间组合支护结构按空间结构计算,分两部分进行:其一为拱形水泥土力系计算,主要包括水泥土拱拱脚反力、弯矩、拱断面压应力和剪应力的计算及抗倾覆、抗管涌验算;其二为刚架力系计算,主要计算组合刚架在土压力作用下的内力、强度、变形和稳定性。

39.4.1 拱形水泥土力系计算

作用在拱上的水土压力按传统的朗肯公式计算,水泥土拱的内力按双铰圆弧拱计算,支座桩桩长的确定与一般悬臂挡土桩相同。拱脚反力和拱顶弯矩(图39-4)可按下式计算:

$$V = M_v \cdot q \cdot L \quad (39-1)$$
$$H = M_h \cdot q \cdot L \quad (39-2)$$
$$M_c = N_c \cdot q \cdot L^2 \quad (39-3)$$

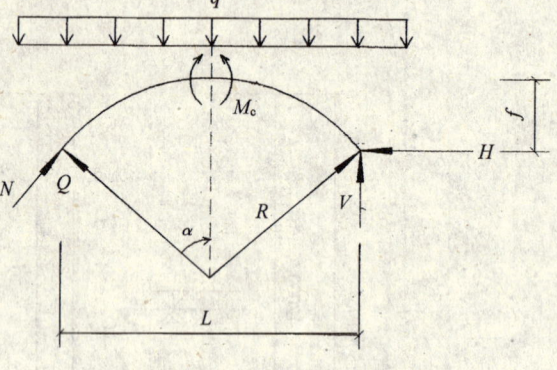

图 39-4 水泥土拱计算模型

式中 q——作用在拱上的水土压力;
H——拱脚水平力,在多跨连续拱中 H 互相平衡;
L——拱跨;
M_v、M_h、N_c——拱脚内力计算系数,可由表 39-2 查得。

拱脚的内力计算系数取值 表 39-2

项目	f/L				
	0.1	0.2	0.3	0.4	0.5
M_v	0.50000	0.50000	0.50000	0.50000	0.50000
M_h	1.24298	0.61053	0.39464	0.28269	0.21221
N_c	0.00070	0.00289	0.00661	0.01192	0.01890

注:f—拱矢高;L—拱跨。

由于作用在拱上的水土压力 q 随深度增加,故需验算最不利拱断面应力。最不利拱断面是以基坑底以上取单位高度拱壁计算。

拱脚处的内力最大,拱脚处拱壁轴力 N 和剪力 Q 由下式求得:

$$N = V\sin\alpha + H\cos\alpha \quad (39-4)$$
$$Q = V\cos\alpha - H\sin\alpha \quad (39-5)$$
$$\alpha = \arccos[(R-f)/R] \quad (39-6)$$

式中 R——圆弧拱半径。

最不利拱断面压应力 σ、剪应力 τ 应满足：

$$\sigma = N/(B \times 1) < q_u/K \tag{39-7}$$

$$\tau = Q/(B \times 1) < S/K \tag{39-8}$$

式中 q_u——水泥土 28d 无侧限抗压强度；

K——安全系数，一般取 1.5~2.0；

S——水泥土抗剪强度，$S = \gamma z \mathrm{tg}\varphi + c$；

B——拱壁厚度。

利用 (39-1)~(39-8) 式验算最不利拱断面拱壁内应力来确定拱壁厚度 B，从而可确定搅拌桩排数。水泥土深度由抗管涌验算确定。拱形水泥土结构的抗倾覆、抗管涌验算与一般悬臂挡土结构相同。

39.4.2 组合刚架力系计算

39.4.2.1 组合刚架的计算单元

如图 39-5 所示，可将组合刚架视为平面三角形状的三个门式刚架结构的叠加，设计计算时，采用隔离法，取单个刚架计算，最后进行后锚 Q 桩力学矢量叠加。现取 AQ 刚架分析，BQ、CQ 刚架也同理可得分析结果。刚架的入土深度：支座桩按悬臂桩受力状态进行计算求得，后锚桩按试算法通过抗倾覆、整体稳定性等验算求得其入土深度。

39.4.2.2 土压力分布计算

1. 拱支座桩土压力分析

基坑开挖后，组合刚架将发生位移，桩间土受到一定程度的扰动。考虑到刚架的整体刚度及其对土体的约束作用，可近似地认为桩间土处于弹性阶段，即将桩间土视为受侧向约束的无限长土体，由弹性力学平面应变问题的物理方面，得作用于支座桩背的土压力强度 σ_x 为：

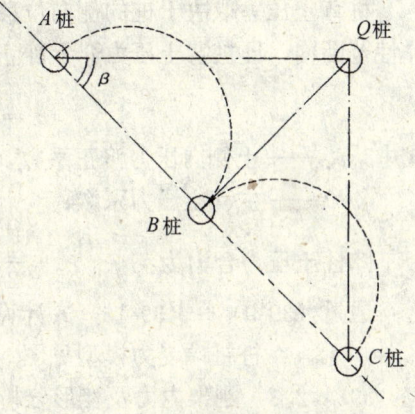

图 39-5 组合刚架平面布置形式

$$\sigma_x = \frac{E_0 \varepsilon_x}{1-\mu^2} + \frac{\mu \sigma_z}{1-\mu} \tag{39-9}$$

式中 E_0——土的变形模量；

μ——土的泊松比；

ε_x——z 深度处相对于水平位移而引起的横向应变；

σ_z——z 深度处土体自重应力。

考虑到组合刚架顶部刚性连梁作用，可以近似认为 $\varepsilon_x = 0$，则上式变为：

$$\sigma_x = \frac{\mu \sigma_z}{1-\mu} = \frac{\mu \gamma z}{1-\mu} \tag{39-10}$$

土压力合力为：

$$E_a = \frac{1}{2}(t_0 + h)^2 \gamma \frac{\mu}{1-\mu} \tag{39-11}$$

式中 t_0——刚架插入基坑部分的入土深度；

h——基坑开挖深度；

γ——土体重度。

桩前土对桩的侧向抗力分布问题较复杂，一般可按折减了的被动土压力考虑，土压力 e_p 按下式计算：

$$e_p = K_1(\gamma z K_p + 2c\sqrt{K_p}) \tag{39-12}$$

土压力合力 E_p 为：
$$E_p = 2c\gamma t_0 K_1 \sqrt{K_p} + \frac{1}{2}\gamma t_0^2 K_1 K_p \tag{39-13}$$

式中 K_1——折减系数，一般取 $0.5 \sim 0.7$；

K_p——被动土压力系数。

2. 后锚桩土压力分析

后锚桩前侧向（即靠基坑侧）土压力按式（39-12）考虑，桩前侧向土压力合力 E_p' 为：

$$E_p' = 2c\gamma h' K_1 \sqrt{K_p} + \frac{1}{2}\gamma h'^2 K_1 K_p \tag{39-14}$$

式中 h'——后锚桩桩长。

桩背土压力取决于桩的侧向位移，因刚架刚度较大，故可假定后锚桩背土位移仍处在弹性范围内，即桩背土压力介于静止土压力 e_0 与主动土压力 e_a 之间，称之为弹性土压力：

$$\sigma_e = K_2(\gamma z K_a - 2c\sqrt{K_a}) \tag{39-15}$$

式中 K_2——土侧向压力修正系数，一般取 $1.1 \sim 1.2$；

K_a——主动土压力系数。

弹性土压力合力为：
$$E_e = \frac{1}{2}h' K_a(\gamma h' K_a - 2c\sqrt{K_a}) \tag{39-16}$$

通过（39-9）～（39-16）式计算，求得作用于空间刚架上的土压力，其分布状况如图 39-6 所示。A 桩桩端受力模型见图 39-7。

39.4.2.3 刚架内力及变形分析

空间六次超静定结构取基本结构如图 39-6 所示，用力法计算，其基本方程为：

$$\begin{bmatrix} \delta_{11} & \delta_{12} & \delta_{13} & \delta_{14} & \delta_{15} & \delta_{16} \\ \delta_{21} & \delta_{22} & \delta_{23} & \delta_{24} & \delta_{25} & \delta_{26} \\ \delta_{31} & \delta_{32} & \delta_{33} & \delta_{34} & \delta_{35} & \delta_{36} \\ \delta_{41} & \delta_{42} & \delta_{43} & \delta_{44} & \delta_{45} & \delta_{46} \\ \delta_{51} & \delta_{52} & \delta_{53} & \delta_{54} & \delta_{55} & \delta_{56} \\ \delta_{61} & \delta_{62} & \delta_{63} & \delta_{64} & \delta_{65} & \delta_{66} \end{bmatrix} \times \begin{Bmatrix} X_1 \\ Y_1 \\ M_1 \\ X_2 \\ Y_2 \\ M_2 \end{Bmatrix} + \begin{Bmatrix} \Delta_{1p} \\ \Delta_{2p} \\ \Delta_{3p} \\ \Delta_{4p} \\ \Delta_{5p} \\ \Delta_{6p} \end{Bmatrix} = 0 \tag{39-17}$$

求出上式中单位变位 δ_{ij} 及荷载变位 Δ_{ip}，即可求得六个赘余力，再利用静力学基本方程，即可求出后锚桩桩端力。

取不同后锚桩桩长，通过（39-17）式进行试算，并对抗倾覆及整体稳定性等进行验算，直至满足安全为止，取此时桩长即为后锚桩桩长。再根据结构力学有关方法求得刚架的内力和变形。

39.4.3 计算结果

按上述方法进行计算，并结合工程实践调整计算结果，现将本工程计算结果汇总如表 39-3 所示。

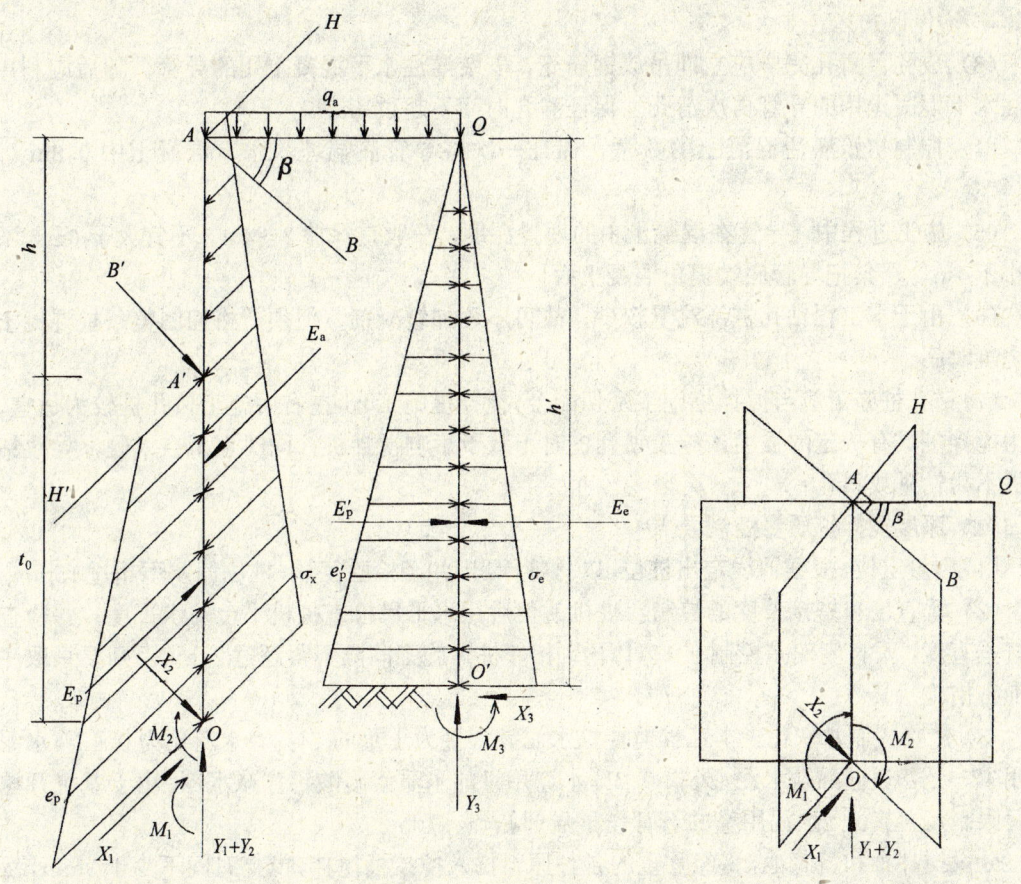

图 39-6 空间刚架土压力分布及计算分析模型　　图 39-7 A 桩桩端受力模型

空间组合支护结构设计计算结果汇总　　表 39-3

水泥土拱支座钻孔桩 $\phi800mm$			后锚钻孔桩 $\phi800mm$			钻孔桩桩顶水平位移（mm）	水泥土拱水平截面有效厚度（m）
有效桩长（m）	M_{max}（kN·m）	配筋（主筋）	有效桩长（m）	M_{max}（kN·m）	配筋（主筋）		
14.5	885	迎土面 8 ⚛ 25 背土面 1 ⚛ 25＋6 ⚛ 16	14.5	950	18 ⚛ 22 均布	43	0.65（双排搅拌桩）

注：水泥土拱跨长取 3.5m，拱矢高取 1.75m 计算，地面荷载 q 取 10kPa。

39-5　支护结构施工质量控制要点

39.5.1　钻孔桩质量控制要点

（1）钻机就位施工前，要使转盘、底座水平，起重滑轮边缘、固定钻杆的卡孔和护筒中心三者应在一条直线上，在施工过程中应不断校正。

（2）严格控制泥浆制备质量，施工用泥浆质量指标为：粘度 18～22s，含砂率不大于 8%，胶体率不小于90%。

(3) 成孔、清孔完毕应立即吊放钢筋笼，安装灌注水下混凝土用的导管。随后应利用灌注水下混凝土用的导管再次清孔。保证静孔时间不超过4h。

(4) 控制初始灌注混凝土的数量，保证一次将导管底端埋入水下混凝土中0.8m以上。

(5) 施工过程中，导管在混凝土中的埋置深度，一般宜保持2～4m，不宜大于6m，不得小于1m，严禁把导管底端提出混凝土面。

(6) 由于本工程钻孔桩浇注量较少，故可不添加缓凝剂。但须严格控制整条桩混凝土的浇筑时间。

(7) 钻孔桩施工应与搅拌桩施工密切配合，搅拌桩施工2d左右后施工钻孔桩较为适宜，因为搅拌桩具有一定的强度，施工钻孔桩时不致于影响搅拌桩；同时也不会太硬，导致钻孔桩不易钻进或斜孔。

39.5.2 深层搅拌桩质量控制要点

(1) 测量定位：根据轴线定出桩位，以竹签标出，并经检验复核，桩位偏差不超过15mm。

(2) 垂直度和搭接长度的控制：桩机就位后用水平尺检查桩机平台的水平度，并检查钻杆垂直度，垂直度偏差控制在1%以内。相邻桩体施工间隔不得超过24h，否则要采取注浆加密措施。

(3) 严格控制水灰比：本工程搅拌桩水泥渗入量为土重的14%，水灰比为0.45。水泥采用425号普通硅酸盐水泥，外掺0.2%水泥用量的木质素磺酸钙作减水剂，由于基坑开挖时间限制，再掺2%水泥用量的石膏作早强剂。

分设搅拌桶和蓄浆池，将经称重的各种原料捣入搅拌桶搅拌，搅拌时间不少于3min，然后打开闸门使水泥浆流入蓄浆池继续搅拌或注浆。

(4) 为确保加固土体的强度和均匀性，注浆阶段不允许发生断浆现象，注浆管道不能发生堵塞。控制桩机的钻进和提升速度及复搅次数，以确保桩体连续均匀。

39-6 土方开挖及支护效果

土方开挖分三个区、两层进行，阶梯形挖土后退，开挖从西至东逐段推进。开挖一个区，即进行该区的垫层和基础施工，待该区地下车库底板施工完成后，再进行下一个区的开挖施工，逐段向前推进。土方开挖前向土方机械司机做好现场交底，严格按确定的平面尺寸、深度开挖，施工机械不得撞击挡土桩，挖出的土方及时运走，严禁堆放在基坑边。

本工程支护结构自1997年4月29日开工，至1997年6月7日完工。基坑经降水疏干、开挖后检验：水泥土拱成型完好，搅拌桩平直挺立，坑内基本干燥，基坑边坡及水泥土拱形结构稳定，桩身无开裂及漏水渗水现象。从基坑开挖到地下车库底板完工，基坑暴露长达四个月，期间广州地区经历46年来6月、7月份同期降雨量最高的多场特大暴雨，中雨、大雨、暴雨、特大暴雨交替出现一个半月，但整个基坑未发生任何滑塌及失稳事故，四周道路未出现裂缝及沉降现象。现场跟踪测量数据表明：桩顶最大水平位移仅为34mm，四角边位移接近零，周围地面最大沉降量为17mm。这充分说明拱形水泥土加刚架式钻孔桩空间组合支护结构挡土防渗效果良好，结构强度、刚度大，整体稳定性好。

39-7 技术、经济效益分析

从表 39-4 的综合技术、经济对比分析表明：拱形水泥土加刚架式钻孔桩空间组合支护方案，与密排钻孔桩加钢筋混凝土内支撑支护方案、双排钻孔桩支护方案、喷锚网支护方案相比，更具优势。

四种支护方案的综合技术、经济对比分析　　　　表 39-4

方案名称		密排钻孔桩加钢筋混凝土内支撑支护	双排钻孔桩支护	喷锚网支护	拱形水泥土加刚架式钻孔桩空间组合支护
止水幕墙要求		设单排深层搅拌桩防渗幕墙	设单排深层搅拌桩防渗幕墙	设单排深层搅拌防渗幕墙	支护结构本身既挡土又防渗，无需再设止水幕墙
设计参数	桩直径(mm)	800	800	沿边坡设5排锚杆，行间距1.3m×1.3m，梅花形布置，5排锚杆长度分别为12m、11m、10m、9m、9m，钢筋网采用$\phi6$@150mm×150mm，喷锚网厚20cm，C20级混凝土	800
	桩长(m)	13.5~15.0	前排桩13.5 后排桩12		15（有效桩长14.5）
	桩距(mm)	1100	2200（前后排距为2500）		3500
	压顶圈梁	900mm×500mm	800mm×500mm 500mm×500mm		900~1500mm×500mm
	备注	支撑尺寸 800mm×800mm	/		后锚钻孔桩ϕ800mm，桩长15m（有效桩长14.5m）
技术参数	最大侧向位移(mm)	47	26	29	34
	稳定安全系数	1.68	1.83	1.75	1.89
经济参数	搅拌桩(m)	19216	19216	18964	31404
	混凝土(m³)	2294.8	1738.5	混凝土727 砂浆376	580
	钢材(t)	140.5	136	78.8	70
	总造价(万元)	335.1	283.7	252.3	223.9
工期（日）		65	60	70	40

注：表中总造价未含土方开挖及运输费用。

39-8 结 论

大面积基坑采用拱形水泥土加刚架式钻孔桩空间组合支护结构作为挡土防渗支护体系，充分利用了桩的空间组合效应，发挥了水泥土抗压强度高的性能，其结构形式新颖、受力合理、整体刚度大、变形小，既可受压挡土又可自闭防渗，且挡土防渗效果安全可靠，能有效地保证邻近建筑物及道路的安全。这种支护形式在软土地区不能采用锚杆和内支撑的狭窄场地条件下、开挖深度为 5~8m 的大面积深基坑支护工程中，具有独特的优越性和广阔的应用前景。广州二沙岛十五区地下车库基坑工程采用该支护形式，不但确保了基础、地下车库的安全顺利施工，而且节省了大笔经济投资，缩短了工期，并得到建设单位、设计单位、监理单位及同行的一致好评，取得良好的经济效益和社会效益。

40 水下钢板沉箱浇筑混凝土承台施工工艺

广东省第七建筑集团有限公司　陈达华

我公司承建的顺德糖厂码头扩建工程，全长74.87m，码头面宽10.4m，设计船型为500t级货船。基础采用ϕ550mm预应力钢筋混凝土空心管桩，上部为现浇的框架式高桩承台结构。根据制定的施工方案，位于前沿C轴及D轴位置上的34根桩为水上打桩（用打桩船），其余为陆上打桩。

根据兴建单位安排的施工期，高桩承台的施工正是在洪水期间的5～6月份，在一般情况下，洪水位均高于桩承台面500～1000mm（视涨潮的情况）。要确保合同的工期，赶在9月前完成整个码头扩建工程，就必须要解决在水下进行高桩承台施工的问题。为此采用了钢板沉箱的施工工艺，有效地、快速地、保质保量地完成了高桩承台混凝土的浇筑工程。

整个高桩承台的结构分两类：一类为单桩台，共45个，平面尺寸为1000mm×1000mm，厚度为550mm；其余为四桩承台，共4个，平面尺寸为3100mm×3500mm，厚度为850mm。根据高桩承台的结构尺寸，并考虑到整个钢沉箱就位后有最低程度的施工面，也相应采用两个钢沉箱的形式：一种是用于单桩承台的沉箱，尺寸为2000mm×2000mm×1500mm（长×宽×高），这种沉箱平面尺寸比单桩承台混凝土的平面尺寸稍大，主要考虑到沉箱沉至水下后，工人在沉箱内施工，如凿桩头等要有最低的工作面，所以设计时每边相应增大500mm。沉箱高度设计为1500mm，确保洪水位高于承台面1000mm时也能进行施工，这个高度是根据近几年的水文资料的洪水位标高而定。考虑到设计高度若大于1500mm时，将会增大沉箱的制作成本，而且洪水位高于沉箱顶的时间在一天内只是1～2h，不会影响施工。每个沉箱用5块5mm厚的钢板制作，全部采用电弧焊连接，并要求全密封，不漏水。沉箱底板正中割一个ϕ570mm的圆孔（一般比管桩的外径大20mm）。另一种是用于四桩承台的沉箱，尺寸为3100mm×3550mm×1500mm（长×宽×高），这个钢沉箱平面尺寸与承台的实际尺寸相同，因沉箱较大，工人在沉箱内施工的工作面是足够大的，为降低成本，在设计时不考虑扩大。沉箱也可作模板使用，高度与单桩承台相同，定为1500mm。这种沉箱用8mm厚的钢板制作。沉箱底的开孔位置根据4根桩的实际位置开了4个ϕ570mm的圆孔，这个位置是需要在现场实测后确定。

每一个沉箱均需用汽车起重机方能吊至水下的桩位上。将沉箱沉至水下后，要进行高桩承台混凝土的浇筑，还需解决两个技术关键问题：一个是沉箱沉下水后，如何确保沉箱底开的所有圆孔与管桩之间的空隙不漏水；另一个是沉箱在水下，由于水的浮力大于沉箱的自重，沉箱会浮动，如何确保沉箱能准确地按设计的尺寸沉至水下而不向上或向左右浮动。为此，施工中，采取了下列两项措施：

(1) 在沉箱开的圆孔与管桩之间用橡胶密封。

沉箱底开了 φ570mm 的圆孔后，用 1 块 5mm 厚的橡胶板开成一个圆环，如图 40-1 所示，圆环宽度为 80mm，圆环的内圆采用 φ500mm，比管桩的圆径小 50mm，圆环钻 8 个 φ12mm 孔，橡胶圆孔与沉箱底板开的圆孔用 φ10mm 螺栓全部固定。当沉箱徐徐沉至水下后，比管桩直径小 50mm 的圆环内孔利用橡胶的弹性反至管桩内，将管桩外壁周边紧紧地吸住，基本上可以将 90％的水封住（详见图 40-2），但仍有个别的沉箱有少量的水冒进（经实践，有相当一部分的沉箱靠这一种方法也能将 100％的水封死）。这少部分冒进的水依靠下列措施作进一步处理。

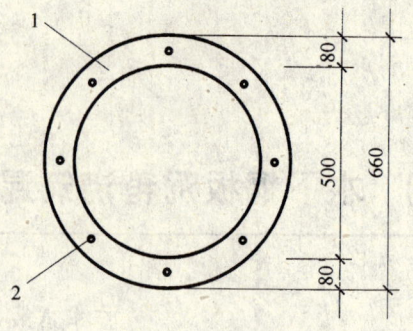

图 40-1 橡胶板
1—橡胶板；2—8φ12mm 孔

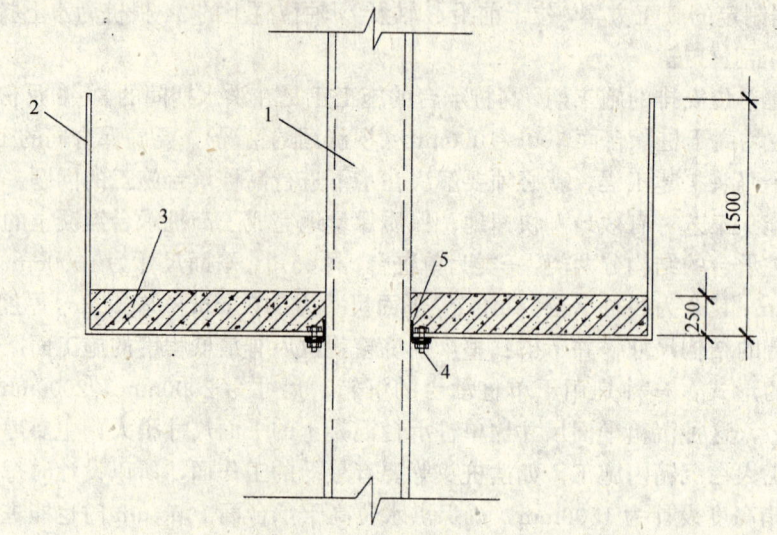

图 40-2 钢板沉箱圆孔与管桩间空隙的密封处理
1—管桩；2—钢板沉箱；3—C30 级微膨胀混凝土 250mm 厚；4—φ10 螺栓；5—橡胶板

(2) 在沉箱内浇筑 250mm 厚 C30 级微膨胀混凝土。

将沉箱沉至水下后，沉箱移动较大，为抵消水的浮力以及处理冒进沉箱内少量的水，在沉箱底浇筑 C30 级的微膨胀混凝土，厚度为 250mm，采用江门水泥厂生产的 UEA 微膨胀水泥，其突出优点是能使混凝土产生体积膨胀，能有效地补偿混凝土的收缩，达到抗裂防渗的目的，使管桩壁渗入的水能有效地处理，同时厚度控制在 250mm，整个沉箱自重可增大到 600kg/m²，小的沉箱自重增大 2.4t，大的沉箱自重 6.6t，足可以抵消水的浮力，使整个沉箱稳定地固定在预定的位置上。为增加每一个沉箱的整体稳定，施工时，以几个沉箱为一组，用 ⌶16 槽钢将其连成一个整体，再将每组沉箱用槽钢牢牢地固定在旧码头上或其它已完成的高桩承台上，确保沉箱不产生左右位移。

整个码头的施工工期紧，难度大，经采用了各种有效的施工方法，即使在洪水高峰期间，也能使工程顺利地进行，工期比原计划提前一个月完成，码头的设备安装也提前进行，确保了在 11 月的榨季前交付使用。

41 广东省人民医院门诊住院大楼工程深基坑施工方法的改进

广东省第一建筑工程公司
李泽谦　杨杰勇　刘丽莎

41-1 工 程 概 况

广东省人民医院门诊住院大楼位于广州市东川路与中山二路交汇口,是省重点建设施工项目。地下3层、地面28层,总建筑面积83824m²,地下室建筑面积约16500m²,基坑平面不规则,面积约6300m²,深度11m,基坑土方量约66000m³,是比较大面积的深基坑。基坑围护采用密排人工挖孔桩,东川路地段加设一道锚杆,其余各向均为悬臂,桩顶设水平压顶梁。

41-2 传统的施工方法

大面积深基坑传统施工的顺序为:

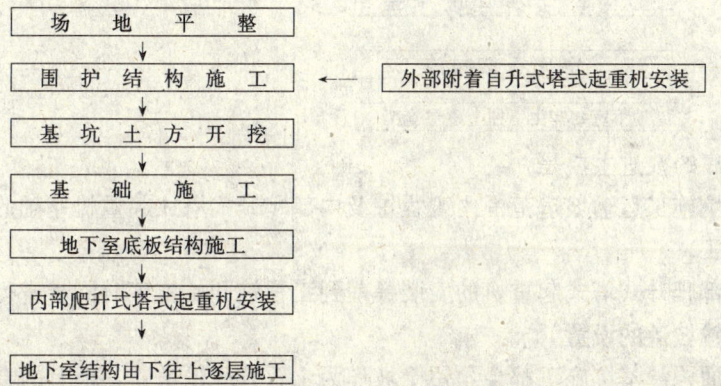

大面积深基坑传统的施工方法,存在着几个主要的施工问题:首先是大面积深基坑土方开挖后,工程桩及大体积桩承台的施工有着大量的外弃土石方,由于受基坑深度的影响,往往外运的手段不足,特别是机械化施工手段,因而必然影响施工进度及文明安全施工。其次,由于基坑面积比较大,基坑前期施工时,多数只能在基坑边缘先安装外部附着自升式塔式起重机,因此,覆盖面不足,垂直运输能力不足,造成基坑施工时大量的材料、设备、工具都需用人力作二次转运,这也导致施工工期的拖延及影响基坑文明施工的形象。再次,由于内部爬升式塔式起重机的安装在地下室底板施工完成之后进行,塔式起重机部件通常靠大起重量汽车起重机在基坑边缘上吊运到基坑内,塔式起重机安装位置离基坑边缘较远

的，还要另行在基坑内进行二次转运，塔式起重机安装时要在底板上设桅杆进行安装，此时，安装场地由于底板已预留伸出墙、柱钢筋而使操作难以施展；另外，大起重量汽车起重机在基坑边缘作业，地面荷载较大，直接影响基坑边坡的安全，造成一定的心理威胁，需采取一定的安全措施，因而安装的工作量及工作难度较大，也影响基坑内其它工序的连续施工，直接影响到整个基坑施工的工期。

综上所述，大面积基坑传统的施工方法存在一定的弊病，随着技术进步及建筑市场的要求，有必要对传统的施工方法进行改进。

41-3 改进的施工方法

41.3.1 施工顺序

在这个工程的基坑施工中，基于加快工期和加强深基坑施工垂直运输能力的考虑，对以往习惯的传统施工方法加以改进，采用下列施工顺序：

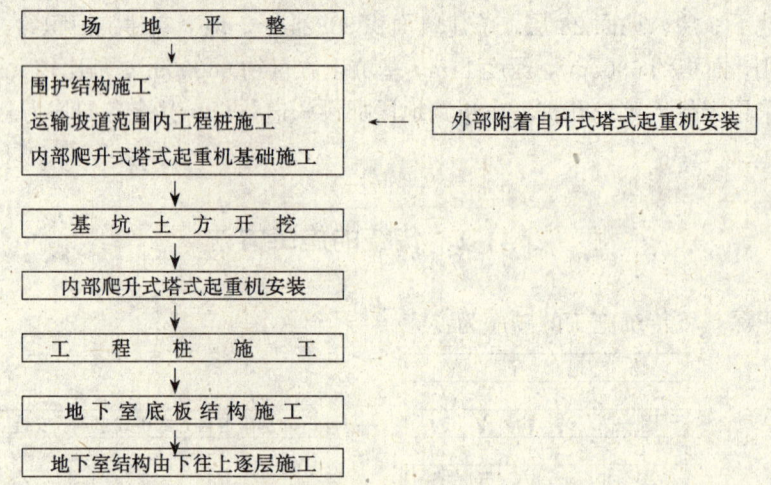

施工顺序的改进主要是：

（1）基坑施工运输坡道范围内工程桩及内部爬升式塔式起重机基础的施工提前与围护结构同步施工。

（2）内部爬升式塔式起重机的安装提前到工程桩开始施工时同步进行。

41.3.2 运输坡道的设置

通常大面积深基坑施工都会预留土坡作为土石方运输道路，但有的会在基坑土石方挖出后把坡道也挖去，有的则会把运输坡道延用到工程桩完成后再挖去。前者会造成基坑工程桩施工时大量的土石方外运不能机械化作业，使工期拖延受阻；后者则在最后挖除坡道时，仍遗留坡道下大量的工程桩仍需施工，造成工期的严重拖延。因此，本工程基坑土石方挖运的施工方法采用了预留基坑内运输坡道，同时，将运输坡道范围内的工程桩与围护桩同步施工。基坑施工时，运输坡道一直作为基坑土石方、工程桩土石方、桩承台土石方、地梁土石方外运的运输道路，也用于超前安装内部爬升式塔式起重机时最大起重量为50t的汽车起重机等吊装设备的运输道路，直至最后完成开挖所有桩承台土石方后，再将运输坡道逐层挖除，并随即可进行该部位桩承台的施工，既方便了施工，又有效地缩短了施工工期。基坑运输坡道设置如图41-1所示。

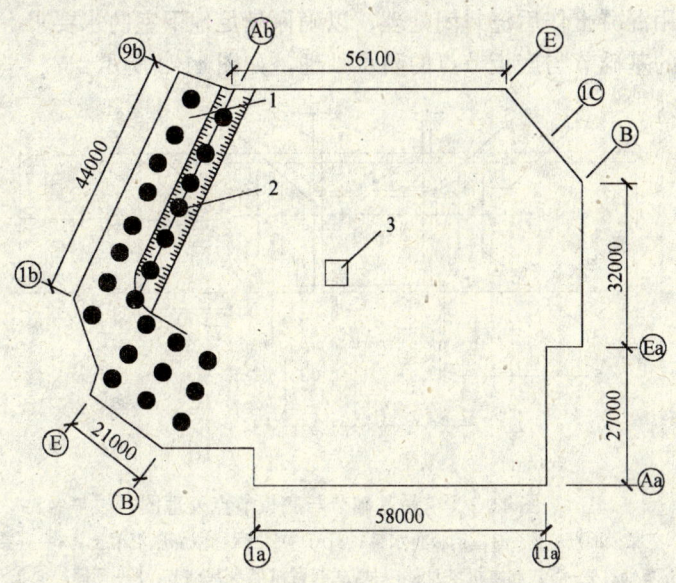

图 41-1 基坑运输坡道设置图
1—基坑内汽车运输坡道；2—与支护桩同步施工的工程桩；3—内部爬升式塔式起重机位置

41.3.3 内部爬升式塔式起重机超前安装

41.3.3.1 安装顺序

改进的施工顺序把内部爬升式塔式起重机的安装提前到工程桩及地下室底板结构施工两道工序之前，这就极大地解决了这两道工序大量的土石方及施工各项材料、机具的垂直和水平运输不足的问题。使工程桩施工时，护壁混凝土的运输、钢筋笼的吊运就位、施工机具的运输、局部桩位土石方的运出等工作显得轻而易举，提高了基坑内人工挖孔桩施工机械化水平。同时，也使工程桩、桩承台、地梁、底板施工时，大量钢筋、模板、地模砖、施工机具的运输都能机械化施工，大大地减轻劳动强度，提高了施工效率，缩短了工期，促进了文明施工。

41.3.3.2 安装方法

由于内部爬升式塔式起重机的超前安装，使其安装的困难度大大减少，方法得以改进。在传统的施工顺序中，内部爬升式塔式起重机安装时，安装用的汽车起重机无法进入基坑，需在地下室底板上另设桅杆安装塔式起重机，每台塔式起重机安装工期需7d以上，工人劳动强度大，安装费用高。改进后的施工方法，使塔式起重机的安装在工程桩及地下室底板施工前完成，安装时，直接利用基坑运输坡道运输塔式起重机零部件至安装位置，安装用的大起重量汽车起重机能直接驶入基坑，直接吊装塔式起重机就位，减轻了劳动强度，仅用两天时间便完成了安装，缩短了施工工期，并节约了安装费用约50%。

41.3.3.3 塔式起重机基础节点处理

内部爬升式塔式起重机的超前安装，必须首先考虑塔式起重机基础与底板结构节点处理。本工程内部爬升式塔式起重机基础，采用在建筑物核心电梯井位置处设置4根直径为800mm的人工挖孔桩，塔式起重机基础面标高为地下室底板垫层底标高。工程桩承台及底板施工时，在塔式起重机基础节以下300mm标高处预留一后浇坑位，作防水及后浇施工处理，以便当地下室施工完成，内部爬升式塔式起重机爬升后，塔式起重机预埋基础节截除后的残留部分，用混凝土作后浇封闭处理，以确保满足地下室防水要求。超前安装内部爬升式塔式起重机的基础节与底板节点的防水处理，如图41-2所示。

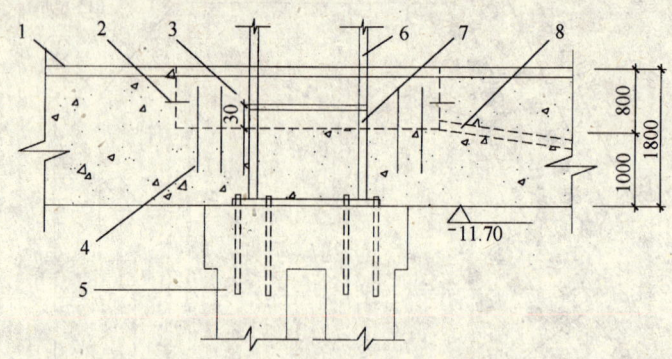

图41-2 塔吊基础节与底板节点处理图
1—地下室底板面筋；2—周边钢板止水带；3—凹坑位后浇微膨胀混凝土；4—连接钢筋；
5—塔式起重机基础；6—塔式起重机塔身；7—塔式起重机塔身基础节；8—预埋排向集水井的排水管

41-4 技术经济效果

改进的深基坑施工方法具有下列主要技术经济效果：

（1）提高机械化施工程度，缩短施工工期。本工程大面积深基坑施工方法的改进，促进了基坑机械化施工程度的提高，减轻了劳动强度，提高了施工效率，使施工工期缩短了20％以上。

（2）解决了塔式起重机安装的难度，节约了安装费用。内部爬升式塔式起重机的超前安装，既解决了传统的内部爬升式塔式起重机安装的施工难度问题，也解决了工程桩施工及桩承台、地梁、地下室底板施工时的大量材料和机具运输问题。又使内部爬升式塔式起重机安装工期由原来的7d减少至2d，安装费用由原来的3.5万元减少至1.8万元。通过本工程的施工实践，为今后加快大面积基坑的施工提供了推广应用的经验。

（3）促进工地文明施工。本工程由于施工方法的改进，使深基坑机械化施工程度大大提高，基坑施工中消灭了肩挑人抬及人力手推车运输，提高了工效，大大地减少了现场施工人数，因而使工程文明施工工作在难度较大的基坑施工中也取得了显著的成绩。本工程在基坑施工阶段已取得了广东省建筑工程总公司文明施工样板工地及广州市东山区文明施工样板工地称号。

42 东莞市华润水泥厂原料储存与输送大型地下工程的施工

广东省第一建筑工程公司
肖新洪 云惟荫

42-1 工程概况

该工程位于东莞市沙田镇福禄沙东莞市华润水泥厂厂区内,西北面距珠江边仅90m。本工程包括两个80m直径和1个40m直径的储料仓,3条输送皮带廊,建筑面积13000m²,其中3个储料仓地坑、地板面积12300m²,混凝土量达15500m³。储料仓中有6条地坑,总长746m,地坑埋深分别为4.35m、5.50m和9.10m,其长度分别为636.4m、87m和22.6m。

该工程为整体式钢筋混凝土结构。基础为预制混凝土管桩基础,储料仓地板厚500mm。地坑板厚300mm、600mm(底、壁、顶板厚度相同),地坑与地板连成一个整体。设计图没有考虑在地坑、地板留设变形缝,整个地下工程是一个大面积钢筋混凝土结构(如图42-1)。

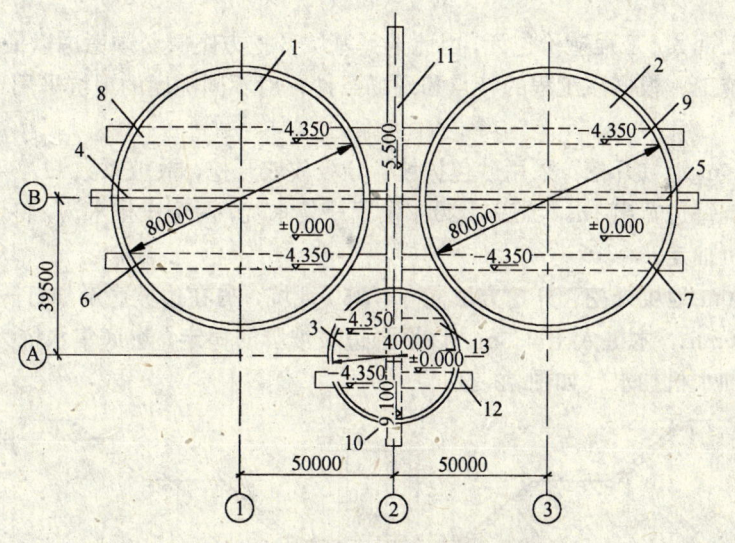

图 42-1 地坑、地板平面布置图
1—1号仓;2—2号仓;3—3号仓;4—Ⅰₐ地坑;5—Ⅰᵦ地坑;6—Ⅱₐ地坑;
7—Ⅱᵦ地坑;8—Ⅱ𝒸地坑;9—Ⅱ𝒹地坑;10—Ⅲₐ地坑;11—Ⅲᵦ地坑;12—Ⅳ地坑;13—Ⅴ地坑

该工程工期只有160d,按施工进度计划安排,地坑、地板的施工只有136d时间,其中-9.10m深地坑的施工时间为45d,而现场地质条件较差、地下水丰富、场地小、结构复杂,要按时完成施工,难度较大。

42-2 地质情况

该工程临近珠江边，地质条件差，根据地质勘察报告反映的地质情况，自上而下分层如下：

(1) 人工填砂层：分布于地表，为新近吹填而成，层厚3～4m，主要为中细砂，结构极为疏松。

(2) 冲积海积层，大致分成以下5层：

1) 上淤泥层：组成主要为粘粒和粉粒，含粉细砂和腐植土，层厚2.8～9.55m，整层以流塑状的淤泥为主体，含水量高，压缩性极高，透水性微弱。

2) 上含泥砂层：以含泥粉细砂为主，层厚2.2～7.7m，呈饱和、松散状，压缩性中等，抗剪强度偏低。

3) 下淤泥层：以粘粒和粉粒为主，含有细砂，层厚5.7～10.75m。工程特性极差，表现为含水量高，饱和、流塑，压缩性极高，抗剪强度极低。

4) 下含泥砂层：层厚3.85～7.6m，饱和、中密。

5) 中粗砂层：层厚1.7～6.8m，中密，压缩性中等。

以下是残积层和基岩，残积层厚4.9～9.2m。

地下水位高程在－0.46m左右，由于临近珠江，水位随潮汐而涨落，水源十分丰富。

42-3 地坑开挖与支护

由于施工工期紧，工程造价包死，因此选择基坑开挖方案时必须考虑以最快的速度、最低的费用完成施工。根据该工程的特点和现场条件，对不同深度的地坑采用不同的支护与开挖方法。

(1) －4.35m地坑开挖：采用砂包护坡，分级放坡开挖，放坡系数$H/B=1:1$，坑底开挖宽度比地坑每边宽出1m，坑底每20m设置一集水坑，两侧设排水沟，将地坑水引到集水坑，用抽水机抽走。

(2) －5.50m地坑开挖：开挖方法同－4.350地坑，另在边坡底增加打一道木桩支护，木桩间距为300mm，木桩入土2.5m，以增强边坡坡脚的稳定，坑底集水坑为每16m设置一个，并增加抽水机抽水（如图42-2）。

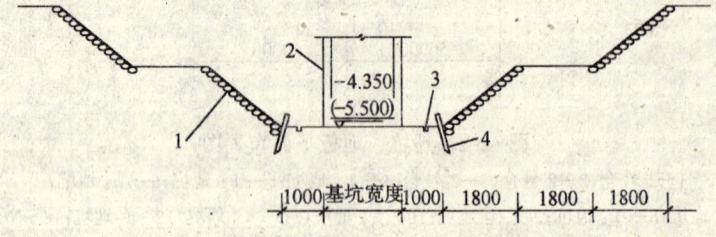

图42-2 浅地坑开挖剖面
1—砂包护坡$H/B=1:1$；2—地坑；3—排水沟；4—－5.500m地坑打木桩@300mm

(3) -9.10m 深地坑开挖：深地坑西北端11m处为厂区道路，也是临珠江一边，南端与-5.500m 地坑相接，东、西两侧与-4.350m 地坑相接。由于地坑开挖较深，且受场地限制，因此开挖难度较大。在一般情况下，应采用各种挡土止水措施进行边坡支护，但考虑到工程造价包死和施工工期紧等因素，经反复研究，采用分级放坡大开挖，砂包护坡，每级坡脚打一排木桩和局部打钢板桩挡土等方法施工。

42-4　地坑开挖出现的问题及处理

由于地表吹填砂经一年的沉积，土层有所稳定，上层的土方开挖基本按方案进行。-4.35m和-5.50m 地坑施工较顺利，但-9.10m 深地坑挖至-8m 时，由于珠江涨潮增加地下水的压力，靠江边一侧出现了大量的流砂和涌泉，地下水大量涌入基坑，造成边坡局部塌方。而地坑两侧边坡由于放坡宽度较大，土体较为稳定。面对这种情况，为保证边坡的安全，采取了以下应急措施：在地坑靠路边一侧-6m 平台处打一排钢板桩挡土，钢板桩长6m，锚入坑底下2.5m；在钢板桩内侧1.5m 处设降水井10个（用钻孔机钻孔 $\phi500$mm，孔深7m，放进外包铁丝网的钢筋笼），以降低地下水位；另外为保证土体的稳定，在-6m 平台紧靠钢板桩处设一条"冂"形的钢筋混凝土斜梁（截面400mm×500mm），支顶住钢板桩，以保持地坑北端土体的稳定，斜梁两端延伸至地坑两侧边坡平台上，并锚于预先打入土中的木桩上（如图42-3）。地坑两侧边坡在-7.5m 处增加一排密排木桩挡土。基底四角用预制1m×1m混凝土方框作集水坑，每处备两台抽水机抽水。

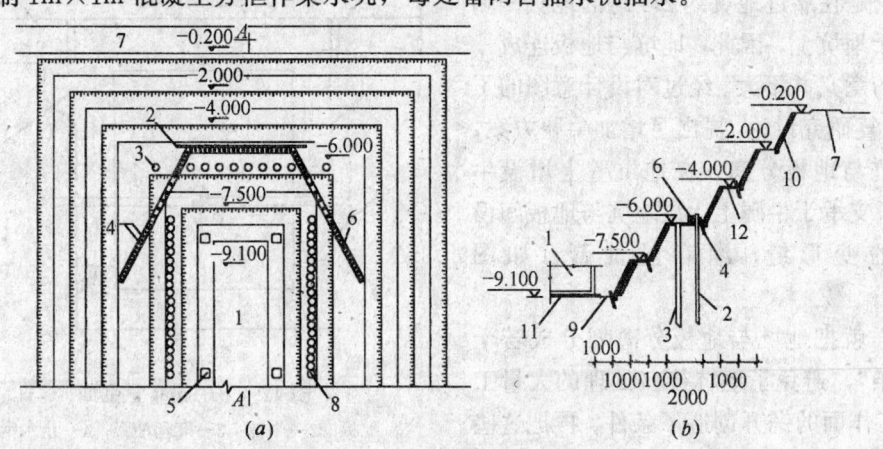

图 42-3　深地坑开挖图
(a) 平面图；(b) A-A 剖面图
1—深地坑；2—钢板桩（长6m）；3—降水井（7m深，10个）；4—木桩；5—1000mm×1000mm集水坑（4个）；
6—Ⅱ形斜梁；7—厂区道路；8—密排挡土桩；9—集水沟；10—砂包护坡（H/B=1:0.5）；
11—C20级混凝土垫层（250mm厚）；12—混凝土护面（100mm厚）

采取上述措施后，边坡较为稳定，地下水亦有所减少，但靠北边边坡坡脚地下水仍较大。由于该处是泥砂层，是以粉细砂为主，砂粒在渗透水的作用下悬浮起来，而地下水的流动将边坡土体中悬浮着的砂粒带出，会将边坡掏空，造成塌方。为防止泥砂从边坡坡脚流出，另在基底周边堆砌二层砂包护坡，阻隔流砂的涌出，防止边坡泥砂流失，效果比较理想。四周的流砂处理好了，但基坑底的流砂又冒出来，这是因为地下水从坑底上涌而带出来的，因此必须采取措施阻止坑底涌砂。经研究后，决定先停止坑底抽水，待傍晚趁退潮时集中力量进行封底，具体做法是：在退潮时先利用降水井和集水坑的16台抽水机不停抽水，降低坑底水位，然后将坑底超挖500mm，抛毛石压底约350mm厚，以减小流砂上涌，再覆盖一层尼龙帆布隔水，浇250mm厚C20级早强混凝土垫层封底。在浇完垫层混凝土后的24h内，抽水机仍不停地抽水，待垫层混凝土具有一定强度后，紧接着进行地坑底板的施工。

在深地坑的施工过程中，除了采取上列措施外，现场施工人员要密切配合，各项工序安排要紧凑。同时，密切注视现场情况的变化，随时采取有效的施工措施，使深地坑的施工能够顺利进行。

42-5 施工段的分割方法

地坑和地板是连成一个整体的钢筋混凝土结构，不但面积大、混凝土量大，而且地坑与地板间一千多米长的接口处理也相当费时费工，对施工的组织、工作面的铺开非常不利。为加速施工进度，必须将其划分成若干施工段，然后组织流水施工。

原设计地板主要支承于预制混凝土管桩上，只是在靠近地坑约2m跨的地板一端才支承于地坑上，因此，地坑与地板连成一个整体的意义并不大。经过对设计意图的了解，经反复研究讨论，提出了增加牛腿方案，即将地坑与地板分离，在地坑壁上增设牛腿，地板支承于牛腿上，在地坑与地板间设20mm的变形缝，灌麻丝油膏（如图42-4）。

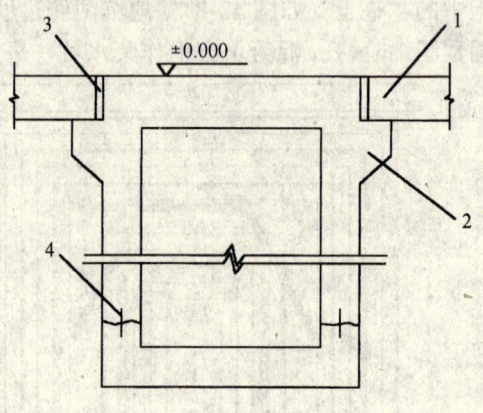

图42-4 牛腿布置剖面
1—地板；2—牛腿；3—麻丝油膏；4—止水钢板

这样就把地坑与地板分离划分成若干个"长条"，避免了地坑接口处理的大量工作，为工作面的铺开创造了条件。再把这些"长条"按每30～35m长划分为一个施工段，并在所有接口处做C35级微膨胀混凝土后浇带。本工程施工中，将地坑划分成17个施工段，地板划分成22个施工段（如图42-5），这样就将大面积地板和地坑化整为零，逐段"吃"掉。此方案得到了设计和建设单位的同意和支持。

三种不同标高（-4.35m，-5.50m，-9.10m）的地坑交汇于-5.50m地坑，形成11个地坑接口。地坑接口的处理是地坑施工的关键之一。做法是先用后浇带将-5.50m地坑单独分离出来，即在-5.50m地坑与-4.35m地坑接口处均在-4.35m地坑留设后浇带，在与-9.10m地坑接口处，则在-5.50m地坑处留设后浇带。这样，3个仓的地坑均可单独组织施工，最后在-5.50m地坑作为收口。

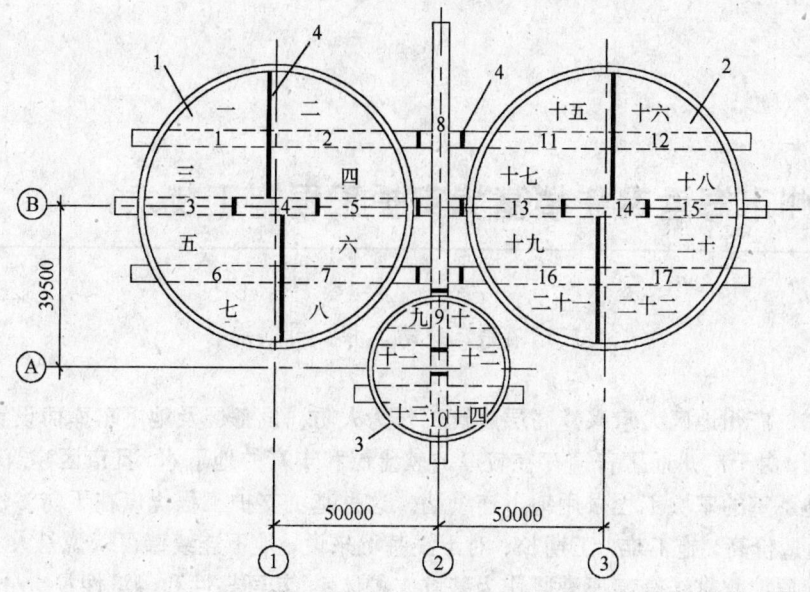

图 42-5 地坑、地板分段划分平面
1—1 号仓；2—2 号仓；3—3 号仓；4—后浇带

42-6 施 工 小 结

本工程采用"分割法"施工，施工进展达到了快速、经济、安全的目的。深地坑施工时间只用了 41d，比计划工期缩短了 4d；整个地坑、地板施工工期比计划工期提前 7d 完成。

混凝土施工质量较好，无裂缝、渗漏现象，混凝土试块强度和回弹强度均达到设计要求。

在经济效益方面，本工程地坑采用大开挖砂包护坡和局部打钢板桩的方法施工，比投标预算周边全打钢板桩节省施工措施费 43 万元。地坑虽因增加牛腿而增加费用 12 万元，但却节省周转材投入 25 万元，节省人工费 8 万元。本工程合计节省费用 64 万元，经济效益显著。

43 广州市海运商住楼基坑支护工程施工技术

广东省第三建筑工程公司 梁嘉彤

近年来,广州地区大量兴建高层建筑,作为人防、设备层及地下车库而设置的地下室也大量出现。由于广州地区普遍存在较厚的软土层和丰富的地下水,且市区建筑物密集,因此,不少地下室的基坑工程采用地下连续墙。这种基坑支护工程优点在于防渗性好,刚度大;缺点为造价高,施工难,工期长。对于浅基坑来说,地下连续墙可以说是大材小用,浅基坑应用深层搅拌桩结合高压灌浆作为基坑支护体系,其可靠性和经济性是十分突出的,能以最低的经济代价来获得必要的可靠性。本文以广州市海运商住楼的基坑支护为例,介绍深层搅拌桩和高压灌浆的施工技术。

43-1 工程概况

广州市海运商住楼又名天鹅大厦,位于广州市洲嘴大街与滨江西路交界,北临珠江(见图43-1),主楼共23层,其中裙楼为2层,地下室为1层,基础采用人工挖孔桩,基坑开挖深度,北侧和西侧北段为5.45m,其余地段为4.65m,基坑总周长约170m,对基坑支护的要求为:保证基坑开挖工作的顺利进行,确保周边建筑物及路面的安全,保证人工挖孔桩基础和地下室的施工安全。本工程基坑支护工程主要处理以下二个问题:

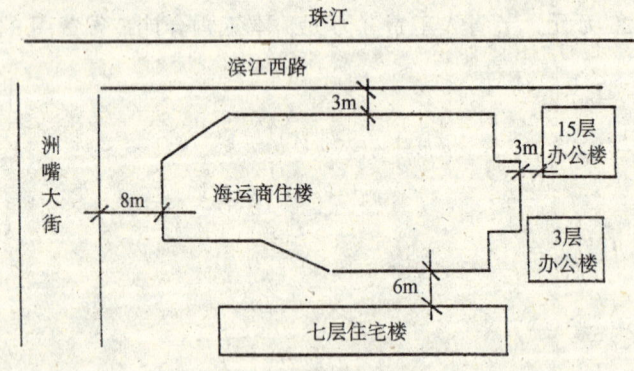

图43-1 海运商住楼位置图

(1) 支护土体的安全和稳定性;
(2) 阻隔基坑外地下水,保证人工挖孔桩桩基础的顺利开挖。

43-2 工程地质和水文概况

第一层：人工填土。由建筑垃圾及粘性土组成，松散，平均厚度4.15m。
第二层：淤泥质土。灰黑色，流塑，厚度为0.5～2.0m。
第三层：粉细砂。深灰色，松散，厚度为4.97m。
第四层：淤泥质土。深灰色，流塑，夹薄层粉细砂，厚度为0.7～1.55m。
第五层：残积粉质粘土。棕红色，硬塑，厚度为1.3～8.1m。
第六层：强风化粉砂岩。$f_k=1.8$MPa，厚度约4m。
第七层：中风化岩。$f_k=9$MPa，厚度约7.8m，再往下为微风化岩。
场地自然地面标高-0.4m，地下水常水位约-1.96m并受珠江潮汐的影响。

43-3 基坑支护体系

43.3.1 基坑支护体系的组成

基坑支护体系由下列几部分组成：
（1）深层搅拌桩。其作用为：阻隔人工填土层与冲积层内地下水和挡土。
深层搅拌桩采用600mm直径桩，梅花形重叠布置，平行基坑方向桩与桩咬合100mm，垂直基坑方面桩与桩形咬合200mm，靠近基坑的二排搅拌桩要求穿过冲积层，进入残积层粉质粘土0.5m。
（2）高压灌浆。其作用为：
1）阻隔残积层与强风化基岩接触带和部分强风化基岩中的地下水。
2）通过插入钢管和高压注浆，加固深层搅拌桩，增加其刚性。
高压灌浆孔在深层搅拌桩施工10d后进行灌浆，孔位于前二排深层搅拌桩中部，单排间距0.3～0.35m，强风化岩层厚度较薄地段，间距可为0.35～0.4m，施工深度要求进入中风化0.5m。
（3）喷锚挂网。其作用为：
1）固化基坑周边外侧深5m、宽10m的软弱土层。
2）连接深层搅拌桩和高压灌浆管，发挥整体支护效应。
3）通过水泥浆的高压扩散渗透，起到锚固和止水综合效力。
针对场区地层为松软土层情况，锚杆采用DN50钢管环向打眼高压注浆。喷锚挂网构造见图43-2。
（4）基坑内深井降水。其作用为：抽除强风化基岩中的微渗水，保证人工挖孔桩基础的顺利施工。
在基坑支护完毕，在基坑内均匀布12个降水井，成井口径ϕ600mm，井底进入中风化2m，平均井深12m，采用ϕ400mm钢筋笼，外包尼龙过滤网，井外全段填充砾料。

43.3.2 基坑支护体系的布置

本基坑支护根据拟建地下室外墙边线与用地红线的距离和基坑深度，可划分为A、B、C、D、E五个区段，如图43-3所示。其中所有深层搅拌桩必须穿过冲积粉细砂层、流泥质土层，进入残积粉质粘土层0.5m。高压灌浆孔应钻入中风化层0.5m。

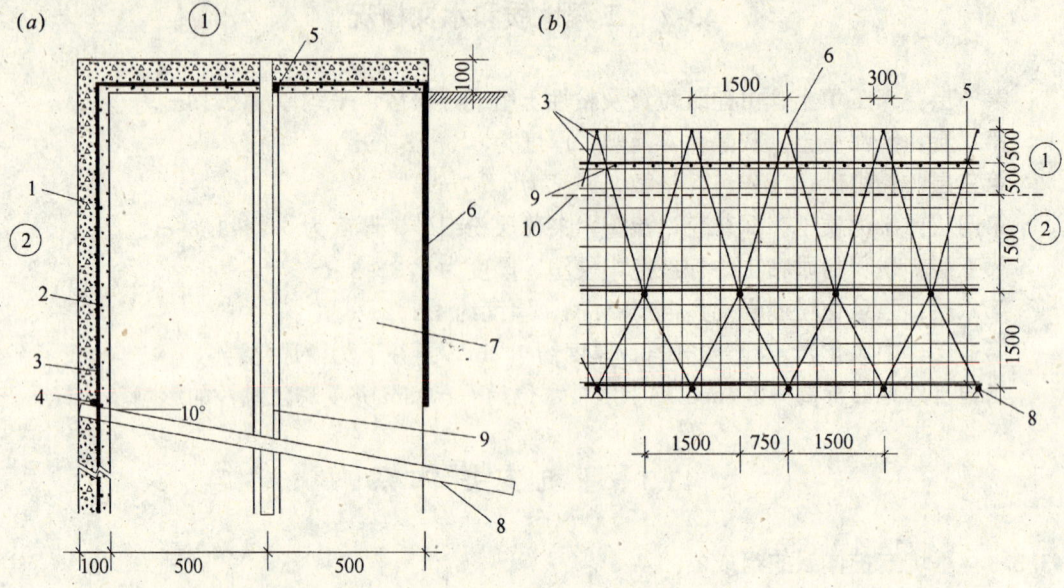

图 43-2 喷锚挂网构造
(a) 喷锚剖面图；(b) 喷锚网筋布置图
1—C20级喷射混凝土；2—双向ϕ6mm钢筋@300mm；3—ϕ16mm加强筋；4—ϕ25mm钢筋；
5—ϕ25mm钢筋；6—ϕ25mm钢钎；7—深层搅拌桩；8—DN50锚管；9—DN50高压灌浆钢管；10—基坑边线

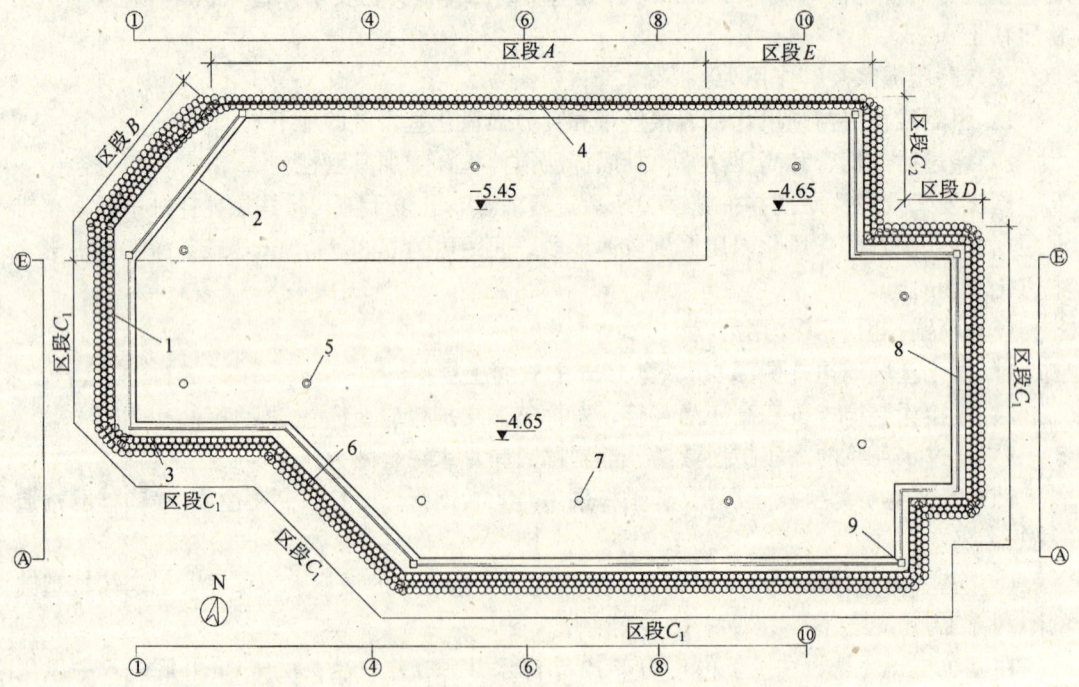

图 43-3 基坑支护体系的布置（基坑顶面标高均为-0.40m）
1—深层搅拌桩（ϕ600mm@500mm）；2—地下室外墙线；3—基坑开挖边线；
4—承台外边线；5—后施工降水井（ϕ600mm）；6—高压灌浆孔（ϕ90mm@300~350mm）；
7—先施工降水井（ϕ600mm）；8—明沟（200mm×200mm）；9—砖砌集水井（500mm×500mm×500mm）

1. 区段 A

基坑北侧,支护长度 34.55m,基坑开挖深度 5.45m,由于地下室外墙线距离用地红线只有 2.5m,故采用双排搅拌桩,高压灌浆孔插入钢管和喷锚挂网综合支护(见图 43-4)。喷锚挂网设置二排锚杆,第一排标高为 −1.9m,水平间距 1.5m,水平俯角 10°,长度 10m;第二排标高为 −3.4m,水平间距,水平俯角、长度均同第一排。

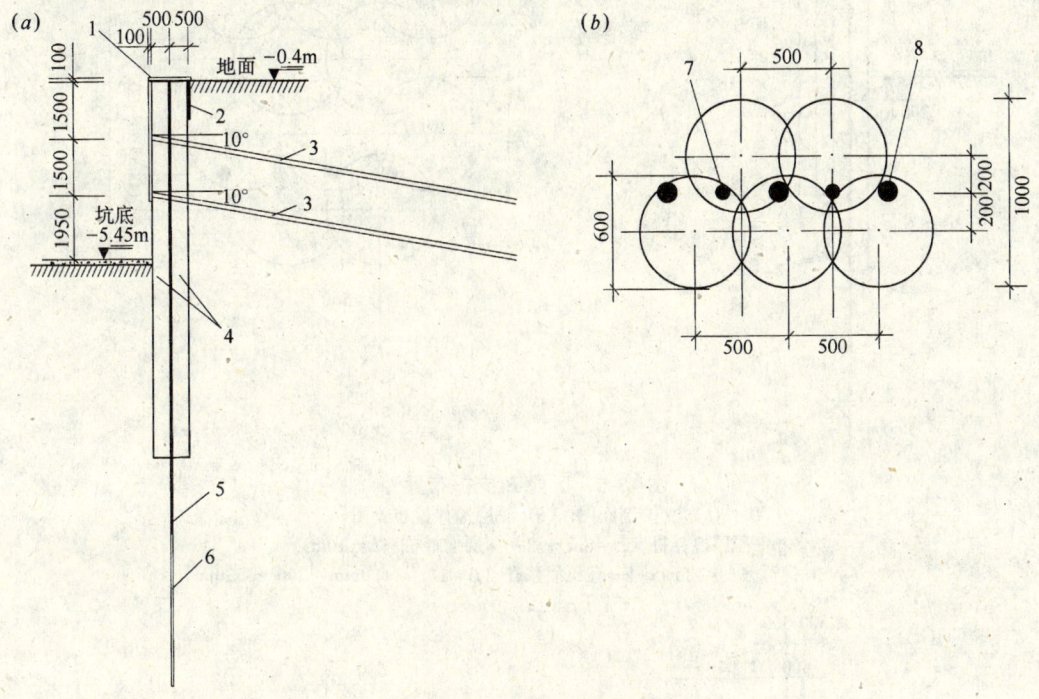

图 43-4 区段 A 支护布置
(a) 支护剖面图;(b) 深层搅拌桩布置图

1—C20 级喷射混凝土;2—ϕ25mm 钢筋(L=1m,@1500mm);3—高压灌浆 DN50 锚管(L=10m,@1500mm);
4—深层搅拌桩(L=10m);5—DN50 或 ϕ75mm 钢管(间隔设置,L=12m);
6—高压灌浆孔(L=16m,@300~350mm);7—DN50 钢管高压灌浆孔(ϕ90mm,@600~700mm);
8—ϕ75mm 钢管高压灌注孔(ϕ110mm,@600~700mm)

2. 区段 B

基坑西侧北段,支护长度 10.97m,基坑开挖深度 5.45m。在此段残积粘土缺失,故在此加四排搅拌桩,高压灌浆和高压灌浆孔插入钢管综合支护(见图 43-5)。

3. 区段 C (包括 C_1、C_2)

基坑西侧南段、南侧、东侧,支护长度 109.77m,基坑开挖深度 4.65m,采用三排搅拌桩,高压灌浆综合支护(见图 43-6)。

4. 区段 D

地下室车道口段,支护长度 7.00m,顶面标高为 −1.65m,基坑底标高为 −4.65m,采用三排搅拌桩,高压灌浆综合支护(见图 43-7)。

5. 区段 E

基坑北侧东段,支护长度 10.90m,基坑开挖深度 4.65m,由于地下室外墙线距离用地红线只有 2.5m,故采用双排搅拌桩、高压灌浆,高压灌浆孔插入钢管和喷锚挂网综合支护

(见图43-8)。

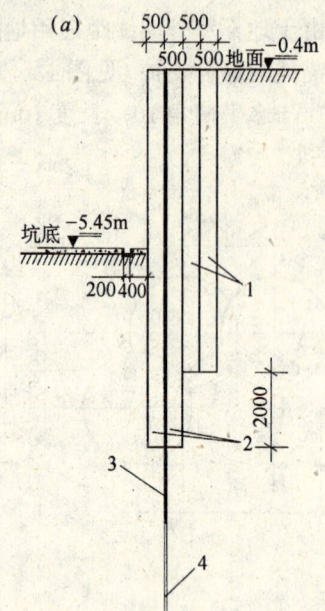 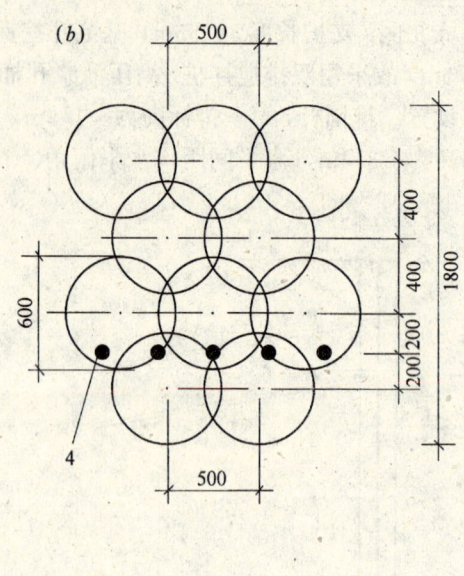

图 43-5　区段 B 支护布置
(a) 支护剖面图；(b) 深层搅拌桩布置图
1—深层搅拌桩（$L=8$m）；2—深层搅拌桩（$L=10$m）；
3—DN50 钢管（$L=12$m）；4—高压灌浆孔（$L=16$m，$\phi 90$mm@$300\sim350$mm）

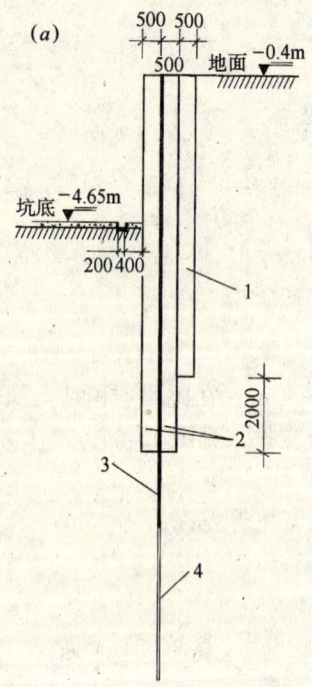 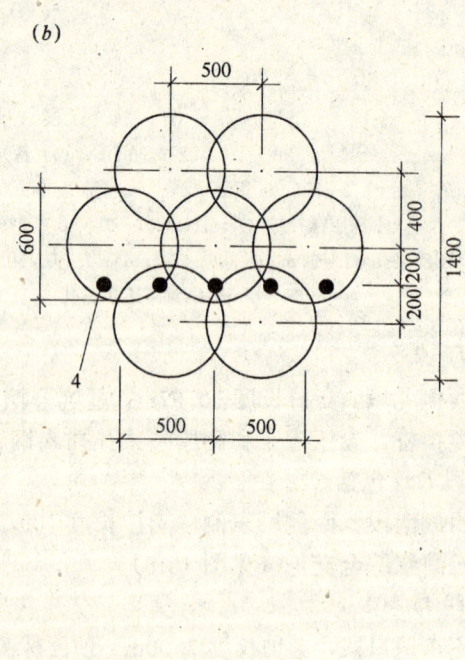

图 43-6　区段 C（包括 C_1、C_2）支护布置
(a) 支护剖面图；(b) 深层搅拌桩布置图
1—深层搅拌桩（$L=8$m）；2—深层搅拌桩（$L=10$m）；3—DN50 钢管（$L=12$m，
在区段 C_1@$300\sim350$mm，在区段 C_2@$600\sim700$mm）；4—高压灌浆孔（$L=16$m，$\phi 90$mm@$300\sim350$mm）

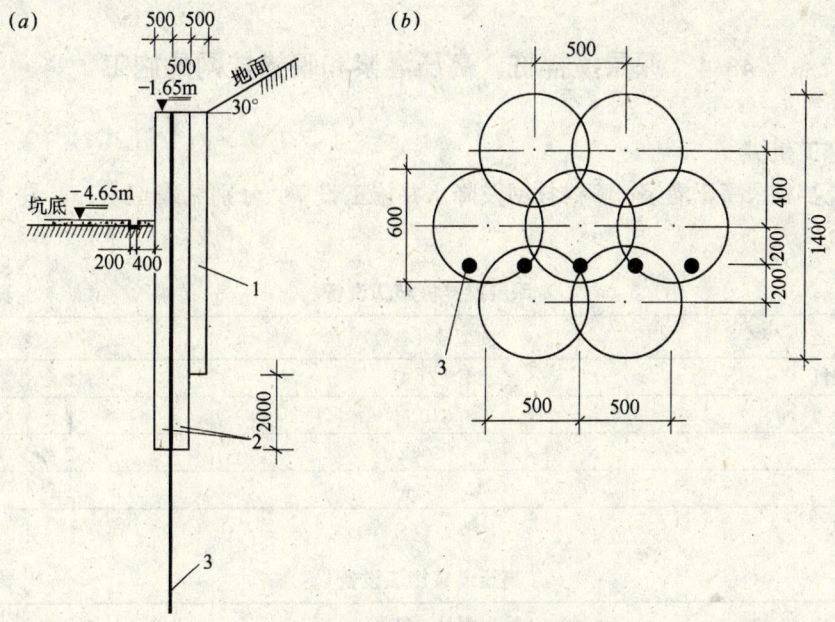

图 43-7 区段 D 支护布置
(a) 支护剖面图；(b) 深层搅拌桩布置图
1—深层搅拌桩（$L=7$m）；2—深层搅拌桩（$L=9$m）；3—高压灌浆孔（$L=16$m，ϕ90mm@300～350mm）

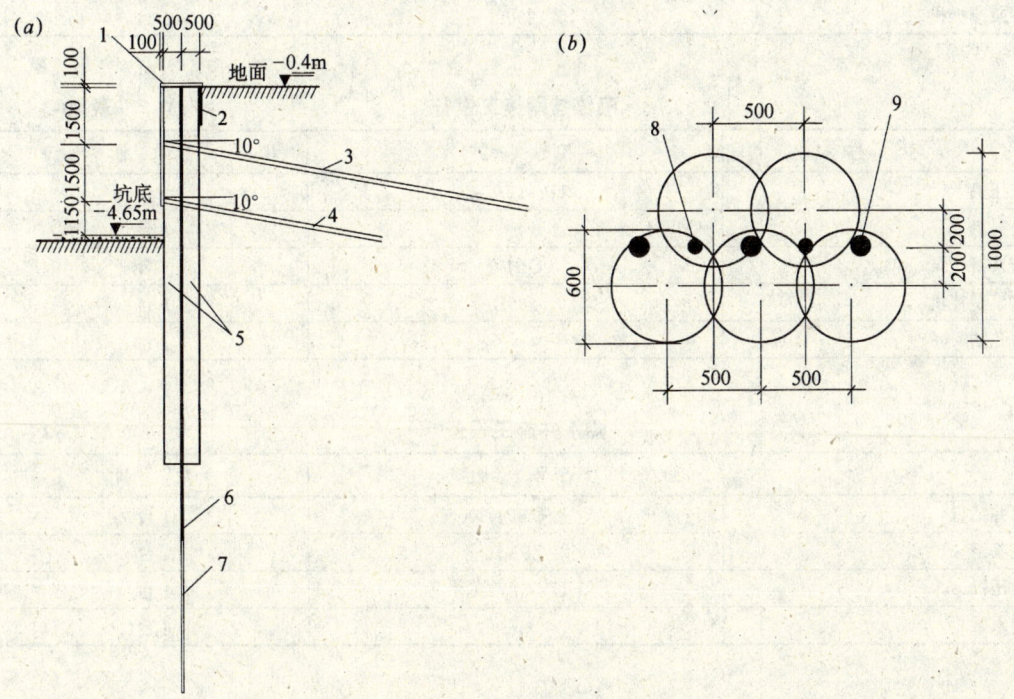

图 43-8 区段 E 支护布置
(a) 支护剖面图；(b) 深层搅拌桩布置图
1—C20 级喷射混凝土；2—ϕ25mm 钢筋（$L=1$m，@1500mm）；3—高压灌浆 DN50 锚管（$L=10$m，@1500mm）；4—高压灌浆 DN50 锚管（$L=6$m，@1500mm）；5—深层搅拌桩（$L=10$m）；6—DN50 或 ϕ75mm 钢管（间隔设置，$L=12$m）；7—高压灌浆孔（$L=16$m，@300～350mm）；8—DN50 钢管高压灌浆孔（ϕ90mm，@600～700mm）；9—ϕ75mm 钢管高压灌注孔（ϕ110mm，@600～700mm）

43-4 深层搅拌桩、高压灌浆和喷锚挂网的施工

43.4.1 施工机械

深层搅拌桩、高压灌浆、喷锚挂网及降水井施工设备，分别见表43-1、表43-2、表43-3及表43-4。

深层搅拌桩施工设备　　　　　　　　　　　　　　　表43-1

名　称	型号（参数）	数　量
深层搅拌桩机	ZJ-9	2台
灰浆挤压泵	UBJ-1	2台
砂浆搅拌机	200L	2台
空压机	1.5m^3	2台

高压灌浆施工设备　　　　　　　　　　　　　　　表43-2

名　称	型号（参数）	数　量
工程钻机	100型XY-1、XY-1A、XY-2	各1台
灰浆挤压泵	UBJ-2	1台
砂浆搅拌机	200L	1台

喷锚挂网施工设备　　　　　　　　　　　　　　　表43-3

名　称	型号（参数）	数　量
空压机	UY-12/7-C	1台
喷射机		1台
灰浆挤压泵	UBJ-2	1台
砂浆搅拌机	200L	1台
潜孔钻		1台

降水井施工设备　　　　　　　　　　　　　　　表43-4

名　称	型号（参数）	数　量
水井钻机	上海SPJ-300	1台
泥浆泵	ZPNL	1台
空压机	UY-12/7-C	1台
潜水泵	6m^3	6台

43.4.2 深层搅拌桩施工工艺

深层搅拌桩施工工艺流程如下：

桩机定位 → 喷浆下沉搅拌 → 喷浆提升搅拌 → 重复喷浆下沉搅拌 → 重复提升搅拌 → 桩机移位 → 桩机定位

主要工艺参数见表43-5。每延米水泥用量不少于64kg，水灰比为0.4～0.45。

工 艺 参 数　　　　　　　　　　表 43-5

工艺\参数	速度 (m/min)	浆量 (L/m)
首次下沉	1.0	15
首次提升	1.5	10
重复下沉	1.5	10
重复提升	1.8	0

43.4.3 高压灌浆施工工艺

高压灌浆施工工艺流程如下：

成孔 → 钢管制作安装 → 洗孔 → 配液 → 灌注

1. 成孔

采用 XY-100 200 型液压钻机，成孔口径为 90mm，提取岩芯，保证孔底进入中风化 0.5m。

2. 钢管制作安装

采用 ϕ48mm 厚壁焊管，区段 A、区段 E 间隔采用 ϕ75mm 钢管，按 0.30m 间距环向打眼，孔径为 8mm。

3. 洗孔

采用清水高压冲洗。

4. 配液

采用水灰比为 0.5～0.6 的纯水泥浆，加配适量早强减水剂和速凝剂。

5. 灌注

采用二次注浆工艺，初始注浆为全孔注浆，注浆压力 0.1～0.25MPa，初始注浆 6h 后，进行二次劈裂注浆，注浆压力为 3～6MPa。

43.4.4 喷锚挂网施工工艺

喷锚挂网施工工艺流程如下：

开挖 → 修坡 → 成孔 → 注浆 → 编网 → 焊加强筋 → 喷射混凝土

1. 开挖、修坡

分三层开挖，首层开挖深度为 2m，二层开挖深度 1.5m，三层开挖深度直至坑底。

2. 成孔

采用人工或机械直接将 ϕ48mm 钢管打入至设计深度。

3. 灌注压力浆

注浆压力 0.4～2.0MPa，注入纯水泥浆，水灰比为 0.4～0.5，加适量速凝剂，水泥用量保证每米不少于 50kg。

4. 挂钢筋网

(1) 内网采用 ϕ6mm 钢筋@300mm×300mm 绑扎，上下连接焊接。

(2) 采用 1 根 ϕ25mm 钢筋通长焊接于高压灌浆管外侧，采用 1 根 ϕ25mm 钢筋通长焊接水平锚管上侧。

(3) 外部采用 ϕ16mm 钢筋按@1500mm 菱形布置，紧压钢筋网焊接于锚管端部。

5. 喷射混凝土

用空压机、喷射机施喷，喷射厚度100mm，混凝土配合比为：水泥∶砂∶碎石＝1∶2∶2.5，强度等级不低于C20。

43.4.5　深井降水施工工艺

基坑内深井降水施工工艺流程如下：

成孔 → 制钢筋笼 → 下笼 → 洗井、填料 → 洗井

43.4.6　特殊情况及解决措施

在南段西侧有地下障碍物，深层搅拌桩仅进尺2～4m，在此段加两排高压灌浆代替深层搅拌桩。

43-5　施　工　监　测

43.5.1　周边环境监测

（1）基坑开挖前，应对基坑周边15m范围的地下管线进行探测。

（2）施工前必须对基坑周边15m范围的构筑物及地面道路进行调查，并作好记录。

（3）基坑开挖施工过程中，每天应有专人负责对周边环境进行检查，发现问题及时报告，并采取有效的应急措施。

43.5.2　基坑支护变形监测

根据场地实际情况，于基坑支护边线上均布8个监测点，定期由专人进行沉降、位移的变形检测，如发现基坑支护变形超过20mm时，应采取有效的应急措施。

43.5.3　基坑周边水位观测

在基坑外周边距离基坑开挖边线5m处，均匀设置3个水位观测管井，井深12m，每天由专人负责检查各井水位变化，发现水位下降较大时，应及时汇报，并采取补救措施。

43-6　基坑支护体系的止水、挡土效果及经济效益

43.6.1　止水效果

基坑支护工程于1997年2月22日开工，5月8日竣工，历时69d，在5月8日～7月25日后进行人工挖孔桩，历时三个月，从这三个月的人工挖孔桩施工来看，止水效果明显。

（1）本场地位于珠江边，水位高，软土层厚。在流砂段，采用多根人工挖孔桩同时开挖，齐头并进，集体降水进行挖孔桩施工。用一般禾草堵塞，快速浇筑护壁混凝土的方法，很快冲过流砂段。挖桩时既没有发生井底涌沙、地面下沉、桩位移动、民房拉裂及道路凹陷等现象，也不需要使用钢筒、冲孔桩等补救措施。这证明了基坑支护的止水效果相当好，为人工挖孔桩施工和地下室施工创造了良好的施工环境，基本做到"江水不犯井水"的设计要求。本工程工程桩67根，其中有7根采用水下混凝土浇筑，此7根桩主要分布在南边，其原因是在搅拌桩施工至南段时，部分施工段有地下障碍物难以排除，深层搅拌桩桩长仅有2～4m，故采用多排高压灌浆代替搅拌桩，因而止水效果相对较差，这是意料中之事；另外12个降水井进行日夜抽水，使场地内的水在没有补充的情况下逐步减少。

从67根桩的动测和抽芯看，动测结果：67根桩中，Ⅰ类桩为60根，Ⅱ类桩为7根。抽

芯结果：共抽检 5 根桩，结果全部属优良桩，质量如此好，与基坑支护体系的良好止水效果是分不开的。

（2）从水位观测与抽水试验报告来看，本工程在基坑内设 12 口降水井，坑外设 3 口观测井，观测时间共 18d。在观测期间，坑外 3 口观测井，其中 2 只观测井水位最大下降为 0.5m，余下 1 只降水量较大，原因在于此观测井处于基坑南侧西段，距高压灌浆代替深层搅拌桩的特殊处理部位较近，判定该部位有地下水渗漏。根据抽水试验结果，各降水井出水量较小，且水位恢复缓慢，说明场区外地下水受到阻隔，地下水补给量较小，围护结构起到应有的止水作用。

43.6.2 挡土效果

从基坑开挖至地下室结构完成历时三个月，并未出现因深层搅拌桩开裂而造成道路下陷、邻近房屋下沉的现象。并且在浇筑地下室底板时，4 台混凝土搅拌输送车同时在北面滨江西路一字排开，距深层搅拌桩只有 0.5m，而深层搅拌桩没有出现开裂的现象，这有力地证明了此种基坑支护的挡土效果。

43.6.3 经济效益

本工程基坑施工分期进行：一期工程为深层搅拌桩、高压灌浆支护止水及深井降水；二期工程为基坑开挖、喷锚挂网支护。

一期工程：总计完成深层搅拌桩 910 根，总进尺 8661m；高压灌浆 548 根，总进尺 8929.15m；降水井 12 个，182.12m；观测井 3 口，总进尺 36.90m。

二期工程：完成喷锚面积 215.1m^2；ϕ48mm 钢管灌注桩 109 根，总长 1092m。

工程结算造价为 300 万，混凝土量为 2500m^3，造价约 1200 元/m^3，与人工挖孔桩基坑支护体系及地下连续墙相比，造价低，工期短。

44 广东省工商银行业务大楼基坑支护设计与施工

广东省基础工程公司 彭小林 曹华先 唐杰康 李卓峰 尹敬泽

44-1 工程概况

44.1.1 环境条件

广东省工商银行业务大楼工程位于广州市沿江西路与新堤三横路相交处的西北角，建筑物地上29层，地下5层，基坑开挖深度为20.10m。工程由广州市规划设计院设计，建筑具有岭南特色的骑楼风格。广东省基础工程公司承担±0.00以下基坑开挖、支护结构及地下室结构部分的施工。

工程占地面积为2196m²，地下室平面面积为1900m²，东西向长63m，南北向长为28～36m。工程地下连续墙外边线以外施工场地几近没有：东、南边地下连续墙布置于现有道路的人行道上，离马路边线仅0.2m，西边离爱群大厦2m，北边离市机电公司宿舍、省百货公司大楼距离为0.3～0.4m。工程平面位置详见图44-1。

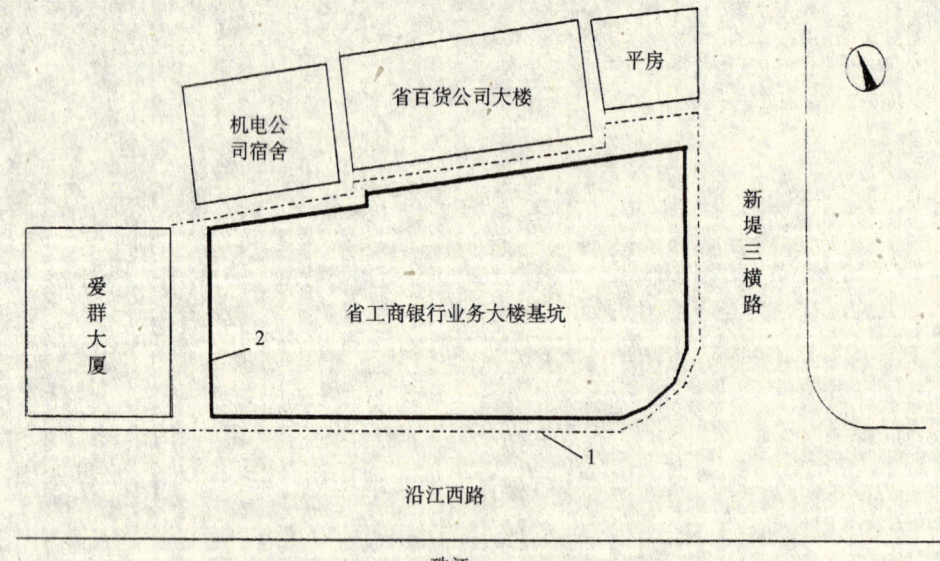

图44-1 省工商银行业务大楼平面布置图
1—规划红线；2—地下连续墙

44.1.2 地质条件

该场地地层结构表层为杂填土层，上覆第四系冲积层。下伏基岩为上白垩系粉砂质泥岩和粉细砂岩等，基岩顶部连续分布有厚度变化起伏较大的残积土，场地地层自上而下依次为：

（1）杂填土；层厚1.4～2.5m。
（2）中细砂层：浅灰-浅黄色，饱和，松散，层厚2.9～5.0m。
（3）淤泥层：深灰色，土质软滑，含有机质，偶见贝壳，饱和，软塑，层厚2.2～3.0m。
（4）细砂层：浅灰色，颗粒均匀，湿时稍有粘结，手压即散，扰动出水，饱和，松散，层厚0.9～1.8m。
（5）残积土层：褐红色，为下伏基岩风化产物，土性为粉质粘土，土体密实，局部残存强风化泥岩，层厚0.7～1.1m。
（6）强风化粉砂质泥岩：褐红色，原岩强风化呈半岩半土状，岩芯手捏易碎散，残存少量半风化状碎块，失水干裂，层厚5.5～7.8m。
（7）中风化粉砂质泥岩：层厚1.8～9.0m，最大埋深约17.5m。
（8）微风化粉砂质泥岩与粉砂岩。

各土层的物理力学指标见表44-1。

各土层物理力学指标　　　　表44-1

土层序号	土　层　名　称	层　厚 (m)	重度 (kN/m³)	c (kPa)	φ (°)
1	杂填土	1.4～2.5	18.5	5.0	6.0
2	中细砂层	2.9～5.0	16.4	8.0	10.0
3	淤泥层	2.2～3.0	15.0	11.0	16.0
4	细砂层	0.9～1.8	19.4	10.0	19.0
5	残积土层	0.7～1.1	20.8	25.0	45.0
6	强风化粉砂质泥岩	5.5～7.8	21.0	48.0	35.0
7	中风化粉砂质泥岩	1.8～9.0	21.2	50.0	45.0
8	微风化粉砂质泥岩、粉砂岩		21.5	70.0	50.0

场地地下水水位约在地面以下1.2m（涨潮时为0.8m）。

44.1.3　工程特点

该工程的特点主要有以下三点：

（1）基坑开挖深度较深：基坑开挖深度达到20.10m，是广州地区第一个5层地下室工程。在广州地区没有同类基坑施工经验可借鉴。

（2）工程所处的地质、环境条件较差：工程紧靠珠江，地层变化大，地质复杂。地下水与珠江水贯通，珠江水的潮涨潮落都将影响工程施工。

（3）施工场地非常狭窄：地下室已占用人行道，在地下1层留设市政管道的通道。工程外边线都紧挨市政道路和建筑物，且爱群大厦为国家文物，北面平房无基础，沿江西路是广州市内一条主要交通要道，这些都要求基坑开挖过程中防止边坡管涌和流砂现象的发生，要保证周围建筑物、道路，特别是各种地下管线不能产生太大的变形、沉降和开裂。在基坑开挖过程中要严格控制边坡位移和土体的稳定。

44-2 基坑支护结构的方案选择与设计计算

44.2.1 支护结构方案的选择

根据本工程基坑开挖深度深、地质复杂、紧靠珠江以及施工场地狭窄等特点，基坑的围护结构首选应当是地下连续墙，从安全的角度上考虑，地下连续墙作围护结构也是唯一可行的。故决定采用1000mm厚地下连续墙作围护结构，在地下连续墙顶上设1200mm高的冠梁，加强地下连续墙的整体稳定性。本工程地下连续墙分承重和非承重两部分，南面为承重部分，北面为非承重部分，北面地下连续墙主要起挡土、止水的作用，南面的地下连续墙还作为结构的一部分兼起承重的作用。但地下连续墙均作为地下室结构的外墙。由于本工程处于珠江的河流阶地上，岩层起伏较大，呈北高南低的坡度，根据设计要求，南面承重部分要入微风化岩1000mm以上，所以南面地下连续墙的深度以入岩深度为标准，地下连续墙深度较大，承重部分连续墙槽段深度从28～33m，槽段深度沿岩层标高呈缓慢变化，北面非承重部分深度为24m和25m，入强风化、中风化岩5m以上。

支撑形式当前有内支撑（如钢管、型钢支撑、钢筋混凝土支撑）和外支撑（如锚杆）两种。两种支撑形式各有各的优点：采用锚杆支撑形式利于土方开挖，但施工时间长；钢支撑具有安装迅速且可以回收重复利用的优点；混凝土支撑则可以很好地控制墙体的变形。根据本工程的特点，本工程支撑体系采用锚杆＋钢支撑的支撑体系。在标高－2.5m、－3.5m设置两道锚杆，在标高－7.0m、－11.0m、－15.0m处各设一道钢支撑。支护结构的平面布置图及剖面图分别见图44-2及图44-3，并可参见彩图21。不全部采用锚杆或钢支撑的形

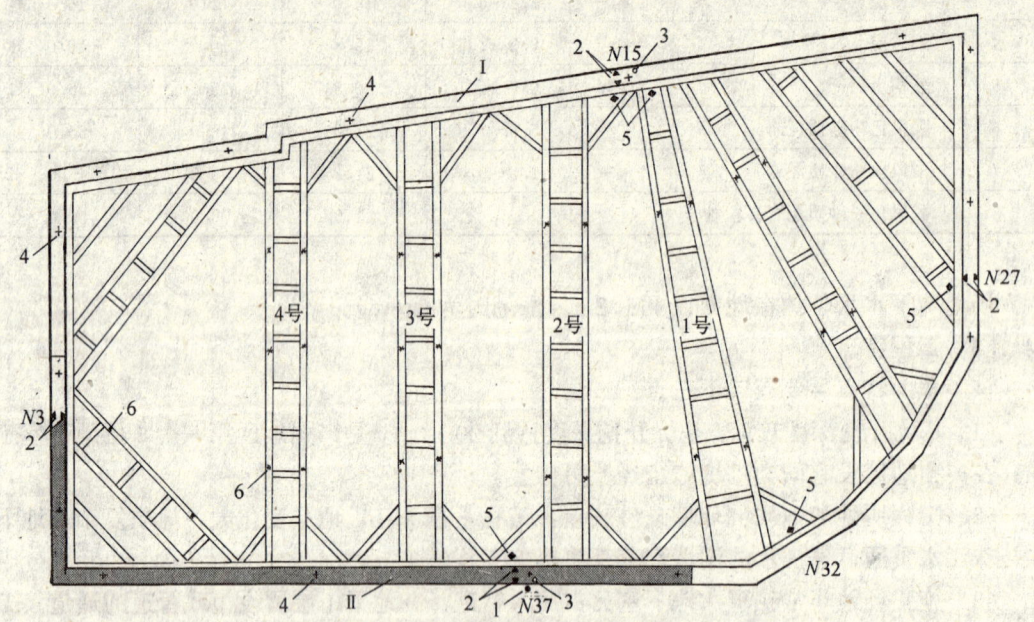

图 44-2　支护结构平面布置及基坑监测点布置图
Ⅰ—非承重部分地下连续墙；Ⅱ—承重部分地下连续墙
1—土压力盒；2—钢筋应力计；3—测斜管；4—墙顶位移观测点；
5—锚杆压力传感器；6—钢支撑应变片；1号、2号……—钢支撑编号；N15、N37……—槽段编号

式,其主要原因考虑到几点,一是由于锚杆在基坑上部水压较低时还可以施工,在较深部位水压大时,锚杆施工是很困难的,而且,以后地下室防水处理也较难。其二,全部采用钢支撑,会因为开挖深度大、支撑层数多,导致支撑安装不易和出土困难,而采用混凝土支撑,施工时间较长,同时也存在不易进行土方开挖和出土的问题。根据工程实际情况采用锚杆与钢支撑,利用了锚杆支撑的易于土方施工和钢支撑的快速安装易于调整的特点,适合本工程采用信息化施工的要求。采用这一种形式,要注意的是锚杆是柔性结构,而钢支撑可近似看作为刚性结构,两者用在一起要慎重。根据实际施工经验,一般来说,地下连续墙上部位移大,而锚杆作为柔性结构,地下连续墙要有一定位移,才起到其锚拉作用。如给上部的锚杆施加较大的预应力,则可限制墙体变形不致太大,使两种支撑都发挥作用。

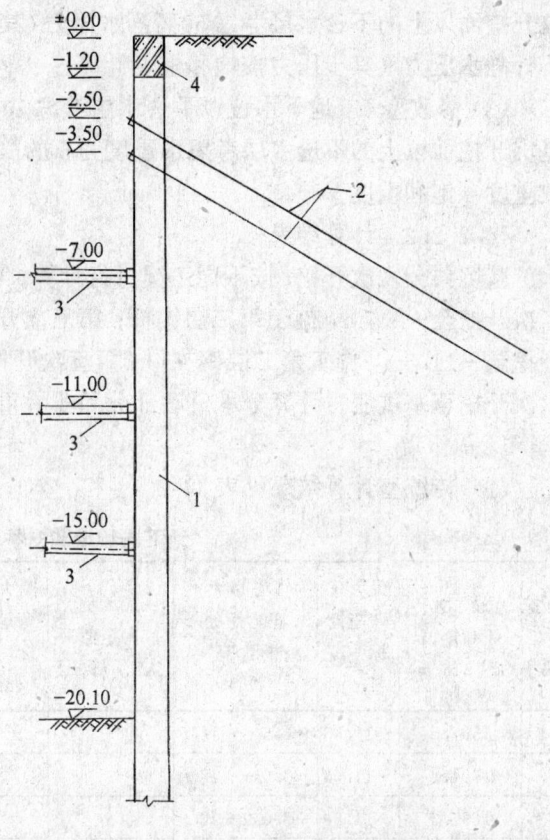

图 44-3 支护结构设计剖面图
1—地下连续墙;2—锚杆;3—钢支撑;4—冠梁

44.2.2 地下连续墙和支护的受力计算

由于基坑四边的地质情况差别较大,其中对地下连续墙受力影响较大的主要是淤泥层的厚度和位置、岩层的埋伏深度等,本工程地下连续墙分承重和非承重两部分,而且非承重部分岩层浅、淤泥薄,而承重部分岩层深、淤泥厚,因此为比较准确地模拟实际情况,选用了两个计算工况分别计算。

44.2.2.1 侧向荷载的确定

根据工程情况,本工程地面荷载取 $5kN/m^2$。作用在地下连续墙的主要侧向荷载是土压力和水压力,地下水位以上只计土压力,地下水位以下透水层部分一般视为有效土压力(按有效重度计算)和静水压力之和,而不透水层视为有效土压力和孔隙水压力之和,孔隙水压力比静水压力稍小,与土质有关。目前计算中一个最大的问题是,深层不透水层、特别是风化岩层孔隙水压力对地下连续墙的作用机理不明确,对于怎样计算深层不透水土(岩)层颇有争论。目前,只考虑透水层的静水压力,而不透水层采用饱和重度计算土压力,对于"超深"基坑来说是不安全的计算方法(也是最经济的方法)。而全部考虑水压力(是绝对安全的)是不必要的,只能造成浪费。针对这种情况,本计算考虑了以下三种方法,分别采用不同方式模拟计算地下水位以下不透水层的孔隙水压力:

(1) 传统型:只考虑透水层的静水压力(其土压力按有效重度计算),其它土层不计水压力(其土压力水位以上按天然重度、水位以下按饱和重度计算)。

(2) 修改型 I:地下水位以下透水层考虑 100% 水压力(其土压力按有效重度计算),基坑开挖面以上的不透水层考虑50%静水压力(其土压力按有效重度计算),基坑开挖面以下不计静水压力(其土压力按饱和重度计算)。

(3) 修改型Ⅱ:地下水位以下透水层考虑100%的水压力(其土压力按有效重度计算),基坑开挖面以上的不透水层考虑水重度为5的静水压力(其土压力按模拟有效重度计算:有效重度=饱和重度-5)。

44.2.2.2 计算结果

基坑共分六次开挖,按不同工况进行计算。第一次开挖至-2.7m,施工第一层锚杆;第二次开挖至-3.7m,施工第二层锚杆;第三次开挖至-7.5m,施工第一层钢支撑;第四次开挖至-11.5m,施工第二层钢支撑;第五次开挖至-15.5m左右,施工第三层钢支撑;第六次开挖至基坑底。计算分承重墙部分和非承重墙部分,计算结果如下:

1. 承重墙

(1) 传统型计算结果见表44-2。

地下连续墙和支护计算结果表 表44-2

开挖顺序	最大正弯矩值 (kN·m/m)	最大正弯矩处标高 (m)	1/2最大正弯矩处标高 (m)	最大负弯矩值 (kN·m/m)	最大负弯矩处标高 (m)	1/2最大负弯矩处标高 (m)	最大位移 (mm)	最大位移处标高 (m)	支撑力 (kN/m)	支撑处标高 (m)
1	1507.5	-11.58	-6.5~-16.5				63	墙顶		
2	1604.3	-11.58	-7.0~-17.0				33	墙顶	161	-2.5
3	1695.3	-11.58	-8.0~-18.0				70	墙顶	121	-3.5
4	1306.3	-13.56	-10.0~-18.5				69	墙顶	411	-7.0
5	637.9	-11.58	-8.8~-23.5				66	墙顶	425	-11.0
6	805.4	-10.58	-6.5~-13.5				65	墙顶	233	-15.0

(2) 修改型Ⅰ计算结果见表44-3。

地下连续墙和支护计算结果表 表44-3

开挖顺序	最大正弯矩值 (kN·m/m)	最大正弯矩处标高 (m)	1/2最大正弯矩处标高 (m)	最大负弯矩值 (kN·m/m)	最大负弯矩处标高 (m)	1/2最大负弯矩处标高 (m)	最大位移 (mm)	最大位移处标高 (m)	支撑力 (kN/m)	支撑处标高 (m)
1	1417.2	-10.58	-7.0~-15.8				70	墙顶		
2	1494.4	-10.58	-7.5~-17.0				73	墙顶	175	-2.5
3	1541.8	-11.58	-8.2~-17.0				77	墙顶	144	-3.5
4	1178.7	-13.56	-11.0~-20.4	132.6	-5.42		76	墙顶	507	-7.0
5	1092.8	-20.38	-16.0~-24.5	104.7	-5.41		73	墙顶	544	-11.0
6	1063.8	-21.31	-19.0~-15.9	184.9	-16.53		72	墙顶	272	-15.0

(3) 修改型Ⅱ计算结果见表44-4。

44-2 基坑支护结构的方案选择与设计计算

地下连续墙和支护计算结果表   表 44-4

开挖顺序	最大正弯矩值 (kN·m/m)	最大正弯矩处标高 (m)	1/2最大正弯矩处标高 (m)	最大负弯矩值 (kN·m/m)	最大负弯矩处标高 (m)	1/2最大负弯矩处标高 (m)	最大位移 (mm)	最大位移处标高 (m)	支撑力 (kN/m)	支撑处标高 (m)
1	1417.2	−10.58	−7.0〜−15.8				70	墙顶		
2	1495.8	−10.58	−7.5〜−17.0				73	墙顶	176	−2.5
3	1548.7	−11.58	−8.2〜−17.0				77	墙顶	144	−3.5
4	1158.7	−13.56	−11.0〜−20.4	120.6	−5.42		76	墙顶	529	−7.0
5	1083.3	−20.38	−16.0〜−24.5				73	墙顶	593	−11.0
6	1063.1	−22.23	−19.0〜−25.9	388.9	−16.53		72	墙顶	318	−15.0

2. 非承重墙

(1) 传统型计算结果见表 44-5。

地下连续墙和支护计算结果表   表 44-5

开挖顺序	最大正弯矩值 (kN·m/m)	最大正弯矩处标高 (m)	1/2最大正弯矩处标高 (m)	最大负弯矩值 (kN·m/m)	最大负弯矩处标高 (m)	1/2最大负弯矩处标高 (m)	最大位移 (mm)	最大位移处标高 (m)	支撑力 (kN/m)	支撑处标高 (m)
1	917.6	−12.00	−8.8〜−16.5				38	墙顶		
2	1041.6	−12.00	−9.8〜−17.0				42	墙顶	162	−2.5
3	1137.3	−12.00	−9.4〜−17.5	171.9	−4.91	−3.5〜−7.0	46	墙顶	102	−3.5
4	968.0	−14.67	−11.5〜−20.0	227.9	−5.83	−4.0〜−9.5	45	墙顶	336	−7.0
5	625.1	−17.50	−15.5〜−21.0	178.9	−8.45	−4.0〜−10.0	43	墙顶	352	−11.0
6	381.8	−11.20		187.1	−17.50	−15.0〜−20.0	42	墙顶	235	−15.0

(2) 修改型 I 计算结果见表 44-6。

地下连续墙和支护计算结果表   表 44-6

开挖顺序	最大正弯矩值 (kN·m/m)	最大正弯矩处标高 (m)	1/2最大正弯矩处标高 (m)	最大负弯矩值 (kN·m/m)	最大负弯矩处标高 (m)	1/2最大负弯矩处标高 (m)	最大位移 (mm)	最大位移处标高 (m)	支撑力 (kN/m)	支撑处标高 (m)
1	657.3	−12.00	−8.5〜−17.5				39	墙顶		
2	792.5	−12.00	−8.5〜−18.5				44	墙顶	179	−2.5
3	896.2	−12.00	−9.5〜−17.5	207.0	−4.92		47	墙顶	119	−3.5
4	877.5	−16.50	−12.5〜−20.0	447.2	−8.45	−4.0〜−10.8	46	墙顶	439	−7.0
5	826.6	−18.50	−15.5〜−21.5	509.9	−9.35	−5.0〜−13.0	44	墙顶	456	−11.0
6	260.0	−20.50		456.4	−16.50	−8.5〜−18.5	42	墙顶	338	−15.0

(3) 修改型 Ⅱ 计算结果见表 44-7。

地下连续墙和支护计算结果表 表 44-7

开挖顺序	最大正弯矩值 (kN·m/m)	最大正弯矩处标高 (m)	1/2最大正弯矩处标高 (m)	最大负弯矩值 (kN·m/m)	最大负弯矩处标高 (m)	1/2最大负弯矩处标高 (m)	最大位移 (mm)	最大位移处标高 (m)	支撑力 (kN/m)	支撑处标高 (m)
1	657.3	−12.00	−8.5~−17.5				39	墙顶		
2	792.5	−12.00	−8.5~−18.5				44	墙顶	179	−2.5
3	896.2	−12.00	−9.5~−17.5	207.0	−4.92		47	墙顶	119	−3.5
4	874.5	−16.50	−12.5~−21.5	451.4	−8.45	−4.0~−10.0	46	墙顶	456	−7.0
5	781.5	−18.50	−15.5~−21.5	502.7	−9.35	−7.0~−16.0	44	墙顶	510	−11.0
6	189.6	−21.50		553.3	−16.50	−8.2~−18.5	42	墙顶	372	−15.0

比较以上三种结果，传统型的计算方法得到的结果是墙体所受的弯矩最大而支撑力稍小。修改型 Ⅰ 和修改型 Ⅱ 的计算结果是墙体所受的弯矩较小，但下部三道支撑力较大。综合考虑计算结果和以往施工经验，决定用修改型 Ⅰ 作为设计依据。

44.2.2.3 地下连续墙设计

根据修改型 Ⅰ 的计算结果，进行地下连续墙的配筋计算，结果如下：

1. 承重墙

最大弯矩 $M_{max}=1541.8$ kN·m，墙厚 $h=1000$mm，$h_0=920$mm，墙宽 $b=1000$mm，

$$\alpha_s=\frac{kM_{max}}{f_{cm}bh_0^2}=\frac{1.5\times1541.8\times10^6}{21.5\times1000\times920^2}=0.1271$$

$$\xi=1-\sqrt{1-2\alpha_s}=1-\sqrt{1-2\times0.1271}=0.1364$$

$$\rho=\xi\frac{f_{cm}}{f_y}=0.1364\times\frac{21.5}{310}=0.00946$$

$$A_s=\rho bh_0=0.00946\times1000\times920=8703\text{mm}^2$$

取安全系数 $K=1.50$，则按钢筋混凝土受弯构件正截面强度计算方法进行配筋设计。

挡土侧配主筋 $\phi32@200$mm（−7.0m~−26.0m 布置加密筋 $\phi32@200$mm）；

开挖侧配主筋 $\phi32@200$mm（−4.5m~20.5m 布置加密筋 $\phi32@200$mm）；水平方向弯矩值按墙体纵向弯矩的 1/3 进行计算，则水平方向均配筋为 $\phi18@100$mm。

2. 非承重墙

非承重墙挡土侧配主筋 $\phi32@200$mm（−7.0m~−23.0m 布置加密筋 $\phi32@200$mm），开挖侧配主筋 $\phi32@200$mm（−5.5m~−17.5m 布置加密筋 $\phi25@200$mm），水平方向均配筋为 $\phi18@100$mm。

44.2.2.4 锚杆设计

1. 非承重墙部分的锚杆设计

（1）计算锚杆轴向拉力

根据计算结果，第一层锚杆（即标高−2.50m）水平拉力为179kN/m，第二层锚杆（即标高−3.50m）的设计水平拉力为119kN/m，锚杆的间距为2000mm，锚杆与水平方向成30°，安全系数 $K=1.6$，则每根锚杆的轴向拉力设计值为：

第一层：$T=1.6\times179\times2.0/\cos30°=661.41\mathrm{kN}$
第二层：$T=1.6\times119\times2.0/\cos30°=449.71\mathrm{kN}$

(2) 确定锚杆的长度

锚杆的长度由自由段和锚固段组成，根据本工程地质资料，本地区的人工填土、冲积层淤质土及淤质粉细砂和中粗砂砾层，结构松软，含水量大，锚杆与此地层的摩阻力特别不稳定，锚杆穿过这些部分的地层长度都作为锚杆的自由长度。本地区的残积土层为可塑-硬可塑状态，粘性较强。锚杆与此地层的摩阻力相对较稳定，因此，锚固段也考虑该部分地层。水泥砂浆与残积土层的摩阻力取 $80\mathrm{kN/m^2}$，与风化岩层的摩阻力取 $200\sim300\mathrm{kN/m^2}$。则锚杆的锚固段长度按下式计算：

$$L=KT/\pi D\tau$$

式中　L——锚固段长度；
　　　K——安全系数；
　　　T——锚杆设计工作拉力；
　　　D——锚固体直径；
　　　τ——水泥浆与土（岩）层间的摩阻力。

其中在残积土层中，灌浆体与残积土层间的摩阻力可按下式进行计算：

$$\tau=K_0\gamma H\mathrm{tg}\varphi+c$$

式中　τ——土体抗剪强度；
　　　K_0——土压力系数；
　　　γ——土体重度；
　　　H——锚固段中心点距地面的高度；
　　　φ——土体内摩擦角；
　　　c——土体粘聚力。

锚杆轴向抗拔力计算公式如下：

$$F=\pi D(\tau_1l_1+\tau_2l_2+\tau_3l_3+\tau_4l_4)$$

式中　F——轴向抗拔力；
　　　D——灌浆体直径；
τ_1、τ_2、τ_3、τ_4——各土层的抗剪强度；
l_1、l_2、l_3、l_4——残积土层和各岩层的锚固长度。

非承重墙部分的锚杆锚固段长度，第一层 $L=20\mathrm{m}$，第二层 $L=14\mathrm{m}$。

2. 承重墙部分的锚杆设计

承重墙部分的锚杆的水平设置及计算原理同非承重墙部分的锚杆一样。

第一层：锚杆水平设计拉力要求为 $175\mathrm{kN/m}$，其轴向拉力为 $646.6\mathrm{kN/m}$，锚杆锚固段长度 $L=20\mathrm{m}$。

第二层：锚杆水平设计拉力要求为 $144\mathrm{kN/m}$，其轴向拉力为 $532.1\mathrm{kN/m}$，锚杆锚固段长度 $L=17\mathrm{m}$。

锚杆设计长度从 $13\mathrm{m}\sim37\mathrm{m}$ 不等。

44.2.2.5　钢支撑设计

本工程共设计三层钢支撑，第一层标高 $-7.0\mathrm{m}$，第二层标高 $-11.00\mathrm{m}$，第二层标高

—15.0m，计算水平推力取500kN/m，按间距8m一根布置，安全系数取1.6，钢支撑主撑轴力为8000kN，因此主撑采用2×2工45、围檩也采用2工45。

由于前面提到的水压力的不确定性以及其它许多不确定因素，由此也带来结果的差别，如原香港一设计事务所对该基坑的支撑设计是七层支撑。在基坑施工前就认为哪一种支撑方案既安全、又经济是不切实际的；要做到既安全又经济，只能结合实际的施工过程和测试手段，通过信息反馈来调整支撑的设计。

44-3 支护结构施工

44.3.1 概述

本工程的信息化施工顺序依次为：地下连续墙施工→土方开挖至—3.7m→锚杆施工→钢平台制作→土方开挖到—7.0m（信息反馈进行调整：取消原设计—7.0m处的支撑）→土方一部分开挖至—13.0m→—12.0m钢支撑安装（信息反馈进行调整：将支撑位置从—11.0m处调整到—12.0m处）→—5.0m钢支撑安装（信息反馈进行调整：在—5.0m处增加一道支撑）→土方开挖至—15.0m（信息反馈进行调整：暂不安装—15.0m处的支撑）→土方开挖到—17.0m，设计修改（信息反馈进行调整：加固—12.0m支撑、取消—15.0m支撑，继续开挖）→开挖至设计标高—20.1m（最终支护体系）。

施工的整个过程都对连续墙、锚杆、支撑、水位、周围建筑物、地面等进行监测，反馈再指导施工，为支撑的设计修改提供了有力的证据。

44.3.2 地下连续墙施工

本工程地下连续墙施工，具有以下三个特点：一是地下连续墙靠近旧有建筑物与市政马路；二是地下连续墙深度大；三是地下连续墙入岩深，西北角部分槽段在—5.0m标高处见岩，入岩达20m以上。地下连续墙施工工艺流程见图44-4。

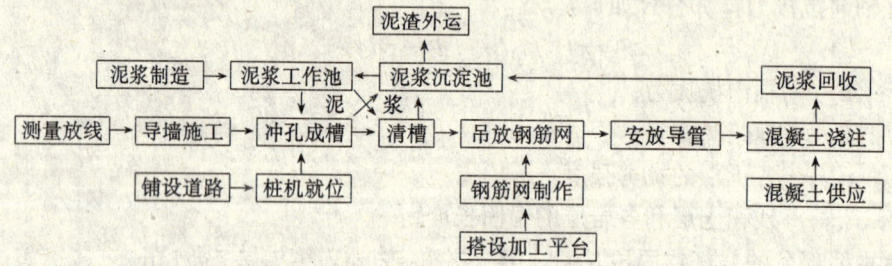

图44-4 地下连续墙施工工艺流程图

44.3.2.1 地下连续墙槽段的划分

本工程地下连续墙共划分为44个槽段，平均每个槽段长4000mm左右，单元槽段的划分考虑到场地的水文地质条件、附近现有建筑物的情况、挖槽时槽壁的稳定性、挖槽机械的类型、钢筋网的质量、混凝土的供应、浇注能力以及其它因素的限制。因白天车流量大，混凝土一般在晚上的这一段时间要浇注完毕，单元槽段平均深度30m，每个槽段理论混凝土量就达到120m³，如果槽段划分太长，混凝土浇注量大，浇注混凝土的时间过长，泥浆会不稳定而导致混凝土中夹泥，影响混凝土的质量。槽段划分得尽量短一些，尽量缩短单元槽段的施工时间，减少槽壁塌孔的可能。

44.3.2.2 导墙的施工

由于地下连续墙靠近旧有建筑物与市政马路，因此给导墙的施工带来了困难。在导墙施工时，地下连续墙外边线以外已经几乎没有任何场地可供利用，导墙施工开挖将超出红线，又影响马路和旧有建筑物的安全。因此导墙的施工不能像常规施工那样，采用先开挖再支模、浇注混凝土的施工工艺，而改为在东、南、北面靠近马路和建筑物的三面，外导墙采用槽钢的形式，槽钢采用[20a，长3000mm，振打完槽钢后再开挖，施工内导墙。开挖后槽钢加土钉并灌注水泥浆，土钉采用直径为48mm的钢管，长为3000mm，保护并加固外围土体。导墙宽度为1050mm，比设计墙厚大50mm，导墙施工见图44-5。

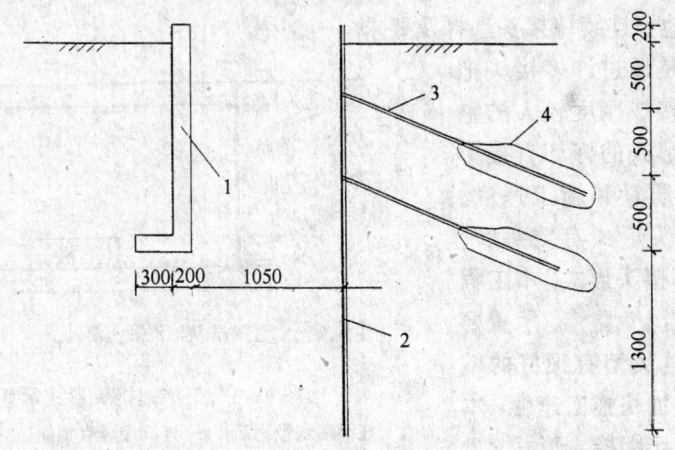

图44-5 导墙施工示意图
1—内侧混凝土导墙；2—外侧槽钢导墙；3—土钉；4—灌浆体

44.3.2.3 槽段成槽施工

因本工程地下连续墙上面土层较少、入岩太深，地下连续墙施工的主要工作量在入岩，因此在施工机械方面，采用了钻冲结合的传统施工方法。特别是靠近马路、平房的地方，采用先钻后冲的方法，等入到强风化岩层，才采用冲击式桩机成孔，尽量减少施工时对周围建筑物、马路的影响。

在施工顺序的安排方面，尽可能跳开一定的距离，以减少单个槽段冲击振动的叠加影响。使用膨润土加适量的CMC等外加剂制作优质泥浆，在成槽过程中，经常检查泥浆的重度，泥浆的重度适当大一点，防止槽壁坍落。加强对已成孔槽段的保护，任何时候都要保证槽段内的泥浆面保持适当高度。同时槽段一旦开孔施工，则必须从安排上保证该槽段施工的延续性，尽可能加快施工进度。

地下连续墙深度大，多个槽段在30m以上，要使钢筋网顺利下落，保证地下连续墙的质量，对槽段的垂直度要求较严，每个台班都要对施工的槽段进行垂直度的测量，一旦发现有偏孔，马上回填修孔。

44.3.2.4 钢筋网的制作及安放

因本工程地下连续墙平均深度在30m左右，钢筋网的长度有29.5m，如果钢筋网吊入槽段时所用时间过长，必然造成泥浆的沉淀，带来地下连续墙墙底沉渣过厚的问题。为了保证质量，钢筋网采取一次成型、一次起吊的方法，这么长的钢筋网，制作时要注意两个方面，一是要保证钢筋网的垂直度，能够顺利安放；另一个是要保证钢筋网有足够的刚度，钢筋网在起吊、安放时不会变形。加工前，在场内铺设加工平台，平台面积为35m×6m，确保加工精度，主筋采用锥螺纹套筒连接方法，这种连接方法简单快捷，又能很好的保证钢筋的垂直度。为了保证钢筋网起吊过程中具有足够的刚度，采用增设纵向钢筋桁架及主筋平面上的斜拉钢筋等措施。

在吊放钢筋网方面，考虑到钢筋网又长又重，最长的钢筋网达32.5m，最重的一个钢筋网重达28t，为保证一次起吊成功，施工中采用了大型起重机械，配备1台100t履带起重机和1台50t履带起重机吊放钢筋网。

44.3.2.5 地下连续墙接头选择及要求

地下连续墙是通过许多接头把各个单元槽段连接成刚度较大的整幅墙体，其接头形式的好坏直接影响整个连续墙的质量和施工速度。地下连续墙的接头形式有接头管、接头箱、工字钢等接头形式，本工程对地下连续墙的挡土、防渗、承重要求高，为了保证连续墙有很好的整体性、防渗性，并加快施工速度，本工程采用了"工"字钢接头形式（见图44-6）。经过多个工程的应用情况

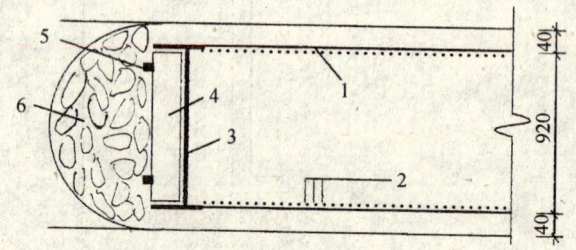

图44-6 工字钢接头形式示意图
1—连续墙水平钢筋；2—连续墙竖直钢筋；3—工字钢接头；
4—泡沫块；5—固定小方木条；6—回填粘土包

表明，"工"字钢接头具有刚度大、抗渗性能好、施工简便的优点。

先施工槽段的钢筋网两端加焊钢板形成工字钢形状，钢板厚度为10mm，工字钢靠近后施工槽段的翼可适当宽一点，后施工槽段的钢筋网嵌入工字钢内。加工钢筋网时要保证工字钢与钢筋网焊接牢固可靠，钢板保持平直，不能翘角。工字钢靠近后施工槽段部分，预埋150~200mm厚的泡沫板，用小方木条固定在工字钢上，防止先浇槽段的混凝土绕过工字钢，渗流到工字钢外侧，并紧贴住工字钢，使后浇槽段的混凝土不能很好地与工字钢连接，影响后浇槽段钢筋网的顺利安放，也影响连续墙的整体性及防渗效果。因此，泡沫块与工字钢的绑扎必须牢固紧密，在钢筋网下槽时不能浮起，如有泡沫块浮起时，应吊起钢筋网，重新绑扎泡沫块。回填粘土包的作用也是为了防止混凝土渗透过工字钢。

后浇槽段开孔时，圆锤贴近工字钢腹板下落，务必把先前预埋的泡沫块清理干净。清槽时要采用带钢丝刷的方锤将接头的沾泥清洗干净，否则将影响接头的防渗效果。

44.3.2.6 混凝土浇注

地下连续墙采用C40级水下混凝土，抗渗等级为P8，共浇注混凝土5600m³左右，在浇注混凝土前要复测各项泥浆指标，特别是因为本工程连续墙深度大，要严格控制泥浆的重度，泥浆的重度不能超过12.5。槽底沉渣厚度，承重部分槽段不能超过50mm，非承重部分不能超过100mm，达不到要求时要继续清孔。

混凝土采用导管水下浇注法，水下混凝土采用10~30mm碎石，中砂。坍落度控制在180~220mm，隔水栓采用预制混凝土塞，开始灌注时，隔水栓吊放位置应临近水面。每一个槽段采用两根导管进行水下混凝土的浇注，导管到孔底距离为0.3~0.5m²，要能够顺利

排出隔水栓。导管埋入混凝土中的深度控制在3~4m，混凝土上升的速度控制在5m/h左右。

44.3.3 锚杆施工

本工程在标高-2.5m和-3.5m处布置了两排锚杆，水平间距为2000mm，锚杆数量约为180根，总长约为5400m。上下两排锚杆的水平位置互相错开，减少可能引起的群锚效应。锚索采用4束7ϕ5mm的钢绞线，钢绞线强度≥1860MPa。锚杆钻孔施工机械采用金星9000专用锚杆机和XY-2、XY-1地质钻机。

锚杆施工流程为：场地平整→定向定位架机钻孔→洗孔→（制作锚索）下锚索及灌浆管→（制浆）灌浆→制作锚支座、加锚具→施加预应力并锁定。

44.3.3.1 锚杆钻孔

地下连续墙施工时，在各锚杆位置预埋直径ϕ180mm的钢管，用泡沫塑料填充，锚杆钻孔时可以容易穿过地下连续墙，钻机应安装牢固稳定，以ϕ150mm孔径开孔至2~3m后，以ϕ130mm孔径钻至设计长度。

钻孔采用回转钻进方法，钻进时采用清水作循环液，钻孔达到预定深度后，孔内钻渣及碎屑应清理干净。在钻孔中，碰到流砂层，容易坍孔，成孔困难，为此，在施工中采用跟进套管穿过流砂层的办法进行处理。在施工北面锚杆时，因北面是古河堤所在，钻孔时碰到古河堤大青石以及可能是旧时沉船，钻进极困难，不能达到设计长度，此时在施工中采用二次灌浆的方法，以达到锚杆要求的抗拔强度，或者加孔补强。

44.3.3.2 锚索制作及安放

锚索在现场制作，将4根钢绞线均布并绑牢在定位器上，定位器按锚固段每2m一个，非锚固段每2.5m一个放置，定位器采用比钢绞线略大的钢管。非锚固段的锚索用油脂涂抹其表面，以防锚索被腐蚀。锚索长度必须比锚杆长度长1.0~1.5m左右，以便安装锚具和张拉。

灌浆管采用ϕ30mm软塑胶管，置于锚索、定位器中间，其底部离锚索头部约0.3m，与锚索一起下放入孔内。

44.3.3.3 制浆并灌浆

锚杆固结材料采用水灰比为0.40~0.45的525号R普通硅酸盐水泥浆，外加5‰的FDN早强速凝剂，水泥浆液搅拌均匀，灌浆必须连续，并用胶塞对孔口适当塞压，以使灌浆压力达到0.2~0.5MPa，灌浆应持续至孔口流出水泥浆为止。

44.3.3.4 施加预应力

在水泥浆达到一定强度后，即可在锚头安装锚具，对锚杆进行张拉锁定。锚杆的验收张拉按规范逐级施加荷载，最大张拉至轴向设计拉力的1.2倍，锚杆张拉至设计拉力的1.2倍并稳定后，卸载至设计拉力的70%时锁定。一旦张拉验收达不到设计要求的拉力时，在不合格锚杆旁边进行补锚。所以设计锚杆数量为180根，最后施工的锚杆根数是216根。

44.3.4 钢平台施工

由于本工程位于广州黄金地段，周围根本没有施工场地，因此在土方施工前制作一个施工用钢平台，钢平台面积约为480m²，作为后续施工场地，解决场地狭窄的问题。根据现场条件及道路情况，新堤三横路车流量相对较少，出口设在新堤三横路。平台设计成类似于时装舞台的"T"字形，钢平台平面布置详见图44-7。这样设计的目的一是从节约出发，另外要使平台上的履带起重机的工作范围尽可能覆盖整个场地。同时又巧妙地利用平台立柱作为后期施工的支撑立柱。平台立柱采用钢管混凝土，即先采用钻机钻φ600mm的孔，再吊放φ350mm的钢管，在钢管内浇注C30级的水下混凝土，一直浇注混凝土到钢管顶，成钢管混凝土柱。钢管混凝土柱顶割齐至设计标高，焊接长×宽为500mm×500mm厚20mm的钢板作为垫板。钢平台主、次钢梁均采用2I45a的工字钢，平台面板采用厚度为20mm的钢板。在平台边缘焊高为1.2m、厚度为10mm的钢板作为栏板，不让杂物掉落基坑伤人，又便于堆土。设计荷载以土方开挖期间堆土为最大荷载，约$50kN/m^2$。

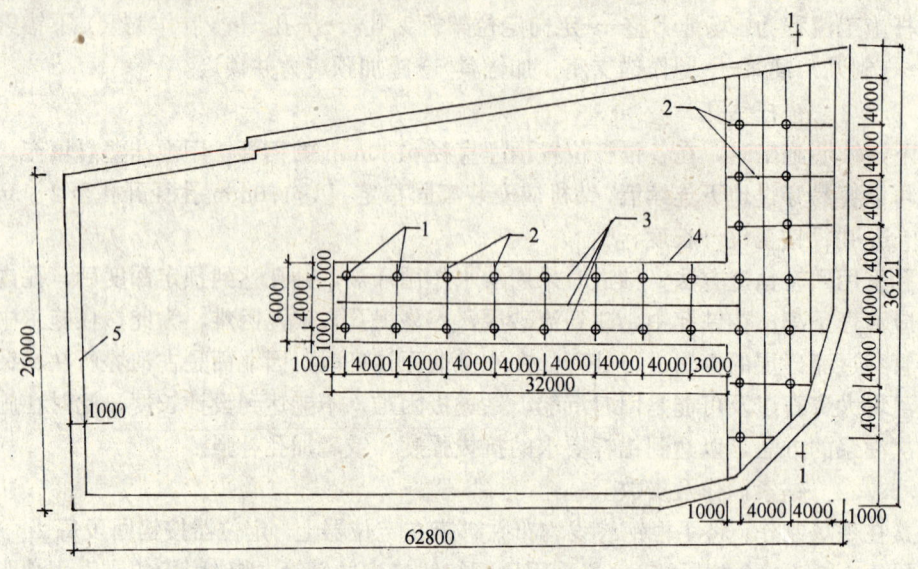

图44-7 钢平台平面布置图
1—钢管混凝土柱；2—主钢梁；3—次钢梁；4—平台钢板；5—地下连续墙

平台在地下连续墙施工完毕后开始进行施工，主要工作在锚杆施工期间完成，土方每开挖4m，对平台立柱用水平拉杆和斜拉杆连接，拉杆用I30b工字钢，以加强平台整体稳定性。平台剖面图见图44-8。

44.3.5 土方开挖及钢支撑施工

44.3.5.1 土方开挖

土方开挖约35000m^3，由于基坑较深，土方开挖分两部分进行，上部10m范围的土方，采用放坡开挖，在坡道上铺设钢板后，土方运输车可直接开到基坑内装土，下部10m范围内的土方主要采用机械吊土的方式，吊土机械采用1台25t的履带起重机，用特制的吊斗装土，将土方吊至钢平台上堆集运走。在基坑内配备3台反铲挖掘机挖土。在平台上配备1台反铲挖掘机进行装土。

本基坑由于开挖深度深，石方工作量较大，约占土石方总量的30%，而马路和旧有建筑物离基坑太近，岩石采用明爆的方式不安全。本工程采用风炮机凿岩。反铲挖掘机装上风炮机凿岩，换上反铲又可以挖土。加快了石方的施工速度。

44.3.5.2 钢支撑施工

本工程原设计在标高-7.0m、-11.0m、-15.0m三处设置了三道钢支撑，因围护结构及锚杆支撑都已施工完毕，钢支撑是本工程信息化施工主要的调整对象，最终支撑与设计对比，变化较大，只在标高-5.0m、-12.0m处设置了两道支撑。钢支撑的施工工序为：立柱施工→围檩施工→水平支撑施工。

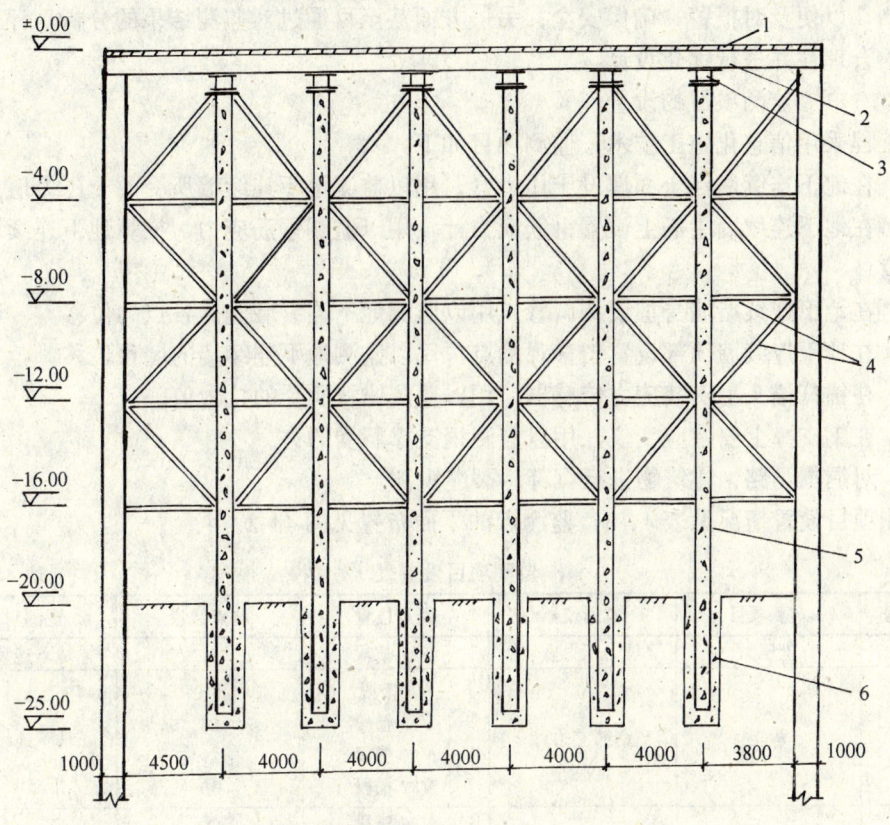

图 44-8 平台剖面图
1—平台钢板；2—次钢梁；3—主钢梁；4—钢拉杆；5—钢管混凝土柱；6—ϕ600mm 钻孔

(1) 支撑立柱施工：支撑立柱基本上是共用平台立柱，平台立柱采用钢管混凝土柱，也就考虑到钢支撑施工的要求，在钢管上便于焊接支撑牛腿。

(2) 围檩施工：围檩采用组合式型钢2工45a工字钢，在围檩施工前，先把基坑土方开挖到钢支撑标高下500mm，在连续墙四周支撑标高上下500mm范围内凿毛，并把连续墙接头钢板凿出，每个接头钢板处焊接牛腿，即每隔4000mm左右焊接一牛腿。牛腿安装完毕后安装围檩，围檩与牛腿焊接，围檩与地下连续墙之间的空隙用碎石混凝土填充密实。

(3) 水平支撑施工：水平支撑也是采用组合式型钢2工45a工字钢，支撑先按长度加工好，角撑等相对较短的一次安装完，中间较长分两截安装，每一根支撑施加1000kN的预应力顶紧。

44-4 施工监测及信息化施工

44.4.1 施工监测

由于本工程所具有的工程特点，及其设计过程中的不同观点与设计方案，为了保证地下室支护结构施工的安全，同时又做到经济、合理并缩短工期，决定采用信息化施工技术来指导设计与施工。要做到信息化施工，监测是必不可少的手段。只有通过设置多项监测项目，获取大量的监测数据，再通过对数据的分析，来反馈指导施工。一方面对施工过程动态监测，以便及时报警，确保安全；另一方面甚至可通过对监测结果的分析，评估已有的设计的合理性并进行优化设计。

44.4.1.1 监测项目的设置

本工程采用信息化施工技术，监测项目如下：

(1) 在地下连续墙挡土面埋设土压力盒，用以监测地下连续墙所受的土压力值。

(2) 在地下连续墙主筋上设置钢筋应力计，用以监测钢筋应力，推算地下连续墙所受的弯矩值。

(3) 在地下连续墙墙身埋设测斜管，用以监测地下连续墙竖向各点的位移。

(4) 在地下连续墙顶部设置位移观测点，用以监测地下连续墙的墙顶位移。

(5) 在锚杆锚头上安装应力传感器，用以监测锚杆所受的拉力值。

(6) 在钢支撑上安装应变仪，用以监测钢支撑所受的力。

(7) 对周围马路、建筑物进行沉降、裂缝观测。

观测项目设置情况见表44-8，监测点的平面布置见图44-2。

监测项目设置表   表44-8

序号	监测项目	监测仪器	测点位置	测点数量	观测对象
1	土压力	土压力盒	$N37$槽段	10	地下连续墙
2	弯矩	钢筋应力计	$N3$槽段 $N15$槽段 $N27$槽段 $N37$槽段	10 26 20 40	地下连续墙
3	墙体变形	测斜管、测斜仪	$N15$槽段 $N37$槽段	1 1	地下连续墙
4	墙顶位移	经纬仪、直尺	冠梁四周	15	地下连续墙
5	锚杆拉力	传感器	$N15$槽段 $N17$槽段 $N27$槽段 $N32$槽段 $N37$槽段	2 2 2 2 2	锚杆
6	钢支撑轴力	应变仪	主要水平支撑 主要角撑	30	钢支撑
7	沉降、裂缝	经纬仪、水准仪等	马路、建筑物	12	马路、建筑物

44.4.1.2 本工程监测项目设置的原则

(1) 监测项目设置尽可能全面，观测数据充分，各个项目观测数据能对比、核查。如设置一个墙顶位移观测点与测斜管的位置相同，互相验证墙顶位移的大小和变化量。位移的变化与支撑力、连续墙弯矩的变化对比，验证变化趋势。

加强对变形的观测。特别是地下连续墙、支撑的变形观测，变形直观，往往能反映实际受力情况。在土方开挖期间，地下连续墙墙顶位移的观测每天进行，测斜仪约3d观测一次，出现紧张应急情况时，观测频度要加密。土压力观测项目因本工程压力盒布设难度大，不容易控制，只选择了$N37$槽段布置10个土压力盒。

(2) 加强对支撑的观测：深基坑失稳，大多都是因支撑体系失稳而引发的，这项监测意义重大，对支撑的观测，除了支撑力的大小，还要对支撑的位移、变形进行观测。

(3) 对受力最大的位置、断面进行观测，做到及时预警。如对地下连续墙的弯矩、变形的观测，测点基本上都布设在受力最大的槽段。对各边的中间位置，特别加强了对南、北的 $N37$、$N15$ 槽段的监测。而支撑则对中间1号、2号、3号、4号支撑进行监测，特别是加强对3号、4号支撑的观测，这两根支撑最早安装，且在居中的位置，受力最大。

44.4.1.3 本工程信息化施工工作原理

信息化施工工作原理详见图44-9。

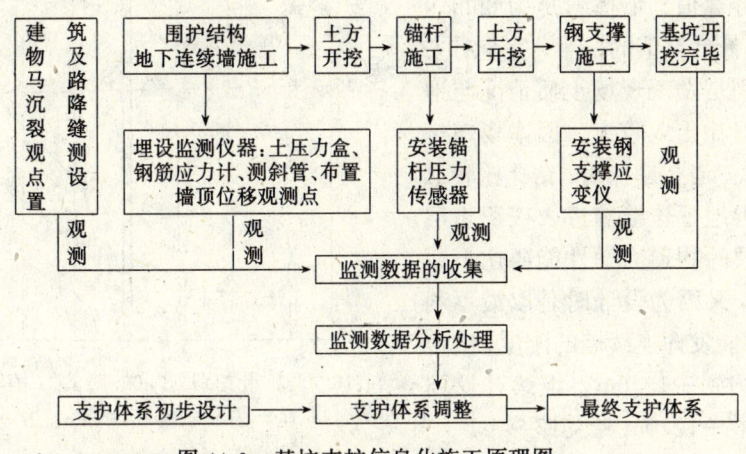

图44-9 基坑支护信息化施工原理图

44.4.2 信息化施工过程与结果

44.4.2.1 信息化施工过程

由于锚杆设置的标高较高，在地下连续墙和锚杆施工阶段，土方并没有进行大开挖，因此监测的工作主要在土方开挖和支撑施工阶段，在地下连续墙和锚杆施工时，安装相应的监测仪器。但是，在此施工期间，也不能忽略对周围建筑物和马路的观测。信息化施工过程就是在开挖中，测读数据并进行分析，确定原来设计的支撑是否安全，是否需要作调整，控制土方开挖的进度。本工程信息化施工过程根据初步设计分成几个阶段。

1. 地下连续墙和锚杆施工阶段

这阶段主要是安装监测仪器。在地下连续墙施工时，安装土压力盒、钢筋应力计、测斜管并布置墙顶位移观测点，土压力盒采用"帘幕法"安装，钢筋应力计在 $N15$、$N37$ 两槽段通长布设，开挖侧、挡土侧主筋上每隔1.5～2.0m安装1个，并在 $N37$ 槽段安装水平筋钢筋应力计，其它槽段间距稍大。测斜管在 $N15$ 和 $N37$ 槽段安装，$N15$ 槽段深度只有24m，因此测斜管安装到底。$N37$ 槽段测斜管安装到 -26.0m，墙顶位移观测点每边设置3～4个，并在测斜管的位置布置1点，以便互相验证。锚杆压力传感器在 $N15$、$N27$、$N32$、$N37$ 四个槽段上安排5个断面，上下排锚杆各安装1个。各测点的位置见图44-2。

2. 土方开挖至 -7.0m 阶段

-7.0m 是设计的第一道钢支撑的位置，当土方开挖到此标高时，要不要安装第一道钢支撑，此时各项监测数据都显示基坑安全状况良好，墙体位移、弯矩都比设计计算值要少，$N37$ 槽段位移最大为9mm，也是整个地下连续墙的最大位移。墙体弯矩为338kN·m，只有设计计算值的1/5。墙体此时的弯矩见图44-10，故决定取消-7.0m处的钢支撑。

3. 土方开挖至-11.0m阶段

取消-7.0m支撑后，通过监测控制开挖进程，当土方开挖到-11.0m后，达到设计的第二层钢支撑标高，此时情况也比较理想，墙体最大位移为14.5mm，远小于设计计算值。墙体弯矩为690kN·m，不到设计计算值的一半，完全有安全储备。特别是发现现场土质情况与地质报告资料对比出入较大，因本场地土层起伏特别大，当初勘探时，钻孔比较靠中，周边靠近地下连续墙进入残积土层早，残积土层的物理力学性能要比上面土层好得多。又因为设计时是取最不利情况，为尽可能发挥连续墙的刚度，决定将该层支撑移到-12.0m。继续开挖到-12.0m，安装-12.0m处支撑。

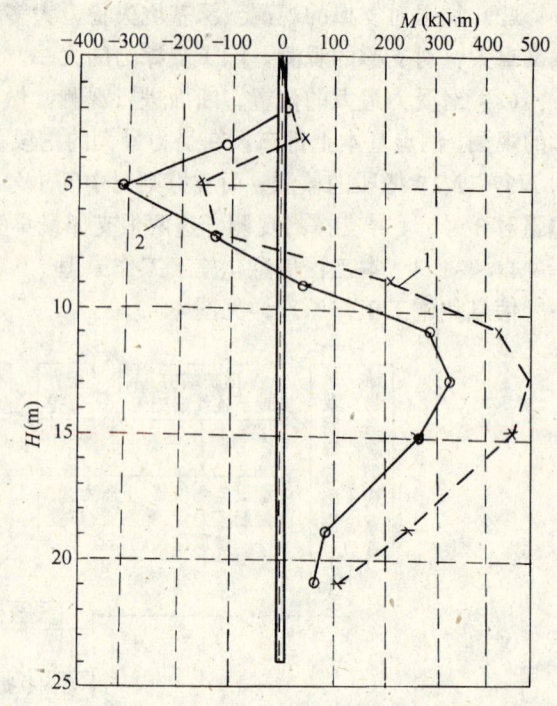

图44-10　基坑开挖到-7.0m时N37槽段墙体的弯矩图
1—理论值：$M_{max}=488kN·m$，$H=13.0m$；
2—实测值：$M_{max}=338kN·m$，$H=13.0m$

4. 部分锚杆失效及安装-5.0m支撑阶段

正在安装-12.0m处支撑时，在1996年10月25日观测墙顶位移时，发现南边位移有突变，位移一天之内突增4mm，用测斜管测量后，所得结果一样。经过仔细检查，发现在南边出现了锚杆松脱的现象，经检验是锚杆夹片质量不过关引起的。因为锚杆失效后，失效锚杆旁边的锚杆所受拉力激增，极易引起连锁反应。这一信息得到了施工单位的高度重视，立即停止挖土，决定马上在标高-5.0m处增加一道钢支撑，限制墙体的变形，保住锚杆的作用不致于完全丧失。在此阶段，由于锚杆对变形控制不力，使这一阶段墙体的变形呈阶梯状跳跃式发展，呈开式线性发展，预示锚杆抗拔力已基本达到极限值。因此及时地在-5.0m处设置补充加强支撑是非常必要的。此阶段的墙体变形详见图44-11，南边墙顶位移一直从22.9mm增长到32.9mm后，才稳定下来，并正常发展。

5. 开挖到-15.0m阶段

处理完锚杆失效的险情后，再安装完-12.0m处的支撑，继续进行土方开挖，边监测边进行土方开挖，基坑开挖到-15.0m，达到设计的第三道钢支撑标高。根据监测数据显示，地下连续墙的位移为38.2mm，并基本稳定，约只有设计计算值的一半左右，-12.0m处钢支撑轴力最大的4号支撑不到3500kN，从安装到开挖到-15.0m时，4号支撑轴力的变化详见图44-12，地下连续墙弯矩最大为900kN·m左右，安全系数较大，决定暂不安装这一层支撑，继续开挖，观测再定。

6. 设计修改阶段

基坑开挖到-17.0m左右，这时设计进行了修改，地下第五层改为机械式双层停车场，

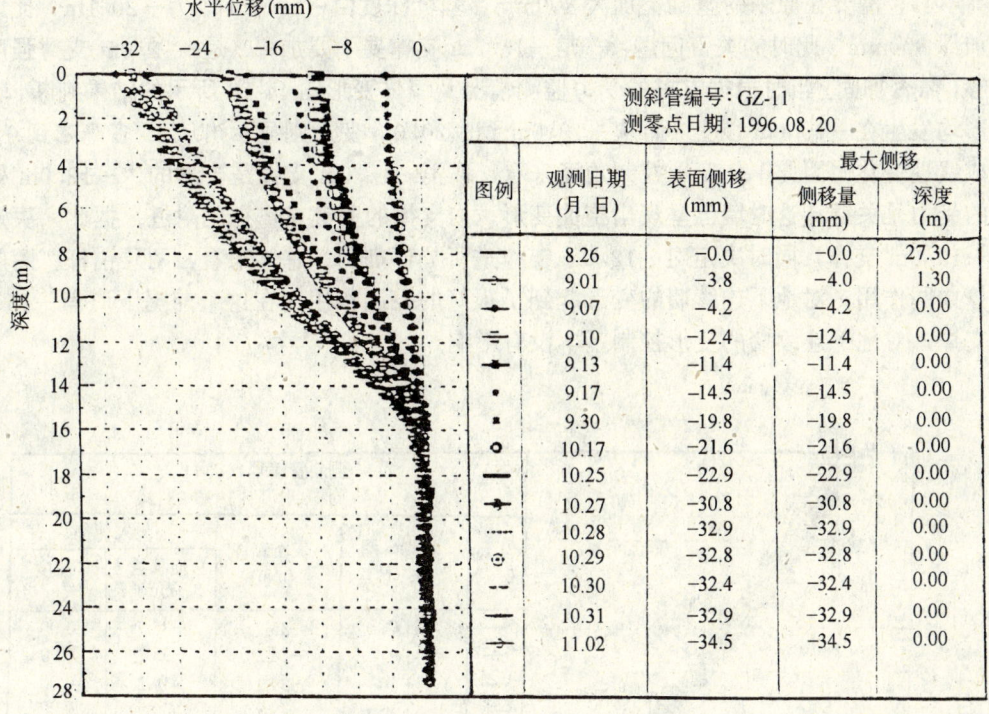

图 44-11 锚杆失效阶段墙体（$N37$ 槽段）变形图

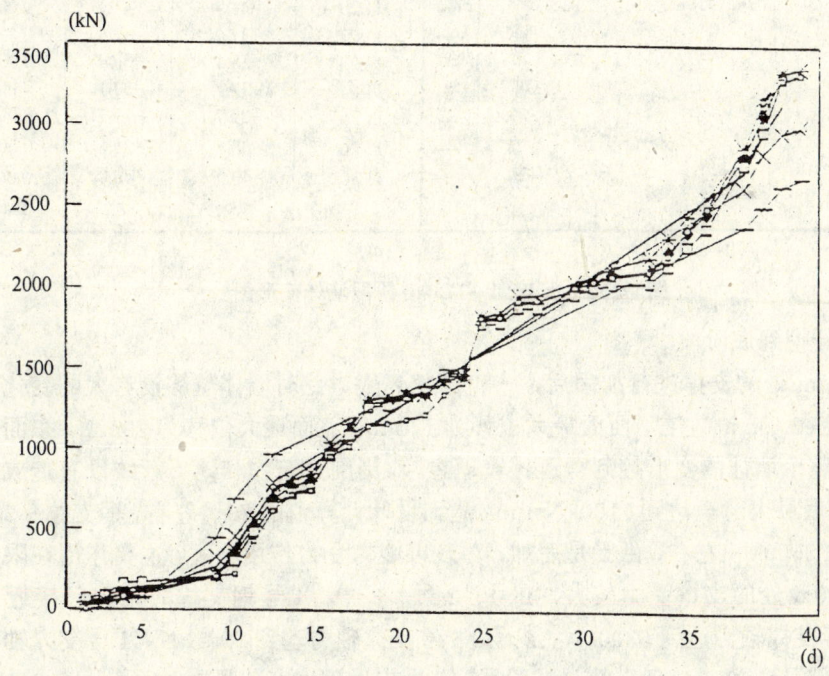

图 44-12 4 号支撑从安装到开挖至 -15.0m 时轴力变化图

层高不够,需要在原来的基础上加大800mm,基坑深度由-19.3m改为-20.1m,比原设计加深800mm。此时的关键问题:一是-15.0m支撑要不要加;二是-12.0m支撑强度够不够,需否加固。当时根据支撑的受力监测情况及墙体变形图44-13所示的结果判断,较大变形均发生在-10.0m以上,而从-10.0m到-20.0m变形则显示出从40多毫米到0,基本成线性变化。因此,从变形控制角度来看,取消-15.0m支撑是合理的。-12.0m处墙体的受力是关键,这时墙已呈现出挠曲变形,内支撑的关键点也在此附近。据此,决定取消-15.0m支撑,同时决定对-12.0m支撑进行局部加固。总体来看,两层锚杆、两层钢支撑共同作用,对地下连续墙的变形起到了很好的控制作用,在这个前提下取消-15.0m钢支撑,对地下连续墙的变形控制基本没有影响。

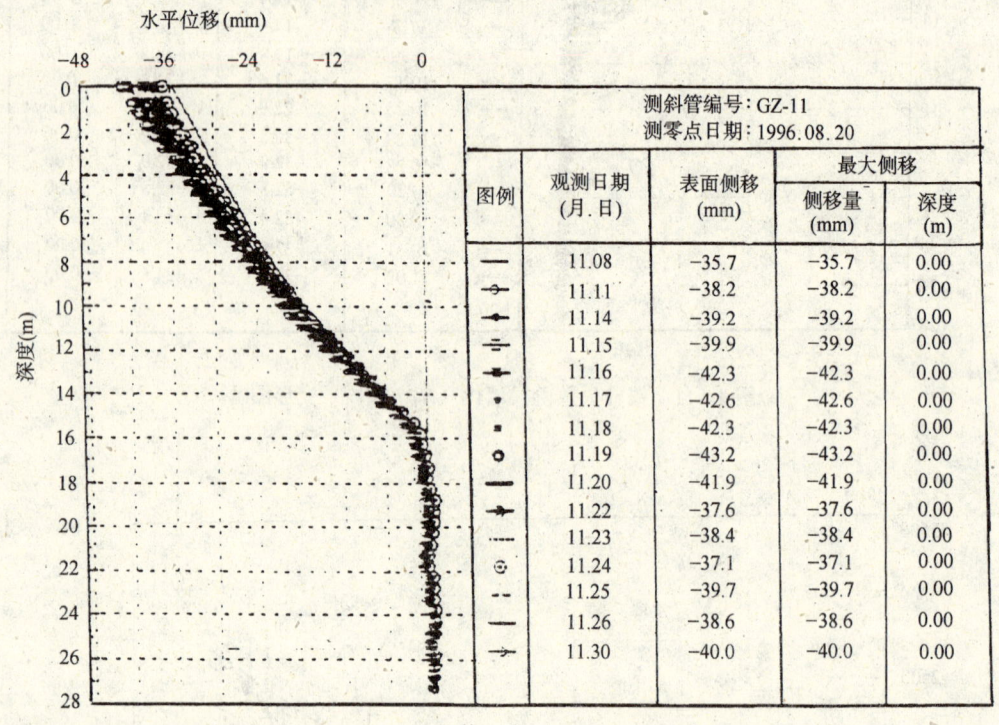

图44-13 开挖到-17.0m阶段墙体变形图

7. 基坑开挖到底阶段

对-12.0m处的支撑进行加固后,一直开挖到底,此时墙体位移没有大的变化,南面最大位移稳定在49mm左右,西面最大位移为17mm,北面最大位移为29mm,东面最大位移为21mm,整个墙体的变形控制得还比较理想,对周围建筑物和地下管线没有造成大的影响,地下连续墙最大弯矩达到1100kN·m,达到设计计算值的70%左右,钢支撑-5.0m处受力不大,在3500kN左右,由于是后加,对改善墙的受力作用不大,主要作用在限制墙顶位移。-12.0m处的支撑受力较大,1号、2号、3号、4号钢支撑的轴力已接近和超过8000kN,1号支撑轴力达到6300kN,2号、3号支撑轴力达到8000kN,4号支撑轴力最大达到8400kN。从-17.0m到-20.1m阶段,4号支撑轴力变化见图44-14。-12.0m处后加支撑由于施加预应力有限,其分担作用受到抑制,使原来支撑受力始终在增加。只有在地下连续墙的变形继续发展,原有钢支撑受力继续增长的同时,这个后加钢支撑才开始慢慢地发挥作用。

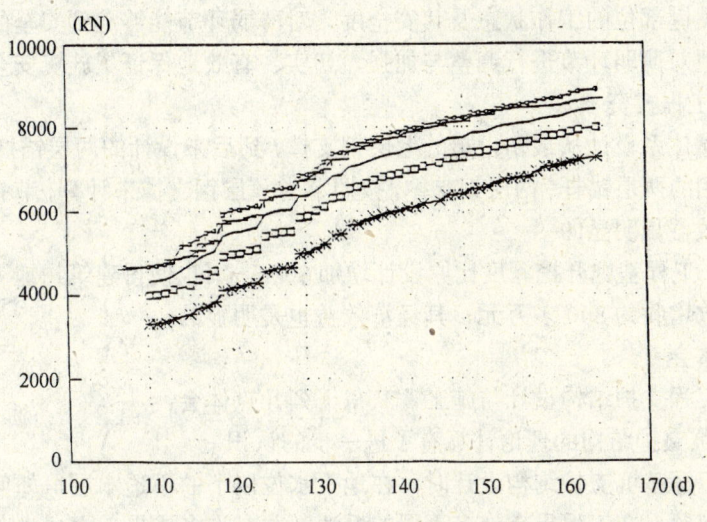

图 44-14 最后阶段 4 号支撑轴力变化图

44.4.2.2 信息化施工结果

该工程进行信息化施工,对支护体系进行动态设计,最终支护体系与初始设计有较大不同,原来支护设计为:在-2.50m、-3.50m 处设二层锚杆,在-7.0m、-11.0m、-15.0m 处设三层钢支撑。最终支护体系为-2.50m、-3.50m 的锚杆不变,但钢支撑的层数、标高都变化较大,在-5.0m、-12.0m 处两层支撑。在保证基坑安全的前提下,钢支撑做出这么大的调整,这都是在基坑监测取得大量数据之后进行的。所以在深基坑施工中,基坑监测是必不可少的。

综观本项目的测试工作,可以看出监测所得结果质量较高,进一步证明所设计之监测方案是合理的,所选择之探头非常适合岩土工程测试,具有可靠的长期稳定性,数据重复和可比性很好,这次监测有效地指导了本基坑工程的设计与施工,对以后的基坑工程也有重要的指导意义。

44-5 工程效果与体会

44.5.1 工程效果

广东省工商银行业务大楼 5 层地下室深基坑支护结构的设计与施工是成功的,特别是施工过程中,通过对基坑采取多项原位监测技术,进行信息化施工,对支撑体系进行了动态设计,取得了比较满意的效果。集中体现在以下几点:

1. 保证了施工安全

该基坑开挖成功,这一点是首要的。作为深基坑开挖,特别是在闹市区进行深基坑开挖的施工,如何保证深基坑开挖的安全,是施工单位、设计单位、建设单位及有关管理部门最为关心的问题,因此它也是施工单位进行深基坑开挖施工时必须首先考虑的问题。

对于象本工程这样深的基坑,复杂的施工条件,信息化施工技术是一种保证施工安全的可靠方法，因为从监测数据所反馈回来的信息，可及时地提供数据对支护结构进行安全分析，掌握各关键部位的工作状态及其安全度，对薄弱环节能够起到安全的预警作用，以便及时、准确地对薄弱环节进行调整与加强，切实、有效地保证了施工安全。

2. 节省了工程投资

工程的支撑体系设计从最初设想的七层钢支撑，到后来设计的两层锚杆、三层钢支撑，到最后实际采用的两层锚杆、两层钢支撑，按照节省一层钢支撑来计算，节省投资约110多万元，其经济效益是明显的。

另一方面，工程基坑开挖深度比原设计增加800mm，也使得建筑物地下室增加了1层停车场，建设方增收约800多万元，其经济效益也是明显的。

44.5.2 施工体会

通过对该工程支护结构设计与施工，获得下列几点体会：

1. 对深基坑支护结构的理论计算有了进一步的认识

当开始进行深基坑支护结构设计时，在地下水位以下的不透水层，如何计算土体对墙体侧压力这个问题，在工程界有许多不同的看法，并有许多成果。根据本工程及其他类似工程的经验与数据来看，如果100％地计算水压力，势必造成浪费，这是偏保守的设计；而如果认为在这些不透水层可以不考虑水压力，那么势必带来深基坑开挖的安全问题，这是欠安全的设计。

因此，我们认为：应该适当考虑水压力，这个"适当"是建立在不同的工程性质、不同的地质条件和不同的施工手段等的基础上来考虑确定。首先，从工程性质来说，不同的工程，地理位置不一样、重要性不一样、基坑的暴露时间不一样等等，这些都是在进行深基坑支护结构设计时所必须考虑的。其次，从地质条件来说，不同的工程，其不透水层本身的性质也都不一样，这里所说的不透水层指的是各类岩层，而不同的工程，其岩性不同、风化程度不一样、透水性也不一样等等，这些也都是在进行深基坑支护结构设计时所必须考虑的。

2. 深基坑施工必须进行信息化施工

随着城市建设的发展，城市建设用地日益紧张，停车也变得越来越困难，因此，多层地下室的发展将成为必然。因而基坑的深度将愈来愈深。但是，伴随着深基坑的发展，深基坑开挖的施工也将变得越来越困难：一方面为了更加充分地利用纵向空间，深基坑开挖将向深度方面发展，使施工难度增大；另一方面为了更加充分地利用横向空间，深基坑开挖往往把红线位置都完全用完了，造成深基坑开挖施工时几乎没有任何施工用地，施工条件差，更使施工难度增大；此外，许多深基坑都设置于城市的"缝隙"里，基坑四周都是建筑物、市政马路、市政管道等设施，这些设施的存在，对深基坑开挖施工的要求更高，位移控制、变形控制更加严格，施工难度更增大。

正是因为深基坑开挖的施工变得越来越困难，因此如何克服这些困难，保证深基坑开挖施工能够做到既完全又经济，信息化施工是一种很好的手段。

3. 要做好深基坑施工的组织工作

其包括以下几个方面：

（1）要组织强有力的监测力量：对深基坑施工进行监测，必须有专门的监测小组。监测小组要随时向项目部汇报监测情况，监测人员不单要熟悉监测工作，还要有很强的责任心，如本工程因锚杆夹片出现问题，连续墙短期内变位很大，这就要求监测人员要及时把这一情况反映给项目部，并提出有关处理方案。

(2) 要选择合适的支护结构形式，并做好有关应急措施。本工程选择对钢支撑进行动态设计，就在于钢支撑的安装快捷，易于调整。同时备有大量钢支撑材料，在工程出现险情时，能及时在-5.0m处加装一道支撑，很快险情化解。

(3) 要创造良好的施工条件。深基坑开挖的施工条件普遍比较差，在本工程中，基坑进入土方开挖施工阶段后，基坑外几乎没有任何施工场地，而基坑要继续施工，大量的土方要运出基坑，大量的结构施工机具与建筑材料要进入基坑，这给工程的施工带来很大的困难。在本工程中，采用了"T"字型的施工钢平台，较好地解决了这一问题。

45 广州市新中国大厦地下室"半逆作法"施工技术

广东省基础工程公司　钟显奇　唐杰康　谢沃林

45-1 工程概况

45.1.1 工程概貌

广州新中国大厦工程位于广州市商业繁华的人民南路和十三行路交汇处，文化公园北侧，如图45-1所示。系一幢地上48层，地下5层的高层建筑，最大建筑高度为200m，采用钢筋混凝土框-剪结构。由广州市国商开发有限公司开发兴建，广东省建筑设计研究院设计，广东省基础工程公司进行地下室工程施工。

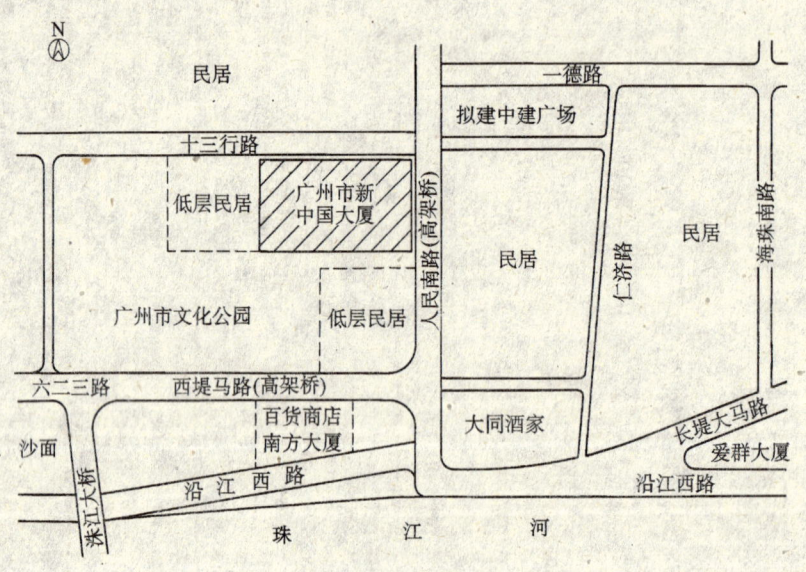

图45-1 新中国大厦地理位置图

工程占地面积约7670m²，东西向的长度约100m，南北向约75m。5层地下室，各层楼板的设计标高依次为：—1层—3.60m/—4.40m，—2层—7.10m，—3层—10.60m，—4层—14.10m，—5层（底板）—17.65m。地下室1层及2层设计为商场，3层为车库和机电设备层，4层及5层全层是地下车库。—2、—3、—4、—5层地下室采用"逆作法"施工。共完成了地下室建筑面积约3.5万m²，开挖土石方14.0万m³，开挖深度平均达到19m。

45.1.2 地质条件

场地内的地基土分为如下几层：

(1) 杂填土：厚度为 2.30～5.85m，呈暗褐色，饱和、松散，主要有砖瓦碎块、岩石碎块等。

(2) 淤泥：厚度为 1.0～3.75m，黑色，饱和，软流塑状态，有臭味，含贝壳。

(3) 细砂：厚度为 4.95～6.94m，青色，饱和，稍密。部分含中砂。

(4) 粉质粘土：厚度为 0.8～5.04m，紫色，饱和，软可塑～硬可塑状态。

(5) 强风化泥质细砂岩：厚度为 1.4～2.47m，紫红色，软质岩，易软化崩解，表面为残积土。顶面埋深为 15～18m。

(6) 中风化泥质细砂岩：厚度为 1.45～5.01m，紫色，软质岩，岩芯呈柱状，裂隙较发育。

(7) 微风化泥质细砂岩：紫色，软质岩，裂隙发育，岩石相对破碎。

(8) 岩层中存在人防工程。

场地地质剖面如图 45-2 所示。

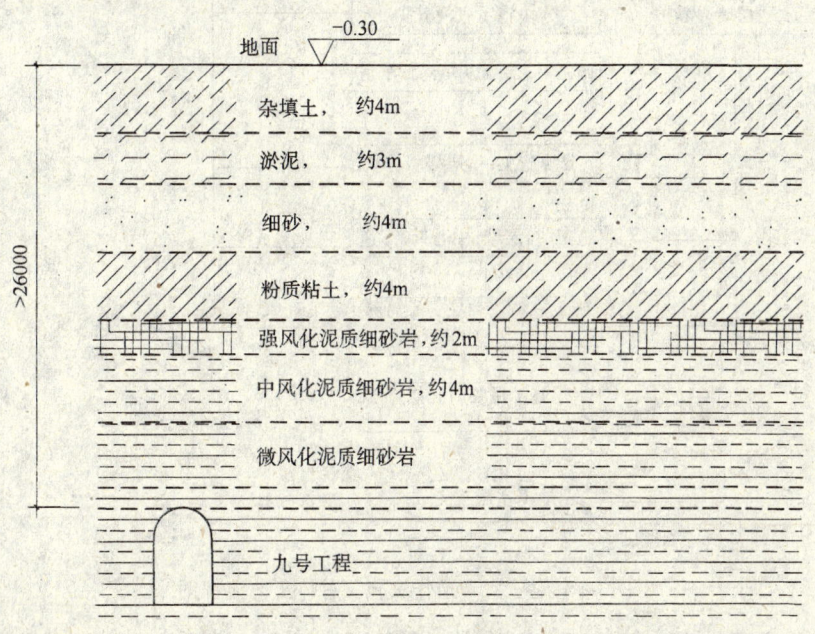

图 45-2　地质剖面图

地质报告表明，地层系强透水层，水源补给丰富，与珠江之间存在直接的互补给关系。丰水季节，地下水位在地面以下约 0.5m 左右。

45-2　地下室"半逆作法"施工的部署和平面布置

该地下室半逆作法施工的总体部署如图 45-3 所示。工艺的主要特点是：①采取"两层一挖"的方法以满足大型机械化作业的要求；②采用钢管高强混凝土柱，取代过去的"芯柱"或临时柱技术，其支承能力即原结构柱的设计承载能力；③核心筒在地下室仅有一条逆作施工缝。

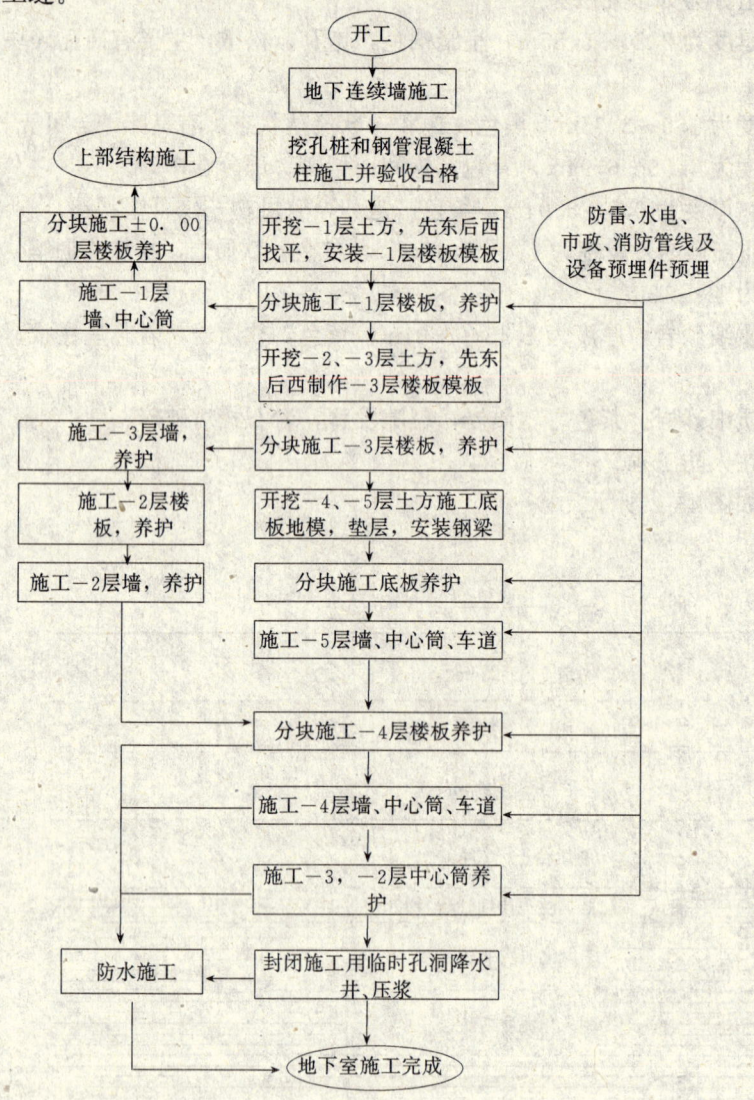

图 45-3 地下室半逆作法施工总体工艺流程图

工程占地面积较大，但施工场地狭窄，布置设施困难。场地的南北两边围护结构地下连续墙距离红线约 1.5～2.5m，东西两头地下连续墙距离红线约 6.0m，施工的平面布置根据不同的施工阶段和各施工方的需要，不断地进行调整。地下连续墙施工期间，一切临时设施都安置在地下连续墙的临时道路的内侧；人工挖孔桩期间，临时设施安置在外围桩与红线之间；正挖-1层土方至浇筑首层楼板混凝土之前，临时设施设在地下连续墙与红线之间；-2 层至-5 层"半逆作法"施工期间，临时施工设施布置在首层楼板的边跨与线之间，如图 45-4 所示，主要的设施——出土口和土方提升设备布置在地盘的东西两头，可以同时出土和同时起吊材料设备、输送混凝土等，为地下室结构施工和土方施工流水作业，加快施工进度，创造了必要的条件。

45-2 地下室"半逆作法"施工的部署和平面布置

5层地下室的立剖面如图45-5所示。

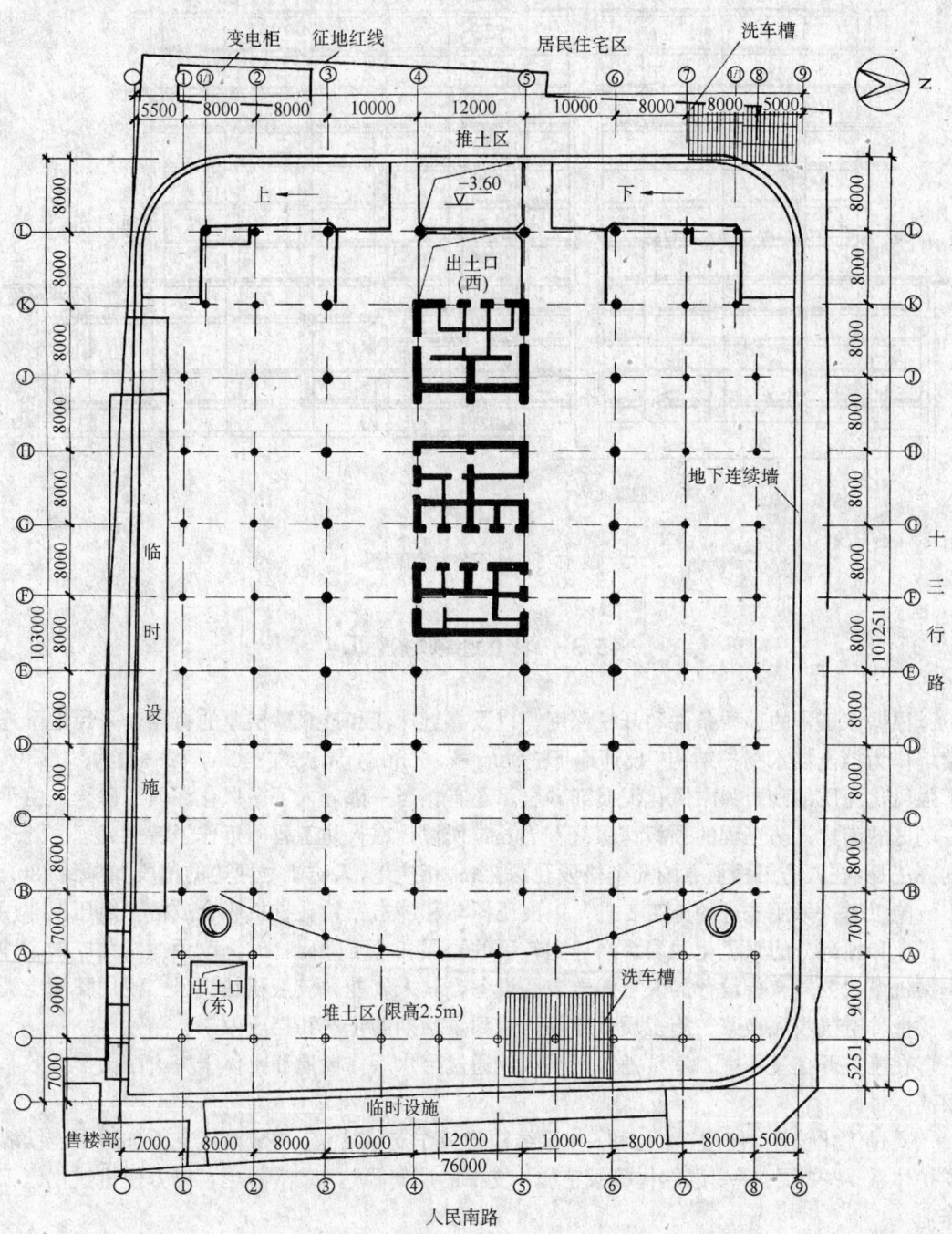

图 45-4 "半逆作法"施工期间首层平面布置图

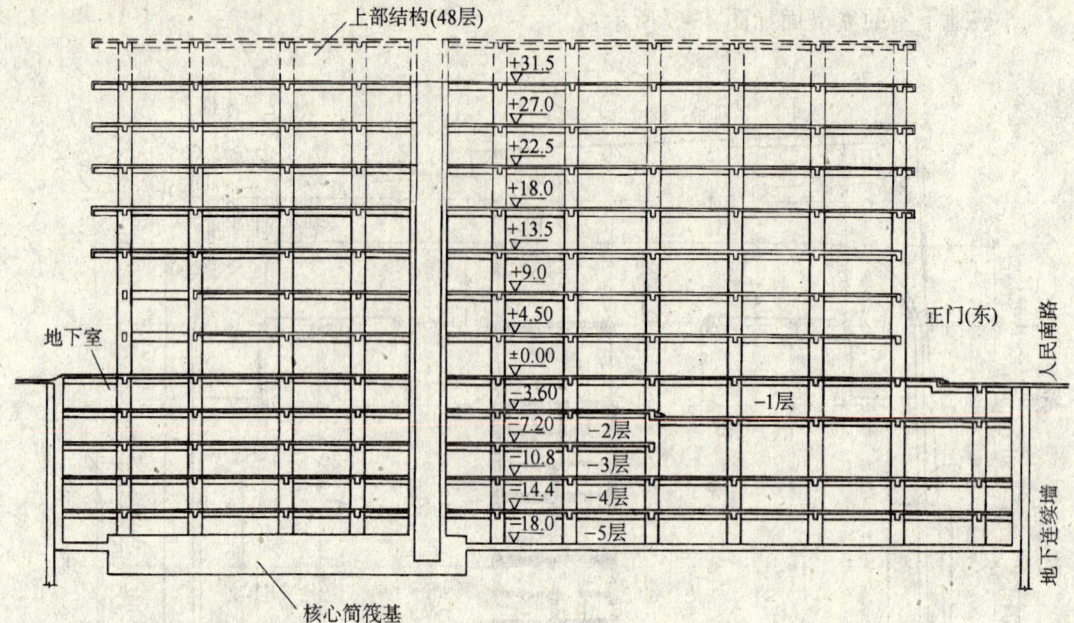

图 45-5 地下室立剖面图

45-3 地下连续墙施工

根据该工程的地质条件和开挖深度，以及靠近珠江和透水砂层厚的特点，采用地下连续墙作为挡土挡水围护结构。设计地下连续墙厚800mm，周长约340m，深一般为25m，入了强风化泥质细砂岩和中风化泥质细砂岩，还有相当一部分入了微风化泥质细砂岩。由于在场区的南边人防工程的顶板埋深只有25m，所以，在人防工程附近作了特别处理。处理的办法是：在人防工程上方的几个槽段孔深22m，相应地，人防工程两边的槽段加深到28m。

施工时，采用先进的施工工艺。以液压抓斗和冲击钻钻孔桩机联合成槽，液压抓斗用于抓土和抓部分的强风化泥岩，当遇到较硬的岩层和地下障碍物时，改用冲击钻成槽。冲击钻机系我公司自行设计的入土入岩成孔设备，其入岩能力较液压钻机强。使用膨润土泥浆护壁，空气吸泥换浆，施工质量较好，达到了预期的止水和挡土效果。

在土方开挖过程中，基坑涌水量很小，通过降水后，场地和土体干爽，挖土作业效率很高。

通过优化设计，使用-1层和-3层结构楼板作支撑结构，构成两道支撑加地下连续墙支护体系。-2层、-4层结构楼板正作，支撑的层间距达7.2m以上，以方便机械化施工作业。

45.3.1 导墙修筑

修筑导墙是地下连续墙施工必不可少的作业，导墙除了起到导向定位、保证地下连续墙位置准确的作用外，还具有稳定表层土体，稳定泥浆液面，防止土体坍塌的功能。

导墙设计高度为1500mm，高出地面200~300mm，现浇钢筋混凝土结构，混凝土的强度等级为C20。导墙断面呈"L"形，混凝土壁板和底板厚度为200mm，单侧配筋，布置在导墙的内侧和底板底面，纵横向配筋均为 $\phi 12@200mm$。如图 45-6 所示。

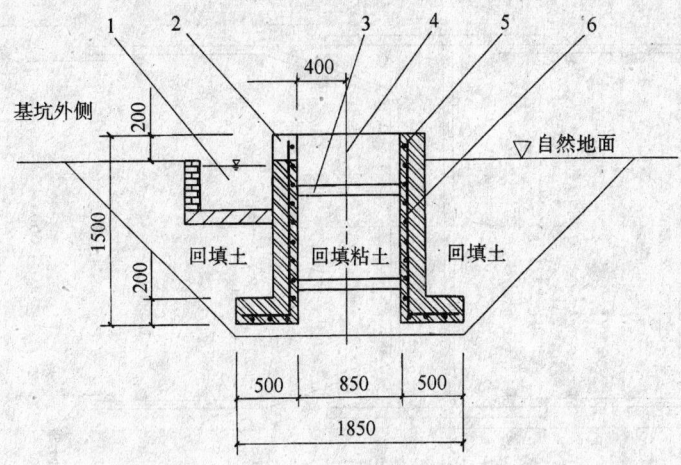

图 45-6 地下连续墙导墙断面图
1—导墙内侧泥浆沟；2—导墙排浆缺口；3—圆木支撑；4—地下连续墙中轴线；5、6—导墙的纵向和横向钢筋

导墙的外侧回填原土，内侧回填粘土，夯实。夯填之前，用木方或圆木将导墙的内侧撑牢，防止夯填时导墙位移和变形。夯填时，导墙两侧对称填土，以免造成导墙向某侧位移或倾斜。

45.3.2 成槽作业

导墙的土方回填后，安装挖槽设备，划分槽段，开始成槽。

地下连续墙分段成槽，槽段划分为一期槽段和二期槽段，相间排列。槽段接头是采用焊接工字钢接头，如图 45-7 所示。工字钢用厚度为 8mm 的钢板焊接而成，翼宽 450mm，高 708mm，与一期槽段钢筋笼的水平钢筋焊接，每根钢筋的焊接长度为单面 $5d$（d 是水平钢筋的直径，$d=16mm$），随一期槽段钢筋笼一起放入槽孔内，起到槽段混凝土的侧向模板的作用。

工字钢的另一侧放置 50mm 厚的塑料泡沫板，防止绕流混凝土与工字钢胶结在一起。泡沫板与孔壁之间放一直径为 $\phi 325mm$ 的钢管，以减少绕流混凝土量。混凝土浇筑后拔去该钢管。

在二期槽段施工时，塑料泡沫板和绕流混凝土被冲锤或抓斗清除。

成槽时，先施工一期槽段，待相邻两个一期槽段完成后，即可以施工二期槽段，一期槽段钢筋笼两端各带有一个焊接工字钢接头，二期槽段钢筋笼不带工字钢接头。根据钢筋笼和工字钢接头的重量，考虑到所使用的 100t 履带起重机的起重能力，槽段长度的划分基本上是：一期槽段为 5000mm，二期槽段为 6000mm，共分 68 个槽段，一期和二期各 34 段。

成槽设备由 1 台履带液压抓斗成槽机和 15 台冲孔桩机组成，液压抓斗成槽机负责在土层中挖土成槽，冲孔桩机负责于液压抓斗成槽机成槽后继续入岩时在岩层中冲孔成槽，每槽段约分为 7 或 9 孔，先冲奇数孔，再冲偶数孔，然后用方锤修孔成长方形槽段。

地下连续墙成槽终孔的依据是槽段的深度达到 25m，平均入微风化泥质粉砂岩的深度达 8.0m。在成槽的过程中，使用膨润土泥浆，依靠泥浆护壁，防止槽段塌方。在通过槽段隐蔽验收后，对槽段的泥浆进行置换清孔，清除泥渣和沉淀物，最后测定孔底的泥浆指标

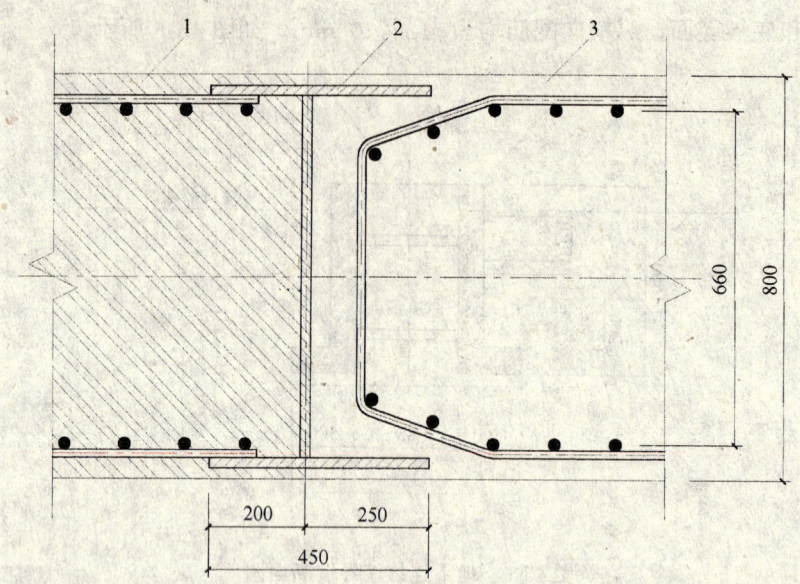

图 45-7 焊接工字钢接头
1——期槽段;2—焊接工字钢;3—二期槽段

合格后,方能进入浇筑水下混凝土工序。合格的泥浆指标为:泥浆密度 $\rho \approx 1.20$,含砂率 $\leqslant$ 4%,粘度 $\nu \approx 30s$。

45.3.3 吊放钢筋笼

一期槽段的钢筋笼加焊接工字钢接头的重量约 18t,二期槽段的钢筋笼重量约 16t。起吊钢筋笼时,使用主副两台履带起重机同时起吊,主履带起重机起重能力为 100t,副履带起重机起重能力为 50t。主履带起重机经过专用扁担吊在钢筋笼桁架顶端的吊耳上,扁担与桁架之间用 1 根钢丝绳连接,可以自动调节各桁架的内力,并保证桁架的顶端不变形。副履带起重机吊在钢筋笼下部约 1/4~1/5 的位置,副履带起重机的作用是使起吊过程更安全。钢筋笼被吊离地面后,主履带起重机不断提高钢筋笼顶端的高度,使钢筋笼由水平状态变为垂直状态,然后卸去副履带起重机,由主履带起重机将钢筋笼缓慢地放入槽孔中。

钢筋笼提高桁架顶端的 [10 槽钢搁放在导墙上,[10 槽钢长 1200mm,每个桁架 1 根。为了保证钢筋笼桁架不变形,桁架内的腹部"之"字钢筋必须延续至 [10 槽钢上,并与槽钢焊接,使桁架纵向钢筋、腹部钢筋及 [10 槽钢形成稳定的三角形,桁架与桁架之间再用剪刀撑钢筋连接。

45.3.4 浇筑水下混凝土

对于浇筑地下连续墙水下混凝土来说,关键是水下混凝土导管的布置,混凝土导管的直径为 250mm,一般情况是两根导管同时浇筑混凝土,导管离槽段接头的距离不超过 1.5m,两根导管的距离不超过 3.0m,因漏斗的尺寸较大,所以两根导管的距离又要不小于 2.0m,导管插入混凝土的深度保持在 2~6m 之间。

混凝土由场外搅拌站供应,直接从混凝土搅拌输送车卸入漏斗内,浇筑速度快,混凝土质量好。

混凝土设计强度等级为C35，抗渗等级为P12，坍落度为180～220mm，用粒径为10～30mm的花岗岩碎石，细度模数为2.5的中砂，525号普通硅酸盐水泥和萘系高效减水剂配制，外掺水泥用量15%的Ⅱ级粉煤灰。

从开挖的效果看，混凝土的质量良好，无疏松现象，与钢筋粘结良好，混凝土的抗压强度评定合格，质量优良。

45-4 桩基础和钢管高强混凝土柱施工

除了核心筒外，柱网是单桩单柱，柱是采用钢管高强混凝土柱，钢管采用螺旋形缝焊接管，壁厚25mm，裙楼部分柱直径为800mm，管内混凝土为C70级，主楼部分柱直径为1400mm，管内混凝土为C80级，核心筒墙体为有拉杆的方形钢管构架柱，管内混凝土为C70级。

先进行人工挖孔桩施工，挖孔，安装钢筋笼和钢管定位器，浇筑桩身混凝土，混凝土设计强度等级为C35。再安装钢管，固定在人工挖孔桩护壁上，然后浇筑管内混凝土，回填土充填钢管混凝土柱与护壁之间的空档。

45.4.1 人工挖孔桩施工

由于已完成的地下连续墙具有良好的挡水效果，尽管存在较厚的砂层，仍可以采用人工挖孔桩基础。从地面开始开挖。工程桩共有136根，115根在开挖基坑土方之前成孔和浇筑混凝土，并安装钢管，21根在土方开挖到底板底标高后再施工（实践证明后挖桩受作业条件和施工效率的影响，工效极低，影响到整个工期）。最小桩径为1400mm，最大桩径为6000mm，挖孔深度约25～28m，桩底入微风化泥质粉砂岩1.0m，桩顶标高等于底板底标高＋0.1m，约−17.75m～−18.75m。

由于基本是按单柱单桩设计，所以桩的间距较大，挖孔桩作业可以全面同步进行。全部作业在75d里完成。

大部分钢筋笼在井下制作，主筋和加强箍点焊，箍筋与主筋按梅花型布点绑扎。为了保证钢筋笼的有效保护层，在钢筋笼外侧按3.0m垂直距离设置一道定位钢筋，使钢筋笼对中。

基坑内布置了六个深度达到22m的降水井，通过外堵内排，绝大部分的桩都可以直接进行浇筑混凝土的作业，只有最后的少数几根桩才采用水下混凝土浇筑。

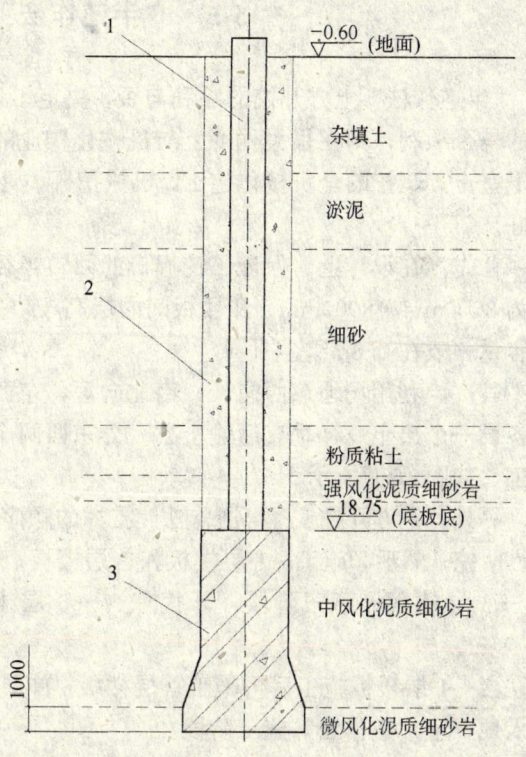

图45.8 人工挖孔桩与钢管高强混凝土柱立剖面图
1—钢管高强混凝土柱；2—回填土；3—人工挖孔桩桩身

45.4.2 钢管高强混凝土柱施工

在115根桩中安装钢管,如图45-8所示。最大的钢管混凝土柱直径为1400mm,最小的为800mm,用钢量约1000t,钢管采用螺旋卷板机自动焊接,钢管构架则是直缝自动焊和手工焊相结合,由于制作的工作量较大和受大型自动卷板设备的限制,钢管和钢管构架柱的制作安装工期为80d。

主楼钢管内采用C80级混凝土,中心筒钢管构架,以及裙楼和地下室其它部位的钢管内采用C70级混凝土。

针对高强混凝土与普通混凝土明显不同的特点(如水灰比很小、混凝土的粘度大、坍落度损失大等),以及钢管的高度约18.0m,混凝土不容易浇筑密实的特殊条件,经过研究和多次现场模拟试验,制定了插入式高频振动器振捣的施工方案。解决了高强混凝土的气泡问题和混凝土的高空抛落问题。经钻芯取样进行抗压强度试验,证明达到和超过了设计要求的混凝土强度。

浇筑钢管内混凝土时,混凝土搅拌输送车开到井口,或用履带起重机将混凝土装料斗吊到井口,将混凝土送入钢管管口上的漏斗内,漏斗下连着串筒,串筒离混凝土浇筑面约2~4m。

在浇筑钢管内混凝土之前,须将人工挖孔桩桩顶的积水抽干。人工挖孔桩桩顶预留有一集水坑,深约200mm。

钢管与桩孔之间,回填中砂和石粉。

45-5 "半逆作法"土方开挖技术

"半逆作法"土方开挖的顺利与否,决定了地下室"逆作法"施工的成功与否。土方开挖的是否顺利,则在很大程度上与机械化作业的水平有关。在新中国大厦工程中,实现了地下室土方暗挖的全机械化施工,机械挖掘,机械转运,机械入岩,机械提升,效率高,效果好。

首先,在设计上,保证了挖掘机的回转半径和工作高度的空间,根据柱网的间距(一般为8000mm×8000mm)和楼板间的层高(约7m),选用合适的中小型挖掘机,挖掘机的斗容量一般在0.8m^3左右。

其次,利用场地东西向长,南北向短,东西两头都有少量堆放场地的特点,在东西两头各设一个出土口,垂直运输土方。分东西两个作业段流水作业,与地下室结构交叉流水施工。如图45-9所示。

另外,土方开挖按"半逆作法"支撑的顺序,分三个阶段。第一个阶段,开挖-1层土方,明挖,然后,施工-1层楼板和首层楼板;第二阶段,开挖-2/-3层土方,暗挖,施工-3层楼板;第三阶段,开挖-4/-5层土石方,暗挖,施工底板。实际是两层一挖。

当-1层楼板施工后再施工首层楼板。首层完成后,上部结构施工插入。这时,就正式转入地下室"逆作法"施工阶段。

45-5 "半逆作法"土方开挖技术

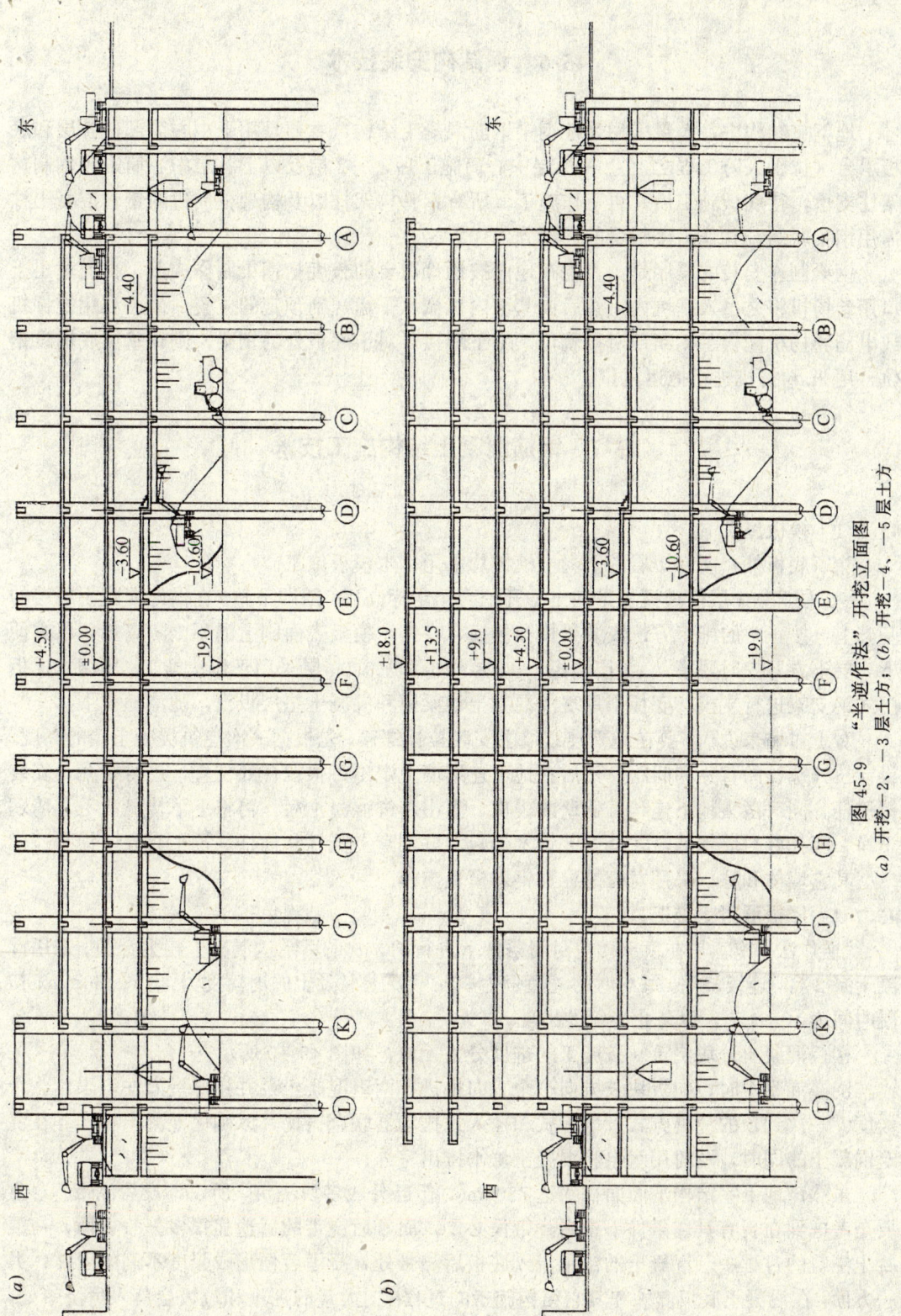

图 45-9 "半逆作法" 开挖立面图
(a) 开挖-2、-3层土方;(b) 开挖-4、-5层土方

45-6 钢结构安装技术

地下室结构中，大量采用劲性钢梁钢筋混凝土结构，主要是用于中心筒部位各层和底板承台（位于人防工程之上）。-1层中心筒施工后，-2层及以下各层中心筒采用钢制构架柱支承，待底板施工后，再正作施工，所有钢管构架柱以及构架柱周边的钢管混凝土柱需用钢梁联结，并作为楼板梁的一部分。

钢梁制作安装的程序是：首先在地面按预计需要的长度把钢梁制作成型，再通过出土口用卷扬机将之吊入基坑内，然后由基坑内机械水平运送到预定的位置，最后利用挖掘机或电动卷扬机配合手动葫芦对接就位，手工焊接。对于底板处的钢梁，则在基坑底铺设钢轨，用3t卷扬机进行拖运就位。

45-7 钢筋混凝土结构施工技术

45.7.1 模板施工

除了底板外，所有楼层的混凝土模板均采用钢木模板施工。

-1层和-3层楼板模板是在土方开挖到预定标高后，随即平整，在做好混凝土垫层的基础上，按正常的施工方法安装梁模和板模，在钢木模板表面刷上混凝土隔离剂，以方便下一层土方开挖时脱模。-2层楼板、-4层楼板和±0.00层采用正作法施工，用钢木模板门式钢支架进行支模。底板采用现浇混凝土地梁模和混凝土垫层板模，随浇随找平。

对于衬墙来说，需要在地下连续墙上安装拉杆螺栓，先根据一次浇筑混凝土墙的高度，设计拉杆螺栓的直径和间距，然后在地下连续墙上定出每根拉杆的位置，进行打孔，安装螺栓杆。同时凿去地下连续墙侧壁的表皮，露出新鲜混凝土后，再将上下接缝凿毛，清理干净，绑扎好衬墙钢筋，才能安装钢木模板，分别套上竖杆和横杆，拉平对齐，锁紧。

其它墙体和柱，采用对拉螺栓和钢木模板支模。

45.7.2 楼板混凝土施工

"逆作法"施工是在顶部楼盖封闭条件下进行的，故采用泵送混凝土较为合理。采用混凝土泵2台，连续浇灌。每小时的浇灌量为50m³。要求混凝土的坍落度为140~160mm，初凝时间为10~12h，以防止冷缝的出现。

楼板混凝土分块浇筑。按施工的进度分为4块，如图45-10所示。

浇灌混凝土时，向板块长方向一个方向推进，两组混凝土泵并排薄层灌注，采用一个坡度、一次到顶的浇捣方式。平板式和插入式振动器联合振捣，以确保混凝土密实。在浇筑混凝土的同时，及时用水泵将混凝土泌水排出室外。

虽然该地下室结构平面面积约达7300m²，但已分成多块浇筑，所以不设后浇带。这主要是考虑到在现有具体条件下设后浇带没必要，而且后浇带的后遗症很多。一方面，在混凝土浇筑的过程中，混凝土的泌水流入底板后浇带处，凝固后便形成强度不高的固体；另一方面，在混凝土底板养护和其它结构施工的过程中，大量的泥土和垃圾会落入后浇带处，难于清理，从而影响了楼板结构的整体性，留下质量隐患。

楼板分块施工的临时施工缝处采用进口V型快易收口网作侧模。

45.7.3 隔墙和衬墙混凝土施工

在"逆作法"施工中，墙柱施工存在的问题是上部构件已完成，下部构件如何与上部构件连接。

墙板的钢筋可插入砂垫层，以便将来与下层后浇筑构件的钢筋连接。

在安装下层墙板钢筋和模板之前，先将上层构件打毛干净，露出新鲜混凝土，并经验收合格方进行安装。

所有隔墙和衬墙的高度约为2.3m，上层墙板已施工，所以，混凝土从墙的顶部的侧面入仓，浇筑时，突出的楔形混凝土面要比上下两构件接缝面高出300mm以上。混凝土拆模后，立即将突出墙面的楔形混凝土块凿除。

对于核心筒墙，在新旧混凝土之间设置后浇带，高约600mm。

为使混凝土密实，使用插入式振动器振捣。

45-8 大体积高强混凝土底板施工技术

底板面积约7300m²，除了核心筒筏基和人防工程筏基的厚度分别为4.2m和2.6m外，其余底板厚度为600mm，核心筒筏基位于图45-10所示的2区，人防工程筏基位于图45-10所示的4区。混凝土的设计强度等级为C60。

由于混凝土底板的面积大，筏基厚度大，所以，为了防止混凝土出现温度裂缝，采取了以下的措施：

（1）使用低收缩的水泥品种：珠江水泥厂产的优质普通硅酸盐525号水泥；

（2）掺入磨细矿渣粉，减少水泥用量，磨细矿渣粉占总灰量的20%以上，将水泥的用量控制在300kg/m³左右；

（3）混凝土底板分块浇筑，如图45-10所示。核心筒筏基（2区）分三层浇筑，第一次浇筑到600mm厚的底板底，第二次和600mm厚底板一起浇筑，第三次浇筑高出600mm厚底板板面的部分，厚800mm。其余各块（1区、3区、4区）板和承台一次浇筑。

（4）加强养护，在浇筑混凝土的过程中，待混凝土终凝后，即进行蓄水养护，养护时间不少于14d；

（5）加强测温工作，观测混凝土中部的实际温度以及混凝土中部与混凝土表面的温度差，根据温度差来调整蓄水的厚度。混凝土浇筑后约48h，混凝土的温度达到最大值，混凝土中部的最高温度达84℃，混凝土内外最大温度差为17℃。蓄水厚度设在100～

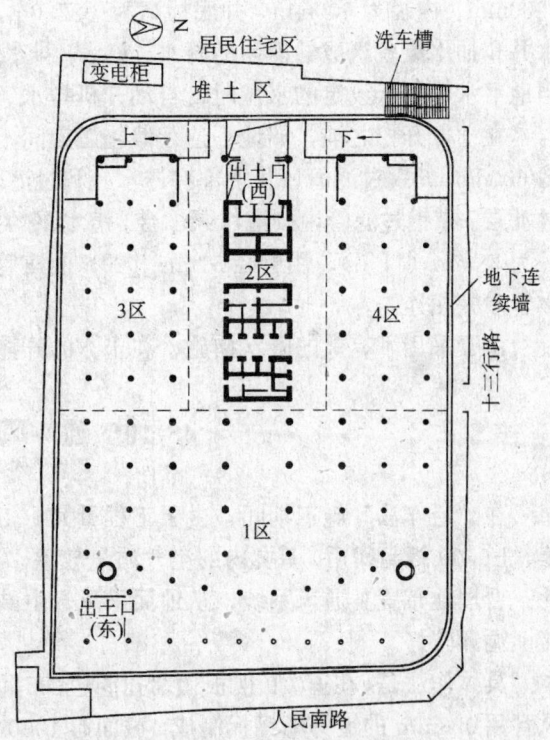

图45-10 楼板混凝土分块浇筑示意图

200mm 之间。

为了防止地下水对底板的浮托作用及在底板未达到一定强度之前对底板产生的不利影响，在底板施工之前，先设置互相连通的地下排水盲沟，与降水井相连，用以降低地下水位。在底板施工过程中应保持降水，直至允许停止降水止。停止降水后，用混凝土将降水井口封闭。

45-9　降排水技术

做好排水和降水工作，对"逆作法"施工来说，相当重要。

本工程地下水与珠江相连，为互补给关系，原地下水位埋深浅，约在地面以下 1.5m（以±0.0 计约 −2.1m）左右。因为绝大部分地下水已被地下连续墙截住，所以基坑内的地下水主要是土层内含水、岩石裂隙水、地表雨水和上部施工的施工用水。因此，降排水工程分为基坑内降水排水和上部外围截水两部分。

对于基坑内的土层含水和岩层裂隙水，采用降水井降水的办法处理。对于上部结构施工来水，则在已浇筑混凝土的±0.0 层楼面设置挡水设施，用钢板覆盖暂时不用的孔洞，在必须用的孔洞周围砌砖围栏挡水。

在基坑内设置 8 个降水井，相邻两个降水井间距为 25.0~30m。降水井的外径为 1200mm，内径为 600mm，井底标高为 −22.0m，井内设置潜水泵。形成一个由集水沟、降水井和抽水设备组成的简易的降水、集水、排水系统。抽水设备由专用感应电路自动控制，当地下水位高于设定的水位时，自动开机排水。

在土方开挖之前，即地下连续墙施工期间，进行降水井施工，用钻孔成孔，内置直径为 600mm 的钢过滤管，管下部有透水孔和过滤网，管外充填粒径为 5~10mm 碎石，组成过滤层。在钢过滤管内放潜水泵 1 台。潜水泵的扬程大于 20m，额定流量为 $3m^3/h$，出口管径为 38mm（$1\frac{1}{2}''$），用管径 51mm（$2''$）的皮管接出到基坑外，基坑外砌排水沟与市政下水管砂井相连。

由于采用了有效的降水措施，在土方的开挖过程中，土体干爽，土方挖掘方便。

45-10　通　风　技　术

在"逆作法"施工期间，由于工程量大，工期要求紧，施工过程中人员、机械相对密集，±0.00 板封闭后，基坑内的空气质量较差，需要有较好的通风措施来保证空气质量。为此，合理地布置了通风系统，从地面采风，由鼓风机通过管道送风至工作面，空气自然回流，循环较好。

具体作法是，在±0.0 楼板预留孔洞边，布置了 8 台鼓风机，通过送风管鼓风至工作面。风管用 0.3mm 的镀锌薄钢板制成，截面有 1000mm×500mm 和 500mm×500mm 两种，每节长度为 1m，风管沿地下连续墙的四周布置，固定于楼板底。随着挖土工作面的向内延伸，风管亦不断接长，以保证工作面处的空气质量。

鼓风机选用功率为 22kW 每小时送风量 $22000m^3$ 的轴流鼓风机，8 台全部工作时，每小时送入基坑的空气约 $130000m^3$。

45-11 "半逆作法"施工体会

由于"半逆作法"施工在首层完成后,上部和下部结构可以同时施工,只要上下结构施工的方案合理,施工方法正确,一般来说,"半逆作法"施工的总体工期较正作法要短,特别是地下室的层数越多越明显。在新中国大厦工程中,在施工地下室的同时,允许进行18层以下结构的施工。该工程于1998年4月底完成了地下室底板的施工,5月至6月底浇筑了-5/-4/-3/-2层中心筒混凝土。上部结构则从1997年8月起正式开工,至1998年6月底完成了18层的混凝土浇筑工作。建筑的总体工期比正作法缩短了11个月。对开发商来说,这是非常可观的经济效益。意味着建筑物可以提前投入使用和营业,缩短了资金回笼的周期,加快了资金的周转速度。最明显的是,由于"半逆作法"施工的原因,上部结构提前施工,高楼拔地而起,大大地增强了购房客户的信心,极大地刺激了购楼者的购买欲,以致本工程的售楼业绩屡创新高,成绩喜人。从施工费用来说,"半逆作法"施工与正作法施工的费用基本持平。

46 金平大厦大体积混凝土筏板基础施工

广东省开平市三建集团公司 陈见信 陶芳永

46-1 工程概况

金平大厦位于广州市荔湾区西华路410～442号地段，该工程为一幢地面以上18层的商住楼。±0.00以下设置两层地下室，地下室平面呈梯形，东西向长67m，南北向宽为50.05～58.50m，两层地下室每层面积达3500m²。根据场地地质钻探资料显示，场区基岩埋置较深，且场区处于广从断裂影响带，该工程基础设计为厚度达2m的C35/P8级抗渗混凝土筏板基础，基底持力层为可塑的粉质粘土、粘土。

为了确保筏板基础的施工质量，原结构设计考虑了设置后浇带和水平施工缝等措施（见图46-1）：

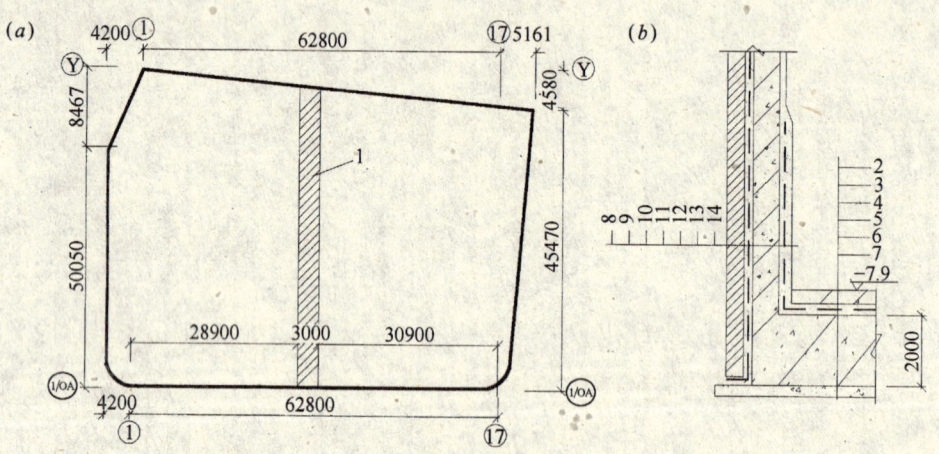

图46-1 地下室图
(a) 平面图；(b) 剖面图
1—后浇带；2—50mm厚C30级钢筋混凝土耐磨层；3—20mm厚1:2水泥砂浆；4—1.5mm厚聚氨酯防水涂料；5—20mm厚1:2水泥砂浆；6—2000mm厚钢筋混凝土底板；7—100mm厚C10级混凝土垫层；8—120mm厚砖护壁；9—20mm厚1:2水泥砂浆；10—1.5mm厚聚氨酯防水涂料；11—20mm厚1:2水泥砂浆；12—400mm厚钢筋混凝土侧板；13—20mm厚1:2水泥砂浆；14—白色乳胶漆

（1）沿筏板基础东西向的中部设置有3m宽的后浇带（贯穿两层地下室结构），将筏板基础分为东西两块，单块面积为1600～1900m²。

（2）设计要求筏板沿高度分二次浇筑，因此沿筏板厚度的中部设置有水平施工缝，施工缝处加Φ12@200mm双向的抗裂钢筋网。

（3）筏板面层设置有聚氨酯防水涂料建筑防水措施。

46-2　施工方案的确定

本工程混凝土筏板作为整个建筑物的基础构件，厚度为2m，按后浇带划分后，单块混凝土体积达3500~4000m³，属大体积混凝土工程。大体积混凝土除必须满足强度、刚度、整体性和耐久性等设计要求外，如何控制温度应力、控制裂缝的发生与发展，是施工中应注意的技术问题。虽然设计考虑了沿长度方向设置后浇带，沿高度分二次浇筑等措施，可以减少温度应力和控制裂缝的开展，但给施工带来了困难，拖长了工期，对结构的整体性、抗渗性、抗震性是不利的。特别是分层浇筑，稍有不慎就容易造成施工冷缝。为此，我公司对整个筏板基础以后浇带为界，分为东西两块后，能不能不设水平缝一次浇筑，进行了探索。经多种施工方案对比，在取得设计同意后，筏板基础施工方案确定采用在底板混凝土中掺入AEA混凝土抗裂防水膨胀剂和SF-1新型高效减水剂的双掺技术，并对原设计规定修正如下：

（1）在混凝土中加入9%水泥用量的AEA混凝土膨胀剂和0.6%水泥用量的SF-1新型高效缓凝减水剂后，由于掺入9%AEA膨胀剂置换代替相同数量的水泥，可以减少水化热；且在混凝土硬化过程中，能产生微膨胀效应，可以补偿混凝土的收缩，防止结构产生裂缝；混凝土的抗渗等级还可提高2~3倍，大大提高了结构自防水的能力，因而可以取消原设计底板面层的聚氨酯防水涂料建筑防水层。

（2）取消设计规定"筏板沿高度分二次浇筑以设置水平施工缝"的要求，改为一次浇筑，同时取消了厚度中部的Φ12@200mm双向的抗裂钢筋网。

由于制定了一系列的施工技术、施工组织措施，顺利完成了混凝土筏板基础的施工，经竣工验收，地下室底板无裂缝和渗水现象发生，满足了设计要求，并为建设单位节约了投资。

46-3　施工中采取的主要技术措施

46.3.1　土方工程

考虑到本工程施工初期，面临春节放假和春季多雨等实际情况，根据"基坑开挖后不得长期裸露，以减少人为及雨水对基底土的扰动和浸软，防止降低基底土的承载力"的设计要求，施工方案确定挖土按先东后西，采取"分层剥离，分段深挖"的施工方法，每个开挖宽度为8~10m，分层后退式开挖剥离，每层开挖深度<2.5m。机械开挖到设计深度以上300mm处，即用人工进行土方修整，挖到设计深度后，用蛙式夯实机压实持力层。设计要求基础底座落在粉质粘土、粘土层上，因此，基坑开挖到设计标高后，采用钎探法对地基土进行核查，对于未达到要求的局部软弱土层，采用挖孔换土、夯实，以满足地基承载力的要求及解决软弱不均状况。为减少地基土外露时间过长，对土层造成的不利影响，基坑开挖后，经钎探核查、补强后，应立即浇筑混凝土垫层。

46.3.2 钢筋工程

地下室底板底筋设计为 ⊈25@150mm 双向布置,墙柱处加密为 ⊈25@75mm;底板面筋设计为 ⊈28@150mm 双向布置,墙柱处加密为 ⊈28@75mm,面筋重达 70kg/m²。因此本工程钢筋工程的关键在于面筋的支撑与绑扎。方案确定采用钢筋桁架结构作为支撑,竖向杆件采用 ⊈25@1500mm×1500mm,横向杆件为 ⊈25@1500mm×1500mm,并加斜向筋予以固定,以保证整个支撑的稳定性。

46.3.3 C35/P8 级大体积混凝土的配制

46.3.3.1 原材料

(1) 水泥:选用水化热较低的恩平牛江牌 525 号普通硅酸盐水泥,配合比设计时充分利用水泥的富余活性和混凝土后期强度,在混凝土中掺入 9% 水泥重量的 AEA 膨胀剂,采用减少水泥用量的措施以降低水化热。使每立方米水泥用量减少 30~50kg,相应温度降低 5℃左右。

(2) 骨料:选用直径为 20~40mm 级配碎石和细度模数大于 2.5 的优质中砂,严格控制石子的含泥量不大于 1%,砂不大于 2%。

(3) 掺合料:采用双掺技术,混凝土中同时掺入 AEA 膨胀剂和具有缓凝减水作用的 SF-1 高效减水剂。AEA 掺量为水泥重量的 9%,SF-1 掺量为水泥重量的 0.6%。使混凝土具有微膨胀、补偿收缩的特性。

46.3.3.2 混凝土配合比设计

混凝土采用现场搅拌,其配合比见表 46-1。

混凝土配合比设计   表 46-1

技术设计参数		施工条件								
工程部位	强度等级/抗渗等级	坍落度(mm)	拌制方法	搅拌时间(min)						
地下室底板	C35/P8	80	现场搅拌	90						
施工配合比	水灰比	配合比(水泥:砂:石:AEA:SF-1)	含砂率(%)	坍落度(mm)	质量密度(kg/m³)	材料用量				
						水泥(kg)	砂(kg)	石(kg)	水(kg)	AEA(kg)	SF-1(kg)
	0.47	1:1.76:2.87:9%:0.6%	38	80	2400	394	690	1129	185	35.5	2.58

注:后浇带的混凝土 AEA 掺量应提高到 12%~13% 水泥用量。

每槽混凝土用量见表 46-2。

每槽混凝土用量(kg)   表 46-2

水泥	水	砂	石	AEA	SF-1	搅拌时间	坍落度实测
50	23.5	88	143.5	4.5	0.3	90min	80mm

46.3.4 混凝土搅拌

根据施工现场的实际情况,混凝土采用现场搅拌。为确保底板混凝土连续浇筑,现场配置 7 台 400L 混凝土搅拌机,备足水泥、砂、石、AEA 和 SF-1 掺合料,采用溜槽将搅拌好的混凝土输送至基坑底。混凝土搅拌时应派专人负责控制进料量和用水量，按配合比设计的搅拌时间进行搅拌，并做好搅拌记录。

施工时应注意以下几点：

（1）水泥投料误差为2％。水泥如有破包损失，应酌情增加水泥用量。

（2）砂石投料误差为3％。晴天的砂含水率按3％计，小雨天按5％计，投料时按比例增加砂的用量。相应拌合水用量要减砂中的含水量，使混凝土水灰比保持不变。

（3）AEA掺量为9％的水泥用量，它与水泥的比例关系为0.09∶1。投料误差为2％。AEA等量替代水泥，不但具有微膨胀性能，且具有强度。因此投料时不可少掺，否则会影响混凝土强度。

（4）SF-1掺量为0.6％的水泥用量。多掺可进一步提高混凝土的流动性，延长初凝时间，增加成本。少掺降低流动度，缩短初凝时间。因此SF-1应严格控制用量。

（5）AEA、SF-1应设专人投料，器具用塑料桶刻线计量。

（6）投料顺序：石→水泥、AEA、SF-1→砂→水。将细灰包在砂、石中间，可避免飞扬和料斗粘挂，从而使混凝土配合比准确。

（7）现场应设有坍落度筒，设计混凝土坍落度为80mm。如需提高流动性，可将SF-1的掺量提高至0.7％，严禁随意加水。如施工时是晴天，会因太阳照射使水分蒸发，降低混凝土流动性，此时应适当增加SF-1的掺量。

46.3.5 混凝土浇筑

每个分区的混凝土浇筑，均从南往北退法进行。为保证先后浇筑的混凝土不出现施工冷缝，浇筑按混凝土自然流淌坡度、斜面分层、连续逐层推移、一次到顶的方法进行。浇筑振捣厚度控制在500mm以内，浇筑速度保持连续均匀，上层混凝土覆盖要在下层混凝土初凝前进行，每个覆盖面不得大于4m。加强振捣，对浇筑后的混凝土，在初凝以前给予二次振捣，以保证混凝土的整体性。对于局部厚4m的电梯井底板部位，分二次浇筑，设置水平施工缝，第一次从电梯井板底浇筑到底板底标高处，第二次与底板一齐浇筑。

46.3.6 混凝土养护

AEA补偿收缩混凝土在硬化期间的需水量比普通混凝土大得多，此时如无水，不但没有膨胀，而且会大大降低混凝土的强度。因此，混凝土在硬化期间，养护十分重要。应保证水泥水化作用在良好的潮湿环境下进行，使混凝土早期抗拉强度较快上升。养护期不少于14d，从混凝土浇筑后变白即开始浇水，并以塑料薄膜覆盖。分区浇筑完后，沿区边用砖砌200mm高挡水埝，实行蓄水养护，水深150～200mm，以防止因内外温差过大而使混凝土开裂。所蓄的水既可隔离冷空气直接接触混凝土表面，同时水泥水化热会将水加温，使水温高于空气温度10℃以上，从而减少混凝土内外温差，避免开裂。同时水温又可加速混凝土硬化，提高混凝土自身的抗拉、抗压强度。14d后可以不再蓄水，但要保持混凝土表面湿润，避免混凝土干缩开裂。

46.3.7 已浇筑混凝土的表面处理

表面处理是减少表面收缩龟裂，控制筏板板面标高和平整度的重要措施。因此，在混凝土浇筑至标高时，安排专人用刮尺刮平表面浮浆，用铁辊筒滚压2～3遍，控制好终凝前混凝土表面的二次抹光，以防表面龟裂，表面处理时间控制在1.5h以内。

46.3.8 大体积混凝土温度监控

混凝土温升几乎完全是由水泥水化热引起的。由于大体积混凝土内部热量很难散发,常会使混凝土内部温度升高,与混凝土表面温度的温差过大,会产生温度应力而使混凝土开裂。

为了准确掌握大体积混凝土温度上升和下降的变化规律,给混凝土养护和散热处理提供科学依据,本工程采用便携式建筑测温仪来测量混凝土内部温度。测温点在南北向中部至东西向每隔 5m 设 1 个,用以测量混凝土内部温度。设置外部气温测点 1 个,养护水温测点 1 个,共计 14 个测温点。

温度监控参数为:混凝土内部温度、养护水温度以及环境温度。以测点 3 为例(见图 46-2),筏板中心温度峰值为 57.3℃,筏板上部温度峰值为 54.5℃,筏板下部温度峰值为 55.4℃,外部环境温度为 18℃左右,养护水温度为 30℃左右。

从温度观测资料看出,混凝土在浇筑后 2d 内,水化热释放量大,温度变化最快,4d 内温度仍继续上升,5d 后温度呈下降趋势。因此,前 5d 的蓄水养护尤为必要。根据温度观测结果分析,在广州地区春季也无需再采取混凝土内设置冷却水管等其它降温措施。

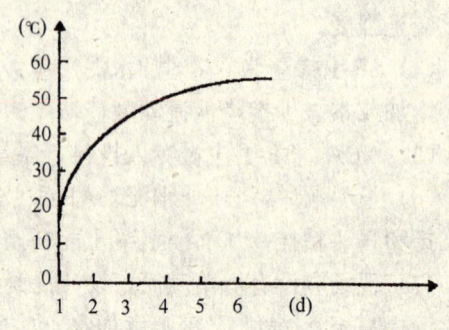

图 46-2　3 号测温点处筏板中心温度变化曲线图

46-4 几 点 体 会

金平大厦大体积筏板基础混凝土采用分区一次性连续浇筑的施工方案,在采取一系列切实有效地措施后,未产生结构有害裂缝,取得了较好的技术效果和经济效益,为超厚大体积筏板基础混凝土施工积累了经验,主要体会如下:

(1) 选用中低水化热水泥,以降低水泥水化过程产生的水化热。选用良好级配的粗细骨料,以改善混凝土的和易性,提高混凝土的密实度,是设计大体积混凝土配合比时选料的主要原则。

(2) 在混凝土中掺入 AEA 膨胀剂,等量置换水泥,减少水泥用量,降低水化热,补偿混凝土的温度收缩,与缓凝剂复合应用,是防止大体积混凝土开裂的有效措施。

(3) 筏板基础混凝土的内外温差,施工方案确定为≤25℃,在混凝土配合比设计、浇筑、养护等技术措施配合下,达到了这一指标,混凝土未产生有害的结构裂缝,满足了设计要求。

47 惠阳市教工之家高层住宅工程基坑挡土桩的设计与施工

广东省惠阳建筑工程总公司　陈谭生

47-1　工程概况

惠阳市教工之家高层住宅位于广东省惠阳市承修路旁，25层。长52.7m，宽51.3m，采用箱形基础，以−6.3m处的微风化石灰岩作为持力层。北距该楼仅1.9m处有一栋7层教师宿舍楼，宿舍楼采用天然独立基础，柱基尺寸为3m×3m，埋置于−2.0m处的粉质粘土层上。南距该楼2.8m有一栋幼儿园的4层教学楼，天然浅基础。东距该楼4.6m有一栋圆形教学楼，亦为天然浅基础。西距该楼2.5m处有1根街道陶瓷下水管（该楼与周围建筑物的位置关系详见图47-1）。石灰岩埋藏于−5.5～−6.5m之下，岩质脆硬。地下水不丰富。

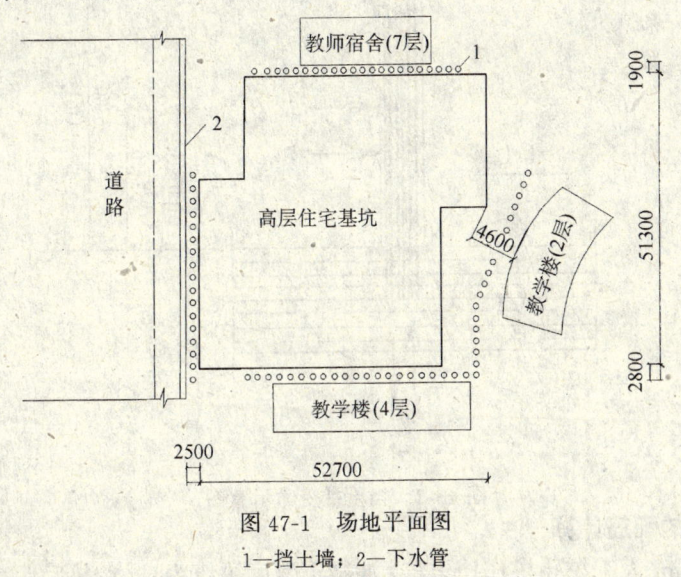

图47-1　场地平面图
1—挡土墙；2—下水管

47-2　桩型的选择

由于工程所在地岩层埋深较浅，岩质坚硬，四周又邻近已有建筑物和下水管，不允许对岩石进行爆破或冲孔。基坑支护若采人工挖孔桩作为悬臂挡土桩，则必须解决桩身入岩困难的问题。为此，采取将挡土桩的受拉钢筋伸出桩外作为锚筋（应具有足够的锚固长度）的方法，将悬臂挡土桩锚固于岩层中，使桩与岩体结合成一体，以保证悬臂挡土桩的抗倾覆能力，并利用锚筋的抗剪能力来抵抗桩的滑移。

47-3 挡土桩的设计（以北面挡土桩为例）

47.3.1 主动土压力的计算

$E_a = 1/2\gamma h_1^2 \text{tg}^2(45°-\varphi/2) = 1/2 \times 19 \times 6.3^2 \times \text{tg}^2(45°-35°/2)$
$= 98.9 \text{kN/m}$

47.3.2 7层宿舍楼荷载所产生的主动土压力

将7层宿舍楼的重量作为地面超载 Q，为 15kN/m^2。则7层 Q 为：$15\text{kN/m}^2 \times 7 = 105\text{kN/m}^2$

$E_{a2} = QK_a h = 105 \times 0.271 \times 6.3 = 179.26 \text{kN/m}$

47.3.3 倾覆弯矩的计算

每米土体对挡土桩根部产生的力矩为（见图47-2）：

$M_1 = E_{a1} \times h_2 + E_{a2} \times h_3 = 98.9 \times 2.1 + 179.26 \times 3.15 = 772.4 \text{kN·m}$

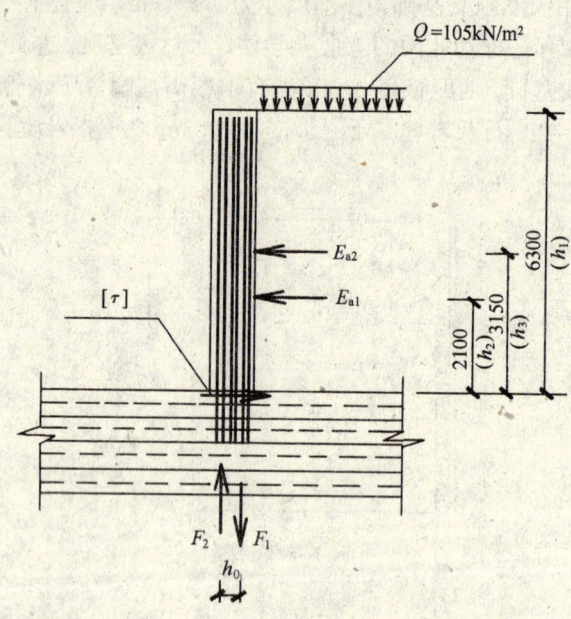

图 47-2 挡土桩受力示意图

47.3.4 挡土桩的配筋计算

采用 ϕ1000mm 人工挖孔桩作挡土桩，混凝土强度等级为C20，桩间距为1.5m，则每根桩所承受的最大力矩为：

$M_{桩} = 1.5 M_1 = 1.5 \times 772.4 = 1158.6 \text{kN·m}$

挡土桩试配 16 $\underline{\Phi}$ 25mm 作为主筋，则必须满足下式要求：

$M_{桩} \leqslant 2/3 f_{cm} \cdot A \cdot r \cdot \dfrac{\sin^3 \pi\alpha}{\pi} + f_y A_s r_s \dfrac{(\sin \pi\alpha + \sin \pi\alpha_t)}{\pi}$

按上式最后计算得：

$M'_{桩} = 2/3 f_{cm} \cdot A \cdot r \cdot \dfrac{\sin^3 \pi\alpha}{\pi} + f_y A_s r_s \dfrac{(\sin \pi\alpha + \sin \pi\alpha_t)}{\pi}$

$$=1335.3\text{kN·m}$$

$M_桩 < M'_桩$，结构抗弯抗倾覆安全。

47.3.5 锚筋数量和锚固长度的确定

锚筋数量：经计算，主筋为 16 ⌀ 25mm，锚筋数量至少也需 16φ25mm，利用主筋兼作锚筋，直接锚入岩石，用水泥浆灌孔。

锚固长度的计算：

锚固长度主要取决于如下三大因素：①灌浆材料与钢筋之间的握裹力；②锚固体与岩石之间的极限侧阻力；③锚固体端部岩石破裂面的总抗拉力。三个锚固长度中取最大者。

由水泥浆与钢筋之间的握裹力所决定的锚固长度（L_m），只要满足下式即可：

$$T_u \leqslant \pi d L_m U$$

式中　T_u——锚筋的极限抗拔力，取 $T_u = 152039\text{N}$；

　　　d——锚筋直径，$d = 25\text{mm}$；

　　　U——水泥浆对钢筋的平均握裹力，$U = 4.17\text{N/mm}^2$（水泥标准抗压强度的 10%）。

最后算出：

$$L_m = T_u/\pi d U = 152039/(3.14 \times 25 \times 4.17) = 464.5\text{mm}$$

利用锚固体与岩石之间的极限侧阻力求锚固长度，只要满足下式即可：

$$T_u \leqslant \pi D \tau_z L_m$$

式中　D——钻孔孔径，取 D 为 30mm；

　　　τ_z——锚固段周边的抗剪强度，取 $\tau_z = 1.2\text{N/mm}^2$；

　　　T_u——单根钢筋的抗拉力，对 ⌀ 25mm 钢筋，取 $T_u = 152039\text{N}$。

代入数据，可算出 $L_m = 1344\text{mm}$，经与握裹锚固长度比较，后者起决定作用，取 $L_m = 1500\text{mm}$。

验算 1500mm 深处岩石破裂面总的抗拉能力是否满足（见图 47-3）。

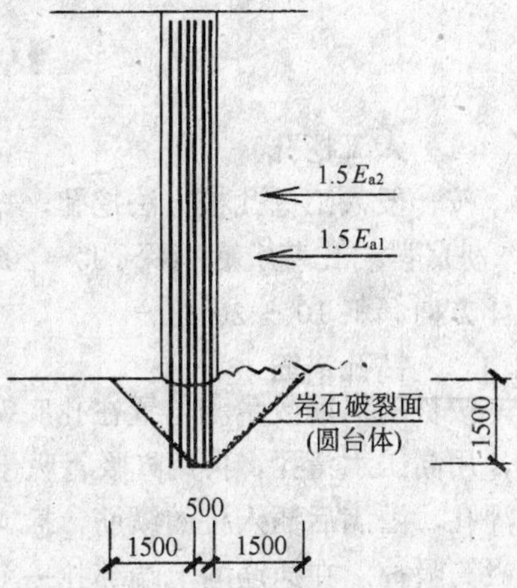

破裂面圆台体表面积 $S = 9420000\text{mm}^2$，取石灰岩抗拉强度为其抗压强度的 1/60。取抗压强度为 R_{60}，则抗拉强度为 R_1，破裂面岩石总抗拉力为 9420000N。

全部锚筋（实际上只有受拉区锚筋）总拉力为：

$16 \times 310 \times 490 = 2430400\text{N}$，小于破裂面岩石的总抗拉力，破裂面安全。1500mm 锚固长度足够。

47.3.6 桩岩接触面抗剪抗滑移验算

如果忽略混凝土与岩石结合处的抗剪能力，则只能由锚筋的抗剪能力抵抗滑移和剪切。

图 47-3　岩石破裂面示意图

桩底 16 ⌀ 25mm 锚筋的总抗剪能力为：

$[\tau] = [\tau^{\text{L}}] \times A_s = 100 \times 7856 = 785600\text{N}$，因桩的间距为 1.5m，所以每桩承受的水平推力为：

$$F_桩 = 1.5 \times (E_{a1} + E_{a2}) = 1.5 \times (98.9 + 179.26) \times 1000 = 417240\text{N}$$

$[\tau]/F_桩 = 785600/417240 = 1.88$，挡土桩抗剪抗滑移安全。

47.3.7 桩顶设置压顶梁

为使挡土桩整体协同工作,在桩顶设置压顶梁一道,梁的截面为1000mm×400mm,内配上下各 5 Φ 16mm,箍筋采用双肢箍 2ϕ10@200mm。

北面挡土桩设计结果见图47-4。

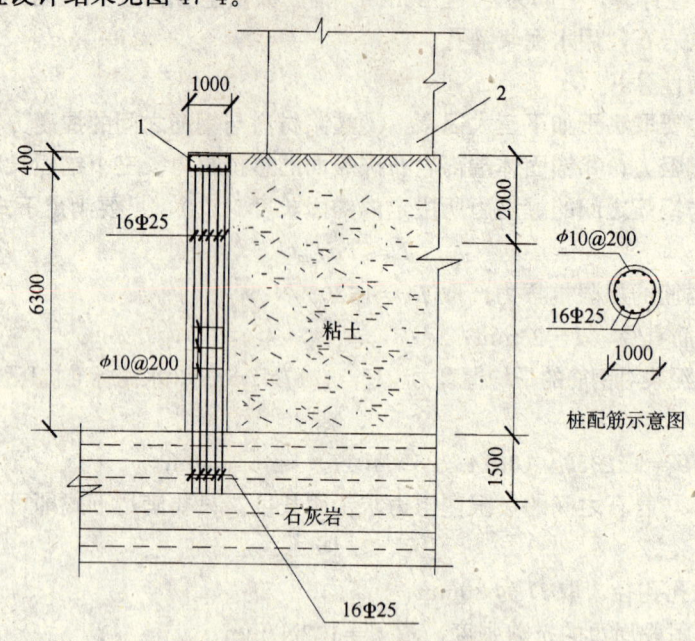

图 47-4 北面挡土桩设计结果图
1—压顶梁;2—7层教师宿舍楼

47-4 挡 土 桩 施 工

47.4.1 人工挖孔

按一般人工挖孔桩方法挖孔,挖至岩石面时用风镐凿岩,为防止基坑大开挖后桩端露脚,桩底凿岩比基坑底稍深100~200mm。为增加桩岩接触处的抗滑移能力,将孔底凿成向土体方向倾斜10°~20°角。

47.4.2 钻孔锚筋

按桩的纵筋数量和位置在孔底钻孔,采用ϕ30mm 金钢钻头,钻深1500mm,钻孔完毕后,用高压水清孔,再用虹吸管吸干孔内积水,然后用1:5(白乳胶:水泥)配成的水泥浆灌孔,灌满后插入桩的纵筋,插入纵筋时要反复抽插,直插入孔底为止,溢出的水泥浆用吸筒吸掉。在插筋的上端绑扎一个箍筋固定,待水泥浆硬化后再绑扎桩内箍筋。

47-5 工 程 效 果

该工程于1993年6月动工,7月底完成挡土桩施工。四周均设同类挡土桩,12月底完成土方大开挖。原计划3个月后便完成基础工程,但由于资金不到位,历经5年尚未进行基础施工。后经多次检测,四周建筑物及挡土桩均无异常,7层教师宿舍楼最大垂直偏差只有5mm,说明无入土(岩)深度的加锚筋悬臂挡土桩设计和施工获得成功。与传统的悬臂式挡土桩相比,缩短工期20d(约四分之一),节约资金约三分之一。

48 预应力高强混凝土管桩的生产与应用

广东省建筑构件工程公司　史吉新　罗松桂　潘伟强

48-1 概　述

　　预应力混凝土管桩起源于欧美，我国铁道部丰台桥梁厂于1969年开始生产，1984年广东省建筑构件工程公司开始研制，1986年该公司的产品出口境外参与国际竞争。由此带动广东的管桩生产迅速发展，1993年全省已有30几家生产厂，年产量超过500万m。目前，广东的年生产能力超过1200万m。同时，广东的管桩施工队伍亦迅速发展与壮大。目前的年施打能力超过3000万m。施工方法也在不断改进。由吊锤施打到柴油锤施打，进而发展到目前的静压沉桩。

　　目前常用的预应力高强混凝土管桩有ϕ300mm、ϕ400mm、ϕ500mm、ϕ550mm及ϕ600mm共五种规格（见表48-1），也有ϕ800mm、ϕ1000mm的管桩。桩长通常有7m、8m、9m、10m、11m、12m，个别特短的有4.5m。根据抗裂弯矩和极限弯矩的不同，各规格的管桩可分为A型、AB型、B型三类（后者抗裂、极限弯矩依次比前者高）。对于一般的建筑工程，采用A型或AB型管桩，就可以有效地抵抗打桩拉应力。

常　用　管　桩　规　格　表　　　　　　　　　　　表48-1

外径(mm)	壁厚(mm)	混凝土强度等级	节长(m)	承载力标准值(kN)	适用楼层(层)
300	65~70	C60~C80	5~11	600~900	6~12
400	90~95	C60~C80	5~12	900~1700	6~18
550	100	C60~C80	5~12	1800~2350	10~30
	125	C80	5~12	2000~2700	20~35
550	100	C60~C80		1800~2500	10~30
	120	C60~C80	5~12	2000~2800	20~35
600	110~120	C80	6~13	2500~3200	20~40

　　预应力混凝土管桩具有结构合理、强度高、抗裂性能好、能承受强大的冲击力、承载力大，接驳灵活、施工快速、经济实用等特点，且有利于文明施工。

48-2 预应力高强混凝土管桩的生产工艺

48.2.1 生产工艺流程

　　预应力混凝土管桩的生产是采用离心脱水密实成型工艺原理，先张法施加预应力，其生产过程是：将制作好的钢筋骨架置于圆柱型钢模内，浇注流动性混凝土拌合料，合好模，张拉纵向预应力筋,然后将钢模放于离心机上,由离心力将混凝土拌合料挤向模壁,从而排出拌合料中的空气和多余的水分(20%～30%),使其密实并获得较高的强度。待混凝土经一级养护达要求强度后,便放张预应力筋,再进行压蒸养护(或浸水养护)。其生产工艺流程见图48-1。

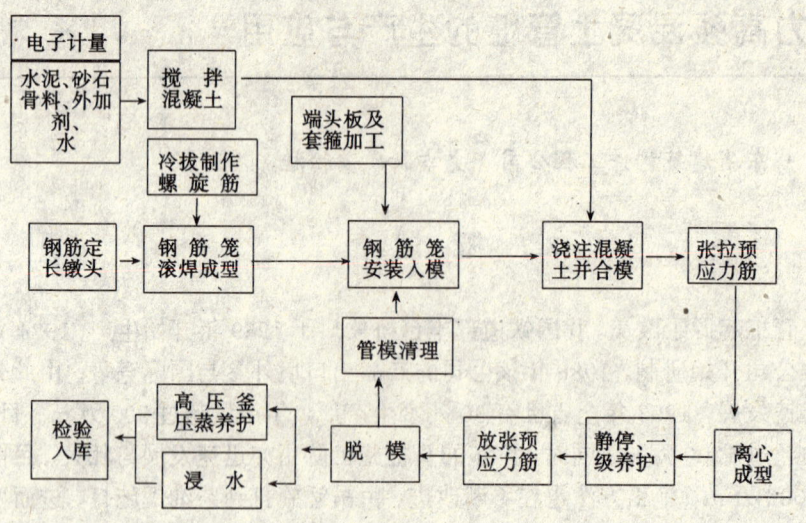

图 48-1 生产工艺流程

48.2.2 生产实例

现以生产 A 型 $\phi500\times10m-125$ 桩为例叙述桩的生产过程如下:

1. 冷拔制作 $\phi500\times10m$ 螺旋筋

其生产过程为:

将经检验合格(符合 GB 701)的 $\phi6.5mm$ 钢筋除锈→用轧头机将钢筋头部压小以便穿过拔丝眼→按 d_2(拔后直径)$=0.85\sim0.90d_1$(拔前直径)的要求将 $\phi6.5mm$ 钢筋分两次(选择两种相应的拔丝眼)拔成 $\phi5.0mm$ 冷拔低碳钢丝。检查外观质量,合格挂牌,注明规格、生产日期、重量→将经检验符合 GB 50204—92 规定的冷拔低碳钢丝绕在螺旋筋盘上。

2. 主筋定长镦头

将经检验合格(符合 GB 4463)的 $\phi11mm$ 高强钢筋除锈,然后按 9950mm 定长切断。

装夹好所需镦头的钢筋,用专用扳手卡在联轴器六角头上转动扳手,使电极与钢筋紧密接触,然后按下加热电钮。当钢筋加热到暗红色时(约 600～700℃),再按下前进电钮,进行自动镦头,镦头要圆正,不得有偏斜或歪头,其尺寸应符合图48-2所示要求,合格者归堆挂牌。

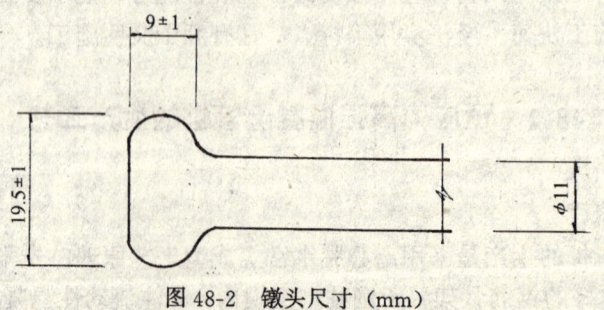

图 48-2 镦头尺寸(mm)

3. 钢筋笼滚焊成型

其工艺流程为：

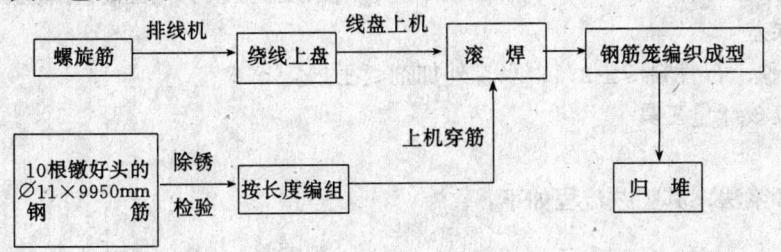

钢筋笼上螺旋筋的间距见表48-2。

螺旋筋间距　　　　表48-2

位　置	端头1500mm 内	中部 7000mm
间　距	50mm	100mm
允许差	±10mm	

4. 钢筋笼安装入模

其工程过程为：

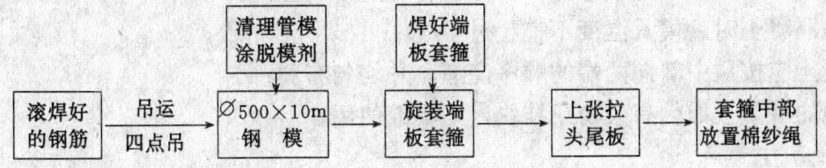

5. 混凝土的拌制

（1）材料质量要求

1）水泥标号为525号，且质量符合《硅酸盐水泥、普通硅酸盐水泥》GB 175—92的规定。

2）砂应为洁净的天然硬质中粗砂，细度模数为2.8～3.2，其质量应符合《普通混凝土用砂质量标准及检验方法》JGJ 52—92的规定，孔隙率≤45%，堆积密度≥1400kg/m³，含泥量≤2%，有机物含量比色法测定不得深于标准色。

3）碎石最大粒径≤20mm，质量符合《普通混凝土用碎石或卵石质量标准及检验方法》JGJ 53—92的规定。其颗粒级配应符合表48-3的要求。

碎石颗粒级配　　　　表48-3

公称直径（mm）	累计筛余量按重量计（%）				
	筛孔尺寸（圆孔筛）(mm)				
	2.5	5.0	10.0	20.0	25.0
5～20	95～100	90～100	40～70	0～10	0

碎石在水饱和状态下的抗压强度与混凝土强度等级之比≥1.5，试件强度>100MPa，含泥量（指颗粒<0.8mm的尘屑、淤泥和粘土等）≤1%，空隙率<45%，针片状颗粒≤20%，风化量≤2%。

4）水质量符合 JGJ 63 的规定，不得含有油、酸和糖类。pH<4，含 $SO_3 \leqslant 1\%$。

5）外加剂，质量应符合 GB 8076 的规定，但不得采用氯盐类或引气型的外加剂。

(2) 称量允许误差

水泥$\leqslant \pm 1\%$；砂、石骨料$\leqslant \pm 2\%$；水、外加剂$\leqslant \pm 1\%$。

注意：要定期校核计量工具。

(3) 搅拌方法

采用预拌水泥砂浆法，其工艺流程如下：

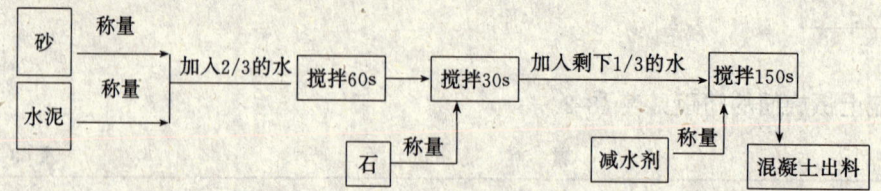

6. 浇注混凝土并合模

其工作过程为：

将安装好钢筋笼的底模吊上受料台→搅拌好的混凝土拌合料输送入浇灌机→浇灌混凝土→清理干净底模企口并放置棉纱绳→将清理干净并涂上脱模剂的面模合上→均匀对称地从一端向另一端逐个拧紧螺丝，以防止合缝跑浆。注意：

(1) 浇灌混凝土时，模具温度不宜超过 45℃；

(2) 混凝土应按从中部向两端的顺序浇灌，并均匀布料；

(3) 落地的混凝土如粘有杂物或结块，则不准使用。

7. 施加预应力

采用 YL—180 型千斤顶进行预应力筋张拉，张拉时，调整张拉机头，使其中心对准钢模轴心。张拉控制应力为 $\sigma_{con} = 0.7 f_{ptk} = 995.4 \text{MPa}$。为减少预应力筋松弛的影响，采用超张拉方法，其张拉程序为 $0 \longrightarrow 1.03\sigma_{con}$，张拉时，应测量预应力筋伸长值并记录，如伸长值与计算伸长值相差 10% 以上时，应检查其原因后，再重新张拉（$\phi 500 \times 10\text{m}$ 的伸长范围为 48.3～55.9mm）。张拉达到要求值后，拧紧紧固螺母回油，松出张拉机头，张拉完毕。

8. 离心成型

张拉完预应力筋后，将管模吊放于离心机上进行离心成型。离心转速分慢速、升速、快速三级。各规格桩的离心转速和时间见表 48-4。制作 $\phi 500 \times 10\text{m}-125$ 桩时实际采用的离心制度见表 48-5。

离 心 制 度　　　　　　　　　　　　表 48-4

桩径（mm）	低 速		升 速		快 速	
	转 速 (r/min)	时 间 (min)	转 速	时 间 (min)	转 速 (r/min)	时 间 (min)
300	116～155	1.5～2.0	缓慢过渡均匀增速	2.0～3.0	460～640	8～10
400	101～134	1.5～2.0		2.0～3.0	400～470	8～10
500	90～120	1.5～2.0		2.0～3.0	350～400	8～10
550	86～116	1.5～2.0		2.0～3.0	340～380	8～10
600	80～110	1.5～2.0		2.0～3.0	310～350	8～10

制作 φ500×10m-125 桩的离心制度　　　　　表 48-5

	慢速	升速	快速
速度（r/min）	100	由 100 缓慢升速至 380	380
时间（min）	2.0	2.5	8

当管模和混凝土坍落度正常时，按工艺值执行，若因坍落度达不到要求或管模变形引起不同程度跳动时，可按允许范围值灵活掌握。

当气温偏高，混凝土入模时间较长，或混凝土较稠，管模的温度高的时候，可先用转速低于混凝土布料的转速，让混凝土在模内起搅拌作用，使混凝土拌合均匀，增加和易性，可避免出现蜂窝麻面、空洞或成型不密实现象。

离心成型后，应排净管桩内壁余浆，管桩内不允许有露筋坍落、夹带杂物等现象。

离心成型后的管桩起吊、运输时，应轻起轻放，严禁碰撞，防止混凝土振裂或坍落。

9. 静停、一级养护

将离心好的 φ500×10m-125 管模（带构件）吊运放于蒸养池内，根据不同品种的水泥，采用不同的养护制度（见表 48-6）。

一级养护制度　　　　　表 48-6

项目	养护制度			
	静停	升温	恒温	降温
温度（℃）	常温	普硅常温→55℃ 矿渣常温→65℃	55℃ 65℃	与室温温差 △t≥45℃ 同上
时间（h）	1	2	4	1

养护时，最高温度不应超过表 48-6 的规定，以能满足生产周期内制品达到脱模放张强度要求为原则（脱模放张强度为 35MPa 以上）。要注意供汽情况，升温和降温速度不宜过快，保证恒温时间，每隔 30min 检查一次供汽情况，并做好记录。

10. 放张预应力筋、脱模

将一级蒸养好的 φ500×10m-125 管模（带构件）用吊机吊运于拆模池内，将底面模的合模螺栓由一端向另一端（两边同时进行）松脱开，将尾板螺丝对称均匀拧松，直至尾板松脱，构件脱模。

脱模后的管桩，应注明厂名、规格、生产班组、管模编号、质检员编号、生产日期等，然后转入堆场保养或进行压蒸养护。

11. 高压釜压蒸养护

工作步骤如下：

（1）将经一级养护后的管桩吊上釜车。装车时先放置好特制的垫木，先装中间，然后对称地向两侧堆叠，注意不能有管桩架空的现象。

（2）放好入釜摆渡过桥，挂好卷扬机的钢丝绳，启动卷扬机，使釜车缓慢、平衡地进釜。注意防止碰擦釜体。关上釜盖，随即关闭安全手柄。

（3）全面检查各阀门的开关情况都正常后，通知供汽。

（4）先排除进釜前的管道内的冷凝水，釜内温度升至 80～100℃ 时，开始排冷空气，然后缓慢地供汽。

（5）升压阶段 2h，第一个 40min 的压力不超过 0.3MPa，约 133℃；第二个 40min 的压力不超过 0.6MPa，约 152℃；第三个 40min 升压至 1.0MPa。

（6）恒压阶段 4h，压力保持 1.0MPa，约 179℃，但不得低于 0.95MPa，也不得超过 1.1MPa。

（7）降压阶段 2h，第一个 40min 缓慢降至 0.7MPa；第二个 40min 缓慢降至 0.35MPa；第三个 40min 缓慢地降到零。表压力降至零后，开启安全手柄，排除残余蒸汽 30min 后，先将两端的快速排污阀打开，如有热水待排清后，才能开启釜盖。

（8）放好出釜摆渡过桥，挂好卷扬机钢丝绳，待管桩与室外温差降到 85℃以下时才能出釜。启动卷扬机，使管桩小车平稳地出釜。

（9）进行管桩卸车，卸车时必须遵守先对称地从两侧向中间卸车的原则。

12．管桩入库堆放

管桩产品堆场要平整夯实，按生产日期顺序、规格、型号分别堆放，保证做到先生产，先发货。

堆放时采用两点支承，支点尺寸见图 48-3。

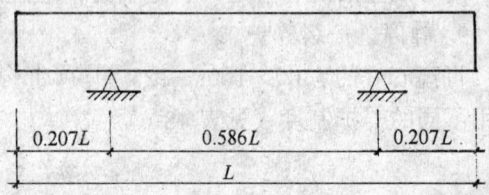

图 48-3 管桩堆放支点位置
L—管桩长度

各种规格管桩的堆放层数为：

$\phi 300mm$ 不宜超过 7 层；$\phi 400mm$ 不宜超过 6 层；$\phi 500mm$ 与 $\phi 550mm$ 不宜超过 5 层；$\phi 600mm$ 不宜超过 4 层。

48-3　预应力混凝土管桩的沉桩工艺

目前广东管桩的沉桩方法主要有两种：一种是打入式，另一种是静压式。采用打入式的方法施工，其穿透能力强，可获得较高的承载力，适用的范围较广，故在广东 85% 的管桩施工都是采用打入式进行施工。下面着重介绍打入式管桩的施工要点。

1．管桩施工前的准备工作

（1）施工人员要认真熟悉图纸，并要会同甲方、设计、监理等有关单位人员进行图纸会审，明确施工事宜；

（2）根据工程的实际情况，编制施工组织设计或施工方案；

（3）管桩的施打都是采用大型的打桩机具，对施工场地要求较严，故应先平整好施工场地，若是回填土则要压实，其承载力应满足打桩机的稳定要求；

（4）做好现场三通一平工作，并搭好临时设施。

2．打桩机具的选择

（1）打桩机架选择

目前在广东用于施打混凝土管桩的打桩机基本上是采用柴油锤打桩机，这种打桩机架有走管式、轨道式、液压步履式和履带式等几种。打桩机的机架必须要有足够的强度、刚度和稳定性，且应与柴油锤的大小相匹配。

（2）柴油锤的选择

柴油锤型号、锤重的选择是保证管桩施打质量的关键。柴油锤的选择应根据"重锤低击"的原则,参考工程地质条件、桩的承载力设计要求、桩规格的大小、桩要打入土层的深度、设计要求的贯入度值及总锤击数等各方面因素及施工条件,合理选择锤的重量和型号。若用太轻的锤来施打,则难以穿过坚硬的土层,无法将桩打进到持力层,使承载力达不到设计要求,且会出现锤击数过多而打烂桩头的现象。而锤太重则冲击能量太大,也会导致打烂桩头或打断桩,因此应根据实际情况合理选用桩锤。

常用柴油锤型号可参照表48-7进行选择。

常用柴油锤型号选用表 表48-7

柴油锤型号	32~35号	40~50号	60~62号	72号
锤冲击体重量(t)	3.2 3.5	4.0 4.5 4.6 5.0	6.0 6.2	7.2
柴油锤总重量(t)	7.2~8.2	9.2~11	12~15	18.5
常用冲程(m)	1.6~2.8	1.8~3.2	1.9~3.6	1.8~2.5
适用管桩规格(mm)	ϕ300 ϕ400	ϕ400 ϕ500	ϕ500 ϕ550 ϕ600	ϕ550 ϕ600
单桩承载力设计值范围(kN)	800~1600	1300~2500	1800~3300	2200~3800

(3) 桩帽及锤垫、桩垫的设置

桩帽宜用钢板做成圆筒型,筒体深度一般为350~400mm,内径比管桩外径大20~30mm,且应有足够的强度、刚度和耐打性。为缓冲柴油锤的冲击能量,在桩锤与桩帽之间,桩帽与桩头之间应设置一定厚度的弹性垫层。锤垫宜用竖纹硬木或钢丝绳,厚度为150~200mm。桩垫宜用麻袋、硬纸皮,锤击后压实厚度为120~150mm。锤垫、桩垫在打桩期间要经常检查、更换,若没有锤垫,或者其厚度不够,在打桩时柴油锤的冲击能量就直接作用在桩头上,产生较大的打桩应力,就容易出现打烂桩头的事故。

3. 沉桩工艺过程

管桩沉桩工艺流程如下:

测量定位→焊桩尖→第一节桩就位→对中调直→锤击沉桩→接桩→沉桩→再接桩→施打至持力层→收锤。

沉桩中注意事项如下:

(1) 根据现场提供的基准点,由测量人员用经纬仪放出各轴线,再用钢卷尺定出各桩位点。轴线的偏差要求在5mm以内,桩位的偏差要求在20mm以内。全部轴线、桩位放完,应由监理复核后才能开始施工。

(2) 对第一节桩焊接桩尖。桩尖一般都是采用钢十字型桩尖,其构造应根据地质条件、设计要求和桩径大小合理选用。一般采用桩尖底板钢板厚度为10~12mm,刀刃钢板厚度为12~16mm。桩尖的焊接要符合规范和设计要求。

(3) 桩机就位后,应先调好桩架,务求桩机架身垂直平稳。对准备起吊施打的管桩,先检查桩身质量是否符合规范要求,并在桩身上以米为单位画出长度标记,并从下至上标明桩的长度,以便观察桩的入土深度及记录每米沉桩的锤击数。对堆放较远的桩应用起重机将桩吊至桩机边。牵桩时不准先提高桩锤,以避免上重下轻和减少架身摆动等不安全因素。管桩对点就位后,要用线坠在正侧两面反复校直,力求锤、帽、桩都在同一直线上,力戒偏打。

(4) 第一节桩入土时,应使柴油锤不着火,用锤重加一定的冲击力,将桩身压入土中1m左右时,再重新校正桩身的垂直度,力求首节桩的垂直度偏差在0.5%范围之内。

(5) 在施打过程中,出现桩身偏斜时,不能用机械强行纠偏,也不宜边施打边矫正。偏斜在规范允许范围内尽量不用架身矫正,以防桩身开裂;若发现垂直度偏差大于规范要求时,先要找出原因,并将桩段拔出,用砂把桩孔回填捣实之后,再重新对点施打。

(6) 当管桩需要接长,桩头沉至高出地面500~800mm时,即可停止锤击,接驳上一节桩。接桩时应在下节桩头处设导向箍(驳桩卡)以便上节桩就位,上下节桩段应保持顺直,然后拆除驳桩卡,用钢丝刷清刷干净上下端头板再进行焊接。焊接时应由两人对称进行,焊接层数不应小于两层,第一层焊完后,应清理干净焊渣,再施焊下一层,且焊缝应连续饱满,焊完后应自然冷却约8min后方可施打。严禁用水冷却或即焊即打。

(7) 在较厚的砂土、粉质粘土层中打桩时,宜连续一次性将一根桩打到收锤为止。因为在这类土层中打桩,土的固结力大,如停歇一段时间后再打桩,由于土的固结作用及土体的恢复,导致桩打不下去,若强行施打,则会出现打烂桩头的现象。

(8) 管桩的施打应按一定的顺序进行,若桩位分布较疏的,则可沿轴线逐排向后施打;若是多桩承台,桩位分布较密的,则宜从中间向两端进行施打;若有多种规格的管桩,则宜先施打桩径大的,再打桩径小的。

(9) 管桩施打过程中遇到下列情况之一,应暂停止施打,并及时与有关单位研究处理:①贯入度剧变;②桩顶、桩身混凝土剥落、破碎或桩身产生明显裂纹;③桩身突然倾斜、位移或严重回弹;④邻桩进尺相差悬殊又打不下去;⑤地面隆起、邻桩上浮或严重位移。

(10) 管桩的收锤。当管桩施打至设计要求的持力层或达到设计要求的贯入度值时,则可收锤。贯入度值的测量应以桩头完好无损、柴油锤跳动正常为前提。贯入度的测量一般有两种方法:①传统的常用的方法是用划线法测量贯入度,即用一水平横尺靠近桩身,先划一水平横线,然后每隔10击再划一水平线,两条水平线间的距离即为每阵(每10击)的贯入度值,一般测3~5阵。②对于较重要的工程,则应用收锤纸进行收锤,测绘出管桩收锤时的回弹曲线,以测出最后贯入度值及回弹值。这种方法虽然复杂,但比划线法更能真实记录和反映收锤情况,有助于保证和提高打桩质量。

(11) 管桩收锤后要及时做好实测纪录,并用线坠测出桩的垂直度偏差,按东、南、西、北方向及其百分值如实填写;对有怀疑的桩号,要用重锤线或灯光向孔内探测,并与配桩长度比较,发现问题要及时汇报。

(12) 当桩顶打至接近地面需要送桩时,送桩前应先测出桩的垂直度并检查桩顶质量。送桩器应与管桩的大小相匹配,在送桩器与管桩桩头之间应加麻袋或硬纸皮作垫层。为确保管桩的单桩承载力,送桩的贯入度值应要加严,一般为不送桩时贯入度值的80%。

4. 管桩的检测

管桩施打完毕后,一般要检测管桩的单桩承载力是否达到设计要求。检测单桩竖向承载力的方法一般有两种:静载试验法和高应变动测法。静载试验法是检测桩基承载力最有效的方法，因此桩基的检测应首选静载试验法。高应变动测法既可测出管桩的完好率，也可估算出单桩承载力，且试验方法简单、快捷。现在很多工程都采用这种方法，但其测出的承载力是一个估算值，与用静载试验测出的承载力有出入。因此，对较重要的工程，最好是用静载试验方法与高应变动测法相结合，共同检测出桩的承载力及完好率。

48-4 管桩应用中几个问题的探讨

1. 关于单桩承载力的确定及收锤标准问题

能够获得较高的单桩承载力是预应力混凝土管桩的一大优点，但对如何确定管桩的承载力是管桩基础设计最重要的问题，而对于未使用过管桩的设计人员来讲则是难点。只有正确计算、合理使用管桩的承载力，才能保证管桩施工的工程质量，提高经济效益。

管桩单桩承载力的计算与其它桩一样，包括两个方面的涵义：管桩桩身额定承载力的计算和桩竖向承载力的计算，两者取小值，则为管桩的单桩设计承载力，而现在预应力高强混凝土管桩都是经过张拉预应力筋、离心成型、高压蒸养而成。管桩的混凝土设计强度基本上已超过C80等级的标准值，因此管桩的桩身额定承载力基本上高于管桩使用时的竖向承载力，故设计人员可不必计算。设计人员在设计管桩基础时，应着重计算管桩的竖向承载力。管桩基础的单桩竖向承载力设计值 R 值的计算现行规范计算公式为：

$$R = Q_{uk}/\gamma_{sp}$$

$$Q_{uk} = u\Sigma\xi_{si}q_{sik}l_i + \xi_p q_{pk} A_p$$

式中　R——单桩竖向承载力设计值；

　　　Q_{uk}——单桩竖向极限承载力标准值；

　　　γ_{sp}——桩侧阻端阻综合抗力分项系数；

　　　ξ_{si}、ξ_p——桩第 i 层土（岩）的侧阻力修正系数、端阻力修正系数；

　　　q_{sik}——桩第 i 层土（岩）的极限侧阻力标准值；

　　　q_{pk}——桩的极限端阻力标准值；

　　　u——桩身外周长；

　　　l_i——桩穿越第 i 层土（岩）的厚度；

　　　A_p——桩尖水平投影面积。

此公式对于计算桩长较长（约30m）且砂砾层、粘土层较厚的地质时，可求得较高的单桩承载力。但对于一般的桩长（20m左右）和一般的地质情况，以此公式所计算出的承载力普遍存在偏低的现象。特别是对于沿海地区，如广州经济技术开发区之类的地质，此类地质情况大致为：地面杂填土下是10~15m左右的淤泥软土，之后是2~4m左右的软硬塑粘土，接着就是桩尖持力层强风化岩层，而强风化岩层顶面埋深基本上为20~23m。这种地质桩尖能进入强风化岩层1~2m，按经验实际使用承载力为：ϕ400mm 管桩可达1300kN，ϕ500mm 管桩可达2300kN，但若按上述规范公式计算，单桩竖向承载力就远远偏小，只能达到实际使用承载力的一半左右，甚至更少。

若根据现行规范公式计算进行取值，则管桩的单桩竖向承载力设计值就会偏低，就不能充分发挥管桩承载力高的优势，就会造成浪费，并会阻碍管桩的发展和应用。事实上，管桩穿越土层的能力是非常强的，桩尖基本上能进入强风化岩层1~2m，经过重锤敲打，作为桩尖持力层的强风化岩层已不是原来的状态，岩体承载力已得到提高，因此可获得较高的桩端支承力，再加上桩身的摩阻力，因而可得到较高的承载力。经过多年来的打桩经验，经过大量验算，笔者认为利用经验公式海伦公式算出的单桩竖向承载力，与实际使用的管桩的承载力大致相符。

海伦公式为：

$$R=\frac{1}{2}\left[\frac{W+Pe^2}{W+P}\right]\times\left[\frac{e_\mathrm{f}\times E}{S+\frac{C}{2}}\right]$$

式中 R——单桩竖向承载力（kN）；
　　　E——桩锤的冲击能量（kN·m）；
　　　W——桩锤冲击部分重力（kN）；
　　　P——桩、桩帽等的重力（kN）；
　　　e——桩垫的恢复系数（一般取 $e=0.4$）；
　　　e_f——锤的效率系数，柴油锤取 0.9，自由落锤取 0.8；
　　　S——最后每击贯入度（m）；
　　　C——桩土瞬时弹性压缩量（m）；
　　　$C=C_0+C_\mathrm{p}+C_\mathrm{q}$

其中：
　　　C_0——桩帽等弹性压缩量，一般取 $C_0=2\sim3$mm；
$C_\mathrm{p}+C_\mathrm{q}$——桩弹性压缩量（m），由现场工程师实测。

虽然通过规范公式或经验公式可计算出管桩的竖向承载力，但对于首次进行管桩基础设计或首次在一个没有用过管桩的地方进行管桩设计，对于设计人员来讲，如何准确确定合理的管桩承载力是一个比较棘手的问题。因此，笔者认为，如果有条件的话，对于较大型工程或比较重要的工程，最好先通过试打 1~3 根管桩做试压桩，经现场静载试验确定单桩竖向承载力，或通过 PDA 高应变动测法测出桩的承载力之后，再进行桩基础的设计。

单桩承载力一经确定，如何确定收锤标准，则是使管桩承载力达到设计要求的关键。管桩施打的收锤标准一般包括桩入土深度、桩尖进入持力层深度、贯入度、总锤击数、最后 1m 锤击数等。笔者认为应以最后三阵贯入度和最后 1m 锤击数为主要控制标准，而此控制标准必须以确定一定的锤起跳高度为前提。最后 1m 锤击数是保证管桩在持力层的嵌固，而最后三阵贯入度则是保证管桩承载力的定量控制。确定收锤标准时不应死守桩一定要进入强风化岩层，或一定要达到一定的深度、贯入度，满足一定的锤击数等等，而应视地质情况和现场施打的实际情况确定，能满足设计单桩承载力即可。

对于如何确定管桩竖向承载力及收锤标准问题，东莞某广场花园桩基工程很有代表性。东莞某广场花园是由三座 33 层的建筑连为一体的高层建筑群，桩基础全部采用 ϕ500mm 预应力混凝土管桩，单桩设计承载力为 2000kN，共 1363 支桩。用 D50 柴油锤桩机施打，设计要求收锤标准为：落锤高度 2.3m，最后三阵贯入度每阵不大于 15mm，总锤击数大于 2000 击，但一定要以强风化岩层为桩尖持力层。由于收锤标准定得太严，施打了 10 根桩就出现了质量问题，有 3 根桩的桩头被打烂而不能按收锤标准收锤。鉴于此情况，笔者在施工现场进行了长时间的施打观察，并详细分析了地质资料。此工程的地质情况为：杂填土、2~

5m软塑粘土、3～5m中密细砂、10～20m硬塑砂质粘土、强风化岩层。而砂质粘土层强度较高,标贯值为25～45击左右,设计人员要求必须穿过砂质粘土层,以强风化岩层作为桩尖持力层。笔者经观察、分析、计算,向甲方及设计人员提出收锤标准如下:以最后1m锤击数(不少于250击)和最后三阵贯入度(每阵不大于20mm)为主要控制收锤标准,落锤高度仍为2.3m,但不强求管桩必须穿过砂质粘土层,可以把砂质粘土层或强风化岩层作为桩尖持力层,以避免在施打过程中对管桩造成一定程度的疲劳、内伤,从而产生烂桩头或断桩等质量事故。并根据地质条件和施打情况,建议先打6根试压桩,用上述收锤标准收锤,并把单桩竖向承载力提高到2400～2500kN。此6根桩施打完毕后经静载试验,加荷至5000kN时,桩顶沉降为26.1～31.2mm之间,残余变形为5.18～6.37mm之间,极限承载力均大于5000kN。由于有桩静载试验数据作为设计参考,最后设计人员将单桩承载力提高到2300kN,减少桩数98根,并按笔者上述收锤标准进行收锤。在以后的施工过程中经严格控制,烂桩头、断桩等现象明显减少,全部施打完成后,经抽检作静载试验,单桩承载力均超过2300kN,整个桩基工程因提高单桩承载力而大大节约了投资,受到甲方及设计的好评。

2. 关于桩距问题

桩基设计时,管桩间距大小也会直接影响到管桩施打的质量。根据现行设计规范,一般情况下桩的最小中心距为$3.0d$,独立承台内桩数超过9根,但不超过30根,条形承台内排数不少于3排时,桩的最小中心距为$3.5d$,独立承台内桩数超过30根的群桩,桩的最小中心距为$4.0d$,但随着管桩的日益推广应用,管桩已广泛应用于高层建筑的桩基设计中,而高层建筑的塔楼基础则为群桩基础,若仍按桩距$3.5d～4.0d$设计,则非常密,在施打过程中就可能会造成桩土相互挤迫引起土体上涌现象,严重的会引起已施打完毕的桩上浮离脚,从而影响桩的竖向承载力。

如南海某综合楼工程,该工程主塔楼19层,设1层地下室,裙楼1～6层,桩基全部采用$\phi 500$mm预应力混凝土管桩,共343个桩位,单桩承载力设计值为2100kN,桩端持力层为强风化泥页岩或强风化砂(砾)岩,桩端入强风化岩深不小于1.5m,桩长14.5～24m,收锤最后三阵贯入度不大于30mm。该工程两个主塔楼桩分布较多,为72个桩位群桩,桩位间距横向2m,纵向1.76m,桩分布较密。该工程地质情况为:表土下土层依次为素填土、粉质粘土、淤泥质土、粉质粘土、砂(砾)岩强风化层、泥页岩强风化层、泥页岩中风化层及泥页岩微风化层。残积粘质粘土标贯击数为10.4～29.2击,作为桩尖持力层的强风化岩层顶面埋深为7.2～20.7m,层厚8.0～30.9m,标贯值为50～121击,强度较高且强度变化大,岩面埋深起伏大。

针对该工程桩尖持力层强度变化大,埋深起伏大,群桩桩位分布较密的特点,开工前根据工程的实际制订了施工方案,对于群桩施打时亦按规范由中间向两边施打。为了监控桩的标高情况,对开始施打的3个桩位测出水平标高以作监控。在施打群桩接近一半时,发现有明显的土体隆起现象,土体隆起约500～800mm。现场施工人员即复测3个桩号的标高,发现3根桩均有不同程度的上浮离脚现象,其中343号桩入土深度为22.9m,经复测桩身上浮43mm,103号桩入土深度16.4m,经复测桩身上浮355mm,280号桩入土深度为22.4m,经复测桩身上浮42mm。经现场分析,出现这种现象的原因可能是由于桩位分布较密,在施打过程中桩与土体相互挤迫,造成土体向上涌,带动已施打完的管桩上浮。锤击数较多，桩入土深度较大，入岩较深的桩上浮较小，如 343 号及 280 号桩，而桩入土深度较小，锤击数较小，入岩较浅的桩上浮较大，如 103 号桩，桩上浮达 355mm。由于土体隆起挤迫，也发现表土有水平位移现象，使已施打完成的桩位及未施打的桩位均有不同程度的水平位移，南北方向位移约 30～100mm，东西方向位移较少。

为了保证工程质量，对未施打的桩号，现场施工人员都重新放线复核后再施打，每打完 1 根桩，即用水平仪测出该桩的控制标高，待全部桩施打完毕后再重新复测，以测出桩上浮离脚的数值。该工程桩全部施打完毕后，经复测桩的标高，均有不同程度的上浮现象，数值大约在于 20～350mm 之间。为了确保桩的竖向承载力，确定对每根桩进行复打处理。经复打，有部分桩贯入深度较小，只有 20～30mm，而有部分桩的贯入深度则较大，而达 300～360mm。全部复打完毕后，经抽检 4 根桩做静载试验，单桩竖向承载力全部符合设计要求。

因此，笔者认为，为保证工程质量，对于高层建筑群桩基础的桩距，最小应在 4～4.5d，若布桩仍很密，则应采用大桩径的管桩，提高单桩竖向承载力。这样桩的间距就会增大，桩的数量减少，从而减少群桩的数量。对于群桩，在施打时要注意监控桩的标高情况，随时作出处理意见。

3. 关于不宜采用管桩的工程地质条件

管桩的桩身强度高、耐打、穿透性能强，一般可以打入强风化岩 1～3m，即可打入 $N=60～70$ 击的岩层。但管桩很难打入中风化岩层，更不能打入微风化岩层。桩端持力层一般选择在强风化岩层、坚硬的粘土层或密实的砂层。所以管桩的应用还是有一定的局限性，在下列地质条件下就不宜采用：

(1) 在石灰岩地区不宜采用

在石灰岩地区，石灰岩面上覆盖的土层基本上是软弱土层，而石灰岩是水溶性岩石，强度极高，其抗压强度值远超过 100MPa，且带有溶洞、溶沟、石笋等。在这种地质条件下施打管桩，容易发生工程质量事故。当管桩桩尖一旦接触岩面而继续施打，若桩身不发生滑移，则贯入度变得非常小，接近零，桩身反弹剧烈，桩管就会出现桩尖变形、桩身断裂或桩头打烂等现象。若桩身沿岩面滑移，则由于岩面陡峭的缘故，桩身就会出现沿岩面倾斜折断的现象。若桩尖落在岩面上不被折断，则由于桩周围土体嵌固很少，桩身稳定性差，桩的承载力也难以得到保证。同时在这种地质条件下打桩，配桩也是相当困难的，有些桩正好落在岩顶上，而有的却在溶沟内，导致配桩长度很不一致，相差甚远。

如在肇庆某住宅工程，该工程桩基全部采用 ϕ400mm 管桩，共 286 根，单桩设计承载力为 1200kN，用 D35 柴油锤桩机施打。其工程地质为：杂填土，层厚 8～12m 左右的淤泥质土，3～10m 流塑至软可塑粉质粘土，之后则为微风化石灰岩层，顶面埋深 16～22m 之间，并有溶洞、溶沟、石笋等。在开始施打前 15 根桩时，有 8 根桩不能达到收锤标准，配桩分别为 20～38m 不等。用线坠在桩孔内探测，桩长均小于原配桩长度，只有 17～19m，桩孔内有水有泥，初步判断为断桩。经组织有关人员现场分析，否定了断桩原因是管桩质量及施打工艺，造成断桩的原因是由于该地区是石灰岩地区，其桩尖持力层是岩面坚硬的石灰岩，而岩面土层为淤泥、疏软塑粘土，没有过渡层，在施打时桩尖到达坚硬的石灰岩面后，沿斜面方向折桩所致。故认为该地区不宜用预应力管桩，最后修改设计，改为钻孔桩处理。

(2) 从松软土层突变到特别坚硬的土层地区不宜采用

大多数石灰岩土层也属这一类，但还有其他情况，如花岗岩、砂岩、泥岩等。这种地质情况基本上是强风化岩层缺失，而直接到中风化甚至微风化岩层，而岩面上土层则为淤泥质土或其它软弱土层。由于缺乏缓冲过渡层，桩尖一达到坚硬岩层时，贯入度就突变到非常小，桩身反弹厉害，因此无论管桩的质量如何好，桩的破损率也是较高的。即使桩身不被打断，也由于桩端进入持力层的深度浅，桩的嵌固就少，桩的稳定性也较差，也直接影响到管桩的承载力。若桩位分布较密，则可能出现先打的桩被挤涌向上离脚的现象。

如在广州芳村一住宅小区工程，该工程桩基础全部采用ϕ500mm、ϕ400mm 预应力混凝土管桩，共 630 根，单桩竖向承载力设计值分别为 2000kN 及 1100kN，用 D50 柴油锤桩机施打，工程地质条件为：杂填土、淤泥质土（层厚 7～9m）、流塑至软塑粉质粘土（层厚 2～4m）、中风化泥岩。作为桩尖持力层的中风化泥岩顶面埋深 10～15m，强度较高。第一节桩基本上是自沉而下，到持力层之前总锤数较少，只有 100～150 锤左右，而桩尖一旦接触中风化泥岩后，则贯入度就变得非常小，柴油锤起跳高度变大，贯入度基本上为 3～10mm 之间。施打过程中经常出现断桩情况，开始曾怀疑是管桩的质量问题，但经研究分析，一致认为与管桩质量及施打技术无关，是由于地质原因所至。整个工程施打过程需严格控制，特别是控制好柴油锤的起跳高度，但断桩率仍然较大，全部管桩施打完毕时，断桩率为 15.3％。且经过桩标高的复测，有部分桩出现上浮离脚现象，需要进行复打处理。

(3) 有孤石和地下障碍物的地层不宜采用

孤石和地下障碍物主要是指在地面以下某一深处存在局部的岩块、大石块或其它有碍打桩的物件，在这种地质情况下打桩，也是很容易出现质量事故的。在这种场区施打管桩时，当桩尖一接触到这类孤石和其它障碍物，桩身不是突然偏离原位，就是大幅度倾斜，从而导致桩头被打烂或桩身被折断等现象，或者使管桩不能打至设计要求的持力层，而影响了管桩的承载力，因此在这种地质条件下不宜采用管桩。

(4) 有坚硬隔层时不宜采用或慎用

有坚硬隔层是指桩尖在到达要求的持力层之前，必须要穿过一层或几层强度特别高的土层，如粘土层、密实砂层、卵石层、强风化或中风化岩层等，此土层因较薄不能作为桩尖持力层。管桩在贯穿此隔层时，桩的锤击数会增加，便使桩处于疲劳施打状态，容易使桩身混凝土产生疲劳破坏，特别容易使桩头打烂，以至不能使桩打至要求的持力层。另外，也可能会出现收锤假象的现象。当桩施打至某一硬层，贯入度已满足设计要求，但此时此硬土层已将近打穿，其下卧层地质较软时，在作静载试验或实际使用长期满载时，则可能会贯穿该土层而使桩的承载力降低，严重的会出现工程质量事故。因此对有软硬隔层的地质条件，不宜采用预应力混凝土管桩。

三、模板与混凝土工程

49 广东云浮水泥厂大直径钢筋混凝土贮料筒仓移置组合钢模板施工工艺

广东省第一建筑工程公司
李泽谦 云惟荫 吴丽娥 林兴流 马天洲

49-1 工程概况

本工程是广东省云浮水泥厂主生产线上的一个主要施工项目——生料贮存库,它位于生料磨房的东面,生料库与生料磨房之间通过皮带廊连接。

生料库是一圆筒式钢筋混凝土结构,筒仓外直径18m,筒高48.30m,筒体壁厚380mm。圆筒内4.97m标高处有一平台及环梁,平台上有一钢筋混凝土倒圆锥体结构,锥顶标高12m。筒仓顶48.30m标高处设工字钢大梁,面铺钢筋混凝土预制板。在48.30～73.00m标高处是安装设备部分的钢结构支架,筒仓基础采用人工挖孔桩,直接支承于基岩上。

49-2 施工工艺的选定

钢筋混凝土筒仓通常采用滑模施工,特别是如此大直径的深贮料筒仓。本工程原拟委托某专业滑模队伍进行施工。但是,专业施工队伍也没有如此大直径的钢滑模及提升平台,为此,需要特别设计、加工施工模具及购置配套的设备,这样,总的施工工期将超过五个月。而且,在钢滑模的制作及摊销费用方面也远远地超过了预算价格,这是建设单位不能接受的。经反复研究,决定利用现有的组合钢模板体系,用移置组合钢模板的施工工艺来完成这贮料筒仓的施工任务,实践证明,这一施工工艺达到了预期的效果。

49-3 施工工艺

49.3.1 支模方法

采用自下而上逐层(每层1200mm高)移置组合钢模板施工方法,筒壁内外均采用200mm宽、1200mm高的组合钢模板。钢模板通过锚固于下二层筒壁的一组组槽钢立柱作为支撑点,随着钢模板的向上移置,钢立柱也不断地向上提升。

首先,按设计图纸尺寸放出大样,按内外圆周分别将组合钢模板进行排列,最后不足200mm的位置,可以用150mm或100mm宽组合钢模板排列,也可以用木模板收口。板与板之间以及上下层模板之间均用回形扣连接,上层模板上端用380mm长的木卡板临时定位以保证模板上下层筒壁厚度的准确。

为保证移置组合钢模板支模的稳定以及模板连续周转以保证施工进度，内外组合钢模板需配备三层共3.60m高，每层组合钢模板内外各配置用∟65×5角钢制作的钢围圈二度作为沿圆弧上组合钢模板的支承点，∟65×5角钢围圈由沿圆周等距设置的48对双[80槽钢制作的钢立柱固定于下层混凝土筒壁上，每对钢立柱用ϕ14mm穿墙螺栓锚固于下二层混凝土筒壁上，钢立柱锚固施工工艺详见下一节"模板移置工艺"说明。

为保证筒仓壁厚准确和防止筒壁渗水，螺栓两端焊上ϕ16mm短筋，并在外壁加木垫圈，待混凝土壁板拆模后把木垫圈挖出，割除螺栓头，用水泥砂浆抹平，ϕ14mm螺栓杆一次摊销，如图49-1所示。

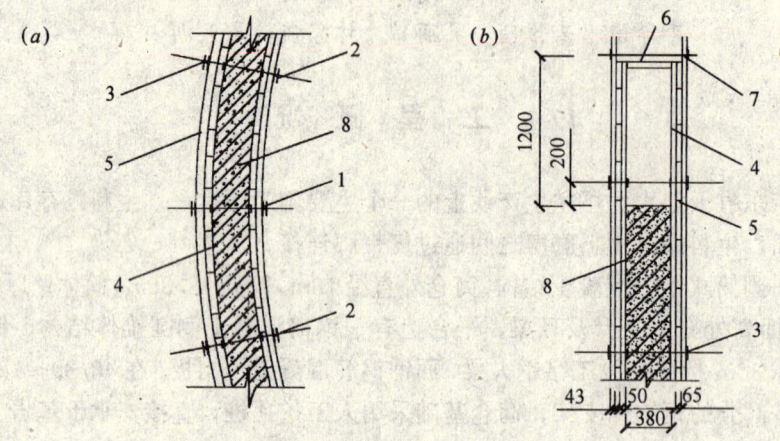

图49-1 模板安装示意图（单位：mm）
(a) 模板安装平面图；(b) 模板安装纵剖面图

1—第一组24对钢立柱；2—第二组24对钢立柱；3—锚固钢立柱用螺栓；4—50mm×200mm×1200mm组合钢模板；5—∟65×5钢围圈每层设二道；6—壁厚定位临时木卡板；7—每层模板安装时定位用螺栓；8—C20钢筋混凝土380mm厚筒壁

49.3.2 模板移置工艺

模板移置工艺程序如下：

（1）施工首层1200mm高筒体时，模板仍用普通支模方法固定，并预埋两根直径为14mm的螺栓用于锚固第一组24对钢立柱，然后浇筑首层筒体混凝土，如图49-2所示。

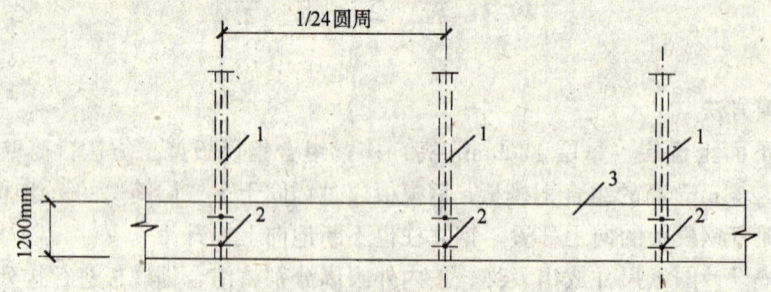

图49-2 首层模板安装图

1—钢立柱；2—锚固钢立柱用螺栓；3—首层壁板模板（按常规方法支模）

(2)施工第二层1200mm高筒体时,用第一层预留的2φ14mm螺栓锚固第一组24对钢立柱,作为壁板模板的支承,并预埋两根直径14mm的螺栓用于锚固第二组24对钢立柱,然后浇筑第二层混凝土。如图49-3所示。

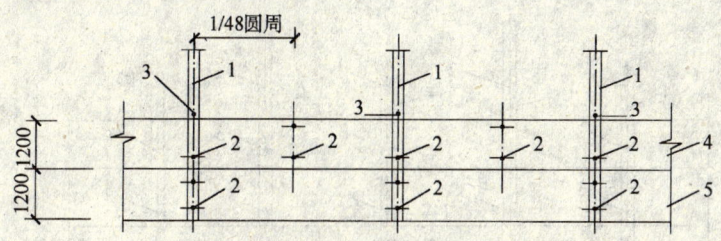

图49-3　第二层模板安装图（单位：mm）
1—钢立柱；2—锚固钢立柱用螺栓；3—模板安装时的定位螺栓；4—第二层壁板模板；5—首层壁板模板

(3)施工第三层1200mm高筒体时,安装上第二组24对钢立柱,并用第一组24对钢立柱支承壁板模板然后浇筑第三层混凝土。如图49-4所示。

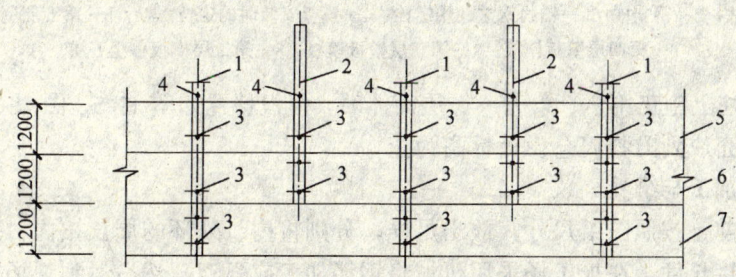

图49-4　第三层模板安装图（单位：mm）
1—钢立柱；2—钢立柱；3—锚固钢立柱用螺栓；4—模板安装时的定位螺栓；
5—第三层壁板模板；6—第二层壁板模板；7—首层壁板模板

(4)施工第四层1200mm高筒体时,用第二组24对钢立柱作为支承壁板模板用,并在第四层模板安装后把第一组24对钢立柱提升到第五层模板位置。然后浇筑第四层混凝土。如图49-5所示。

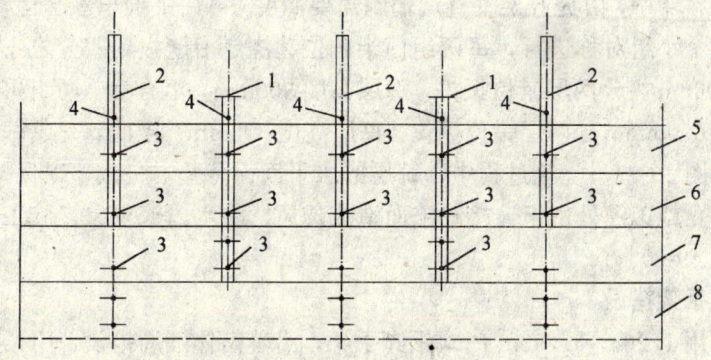

图49-5　第四层模板移置图
1—钢立柱；2—钢立柱；3—锚固钢立柱用螺栓；4—模板安装时的定位螺栓；5—第四层壁板模板；
6—第三层壁板模板；7—第二层壁板模板；8—首层模板移至四层

(5) 施工第五层1200mm高筒体时, 用第一组24对钢立柱作支承筒体壁板模板, 并在第五层模板安装后把第二组24对钢立柱提升到第六层模板位置, 然后浇筑第五层混凝土。如图49-6所示。

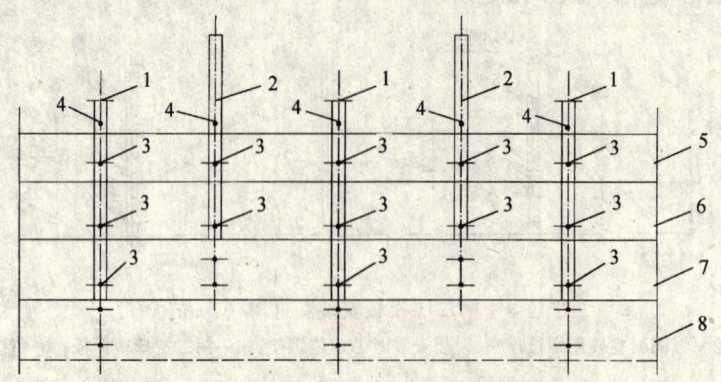

图49-6层 第五层模板移置图
1—钢立柱; 2—钢立柱; 3—锚固钢立柱用螺栓; 4—模板安装时的定位螺栓; 5—第五层壁板模板;
6—第四层壁板模板; 7—第三层壁板模板; 8—第二层模板移至五层

(6) 继续往上施工第六、第七……层筒体时, 模板移置如图49-5、图49-6施工程序反复进行, 直至完成到贮料筒仓设计标高为止。

49.3.3 钢筋加工与绑扎

钢筋加工前, 按照图纸尺寸, 放出足样, 分别将内、外环的周长按内、外各分为8等分, 并加上搭接长度, 在加工场采用机械将钢筋加工成弧型, 然后运到现场安装。首先绑扎竖直钢筋, 并每隔1.5~2.0m将内外排竖筋用ϕ8mm短筋焊接成井体骨架, 以固定内、外环筋的位置, 保证环筋保护层厚度。然后按设计图要求绑扎环筋; 竖筋可以提前绑扎搭接连接, 而环筋要待混凝土浇筑完一圈后立即绑扎上一圈环筋, 以免妨碍混凝土浇筑。

49.3.4 混凝土浇筑

根据施工进度计划, 要求每次浇筑一圈1.2m高的混凝土量, 并且要求4h内浇筑完毕。因此, 本工艺采用2台250L混凝土搅拌机, 分别置于南、北两个翻斗提升架旁, 就地搅拌, 混凝土直接倒入料斗中, 由提升架垂直运输到需要高度, 再用手推车水平运输到浇灌位置。混凝土浇筑分4个小组对称进行, 每两组由半圆位起浇点沿壁板到四分之一圆周处两组汇合, 浇筑高度600mm, 分两层错位振捣, 每层高度300mm, 汇合后, 两组再反向浇捣至起浇点, 浇筑高度600mm。分两层错位振捣, 每层高度300mm。至此, 完成每次1200mm浇筑高度混凝土 (图49-7)。浇筑过程中, 每层的水平面保持基本一致, 以保持模板的稳定, 减少变形。为防止施工缝处由于连接缺陷而造成透风、渗水内流现象, 施工缝处按防水工程做法处理 (图49-8)。

49.3.5 内外脚手架搭设

外脚手架采用1.26m×1.93m门式钢脚手架, 沿着筒体圆周搭设, 门架间距为1.8m, 外柱用钢斜撑联系, 每层另加2道水平篙竹联结。内柱由于原有斜撑不适合, 改用篙竹水平联结及交叉斜撑联结, 交叉斜撑必须由地下按45°角一直搭到顶, 在垂直方向每隔2m, 水平方向每隔4m用ϕ6mm钢筋与筒体上的预留螺栓联结。并在混凝土壁和门架柱之间用竹

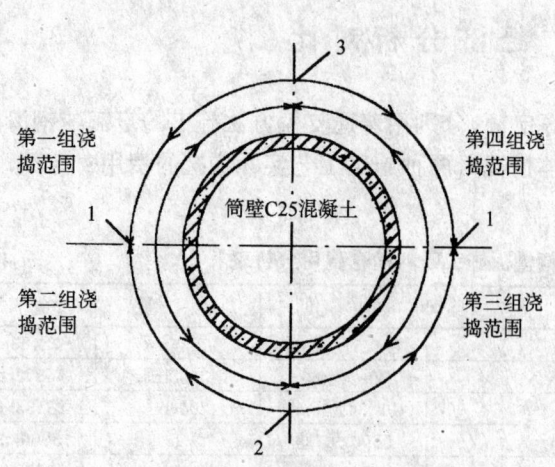

图 49-7 筒壁混凝土施工次序
1—每组浇筑起点及终点；2—第二、三组浇筑汇合点及反浇起点；3—第一、四组浇筑汇合点及反浇起点

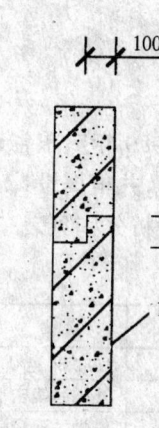

图 49-8 施工缝防水节点
（单位：mm）
1—380mm 厚筒壁的内壁

或杉木顶紧，以保证脚手架的稳定。内脚手架则自+4.93m 开始搭设，用双排竹木脚手架，另在每座钢井架处采用杉木搭设操作平台，平台尺寸为 2m×2m，每 2m 高一层，在北面平台处搭设一上人斜梯，随平台高度上升，内外脚手架随施工面的升高而加高，始终保持高出工作面 1.2m 以上。

49.3.6 垂直运输

分别在南、北边各搭一座高 55m 钢井架，各配备容量为 0.3m³ 混凝土料斗一个，专为运输混凝土之用，混凝土捣固完毕后，可将料斗改为吊笼，以便运输拆下来的钢模板及其他周转料。每座钢井架还配备桅杆一条，作为垂直运输钢筋及脚手架、平台材料之用。

两座钢井架为 55m 高，要分两次搭设，第一次搭设高度 30m，搭设高度超过 10m 时要设临时缆风，搭至 30m 后要将缆风移至顶部。缆风要固定在牢固的地方，钢井架再升高时，要分别在 15m、30m、40m 处设附着。其方法是，内柱采用 16 号槽钢或 75mm×8mm 角钢与筒体联结，外柱用 ϕ14mm 钢筋拉结，钢井架顶要拉缆风不少于 3 条，并设防雷装置。

49.3.7 筒体垂直度控制及纠偏方法

在 4.97m 平台浇筑混凝土后，将圆筒中心点移到平台上固定好，并自平台面开始搭设一座钢井架作为吊中心锤线的支架，钢井架随着筒体施工的升高而加高，并在四角每隔 4m 用 ϕ10mm 钢筋加花篮与混凝土筒体固定，以保持钢架稳定。

每安装一圈钢模板，在收紧穿墙螺栓固定之前，先用吊锤（锤重 5kg 以上）对准 4.97m 平台上的中心点，并将锤线固定于钢井架与施工标高相对应的平面上，然后用钢尺丈量外圈模板至中心点距离是否符合要求，每次丈量都以 24 对钢立柱处作为筒体的直径及垂直度的控制点，如发现模板向外或向内偏离，必须进行纠偏。其方法是：将该处立柱的螺栓松开，如模板向外偏则用木楔或铁楔楔紧外立柱的下端和内立柱的上端，然后收紧螺栓，借用立柱的内倾将模板向内压回原位。若模板向内偏，则加木楔的方法与上相反，收紧螺栓后将模板向外压回原位。

49-4 经济分析对比

参照1989年广东省建筑工程预算定额,分别用普通支模方法施工的定额与钢滑模施工的贮仓定额,并根据设计及施工的具体情况对两种施工工艺实际增减的费用对定额作调整,所需费用分析分别见表49-1及表49-2。

用移置组合钢模板施工贮料筒仓费用分析表　　　　　表49-1

次 序	项 目	单 价	数 量	金 额
1	1989年定额直接费	494.57元/m³	1016m³	502483.12元
2	外脚手架定额直接费	29元/m²	3338m²	96802.00元
3	内脚手架定额直接费	11.34元/m²	2046m²	23133.60元
4	垂直运输增加费	5000元/座	1	5000.00元
5	钢立柱及角钢摊销费	1500元/t	5.30t	7950元
6	预埋φ14mm螺栓一次摊销	3.3元/kg	2500kg	8250元
7	1～6 直接费总计			643618.72元
8	总造价=直接费×1.25			804523.40元

用滑升钢模板施工贮料筒仓费用分析表　　　　　表49-2

次 序	项 目	单 价	数 量	金 额
1	1989年定额直接费	611.75元/m³	1016m³	621542.06元
2	设计比定额增加φ25mm支承杆	36.476元/m³	1016m³	37061.55元
3	滑模一次模板摊销增加费	53.53元/m³	1016m³	54386.48元
4	外墙装饰用单排脚手架	5.67元/m²	3333m²	18926.46元
	直接费总计			731716.65元
	总造价=	直接费×1.25	=	914895.81元

由表49-1、表49-2可以看出若从定额收支同步分析,用移置组合钢模板施工贮料筒仓比之专一制作钢模进行滑模施工可以节约110372.41元,节约率12.06%。

49-5 施 工 小 结

(1) 本施工工艺的施工机具简单,操作简便,组织一般的土建技术工人都可以施工,它适合于单一的钢筋混凝土筒体的工程施工,可以免除专一制作钢滑模及增购滑升设备而延长施工工期及增加施工费用。因此,在特定的施工条件下是可取的。

(2) 本施工工艺用200mm宽组合钢模板作内外模,即以200mm长的直线段替代混凝土内外表面的圆弧长,但实际引起的设计弧线与实际施工成型直线之间的矢高差仅0.56mm(外)及0.58mm(内),这完全达到施工精度要求。

(3) 本施工工艺利用已成型筒体的下层有一定强度的混凝土壁来锚固钢立柱,用钢立柱作为模板的支撑体系。因此,简化了模板体系的支撑系统,保证模板的支撑刚度,节约材料及人工,也保证了施工质量。

(4) 从本工程的施工过程测试及完工后的情况分析,工程观感质量良好,筒体中心实测垂直度最大偏移13mm,符合规范及设计允许最大偏移不得超过48.3mm的要求。

50 100m 钢筋混凝土烟囱双滑施工工艺

广州市第一建筑工程有限公司
邹鸿洲　谢庆华　何少光　容　林

50-1 工程概况

广东南方制碱厂锅炉烟囱是热电系统的锅炉房烟囱，是钢筋混凝土结构，总高100m，由基础、筒身、内衬、爬梯、避雷装置及信号平台等主要部分组成（见图50-1），基础桩采用预应力混凝土管桩。筒身直径和壁厚是自下而上，随着高度的增高而逐渐缩小，筒壁的坡度为1.5％～2％，筒身分2个壁厚，筒底内径6.84m，外径7.74m处，壁厚450mm；筒顶内径3.38m，外径3.90m处，壁厚260mm。在标高40m处，有一钢结构取样平台，在95m处有一钢结构信号灯平台，在烟囱顶部86.5～94.0m标高处，增加涂刷高7.50m的红、白、蓝三个色环，在烟囱顶筒首部位有断面加厚的装饰线建筑，外壁与内衬顶端设置铸铁盖板。为提高烟囱抗震能力和抗烟气腐蚀性能，烟囱内衬采用配置构造钢筋网的C15级陶粒混凝土，厚度180mm。筒身采用C28级普通钢筋混凝土，厚度为200～450mm，内衬与筒身之间为50mm的石棉纤维隔热层（见图50-2）。筒身混凝土工程量约为660m³，内衬陶粒混凝土为220m³。

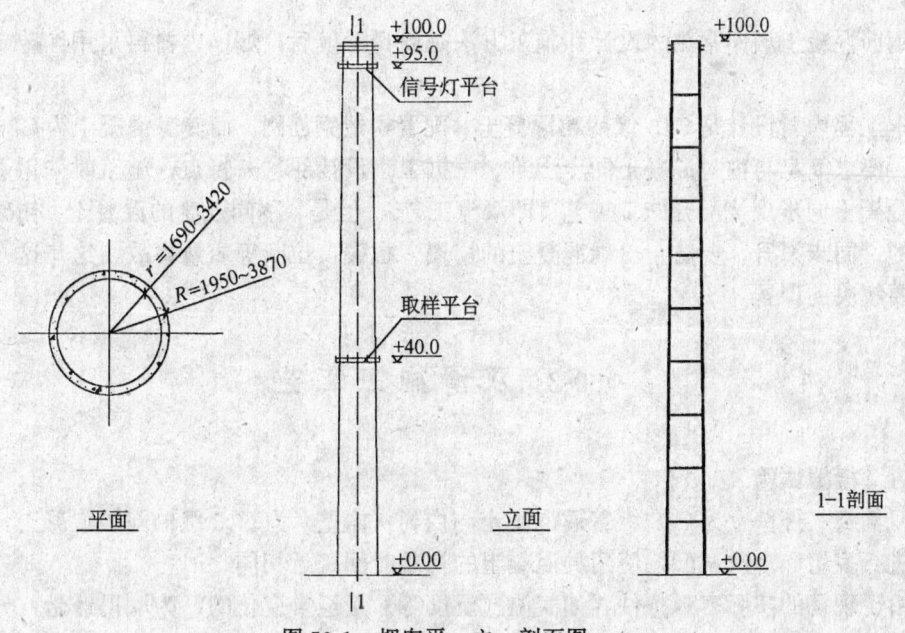

图50-1　烟囱平、立、剖面图

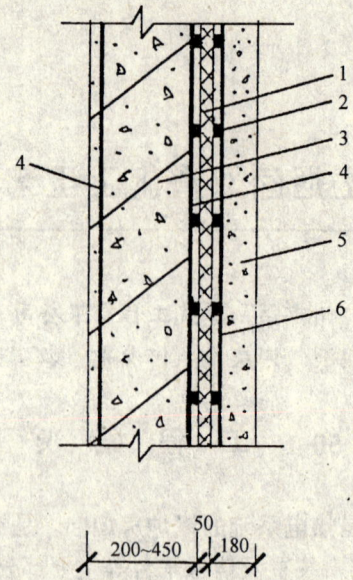

图 50-2 筒壁构造示意（单位：mm）
1—石棉纤维隔热层；2—砂浆垫块；3—外筒壁普通混凝土；4—外筒壁竖筋；
5—内衬陶粒混凝土；6—钢筋网

筒顶内径仅 3.38m，为历来所遇到的最小烟囱内径，设计交底说明是工艺需要，不能改大，造成设计滑动模板装置与施工的一些困难。在高空涂刷三色环（每道色环 2.5m 高），亦存在如何保证质量和高空安全操作问题。

50-2 施 工 方 法

钢筋混凝土烟囱常见的设计和施工方法是筒身滑模后，烟囱内衬再采用红砖或耐火砖砌筑。

本工程内衬设计是 C15 级陶粒混凝土，配置构造钢筋网。而筒身混凝土为 C28 级，施工时，要求筒身与内衬混凝土同步浇筑。根据工程设计的这一特点，施工时采用了筒身与内衬混凝土同步现浇滑升施工工艺（即双滑工艺）。但是，不同强度的混凝土，初凝时间是不同的，同步滑升，要防止出现混凝土的坍塌、拉裂、拉断等质量事故，这是这一施工工艺需要解决的课题。

50-3 双 滑 施 工 工 艺

50.3.1 模拟试验

双筒身（外壁）为 C28 级普通混凝土与内衬（内壁）为 C15 级的陶粒混凝土，先在试验室进行多组和多次试配，使两种混凝土的初凝时间接近相同。

由于现场的实际客观条件（如气温、湿度等）是经常变化的，为取得经验，分别在现场进行三次同时浇筑、同步滑升的模拟试验，获得成功后，才正式开始安装滑模装置和滑升施工。

50.3.2 滑模装置的构造

本工程采用无井架滑模施工,其滑动模板装置,主要由操作平台系统、模板系统、液压提升系统及垂直运输系统四个部分组成(见图50-3、图50-4)。

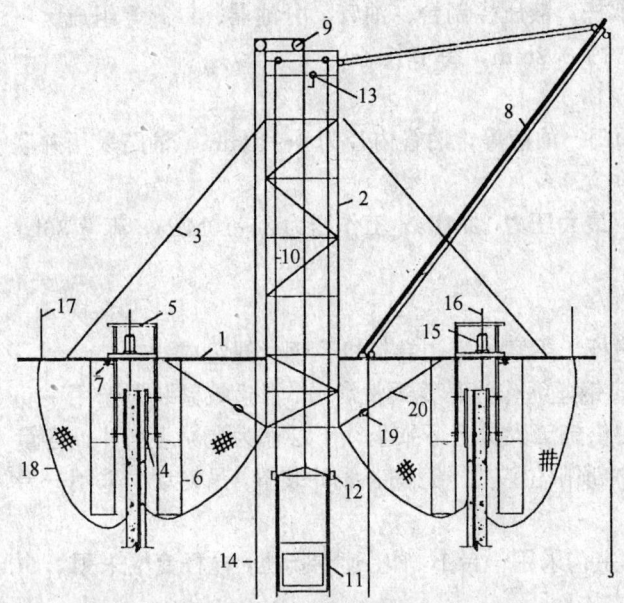

图50-3 无井架液压滑动模板构造示意图(剖面)
1—辐射梁;2—随升井架;3—斜撑;4—模板;5—提升架;6—吊脚手架;7—调径装置;8—桅杆;9—天滑轮;10—柔性滑道;11—吊笼;12—安全抱闸;13—限位器;14—起重钢丝绳;15—千斤顶;16—支承杆;17—栏杆;18—安全网;19—花篮螺丝;20—悬索拉杆

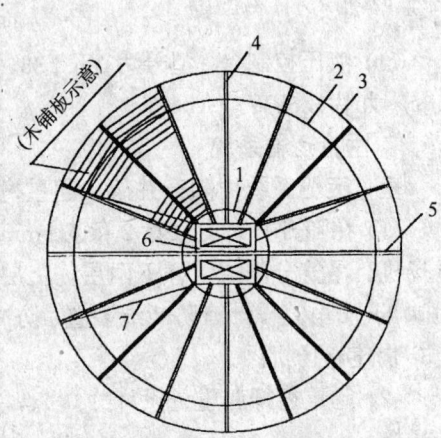

图50-4 滑动模板构造示意图(平面)
1—内钢圈;2—外钢圈;3—外栏圈;4—辐射梁;5—通梁;6—随升井架;7—钢管斜撑

1. 操作平台系统

操作平台是作为堆放材料、机具和施工操作之用。操作平台系统采用辐射状的空间结构,操作平台外径为9.3m,由24根组合型钢辐射梁通过内鼓圈,外钢圈再由8根钢管支撑与随升井架连成一整体,并在辐射梁下部加设拉杆与鼓圈下端拉紧,从而组成一个辐射形空间上撑、下拉组合式构架结构平台,该结构平台稳定性和刚度较好,结构及制造工艺简单。内、外吊脚手架,各做成二层,悬挂在操作平台之下。

2. 模板系统

模板系统由提升架、内外模板、围圈及调径装置等部分组成。

(1) 提升架采用双横梁的"开"形架。它是将施工过程中操作平台及内外模板的全部荷载传递给支承杆的重要部件,下横梁至内模板上口净距为640mm,以满足绑扎水平钢筋和安装固定泡沫塑料盒块(内放石棉纤维)的要求高度。在立柱上设有调整内外模板间距和倾斜度的装置。

(2) 内外模板分别由固定、活动、收分三种模板组成,模板厚度为2mm的钢板,内模板分二截,每块长600mm,共长1.2m,外模板长为1.5m。

(3) 围圈分为固定和活动围圈两种。由于烟囱的高度不同,围圈的弧度亦不同,为保证质量，设计 4 套活动围圈，分别在筒身 0～25m、25～50m、50～75m、75～100m 4 段上更换使用。

(4) 调径装置由方牙丝杆、顶帽、底座组成，安装在辐射梁上翼。

3. 液压提升系统

液压提升系统由爬升千斤顶、支承杆、液压控制台、油管、分油器、针阀等组成。

(1) 支承杆用 I 级钢筋，直径为 25 ± 0.3mm，每节长 4m。

(2) 提升架 12 个，36 个千斤顶。

(3) 输油管路包括油管、接头、阀门、油液等，油管内径为 6～19mm，油路采用并联布置。

(4) 液压控制台：型号为 YKT36，最大压力 12MPa，工作压力 8～10MPa，流量 36L/min，功率 7.5kW。

4. 垂直运输系统

垂直运输系统由随升井架、起重桅杆、柔索吊笼、卷扬机及钢丝绳组成。

(1) 在随升井架上设置 2 条 ϕ19mm 钢丝绳作为吊笼柔性滑道，滑道拉紧装置选用手动卷扬机。吊笼分隔成上、下两层，上层供施工人员上下乘坐，下层作为混凝土料斗，容量为 $0.2m^3$。吊笼设计有防断绳装置、防冲顶限位装置，笼底有缓冲装置，吊笼动力采用一台 1.5t 快速卷扬机。

(2) 起重桅杆起重量设计为 0.5t，主钩采用一台 1.5t 中速卷扬机，桅杆变幅采用 0.5t 卷扬机。

50.3.3 施工程序和施工工艺

1. 施工程序

施工程序如下：

打预应力混凝土管桩→桩承台施工→搭设临时组装平台→安装内、外钢圈→安装辐射梁→安装提升架→安装内围圈及内侧钢模板→绑扎竖向钢筋（外壁与内衬）→安装提升架以下的水平钢筋→安装中间泡沫塑料板隔热层→安装外围圈及外侧钢模板→安装外挑操作平台支架→安装操作平台铺板→安装施工用的动力及照明用电设施→安装液压滑升系统设备及垂直、水平观察系统→安装液压系统，排气、充油、空载试运转→安插支承杆→试滑→正常滑升→滑升到一定高度后，安装内、外吊脚手架及安全网→在滑升中逐步调整操作平台及纠偏→在滑升中根据设计的要求，进行变截面的操作→在滑升中进行爬梯、信号平台安装及三色环油漆→滑升完毕后，拆除模板及设备。

2. 施工工艺要点

(1) C15 级内衬陶粒混凝土要与 C28 级外壁混凝土的初凝时间接近，现控制为 2h，是通过试验室混凝土配合比的试配和模拟试验确定。在现场应注意调整控制，配置了贯入阻力仪和坍落度筒等仪器，驻场试验员对混凝土按配合比拌制时，要进行监督，检查坍落度及初凝时间，每天 24h 日夜施工，根据气温、湿度等变化情况，当发现两种混凝土的初凝时间不同，要及时进行调整。防止在滑升过程中出现混凝土被拉裂等现象。

(2) 内衬混凝土与外壁混凝土之间的隔热层，是由泡沫塑料盒包裹着石棉纤维形成，要用铁丝（加保护层垫块）将其牢固、密实地绑扎在钢筋上。为了防止隔热层位移和内衬构造钢筋变形，在相邻提升架之间设置一个格栅固定架，格栅固定架可沿提升架下横梁移位，后用螺栓固定,以适应在不同外壁厚度时,将隔热层相对临时固定,待浇筑混凝土后,格栅固定架随滑模平台一起提升,从而保证隔热层的位置准确(见图50-5)。

滑升过程中,施工人员一定要加强监督,以防隔热层松脱,造成两种混凝土渗漏和混淆。

(3) 浇筑混凝土的顺序:每个浇筑层为300mm,应先浇C28级外壁混凝土,后浇C15级陶粒混凝土,因外壁混凝土是主要受力结构,须防止低强度的混凝土流入较高强度混凝土中,而影响质量。但各部位必须同时振捣,并设专人进行监督,从而防止两种混凝土的相互渗漏与混淆。

(4) 滑模装置组装时,暂不安装内、外模板,待滑模装置及液压系统组装调试完毕后,再绑扎钢筋及固定隔热层。隔热层除借助格栅固定架临时固定外,并在外筒壁内竖钢筋及内衬钢筋网与隔热层之间分别加保护层垫块,这样既可保证两种混凝土的厚度,又可固定隔热层位置不变。然后再安装内、外模板。

(5) 对垂直度的控制,是采用2个50kg垂球进行观测,每提升300mm时检查一次及记录,当出现垂直度偏差及扭转时,及时进行校正及纠偏。纠偏方法可采用调整操作平台的高差进行纠偏或调整混凝土的浇筑方向和顺序进行纠偏,较大时采用纠偏杆进行纠偏等。

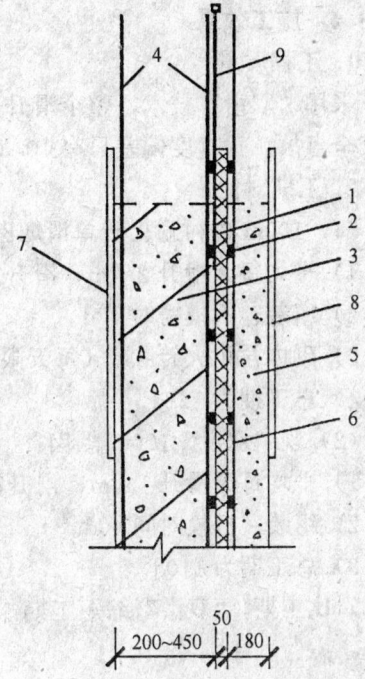

图50-5 筒壁隔热层固定示意
1—石棉纤维隔热层;2—保护层垫块;
3—外筒壁普通混凝土;4—外筒壁竖筋;
5—陶粒混凝土;6—内衬钢筋网;7—外模板;8—内模板;9—格栅固定架

(6) 对操作平台水平度的控制,是在支承杆上分段(每1m)标出水平标志,每提升300mm时,检查一次并记录。

(7) 防雷设施是利用原4支避雷钢筋,一直焊接到顶,但要分段进行防雷电阻的检测。

(8) 经常收听气象广播,与气象台联系,如遇5级以上大风、大雨时,要实行停滑。停滑时要有停滑措施,以防拉裂。停滑的施工缝要进行处理。应先清除松动石子,冲洗干净,再铺20~30mm厚的1:2水泥砂浆层,才浇筑上层混凝土。

(9) 备用发电机,以防停电造成停滑。

(10) 备有加压水泵,水管驳上到顶,进行淋水养护。

(11) 操作平台备有灭火器材和通讯联系设备。

(12) 对工人要进行开工前的身体检查和安全技术交底。

(13) 在提升塔架上,要安装罐笼限位开关,罐笼要安装安全卡,安装后要作实际试验。升降机要设电铃信号,上下对话要有对讲机。

(14) 现场的危险区要搭设竹围栏。

(15) 混凝土的出模强度宜控制在0.2~0.4MPa;每一工作班不少于检查2次。

(16) 振捣混凝土时,不得碰到钢筋、模板、隔热层等。

(17) 用低压灯照明,对防护栏杆及安全网,要经常检查落实。

50.3.4 施工效果

1. 工程质量

采用"双滑"技术，整个滑升过程未出现混凝土坍塌、拉断、拉裂等质量事故，未发生安全事故，垂直度偏差只有10.3mm，远小于允许的偏差值85mm。

2. 工期对比

（1）100m内衬耐火砖单滑烟囱：

1）平均每天滑升2.2m，滑升需时45d。

2）组装、拆模需时40d。

3）砌内衬耐火砖83d（每天限砌1.2m高）。

4）总工期为168d。

（2）现"双滑"100m烟囱：

1）平均每天滑升1.4m，滑升需时70d。

2）组装、拆模时间40d。

3）总工期为110d。

对比工期，"双滑"缩短工期58d，即"双滑"比"单滑"缩短工期35%。

51 高明市银海广场工程中带肋钢筋套筒挤压连接技术的应用

广东省第七建筑集团有限公司 黄郁彬

51-1 工程概况

广东省七建集团公司在高明市银海广场工程中,首次使用带肋钢筋套筒挤压连接技术施工。银海广场工程首层建筑面积约14000m², 总建筑面积约150000m²。分A座、B座、C座、D座、E座、F座、G座共七座。其中A座和B座为33层高商住楼,有一层地下室;C座和D座为29层写字办公楼,有一层地下室;E座为9层商住楼;F座和G座为4层裙楼,座与座之间有100mm抗震变形缝。

A座和B座首层建筑面积约1600m², 其地下室基础底板厚为2m, 基础底板钢筋用⌀32@150mm, 钢筋分3层安装。

C座和D座首层建筑面积约1069m², 其地下室基础底板厚为2m至2.5m, 基础底板钢筋用⌀32@125mm和⌀32@150mm, 钢筋分3层安装。

各座基础底板钢筋用量见表51-1。

各基础底板钢筋用量　　　　　　表51-1

序 号	工 程 名 称	钢筋用量（t）	钢筋连接接头（个）
1	A座基础底板	430	3500
2	B座基础底板	440	3500
3	C座基础底板	340	3000
4	D座基础底板	340	3000
合 计		1550	13000

若钢筋按正常用的电弧搭接焊连接,较费人力、物力,且由于工期紧时间上也不允许,故采用了套筒挤压连接技术。

51-2 带肋钢筋套筒挤压连接的施工

51.2.1 施工设备及工艺流程

套筒挤压设备由压钳、超高压泵站、超高压油管、挤压机、平衡器、吊挂小车、模具等组成。

套筒挤压连接的工艺流程如图51-1所示。

图 51-1 套筒挤压连接工艺流程

51.2.2 套筒挤压连接操作过程

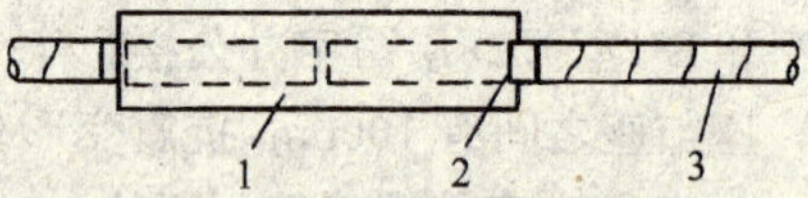

施工时，根据连接钢筋的直径，选用该直径的钢套筒（其规格见表51-2），将钢筋插入钢套筒内，使钢套筒端面与钢筋伸入位置标记线对齐（见图51-2），按照钢套筒压痕位置标记（见图51-3），对

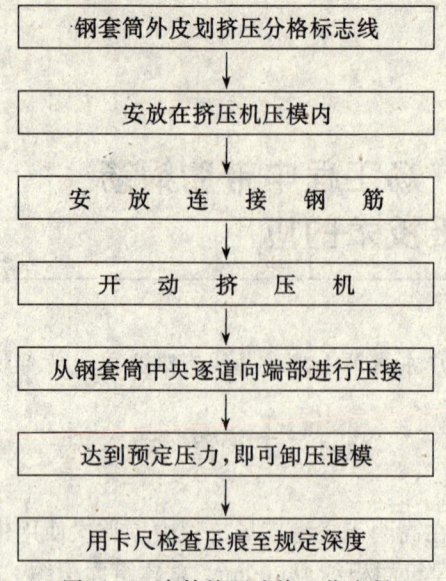

图 51-2 钢筋伸入位置标记线
1—钢套筒；2—标记线；3—钢筋

正压模位置并使压模运动方向与钢筋两纵肋所在的平面相垂直，使压模压接方向与钢套筒轴线垂直，保证最大压接面能在钢筋的横肋上。然后开动超高压泵站，使挤压力达到预定压力并使压痕压至规定深度后，即可卸压退模，压接过程中应始终注意接头两端钢筋轴线一致。

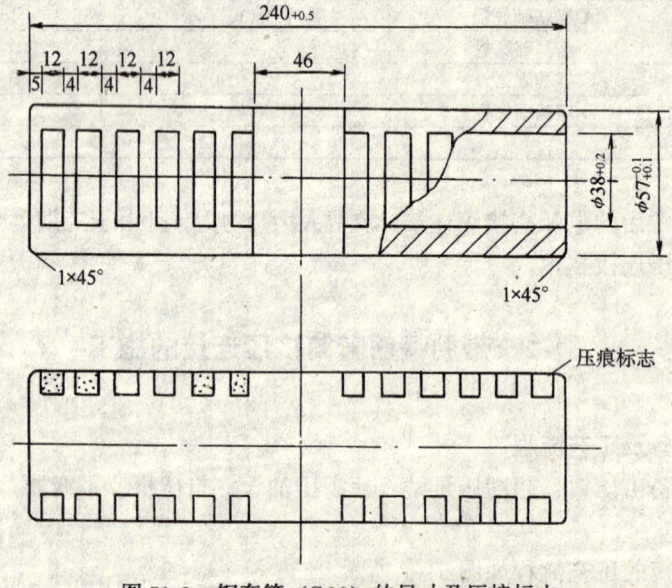

图 51-3 钢套筒（G32）的尺寸及压接标志

钢套筒规格   表51-2

钢套筒型号	钢套筒尺寸(mm)			理论重量(kg)
	外径	壁厚	长度	
G 32	57	10	200	2.31
G 28	50	8	190	1.58
G 25	45	7.5	170	1.18

  钢筋套筒挤压连接施工有两种施工方法：一种是两根连接钢筋的全部压接接头，在施工现场作业位置上进行。另一种是预先压接一半钢筋接头，即在地面先完成一侧的压接，然后吊到作业位置，再在工作面上完成另一半钢筋接头压接，这种方法可以减少高空作业，加快施工速度。每侧挤压连接操作必须从接头中间压痕标志开始，依次向端部进行。

  所用挤压机以 YJ-32 型挤压机为例，其技术性能见表51-3，它采用双作用油路和油缸体，所以压接和回程速度较快。但机架宽度较小，只可用于挤压间距较小的（但净距必须大于 60mm）钢筋。该机的动力源（超高压泵站）为二级定量向柱塞泵，输出油压为 31.38~122.8N/mm²，连续可调。并设有中、高压二级自动转换装置，在中压范围内输出流量可达 2.86L/min，使挤压机在中压范围内可有较快的速度进入返程，当进入高压或超高压范围内，中压自动卸荷，用超高压的压力来保证足够的压接力。该机电源为380V 电压。

  压接时，操作人员（一般只需 2~3 人）按表 51-4 所规定的参数进行操作。

YJ-32 型挤压机技术性能   表51-3

项次	项目	单位	性能指标
1	额定工作压力	N/mm²	107.87
2	额定压力	kN	650
3	工作行程	mm	50
4	挤压时间（一个循环）	s	≤10
5	外形尺寸	mm	φ130×160（机架宽）×425
6	自重	kg	约 25
7	适用钢筋直径范围	mm	25~32

压接参数   表51-4

钢筋直径(mm)	钢套筒型号	压模型号	挤压力(kN)	每端压接道数	两端压接道数	压痕允许深度(mm)
32	G 32	M 32	588	6	12	46~49
28	G 28	M 28	588	5	10	40.5~44
25	G 25	M 25	588	4	8	36~40

51.2.3 操作注意事项

  (1) 钢筋挤压连接，要求相邻钢筋最小中心间距为 90mm。连接钢筋轴线应与钢套筒的轴线保持在一直线上，防止偏心和弯折。

  (2) 各种规格钢筋，应与相应规格的钢套筒与相应型号的压模相匹配，否则接头就达不到挤压紧密的效果，接头性能也得不到保证。

  (3) 钢套筒必须擦干净，以免砂粒等损坏压模，钢套筒握住钢筋部位，不得有水泥浆、油污等附着物。

(4) 在挤压连接前钢筋端部必须标出定位标志和检查标志,定位标志是指示钢套筒应插入的深度,当挤压成接头后,由于钢套筒挤压后伸长,定位标志进入接头,接头处只能见到检查标志,通过检查标志的检验,表明钢套筒位置是否正确。

(5) 钢筋纵肋的高低对接头强度没有影响,钢筋纵肋过高时允许进行打磨,横肋顶部直径过大实际上是钢筋的基圆直径大,横肋并不高,接头主要靠横肋传力。

(6) 挤压连接施工必须严格遵守操作规程,工作油压不得超过额定压力。若在操作过程中遇有异常现象时,应停止操作,检查原因,排除故障后,方可继续进行。

51.2.4 挤压接头的检查验收

(1) 接头应分批进行质量检查和验收,外观质量检查由施工人员对全部接头先进行自检。要求接头不得有肉眼可见裂缝,弯折不得大于4度,外形尺寸和压痕道数应符合规定。

(2) 拉伸性能检查:以同一规格、同一压接工艺完成的500个接头为一批,且同批接头分布不多于三个楼层。不足500个接头仍作为一批。

拉伸性能检查时,每批随机抽取三个接头,且每施工楼层不少于一个。

拉伸试验结果,三个试件的抗拉强度均不得低于连接钢筋的抗拉强度标准值。

51-3 挤压接头连接与搭接电弧焊接头连接的经济比较

钢筋挤压接头连接与搭接电弧焊接头连接的经济分析分别见表51-5及表51-6,二者的经济效益对比见表51-7。

挤压接头经济分析　　　　　　　　表51-5

序号	高明市银海广场各座地下室名称	钢筋用量(t)	钢筋连接接头(个)	钢套筒G32费用(元)	用电量(度)	电费(元)	每个接头挤压连接时间(min)
1	A座地下室底板	430	3500	79800	420	336	5
2	B座地下室底板	440	3500	79800	420	336	5
3	C座地下室底板	340	3000	68400	360	288	5
4	D座地下室底板	340	3000	68400	360	288	5
合计		1550	13000	296400	1560	1248	

注:G32钢套筒每个按22.80元计;电费每度电按0.8元计。10000个钢筋挤压接头用电量按1200度电计。

搭接电弧焊接头经济分析　　　　　　　　表51-6

序号	工程名称	钢筋用量(t)	钢筋连接接头(个)	Φ32mm搭接长度10d费用(元)	电焊条费用(元)	用电量(度)	电费(元)	每个接头连接时间(min)
1	A座底板	430	3500	69440	38500	252000	201600	30
2	B座底板	440	3500	69440	38500	252000	201600	30
3	C座底板	340	3000	59520	33000	216000	172800	30
4	D座底板	340	3000	59520	33000	216000	172800	30
合计		1550	13000	257920	143000	936000	748800	

注:Φ32mm钢筋按3200元/t计,每个接头搭接长度材料费按19.84元计,电焊条按5500元/t计,每个接头电焊用2kg焊条按11.00元计。10000个钢筋搭接接头用电量按720000度电计,每度电按0.80元计。

经济效益对比 表51-7

序号	高明市银海广场各座地下室名称	钢筋用量(t)	钢筋连接接头(个)	挤压接头连接费用（元）	搭接电弧焊连接费用（元）	两者费用比较挤压接头节约费用（元）
1	A座地下室底板	430	3500	80136	309540	229404
2	B座地下室底板	440	3500	80136	309540	229404
3	C座地下室底板	340	3000	68688	265320	196632
4	D座地下室底板	340	3000	68688	265320	196632
合计		1550	13000	297648	1149720	852072

51-4 施工效果分析

（1）采用套筒挤压连接技术施工，具有接头性能可靠，质量稳定，无明火，不需大功率电源的优点。

（2）本工程由于采用了套筒挤压连接技术施工，在水平钢筋连接和竖向钢筋连接方面操作都比搭接电弧焊、电渣压力焊更为简单，大大减少了工人的劳动强度，提高了工作效率，节约了施工费用。

52 金环大厦地下室底板大体积混凝土施工

广东省第二建筑工程公司　李少廷　姚佳宏

52-1 工程概况

金环大厦位于汕头市金砂东路与金环路交界处西南面，总建筑面积53000m^2，地下室3层，主体31层，高度110m，结构形式为框剪结构。

地下室承台及底板采用C40、P8级抗渗混凝土，其平面呈缺角矩形状，长边52.4m，短边47.85m，面积2500m^2。承台及底板厚度分3部分：电梯井筒位置厚度为4.5m，裙楼大部分为2.1m，北面局部厚度为1.1m（另加承台及地梁），混凝土量达5050m^3，要求不留施工缝一次浇筑完成，属超厚大体积混凝土施工。底板配筋为上下各设一层$\phi28$@150mm双向钢筋网，中间配一层$\phi16$@200mm钢筋网，底板厚度为4.5m部分配筋为水平4层$\phi28$@150mm双向钢筋网。

52-2 混凝土性能要求及配合比

52.2.1 混凝土性能要求

本工程承台及底板采用C40、P8级抗渗混凝土，技术要求严格，强度等级及抗渗要求高，施工难度大，要确保其质量，除应满足内实外光等混凝土一系列的常规要求外，关键在于严格控制混凝土硬化过程由于水泥水化热而引起的内外温差，防止内外温差过大，超过混凝土的极限抗拉强度而导致混凝土产生裂缝，引起结构破坏。

52.2.2 材料选用

(1) 水泥采用黄石新华水泥厂生产的525R矿渣硅酸盐水泥。由于矿渣硅酸盐水泥水化速度慢，单位时间内释放水化热比硅酸盐水泥小，有利于降低混凝土内外温差，虽然早期强度低，但硬化后期强度发展将超过硅酸盐水泥，对施工进度并不会造成太大的影响，适合大体积混凝土施工。

(2) 粗骨料采用连续级配好、热膨胀系数较低、强度较高且未风化的花岗岩石子，以减少混凝土收缩及降低水泥用量。石子含泥砂量控制在1％以内，最大粒径不超过30mm，以满足泵送要求。细骨料采用不含有机质的中砂，细度模数控制在2.5，含泥量不大于3％。

(3) 搅拌用水采用自来水。

(4) 混凝土外加剂：

1) 掺加Ⅱ级粉煤灰，其在不降低混凝土强度的情况下可减少水泥用量，也即减少水化热的产生，对降低大体积混凝土内部温度，防止发生温度收缩裂缝十分有利，同时也改善了混凝土的可泵性。

2) 掺加FDN—500减水剂，主要是考虑其减水率及降低水泥水化热的能力。由于采用泵送混凝土，须有较大的坍落度，采用减水剂可降低用水量，减少与水泥水化作用无关的游离水，避免裂缝以至通缝的产生，又可以改善混凝土坍落度提高混凝土的泵送能力，更为关键的是可以使水泥早期水化速率减慢，水化热延缓产生，这些均符合大体积混凝土的技术要求。

3) 掺用"大胡子"牌复合液。因承台及底板厚度相差过大，温度应力在厚薄混凝土交接处应力集中现象均有可能造成裂缝出现，经过有关部门共同协商，决定掺加3%的混凝土复合液。

52.2.3 配合比的确定

为减少单方水泥用量，以降低水泥水化热达到降低混凝土内部温度的目的，也为了保证混凝土施工作业面接槎覆盖，因此掺入Ⅱ级粉煤灰及高效减水剂，这同时也满足了其坍落度为130～150mm，延慢初凝时间至8～9h的要求；掺加混凝土复合液可以防裂。针对混凝土上述特点及现场实际情况（施工季节为冬季，日均气温10～20℃），为达到设计及施工要求，抓住如何降低水泥水化热这一关键，经多次试配多方考虑后定出的混凝土配合比见表52-1。

混凝土配合比 表52-1

强度、抗渗等级	水灰比	水泥(kg)	水(kg)	中砂(kg)	碎石5～30mm(kg)	粉煤灰Ⅱ级(kg)	减水剂(kg)	混凝土复合液(kg)
C40、P8	0.44	371	163	732	1098	37	1.48	11.3

52-3 混凝土泵配置及施工进度安排

本工程基础承台及底板为大体积混凝土，混凝土量为5050m³，最大深度达到4.5m，依设计要求一次性连续浇筑完成。由于现场施工场地过窄，难以储备足够原材料，故采用商品混凝土。计划于1998年1月3日上午至8日早晨浇筑完成，共5d计120h，为防止浇筑层间因搭接时间差超出混凝土初凝时间而形成施工冷缝，必须达到每小时混凝土供应量不少于42m³，即每天应浇筑1010m³；根据混凝土站提供数据，每天能为工地提供1300m³混凝土，采用10部混凝土搅拌输送车昼夜24h连续运送。

根据施工现场每天计划浇筑混凝土量，工地应安装2台混凝土泵。工地在西北角安装一台固定混凝土泵（HBT60C），最大输送量为60m³/h；由混凝土搅拌站提供一台汽车式混凝土泵停放在东南角，其最大输送量为80m³/h。混凝土浇筑顺序为由北往南分成6个浇筑带，每台混凝土泵负责3个浇筑带，并在初凝前交叉浇筑。

52-4 混凝土温度及温度应力计算

1. 温度计算

根据经验公式（水泥采用525R 矿渣硅酸盐水泥）

$T_{max}=T_0+(Q/10)\times1.2+(F/50)=33+(371/10)\times1.2+(37/50)=78.26℃$

但实际中，本工程承台及底板厚度为1.1m、2.1m、4.5m三个部分，对于混凝土厚度较薄地方，如1.1m、2.1m处，该经验公式应该可以适用；但在基础中心面积为15.2m×15.2m，深4.5m的电梯井筒承台，由于混凝土厚度较大，且混凝土为不良导热体，散热能力差，所以混凝土中心的热量在短时间基本无法向外传导，其温度最高值极有可能为T_1（混凝土绝热最高温升）加上T_2（混凝土出机温度）的绝大部分，经计算$T_1+T_2=90℃$，因此在查阅大部分有关资料及集中有丰富施工经验技术人员意见后，认为电梯井筒承台部分混凝土最高温度可能达85℃左右，后经现场监测，证明该推测是正确的。

2. 温度应力计算

根据公式，最大温度收缩应力：

$$\sigma_{max}=\Sigma\Delta\sigma_i=[-\alpha/(1-\nu)]\Sigma\left\{1-\frac{1}{\cosh\beta_i\dfrac{L}{2}}\right\}\Delta T_j E_{i(t)}S_j$$

求得$\sigma_{max}=0.821$MPa，取$R_f=1.8$MPa

则实际抗裂安全度

$$K=R_f/\sigma_{max}=1.8/0.821=2.2>1.15$$

通过计算，说明此一定厚度的混凝土，其降温和收缩产生的温度应力不会引起贯穿裂缝，5050m³混凝土采取一次性连续浇筑不留任何施工缝，在理论上是可行的。但实际中，基础承台及底板厚度相差过大（有4.5m、2.1m、1.1m三部分），且各自最高温度不同，由此而产生的温度应力及应力集中现象均是不可避免且较难精确计算，经与设计部门探讨，底板厚度4.5m部分配筋为水平4层$\phi28@150$mm双向钢筋网及掺加复合液，以确保混凝土质量，最大限度避免裂缝的出现。

52-5 混凝土的浇筑

施工中采取了下列措施：

(1) 控制混凝土出机温度，降低总温升，减少结构内外温差。混凝土拌合料中影响其出机温度的主要因素是砂、石、水的温度，施工中要求搅拌站采取向碎石喷水降温并除去粉灰及泥砂的方法。

(2) 混凝土浇筑过程中，前台和后台应加强联系统一指挥调度，尽量减少混凝土转运停滞时间，有效减低混凝土的入模温度。

(3) 混凝土浇筑时采用的施工顺序为由北往南分成6个浇筑带，每台混凝土泵负责3个浇筑带，并根据混凝土初凝时间进行交叉浇筑。开始各浇筑带均采用分层分段踏步式推进的浇筑方法（如图52-1）。

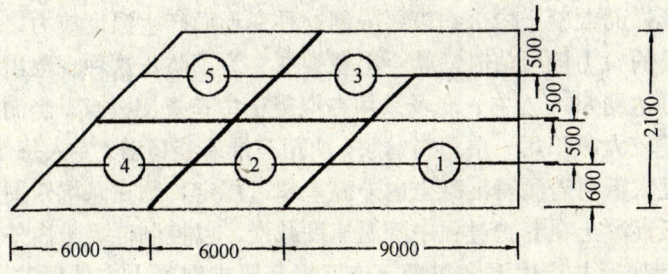

图 52-1　混凝土分层分段踏步式推进浇筑示意图（单位：mm）

第一层混凝土由于有基础底板下皮钢筋网，混凝土尚能按计划的部位停置，但到第三层后，由于混凝土流动性较大，特别是上口浇筑点，当插入振动器后，混凝土可在 2.1m 高度内斜向流淌 13～20m，踏步无法形成，不能采用 6m 一段分层往上浇筑的方案。因此立即改变施工方案，将浇筑方法改为"分段定点，一个坡度，薄层浇筑，循序推进，一次到顶"的方法（如图 52-2）。这种自然流淌形成斜坡混凝土的浇筑方法，能较好的适应泵送工艺，避免混凝土输送管道经常拆除，冲洗和接长，从而提高了泵送效率，简化了混凝土的泌水处理，在保证混凝土不出现冷缝的条件下浇筑进度适当放慢，以增加散热和热量交换。4.5m 厚度位置分 5 次浇筑，每次浇筑厚度为 0.9m，每次浇筑必须在混凝土即将初凝前进行。

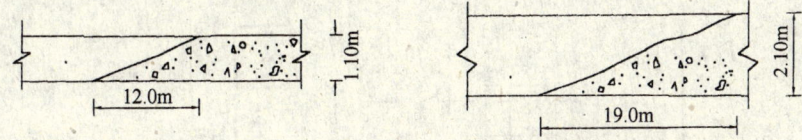

图 52-2　混凝土一次到顶薄层循序推进浇筑示意图

（4）混凝土的振捣：根据泵送时自然形成一个坡度的实际情况，在每个浇筑带的前后布置两台插入式振动器，第一台布置在混凝土卸料点，主要解决上部混凝土的振实；由于底层钢筋间距较密，第二台布置在混凝土坡脚处，确保下部混凝土的密实，随着混凝土浇筑工作的向前推进，振动器也应跟上，以保证整个高度混凝土的质量。

（5）混凝土的泌水和表面浮浆处理：大流动性混凝土在浇筑振捣过程中，上涌的泌水和浮浆顺混凝土坡面下流到坑底，由于坑底垫层在施工过程中已预先均匀留置若干集水坑，使大部分泌水顺垫层面流入集水坑内，用小型潜水泵及时向坑外排水。由于大体积泵送混凝土，其表面水泥砂浆较厚，粗骨料少，混凝土匀质性较差，易产生收缩裂缝，故采取如下措施：在施工时先将混凝土浇筑至设计标高下 100～200mm，待混凝土即将初凝时再浇至设计标高，以保证表层混凝土的连续均匀防止裂缝出现。在浇筑后 4～8h 内，按设计标高用长刮尺刮平，在初凝后终凝前用铁滚筒碾压数遍，再用木蟹反复搓平压实，以控制闭合混凝土的表面收缩龟裂。

52-6　混凝土的保温及养护

大体积混凝土由于水泥水化热引起混凝土内外温差过大（即中心温度高，表面温度低）产生温度变形，而混凝土内部约束要限制这种变形而产生温度应力，一旦温度应力超过混凝土所能承受的拉力极限值时，就会出现裂缝。为了防止这种现象出现，经计算，混凝土内最高温度可达到 85℃左右；现场采用在混凝土中布置测温点，当测得混凝土内部温度和表面温度相差较大时采用一层塑料薄膜，两至三层麻袋覆盖，专人每 2h 浇水一次进行养护，在室外温度太低时若测得混凝土内外温差超过规定，则在基坑四周架设碘钨灯进行保温，使承台底板混凝土在养护过程中降温速度减慢，以控制混凝土内外温差，防止混凝土因温差过大引起变形并产生温度裂缝，施工规范要求混凝土内外温差宜控制在 25℃以内，根据本工程实际情况除某些部位外，基本能满足此要求。

52-7 混凝土温度监测

根据混凝土的配合比及施工条件，可推算出混凝土的中心最高温度与大气温度差值。经计算，混凝土内部最高温度为 85℃左右，为及时掌握大体积混凝土内部温度大小，不同深度处温度场的变化以及施工阶段中期温度的发展规律，以便有的放矢地采取相应措施，确保工程质量，确定在基础底板混凝土的不同部位及深度埋设 15 个测温孔，即在混凝土中预埋 $\phi 50mm$ 钢管，底口焊铁板封死，上口高出混凝土面 200mm，用木塞封口。测温点布置必须具有代表性，能全面反映大体积混凝土各部位的温度，测温点布置如图 52-3。

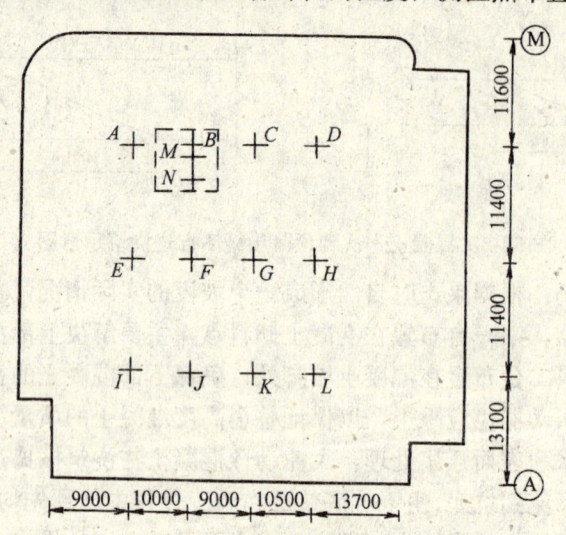

图 52-3 测温点布置网（单位：mm）

测温工作从混凝土浇筑后 12h 开始，升温阶段每 3h 测温一次，降温阶段每 5h 测温一次，以后随着温度的下降逐渐减少测温次数，但不少于 2 次/天，测温天数为 14d，实测温度结果见表 52-2 及图 52-4。

测温点温度　　　　表 52-2

测　点	A	B	C	D	E	F	G	H	I	J	K	L	M	N	P
中心最高温度（℃）	71	71	72	72	71	68	64	68	72	71	70	70	87	86	84
表面最高温度（℃）	46	47	49	52	50	43	41	44	56	54	49	48	60	60	58
最大温度差（℃）	26	25	26	25	24	26	25	27	23	25	25	24	27	28	26

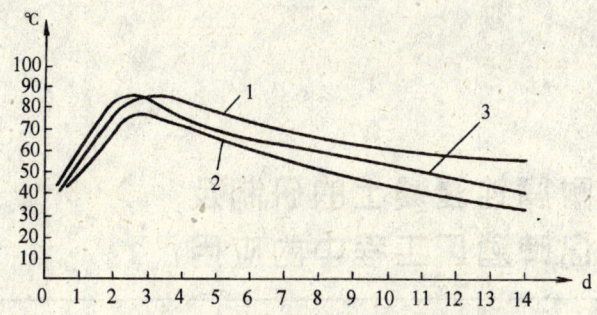

图 52-4 测温点温度变化曲线

1—M 测点混凝土厚度为 4.5m 时；2—M 测点混凝土厚度为 2.1m 时；3—理论计算

52-8 大体积混凝土施工质量及体会

（1）本基础底板为大体积混凝土，浇筑历时 108h，由于准备工作较为充分，比计划提前 12h 完成。混凝土试件共 29 组，28d 强度全部达到设计要求，强度平均值为 48.92MPa。P8 抗渗试件 15 组均达到标准，并经过 7 个月来的观察未发现渗漏及裂缝。

（2）大体积混凝土施工，只要施工技术措施得当，施工方法合理，可以采用较简单施工方法，低成本控制温度裂缝产生，并保证混凝土质量。

（3）大体积混凝土施工，在重视混凝土保温的同时，不容忽视其保温效果。

（4）大体积混凝土对原材料要求较高，采用低水化热矿渣水泥，掺加缓凝减水剂及粉煤灰等减少混凝土水化热，减慢混凝土凝结速度，并分段施工及放慢浇筑速度，能有效地降低混凝土内部温升。

（5）实测混凝土中心温度变化曲线可以看出，最高温升出现在混凝土浇筑后第二至第三天，温度峰值会持续一定时间，且降温梯度较小。

（6）大体积混凝土内外温差按规范要求，宜控制在 25℃ 以内，本工程在降温阶段内外温差达到 28℃，并未发现温度裂缝，表明大体积混凝土内外温差允许值可以适当放宽，局部温差大经过加强保温及养护处理，可以有效控制温度裂缝产生。

（7）掺加混凝土复合液，对混凝土起到了补偿收缩作用，能有效提高结构抗渗能力。

（8）从图 52-4 中可以看出混凝土温度的理论计算曲线与实测曲线有差异，经验公式的计算值只能作为控制混凝土裂缝的参考值。

53 高抗渗、耐腐蚀混凝土的研制及在深圳青岛啤酒厂工程中的应用

广东省第一建筑工程公司　刘　星　胡泽良　林礼跃
华南理工大学　樊粤明　文梓芸

53-1　前　言

混凝土是永久性的建筑结构材料，其耐久性已成为混凝土技术发展中举世瞩目的重大课题之一。影响混凝土耐久性的因素很多，抗渗、抗冻及耐腐蚀性能被认为是三个最主要因素，而抗渗性具有关键性的地位，它直接影响到材料的抗冻和耐腐蚀性能。因此提高混凝土的抗渗性可以有效地提高其耐久性，从而也提高其耐腐蚀能力。J. Calleja 曾认为，对混凝土耐久性而言，混凝土致密化比选择水泥品种更重要，虽然密实度不是决定混凝土耐久性的唯一要素，但无缺陷、低孔隙率却是提高材料耐久性的一种可靠保证。抗渗性与耐久性的关系极其密切，因抗渗性直接关系到相应的抗碳化能力、抗冻性与抗介质侵蚀能力，而且对混凝土收缩和徐变也有影响，虽然混凝土抗侵蚀能力与水泥品种有关，但在很多情况下，其抗侵蚀能力在很大程度上取决于其抗渗性，提高抗渗性，能防止或减少各种侵蚀介质的渗入，比改变水泥品种能更有效、更大幅度地提高混凝土的抗介质侵蚀能力。因此，配制低孔隙率、高抗渗、耐腐蚀性的混凝土乃是今天建工部门提高混凝土耐久性的必由之路。

目前配制有较高抗渗要求的混凝土往往是采用添加减水剂（G）、引气剂（Y）、粉煤灰（H）中的某两种外掺材料复合制备。国内一些著名的混凝土工程，如乌江渡工程采用了引气剂与减水剂复合的方案，上海地铁一期工程采用了外掺磨细粉煤灰与减水剂的方案，但经文献检索，用上述三种外掺材料复合制备的高抗渗、耐腐蚀混凝土，国内外尚未见有报道，广东省地处沿海，海岸线长，降雨量大，对混凝土的耐久性要求较高，用同掺GYH方法，能使混凝土具有高抗渗、耐腐蚀能力，因而此项技术具有广泛的应用前景。

53-2　GYH混凝土抗渗耐蚀基本原理

混凝土的抗渗性能取决其微观结构，凝胶孔在25nm以下，一般情况下可以认为这些孔不透水，孔径在25nm以上的毛细孔是危害抗渗性能的主渠道，而这些毛细孔部分集中在混凝土中集料与水泥石的界面区域，如何减少25nm以上的渗透孔，改善孔的结构，以及改善界面状况是制备高抗渗、耐腐蚀混凝土的关键。掺减水剂能提高分散度，减少拌合水量，是

提高混凝土密实性和抗渗性的措施之一；掺活性微细集料可以细化孔结构，改善混凝土的抗渗性能；掺引气剂可以改善混凝土拌合物的和易性，减少泌水，生成密闭气泡，还可阻断毛细孔，大幅度提高混凝土的抗渗、抗冻及耐腐蚀性能。因此通过选用高效减水剂、引气剂及活性微细集料，并优化其组合，采用复合添加的技术方法配制混凝土比单一掺外加剂和双掺外加剂具有更高的抗渗和耐腐蚀能力。

53-3 GYH 混凝土结构研究

53.3.1 实验材料及方法

材料选用：水泥用广州水泥厂生产的金羊牌525号普通硅酸盐水泥，粉煤灰为Ⅱ级粉煤灰，二者成分、指标见表53-1。混凝土用砂、石物理性能见表53-2，减水剂为萘系高效减水剂，引气剂为华南理工大学研制的引气剂。

试验方法按国家标准进行，试样养护到龄期后，用丙酮中止水化，在60±5℃下抽真空3h，用HITACHIS—510扫描电镜观察，用Autoscan porosimeter 压汞仪测定孔结构，做加减压曲线。

水泥、粉煤灰的化学成分和细度　　　　表53-1

材料	化学成分（%）						0.08mm筛余（%）	比表面积（m²/kg）
	SiO_2	Al_2O_3	Fe_2O_3	CaO	MgO	SO_3		
普通硅酸盐水泥	21.96	6.62	3.79	59.96	3.04	2.85	6.36	299
粉煤灰	50.53	31.79	6.59	1.79	1.78	—		439

砂、石物理性能　　　　表53-2

材料	品种	细度模数	粒径（mm）	级配	表观密度（kg/m³）	堆积密度（kg/m³）	孔隙率（%）
砂	河砂	2.43	<5	连续级配	2620	1420	45.8
石	花岗岩	—	10～30	连续级配	2660	1562	41.3

53.3.2 检验数据分析、讨论

首先配制基准混凝土（JZ）、GY混凝土、GYH混凝土。基准（JZ）混凝土按普通防水混凝土设计，抗渗等级为P6；GY混凝土则是在基准混凝土的条件下加入减水剂（G）和引气剂（Y）；GYH混凝土则是在基准混凝土的条件下加入减水剂（G）、引气剂（Y）和粉煤灰（H）。三种混凝土均以坍落度基本不变为前提。对三种混凝土进行试验，基准混凝土配合比及拌合物性能见表53-3。三种混凝土的性能比较见表53-4。

基准混凝土配合比及拌合物的性能　　　　表53-3

水泥：砂：石：水	水泥用量（kg/m³）	砂率（%）	表观密度（kg/m³）	坍落度（mm）	含气量（%）	抗压强度（28d、MPa）
1：2.04：3.48：0.6	371	37	2371	65	0.3	33.8

混凝土性能比较 表53-4

混凝土代号	水灰比	坍落度(mm)	粘聚性	保水性	含气量(%)	减水率(%)	抗压强度(28d、MPa)
JZ	0.6	65	一般	一般	0.3	—	33.8
GY	0.44	58	较好	较好	2.5	27	43.4
GYH	0.42	60	好	好	2.3	30	49.3

由表53-4可见，添加GY或GYH后，可大幅度降低混凝土的水灰比，增加浆体粘聚性，显著减少混凝土的泌水及其造成的沉降孔，这对改善混凝土中界面层结构，提高混凝土的抗渗耐蚀性能极为有利，从混凝土的工作性、水灰比和28d抗压强度三个指标来综合评价，GYH混凝土比GY混凝土更好，对于JZ、GY、GYH三种混凝土的性能检测数据见表53-5。

混凝土性能及孔结构分析数据 表53-5

混凝土代号	JZ混凝土	GY混凝土	GYH混凝土
水灰比W/C	0.6	0.44	0.42
坍落度（mm）	65	58	60
平均渗水高度（mm）	138	31	25
相对渗透系数 cm/s sk×10^{-10}	41.0	2.09	1.57
总孔隙率%	17.48	17.44	14.85
总孔体积 cm^3/g	0.0854	0.0778	0.0657
残留孔体积 cm^3/g	0.0375	0.0453	0.0417
开口孔体积 cm^3/g	0.0479	0.0325	0.0240
100～750nm的孔体积 cm^3/g	0.0191	0.0281	0.0246
25～100nm的孔体积 cm^3/g	0.0214	0.0117	0.056
<25nm的孔体积 cm^3/g	0.0448	0.0379	0.0359

注：残留孔体积为总孔体积减去开口孔体积。

由表53-5数据可见JZ混凝土试样总孔体积、开口孔体积、25～100nm毛细孔体积最大，残留孔体积最小。即JZ混凝土砂浆中供离子扩散及水渗透的毛细孔远多于GY混凝土及GYH混凝土，而能产生阻断作用的残留孔（不连通孔）含量最小。因此JZ混凝土中砂浆部分的抗渗、抗异离子扩散能力较差，通过电镜观察JZ混凝土试样界面及浆体的结构，界面层大于20μm，结构较疏松，C-S-H凝胶为长纤维状，Ca(OH)$_2$晶粒粗大，28d抗压强度仅为33.8MPa，这种疏松的结构对材料的抗渗、耐蚀和力学性能均不利，掺GY后，G以减水为主，提高了浆体的内聚力和界面粘结力，混凝土强度显著提高，Y能引入微小的密闭的稳定的气泡，能阻断毛细孔，提高混凝土的抗渗性，由于减水和引气作用，毛细孔结构产生较大的变化。由表53-5的数据可知GY混凝土试样中毛细孔总体积减少，较多的孔处于封闭状态，开口孔体积比JZ混凝土试样减少了32%，25～100nm的毛细孔体积比JZ混凝土试样减少了45%，在电镜下观察，GY混凝土试样除有较多封闭小气孔外，水泥石结构较为致密，由于减水及大量分散气泡作用，浆体粘聚性增大，粗骨料界面上的泌水减少，界面层显著变窄，大部分在5μm左右，只要引气量不过大，GY混凝土的强度仍比JZ混凝土高，在此基础上再掺入粉煤灰，由于细粉煤灰的物理及化学作用，使混凝土中的水化产物 Ca(OH)$_2$ 减少，C-S-H 凝胶相对增多，毛细孔进一步减少和细化。此外，粉煤灰颗粒经一定龄期后表面生成细小纤维状的 C-S-H 和箔片状的水化物，这不仅能增强已水化水泥颗粒与粉煤灰颗粒间的连接，提高水泥石强度，而且也有阻断毛细孔通道的作用，粉煤灰的形态效应和微集料效应可进一步降低水灰比，提高致密性及改善混凝土中界面结构，提高抗渗能力。从表 53-5 可见，GYH 混凝土试样中总孔体积最小，开口孔数量比 JZ 混凝土试样减少了 50%，危害大的 25~100nm 的毛细孔数量大幅度减少，比 JZ 混凝土试样和 GY 混凝土试样分别减少了 73.8% 和 52.1%，通过电镜可观察到，GYH 混凝土骨料与水泥石间的界面层很窄，以致难以分辨，界面层中未见到有粗大的晶粒，这种均匀及致密的结构对提高混凝土的强度及抗渗能力极为有利。通过劈裂法测得的相对渗透系数见表 53-5，添加 GY 或 GYH 后，混凝土的相对渗透系数均比 JZ 混凝土大幅度降低，GYH 混凝土的相对渗透系数比 JZ 混凝土降低 96.2%。由此可见 GYH 复合添加技术对提高混凝土的抗渗能力具有十分显著的作用。

综上分析，表明采用 GYH 复合技术配制混凝土，能改善混凝土的微观结构，增加界面粘结力，改善界面孔结构，大幅缩窄混凝土中粗骨料及水泥石间的界面层，减少泌水，混凝土中对水渗透及异离子扩散危害性大的 25~100nm 毛细孔体积大幅度减少，使混凝土的结构致密化，从而能达到混凝土高抗渗、耐腐蚀的效果。

53-4 GYH 混凝土技术的工程应用实例

53.4.1 工程概况

深圳青岛啤酒厂是由深圳青岛啤酒有限公司投资兴建，由中国轻工业广州设计院设计，广东省第一建筑工程公司承建，该厂位于深圳市宝安区松岗镇，是继深圳金威啤酒厂之后第二个年产量超过 10 万 t 的大型啤酒厂。

该工程基础采用锤击式沉管灌注桩，工程量见表 53-6。

桩基础工程量一览表　　表 53-6

序号	项目	规格（mm）	数量（根）	长度（m）	混凝土工程量（m³）	总工程量（m³）
1	锤击灌注桩	600	431	约 25	约 3500	6300
2	锤击灌注桩	480	605	约 25	约 2800	

53.4.2 地下水质情况

根据深圳地质勘探开发公司提供资料表明，工程地点地下水量较丰富，主要赋存于第四纪更新世地层的淤泥质或粘性土之粉细砂、中粗砂、砾砂层孔隙及中风化裂缝中，微具承压性，其渗透性根据经验值一般在 2~3m/d，测得地下水类型为 Cl^--Na^+；$Cl^-HCO_3^-$—Na^+，$SO_4^{2-}Cl^--Na^+Mg^{2+}$，$SO_4^{2-}-Na^+$，水质呈酸性（pH=5~6），在酸性水质的环境中，混凝土极易受到腐蚀，因此，工程基础混凝土要求具有耐酸性。

53.4.3 耐酸混凝土配制方案的确定

根据水文地质资料数据，地下水中腐蚀成分主要为 HCO_3^-、Cl^- 和 SO_4^{2-}。由中国轻工业广州设计院提出灌注桩采用耐酸混凝土，按通常做法是采用抗硫酸盐水泥来配制混凝土或采用水玻璃耐酸混凝土，但这些方法成本高，工艺复杂，且原材料供应也存在问题。由于工期紧，为保证混凝土质量及混凝土的耐久性，建议采用GYH复合技术配制耐酸混凝土。此方法的优点在于：(1) 使用效果好。能有效地减少有害离子进入混凝土内部，大幅度减少酸性地下水对混凝土及钢筋的破坏作用。(2) 造价低，施工工艺简单。(3) 原材料也容易供应上。在征得建设单位、监理公司和设计单位三方同意后，根据该工程的实际情况，进行了混凝土配合比设计与实施工作。

53.4.4 高抗渗、耐腐蚀混凝土的配合比确定

53.4.4.1 原材料的选用

原材料包括：水、水泥、砂、石、高效减水剂、引气剂、粉煤灰，各种原材料的情况如下：

水：自来水；

水泥：广州珠江水泥厂生产的525号硅酸盐水泥P（Ⅱ），其物理性能见表53-7；

砂：中砂，其性能见表53-8；

石：粒径20～40mm，其性能见表53-8；

减水剂（G）：HPG—1型高效减水剂（非缓凝型），减水率达24%。广州黄埔粤和公司生产；

引气剂（Y）：华南理工大学材料学院制造；

粉煤灰（H）：广州番禺南沙珠江电厂Ⅱ级粉煤灰，其性能见表53-9。

水泥物理性能　　　　　　　　　　　　　　　　　　表53-7

标准稠度	比表面积 (m^2/kg)	凝结时间（小时:分）		强度（MPa）	
		初凝	终凝	R_3	R_{28}
23.8%	370	1:45	3:50	46.7	66.4

集料物理性能　　　　　　　　　　　　　　　　　　表53-8

名称	品种	细度模数	粒径(mm)	级配	表观密度(kg/m^3)	堆积密度(kg/m^3)	孔隙率(%)
细集料	河砂	2.90	<5	自然级配	2600	1500	42.3
粗集料	花岗岩碎石	—	20～40	自然级配	2650	1360	48.6

粉煤灰物理性能　　　　　　　　　　　　　　　　　　表53-9

等级	游离氧化钙(%)	含水率(%)	三氧化硫(%)	烧失量(%)	需水量比(%)	细度(0.045mm筛余)(%)
Ⅱ级	8.57	0.04	1.52	3.00	95	14.9

53.4.4.2 混凝土配合比的确定

首先设计一个基准（普通）混凝土配合比（J_1Z_1），见表53-10，然后在J_1Z_1的配合比基础上（以坍落度基本不变为准）添加高效减水剂、引气剂、粉煤灰，配制成$G_1Y_1H_1$混凝土，见表53-11，表53-12。

基准混凝土配合比及拌合物性能 表 53-10

水:水泥:砂:石	水泥用量 (kg/m³)	砂率 (%)	表观密度 (kg/m³)	坍落度 (mm)	含气量 (%)	抗压强度 (28d、MPa)
0.57:1:1.91:3.40	347	36	2400	120～140	0.5	31.9

$G_1Y_1H_1$ 混凝土配合比（kg/m³） 表 53-11

水	水泥	砂	石	高效减水剂	引气剂 (ml)	粉煤灰
136	315	646	1149	1.84	700	53.9

$G_1Y_1H_1$ 混凝土性能 表 53-12

水泥用量 (kg/m³)	砂率 (%)	表观密度 (kg/m³)	坍落度 (mm)	含气量 (%)	抗压强度 (MPa)
315	36	2290	120～140	3.5	54.5

53-5 检验数据与分析

53.5.1 J_1Z_1 混凝土与 $G_1Y_1H_1$ 混凝土性能比较

J_1Z_1 混凝土与 $G_1Y_1H_1$ 混凝土性能的比较见表 53-13。

J_1Z_1 混凝土与 $G_1Y_1H_1$ 混凝土性能的比较 表 53-13

配比代号	水灰比	坍落度 (mm)	粘聚性	保水性	含气量 (%)	减水率 (%)	抗压强度 (28d、MPa)	抗渗等级	Cl^-扩散系数 (cm²/s)
J_1Z_1	0.57	120～140	一般	一般	0.5	—	31.9		5.68×10⁻⁸
$G_1Y_1H_1$	0.379	120～140	好	好	3.5	31.7	54.5	≫P20	1.74×10⁻⁸

注：1. 抗渗等级试验中，分别将试验室试配试件、施工现场抽样试件进行试验，渗透仪压力到 2.0MPa 时结束试验，分别劈开试件，试配试件与现场试件平均渗水高度分别为 71mm，74mm，只是试件全渗透高度（150mm）的一半，可推算抗渗等级≫P20。
2. 测定氯离子扩散系数试验，是在自制的浓度为 1.8M 的 NaCl 溶液的环境下试验的，检测的试件为现场抽样的试件。

53.5.2 分析与讨论

不论从试配试验还是现场施工的效果来看，用 GYH 复合技术配制混凝土，它的粘聚性和保水性比基准混凝土要好，在坍落度基本相同的情况下，它具有显著改善和易性及减水的效果，综合减水率 31.7%，虽然含气量增大了，但强度比基准混凝土反而有很大提高，抗渗性能也有很大提高，抗渗等级远远大于 P20，而在氯离子扩散测定试验中，在浓度为 1.8M 的 NaCl 溶液环境下，$G_1Y_1H_1$ 的 Cl^- 扩散量比基准混凝土减少 70% 以上，是基准混凝土扩散量的 1/3.26，根据试验的数据，如强度、抗渗性、抗 Cl^- 侵蚀程度等的情况分析，GYH 复合技术配制的混凝土确实能提高混凝土的密实度，阻碍酸性水的渗透，它是能够抵抗酸水的腐蚀的。

54 广州钢铁厂40t电炉炼钢车间 800℃耐热混凝土施工工艺

广州市建筑机械施工有限公司　姚浙藩　柯德辉

54-1 混凝土配合比

广州钢铁有限公司（原广州钢铁厂）40t电炉炼钢车间（每炉钢产量40t）是由冶金部北京钢铁设计研究总院设计的具有80年代炼钢水平的炼钢车间。该工程电炉炼钢设备，是全套引进瑞士BBC公司的设备，并由该公司直接派员负责安装和调试。工程在1987年10月开工，1988年12月竣工，并一次试产成功。在1990年元月5日工程项目验收时已试产出20多炉钢，土建质量被建设单位及其上级部门冶金总公司、设计单位、市建委施工处等验收单位一致评定为优良等级，工程质量受到瑞士专家好评。在工程施工中，作为炼钢的心脏电炉与烟道的连接室，是一个较关键的部位。按设计要求：连接室为总高7.5m，长宽各为3.7m，底板厚为1.5m，壁厚和顶盖厚为250mm的现浇混凝土结构，混凝土为C20级耐热混凝土（耐热温度800℃），是一种特殊混凝土。施工时，除要处理好底板与壁板，壁板与顶盖的施工缝外，关键是要做好耐热混凝土的配合比设计。为此通过用15组不同耐火材料进行配制，对各组试验资料进行比较筛选，最后确定采用试验编号（火-3）的配合比方案。

编号（火-3）800℃耐热混凝土试验结果　　表54-1

试验编号	坍落度(mm)	7d龄期进行32h 110℃烘干后(抗压强度)(MPa)	潮湿养护龄期28d(抗压强度)(MPa)	养护7d，经110℃、32h，再经800℃、恒温4h即压		养护7d，经110℃、32h，再经800℃、恒温4h，10d		剩余强度(%)	养护7d，经110℃、32h，再经800℃、骤冷骤热6次		说明
				(抗压强度)(MPa)	有无出现裂纹	(抗压强度)(MPa)	有无出现裂纹		(抗压强度)(MPa)	有无出现裂纹	
火-3	24	23.4	25.9	8.0	未出现裂纹	8.3	未出现裂纹	35	4.3	有出现发状裂纹	符合要求

注：试件尺寸为100mm×100mm×100mm作耐热混凝土强度鉴定，其余耐高温试件用70.7mm×70.7mm×70.7mm，结果乘以换算系数$k=0.94$。

54.1.1 原材料性能

(1) 胶结材料：采用英德南华牌525号硅酸盐水泥，检验结果567号。

(2) 粗、细集料

加工用的细、粗集料及掺合料（粉状）所用的耐火砖应确保满足1750℃的耐火度。

1) 掺合料：即耐火砖粉，用耐火砖加工成的细粉，其通过0.3mm筛孔的通过率为

100%，表观密度为1027kg/m³。

2）细集料：即耐火砖砂，用耐火砖加工成的细集料砖砂，其颗粒级配为：

5mm 筛孔筛上的分计筛余百分率为 0.23%；

2.5mm 筛孔筛上的分计筛余百分率为 12.97%；

1.2mm 筛孔筛上的分计筛余百分率为 14.77%；

0.6mm 筛孔筛上的分计筛余百分率为 36.17%；

0.3mm 筛孔筛上的分计筛余百分率为 21.45%；

0.15mm 筛孔筛上的分计筛余百分率为 7.70%；

筛底分计百分率为 6.71%。

密度为 2.075，表观密度为 1253kg/m³，平均粒径 0.46mm。

3）粗集料：即耐火砖碎块，用耐火砖加工成的粗集料砖碎块，其颗粒级配为：

30mm 筛孔筛上的分计筛余百分率为 10.7%；

20mm 筛孔筛上的分计筛余百分率为 30.6%；

5mm 筛孔筛上的分计筛余百分率为 58.7%。

密度为 2.285，表观密度为 1022kg/m³，空隙率 55%，吸水率 13%。

54.1.2 设计配合比

按照选用试验编号（火-3）的配合比材料用量如下：

水泥=349kg/m³，耐火砖粉=349kg/m³，

耐火砖砂=534kg/m³，耐火砖碎块=608kg/m³。

自来水=185kg/m³。

设计配合比：

水泥：耐火砖粉：耐火砖砂：耐火砖碎块：自来水

　1　：　1　：　1.53　：　1.74　：　0.53

水灰比为 0.53。

耐热混凝土表观密度为 2243kg/m³。其试验结果见表 54-1。

54-2　施工工艺要求

(1) 耐热混凝土须用搅拌机拌制，各种材料计量应按重量计。水泥，砖粉和水的配料允许误差为±2%，砖砂和砖碎块配料允许误差为±5%。

(2) 配制耐热混凝土之前，应细心将搅拌筒和料斗车中的余料和混凝土清除干净。

(3) 配制耐热混凝土时，搅拌筒装料程序为：先倒入水泥，砖粉，砖碎块及全部需水量 3/4 的水，并搅拌 2min，然后往搅拌机中装入砖砂和其余剩余水量，再搅拌 3min，使耐热混凝土拌和到完全均匀为止（总搅拌时间不得少于 5min）。

(4) 施工时应采用分层浇筑法，每层厚度不得大于 300mm，同时必须使用振动器振捣，振动时间不得少于 30s，并不得大于 60s，以免捣固不够或发生分层离析现象。

(5) 浇筑时温度必须在+10℃以上。

(6) 在其硬化时必须保持规定温度和湿度，在浇筑好的混凝土表面上要盖上麻袋，在浇筑混凝土 24h 后开始浇水，养护需持续 8～10d，每天浇水次数与普通混凝土相同。

54-3 施工中的抽查与复核工作

施工前,要做好设计配合比的挂牌及交底工作,将材料名称,规定,称量明细列出,挂在混凝土搅拌机附近,以利于施工中的监督与及时纠正工作,严格控制水灰比,每台班应按照规定抽取试样以检验工程质量。施工现场抽样检验试验结果见表54-2。

现场施工抽样试验结果 表54-2

工地抽样编号	坍落度(mm)	7d龄期进行32h 110℃烘干后(抗压强度)(MPa)	潮湿养护龄期28d(抗压强度)(MPa)	养护7d,经110℃、32h,再经800℃、恒温4h即压(抗压强度)(MPa)	养护7d,经110℃、32h,再经800℃、恒温4h即压 有无出现裂纹	养护7d,经110℃、32h,再经800℃、恒温4h,10d(抗压强度)(MPa)	养护7d,经110℃、32h,再经800℃、恒温4h,10d 有无出现裂纹	剩余强度(%)	养护7d,经110℃、32h,再经800℃、骤冷骤热6次(抗压强度)(MPa)	养护7d,经110℃、32h,再经800℃、骤冷骤热6次 有无出现裂纹	说明
连接室壁面	32	33.9	28.0	13.4	未出现裂纹	14.2	未出现裂纹	39	6.7	未出现发状裂纹	符合要求
连接室基础	29	35.7	37.7	13.2	未出现裂纹	14.1	未出现裂纹	37	6.4	未出现发状裂纹	符合要求

注:连接室壁面,基础现场施工抽样试验结果,情况良好,符合设计要求。

55 120m×96m 超长钢筋混凝土楼面无缝施工

广东省第七建筑集团有限公司 李法尧 梁伟超

随着建筑业的不断发展,大跨度、大面积的超长现浇整体式钢筋混凝土结构日渐增多。人们在考虑混凝土收缩变形和温度变形对结构的影响方面,通常采用设置后浇缝的方法来扩大伸缩缝间距或取消伸缩缝。这无疑是一种有效的设计手段和施工措施。然而后浇缝也有它的不足,这就是施工时,缝侧混凝土内的砂浆难免会流入缝内,缝内清理十分麻烦,而且,后浇缝一般要经过40~60d后才能填缝,工期延长,若填缝不好,还会留下渗漏等隐患。为此,不少科研单位和部门都在研究和探索取消后浇缝的科研工作。根据UEA混凝土补偿收缩的原理,在江门市大长江摩托车有限公司扩建A01001-2联合工房库房工程的楼盖梁板混凝土施工中,采用UEA膨胀加强带的新工艺,取代了传统的后浇缝的施工方法,有效地实现了超长建筑物混凝土的连续浇筑作业,从而达到提高施工质量,加速模板周转,加快施工进度,缩短工期的效果。取得了良好的技术经济效益和社会效益。

55-1 工程概况及工艺机理

55.1.1 工程概况

大长江摩托车有限公司扩建A01001-2联合工房库房工程,柱网轴线间距为12m×12m,建筑物总长120m,宽96m,共3层。建筑面积约35000m²。3层结构由下至上各层的混凝土强度等级为C35、C30和C25,每层混凝土的浇筑量约3000m³,为一大跨度超长现浇混凝土结构。该工程楼盖梁板结构采用无缝设计,在考虑混凝土收缩变形对结构影响的措施方面,采用设置后浇带的形式,其中建筑物纵向设缝一道,横向设缝二道,带宽1m。后浇带要求待楼板混凝土浇筑完毕2个月后,采用比同楼层高一个强度等级的膨胀混凝土浇筑。然而,按此方案施工所带来的问题是后浇带混凝土要作2次浇筑,且间歇时间要2个月,若按此施工程序编排施工计划,主体结构施工的总工期起码要5个月以上,无法满足兴建单位提出的工期要求。针对此实际情况,经过充分的探讨和论证,根据UEA混凝土补偿收缩的原理,在征得设计和兴建单位同意的前提下,决定在该工程的楼面梁板混凝土施工中,将原设计设置后浇带的形式,改为设置膨胀加强带的方法,即每层楼面整体一次浇筑完成的方法施工。

55.1.2 工艺机理

用掺入U型膨胀剂(简称UEA)制作的混凝土,称为UEA补偿收缩混凝土。按照掺U型膨胀剂掺量的不同,达到膨胀率的不同,所起的效果不同。一般掺UEA为水泥重量的

8%~12%时（有防水要求时掺10%~12%），产生微量膨胀（限制膨胀率为0.02%~0.04%），起到抵消一般混凝土硬化过程的收缩作用，并产生0.20~0.70MPa的预应力，因此称为补偿收缩混凝土。加强带内混凝土掺UEA量为水泥重量的14%~15%，其膨胀率更大（限制膨胀率为0.04%~0.06%），考虑膨胀作用使其强度等级要比两侧混凝土高0.5级。同时，由于两侧混凝土和钢筋的限制作用，大膨胀的UEA混凝土的强度实际不会下降，相反起增强作用，因此称为膨胀加强带。这一加强作用并且会抵消一定的温度收缩变形，从而使钢筋混凝土结构的长度限制大大放宽。

为了取得一定的数据，施工前，分别制作了掺UEA为水泥重量8%和15%的试件，测定了不同龄期下的限制膨胀率，结果详表55-1所示。

UEA混凝土的膨胀性能表　　　　　　　　表55-1

设计强度等级	UEA掺入量(%)	粉煤灰掺入量(%)	胶结材总量(kg/m³)	W/C	坍落度(mm)	凝结时间(时:分) 初凝	凝结时间(时:分) 终凝	纵向限制膨胀率(×10⁻⁴) 3d	纵向限制膨胀率(×10⁻⁴) 7d	纵向限制膨胀率(×10⁻⁴) 14d	纵向限制膨胀率(×10⁻⁴) 28d
C35	8	15	404	0.61	120~140	8:22	9:57	2.0	1.0	0.7	0.3
C30	8	15	367	0.69	120~140	8:26	9:54	1.5	0.5	0.43	0.3
C35	15	15	405	0.67	120~140	8:28	10:43	2.7	1.4	1.3	1.3

膨胀加强带一般应设在结构收缩应力最大的地方，即一般设在后浇缝的位置。其构造及应力变化示意如图55-1所示。

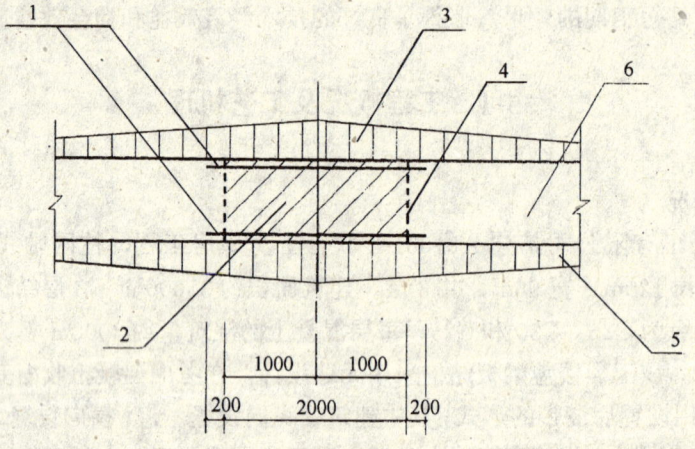

图55-1　膨胀加强带替代后浇缝的示意图（单位：mm）
1—双向φ6@100mm钢筋网加强；2—膨胀加强带（UEA掺量为14%~15%的混凝土）；3—膨胀应力曲线；4—钢丝网；5—收缩应力曲线；6—普通混凝土（有防水要求时掺加10%~12%的UEA）

55-2　施 工 方 案

（1）原设计楼面后浇带位置和条数不变，做法改为UEA膨胀加强带的形式，带的宽度由原来的1m改为2m，带内在原配筋的底、面各加一层双向φ6@100mm钢筋网，钢筋网宽为2400mm。

（2）加强带内混凝土掺加U型混凝土膨胀剂（简称UEA）15%，非加强带混凝土掺加

UEA8%。其中,同一楼层加强带混凝土比非加强带混凝土高一个强度等级(即C40、C35、C30)。

(3) 考虑到每层混凝土的浇筑量大,质量要求高,故混凝土采用现场搅拌,泵送输送的方法施工。

(4) 为保证楼面梁板混凝土浇筑能顺利进行,按设计图纸要求将楼面原后浇带位置留出,即将每层楼面分成6个区域(详图55-2),用Ⅰ-Ⅵ表示,膨胀加强带用 $a \sim g$ 表示。

(5) 混凝土的浇筑顺序为

$$\text{Ⅱ} \longrightarrow \text{Ⅳ} \begin{smallmatrix} \nearrow a \\ \searrow b \end{smallmatrix} \longrightarrow \text{Ⅰ} \begin{smallmatrix} \nearrow c \\ \searrow d \end{smallmatrix} \longrightarrow \text{Ⅲ} \begin{smallmatrix} \nearrow e \\ \end{smallmatrix} \longrightarrow \text{Ⅵ} \begin{smallmatrix} \nearrow f \\ \searrow g \end{smallmatrix} \longrightarrow \text{Ⅴ}$$

待加强带两侧混凝土浇筑完成后,接着用塔式起重机配合,随即浇筑加强带内混凝土。

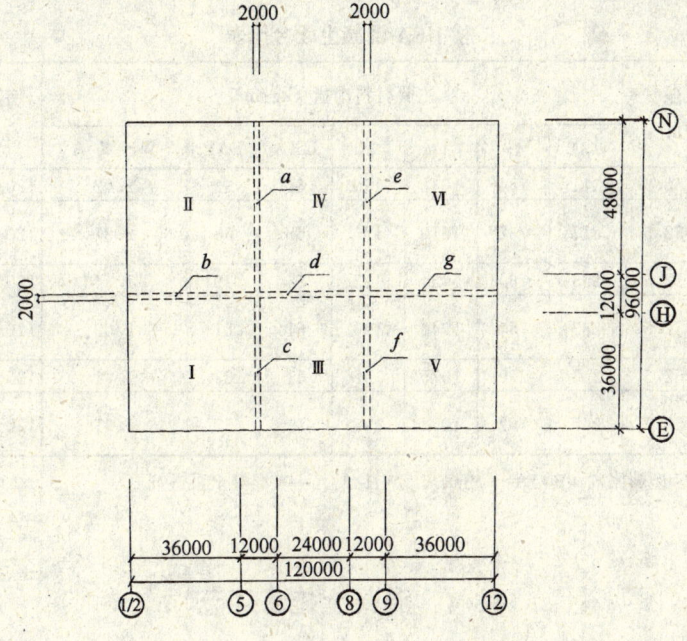

图 55-2 施工区域划分平面图(单位:mm)

55-3 混凝土配合比设计

上述方案能否付诸实施,混凝土施工配合比的设计是关键。为此首先应做好混凝土配合比的试配工作。

55.3.1 对原材料的要求

1. 水泥

考虑到结构混凝土设计强度等级较高,为保证施工质量,选用了质量稳定、信誉好的粤珠牌525号转窑硅酸盐水泥。

2. 骨料

(1) 粗骨料。因采用泵送混凝土,为提高混凝土的可泵性,根据混凝土泵的输送管径

（φ125mm），选用了本公司石场生产的粒径为 10～20mm 的碎石。

（2）细骨料。选用细度模数 2.6～2.8 的中砂。

3. 外加剂及掺合料

（1）膨胀剂。选用了江山建材实业有限公司生产的 U 型膨胀剂（简称 UEA），UEA 的质量符合 JC 476-92 标准。

（2）粉煤灰。为了减少水泥用量，提高混凝土的抗裂性，减少干缩性，该工程混凝土掺加广州黄埔电厂出产的 II 级粉煤灰。

（3）泵送剂。为了满足可泵性和减缓水泥早期水化热发热量，该工程选用江门新型建材厂生产的 WH-III-A 泵送剂。

55.3.2 所选用的混凝土配合比

经过公司试验室的反复试配，确定各部位的混凝土施工配合比的要求见表 55-2

掺 UEA 混凝土配合比表　　　　表 55-2

结构部位	设计强度等级	水泥标号(MPa)	主要材料用量（kg/m³）						坍落度(mm)	抗压强度(MPa)	
			水泥	砂	石	水	UEA	FAP	WH-III-A		7d	28d
二层楼面	C35	52.5	311	754	1042	190	61	32	2.02	120～140	33.8	43.5
二层膨胀加强带	C40	52.5	317	732	1010	195	68	68	2.27	120～140	33.9	46.1
三层楼面	C30	52.5	283	764	1054	195	55	29	1.84	120～140	29.8	37.6
三层膨胀加强带	C35	52.5	283	754	1041	190	61	61	2.02	120～140	31.6	42.8
天面	C25	52.5	263	779	1075	195	51	27	1.71	120～140	23.8	30.1
天面膨胀加强带	C30	52.5	267	762	1052	195	57	57	1.91	120～140	28.1	41.8

表中：UEA——U 型膨胀剂，FAP——粉煤灰，WH-III-A——混凝土泵送剂。

55-4 混凝土施工工艺

根据设置 UEA 膨胀加强带混凝土施工的特点，在确保混凝土具有良好的和易性要求的情况下，该工程楼面梁板混凝土的浇筑将以加强带划分的区段为单位，采用分区连续作业，一气呵成的方法施工，以满足结构整体浇筑的需要。

1. 混凝土供料方式

为确保混凝土施工的工作效率，避免施工冷缝的出现，从而缩短整体浇筑完成时间，该工程配备了 1 台 SHC-57 型混凝土泵供料（其最大泵送量为 50m³/h）。在现场搅拌系统方面，采用 2 台 JZM750 搅拌机和 2 台 HPD-800B 砂、石配料站配套制备混凝土，以保证混凝土的配料准确和供应量充足。具体施工时，混凝土制备投料的顺序为：开机运转→石子→砂子→粉煤灰→水泥→UEA→干拌 30s 以上→水和泵送剂。另外，加水后搅拌时间要比普通混凝土延长半分钟以上。

2. 混凝土浇筑方法

混凝土浇筑沿垂直于楼面纵向的方向进行，先浇筑框架梁主次梁，后浇筑板，并根据配合比提供的混凝土初凝时间，结合施工设备的有效生产率，每次浇筑工作面宽度控制不超过 3m，梁使用插入式振动器振捣，楼板用平板振动器捣实整平。

3. 混凝土的养护

为了保证新浇筑的混凝土有适宜的硬化条件，防止在早期由于干缩而产生裂缝，根据 U 型膨胀混凝土的特点，在已浇筑的混凝土终凝后，现场设专人对混凝土浇水养护，使混凝土经常保持在湿润状态。养护时间保持在两周以上。

55-5 施 工 效 果

由于事前做了充分的准备工作和采取设置 U 型膨胀加强带这一有力措施，加上钢筋连接、内脚手架支撑和模板等各方面的配合，该工程的结构混凝土施工非常顺利，工期大大加快，三层楼面，近 10000m³ 混凝土的施工，仅用了 2 个月的时间，比原方案计划工期提前了一倍以上。施工速度之快是前所未有的。同时，施工质量也大大提高，工程施工完成后，经过一个冬季低温的考验和现场观察，效果良好，未出现过任何裂纹。同时，各层楼面饰面施工前，均作蓄水试验，也未发现有渗漏现象。

55-6 体 会

工程实践表面，UEA 膨胀加强带确实是取代后浇缝的一种有效的方法，它可实现超长混凝土结构物的连续浇筑作业，给结构施工带来了方便。

（1）以水泥用量的 8%～12% 的 UEA 内掺（取代水泥率）于水泥中，可拌制成补偿收缩混凝土，其限制膨胀率为 0.02%～0.04%，在钢筋和邻位混凝土约束下，可在混凝土中建立 0.2～0.7MPa 的预应力，这一预应力大致可抵消混凝土硬化过程中产生的收缩拉应力，使结构不裂或控制在无害裂缝范围内。而掺 UEA14%～15% 时，则其膨胀率达 0.04%～0.06%，形成膨胀加强带，以此代替后浇缝，可达到无缝施工的目的，大大加快了工期。

（2）UEA 的膨胀作用主要发生在 14d 以前，所以只要在这一阶段注意混凝土的养护，就能有利于补偿混凝土的干缩。而 14d 以后的小量膨胀，可用于补偿混凝土的冷缩。故能够起到对冷缩和干缩的联合补偿。

（3）由于 UEA 混凝土的膨胀效应，产生早期限制膨胀率的作用，并减少混凝土的水化热，产生温差补偿效应，降低混凝土硬化时的温度，使结构的综合温差所产生的变形接近混凝土的极限拉伸变形，从而有效地达到扩大伸缩缝设计间距的目的。

56 深圳市南山区政府办公大楼无粘结预应力混凝土工程施工

广东省八建集团有限公司 陈 光

深圳市南山区政府办公大楼由深圳市南山区政府投资兴建，深圳市南山区建筑设计院设计，广东省八建集团深圳公司总承包施工。该工程主楼为29层，总建筑面积48000m²，所有梁板均为无粘结预应力混凝土梁板。本预应力混凝土工程由广东省八建集团深圳公司与中建二局深圳南方建筑公司福伟预应力工程处联合施工，在施工中对无粘结预应力筋的配置、锚具及张拉设计的选用等施工工艺进行了专题探讨。

56-1 无粘结预应力混凝土工程概况

南山区政府办公大楼主体结构为框筒结构，分A、B、C三段，其中A段为主楼，B、C段为副楼。主楼5层至29层楼板为无粘结预应力混凝土梁板结构；B段2层和3层为无粘结预应力混凝土大梁，4层及屋顶为无粘结预应力混凝土井式梁；C段3层为无粘结预应力混凝土井式梁。工程设计无粘结预应力钢绞线采用天津第一预应力钢丝有限公司生产的低松弛钢绞线，直径为$\phi 15.24mm$，抗拉强度不低于1860MPa。均采用一端张拉工艺，固定端为柳州"OVM" P型挤压锚具，无粘结预应力混凝土楼板混凝土的强度等级为C40，要求混凝土强度达到设计强度标准值的75%以上时，才能进行张拉作业。标准层无粘结预应力筋的布置如图56-1。

56-2 无粘结预应力混凝土工程所用的材料及设备

1. 钢绞线

无粘结预应力钢绞线采用天津第一预应力钢丝有限公司生产的低松弛钢绞线。直径15.24mm，抗拉强度不低于1860MPa，延伸率不低于3.5%，有出厂质量检验报告，并经国家建筑钢材质量监测中心检验，符合技术标准（ASTMA416-90a）。到现场后复经南山区建筑工程检测中心检验。

该钢绞线涂油包塑采用现代化收线装置，涂料层为长沙石油厂或天津石油厂生产的无粘结筋专用防腐油脂，外包层材料为聚乙烯塑料。

对无粘结预应力钢绞线的要求如下：

(1) 防腐层应充足饱满，塑料外包层用塑料注塑机注塑成形，应松紧适度。

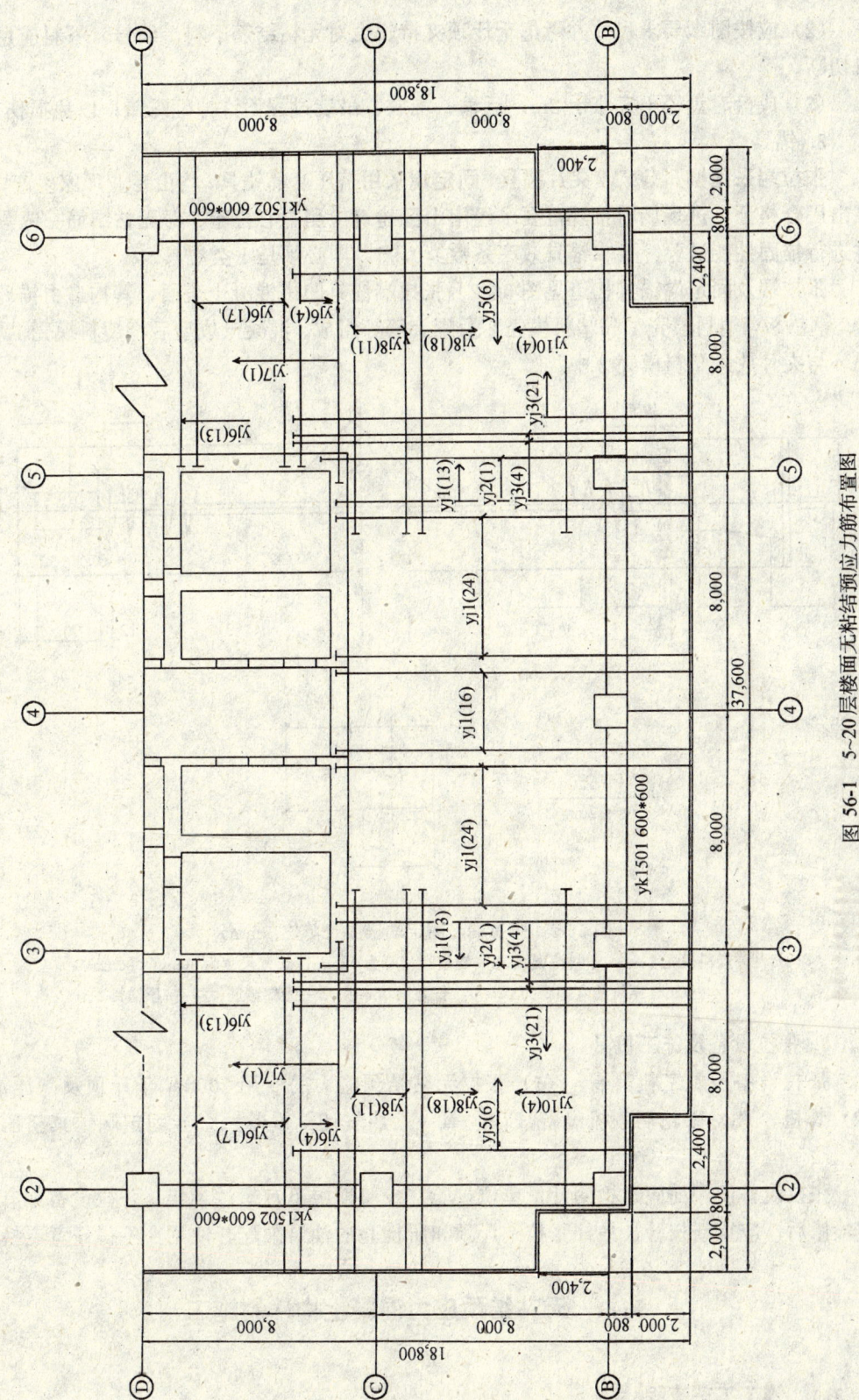

图 56-1 5~20层楼面无粘结预应力筋布置图

(2) 应按图纸要求尺寸并考虑千斤顶夹持长度对无粘结筋下料、编号,下料应用砂轮机切断。

(3) 成盘时盘径不宜小于2m。运输、堆放、吊装过程不许掉砸踩踏,以免损伤。

2. 锚具

张拉端采用柳州OVM夹片锚具,固定端采用挤压套筒锚具,均由专业厂家生产,有产品出厂合格证,进现场时按规范要求经南山区建筑检测中心检验。对无粘结筋—锚具组装件进行锚固性能试验,要求锚具效率系数≥0.95,即必须是Ⅰ类锚具。

张拉端及固定端锚具构造见图56-2。张拉端锚具凹进混凝土表面,其构造由锚环,夹片,钢垫板,塑料模壳1和塑料模壳2及螺旋筋等组成。混凝土成型后将塑料模壳1取出,锚环与夹片放入塑料模壳2中。

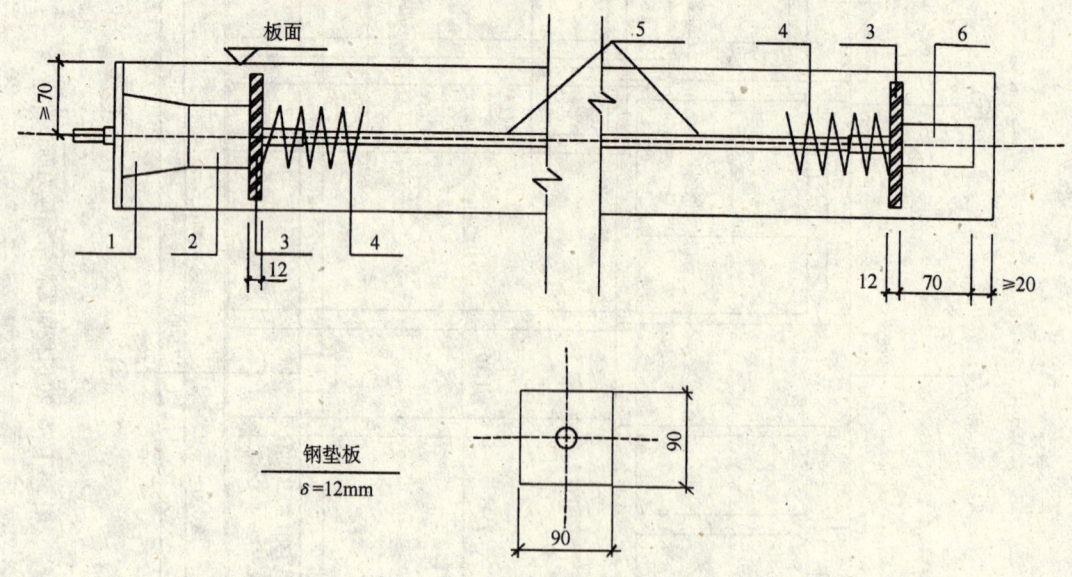

图 56-2 张拉端与固定端锚具(单位:mm)
1—塑料模壳1;2—塑料模壳2;3—钢垫板(厚为12mm,长宽尺寸为90mm×90mm);
4—ϕ6mm螺旋筋(螺距为20mm,长为120mm);5—无粘结筋;6—挤压锚具

3. 张拉设备及施工机具

张拉设备及施工机具有:(1) 张拉无粘结预应力筋专用200kN千斤顶及高压油泵。(2) 焊机。(3) 砂轮切割机设备。(4) 氧—乙炔气切割设备。(5) 固定端锚具挤压机一台。

张拉设备使用前应送检测计量单位校验。校验期限不宜超过半年,张拉设备如有反常或检修后,应重新校验,另外张拉千斤顶和所检验的油泵须配套使用,不得任意更换。

56-3 无粘结预应力混凝土构件的施工

56.3.1 施工工艺流程

无粘结预应力混凝土构件的施工工艺流程如图56-3所示。

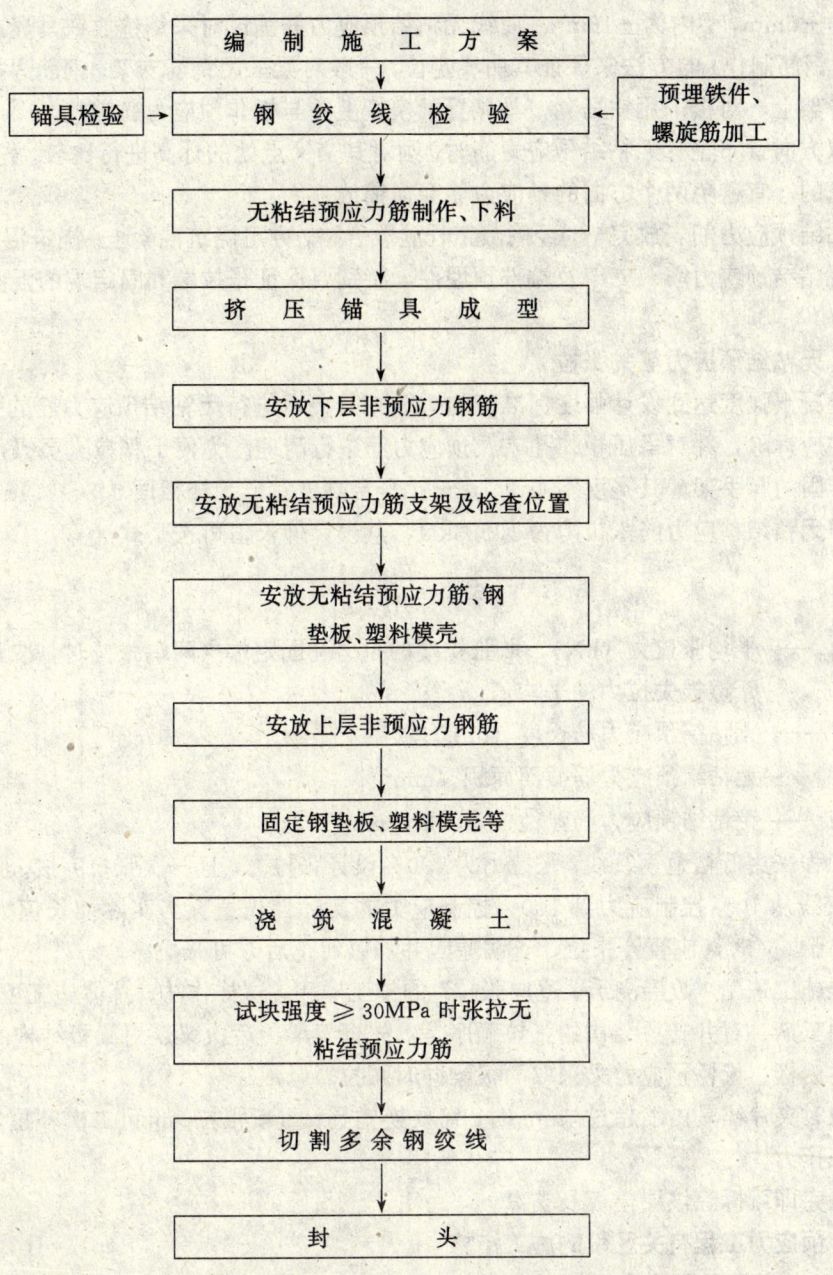

图 56-3 无粘结预应力混凝土构件的施工工艺流程

56.3.2 无粘结预应力筋的铺放和混凝土的浇筑

无粘结预应力筋在加工厂定尺下料。固定端挤压好 P 型锚具后，绑捆成盘运到现场。

无粘结预应力筋运到现场后，应认真检查规格、数量、质量、编号，无误方可分类堆放。如外包层局部破损长度在 200mm 以内时，可用胶带缠绕修补，破损严重的予以报废。良好的无粘结预应力筋用塔式起重机吊至每层的预定位置，以便铺设。

铺放无粘结预应力筋时用定位筋（每隔 2m 一道）以保持其垂直方向高度，其允许偏差在板内为±5mm，梁内为±10mm。曲线无粘结预应力筋铺设时采用垫放铁马凳或钢筋支架（φ12mm钢筋制作）的方法来保证其曲线定位，一般对梁采用钢筋支架，钢筋焊接在梁非预应力筋骨架上，对板采用铁马凳，马凳置于模板上并与板非预应力筋绑扎。

当双方向皆布置有无粘结预应力筋时，则对其交叉点处的标高进行比较，先铺放低的，后铺放高的，宜避免两个方向的预应力筋穿插铺放。

无粘结预应力筋安放完毕，经隐蔽工程验收合格，方可浇筑混凝土。浇筑混凝土时，严禁碰撞无粘结预应力筋、支架及端部预埋件，特别要保证张拉端和固定端的混凝土振捣密实。

56.3.3 无粘结预应力筋的张拉

当混凝土强度达到设计强度标准值的75%时，便可进行无粘结预应力筋的张拉，张拉前端模均应拆除，并对承压板、孔穴及预应力筋进行清理。为便于张拉人员操作，构件两端应有牢固的脚手架，其宽度不小于1.2m，平台高度宜低于楼板面0.8～1.1m。

每根无粘结预应力筋张拉力为182.3kN，其设计伸长值可按下式计算：

$$\Delta L_p^c = \frac{F_{pm} \cdot L_p}{A_p \cdot E_p}$$

式中　F_{pm}——平均张拉力（kN），取张拉端的拉力和固定端（两端张拉时，取跨中）扣除摩擦损失拉力的平均值；

　　　L_p——无粘结预应力筋长度（mm）；

　　　A_p——无粘结预应力筋截面面积（mm²）；

　　　E_p——无粘结预应力筋弹性模量（kN/mm²）。

本工程采用低松弛钢绞线，张拉力为100%设计张拉力，且一次张拉完成。张拉时记录每根钢绞线从10%控制应力到100%控制应力的实际伸长值。当实际伸长值大于计算值10%或小于5%时，应暂停张拉，查明原因并加以纠正后方可张拉。

工程施工采用"数层浇筑，逐层张拉"的施工顺序，这样作法，总体施工可连续进行，不会影响工期。对井式梁结构的张拉顺序是：先框架梁、后次梁。对梁板结构的张拉顺序是：先梁后板。天桥预应力梁采取两根梁同时张拉。

张拉时夹片锚具内缩超过5mm时，需要换锚具，重新张拉。也可二次补拉，补拉力仍为控制张拉力。

张拉完即可拆除该层模板及支撑。

56.3.4 预应力工程有关区段的施工措施

56.3.4.1 B段预应力天桥梁

由于天桥梁两端支撑边界处梁柱交叉复杂，共有6根梁在该结点处交汇，非预应力筋非常密集。这样给两根无粘结预应力混凝土梁的预应力筋在此处的锚固造成很大困难。因此将张拉端及固定端沿梁长轴向两端延伸，如图56-4、图56-5所示。

56.3.4.2 B段YL-1、YL-2与柱交接处

由于该处柱断面宽度仅300mm，且非预应力筋密集，致使两端预应力梁预应力筋难以布置。经设计院同意现将YL-2预应力筋在此处的标高降至自板面向下200mm处，YL-1预应力筋此处的标高改为自板面向下140～160mm，两个方向预应力筋在该结点处均由梁中的两束并成一束。

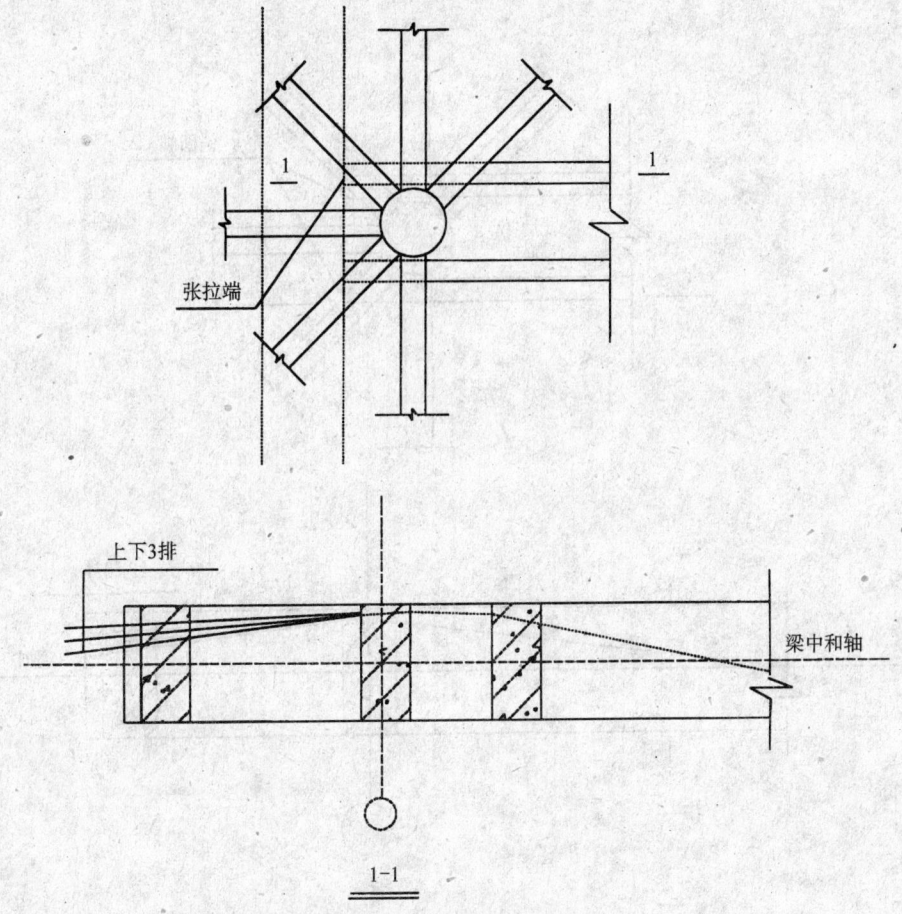

图 56-4 张拉端延伸示意图

56.3.4.3　YL-3 与预应力柱 YZ-9 交结处

由于该处是预应力筋固定端，且该结点处是几个梁交结点，非预应力筋密集，固定端难以放置，经设计院同意，穿过该柱的非预应力梁主筋通长布置，另一根非预应力梁向下移动。

56.3.4.4　B、C 段预应力井式梁总体布筋

所有预应力井式梁无粘结预应力筋皆架空搁置，待非预应力筋就位后再固定张拉端和锚固端。

56.3.5　封闭端头

封闭端头锚具时先用氧—乙炔切割多余钢绞线，切割位置在离锚具 20~30mm 处。再用水湿润端部凹穴表面，用掺有 UEA 的微膨胀砂浆填充凹穴，用钢棒将砂浆敲击密实。

该土建工程施工不仅质量优，安全好，而且工期短，在 5~29 层预应力混凝土楼板施工中，由于无粘结预应力楼板为大面积平板没有梁，使得模板工程省时又省工，支模速度大大加快，且安装平板钢筋比梁板钢筋省工，所以使楼板施工速度加快，标准层施工速度平均 4d 一层，使土楼工程 170d 便结构封顶。

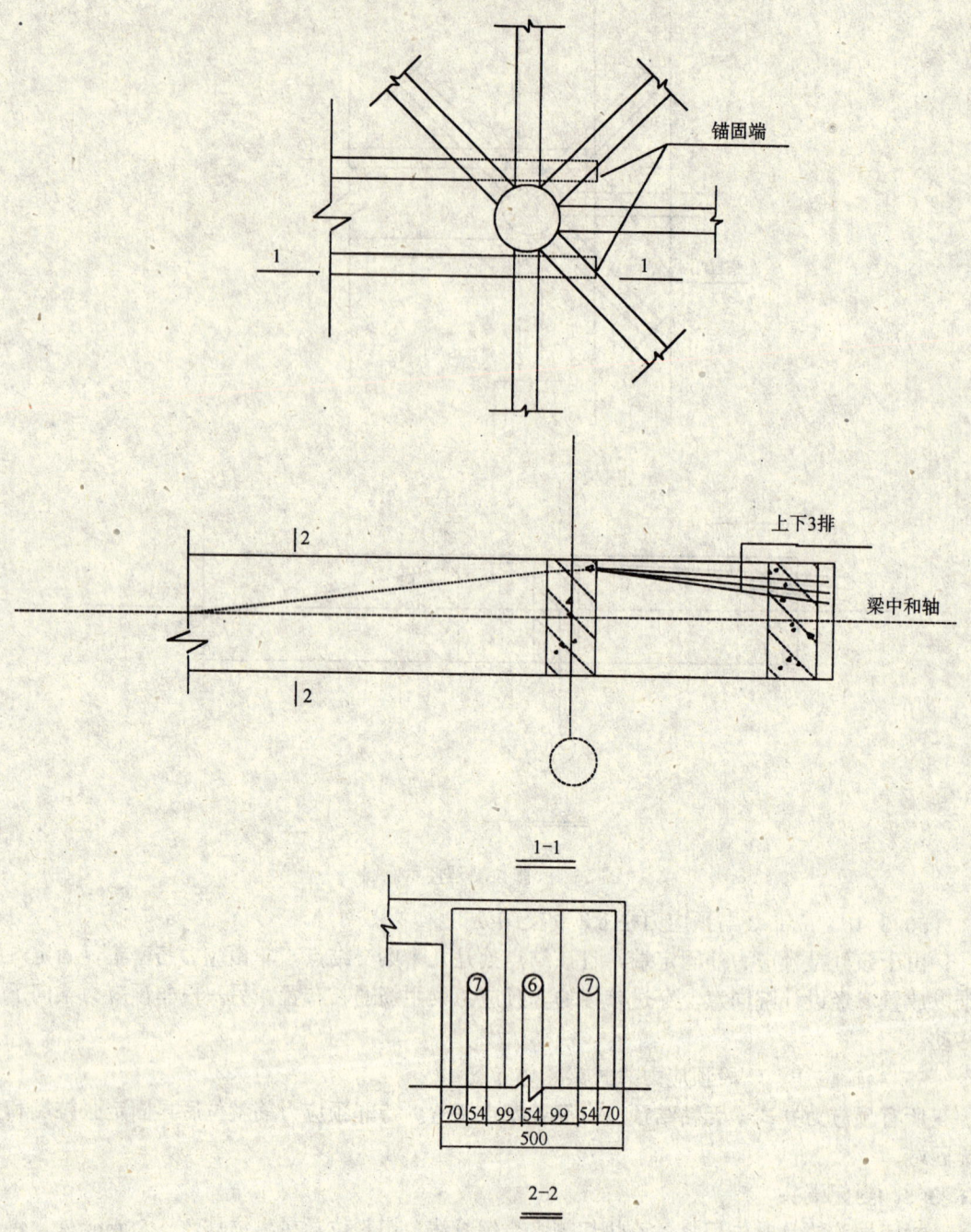

图 56-5 锚固端延伸示意图

57 文昌花苑工程中钢管高强混凝土柱施工技术

广州市第二建筑工程有限公司 朱小林 李国时 丘国林

57-1 引　言

钢管混凝土柱在我国 60 年代开始应用在建筑工程中，90 年代以来在广州高层建筑中，先后有广州好世界广场、广州港澳江南中心、文昌花苑、公安局出入境大厦等工程中得到应用。钢管混凝土柱由钢管与混凝土两部分组成。它具有承载力高、塑性和韧性好、缩小柱截面、扩大柱网、节省建材、缩短工期等优点。随着建筑业的发展，高强混凝土在高层建筑中的应用日益广泛，高强混凝土具有抗压强度高、构件截面小、综合效益好等优点，但其延性差。利用钢管与高强混凝土相结合则可以充分发挥各自优势，钢管高强混凝土柱就是在这样的情况下应运而生并得到应用。

57-2 工程概况

文昌花苑是一栋高层高级商住楼，座落在广州市西关城区荔湾区中心地带，北临长寿路，东靠文昌路，总建筑面积 51400m²，整个工程采用钻孔混凝土灌注桩，单桩单柱，桩径 800～1600mm，深度 30～45m，地下室采用地下连续墙兼作支护结构，地下连续墙壁厚 800mm，局部为 1200mm，该地下室有 3 层，面积为 10800m²，上盖共 29 层，面积为 40600m²。地下三层、二层为停车场，层高分别为 3.2m、3.4m，地下一层为设备用房、仓库及其它用途，层高为 5.25m。首层至五层为商场，层高 4.5～6m，建筑物总高度为 106.38m。本工程采用落地-框支剪力墙结构体系，第六层作管道设备兼结构转换层，结构按 7 度抗震设防。该工程地下三层至地上六层采用 ϕ800mm 钢管高强混凝土柱，高度共 41.15m，每层共有 37 条钢管高强混凝土柱，使用钢管总长度为 1522.55m，钢管分段安装。钢管高强混凝土柱在本工程中的使用，为地下室逆作法施工创造了条件。根据设计要求，地下连续墙壁既作支护结构，又作地下室的外壁，采用"半逆作法"施工，出土留孔位置见图 57-1。

采用了钢管高强混凝土柱及半逆作法之后，该工程施工步骤主要如下：

(1) 进行钢管高强混凝土柱底垫层、扎筋、浇筑混凝土。
(2) 进行钢管高强混凝土柱底管座安装及扎筋、浇筑混凝土。
(3) 钢管—13.9m 至 0.5m 段吊装就位与固定。
(4) 第一段钢管内采用高抛法浇灌 C60 级高强混凝土。
(5) 0.5 至 +11m 进行第二段钢管吊装。
(6) 进行第一次土方开挖，周边挖至 −6.8m，中间部位向下挖至 −10m。

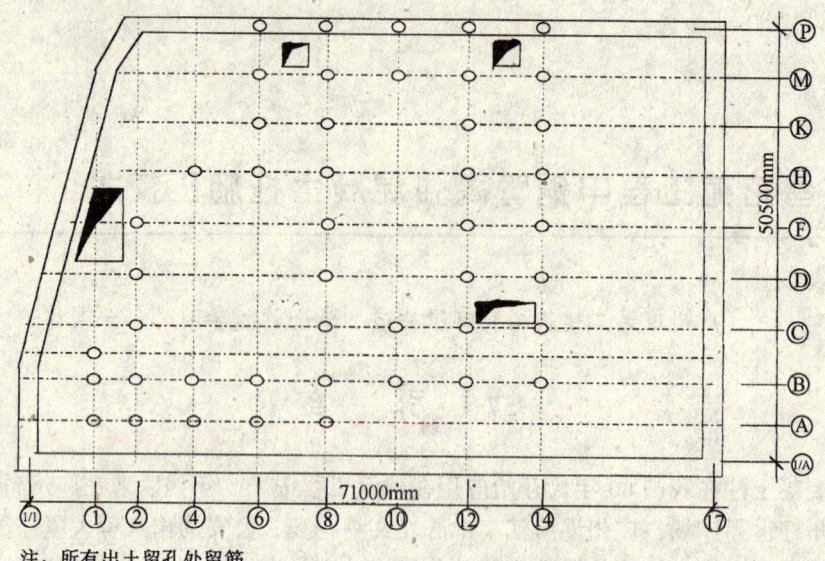

注：所有出土留孔处留筋

图 57-1 地下一层及±0.00出土留孔图

(7) 进行地下室一层（-5.25m）的结构施工。

(8) 两个筒体从地下二层（-8.45m）往上进行结构施工，并同地下一层及±0.00的结构面衔接。

(9) 进行首层结构施工。

(10) 进行二层至五层结构施工。

(11) 地下一层结构拆模，进行第二次挖土。

(12) 第三层楼板结构浇筑混凝土，并加早强剂，提前进行第三段钢管的安装。

(13) 第二次出土，用汽车起重机从周边三个出口将土吊出，中心出口采用井架将土运出，日出土量约180m³。

地下室施工进度见表57-1。

地下室半逆作法之实际施工进度计划　　　　表 57-1

项次	工程项目	工作天(d)	搭接计划							
			第1月	第2月	第3月	第4月	第5月	第6月	第7月	第8月
1	钢管高强混凝土柱挖土、制安、浇筑混凝土	90								
2	地下室土方挖运	67								
3	负一层结构施工	22								
4	首层结构施工	22								
5	负二层结构施工	23								
6	负三层电梯井、筒体结构施工	23								
7	首层至五层裙楼结构施工	90								
8	六层转换层结构施工	23								

57-3 钢管高强混凝土柱的钢管制作、吊装及焊接

57.3.1 钢管制作

钢管一般可由工厂提供或由施工单位自行卷制。本工程钢管由新中国船厂生产,该厂已有制造与安装钢管的丰富经验。为适应拼接,钢管坡口端与管轴线严格垂直,使管端平面与管轴线垂直,钢卷方向与钢板压延方向一致。钢管采用钢板用滚床卷成,并用直流电焊机反接焊而成,焊缝质量按《钢结构工程施工及验收规范》一级质量标准进行验收。为保证钢管内壁与核心混凝土紧密粘接,用来制作钢管的钢板先清洁,除去油渍等污物。

57.3.2 钢管拼接

为了方便运输及工程需要钢管的长度分别为14.45m、19m和8m。钢管焊接采用分段反向顺序,并保持分段施焊对称。肢管对接间隙放大1mm,从而抵消收缩变形。在连接处,管内接缝处设置附加衬管,其宽度为80mm,厚度为8mm,且管内壁保持0.5mm膨胀间隙,根据检测,钢管组装纵向弯曲保证在$f \leqslant 1/1500$以内。所有钢管构件在焊缝检查后进行防腐蚀处理。

57.3.3 桩头与钢管底座的连接

桩头与钢管底座的连接构造见图57-2。钢管底座的构造见图57-3及图57-4。

对进场的钢管底座应认真检验产品质量及尺寸,检查圆径和底座板是否同一水平,对钢管底座作出轴线十字交心明显标志。钢管底座安装前,首先对钢管高强混凝土柱的纵横线进行再一次的精密复测,重新将桩心十字线准确地弹在第一次灌注的混凝土面上(即 -14.10m 处),重新复核钢护筒内所标示的底座十字轴面是否水平。

按图进行第三层钢筋网安装,用塔式起重机将底座准确吊入护筒内,人工调整底座十字对中,利用底座的三个调整螺栓调准水平及其位置(-13.95m 处),然后会同甲方及设计单位检验钢筋及钢管底座埋位,要求轴线和底座标高允许偏差在 -5mm 以内,符合设计要求后,进行隐蔽验收才进行下一工序。钢管底座通过塔式起重机准确吊落,在吊装过程中,实行专人负责,使用对讲机指挥塔式起重机司机安全吊放。

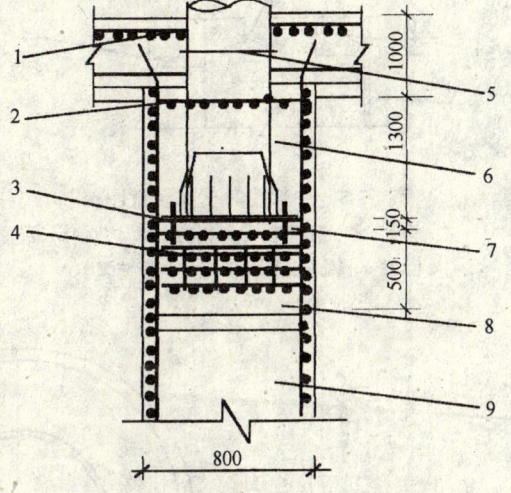

图57-2 钢管与桩头连接大样图
1—底板钢筋与钢管壁焊牢,焊接长度不小于200mm;2—$\phi16@200$mm 双向网状钢筋;3—3M28 螺栓 $L=250$mm;4—$\phi16@200$mm 4 层双向网状钢筋;5—止水钢板—100×6(环状)现场焊接(满焊);6—钢管安装就位后浇C40级混凝土;7—安装钢管底座前浇C40级混凝土(第二次);8—安装钢管底座前浇C40级混凝土(第一次);9—灌注桩桩身

57.3.4 钢管吊装

在吊装钢管前,将其上端口用编织布遮盖封住,避免杂物掉入管内。根据钢管自身承载力和稳定性计算出吊点的位置。钢管分三段

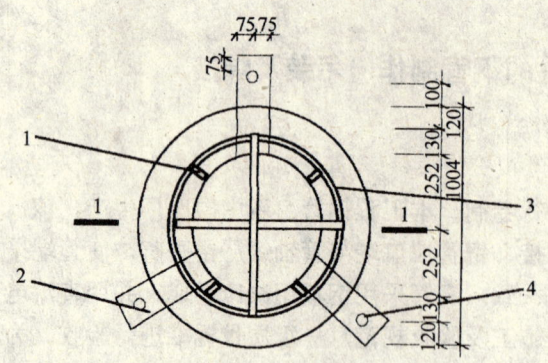

图 57-3 钢管柱底座安装大样图（单位：mm）
1—4 块 110mm×150mm×12mm 钢板；2—3 块 150mm
×400mm×20mm 钢板；3—4 块 570mm×150mm×
12mm 钢板；4—M28 螺母

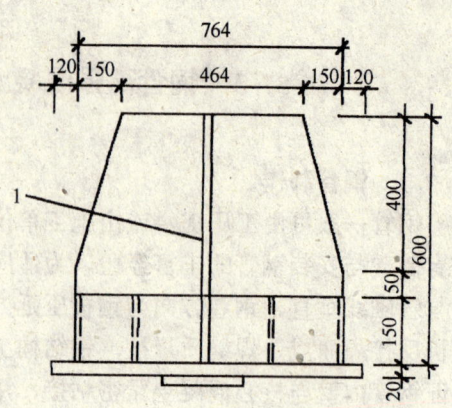

图 57-4 1—1 剖面图（单位：mm）
1—厚度 20mm 钢板

吊装，第一段长 14.4m，从地下三层至首层，第二段长 19m，从首层至第三层，第三段长 8m，从第三层至第六层。

第一段钢管吊装（−13.95～0.5m）：依照由西北向东南的顺序进行吊装，首先用经纬仪将每根钢管纵横方向的轴线标识在相应的钢护筒面上（钢护筒在钻桩阶段已预埋，作钢管柱定位、吊装及临时支撑之用）见图 57-5。

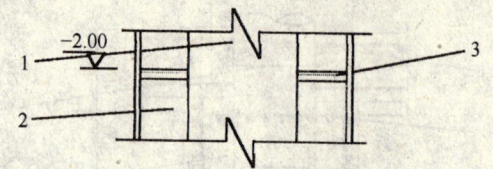

图 57-5 中部临时支撑示意图
1—钢管；2—钢护筒；3—临时支撑（角钢）
4∟75×8 两端分别与护筒及钢管壁焊牢

钢管底座安装完毕后，用起重机将钢管吊装就位固定，钢管面在制造时已标有轴线十字线，在管面上沿轴线位置放置一压尺，在压尺两端放置垂直线锤，旋转调整钢管，令钢管面上轴线十字线和钢护筒上纵横方向的轴线重合，即压尺上的线锤垂直于钢护筒上的轴线。见图 57-6 及图 57-7。定位正确后，在钢护筒及钢管壁间焊接拉结钢筋作临时支撑使用。

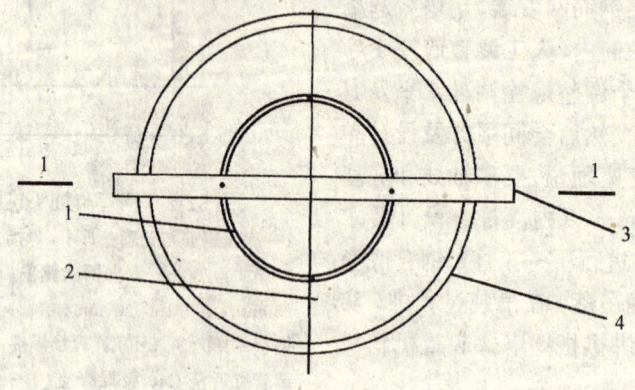

图 57-6 吊装钢管定位示意图
1—钢管平面；2—钢管轴线十字线；3—压尺；4—钢护筒

第二段钢管安装关键在垂直度控制。用起重机旋转钢管，令管身纵横向处竖线和经纬仪垂直十字丝重合，并使上下管段的垂直竖线成一条直线。第三段钢管柱吊装在第三层楼面上进行，因此必须提高第三层楼板的混凝土强度，由原设计C35级改为C40级，并采用早强剂，提高混凝土的早期强度。强度达到标准值后，用50t起重机将自重8t的起重机吊上第三层楼面，根据钢管吊装顺序分批将钢管吊上

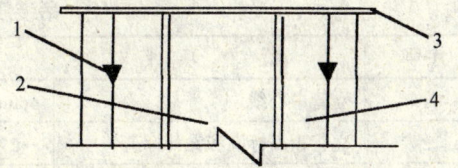

图57-7 1-1剖面图
1—线锤；2—钢管；3—压尺；4—钢护筒

楼面，然后按吊装顺序图安装，调核钢管的垂直度及位置如前所述。为了提高钢管的整体性、抗水性和防止钢管段上下接驳焊接时的倾斜，先选点吊装邻近的三条钢管，就位正确后，在牛腿位置互相用工字钢拉结，依此类推，最后所有钢管均用工字钢拉结，使其形成一个整体。在二层与三层之间加密支撑，起重机行走范围内加门式架，间距600mm，并按支撑图加120条立柱支撑，中横板条拉结，起重机行走时，轮胎气压降至200~250kPa，使起重机行走时尽量降低轮胎对楼面的压强，起重机吊装钢管时，四支撑脚铺设厚16mm的钢板，以减少对楼面的压强。见图57-8。

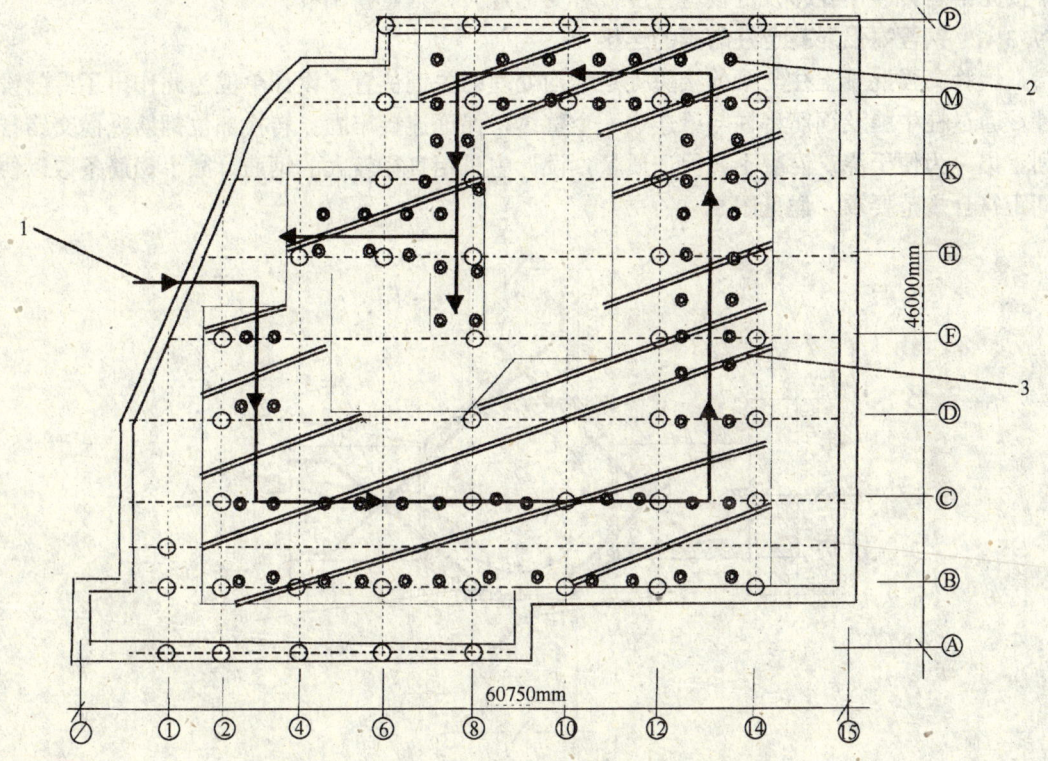

图57-8 第三段钢管柱吊装路线及加支撑位置图
1—钢管吊装路线；2—加支撑位置；3—斜线范围内门式架间距600mm

钢管吊装就位后，立即进行校正，校正立管中心线、基础中心线、顶面标高和设计标高、顶面平整度、不垂直度、立管之间距离及立管上下两平面相应对角线差，待各项指标符合规范要求后，进行焊接。每次吊装后都对钢管吊装质量指标进行检查，如表57-2所示。

吊装质量检查实测表 表57-2

序号	检查项目	实测最大误差	规范允许误差
1	立管中心线	4mm	±5mm
2	立管顶面标高和设计标高	−17mm	+0mm，−20mm
3	立管不平整度	−5mm	±5mm
4	各立管不垂直度	实测最大误差1/1158	长度的1/1000，最大不大于15mm
5	各管之间的距离	间距的1/1217	间距的1/1000
6	各立管上下两平面相应对角线	长度的1/1090，数值为18.4mm	长度的1/1000，但不大于20mm

57.3.5 钢管焊接

由于钢管厚度为16mm、接头型式为对接焊接，焊接电流选择在90～120A之间，施焊时，先将衬管与钢管间按设计预留的4mm间隙填平，用ϕ3.2mm焊条在驳口焊第一道底焊，之后用ϕ4.0mm焊条按横焊先下后上的原则，一层层连续施焊，两施焊速度保持一致，焊接完毕后，即用经纬仪复核垂直度，若变形过大，则重新调校。

57.3.6 钢管高强混凝土柱与梁的连接

钢管高强混凝土柱与梁的接头处是结构处理的关键位置，设计单位为此作出了专门设计，通过柱牛腿及钢筋将柱与梁连成一个整体，保证连接牢固。转换部位钢筋纵横交错排列密集，为便于浇筑混凝土并保证质量，设计中采用直径较大的钢筋，减小钢筋条数以便间距符合规范要求。详见图57-9、57-10。

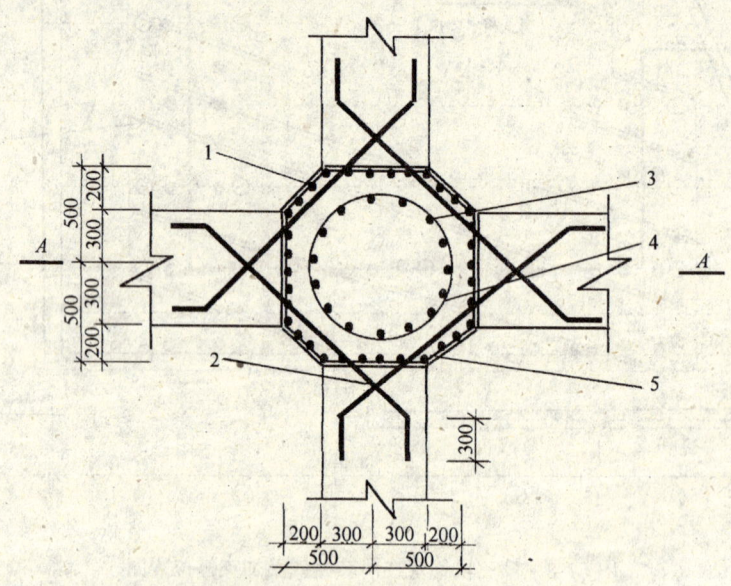

图57-9 钢管高强混凝土柱与框架梁十字型连接图（单位：mm）
1—36ϕ18mm 钢筋；2—ϕ16@200mm 钢筋；
3—ϕ10@100mm 螺旋箍筋；4—16ϕ25mm 钢筋；5—ϕ16@200mm 钢筋

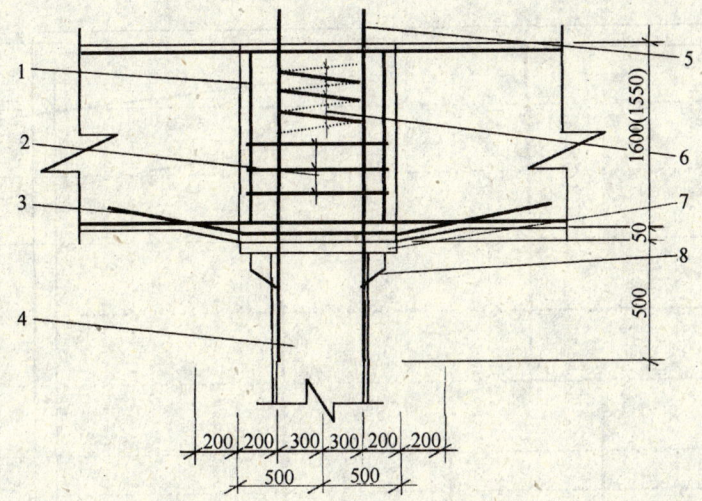

图 57-10 A-A 剖面图（单位：mm）
1—36ϕ18mm 钢筋；2—ϕ16@200mm 钢筋；3—5ϕ25mm 钢筋；4—钢管高强混凝土柱；5—16ϕ25mm 钢筋；6—ϕ10@100mm 螺旋箍筋；7—钢托板 GTB1.2.3；8—肋板（每柱 8 件）

57-4 管内混凝土浇筑

57.4.1 混凝土输送方式

本工程钢管内的高强混凝土采用高位抛落无振捣法浇筑。它是利用混凝土下落时产生的动能达到振实混凝土的目的。刚开始时是采用塔式起重机悬吊混凝土料斗（料斗下口尺寸为 180mm，较钢管小 620mm）将混凝土送入管内。但在实际施工过程中发现该种方法浇灌速度慢，为加快施工速度，减少吊运与浇筑时间，后来采用混凝土泵输送混凝土，出口处采用布料软管。利用泵的冲力及混凝土下落的动能，能够达到振实。柱内混凝土采用泵送施工时，先做一个角钢架，将混凝土泵管竖向与钢架连接固定好，按照图中浇灌路线进行施工。硬管尽量位于两条钢管高强混凝土柱中间，然后通过软管将混凝土输入钢管内，见图 57-11。

混凝土强度等级为 C60，其配合比见表 57-3。根据设计及规范的要求，严格控制水灰比、坍落度，实行砂石过秤，派专人槽前槽后监控。

C60 级混凝土配合比 表 57-3

施工配合比	水灰比	配合比	含砂率（%）	坍落度（mm）	质量密度（kg/m³）	材料用量（kg/m³）				
						水泥	混合材	砂	石	水	外加剂
	0.32	1：1.32：2.05	39	160～180	2342	325	175	660	1024	158	3.75L

注：外加剂主要为减水剂、特殊矿渣

57.4.2 混凝土浇灌方法

57.4.2.1 底座混凝土的浇灌

在第二次浇灌底座混凝土时，事先计算混凝土用量，进行准确投料，在距溢面 15m 高

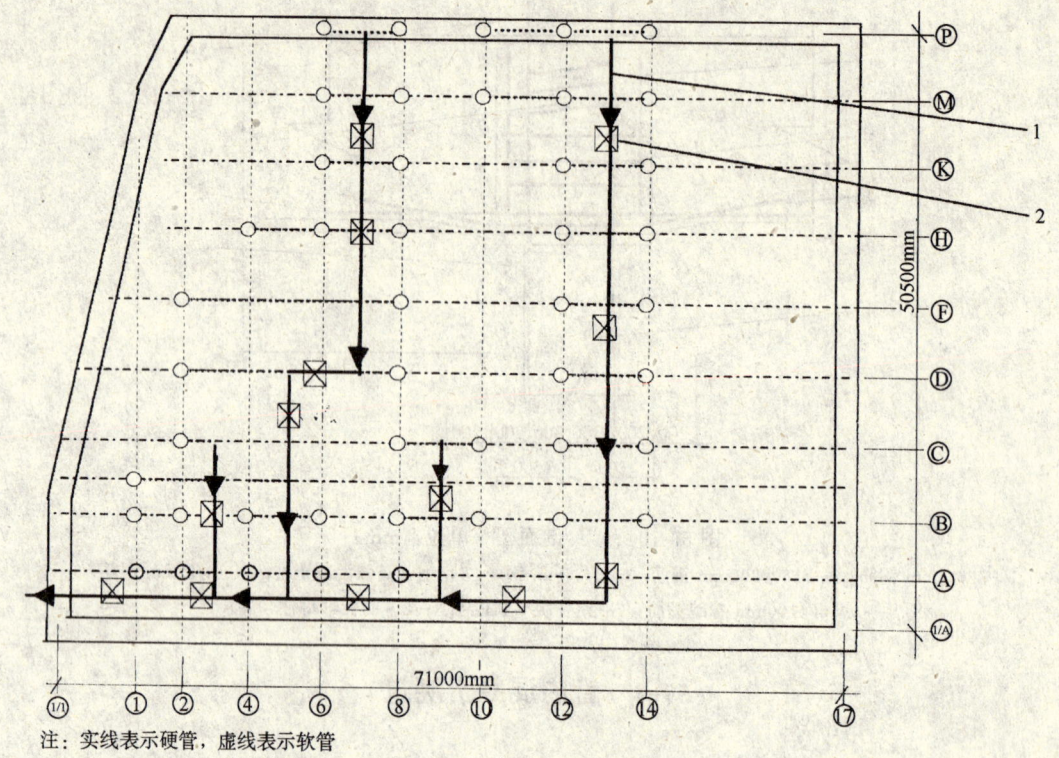

注：实线表示硬管，虚线表示软管

图 57-11　钢管高强混凝土柱浇灌混凝土路线图
1—浇注混凝土路线；2—角钢支架

处，用串筒灌注，并用插入式振动棒纵横振实，浇灌完毕后重新复核钢管底平面是否水平，同时将底座周边的混凝土浆用纱布彻底抹干净，保证钢管底座周边无粘结物。

57.4.2.2　钢管内混凝土的浇灌

为满足坍落度 160～180mm 的要求，混凝土中掺入了减水剂及混凝土微膨胀剂。在浇灌过程中，每段钢管连续进行。在下一节钢管内混凝土继续浇灌前，都在接缝处浇灌厚为 150mm 与混凝土强度等级相同的水泥砂浆。

由于钢管直径只有 800mm，每段钢管中有两个井字节点，钢管竖立后，人员难于进入管内，而核芯混凝土已经开始浇筑后便不允许中途停止。所以要预先采取措施防备中途可能出现浇筑停顿现象，除使用一台固定混凝土泵外，还准备一台泵车，这样一来，不但可缩短管路接拆时间，且就位时间灵活，泵车可沿需浇灌的柱位移动。

混凝土浇筑采用高位抛落法，为了避免井字节点的碰撞，使混凝土有足够的动能，使用了内外表面光滑的导管，导管直径 180mm，导管长度（L）根据钢管段长度而定（见图 57-12），由于每段钢管内有井字节点两个，特地制造长短各异的导管各一根，长度分别为 9.6m 和 6.3m。

当浇灌第一节点下面混凝土时，用长管，导管的长度必须使导管出口刚好在第一井字节点板下缘，当混凝土拌合物淹没井字节点板时，则把长导管吊离，使用短导管，短导管长度必须使导管出口位于第二个井字节点板下缘，当混凝土浇灌层上升到离钢管口只有 4m 时，撤消导管，混凝土直接注入钢管内，因此时混凝土动能已不能使混凝土密实，必须用振动棒振捣。钢管上端混凝土振实后即挖出浮浆，约150～200mm深，到初凝结束时划出毛面，随后浸水养护7d。

浇灌第二段钢管内混凝土时，在第一段核芯混凝土面钢管壁钻2～3个排水孔，在浇灌前24h，用水把第一节混凝土湿润，然后用点焊将孔封住，防止漏浆。注入混凝土前，在界面上浇上一层20mm同强度等级砂浆，避免高强混凝土由于粘性大、流动困难产生连接面间缝。

57.4.3 混凝土质量控制与检验

混凝土最重要的质量指标是强度和流动性，混凝土供应单位每班留样作为站内混凝土强度检验试件，每次混凝土出站时测定坍落度，保证到达现场时混凝土坍落度不低于180±30mm。

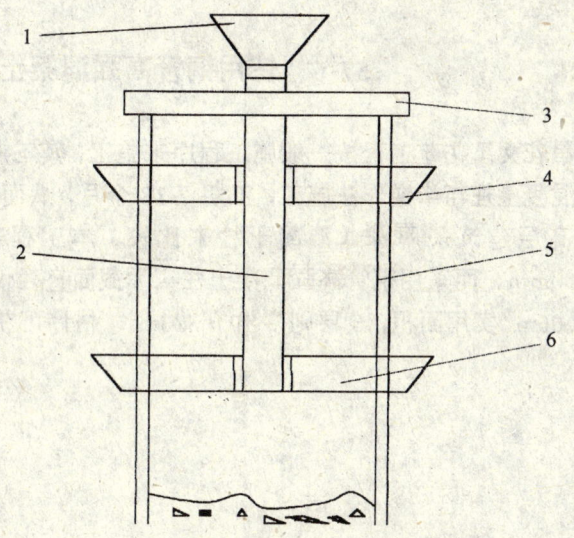

图57-12 导管安装示意图
1—漏斗；2—导管；3—导管夹板；
4—上节点板；5—钢管壁；6—下节点板

施工单位安排专人负责混凝土检验，对每车混凝土测定坍落度，每车留抗压强度试件不小于两组，作为混凝土质量检定的基本数据，监理单位进行随机抽样。为了保证实验数据符合标准，施工单位在现场砌筑养护池，试件带模养护两天，拆模后，由其他单位在标准养护室内进行养护。

57-5 管内混凝土质量检测

所有钢管内混凝土浇灌完成28d后，应甲方委托，广州市建筑质量检测中心用先进的超声波检测与分析系统对8根直径为800mm的钢管高强混凝土柱进行了无损伤质量检测。这种检测方法的原理是由超声波发射源在混凝土内激发高频弹性脉冲波，并用高精度的接收系统记录该脉冲波在混凝土内传播过程中的波动特征，根据这些特征辨别柱内的混凝土参考强度和内部缺陷的性质、大小及其空间位置。

测试结果（表57-4）表明，管内混凝土均能达到设计要求，事实证明采用混凝土泵浇灌管内混凝土是行之有效的。

钢管内混凝土的测试结果   表57-4

序号	均质性参数	测试混凝土强度（MPa）	均质性分类
1	$S=0.018$	76.9	一类
2	$S=0.024$	74.5	一类
3	$S=0.030$	72.5	一类
4	$S=0.018$	72.3	一类
5	$S=0.038$	72.1	一类
6	$S=0.025$	73.8	一类
7	$S=0.031$	72.1	一类
8	$S=0.027$	72.7	一类

57-6 使用钢管高强混凝土柱所取得的效益

若文昌花苑工程按一般施工程序来施工,其工期按计算约需要27个月;而采用钢管高强混凝土柱与半逆作法施工,工期仅18个月,从而使整个工程工期缩短了9个月。按与同类高层建筑采用普通混凝土柱来比较,本工程普通混凝土柱的截面需为1500mm×1500mm,而采用钢管高强混凝土柱实际截面直径仅为800mm,柱截面缩小使每层多出了64.66m² 实用面积,5层则多出了323m²,估计可获经济效益918万元。

四、设备安装工程

四 菌类史略

58 广东彩色显像管厂管道净化处理工艺

广东省工业设备安装公司 张宜圣 黄 胜 甘铭兴 胡绍兴

58-1 工 程 概 况

现代电子工业、高科技产业，在生产过程中所使用的管道系统，一般都有净化的要求。本文介绍的净化工艺是管道的酸洗、中和、钝化、脱脂的净化处理工艺，经过精心设计和施工，满足了设计要求，创立了气磨脱脂新法，并经过大规模的施工应用，保证了质量和安全，收到了良好的经济技术效益和社会效益。

本工艺可满足各种口径的管道、管件的净化处理，本文所介绍管道净化处理的全程序（如对碳素钢氢气和氧气管道的净化处理），对不同设计要求和不同材质，可不作全程序处理，如铜管只脱脂不酸洗，液化石油气管只酸洗不脱脂就行了。

本管道净化处理工艺曾应用于年产 53cm、64cm 共 150 万只彩色显像管的广东彩色显像管厂安装工程，该工程的气体动力管道（氧气、氢气、氮气、压缩空气、液化石油气）和纯水管道有多种材质，各种口径的管道共 2 万多米，经按本工艺分别实施要求不等的管道净化处理，效果很好。通气试车结果比同类厂安全、快速，一次投料试产成功，其合格率优胜于同类厂家。

按照本工艺进行管道净化处理，成品质量符合规范和设计要求。技术质量稳妥可靠，经济效益明显，是管道净化处理比较好的方法。

按设计要求，经净化后的钢管两天之内就要安装，以防生锈，而实际使用本法，经净化后的钢管，一个月以后仍然光洁如初。由于提高了管道净化质量，不存在重新处理造成的人力物力的浪费。

对管道脱脂处理，首创气磨脱脂新法，降低了 CCl_4 使用量，提高了管道净化质量，从而大大提高了劳动生产率，收到了很好的经济效益。

58-2 工 艺 原 理

管道的酸洗、中和、钝化、脱脂的净化处理是个物理化学过程，钢管使用盐酸进行酸洗除锈，其化学反应方程式为：

$$Fe_2O_3 + 6HCl = 2FeCl_3 + 3H_2O$$

酸洗后的管道使用氨水进行中和的化学反应方程式为：

$$HCl + NH_4OH = NH_4Cl + H_2O$$

经过酸洗、中和的钢管，其表面呈现金属光泽，在亚硝酸钠（$NaNO_2$）溶液的渗透作用下，使钢管表面形成钝化层，以改善钢管表面的抗锈蚀性能。

对于忌油的工艺管道系统，无论是什么材质都应该进行脱脂处理，使用四氯化碳（CCl_4）等脱脂剂，对油脂起溶解清除作用。进行常规的擦拭和浸泡可达到脱脂的目的。但是本工艺经实践证明，用气磨法可以使脱脂既快又好，节省脱脂剂，提高了经济效益。

58-3 技术特性与适用条件

58.3.1 技术特性

（1）管道酸洗、中和、钝化、脱脂处理，须严格按规范和设计的要求设计管道净化处理工场，制定管道净化处理方案，认真制备和检验各种净化剂。

经过试验证明有以下几种现象：

1) 经充分钝化处理的管道，比不钝化的管道难生锈；
2) 不脱脂的管道，比脱脂的管道难生锈；
3) 充氮的管道比不充氮的管道难生锈；
4) 用胶纸封口的管道比用木塞封口的管道难生锈。

因而，管道净化处理最佳质量保证的方法是：严格保证净化剂的纯度、浓度和净化操作时间，在管道净化处理完毕，用干燥无油压缩空气吹干以后，在净化工场随即作充氮处理用胶纸封口，外表涂红丹两遍，待安装使用。

（2）气磨脱脂方法

利用无油压缩机产生的压缩空气以 0.4~0.5MPa 的压力，冲击管口内渗透了四氯化碳（CCl_4）的白棉布团，使布团与管内壁发生全面摩擦，溶解清除管壁油污。一般气磨两遍就可达到要求。这是首创管道脱脂新法，是以加压气磨强制溶解脱脂，取代常规的自由溶解脱脂的方法。

58.3.2 适用条件

在所有生产工艺过程，管道系统有净化要求的地方均适用本管道净化处理工艺。

管道净化处理适用范围如表 58-1 所示。

管道净化处理适用范围表　　　　　表 58-1

管道输送介质	管道材质	酸洗液	中和液	钝化剂	脱脂剂
氢气 H_2	碳素无缝钢管	HCl	NH_4OH	$NaNO_2$	CCl_4
氧气 O_2	碳素无缝钢管	HCl	NH_4OH	$NaNO_2$	CCl_4
氮气 N_2	碳素无缝钢管	HCl	NH_4OH	$NaNO_2$	
各种分析气体	不锈钢管				CCl_4
碱液	不锈钢管				CCl_4
纯水	不锈钢管				CCl_4
高压 H_2, O_2, N_2	紫铜管				CCl_4
压缩空气（AH）	镀锌无缝钢管				
液化石油气（PLG）	镀锌无缝钢管	HCl	NH_4OH	$NaNO_2$	

58-4 设计与施工

58.4.1 管道净化处理的工艺程序

坡口→水冲洗→酸洗→中和→水冲洗→钝化→水冲洗→吹干→脱脂→吹干→充氮→封口→油漆

58.4.2 净化处理的范围

氧、氢气管道按全流程净化处理；氮、液化石油气管道不脱脂；压缩空气管（镀锌无缝钢管）、属不锈钢管的纯水管、碱液管、各种气体分析管、高压氢、氧、氮气管（紫铜管）不酸洗、中和与钝化。所有管道的阀门，管件的净化处理与管道本身的处理要求一样。

58.4.3 净化处理的设计

对于大规模的管道净化处理工场（见图58-1），要设计成管道净化处理生产线，制定施工方案，然后方可进行施工。如果是基建工程临时性设施，净化工场可以建成带围栏的工棚形式，如广东彩管厂的工棚长20m、宽14m、高3.5m，纵向中间安装电动葫芦。

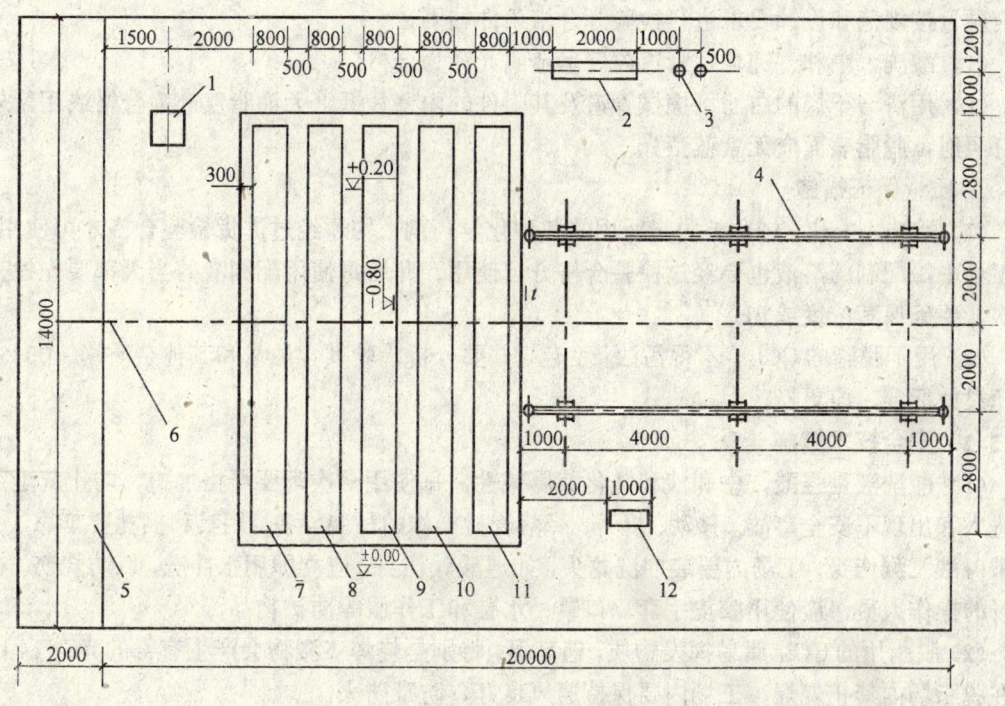

图 58-1　管道净化处理工场平面图
1—坡口机；2—无油压缩机；3—氮气瓶；4—管架；5—管材堆场；6—电动葫芦轨道中心线；
7—水冲洗槽；8—酸洗槽；9—中和槽；10—钝化槽；11—水冲洗槽；12—气磨脱脂耙板

净化处理设水冲洗、酸洗、中和、钝化、水冲洗槽共五个，槽面开口高出地面220mm，每个槽内腔尺寸为9000mm×800mm×1000mm，两冲洗槽可用钢制造，也可用混凝土制造，酸洗、中和、钝化槽可用6mm厚钢板制，并加塑料盖板。槽内壁进行以下防腐处理程序：水冲洗→涂擦浓NaOH溶液→水反复冲洗→压缩空气吹干→环氧漆两遍→沥青漆两遍。

58.4.4 管道酸洗、中和、钝化的施工操作与配方

按照规范结合设计院提出的设计要求，拟定管道净化处理采用槽式浸泡法，其操作与配方如表58-2。

槽式浸泡法操作条件与配方　　　　表58-2

名　称	浓度（%）	温　度	时间（min）	pH值
盐酸	12	常温	120	>2
乌洛托品	1			
氨水	1	常温	5	>9
亚硝酸钠	12～14	常温	15	10～11

58-5　质量与安全技术措施

58.5.1 质量保证措施

1. 质量合格条件

质量按规范和设计要求进行检验。合格条件如下：

（1）酸洗、中和、钝化后管道内壁呈金属光泽为合格。

（2）用清洁干燥的白滤纸擦拭管道及其附件的内壁，纸上无油脂痕迹为合格或用紫外线灯照射，脱脂表面应无紫蓝萤光。

2. 质量保证措施

（1）酸洗、中和、钝化、脱脂所用的各种化学药剂，均须经过进货检验合格才可使用。在工场中，配制的溶液也要经过检验合格方可使用。此后每使用配制液的当天都要先检查一次，要确保其浓度或pH值。

（2）用于脱脂的CCl_4，不得污浊、变色，并要分析检验其含油量和其他杂质≤0.03%，如超过此标准，应更换。

58.5.2 安全技术措施

（1）酸洗液是强酸，中和液和钝化液属碱性，每使用一次都要严格加盖，防止灰尘杂物进入和出现不安全事故。移动、提升、降落管材操作的吊装设备、用具和捆扎要牢靠，小心酸碱液飞溅伤身。工场内要装冲洗龙头，如遇酸碱伤身，应立即用水冲洗，以防烧伤。在工场的操作人员，应使用胶皮手套、口罩、水鞋和工作服等防护物品。

（2）脱脂用的CCl_4属易挥发物质，遇高温，特别是烧焊飞溅物会产生有毒的光、气，因此在脱脂场内禁止烧焊。工场内要保持通风良好，防毒防火。

（3）酸碱液要防止混合，CCl_4要防止与酸碱接触。

（4）酸洗废液与中和、钝化废液应混合中和后冲稀排放。必要时再加入石灰水后再排出。

（5）酸洗后应立即中和，不得停放，以防腐蚀。

58-6　劳动组织与主要机具装备

58.6.1　劳动组织

以广东彩色显像管厂基建工程为例，净化处理管道在20000m以上，还有大量的管件及阀门需要作净化处理，其劳动组织如下（一班制）：

工程技术人员	1人
起重工	1人（一专多用）
钳　工	1人（一专多用）
电　工	1人（一专多用）
油漆工	1人（一专多用）
普通工	2人

58.6.2　主要机具装备

(1) 全无油空气压缩机（移动式）　　1台
　　3W-0.9/7　　0.9m^3/min　　0.7MPa　　960rpm
　　配电机　　Y132M-4　　7.5kW　　1440rpm
(2) 耐腐蚀泵　　1台
　　25F-25　　2～4m^3/h　　2.44～26.8m（扬程）
　　配电机　　1.5kW　　2960rpm
(3) 电动葫芦　　1台　　起重能力1t
(4) 坡口机　　1台

59 广通麦氏咖啡厂不锈钢设备双人同步氩弧焊技术

广东省工业设备安装公司　张胜军　陈耿明　徐德智　邱美平

59-1　工程概况

我公司在广通麦氏咖啡厂干燥系统设备安装时，有两台年产量咖啡和奶沫 5000t 的干燥塔和袋式过滤器大型不锈钢设备，高约 12m，直径最大 6m，由 50 块厚 4.0mm 的不锈钢板对接拼焊而成，并要求焊缝质量必须保证焊透且不能有任何细小的气孔、小裂纹、夹渣等缺陷，焊后焊缝内壁必须打磨抛光，光洁度达到 1.6μm，以保证咖啡和奶沫生产过程中及转产时无颗粒滞留在容器壁上而影响产品质量。为了使熔池得到背面保护又节约氩气，采用了双人同步钨极氩弧焊（TIG）焊接工艺，实践证明：焊缝质量和工效得到显著提高，焊接成本也有所降低，不但按期优质完成了任务，而且得到了国外专家的好评。双人同步 TIG 立焊技术的优点突出，最适合大型不锈钢设备的拼焊，包括壳体、支架的纵缝或环缝，以及不能在滚轮架上回转的椭圆形或多边形等外形不规则产品组对环缝的现场拼焊。推广和应用这项工艺技术，能获得高的焊接质量和好的经济效益。

59-2　双人同步 TIG 焊接工艺简介及其特点

双人同步 TIG 焊接工艺，其焊接示意图如图 59-1 所示。

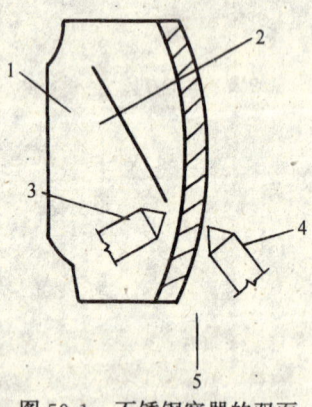

图 59-1　不锈钢容器的双面同步立焊示意图
1—容器内侧；2—焊丝；3—主焊枪；4—副焊枪；5—焊接方向

它通常是在立焊、横焊位置或仰焊位置，由两名焊工分别在工件的正反面，自下而上同时进行垂直或倾斜位置的手工钨极氩弧焊接。利用双面焊枪的电弧作用力形成一个向上、向中间的托力，并与熔池的表面张力共同作用对熔池起着支承作用，从而防止了熔池金属下淌而获得完美的焊缝，同时两个焊枪输出的电弧热量更加集中，可大大减少焊接电流，保证了焊透性和双面成型，并提高了焊接速度，双面氩气保护防止了氢脆和氧化，对于单面 TIG 焊接难于焊透的厚度大于 2.5mm 的不锈钢板仍能保证焊缝的质量。双人同步 TIG 焊接及单面 TIG 焊接的受力分析图如图 59-2 和图 59-3 所示。

为保证容器内壁的焊接质量，双人同步 TIG 焊接时，通常由一名焊工在设备的内部，持主枪进行焊接，选用较大的焊接电流,焊丝紧贴容器填入熔池;另一名焊工在设备外部,持副枪进行焊接,不填焊丝,选用较小的焊接电流,由主焊枪控制焊接速度,副焊枪稍落后于主焊枪,并跟随主焊枪同步移动起到保护作用。

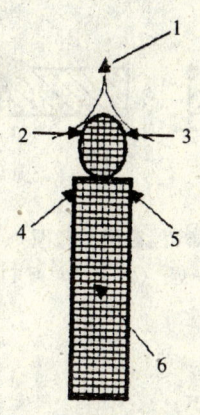 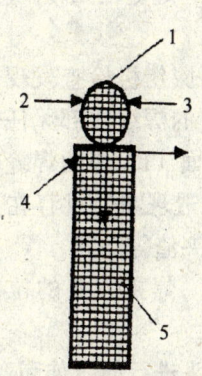

图 59-2 双人同步 TIG 焊接的熔池　　　　图 59-3 单面 TIG 焊接的熔池
　　　　受力受热分析示意图　　　　　　　　　　受力受热分析示意图
1—热量;2、3—表面张力;4—主焊枪电弧作用力;　　1—热量;2、3—表面张力;4—主焊枪电
5—副焊枪电弧作用力;6—熔池金属重力　　　　　　弧作用力;5—熔池金属重力

该工艺具有以下特点:

(1) 主副焊枪必须同步施焊,主枪在前,副枪稍落后于主枪,间距始终保持为一个熔池长度,其焊接速度由主枪移动速度决定。

(2) 在主焊枪单面加焊丝,并选用合适的焊接电流,副焊枪不加焊丝,只要能保证不烧穿和过热,焊透和平滑的反面成形良好,尽量选用较小的焊接电流。

(3) 不论工件外形如何均适用,焊接位置特别适合于立焊或横焊位置及少量倾斜的仰焊位置,平焊位置较难采用此工艺。

59-3 焊接工艺评定

59.3.1 工艺参数的制定

用表 59-1 的焊接工艺参数,与现场施工相同的焊接条件,分别用双人同步立焊和单面焊工艺进行焊接试板($\delta=3$mm),对试件进行检验和分析。

不锈钢板的焊接工艺参数　　　　　　　表 59-1

焊接规范	焊接电流	氩气流量	焊接速度
主焊枪	60A	8～10L/min	7cm/min*
副焊枪	30A	8～10L/min	7cm/min*
单面焊	100A	8～10L/min	12cm/min

* 为纵缝立焊的焊速,而环缝横焊的焊速为 9cm/min。

59.3.2 试验结果

59.3.2.1 焊缝的外观检查

如图59-4采用单面焊时反面焊缝成形极差,尽管电流已经很大,仍有局部的未焊透和夹渣,而且背面焊缝氧化严重。而双人同步焊接能够保证全部焊透,焊缝无缺陷,正反面焊缝的成型都较好且宽度相等,背面焊缝无氧化现象。

59.3.2.2 焊缝的X射线探伤检查

用X射线探伤机检查发现,双人同步TIG焊的焊缝内部无任何缺陷,而单人单面TIG焊的焊缝内部有严重的未焊透现象,且存在有小裂纹、气孔、夹渣等缺陷。

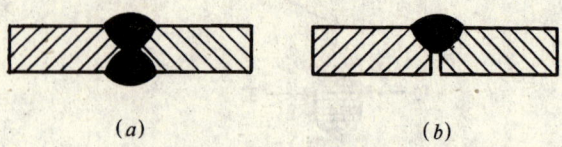

图59-4 焊缝截面示意图
(a) 双人同步TIG焊; (b) 单人单面TIG焊

59.3.2.3 焊接接头的拉伸和弯曲试验

对焊接接头进行的拉伸和弯曲试验的结果如表59-2所示。

焊缝的机械性能　　　　表59-2

焊接方法	断裂位置	σ_b (MPa)	最大弯曲角
双面同步焊	熔合线	610	180°
单面焊	焊缝	350	90°

59.3.2.4 金相试验

对焊接接头取样进行金相分析的结果,可以见到双人同步TIG不锈钢焊的正反面焊缝的单相奥氏体晶粒较为细小。

59-4 大型不锈钢设备的拼焊工艺

工艺要求如下:

(1) 用自制的铆工夹具保证不锈钢板拼装时的错边量0~0.4mm,手提砂轮反复修整对接缝,去掉毛刺,保证对接焊缝间隙均匀且保持为1~2mm。

(2) 在拼装前,将对接的两块不锈钢板焊缝两侧10mm宽度,作少量的预变形,使焊接后刚好平整。

(3) 装配好,先以间隔100mm定位点焊,然后保持间隔30mm定位点焊,并用一块1~2mm的小钢板作为量规以保持均匀的间隙。

(4) 采用两台型号及规格相同的JNHD-300型手工钨极氩弧焊机直流焊接,铈钨极直径3mm,喷嘴孔径10mm,使用316L不锈钢焊丝,焊丝直径2.5mm,主、副焊枪与工件夹角约为70°~80°,主枪在内部先起弧,加焊丝,在熔池形成的同时,副枪在外部起弧,并同步焊接,并保持落后主枪一个熔池的距离(约5mm)。

59-5 本焊接技术优点

(1) 焊缝质量高,其原因如下:

1) 两侧熔池都存在电弧力的搅拌作用,有利于氧化膜或夹杂物从熔池中分离出来,因此形成夹渣的可能性大为减少。

2) 两个热源,热量更加集中,焊透性好,副枪既熔化接口根部,又用电弧托住熔池,避免熔池金属坠落,且保护了熔池氧化,因此焊缝背面成形与正面焊缝一样整齐美观,无焊接缺陷。

3) 因焊接熔池的正反两侧始终处于氩气的保护下,既可防止空气中的氢气侵入熔池,又有利于熔池中的氢逐步上浮逸出,故可减少焊接气孔倾向,减少了氢脆现象,同时防止了熔池金属的氧化,提高了接头的塑性。

4) 正反面两个热源使工件受热更均匀,工件的变形小,残余应力小。

(2) 生产效率高(比平焊提高 3 倍以上),其原因如下:

1) 对于单面焊难以焊透的厚度≥2.5mm 不锈钢板都可焊接,焊接速度高于单人单面焊接,而且工艺简单,无需开坡口,无需清焊根,也无需复杂工艺器具,只要保证接口间隙修整均匀,便能获得一次焊接两面同时成形效果。

2) 焊接部位不受产品形状多变和装配间隙大小的制约,特别适用于大型不锈钢设备的现场组装,操作简单,减轻劳动强度。

3) 焊缝质量高,X 射线探伤检查的一次合格率达 98%,焊缝的返修量小,减轻打磨抛光难度。

(3) 节约成本,其原因如下:

1) 采用双人同步 TIG 焊接时,加工工序大量减少,生产周期短,厂房、设备及人力等方面的利用率高,生产效率高。

2) 采用的焊接电流,不用二次在反面焊接,耗电、耗氩气量减半,节能节电十分显著。

3) 效率高,提高生产率,减少成本。

60 珠江啤酒厂发酵罐吊装技术

广东省工业设备安装公司 劳道磷

60-1 工程概况

1990年6月份珠江啤酒厂扩建工程，有16个直径5m，高17.8m，重17.1t的有夹层不锈钢啤酒罐需进行吊装，该吊装工程是边生产，边施工，环境复杂，给啤酒罐吊装带来相当大的困难。

60-2 施工程序及施工方案

发酵罐设备基础高5m，成四排布置，每排4台，间距6m，排列紧密，设备之间只有1m的空隙，并且基础三面无法运入设备（两面是厂房，一面是在生产的啤酒罐），剩余的一面进入口也有6.5m高，宽4.6m的管架阻碍，最大吊装力矩达4675kN·m，最大工作幅度是27.9m。由现场实测，如用50t汽车起重机吊装就位，吊起罐的工作幅度仅7m，设备无法就位。如用90t汽车起重机吊装就位，吊起罐的工作幅度是11m，可完成第一排罐的吊装，如用135t汽车起重机吊装就位，吊起罐的工作幅度是15m，可完成第二排罐的吊装。从以上分析，使用最大的汽车起重机也只能完成外面8台罐体吊装，里面两排8台的啤酒罐就无法就位了。由于现场条件的限制，又考虑经济效益，故最后确定采用"土洋"结合的办法，即采用90t汽车起重机把罐临时就位到第一排基础上，然后利用单桅杆正吊，把罐逐排抽后转移从而就位在最后排基础上。这样，分两次或三次完成一台设备的就位，达到了用最小的人力、物力取得最好的经济效益的目的。

60.2.1 设备吊装各阶段的分析

60.2.1.1 90t汽车起重机临时就位设备分析

已知：90t汽车起重机主杆长44m，其吊起17t设备时的工作幅度为11m，如图60-1所示。

$$BE = \sqrt{AB^2 - AE^2} = \sqrt{44^2 - 11^2} = 42.7\text{m}$$

$$BC = BE - CE = 42.7 - 20 = 22.7\text{m}$$

$$DC = BC/BE \times AE = 22.7/42.7 \times 11 = 6\text{m} > 设备半径$$

故设备与吊臂不碰杆。

起重机正前方有6.5m高的管架阻挡。吊臂是否与管架相碰的验算如下：

已知： $AF = 2\text{m}$

$$\alpha' = \mathrm{tg}^{-1} FG/AF = \mathrm{tg}^{-1} 1.75$$
$$\alpha = \mathrm{tg}^{-1} BE/AE = \mathrm{tg}^{-1} 3.89$$

$\alpha > \alpha'$ 故吊臂不与管架相碰，可将设备临时就位。

60.2.1.2 利用倾斜单桅杆正吊实现设备的第二次或第三次就位

1. 桅杆长度的选择（主杆）

如图 60-2 所示，设 OA 为主杆长度，考虑桅杆的装拆难易程度，取 26.3m（场地最宽 26.3m）；

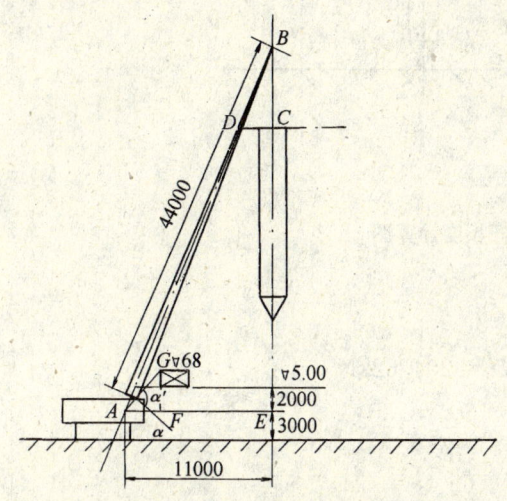

图 60-1 90t 汽车起重机吊装设备分析图（单位：mm）

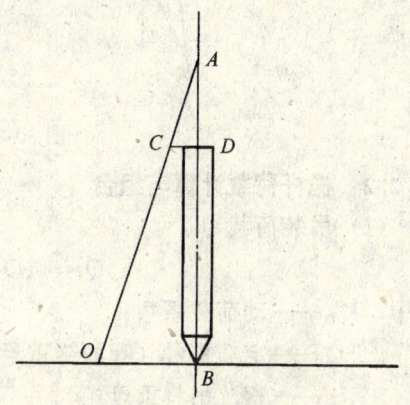

图 60-2 主杆长度验算图

又设 AD 为设备不碰杆的最小长度，

则
$$OB/CD = AB/AD$$
$$AO^2 = AB^2 + OB^2$$

式中 AD——起吊滑轮组上吊索与设备吊点的距离，取 5m。

故得
$$OB = AB/AD \cdot CD$$
$$= 23/5 \times (2.5 + 0.2) = 12.4\mathrm{m}$$
$$OA = \sqrt{AB^2 + OB^2} = \sqrt{23^2 + 12.4^2} = 26\mathrm{m}$$

2. 人字桅杆长度的确定

如图 60-3 所示，

取：$AD = 26\mathrm{m}$，$BC = 10\mathrm{m}$

则：$AB = \sqrt{(1/2 BC)^2 + AD^2} = 26.5\mathrm{m}$

由于捆扎上端要有一定的安全余量，故取管子长 27.5m。

3. 主杆、人字杆位置选择及工作情况

综合考虑到设备就位时不与桅杆相碰、设备就位后不阻碍桅杆、人字桅杆的移位、人字桅杆的竖起及放倒、缆风绳的布置等，人字桅杆设于最里面。人字桅杆位置不变后，主杆的工作幅度为 22m，主杆要随不同的设备而转移位置，但必须满足设备吊离基础时并不碰杆，即人字杆长度选定后，不碰杆的幅度为 10~15m。

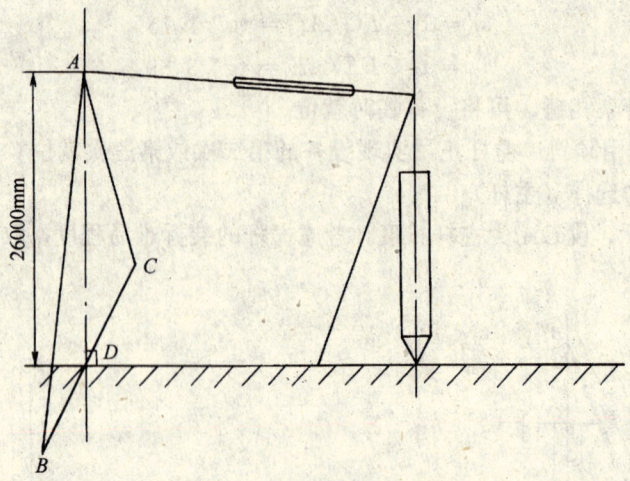

图 60-3　人字桅杆长度计算图

60.2.2 桅杆荷载计算与组合

（1）吊装荷载 Q_j：

$$Q_j = (Q+q) \cdot K_{动} = 204.62 \text{kN}$$

式中　$K_{动}$——动荷载系数；
　　　Q——定额重量（啤酒罐重量）；
　　　q——索、吊具重量。

（2）惯性荷载：主杆作旋转才产生惯性力，但如果前拖与后滑协调的话，其惯性是很小的，这里不作考虑。

（3）风荷载 P：（见图 60-4）

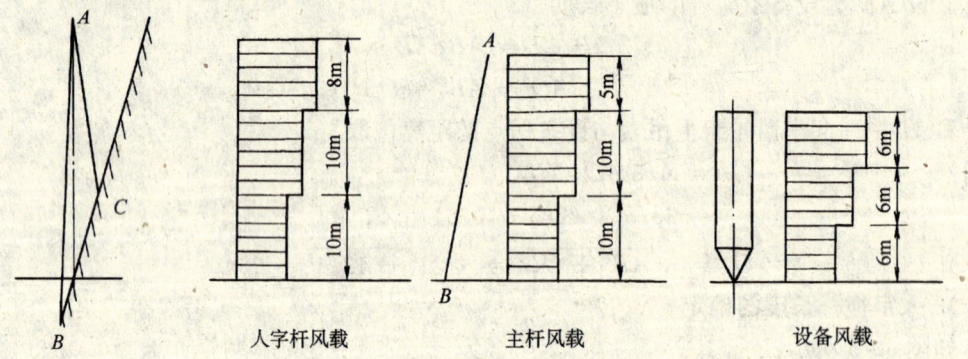

人字杆风载　　　　主杆风载　　　　设备风载

图 60-4　风荷载计算图

$$P = CK_h Q_0 F_0$$

式中　C——风载体型系数，实心截面 $C=1.3$；
　　　K_h——高度修正系数；
　　　Q_0——标准风压（MPa）；
　　　F_0——迎风面积（m²）。

人字杆风载、主杆风载及设备风载分别见表 60-1、表 60-2、表 60-3。

人字杆风载   表 60-1

各段风载	K_h	$P=19.5K_hF_0$ (kg)	kN
q_1 (0～10m)	1	73.5×2	1.44
q_2 (10～20m)	1.25	92×2	1.80
q_3 (20～28m)	1.4	82×2	1.61

主杆风载   表 60-2

各段风载	K_h	$P=19.5K_hF_0$ (kg)	kN
q_1 (0～10m)	1	73.5	0.72
q_2 (10～20m)	1.25	92	0.90
q_3 (20～25m)	1.4	50	0.49

设备风载   表 60-3

各段风载	K_h	$P=19.5K_hF_0$ (kg)	kN
q_1 (0～6m)	0.78	456	4.47
q_2 (6～12m)	1	585	5.73
q_3 (12～18m)	1.12	655	6.42

(4) 桅杆自重：

1) 人字桅杆重量 G：采用 $\phi 377$mm 管，$G=3931$kg
2) 主杆自重，采用 $\phi 377$mm 管，包∟100，$G=3458$kg

(5) 缆风绳对桅杆头部的荷载：

1) 人字桅杆：假设主缆风绳预拉力 $T=9.8$kN。
2) 主杆：在朱吊设备时，缆风绳主要承担吊起主杆及旋转。
3) 起吊设备时，所有缆风绳对人字桅杆有压力。
4) 起吊设备时，所有缆风绳对主杆有压力。

(6) 牵引卷扬机对主杆的压力。

(7) 主杆移动及角度变化受力演变：

1) 如图 60-5 所示，主杆前后移动，A 不变，主杆向左移，主杆受力增大，主杆向右移动，主杆受力减少。
2) 主杆变幅时（图 60-5），α 角越大，主杆受力越小，α 角越小，主杆受力越大。
3) 当主杆旋转时（如图 60-6 所示）：

$\beta=0°$。后滑轮与主杆在一平面内，主杆受力最小，当 $0°<\beta<90°$ 时，主杆受力是渐渐增大的。

60.2.3 单桅杆正吊（主杆）受力分析及设计

(1) 根据现场条件，为保证设备不碰杆及主杆的稳定性，主杆初选 $\phi 377 \times 8$mm 钢管，包∟$100 \times 100 \times 10$ 角钢加强桅杆，初选长度 26m。当工作幅度最大时（不碰杆）受力最大，如图 60-7 所示。

$$AC_{max} \leq \sqrt{AB^2 - BC^2} = 13.86\text{m}$$

$$\alpha_{min} \geq \text{tg}^{-1} BC/AC = 58°$$

如图 60-8 所示：

$$AB = AC - EF = 26 - 22 = 4\text{m}$$

$$\beta = \text{tg}^{-1} AB/CF = 10.3°$$

(2) 起吊滑轮组的选择：

选用 25t、4—4 滑轮组，则倍率 $m = 8$

$$总效率 Y_z = 1 - \frac{m-1}{2} e$$

$$= 0.93 (e - 阻力系数)$$

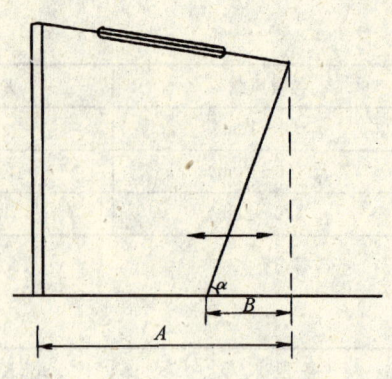

图 60-5　主杆不旋转时受力变化图

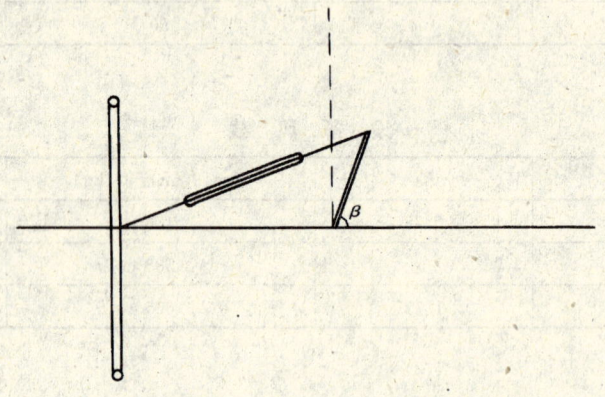

图 60-6　主杆旋转时受力变化图

$$牵引力 S_{max} = \frac{Q_j'}{mY_zY_n} = \sqrt{\frac{P_风^2 + Q_j^2}{mY_zY_n}}$$

$$= 28.81\text{kN}$$

式中　Q_j'——设备吊装荷载与风载的合力；

Y_n——导向滑轮组效率，$n=2$，导向滑轮不超出 2 个。

(3) 牵引钢丝绳的选择：

$$d = \sqrt{\frac{KS_{max}}{0.3\sigma}} = 16.9\text{mm}$$

式中　K——安全系数；

S_{max}——最大牵引力；

σ——钢丝绳破断力。

选钢丝绳 6×37—170—17.5

(4) 牵引卷扬机的选择：

因 $S_{max} = 28.81\text{kN}$，故可选用 3t 卷扬机，现选用 5t 卷扬机。

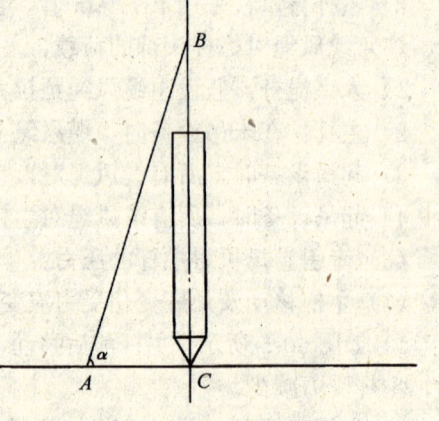

图 60-7　主杆倾角计算

(5) 上卸扣：

上卸扣受力为 Q_j' 与 S 的合力

$g = Q_j' + S = 234.12\text{kN}$ 故选用 25t 卸扣

(6) 下卸扣的选择：

下卸扣受 Q_j' 力的作用

$Q_j' = 204.8\text{kN}$ 故选用 25t 卸扣

(7) 下吊索的选择：

下吊索主要受 Q_j' 力作用，用 4 股，则每股受力

$S_p = 204/4 = 51\text{kN}$

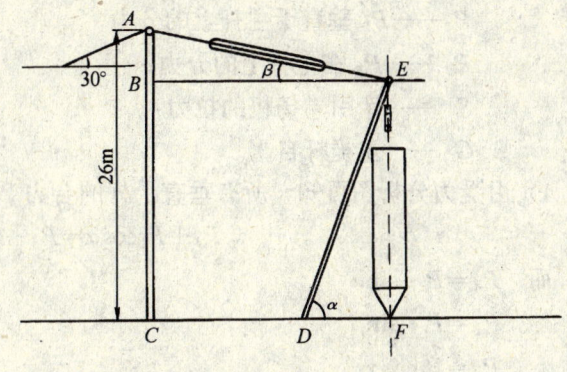

图 60-8 变幅滑轮组俯角计算

$$d \leqslant \sqrt{\frac{KS_\beta}{0.3\sigma}} = 22.5\text{mm}$$

选钢丝绳 $6 \times 37 - 170 - 23$

(8) 导向滑轮的选择：

导向滑轮受力 $Q_d = C_s = 40.18\text{kN}$ 选用 5t 地滑轮。

(9) 倾斜单桅杆（主杆）强度、稳定性验算：

受力分析如图 60-9 所示。

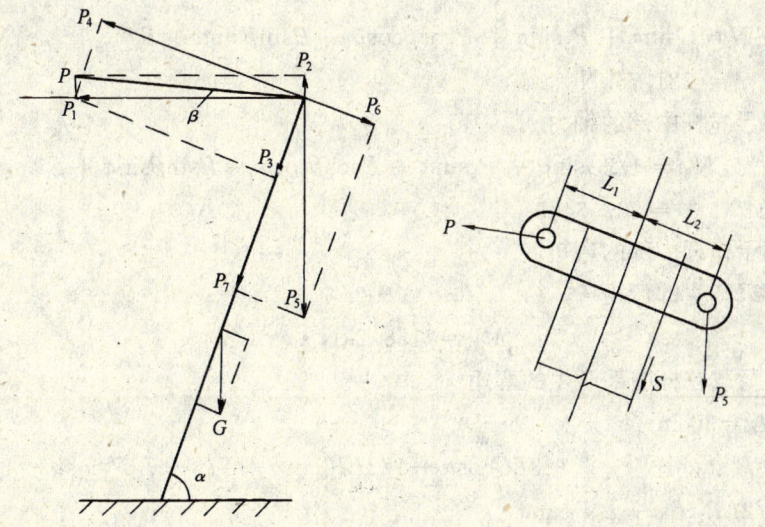

图 60-9 主杆受力分析图

图中：P —— 主杆后由人字桅杆牵引的牵引力；

P_1 —— P 的水平分力；

P_2 —— P 的铅垂分力；

P_3 —— P_1 在主杆上的分力；

P_4 —— P_1 在垂直于主杆上的分力；

P_5 —— $Q_j = 204.8\text{kN}$；

P_6——P_5垂直于主杆上的分力；
P_7——P_5在主杆上的分力；
S ——牵引卷扬机的拉力；
G ——主桅杆自重。

1) 由受力分析图可知，所有垂直于杆的合力 $\Sigma F=0$，即
$$P_4+P_2\cos\alpha=P_6+G\cos\alpha$$
而 $P_4=P\cdot\sin\alpha$
$P_2=P\cdot\sin\beta$
$P_6=P_5\cos\alpha$
$P_1=P\cos\beta$

故得 $P=136.22$kN

2) 由受力分析可知，所有作用于杆轴心（底部）的力 $\Sigma V=0$，即
$$N=G\sin\alpha+P_7+P_3-P_2\sin\alpha+S$$
而 $P_7=P_5\sin\alpha$
$P_3=P_1\cos\alpha$
$P_2=P\sin\beta$
$P_1=P\cos\beta$

故得 $N=G\sin\alpha+P_5\sin\alpha+P\cos\beta\cos\alpha-P\sin\beta\sin\alpha+S$
$=281.75$kN

3) 作用于桅杆中部的轴力 $N_{中}$：
$$N_{中}=1/2G\sin\alpha+P_5\sin\alpha+P\cos\beta\cos\alpha-P\sin\beta\sin\alpha+S$$
$=267.54$kN

4) 作用于桅杆中部的弯矩：

A. 风荷载产生的弯矩
$$M_{风}=7438.2\text{kN}\cdot\text{cm}$$

B. 所有荷载在杆中部产生的弯矩

设 $L_1=L_2=30$cm

$M_{中}=L_2P_5\sin\alpha-M_{风}+1/8LG\cos\alpha+1/2LP_5\cos\alpha+SL_2-L_1P_1\cos\alpha-1/2LP_1\sin\alpha-$
$1/2LP_2\cos\alpha+L_1P_2\sin\alpha$
$=L_2P_5\sin\alpha-M_{风}+1/8LG\cos\alpha+1/2LP_5\cos\alpha+SL-L_1P\cos\alpha\cos\beta-1/2LP\sin\alpha\cos\beta$
$-1/2LP\sin\beta\cos\alpha+L_1P\sin\alpha\sin\beta$
$=13602.26$kN·cm

式中 L——杆的计算长度；
L_1、L_2——吊耳孔中到杆中心线的间距。

5) 主杆强度稳定性的验算：

A. 换算长度 L_0: $L_0=L_eL=1\times26=26$m

式中 L_e——计算长度系数；

L —— 杆的计算长度。

B. 长细比 λ：

$$\lambda = \frac{L_0}{i_{max}} = \frac{2600}{14} = 185$$

C. 偏心率 ε：

$$\varepsilon = \frac{M_{中}}{N} \cdot \frac{AX_0}{I} = \frac{1387986}{27300} \times \frac{169.5 \times 18.8}{33380} = 4.85$$

由 $\varepsilon = 4.85$　　查行表 $\phi = 0.105$

D. 验算强度 σ：

$$\sigma = \frac{N}{\phi A} = 153.4 \text{MPa}$$

经过对主杆的强度及稳定性的验算 $\sigma < [\sigma] = 170 \text{MPa}$

故桅杆可安全使用

(10) 主杆头部的受力及设计（见图 60-10）：

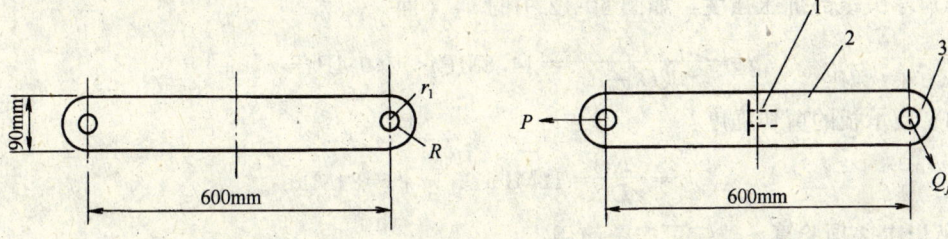

图 60-10　吊耳

1—缆风绳用板耳；2—加强板 $\phi 440 \times 16$；3—吊耳

吊耳设计：当用 25t 卸扣时，轴销直径 70mm，故 $r = 40$mm，$R = 3r = 120$mm，吊耳板厚 $\delta = 50$mm，用 Q_{235} 钢。

1) 采用轴销连接 a 点（见图 60-11）

产生接触应力，ab 截面验算：

$$\sigma = \frac{P}{A_s} = 50 \text{MPa} < [\sigma] = 110 \text{MPa}$$

式中　A_s —— ab 截面积

2) cd 截面强度：

$$M_{max} = Q_j (30 - 37.7 \div 2) = 2253.02 \text{kN} \cdot \text{cm}$$

$$\sigma = \frac{M_{max}}{W} = 31 \text{MPa} < [\sigma] = 170 \text{MPa}$$

经验算：吊耳可安全工作。

(11) 主杆底部的受力及设计：

如图 60-12，

$a = 100$mm　　$b = 60$mm　　$c = 40$mm　　$R_1 = 105$mm

$R_2 = 100$mm　　$r = 60$mm　　$D = 190$mm　　$d = 120$mm

1) 球头与球穴的接触强度验算：

用铸铁，$E = 1.5 \times 10^3$MPa

$$\sigma = 0.393\sqrt{NE^2(1/R_1 - 1/R_2)^2}$$
$$= 440 \text{MPa} < [\sigma] = 800 \text{MPa}$$

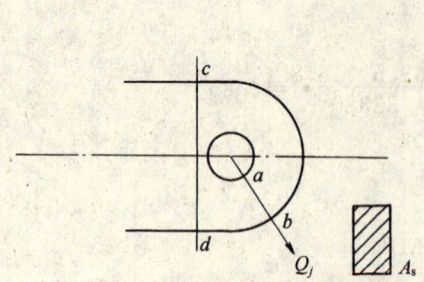

图 60-11　吊耳验算示意图

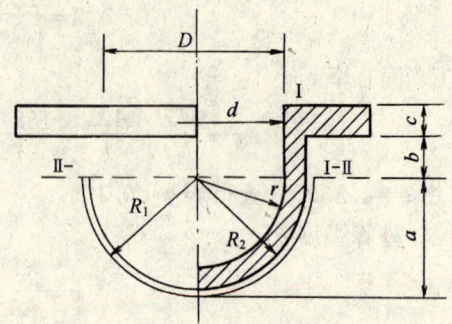

图 60-12　主杆底部受力验算示意图

2) 球头颈部抗压强度：如图 60-12 中的 Ⅱ-Ⅱ 面

$$\sigma_\text{压} = \frac{4N}{\pi(D^2 - d^2)} = 14.8 \text{MPa} < 240 \text{MPa} = [\sigma_\text{压}]$$

3) 支承板的剪切强度：

$$\tau = \frac{N}{\pi DC} = 12 \text{MPa} < [\tau] = 84 \text{MPa}$$

从以上 3 项验算，球铰可安全使用。

60.2.4　人字桅杆受力分析及验算

如图 60-13，人字桅杆立角要 90°，计算长度 $L_0 = 27$m，主缆风绳与地面夹角 30°，管子直径 $\phi 377$mm。

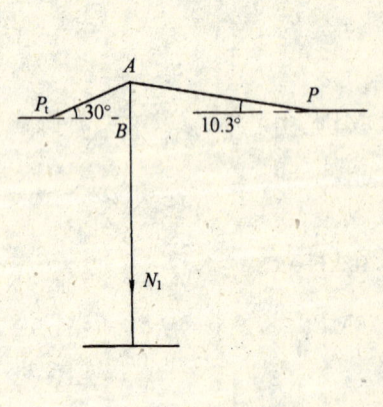
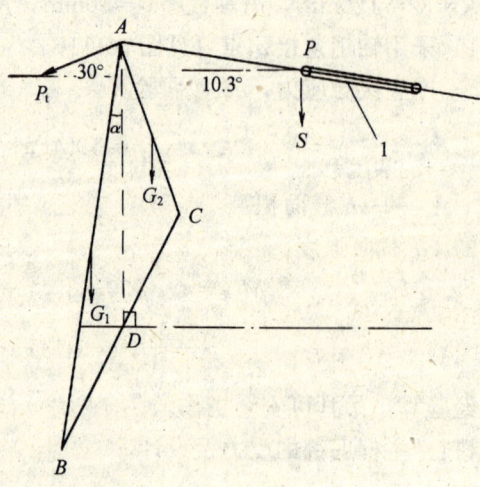

图 60-13　人字桅杆受力分析图
1—主杆后溜滑轮组

由受力图可知，所有垂直于中心线 AD 的分力 $\Sigma F = 0$

$$P_t\cos 30°=P\cos 10.3°$$

$$P_t=\frac{P\cos 10.3°}{\cos 30°}=154.15\text{kN}$$

(1) 主杆变幅的后溜滑轮组的选择：选 3-3 滑轮组

$$Y=1-\frac{m-1}{2}e=0.95$$

牵引力： $$S=\frac{P}{mY_zY_n}=24.89\text{kN}$$

选用 3t 卷扬机。

$$d\geqslant\sqrt{\frac{KS}{0.3\sigma}}=\sqrt{\frac{5\times 2540}{0.3\times 170}}=15.78\text{mm}$$

选用钢丝绳 $6\times 37-170-17.5$
1) 卸扣选用：
人字杆端卸扣受力 $N=P+S=160.72\text{kN}$
选用卸扣 20t
主杆端卸扣受力 $H=P=136.22\text{kN}$
选用 15t 卸扣
2) 地滑轮的选择：

$$Q=35.28\text{kN}$$

选用 5t 地滑轮
(2) 人字杆受力验算：
1) 因外荷载给每根杆头部的压力 N_1：

$$N'_1=P_t\sin 30°+P\sin 10.3°=101.92\text{kN}$$

(N'_1 为两根杆受力在中线 AD 的投影)

$$N_1=\frac{N'_1}{2\cos\alpha}=51.94\text{kN}$$

2) 滑轮组跑绳给杆压力 N_2：

$$N_2=S=24.89\text{kN}$$

3) 杆自重对其中部的压力 N_a：

$$N_a=G/4\cdot\cos\alpha=9.41\text{kN}$$

4) 受力最大的杆的正压力 P_e：

$$P_e=N_1+N_2+N_3=86.24\text{kN}$$

5) 各种荷载对杆中部的最大弯矩：

$$M=N_1\cdot Q/2+N_2\cdot Q/2+1/16GL_0\sin\alpha=267.97\text{MPa}$$

6) 长细比 λ：

$$\lambda=L_0/i=200$$

7) 偏心率 ε：

$$\varepsilon=\frac{M}{N}\cdot\frac{A_{xo}}{I}=3.4$$

由 $\varepsilon=3.4$ 查表得 $\phi=0.117$

8) 验算强度及稳定性：

$$\sigma = \frac{N}{\phi A} + \frac{M}{\omega A} = 113.5 \text{kN}$$

由于 $\sigma < [\sigma] = 170 \text{MPa}$，人字杆可安全使用。

60.2.5 人字杆主缆风绳的选用

主缆风绳总受力 T 应等于 P_t 与预应力之和。

$T = P_t + $ 预应力 $= 163.95 \text{kN}$

用两组成 60° 的缆风绳则

$$P = \frac{T}{2\cos 30°} = 94.47 \text{kN}$$

（1）滑轮组的选择：

选用 3-3 滑轮组

$$Y = 1 - \frac{m-1}{2}e = 0.95$$

（2）卷扬机的选择：

$S = \dfrac{P}{mY_zY_n} = 17.25 \text{kN}$ 　选用 3t 卷扬机

（3）钢丝绳的选择：

$$d \geqslant \sqrt{\frac{KS}{0.3\sigma}} = 13$$

选用钢线绳 $6 \times 37 - 170 - 13.5$

（4）地滑轮选用：

$Q = 24.11 \text{kN}$ 　选用 3t 地滑轮

（5）上部卸扣的选择：

$T = 94.67 \text{kN}$ 　选用 10t 卸扣

（6）下部卸扣的选择：

$F = S + T = 111.72 \text{kN}$ 　选用 15t 卸扣

60.2.6 特殊情况下人字桅、主杆的受力

当主杆的头部、底部不在人字杆的中心线上时，人字桅、主杆的受力情况分析：前面对主杆、人字桅杆的选择及受力验算都是假设主杆头部、底部在人字桅杆中心线的条件下设计及强度验算的，当主杆作旋转运动时，其受力发生变化，如平面位置，当 α_{max} 最大时，B 点（主杆底部）在人字桅杆中心线上，主杆逆时针旋转时，必须增加后溜力 f，假设 f 与主杆垂直。如图 60-14 所示：

$$BC = \sqrt{BD^2 - DC^2} = 3\text{m}$$
$$\beta = \text{tg}^{-1} CD/AC = 43.4°$$
$$\alpha_{max} = \text{tg}^{-1} CD/BC = 71.5°$$
$$\gamma = \alpha_{max} - \beta = 28.1°$$

垂直于主杆的 $\Sigma F = 0$

$$P_2 \text{tg}\gamma = f\cos 40°$$

即：
$$f=\frac{P_2\mathrm{tg}\gamma}{\cos 40°}$$

$j=7.9°$　$\alpha'=68.6°$

(1) 由图 60-14 可知，所有垂直于杆上的力 $\Sigma F=0$，得：

$P_4+P_3\cos\alpha'=P_8+G\cos\alpha'+f\sin 40°\cos\alpha'$

$P_4=P_2\sin\alpha'$

$P_3=P_1\sin j$

$P_8=P_5\cos\alpha'$

$P_2=P_1\cos j$

$F=\dfrac{P_1\cos j\mathrm{tg}\gamma}{\cos 40°}$

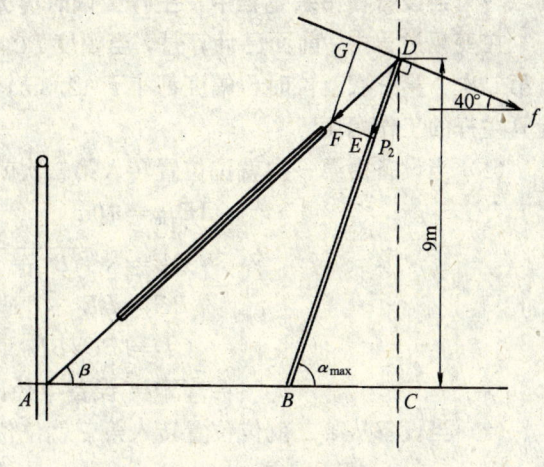

图 60-14　人字桅杆受力分析图

由上述诸式得：$P_1=107.80$kN

$f=73.5$kN

(2) 由图 60-14 可知，所有作用于杆轴线上的力 $\Sigma V=0$，得：

$N=G\sin\alpha'+P_7+P_8-P_3\sin\alpha'+S+f\sin 40°\sin\alpha'$

$P_7=P_5\sin\alpha'$

$P_8=P_2\cos\alpha'$

$P_3=P_1\sin j$

$P_2=P_1\cos j$

由上述诸式得：

$N=G\sin\alpha'+P_5\sin\alpha'+P_1\cos j\cos\alpha'-P_1\sin j\sin\alpha'+S+4.5$

$=290.86$kN

(3) 后溜滑轮组的受力 P：

$$P=P_1/\cos\gamma=122.5\text{kN}$$

(4) 作用于主杆中部的弯矩的轴力：

$$N_{中}=N-G/2\sin\alpha'=274.4\text{kN}$$

(5) 作用于主杆中部的弯矩 M：

$M=P_5L_2\sin\alpha'-M_{风}+1/8LG\cos\alpha'+1/2LP_5\cos\alpha'+$
$Se_2-L_1P_2\cos\alpha'-1/2LP_2\sin\alpha'-1/2LP_3\cos\alpha'+$
$L_1P_3\sin\alpha'+L_2f\sin 40°\sin\alpha'+1/2Lf\sin 40°\cos\alpha'$
$=6123.04$kN·cm

从以上的受力计算可知，当 $\alpha_{max}=71.5°$ 时，后溜滑轮组受力 $P=122.5$kN，主杆中部的轴力 $N_{中}=274.4$kN。

主杆中部的弯矩 $M=6123.04$kN·cm，都比主杆头部、底部在人字杆中心线上的受力减少了，故杆作旋转时，可安全工作。

60.2.7 当设备在吊装过程中，主杆变幅时情况分析

在变幅过程中，前面已计算过，当幅度 $BC_{min}<12.3m$ 时，设备与主杆碰杆，例如当设备第二次、第三次就位时，幅度都小于12.3m，这样吊装的难度也就大大增加了，为此需验算主杆的工作幅度。

(1) 当设备由第一次就位位置转入第二次就位位置时，如图60-15：

$$AE_{min} = 10m$$
$$BE = \sqrt{AB^2 - AE^2} = 24m$$
$$BC = BE - CE = 6m$$
$$CD = BC/BE \times AE = 2.5m$$
$$CD = 设备半径，刚好就位。$$

(2) 当设备从第二就位位置转入第三就位位置时：

$$AE_{min} = 7.0m$$
$$BE = \sqrt{AB^2 - AE^2} = 25m$$
$$BC = BE - CE = 25 - 18 = 7m$$
$$CD = BC/BE \times AE = 7/25 \times 7 = 1.96m > 设备半径$$

故设备不能就位，如图60-16，$AE_{min}=10m$ 时，已到临界状态，为此，采用在设备两端加力偶 f_1，设备在 f_1 力作用下，向左移动，当 $DE=3m$ 时，缓慢放落设备。

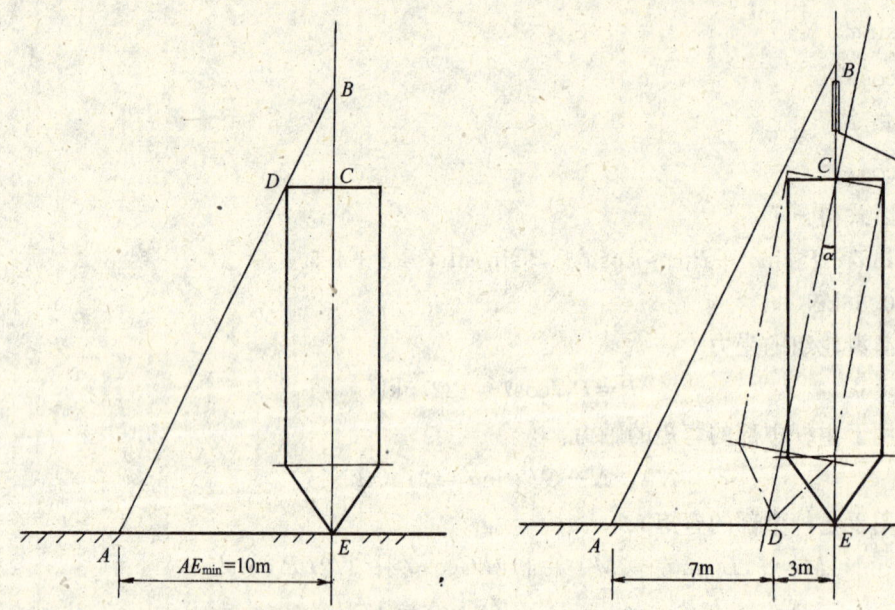

图 60-15　第二就位位置吊装示意图　　图 60-16　第三就位位置吊装示意图

$$\alpha = tg^{-1}DE/CE = 8.5°$$
$$f_1 = Q_j \sin\alpha = 25.48kN$$
$$N_g = f_1 tg30° = 14.7kN$$

此时作用于主杆上的力增加，但此时主杆与地面的夹角（倾斜角）$\alpha=68.6°$，比开始状态的 58°大。

总的来说，力矩 M，轴力 N 是变小了，故桅杆能安全工作。

60-3 主要机具计划

所用的主要机具见表60-4。

主要机具计划　　　　　　　　　表 60-4

序号	名称	单位	规格	数量	备注
1	汽车起重机	台	90t	1	临时就位
2	汽车起重机	台	30t	1	溜尾及装运
3	主桅杆	m	φ377×8 包L 100×100	26	吊设备（起升、变幅度）
4	人字桅杆	m	φ377×8	54	主杆后溜
5	钢板	m²	16mm	4	垫桅杆用
6	卷扬机	台	5t	1	起吊设备
7	卷扬机	台	3t	5	后溜及主缆风
8	卷扬机	台	1.5t	4	后滑
9	滑轮组	只	H4-4，25t	1	起吊
10	滑轮组	只	H3-3，15t	1	主杆后溜
11	滑轮组	只	H3-3，10t	4	主杆旋转后溜，人字桅杆主缆风绳用
12	滑轮组	只	H2-2，10t	4	主杆移位及就位
13	钢丝绳	m	d-23	20	捆扎（下吊索）
14	钢丝绳	m	d-17.5	200	起升、幅度
15	钢丝绳	m	d-13.5	600	主缆风、主杆旋转
16	卸扣	个	25t	4	
17	卸扣	个	20t	2	
18	卸扣	个	15t	4	
19	卸扣	个	10t	10	
20	卸扣	个	5t	10	
21	焊机	台	10kW	1	
22	单门滑轮	个	5t	5	
23	单门滑轮	个	3t	8	
24	单门滑轮	个	12mm	8	
25	钢板	m²	50mm	10	铺地面（主杆移位）
26	钢板	m²	30mm	0.5	
27	铸铁球铰			1	连承底

60-4 主要的技术、安全措施

十六个罐的吊装是扩建工程关键性项目，所以要制订一系列适合本方案的技术措施，以确保吊装全过程安全、顺利完成。

（1）所有参加施工的人员都应参加培训，特别是起重工，要认真学习起重基本知识、操作规程，要全面了解本方案的全过程。

（2）严格按本吊装方案进行吊装，不得作任何改变。

（3）桅杆竖立吊装前，必须进行试吊，全面检查主杆、人字桅杆、缆风绳、变幅、牵引等受力情况。

（4）每一阶段吊装前，都必须全面检查机具的工作性能，着重检查卷扬机控制，地滑轮的牢固性，钢丝绳磨损及损坏程度，桅杆有无变形，底座转动是否灵活等。

（5）每一阶段吊装后，必须做好机具的维修和保养，主缆风绳及过马路钢丝绳尤其要采取防意外损坏的措施。

（6）吊装过程指挥要统一、明确。由于现场受视线限制，现采用对讲机进行吊装指挥，卷扬机编号管理，指挥者要熟练地掌握每一台卷扬机的作用。

（7）由于主桅杆移位次数多，每次移位时前拖及后溜，必须协调、同步，在设备转移过程中，前拖后牵也应协调、同步。

60-5 技术经济指标

60.5.1 工期指标

设计工期 =（桅杆竖立及机具布置工期）+（每一阶段吊罐工期）+（桅杆拆卸工期）
$$= 30 \times 16 + 34 \times 21 + 7 \times 14$$
$$= 1292（工日）$$

定额工期 =（定额桅杆竖立工期）+（每个罐的就位及桅杆移位工期）+（桅杆拆卸工期）
$$= 280 + 444 \times 16 + 25.5 \times 16 + 25.5$$
$$= 1813.5（工日）$$

$$工期指标 = \frac{设计工期}{定额工期} = \frac{1292}{1813.5} = 71\%$$

60.5.2 工程成本指标

（1）预算总费用：人工费按预算定额 90% 下达

$$1813.5 \times 90\% \times 3.56 = 5814.45 \text{ 元}$$

机械费为设备水平运输、临时就位、正式就位、桅杆制作、桅杆竖立及拆卸全过程发生的机械费用。

桅杆制作费 = 7.38t × 2800 元/t = 20664 元

卷扬机台班费 = 71（工作日）× 68 + 71 × 38.64 × 5 + 71 × 15.52 × 4
$$= 4828 + 13717.20 + 4407.68$$
$$= 22952.88 \text{ 元}$$

预算汽车起重机及平板车台班费 = 6500（90t 起重机）× 16 + 2800（30t 起重机）
$$\times 16 + 1200（平板车）\times 16$$
$$= 104000 + 44800 + 19200$$

$$=168000 \text{ 元}$$

卷扬机闲置台班费 $=323.28$（每天合计台班费）$\times 79 \times 30\% = 7661.74$ 元

钢丝绳、索具及零星材料计约 30000 元

工程总费用 $=5814.45+20664+22952.88+168000+7661.74+30000$
$$=255093.07 \text{ 元}$$

(2) 降低成本指标：

从以上构成工程总费用中可清楚地知道，降低工程成本关键是节约汽车起重机台班费，按本吊装方案，90t 起重机使用 4 个台班，30t 使用 4 个台班即可，平板车水平运输改用水平滑行运输。

则：汽车起重机台班费 $=6500\times 4+2800\times 4=37200$ 元

  汽车起重机台班降低成本额 $=168000-37200=130800$ 元

  降低成本率 $=\dfrac{\text{降低成本额}}{\text{预算成本}}\times 100\% = \dfrac{130800}{255093.02}=51.3\%$

(3) 日产值 $=\dfrac{\text{计划成本}}{\text{工期}}=\dfrac{124293.07}{71}=1750.61$ 元/日

(4) 单位产品劳动力消耗 $=1292/273.6=4.72$（工日）/t

61 广东国际大厦主楼（63层）电力电缆垂直敷设方法

广东省工业设备安装公司　余荣煜

61-1　工　程　概　况

广东国际大厦主楼（63层）配电系统安装工程中，从地下一层变配电房至主楼需敷设33条电力电缆，电缆终端最高为60层，电缆规格由$3\times50+25mm^2$至$3\times300mm^2$不等，其中一条$3\times95mm^2$高压交联电缆和一条$3\times300mm^2$进口防火电缆的敷设难度最大，全长330m，其中垂直段电气竖井敷设190m。

高层建筑垂直电缆敷设，通常的方法有二种。一是沿敷设路径分布众多人员合力提拉，这在楼层不高（10层以下）和电缆截面不大的情况下仍可实行；二是遇楼层较高（20～30层）时采用电动卷扬机钢绳向上牵引。但两种方法都各有其弊端。前者既难保施工安全，又花太多力气；后者除了安全因素问题，还有施工对电缆产品质量保护问题。钢绳牵引电缆，随着电缆上升而重量增加，受力点及上部缆体受力增大，会造成电缆结构变形损伤。如遇上超高层建筑（50～60层），此方法的害处更突出。针对广东国际大厦超高层电缆垂直敷设这一难题，研究制定了新的施工方法，其做法是将整盘电缆吊运上高层，利用高位势能把电缆由上往下敷设，用分段设置的"阻尼缓速器"对下放过程的重力加速加以克制，其效果既安全快捷，又确保电缆绝缘质量完好（包括高压交联电缆）。经综合测算，电缆从最高点下放到地层，平均一条电缆仅用7～8min。电缆下放速度平稳，控制自如。60层垂直缆井，仅需要20个作业人员，节省了劳动力。本方法的成功，为广东国际大厦电缆垂直敷设解决了一个较大的技术难题。随着高层、超高层建筑的不断发展，该方法有着推广应用的广泛前景。

61-2　工艺原理及特点

电缆从高处往下敷设，关键是如何克制重力加速度。方法的构思是：让高处下放的电缆绕经分段设置的"阻尼缓速器"缓减下降时的加速度。单个"阻尼缓速器"的构造如图61-1所示。其由3个木制导轮和角铁支架组成。导轮的摆设位置和电缆绕经路径是"阻尼缓速"的关键。装配时，导轮与轴杆配合要稍紧（可在导轮两侧加垫橡胶片，用轴端螺栓调松紧），上下导轮位置固定不变，中间导轮可左右调整，以适应不同规格电缆允许的弯曲半径。阻尼原理是：电缆如图示绕经导轮，使导轮承担了电缆重力的水平分力，由于电缆体的刚柔性，使其在被弯曲和重力作用下产生的弹性回复力作用于导轮，同时由于电缆护套的橡塑材质，正好增大其与木质导轮内槽接触的摩擦系数。这样，导轮转动和电缆在导轮上运转时都受上下摩擦力的作用，从而有效地缓减了电缆下降时的加速度。调整中间导轮位置可改变其缓速量。理想的调节效果是：当作业人员向下施力时，电缆克服阻尼下放运行。当停止施力后，电缆在阻尼器作用下减速，直至停止。

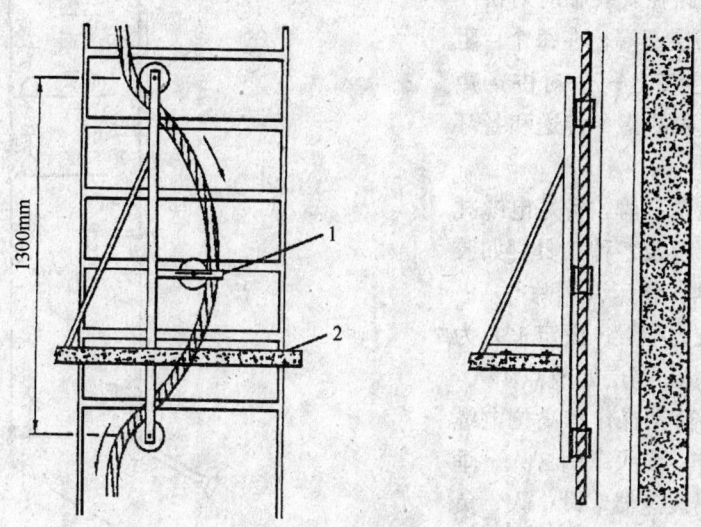

图 61-1　阻尼缓速器构造
1—可左右调节的木制导轮；2—楼板

该方法的特点是：
（1）利用重力作用使电缆从高位下放，省却向上提拉的众多人力或动力设备。
（2）利用电缆结构特性设计的"阻尼缓速器"，既可减速，又对电缆绝缘结构无影响。
（3）敷设工艺简单，安全快捷，省工省料。
（4）适用于任意高层建筑的垂直电缆敷设。

61-3　施工程序及相应技术措施

61.3.1　准备工作

准备工作内容如下：
（1）进行现场考察，作必要的实地测量，按图纸编制电缆表，掌握电缆规格、长度、始末端位置。敷设前沿电缆走向的桥架（支架）应全部安装完成。
（2）本方法是对垂直段电缆敷设而言，水平段的敷设准备按常规进行。应按垂直段的总高度以及最大电缆截面的重力来计算"阻尼缓速器"的分段承重力，以确定装置的数量（一般隔3～4层装一组）。
（3）做好"阻尼缓速器"的制作安装工作，注意导轮应选用结实木材，支架的组合方式可按现场条件而定。安装要靠近电缆桥架（便于电缆从导轮移入桥架排列），固定在坚实的建筑结构上，如楼板、框架、剪力墙。在高层起点处装一个简易制动器，如图61-2所示。

(4) 将所敷设的电缆吊运至所设定高层处。可利用施工期间使用的设备吊装井道（如电梯井）。

(5) 沿敷设路径安装临时对讲广播，总机设在高层起端，在每个"阻尼缓速器"位置装上一个对讲扬声器，以便敷设过程的指令传送和各环节的信息反馈。

(6) 编写电缆挂牌，备好电缆扎带、电缆卡码，以及各种工具，如胶钳、板手、钢锯、锯床、锯片等。

(7) 进行人力配置。设定1人为指挥员，助手1人；高层始放点4人，负责缆盘的上、落架操作和高位电缆施放和制动操作；缆头牵引2人，垂直段每个"阻尼缓速器"设1人，负责电缆下放施力及对"阻尼缓速器"运行监护。水平段的人力配置根据现场情况作常规安排。

61.3.2 敷设步骤和方法

敷设工作在指挥员的指令下进行，每条电缆的敷设步骤为：

电缆规格位号确认→绝缘检查→缆盘上架→缆头牵引下放→垂直段依次绕经阻尼缓速器导轮→水平段敷设→终端尺寸预留→自上而下将电缆从阻尼缓速器移入桥架，排列固定→始端尺寸预留，裁截电缆，挂编号牌。

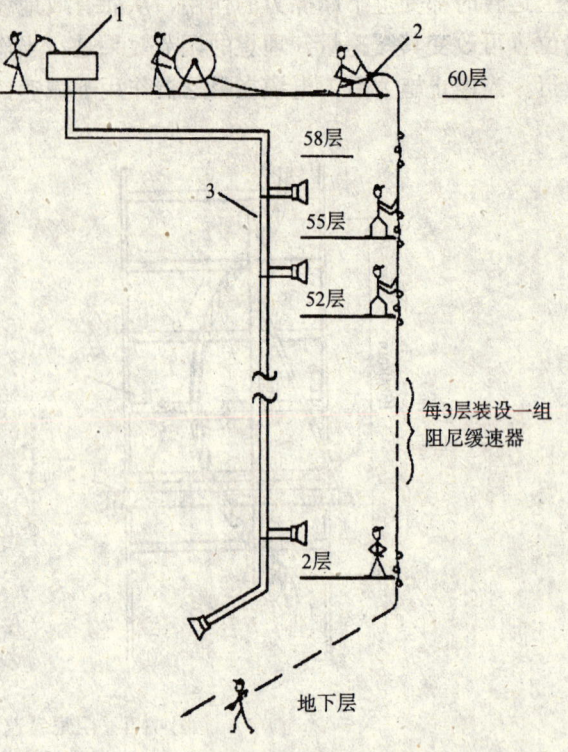

图 61-2 广东国际大厦电缆敷设实例示意图
1—扩音机；2—简易制动器；3—简易扩音对讲系统

敷设过程须注意以下几点：

(1) 敷设的每一个环节，每一步骤，都必须在指挥员指令下进行，全体操作人员要服从指令，协同行动。

(2) "阻尼缓速器"监护人应随时注意电缆的运转情况，发现异常及时通过对讲扬声器反馈给指挥员，待故障处理完善后再恢复施工。

(3) 电缆绕经"阻尼缓速器"，其长度会增长，故终点的尺寸预留要考虑该因素，以免浪费电缆。

(4) 缆头到终端后，垂直段的电缆从"阻尼缓速器"导轮脱出移入桥架作排列固定，不能同时进行，必须自上而下一段接一段操作，避免同时脱出造成上部电缆负荷过重。

61.3.3 安全操作注意事项

尽管该方法已从安全施工的角度构思，着意解决高层电缆敷设的安全问题。但高层建筑内施工，仍有不安全的因素。故作业人员必须提高安全意识，注意下列几点：

(1) 施工前应清除高层缆井内杂物、砖块，避免高空堕物。

(2) 作业人员必须戴安全帽进入现场，上下层物品、工具传递不得抛传。

(3)"阻尼缓速器"操作人员注意与导轮保持距离,选择合理的施工位置,避免手指或衣服被电缆卷带入导轨,造成伤害。

(4)电缆井口多余部分要封闭,井内照明要保证正常。确保敷设工作安全顺利进行。

62 东莞银城酒店消防自动系统的调试

广东省工业设备安装公司　何永盛　陈耿明

62-1 工程概况

高层建筑近年来越来越多，但是，高层建筑一旦发生火灾，其火势燃烧猛烈、蔓延快，燃烧面积大，扑救困难，人员伤亡及经济损失大。在出现火灾后，能否及时发现火警并进行有效的扑救，这要取决于高层建筑内所配置的火灾自动报警系统和自动灭火装置以及联动控制系统是否能正常而有效地发挥其作用。要保证安装的火灾自动报警系统、自动灭火装置和联动控制系统发挥其防火救灾的作用，关键是要确保系统的调试和试运转的顺利完成。

本文介绍的是东莞银城酒店火灾自动报警和联动控制系统的调试。高层建筑火灾自动报警和联动控制系统的调试，必须针对所采用的系统设备的工作原理和使用功能，根据现场具体情况，作出周密的计划安排，落实好详细的操作步骤，调试前做好充分的准备工作，按计划和步骤认真进行调试，才能取得事半功倍的效果。银城大厦火灾自动报警和联动控制系统仅经过了15d的调试，整个系统全部开通，投入正常运转，大大缩短了调试的周期（常规工期估计至少要一个半月）。

银城酒店占地面积2万多平方米，建筑面积约5万m^2，楼高127m，共33层（其中地下室2层）。银城酒店火灾自动报警系统由广东省建筑设计研究院设计，采用日探（日本）火灾自动报警控制系统（NF-1）产品。

银城酒店火灾自动报警和联动控制系统由8个NF-1回路组成：22层以上一个回路，15～21层、8～14层、5～7层各为一回路，2～4层每层为一回路，首层和地下室为一个回路。消防中心由NF-1控制柜（双控面板）4台、联动控制柜1台、消防对讲电话主机和分机各1台（消防对讲电话33部）、电脑1部等构成一个有机整体。自动报警部分包括有：类比烟感探测器1441只；普通烟感探测器238只；温感探测器159个；楼层显示面板33只；中继器箱38只（中继器294只）；消防广播切换箱33只；消防栓报警按钮172只；手动报警按钮82只；警铃254只；消防广播喇叭398只；水流指示器33只；防火卷闸12套；气体灭火装置6套。联动控制部分有：可联动控制水幕电动阀8只；消防泵、喷淋泵、水幕泵共11台；电梯12部；各楼层动力及照明配电箱28台；空调动力配电箱11台。

消防自动系统功能简介如下：

(1) 当消防中心的某个NF-1控制面板接到某个探测器的报警信号，在确认是火警信号后，消防中心将向报警探测器所在的楼层及上、下层（若是地下探测器报警，将向所有地下层及首层）发出信号，使警铃响铃报警，打开排烟和送风阀，关闭新风设备，本层显示面板以声光形式报警（此步骤有预报警过程，因为探测器有预报警作用）。

（2）当消防中心接到某个区域的手动报警按钮的报警信号，其情形同（1）所述，并且消防广播响，自动切断照明与动力电源，所有电梯回降首层（包括消防梯）。

（3）当消防中心接到某个消防栓按钮的报警信号，其情形同（2）所述，并且起动消防泵。

（4）若某个喷淋头超温爆裂、喷水，水流指示器动作向消防中心报警，其情形同（3）所述，但起动的是喷淋泵而不是消防泵。

62-2 调试前准备

62.2.1 资料准备

资料准备工作如下：
（1）整理好所有施工图纸，包括各楼层平面、系统图、接线图、安装图等。
（2）整理好设计变更文字记录，各种文件和与调试有关的技术资料。
（3）准备好各种调试记录表格等。

62.2.2 调试人员安排

由于回路多，工作面大，要测试的线路和探测器等器具和设备多，调试期限短，针对这种情况，调试前除做好了充分的准备外，并把参加调试的人员分成两组，一组在塔楼从下往上，一组在裙楼从上往下同时进行。

62.2.3 调试仪表、工具准备

电工工具4套、万用表2只、500V兆欧表2只、接地电阻测量仪1套、喷烟器1支，微型气焊枪1支，对讲机4对。

62.2.4 调试前全面检查工作

调试前全面检查工作内容包括有：
（1）按图纸设计和有关规范的布线要求，检查系统线路的每个回路，对于错线、开路、虚接和短路等情况要及时进行处理，并仔细检测各种导线的绝缘数值（不小于20兆欧）。
（2）按照设计要求把所有（或将要进行调试的）探测器装到底座上，注意类比探测器的编码要与图纸上的地址编号相符。
（3）检查所有消防栓按钮、手动报警按钮、警铃和喇叭的安装是否符合要求，有没有损坏和丢失。
（4）检查中继器和广播切换器的安装接线情况是否与图纸相符。
（5）检查所有水流指示器的安装是否都妥当，水流方向是否正确。
（6）检查每个回路的终端电阻是否已全部装上，电阻值是否正确。
（7）检查各种器件是否按设计要求留有备用件，型号和数量是否齐全和足够。
（8）按设计和规范要求全面检查系统的安装质量，对属于施工中出现的问题，要及时会同有关单位协调处理好，并作好文字记录。
（9）检查消防电源的连接是否符合要求，供电情况是否稳定，电压是否达到要求。主电源和备用电源的容量是否符合要求，主电源和备用电源是否能够自动切换。

62-3 系统调试程序和方法

62.3.1 系统调试程序

消防自动系统的调试程序见图62-1。

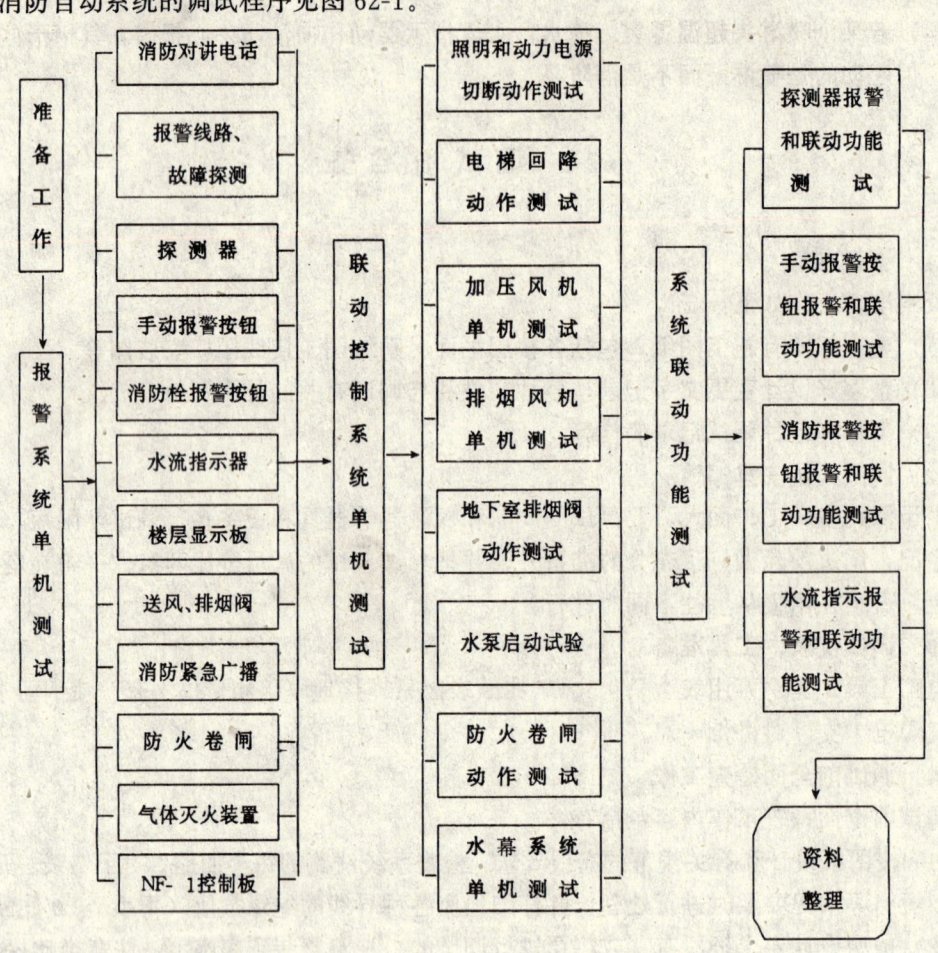

图 62-1 消防自动系统调试程序

62.3.2 系统单机调试

62.3.2.1 消防对讲电话单机试通

开通消防对讲电话主机,逐层试通对讲电话。之所以把消防对讲电话的试通摆在首位,是因为消防对讲电话开通后,将为后面的调试工作提供极大方便,使各楼层与消防中心在调试期间能随时取得联系,直接对话。

62.3.2.2 单个NF-1面板上单回路系统线路的检测

检测先从某一回路(如8~14层这回路)开始,打开NF-1控制面板上的电源开关,同时检查面板受电是否正常,再按下操作面板上的自动测试开关。系统将对本回路所有的探测器、中继器进行一次火警自测,所有自测结果均通过内置打印机打出。同时,有故障的探测器、中继器的地址编号将在控制面板上逐个显示出来,并发出警报,有故障的回路、探测器或中继器的有关数据也由内置打印机打印下来。这时即可安排电工按指出的有故障的回路、探测器或中继器,检查其故障所在,并及时进行处理,直至每个回路、探测器或中继器都处于正常工作状态为止。其他各个回路和面板进行同样的测试,直至所有回路均正常工作。

62.3.2.3 探测器单机测试

上述62.3.2.1和62.3.2.2条规定的工作结束后,进行对每个回路的所有探测器进行单机报警功能的测试。其工作内容如下:

(1) 对全部类比烟感探测器、普通烟感探测器,用喷烟器逐个进行吹烟试验。看消防中心与其对应的NF-1控制面板是否接到火警信号和预警报信号。

(2) 对全部热敏型(温感)探测器逐个用微型气焊枪(或打火机)灼烧其热敏元件,使其达到或超过报警温度(90℃),看其对应的NF-1面板是否接到火警信号。

62.3.2.4 手动报警按钮单机报警功能测试

对全部手动报警按钮逐个插入电话对讲机,调试其与控制面板间的联系情况,再用调试专用钥匙插入报警器,按下按钮(不用打坏碎玻片),看与其对应的控制面板是否接到报警信号,警铃是否动作,测试其工作正常后,让报警按钮复位。

62.3.2.5 消防栓报警按钮单机报警功能测试

用消防栓按钮配备的专用钥匙对所有报警按钮逐个接通其报警开关,看其对应的NF-1控制面板是否接到报警信号,并发出信号让警铃动作。

62.3.2.6 水流指示器报警功能测试

逐个打开每层喷淋管的放水阀放水,看水流指示器是否动作,控制面板是否能接到其报警信号,并发出信号让警铃动作。

62.3.2.7 楼层显示屏显示功能测试

由控制面板输入有关模拟火警信号,检查各楼层显示面板的显示功能及声光报警功能。

62.3.2.8 送风阀、排烟阀单机动作检测

通过控制面板逐个输入送风阀或排烟阀的地址编号,并按下排烟(送风)阀手动控制开关,起动排烟(送风)阀,每个阀至少重复动作3次。此步骤应在送风和排烟设备调试运转正常后才能进行。

62.3.2.9 消防紧急广播测试

测试内容如下:

(1) 开通消防广播台,逐层试通消防广播,使其达到使用要求。

(2) 开通联动控制台,逐层将消防广播切换信号送至各层消防广播切换器,检查其切换动作是否正确可靠,每层重复动作3次。

(3) 在开通背景音乐的情况下,再重复其切换动作3次,每次至少3min。

62.3.2.10 防火卷闸单机试运作

对首层至四层共12部防火卷闸逐部进行落闸试验,先利用卷闸两侧的启动开关进行3次下闸和升闸动作。然后让报警按钮动作,观察警铃、蜂鸣器、闪灯是否工作正常,卷闸落闸动作是否正常,控制面板有没有接到和显示火警信号;按卷闸启动开关,让卷闸回升;再重复上述动作2次。

62.3.2.11　气体灭火装置试运行

对变配电室、中央监控中心、保安闭路电视主控室、酒店管理电脑机房、电话机房和地下金库的气体灭火装置逐一进行测试。首先按下手动报警按钮，观察警铃、蜂鸣器和闪灯是否都正常动作，电动气阀是否动作，消防中心是否接到火警信号，再分别对两路探测器逐个（烟感吹烟，温感灼烧）测试，看警铃响不响，消防中心有没有接到报警信号；最后同时对烟感吹烟、温感灼烧，观看警铃、蜂鸣器、闪灯是否都动作，电动气阀是否动作，消防中心是否接到火警信号（注意事先要确认已关闭好气体）。

62.3.2.12　NF-1 控制面板功能的检查

逐台对 NF-1 控制面板的以下功能等进行检查和测试：

(1) 测试（自检）功能检查，其包括：

1) 自动火警测试功能；

2) 手动火警测试功能；

3) 探测器监测功能；

4) 后备电源测试功能。

(2) 显示功能检查。检查内容包括：

1) 火警时的显示功能。应顺序检查：火警指示器、第一火警区域显示、第二火警区域显示、报警指示灯、预报警指示灯、新来报警指示灯、手动装置工作指示灯。

2) 排烟系统显示功能。应顺序检查：排烟区域显示、联锁装置关闭指示灯、确认报警指示灯、遥控装置（中继器）故障指示灯、新报警指示。

3) 公共指示等显示功能。应检查：开关动作指示灯、电源指示灯、测试中指示灯、消防栓起动（STM）指示灯、中央处理器（CPU）故障指示灯、探测器故障指示灯、信号传输故障指示灯、时钟显示器、电压表。

(3) 开关功能检查。检查内容包括：

1) 系统复位开关；

2) 自动复位开关；

3) 主报警去除开关（消音开关）；

4) 区域报警去除开关；

5) 总报警开关；

6) 新报警开关；

7) 排烟新报警开关；

8) 信号传输停止开关；

9) 排烟系统联锁装置关闭开关；

10) 消防栓起动开关；

11) 排烟系统的自动控制开关。

(4) 音响功能检查。检查内容包括：

1) 火警主蜂鸣器；

2) 警告蜂鸣器（预报警、故障等）；

3) 电话蜂鸣器。

(5) 打印功能检查。

(6) 探测器屏蔽功能检查。
(7) 事件监测功能检查。
(8) 存储功能检查。
(9) 电源自动转换和备用电源的自动充电功能，备用电源的欠压和失压报警功能检查。

62.3.3 联动控制各回路单机动作试验

开通联动控制台，并检查其受电等情况是否正常，再进行以下各步骤工作：

(1) 各层照明和动力总电源切断动作试验

从上至下对设备夹层至首层的总配电箱、手扶梯总配电箱和银行总配电箱进行试验。逐个箱由联动控制台发出切断电源信号，看是否能切断各层总电源，并注意观察是否有电源切断的信号返回联动控制台。每个箱动作3次。

(2) 电梯回降首层动作试验

分别对各客梯、银行电梯、厨房电梯、金库梯和消防梯控制箱发出信号，通过设置在消防中心的电梯运行位置显示屏看是否每一部电梯都能准确无误地返回首层，每部电梯均测试3~5次。

(3) 空调动力柜（箱）电源切断动作测试

分别对五层以上空调总开关箱、金库空调控制箱、地下室空调控制柜、首层~四层空调动力控制柜和厨房空调总开关箱发出切断电源信号，并注意观察是否有电源切断的信号返回，各重复3次。

(4) 加压风机单机动作测试

对管道夹层1号、2号梯间加压风机、设备夹层1号、2号梯间加压风机的控制箱分别发出动作信号，观察其动作是否准确无误，并且有信号返回消防中心，重复3次。注意加压风机的单机动作的测试，应在风机调试好、能正常运转的情况下进行。

(5) 塔楼排烟风机启动动作检测

分别对设备夹层1号、2号、3号客房排烟风机，管道夹层1号、2号、3号、4号客房排烟风机的控制箱发出启动信号，观察其启动情况是否正常，并且有启动信号返回消防中心。

(6) 地下室排风机、排烟阀动作测试

分别对变配电室排风机控制箱，仓库排风机控制箱，洗衣机房排风机控制箱，保龄球场和污水站排风机控制箱，车库一、二层排风机控制箱，车库二层送风机控制箱，以及地下室和车库一、二层的排烟阀逐个发出动作信号，注意观察其启动和关闭动作是否符合设计和规范要求，是否有动作信号返回消防中心。各个动作均要重复3次。

(7) 水泵启动的测试

水泵的启动必须在水泵已调试好，能正常运转的情况下才能进行。测试内容如下：

1) 按下联动控制台上消防泵启动开关，让主消防泵空转启动并运行半分钟，再分别让主用和备用消防泵作打水运转，测试水压，扬程等是否符合要求，并注意各种信号是否都能正确返回消防中心。

2) 通过联动控制台对水幕泵进行动作和运行试验，步骤同上。

3) 通过联动控制台对水幕电磁阀（共8只）逐只通电，看其是否能正确动作，每个阀动作3次。

62.3.4 系统功能调试

投入主电源，开动消防中心所有设备：4台NF-1（双控面板）控制柜、联动控制台、消防广播台、消防对讲电话。利用模拟信号（如对烟感探测器吹烟、对温感探测器灼烧）或手动装置（如喷淋放水阀）对整个系统的各种报警和控制功能进行测试。

62.3.4.1 探测器系统功能测试

由顶层开始，按照地址编号对每一个类比烟感探测器、每一普通烟感探测器逐一进行吹烟；对每一温感探测器逐一进行灼烧，模拟火灾信号。这时，有关人员要注意观察被测试的检测器所在楼层及其上一层、下一层的所有警铃是否都响铃报警（若所测试的探测器在地下室，则地下室、车库一、二层及首层都应响铃），排烟阀是否都打开，送风阀是否都动作，新风设备是否都关闭，探测器所在楼层的显示面板是否有声光报警，并显示出被测试探测器的具体位置。重复上述步骤，直至所有探测器均能正常工作。

62.3.4.2 区域报警装置功能测试

对整栋楼共44个区域的报警按钮逐个进行测试。用专门配备的测试钥匙按下报警按钮，使其向消防中心报警，其情形应同62.3.4.1所述，并且所有电梯将回降到首层。重复上述步骤，直至所有区域报警装置均正常运行。

62.3.4.3 消防栓系统功能测试

对整栋楼共44个区域的消防栓报警按钮逐个进行测试。其操作步骤和报警的情形同62.3.4.2所述，并且消防泵将起动（注意此时让消防泵空载起动即可）。

62.3.4.4 自动喷淋系统功能调试

对所有水流指示器（共33个，每层1个）逐个进行测试，逐层打开每层的喷淋放水阀，让该层的水流指示器动作，其情形将同62.3.4.3所述，但启动的是喷淋泵而不是消防泵。

利用备用电源，重复上述62.3.4.1～62.3.4.4各项系统功能的测试。

62-4 调试中应注意的安全事项

(1) 操作必须服从指挥人员的指挥；各个人员应依照调试计划，各负其责，各司其职。
(2) 各操作点应有专人监护，无关人员禁止进入调试范围。
(3) 各项测试前，必须先弄清楚设备、仪器是否带电。
(4) 清理现场，无关杂物应搬离调试现场。
(5) 调试现场严禁吸烟，并配备适当数量的1211灭火器。
(6) 调试范围应有标志牌及警示牌。
(7) 调试前应把有关注意事项向各有关部门交代清楚，配合好调试工作，以免引起不必要的误会，造成不良的影响。

62-5 资料整理

调试过程中，应认真做好各项记录，收集有关资料。整个系统在连续运行120h无故障后，填写好调试报告，由各有关单位办理签章和验收手续。

63 东山广场通风系统风量调试技术

广东省工业设备安装公司　梁吉志

63-1 工程概况

东山广场是一综合大楼，它的空调系统包括空调、通风、排烟以及加压送风系统。

通风系统包括地下室送排风和消防排烟系统，裙、主楼和副楼卫生间排风、主楼电梯机房排风，主楼新风井送风系统，主楼标准层办公室排气系统，以及主楼和副楼消防加压送风、消防排烟系统。通风设备主要有低噪声混流风机、双速排烟排风机、天花排气扇和屋顶风机，以及消防加压风口、消防排烟风口等部件。空调系统包括主楼空调系统和裙楼（副楼）空调系统两大独立系统组成。

主楼空调系统选用 5 台 $Q_j=1835.5kW$（522RT）的离心式冷水机组和 1 台 $Q_j=372.7kW$（106RT）的风冷往复式冷水机组，分设于负一层 1 号冷冻机房和主楼 29 层楼面。冷冻水系统总立管采用双管同程式，水平干管用双管异程式。主楼标准层办公室采用风机盘管加新风系统进行空气调节。

裙楼、副楼空调系统选用 3 台 $Q_j=1758.1kW$（500RT）的离心式冷水机组，设于负一层 2 号冷冻机房。冷冻水系统采用双管异程式，在主机房设供水、回水集水器，分裙楼、副楼两个环路供水和回水。裙楼采用风柜低速送风集中式处理，副楼写字楼采用风机盘管加新风系统进行空气调节。

东山广场空调面积近十万平方米，共有近百个新风、通风、空调系统和近万个风口，要想在较短的时间内把各系统风口的风量调节好，按传统的做法是非常困难的，其必须通过大量的换算才能确定每次的测量结果，并且要多次进行风速、风量的转换。

本文介绍的调试工作采用了"基准风口法"和"风量比常量法"，并在此基础上加以简化，从而提高了调试效率。此方法减少了大量的复杂的计算，只不过通过第一次的风量与风速的转换后，就可以通过风速的测量完全可以完成整个风量调节，调试人员仅由一个管理人员和 6 个工人组成，使用了 2 台电子风速、温度计和 3 台对讲机，在短短的一个多月时间内，完成了东山广场近百个系统的风量调试工作。

63-2 调试原理

63.2.1 "基准风口法"与"风量比常量法"

根据流体力学可知，风管的阻力近似与风量的平方成正比，即

$$H = kL^2 \tag{63-1}$$

式中 H——风管阻力；

L——风量；

k——风管的阻力系数。

从（63-1）式中可得 $H_1 = k_1 L_1^2$，$H_2 = k_2 L_2^2$，从而得

$$L_2/L_1 = (H_2 k_1 / H_1 k_2)^{1/2} \tag{63-2}$$

严格来说，(63-1) 式中风量 L 的变化，必然导致阻力 H 的变化，但由于风管经过设计及安装，风管的形状已定型，因此风管的阻力系数已恒定；风机的风量亦已确定，因而式中的 $(H_2 k_1 / H_1 k_2)^{1/2}$ 是一个定值。

实际上风量调节是一项微调的工作。用以调整由于建筑结构和安装过程中造成偏离设计的缺陷，调整风管的阀门，引起风管的阻力变化可忽略不计；因此风量调节后的 L_2/L_1 可视为恒定，即：

$$L_2'/L_1' = L_2/L_1 \tag{63-3}$$

根据这一原理，两个风口的风量比可写为：

$$L_2/L_1 = 3600 S_2 v_2 / 3600 S_1 v_1 \tag{63-4}$$

$$L_2'/L_1' = 3600 S_2 v_2' / 3600 S_1 v_1' \tag{63-5}$$

式中 S——风口面积；

v——风口速度。

从（63-4）、（63-5）式中得：

$$v_2'/v_1' = v_2/v_1 \tag{63-6}$$

也就是说，风量调节实质上可转化成风口风速调节。一般情况下同一个系统，设计的下送风口和侧送风口的风速都是相同的，因此利用风速来测量和调节都会带来很大的方便。

63.2.2 风口风速与风量测量方法

63.2.2.1 风口风速的测量

测量风口的风速，要根据下述不同情况用不同的方法测量。

(1) 对于矩形风口，应把风口分成 220mm×220mm 以内的等份，然后在各等份内的中点进行测量；但在 220mm×220mm 内的风口也分成 4 等份进行测量。测量后计算其平均值。

(2) 对于圆形风管，则应分成若干个等面积的同心环，在同心环的规定点各测量 4 点。然后计算其平均值。其同心环计算如下：

$$R_n = R[(2n - 1) \div 2M]^{1/2} \tag{63-7}$$

式中 R——风管半径（m）；

R_n——从风管中心到 n 环测点的距离（m）；

n——从风管中心算起环的顺序号；

M——风管断面所划分的圆环数，见表 63-1。

风管断面所划分的圆环数　　表 63-1

风管直径（mm）	<200	200~400	400~700	>700
圆环个数 M	3	4	5	5~6

63.2.2.2 风口风量的测量

对于风口风量的测量，当风口为格栅或网格时根据下列公式：

$$L = Cv_p(F + f) \div 2 \tag{63-8}$$

式中 L——风口风量；

C——修正系数，对于送风口，$C=0.96\sim1.0$；

F——风口轮廓面积（m^2）；

f——风口有效面积（m^2）；

v_p——风口断面平均速度（m/s）。

而当风口是散流器时，其公式为：

$$L = kF_h v_h \tag{63-9}$$

式中 F_h——散流器的喉部面积（m^2）；

v_h——散流器喉部平均速度（m/s）；

k——修正系数。

从实践中来说，公式（63-8）与（63-9）可改写成

$$L = kFv_h \tag{63-10}$$

式中 F——风口的面积（m^2）；

v_h——有饰面的风口平均速度（m/s）；

k——修正系数，$0.8\sim0.9$。

在调节器中还需注意，当风口管太短以及风口有阀门，风口附近的气流变化比较复杂，测量比较困难，则必须加一段 0.5～1m 长的同等口径风管进行测量调节。

63-3 风口调试步骤与方法

下面以一个简单的例子来叙述调试步骤与方法，简易的示意图如图 63-1 所示。调试步骤如下：

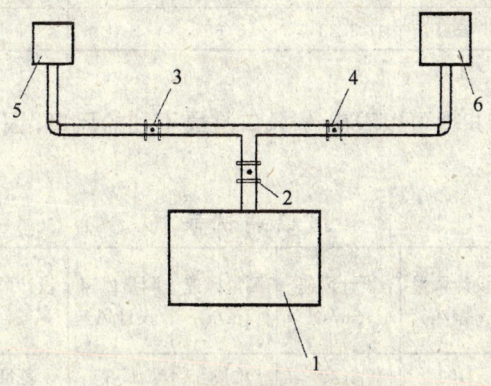

图 63-1 测量简图

1—风机，风量 $L=1000m^3/h$；
2—总风阀；3—风阀 A；4—风阀 B；
5—风口 A，尺寸 200mm×200mm，风量 $L=400m^3/h$；
6—风口 B，尺寸 250×250mm，风量 $L=600m^3/h$

(1) 列出计算表格如表 63-2 所示。

风口调试表　　　　　　　　　　　　　表 63-2

风口	风口尺寸 (mm)	修正系数	设计风量 (m³/h)	设计风速 (m/s)	测量风速 (m/s)	测量风速/设计风速	设计风口风速比	调整后风口风速 (m/s)	调整后风量 (m³/h)
	1	2	3	4	5	6	7	8	9
A	200×200	0.8	400	3.47					
B	250×250	0.8	600	3.33					

(2) 测量风口的风速，用如下方法测量：

根据 63.2.2.1 的矩形风口测量方法，则可测量上述风口，首先要把风管的阀门 2、3、4 打开，然后开风机 1，并开始测量。测量结果如表 63-3。

风口测量结果　　　　　　　　　　　　　表 63-3

风口	测量风速 (m/s)	测量风速 (m/s)	测量风速 (m/s)	测量风速 (m/s)	平均测量风速 (m/s)
	1	2	3	4	5
A	2.8	2.9	3.1	2.4	2.8
B	3.5	4.1	3.6	3.4	3.65

(3) 将测量结果填入表 63-2 中如表 63-4 所示。

风口调试表　　　　　　　　　　　　　表 63-4

风口	风口尺寸 (mm)	修正系数	设计风量 (m³/h)	设计风速 (m/s)	测量风速 (m/s)	测量风速/设计风速	设计风口风速比	调整后风口风速 (m/s)	调整后风量 (m³/h)
A	200×200	0.8	400	3.47	2.8	0.8			
B	250×250	0.8	600	3.33	3.65	1.1			

(4) 通过表 63-4 中第 5 项可以看出 A 风口是最不利的风口，因此选取 A 风口作为基准风口。再列表如表 63-5：

风口调试表　　　　　　　　　　　　　表 63-5

风口	风口尺寸 (mm)	修正系数	设计风量 (m³/h)	设计风速 (m/s)	测量风速 (m/s)	测量风速/设计风速	设计风口风速比	调整后风口风速 (m/s)	调整后风量 (m³/h)
A	200×200	0.8	400	3.47	2.8	0.8	基准		
B	250×250	0.8	600	3.33	3.65	1.1	0.96		

(5) 以 A 风口作为基准风口，亦即阀 A 不动，调整阀 B，使风口 B 的平均风速与风口 A 的平均风速的比值接近 0.96。调整后再次测量风速作好记录，如表 63-6：

调整后风速表   表63-6

风口	调整后风速 (m/s)	调整后风速 (m/s)	调整后风速 (m/s)	调整后风速 (m/s)	平均调整后风速 (m/s)	调整后风量 (m³/h)
	1	2	3	4	5	6
A	3.9	3.5	3.3	3.4	3.52	405
B	3.3	3.2	3.4	3.2	3.28	590

(6) 最后填写表63-2如表63-7所示：

风口调试表   表63-7

风口	风口尺寸 (mm)	修正系数	设计风量 (m³/h)	设计风速 (m/s)	测量风速 (m/s)	测量风速/设计风速	设计风口风速比	调整后风口风速 (m/s)	调整后风量 (m³/h)
	1	2	3	4	5	6	7	8	9
A	200×200	0.8	400	3.47	2.8	0.8	基准	3.52	405
B	250×250	0.8	600	3.33	3.65	1.1	0.96	3.28	590

其实在安装过程中有很多风管都没有设置调节阀的，设计也没有明显标注各风口的风量，这就增加了空调调试的困难。

63-4 新风系统的调试

以图63-2所示的简图来叙述新风系统的调试方法与步骤：

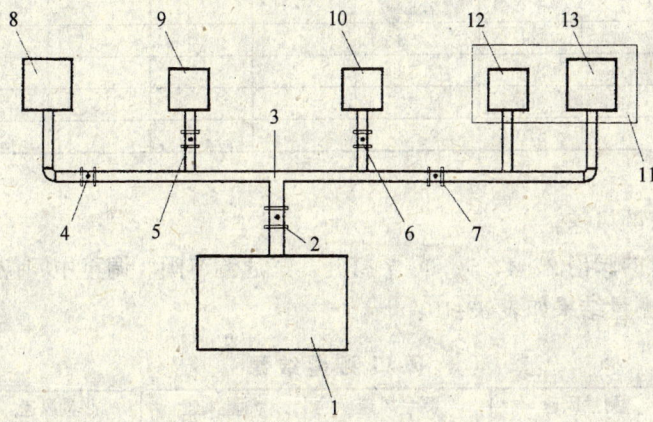

图63-2 调试简图

1—风机，风量$L=2600m^3/h$；2—总风阀；3—三通阀；4—风阀A1；5—风阀A2；
6—风阀B1；7—风阀B2；8—房间A1，面积90m^2，风口A1，尺寸250mm×250mm；
9—房间A2，面积60m^2，风口A2，尺寸200mm×200mm；
10—房间B1，面积55m^2，风口B1，尺寸200mm×200mm；
11—房间B2，面积160m^2；12—风口B21，尺寸200mm×200mm；
13 风口B22，尺寸250mm×250m

(1) 根据设计意图，新风系统办公室定为 7m²/人，新风为 40m³/h·人，商场（裙楼）为 4m²/人，新风为 30m³/h 人。先计算各办公室送风口的大致风量；由于走廊部分仍无依据，只能按经验，一般下送风口风速不应超过 4m/s。主楼由于天花高度只有 2.5m，按一般经验下送风口风速应控制在 3m/s 以下。因此根据各房间的面积、设备参数，各房间及风口设定风量如表 63-8、并填写表 63-9。

其依据是根据公式（63-10）得：

$L = 2600 \text{m}^3/\text{h}$

$F = 2 \times 0.25 \times 0.25 + 3 \times 0.2 \times 0.2 = 0.245 \text{ (m}^2\text{)}$

$k = 1$

$v = 2600 \div 3600 \div 0.245 \div 1 = 2.53 \text{m/s}$

各房间设定风量 表63-8

房 号	空调面积（m²）	所需新风（m³/h）	设计新风（m³/h）
A1 房	90	510	570
A2 房	60	350	360
B1 房	55	315	360
B2 房	160	910	930

风口调试表 表63-9

风口	风口尺寸(mm)	修正系数	设计风量(m³/h)	设计风速(m/s)	测量风速(m/s)	测量风速/设计风速	设计风口风速比	调整后风口风速(m/s)	调整后风量(m³/h)
	1	2	3	4	5	6	7	8	9
A1	250×250	1	570	2.53					
A2	200×200	1	360	2.53					
B1	200×200	1	360	2.53					
B21	200×200	1	360	2.53					
B22	250×250	1	570	2.53					

(2) 测量风口的风速：

首先要把风管的阀门 2、4、5、6、7 打开，三通调节阀 3 调至中间位置，然后开风机 1，并进行测量。测量结果如表 63-10：

风口测量结果 表63-10

风 口	测量风速(m/s)	测量风速(m/s)	测量风速(m/s)	测量风速(m/s)	平均测量风速(m/s)
	1	2	3	4	5
A1	2.8	2.9	3.1	2.7	2.88
A2	2.4	3.1	1.9	2.5	2.48
B1	3.1	2.9	1.5	2.1	2.4
B21	1.7	1.8	2.2	1.7	1.85
B22	3.5	3.9	3.6	3.4	3.65

(3) 将表 63-10 结果填入表 63-11 所示：

风口调试表　　　　　　　　　　　　　　表 63-11

风口	风口尺寸 (mm)	修正系数	设计风量 (m³/h)	设计风速 (m/s)	测量风速 (m/s)	测量风速/设计风速	设计风口风速比	调整后风口风速 (m/s)	调整后风量 (m³/h)
	1	2	3	4	5	6	7	8	9
A1	250×250	1	570	2.53	2.88				
A2	200×200	1	360	2.53	2.48				
B1	200×200	1	360	2.53	2.4				
B21	200×200	1	360	2.53	1.85				
B22	250×250	1	570	2.53	3.65				

（4）由于从图 63-2 看出这个系统应可分为两个支管 A 和 B，而 B 支管又分为 B1 和 B2 两支管，而 B2 支管风口是没有调节阀的。通过表 63-11 中第 5 项可以选取 A2、B1、B21 风口作为基准风口。

（5）再列表如表 63-12。

风口调试表　　　　　　　　　　　　　　表 63-12

风口	风口尺寸 (mm)	修正系数	设计风量 (m³/h)	设计风速 (m/s)	测量风速 (m/s)	测量风速/设计风速	设计风口风速比	调整后风口风速 (m/s)	调整后风量 (m³/h)
	1	2	3	4	5	6	7	8	9
A1	250×250	1	570	2.53	2.88	1.14	1		
A2	200×200	1	360	2.53	2.48	0.98	基准		
B1	200×200	1	360	2.53	2.4	0.95	基准		
B21	200×200	1	360	2.53	1.85	0.73	基准		
B22	250×250	1	570	2.53	3.65	1.44	1		

（6）A 支管内的风口 A1、A2 调节可参照前节示例进行；B1 支管只有一个风口 B1，内部的风口不用调节。A 及 B1 支管都较易调节，难办的是 B2 支管。B2 支管的两个新风口 B21、B22 同在一个房间内，支管内没设阀门，支管内的风口没法调节。虽然，作为新风口，又是同一个房间，总风量符合要求即可；但作为基准风口的 B21 不能与 B22 平衡，又不能直接反映出整个支管的实际风量，则无法达到风量调节。

为此，可以通过如下的换算来达到既可保持房 B2 的新风量不变，又可进行风量调节。

平衡公式：

风口风速÷风口平均风速＝风口风速÷（风口总风量÷风口总截面积）

设：风口风速为 v_n；

　　风口平均风速为 v；

　　（风口风速/平均风速）为 u_n（称作调整数）；

　　风口总风量度为 L；

　　风口总截面积为 S；

　　风口截面积为 S_n。

则有：

$$L = v_1 s_1 + v_2 s_2 + \cdots + v_n s_n \tag{63-11}$$

$$S = S_1 + S_2 + \cdots + S_n \tag{63-12}$$
$$v = L \div S \tag{63-13}$$
$$u_n = v_n \div v = v_n \times S \div L \tag{63-14}$$
$$v_n = v \times u_n \tag{63-15}$$

通过（63-14）、（63-15）式可以计算 B21 的调整数：

$u_{21} = 1.85 \times (200 \times 200 + 250 \times 250) \div (1.85 \times 200 \times 200 + 3.65 \times 250 \times 250) = 0.63$

现在 B21 的设计风速应调整为：

$v_{21} = 2.53 \times 0.63 = 1.59$

还可计算出 B22 的设计风速应调为：

$u_{22} = 3.65 \times (200 \times 200 + 250 \times 250) \div (1.85 \times 200 \times 200 + 3.65 \times 250 \times 250) = 1.24$

$v_{22} = 2.53 \times 1.24 = 3.14$

（7）通过上述的计算调整表 63-12 中 B21 及 B22 栏的第 3、4、5 项，最后确定支管间的基准风口。其步骤如下：

1）列表如表 63-13：

新风调试表　　　　　　　　　　表 63-13

风口	风口尺寸(mm)	修正系数	设计风量(m³/h)	设计风速(m/s)	测量风速(m/s)	测量风速/设计风速	设计风口风速比	基准风口风速比	基准风口风速比	基准风口风速比
	1	2	3	4	5	6	7a	7b	7c	7d
A1	250×250	1	570	2.53	2.88	1.14	1			
A2	200×200	1	360	2.53	2.48	0.98	基准		1	
B1	200×200	1	360	2.53	2.4	0.95	基准	基准	基准	
B21	200×200	1	360	1.59	1.85	1.16	基准	0.63		
B22	250×250	1	570	3.14	3.65	1.16	1			

2）根据表 63-13 第 7b 项，调整 B 支管时应以 B1 作为基准风口，调整 B2 支管的阀门 B2，使 B21 的风速与 B1 的风速比接近 0.63，则 B 支管内的风量就达到平衡。

3）A 支管根据表 63-13 第 7a 项，以 A2 风口作为基准风口、亦即阀 A2 不动，调整阀门 A1，使风口 A1 的平均风速与风口 A2 的平均风速的比值接近 1。

4）最后根据表 63-13 第 7c 项，以 B1 作为基准风口，调整三通阀，使 A2 风口的风速与 B1 风口的风速比接近 1。

5）调整后再次测量风速作好记录，如表 63-14：

风速测量结果表　　　　　　　　　表 63-14

	测量风速(m/s)	测量风速(m/s)	测量风速(m/s)	测量风速(m/s)	平均测量风速(m/s)
	1	2	3	4	5
A1	2.5	2.7	2.1	2.7	2.5
A2	2.5	3.1	1.9	2.5	2.5
B1	2.9	2.9	2.5	2.1	2.6
B21	1.7	1.6	1.5	1.7	1.63
B22	3.5	2.9	3.1	3.3	3.2

6) 将表 63-14 中的结果填入表 63-12 中如表 63-15 所示：

风口调试表　　　　　　　　　　表 63-15

	风口尺寸 (mm)	修正系数	设计风量 (m³/h)	设计风速 (m/s)	测量风速 (m/s)	测量风速/设计风速	设计风口风速比	调整后风口风速 (m/s)	调整后风量 (m³/h)
	1	2	3	4	5	6	7	8	9
A1	250×250	1	570	2.53	2.88	1.14	1	2.5	562
A2	200×200	1	360	2.53	2.48	0.98	基准	2.5	360
B1	200×200	1	360	2.53	2.4	0.95	基准	2.6	375
B21	200×200	1	360	1.59	1.85	1.16	基准	1.63	234
B22	250×250	1	570	3.14	3.65	1.16		3.2	720

63-5　通风系统的调试

以图 63-3 所示简图来叙述通风系统的调试方法与步骤。

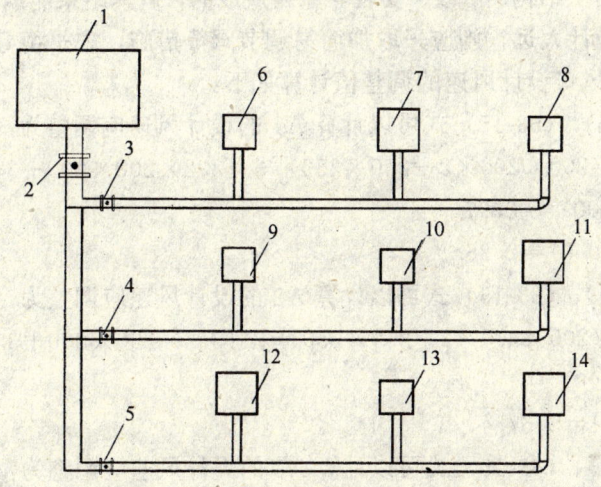

图 63-3　调试简图

1—风机，风量 $L=4000 \text{m}^3/\text{h}$；2—总风阀；3—风阀 A；4—风阀 B；5—风阀 C；
6—风口 A1，尺寸 200mm×200mm，风量 $L=350 \text{m}^3/\text{h}$；
7—风口 A2，尺寸 250mm×250mm，风量 $L=600 \text{m}^3/\text{h}$；
8—风口 A3，尺寸 200mm×200mm，风量 $L=350 \text{m}^3/\text{h}$；
9—风口 B1，尺寸 200mm×200mm，风量 $L=350 \text{m}^3/\text{h}$；
10—风口 B2，尺寸 200mm×200mm，风量 $L=350 \text{m}^3/\text{h}$；
11—风口 B3，尺寸 250mm×250mm，风量 $L=600 \text{m}^3/\text{h}$；
12—风口 C1，尺寸 250mm×250mm，风量 $L=600 \text{m}^3/\text{h}$；
13—风口 C2，尺寸 200mm×200mm，风量 $L=350 \text{m}^3/\text{h}$；
14—风口 C3，尺寸 250mm×250mm，风量 $L=600 \text{m}^3/\text{h}$

（1）根据图 63-3，测量各风口风速，办法仍是先打开总阀 2 以及各支管风阀 3、4、5，然后开风机 1；并进行各风口的测量。测量结果整理如表 63-16：

风速测量结果表   表 63-16

风口	风口尺寸 (mm)	修正系数	设计风量 (m³/h)	设计风速 (m/s)	测量风速 (m/s)	测量风速/设计风速	设计风口风速比	基准风口风速比	基准风口风速比	基准风口风速比
	1	2	3	4	5	6	7a	7b	7c	7d
A1	200×200	1	350	2.43	3.2					
A2	250×250	1	600	2.67	3.3					
A3	200×200	1	350	2.43	3.4					
B1	200×200	1	350	2.43	2.7					
B2	200×200	1	350	2.43	2.1					
B3	250×250	1	600	2.67	2.1					
C1	250×250	1	600	2.67	2.5					
C2	200×200	1	350	2.43	2.9					
C3	250×250	1	600	2.67	2.1					

(2) 由于各风口都没有设置调节阀，在调节过程中只要各支管的总风量能达到设计要求就可以了；因此，先根据测定的风速，调整好各风口的设计风速（这个偏离设计的结果就是上面所提及的由于结构、修改、安装等原因造成的，但其结果能满足设计要求；当然，如果某个风口偏离设计太远，则应采取加简易调节阀等措施，先平衡好该风口所在的支管各风口的风量）。各风口设计风速的调整值计算如下：

1) 通过 (63-14)、(63-15) 式可以计算 A1 的设计风速应调整为：

$u_{A1} = 3.2 \times (200 \times 200 \times 2 + 250 \times 250) \div (3.2 \times 200 \times 200 + 3.3 \times 250 \times 250 + 3.4 \times 200 \times 200) = 0.97$

$v_{A1} = 2.43 \times 0.97 = 2.36$

2) 通过 (63-14)、(63-15) 式可以计算 A2 的设计风速应调整为：

$u_{A2} = 3.3 \times (200 \times 200 \times 2 + 250 \times 250) \div (3.2 \times 200 \times 200 + 3.3 \times 250 \times 250 + 3.4 \times 200 \times 200) = 1$

$v_{A2} = 2.67 \times 1 = 2.67$

3) 通过 (63-14)、(63-15) 式可以计算 A3 的设计风速应调整为：

$u_{A3} = 3.4 \times (200 \times 200 \times 2 + 250 \times 250) \div (3.2 \times 200 \times 200 + 3.3 \times 250 \times 250 + 3.4 \times 200 \times 200) = 1.03$

$v_{A3} = 2.43 \times 1.03 = 2.50$

4) 通过 (63-14)、(63-15) 式可以计算 B1 的设计风速应调整为：

$u_{B1} = 2.7 \times (200 \times 200 \times 2 + 250 \times 250) \div (2.7 \times 200 \times 200 + 2.1 \times 200 \times 200 + 2.1 \times 250 \times 250) = 1.19$

$v_{B1} = 2.43 \times 1.19 = 2.89$

5) 通过 (63-14)、(63-15) 式可以计算 B2 的设计风速应调整为：

$u_{B2} = 2.1 \times (200 \times 200 \times 2 + 250 \times 250) \div (2.7 \times 200 \times 200 + 2.1 \times 200 \times 200 + 2.1 \times 250 \times 250) = 0.93$

$v_{B2} = 2.43 \times 0.93 = 2.26$

6) 通过 (63-14)、(63-15) 式可以计算 B3 的设计风速应调整为：

$u_{B3} = 2.1 \times (200 \times 200 \times 2 + 250 \times 250) \div (2.7 \times 200 \times 200 + 2.1 \times 200 \times 200 + 2.1$

$\times 250 \times 250) = 0.93$

$v_{B3} = 2.67 \times 0.93 = 2.48$

7) 通过（63-14）、（63-15）式可以计算 C1 的设计风速应调整为：

$u_{C1} = 2.67 \times (200 \times 200 + 250 \times 250 \times 2) \div (2.67 \times 250 \times 250 + 2.43 \times 250 \times 250 + 2.67 \times 200 \times 200) = 1.02$

$v_{C1} = 2.67 \times 1.02 = 2.72$

8) 通过（63-14）、（63-15）式可以计算 C2 的设计风速应调整为：

$u_{C2} = 2.43 \times (200 \times 200 + 250 \times 250 \times 2) \div (2.67 \times 250 \times 250 + 2.43 \times 250 \times 250 + 2.67 \times 200 \times 200) = 0.93$

$v_{C2} = 2.43 \times 0.93 = 2.26$

9) 通过（63-14）、（63-15）式可以计算 C3 的设计风速应调整为：

$u_{C3} = 2.67 \times (200 \times 200 + 250 \times 250 \times 2) \div (2.67 \times 250 \times 250 + 2.43 \times 250 \times 250 + 2.67 \times 200 \times 200) = 1.02$

$v_{C3} = 2.67 \times 1.02 = 2.72$

(3) 通过以上计算，调整表 63-16 的第 3、4 项，最后确定支管间的基准风口如表 63-17：

风口调试表　　　　　　　　　　　　　　　　表 63-17

风口	风口尺寸 (mm)	修正系数	设计风量 (m³/h)	设计风速 (m/s)	测量风速 (m/s)	测量风速/设计风速	设计风口风速比	调整后风口风速 (m/s)	调整后风量 (m³/h)
	1	2	3	4	5	6	7	8	9
A1	200×200	1	340	2.36	3.2	1.36			
A2	250×250	1	600	2.67	3.3	1.24	基准		
A3	200×200	1	360	2.50	3.4	1.36			
B1	200×200	1	417	2.89	2.7	0.93			
B2	200×200	1	325	2.26	2.1	0.93			
B3	250×250	1	558	2.48	2.1	0.85	基准		
C1	250×250	1	613	2.72	2.5	0.92			
C2	200×200	1	326	2.26	2.9	1.28			
C3	250×250	1	613	2.72	2.1	0.77	基准		

(4) 从表 63-17 中第 6 项可以看出不利的风口为 C3，因此，应以风口 C3 所在的支管 C 为基准支管，定出其它支管的基准风口与 C3 的调整比例数，计算方法如下：

B3 的设计风速÷C3 的设计风速＝2.48÷2.72＝0.91

A2 的设计风速÷C3 的设计风速＝2.67÷2.72＝0.98

将计算结果填入表 63-16 中如表 63-18 所示：

(5) 根据表 63-18 第 7a 项，调整 B 支管时应以 C1 作为基准风口，调整 B 支管的阀门，使 B3 的风速与 C3 的风速比接近 0.91，则 B 支管的风量与 C 支管的风量就达到平衡。

(6) 根据表 63-18 第 7b 项，调整 A 支管时应以 C3 作为基准风口，调整 A 支管的阀门，使 A2 的风速与 C3 的风速比接近 0.98，则 A 支管的风量与 C 支管的风量就达到平衡。

风速测量结果表
表 63-18

风口	风口尺寸 (mm)	修正系数	设计风量 (m³/h)	设计风速 (m/s)	测量风速 (m/s)	测量风速/设计风速	设计风口风速比	基准风口风速比	基准风口风速比	基准风口风速比
	1	2	3	4	5	6	7a	7b	7c	7d
A1	200×200	1	340	2.36	3.2	1.36				
A2	250×250	1	600	2.67	3.3	1.24		0.98		
A3	200×200	1	360	2.50	3.4	1.36				
B1	200×200	1	417	2.89	2.7	0.93				
B2	200×200	1	325	2.26	2.1	0.93				
B3	250×250	1	558	2.48	2.1	0.85	0.91			
C1	250×250	1	613	2.72	2.5	0.92				
C2	200×200	1	326	2.26	2.9	1.28				
C3	250×250	1	613	2.72	2.1	0.77	基准	基准		

(7) 调整后再次测量风速作好记录，如下表 63-19：

风口调试表
表 63-19

风口	风口尺寸 (mm)	修正系数	设计风量 (m³/h)	设计风速 (m/s)	测量风速 (m/s)	测量风速/设计风速	设计风口风速比	调整后风口风速 (m/s)	调整后风量 (m³/h)
	1	2	3	4	5	6	7	8	9
A1	200×200	1	340	2.36	3.2	1.36		2.34	337
A2	250×250	1	600	2.67	3.3	1.24	基准	2.70	608
A3	200×200	1	360	2.50	3.4	1.36		2.51	361
B1	200×200	1	417	2.89	2.7	0.93		2.92	420
B2	200×200	1	325	2.26	2.1	0.93		2.26	325
B3	250×250	1	558	2.48	2.1	0.85	基准	2.43	547
C1	250×250	1	613	2.72	2.5	0.92		2.71	610
C2	200×200	1	326	2.26	2.9	1.28		2.28	328
C3	250×250	1	613	2.72	2.1	0.77	基准	2.65	596

五、其他工程

64　广州宝洁有限公司污水处理站水池的沉井法施工

广州市第三建筑工程有限公司　戴亚多

64-1　工程概况

广州宝洁有限公司污水处理站位于广州经济开发区东基工业区宝洁新厂厂区内靠西面，污水处理站占地长21m，宽15m，面积315m²，设有单层混合体结构的机房和容积为32.7m³的中和池、21.9m³的集水井、10.36m³的酸碱废水集水池、5.85m³的清水池、4.07m³蓄水池等钢筋混凝土构筑物（见图64-1）。

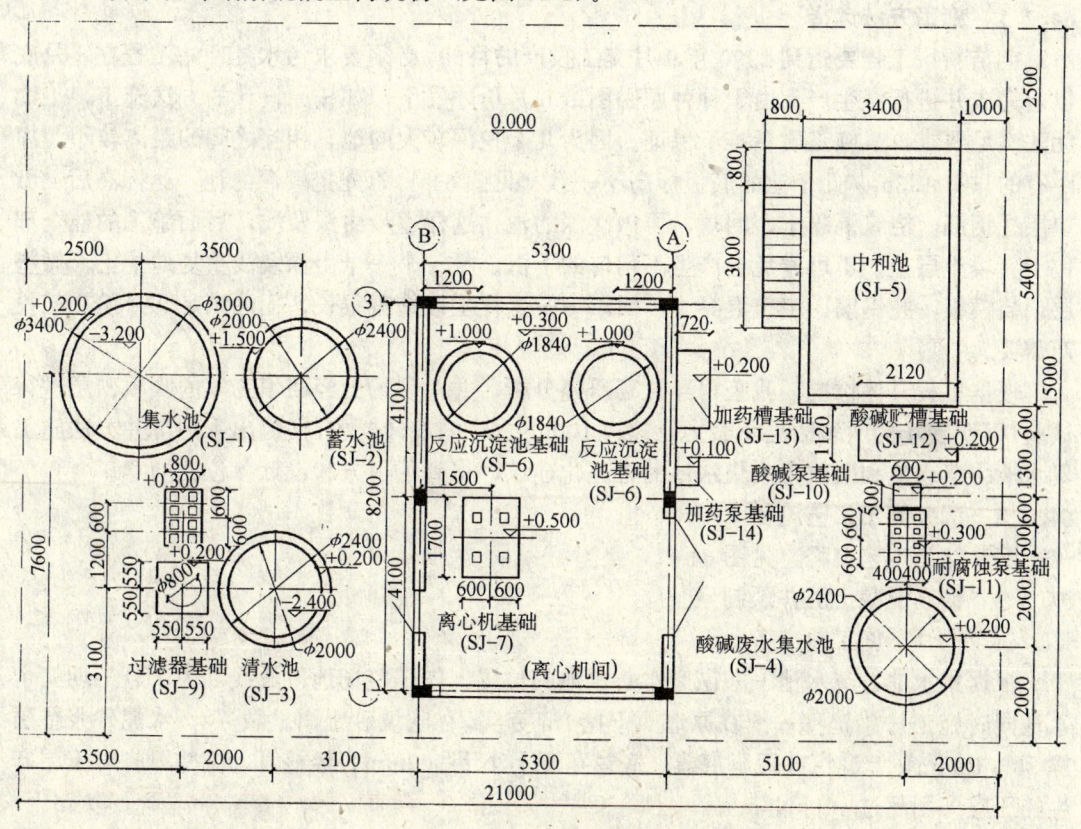

图64-1　污水处理站平面图

集水池、酸碱废水池、清水池均为埋入地下的贮液池，埋深为—3.05m～—4.05m，挖土深度最大为4.05m。

埋入地下的三个池内壁均要求作防水砂浆粉刷。酸碱废水集水池，池内外壁先做水泥砂浆五层防水作法，池内壁再做二布三油环氧树酯玻璃钢防腐，集水池和清水池内外壁作水泥砂浆五层防水作法。污水处理站所有建筑物、构筑物外立面均贴灰白棕色斑点彩釉砖。

场区所处土层依次为素填土，层厚约1m左右；吹填砂，层厚约2~3m；耕植土，层厚约0.4~1m，呈软塑~软可塑状；冲积层，层厚1.95~4.55m，该层主要为淤泥层，属软弱土层，三个储液池多支承于该土层上。以下是残积土层、基岩。

地下水主要为孔隙潜水，受大气降水及河水补给、受潮水影响。

污水处理站在原耕作土下有较深的淤泥和淤泥质土，耕作土上是新吹填砂和素填土，厚度在3m以上。原设计要求挖至标高后，铺块石夯实，做砂垫层。污水处理站的机房中和池、蓄水池等构筑物都位于±0.00以上，均采用常规的施工方法，使用钢模板，松木板，钢支撑（井架或钢管）或钢木支撑。

下面着重介绍集水池、清水池、酸碱废水集水池沉井施工方法。

64-2 沉 井 施 工

64.2.1 施工方法选择

宝洁新厂工程要达到1990年9月交工投产的目的，必须要求污水处理站工程在8月底以前完成并进行试生产。由于种种原因图纸6月份才发下，如按原设计的方法施工，工期无法满足要求，且施工质量难于保证。因为几个挖深较大的池，相互之间的距离较小，净距有的只有1.3m，几个池的底板标高不一致（见图64-1），先挖较深的池，达标高后，做垫层扎钢筋，浇筑混凝土，回填，再做次深的池，这样逐步由深及浅，后面施工的池全部位于新填土层上，不可避免会产生不均匀的下沉。且一个一个由深及浅重复地挖土，做垫层，装模板，扎钢筋，浇筑混凝土，回填……这样工期拖得很长，无法满足9月份交工投产需要。

根据工程具体情况，我公司经认真研究分析，并对现场已经回填三年的吹填砂层进行试验，证明现场的吹填砂层承载力已超过$100kN/m^2$的设计要求，便提出采用沉井方法施工集水池、清水池和酸碱废水集水池的合理化建议，得到了甲方和设计单位的同意。

64.2.2 沉井施工工艺流程

沉井施工工艺流程 见图64-2。

64.2.3 钢筋混凝土沉井预制

64.2.3.1 施工前准备

根据集水池、清水池、酸碱废水集水池的位置，先平整场地、放线（为了赶工期三个水池同时施工）。沿池壁一圈在原地面下挖1m夯实，在吹填砂土面上做1：2水泥砂浆垫层厚30~40mm，上铺沉井刃脚底模。底模宽度不小于300mm，经核算，沉井刃脚对土层产生的压应力不超过$100kN/m^2$。

64.2.3.2 模板工程

沉井内壁采用定型组合钢模板，木围圈，支撑间距根据钢模板长度确定，池壁内模板一次安装好，并校正其垂直度。

64-2 沉井施工   871

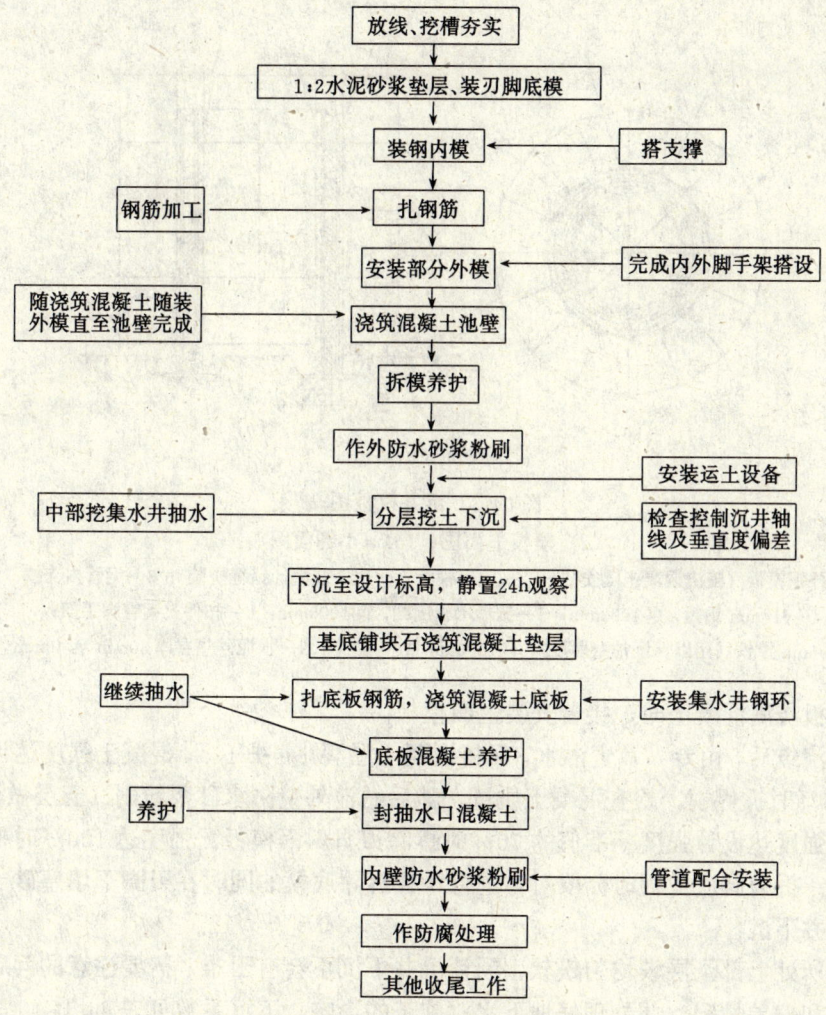

图 64-2 沉井施工工艺流程图

池外壁也采用钢模板，边浇筑混凝土，边安装，模板外侧用 $\phi14mm$ 钢箍加固，钢筋箍做成二个半圆用花篮螺栓收紧，每块钢模板不小于二道钢箍（见图 64-3）。为方便施工，在安装模板的同时将沉井内外钢管脚手架一齐搭设好。

64.2.3.3 钢筋制作、安装

根据修改图纸，钢筋制作在公司加工厂加工，运到现场安装，待沉井内模安装完毕后，即可扎钢筋并要求一次扎到顶，并安装预埋管和预埋件，待检查完毕，方可逐段装外模。

64.2.3.4 混凝土浇筑、养护、拆模、质量检查

三个沉井水池混凝土强度等级均为 C25，抗渗等级为 P6，混凝土配合比由试验室试配确定，水泥用 425 号普通硅酸盐水泥，骨料用中砂和级配良好的 10～30mm 粒径的碎石。在现场采用 350L 自落式搅拌机搅拌，搅拌时间不小于 120s，严格控制混凝土配合比及原材料计量，每槽混凝土砂、石用量经台秤称量后投料搅拌，确保混凝土强度及抗渗等级。混凝土水平运输用手推车，经斜道运至操作台后，再用人力投料，用插入式振动器振捣，注意掌握振捣时间，不漏振。

混凝土浇筑要求分层交圈进行，每层高度 300～400mm，每层浇筑时间不得大于 2h。当

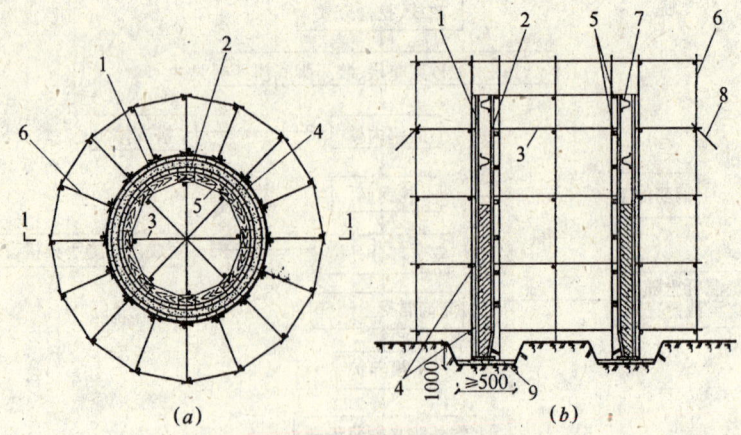

图 64-3 沉井模板图
(a) 模板平面图；(b) I-I 剖面图
1—外钢模板（随浇混凝土随安装）；2—内钢模板（一次安装完，错缝拼装）；3—钢管内支撑；
4—ϕ14mm 钢箍，@1000mm；5—弧形木板围圈，@1000mm；6—扣件式钢管脚手架；
7—ϕ6mn 撑铁（用以保证池壁厚度），@1000mm；8—斜撑；9—水泥砂垫层厚 30mm 至 40mm

下圈外壁模板浇满混凝土时，接着安装上圈模板。

混凝土浇筑后，由专人负责淋水，保持混凝土湿润，养护 14d，混凝土强度达设计强度标准值的 25% 时拆侧模，检查混凝土质量，然后做池外壁防水砂浆粉刷（五层做法）。

混凝土强度达设计强度标准值的 70% 时拆除刃脚斜面模板。强度达 100% 时抽拆刃脚底面的模板。拆刃脚底模板时分段对称进行，在拆除底模的同时在刃脚下填塞砂土。

64.2.4 沉井下沉

该场区所处上部土层较均匀松软，预计沉井下沉不会有困难，需要注意的问题是控制好下沉速度和偏差情况，并处理好地下水对施工的影响，下沉系数见表 64-1。

沉井下沉系数　　　　　表 64-1

沉井名称	沉井自重 (kN)	摩擦力 (kN)	下沉系数
集水池	225	187	1.2
酸碱废水集水池	163	140	1.16
清水池	113	97	1.16

注：1. 不考虑地基反力；
2. 土层摩擦力取 9kN/m²。

考虑到沉井的下沉深度不大（实际挖土深约 4.05m），采用人工挖土，下沉方式采用部分排水挖土下沉施工。

沉井下沉前，需将刃脚部分地槽外部回填至原地面标高，夯实。为保证沉井在挖土时平稳下沉，控制好轴线位置，在沉井池壁内外四个方向标划出四条垂线，并在壁外地面设对应控制点，用经纬仪随时检查沉井垂直度及轴线偏移。为方便随时检查，在沉井外壁每隔 200mm 左右划一道水平线，这样在下沉过程中很容易发现沉井是否有倾斜。为保证平稳下沉，需在沉井内划分挖土范围，并且要求挖土工人从中部向周边对称均匀挖土，如发现沉井有侧斜则及时在倾斜的相反方向即下沉量较小的一边加速挖土，辅以局部加载，而在倾斜一边暂缓挖土，使倾斜得到矫正，如图64-4所示。周边挖土挖至刃脚内侧。

挖土下沉速度的控制由施工员根据测量数据进行统一指挥，由于沉井较小，一般井下安排1～2人挖土，挖出的土装入吊斗中，用带桅杆的井架吊运出去，井上安排一人指挥。如地下水量过大而影响挖土时，暂停挖土待抽干水后，才继续挖土。当沉井下沉深度距设计深度500mm左右，对其垂直度和标高进行连续观测，并适当放缓挖土速度，使沉井保持平稳下沉，当刃脚平均埋深距设计标高尚差50～100mm时停止挖土，待静置24h观测其下沉稳定在20mm内，进行封底。

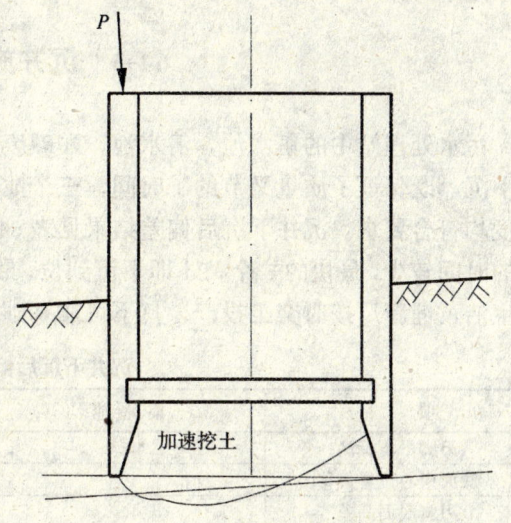

图64-4 沉井纠偏示意图

64.2.5 沉井封底施工

沉井下沉至设计标高时，应停止挖土，及时铺块石，浇筑垫层混凝土厚100mm，扎底板钢筋安装好钢筋及密封钢环。浇筑底板混凝土（底板混凝土强度等级为C30，厚度150mm，掺三乙醇胺早强剂）。

为保证混凝土质量，在底板垫层及底板扎钢筋与浇筑混凝土施工过程中，抽水工作一刻不能停止，待底板混凝土强度达70%设计强度标准值后，抽干水用混凝土封底，然后在底板上再浇筑300mm厚、C15级混凝土填充层，见图64-5（如底板有渗漏则堵漏后再捣填充层），混凝土强度达到设计要求后再安装管道，做内防水砂浆粉刷等。

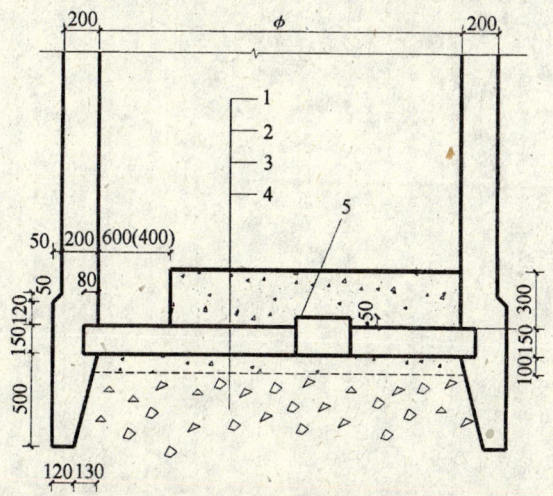

图64-5 沉井封底构造图
1—300mm厚C15级素混凝土填充层；2—150mm厚C30级钢筋混凝土底板；
3—100mm厚C15级素混凝土底板垫层；4—块石、石屑层；
5—钢筒（直径300mm，壁厚6mm）；∅—水池内径（集水池为3000mm；
酸碱废水集水池为2000mm，清水池为2000mm）

64-3 沉井施工法效果

污水处理站中的集水池，清水池，酸碱废水集水池，均采用沉井施工法，并且同时挖土下沉，既保证了质量又节约了时间，三个池经检查均未发现有渗漏现象，且轴线位置垂直度均符合要求。沉井下沉后偏差结果见表64-2。从沉井挖土开始至下沉到设计标高，所花的时间较少，最快的一个，2d即下沉到位，最慢的一个为3d下沉到位，大大缩短了工期，为宝洁黄埔新厂按时交工投产，打下可靠基础。

沉井下沉后偏差（mm） 表64-2

项　目	集水池	酸碱废水集水池	清水池
刃脚平均标高	48	42	30
底面中心位置偏移	40	40	25
刃脚底面高差	42	36	26

65　广州威达高联合厂房结构吊装工程施工

广州市建筑机械施工有限公司
雷雄武　谭潮植　黄辉玲

65-1　工程概况

本工程为广州威达高公司投资建设的年产十万吨涂布白板纸土建项目，位于广州珠江管理区万顷沙　华侨开发区内。本工程范围包括联合厂房，原料堆场、给水处理及有关道路、沟涵等构筑物。工程范围面积约 210200m²，建筑面积约 62860m²。其中联合厂房占地约 45600m²，是该工程中最重要的建筑物，建筑结构以双层及单层装配式混凝土结构为主，大部分屋盖结构均需吊装。由于工程复杂，工期短，构件吊装施工难度较大，其中双层多跨厂房需采用跨外吊装法施工。

联合厂房由制浆车间、造纸车间、化工品库、浆板库和完成工段等几部分组成（见图 65-1）。

制浆车间平面轴线尺寸为 55.5m×120m，位于①～⑩×Ⓐ～Ⓢ轴间，由三部分组成：第一部分②～⑩×Ⓐ～Ⓕ轴，为三跨单层排架结构，跨度为 2×18m+12m，屋架采用 18m 预应力屋面梁（重 9.11t）及 12m 预应力屋面梁（重 4.36t），屋面梁底标高为 16.5m，上铺设 1.5m×6.0m 预应力大型屋面板。第二部分②～⑩×Ⓕ～Ⓢ轴，为双跨框排架结构，跨度均为 24m，屋架采用 24m 预应力折线形屋架（重约 10.9t），屋架下弦标高为 16.5m，上铺盖 1.5m×6.0m 预应力大型屋面板，每跨内各设 16t 桥式吊车 1 台，跨内+6.5m 处有一框架结构楼面夹层。第三部分附跨，位于①～②×Ⓐ～Ⓢ轴，为二层现浇框架，屋面标高约 11.9m。

造纸车间平面轴线尺寸为 30.0m×289.5m，位于①～㊾×Ⓣ～Ⓦ轴间，由两部分组成：第一部分为③～㊾×Ⓣ～Ⓤ轴，为单层框排架结构，跨度为 18m，屋架采用 18m 预应力工字梁（重约 9.11t），下弦标高为 21.5m，上铺盖 1.5m×6.0m 预应力大型屋面板，内设 30t 桥式吊车 2 台，其中跨内+6.5m 处设现浇钢筋混凝土楼面夹层。第二部分为附跨，位于③～㊾×Ⓤ～Ⓦ轴，为 3 层现浇钢筋混凝土结构。在造纸车间一端①～③×Ⓣ～Ⓦ轴范围内，为辅料自备工段，为 2 层框架结构，屋面标高为 18.5m。

化工品库平面轴线尺寸为 15.0m×126m，位于㉘～㊾×Ⓦ～Ⓨ轴，与造纸车间附跨毗连，为框架结构，跨度 15m，屋架采用 15m 预应力工字型屋面梁（重约 5.95t），下弦标高 12.5m，上铺盖 1.5m×6m 预应力大型屋面板，跨内 6.5m 处为钢筋混凝土现浇楼面。

浆板库平面轴线尺寸为 72m×114m，位于①/10～①/22×Ⓐ～Ⓡ轴间，为三跨单层排架结构，屋盖采用 24m 预应力折线型屋架（重约 10.9t），屋架下弦标高为 7.35m，上铺盖 1.5m

65 广州威达高联合厂房结构吊装工程施工

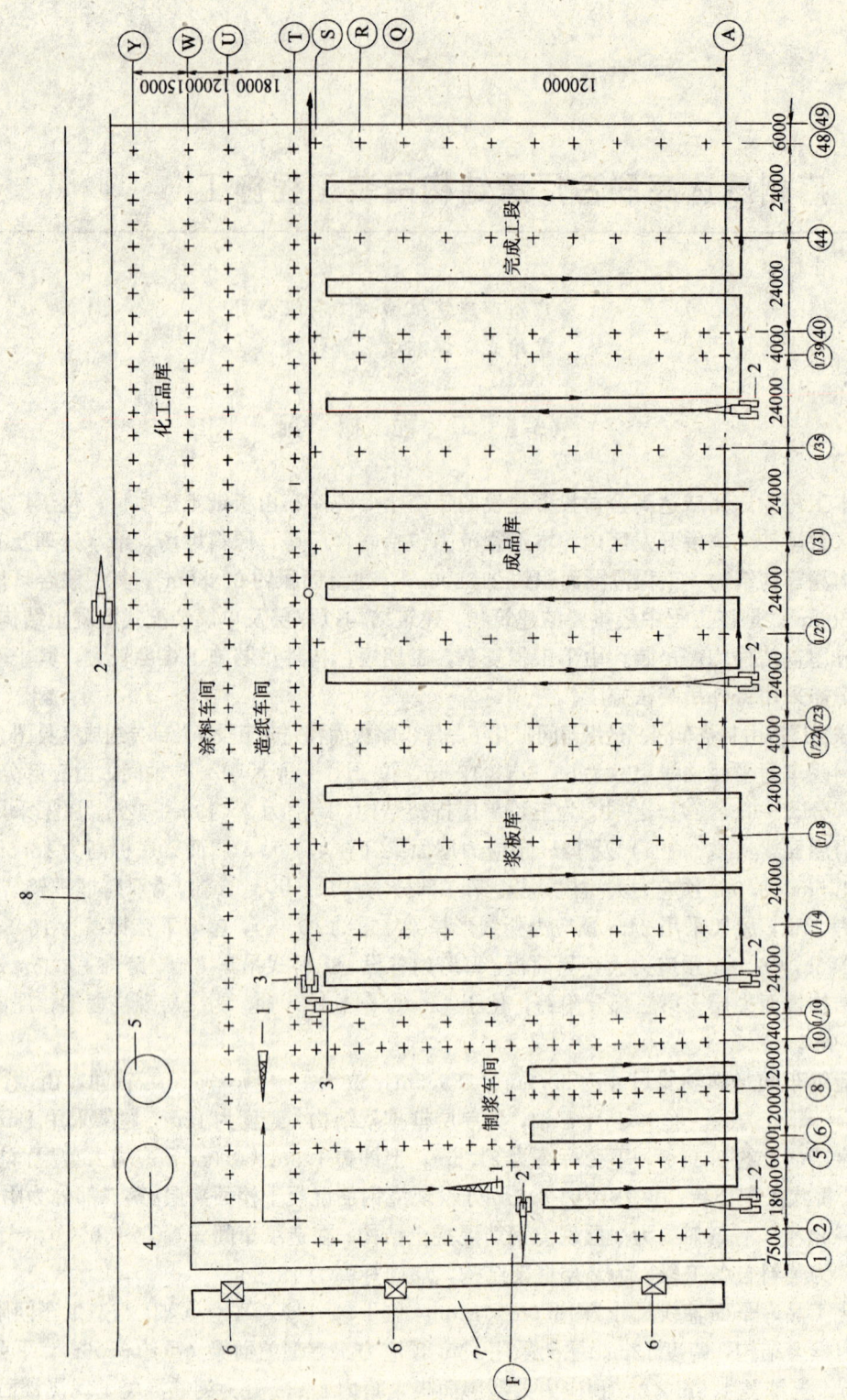

图 65-1 平面示意及起重机行走路线图（单位：mm）
1—缆绳式桅杆起重机；2—50t 汽车起重机；3—80t 履带起重机；4—水塔；
5—清水塔；6—钢井架；7—临时设施；8—道路

×6m 预应力大型屋面板。

成品库平面轴线尺寸为96m×114m，位于⑴㉓～⑴㊴×Ⓐ～Ⓡ轴，为4跨单层排架结构，上盖形式与浆板库同。浆板库和成品库边柱柱距为6m，中柱柱距12m，沿柱顶设置一道现浇钢筋混凝土连续托架梁，以支承屋架。

完成工段平面轴线尺寸为54m×120m，位于㊵～㊹×Ⓐ～Ⓣ轴间。由两部分组成：第一部分位于㊵×㊽轴间，为双跨单层排架结构，与造纸车间连接处Ⓠ～Ⓣ轴跨内6.5m标高处为钢筋混凝土现浇楼面。屋架采用24m预应力折线型屋架（重约10.9t），下弦标高为7.35m，上铺盖1.5m×6m预应力大型屋面板。第二部分为6m宽附跨，为钢筋混凝土现浇框架结构，屋面标高7.0m。

浆板库、成品库及完成工段周围设4.0m宽疏散通道连接，该架空走道标高6.3m，为现浇钢筋混凝土结构。

65-2 吊装机械的选择

根据构件的重量、吊装要求及施工和设备实际情况，选用了50t汽车起重机、80t履带起重机以及缆绳式桅杆起重机。具体的机械性能及选用情况等见表65-1。

机械性能及选用情况表　　　　　　表65-1

车间名称	位置	跨度(m)	屋架形式	每榀重(t)	施工机械	工作幅度(m)	起重臂长(m)	起重量(t)	施工工艺
造纸车间	③～⑩×Ⓤ～Ⓕ	18	预应力工字型屋面梁	9.11	缆绳式桅杆起重机	8	25.00	12.0	跨内吊装
	⑩～㊾×Ⓤ～Ⓣ	18	预应力工字型屋面梁	9.11	80t履带起重机	14	33.53	15.3	跨外吊装
制浆车间	②～⑥×Ⓢ～Ⓕ	24	预应力折线型屋架	10.9	缆绳式桅杆起重机	8	25.00	12.0	跨内吊装
	⑥～⑩×Ⓢ～Ⓕ	24	预应力折线型屋架	10.9	80t履带起重机	16	33.53	12.7	跨外吊装
	②～⑧×Ⓕ～Ⓐ	18	预应力工字型屋面梁	9.11	50t汽车起重机	8	24.80	14.7	跨内吊装
	⑧～⑩×Ⓕ～Ⓐ	12	预应力工字型屋面梁	4.36	50t汽车起重机	8	24.80	14.7	跨内吊装
化工品库	㉘～㊾×Ⓨ～Ⓦ	15	预应力工字形屋面梁	5.95	50t汽车起重机	12	24.80	8.2	跨外吊装
浆板库	⑴⑩～⑴㉒×Ⓐ～Ⓡ	24	预应力折线型屋架	10.9	50t汽车起重机	8	24.80	14.7	跨内吊装

续表

车间名称位置	跨度(m)	屋架形式	每榀重(t)	施工机械	机械性能参数			施工工艺
					工作幅度(m)	起重臂长(m)	起重量(t)	
成品库	①/23～①/39×Ⓐ～Ⓡ	24	预应力折线型屋架	10.9	50t 汽车起重机	8	24.80	14.7	跨内吊装
完成工段	㊵～㊾×Ⓐ～Ⓣ	24	预应力折线型屋架	10.9	50t 汽车起重机	8	24.80	14.7	跨内吊装

65-3 吊装施工方案

联合厂房屋盖预制构件安装包括化工品库、造纸车间、制浆车间、浆板库、成品库及完成工段等。各车间跨度、高度差异较大，部分车间跨内因有夹层，跨内不能采用汽车起重机或履带起重机进行后退法吊装，须采用跨外吊装法或缆绳式桅杆起重机进行联合吊装。整个厂房的吊装以50t 汽车起重机及80t 履带起重机为主，方式上有跨内吊装及跨外吊装等形式。

65.3.1 吊装顺序

按施工计划要求，厂房内各车间的顺序基本为：制浆车间②～⑥×Ⓕ～Ⓢ轴→造纸车间⑩～㊾轴→制浆车间Ⓐ～Ⓕ轴→化工品库→造纸车间③～⑩轴→浆板库、成品库、完成工段。

其中浆板库、成品库、完成工段上盖按各车间实际施工进度进行吊装。

65.3.2 各车间的吊装方法及顺序

(1) 制浆车间②～⑥×Ⓕ～Ⓢ段及造纸车间③～⑩轴，采用缆绳式桅杆起重机进行吊装。该两部分由于车间内+6.5m处设有钢筋混凝土楼面，故跨内不能采用汽车起重机或履带起重机进行施工。原方案采用150t 履带起重机进行跨外吊装。但由于该两部分受周围车间及建筑物影响较大，其中③～⑩×Ⓣ～Ⓤ段 12m 宽附跨外侧有两个水塔，而②～⑥×Ⓢ～Ⓕ段车间 7.5m 宽附跨外侧建有临时设施及设置有用于附跨施工的钢井架，经验算，采用150t 履带起重机亦不能完全满足吊装要求，经方案优化后，改为采用缆绳式桅杆起重机进行施工。

缆绳式桅杆起重机起重臂长 25m（自重 7t），当工作幅度为 8m 时可吊重 12t，能满足吊装要求。对②～⑥×Ⓕ～Ⓣ段，24m 屋架在跨内+6.5m 高楼层上制作（原设计楼面允许荷载 3t/m²，满足施工荷载要求），为确保吊装施工安全，在楼面底部相应部分设置了临时支撑。该部分吊装方向由Ⓣ→Ⓕ向进行，最后起重机从Ⓕ轴处退下。对③～⑩×Ⓣ～Ⓤ段，屋面梁在浆板库①/10～①/14轴跨内制作，吊装时该构件由汽车起重机吊运至②～⑥×Ⓕ～Ⓣ段楼面上缆绳式桅杆起重机工作幅度范围内，再由缆绳式桅杆起重机吊装。起重机最后由+6.5m 楼面上的预留孔退出。为了确保缆绳式桅杆起重机支座处混凝土楼盖受力安全，支座设置在主梁上（并经复算在梁的相应位置增加抗剪钢筋），在楼面混凝土浇筑完毕后用墨线弹出起重机起吊时准确位置，以便使起重机的重量准确传递到结构上（该方案在施工前经设计及监理审批,确认方法可行)。

采用此方法,一方面降低了工程造价(原采用150t履带起重机,每台班费用约需1.5万元,采用现法吊装,每台班费用只需约一千元)。另一方面不增加工期,反而加快了施工进度(因为桅杆起重机吊装及其余部分吊装可同步进行)。

(2) 制浆车间⑥~⑩×Ⓕ~Ⓢ段及造纸车间⑩~㊾×Ⓣ~Ⓤ段,该两部分由于跨内+6.5m处设有钢筋混凝土楼面,故跨内不能用50t汽车起重机或履带起重机进行吊装。在投标该工程时原选定的方案,考虑了车间纵向柱联系梁对起重机的限制,原方案只有选用150t履带起重机,才能满足吊装高度要求。在实际施工时,经对原方案进行了优化,对上述车间位于⑩轴及Ⓣ轴柱上方的联系梁改为吊装完成后才浇捣的方法(并取得设计同意),采用80t履带起重机跨外吊装即可满足要求,从而大大降低了工程造价。

制浆车间⑥~⑩×Ⓕ~Ⓢ段,80t履带起重机从⑩轴外Ⓢ轴开始向Ⓕ轴方向进行吊装,吊装时⑩轴外4.0m宽疏散通道结构暂不施工,待吊装完该部分后再行施工。24m屋架在⑩~⑴⁄₁₄轴跨内制作。

造纸车间⑩~㊾×Ⓣ~Ⓤ段,80t履带起重机在Ⓣ轴外从⑩轴开始向㊾轴方向进行吊装。该部分的薄腹梁在Ⓣ轴外浆板库、成品库、完成工段上制作。

(3) 化工品库㉘~㊾×Ⓦ~Ⓨ轴:在Ⓨ轴外从㉘轴开始向㊾轴方向,用50t汽车起重机进行跨外吊装15m屋面梁,屋面梁在Y轴外侧制作。

(4) 制浆车间②~⑩×Ⓐ~Ⓕ段;用50t汽车起重机跨内吊装18m及12m屋面梁。

(5) 浆板库、成品库、完成工段(⑴⁄₁₀~㊾×Ⓐ~Ⓡ轴);用50t汽车起重机进行跨内吊装。

各车间吊装示意图见图65-2~图65-4。

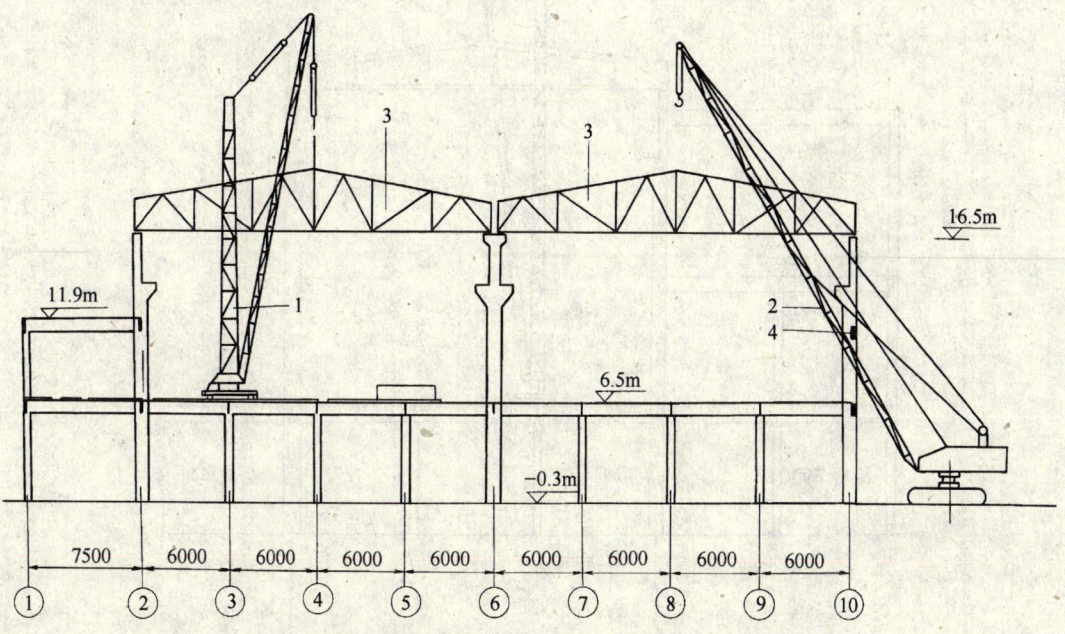

图 65-2 制浆车间②~⑩×Ⓕ~Ⓢ段吊装示意图
1—缆绳式桅杆起重机;2—80t履带起重机;3—24m屋架;4—后浇系梁

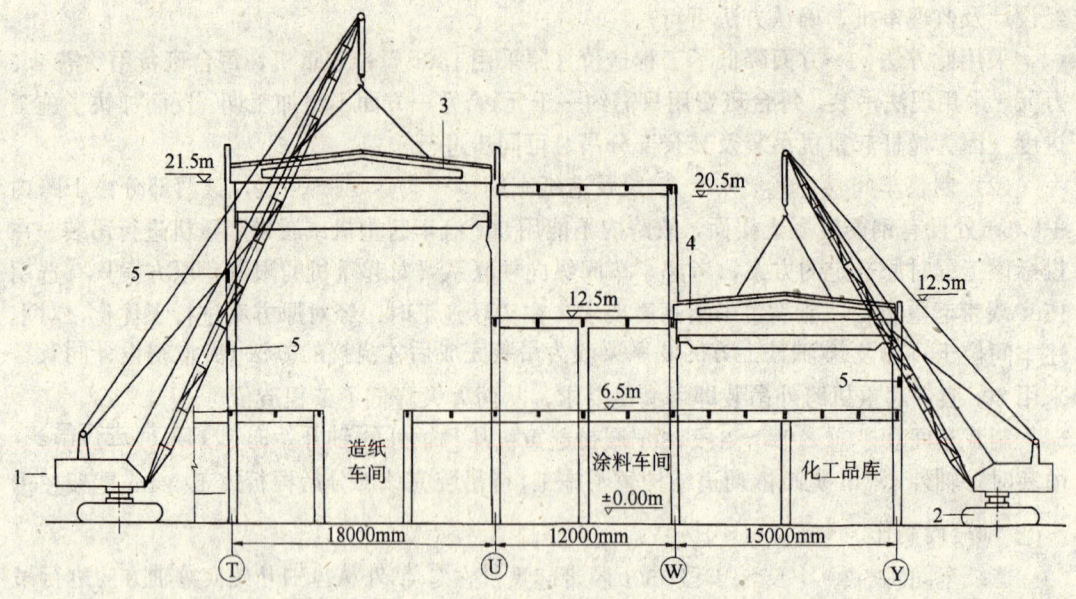

图 65-3 化工品库、造纸车间跨外吊装示意图
1—80t 履带起重机；2—50t 汽车起重机；3—18m 薄腹梁；
4—15m 薄腹梁；5—后浇系梁

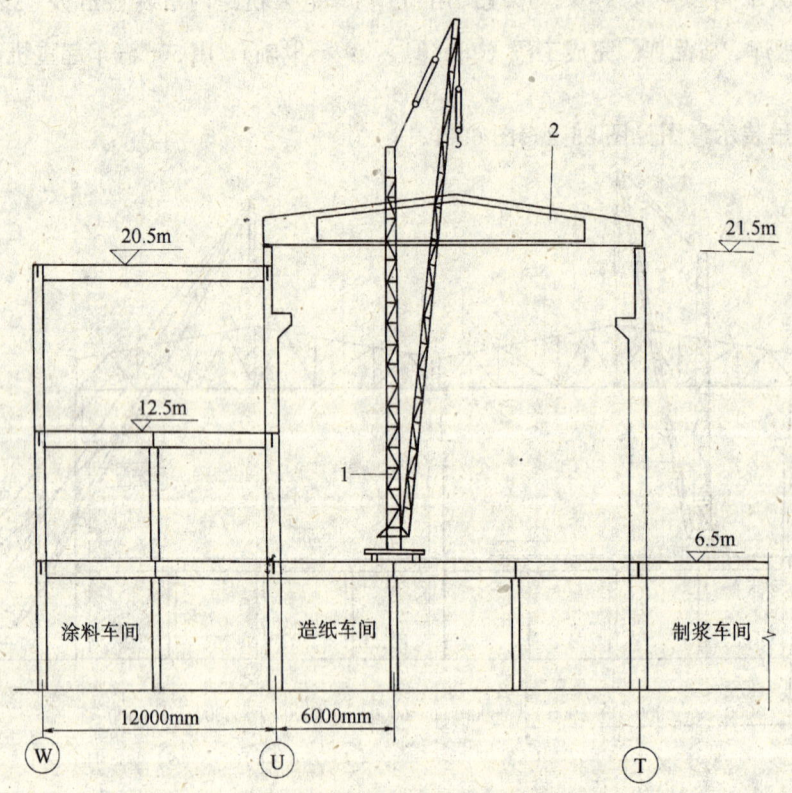

图 65-4 造纸车间③～⑩×Ⓣ～Ⓤ段吊装示意图
1—缆绳式桅杆起重机；2—18m 薄腹梁

65-4 构件吊装施工

65.4.1 构件吊装顺序

该工程的吊装工作量较多,在整个吊装施工期间采用综合吊装法,逐跨完成。构件吊装顺序为:吊车梁吊装→屋架(薄腹梁)吊装→屋盖系统支撑吊装→天沟吊装→屋面板吊装。

65.4.2 吊车梁吊装

吊车梁吊起前将纵向轴线、横向轴线弹在牛腿之间,对施工发生的水平误差,在起吊前处理好,在吊车梁起吊后,吊钩应缓慢放下,争取一次对好纵向轴线,然后用垂球检查其垂直度,当垂直度偏差较大时,在吊车梁底与柱牛腿之间垫入斜垫铁以保证吊车梁轴线垂直度偏差在 5mm 以内,最后与柱连接。

吊车梁在Ⓐ轴 18m 外,宽 12m 场地内集中制作(详见图 65-5 预制构件平面布置图,插页)。

65.4.3 屋架、薄腹梁吊装

本工程的屋架梁有几种:分别是 12m、15m、18m 薄腹梁及 24m 屋架。由于 12m、15m、18m 薄腹梁跨度小,刚度大,吊装施工较为简单,与吊车梁做法大致一样(不作介绍)。对 24m 屋架,采用平卧生产,平面刚度差,故此必须采取一定措施确保吊装施工质量。24m 屋架采用四点绑扎,绑扎点在上弦节点上。翻身及吊装时吊索与水平线夹角不小于 45°,以减少吊索对屋架上弦的轴向压力,屋架翻身过程中,由于屋架平面刚度较差,易发生损坏,因此要特别注意。必须在两端设置枕木井字架(井字架高度与下一屋架平面平齐),以便屋架平卧翻转立直后搁置其上,翻身时先将吊钩基本上对准屋架中心,然后起升起重臂,使屋架脱模,并松开转向刹车,让回转平台自由回转,接着同时起升吊钩和起重臂,争取一次将屋架扶直。这时,应将屋架吊到与地面成 70°后再调整吊钩(屋架接近垂直时可减少屋架的重力对下弦侧向弯曲的影响),使吊钩对准屋架中心,然后起钩。屋架起吊时两端应加溜绳,以控制屋架转动。屋架对位后,立即进行临时固定,固定方法是用 4 条缆风绳,从两边将屋架拉牢再用挡风柱固定,缆风绳应待第二榀屋架与第一榀屋架完全固定后方可解开,第二榀屋架安装时,屋架对位校正垂直度后用工具式支撑与第一榀屋架临时固定,然后用电焊将屋架与柱连接。安装屋架系统支撑后方可将工具式支撑拆除。

吊 18m 薄腹梁的钢丝绳直径为 21.5mm,吊 24m 屋架的钢丝绳直径为 26.0mm。

65.4.4 屋面板吊装

屋面板在构件厂内制作,并提前运到现场堆场堆放。吊装时在屋架翻身后,屋面板即可进场,堆放于吊装跨的下一跨。

在屋架上安装屋面板时,应自跨边向跨中两边对称进行安装。天窗架上的屋面板,在厂房纵轴线方向应一次放好位置,不可用橇杆橇动,以防天窗发生倾斜,安装屋面板要使纵横缝宽均匀,相邻板面平整不应有高差。屋面板在屋架、天窗架上的搁置长度要符合规定,屋面板至少有三个角与屋架、天窗架焊牢,必须保证焊缝尺寸和质量。

12m、15m、18m 薄腹梁与 24m 屋架吊点示意如图 65-6。

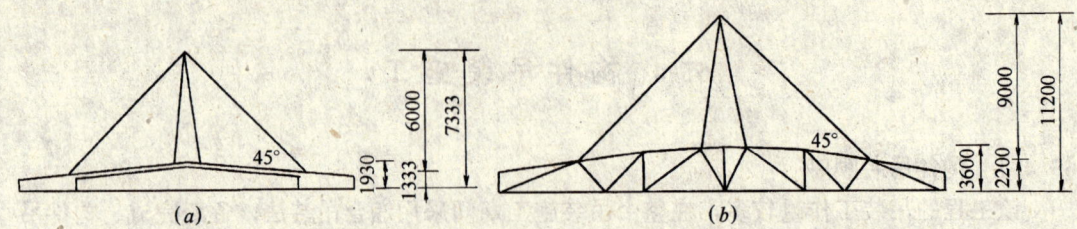

图 65-6 屋架、薄腹梁吊点示意图（单位：mm）
(a) 18m 薄腹梁吊点示意图；(b) 24m 屋架吊点示意图

66 高层建筑施工中外部附着自升式塔式起重机的定位及基础的选型与设计实例

广东省第一建筑工程公司　李泽谦　刘丽莎

在高层建筑施工中，解决大量建筑材料、成品、半成品的垂直运输是加快施工速度及提高经济效益的关键之一。因此，必须合理地选择垂直运输机械。其中，主要是采用自升式塔式起重机（内部爬升式与外部附着式）、快速提升机（钢井架）、混凝土泵及建筑施工电梯等。对于高层建筑结构施工阶段而言，自升式塔式起重机是主要的垂直运输机械，而外部附着自升式塔式起重机又因其具有对建筑结构无需特别加固，安装、拆卸方便，无需采用专门的安拆设备，施工时司机与楼地面联系方便、视线清楚等优点而为多数施工单位采用，作为高度120m左右的高层建筑施工的垂直运输主要设备。

多年以来，随着我公司承建的高层建筑的增多，几乎所有的高度在120m左右的高层建筑施工都优先采用外部附着自升式塔式起重机。而外部附着自升式塔式起重机的使用，首先需要对它进行定位以及基础选型设计。

66-1　外部附着自升式塔式起重机定位原则

选用外部附着自升式塔式起重机施工时，首先要根据塔式起重机制造厂家提供的技术说明书，了解塔式起重机的技术性能参数，然后根据高层建筑的体型特点，施工场地环境来确定塔式起重机的位置，以保证高层建筑平面施工范围尽可能多地处在塔式起重机的幅度内，并使施工总平面布置中建筑材料堆放场地及混凝土搅拌场地置于塔式起重机幅度内的最有利位置，以充分地提高塔式起重机的工作效率，加快施工速度，并使通视良好，保证施工安全。同时，由于外部附着自升式塔式起重机都需要设置附着支撑，所以塔式起重机的定位还需要考虑厂家提供的附着支撑杆件的长度（一般在3～6m范围伸缩），以便确定塔式起重机离建筑物外立面附着点边缘的最合适距离。这样，可以避免重新计算及制造附着支撑杆件的麻烦及费用。此外，塔式起重机的定位还需尽可能地使塔式起重机基础施工简单、方便、经济，并考虑为塔式起重机的拆装提供良好的条件。当施工现场由于运输量的要求，需要同时设置多台塔式起重机和钢井架时，或邻近有建筑物时，尚要考虑各塔式起重机之间或塔式起重机与建筑物之间留有足够的空间，以消除不安全因素，避免遇台风时塔臂自由旋转或由于操作疏忽致使塔臂扫撞塔身或附近建筑物。

66-2　外部附着自升式塔式起重机的基础选型

外部附着自升式塔式起重机基础选型必须综合考虑高层建筑的地下结构施工基坑的支护情况、场地的地质条件、场地施工环境以及施工企业的施工手段等条件，进行比较分析，以选取既经济又安全实用的基础型式。既可利用天然地基或对地基土处理后直接用路轨箱支承起重机，也可做整体式的钢筋混凝土基础、分块式钢筋混凝土基础；还可做各种形式的桩加设承台基础以及利用高层建筑的结构基础或地下室底板或顶板作为外部附着自升式塔式起重机基础，但此时需对地下室底板或顶板作补强加固，使之能承受由塔式起重机传来的荷载并保证塔式起重机的稳定性；另外还可以部分地利用地下室支护结构部分采用同类或不同类的基础型式组成塔式起重机的复合基础，以充分利用支护结构，减少塔式起重机基础费用。

从塔式起重机安设形式来说，可以分为设置平衡配重安设法及用螺栓（配件）直接锚固塔式起重机基础节安设法两种。采用平衡配重安设法的先决条件是要有足够的安设场地以及场地地质条件比较好，此时，往往优先选用在天然（或经处理的）地基上设置路轨箱或选用整体式、分块式钢筋混凝土单独基础直接支承塔式起重机的支座这种简单方便的基础形式。而采用螺栓直接锚固塔式起重机基础节的安设法，通常是由于场地受到限制或者需长途运输，运送平衡重的往返费用太大等原因所致，此时较多地采用各类型桩直接锚固塔式起重机基础节的基础型式。

总之，高层建筑施工用的外部附着自升式塔式起重机的基础选型没有一个统一固定的标准及模式，它有相当的灵活性及适应性。施工管理工程师必须以安全、经济、利于施工为准则，认真分析对比，合理选用。

66-3　外部附着自升式塔式起重机基础设计依据

外部附着自升式塔式起重机基础必须根据塔式起重机所处位置的地质条件进行设计。设计所考虑的荷载是外部附着自升式塔式起重机最大架设自由高度下的垂直压力、水平力、倾覆力矩及扭矩，并考虑塔式起重机架设最大高度时的垂直压力。塔式起重机最大架设自由高度下的这些荷载数据可以从生产厂家提供的技术说明书中得到，一般有工作状态与非工作状态情况下的最大倾覆力矩、水平力、垂直压力以及工作状态下产生的扭矩。如广东省建筑机械厂生产的 $QT_{FD}80$ 塔式起重机（固定附着式），根据使用说明书提供的技术数据如下：

工作状况：

$$P_1 = 597 \text{kN}$$
$$P_2 = 36 \text{kN}$$
$$M = 1511 \text{kN} \cdot \text{m}$$
$$M_k = 343 \text{kN} \cdot \text{m}$$

非工作状况：

$$P_1 = 534 \text{kN}$$

$$P_2 = 93\text{kN}$$
$$M = 1942\text{kN}\cdot\text{m}$$
$$M_k = 0$$

上式中：P_1——最大架设自由高度下的垂直压力；
　　　　P_2——最大架设自由高度下的水平力；
　　　　M——最大架设自由高度下的倾覆力矩；
　　　　M_k——最大架设自由高度下的扭矩。

从以上数据看出：塔式起重机在非工作状况下受力更为不利，因此，进行基础设计时，通常采用厂家提供的非工作状况下塔式起重机最大架设自由高度下产生的垂直压力、水平力、倾覆力矩作为计算基础受力的依据，因为，外部附着自升式塔式起重机使用超过最大架设自由高度后再往上升高时需要设置附着支撑，随着支撑设置后，塔身工作状况和非工作状况下所承受的倾覆力矩、扭矩和水平力则通过附着支撑以水平力（拉或压）的形式传给施工中的建筑结构，此时，按外部附着自升式塔式起重机最大架设自由高度时产生的外力计算的基础，只需承受塔式起重机最大架设高度时的垂直压力，因而，其基础在塔式起重机设置附着支撑后将具有更大的安全度。

此外，起重机的基础在地基承载力比较差或定位环境特殊的情况下，也可以根据生产厂家提供的起重机不同自由架设高度时产生的外力进行对基础的计算（如四川塔式起重机生产厂家就有此技术数据提供）。这样，可以使起重机基础的设计能够适应特殊的地质及设置环境，减少起重机基础的费用。但施工时必须确保起重机在按设计取值的架设自由高度内使用，一经超高就必须设置附着支撑，始能使用。当然，选取低于最大架设自由高度时产生的外力来设计塔式起重机基础时，首先是要高层建筑的结构能为外部附着自升式塔式起重机提供提早设置附着支撑的可能性。

66-4　外部附着自升式塔式起重机基础的选型与设计实例

历年来，我公司在高层建筑中按照上述外部附着自升式塔式起重机基础选型原则，选用过各种不同形式的基础，取得了既经济又实用的效果，现分述如下：

6.4.1　实例1

利用天然地基把塔式起重机路轨箱置于夯实的500～800mm厚的道渣石上（用粒径为20～40mm或30～50mm的碎石），道渣石下的土必须是原土或经夯实，地基承载力必须不小于120kPa。选用这种基础必须地基土质较好，并有比较大的设置场地，而且不能过于靠近地下室的支护结构（除非地下室施工完成，外围已回填处理），以免影响破坏支护结构。这种基础是施工最简单而又最经济的基础形式。广州市光华大厦20层C塔楼，广东省水利电力厅16层三防指挥部大楼以及广东省电力调度中心（30层，115m高）施工所用的外部附着自升式塔式起重机均采用此类型基础，如图66-1所示。

66.4.2　实例2

利用天然地基做整体式钢筋混凝土基础，把塔式起重机基础节直接用螺栓锚固于钢筋混凝土基础中。此时，基础可按偏心受压单独基础计算，以确定基础底面尺寸，验算地基强度及配筋。由于基础节螺栓锚固长度的需要，基础的厚度一般不小于1200mm，因此能满

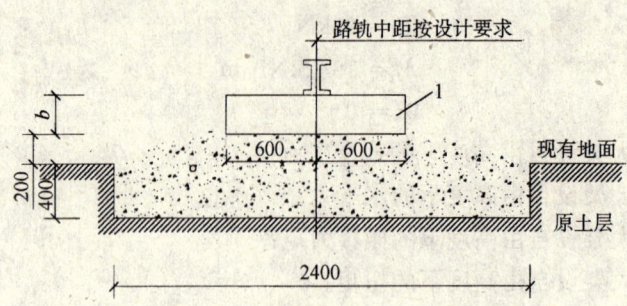

图 66-1 天然地基路轨箱塔式起重机基础（单位：mm）

1—路轨箱；b—轨箱厚度（200mm）

足抗冲切要求。选择此种基础类型时，往往因场地的关系，对基础底面积有所限制，此时，需提高地基容许承载力，需对基础下土作特别处理：如打短木桩或地基换土等。此类基础型式一般在地基容许承载能力比较好（≥120kPa）的情况下采用。如珠海驻广州办事处的珠海大厦施工所用的塔式起重机采用此类基础，如图 66-2 所示。

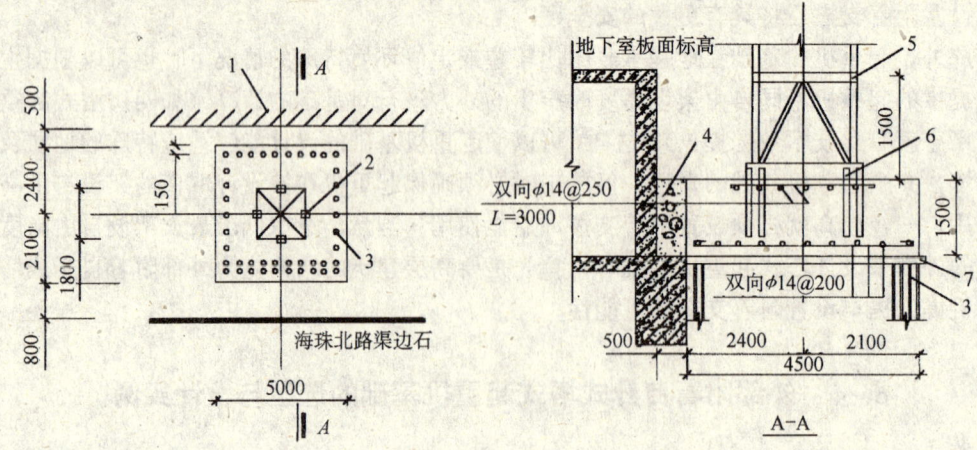

图 66-2 天然地基整体式钢筋混凝土塔式起重机基础（单位：mm）

1—综合楼地下室；2—砖支承柱（240mm×370mm）；

3—松木桩，共 46 根，直径为 100～120mm，长 2000mm；4—回填砂石（水冲实）；

5—塔身基础节；6—45 号钢螺栓，4～8 根，直径 30mm，长 1000mm；

7—100mm 厚 C10 级混凝土基础

66.4.3 实例 3

利用天然地基做分块式钢筋混凝土基础，塔式起重机底架的四个支座分别落在四个独立的方型或长方形钢筋混凝土基础或其支承柱上。基础底面积尺寸可以通过下式计算确定：

$$F=\frac{2M+PS}{4SR}$$

式中 F——每个基础的承压面积（m²）；

M——外部附着自升式塔式起重机的倾覆力矩（kN·m）；

P——外部附着自升式塔式起重机在最大架设自由高度下的垂直力（包括底架及平衡配重的重量）(kN)；

R——地基的容许承载力 (kPa)；

S——基础对角中心距（也即塔式起重机底架四支座的对角中心距）的 1/2 (m)。

广州市光华大厦（25 层）B、C、D 塔楼外部附着自升式塔式起重机基础，即选用此类基础型式，如图 66-3 所示。

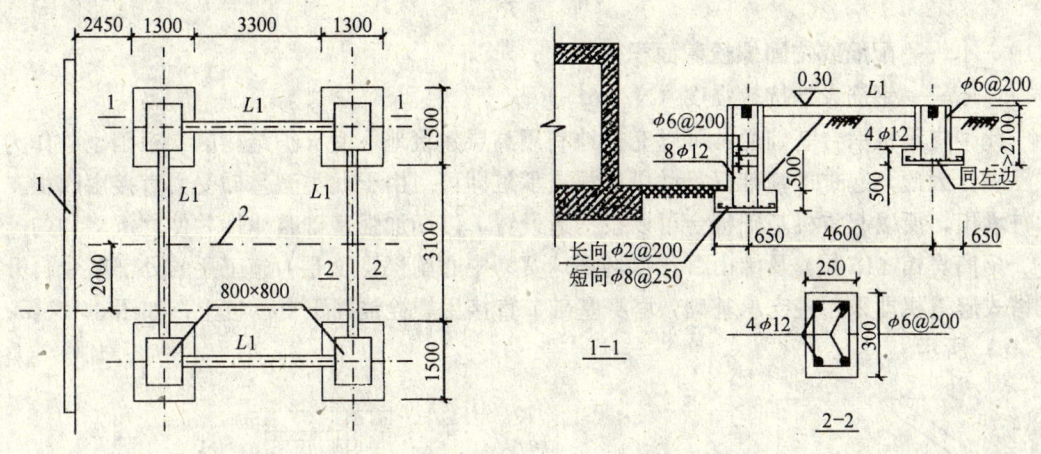

图 66-3 天然地基分块式钢筋混凝土塔式起重机基础（单位：mm）
1—地下室壁板；2—起重机中心

66.4.4 实例 4

当地基承载力比较低或施工场地受限制的情况下，需要采用桩支承基础，支承桩可以用钻孔桩或人工挖孔桩，通常采用四桩支承：

（1）若基础受场地限制则通常将塔身基础节直接用螺栓锚固于支承桩上，此时，各桩心距离为基础节锚固的中心距，基础的设计需计算单桩在偏心荷载作用下（倾覆力矩及水平力）的最大轴向力和拔力。考虑倾覆力矩及水平力对支承桩作用的最不利位置，单桩最大轴向力 N_{max} 按下式计算：

$$N_{max} = \frac{P+G}{4} + \frac{M}{2S}$$

式中 P——起重机在最大架设自由高度下的垂直力 (kN)；

G——基础与土重 (kN)；

M——起重机作用于桩基上的倾覆力矩 (kN·m)（包括水平力引起的力矩）；

S——桩对角中心距的 1/2 (m)。

根据单桩最大轴向力及地质条件设计基础支承桩。

计算单桩的拔力 $N_{拔}$：

$$N_{拔} = \frac{P+G}{4} - \frac{M}{2S}$$

验算桩抗拔稳定性：

$$N_{抗拔} = \lambda \pi d \sum_{i=1}^{n} L_i f_i + 0.9 G_s > N_{拔} \quad (安全)$$

式中 λ——抗拔容许摩阻力与受压容许摩阻力的比例系数：0.4～0.7；
G_s——桩身自重；
L_i——第 i 层土层厚度；
f_i——第 i 层土层桩周摩擦系数。

根据单桩的拔力计算支承桩的配筋量与塔身基础节锚固螺栓截面：

$$A_g = \frac{1.4 N_{拔}}{R_g}$$

式中 A_g——配筋或锚固螺栓截面积（cm^2）；
R_g——钢筋设计抗拉强度（N/cm^2）。

此种支承桩承台基础通常可以充分地利用高层建筑地下室支护结构的二根挡土桩作为支承桩，因此，起重机基础仅需增设二根支承桩即可。由于此类型基础受力直接由四根支承桩承担，所以起重机基础桩台可以按构造设置，以期加强基础整体性并使之沉降均匀。

招商宾馆（15层）及佛山百花广场环球贸易中心副楼（19层）施工用的外部附着自升式塔式起重机即采用桩支承基础，塔身基础节直接用螺栓锚固于支承桩上，如图 66-4（a）及（b）所示。

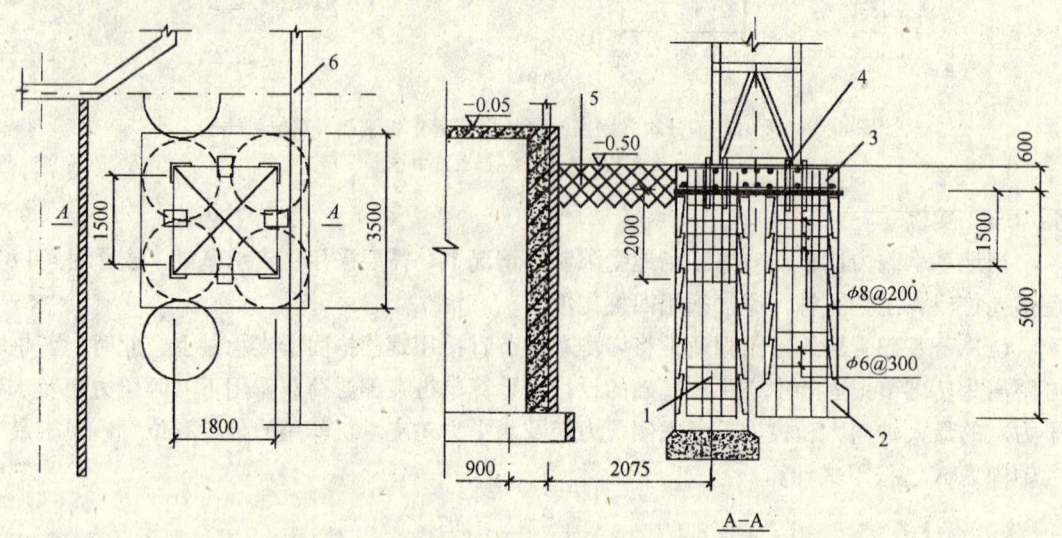

图 66-4（a） 招商宾馆起重机桩支承基础图（单位：mm）
1—原挡土桩；2—新增桩基础；3—桩承台；4—塔式起重机基础节；5—回填土；6—围墙

(2) 若基础不受场地限制，塔式起重机平衡重进退场运输费用也不高，则无需采用上述基础节锚固法，此时可以将塔式起重机底架的四个支脚直接支承于四根桩上，底架加设平衡重。桩中心距为塔式起重机底架支脚的轴线距离，一般为 4.5～6.0m，视起重机技术说明书而定。基础每根单桩最大轴向力仍按实例 4 (1) 单桩最大轴向力 N_{max} 计算，此时 P 值应包括起重机的底架及平衡配重（一般为 50～60t）的重量。采用此类基础时，各支承桩之间可用构造连系梁予以连接，以增强塔式起重机的整体稳定性及传递承受水平力的能力。

广州五羊新城 C 座（25层）及广州凯旋美达大酒店（30层）所采用的外部附着自升式塔式起重机均采用此类型基础，如图 66-5 所示。

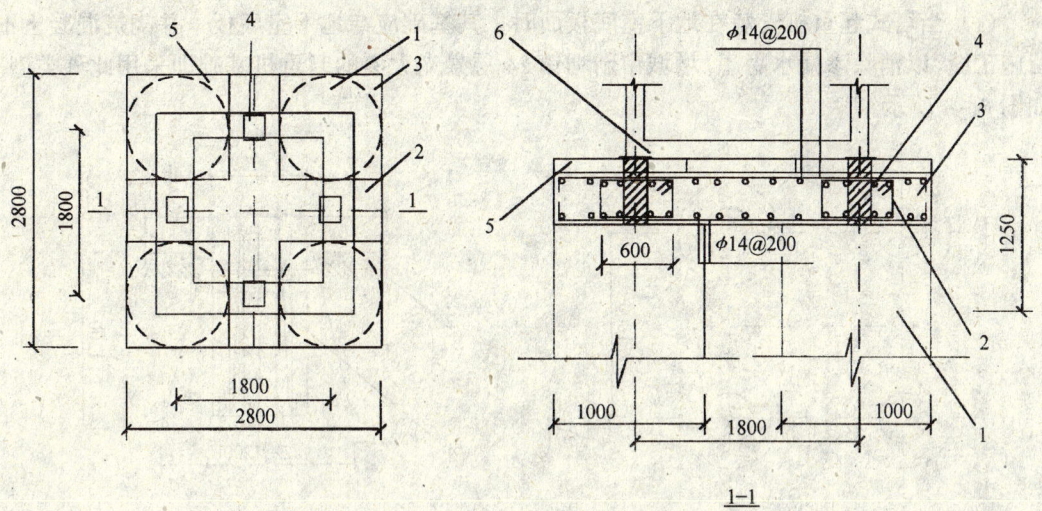

图 66-4（b） 佛山百花广场 2 号塔式起重机桩支承基础图（单位：mm）
1—钻孔灌注桩基础；2—600mm×500mm 暗梁；3—桩承台；
4—240mm×240mm 砖墩；5—C20 级混凝土 100mm 厚；6—塔式起重机基础节

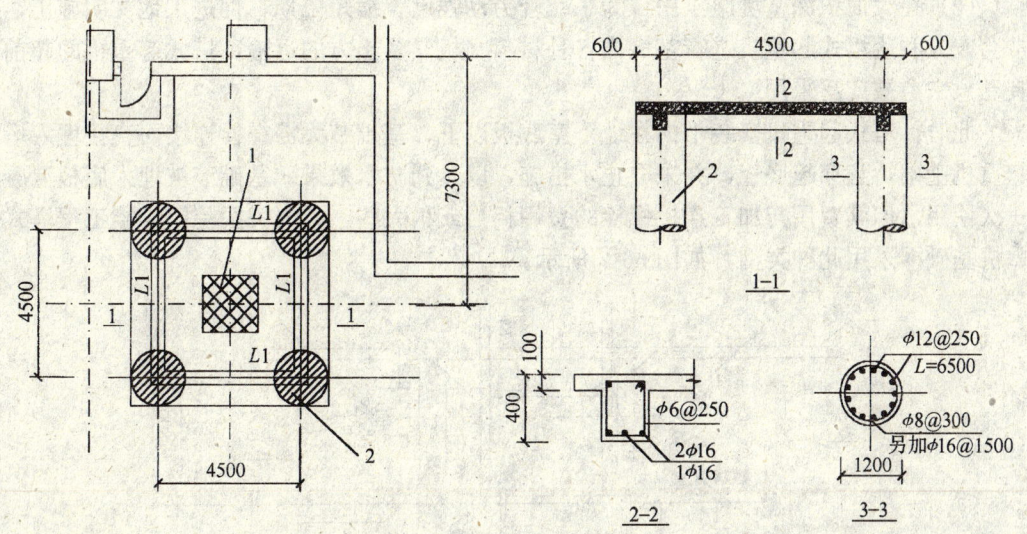

图 66-5 桩支承塔式起重机基础（塔式起重机底架加设平衡重）（单位：mm）
1—塔芯及操作平台；2—4 条 φ1200mm 挖孔桩基础

66.4.5 实例 5

当高层建筑的主楼有较大的裙楼时，此时，由于外部附着自升式塔式起重机的附着支撑需直接支附在主楼的结构上，所以起重机基础往往需要设置于裙楼或地下室范围内。为了不致因为设置起重机基础而使设计部门修改地下室顶板或底板的原设计，施工单位一般考虑在地下室底板下独立地设置起重机支承桩基础而不影响原设计的有效性。这种情况下，一般宜采用人工挖孔桩或钻孔灌注桩基础，并用塔身基础节直接锚固法，计算方法同实例 4。

(1) 当塔式起重机安装在地下室底板面时,其基础应与地下室底板一并浇筑混凝土不留施工缝,以消除渗漏水隐患。增城市新塘镇24层景光大厦的起重机基础即采用此种类型。如图66-6所示。

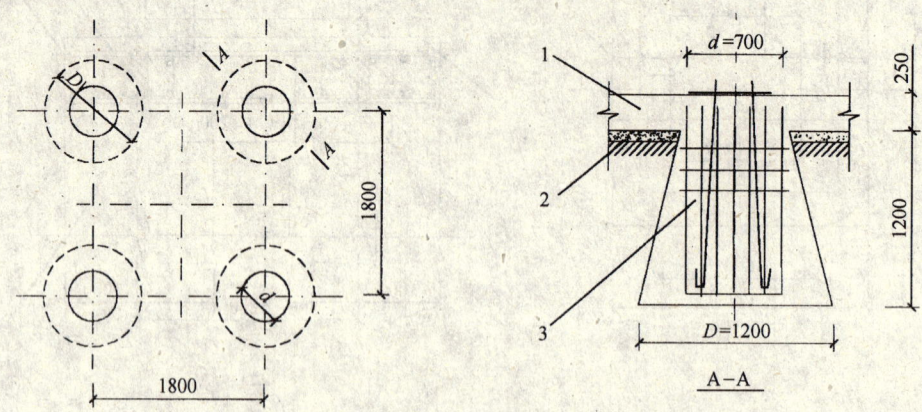

图66-6 置于地下室底板上的桩支承塔式起重机基础(单位:mm)
1—地下室底板;2—垫层;3—锚桩(与底板混凝土同时浇筑)

(2) 在大面积深基坑施工中,为了减轻劳动强度,缩短工期,促进工地文明施工,通常会充分利用塔式起重机进行基坑内各种材料、机具及土方的运输,塔式起重机的超前安装已愈来愈被广泛采用。

此时,塔式起重机安装平面在地下室底板以下,基础节无需螺栓连接而直接埋入塔式起重机基础,且穿越底板,并采取止水措施,以达到防水效果。基础节被埋入底板混凝土一次使用,但其费用与加工连接螺栓的费用相当或稍大些。省人民医院门诊楼工程塔式起重机基础即采用此种类型,如图66-7所示。

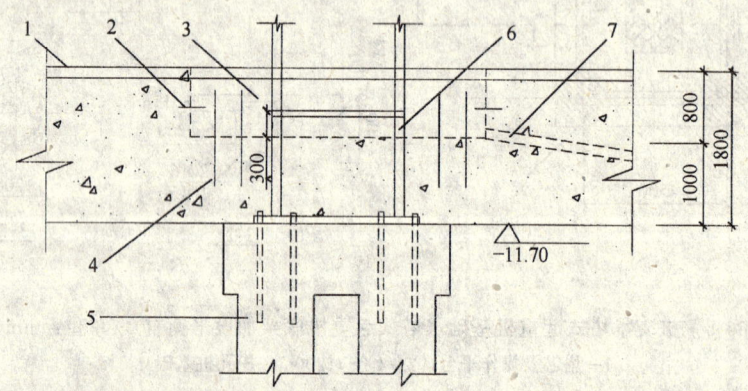

图66-7 置于地下室底板下的桩支承塔式起重机基础(单位:mm)
1—地下室底板面筋;2—周边钢板止水带;3—凹坑位后浇微膨胀混凝土;4—连接钢筋;
5—塔式起重机基础;6—塔式起重机基础节;7—凹坑位积水排至集水井

(3) 若水文地质条件较好,可做收回基础节处理,此时,在浇底板混凝土时,将塔式起重机安装范围一定部位的底板混凝土后浇,并沿周边留设水平止水环防水,待塔式起重机使用完毕拆除后,再浇筑该部位底板混凝土。银华大厦工程塔式起重机基础即采用此种类型,如图66-8所示。

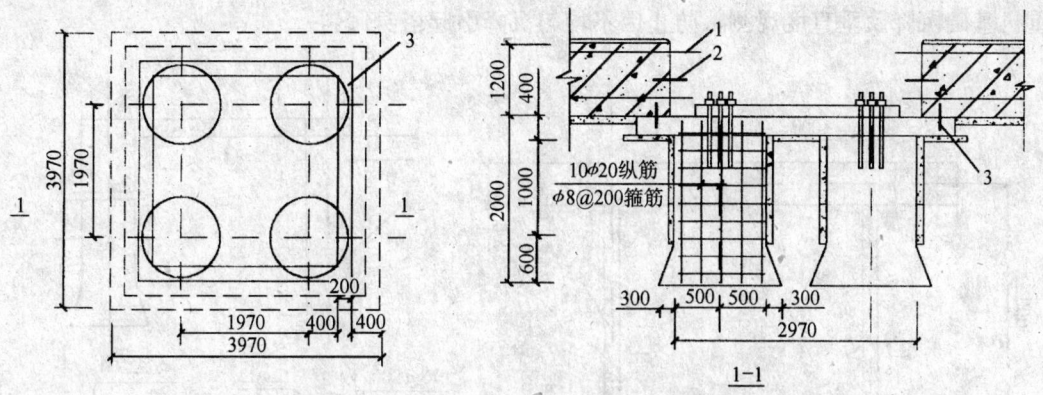

图66-8 置于地下室底板下的桩支承塔式起重机基础(单位:mm)
1—底板预留钢筋;2—周边设钢板止水带;3—承台周边设钢板止水带

66.4.6 实例6

(1) 佛山百花广场环球留易中心1号塔式起重机基础,由于场地环境使施工机具设置困难和地质存在厚达10多米的流沙层的原因,无法采用桩基形式,因而采用了用地下室支护挡土桩与分块式钢筋混凝土单独基础相结合,并用连系梁将其连成整体,组成塔式起重机复合基础,见图66-9所示。

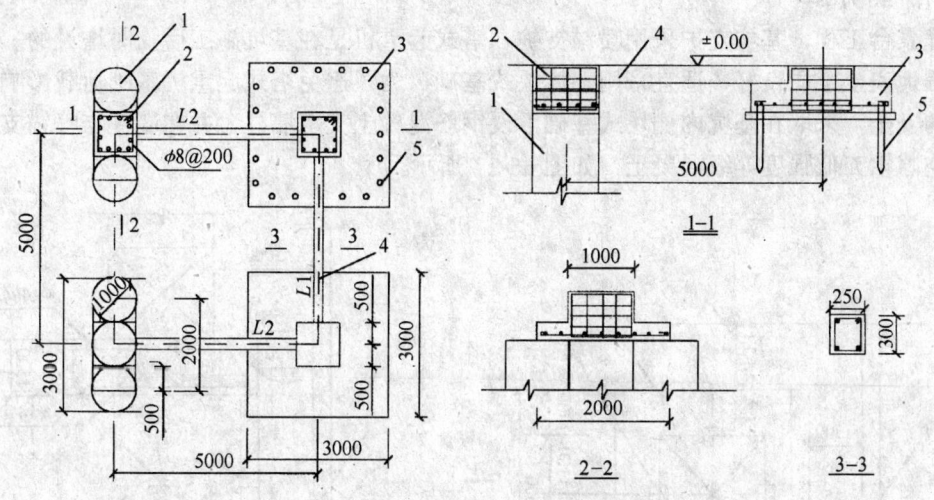

图66-9 挡土桩与分块式单独基础组成塔式起重机复合基础(单位:mm)
1—挡土桩;2—C20级钢筋混凝土基墩;3—钢筋混凝土块式基础;4—连系梁;5—木桩

此时分块式单独基础可按实例3方法计算,唯此时需考虑分块式单独基础与支护桩基础的不均匀沉降因素,而且施工过程中需随时注意观察不均匀沉降的情况及时予以修改。此实例在施工过程中还由于流砂流入基坑的影响,需对塔式起重机基础范围作摆喷水泥墙封闭处理确保基础下砂层不会流失。

(2) 建和中心工程塔式起重机安装是在地下室完成后进行,其基础两支点利用已完工的地下室外壁板,两支点采用人工挖孔桩。如图66-10所示。由于支点持力层不一致,桩基设计需选择有足够承载力的持力层,以保证减少基础沉降量,使用阶段应定期进行塔式起重机基础沉降及垂直度观测,防止因不均匀沉降引起塔身倾斜。

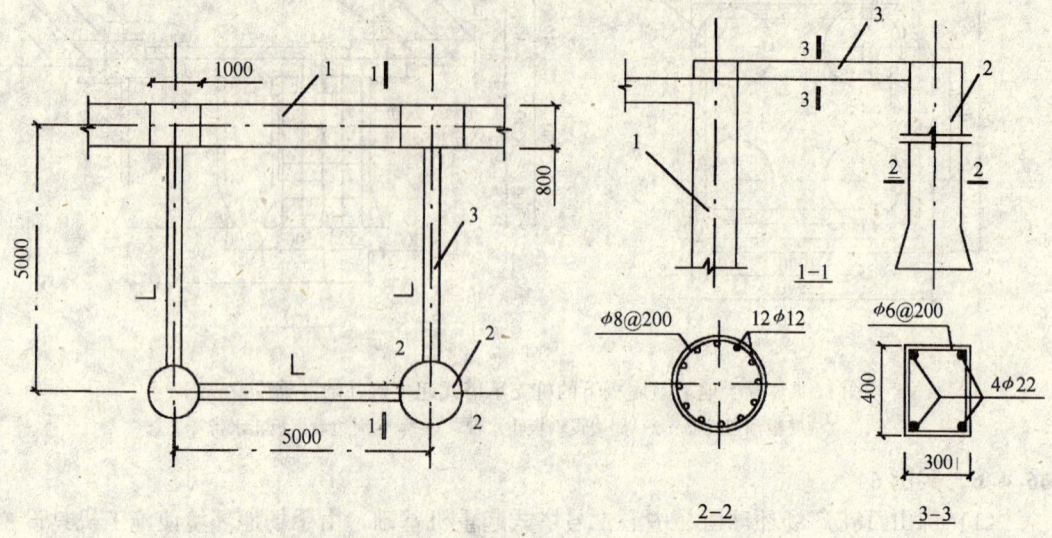

图 66-10　地下室壁板与桩基组成塔式起重机复合基础（单位：mm）
1—地下室外壁板；2—人工挖孔桩基础；3—连系梁

66.4.7　实例 7

鹿景台工程,基坑支护采用喷锚支护,塔式起重机是在基坑施工后临时增设的。由于该工程地表土土质良好,适宜采用整体块式基础,为了避免塔式起重机基础荷载影响喷锚支护的安全,采取在基坑内侧块式基础下设钢筋混凝土支承墙柱,并在墙柱与喷锚支护之间的空隙填充低强度等级混凝土,如图 66-11 所示。

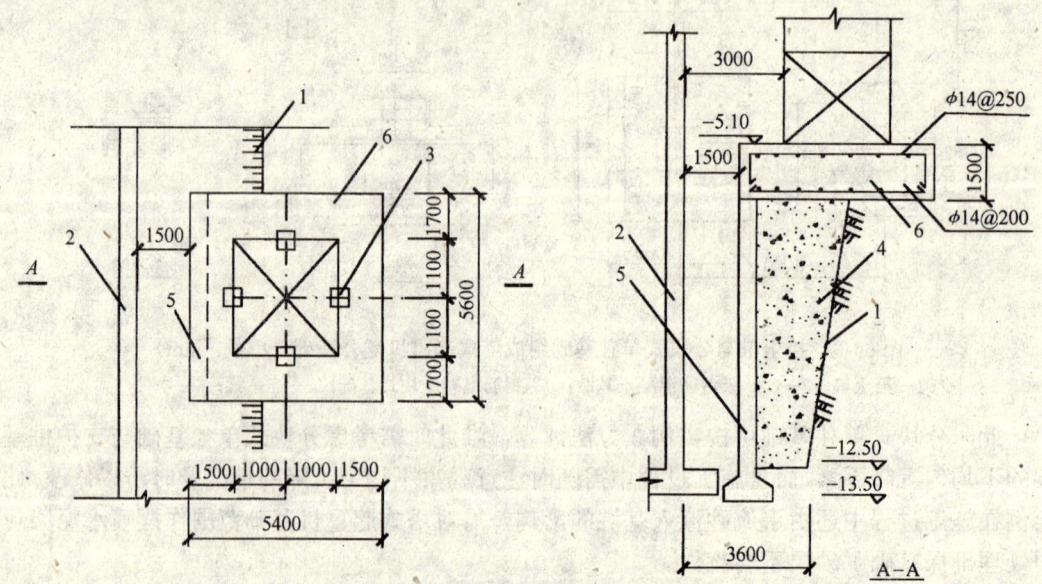

图 66-11　墙—土支承块式基础（单位：mm）
1—喷锚边坡；2—地下室外壁；3—支承砖墩（360mm×240mm）；4—C10级素混凝土；
5—钢筋混凝土支承墙；6—钢筋混凝土块式基础

66.4.8 实例8

东莞荔城花园2#塔式起重机安装在强风化自然放坡土段,由于起重机桩基础在基坑土方开挖后施工,在基坑一侧的基础采用方桩基础,并对桩基与柱基节点做局部加强处理,如图66-12所示。

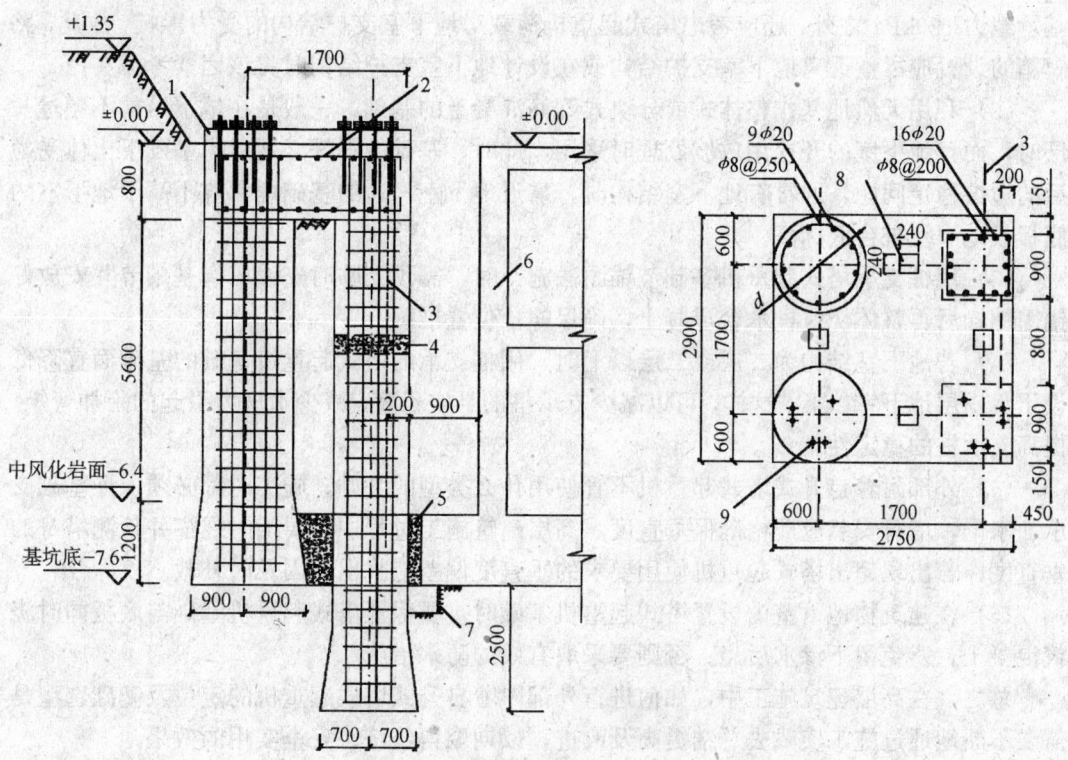

图66-12 桩—柱支承塔式起重机基础（单位:mm）
1—塔式起重机底盘;2—承台上下钢筋网$\phi12@200mm$;3—基坑边坡线;4—连系梁;5—柱桩之间填素混凝土;6—地下室;7—排水沟;8—四个砖墩用于支承塔式起重机底盘;9—塔式起重机底盘螺栓

66.4.9 实例9

塘罗冲住宅综合楼塔式起重机基础采用三桩基础,在基础承台内用十字暗梁传递起重机荷载至三条支承桩,如图66-13所示。

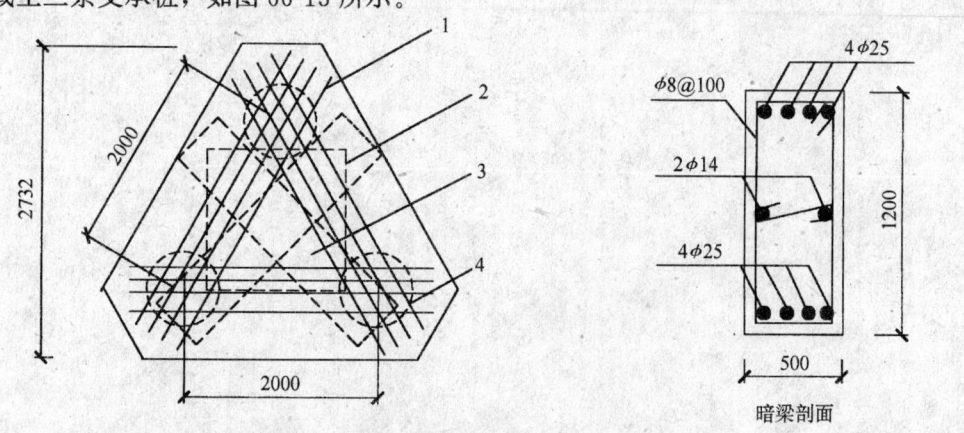

图66-13 二桩塔式起重机基础（单位:mm）
1—桩承台1200mm厚;2—塔式起重机位置;3—十字暗梁500mm×1200mm;4—$\phi1000mm$人工挖孔桩基础

66-5 施工中应注意的几个问题

（1）利用天然地基设置路轨箱作为外部附着自升式塔式起重机的基础时，除了保证地基承载力 120kPa 之外，还应考虑塔式起重机荷载对地下室支护结构的受力影响，故此，路轨箱的设置应尽量远离地下室支护结构或在设计地下室支护结构时将该因素考虑在内。

（2）利用天然地基作整体式或分块式钢筋混凝土的基础，一般是在地下结构不超过一层时，而且地下室的开挖用放坡处理时采用，此时，基础的埋深必须考虑基础下土体受力后的边坡稳定问题，通常有地下室结构时，靠近地下室一边的基础埋深应不高于地下室的底板或地下室桩台底标高。

（3）用桩支承塔式起重机基础节锚固法施工时，需预先临时安设塔身基础节并安放好锚固螺栓后再整体浇筑桩承台混凝土，确保螺栓位置准确。

（4）若地下室结构为二层或二层以上时，用桩支承的塔式起重机基础的基础面宜降低设于负一层地下室以下，这样，可以减少支承桩的悬空长度，减少水平力引起的附加弯矩，提高支承桩的稳定性。

（5）外部附着自升式塔式起重机不管使用什么类型的基础，施工时都必须保证基础支承面水平，塔身安装应严格确保垂直度。高层建筑施工过程中，要随时观察并检测塔身的垂直度，若出现超出塔式起重机使用要求的垂直度偏差应找出原因及时补救。

（6）在建筑物地下室内设置塔式起重机基础时，要保证塔式起重机基础与底板同时浇筑混凝土，避免留下渗水后患。否则要采取有效的防水措施。

总之，在高层建筑施工中，如何进行外部附着自升式塔式起重机的定位及基础选型是需要不断地通过施工实践去总结提高及改进，以期取得经济、安全实用的效果。

67 广州带钢总厂热处理车间工程沉井施工

广州市建筑机械施工有限公司　柯德辉　范晋波

67-1 工程概况

我公司承建的广州带钢总厂粗加工热处理车间工程，车间内有4个钢筋混凝土沉井设备基础，基中SJ-11、SJ-14为矩形沉井，SJ-16为由5个井孔组成的矩形沉井，SJ-17为圆形沉井。沉井具体数据见表67-1，平面位置见图67-1。

沉井数据　　　　　表67-1

编号	深度（m）	外围尺寸（m）	井壁厚度（m）	井壁重量（t）
SJ-11	－5.2	10.8×3.8	0.4	155.5
SJ-14	－5.2	4.8×3.0	0.4	77.7
SJ-16	－6.1	12.8×5.3	0.4	335
SJ-17	－6.0	φ2.0	0.3	24

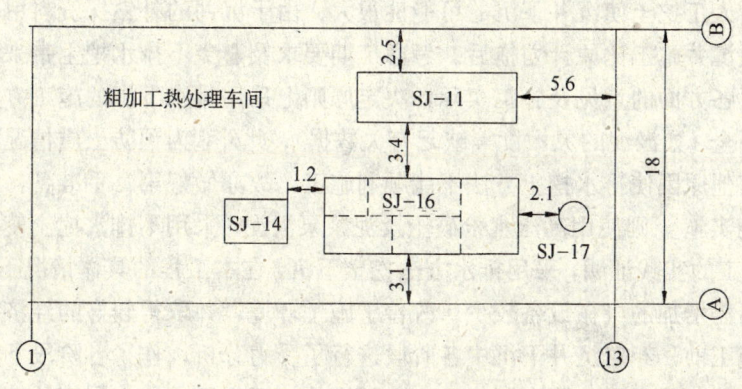

图 67-1 平面示意图（单位：m）

根据地质资料情况，该处土质情况如下：
由地表至－1.8～－2.0m　　　松散杂填土、含多重碎砖、石、煤渣、杂物
－1.8～－2.0m 至－5.3～－7.7m　　流塑～软塑淤泥，流塑为主，稠度不均匀，

$[R] = 40 \text{kPa}$。

$-5.3 \sim -7.7\text{m}$ 至 $-8.3 \sim -9.7\text{m}$　　粗中砂层，松散为主，$[R] = 40 \sim 140 \text{kPa}$。

$-8.3 \sim -9.7\text{m}$ 至 $-13.4 \sim -15.3\text{m}$　　淤泥、流塑。

地下水面标高为-1.1m，地下水补给靠大气降水和地表水渗透补充，地下水位随珠江河水潮汐水位的变化而变化，单孔涌水为$4.2 \text{t/d} \cdot \text{m}$。

按甲方要求，沉井所在粗加工热处理车间，沉井工期要同车间施工工期一致（当年开工，当年竣工）。这样，扣除打桩施工及厂房施工所需时间，根据施工计划安排沉井施工由5月份开始，时间为100d。

67-2　沉井下沉方法选择

由于带钢总厂原来提供的地质资料，只有鉴7钻孔在沉井附近且离最近的沉井（SJ-11）位置10m左右，难以准确反映沉井位置的地质情况。为准确摸清沉井部位的地质情况，制定合理可行的施工方案及尽量完善各种措施，根据地基及基础工程施工及验收规范（GBJ 202—83）的规定，要求甲方补充提供每沉井不少于一孔的地质钻探资料。补钻孔所提供的4孔钻探资料土工试验反映杂填土以下软弱粘性土的主要指数如下：

液性指数I_L：$0.87 \sim 1.51$　　加权平均值1.1

干密度r_d（g/cm^3）：$0.82 \sim 0.99$　　加权平均值0.88

孔隙比e：$91.3 \sim 99.9$　　加权平均值96.6

承压值R（kPa）：$43 \sim 57$　　加权平均值48

从资料分析，虽然软粘土属流塑～软塑的淤泥和淤泥质土，以流塑为主，但液性指数I_L平均值1.1，大体与软塑差距不是很大，结合考虑其他数据，应主要成"泥瓜"状而不是成糊状，而沉井挖土不深（$5 \sim 6\text{m}$），只要采取措施，挖土时，尽量少扰动施工面基泥，采用排水方法，人工挖土使沉井下沉的可能性很大。由于沉井的补钻探资料甲方在6月中下旬才提供，故沉井施工比原计划拖后。考虑工期要求及避免不排水挖土带来稀泥浆处理的困难，综合了各方面的意见及施工实际，决定原则上采用排水下沉的施工方案。由于土工试验的项目不全（如淤泥的灵敏度等缺乏有关数据），此外，为预防土质情况与钻探资料有出入及由于其他原因使排水挖土方法不能顺利施工，故亦做好第二手准备：当万一排水挖土的方法不能实施，则使用高压水枪破土及泥浆泵汲泥，采用不排水挖土使沉井下沉的施工方法。而施工的实践证明，采用排水方法挖土下沉，在本工程的具体情况下是可行的，缩短了工期，所需增加的机械设备较少，改善了施工环境，并取得较好的经济效益。

另外，施工前，经对沉井下沉中各阶段进行了受力分析，作了各阶段下沉系数的计算和稳定性的验算，确定了分两次制作，一次下沉的施工方案，最大限度地缩短了沉井施工的工期。

67-3　沉井施工工艺

各沉井施工工艺流程如图67-2所示（沉井分二段浇混凝土，一次开挖下沉）：

```
平整夯实场地、铺砂垫木
        ↓
    砌砖刃脚地模
        ↓
    安装井内壁模板
        ↓
    安装井壁钢筋
        ↓
  安装(1/2高)井壁外模板
        ↓
    浇筑第一段井壁混凝土
        ↓
    安装第二段井壁外模板
        ↓
    浇筑第二段井壁混凝土
        ↓
      混凝土养护
        ↓
    拆砖地模刨砂抽垫木
        ↓
    沉井内挖土沉井下沉
        ↓
   浇筑底垫层及封底混凝土
```

图 67-2 沉井施工工艺流程图

67.3.1 沉井制作

沉井制作主要是底模的处理和刃脚的模板方案。其余的可按常规的钢筋混凝土工程进行施工。

沉井所在场地先整平夯实，并铺木枋作垫木，垫木数量按下式计算。

$$n = \frac{W}{L \cdot b \cdot [R]}$$

式中 W——沉井自重（单位 kN）；
L——垫木长度，取 1.0m；
b——垫木宽度，取 0.1m；
$[R]$——表土承载力，取 100kPa。

垫木沿井壁刃脚均匀铺设，并铺砂垫层。在此底模上按图纸尺寸砌刃脚内侧的砖地模，砖地模面抹水泥砂浆（详见图 67-3）。

井壁先立内壁模板，后扎壁钢筋，封外壁（1/2高）模板，浇第一段井壁混凝土，再封外壁$\left(另\frac{1}{2}高\right)$模板，浇第二段混凝土。

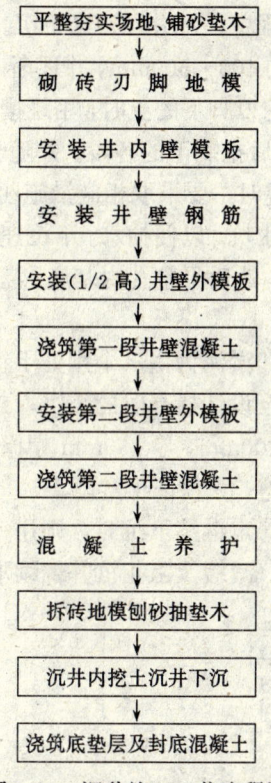

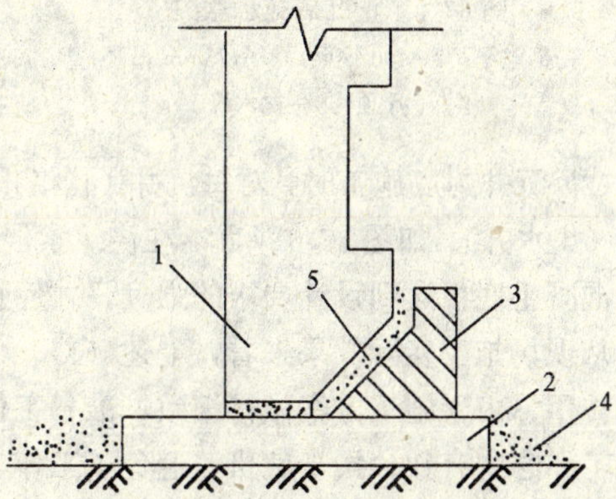

图 67-3 沉井刃脚底、地模示意图
1—沉井刃脚；2—80mm×100mm×1m 垫土；3—砖砌地模；4—砂垫层；5—20mm 厚水泥砂浆

67.3.2 沉井下沉施工

沉井采用排水人工开挖下沉，用吊斗出土。待第一段沉井混凝土达设计强度后，即进行打刃脚砖砌地模，并刨沙抽垫木，垫木应对称抽出，最后抽定位垫木。沉井下沉时对称在井内挖土,在分层挖除土的过程中,沉井即逐渐下沉。当刃脚下沉与沉井中部土面大致齐平时,即可在中部先向下挖深约400~500mm,并逐渐向四周均匀扩孔,到刃脚约1m处,再分层挖除刃脚内侧的土台。开挖刃脚下的土时,用跳槽法,即沿刃脚周长等分若干段,每段长约1m,先隔一段挖一段,然后挖剩下的各段。并随时观察孔位是否倾斜或偏移,垂直度误差控制在1%以内;遇有偏差时,要采取相应措施纠偏。开挖时,在每个挖土周期中,首先选择适当位置挖掘较深的集水坑,以便抽水。下沉速度视工作量大小,控制平均为0.5~1m/d,直至挖至设计深度为止。然后平整孔内基底,浇基底素混凝土垫层及封底混凝土。

67.3.3 止沉封底有关措施

针对刃脚所处持力层为以饱和淤泥为主(个别处于粗、中砂夹层上)这一情况,根据本工程的具体条件,对沉进下沉至设计标高时的止沉,封底施工制定了一些特别措施。

(1)原要求沉井壁顶增做宽500mm,厚150mm帽檐状飘板以作沉井下沉的止沉措施,但由于种种原因设计单位没有同意,为保证正常施工,决定在壁顶上做4个吊环(见图67-4),若沉井下沉至设计标高尚不稳定继续下沉时,则用钢丝绳、钢梁和千斤顶,结合土对沉井壁的摩阻力和刃脚的端承力,减缓及阻止沉井继续下沉。

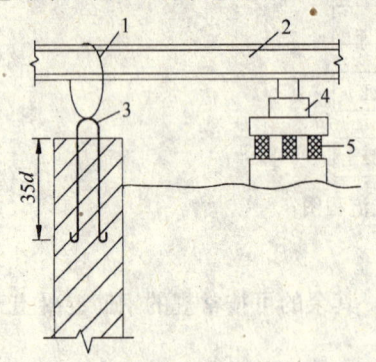

图67-4 止沉措施示意图
1—钢丝绳;2—I40钢梁;3—ϕ25mm吊环;
4—千斤顶;5—枕木垛

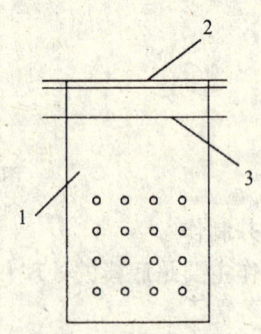

图67-5 集水井示意图
1—井管;2—法兰盘;3—止水环

(2)沉井封底施工时,对每沉井(孔格)准备一以5mm厚钢板制作的带法兰盘的圆形井管(集水井),如图67-5所示,在浇筑素混凝土垫层及混凝土底板时,不间断地抽水,至钢筋混凝土底板达到设计要求的强度,才停止抽水,最后封闭集水井。

从现场施工实际效果来看,上述(1)、(2)两项方案措施,对于止沉和封底发挥了很大的作用,由于施工方案做得细致,准备工作做得充足,现场施工时有章可循,对整个沉井施工亦心中有数,按步就班,避免了工作上的被动。

67-4 施工中有关问题的处理

67.4.1 刃脚底模拆除后的纠偏处理

当先施工的第一个沉井(SJ-14)拆除刃脚底模,尚未开始挖土下沉时便发现沉井发生了倾斜(左右高差约500mm),分析原因时考虑到井壁下的垫层承载力及下卧层的饱和软粘土承载力早在沉井制作前已经过验算,承载力应不成问题,故判断极大可能是刃脚下地基中存在孤岩或其他障碍物,导致沉井底模拆除后下沉不均所引起。于是用钢钎探测,发现有障碍物。经清除处理,沉井按正常规律下沉。考虑本工程沉井制作的高宽比均大于1,个别为圆形沉井,(SJ-17)甚至为3,比一般适宜的高宽比大很多,吸取(SJ-14)拆模后产生过大倾斜的教训,为保证沉井开始下沉时的稳定,对后3个沉井除按施工设计方案里提出的纠偏措施外,特增加如下补充施工措施:

(1) 拆除砖模前,先用钢钎探测刃脚下有无障碍物。如遇有旧基础,大块孤岩或其他障碍物,应先清除障碍物后再开始下沉。

(2) 砖模拆除,应按砖缝分层,均匀地进行。

(3) 为防止沉井初始下沉时不够稳定而产生过大的倾斜,沉井拆模前须用缆风绳(钢丝绳)拉扯固定,缆风绳以人力铰车及倒链调节控制,但须控制掌握缆风绳的拉力,以免井壁遭受太大的拉力而受到破坏。钢绳索的锚固点位置要尽量靠低,索与锚固接触位置要加护角,保护柱角不遭受破坏。

(4) 由于设计人不采纳沉井壁顶部增加翼沿飘板的止沉方案,强调必须按照沉井施工组织方案里安全技术措施第6点提出的做法,准备好枕木、千斤顶、工字钢Ⅰ40等,做好止沉准备。

(5) 沉井下沉期间必须加强观察,做好观察记录,当发现较大的倾斜或位移,应立即通知施工员,采取相应措施,进行纠偏。

(6) 沉井下沉前,须做好各项组织、技术措施,并向井下操作人员进行技术、安全交底。井下操作人员要相对稳定,以保证施工质量和安全生产。

在施工中,对出现的问题,均及时采取了相应的处理措施,并在贯彻施工方案的过程中不断完善施工方案,使沉井施工在不断改进的过程中达到预期效果。除(SJ-14)在拆模时出现上述倾斜现象外,由于采取措施,其余三个沉井在拆模后再没有产生上述倾斜现象。

67.4.2 突发性泥浆反涌的处理

(SJ-11)沉井在下沉至设计要求深度,且左边部分(约占全部的三分之一左右)已浇筑封底素混凝土垫层时,出现了原来未估计到的异常情况:一顿饭工夫,右边未浇筑混凝土部分的基底出现翻浆冒泥反涌,反涌泥浆比已浇筑混凝土垫层高出

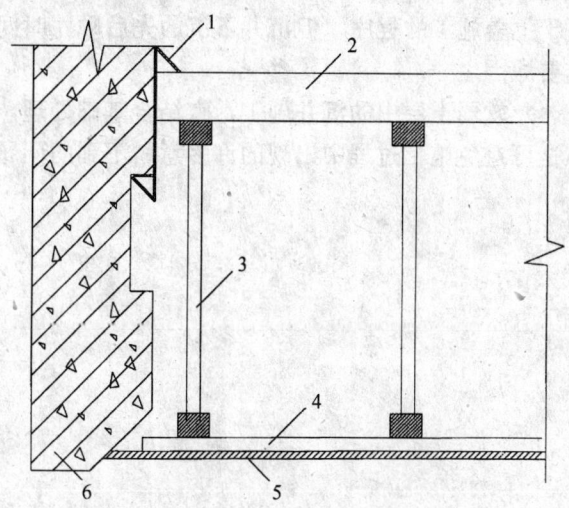

图 67-6 压板加顶法示意图
1—钢扣件;2—工20钢梁;3—φ51mm 钢立柱;
4—100mm×80mm 木枋;5—25mm 木模板;6—沉井刃脚

约 500~600mm,并把已浇筑的部分混凝土垫层迫裂,致使封底施工无法继续进行。(SJ-11)若不能按期封底,势必影响后续吊装工作的如期施工及热处理车间的按计划完成。考虑工期紧迫这一特定环境及现场材料情况,决定采用压板加顶法强行封底的方案。具体做

法如图 67-6 所示：用厚度 10mm 钢板制作成钢扣，一端紧扣沉井刃脚的凹槽，另一端紧扣工字钢Ⅰ20 端头，以Ⅰ20 作为支承反装模板，通过模板以约束井底泥浆的反涌，沉井封底素混凝土垫层则直接浇筑在模板上，浇筑完毕后木模板及 80mm×100mm 木枋不作回收，只回收上部型钢部分。方案经设计人同意后立即实施。

该方案有效控制了泥浆的大量反涌，使封底施工得以实施，抢得了工期，取得较明显的经济效益。对于小沉井在软弱土层地质情况下的施工，不失为一种工序简、见效快的方法。

67-5 施 工 体 会

(1) 在软弱土层中的沉井施工，若沉井不大，下沉不深，只要人员能站在下面操作，宜优先考虑采用排水下沉法使沉井下沉。该法可避免建造蓄泥池和处理稀泥浆，大大改善施工环境，简化施工程序，并缩短工期，取得好的经济效益。

(2) 沉井施工前，必须做好各项准备工作，尤其施工前的准备工作，必须给予高度重视。本工程沉井施工从方案到措施，就经过多次准备会议，对各种下沉方法的可能性进行了探讨，对各种不利情况作出估计并准备好处理方法，如加钢梁、吊环用钢丝绳吊以助止沉，预制带孔钢集水井进行排水等等。故沉井施工除个别沉井出现突发性翻浆反涌外，其余施工均根据方案有步骤地进行。

(3) 对多个沉井的施工，应注意考虑沉井的施工顺序。注意沉井对相邻建筑基础的影响及其相互间影响的可能性。本次沉井施工，考虑了对主厂房基础的影响，安排了沉井施工先于上盖施工的程序，但沉井下沉的先后顺序时间安排不当，这也是出现翻浆反涌的一个重要原因之一。

(4) 软弱土层中的沉井施工，宜结合基础处理，根据条件先对软弱土质进行固化或挤密，这可避免施工过程中出现的许多意料不到的问题。